奶牛病学

DISEASES OF DAIRY CATTLE

肖定汉 主编

中国农业大学出版社
·北京·

内 容 简 介

本书扼要回顾了我国奶牛疾病的防治历程；系统地介绍了奶牛的传染病、消化系统疾病、营养代谢疾病、乳房疾病、繁殖疾病、肢蹄病、中毒、寄生虫病和犊牛疾病等。对于危害奶牛生产最大的疾病——传染病、乳房炎、肢蹄病、营养代谢疾病和不孕症的病因、诊断作了翔实阐述并提出了综合防制措施。对近年来奶牛场犊牛发生的传染性鼻气管炎、病毒性腹泻-黏膜病和由大肠杆菌、衣原体引起的关节炎的症状、诊断和预防作了翔实阐述。通过对奶牛疾病的发生与饲养、管理关系的分析，突出了“奶牛保健”理念，其中乳房保健、蹄保健、营养代谢病监控和传染病防控等，都是奶牛生产实践的总结，可供奶牛养殖者参考。

图书在版编目(CIP)数据

奶牛病学/肖定汉主编. —北京：中国农业大学出版社，2011.10

ISBN 978-7-5655-0374-0

Ⅰ.①奶…　Ⅱ.①肖…　Ⅲ.①乳牛-牛病-防治　Ⅳ.①S858.23

中国版本图书馆 CIP 数据核字(2011)第 158445 号

书　　名　奶牛病学

作　　者　肖定汉　主编

策划编辑　赵　中　　**责任编辑**　王艳欣
封面设计　郑　川　　**责任校对**　王晓风　陈　莹
出版发行　中国农业大学出版社
社　　址　北京市海淀区圆明园西路 2 号　**邮政编码**　100193
电　　话　发行部 010-62731190，2620　读者服务部 010-62732336
　　　　　编辑部 010-62732617，2618　出　版　部 010-62733440
网　　址　http://www.cau.edu.cn/caup　**e-mail** cbsszs @ cau.edu.cn
经　　销　新华书店
印　　刷　涿州市星河印刷有限公司
版　　次　2012 年 4 月第 1 版　2012 年 4 月第 1 次印刷
规　　格　889×1 194　16 开本　36.5 印张　1 070 千字
定　　价　320.00 元

主　编　肖定汉

参　编　张胜利　乔　绿　周瑞君　黄　毅

石万海　张振新　陈华林　蒲万雄

邵良平　李兰华　谢振全　杨陆明

前　言

奶牛稳产、高产，健康是保证。

目前，我国奶牛养殖形式主要有两种，即奶牛小区和规模化饲养。前者是指将个体户奶牛集中、分散管理、统一机器挤奶；后者牛群规模大，采用全混日粮（TMR）、生产性能及乳成分测定（DHI）、机器挤乳和微机管理等先进饲养管理技术。

无论是奶牛小区还是规模化牛场，奶牛疾病一直是奶牛养殖中的实际问题。随着集约化生产和限定性饲养，在奶牛产奶量大幅提高的同时，奶牛疾病相应增多，除传染病外，乳房炎、蹄病、代谢病和繁殖障碍等疾病，在一定程度上影响着奶牛生产。因此，奶牛疾病防制是当今奶牛养殖中一项极其重要的工作。

《奶牛病学》正是从现代奶牛养殖实际需要出发而编写的。通过对我国奶牛发病状况、发病规律、饲养与发病的关系及疾病监测与控制的阐述，充分体现出奶牛保健在奶牛养殖中的重要性。

全书共13章，包括奶牛保健、传染病、消化系统疾病、营养代谢疾病、乳房疾病、繁殖障碍、肢蹄病、中毒、寄生虫病和犊牛疾病等。其中除奶牛常发疾病外，还介绍了一些相关的新内容。

全书以我国奶牛实际疾病为主，突出了病因、综合诊断和防控措施。其内容以编者多年奶牛兽医临床经验为主，并吸取了国内外文献资料的有关内容。对奶牛常发的重要疾病，则以实际临床研究成果而加以详细阐述。文字表达力争通俗、科学和实用。为了达到真实、直观，有的附有症状和病理组织彩图。

本书的出版，旨在帮助奶牛饲养者、畜牧技术员和牛场兽医了解奶牛疾病及其病因，提升奶牛保健理念，从而在奶牛养殖中严格执行各种保健措施，最大限度地减少疾病的发生。

鉴于编者有关奶牛科技和奶牛医学知识及实践范围的局限，书中不足甚至错误在所难免，诚请读者、专家指正。

“岁月悠悠，往事历历在目”。在该书即将付梓之际，我怀着极其激动的心情最想说的是感恩与祝福。感谢生活给予我一个广阔的学习和实践的奶牛养殖平台；感谢有关领导、奶牛场技术人员、饲养员、同事以及原北京市农场局张邦辉教授、中国农业大学动物医学院王志教授多年来的鼎力支持和帮助。祝福我国奶牛业不断兴旺发达；祝福天下养牛人一生平安！

肖定汉

2012年3月

目　录

第一章 奶牛保健

Health Care of Dairy Cattle

奶牛保健回顾

Overview of Health Care of Dairy Cattle

奶牛稳产、高产，健康是保证。多年来，由于坚持不懈地选种选配及采取集约化、规模化饲养，奶牛的质量和生产水平不断提高。随着奶牛产奶量的提高，对奶牛饲养管理条件的要求也随之严格。各种不良外界环境条件及不正确的饲养管理，都会直接影响奶牛的健康，甚至是引起疾病发生的原因。从某种意义来说，培育奶牛高产的过程，也是奶牛保健的过程。

所谓奶牛保健，就是预防有潜在威胁的病原体或毒素感染，保证牛群健康或保证乳汁质量和乳汁安全。回顾我国奶牛保健的历程，可将其归纳为疫病净化、疾病防治研究和奶牛保健技术的推广与应用等三个阶段。

奶牛疫病净化（1950—1980 年）

新中国成立初期，奶牛大多为个体分散饲养，牛群混杂，品种繁多，管理简陋，个体产奶量极低；兽医防疫机构不全及兽医防治技术水平的落后，致使疫病蔓延，牛群健康状况极差，其中以结核病、布氏杆菌病和牛肺疫在牛群中的流行更为严重。据不完全统计，奶牛结核病阳性率占 80%，布氏杆菌病阳性率占 80%，牛肺疫发病率约 73%，死亡率为 50% ~ 60%。

1950 年以后，北京对私人的奶牛分别集中于东、南、西、北四郊饲养，并开始对奶牛结核病、布氏杆菌病和牛肺疫进行净化。

结核病的净化

根据农业部 1957 年公布的结核菌素检疫办法，开始了对结核病的防治与净化工作，采用结核菌素皮内试验诊断和综合防治相结合的措施，具体措施如下：

（1）坚持防疫消毒，定期检疫。开放性结核病牛予以扑杀。

（2）加强对结核牛群的管理。无症状结核阳性牛隔离、集中饲养，定为结核场。该场严格隔离，奶经巴氏消毒。

（3）建立中间站培育健康牛。结核阳性牛场犊牛出生后立即与母牛分开，饲喂初乳 3 ~ 5 d，调入中间站。奶经巴氏消毒，20 ~ 30 日龄作第一次结核检疫，100 日龄、120 日龄时分别进行 1 次检疫，3 次检疫皆为阴性者可转入健康牛群。

（4）健康牛场坚持每年定期进行两次结核检疫，于春秋进行。

1982 年，中国奶牛协会成立后，开展了全国奶牛结核病普查，继续进行结核病的净化工作。目前，我国不少地区如北京、上海等地区规模化牛场和奶牛小区，基本消灭了结核病，其他地区结核病也得到了控制。

布氏杆菌病的净化

1957 年，根据布氏杆菌病流行状况，农业部成立了布氏杆菌病研究调查组，开始了系统的调查和防治工作，对布氏杆菌病采取以菌苗免疫为主的综合防治措施。具体做法是：①定期地对牛群进行血清试管凝集试验，及时将阳性病牛隔离、集中定为布病牛场。②加强饲养管理和兽医防疫消毒制度，减少感染机会；对临床流产牛隔离饲养，取胎儿皱胃内容物进行细菌培养，阳性者，一律将流产母牛扑杀。③犊牛隔离饲养，用消毒乳人工喂养。④在布氏杆菌病流行区进行免疫接种。以上措施极大地降低了布氏杆菌病发病率，有效地控制了布氏杆菌病的流行。

牛肺疫的净化

1910 年，靠近我国的俄罗斯境内暴发了牛肺疫，同年传入我国内蒙古锡林格勒盟及林西一带，成为我国牛肺疫的常发地区；1919 年，上海自澳大利亚运来的牛只发生本病，引起了上海一带的流行。西北和康藏一带流行更为普遍。由于该病的不断传播，致使生产蒙受巨大损失。

1950 年以后，哈尔滨兽医研究所开始并研制成以下几种菌苗：①牛肺疫培养物弱毒菌苗（1953 年），此苗系将牛肺疫强毒培养物传代培养出弱毒。②牛肺疫兔化弱毒菌苗（1958 年），以牛肺疫菌通过兔体长期传代培育而成。③牛肺疫兔化 - 绵羊适应菌苗，将牛肺疫兔化菌种转移到绵羊体传代而成。

对牛肺疫，1958 年以前，采用血清学检验作为分群的方法，扑杀病牛，对补反阴性牛做预防接种，1958 年以后采用对临床型病牛屠宰，其余牛一律用牛肺疫兔化疫苗预防接种，这样使隐性感染牛症状明显而及时屠杀，未感染牛得到免疫，加速了该病的净化过程，自 1970 年以后，在全国范围内再未见有本病的发生。

奶牛疾病研究（1981—2000 年）

20 世纪 70 年代末，改革开放的春风吹遍了神州大地，科学的春天来了。奶牛业呈现出一派欣欣向荣的景象，其主要标志是对疾病防治知识的渴望、奶牛科研机构的建立和奶牛疾病研究的开展。

奶牛传染病的研究

20 世纪 80 年代初，为了加速牛群改良，全国各地频繁地从国外大批引进奶牛（公牛、母牛）及胚胎，加上流通领域拓宽，奶牛、乳及乳制品等在国内市场交流广泛，随之而来的是一些传染病在牛群中传播，其间对牛白血病、牛流行热、牛传染性鼻气管炎、牛病毒性腹泻 - 黏膜病及犊牛疾病进行了研究。1989 年，遵照农业部颁布的《家畜家禽防疫条例实施细则》的要求，除了上述几种疫病检疫外，对口蹄疫、蓝舌病、副结核、牛肺病等 9 种疫病进行普查，进一步掌握了奶牛疫病流行状况，加速了奶牛疫病的净化过程。

牛白血病 1980 年初，我国成年牛表现体表淋巴结肿大、皮肤肿块，犊牛淋巴结肿大、后躯麻痹等症状，南京农学院等单位主持该病的研究。1982 年，农垦部科技司指定北京、上海的兽医人员前往南京学习诊断技术，并对北京种公牛站及奶牛场进行了普查。研究指出，该病是牛白血病，可通过胎内传播、接触感染、精液和乳汁传播，并制定了诊断和防治方法。

牛流行热 1966 年 7 月，北京亦庄牛场突然流行以体温升高、胃肠炎为临床症状的疾病，并很快于全农场流行。1976 年，又于该场首先流行，之后北京东、南、西、北四郊农场的牛场都有该病发生，病的特征是流行快、体温升高、呼吸急速、卧地等。

1977 年，经北京农业大学、北京大学等单位从北京市南郊农场旧宫北牛场病牛病料中分离出弹状病毒后，才肯定了该病，并称牛流行热。

1990 年以后，我国特别是南方一带，其发病多、流行普遍。2005 年，山东、安徽、江苏、河南的牛场仍有该病流行，现已能诊断、治疗和预防本病。

牛传染性鼻气管炎（IBR） 1988 年 7 月，京郊某牛场从日本进口的牛群中，犊牛表现神经症状，呼吸困难，排血便等，死亡率占 70%，同时，该场妊娠牛发生流产，流产率达 22%。

1991—1995 年对 1 418 头成母牛血清学检查，阳性头数 114 头，阳性率为 8%。通过临床诊断、病毒中和试验等，确诊为 IBR，并开展了对本病的防制工作，现基本控制了本病。

牛病毒性腹泻 - 黏膜病（BVD） 20 世纪 80 年代末，有些奶牛场流产率增高，为了摸清病因，1991—1995 年，曾对 18 个牛场 1 418 头成年母牛进行血清 BVD 抗体检测，其中 BVD 阳性牛场 7 个，阳性场占 38.8%，BVD 阳性牛 153 头，阳性率为 10.8%，确诊了 BVD 在奶牛场的存在，是流产的原因之一。

奶牛普通病的研究

奶牛普通病的发生不仅与饲养管理水平有关，而且，受其生产性能高低的影响。20 世纪 70 年代以前，我国奶牛年产奶量平均 4 029 kg/ 头（北京），处于低产水平，奶牛发病的种类和数量较少。80 年代后，由于养殖水平的提高，产奶量平均单产达 6 600 kg，有的牛高达 7 000 ～ 8 000 kg。高产带来牛疾病增加，其中以乳房炎、蹄病和营养代谢疾病显著增加，并成为主要危害奶牛健康的疾病。针对生产实际问题，开展了乳房炎、蹄病、瘤胃酸中毒、酮病、酒精阳性乳等防治研究。

乳房炎 据统计，临床型乳房炎占 15% ～ 23%，其造成炎乳废弃、乳区化脓、坏疽，使乳牛永久性失去泌乳能力，淘汰率占 9% ～ 10%。

20 世纪 80 年代初，北京、上海、浙江等地，开展了奶牛乳房炎的综合防治研究。诊断方法有 BMT 法、LMT 法等，并总结出乳房卫生保健措施。

酒精阳性乳 酒精阳性乳是指用 68% ～ 70% 酒精与等量牛奶混合出现凝块、絮状物的牛奶。20 世纪 80 年代初，不少牛场特别是个体、集体牛场此种现象极多。1984—1985 年研究认为：酒精阳性乳是一复杂的临床现象，是机体的一种应激反应的局部表现；酒精阳性乳的发生与酸度无关；其粗蛋白、粗脂肪及氨基酸含量与正常乳无差异，仍可利用，因氨基酸含量变异大，故稳定性差，其 pH 与 Na 含量比隐性乳房炎的低，说明它并非为炎性乳；高温、高湿、雨水和冷刺激为其发生的应激因素；加热使其凝固性消失。

蹄病 1981 年报道了“北京黑白花奶牛蹄变形的发生及其对生产的影响”，此后，对北京成年母牛进行 3 年（1984 年、1989 年、1990 年）统计，蹄病占总发病率的 9.9%、6% 和 8.4%。曾对 9 头公牛 859 头女儿调查，蹄变形占 31.2%。蹄病是奶牛的主要疾病之一，根据临床实践总结出蹄保健措施。

营养代谢性疾病 主要对瘤胃酸中毒和母牛妊娠毒血症进行了研究。

（1）瘤胃酸中毒：20 世纪 70 年代末、80 年代初，奶牛常出现突然死亡病例。表现休克、卧地，剖检见出血性胃肠炎。1982 年，首次报道了该病在我国发生的病因、病性，并指出，这是由于大量饲喂碳水化合物饲料，致使瘤胃 pH 下降和乳酸蓄积所引起的一种全身代谢紊乱疾病。此后，在我国奶牛场才引起了对本病的重视，并能有效地予以预防。

（2）母牛妊娠毒血症：母牛妊娠毒血症是由于干奶期能量过高，牛只肥胖而引起的消化、代谢、生殖等机能失调的综合表现，临床以食欲废绝，间有黄疸为特征。病牛表现出酮病、衰竭、神经症状、乳热、乳房炎和卧地不起。1983—1985 年，对山西、北京的病例，通过流行病学、临床症状、组织病理学、细菌学、血液生化学等研究，并进行了饲养试验，最后确诊了我国奶牛妊娠毒血症的发生，并提出防治措施。

犊牛疾病的研究

犊牛阶段，由于各器官系统尚未发育完善，对外界环境适应性尚未健全，以及胎盘感染等因素影响，这就形成了犊牛发病的特征。

1986—1992 年，先后对新生犊牛腹泻进行了研究，病因为大肠杆菌及沙门氏菌。

1993 年对犊牛传染性鼻气管炎的流行、症状、病原及病理变化进行了研究，提出诊断与防治措施。

1994—1995 年，对新生犊牛早产、畸形及幼龄犊牛口腔黏膜溃烂、腹泻的病例进行研究，确诊为犊牛病毒性腹泻 - 黏膜病。

2003 年，对出生后 3 ～ 20 d 关节肿胀的犊牛，通过病原分离，犊牛人工发病，确诊为大肠杆菌关节炎。

2006 年，报道了由衣原体所致的犊牛多发性关节炎在奶牛场内的流行。

奶牛保健的实施（2001 年—）

在奶牛疾病研究过程中，人们逐渐掌握了奶牛发病的原因与防治办法；同时也深深地认识到只习惯于个体治疗，已远远不能适应当今规模化、集约化和高产的形势。因此，保证奶牛健康，减少隐性、临床型疾病的发生及其所造成的经济损失，加强奶牛疾病的早期监测，提早预报，及时控制，是兽医工作者的重要工作。于是传染病预防、蹄保健、乳房保健及营养代谢疾病监控等防治措施相继形成。1995 年中国奶业协会疾病防治组召开了全国《奶牛乳腺炎防治规范》实施总结会；1998 年农业部农垦局颁发了农垦系统《奶牛场技术管理规范（草案）》，先后于北京、上海等奶牛场使用，收到了明显效果，充分显示出预防措施在疾病防治中的重要性。

2000 年以后，我国奶牛饲养又出现了前所未有的形势。奶牛村、奶牛小区在不少地区出现，奶牛饲养数量、养殖小区不断增加。为了促进奶业持续健康发展，2003 年 7 月国家学生奶办“学生奶源示范基地升级计划”，2005 年农业部“奶牛科技入户”，2007 年中国奶业协会“中国奶农培训计划”，2008 年农业部“国家奶牛产业技术体系”，2008 年中国奶业协会、全国畜牧总站“国家奶牛生产性能测定补贴项目”，2008 年全国畜牧总站“全国奶牛标准化规模养殖技术师资培训班”等项目在各地启动。

在上述一系列举措的实施过程中，深入现场、调查研究，开展奶牛科普知识培训，解决实际问题，加速了奶源基地的建设以及饲养管理的科学化和奶牛保健技术的推广。

自 1950 年至今，中国荷斯坦奶牛饲养、培育及疾病防治历程长达 60 年之久。半个多世纪以来，为了培育健康的牛群，从事奶牛业的人们，经历了几代人的辛勤劳动和不懈努力，终于在奶牛疫病防治方面取得了巨大成功，具体表现在以下方面：

（1）在传染病控制上，消灭了牛肺疫，控制了牛结核病和布氏杆菌病，可以说，我国奶牛是健康的，我国奶牛群是健康牛群。对近年来奶牛场发生的 IBR、BVD 提出诊断方法和防制措施，并能有效地控制。

（2）在普通病防治上，从生产出发，总结出乳房炎、蹄病和营养代谢病是当前危害奶牛生产的主要疾病，并制定出防止其发生的保健技术，经多年生产应用，成效显著。

（3）保健意识逐渐加强。人们认识到“保健”在奶牛饲养上的重要性，因此防疫制度、乳房保健、蹄保健和营养代谢疾病的监控，在奶牛场内特别是规模化奶牛场常年坚持，并收到明显效益。

忆往昔，漫漫奶牛保健路。60 年来，奶牛兽医人数由少到多，由单纯的治疗向群体保健的理念转移，科学技术水平不断提高，保证了我国奶牛的健康。然而，由于牛群数量的扩大、饲养规模和饲养方式的不同以及奶牛兽医机构及其技术水平的不平衡，奶牛保健仍存在一定实际问题，这就要求在今后的工作中继续采取：

（1）加强兽医防疫体系的建设，巩固现已取得的健康牛群的成果。继续加强对口蹄疫、结核病、布氏杆菌病的防疫和检疫。对新近的传染病如传染性鼻气管炎、牛病毒性腹泻 - 黏膜病等，采取有效措施，并在发病场内尽早予以控制。

（2）搞好兽医服务体系，提高兽医技术水平，继续推广奶牛保健技术规范，保证奶牛高产、健康。

奶牛保健体系的建立
Establishment of Health Care System of Dairy Cattle

奶牛保健就是运用预防兽医学的观点，对奶牛实施各种综合措施，防止疫病的发生和蔓延，减少隐性和临床型疾病的发生，以保证奶牛稳产、高产、健康的系统工程，包括防疫体系和保健工程两个方面。

防疫体系

防疫体系是指为预防传染性疾病的发生及其发生后所采取的综合措施和方法，其中包括防疫制度、消毒、检疫、免疫、隔离、封锁及封锁的解除等。

奶牛易患的传染病

奶牛传染病很多，如口蹄疫、结核病、布氏杆菌病等，口蹄疫、结核病、布氏杆菌病一旦发生，对奶牛场将会造成极大危害。

随着牛群扩大，引进牛只特别是频繁地从国外引进奶牛（包括冻精、胚胎），除了已发生的口蹄疫、结核病、布氏杆菌病外，牛群发生一些新的传染病，如传染性鼻气管炎、牛病毒性腹泻 - 黏膜病等，在一定程度上影响奶牛生产，对此应予以重视。现将奶牛目前主要的传染病简介如下（表 1-1）。

表 1-1 奶牛常发的传染病

病名	病原	主要症状	疫苗	免疫期
口蹄疫	口蹄疫病毒 A、O、C、南非Ⅰ、南非Ⅱ、南非Ⅲ和亚洲Ⅰ型	口腔黏膜水疱、糜烂，乳房、乳头溃烂，蹄水疱、溃烂，跛行，犊牛心肌炎	牛 O 型口蹄疫灭活苗、Asial-O 型双价灭活苗	6 个月
			口蹄疫 A 型灭活苗	6 个月
结核病	牛结核分枝杆菌	贫血、消瘦、被侵害组织形成结核结节	无疫苗，检疫阳性牛扑杀	
布氏杆菌病	牛布氏杆菌	乳房炎，流产，子宫炎，关节炎，睾丸炎	（1）牛布氏杆菌 19 号菌苗 （2）猪型布氏杆菌 2 号菌苗 （3）羊型布氏杆菌 5 号菌苗	12 ~ 14 个月 3.5 年 14 个月
牛传染性鼻气管炎	牛传染性鼻气管炎病毒	鼻黏膜充血、溃疡，结膜炎，血便，流产，阴道炎；公牛龟头炎；犊牛脑膜炎	（1）匈牙利热稳定苗 （2）氢氧化铝胶浓苗	6 个月 6 个月
牛病毒性腹泻 - 黏膜病	牛病毒性腹泻 - 黏膜病病毒	高热，腹泻，鼻、口腔、阴道黏膜糜烂，粪呈水样，跛行，死胎，流产，犊牛致死性黏膜病	（1） BVD 弱毒苗 （2） BVD 可溶性抗原疫苗	6 个月 6 个月
牛副流感	牛副流感Ⅲ型病毒	纤维蛋白性肺炎，呼吸困难，高热	牛副流感Ⅲ型疫苗	
炭疽	炭疽杆菌	体温升高，胸、腹水肿，喉、胸、腹、乳房、口腔坏死、溃疡	（1）无毒炭疽芽孢苗 （2）第二号炭疽芽孢苗	12 个月 12 个月
大肠杆菌病	埃希氏大肠杆菌	高热，中毒性神经症状，昏迷，腹泻	埃希氏大肠杆菌（K99 抗原）苗	

奶牛场防疫措施

指奶牛场在无疫病时日常所坚持、执行的措施。

防疫制度 主要包括以下 4 个方面。

（1）牛场应设消毒池，规格为 6 m × 3 m × 0.3 m（长 × 宽 × 深）。池内用 2% 的氢氧化钠溶液或稀释 800 倍的消毒威溶液。门口应配备高压消毒枪，对进场车辆进行消毒。生产区与生活区应隔离分开，并设立消毒室。消毒室应清洁、无尘埃，具有紫外线灯及衣物消毒设施。职工进入生产区，应洗手消毒，穿戴工作服，穿过消毒间入场（图 1-1）。

图 1-1 进场通过消毒间

（2）奶牛场员工每年应进行 1 次健康检查，如患传染疾病应及时离场。员工家中不得饲养偶蹄动物。兽医不能对外行医，人工授精人员不能对外进行配种工作。奶牛场不得饲养其他种类的畜禽，禁止将畜禽或其产品带入场区。

（3）运动场无积水、积粪、硬物及尖锐物。饮水池保持清洁，无沉积物。排水沟保持畅通，无杂物，定期清除杂草。奶牛场专设供粪车等污染车辆通行的道路。在下风口设立堆放牛粪场地，定期喷洒杀虫剂，防止蚊蝇滋生。

（4）死亡牛只接触过的器具及其污染的场所应严格清洁消毒。淘汰及出售牛只应经检疫并取得检疫合格证后方可出场，运牛车辆应经严格消毒后进入指定区域装牛。转运牛是健康牛只，并持有政府职能部门的检疫合格证明，转运车辆进场前和转运完成后要全面消毒。

场所消毒 主要包括以下 6 个方面。

（1）牛场生产区应设净物通道和污物通道。人员、车辆、运送饲料等进出场走净物通道，运送牛粪等污物进出场走污物通道。所有通道都设消毒池，配备消毒工具，外来车辆严禁入场。

（2）运动场内应定期铺垫干沙土，经阳光暴晒或喷洒消毒液后方可铺垫。运动场消毒应将氢氧化钠、过氧乙酸和消毒威交替使用。牛场水源为清洁饮用水，饮水槽夏季每日刷洗 1 次，冬季每周刷洗 1 次。饮水槽可使用消毒威或次氯酸钠溶液消毒，牛舍、采食槽每日至少清理 1 次。

（3）产房用具每次用过后应清除污物并用消毒药液浸泡消毒，产房应每日清扫消毒。犊牛圈舍应保持干燥，每头犊牛转出后及时进行彻底消毒。饲料盘和喂奶桶于每次喂食后用清水冲洗干净。牛舍要经常打扫，保持干净、干燥，定期灭鼠、灭蝇。牛舍应定期消毒，每周 1 次。

（4）保持卧床清洁、平整、垫料充足，定期消毒，每周 1 次。

（5）刷拭牛体，保持牛体干净、卫生，定期修剪牛尾。

（6）奶牛场每月应进行 1 次全场大消毒，运动场、牛舍、挤奶厅、饮水器、采食槽每周消毒 1 次。有疫病发生时，每周进行 2 次全场大消毒，运动场、牛舍、挤奶厅、饮水器、采食槽每日消毒 1 次，有可能被病牛分泌物、排泄物污染的用具或其他物品使用后及时消毒。

检疫 主要针对结核病、布氏杆菌病等。

（1）结核病检疫采用结核菌素皮内试验，按农业部颁布的《动物检疫操作规程》的规定进行，每年春、秋各 1 次。可疑牛经过 2 个月后用同样方法在原来部位重新检验。检验时，在颈部另一侧同时注射禽型菌素做对比，以区别出是否是结核牛。2 次检验都呈可疑反应者，判为结核阳性牛。凡检出结核阳性牛一律扑杀。

（2）布氏杆菌病检疫每年 2 次，于春、秋季进行，按《动物检疫操作规程》的规定执行，先经虎红平板凝集试验初筛，阳性者进行试管凝集试验，出现阳性凝集者判为阳性，阳性反应牛只一律扑杀。

（3）在牛群中定期开展牛传染性鼻气管炎和牛病毒性腹泻 - 黏膜病的血清学检查，当发现病牛或血清抗体阳性牛时，应采取严格防疫措施，必要时要注射疫苗。

免疫 免疫是指机体对疾病的抵抗能力或不感受性。在疾病发生前，通过接种疫苗等手段，使机体经受轻度感染，从而激发家畜体内抵抗侵入病原微生物的免疫系统，产生抗体，以此与侵入机体的病原微生物进行斗争，从而防止同种病原微生物再次感染。这是牛群保健计划中最主要的措施之一。虽然免疫接种不可能预防所有的疫病，但是许多对牛群危害严重的疫病，可以通过一定的免疫程序而得到预防。

（1）奶牛易患传染病的免疫程序。

① 牛传染性鼻气管炎。牛传染性鼻气管炎疫苗犊牛 4 ～ 6 月龄接种，空怀青年母牛在第一次配种前 40 ～ 60 d 接种，妊娠母牛在分娩后 30 d 接种。

② 牛病毒性腹泻。牛病毒性腹泻灭活苗，任何时候都可以使用，妊娠母牛也可以使用，第一次注射后 14 d 应再注射一次；牛病毒性腹泻弱毒苗，犊牛 1 ～ 6 月龄接种，空怀青年母牛在第一次配种前 40 ～ 60 d 接种，妊娠母牛在分娩后 30 d 接种。

③ 牛副流感。牛副流感Ⅲ型疫苗，犊牛于 6 ～ 8 月龄时注射一次。

④ 牛布氏杆菌病。牛布氏杆菌 19 号菌苗，母犊牛 5 ～ 6 月龄接种；牛型布氏杆菌 45/20 佐剂菌苗，不论年龄、怀孕与否皆可注射，接种 2 次，第一次注射后 6 ～ 12 周再注射一次；猪型布氏杆菌 2 号菌苗，口服，用法同 19 号菌苗；羊型布氏杆菌 5 号菌苗，可口服。

（2）疫苗接种注意事项。

① 生物药品的保存、使用应按说明书规定进行。

② 接种用具（注射器、针头）及注射部位应严格消毒。

③ 生物药品不能混合使用，更不能使用过期疫苗。

④ 装过生物药品的空瓶和当天未用完的生物药品，应该焚烧或深埋（至少埋 46 cm 深）处理。焚烧前应撬开瓶塞，用高浓度漂白粉溶液进行冲洗。

⑤ 疫苗接种后 2 ～ 3 d 要观察接种牛，如果出现接种部位局部肿胀、体温升高等症状，一般可不作处理；如果反应持续时间过长，全身症状明显，应请兽医诊治。

⑥ 建立免疫接种档案，每次接种疫苗，都应将接种日期、疫苗种类、生物药品批号等详细登记。

疫病扑灭措施

奶牛场一旦发生传染性疾病，应立即采取有效措施予以控制，具体操作如下：

疫情上报 发现疫情时应立即逐级向上级职能部门报告，上级职能部门在 12 h 内应立即赴现场进行诊断，并提出防疫措施，有关单位和人员应立即执行。

隔离 分为以下 3 种情况。

（1）病牛。在临床上发现或检疫中检出的病牛或可疑感染奶牛应立即进行隔离饲养。隔离场所应选择偏僻、不易散播病原体、便于消毒的场所或房舍，并设专人饲养。对于危害严重、无治疗价值的病牛，在确诊后应立即扑杀，进行无害化处理。

（2）可疑感染奶牛。无任何病状的可疑牛应隔离观察，观察期间出现临床症状的，视为病牛，应移至病牛群隔离。

（3）假定健康奶牛。疫区内没有与病牛接触、邻近牛舍饲养、检疫中呈现阴性的奶牛为假定健康奶牛。对这类奶牛应立即进行免疫接种，必要时可根据情况转移到安全地方饲养。之后再无新的可疑病例出现，假定健康奶牛应视为健康奶牛。

封锁及解除 当暴发一类传染病如口蹄疫时，奶牛养殖者应立即上报政府职能部门，划定疫点、疫区和受威胁区，对疫点、疫区实施封锁。封锁区域应采取以下措施：

（1）设立明显标志，禁止人、牛、车辆出入疫点，禁止畜产品及可能污染的物品运出疫点。特殊情况下的人员出入疫点要经过批准，并严格消毒。

（2）对病、死牛和同群牛进行扑杀，进行无害化处理，对疫点实行严格的消毒。

（3）疫区交通路口设消毒站和监督哨卡，对出入人员、车辆进行消毒，禁止易感动物出入疫区，禁止畜产品及可能被污染的物品运出疫区。

（4）受威胁及疫区内非疫点的易感动物应进行紧急免疫接种。

（5）疫区内最后一头病牛痊愈或扑杀，14 d 后再无新病牛出现，经终末消毒后，报请上级职能部门批准后解除封锁。

奶牛场常用的消毒剂

氢氧化钠（苛性钠、火碱）：对细菌、病毒和寄生虫卵都有杀灭作用，常用 2% ～ 3% 溶液消毒牛场门口、圈舍、饲槽、运输用具、道路及车辆等。

氢氧化钙：生石灰加水配成 10% ～ 20% 石灰乳液，粉刷牛舍的墙壁或舍内的柱子。

碘附：奶牛挤奶前后，用 0.5% ～ 1% 溶液浸泡乳头。

过氧乙酸：该品为 15% ～ 20% 的溶液，应现用现配。0.3% ～ 0.5% 溶液可用于牛舍、食槽、墙壁、通道和车辆喷雾消毒，0.1% 溶液可用于带牛消毒。

消毒威：对各种细菌、芽孢、病毒及真菌等病原微生物都有杀灭作用，可用于牛舍、器具、车辆、牛只体表、饮水消毒。常规消毒 1 : 400，疫期消毒 1 : 200，饮水消毒 3 ～ 10 g/t。

高锰酸钾：0.1% 溶液用于饮水消毒；2% ～ 5% 水溶液可用于浸泡、刷洗塑料、玻璃器具及外伤的消毒。

新洁尔灭：0.1% ～ 0.2% 溶液浸泡助产器械和清洗、消毒临产母牛舍及产后母牛后躯。

奶牛的驱虫

目前奶牛寄生虫病的流行也逐渐增加，特别是肝片吸虫、球虫等所引起的感染，在许多奶牛场都有发生。因此，驱虫也是一项重要的预防措施。即在肝片吸虫病和球虫病发病率高的奶牛场，应进行有计划的定期驱虫。同时，应了解虫体的发育史，加强粪便的清除，避免饲草的污染，控制虫卵的发育，减少经口感染机会。

保 健 工 程

保健工程是指奶牛场在正常饲养管理情况下，为保证奶牛健康，防止或减少隐性、临床型疾病的发生所采取的措施和方法。具体包括乳房保健、蹄保健和营养代谢疾病的监控。

乳房保健

（1）挤乳卫生管理。挤乳员应保持相对固定，避免频繁调动。

挤乳前将牛床打扫清洁，将牛体刷拭干净。挤乳员先用 0.1% 过氧乙酸溶液清洗双手，后用清水冲洗干净。

奶牛场对乳房处理有两种方法，即“水洗法”和“纸巾干擦法”。

水洗法：乳房先用 200 ～ 300 mg/kg 有机氯溶液清洗，再用 50℃温水彻底洗净。水要勤换，每头牛要固定一条毛巾，洗涤后用干净毛巾擦干乳房。

纸巾干擦法：挤乳前，先用药浴液浸渍乳头，用卫生纸巾擦干乳头，挤出前 3 把奶后上机，挤奶结束后再用药浴液药浴乳头。

机器挤乳，真空压力应控制在（4.67 ～ 5.07）$\times 10^4$ Pa，搏动控制在每分钟 60 ～ 80 次，要防止空挤。挤乳时，应先挤健康牛，后挤病牛，患乳房炎的奶牛，要用手挤，不能上机。

挤出头 3 把乳集中于带有黑纱罩的奶杯内，检查乳汁状况。乳房炎乳应收集于专门容器内，集中处理。洗乳房的毛巾、奶具在使用前后必须彻底清洗。洗涤时先用清水冲洗，后用温水冲洗，再用 0.5% 热碱水洗，最后用清水洗。橡胶制品清洗后用消毒液浸泡。挤乳器每次用后均要清洗消毒。挤乳器乳杯内胎每周用苛性钠溶液彻底消毒一次，常用 0.25% 苛性钠溶液煮沸 15 min 或用 5% 苛性钠溶液浸泡，干燥备用。

（2）乳头药浴。榨乳完毕，立即用 3%～ 4%次氯酸钠液或 0.5%～ 1%碘附浸泡乳头。

（3）隐性乳房炎监测。隐性乳房炎监测采用加州乳房炎试验（CMT 法）。泌乳牛每月进行一次监测，凡阳性反应在“++”以上的乳区超过 15%时，应对牛群及各挤乳环节做全面检查，找出原因，制定相应措施。

干乳前 10 d 进行乳房炎检测，对阳性反应在“++”以上的牛只及时治疗，干乳前 3 d 再检测一次，阴性反应牛才可停乳。

（4）控制乳房感染与传播。奶牛停乳时，每个乳区注射一次抗菌药物。对产前、产后乳房膨胀较大的牛只，不准强制驱赶起立或急走。蹄尖过长应及时修整，防止发生乳房外伤，有吸吮癖牛应从牛群中挑出。临床型乳房炎病牛应隔离饲养，奶桶、毛巾专用，用后消毒，乳消毒后废弃。病牛要及时治疗，痊愈后再回群。应及时治疗胎衣不下、子宫内膜炎、产后败血症等疾病。对久治不愈、患慢性顽固性乳房炎的病牛，应及时淘汰。

（5）加强环境卫生。保持牛床、运动场干燥、清洁，粪便及时清除，牛床及时用沙土、木屑铺垫。

蹄保健

（1）牛舍、运动场地面应保持平整、干净、干燥。粪便及时清扫，污水及时排除，不用炉渣、石子、砖块、瓦片等尖硬物铺垫运动场和通道。

（2）经常保持牛蹄清洁，清除趾间污物，冬季干刷，夏季用清水每日冲洗。

（3）坚持用 4% 硫酸铜液或 5% 福尔马林液对牛实施蹄浴，夏、秋季每 5 ～ 7 d 浴蹄 1 ～ 2 次，冬、春季可适当延长蹄浴间隔。药液应定期交替更换使用。

（4）坚持修蹄。每年对全群牛只普查一次，对蹄变形牛，于春、秋季节统一全部修整。

（5）对蹄病患牛及时治疗，促进痊愈过程。当蹄变形严重、蹄病发生率达 15% 以上时，应视为群发性问题，要分析原因，采取相应预防措施。

（6）修蹄时，应严格执行修蹄技术操作规程，熟练掌握修蹄技术，正确修蹄。

（7）供应平衡日粮，满足奶牛对各种营养成分的需要量，禁用有肢蹄遗传缺陷的公牛配种。

营养代谢疾病监控

随着奶牛产奶量的增加，营养代谢疾病在奶牛场特别是高产奶牛场发病增加，并成为奶牛生产的主要危害。因此，加强营养代谢疾病监测，提早控制已成为奶牛生产不可缺少的环节，根据多年实践，其监控措施如下：

（1）定期抽查血样。每年应对干奶牛、高产牛进行 2 ～ 4 次血样抽样（30 ～ 50 头）检查，检查项目主要包括血细胞数、血细胞压积、血红蛋白、血糖、血尿素氮、血磷、血钙、血钠、血钾、总蛋白、白蛋白、碱贮（二氧化碳结合力）、血酮体、谷草转氨酶、血游离脂肪酸等。

（2）定期检测酮体。产前 1 周，隔 2 ～ 3 d 测尿 pH、尿酮体一次；产后 1 d，测尿 pH、尿或乳酮体含量，隔 2 ～ 3 d 一次，直到产后 30 ～ 35 d。凡检测尿 pH 呈酸性、酮体阳性反应者，立即应用葡萄糖、碳酸氢钠等治疗并采取其他相应措施。

（3）加强临产牛监护。对高产、年老、体弱及食欲不振牛，经临床检查未发现异常者，产前 1 周可用糖钙疗法防控（25% 葡萄糖溶液、10% 葡萄糖酸钙溶液各 500 mL 一次静脉注射，每日一次，连续注射 2 ～ 4 d）。

（4）日粮中添加缓冲物质。高产牛在泌乳高峰时，日粮中可添加碳酸氢钠 1.5%（按总干物质计），与精料混合直接饲喂。

奶牛保健常规操作与治疗方法
Conventional Operation and Therapeutical Methods of Health Care of Dairy Cattle

去 角 术

去角术即用外科方法除去牛角或阻止角生长的技术，为规模化、集约化牛场管理上的惯用措施，其目的是便于管理，减少牛只相互抵斗所造成外伤的发生，使群体外观整齐。

保定

犊牛用手抓、鼻钳或笼头保定，大于 6 月龄的犊牛用颈枷保定，这有利固定犊牛，防止牛只过多挣扎。

麻醉

去角术应在局部麻醉下进行，可减少术中疼痛和术后处理中牛只过分紧张、不安、挣扎和受伤机会。

采用角神经封闭时，可由角根中点至眶上突前缘中点连线之间约一半处，触知颞骨下外侧嵴，注入 2% 奴夫卡因 3 ～ 10 mL。用 18 号针刺过皮肤，小牛针尖在骨的腹侧缘下方，大牛针刺 2 ～ 3 cm。也可肌肉注射甲苯噻嗪（50 ～ 300 μg/kg 体重）等止痛镇静。

术式

（1）烧烙、苛性钠去角。这适用于 2 ～ 8 周龄犊牛，并能明显地摸到角胚时进行。每一侧的颞嵴下角神经用 2% 奴夫卡因 5 mL 进行局部浸润麻醉，剪去角基部的被毛，助手夹住犊牛、头偏向一侧，用加热烙铁或苛性钠在角基周围烧烙或涂擦，使皮肤灼伤并呈棕色环。然后将牛头拉向另一侧，用同样方法进行。

（2）用钳凿、去角器、链锯或电去角器去角。这适用于 12 月龄以上牛只，牛角形成椭圆形角基。保定、麻醉后，随同角一起切除角周围 1 ～ 1.5 cm 皮肤，防止角再生长。

护理

（1）术后易发生继发性出血，可采用烧烙法止血。

（2）天热时去角，易引起蚊、蝇侵扰，为此应在患部用除虫菊酯 0.2% 煤油溶液喷雾。

尾静脉采血

尾静脉（尾中静脉）常用于静脉小剂量给药和大群牛只血液学、血清学检验时采集血液。尾静脉采血具有操作简便、快速，减轻牛只紧张，避免过度保定和牛只吼叫、不安等优点，目前，为奶牛场检疫时普遍采用。

术前准备

采血前要清理牛舍粪便、尿液，保持圈舍、牛体干净卫生，以免污染采血部位和血样。

保定

助手对牛进行站立保定，使牛不要左右活动。

术式

采血者左手举起牛尾巴，与水平线约成 45° 角。选择最佳采血点，在肛门上方距牛尾根约 20 cm，尾根后 3 ～ 6 尾椎任意两尾椎之间尾部中央凹陷处正中进针采血（图 1-2）。右手对采血部位用 75% 的酒精棉球消毒后，持 5 mL 一次性注射器，针头应选用 2.5 ～ 3.75 cm 长的 18 号或 20 号针头，右手食指控制针头深度，由下向上垂直刺入牛尾腹侧中心线位置约 0.5 cm，见有回血即可抽血，当出血不流畅时要调节进针深度，可将针稍微退出 1 ～ 5 mm，再次抽吸。采血结束，拔出采血针，用酒

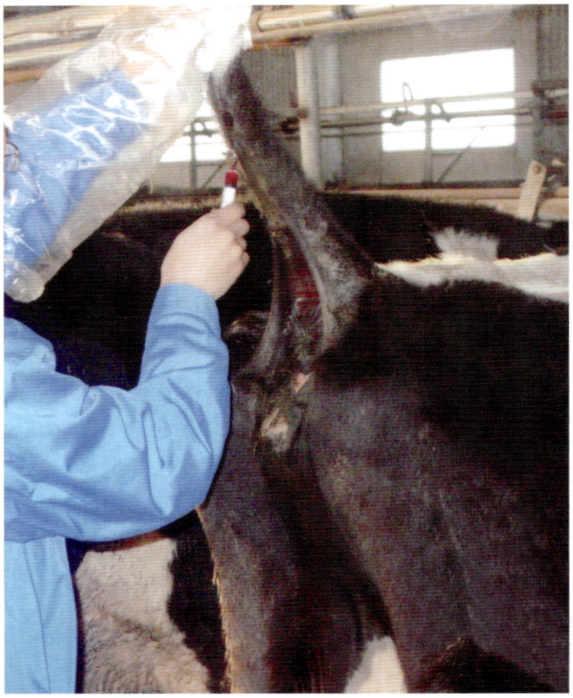

图 1-2　尾静脉采血

精棉球按压针孔防止出血。

注意事项

在进行尾部采血时，采血者要上身前倾，腿后移，以防被牛踢伤。本法主要用于成年奶牛的采血，犊牛不能使用，以防引起局部血管的长久性损伤。

阴道检查

阴道检查是诊断奶牛疾病的常用方法，主要用于产科疾病、繁殖疾病以及传染性疾病。

阴道检查包括视诊和触诊。视诊主要看其颜色、分泌物及有无创伤等。触诊是感觉其有无疼痛、有无增生物及有无皱襞等。

颜色　阴道黏膜潮红、肿胀，见于阴道炎、牛传染性鼻气管炎、牛病毒性腹泻等。

分泌物　阴道分泌物呈褐色，具有恶臭，见于产后子宫弛缓、胎衣不下；分泌物稀薄，含脓丝，为子宫内膜炎；分泌物呈脓性，多为脓性子宫内膜炎、子宫蓄脓。

痛感　多见于分娩时产道损伤，因助产不当、强行牵引胎儿使黏膜受损。

皱襞　阴道黏膜有皱襞，多见于子宫捻转。

综上所述，阴道检查对诊断不妊症，观察分娩状况及对传染病的鉴别诊断，都有重要作用。

直肠检查

直肠检查即直肠触诊，为简易可行的诊断方法，奶牛场常用于妊娠诊断。

直肠触诊的组织器官

子宫颈　位于盆腔内耻骨上或耻骨前缘上。由拇指粗细至胳膊粗细不等。由于肌层发达和有 3 ～ 4 个皱襞轮，触之呈索状，质坚实，并有串珠感。怀孕后，由于子宫角的前移下沉和雌激素的作用，宫颈也随之前伸下移，增粗变软，提之有重物感。

子宫角　触诊母牛子宫角首先要触诊到子宫颈。沿子宫颈方向前伸即可找到子宫角。牛子宫体很短，未孕时仅 2 ～ 4 cm。未孕时子宫角位于盆腔内、盆腔入口处或耻骨前缘下方，呈绵羊角状，向下向内弯曲。青年牛未孕时约手指粗，有软肉质感；成年牛 2 ～ 3 指粗，软肉质感不强。怀孕 1 个月时子宫角变软，因有胎水，出现波动感。初仅在子宫角尖端可以感到，随后子宫角增粗，在子宫角大弯处呈现局限膨大，手握子宫角轻轻滑动可感到有一软皮蛋状物滑过，此为羊膜囊。有时在子宫间沟前后，轻提子宫壁可感到壁呈两层下滑，此为胎膜，只有在子宫角非常柔软时才能感知。怀孕 2 个月时，子宫角大弯处约一掌宽。怀孕 3 个月时接近排球大，并常可感到子宫角向一侧呈 90° 捻转，有时孕角在下，有时空角在下。轻压子宫或在子宫壁上滑动，可碰到小的疙瘩，为胎盘突。手伸至子宫角下方，向上轻抬子宫角可碰到一浮动物体，即胎儿。此时子宫角仍有明显的收缩反应，有时能持续一段时间，壁较硬。随怀孕月份增加，很容易触到胎盘突和胎儿。怀孕 5 ～ 6 个月时，由于子宫角下垂，子宫颈以下往往触诊不清，但宫颈粗软压扁在耻骨前缘下，上提不动，感觉很重，触诊子宫中动脉有怀孕脉搏，即可确诊怀孕。

卵巢　位于子宫间沟处的两侧下方，有时手在间沟上部，拇指和小指向两侧伸展并向下探索即可触及卵巢。触及卵巢后，一般用中指与无名指夹住卵巢附着缘固定，食指和拇指触摸卵巢，感觉其形态、质度，有无卵泡或黄体及其大小、形态和质度。正常成熟卵泡较大，直径 1.5 ～ 2 cm，柔软，有一触即破之感。

输卵管　对不孕母牛才做此诊断。沿子宫角尖端向前可触及输卵管的狭窄部，如线绳粗，较硬。壶腹部软，触诊不清。输卵管有异常时都增粗，可触诊到如积水、闭锁、囊肿等。

子宫中动脉　从其起始部寻找或直接从子宫阔韧带中寻找均可。感觉中子宫动脉的粗细、搏动的强弱、有无特异震动。特异震动出现的时间及震动的强弱，这是诊断妊娠月份、胎儿死活的重要依据，特别当子宫角下沉触不到时。误诊的病例，往往是忽视了对子宫中动脉的触诊。触诊子宫中动脉还有助于确定怀胎数，因怀双胎时，两侧动脉的粗细和搏动相似。

直肠触诊子宫手法

上翻子宫角有以下几种方法。

钩上式 中指在子宫角间沟处钩住角间韧带后拉和上翻子宫角，然后从角间沟处一直触诊到子宫角尖端；触诊完一侧，再触诊另一侧。

兜上式 手伸向子宫角下方，向后上方（即向盆腔内）兜起和翻转子宫。

挠上式 用手指在子宫角上前后挠动，慢慢将其挠入骨盆腔。

右侧上翻式 手伸至右侧子宫角下方，上翻后拉子宫角，左子宫角也会随之翻转。也可先翻转左侧子宫角，为左侧上翻式。

折上式 适用于子宫角较长、下垂较深的母牛。右手先握住子宫颈，向后拉并向左侧扭；使之与体轴呈横的垂直，拇指压住宫颈，余指向前钩子宫角并后拉，拇指前移压住已后拉的子宫角，使子宫角呈S状弯曲。余指再向前钩前面的子宫角，如此将子宫角全部后拉入盆腔，然后从尖端开始向后仔细触诊。

以上各种翻转子宫角的方法，都必须在直肠松弛、母牛没有努责和子宫角也松软的情况下才能使用。

鉴别诊断

（1）子宫内膜炎时，子宫角增粗、壁肥厚。

（2）子宫积水时，子宫壁薄，有明显的波动感，但液体可以流动，触不到胎盘突和胎儿。

（3）子宫蓄脓时，子宫壁厚，有波动感但不如子宫积水和胎水明显。

（4）死胎时，无胎动，子宫角大小与配种后月份不符；干尸胎时，子宫包住胎块，无胎水；胎儿浸溶时，子宫角内有骨片。

超 声 诊 断

超声诊断是指用兽医B超仪将超声波的物理特性和不同组织结构特性相结合的物理学诊断方法。由于B超诊断仪同时发射多束超声波，在一个平面上进行直肠内扫描，显示的是卵巢、子宫和胎儿的断层切面图，因此，它不仅用于妊娠诊断并能对母畜生殖器官的生理和病理状态如卵泡和黄体的发育、子宫变化和胎儿发育进行监测，为奶牛场常用的一种诊断方法。

操作方法

（1）保定。对配种30 d以上的成年母牛和配种25 d以上的青年牛，将其站立保定于牛栏内，避免来回摆动。

（2）掏牛粪。掏出牛直肠内的宿粪。

（3）找位置。手伸入直肠内掏粪的同时，触摸清楚子宫角、卵巢在盆腔内的位置，以利于确定B超探头所要放的位置。

（4）定方向。在触摸子宫、卵巢的位置时，初步判定子宫变化和卵巢饱满程度，以利于确定B超探头所要放的位置。

（5）放探头。手握B超探头进入直肠，将其放置于探测子宫角一侧，探头尽可能贴紧子宫角小弯或大弯处，进行扫描，得出图像（图1-3）。

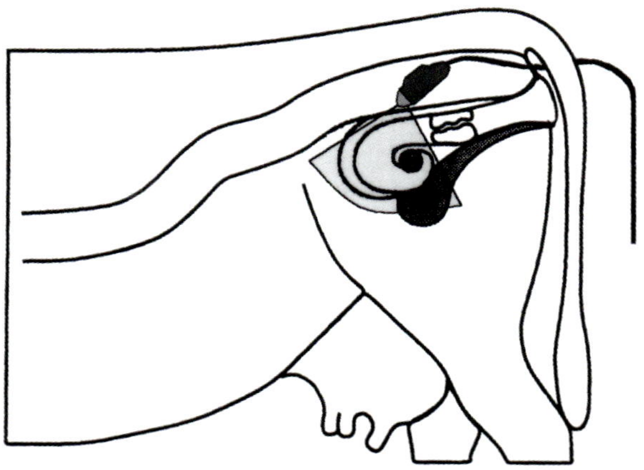

图1-3 B超探头在直肠内扫描示意图

使用程序

发情→配种→30 d 后→B 超妊检→妊娠→60 d → B 超妊检→定胎报表

未妊 / 发情异常 } → B 超检查子宫、卵巢→确诊病情→治疗、处理→ B 超检查→判定恢复状况

B 超识图的基本要点

（1）在 B 超屏幕上显示的是黑色，这表示探测到的是低密度的液体性的物质，如膀胱内的尿液，子宫内的羊水，卵泡里的卵泡液，盆腔壁血管的血液等。

（2）在 B 超屏幕上显示的是白色，这表示探测到的是高密度的组织或器官，如胎儿的骨骼，子宫角内膜、肌肉层的增生组织，卵巢表面沉积的脂肪，持久黄体等。

（3）在 B 超屏幕上显示的是灰色，这表示探测到的是中等密度的组织或器官，如子宫角的肌肉组织，胎儿的肌肉组织，周期（有腔）黄体等。

B 超诊断的优点

（1）提早确诊。直肠妊检，一般在奶牛怀孕 60 d 后才能确诊，使用兽用 B 超仪妊检，在奶牛怀孕 24 d 后即可确诊，对配种 30 d 未妊牛只，可提早对其处治。

（2）兽用 B 超确诊怀孕真实可靠，图像直观，可长期保存。

（3）B 超确诊怀孕，并能提早确定胎儿的性别。

会阴侧切术

适应症

阴门及前庭狭窄、胎头被裹住不能产出时。

必备器械

刀、剪、止血钳、缝针、缝线和持针器。

具体操作

切口部位在阴门上联合两侧，离上联合不少于 4 cm 处，呈 45° 角向斜上方，从皮肤到黏膜一次切开，切口长度以胎头能通过为限。术部严格消毒，但不一定麻醉。胎儿拉出后立即行结节缝合。

胎儿牵引术

适应症

用于宫缩和努责微弱；宫颈、前庭和阴门轻度狭窄，但组织较软能被撑开；胎儿相对过大，胎儿位置及胎儿姿势正常。

必备器械

助产绳（以棉蜡绳为最佳）、助产棒（以木质为好，中段有孔，供助产绳穿过和固定用）、产科钩（短粗，尾端有孔，缚绳用，也可用秤钩代替）。

术前准备

（1）术者 1 人，助手 2 ～ 4 人。

（2）准备好助产绳、来苏儿、脸盆和温水。

具体操作

用助产绳或产科钩，缚住或钩住胎儿头或两眼眶和两前肢（球节上），或两后肢（球节上）。配合母牛努责，进行交替牵引，以减小肩和髂的宽度，便于拉胎儿通过产道。胎头和躯体通过阴门时，助手护住阴门，以防撕裂。为增加牵引力，助产绳先固定在助产棒上，拉助产棒来牵引。

注意事项

（1）使产道充分滑润。胎水少，产道干燥时可向产道内注入大量液体石蜡、肥皂水或淀粉浆，以润滑产道。

（2）拉两前肢或两后肢时，不可同时用力拉紧两条助产绳而应交替牵引，使胎儿肩胛或髋关节的宽度倾斜缩小，便于通过母体骨盆腔。

（3）胎儿通过困难时，应将两前肢送回产道内，将胎头拉出，当头娩出后，两前肢可通过胎颈和产道之间的空隙顺利拉出。

（4）牵引要与母牛阵缩、努责相配合，不能强拉。当整个胎儿将被拉出时，应缓慢牵引，防止子宫脱出。

（5）仔细检查产道开张情况和胎儿状况，避免产道未完全开张而过早助产，造成子宫颈口的撕裂、大出血等。

胎儿矫正术

适应症

产道开张良好，宫缩正常或微弱，胎儿的姿势、胎位或胎向异常。

必备器械

（1）绳导　穿引助产绳用，可由直径 0.5 cm 的铅丝弯成，大小、长短和弯度，根据需要而定。

（2）产科梃　推退胎儿用。梃的尖端顶住进入盆腔的胎儿前置部分，推退入子宫，以便手和器械通过盆腔进入子宫，矫正胎儿异常部位。

（3）推拉梃　推退或拉直胎儿肢体用。梃端分叉，叉端有孔，以穿绳固定胎儿肢体，然后将其推退或拉直。

（4）扭正梃　扭正胎儿头颈用，也可扭正胎儿躯体。梃端有一支叉，梃尾有一圆孔，梃杆入胎儿口内，叉固定拉胎儿面颊，圆孔内穿助产棒，可将回转的胎头扭正。扭正梃可代替推拉梃推拉胎儿用，故又称多能梃。

具体操作

徒手矫正　适用于轻度的胎儿头颈和四肢的姿势异常，如头颈侧弯，头颈下弯，腕关节、肩肘关节和跗关节屈曲，肢顶上交叉等。肩关节和髋关节屈曲发生的早期，有时也能奏效。

器械矫正　针对不同情况，采取不同方法。

（1）头颈侧弯　产科绳双股，用绳导引过胎颈，一股移向胎儿前额，一股移向颈后，拉紧固定，术者手护住胎头鼻端，助手外拉，将胎头拉直拉入产道（盆腔）。手护住鼻端起保护和引导作用。手不及鼻端的，先用绳将头拉近盆腔入口，手护住鼻端后，再将其导入盆腔。

（2）胎头后仰　先将胎头转为侧弯，再按侧弯矫正。

（3）胎头下弯　母牛仰卧，产科梃推退胎头，手握鼻端，将胎头上抬、拉直和导入盆腔。

（4）头颈捻转　头颈为轴向一侧捻转，扭正梃送入胎儿口内，将胎头捻正。

（5）头颈回转　头顶朝下，鼻端向产道，头颈呈 S 状弯曲，是由于头颈侧弯或侧胎位时强拉胎儿，人为错误助产造成。先用助产绳套住胎头，然后用扭正梃扭正胎头，并配合将其拉直拉入盆腔。

（6）肩部前置　即肩胛关节屈曲，用绳导将助产绳绕过屈曲前肢，绳一端固定在推拉梃一叉孔内，另一端穿过另一叉孔，推拉梃贴屈曲前肢，在手引导下向肢端推，边推边拉绳，至系部将绳拉紧并在梃把上固定。助手在外拉梃，术者手护住梃端，将肢先拉成腕关节屈曲，手护住肢端，再将其导入盆腔并拉直矫正。

（7）坐骨前置　即髋关节屈曲，矫正方法同肩部前置。在器械帮助下，先矫正成跗部前置，然后再矫正拉直。

（8）正生侧位　用 3 条助产绳分别缚住胎头和两前肢，术者手伸向胎头下方，配合助手拉胎头，将胎头上抬、扶正，导入盆腔。然后先后将两肢导入盆腔。正生侧位矫正头是关键，一定要先矫正。正生下位，也可按此法矫正。侧位和下位在矫正胎头的同时，躯体可随之转为侧位至上位。

（9）倒生侧位和下位　矫正方法同上，并较正生侧位和下位容易矫正。

（10）胎向异常　矫正困难，应及早剖腹产为佳。

翻转母体术

适应症

仅适用于子宫捻转。

必备器械

长保定绳 3 ～ 4 条。

具体操作

患牛侧卧，保定绳分别固定好前后肢。子宫向右捻转，母牛右侧卧保定，急速牵拉保定绳向右方向翻转母体呈左侧卧，利用子宫重力的惯性，急速翻转母体，子宫不会跟随而复位，简称右右右；子宫向左捻转，母牛左侧卧保定，急速向左方向翻转母体呈右侧卧，简称左左左。翻转一次做一次产道内检查，以防翻过。子宫捻转病例往往宫颈开张不全、胎不正、宫缩乏力，捻转子宫复位后，需立即助产矫正和拉出胎儿。

注意事项

（1）翻转母体时，一定要正确诊断子宫捻转方向。

（2）翻转母体要迅速，头和四肢翻转要协调一致。翻转一次子宫未复位的，将牛体轻轻翻回原位，再急速翻转一次，如此直至子宫复位。

（3）翻转一次，要检查产道一次，以防翻过造成子宫向对侧捻转，并验证诊断方向是否正确。

胎衣剥离术

术前准备

（1）器械与药物　脸盆、注射器、尾绳、来苏儿、高锰酸钾、10% 鱼石脂软膏、土霉素、金霉素粉、2% ～ 5% 奴夫卡因、蒸馏水。

（2）人员　术者 1 人，助手 1 ～ 2 人。

保定

站立保定在牛床上即可。

术式

（1）术者应剪去、磨光指甲，用 1% 来苏儿洗净手臂，用酒精棉擦干，涂 10% 磺胺或鱼石脂软膏。

（2）助手用温的 1% 来苏儿液洗净母畜后躯、胎衣上的粪末，擦干生殖道周围，尾系于牛体一侧。

（3）术者站于母畜臀部左侧，左手握住露于阴门外的胎衣，稍稍拉紧（如无外露胎衣，右手伸入阴道内，轻轻将胎衣向外牵引，或边剥边拉），右手沿胎衣伸入子宫内，触摸到子叶，用拇指或食指沿母子胎盘联系之边缘，向内分离，即可将胎儿胎盘从母体胎盘中分离出来。剥离应自子宫体开始，按顺序向子宫角剥离，严禁手抓住母子胎盘向下揪。这样边分离胎盘，左手边向外拉出胎衣。到子宫角时，右手可将胎衣轻轻向外拉动，子宫角可伴随胎衣的拉动而被拉起，逐个将胎盘分离，胎衣即可脱落。

（4）胎衣全部剥脱后，用金霉素 2 g 或土霉素 3 ～ 4 g 溶于蒸馏水 200 ～ 300 mL，一次灌入子宫内，隔日一次，直到阴道分泌物清亮为止。

注意事项

（1）为便于剥离，对性情不安静或努责强烈牛只，术前可用 2% 奴夫卡因 10 ～ 15 mL，于尾椎穴注射。

（2）为减少对子宫、产道的刺激和感染机会，应注意手臂与阴门的消毒，手不应频频从产道内抽出或伸入。

（3）如胎盘粘连过紧、不能完整地将胎衣剥脱者，可不必强行剥离，应采取子宫内灌入抗生素法。

（4）剥离要完整，不能将胎衣残存于子宫内，故剥脱后应进行检查，如有残留者，应继续剥出。

瘤胃切开术

适应症

本手术适用于大量摄食豆、谷类精料以及难以消化的粗饲料如白薯秧所致的瘤胃积食而经药物治疗无效，误食大量有毒物质所引起的中毒；误食铁钉、铁丝所致的创伤性网胃 - 腹膜炎；塑料袋、尼龙绳在瘤胃内积存引起的瘤胃阻塞，以及泡沫性瘤胃臌胀、瓣胃阻塞等，皆可借助瘤切开术予以治疗。

术前准备

手术用刀、剪、缝针、缝线应经蒸煮消毒。

保定

柱栏内站立保定。

麻醉

腰旁神经传导麻醉。分别于第一腰椎横突前、第二腰椎横突后、第四腰椎横突前，距背中线 5 ～ 7 cm 处，垂直进针 5 ～ 7 cm，再将针抽出 0.5 cm，各点注射 2% ～ 4% 盐酸普鲁卡因 10 ～ 15 mL。

术式

（1）施术部位按常规清洗、剃毛、消毒、麻醉后，盖上手术创巾。

（2）腹壁切开。在最后肋骨和髋结节中间，从腰椎横突的正下方开始作 18 ～ 20 cm 长的垂直皮肤切口，切开腹外斜肌和腹内斜肌的肌纤维直到腹横筋膜，腹膜暴露后用鼠齿镊夹起剪开。腹膜剪开后，空气进入腹腔。

（3）瘤胃切开。瘤胃暴露后，在其四角各用 30 cm 长的粗线穿过浆膜肌层，向外牵引使瘤胃突出体外，瘤胃壁周围和切口之间填塞生理盐水浸湿的纱布，防止内容物经切口流入腹腔。此时，由上而下逐渐将瘤胃壁切开。为了防止内容物流入腹腔内，也可将切开的瘤胃壁用线连续缝合在皮肤切口上。瘤胃切开后，根据不同病因采取相应措施。若是瘤胃积食时，将胃内容物掏出。若怀疑网胃有异物时，手臂通过瘤胃向前下方伸入到网胃内，仔细探摸网胃壁，有无异物刺伤。如探摸网胃壁有尖锐异物，应将其从网胃壁上拔出。术者可带进磁铁入网胃内探查，可将铁钉、铁丝吸在磁铁上最后连同磁铁一起取出。若瓣胃阻塞可将导管由网胃插入瓣胃，将水通过导管注入瓣胃，起到冲洗、软化作用。

（4）缝合瘤胃。提起瘤胃壁四角上的粗线，拆除瘤胃壁与皮肤的缝线后，充分用生理盐水冲洗创口，用生理盐水浸湿的纱布擦干净伤口及周围，连续缝合瘤胃黏膜及黏膜肌层，再将浆膜层用包埋缝合。瘤胃缝合后，擦干净创部并撒布青霉素粉，将其送入腹腔。

（5）缝合腹壁。连续缝合腹膜，腹斜肌结节缝合，修整创面；撒布青霉素粉后，皮肤用结节缝合，最后涂布碘酊。

术后护理

病牛单独饲喂，给以营养好、适口性好的饲料，每日测温 2 次。为防止感染、促进体质恢复可用 5% 葡萄糖生理盐水 1 000 mL、5% 碳酸氢钠液 500 mL、四环素 300 万单位、10% 葡萄糖酸钙 500 mL 一次静脉注射，每日 1 ～ 2 次。

瘤胃冲洗术

适应症

患有前胃疾病如瘤胃积食、瘤胃臌气、瓣胃阻塞、有毒物质所引起的中毒、瘤胃酸中毒等都可采用。

保定

柱栏内站立保定。

器械

（1）开口器，木制，长 220 mm，宽 60 mm，厚 40 mm，中间凿有直径为 40 mm 的圆孔，在开口器的后侧面，距两端 25 mm 处，分别安置 2 个小孔以穿绳用。

（2）胶质洗胃导管，长 2.7 ～ 3 m，直径为 20 ～ 25 mm。

（3）洗胃桶，底部可安一流水嘴。

术式

固定牛只，开口器放进牛的口内，用绳固定于牛角上。术者手持洗胃导管通过开口器的圆孔向瘤胃内插入，当确实插进瘤胃后，若有食糜流出，将其导出，瘤胃不再从管内流出食糜时，连接洗胃桶，使其内的水向瘤胃内灌入，灌入水量 7 000 ～ 10 000 mL，排水。将胃导管向外拔出 20 ～ 30 cm，使胃内容物和水混合后由胃导管内排出，待不流后，将胃导管向胃内推送 20 ～ 30 cm，再将其拔出排液，这样反复多次，如确不再有内容物排出时，作第 2 次灌水，再排水。这样反复的灌水、排水，直到流出液比较澄清，草渣或食物残渣如水洗一样，瘤胃明显空虚为止。

注意事项

（1）保定要确实，洗胃导管插的要确实，操作要细致，不要把咽部、食道损伤。

（2）常水即可，开始冲洗时可以使用凉水，但最后冲洗的水温要保持 38 ～ 40℃。

（3）每次的灌水量不要过多，以免过量使瘤胃的压力过度增大。

（4）为了能促使灌入的水与胃内容物混合，助手可以用手推压腹部，按压瘤胃，以加速胃内容物的排出。

（5）如灌水和导水受阻，是因洗胃导管被瘤胃内容物阻塞所致，此时，可拔出洗胃导管，除去阻塞物后，再向瘤胃内插入，继续操作。

皱胃手术

适应症

皱胃移位、皱胃积食。

术前准备

手术刀、剪、缝针、缝线、碘酊、普鲁卡因、剃毛刀。

保定

柱栏内站立保定。

麻醉

左侧腰旁神经传导麻醉。于第一腰椎横突前、第二腰椎横突后、第四腰椎横突前距背中线 5 ～ 7 cm 处，垂直进针 5 ～ 7 cm，再将针抽出 0.5 cm，各点注射 2% 盐酸普鲁卡因 20 mL。术部用 0.5% 盐酸普鲁卡因 100 mL 作浸润麻醉。

术式

可分左侧、右侧、两侧腹壁切口和腹中旁线切口。

左侧腹壁切口　左侧肋部清洗、剃毛、5% 碘酊消毒。在左腰椎横突下 25 ～ 35 cm、距最后肋骨 6 ～ 8 cm 处，作长 20 ～ 25 cm 垂直切口，切开皮肤、腹肌、腹膜，可见膨胀的皱胃，导出皱胃内的气体和液体。牵引皱胃找到大网膜并将其引至切口处，用长约 1 m 的缝线穿透皱胃浆膜及肌层在皱胃大弯的网膜附着部作褥式缝合打结，带有缝针的一端放于切口处，余端剪去。术者整复皱胃位置后，右手掌心紧握带缝线的针头紧贴左内腹壁向右腹底部延伸，按照助手在右侧腹壁外指示的位置将缝针向外穿透腹壁，助手拔出缝针，慢慢拉紧缝线，使皱胃大弯处网膜贴紧腹壁。再将缝针由原针孔穿入皮下，距针孔 1.5 ～ 2.0 cm 处穿出皮肤，引出缝线，并与原针孔缝线在皮肤处打结、固定。皱胃复位、固定后，腹腔内注入青霉素、链霉素，最后缝合腹膜、腹壁。

右侧腹壁切口　右侧肋部清洗、剃毛、5% 碘酊消毒。在右侧腰椎横突下 15 ～ 20 cm、距最后肋骨 10 cm 处，作长 20 ～ 25 cm 垂直切口，切开皮肤、腹肌和腹膜后，腹腔打开，伸手经直肠下方，向瘤胃左侧纵向附近探查变位皱胃。若皱胃臌气，用带胶管的粗针头穿刺皱胃，气体可随胶管逸出。皱胃胀气消除，检查皱胃与邻近器官有无粘连，如有应细致分离。左手沿瘤胃左侧经瘤胃腹囊下方向右侧腹腔推动皱胃，右手在腹腔内沿瘤胃腹囊下方抓住皱胃并向右侧腹腔牵引，使皱胃至右侧腹部位置。在幽门部上方 8 ～ 10 cm 处，将网膜作一皱褶，用弯圆针带 10 号丝线穿过网膜，与邻近的腹膜、腹肌作纽扣状缝合，连续缝合 4 ～ 5 个纽扣缝合，使大网膜牢固地附着在腹壁上，防止皱胃再次移位。

两侧腹壁切口　术部清洗、剃毛、消毒。先切开左侧肋部，进入腹腔后即可见到左移的皱胃位于瘤胃与左腹壁之间，若皱胃臌气时应立即穿刺放气。此时在右侧较左侧术部稍下 10 cm 处切开右侧腹壁直至腹腔。左侧术者摸到皱胃幽门部并将其与网膜拉出切口，可在皱胃幽门部网膜上或皱胃浆膜层上用长 40 ～ 45 cm 的 12 号丝线在相距 5 ～ 6 cm 处分别固定两针，用消毒纱布将两针包好，同时将皱胃向下按压送至腹腔底部。右侧术者从右侧创口沿腹腔底部握住由左侧按压过来的皱胃，并轻轻地向右侧拉动，由于两侧术者按压和提拉相互配合，使左移的皱胃复位到腹腔右侧。此时，为了固定皱胃，左侧术者将包好的两针在手指保护下带入腹腔，在右侧倒数第 3 或第 4 肋骨下皱胃相应位置上的皮肤上作 5 cm 长

的切口，由内向外穿出腹壁，轻轻地抽紧两线，使皱胃与腹壁紧贴，打结于皮下，然后缝合皮肤。皱胃固定好后，处理两侧腹部切口，按常规缝合。

腹中旁线切口　病牛右侧卧保定，将两前肢与两后肢分别固定，使牛翻转呈仰卧姿势，躯干两侧固定，在距腹中线右侧 5 cm 处向后作 20 ~ 25 cm 切口，切开腹壁直至腹腔。术者手经消毒后，沿腹底伸入左侧腹腔，将左移的皱胃拉到瘤胃下方再拉向创口，确定皱胃幽门部，从幽门管开始，用弯圆针带 10 号丝线穿过皱胃浆膜肌，每隔 3 ~ 5 cm 缝针，直到胃底部共作 5 ~ 6 个缝针，并分别与腹膜、腹直肌缝合，缝合线拉紧打结，将皱胃固定在腹壁切口的右侧，逐层清理创口，最后闭合腹腔。

术后护理

病畜单独饲养，饲喂适口性好的饲料，限制喂量，不要喂的过饱，饲喂量逐渐增加，全身用抗生素 5 ~ 7 d。为增强体质，用 5% 葡萄糖生理盐水 1 000 mL，25% 葡萄糖液 500 mL，10% 葡萄糖酸钙液 500 mL，静脉注射，每日 1 ~ 2 次，连续注射 3 ~ 5 d。病牛在土质地面的运动场自由运动，细心看护，防止滑倒。

实践意义

（1）随着奶牛高产，皱胃移位发生率较高，采用皱胃手术，使其与腹壁粘连、固定，术后通常不影响消化机能，仍能正常妊娠、分娩和泌乳。手术关键在于皱胃固定牢靠，否则，仍有移位复发。

（2）手术中的左侧、右侧和腹中旁线切口，其优点是只作一个切口，能节省手术时间和减少肌肤组织损伤，但在术中对皱胃的探寻、复位和固定的时间远较两侧切口为长。当发生皱胃臌气或粘连时，更难完善处理。两侧切口手术，需时较长，组织损伤较大，但因两侧同时切口，左、右能相互配合，对皱胃臌气或粘连的病例，可在直观下采取放气和分离措施，对皱胃复位确实、方便、可靠。

（3）皱胃移位的疗效在于早期确诊。手术虽然能治愈，但由于病时延长、机体消瘦、全身抵抗力降低，特别是发生皱胃粘连的病例，从生产效益出发，有的牛场认为对体弱、产量低、病时长及年老牛，为减少饲养成本，当确诊为本病后，予以淘汰。加强饲养、减少本病的发生，预防是关键。

剖 腹 产 术

剖腹产术也称剖腹取胎术，即切开母畜腹壁及子宫将胎畜取出的手术。

适应症

母畜过小，产道狭窄；子宫颈开张不全；子宫捻转。胎儿过大，畸形，胎儿姿势、位置严重异常而又无法矫正，分娩过程延长，致使胎儿窒息死亡并引起腐败气肿。

麻醉

有两种方法。

（1）腰旁传导麻醉。于第 1 腰椎横突前、第 2 腰椎横突后、第 4 腰椎横突前，在距背中线 5 ~ 7 cm 处，垂直进针 3 ~ 5 cm，再将针抽出 0.5 cm，各点注射 2% ~ 4% 普鲁卡因 7 ~ 10 mL，约经 10 min 后腹壁神经达到麻醉，麻醉时间可持续 3 h。

（2）盐酸二甲苯噻唑（静松灵）注射。静松灵是一种速效镇静药，具有镇静、镇痛、麻醉及肌肉松弛作用。牛的剂量为 0.25 ~ 1.0 mL/100 kg 体重，肌肉注射。数分钟内使患牛躺卧，达到肌肉松弛、止痛效果，作用可持续 1 h。

保定

左侧卧保定。分别将前肢和后肢拴紧。充分暴露术部。

消毒

尾系于身体一侧。先用温肥皂水将母牛尾部、外阴部、会阴部清洗干净，再用 0.1% 高锰酸钾液或 0.1% 新洁尔灭液冲洗。手术器械洗净，高压或蒸煮消毒。

术部选择

切口大多选择在右侧腹壁髋结节下角至脐孔的连线上，也可沿肋弓后缘距离 3 cm 处切开。切口一般长达 35 ~ 50 cm（图 1-4）。

图 1-4　剖腹产术部切口

术式

（1）切开腹壁。术部确定后，用 5% 碘酊涂布，切开皮肤，依次分层切开腹外、腹内斜肌直至腹膜。用鼠齿镊夹起腹膜先切一小口后再切开腹膜。

（2）拉出子宫。腹膜切开后，术者手臂沿腹壁伸入腹腔内，紧贴腹壁将子宫向上托起，切开遮盖于子宫上的网膜，充分暴露子宫。子宫和切口之间填塞大块灭菌纱布，以防止肠管及网膜脱出。隔子宫壁抓住胎儿肢体某部，连同胎儿将子宫缓慢拉出于腹壁切口之外。已拉出切口的子宫上覆盖生理盐水浸湿的纱布。

（3）切开子宫。在拉出的孕角子宫大弯处先用线固定，以便能清除其边缘和缝合，然后再纵行切开子宫壁，切口长度以能拉出胎儿为宜。切开时应一次切透子宫壁，遇到血管应预先结扎。切口不应过小，否则不利于拉出胎儿，且易撕裂子宫。

（4）拉出胎儿。胎膜切开后，可使部分胎水排出，术者抓住胎儿向外拉，同时向外牵引子宫，以防止胎水流入腹腔。胎儿拉出后，如果还能存活，应采用人工呼吸，断脐。

（5）剥离胎衣。胎儿拉出后，尽可能将胎衣剥离干净，如难以剥离，不要强行剥离。可用温生理盐水反复冲洗子宫，然后在子宫内撒布土霉素粉 5 g。

（6）缝合子宫。子宫进行再次缝合。先用肠线或丝线行全层连续缝合，再进行浆膜肌层包埋缝合。缝合时切口创缘对齐吻合，缝针与创缘距离要适当，缝线应拉紧，防止发生空隙。子宫缝合后，用温生理盐水充分洗净暴露的子宫、创口处撒布青霉素粉 160 万 ~ 320 万单位。术者将子宫还入腹腔，并使子宫位置恢复正常。

（7）缝合腹壁。轻轻提起腹膜，用连续缝合法缝合腹膜。当各层肌肉为分层切开时，可用结节或连续缝合法将各层肌肉缝合，肌肉创面撒布抗生素粉，最后用结节缝合皮肤。术部涂以碘酊并装置结系绷带。

术后护理

包括以下几个方面：①加强饲养管理，创造必要的环境条件，饲喂富含营养而易消化的饲料，促使患牛体质恢复。②每日检查全身状况 2 次。为防止术后感染，全身用四环素、庆大霉素治疗数天。对食欲不振牛只，可用 5% 葡萄糖生理盐水 1 000 mL、25% 葡萄糖液 500 mL、5% 碳酸氢钠液 500 mL、10% 葡萄糖酸钙液 500 mL，一次静脉注射，每日 1 ~ 2 次。对胎衣不下牛只防止中毒性休克。用土霉素 4 g、生理盐水 300 mL 溶解后灌入子宫，每日或隔日一次，必要时可用抗休克药氢化可的松琥珀酸钠或氢化可的松，剂量为 2 ~ 6 g/d，分 2 次静滴，静滴时以 5% 葡萄糖生理盐水溶解后使用。③术后子宫粘连是常见的并发症，为了防止施术子宫角纤维素性渗出物和减少腹壁粘连的危险，术后 15 d 对母牛应进行直肠检查，尚可采用腹腔内注入抗生素。

乳房内输注法

适应症

治疗和预防乳房炎。

术前准备

准备好消过毒的导乳针，100 mL 注射器，70% 酒精，治疗乳房炎药品（包括抗生素）。

术式

（1）用温的清洁水洗净乳房，挤净患区炎性乳汁。

（2）用 70% 酒精棉球擦拭乳头与乳头末端，轻轻将导乳针从乳头口插入。

（3）将吸好药液的注射器接通导乳针，慢慢地将药物推入乳房内。也可用青霉素、链霉素，用蒸馏水 30 ～ 50 mL 稀释，吸入注射器内，再注入乳房内。

（4）药液注完后，抽出导乳针，用 70% 酒精擦拭乳头，轻轻地按摩乳头和乳房。

注意事项

（1）操作时应保定好奶牛，防止牛踢。

（2）药液以 50 ～ 100 mL 为宜，药量不应过少。

（3）每次注射药物时，必须洗净乳头，挤净炎性乳汁，再缓缓注药。

（4）每日 2 ～ 3 次，每挤完 1 次，随即注入药物 1 次。

子宫冲洗法

适应症

适用于慢性子宫内膜炎、子宫蓄脓、子宫积水等。

术前准备

（1）器械与药品　吊桶、脸盆、导管、高锰酸钾、来苏儿、金霉素或土霉素、蒸馏水及温开水。

（2）人员　术者 1 人，助手 1 ～ 2 人。

术式

用温开水配制 0.1% 高锰酸钾液或 0.5% 食盐液盛于吊桶内，保定好母牛，助手托起牛尾，术者手臂、母牛会阴部消毒后，将手伸入阴道，并将导管经子宫颈口插入子宫；管的另一端与吊桶管接通。打开吊桶开关，药水经导管流入子宫，当药液流入子宫 200 ～ 300 mL 时关闭开关，将与吊桶相接的导管断开；术者将导管上下、左右活动，把子宫中的药液导出；将子宫中的药液全部导出之后，再将导管与吊桶接通，打开开关，使药液再流入子宫，然后再按上法导出。如此反复几次，直到洗净子宫为止。最后灌注抗生素。

注意事项

（1）手臂、导管及牛的会阴部要严格消毒。

（2）不应使用过硬的导管，在子宫内活动导管时应缓慢，切勿因粗鲁将子宫穿破。

（3）每次流入子宫的药液，一定要全部导出。

（4）根据临床观察，采用子宫冲洗法虽能将子宫中的恶露冲出，但子宫因受机械刺激可能引起子宫黏膜发炎，有时导管能将黏膜吸出并流血。如果消毒不严，反而会增加子宫感染机会。特别是在胎衣剥离后，若用大量液体冲洗子宫，奶牛往往会出现拱腰、举尾、体温升高、食欲废绝、产乳量下降及全身反应。因此，除严重的慢性子宫内膜炎病例外，一般不宜采用冲洗法。

输血疗法

适应症

本法适用于以下疾病：

（1）急性大出血　如创伤、严重挫伤、大面积烧伤、严重腹泻、内脏破裂所引起的出血。

（2）中毒性疾病　如农药中毒、霉败饲料中毒及化学物质引起的中毒。

（3）血液病　如血友病、再生障碍性贫血。

输血准备

（1）血液来源　选用年轻体壮、无传染性疾病的奶牛血液。用 20% 枸橼酸钠，量 35 mL/L 装入瓶中，静脉采出的血自动流入瓶中，轻轻旋动瓶子，使血液与抗凝剂充分混合。

（2）交互配合实验　即选择相同血型。检查用玻片法。取双凹玻片 1 块，加受血牛血清 1 滴；置于左侧玻凹内，再加供血牛 50% 红细胞悬液 1 滴；取供血牛血清 1 滴，置于右侧玻凹中，加受血牛 50% 红细胞悬液 1 滴，分别用小玻棒搅匀，置 20℃下 15 min，若不发生溶血，判为阴性，0.5 h 后再观察有无凝血、溶血现象，无溶血、凝血者，即可应用。

输血方法

静脉注射输血。输血量：犊牛 80 ～ 100 mL/kg 体重，成年牛为 60 ～ 70 mL/kg 体重。

注意事项

（1）严格无菌操作，防止细菌感染。血液收集与处理的用具应严格消毒。为防止感染，血中可加入抗生素，其用量为每 100 mL 血液内加青霉素、链霉素各 25 万单位。

（2）首次输血量要大、要足，尽量避免重复输血，以减少牛的输血反应。

（3）及时观察牛只反应，输血速度应缓慢，若牛出现呼吸困难，肌肉震颤，荨麻疹，黏膜、皮肤水肿，心动过速，立即停输。必要时，可用肾上腺素肌肉注射解救。

（4）血液应是新鲜的。为防止机体血钙下降，必要时，用 10% 葡萄糖酸钙液 500 ～ 1 000 mL，静脉注射。

糖钙疗法

糖钙疗法是指将葡萄糖、钙制剂同时用于牛体，治疗和预防奶牛疾病的方法。

葡萄糖的作用

（1）供给能量、补充血糖。葡萄糖是机体重要的能量来源，在体内氧化代谢中放出能量，以供机体各种活动的需要。反刍动物体内 90%以上的葡萄糖是由糖异生供给，在过食或饥饿时，肝脏都释放葡萄糖。当奶牛消化机能减退、食欲降低时，由于糖原先质缺乏，致使糖异生受阻，血糖下降。因此，当奶牛发生酮病、妊娠毒血症时，葡萄糖不仅具有供给能量、增强机体抵抗力等作用，同时还有补充血糖的作用。

（2）解毒。肝脏是机体的主要解毒器官，其解毒能力的大小与肝内糖原含量有关。肝脏的部分解毒功能，是通过葡萄糖氧化产生的葡萄糖醛酸与毒物结合，或依靠糖代谢的中间产物乙酰基的乙酰化作用而使毒物失效，故葡萄糖具有解毒保肝作用。

（3）强心、利尿。葡萄糖可供给心肌能量，从而能增强心脏功能。大量输入葡萄糖溶液时，由于体液容量的增加，部分葡萄糖自尿中排出，同时也带出水分，从而可产生渗透性利尿作用。

（4）扩充血容量、消除水肿。等渗葡萄糖溶液输入体内后，葡萄糖很快被吸收、利用，可补充血容量。在瘤胃酸中毒及其他脱水性疾病时常用高渗性葡萄糖溶液（50%）大量输入体内，可提高血浆渗透压，吸收组织水分入血，葡萄糖经肾脏排出时带走水分，从而可消除水肿，多用于肺水肿、脑水肿。

钙的作用

钙为细胞外液的阳离子，体液中含量很少。体内的钙 99% 以骨盐形式存在于骨骼中，其余少量主要存在于细胞外液。血清中的钙有 2 种形式，即结合钙和游离钙，两者处于动态平衡以维持恒定的血钙浓度。临床使用钙的作用如下：

（1）补充血钙，提高血钙浓度。奶牛每日从奶中排出大量钙，日粮中钙含量不足、钙利用率过低以及钙、磷比例不当等，都会造成奶牛缺钙现象，临床出现骨软症、产后瘫痪、胎衣不下等。补钙能提高血钙浓度，因此可防止或减少上述疾病的发生。

（2）增强机体神经、内分泌系统机能。钙制剂可刺激和调节细胞发育及生理活性，增强交感神经及网状内皮系统的机能，增强心肌的活动，提高免疫力，为奶牛强壮剂。

（3）消炎。使用钙制剂后，机体白细胞增多，单核细胞比例增大，吞噬作用增强，减少了炎症病灶内细菌及毒素的吸收和转移性病灶发生的危险性。

适应症

适用于预防和治疗酮病、骨质疏松症、产前前胃弛缓、产后前胃弛缓、产前产后瘫痪、胎衣不下等病。

用量与用法

20% ～ 40% 葡萄糖溶液 500 mL、20% 葡萄糖酸钙 500 mL（或 10% 葡萄糖 500 mL、3% 氯化钙 500 mL），静脉注射，每日 1 次或 2 次。

使用要点

（1）临产前　奶牛出现食欲不振或废绝，心跳、体温正常时可用糖钙疗法：一能促进食欲；二能加强子宫阵缩，促进分娩；三能预防产前、产后瘫痪的发生，加速胎衣的脱落。

（2）产后　牛表现食欲不振或废绝，心跳、体温正常，有前胃弛缓症状时可用糖钙疗法。对已发生瘫痪的牛，可起治疗作用；对未瘫痪的牛，可防止瘫痪，增强食欲，促进胎衣的脱落、子宫的恢复与恶露排出。

（3）泌乳阶段的牛　日产奶量在 25 kg 以上，心跳、体温正常，食欲降低或废绝，突然或持续性降乳，步行不稳时，可用糖钙疗法，既可促进食欲，又可提高产奶量。

碳酸氢钠疗法

高产奶牛的日粮普遍存在高能量、高蛋白的水平。由于饲料浓度增高，精料比例增大，伴随而来的是奶牛消化机能紊乱、瘤胃酸中毒、酮病及皱胃移位发病率升高。为了缓解精料过高对瘤胃内环境及全身代谢的影响，碳酸氢钠疗法已为奶牛场广泛使用。

碳酸氢钠的作用

碳酸氢钠是一种具有缓冲作用的物质，可维持机体内的酸碱平衡。内服或静脉注射后，能直接增加机体的碱贮量。对正常的机体，由于碳酸氢钠的排泄增加而碱化尿液；当发生代谢性酸中毒时，碳酸氢根离子与氢离子结合成碳酸，再分解为水和二氧化碳，后者从肺排出体外，致使体液中氢离子浓度降低，代谢性酸中毒得以纠正。

碳酸氢钠具有高度的抗毒作用，它能提高病畜的碱贮，动员机体的防御能力，增强呼吸力及心脏活动，使血压增高，同时它可促使炎性水肿消散，加速化脓过程的局限化。

适应症

主要用于酸中毒，其作用迅速，疗效确实，也常用于败血症及化脓性感染。

用法与用量

静脉注射 碳酸氢钠作静脉注射，将药物配成5%的浓度，配制前将容器及水等加热消毒，再加入纯净的碳酸氢钠，配制后不能煮沸消毒。注射量，成年牛每次500～1 000 mL，每日1～2次，连续3～5 d。

注意事项如下：

（1）碳酸氢钠对局部组织有刺激性，注射时勿漏出血管外。

（2）对有心脏衰弱、急性或慢性肾功能衰竭、缺钾或伴有二氧化碳贮留的病畜，应慎用。

（3）随时观察机体酸中毒的改善情况，定期测试尿液的pH，根据尿液pH变化，再确定是否继续补碱及补充的数量，防止应用过量而导致代谢性碱中毒的发生。

日粮中添加 按混合日粮（精饲料＋粗饲料）计，碳酸氢钠用量为0.7%，按总干物质计，用量为1.5%，按混合料计，用量为1.5%～2.5%。先与精饲料混匀后与粗饲料一起饲喂或拌于精饲料中直接饲喂。日粮中加入碳酸氢钠后，对奶牛产奶量、乳脂率、采食量都有影响。

（1）对产奶量的影响　在40%玉米青贮、60%精饲料（按干物质计）的平衡日粮中，用1.5%的碳酸氢钠和0.8%氧化镁混合饲喂奶牛，能提高氮在体内的贮留量，被机体利用，日平均产奶量增加3.8 kg。

（2）对乳脂率的影响　奶牛饲喂高精料、低粗料日粮后，瘤胃中乙酸减少而丙酸比例增多，乳脂的生成受到抑制，乳脂率下降。在高精料、低粗料的日粮中，加入2.5%碳酸氢钠和1%氧化镁后，动脉血中肝磷脂可沉淀蛋白（HPLP）增多，而脂肪含于HPLP之中。乳脂的增多，显然是由血脂向乳脂转换增加所致，也是由于瘤胃中乙酸百分数增大、丙酸百分数减少所致。

（3）对采食量的影响　碳酸氢钠有促进食欲、提高采食量的作用。在日粮为50%精饲料、50%玉米青贮中加0.8%碳酸氢钠饲喂奶牛，每日每头奶牛总进食量增加2.1 kg，在泌乳初期，不仅能促进食欲，而且能增进消化。

磺胺类药物疗法

根据磺胺类药物的吸收溶解及特殊作用可分为全身和局部2种。适用于全身的有磺胺嘧啶、磺胺二甲基嘧啶、磺胺噻唑及氨苯磺胺，适用于肠道疾病的有磺胺胍。氨苯磺胺对链球菌，磺胺噻唑对溶血性链球菌都很敏感。

对磺胺类药物敏感的病原菌，它们在生长和繁殖过程中都需要从环境中获取对氨基苯甲酸合成叶酸，叶酸是参与某些酶系统活性的化合物。对氨基苯甲酸不能由细菌合成，当它缺乏时，细菌体内叶酸含量不足，因而会影响细菌的生长繁殖。磺胺类药物在化学结构上和对氨基苯甲酸相似，当病原菌周围环境中同时存在着一定量的磺胺类药物时，细菌将摄取磺胺类药物以代替对氨基苯甲酸并将其置于自身的酶系统内，由于磺胺类药物不能维持细菌酶系统的活性，使其正常的代谢过程受到干扰，从而停止了生长和繁殖。由此可见，磺胺类药物的作用不是直接杀灭病原细菌，而是在有机体的参与下使病原菌的代谢发生改变，抑制病原菌的生长繁殖，并在机体保卫系统的吞噬、溶菌等作用协同下消除细菌的侵害。

适应症

磺胺类药物配合其他疗法在治疗奶牛疾病，特别是在败血症的早期，常用于治疗支气管肺炎、胸膜炎、腹膜炎及胃肠道和泌尿系统的炎症。

使用的原则

（1）为了获得良好的治疗效果，必须早期用药。

（2）由于药物种类、疾病的性质以及其他因素不同，治疗时用药剂量的大小、每日投药的次数和疗程长短亦有所不同；在疗程的开始，药物给量必须要大，以后逐渐减小。

（3）口服磺胺类药物时，应同时配合使用碳酸氢钠。

（4）随时注意药物疗效，当药物疗效不显著时，应配合使用青霉素或改换其他药物；当发现使用磺胺类药物后有副作用的征候时，应立即停止用药。

临床应用

磺胺类药物在兽医临床上的应用没有抗生素那样广泛，但由于具有抗菌谱广、使用方便、性质稳定等特点，对奶牛乳房炎、子宫内膜炎、犊牛肺炎、肠炎和球虫病都有一定的治疗效果。用磺胺类药物治疗奶牛疾病的方法和药量见表 1-2。

表 1-2　几种奶牛疾病的磺胺类药物治疗

疾病	病原	药名	缩写	内服剂量（g/kg 体重）		用药间隔时间（h）	备注
				首次用量	维持量		
乳房炎	链球菌 大肠杆菌 金黄色葡萄球菌	磺胺 -6- 甲氧嘧啶 磺胺甲基异噁唑 磺胺异噁唑	SMM SMZ SIZ	0.05 ～ 0.1 0.14 ～ 0.2 0.14 ～ 0.2	0.025 ～ 0.05 0.07 ～ 0.1 0.07 ～ 0.1	12 ～ 24 8 ～ 12 6 ～ 8	10% 钠盐每个乳室内注入 20 ～ 50 mL
肺炎	巴氏杆菌 链球菌 支原体	磺胺嘧啶 磺胺噻唑 磺胺甲基异噁唑 磺胺 -6- 甲氧嘧啶	SD ST SMZ SMM	0.14 ～ 0.2 0.14 ～ 0.2 0.14 ～ 0.2 0.05 ～ 0.1	0.07 ～ 0.1 0.07 ～ 0.1 0.07 ～ 0.1 0.025 ～ 0.05	12 6 ～ 8 8 ～ 12 12 ～ 24	
肠道感染	沙门氏菌 大肠杆菌 魏氏梭菌	磺胺脒 磺胺二甲嘧啶 酞磺胺甲氧嗪 琥磺噻唑	SG SM_2 PSMP SST	0.14 ～ 0.2 0.14 ～ 0.2 0.14 ～ 0.2 0.14 ～ 0.2	0.07 ～ 0.1 0.07 ～ 0.1 0.07 ～ 0.1 0.07 ～ 0.1	8~12 24 24 8~12	每日 1~2 次，连用 3 d
子宫炎	大肠杆菌 绿脓杆菌 葡萄球菌	磺胺 -6- 甲氧嘧啶 磺胺 -5- 甲氧嘧啶 磺胺甲氧嗪	SMM SMD SMP	0.05 ～ 0.1 0.05 ～ 0.1 0.05 ～ 0.1	0.025 ～ 0.05 0.025 ～ 0.05 0.025 ～ 0.05	12 ～ 24 24 24	用 10% 溶液 40 ～ 50 mL 注入子宫，每日 1 次，连用 3 次
球虫病	球虫	磺胺脒 磺胺二甲嘧啶 周效磺胺 磺胺 -6- 甲氧嘧啶	SG SM_2 SDM SMM	0.14 ～ 0.2 0.14 ～ 0.2 0.05 ～ 0.1 0.05 ～ 0.1	0.07 ～ 0.1 0.07 ～ 0.1 0.025 ～ 0.05 0.025 ～ 0.05	8 ～ 12 24 24 12 ～ 24	内服 7 ～ 14 d，或连服 3 d，停 1 周，共用 3 周

抗生素疗法

抗生素是用发酵、合成或半合成的方法生产的，对病原体具有高度的选择性毒性，能杀灭侵袭机体的病原体，而对宿主细胞无明显毒性的物质。

抗生素的作用机制

抗生素的作用机制非常复杂，目前认为有以下几种类型：

（1）抑制细胞壁的合成。在细菌的细胞膜外有一层坚韧的细胞壁，可保护细菌不受机械损伤，维持细菌特有的外形，承受很高的内渗透压。如果损伤或通过溶菌酶去除细菌细胞壁，由于内外渗透压差，可使细胞膜破损，产生溶菌现象。

（2）损害细胞膜。所有生物细胞的细胞质都有一层外膜围绕着，称为细胞膜。其功能是对低分子物质如氨基酸、糖和无机盐等起选择性渗透屏障作用，以调节细胞内的成分；膜中尚含有多种酶，是能量代谢、生物合成其他细胞成分的地方。抗菌药物可使细胞膜损害，细胞内可溶性物质如嘌呤、嘧啶核苷酸和蛋白质逸出，引起菌体破裂而死亡。

（3）抑制蛋白质合成。细菌蛋白质的合成是在各种有关酶的参与下进行的。某些抗生素的抗菌作用是干扰细菌蛋白质的合成，其中在适当浓度作用下使敏感菌停止繁殖而不死亡；杀菌性抗生素与敏感菌接触后，使细菌细胞内的成分外逸而迅速死亡，其杀菌作用是使细菌生成异常蛋白质的结果。

（4）抑制核酸的合成。核酸分脱氧核糖核酸和核糖核酸 2 类。有许多抗菌药的作用就是抑制核酸的合成，使细菌细胞的很多重要功能如三磷酸腺苷活性、电子传递、呼吸等受到抑制。

（5）竞争性抑制、干扰细菌的中间代谢。抗生素能争夺细菌代谢中的酶系统而达到抑制细菌生长的效果。例如：在青霉素的作用下，细菌体内发生显著的变化；青霉素能破坏葡萄球菌核蛋白代谢和由外界摄取某些氨基酸的能力，低浓度的青霉素使葡萄球菌丧失摄取谷氨酸的特性。

细菌耐药性的产生

细菌的耐药性是细菌对抗菌药物产生适应性或发生基因突变的结果，所获得的耐药性可以传给子代，也可通过转移方式由耐药菌株传播给敏感菌。细菌适应性是指细菌在接触药物中出现的耐药性，它是由于在药物作用下原存在耐药基因的耐药菌株继续生长繁殖、敏感菌株被淘汰而产生的。也可能是由抗菌药的诱导，促使在细胞内存在的为药物失活酶编码的基因解除抑制，从而合成大量失活酶而出现耐药性的过程。除此之外，细菌为了适应不利环境，还有非特异性的适应生存机制，例如有些细菌在不利环境中形成芽孢，对日照、营养缺乏、机械损伤和药物作用均有较强的抵抗力。

适应症

适用于细菌感染所引起的炎症。由于对细菌敏感性不同，抗菌药物可分抗革兰氏阳性菌、抗革兰氏阴性菌和广谱抗生素。现将临床使用的抗生素列于表 1-3，供临床兽医参考。

表 1-3　临床常用的几种抗生素的作用及用法

类别	药物	剂量	作用	备注
抗革兰氏阳性菌	青霉素 G 氨苄青霉素 先锋霉素类（头孢菌素） 红霉素 泰乐菌素	4 000 ～ 8 000 IU/ kg 体重 犊牛 1 万 ~15 万 IU/ kg 体重，8 ～ 12 h 1 次 2 ～ 7 mg/kg 体重，2 次 /d 2 ～ 4 mg/kg 体重，2 次 /d 4 ～ 10 mg/kg 体重	主要对多种革兰氏阳性菌和少数革兰氏阴性菌有抗菌作用，常用于乳房炎、炭疽、气肿疽、肺炎、放线菌、坏死杆菌、钩端螺旋体、犊牛白痢、巴氏杆菌、绿脓杆菌	牛乳房（每个乳区）注入 20 万 ~30 万 IU，每日 2~3 次；红霉素用 5% 葡萄糖稀释

续表 1-3

类别	药物	剂量	作用	备注
抗革兰氏阴性菌	链霉素 卡那霉素 庆大霉素 新霉素 多黏菌素 B、E	10 mg/kg 体重，2 次/d 5~15 mg/kg 体重 1 000~1 500 IU/ kg 体重 8~15 mg/kg 体重 10 000 IU/kg 体重	对革兰氏阴性菌的抗菌作用强，常用于结核分枝杆菌、布氏杆菌、巴氏杆菌、大肠杆菌、沙门氏菌、产气杆菌和某些葡萄球菌	
广谱抗生素	金霉素 土霉素 四环素 强力霉素 合霉素	每日 5~10 mg/kg 体重 每日 5~10 mg/kg 体重 每日 5~10 mg/kg 体重 每日 5~10 mg/kg 体重 每日 20~60 mg/kg 体重	对革兰氏阳性、阴性菌有抑菌作用，较大剂量有杀菌作用，用于衣原体、支原体、立克次氏体、放线菌、原虫、大肠杆菌、沙门氏菌、巴氏杆菌、肺炎双球菌、棒状杆菌等	金霉素临用前用 5% 葡萄糖溶液适量使成悬液，注入输液瓶内用力振摇，使之完全溶解

注意事项

细菌对抗菌药物所产生的耐药性，现已引起普遍重视。因此，临床使用抗生素时应注意以下几点：

（1）针对病原菌选择敏感性高的抗菌药。有条件的，应在使用药物前进行药敏试验，根据药敏试验结果再选择所用抗生素，严禁滥用抗生素。

（2）严格掌握每种抗生素的使用剂量和疗程。剂量不可过大或过小，疗程也不能过短或过长。

（3）注意交叉耐药性。细菌获得的耐药性有其特异性，即对特定的一种抗菌药物有抗性。交叉耐药性多见于具有相同抗菌作用点或有隶属关系的一类药物之间，它们的化学结构相近似，如链霉素与卡那霉素、新霉素，四环素族各种抗生素间，都存在交叉耐药性。

药物的残留

牛乳既是奶牛的生产产品，又是人类生活中的营养丰富的食品，因此牛乳的品质直接与人类健康有关。

值得注意的是：在应用药物治疗牛病时，无论是口服、注射或其他途径，药物都能通过血液循环进入乳中，如在治疗乳房炎时从乳头注入药液，药物可直接混入乳中。因此，药物的残留、牛乳废弃时间等问题，在公共卫生、食品卫生都是十分重要的，应引起高度重视。兽医在治疗用药时，不仅要有适当的用药计划，而且要遵守弃乳时间（表 1-4）。

使用药物时应注意的事项

（1）用药前，仔细阅读药物说明标签，按标签上注明的家畜种类用药。

（2）注意药瓶标签的有效期，特别是抗生素类药物都有失效期，过期者不能再用。

（3）药物剂量是否能达到疗效。应根据奶牛的体重大小和生理状况（妊娠与否）选择适当的剂量。用药过量会造成残留量超标，有的还会引起中毒。

（4）药物作用不仅与剂量、剂型有关，还与给药途径有关。给药途径不同或给药途径错误，不仅使药物无效、产生不良反应或增加体内的药物残留量，还可能引起家畜死亡，故应采取正确的给药途径。

（5）注射用药时，应选择合适的注射针头和注射部位。所用针头和注射部位不正确，可引起家畜组织损伤、药效降低和药物残留量增高。

（6）使用添加药物的饲料时，要全面检查所有注意事项，特别要看标签说明。作为饲料中的添加剂，抗菌药物的浓度很小，但往往由于滥用，使饲料中的药物过多，既造成了药物的浪费，又增加了耐药菌株形成、药物残留和毒性反应的机会。添加药物的饲料，应有适当的停药时间，停药期间不能喂含有药物的饲料，以免造成高残留量。

表 1-4　奶牛临床用药的弃乳时间及停药时间

生理阶段	药物名称	给药途径	弃乳时间 (h)	停药时间 (d)
非泌乳期	土霉素	注射	—	15
	磺胺二甲氧嘧啶	口服	—	7
泌 乳 期	磺胺二甲嘧啶	口服	96	10
	磺胺二甲氧嘧啶	口服	60	7
	磺胺异噁唑	口服	96	10
	普鲁卡因青霉素 G	注射	72	5
	磺胺二甲氧嘧啶	注射	60	5
	磺胺二甲嘧啶	注射	96	10
	红霉素	注射	72	2~14
	青霉素及新生霉素	乳房注入	72	15
	青霉素 G	乳房注入	84	4
	邻氯青霉素	乳房注入	48	10
	呋喃西林	乳房注入	72	未定
	盐酸土霉素	乳房注入	72	未定
	新生霉素	乳房注入	96	30

（7）为了保证乳及乳制品的安全，不危害人体健康，牛乳和动物在上市和屠宰前应按规定停药。要准确计算屠宰前停药时间和弃乳时间，这一时间应从最后一次用药开始计算。

（8）对所用药物应有准确记录，并在每一次诊治时做详细病志。

第二章 传 染 病

Infectious Diseases

传染病的感染途径及控制原则

Contagious Channels and Control Principles of Infectious Diseases

传染病控制意义

传染病的发生是由病原微生物、传播途径和易感动物（奶牛）3 个环节所组成，缺一不可。舍饲奶牛，由于受其特定的环境所决定，以及近年来兽医防疫工作的加强，因此，一般来讲，牛场内传染性疾病流行较少。

值得注意的是，随着奶牛引进的频繁，全国各地大量从国外引进奶牛（包括公牛和母牛）、精液和胚胎，奶牛传染病如口蹄疫、结核病、布氏杆菌病以及牛传染性鼻气管炎、牛病毒性腹泻 - 黏膜病和其他传染病，在不少地区、不少牛场的奶牛中已有流行，并给生产造成了一定损失。然而，在生产中发现，有的牛场对传染病危害性认识不足，认为部分牛感染了传染病，当牛群体况改善后可自然康复；有的牛场发生传染病后，不进行诊断，即使引起生产性能下降，也未采取积极措施予以控制，任其在牛群中传播；加之流通领域扩大，奶牛及其产品（牛奶、牛肉）长距离运输，奶牛传染病扩散的潜在危险性也随之增加。

对牛传染病的控制，国外提出了“生物安全”（biosecurity）的概念。所谓生物安全，就是采取系列措施来防止病原体和其他有害物的局部或大面积传播（Gillespie,2000），其最终目的是保护人类的食物链。调查发现，当牛群感染结核病和布氏杆菌病，若消毒不严，通常由于不小心摄入已被病原体污染的食物而造成人的感染。因为这些病原体具有人畜共患性，从牛群健康角度而言，Sanderson（2000）指出，生物安全则是预防有潜在威胁的病原体或毒素感染，保证牛群健康或保证乳汁安全和质量。因此，控制传染病的发生，严格实施“生物安全计划”，具有重要的实际意义。

（1）提高牛场生物安全意识，加强预防措施，使已存在的传染病得到控制，并预防新的传染病的流行。牛群健康水平得到提高表现在繁殖性能和生产水平提高；减少药物（例如抗生素和驱虫药）的使用，并相应降低耐药性病原体出现的危险；减少奶牛淘汰率，延长利用年限，有效利用资源，使单位牛群的饲养效益显著提高。

（2）严格生物安全措施，加强疫病检疫，限制从其他国家、地区进口亚健康牛只和不良奶制品，将会使牛群免遭特定传染病的威胁；对健康牛群，则将能扩大出口市场。

（3）牛场生物安全为人类提供安全的食物链。与食品安全相关的疾病结核病、布氏杆菌病与人的结核病、布氏杆菌病相关。牛副结核与人的克罗氏病（Corn’s disease）表现为类似的病理特征。牛副结核分枝杆菌可在患者的肠内分离获得（Hermon-Laylor, 2000）。在该病感染后期，由于菌血症的发生，致使病牛所产的奶和肉中都含有该细菌，一些食用牛奶者已受到该菌感染。基于此，为了防止食品对人类健康的潜在性威胁，奶牛场应采取严格的生物安全措施，彻底控制影响食品安全的疾病。

传染病感染途径

病原体可通过多种途径感染牛群，具体如下：

（1）与病牛或隐性感染牛的直接接触。健康牛直接舔病牛外生殖器或与皮肤相互摩擦，可感染布氏杆菌病、钱癣。牛感染了 I 型疱疹病毒、牛病毒性腹泻 - 黏膜病病毒等，不表现出临床症状，呈隐性感染，与健康牛接触，可使其感染这些疾病，或将这些疾病传给其他牛场。

（2）饲喂或饮用已被病原体污染的饲料或饮水。病牛的分泌物、排泄物，如唾液、鼻液、乳汁、粪、尿、胎衣等含有大量病原体，当污染的饲料或饮水被牛食入可通过消化道感染发病。

（3）机械传播。通过人员流动，包括不同牛场的工作人员，如挤奶工、饲养员、技术员及兽医，以及运输车辆和牛场工具等，可将疾病传给不同牛群的牛只。

（4）空气传播。在舍饲牛场，牛舍狭小，空气不流通，牛群拥挤，病牛打喷嚏或咳嗽出来的上呼吸道的水分微滴通过呼吸道而将病传播。灰尘粒子中含有口蹄疫病毒时，奶牛吸入了带毒尘埃，可通过空气传播而感染。

（5）通过吸血昆虫、家畜及其他动物传播。通过蚊、蝇、蜱叮咬而传播的病有流行热、附红细胞体病。通过山羊、绵羊传播的病如牛布氏杆菌病、口蹄疫。通过犬的咬伤而使牛患狂犬病等。

传染病控制原则

生物安全中，人类健康是最重要的方面。兽医的首要职责就是保护人类食用动物安全，因为疾病会影响动物产品的食用安全性，降低动物的生产性能和损害动物福利 (Barrett，200la)。为了有效地预防和控制传染病的发生、流行和蔓延，应遵循以下控制原则。

（1）加强防疫消毒，控制非牛场人员和车辆进入牛场。制定相应措施减少因人员和车辆进出牛场而引起的病原体扩散。

（2）加强监测，掌握牛群健康状况。定期进行结核病、布氏杆菌病检疫。对明显影响生产出现的问题，如流产、腹泻、跛行等群发现象以及隐性感染无临床症状牛，不管是个体还是整个牛群，都需进行诊断性检测，尽可能地确诊疾病传染情况。

（3）采取封闭式饲养。坚持自繁自养原则，不引进其他牛，杜绝与外场牛接触。人工授精和胚胎移植引入优良遗传基因，使疾病发生危险最小化。需引进牛时，应在无特定疫病牛场购牛。引入前，应进行隔离检查，健康者才能入场。

（4）加强饲料运输、贮存和保管，确保饲料和饮水免受污染。

（5）控制牛与其他动物直接或间接接触。严禁其他家畜及畜产品入场。加强灭蚊、蝇、鼠和蜱的工作。

（6）制定并执行疫病控制方案。制定合理的生物安全计划并坚决贯彻，定期检查。

（7）定期进行疫苗接种。为了防止疫病的发生，保证牛只健康，可采用疫苗注射。

口 蹄 疫
Foot and Mouth Disease

口蹄疫也叫口疮热和流行性口疮，是由口蹄疫病毒所引起的偶蹄动物的急性、具高度传染性的疾病。其临床特征是口腔（舌、唇、颊、龈和腭）黏膜和蹄、乳头与乳房的皮肤上形成水疱，甚至糜烂。

口蹄疫在许多国家曾大批流行，因其扩散快，流行广，引起肉、奶和其他动物的减产等所造成的危害是极其严重的，因此为世界各国所普遍重视。

历 史

1514 年，Fracastorius 描述了意大利暴发的一次口蹄疫，之后，欧洲大陆曾多次流行本病。

1807 年，美国第一次流行，到最后一次的 1929 年止，其间流行过 9 次，每次都要扑杀感染动物。

1898 年，Loffler 和 Frosch 确定了口蹄疫病毒。

1946 年，墨西哥发生本病，使用疫苗约 6 000 万份，扑杀牲畜近 100 万头。

1951—1952 年，加拿大西部曾有一次小规模的暴发，引起了美国的极大关注。

1967—1968 年初，英格兰口蹄疫流行波及 2 300 多间畜舍，损失牲畜 43 万头。

1971 年，非洲 30 多个国家和地区波及，大批牲畜发病。

1977 年，亚洲发生口蹄疫，波及马来西亚等 13 个国家和地区。但是，澳大利亚、新西兰还未发生过口蹄疫。

2000 年 3 月 25 日，日本南部的宫崎县 10 头口蹄疫奶牛被扑杀；当年，在韩国岐州的 7 个农场的 105 头奶牛因患口蹄疫而被扑杀。2001 年，英国、法国也有口蹄疫的发生。

2005 年，我国新疆、山东等地发生了亚洲 I 型口蹄疫，此后，在全国范围内开展了大规模的综合防制，扑杀了病牛，强制执行口蹄疫疫苗接种。

2009 年 1 ～ 2 月份，武汉、上海个别地区发生了 A 型口蹄疫，采取隔离、扑杀，迅速控制了流行，现已研制出 O 型 - 亚洲 I 型二价灭活疫苗、A 型灭活疫苗。

病　原

口蹄疫病毒（FMDV）属于小核糖核酸（RNA）病毒科口蹄疫病毒属。此病毒共分 A、O、C、南非 I 、南非 II 、南非 III 和亚洲 I 等 7 个主型。每个主型又有许多亚型（变型），O 型有 10 个，C 型有 5 个，南非 I 、II 、III 分别有 6、3、4 个亚型，亚洲 I 有 3 个。该病毒在不同条件下，各主型或亚型容易发生变异。

形态

病料中的病毒颗粒近似圆形，直径为 20 ～ 25 nm，呈现二十面体。病毒分子质量为 7×10^6 u。成熟病毒颗粒约含 30% 的 RNA 和 70% 的蛋白质。蛋白质衣壳（结构蛋白）由 12 个圆帽样结构构成，即 12 个圆帽样结构组成病毒结构蛋白的 180 个单体单位，每个单体单位宽 2.5 nm，长 4.0 nm。蛋白质衣壳（结构蛋白）的三维结构由 8 个 β - 折叠片和 2 个 α - 螺旋组成。病毒 RNA 呈单股线状，含有 8 500 个核苷酸。

特性

口蹄疫病毒和宿主细胞表面接触后，通过内吞作用使病毒 RNA 进入细胞内部，并在宿主细胞内进行翻译，形成一个大的融合蛋白。融合蛋白裂解为 3 种前体蛋白（P_1、P_2、P_3），前体蛋白再裂解为 12 种蛋白（L、1A、1B、1C、1D、2A、2B、2C、3A、3B、3C、3D），它们均为病毒的结构蛋白。其中一种结构蛋白（3D）具有聚合酶活性，能以原病毒 RNA 链为模板，利用宿主细胞的原料，合成病毒 RNA 新链。新链既可作为翻译模板，也可被结构蛋白包装形成新的病毒颗粒，成熟的病毒颗粒随着宿主细胞的死亡而释放。

口蹄疫病毒侵入宿主细胞后，改变了宿主的基因转录，抑制了部分信使 RNA（mRNA）的翻译，使宿主细胞的蛋白质合成迅速停止。

抵抗力

病毒在 4℃比较稳定。在 −70 ～ −50℃的温度中最稳定，可以保存几年之久。

病毒对酸碱很敏感。在 pH 6.5、4℃时，每过 14 min，损失 90%；pH 6.0 时，每过 1 min，在 pH 5.0 时，每 1 s 即灭活 90%；在 pH 9.0 以上，病毒迅速灭活。在 pH 7.0 ～ 7.5、4℃的环境中，很稳定。1% ～ 2% NaOH 与 30% 草木灰是良好的消毒药。

病毒对干燥的抵抗力较强。干燥干草、土壤中的病毒可存活 1 个月，经通用的保存皮张方法处理的牛皮中的病毒，最短存活 21 d，最长的可存活 352 d。

奶及奶制品经常规的巴氏消毒法，通常能消除其传播能力。但急性期的患病牛奶在 75℃经 15 ～ 17 s 消毒后，病毒仍有存活，奶酪中的病毒在 93℃经 25 min 后，仍然不死。1 mol/L 氯化镁对热灭活有促进作用。

直射阳光能迅速将病毒杀死，但在污染物品，如饲草、被毛和木器上的病毒却可存活几周之久。

常用的消毒剂，如酒精、乙醚、石炭酸和氯仿等有机溶剂与吐温-80等去垢剂，病毒对此均有抵抗力，致使消毒效果不好。而福尔马林、次氯酸和乳酸则消毒作用较好。2%氢氧化钠、2%醋酸或4%碳酸钠都能有效地用于口蹄疫病毒的消毒。

培养口蹄疫病毒可在牛舌上皮细胞、牛胎皮肤和肌肉细胞、牛甲状腺细胞以及猪、羊胎肾细胞上增殖，并能引起细胞病变。

由于本病的特性如主型和亚型多，能变异，能感染很多动物，以及对各种不良环境条件有较强的抵抗力，因此控制本病是比较困难的。

流行病学

本病除澳大利亚、新西兰外，世界大陆都呈地方性流行，但很多国家由于采取坚决、果断的扑杀和严格检疫措施，本病已被消灭。

易感性

自然感染主要发生于黄牛、奶牛和猪。水牛、绵羊、山羊也能感染发病。虽然牛、羊、猪对口蹄疫都易感，但在实践中发现，猪发病后而牛不受感染，牛发病后而猪不受感染，似乎是口蹄疫病毒已发生了自然适应。

传染源

病牛和病后恢复的奶牛是口蹄疫的主要传播来源。研究表明：感染动物在临床症状出现之前，食道和咽部液体以及呼吸道的气溶胶中，都含有病毒；感染后恢复的动物，在一定时间内咽部带毒，牛长达6～24个月，绵羊和山羊4～6个月。病毒随唾液、乳汁、精液等分泌物，以及汗、尿和粪等排泄物排出体外，都能成为传染源。

传播途径

本病的传播方式是直接接触。如吃了被污染的肉、奶及奶制品等经消化道感染；吸入了感染动物呼出或喷出的气溶胶经呼吸道感染；因喂感染动物或由挤乳工人、挤奶机器而发生接触感染；通过人工授精传播等。

由于防疫消毒制度不严，疫区牲畜和畜产品的调运，人员和车辆等的来往，被病畜分泌物、排泄物和畜产品污染的水源、牧地、饲料以及鸟、蝇、犬、鼠等，都是重要的传染媒介。

一般来说，幼畜易感，且常为急性。奶牛以冬、春易发生。老流行区牛的发病率较低，新流行区的牛的发病率高达100%。

发病机理

病毒最初侵入上皮，引起被侵害组织的原发病灶，但往往不被注意。在其中繁殖24～48 h进入血液，经血液而带到其他器官和组织之中，并在其中繁殖，导致侵害部位上皮出现第2次水疱。在口腔黏膜、蹄部、乳房皮肤表层组织出现水疱，体温升高。水疱破溃后，体温下降。水疱初如谷粒，迅速增大至豌豆大，并继续融合。水疱液初透明，呈淡黄色，后变为混浊，破溃后，患部溃烂、湿润呈鲜红色。水疱的出现，推测是由于被侵害的局部细胞膜活性增加，易使病毒进入所致。

病毒侵害心肌，使肌组织发生退行性变化，表现出心肌变性和坏死，常常引起奶牛，特别是犊牛很快死亡。

临床症状

自然情况下，潜伏期为48 h至数天，这取决于病毒的性质和机体状况。

患牛体温升高至 40 ~ 41℃，精神沉郁，产奶量下降。病畜大量流涎，呈牵缕状（图 2-1），采食和咀嚼困难。水疱出现在鼻镜、唇内、齿龈、颊部黏膜上，直径为 1 ~ 2 cm，色呈白色，并迅速增大，相互融合成片，破裂后，液体流出，留下粗糙的、有出血的颗粒状糜烂面，边缘不齐、附有坏死上皮（图 2-2）。有的舌肿大，伸出口外，舌表皮脱落，致使舌呈鲜红色（图 2-3）。如无继发感染，病灶恢复较快，由新形成的上皮代替。

蹄冠部、蹄趾间沟内出现水疱，破溃后形成烂斑（图 2-4），病畜跛行。患部由污物、粪尿浸渍，极易发生细菌性继发感染，引起化脓、蹄壳脱落。患牛卧地不起，发生褥疮，以脓毒血症而死亡。

乳房被侵害时，主要表现在乳头上，初皮肤发红和肿胀，后有水疱发生，在挤乳后，水疱破溃，留下溃烂面（图 2-5 和图 2-6）。在链球菌、葡萄球菌等感染下，乳房急性肿胀，乳汁变性，临床发生乳房炎，也有流产出现。

图 2-1　口蹄疫病牛流涎呈牵缕状

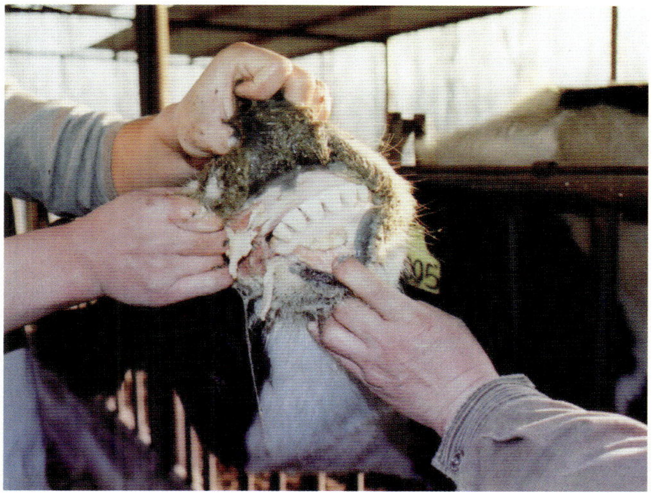

图 2-2　口蹄疫病牛齿龈溃烂并附坏死上皮

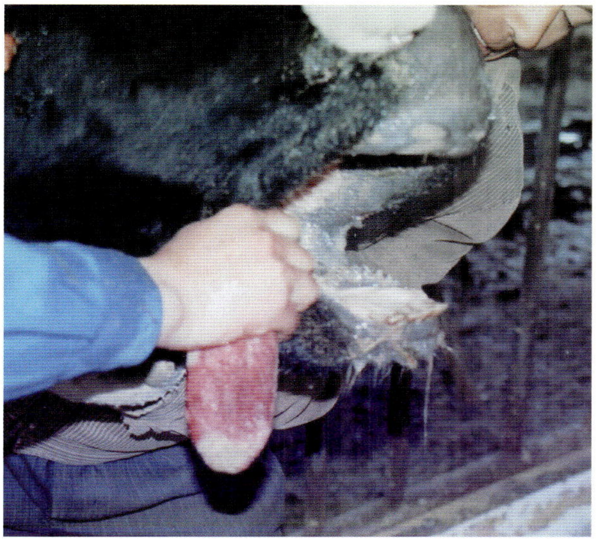

图 2-3　口蹄疫病牛舌上皮脱落，呈鲜红色

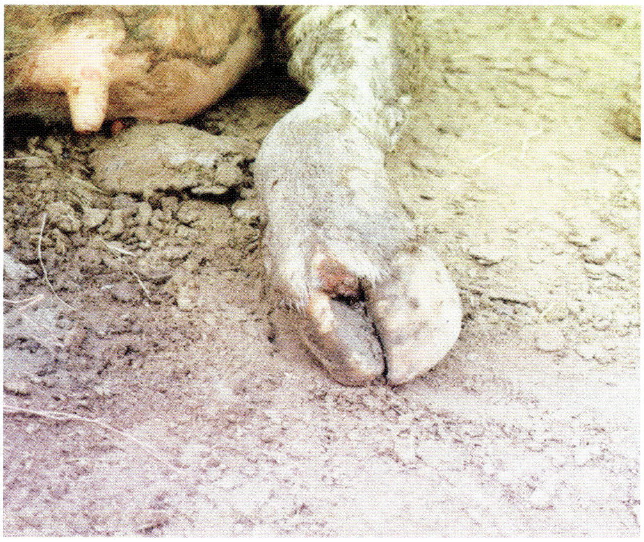

图 2-4　口蹄疫病牛蹄趾间溃烂

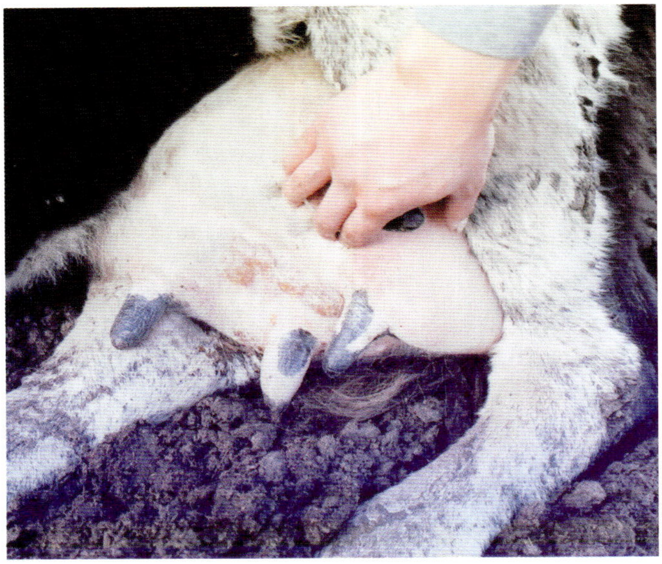

图 2-5　口蹄疫病牛乳房皮肤上的烂斑

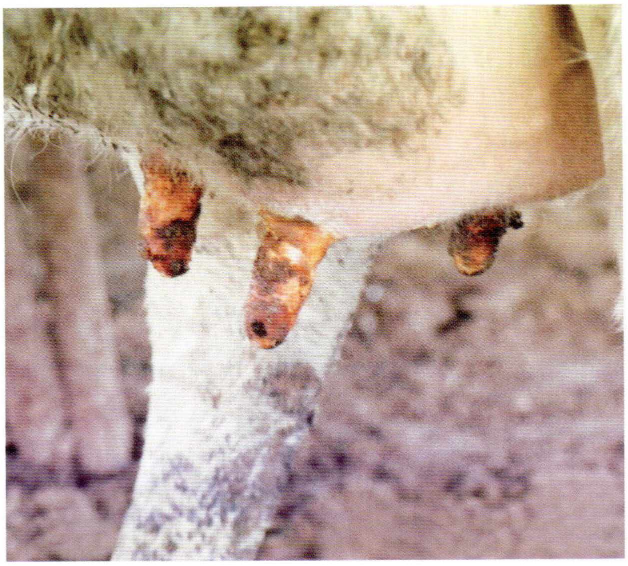

图 2-6　口蹄疫病牛乳头表皮烂斑

少数病例，病毒侵害呼吸道并引起上呼吸道炎症、水疱发生，有的可能会有肺炎。

病毒侵害心肌，引起恶性口蹄疫。患畜沉郁，虚弱，呼吸和心跳增快，最后以心肌麻痹而死亡。此多见于犊牛，死亡率达 50%以上。

病理变化

剖检变化

除口腔病变外，可见瘤胃糜烂，胃肠出血性炎和棕红色斑纹，心外膜出血，皱胃溃疡，肺气肿。

组织学变化

上皮细胞肿胀变圆、核浓缩，白细胞浸润，细胞坏死，上皮细胞下充血。恶性口蹄疫时，心肌质软，实质变性和坏死，形成稀疏的或融合的灰白色或淡黄色条纹，被称为“虎斑心”。肺气肿和水肿，有时伴发吸入性支气管肺炎。还有化脓性关节炎、骨髓炎和乳房炎病变。

预　　后

由于机体状况、病变部位和损伤程度不同，所以病程和预后各异。成年牛常取良性病程，死亡率一般不超过 2%。犊牛虽症状不明显，但常因心肌损害，死亡率高达 50%～70%。口腔黏膜损伤，很快痊愈；蹄部损伤若伴发蹄冠、球节等化脓时，病程长，若卧地不起，预后不良；乳房炎严重者，若久治无效，最后可永久丧失泌乳能力。

诊　　断

临床诊断

根据口腔、乳头和蹄部的水疱和烂斑，可初步做出诊断。确切的诊断尚应取牛舌、乳头新鲜水疱皮 5～10 g 装于含 50%甘油生理盐水的灭菌瓶内，-20℃保存，或取水疱液作病毒的分离、鉴定和血清抗体鉴定。

类症鉴别

因能引起奶牛口腔、乳头上出现水疱的疾病很多，所以应作类症鉴别。

与水疱性口炎的区别 根据 Traum 提倡的诊断程序进行，取新鲜的水疱液给 2 ～ 4 头牛接种，其中一两头作静脉和肌肉注射，另一半牛作舌、齿龈黏膜内接种，也可将接种液在划痕区的黏膜内接种，如所有牛都发病，为口蹄疫，如只有在黏膜上接种牛发病，而静脉或肌肉注射牛不发病，则为水疱性口炎。

与牛痘的区别 牛痘初发生丘疹，1 ～ 2 d 后形成水疱，内含透明液体，随后成熟，中央下凹成脐状，不久形成脓疱，然后结痂。口蹄疫则无结痂，也不出现脓疱。

与牛溃疡性乳头炎的区别 牛溃疡性乳头炎主要发生于乳头局部，且只发生于泌乳期和新近停乳的母牛。病牛无体温和全身变化，只见乳头突然肿胀疼痛，出现水疱，继之病变部皮肤脱落，形成溃疡，裸露的皮下组织不断渗出浆液，溃疡表面逐渐形成暗棕黑色痂皮，脱落后留下疤痕。哺乳犊牛可能在鼻镜上出现病变。

与牛传染性溃疡性口炎的区别 牛传染性溃疡性口炎主要发生于幼牛。病变是在口腔黏膜、鼻镜、鼻孔的上皮细胞发生火山口样溃疡，直径约 1 cm。鼻镜和鼻孔周围的病变为突起而粗糙的棕色斑。无水疱和全身症状。

与牛病毒性腹泻 - 黏膜病的区别 牛病毒性腹泻 - 黏膜病除口腔黏膜充血和出现烂斑外，体温上升至 41 ～ 42℃，结膜炎，浆液性鼻漏，严重腹泻，排出水样、带有血液、黏液和肠黏膜的粪便，妊娠母牛流产。

与牛瘟的区别 牛瘟无水疱发生，口腔黏膜溃烂面不规则，坏死上皮容易撕下，一般只感染牛，这与口蹄疫的略带圆形，有一定界限，容易愈合的溃疡面不同。另外，口蹄疫能同时感染牛、羊和猪。

预 防

鉴于口蹄疫具有多种动物宿主、高度接触性传染性、病毒抗原的多种性和变异性，以及感染后或接种疫苗后免疫期短等特点，在实际工作中使口蹄疫的控制变得相当困难。

为了控制本病的流行，目前采取的方法如下：

未发病场的预防措施

严格执行防疫消毒制度 全场应成立口蹄疫防制小组，负责疫病的防制工作；提高对本病危害性的认识，自觉地遵守防疫消毒制度；场门口要有消毒间、消毒池，进出牛场必须消毒；严禁非本场的车辆入内；猪肉及病畜产品严禁带进牛场；每月定期对畜舍、牛栏、运动场用 2% 苛性钠或其他消毒药进行消毒，消毒要严、要彻底。

坚持进行疫苗接种 定期对所有牛只进行系统的疫苗注射，使牛具有较好的保护力。目前，疫苗种类很多，现列举于下。

（1）兔化弱毒疫苗 舌面接种，常引起注射部位发生水疱。对犊牛有残毒，可引起死亡。牛免疫期 6 个月以上。

（2）鼠化弱毒疫苗 注射后 14 d 产生免疫力，免疫期 4 ～ 6 个月，新注射区的牛，疫苗注射后，可能有 10%的牛蹄部和 20% ～ 30% 的牛口腔出现水疱和烂斑。

此外，还有鸡胚化弱毒苗、组织培养弱毒苗。

（3）遗传工程疫苗 已应用于口蹄疫疫苗的研究之中，它不用口蹄疫病毒作原料，纳入疫苗中的是一种特殊病毒蛋白。这种特异蛋白来自经遗传工程控制和处理的大肠埃希氏菌培养物，这种蛋白只能刺激接种动物产生口蹄疫抗体，而不致由此造成感染。

（4）灭活疫苗 我国兰州生产并已使用的口蹄疫灭活疫苗有牛羊 O 型口蹄疫灭活疫苗（单价苗），牛口蹄疫 Asial-O 型（双价苗）和 A 型口蹄疫灭活苗。

① O 型疫苗的使用。规模化奶牛场可按如下程序免疫。

种公牛后备牛：每年注苗 2 次，每隔 6 个月注苗一次。单价苗肌肉注射 3 mL/ 头，双价苗肌肉注射

4 mL / 头。

生产母牛：分娩前 3 个月肌肉注射单价苗 3 mL/ 头或双价苗 4 mL/ 头。

犊牛：出生后 4 ～ 5 个月首免，肌肉注射单价苗 2 mL/ 头或双价苗 2 mL/ 头。首免后 6 个月二免（方法、剂量同首免），以后每间隔 6 个月接种一次，肌肉注射单价苗 3 mL/ 头或双价苗 4 mL/ 头。

② 牛口蹄疫 Asial-O 型双价疫苗的免疫程序。成年牛，剂量为 4 mL/ 头，每 4 个月接种一次；犊牛，断奶后 1 个月首免，剂量为 2 mL/ 头，1 个月后加强免疫一次，剂量为 3 mL/ 头。疫苗注射时摇匀，颈部或臀部肌肉注射。

③ 牛口蹄疫 A 型灭活疫苗。牛颈部深部肌肉注射，每头牛注射 2 mL，注射后 15 d 产生免疫，免疫期为 6 个月。

疫苗应激反应的处理　加强注苗后观察，对注苗后出现气喘、发抖、口吐白沫、站立不稳、抽搐病牛，尽快处治，用 0.1% 盐酸肾上腺素，剂量为 5 mL/ 头，皮下注射；盐酸异丙嗪 500 mg/ 头或地塞米松磷酸钠 30 mg/ 头，一次肌肉注射。

已发生口蹄疫的防制措施

（1）屠宰法：在很少发生或没有流行过口蹄疫的牛场和地区，一旦发生疫情，应采取果断措施，扑杀疫区内的所有牲畜，彻底消毒。在流行过口蹄疫的地区，如果疫区不大，疫点不多，在经济条件允许的情况下，将疫区内的病畜和易感动物全部扑杀，彻底消毒，在距疫区 10 km 以内的地区，对易感动物进行预防接种。当采取这种措施时，必须立即建立严格的封锁隔离措施，并成立相应的领导机构，布置、实施和检查实施情况。

（2）封锁区内的所有家畜包括牛、羊、猪，以及猫、犬等，其活动都要受到限制。人的活动也要限制，须活动时，应彻底消毒后才可放行。

（3）房舍、地面、系畜柱、墙壁、围栏及其他物体，用 2% 氢氧化钠液或石灰水喷洒消毒。住处、挤奶房及其他密闭建筑物可用福尔马林熏蒸。

（4）工作用物品如胶皮手套、靴子、围裙等，用 2% 火碱液或过氧乙酸消毒。

（5）受污染的草垛可弃去表层，余下的用 4% 福尔马林喷雾消毒。

（6）饲草、褥草、粪便等，一律焚烧。

（7）疫区封锁令的解除：疫区内最后一头病牛扑杀后，经过一个潜伏期的观察，再未发现病牛时，经彻底清扫消毒，由原发布封锁令的县以上人民政府发布解除封锁令，并通报毗邻地区和有关部门，同时报告上级人民政府和防疫部门备案。

牛流行热
Bovine Epizootic Fever

牛流行热又叫“三日热”、“暂时热”，是由牛流行热病毒所引起的牛急性、热性传染病。其临床特征是体温升高，出血性胃肠炎，气喘，间有瘫痪。一旦牛群流行，其所造成的产奶量下降、病牛死亡和淘汰等经济损失相当严重，所以应引起养牛业的重视。

历　史

1867 年，Sweinfurth 首先报道了本病在南非的大群流行，此后，1906 年与 1907 年又在南非迅速传播。1910 年由 Free 所证实。

日本首次流行热的暴发是在 1949 年。以后于 1950 年、1951 年、1959 年和 1960 年多次流行，1971 年，稻叶分离出牛流行热病毒，用牛作交互保护试验证明，才肯定了牛流行热。

我国北京首次发生是在 1966 年。1976 年又流行一次，在此次流行时，经原北京农业大学等单位从北京南郊农场患牛病料中分离出病毒后，才正式肯定了该病的存在。1980 年后，我国南方各地连续发生，直到 2002 年 8 月份合肥，2004 年 8 月份河南平顶山、开封一带，2007 年 8 月山东枣庄、江苏徐州一带仍有流行热的流行。

病　原

形态

牛流行热病毒属弹状病毒科，成熟粒子呈子弹头形或锥形。其大小为（140 ～ 176）nm×(70 ～ 88) nm。有囊膜，表面有长约 8 nm 的突起及洞状构造。

血清型

近年来研究证明：牛流行热病毒有 4 个血清型，即牛流行热病毒标准株、贝尔里玛病毒、琴伯尔里病毒和阿得拉衣得河病毒。其中后 3 种与病毒标准株不同。

抵抗力

反复冻融对病毒无明显影响，在 pH 7.4 和 pH 8.0 作用 3 h，活性不失去；在 1 mol/L $MgCl_2$ 的环境中，50℃ 1 h，尚能存活；4℃时可保持稳定性约 40 d；在 -40℃贮存的冻干含毒血，经 958 d 仍有致病力。

病毒对乙醚、氯仿、脱氧胆酸钠及胰蛋白酶敏感；在 pH 2.5 经 10 min 或 pH 5.1 经 60 min 灭活；经 56℃ 20 min 处理后，完全失活。

培养

病毒能在牛肾、牛睾丸及牛胎肾细胞上生长，也可在仓鼠肾原代细胞及传代细胞上繁殖，且产生细胞病变。

流 行 病 学

侵害对象

本病侵害偶蹄兽中的牛如奶牛、黄牛、水牛。羚羊、绵羊也可感染并产生中和抗体。

季节性

主要发生于蚊蝇滋生的夏季。北京地区发生于 7 ～ 10 月份，南方地区提前，在 7 月份以前发生。此时降雨量集中，气候炎热、潮湿，温差变化大，运动场泥泞，杂草丛生。

流行形式

流行初期，发病较慢，1 周后，病情迅速发展，呈一发病高峰。成乳牛开始，后为育成牛和犊牛。本病呈现跳跃式，同一牛棚、同一饲养组、同槽相邻牛只，并非同时发病。

生理状况

全群奶牛皆可感染。据对 1976 年北京南郊农场发病统计，成年牛发病率占 54%，其中产后 1 个月和停乳母牛占 33.7%；育成牛占 36.3%；犊牛占 9.7%。

传播途径与传染源

在自然条件下，传播途径经分析是由于吸血昆虫（伊蚊和库蚊）叮咬皮肤而传播。病毒存在于病牛的血液中，因此，在流行期内病牛是本病的传染来源。

2002年以后，本病流行与以前有所变化，表现为：①流行时间长，发病从8月中旬开始，直到10月中旬，历时2个月；②发病率低，约8.5%；③呼吸型多，占总发病的81.3%；④死亡快，病后牛气喘，全身气肿，约几小时内死亡。

发病机理

以病牛发热期的血液静脉接种，只用0.002 mL，即可引起感染。病毒似乎结合于白细胞，用病牛的白细胞悬液作感染试验，毒力比血清和红细胞高得多。白细胞内的病毒可能是白细胞吞噬病毒所致。由于血管损伤，血管渗透性改变，从而可引起水肿、肌变性、关节机能障碍等发生。

Burgess 和 Spradbrow 研究了此病在牛的发病学。临床反应高峰时，在肺、脾和淋巴结的单个细胞中，以及白细胞中有该病毒抗原存在的特异性荧光。发病不超过3 d，可从血液、肺、脾和淋巴结中用小鼠分离出病毒。据证实，病毒主要在肺、脾和淋巴结的网状内皮细胞里生长，而不是在血管内皮或淋巴细胞样细胞里生长。

临床症状

据报道，潜伏期为2～3 d、3～7 d和2～11 d不等。

共同症状

指病牛所具有的共同症状表现：

（1）病牛精神沉郁，目光无神，低头呆立，不愿走动，反应迟钝。

（2）病初食欲减退，继而废绝。

（3）病牛体温升高至41～42℃，持续2～3 d（图2-7）。心跳加快达100～130次/min，呼吸次数为80次/min，腹式呼吸明显。

（4）病牛步态强拘，肌肉震抖，尤以肘肌震抖明显。

（5）病牛初停排粪尿，后排出干、黑粪便，且附有黏液和血丝，拉稀者粪呈褐色血汤。

（6）产奶量下降。病后2～3 d，产奶量最低，第4天后，逐渐上升，但恢复速度较慢。

典型症状

由于个体不同，其临床表现各有差异，具体可分4型：

消化型　占45%。以胃肠炎为主要症状。病牛食欲减退至废绝；站立时，两后肢频频交替，踢腹；眼凹陷；口角有清亮口水流出，呈拉线样；粪黑干少，腹泻者排出血汤样粪；磨牙。

呼吸型　占47%。病牛以气喘为主，呼吸困难。病后5～6 h，即见明显的呼吸障碍。随病情加重，病牛腹部扇动，鼻孔开张，举头伸颈（图2-8），眼球突出，目光直视，后期，上下眼睑肿胀，烦躁不安，站立不宁，喜站不卧，或卧后站起，张口吐舌，从口内流出多量泡沫状液体，舌紫色。头、颈部肿大，有的全身肿胀，按压有捻发音。

瘫痪型　占6.2%。病牛以运动障碍为主，步态强拘，蹒跚，易摔倒。有的病牛，初期体温升高，病后第2天，卧地不起，体温恢复正常，食欲正常。重病者，四肢直伸，平躺于地，眼睑闭合，呼吸微弱，食欲废绝，明显消瘦。

神经型　病牛兴奋者全身紧张、敏感、狂暴，个别全身失去平衡，痉挛抽搐，角弓反张。

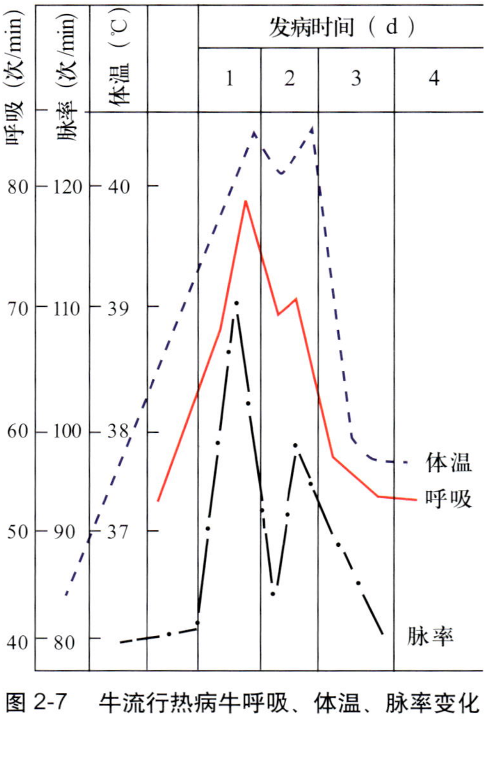

图2-7　牛流行热病牛呼吸、体温、脉率变化

图 2-8 流行热病牛伸颈

临 床 病 理

血液检验：红细胞 595.5 万个 /mm^3 (412 万～943 万个 /mm^3)，白细胞 6 290 个 /mm^3 （1 300 ～ 19 700 个 /mm^3)，嗜中性分叶核 20.3%，杆状核 13.3%，淋巴细胞 61%，嗜酸性粒细胞 4.2%。总的变化是轻度的白细胞减少症和核左移。

病 理 变 化

剖检变化

尸体头部、颈部或全身皮下气肿。血管怒张，血液暗紫色，胸部、颈部和臂部肌间有出血斑；胃肠道呈一致暗红色，黏膜脱落；肝肿大、质脆、土黄色，表面有暗紫色斑；胆囊肿大，血管怒张，内集大量胆汁；脾质软，被膜上弥漫暗红色点，小梁清晰，切面状如枣泥；气管内集有多量泡沫，黏膜一致红色，弥漫着出血点，支气管管腔内集有絮状血凝块，黏膜出血；勺状软骨、会厌软骨出血；肺高度膨隆，被膜光滑，被膜下有拳大、排球大的气囊，肺实质空洞，肺间质增宽，内集气体，按压呈捻发音，切面流出泡沫状液体（图 2-9）；肺水肿者，被膜光滑、湿润，肺间质增宽，胶样浸润，切面流出大量暗红色液体；胸腔集有茶色液体；心外膜光滑，冠状沟脂肪、心肌内有针尖大到小米粒大的出血，心内膜、乳头部有点状或条状出血（图 2-10）；肾被膜易剥脱、质脆，皮质部呈灰红色，髓质部呈红色；膀胱黏膜出血；子宫黏膜充血、出血；卵巢出血；脑膜腔内集有多量淡红色液体，脑回血管充血。死于咽喉、食道麻痹者，食道、气管内有食物，肺内有草、料或发生坏疽。

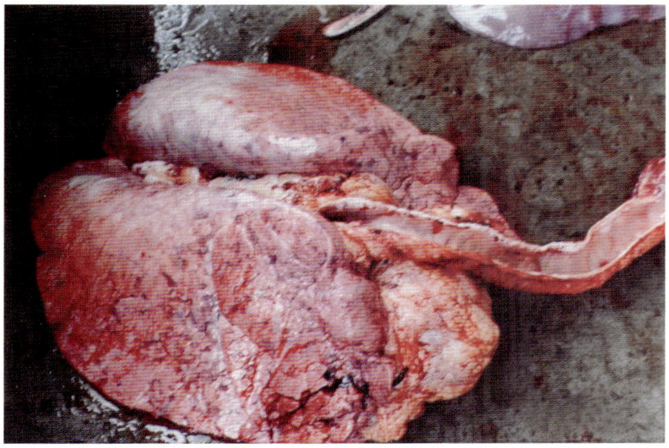

图 2-9 流行热病牛气管内集有泡沫状物，肺膨隆

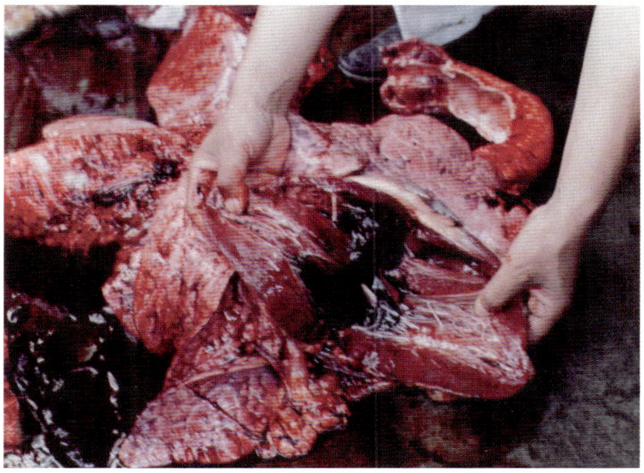

图 2-10 流行热病牛心内膜出血

组织学变化

消化道肌层有玻璃样变性。肺支气管、细支气管管腔内有中性粒细胞、纤维蛋白、黏液堵塞，局部肺泡萎缩、塌陷，并有支气管周围炎、肺充血、间质性肺气肿及肺水肿的变化（图 2-11）。脾小体周围和脾髓内细胞增生，浆细胞浸润，并有含铁血黄素沉着。肝脏充血、坏死（图 2-12）。

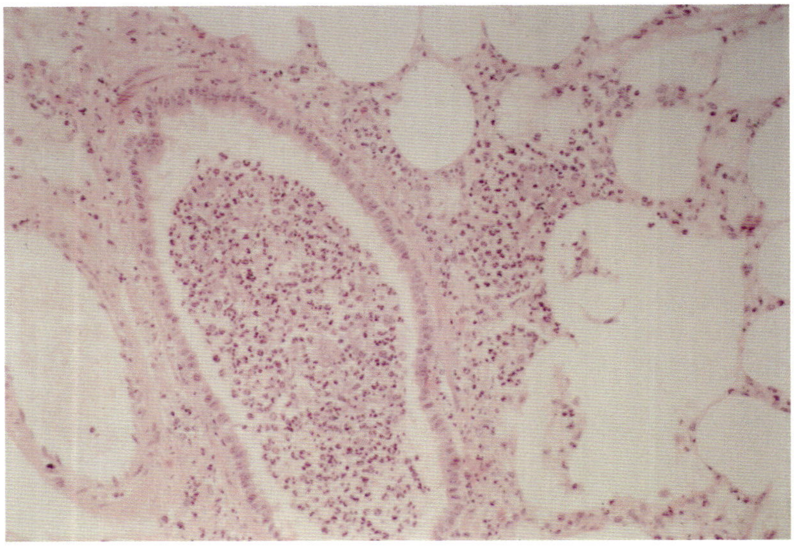

图 2-11　流行热病牛支气管、肺泡内有白细胞，支气管周围细胞增生

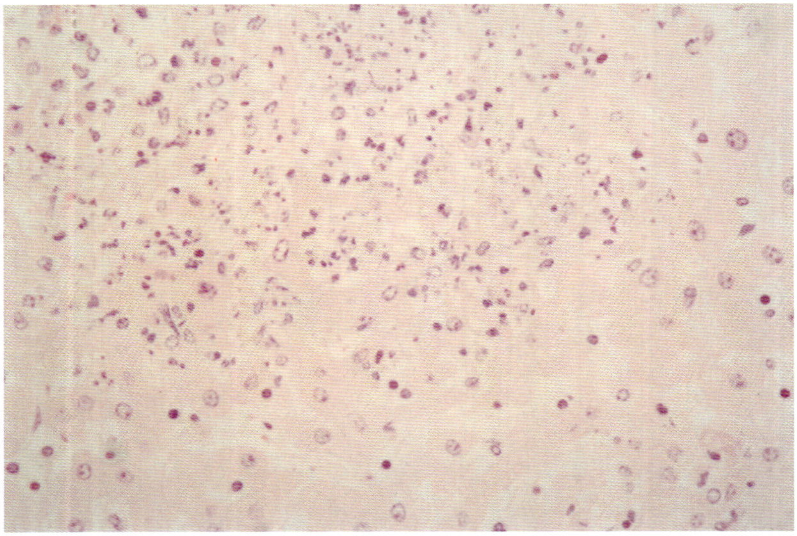

图 2-12　流行热病牛肝细胞脂肪变性，炎细胞灶性浸润

预　　后

奶牛流行热发病情况及死亡时间见表 2-1 和表 2-2。

表 2-1　奶牛流行热发病情况

项　目	呼吸型	消化型	瘫痪型	麻痹型	合　计
发病数（头）	862	827	115	28	1 832
死亡数（头）	54	6	4	10	74
病死率（%）	6.2	0.7	3.5	3.5	4

表 2-2 奶牛流行热病牛发病到死亡时间 头

项目	发病到死亡时间				
	12 h	13 ~ 24 h	25 ~ 36 h	37 ~ 48 h	49 h 以上
成年母牛	7	7	10	5	10
育成和青年母牛	5	4	14	2	2
犊母牛	3	1	2	1	1
合计	15	12	26	8	13

消化型病牛如及时治疗，常于 2 ~ 3 d 痊愈，但仍有复发现象；腹泻呈血汤样，多于 3 ~ 5 d 死亡。呼吸型如气喘不继续恶化，常于 2 ~ 3 d 痊愈；如气喘加剧，已张口吐舌，吭声不断，多于 1 ~ 1.5 d 死亡。瘫痪 3 ~ 5 d，有食欲者，预后良好；瘫而不食，卧地超过 10 d 以上者，预后不良。麻痹型病牛如不伴发异物性肺炎，在营养疗法和精心护理下，多于 15 d 左右逐渐恢复；如伴有异物性肺炎者，预后不良。总死亡率为 4%。

诊　断

临床诊断

根据牛流行热发生于夏末秋初，传播迅速，只发生于牛，特别是奶牛和黄牛，病牛明显高热，严重的呼吸困难，跛行和卧地不起，即可做出诊断。

实验室诊断

为了确诊，可采取急性期病牛血液，脑内接种乳鼠、乳仓鼠，常能分离出病毒。除此以外，可以进行细胞培养、荧光抗体检出病毒抗原法、细胞中和试验、阻断 ELISA 试验和应用牛流行热单克隆抗体检测牛血清抗牛流行热病毒抗体法。

类症鉴别

本病与蓝舌病、牛传染性鼻气管炎及副流感有相似之处，应予以鉴别。

与蓝舌病的区别　蓝舌病因舌呈青紫色（发绀）而得名。该病主见口腔黏膜、舌、齿龈肿胀、充血、糜烂后形成溃疡；蹄冠发炎、肿胀、疼痛，出现跛行。这些为流行热所没有。

与牛传染性鼻气管炎的区别　牛传染性鼻气管炎因上呼吸道炎，鼻腔、气管内有纤维蛋白性渗出物，鼻黏膜高度潮红，鼻镜发红，所以又称为“红鼻子病”；若生殖道受感染，呈现脓疱性阴户阴门炎；犊牛受侵害后表现为脑炎症状，共济失调，兴奋，转圈，多发生于冬春季节，可与流行热区别。

与牛副流感的区别　牛副流感多发生于寒冷季节，犊牛很少感染，成年牛感染后表现为纤维蛋白性肺炎，呼吸困难，伸颈，张口吐舌，从口中喷出泡沫状唾液，剖检见肺高度膨隆，并覆盖一层白色的纤维蛋白性物质，肺表面粗糙，肺膈叶坚实，肺间质浆性渗出物增宽。

治　疗

迄今，牛流行热无特异疗法。为恢复健康，阻止病情恶化，防止继发感染，病后只能采取对症治疗。

对体温升高、食欲废绝的病牛

（1）5% 葡萄糖生理盐水 2 000 ~ 3 000 mL，一次静脉注射，每日 2 ~ 3 次。
（2）10% 磺胺嘧啶液 100 mL，一次静脉注射，每日 2 ~ 3 次。
（3）30% 安乃近 30 ~ 50 mL，百尔定 30 ~ 50 mL，一次肌肉注射，每日 2 ~ 3 次。

对呼吸困难、气喘的病牛

（1）输氧速度控制在 5 ～ 6 L/min 为宜，持续 2 ～ 3 h。初输氧时，速度先慢，一般为 3 ～ 4 L/min，后逐渐增加速度。

（2）25% 氨茶碱 20 ～ 40 mL、6% 盐酸麻黄素液 10 ～ 20 mL，一次肌肉注射，每 4 h 一次。

（3）地塞米松 50 ～ 75 mg、糖盐水 1 500 mL，混合，缓慢静脉注射。本药可缓解呼吸困难，但可引起妊畜流产，因此用时应慎重。

（4）胸部穿刺，减轻胸压，缓解呼吸困难。部位选择胸侧第 6 肋间，距背中线 20 ～ 25 cm 处，用瘤胃套管针直刺入胸腔，进针 10 ～ 12 cm。气从针孔逸出后，呼吸次数减少，可缓解气喘。

对兴奋不安的病牛

（1）甘露醇或山梨醇 300 ～ 500 mL，一次静脉注射。

（2）氯丙嗪 0.5 ～ 1 mg/kg 体重，一次肌肉注射。

（3）硫酸镁 25 ～ 50 mg/kg 体重，缓慢静脉注射。

对瘫痪卧地不起的病牛

（1）解毒、去风湿处方：	25% 葡萄糖液	500 mL
	5%葡萄糖生理盐水	1 000 ～ 1 500 mL
	10%安钠咖	20 mL
	40%乌洛托品	50 mL
	10%水杨酸钠	100 ～ 200 mL

一次静脉注射，每日 1 ～ 2 次，连续注射 3 ～ 5 d。

（2）20%葡萄糖酸钙 500 ～ 1 000 mL。一次静脉注射。当多次用钙制剂效果不明显时，可静脉注射 25%硫酸镁液 100 ～ 200 mL。

（3）0.2%硝酸士的宁 10 mL、康母朗 30 mL，百会穴注射。

对病牛应精心护理，可给玉米粥、麸皮粥；长期卧地不起者，应人工翻动，防止发生褥疮。

预　防

奶牛流行热发病迅速，传播极快，病情严重，对牛的健康与泌乳影响较大。一旦发生，应尽快采取措施：

（1）贯彻“三早”原则，防止病情蔓延。“三早”是指早发现、早隔离、早治疗。由于奶牛个体不同，临床表现也不一样，有的奶牛食欲尚好，测温则见体温升高，一旦表现不食，有明显症状时，已是病的后期，不易治疗。因此，为能提早发现病牛，防止病情加剧，应发动饲养员对全群牛只采取班班、头头“四查”制度（查体温、查食欲、查产奶、查粪便），并做好登记。凡体温、食欲、泌乳有异常者，应立即隔离。

（2）严格封锁，彻底消毒，做好灭蚊蝇工作。应定期用敌敌畏或溴氰菊酯对全场牛舍、运动场等处进行喷雾杀虫，杂草、污水应予清除。

（3）为便于观察，应根据具体情况，选择适当地点，建立临时隔离站。病牛集中于隔离站内，一可加强护理；二可随时根据病牛症状变化，及时采取急救措施，便于治疗。

（4）加强饲养管理，增加奶牛抵抗力。运动场内做好排水工作；搞好防暑降温工作；如有条件，可多喂青绿多汁饲料。

（5）增强免疫力，可肌肉注射流行热疫苗。

牛传染性鼻气管炎
Infectious Bovine Rhinotracheitis

牛传染性鼻气管炎（IBR）又称坏死性鼻炎、“红鼻子病”、牛媾疫，是由牛传染性鼻气管炎病毒引起的牛的一种高度传染性疾病。其临床特征是鼻气管炎、结膜炎、脑膜炎、传染性脓疱性外阴 - 阴道炎和流产。

历　史

本病于 20 世纪 50 年代首先在美国卡罗来纳州的肉牛饲养场中见到，随后在加利福尼亚州和其他西部各州也可见到。1956 年，Madin 首次从患牛中分离出病毒。1964 年，Huck 认为牛传染性鼻气管炎病毒为疱疹病毒。之后，Gillespie 等从流产胎儿、牛传染性疱疹性阴道炎等病料中分离出病毒。目前，本病广泛分布于美国、新西兰、欧洲、澳大利亚和日本，几乎遍布于所有的养牛业国家，成为全球性疾病。随着牛群的扩大，引进奶牛特别是从国外引进奶牛的频繁，在一定程度上影响着我国的奶牛健康。据报道，我国从国外引进的 1 242 头荷斯坦奶牛中，经病毒分离和血清学检查，证明患本病的就有 649 头，因此，对于本病的动向、检疫、控制等，都值得在今后工作中引起高度重视。

病　原

形态

牛传染性鼻气管炎病毒属疱疹病毒。病毒粒子为球形，带囊膜或成熟的病毒粒子直径为 145 ～ 156 nm。

抵抗力

病毒在 pH 7.0 细胞培养液中十分稳定；4℃下保存 30 d，原有毒价无变化；22℃经 5 d 后，感染性降低 10 倍；−70℃保存病毒可存活多年；pH 5.0 以下病毒抵抗力降低；病毒悬液中加入等量的乙醇、氯仿和丙酮，可使病毒灭活。

培养

牛传染性鼻气管炎病毒能在牛肾、猪肾、羊肾、犬肾等细胞上生长并能产生细胞病变。病毒在鼻和气管组织培养物中生长可达很高的滴度，产生核内包涵体并阻止纤毛的活动。

流 行 病 学

易感性

各种年龄和不同品种的牛均能人工感染。由于母牛初乳中含有抗体，初生犊牛可获得“母源性抗体”，因此，6 月龄以上的牛易感染。除此，肉牛、猪、骡、山羊、鹿、羚羊等多种哺乳动物及野生动物都含有病毒抗体。据 Smith 对血清调查，澳大利亚肉牛群中，52%的母牛及 96%的公牛含有病毒抗体。美国各牛群中有 10%～ 30%的牛含有病毒抗体。

季节性

本病多发生于寒冷的冬季。所以认为，牛舍阴暗潮湿、狭窄、密度过大、通风不良等不良饲养管理因素，可促使发病。

传播途径

各种野生动物可贮存病毒，病牛及急性感染之后数周的牛仍能带毒，因此是主要传染来源。由于病毒大量存在于呼吸道、唾液、精液之中，也存在于阴道分泌物、眼泪、流产胎儿和胎盘之中，因此，病毒可通过飞沫、交配和接触传播。

发病率和死亡率

牛传染性鼻气管炎病毒致病的最大特点是广泛的嗜组织性。除能侵害呼吸道外，还能侵害生殖道、神经系统、眼结膜和胎儿。由于受以下条件的影响，如饲养管理水平、机体的生理状况、健康程度等不同，在自然感染时，发病程度差异很大。澳大利亚奶牛场发病率为 8%，死亡率为 3%，而肥育牛发病率为 20% ~ 30%，有的高达 100%；苏格兰肥育牛发病率为 70%，死亡率为 1.7% (Cuthbertson，1979)。

又据记载，肥育牛发病率为 20% ~ 30%，但血清阳性率较高，多呈隐性感染状态，死亡率为 2% ~ 10%。在奶牛群，继发性流产有时高达 50%；脑膜炎的死亡率为 100%。

发病机理

目前，对于牛传染性鼻气管炎不同病型的发病学还不完全了解。据资料得知，本病在 20 世纪初于中欧存在，表现为脓疱性外阴 - 阴道炎。至于病毒由单纯生殖道感染发展为呼吸道感染，推断认为：由于肥育牛活动小，整个机体包括呼吸道黏膜的抵抗力很弱，侵入机体内的病毒产生生物学的选择过程，导致出现了一种适应于上呼吸道黏膜细胞的病毒突变，随后又在自然传染过程中，其毒力逐渐增强，对机体组织的侵害范围扩大，形成了病毒的泛嗜性。

病毒侵入机体，扩散到全身并引起毒血症，而全身症状轻微，主要表现为流产和新生犊牛死亡。病毒从口、咽经颅神经传到脑内引起脑炎。病毒能被类脂醇酶激活，使病毒在分泌物中释放出来，引起疾病复发，常使牛发生持续性感染。

临床症状

成年牛的特征表现

可分呼吸道型、生殖道型和结膜炎型症状。

呼吸道型　自然传播的潜伏期 4 ~ 5 d，气管内或鼻内接种或阴道接种，潜伏期为 18 ~ 72 h，病牛食欲废绝，反刍停止，流涎；体温升高至 42℃，精神沉郁，产奶量下降。鼻孔内排出大量的黏性或脓性分泌物；鼻窦、鼻镜极度充血、潮红，所以称“红鼻子病”；鼻孔两翼及鼻镜坏死、溃疡；由于炎性分泌物填塞鼻孔，呼吸困难或呈张口呼吸，呼出气发臭，咳嗽，气管呼吸音粗厉。血便，妊畜流产。

生殖道型　主要发生于青年牛，母牛主要表现传染性脓疱性外阴 - 阴道炎 (IPV)。体温升高，精神不安，频频排尿，外阴部肿胀，外附黏稠的分泌物，站立举尾，排尿痛苦。外阴黏膜充血，表面散在多量白色小脓疱；阴道轻度充血，阴道壁上附着淡黄色渗出物 (图 2-13)；重病牛，外阴表面的脓疱融合，形成淡黄色斑块和痂皮，阴道分泌物增加，阴道黏膜出血灶结痂脱落，出现圆形裸露的表面。根据对 1988—1992 年 IBR 引起牛场临床流产的统计分析，其特征如下：

(1) 流产与月份的关系　经对 506 头流产牛统计，在饲养条件稳定的牛场，母牛流产月份差异不明显，全年都有。

(2) 流产与妊娠月龄的关系　经对 562 头流产牛统计，母牛流产可发生在妊娠后任何时间，其中以妊娠后 121 ~ 180 d 内流产最多，占 58.4%，故流产主要发生于妊娠后 4 ~ 6 个月。

(3) 流产与母牛胎次的关系　经对 500 头流产牛统计，流产可发生于妊娠青年牛和成年牛。其中成年牛流产占 71%，青年母牛流产占 29%，从全场奶牛饲养头数分析，青年牛流产比例增高，此可谓 IBR 临床流产的一个重要特征。

公牛感染时，体温升高，包皮、阴茎肿胀，包皮、阴茎头及阴茎体出现脓疱，数天后，脓疱破溃，留下边缘整齐、隆起的溃疡。也有见包皮与阴茎粘连。

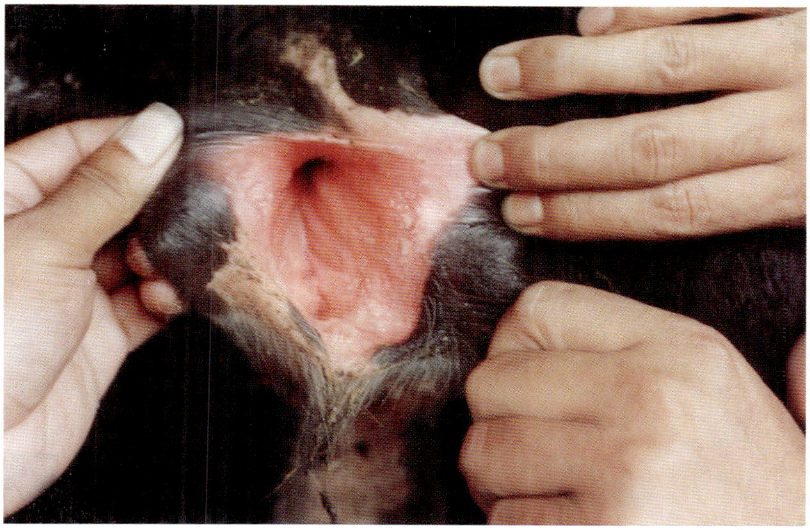

图 2-13 传染性鼻气管炎（IBR）病牛阴道出血、疱疹

结膜炎型 牛传染性鼻气管炎的结膜炎型已被承认。据报道，在纽约的一个奶牛场，结膜炎型传染性鼻气管炎发病率高达 30% (Wilam，1978)。其特征是病牛体温升高，精神沉郁，食欲减退，产奶量显著降低；结膜肿胀，流出黏性 - 脓性分泌物，充血，角膜表面有直径为 1 ～ 2.5 mm 的白色斑点（图 2-14)，羞明。症状消除后，眼睛可恢复正常。

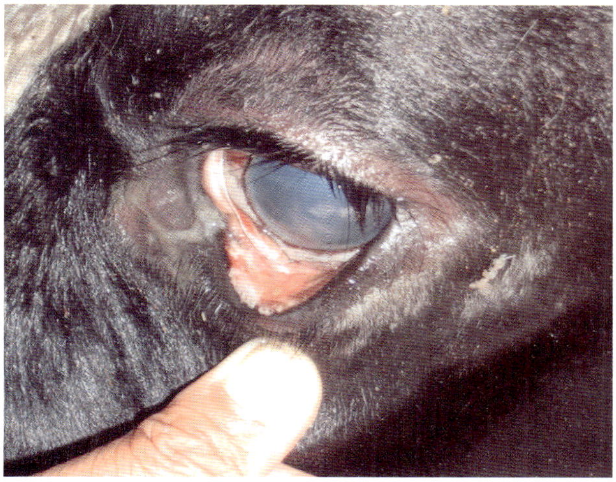

图 2-14 传染性鼻气管炎（IBR）病牛角膜混浊

犊牛的特征表现

脑膜脑炎型症状。出生后不久至 6 月龄的犊牛都有发生，主要呈现出神经症状。病犊吼叫，乱跑乱撞，对周围声音刺激敏感，转圈，共济失调，阵发性痉挛，倒地抽搐，每日发生数次；口腔黏膜、齿龈溃烂，流涎，流鼻涕，食欲废绝，排出黑色恶臭粪便，有的带血；呼吸困难，伸颈。作者曾见一牛场，从 1988 年 6 月 30 日至 7 月 20 日，共发病 9 头，其中 30 日龄的 6 头，病程持续 5 ～ 10 d，死亡 83%。出生后出现症状者，腹泻呈水样，眼凹陷，口黏膜、舌、食道有溃烂，呼吸困难，机体衰竭，多于出生后 2 ～ 7 d 内死亡。

病 理 变 化

剖检变化

口腔、鼻、咽、气管充血、出血、溃烂（图 2-15)，上腭黏膜坏死（图 2-16)，肺受侵害而形成支气管肺炎、肺坏疽；瘤胃、皱胃黏膜发炎、坏死；生殖道出血、疱疹、溃烂；肝、肾变性；脑膜下血管扩张、充血，脑水肿。

流产胎儿的变化是皮下水肿，肝、脾、肾、胸腺及淋巴结呈现出弥漫性、坏死性炎。

组织学变化

肺细支气管内集有大量红细胞，间质充血。肝细胞变性、坏死、溶解，间质出血。汇管区小叶静脉扩张，内集有大量红细胞。心肌颗粒变性、坏死，间质出血。肾小管结构不清、变性、坏死，间质出血。

脑血管内集有大量红细胞，血管周围水肿，有的见由单核细胞形成的血管套。脑细胞肿胀、坏死、溶解。阴道黏膜坏死灶区为中性粒细胞及淋巴细胞浸润，有的有包涵体。

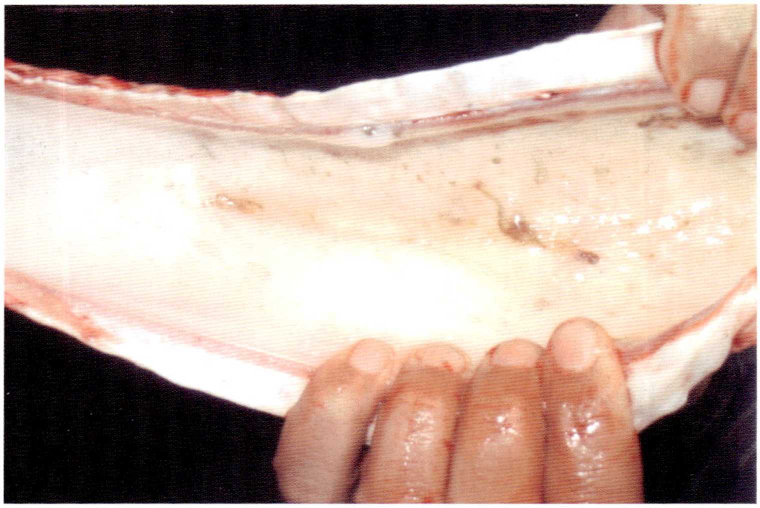

图 2-15 传染性鼻气管炎（IBR）病牛气管溃烂

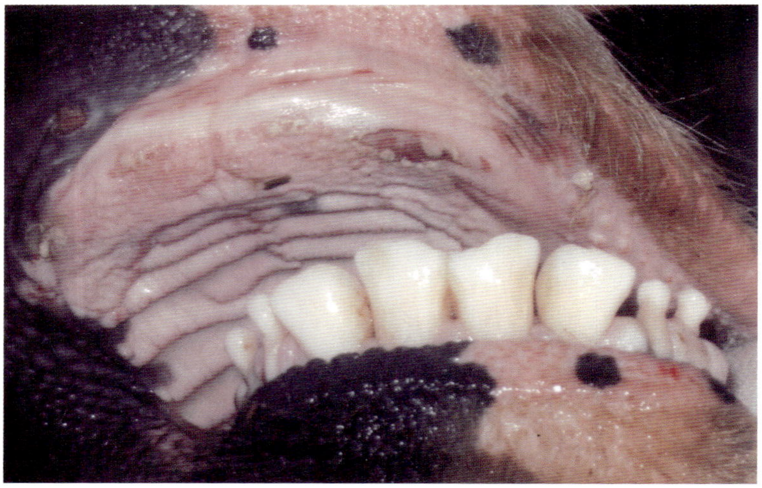

图 2-16 传染性鼻气管炎（IBR）病牛上腭溃烂

诊　　断

根据病史、流行病学及临床症状可初步诊断。确诊尚依赖于病毒分离鉴定和血清学反应。

病原学诊断

根据症状不同采取相应的被检物，尤其以发热期采取的材料最易分离到病毒。分别采取鼻、眼分泌物、阴道黏膜及其分泌物、流产胎儿的血液、胸水及肝、肺、脑组织等，接种于牛、猪肾细胞的组织培养物上，24 ～ 48 h 出现细胞病变，细胞变圆、萎缩，形成团块，可初步鉴定。

血清学诊断

以血清中和试验最为常用，以此来检查病毒抗体。此外，还有荧光抗体技术、微量酶联免疫吸附法等。

为了能鉴别自然感染牛还是疫苗接种牛，Lupton 认为，如用亚单位苗接种动物便能提供用血清学方法去鉴别、区分的可能性。

分子诊断技术

S. Vilcek (1993) 将聚合酶链式反应（PCR）方法用于 IBR 的诊断，具有快速、灵敏、准确的特点，是诊断 IBRV 最有效的方法。

预　防

一旦流行，尚无特效方法治疗，只能是对症处理。为了增强机体的抵抗力和解毒功能，防止细菌继发感染，临床也只能是补充葡萄糖和抗生素治疗。因此，预防为其关键。然而，迄今为止，尚无有效的措施来控制本病的流行。

扑杀　确诊为临床病牛或者是血清阳性牛（可能成为隐性带毒者），予以屠宰，国外认为是抢救牛群，防止病情蔓延、扩散最为经济的办法。

接种疫苗　目前疫苗有以下 3 种：

（1）牛胎肾或兔肾细胞传代的弱毒苗　滴鼻接种后 72 h 即可获得保护，对怀孕母牛安全，对呼吸型产生的保护尤为迅速而有效。

（2）灭活苗　即经甲醛、乙醇、加热或用紫外线处理过的疫苗。

值得注意的是，无论是弱毒苗或死苗，滴鼻或肌肉接种，接种牛都能获得免疫，但弱毒苗能向外排毒，可感染健康牛。

（3）亚单位苗　本苗不含活的病毒，对动物安全，不向外排毒，可用于带有母体抗体的小牛。

加强兽医防疫、检疫制度，防止病毒带入　主要包括以下 3 个方面。

（1）坚持自繁自养，不从病区或不把病牛引进场内。

（2）凡欲引进牛时，应对所引牛的健康状况及其牛群健康状况作全面了解。所引牛要进行血清学检查，阴性者才能引进，但要隔离 1 个月以上，其间要进行 2 次血检，阴性者，再进牛群饲养。

（3）定期对全群牛进行血清学普查，阳性牛及时从牛群中挑出，隔离饲养。如数目较少，可以采取扑杀淘汰。

蓝　舌　病
Blue Tongue

蓝舌病是由昆虫媒介库蠓属的异翅库蠓传播的反刍动物的一种急性病毒性传染病。其特征表现为发热、口腔黏膜损伤和跛行。由于病畜舌、齿龈、颊部黏膜充血肿胀、淤血后变为青紫色，由此得名蓝舌病。

牛和山羊虽都能感染本病，但以绵羊的损失最为严重，所以本病又称绵羊卡他性热、绵羊口鼻疼痛、羔羊牧场僵硬症。

历　史

1905 年，Theiler 首次报道了南非发生的蓝舌病。1952 年，McGowan 报道了美国加利福尼亚州的绵羊蓝舌病。1954 年以后，美国西部广大地区都有本病流行。1956 年于西班牙和葡萄牙、1959 年于日本、1978 年于澳大利亚等国家先后发现本病的流行或分离出蓝舌病病毒。近年来，在巴勒斯坦、塞浦路斯、叙利亚、伊拉克、土耳其、以色列及印度等国家，也发现了本病。

病　原

形态

蓝舌病病毒是一种大小为 60 ～ 80 nm 的球状体，其衣壳由 32 个大型壳粒组成。壳粒直径为 8 ～ 11 nm，呈中空的短圆柱状。

特性

病毒对乙醚、氯仿和 0.1% 去氧胆酸钠有抵抗力，对胰蛋白酶敏感，用 70%酒精和 3%福尔马林可使其灭活。在 pH 6.0 ～ 8.0 最稳定，pH 3.0 时能迅速灭活。病毒在血液和在甘油 - 草酸盐 - 石炭酸的混合液中，可长期存活。60℃经 30 min，75 ～ 95℃能使其活性消失。

培养

病毒易于在鸡胚内繁殖，但温度以 33.5℃为宜，卵黄囊或静脉内接种皆可，但后者接种较前者更为敏感。

病毒可在绵羊肾细胞、牛肾细胞和乳仓鼠肾细胞培养物中繁殖，并能产生蚀斑和细胞病变。此外，牛巨噬细胞和气管环器官的培养物，对牛蓝舌病病毒株易感。

免疫性

病后恢复动物对同型病毒具有坚强的免疫力，且持续几年。在子宫内受了感染的犊牛可成为潜伏性感染，潜伏性感染的犊牛可产生抗体，并对该病具有耐受力。

流行病学

易感性

几乎所有的反刍兽包括家养的和野生的，都能感染蓝舌病病毒，如绵羊、山羊、羚羊、鹿、牛等，其中以绵羊最为严重。此外，啮齿动物也有易感性。

季节性

温暖、潮湿，有利于昆虫繁殖生长，所以夏末、秋初发病最多，呈明显的季节性。

传染源

牛、山羊、鹿和羚羊等反刍兽均可长期携带病毒，在疾病流行期及间隙期的病畜皆可贮存病毒，为其主要的传染源。

传播途径

单纯的接种不会引起发病。库蠓是蓝舌病的主要传染媒介。蓝舌病病毒在库蠓唾液腺内增殖，由于库蠓的叮咬，健康牛即被感染。

公牛精液中发现有病毒，通过交配传播病毒也有可能。

蓝舌病病毒可经胎盘感染胎儿，犊牛出生时血液中含有病毒。

临床症状

自然感染潜伏期约 1 周。病畜发热，体温升高达 42℃。精神沉郁，食欲废绝，嘴唇、舌、咽、胸垂发生水肿。口腔黏膜潮红甚至发绀，齿龈、舌及唇边缘出现烂斑，唇易出血；鼻孔内积有浓稠鼻漏，干涸后变为痂块覆盖其表面。如胃肠道发生病变则出现血样下痢。

由于肌肉、蹄部受侵害，病牛步行僵直或跛行。蹄部检查见蹄冠皮肤上有暗红色或紫色的线或带，病变常能向角质组织扩展，引起趾间皮肤发生坏死；肋部、腹部、会阴、乳房及乳头皮肤出现斑块性急性皮炎。

孕畜流产、死胎，或犊牛呈先天性畸形和脑积水。

公牛生殖道受侵害，表现为精阜的充血和出血及曲精细管的灶性变性。

临 床 病 理

血液变化：病初发生白细胞减少症，继而出现白细胞增多症和贫血。

病 理 变 化

剖检变化

口黏膜和舌部青紫、水肿和糜烂；皮肤有充血斑块，继而见局限性皮炎；蹄冠皮肤有暗紫色带；肌肉水肿和出血；瘤胃、皱胃和肠道黏膜充血，心内膜下出血。

组织学变化

侵害组织器官血栓形成、变性和坏死，特别是心肌、骨骼肌弥漫性浊肿和坏死。

诊　　断

临床诊断

根据临床症状、流行病学和病理剖检变化可做出初步诊断。

实验室诊断

确切诊断应进行病毒分离、鉴定或特异性血清学试验。由病畜或新鲜尸体采取血液或脾脏，接种绵羊、鸡胚或乳鼠。

血清中和试验 (SN)、微量琼脂扩散试验 (AGP)、直接或间接荧光抗体试验、补体结合试验和改良的补体结合试验 (MCF) 等血清学试验都有助于蓝舌病诊断。其中琼扩试验操作简单，反应灵敏，经济快速，因此为临床所广泛采用。

类症鉴别

由于蓝舌病与许多疫病有相似之处，所以应注意鉴别。

与口蹄疫的区别　口蹄疫主要发生在冬春季节，接触感染，除牛外，猪易感染，有水疱发生，水疱破后糜烂面呈红色，边缘整齐，这些与蓝舌病发生于仲夏、初秋，传染媒介为库蠓，不感染猪，无水疱出现，溃烂不规则等极易区分。

与牛传染性鼻气管炎的区别　牛传染性鼻气管炎发病以冬春多；空气及与病牛的直接接触等，都能感染，主要症状为鼻黏膜潮红，呼吸极度困难，阴道黏膜上有白色小病灶，后为脓疱，犊牛共济失调，兴奋、痉挛等，可与本病区别。

与牛病毒性腹泻 - 黏膜病的区别　牛病毒性腹泻 - 黏膜病发生于冬末春初，主要感染牛，幼畜最易感，腹泻为其特征，排出水样恶臭稀粪，死亡率低，而蓝舌病发生于夏、秋季节，主要感染牛、羊，还感染其他的反刍兽，无或很少有腹泻，库蠓为其主要的传染媒介。这都是它们之间的主要区别。

与牛瘟的区别　牛瘟发生于冬、春季节，直接接触感染，病牛体温升高达 40℃以上，稽留 3 ～ 5 d 不退，口腔黏膜、舌的腹面有硬、灰黄色的小结节并隆起于黏膜表面，腹泻，粪便稀薄，如脓汤带血，有的含有假膜，大便失禁，尿呈黄红色至黑红色。这些都能与蓝舌病相区别。

与茨城病的区别　茨城病又名流行性出血病，是由环状病毒属的病毒所引起的传染病。其与蓝舌病相同点是多处出血，组织和浆液囊的水肿，其不同点是茨城病有严重的休克、昏迷。确切的区别是用中和试验、补体结合试验等证明它们之间没有抗原性关系。

与水疱性口炎的区别　水疱性口炎除牛感染外，马、猪都易感，病程通常短促，经 3 ～ 4 d 恢复正常，口腔病变痊愈，很少有死亡。蓝舌病仅感染反刍兽，不会感染马和猪，以此点即可区别。

预　防

对于本病的控制措施是消灭传播媒介和免疫接种。

消灭传播媒介，定期喷洒杀虫药

（1）用 0.2% 除虫菊酯煤油溶液或除虫菊花序干粉 0.37 ～ 0.75 g 与煤油 1.8 L 混合制成溶液，在夏季每隔 5 ～ 7 d 全场喷雾。

（2）用 0.05%蝇毒磷，或 1.25%马拉硫磷，或 0.06%氧硫磷（蜱虱敌）向畜体上喷淋，以防止库蠓的叮咬。

加强环境消毒，减少库蠓的滋生

（1）经常保持牛舍、运动场清洁卫生，定期进行全场消毒。圈舍经常清刷，对粪、尿、褥草及时清除，集中堆积。

（2）清除杂草，排除污水，消灭库蠓的滋生场所。

免疫接种，增强机体的抗病力

（1）鸡胚化弱毒疫苗　分单价和多价两种。免疫期 1 年。接种时应注意怀孕期不能接种，因为疫苗能使胎儿脑和其他组织产生病变，或产生僵硬、畸形、蠢笨胎儿。所以对母牛通常应在产犊后、发情配种前接种，每年注射一次。由于胎儿能通过初乳获得母源抗体，而母源性免疫力可持续 3 ～ 6 个月，所以犊牛宜在 3 个月以上进行疫苗接种，以免母源抗体影响疫苗效果。

（2）羊肾细胞培养疫苗　适用于羔羊，也有良好的抗体反应。

牛病毒性腹泻 - 黏膜病
Bovine Viral Diarrhea-Mucosal Disease

本病又称黏膜病、牛病毒性腹泻，是由病毒性腹泻 - 黏膜病病毒引起的牛的一种传染病。其临床特征是体温升高、口腔黏膜烂斑、腹泻、流产、跛行及胎儿发育异常。

历　史

1946 年，Olafson 等首先发现了由牛病毒性腹泻病毒所引起的奶牛腹泻病，它与牛瘟十分相似，但较其温和，在自然条件下具有高度的传染性。1956 年，Pritchard 等报道了肉牛与奶牛发生的类似疾病并分离到病毒，称此为病毒性腹泻 (VD)。

1953 年，Ramsey 和 Chiver 对以消化道黏膜病变为主要特征的疾病进行了观察，并称为黏膜病 (MD)。从临床病例中分离出的病毒，因其在血清学上和免疫学上与腹泻病毒有亲缘关系，所以认为是同一病毒的临床变种，1971 年美国兽医学会将其统一命名为牛病毒性腹泻 - 黏膜病（BVD）。

病　原

形态与特性

牛病毒性腹泻 - 黏膜病病毒是一种有囊膜的、螺旋形 RNA 病毒。病毒粒子稍呈球形，大小为 35 ～ 55 nm。一般是表面平滑，偶有明显的突起。由于对材料处理的方法不同，病毒粒子的大小也各有差异。用微孔滤器进行的超滤过试验表明，有些感染性的粒子大小还不到 50 nm。

抵抗力

病毒对乙醚、胰蛋白酶、氯仿和 0.1%脱氧胆酸钠敏感。pH 3.2、6 h 病毒活性降低 1%，36 ~ 37℃经 24 h 活性丧失 1/10，56℃被灭活。冻干病毒于 −70 ~ −60℃可保存多年。

培养

用牛肾、牛胎肾、牛睾丸、猪肾及睾丸等各种细胞培养，病毒均能容易增殖。但因其所产生的病变不同，所以可以此作为指标进行定量。

Darbyshire 报道，牛病毒性腹泻 - 黏膜病病毒和猪瘟病毒有共同抗原性，用此病毒免疫猪有预防猪瘟病毒感染的作用。

流 行 病 学

本病已在世界许多国家广泛传播，美国、英国、加拿大、西欧、日本等国都有发现。随着引进奶牛的频繁，我国自 20 世纪 80 年代以来，已在很多地区发现有该病的存在。

易感性

各种年龄的牛都能被侵害，但以幼年牛敏感性最高。全年都有发生，以冬、春季节较多。

本病除能感染牛外，绵羊、山羊和猪都可自然感染而不表现临床症状，因此，在病的传播中起着一定的作用。

传播途径

病毒在康复牛或病牛中存留，因此是本病最重要的潜在传染源。由于病毒性腹泻 - 黏膜病为病毒血症病，所以病畜的眼、鼻、唾液、血液、粪及精液中都含有大量病毒。当病毒污染了饲料、饮水而被牛只采食或饮用，即可经口而感染发病；精液中的病毒可随输精而感染发病。胎儿可经胎盘感染。强毒感染可引起胎儿病变；弱毒株感染胎儿后，能产生中和抗体但不表现异常变化。

临 床 症 状

牛病毒性腹泻 - 黏膜病是由同一病毒引起的两种不同临床表现的类型。病毒性腹泻传染病高，症状和病变较轻，死亡率低；黏膜病虽自然感染发病率低，但症状明显，病变严重，死亡率较高，所以根据症状不同将其分为：

黏膜病型

主要侵害犊牛和青年牛，潜伏期 7 ~ 9 d，发病突然。病牛体温升高至 41 ~ 42℃，食欲废绝，反刍停止，精神沉郁，有浆性鼻漏，病牛大量流涎（图 2-17），结膜炎，咳嗽，白细胞减少；病后 2 ~ 3 d，鼻镜、舌、齿龈、上腭、口腔黏膜充血并有溃疡（图 2-18）；腹泻，粪呈粥样，具恶臭。

图 2-17　BVD 病牛流涎、消瘦

腹泻型

即以腹泻为主。病牛发热，食欲减退或废绝，腹泻初稀粥样，呈盘状，灰白色，发亮。并常见排出呈片状的肠黏膜。病程有的长达月余之久，间歇发生，消瘦，有的因有蹄叶炎而出现跛行（图 2-19）；奶产量减少至停止，孕牛发生流产。

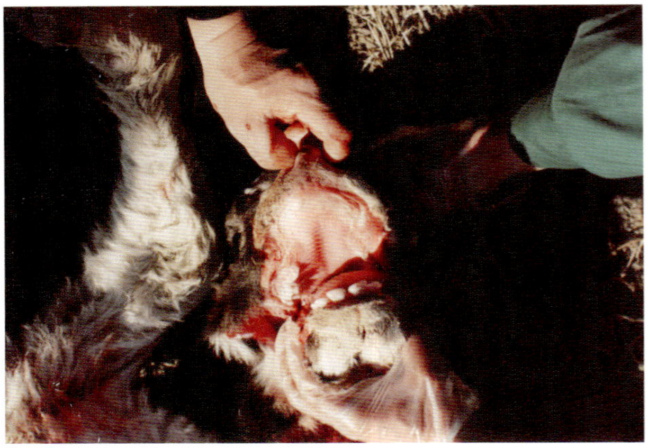

图 2-18　BVD 病牛上腭充血

图 2-19　BVD 病牛关节肿大、跛行

胎儿感染型

妊娠母牛感染后，发生流产，胎儿死亡、木乃伊，或胎儿发生小脑发育不全、眼睛失明等先天性缺陷。

病 理 变 化

剖检变化

尸体消瘦，齿龈、舌、腭、口腔黏膜有糜烂，食道、前胃、皱胃、小肠及大肠黏膜出血、水肿、坏死和溃疡（图 2-20 和图 2-21），心内外膜、阴道黏膜出血，趾间皮肤发生溃疡，淋巴结肿大和水肿。

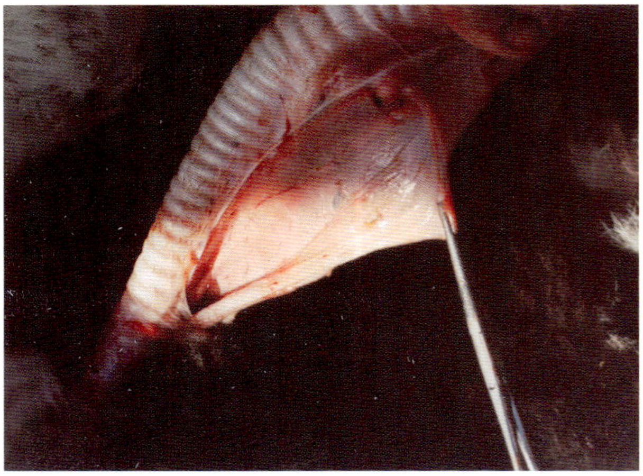

图 2-20　BVD 病牛食道溃烂

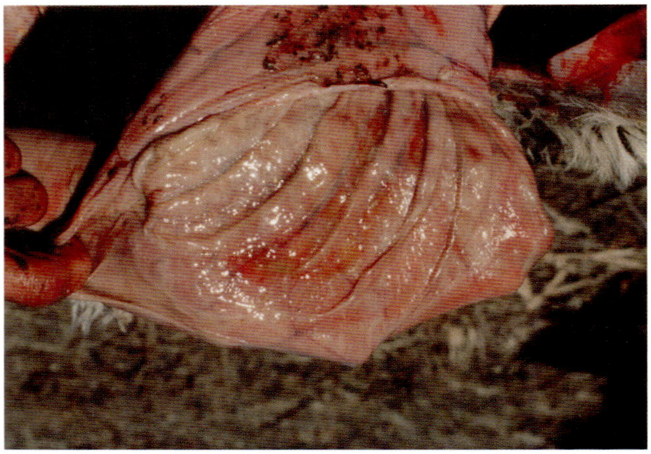

图 2-21　BVD 病牛皱胃溃烂

组织学变化

消化道黏膜广泛性坏死和溃疡，黏膜下层水肿、出血和白细胞浸润；胸腺变小，含灰白色病灶，髓质和皮质界限不清，胸腺细胞全面消失；扁桃体淋巴细胞被单核细胞所代替；心内外膜出血；脾脏白髓部高度坏死，中央动脉部水肿。

诊　　断

临床诊断

根据病牛的高热，腹泻含血，口腔黏膜的溃疡及消化道广泛性出血和溃疡，可初步诊断。

病原学诊断

病毒分离 取下痢粪便、肠黏膜、脾脏、淋巴结等作病毒分离材料，用牛睾丸细胞、牛肾细胞作细胞培养，可分离到病毒。

血清学诊断 常用的是病毒中和试验。现多用微量法。用双份血清确定中和抗体效价的上升，如果第二次抗体滴度上升并高于第一次 4 倍以上，可判为阳性。

类症鉴别

因其与牛恶性卡他热、牛瘟及牛传染性鼻气管炎有相似之处，故应予以鉴别。

与牛恶性卡他热的区别 恶性卡他热病牛眼呈弥漫性角膜炎、角膜混浊，鼻黏膜面上有灰色假膜，肌肉震颤、痉挛，神经兴奋与疯狂等，可与本病区别。

与牛瘟的区别 牛瘟病牛结膜表面有微薄的假膜，角膜混浊；口腔黏膜有结节，呈灰色或灰黄色，极易脱落，溃疡面边缘不齐；体温升高，持续多日；颈、肩前后、脊柱、乳房、阴囊、腹部等处，发生小疱，破裂成痂，可与本病区别。

与牛传染性鼻气管炎的区别 根据鼻孔两翼坏死，炎性物填塞鼻腔导致呼吸困难，外阴黏膜散在有多量的白色小脓疱，结膜表面上有白色斑点及羞明，犊牛阵发性痉挛、抽搐、机敏性增高等，可与本病区别。

治　疗

无特效药物。首先应加强对病畜的护理，改善饲养管理、增强抵抗力可减轻症状，促进恢复。

对病畜采取对症治疗。腹泻、脱水是引起病牛死亡的主要原因，因此，自发病开始就应补充糖和等渗电解质溶液，防止脱水。为防止继发感染，可使用抗生素。

预　防

对健康牛场

应加强兽医防疫制度，严禁将病牛引入；定期进行血清学检验，掌握本场该病的流行状况，如发现有少数病牛血清抗体阳性时，为防止病情扩大，最好将其屠杀。

对感染牛场

主要是加强饲养管理和消毒卫生措施，促使牛只机体抵抗力增强。有条件牛场，将病牛集中在一个圈内饲养或将其杀掉。关于疫苗的使用，目前有两种观点：一种主张用；一种认为，尽管牛群中感染率很高，除非表现出严重症状，否则最好不用目前疫苗进行定期接种。

1975 年，日本用非细胞病原性病毒，通过猪的睾丸细胞培养传至 30 代以上而变为弱毒株，研制成活毒疫苗，经过生产实际应用，产生抗体好，使用安全。

1978 年，中国兽药监察所从匈牙利引进了 OregonC_{24}V 病毒弱毒株，1981 年试制疫苗，接种于牛后，安全，不引起同居牛感染。

由于牛病毒性腹泻 - 黏膜病病毒可引起流产和胎儿先天性畸形，所以对怀孕母牛最好不使用疫苗。

牛 白 血 病
Bovine Leukaemia

牛白血病又称牛淋巴瘤病、牛淋巴细胞瘤病，是牛的一种进行性和致死性疾病。其特征是持续性淋巴细胞增生和淋巴肉瘤的形成。由于本病的复杂性，所以，也有将此病称为造白细胞组织增生症、牛白血病复合症等。

历　史

1976 年，德国首次报道了本病，随后在美国、挪威、丹麦、瑞典、苏联等国都有发生。近年来，此病越来越普遍，英国、法国、日本也有发生。20 世纪 70 年代后，我国也有不少报道，并且对该病也进行了系统研究。

20 世纪 50 年代以后，由于对病毒在鸡和小鼠淋巴肉瘤中作用的深入了解，对牛白血病是遗传性疾病的看法逐渐减少。

1969 年，Miller 首先发现了牛白血病病毒（BLV），这才对牛白血病有了真正的进一步的认识。

病　原

形态

牛白血病病毒直径 90 ~ 120 nm，核心直径 60 ~ 90 nm，呈圆形或椭圆形，颗粒外有清晰的囊膜，内有致密的类核体。成熟病毒粒子在细胞膜上以出芽方式释放。

特性

牛白血病病毒颗粒内有反转录酶，此酶在有镁离子存在时活性最高。

抵抗力

牛白血病病毒抵抗力较弱，加热 60℃以上可使其对细胞的感染性丧失，所以高温和巴氏消毒法能灭活牛奶中的牛白血病病毒。

培养

病毒可在许多细胞培养物中增殖。从急性和慢性白血病病牛淋巴结、脾、肾制备的 25 个原代细胞培养物中，均发现有释放的病毒。分离到的病毒可在继代的牛肾细胞培养物内增殖。牛白血病病毒也能在胎羔脾、胎羔肾细胞中增殖。

流行病学

牛白血病(BL)传播途径包括水平传染和垂直传染 2 种。垂直传染是由母体的子宫将病毒传递给胎儿，现认为经此种传播的概率为 3% ~ 18%；水平传染的途径较多，病毒自一头牛传递给另一头牛，引起水平传播的媒介有初乳、常乳、污染的器械、吸血昆虫、精液等。

胎盘感染

Kanichi Ohshima（1982）检查抗 BLV 抗体的 15 头胎儿中，有 5 头胎儿（33.3%）为阳性。其中肿瘤细胞浸润到胎儿胎盘的 1 头胎儿，其抗体滴度比母体还高，与母体抗体滴度相同的胎儿也出现了肿瘤性变化（表 2-3）。

因此，可认为新生犊牛在吃初乳前约有 20% 已出现血清抗体阳性，所以不能忽视 BLV 肿瘤期的妊娠母牛通过胎盘传播给胎儿的致病原因。

机械传播

由于血液可能是传播 BLV 的主要来源，因此污染的器械，如兽医用的注射和采血针头，可能是一种传播媒介。研究表明，BLV 在含有抗凝剂和 BLV 抗体的牛血中至少存活 2 周，被 BLV 感染的细胞在无

BLV 抗体血清中，至少可存活 4 周，因此消毒不严，常常会将 BLV 传给其他牛。

表 2-3　胎儿及其母体 BLV 血清抗体滴度

母牛号	胎儿号	胎儿月龄	胎儿		母体	
			p^-	gp^-	p^-	gp^-
1	1-A*	5	–	16	4	16
	1-B**		16			
2	2	9	–	64	–	8
3	3	8	–	4	4	16
4	4	8	–	8	–	16

注：*，有肉眼肿瘤病变；**，有镜检肿瘤病变；–，阴性。

昆虫传播

A. B. Bonnle 等（1982）用饲喂过 BLV 感染牛血的蚊子口器，接种 9 头绵羊，其中琼扩试验 BLV 阳性的有 4 头（表 2-4），这说明了昆虫传播的重要性。特别是口器较大的虻，其疼痛的叮咬，使它不能在专一的宿主吸饱血，造成了吸血宿主的扩大，所以将直接引起 BLV 的传播。现已认为，牛虻是机械传播的首选媒介。

表 2-4　喂过 BLV 牛血的蚊子口器接种绵羊后 BLV 抗体测定

项目	绵羊号								
	1	2	3	4	5	6	7	8	9
蚊种	A	B	B	B	C	A	B	D	C
口器数	122	105	100	100	91	80	70	54	37
琼扩试验	+	–	+	–	+	–	–	+	–
放射免疫试验	未测	–	未测	–	未测	–	–	+	–

注：A，野生疟蚊；B，白魔疟蚊；C，四斑疟蚊；D，史氏疟蚊；+，阳性；–，阴性。

精液传播

精液传播 BLV 的可能性较小，迄今，只有 1 篇自然感染公牛的精液中分离到 BLV 的报道。但是值得注意的是，当母牛生殖道发生炎症、出血时，公牛精液也有可能出现 BLV 淋巴细胞而引起传播。

其他感染途径的可能性较小。这是因为初乳中含有中和 BLV 的抗体；感染牛的鼻分泌物和唾液中从未分离到病毒；尿液中虽可检出少量抗体，但这些病毒却无感染性。

白血病的分类

根据构成白血病的肿瘤细胞的种类，可将其分为淋巴性和骨髓性白血病。

淋巴性白血病，包括浆细胞瘤、大球蛋白血症及网状细胞肉瘤；骨髓性白血病，除了嗜中性、嗜碱性、嗜酸性细胞及幼红细胞白血病外，还有急性红细胞症、真性红细胞增多症、骨髓硬化症、单核细胞白血病和肥胖细胞瘤等。

根据肿瘤细胞的分化程度，可分为分化型、低分化型及未分化型。

根据临床病理学，可分为地方性流行型（成年型）、犊牛型、胸腺型和皮肤型 4 种，现多用此分法。

临床症状

地方性流行型白血病

潜伏期不大明确，以 4 ～ 6 岁的牛多发，所以又称为“成年型”。在未表现出症状之前，对奶牛的生产性能尚无影响；只有出现肿瘤时，才对奶牛发生影响。因此，肿瘤的数量、侵害部位及其生长速度直接影响临床症状表现及病程的长短。

据一条茂等对 62 例白血病病牛统计，所有患牛可以触到髂内淋巴结肿大，体表淋巴结肿大占 80.6%，其中颈浅淋巴结占 74.2%，股前淋巴结占 51.6%，下颌淋巴结占 41.9%，耳后淋巴结占 29%，有的也仅限于颈浅和股前淋巴结。由于肿瘤部位不同及机械的损伤和压迫作用，因此，病牛表现黏膜贫血，食欲不振，前胃弛缓，瘤胃臌胀，心悸亢进，呼吸急促，下痢呈水样、血便或粪便泥样具恶臭，频尿或排尿困难，所以见努责屡屡发生。骨盆腔和后腹部肿瘤的病牛，起立困难；子宫肿瘤时，母牛不孕，眼球突出，全身出汗，胸前浮肿。

犊牛型白血病

常见于 6 月龄以内的犊牛。以发热和淋巴结肿大为特征，呼吸困难，体表淋巴结肿大呈对称性，以颈浅、股前、下颌及耳后淋巴结肿大为最明显。病犊发热、心跳增数，可视黏膜贫血，食欲不振，全身出汗，下痢、黄疸和起立困难。

胸腺型白血病

以 7 ～ 24 月龄以内的牛多发。以胸腺的肿瘤性肿大为特征。由于肿块的压迫，可见颈静脉怒张和静脉搏动。此外，也有食欲不振、发热、下痢、眼球突出、臌气等症状。

皮肤型白血病

幼龄牛皮肤敏感，躲避接触，发生荨麻疹样皮疹，不久硬固膨隆，以真皮层为主形成肉瘤，淋巴结病灶与其他型相同。成年牛常于颈、背、臀和大腿等处出现肿块，肿块部有的脱毛，有的形成痂皮，痂皮可自然脱落，结节性变化消失。皮肤肥厚、干燥而失去弹性。

临床病理

对白血病牛的血液、骨髓及淋巴结的检查结果列于表 2-5 至表 2-8。

表 2-5　白血病牛的红、白细胞分布　%

病型	红细胞（$\times10^4$ 个 /μL）				白细胞（$\times10^3$ 个 /μL）			
	100~300	301~500	501~700	>700	<12.0	12.0~20.0	20.1~50.0	>50.0
犊牛型（10 例）	20	60	20	—	30	20	20	30
胸腺型（18 例）	22.2	16.7	27.8	33.3	22.2	22.2	22.2	33.4
皮肤型（3 例）	—	33.3	33.3	33.3	33.3	33.3	33.3	—
成年型（31 例）	19.3	35.5	38.7	6.5	45.2	12.9	29	12.9

表 2-6 白血病牛血液异常淋巴细胞出现的频度 %

病型	血液异常淋巴细胞				
	<5	6~10	11~20	21~30	>31
犊牛型（10 例）	—	—	10.0	10.0	80.0
胸腺型（18 例）	22.2	11.1	16.7	16.7	33.3
皮肤型（3 例）	—	—	66.7	33.3	—
成年型（31 例）	3.2	3.2	35.5	19.4	38.7

表 2-7 白血病牛骨髓液中淋巴细胞出现率 %

病型	骨髓液淋巴细胞			
	<10	11~30	31~50	>51
犊牛型（7 例）	—	14.7	14.3	71.4
胸腺型（14 例）	7.1	21.4	7.1	64.3
皮肤型（3 例）	—	66.7	33.3	—
成年型（25 例）	32.0	32.0	20.0	16.0

表 2-8 白血病牛体表淋巴结活检情况 %

幼稚淋巴细胞	犊牛型（10 例）	胸腺型（18 例）	皮肤型（3 例）	成年型（31 例）
大量出现	90	88.9	100	100
未发现	10	11.1	—	—

病理变化

牛白血病的病灶频见于淋巴结、胸腺、骨髓、脾脏、肝脏、皱胃、肠、心肌、子宫及肾脏。被侵害脏器和组织呈弥漫性肿大或肿瘤变化。淋巴结呈白色到灰红色，多失去固有构造呈粥状，有的呈坏死性溶解或干酪化硬固。胸腺为肉瘤充实，仅残存小叶结构。骨髓也有肿块。脾脏肿大，切面如枣泥，滤泡增生。肝、肾有弥漫性及局限性多发性瘤体。前胃及肠浆膜、皱胃黏膜有弥漫性结节。心脏内有乳头状突起，心肌有白色病灶。皮肤真皮层发生多发性肉瘤肿块。所有瘤体外形不整、大小不一、质度软或硬。

诊　断

临床诊断

包括症状与病理组织学检查。

典型症状 肿瘤的出现是本病的典型症状。除此，病牛厌食、消瘦、体重下降、贫血，产奶量下降，有的跛行和瘫痪。

病理组织学检查 可以见肿瘤组织及实质器官的淋巴细胞大量增生和浸润。

血清学诊断

有免疫扩散法（ID）、微量免疫扩散法（MID，微量琼脂扩散法）、间接免疫荧光法（IF）和酶联免疫吸附法（ELISA）等。目前，临床上普遍采用的是 MID 法。该法简单、实用、经济、快速。

血细胞检验

通过检验血液中白细胞总数、淋巴细胞的比例及其绝对值的变化，以诊断白血病。现列举其中两种检索表，以供临床参考（表 2-9 和表 2-10）。

表 2-9 根据年龄和淋巴细胞计数诊断白血病（Bendixen）

年龄（岁）	淋巴细胞总数（个 /mm³）		
	（－）	（±）	（＋）
0 ~ 1	<10 000	10 000 ~ 12 000	>12 000
1 ~ 2	<9 000	9 000 ~ 11 000	>11 000
2 ~ 3	<7 500	7 500 ~ 9 500	>9 500
3 ~ 4	<6 500	6 500 ~ 8 500	>8 500
>4	<5 000	5 000 ~ 7 000	>7 000

表 2-10 原南京农学院白血病血液检索表（1981）

年龄（岁）	淋巴细胞总数（个 /mm³）		
	（－）	（±）	（＋）
0 ~ 1	<12 000	12 000 ~ 15 000	>15 000
1 ~ 2	<10 000	10 000 ~ 13 000	>13 000
2 ~ 4	<9 000	9 000 ~ 11 000	>11 000
4 ~ 6	<8 000	8 000 ~ 10 000	>10 000
>6	<7 000	7 000 ~ 9 000	>9 000

治　疗

由于本病最初无特征性症状，所以临床诊断较为困难。当临床症状出现而被发现时，早已是病的后期。特别是肿瘤已经形成，企图用药物治疗使其恢复则更加困难。据报道，用氮芥 30 ~ 40 mg，连用 3 ~ 5 d；醋酸强的松龙 125 mg × 20，环磷酰胺 200 mg × 25，长春新碱 10 mg，阿糖胞苷 1 000 mg，均分别用 5% 葡萄糖生理盐水稀释后逐个静脉注射，每周一次，连用 4 次为一疗程，对肿瘤的生长似有抑制作用。

预　防

对高感染牛群

（1）及时淘汰有临床症状的病牛。丹麦在 11 年内采取屠宰措施，使其发病率从 28.7/10 万降低到 3.0/10 万。

（2）保护犊牛，防止犊牛感染。初生犊牛有 10% ~ 20% 可以通过胎盘感染。因此，对其尽早进行血清学检验，阳性牛应立即隔离，喂消毒乳和健康牛奶，并定期做血清学检验。确诊为阴性者，再入健康场。

（3）对病牛作血统调查。凡检查出白血病阳性牛的后代尽量不做种用。

（4）消灭吸血昆虫。粪便是吸血昆虫的滋生地，所以要加强粪便的清除，并经堆积发酵处理，用杀虫剂喷洒；牛舍、运动场内应定期用敌敌畏、溴氰菊酯等喷雾。

对低感染牛群和阴性牛群

（1）坚持定期对牛群普查，每次随机抽样 50 头牛，血检与琼扩试验同时进行。凡检出阳性或可疑者，应及时从牛群中挑出，隔离饲养。

（2）进口牛或从外地引进牛只，应做白血病检疫。凡阳性牛，一律不准进场。

（3）加强防疫消毒制度，器械严格消毒，保持场内清洁，加强灭蚊、虻工作。

牛副流感Ⅲ型病毒感染
Bovine Parainfluenza Virus Type Ⅲ Infection

牛副流感Ⅲ型病毒感染是由副流感Ⅲ型病毒引起的一种呼吸道传染病。其临床特征是体温升高，呼吸困难，剖检为纤维蛋白性肺炎。

病毒最早由美国的 Reisinger 等分离出。Rakos 等（1960）从欧洲出现呼吸症状的牛中分离出本病毒。在日本，Kawakami（1969）从乳房炎病牛的乳汁和鼻液中、Sugimura 等（1974）从流产胎儿中都分离出副流感Ⅲ型病毒。

病　原

本病毒的形态近似球形，完整的病毒粒子大小为 140 ~ 250 nm，是一种 RNA 病毒。病毒粒子对牛、猪、禽及人的红细胞有凝集作用。感染细胞能吸附红细胞，呈现红细胞吸附现象。病毒在犊牛、牛胎儿、猪的肾细胞培养可增殖，常在感染细胞细胞浆内和核内均出现嗜酸性的包涵体。来源于人、牛和绵羊的副流感Ⅲ型病毒之间有亲缘关系，但不完全一致，有的可交叉，有的不交叉。病毒对乙醚、氯仿敏感，在 pH 3.0 环境中不稳定。

流 行 病 学

感染发病的牛肺长时间带毒，并不断地由鼻分泌物向外排毒，所以成为自然界牛副流感Ⅲ型病毒延续的主要疫源。

人、牛、水牛、马、猪、鹿等均发现副流感Ⅲ型病毒，豚鼠、绵羊、仓鼠对本病毒均易感。

血液中抗体水平可决定是否感染。抗体水平随生理状况而改变。当抗体水平降低时，可以发生再次感染，所以断奶犊牛比哺乳牛、泌乳牛比干奶牛易感。

通过接触或飞沫而引起传染。由于集约化饲养，牛高度集中，牛棚低矮窄小，牛只拥挤，密度过大，圈舍阴暗潮湿、通风不良，以及寒冷刺激等，皆可促使本病的发生。

牛副流感Ⅲ型病毒单纯感染较少。牛场防疫消毒不严，疫病复杂，如遇到溶血性巴氏杆菌、霉形体、传染性鼻气管炎（IBR）、病毒性腹泻 - 黏膜病（BVD）、牛鼻病毒、放线杆菌等混合感染，更易促使疾病复杂化。

发 病 机 理

副流感Ⅲ型病毒能感染呼吸道。主要的靶细胞是呼吸道上皮细胞，在气管中和细支气管肺泡区的感染更为活跃，病毒通过小的细支气管的基底膜发芽，进一步破坏纤毛上皮细胞和黏膜层，引起支气管炎、细支气管炎和肺炎，临床出现咳嗽、湿性啰音和呼吸困难。

临 床 症 状

病牛流鼻涕，咳嗽；眼泪呈浆性；精神沉郁，食欲减退或废绝；体温升高达 40 ~ 41.5℃；呼吸加快 50 ~ 80 次 /min；颈向前直伸，前肢向两侧分开很宽，呼吸发出鼾声，张口吐舌（图 2-22），频频从口内喷出泡沫状唾液（图 2-23）。并发细菌性肺炎时，出现支气管啰音，肺下部可听到啰音。严重呼吸困难病牛，3 ~ 4 d 呼吸衰竭死亡。

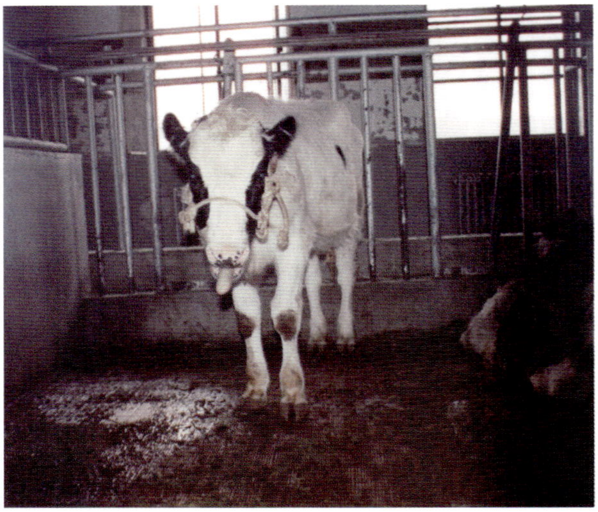

图 2-22　牛副流感Ⅲ型病牛张口吐舌

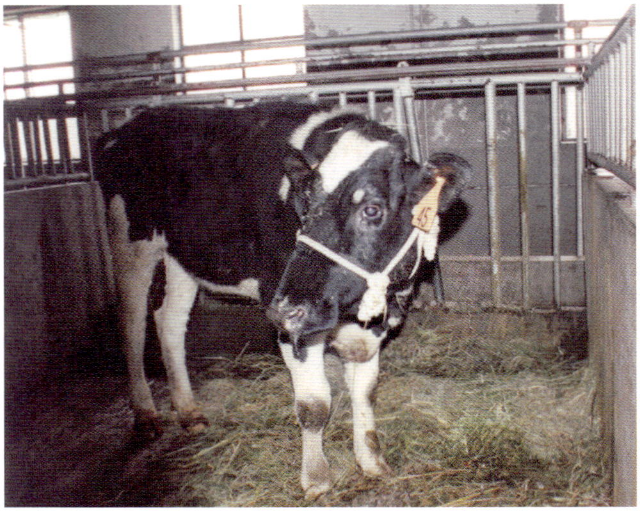

图 2-23　牛副流感Ⅲ型病牛流涎，眼周围肿胀

临床病理

白细胞 7 800 个 /mm^3，红细胞 436 万个 /mm^3，血红蛋白 8.5 g/100 mL，中性粒细胞 23%，淋巴细胞 75%。

病理变化

剖检变化

典型的牛副流感Ⅲ型病毒感染主要病变在呼吸道。气管内充满浆液，肺高度膨隆，外覆盖白色纤维蛋白样物质。剖离后肺表面粗糙、充血，尖叶、心叶特别是膈叶坚实，切面呈深红色或灰白色，叶间结缔组织明显增宽。肺和纵隔淋巴结肿大，部分坏死。

组织学变化

鼻和支气管上皮有嗜酸性细胞质内包涵体，并出现肺泡性巨噬细胞；毛细支气管上皮增生、脱落和坏死；肺泡内积有蛋白样物、单核细胞和细胞碎块；肺泡上皮有嗜酸性的胞浆内包涵体和核内包涵体。

诊断

引起呼吸道疾病的炎症较多，其症状大多一致，多数病例往往是混合感染，试图通过临床症状来确诊是极其困难的。因此，应取急性期病牛鼻液、鼻腔擦拭物或鼻咽拭子，剖检样品如气管黏膜、肺脏及所属淋巴结，乳房炎时的奶及腹泻时的粪便等进行微生物培养。

因感染牛产生体液抗体，所以用急性期和恢复期的双份血清同时进行血凝抑制试验。双份血清间隙时间为 2 ~ 3 周，所用血清需 56℃ 加热 30 min 灭活，根据抗体上升情况来判断是否感染。

治疗

无特异疗法。发病早期即开始治疗，可能治愈。治疗方法是抗菌、消炎。

全身治疗

为防止继发感染，可用四环素类及磺胺类药物。

（1）盐酸土霉素，剂量为 5 ~ 10 mg/(kg·d)，用 5% 葡萄糖生理盐水 500 ~ 1 000 mL 溶解，一次静

脉注射。或用强力霉素，剂量为 1 ~ 2 mg/kg 体重，用 5% 葡萄糖生理盐水稀释成 0.1% 浓度，缓慢一次静脉注射，注射药液不可漏出血管。

（2）磺胺 -6- 甲氧嘧啶，剂量为 0.05 ~ 0.1 mg/kg 体重，一次内服，维持用量减半。

（3）卡那霉素、春雷霉素等抗生素，可直接于气管内注射。

对症治疗

当呼吸困难时，可用尼可刹米、地塞米松、输氧等方法。

预　防

由于本病多与其他疫病并发，发病以接触、飞沫感染，病后又无特效治疗方法，所以预防是关键。

加强防疫消毒，阻断病原传播途径　主要包括以下 4 个方面。

（1）牛舍、运动场应保持清洁、卫生，定期用 2% 火碱水全场消毒，给牛提供良好的生存条件。

（2）对犊牛及时饲喂充足的初乳，使其获得母源抗体，提高抗病力。

（3）对临床呼吸道病患牛，及时隔离、治疗，并确定病性，防止病情蔓延。

（4）为了掌握本地、本场饲养奶牛的健康，定期进行疫病普查，特别是对牛传染性鼻气管炎、牛病毒性腹泻 - 黏膜病等作血清抗体监测。凡欲引进牛只，必须是健康、无病牛，绝不能把病牛引入牛群。

免疫接种　疫苗有活毒疫苗和灭活疫苗两种。犊牛在 6 ~ 8 月龄时，注射一次副流感Ⅲ型疫苗和巴氏杆菌苗。副流感Ⅲ型、牛传染性鼻气管炎和牛病毒性腹泻 - 黏膜病病毒三联疫苗，经鼻内接种犊牛，安全有效。

赤　羽　病
Akabane Disease

赤羽病是由布尼安病毒属的赤羽病病毒引起的牛羊胎儿先天性缺损的一种传染病。临床以胎儿畸形、流产、死胎、木乃伊、早产和脑内积水等为特征。

历　史

1956 年，Blood 报道了澳大利亚牛患有关节肿大、大脑缺损的一种疾病。

1960 年，Matsyama 等从群马县的赤羽村的畜舍内采集的金色库蚊和三带喙库蚊分离出赤羽病病毒。因病毒从赤羽村分离到，故称赤羽病。

1971 年，Markns Feld 等报道了以色列牛的关节弯曲和大脑缺损综合征。

1975 年发现于北澳大利亚，后来流行于西澳大利亚。大流行时，牛群中 40% 犊牛发病，流行严重地区 80% ~ 100% 牛、羊可检出赤羽病病毒抗体。日本于 1949 年就发现有本病流行，以后以色列、阿根廷、津巴布韦、南非、印度尼西亚及我国也有本病流行。

近十几年来，阿根廷、津巴布韦及南非都有报道。

1997 年，我国上海等地区的一些奶牛场暴发母牛流产，流产率为 10% ~ 15%，流产胎儿以死胎、畸形、关节弯曲为多。1998 年从当地捕获的蚊、蠓中，分离到 12 株病毒，其中 3 株与赤羽病病毒相似，为布尼安病毒超群辛波病毒群的赤羽病病毒，证明我国也有本病存在。

病　原

病原为赤羽病病毒，属于虫媒病毒的血清学亚类的 Simbu 病毒类，根据形态学、微生物学及血清学交叉反应，而归为布尼安病毒属。Simbu 类病毒是单股 RNA 基因组，由 3 个片段组成，分子质量为 600

万～700万u。在氯化铯及蔗糖梯度中的浮密度分别为1.2 g/mL、1.18 g/mL。病毒粒子呈圆形，外围有糖蛋白囊膜。有囊膜的病毒呈螺旋形对称，直径为90～100 nm。病毒对乙醚、氯仿和胰蛋白酶及脱氧胆酸钠敏感；对酸和热不敏感。

流行病学

赤羽病呈季节性、区域性。母畜在怀孕期的前3个月易被感染，胎儿被感染的部位和时间、吸血昆虫的活动季节与本病流行密切相关。

病毒除自然感染牛、羊、山羊外，还感染水牛、驼牛、马和犬。人工接种怀孕山羊，产生畸形的山羊羔。

病毒对青年牛或成年牛不诱发明显症状。但在母牛怀孕期始发感染，病毒传给胚胎可使其中枢神经系统严重受损。

临床症状

病毒感染怀孕母牛时不呈现热反应及临床症状。仅突然发生流产（排出死胎、木乃伊）和早产、胎儿畸形或初生犊异常反应。如果母畜于怀孕的前3个月发生感染，则胎儿损害出现在子宫内，临产时常出现难产。畸形严重的仔畜在临产时死去，肢体关节呈固定相弯曲或伸展姿势。多数活犊不能站立和吮乳，关节弯曲，头颈歪斜，脊柱侧凸似驼背状，短鼻，上颌骨发育不全，中枢神经系统受损，临床上出现瞎眼、眼球颤动、耳聋、麻痹、共济失调等症状。

病理变化

剖检变化

关节弯曲硬化，失去活动力，头颈歪斜、脊柱侧凸，鼻、上颌骨缺损。胎儿及胎盘出血，羊膜有白色混浊的斑点。鼻孔外、鼻镜及趾间出现烂斑。肺部及肌肉发育不全，关节呈现纤维素蛋白变性，胸骨柄脂肪变性，眼睛发生炎性变化及白内障等。脑部变化突出，出现积水性无脑、脑积水、脑发育不全、畸形小脑、孔洞脑、纤维蛋白性脑脊髓炎及室管膜炎、脊椎发育不全。

组织学变化

中枢神经系统及骨骼肌变性、萎缩，脑组织水肿并出现矿质变化斑点，室管膜下神经胶质增生。

诊断

临床诊断

根据临床表现、病理解剖变化及流行病学特点综合分析，可初步诊断。

实验室诊断

（1）病理组织学观察，可从患病胎儿及初生死犊无菌采取大脑、小脑、脊髓、心、脾、肌肉及胎盘等病料，迅速装入冰瓶中，速送实验室检验；病理组织病料，放入10%福尔马林溶液中，进行病理组织学检查。

（2）采集病母畜及初生犊血清作抗体检测，采用微量中和试验、血凝抑制试验、溶血抑制试验及间接免疫荧光技术等。

（3）通过组织培养分离病毒，可用Vero或BHK21细胞株分离，并根据Vero细胞中出现的细胞病变和蚀斑技术判定病毒滴度。

（4）动物接种，用加有抗生素处理的肉汤或乳蛋白水解物将病理组织制成10%乳剂悬液，低速离心，取上清液（留少许放 −20℃冰箱保存）0.02 mL/ 只，颅内接种 1 ～ 2 日龄乳鼠 6 只，观察 10 d，取有神经症状的脑组织再传接第 2 代分离病毒，再用中和试验对病毒分离物进行鉴定。

类症鉴别

多种营养性、中毒性疾病及其他传染病也可导致胎儿变性和畸形。母牛感染蓝舌病病毒（BTV）所产的病变胎儿和本病胎儿非常相似，所以在临床上应予以鉴别。

与蓝舌病的区别　赤羽病病毒感染，成年牛无明显临床症状，仅表现为流产。而蓝舌病病牛体温升高达 42℃，跛行，运动不灵活，齿龈部有溃疡，蹄部、乳头、阴门等有溃疡。流产胎儿应通过检验检出未摄取初乳的血清中有无本病的中和抗体进行区别。

治　疗

本病感染后，母牛仅表现出突发流产，故无特异疗法。只能对流产母牛进行对症治疗，有全身症状者应消炎；胎衣不下应及时治疗，防止子宫炎发生。

预　防

消灭传播者，加强灭蚊蝇工作　在夏季来临时，全场应定期用敌敌畏、溴氰菊酯等杀虫剂对牛舍、运动场等处进行喷雾杀虫；及时清除污水、杂草，防止昆虫滋生；保护牛只不被昆虫叮咬。

疫苗注射　目前有灭活疫苗和活毒疫苗两种。

灭活疫苗是用甲醛灭活，再添加磷酸铝胶为佐剂而制成。在昆虫活动期间，注射 2 次灭活疫苗，在 4 个月内能保持充分的免疫力。

活毒疫苗是用低温培养法培育的弱毒变异株而制成，安全、经济、有效。

狂 犬 病
Rabies

狂犬病俗称“恐水症”，是由弹状病毒引起的一种人、畜共患的致死性中枢神经系统急性传染病。其临床特征是兴奋、抑制、意识紊乱、麻痹、昏迷和死亡。

自古以来，犬感染狂犬病为人人皆知。以后，狂犬病发生于各种温血动物，尤其是哺乳动物，并广泛分布于许多国家和地区，为世界性流行。人通过被犬、猫咬伤而表现出疯狂型和麻痹型，死亡率很高，因此在公共卫生上应引起重视。

病　原

形态

狂犬病病毒为 DNA 病毒，病毒颗粒圆而长，呈清楚的子弹形，其粒子大小为 75 nm × 180 nm。病毒能在鼠、鸡、兔胚等脑组织及仓鼠、猪肾细胞上生长。

抵抗力

病毒对外界不良因素敏感，对酸、碱、石炭酸、福尔马林、高锰酸钾、新洁尔灭、1% ～ 2% 肥皂水、70% 酒精敏感，与紫外线接触和暴露后迅速破坏。50℃ 15 min 可杀死，在干燥时 100℃ 2 ～ 3 min 可杀死，乙醚能使病毒灭活。在 50% 甘油中于冰箱内可短期保存。冻干病毒可保存 1 年的毒力。病毒主要存在于病畜的中枢神经组织和唾液腺中。

流行病学

季节性

狂犬病通常发生于猫、犬、狐狸、臭鼬等动物。牛狂犬病很少见，呈零星散发。由于带毒动物在春季配种季节活动频繁、流动性大，因而春季和初夏牛狂犬病发病较高。

传播途径

野生食肉动物是狂犬病的自然储毒宿主。各种带毒动物为本病的传染来源。常见的传播途径是咬伤，带毒动物闯入牛舍，好奇的牛接近和嗅闻时，鼻镜、面部或其他部位被咬伤而发病。吸血蝙蝠咬伤牛头部、颈部和背部的皮肤，在咬和舐食血液时，可经创口感染。当动物口腔、皮肤等有伤口时，由于接触到带毒唾液或采食污染的饲料而经伤口感染。

促使传播的因素

养犬地区对犬不进行免疫、不圈养而又令其乱跑，加上牛场防疫措施不严、管理松散、散养、放牧等，皆可促使本病的发生。

发病机理

狂犬病病毒是一种嗜神经病毒。当牛被带毒动物咬伤后，病毒暂时地停留在咬伤部位进行复制，然后沿着外周神经末梢上行，进入脊神经根神经节至脊髓，最后到达中枢神经系统脑部。病毒侵袭和损伤脑部许多部分的神经元，使之充血、水肿、变性和坏死。特别是沿着脑干，可引起脑炎。通常在海马角的神经元和小脑的浦金野氏细胞中产生细胞质内包涵体——尼氏（Negri）小体。随后病毒通过感染动物颅神经到分泌腺进入唾液和鼻分泌物中，成为动物和人的感染源。

临床症状

由于病毒的数量、毒力和咬伤部位的不同，狂犬病的潜伏期差异很大。一般为 7 d，也有 3 周至 3 个月，少数可达 6 个月。咬伤部位离脑部越近，其潜伏期越短，病牛死亡越快。

病牛病症表现出前驱期、兴奋期和麻痹期 3 个阶段。

前驱期

病牛精神沉郁，离群独处，食欲减退，瘤胃弛缓、膨胀，对外反应淡漠。此期较短，持续约几小时至 48 h。

兴奋期

病牛兴奋、狂暴。体温升高，大声吼叫，起卧不安，用头撞击障碍物，用蹄踏地，攻击饲养员和其他牛只。里急后重，似要排粪。流涎，吞咽困难，口内停贮草料，不能饮水或只能少量饮水，因而呈现脱水和憔悴状态。奇痒，于他物摩擦致残。共济失调，角弓反张。性欲亢进，频繁爬跨。耳竖立，眼凝视，遇刺激而机敏性增高。此期持续 1 ～ 2 d。

麻痹期

衰弱，运动困难，后肢跛行，常见 1 个或 2 个球关节着地，后肢瘫痪。因麻痹而呈现尿淋漓，尾及肛门松弛，阴茎软弱无力，昏迷，经 1 ～ 2 d 死亡。

病理变化

病牛无明显可见的器质性病变。组织病理变化是脑部，特别是脑干水肿、变性和坏死。沿着脑干和三叉神经的半月状神经有炎症和嗜神经细胞。海马角和小脑的浦金野氏细胞中有病毒包涵体——尼氏小体。

诊 断

临床诊断

根据病史调查、临床表现可做出诊断。确切诊断应检出狂犬病病毒。

实验室诊断

（1）小鼠脑内接种。用 0.03 mL 脑组织病料悬液，接种于瑞士小白鼠脑内，在 8 ～ 14 d 表现症状并死亡，再检查死鼠脑内的尼氏小体。

（2）荧光抗体技术是诊断狂犬病的准确和敏感技术，应用脑组织切片和涂片的荧光染料与狂犬病病毒的抗体结合，可鉴别出尼氏小体。

类症鉴别

应与食道阻塞、神经性酮病和李斯特氏菌病进行鉴别。

与食道阻塞的区别 食道阻塞病牛表现出流涎、吞咽困难和瘤胃臌气。但无神经性狂暴症状，用触诊和食道探子可检查出阻塞部位，阻塞物除去后，症状立刻能缓解或痊愈。

与神经性酮病的区别 神经性酮病牛有兴奋、暴躁症状，但主要发生在高产牛及泌乳高峰时。呼出气、乳、尿中有酮味，酮体检测呈强阳性反应，用葡萄糖、碳酸氢钠等治疗，症状减轻至痊愈。

与李斯特氏菌病的区别 李斯特氏菌病主要发生于 2 ～ 3 岁的牛，很少呈狂暴性、攻击性，常表现出单侧性颜面麻痹，头向一侧偏斜、转圈运动，病程很长，从脑干能分离出单核细胞增生性李斯特氏菌。

治 疗

对狂犬病病牛无法治疗。当牛被疯狗及其他狂犬病动物咬伤后，对伤口应用百毒杀、75%酒精或 5%碘酊彻底清洗、消毒，局部分点注射抗血清治疗。

预 防

良好的管理措施和防疫制度，是防止狂犬病发生的有效方法。奶牛场内严禁养犬。牛场应设置围墙，严禁猫、犬进入牛场。加强对猫、犬的管理，定期对其进行狂犬病疫苗注射。

人的狂犬病

人的狂犬病的症状与动物中所见基本相同。狂暴型和麻痹型都有，以后者多见。潜伏期 12 ～ 180 d，平均为 30 ～ 60 d。面部咬伤潜伏期仅有几天，死亡率达 100%。

人怀疑被患狂犬病的动物咬伤后应立即进行治疗，直到该咬伤动物被确诊无狂犬病为止。人源的狂犬病免疫球蛋白注射后不产生过敏症和血清症。人用的狂犬病灭活疫苗有二倍体细胞苗和鸡胚疫苗。为了防止人的感染，应加强对饲养的宠物犬、猫疫病管理，定期进行疫苗注射，防止感染。

伪 狂 犬 病
Pseudorabies

牛伪狂犬病又名奥耶斯奇氏病 (Aujeszky's disease)，是由疱疹病毒引起的以局部奇痒和中枢神经紊乱为特征的一种急性热性非接触性传染病。其临床特征是体温升高、奇痒和神经症状。

本病首先由匈牙利的 Aujeszky 在 1902 年证明为病毒引起。已知伪狂犬病分布于全世界。因猪和奶牛很少同舍饲养，所以牛群发病率较低，呈散发性。然而，随着农业的不断变化，奶牛养殖户的增多，奶牛与猪同舍饲养的现象有可能存在，并随之增多，该病有可能从猪传染给奶牛。据报道，在一个感染牛群中，发病率可达 40%～50%，死亡率高达 90%～100%。

病　原

伪狂犬病病毒为典型的疱疹病毒。病毒小体由双股的脱氧核糖核酸 (DNA) 和包膜组成，直径为 150～180 nm。病毒能在猪肾、兔肾和鸡胚细胞上生长，在感染了的培养物和鸡胚中可找到核内包涵体。在 pH 4.0～9.0 之间是稳定的。冻干病毒可存活 2 年。病毒对乙醚和热敏感，在 60℃ 40 min、70℃ 10 min 和 80℃ 3 min 灭活。在夏季干草上的病毒可存活 30 d，冬季可存活 46 d。病毒在 5%石炭酸中 2 h、1.5%氢氧化钠中迅速灭活。

流行病学

本病于欧洲、北美、北非、南美等地有发生，为世界普遍流行。

易感性

各种年龄、品种和性别的牛都对伪狂犬病易感，但多发生于 6 月龄至 4 岁的牛。除牛外，猪、羊、犬、鼠、马也可发生该病。

传播途径

伪狂犬病病毒自然保毒宿主是猪和褐鼠，所以被认为是感染来源。活鼠因吃食死鼠、猪、牛的病组织而感染；猪因吃食死的病鼠或其他病死动物组织而感染该病。病毒通过病猪的鼻分泌物而污染了饲草、饲料和饮水，经消化道感染或病猪啃咬、顶拱、擦伤牛的皮肤经创伤而感染。褐鼠常出入牛舍及饲料库中，污染了饲料而被牛食入感染，并能由一个农场传染给另一农场，成为重要的传染媒介。从病猪的包皮和阴道中能分离到病毒，交配感染的可能也会存在。

发病机理

伪狂犬病病毒侵入组织后，将沿着传入神经向心移入它们各自的神经节，并进入脊髓背角，继续向中枢移行，上行到延脑，继而到脑干。

病毒进入血液产生短暂的毒血症，并从血液移行到继发感染的组织中沉积。病毒从新定居的部位沿着传入神经移行到中枢神经系统。神经系统的整个感染部位对病毒产生组织反应，沿感染的神经有淋巴细胞集聚，神经元变性和坏死，有些神经元和间质细胞产生核内包涵体。脊髓和脑中产生神经元变性和炎性病灶。神经元的损害可引起强烈的痒觉，延脑中神经元的损害并继发呼吸衰竭而死亡。

临床症状

潜伏期 2～6 d，出现临床症状。

最急性病例，未见奇痒症状在几小时内死亡。

急性病例，体温升高到 40.6～41.7℃，皮肤的某些部位出现奇痒，多出现在一侧的腹胁部或后腿上或身体其他部位。病畜奇痒而痛苦，不断地舐食、啃咬痒部，或将患部于墙壁、篱笆、柱栏上摩擦，致使局部脱毛，皮肤擦破、撕裂、出血。损伤由皮肤延伸到皮下和肌肉组织。奇痒而影响采食和饮水，病牛渐进性衰弱，流涎，呼吸困难，心律不齐，狂暴不安和共济失调。有明显的出汗，磨牙，惊厥，肌肉震颤和痉挛，通常在 36～48 h 死亡。

病 理 变 化

剖检变化

局部皮肤损伤、脱毛、充血、出血和撕裂。损伤部位明显肿胀、水肿和出血，有的可延伸于皮下和肌肉。肺水肿，浆膜表面有弥漫性出血点。中枢神经血管充血。

组织学变化

奇痒患部明显的水肿、出血、坏死和白细胞浸润。沿感染的传入神经可见神经鞘膜和神经外膜有淋巴细胞浸润。在相应的脊髓神经节上，许多神经元呈现肿胀，染色质溶解、核移位，核内包涵体和坏死。神经元的膜细胞有包涵体，基质有淋巴细胞和单核巨噬细胞浸润。在脊髓中，从感染的脊髓神经节到延脑的水平线通常存在着神经元变性和坏死，血管周围可见淋巴细胞和单核细胞积聚。

诊　　断

临床诊断

通过流行病学调查和临床症状，如有与猪接触史、发热、奇痒、肌肉震颤和共济失调等可初步诊断。

实验室诊断

从损伤局部抽取水肿液或从局部奇痒损伤的脊髓段取病料，进行病毒分离和免疫荧光抗体检测。给家兔皮下接种感染的乳化脊髓，注射 36 ～ 48 h 后，家兔发生奇痒，经 48 ～ 72 h 死亡，也发生与病牛相似的神经元病变。

类症鉴别

诊断时应与狂犬病、脑灰质软化症和中毒进行类症鉴别。

与狂犬病的区别　狂犬病病程较长，病牛呈现明显流涎，具攻击性，少有奇痒现象。组织病理学变化在海马神经元和小脑的浦金野氏细胞中通常能找到尼氏小体。用含有狂犬病病毒的组织液皮下接种家兔，不产生奇痒。

与脑灰质软化症的区别　脑灰质软化症病牛体温正常，视力损伤、失明，无奇痒，脑脊髓液蛋白增加，含巨噬细胞，用盐酸硫胺素，剂量为 10 ～ 20 mg/kg 体重作静脉注射，病牛可以痊愈。尸体剖检见大脑皮层的许多部位有灶性坏死。

与中毒病的区别　中毒有接触毒物如真菌毒素、农药及重金属等，而使其中毒的病因，此时，应对瘤胃内容物、血液及组织中有毒成分含量予以测定。

治　　疗

无有效治疗方法。在发病牛群中应将病牛挑出，进行隔离，并置于安静、清洁、干燥、没有刺激的环境中饲喂。

缓解惊厥可使用镇静药，如盐酸氯丙嗪，剂量为 0.5 ～ 1 mg/kg 体重，静脉注射。盐酸二甲苯胺噻嗪，剂量为 0.2 ～ 0.3 mg/kg 体重，肌肉注射。

预　　防

加强防疫、消毒，严格遵守牛场防疫制度　猪要围栏饲养，严禁放养、乱跑，避免饲料、饮水和牛栏与猪接触，严禁猪跑入牛场。

加强环境卫生，定期进行灭鼠工作　搞好牛场环境卫生，及时清除垃圾和腐败饲料，减少鼠类隐匿地；加强饲料保管，防止鼠类出入；全场定期开展规模性灭鼠工作，尽可能控制其生存，阻断传播媒介。

牛茨城病
Bovine Ibaraki Disease

牛茨城病是由环状病毒属的病毒所引起的牛的一种传染病。其临床特征是结膜充血与水肿，口腔黏膜坏死与溃疡，蹄部溃疡及咽喉麻痹。

1959—1960 年，在日本流行了一种牛的传染病。开始呈现微热，结膜肿胀、流泪，鼻镜和口腔黏膜发绀、坏死、溃疡；待症状缓解后，病牛突然出现咽喉麻痹、吞咽障碍。因从茨城县病牛中分离出环状病毒，所以命名为茨城病。

病　原

茨城病病毒大小约 50 nm，球形，属 RNA 病毒。在牛胎肾细胞中易增殖，已经分离出的病毒，在犊牛肾、绵羊肾、猪肾、鸡胚细胞上也能增殖。

病毒的理化性状和蓝舌病病毒极相似，但两者之间没有抗原性关系。

病毒对乙醚、氯仿、脱氧胆酸钠均有抵抗性；在 1 mol/L 氯化镁存在下不稳定；对酸抵抗力不强；在 −15℃下，短期保存即能灭活。

病毒对牛敏感，对绵羊无致病性。对鹿致病性强，在美国肯塔基州国家公园里的笼养鹿中，感染率高达 90%，死亡率达 62%。

流行病学

本病多发生于热带地区，除日本外，美国、印度尼西亚也有发生。同居牛不一定发病，吸血蠓——库蠓是传播该病的媒介昆虫，认为蠓从感染动物吸血而保毒，或者是经卵感染。

临床症状

一般症状

初期，病牛体温正常(39℃左右)，极少有超过 39℃的。结膜充血、水肿，重者见结膜外翻，流泪，初浆性逐渐变成脓样，黏附于眼角；鼻镜、鼻腔黏膜、齿龈、口腔黏膜充血、淤血和坏死，坏死处上覆痂皮，当痂皮脱落后留下浅的溃疡；流涎，呈黏性而带多量泡沫；鼻漏初呈浆性，后变成脓性。

典型症状

特征表现为吞咽障碍。当上述症状消退后，病牛突然出现吞咽困难。这是因舌麻痹、咽喉麻痹所致。当食道肌肉受侵害变成胶皮管状时，紧张性和括约力丧失而发生食道麻痹。当完全麻痹时，病牛食欲废绝，渴欲尚存，只是见饮水后不能吞咽而又从口和鼻孔返流而出。不全麻痹者，仅能吃少量食物，饮水后经数分钟低头时，水和瘤胃内容物可从瘤胃中返流；病牛消瘦、脱水。当饮水和采食发生误咽时，常引起化脓性坏疽性肺炎。

除上述症状外，在腹部、乳房和外阴部等发生溃疡；蹄冠部皮肤肿胀、溃烂，致使出现跛行。

病理变化

鼻、口腔黏膜、腹部、乳房等处有溃疡；皱胃黏膜充血、出血、糜烂和溃疡；脏器出血；误咽病牛有化脓性坏疽性肺炎。横纹肌出血、水肿，透明样变性和溶解，肌浆细胞肿大、增数；心内外膜出血、心肌坏死；食道肌透明样变，成纤维组织增数，组织细胞、淋巴细胞浸润。

诊 断

病原学诊断

病毒分离 取发病后不久的血液、淋巴结，接种于牛肾、牛胎肾细胞进行培养，也可用乳小鼠或仓鼠的脑内接种分离病毒。

病毒中和试验 采取发病时和恢复时的双份血清，分别进行病毒中和试验，若中和抗体效价上升4倍以上，即为阳性。

类症鉴别

本病在临床上与很多疾病有类似症状，特别是和蓝舌病、口蹄疫、牛流行热、牛病毒性腹泻-黏膜病和恶性卡他热等呈现的口炎、鼻镜和蹄病变相类似，因此应予以鉴别，其临床区别详见表2-11。

表2-11 临床上口、鼻、蹄部溃疡病的类症鉴别

疾病	病原	流行病学（易感动物、季节、传播）	临床症状（体温、特征症状）	病理变化
口蹄疫	口蹄疫病毒	牛、羊、猪；冬、春；直接接触	体温升高常不易发现，口、蹄、乳房有水疱，破后形成红色、边缘整齐的溃疡	病灶上皮细胞坏死，白细胞浸润；心肌质软，形成灰白色、淡黄色条纹，即“虎斑心”；肺气肿，水肿；化脓性关节炎
蓝舌病	蓝舌病病毒	主要是羊、牛；夏末、秋季；以库蠓传播	口腔黏膜、舌发绀呈蓝色；溃疡面不规则	侵害组织血栓形成、变性、坏死；心肌水肿、坏死；蹄冠皮肤有暗紫色带
牛病毒性腹泻-黏膜病	牛病毒性腹泻-黏膜病病毒	主要是牛，对绵羊、山羊无致病性；经口、精液、胎盘感染；无季节性	体温升高至41～42℃，腹泻，粪呈水样、含血液、黏液、黏膜，舌、齿龈黏膜充血、出血与溃烂，胎儿发育不全，失明	消化道黏膜下水肿、出血、白细胞浸润；胸腺变小，含灰白色病灶，髓质、皮质不清，细胞消失；脾白髓坏死，中心动脉部水肿
牛流行热	牛流行热病毒	主要是牛；夏、秋；以库蚊、伊蚊传播	体温升高至41～42℃，持续2～3 d，呼吸困难，瘫痪，气喘	肺间质气肿；卡他性肺炎；浆性、纤维素性关节炎；局部淋巴结炎
恶性卡他热	牛疱疹病毒Ⅲ型	牛、鹿；晚秋、早春多发；以间接带菌者传播，绵羊为媒介，与吸血昆虫有关	体温升高至40.5～42.2℃，稽留，鼻黏膜上假膜，肌肉震颤、痉挛，狂暴	全身性淋巴细胞和网状内皮细胞增生；脉管炎；黏膜上皮坏死、淋巴细胞浸润；非化脓性脑炎
茨城病	环状病毒	牛、鹿；夏秋；库蠓为传播媒介	体温39℃左右，不易发现，特征是咽、食道麻痹而引起吞咽障碍、消瘦、脱水	食道出血、水肿，呈胶皮管样；横纹肌呈透明样变和溶解；心肌坏死

治 疗

对未发生吞咽障碍的病牛加强护理，通常预后良好。由于吞咽困难而引起异物性肺炎时，常预后不良，为此，对病畜应加强治疗，尽量防止误咽。

维持机体体质，提高机体的耐受力，防止和缓解脱水

（1）补充体液 常用5%葡萄糖生理盐水或林格氏液1 500～2 500 mL、25%葡萄糖液

500 ~ 1 000 mL，一次静脉注射，每日 2 次。注射宜缓慢。

（2）注水　为了避免饮水可能造成的误咽，可使用胃导管补给水分；如不能使用胃导管者，可穿刺瘤胃，直接向瘤胃内注入水分。注水后应将头部高抬几分钟，以防止低头时水从瘤胃中返流。

对症治疗　根据机体全身状况，可使用维生素制剂、强心剂和神经兴奋剂等。维生素 B_1、维生素 B_{12} 30 ~ 50 mL，一次肌肉注射；士的宁 20 ~ 25 mL，一次肌肉注射。

治疗中，严禁口服灌药，以防止异物性肺炎的发生。

预　防

（1）加强灭蚊、蝇工作，消灭传播媒介库蠓。

（2）注射活毒疫苗，据信鸡胚弱毒苗对牛较为安全。

恶性卡他热
Malignant Catarrhal Fever

牛恶性卡他热是由疱疹病毒引起的一种急性传染病。其临床特征是发热、全眼球炎以及消化、呼吸、泌尿系统黏膜的炎症和神经症状。虽发病率较低，呈散发，但发病后死亡率高。

历　史

牛恶性卡他热的临床症状早在 19 世纪就被确认。1923 年，在非洲用病牛血液接种健康牛 (Mettam，1923)、用病牛淋巴组织悬液接种健康牛 (Piercy，1952) 确定了该病的传染性和传染力。1945—1949 年，芬兰 849 头病牛中有 72%直接或间接地与绵羊有关，为此认为绵羊是带毒者 (Stenius，1952)。1963 年，确定病毒在培养系统的生长特征和分类属疱疹病毒的一种（Plowright 等）。在东非的蓝角马中发生了恶性卡他热，对 181 个自由生活的蓝角马血样分析，7 月龄以上的动物都含恶性卡他热抗体，从大量血样中进行病毒研究并分离到病毒 (Plowright，1965、1967)。

除牛之外，野鹿也发现恶性卡他热，其症状与牛相似。野鹿、蓝角马和绵羊为隐性带毒者。

病　原

形态与特征

病毒小体由具有脱氧核糖核酸的颗粒和包膜组成，直径为 140 ~ 240 nm。病毒在血液中黏附在白细胞上，不能把它洗出来。

培养

病毒能在胸腺、肾上腺培养物中生长。在犊牛甲状腺细胞上分离的病毒，可以在犊牛肾细胞上生长，引起细胞病变。病毒不能在鸡胚上生长。

抵抗力

病毒抵抗力不强。对乙醚敏感，在 4℃贮存仅能存活几天，在 −60 ~ 5℃贮存、冻干、用干冰和酒精进行速冻，都只能存活很短时间，但在含 20% ~ 40%牛血清和 10%甘油的混合液中，在 −70℃时贮存可维持活力约 15 个月。

流行病学

各品种和性别的牛都易感。4 月龄以下牛发病少，6 月龄至 4 岁牛发病多。当牛直接接触到已感染的绵羊和蓝角马时，即可发病。感染通过呼吸道。也有人认为节肢动物在传播中起一定作用。一年中任何时间都有发病，季节性不明显。饲养管理不良及受到应激时，如分娩、运输时，可造成病毒传播。病毒在胎儿体液或青年蓝角马是非细胞结合性，当病毒排出后对牛具有感染性。

发 病 机 理

对于本病的传播方式未能证实，尚须进行多种研究。但病毒存在于血液和淋巴结是肯定的。含有病毒分泌物的白细胞，特别是单核细胞，从淋巴样组织进入血液，引起病毒血症。病毒侵害淋巴结、脾生发中心等淋巴样组织，并在其中复制，破坏了淋巴细胞，使生发中心空虚。这将刺激机体淋巴网状组织，产生大淋巴细胞和中淋巴细胞。未分化的细胞积聚在小血管周围，特别是小静脉，引起血管病变，导致血管周围细胞营养不良，使口腔、咽、食道和前胃等处黏膜坏死、糜烂。实质器官如肝、肾、肺和心肌等也有淋巴样细胞积聚。

临 床 症 状

潜伏期长短不定，9 d 到 9 周。

最急性

体温升高达 40.5 ~ 42.2℃，精神沉郁，衰竭。病牛呈严重的病毒血症时多于 1 ~ 2 d 内死亡。

急性

体温升高到 40.5 ~ 42.2℃，呈稽留热型。精神沉郁，食欲废绝；鼻镜充血、潮红、出血、糜烂；鼻腔黏膜充血、肿胀，鼻分泌物初呈浆性，后呈黏性、脓性并混有血液；口腔黏膜充血、发绀，齿龈、硬腭、颊部呈多发性小糜烂灶；呼吸困难。

结膜炎和全眼球炎。流泪、羞明。眼分泌物呈脓性。角膜水肿、混浊、溃疡。

肠炎和膀胱炎。病牛腹泻，排尿痛苦、尿淋漓、尿频和血尿。

脑膜炎。表现沉郁、兴奋等神经症状。病牛磨牙，大声嚎叫，攻击饲养员和其他牛；极度脱水，明显消瘦。

由于全身性脉管炎和组织器官的损伤，经 1 ~ 4 d 死亡。

慢性

多由急性转变而来。病程长达数周。病牛高热、流涎和厌食。口、鼻黏膜糜烂，上覆盖着痂皮。眼、颈、角根及乳房等处皮肤上出现红斑和湿疹样的皮炎。蹄壳、角和被毛脱落。双侧性眼色素层炎、角膜炎。

临 床 病 理

血液检验呈白细胞减少症，白细胞总数由 6 000 个 /mm^3 减少到 3 000 个 /mm^3，单核细胞或非颗粒细胞占白细胞总数的 80% ~ 90%。

病 理 变 化

剖检变化

皮肤病变部位充血与湿疹。角膜混浊、溃疡。鼻镜、鼻腔干燥结痂，剥去痂皮，则留下广泛的糜烂和溃烂面。口腔、咽、食道、前胃、皱胃和肠充血、出血和糜烂。淋巴结肿大，尤以头部明显。膀胱出血、水肿。肝、肾变性、肿大。脑膜水肿。

组织学变化

大部分器官呈现变性、增生和细胞浸润。

诊　断

临床诊断

根据典型病症高热，鼻镜糜烂和结痂，口腔黏膜充血、出血和糜烂，角膜损伤，结合临床病理学变化等可以确诊。

类症鉴别

应与牛病毒性腹泻 - 黏膜病、牛传染性鼻气管炎、牛瘟和皮炎进行区别。

与牛病毒性腹泻 - 黏膜病的区别　病毒性腹泻 - 黏膜病病牛发热、口腔糜烂、腹泻和白细胞减少症与恶性卡他热相同。但不同之处是感染病毒性腹泻的牛群流产严重，犊牛先天性畸形、失明和神经症状，且病毒中和试验 BVD 抗体阳性率高达 20%以上。

与牛传染性鼻气管炎的区别　牛传染性鼻气管炎病牛口腔及鼻腔黏膜充血、出血和溃烂与恶性卡他热相同。不同之处是 IBR 感染率高，母牛流产和犊牛上呼吸道炎明显。血清病毒中和试验 IBR 阳性率高达 15%以上，病牛角膜混浊者少。

与牛瘟的区别　牛瘟已在我国消灭。牛瘟传播迅速，发病率高，角膜不混浊，可与恶性卡他热的散发、发病少、角膜混浊相区别。

与皮炎的区别　单纯性皮炎仅见皮肤病变，全身症状轻微，缺乏口腔、鼻镜及鼻黏膜充血、出血和溃疡病变，也不伴有角膜混浊、溃烂和白细胞减少症的病理变化。

治　疗

无特效治疗方法。对病牛应加强管理，减少应激，可缩短病程，减少死亡。将病牛隔离，单独饲养在黑暗的牛舍中。治疗原则是抑制兴奋、控制继发感染和防止脱水。

对兴奋不安牛，应给予镇静剂，如溴化钠 15 ～ 60 g，一次内服，或三溴合剂（含溴化钠、溴化铵和溴化钾各 3%的溶液）200 ～ 300 mL，一次内服。

为控制继发感染，可使用磺胺甲基嘧啶、磺胺二甲基嘧啶，剂量为 0.14 ～ 0.2 g/kg 体重，一次内服，维持量减半。新霉素 4 mg/kg 体重，一次肌肉注射，每日注射 2 次。

为消炎、抗过敏，可使用地塞米松 10 ～ 20 mg，一次静脉或肌肉注射，每日一次，连用 3 d。阿司匹林 15 ～ 30 g，一次内服。

为防止脱水，可静脉注射葡萄糖生理盐水 2 500 ～ 3 000 mL，每日注射 2 次或 3 次。局部病灶可用消毒液清洗后，涂碘甘油和抗生素软膏。

预　防

目前，因对恶性卡他热的病毒储主和传播方式尚不十分清楚，因而尚无有效防制措施。然而加强牛只管理、对病畜隔离及严禁牛与绵羊接触，可能会起到预防的作用。

水疱性口炎
Vesicular Stomatitis

水疱性口炎是由弹状病毒科水疱病毒属的水疱性口炎病毒引起的牛、马、绵羊、猪的一种急性接触性传染病。病的特征是口腔、蹄和乳房发生水疱。

本病的流行呈间断性、区域性，但当它发生于偶蹄兽牛、猪时，其症状表现与口蹄疫难以区别，人感染后能引起全身反应。因此，对于本病的预防和在公共卫生上应引起注意。

历　史

1884 年和 1887 年，水疱性口炎通过马从美洲传到南非。1915 年传到法国，其发生是由于第一次世界大战中将病马从美洲运送到法国打仗所致（Theiler，1901；McNutt，1963）。

1926 年，Cotton 确定了致病因子的可滤过性及其病毒特性。

1942 年，科罗拉多州有 200 个牧场被感染，在 4 000 头牛中有 50% 被感染；1943 年，在 250 个牧场的 5 000 头牛中有 40% 被感染（Heiney，1945）。

1951 年，Brandley 等报道了在科罗拉多州感染牧场中，农场主和兽医人员以及在那里工作的研究人员和诊断室人员，都发生了一种类流感疾病，随后证明了在血清中抗体效价升高。

1956 年，Hanso 等在佐治亚州、南卡罗来纳州和佛罗里达州的发病报告中指出，在 11 个农场的健康动物中，10 匹马中有 100%、56 头猪中有 57%、116 头牛中有 50% 在血清中含有水疱性口炎病毒的特异抗体。

1958 年，Patterson 等通过电子显微镜观察并测定了在禽绒毛膜感染细胞中的病毒颗粒。

1982—1983 年，加利福尼亚发生了一次大的流行。

病　原

形态

病毒是一种 RNA 病毒，病毒粒子呈弹状，一端是圆的，另一端呈扁平状，大小为 180 nm × 75 nm，呈螺旋对称，有囊膜，表面有突起。

抵抗力

病毒对消毒药物和物理因素抵抗力差异很大。在 pH 4 ～ 10 之间是稳定的。在土壤中，4 ～ 6℃时能存活多日。58℃ 30 min 便失去活性。在 1%、2%、3% 碱溶液中，15 min 仍有活性，但在 1% 福尔马林液、1% 煤酚皂溶液和 0.1% 次氯酸钠溶液中，经 15 min 失去活性。对乙醚敏感。

培养

病毒在多种原代和传代细胞如牛肾细胞、鸡成纤维细胞中都可生长，并能迅速产生细胞病变。病毒能在活的蚊子、果蝇体内生长繁殖，并能适应人、牛、大白鼠、爬行动物和昆虫的活细胞培养。

血清型

已证实病毒有两个血清型，即新泽西型和印第安纳型。印第安纳型又可进一步分为 I 型（印第安纳株）和 II 型（Cocal 株和阿根廷株）。其中新泽西型病毒对牛具有较高的致病性。

流 行 病 学

本病主要发生于南美、中美和美国南部，非洲、欧洲也有发生。

易感性

所有品种和性别的牛都可感染发病，但犊牛易感性高，放牧牛和开放式牛栏饲养的牛比舍饲牛发病高。除此，马、猪、绵羊、人也易感。试验动物如豚鼠、鸡胚、小白鼠、大白鼠等对病毒接种是易感的。

季节性

本病在温暖季节中发生，开始于夏末、热带地区的雨季末、温暖地区的霜期前，呈明显的季节性。

传播途径

确切的疫源地和传播方式仍不清楚。病牛的唾液中含有大量病毒，病毒可通过感染动物排泄物、分泌物污染饲料、饮水和牛场设备，接触到损伤的口腔黏膜、皮肤而发生直接接触传播。

本病发生于夏秋以及感染地区的周期性、间断发生，说明了昆虫能够传播。厩蝇、虻、蚊为病毒的机械性携带者，当它们吸吮、叮咬牛只后，将本病传播。

自然感染的病牛康复后能产生抗体，其有效免疫力能保持 1 年以上。因受气候、地区和传播媒介等因素的影响，故北美中西部的国家 5 ～ 10 年流行一次，30 年发生大流行一次。

发病机理

水疱性口炎病毒通过皮肤、黏膜的损伤，感染昆虫的叮咬进入动物体内，随着细胞的降解、血液中渗出物不断增加，最后形成水疱，通常其损害部位发生在口腔、乳头和蹄部。

在口腔中，可见舌、硬腭、齿龈和颊部黏膜上有突出的灶性斑点，直径 2 ～ 20 mm，24 h 后，形成水疱，水疱腔充满液体。其后水疱破溃，留下发红的溃烂面。

在蹄部，见蹄冠和趾间皮肤充血、水疱形成。24 h 后，水疱破溃，溃烂面底部呈红色，因细菌感染蔓延而引起蹄关节炎。

在乳房，主要侵害乳头。初期有灰黄色的水疱，水疱破溃后，表面形成干燥开裂的痂皮。病毒经乳头管可继发乳房炎。

临床症状

该病的临床症状随着水疱性口炎病毒血清型、饲养方式、畜群密度、并发症及其他因素的不同而有很大变化。

潜伏期 2 ～ 3 d。病初体温升高达 41.5 ～ 41.7℃，精神不振，流涎和跛行。口蹄和乳头出现水疱后体温下降。

口腔损害，食欲减少，消瘦，流涎呈线状，发出咬牙声。舌尖从口腔中稍稍凸出，鼻漏呈浆性。舌通常损伤很少，病变只有丘疹，水疱不常见。在病的早期如出现水疱，也会很快消失。只有严重病例才会在舌上皮出现病变。

蹄病。可能一个或四个蹄部都感染，局部肿胀、溃烂，跛行。继发乳房炎时，病牛产奶量下降，在此间的一个泌乳期内不会恢复。

病理变化

剖检变化

约有 30% 的病牛在口腔内有水疱，口腔没有水疱损害者，在丘疹阶段就愈合。口腔、蹄部和乳头上有水疱，但也很快破溃形成痂皮。

组织学变化

口腔、乳头和蹄损害部位，都呈现出细胞间水肿、上皮坏死和白细胞浸润。黏膜下和真皮呈现充血、水肿。伴有继发性感染的损伤则见大量渗血、坏死和细菌菌落。

病程与预后

本病病程短促，一般经 3 ～ 4 d 后恢复正常，死亡率低。但由于病变使感染牛采食量降低、产奶量下降以及严重病牛淘汰率提高等，给奶牛生产带来的经济损失是相当巨大的。

诊 断

临床诊断

根据流行发病于夏秋温暖季节，其口腔、蹄部或乳房典型的病理损害，以及牛和马都受到侵害，可以作出诊断。

病毒培养

病毒在许多原代或传代细胞、鸡胚绒毛尿囊膜上生长，电镜观察其特征性的形态。

血清学诊断

通过病毒中和试验，可检测到抗体。

类症鉴别

在诊断时，由于其流行特点、症状表现与口蹄疫极为相似，特别在口蹄疫广泛流行的地区可能发生误诊，故应予以鉴别。其方法是：从口腔水疱获得的病料接种于牛舌、马舌和肌肉注射于牛，结果马和牛舌部都出现病变，而肌肉注射的牛没病变，据此，可诊断为水疱性口炎。

治 疗

对病牛应进行隔离，用具应分开使用，单独饲养。轻度的没有并发症的水疱性口炎的病牛，不必治疗。对口腔、蹄或乳房有严重损伤的病例，可采取以下方法。

局部治疗

（1）对口腔：用 0.1% 高锰酸钾液、3% 硼酸液冲洗口腔，每日 2 ～ 3 次，冲洗后用碘甘油（1 ∶ 5）涂抹。

（2）对蹄部：用 0.1% 高锰酸钾液、4% 硫酸铜溶液洗净患部，涂布 10% 碘酊，再涂松馏油软膏。严重者可装蹄绷带。

（3）对乳房：用 0.1% 高锰酸钾液洗净乳头，患部涂布抗生素、磺胺药膏。伴乳房炎者，可选用青霉素、链霉素乳房内注入。

全身治疗

抗菌、消炎可用青霉素 4 000 ～ 8 000 IU/kg 体重、先锋霉素 10 ～ 20 mg/kg 体重、庆大霉素 1 000 ～ 1 500 U/kg 体重，一次肌肉注射。根据全身状况可用 5% 葡萄糖生理盐水、25% 葡萄糖、可的松、维生素 C 进行辅助治疗。

预 防

加强防疫、消毒，控制疫病的传播 可采取以下措施。

（1）已感染发病场，严格加以封锁，在病牛所有症状消失后 30 d 内不能移动。

（2）2% ～ 3% 氢氧化钠液或 1 ∶ 200 消毒威对圈舍、饲槽、用具喷洒。

接种疫苗，增强牛只的免疫力 目前有改良活疫苗及甲醛灭活苗。活苗对水疱性口炎具有较好的保护率，不具有传播性；灭活苗只能降低发病率。

值得注意的是，不要给牛同时接种口蹄疫疫苗和水疱性口炎疫苗。因为一种干扰机制对两种疫苗的体液抗体应答反应产生抑制。

人的水疱性口炎

人对水疱性口炎易感。常常因与病牛接触和对本病的研究中感染而发病。其临床特征是突然发病、高热、战栗、肌肉疼痛、头疼、呕吐、眩晕和全身不舒服。有的见有轻度的口炎、扁桃体炎，口腔黏膜出现水疱。多数病人经 1 ~ 2 周内痊愈，无死亡病例。因此，加强消毒、预防感染实不可忽视。

牛丘疹性口炎
Bovine Papular Stomatitis

牛丘疹性口炎是由副黏病毒引起的一种高度接触性传染病。临床以在鼻镜、口腔和周围发生增生性丘疹病变为特征。以犊牛多见。

1960 年，Griesemèv 等首次报道了发生在美国的牛丘疹性口炎。在欧洲、东非和澳大利亚，早也有过报道，说明本病分布于世界各地。

病　原

病毒能引起牛的伪牛痘，同伪牛痘病毒难于区分。伪牛痘病毒与绵羊传染性脓疱、传染性脓疱皮炎病毒密切相关，也与牛丘疹性口炎病毒相关。

病毒属双链 DNA，能在牛肾细胞中生长，但不产生细胞病变（Griesmer et al，1961）。

流行病学

传播途径

病牛为其传染源，其唾液、鼻腔分泌物中含有病原体，由于病牛与健康牛间直接接触及共用的喂奶用具、饲槽而传播。也可通过啃咬、外伤或刮擦而传播。任何年龄的牛都可感染，但以幼龄犊牛最易感发病。

促使传播的因素

（1）不严格执行喂奶技术规程，不注意喂奶卫生。在喂奶时，喂奶用具、奶嘴、奶罐、奶桶不更换、不清洗、不消毒，共同使用。

（2）不执行犊牛管理规程。新生犊牛未单圈饲养；犊牛圈舍狭小、饲养密度过大，混群饲养，提供了犊牛相互吸吮、接触频繁的机会。犊牛饲槽不清洗、不消毒。

临床症状

多数病牛无明显的临床症状，食欲、精神正常。不发热，无腹泻和呼吸障碍。

病变部位限于鼻腔和口腔黏膜。鼻镜或鼻孔、唇、舌和腭上有丘疹，呈环状，外围为淡红色环带，微隆起。丘疹中央坏死呈黄色或褐色，脱落后在患处形成溃疡，最后从中心区开始愈合并向周围逐步进行，留下环形斑。多数自发性、单纯性丘疹性口炎症状较轻，经一段时间可以自愈。但当同时感染病毒性腹泻和传染性鼻气管炎时，则会大大加重丘疹性口炎的病变，引起广泛性组织损伤，导致死亡。

病理变化

剖检变化

病变多限于口腔、鼻黏膜。鼻黏膜、鼻镜有丘疹，发红、隆起。口腔丘疹上有痂皮或溃疡。食道和前胃黏膜也可发现有丘疹。

组织学变化

黏膜或表皮增生，变性细胞的胞浆内有嗜酸性包涵体。

诊　断

临床诊断

依据病变部位及不产生水疱，结合全身状况，可作出诊断。确切诊断尚需进行病毒分离检测、组织病理学和电镜观察。

类症鉴别

本病临床表现可能会与口蹄疫、水疱性口炎、牛病毒性腹泻 - 黏膜病、牛传染性鼻气管炎、霉菌性口炎相混淆，故应予以鉴别。

治　疗

对病牛隔离、单独饲养、加强护理，无需治疗。为了防止继发感染，可用抗生素治疗。

预　防

加强防疫、消毒　全场应定期消毒，常用 2% 火碱液对运动场喷洒，食槽消毒后要用清水冲洗，经常保持清洁。

加强犊牛的饲养管理　为避免犊牛相互接触，可采用单圈饲养法，即一头犊牛一个圈。饲喂过程中，对喂奶工具严格消毒，尽量做到一头犊牛一个桶，不共用饲喂工具。

牛海绵状脑病
Bovine Spongiform Encephalopathy

牛海绵状脑病（BSE）又称疯牛病（mad cow disease），为牛中枢神经系统的一种慢性退行性疾病，具传染性。临床以神经症状为特征，病牛呈现出运动失调，感觉过敏和惊恐。死后剖检表现脑内灰质呈海绵状，神经元大量丧失，以及淀粉样变性。近年来在英国和其他一些国家暴发了 BSE，在经济上造成极大损失。很多科学家认为，在 BSE 与人的克 - 雅氏病（Creutzfeldt-Jakob’s disease，CJD）之间有一定的联系，所以在国际上引起了强烈的反响。

历　史

1985 年 4 月，英国首先发现了该病。

1986 年 11 月，英国首次确诊并报道了牛海绵状脑病。

1988 年，英国将该病定为法定检疫的牛传染病。

目前，英国、爱尔兰、法国、阿根廷、葡萄牙、加拿大、丹麦、德国和日本等，都有该病发生。

病　原

1732 年，英国羊群中发生了羊痒病 (scrapie)，1936 年，在用羊痒病做模型的研究中，在被感染的羊组织中发现了一种可感染的因子。

牛海绵状脑病 (BSE) 类似于绵羊和山羊的痒病，因为羊痒病与 BSE 的临床症状、病理组织学变化有许多相似之处，所以研究认为，BSE 的发生是因为采食含绵羊痒病病毒的饲料添加剂、肉骨粉所致，其致病因子属朊病毒（prion）。

研究指出，朊病毒是一类具有传染性的蛋白质颗粒，其结构单位是分子质量 27 000 ～ 30 000 u 的朊病毒蛋白 (PrP)，一般认为，单个朊病毒无侵袭力，而三个朊病毒蛋白结合后则具有较高的侵袭力。研究发现，缺乏 PrP 的老鼠对羊痒病具有抵抗力且不会传播感染。在患痒病的羊脑组织中，电镜可以观察到约 1 000 个朊病毒蛋白构成的痒病相关纤维（SAF）。又因痒病与 BSE 的朊病毒蛋白的同源性为 98%，而且在患 BSF 病牛的脑组织中也有 SAF，故认为这与 BSE 的可能病因非常相关。

类似于绵羊痒病的 BSE 病原，极微小，对理化因素抵抗力很强，常用消毒药、醛类、醇类，非离子型去污剂及紫外光消毒无效；对强氧化剂较敏感，在氢氧化钠溶液中 2 h 以上，134 ～ 138℃高温 30 min，可使其失活。它不能刺激牛体产生炎性反应和保护性免疫应答反应，故目前尚无免疫预防措施。

流行病学

流行

英国自 1985 年发现第 1 个病例后，发病数逐年上升。1986 年 11 月至 1988 年底，1 700 个场约有 2 200 个病例；1989 年底，1 个月发生 1 200 例，一年被证实的病例占成年牛的 3.9%；1993 年 12 月，英国 28 000 个农场的 113 000 头奶牛染有此病；1995 年已证实有 10 万 ~15 万个病例。

一般认为，病牛约在出生前的 6 个月被感染，出生后 2 岁才开始发病。发病以 3 ～ 5 岁较多，据统计，3 岁占 22%，4 岁占 47%，5 岁占 13%，6 岁后开始明显减少，9 岁维持在一个较低的发病水平。

自然发病呈散发，奶牛比肉牛易感，杂种牛比纯种牛易感。有发病母牛将病传给犊牛的报道。但牛与牛，牛与羊之间的水平传播还未证实。人工试验可感染鼠、牛、绵羊、山羊、猪和水貂发病。Dawson(1990) 给 10 头断奶 1 ～ 2 周的 SPF 猪，通过脑内、静脉和腹腔注射 10% BSE 牛脑匀浆，69 周后，1 头猪发病并出现神经症状。1991 年，他又用 BSE 脑匀浆通过非肠道接种牛，感染牛 100% 发病。脑内接种 BSE 病牛脑组织匀浆，实验鼠发病率高于皮下接种，1 g BSE 脑组织匀浆足以使犊牛发病。Baker(1993) 将 BSE 病牛的脑组织匀浆液分别注射于 2 只雌南美狨猴脑内和颅腔内，感染后 46 和 47 个月发病，出现神经症状，死后剖检脑呈现严重的海绵状病变。

传播途径

主要是摄入被感染因子（prion 感染蛋白）污染的蛋白饲料、饲料添加剂及肉骨粉等而经口感染。

病原先集聚在被感染动物的脾脏，然后随淋巴组织扩散而侵入中枢神经系统。英国牛海绵状脑病的接触感染始于 1981—1982 年，因牛的饲料中添加羊的肉、骨等副产品作为蛋白质来源而引起。分析认为，此间肉骨粉加工工艺未进行“溶解抽提”和“二次蒸汽加热”两步处理，由于痒病相似病原感染性未被破坏，致使肉骨粉具有足够的感染性而引起发病。

传染源

1732 年英国羊群中出现羊痒病，由于英国的绵羊数量多、分布广，痒病病例较多，1986 年后牛海绵状脑病病例增加，这些都为重要的传染来源。牛羊蛋白制作饲料时加工调制不当，以及近来认为病牛放牧污染了湖泊、河流的水源，都可能为其传播媒介。

临床症状

BSE 潜伏期长，一般为 2 ～ 8 年，平均 4 ～ 6 年。

病牛初期表现食欲、体温正常，但体质差，体重减轻，产奶量下降，常离群独居，不愿走动，随着中枢神经系统渐进性退行性变加剧，神经症状逐渐明显。病牛呈现出下述 3 种表现：

行为异常　病牛性情改变，磨牙，惊恐，狂暴，神经质，似发疯状，所以称“疯牛”。

感觉过敏　对触摸和声音反应机敏性增高，吼叫，蹴踢，眨眼。

运动失调　站立困难，姿势异常，虚弱易摔倒，步履失调，转圈，后肢麻痹，震颤。

病牛中，约有97%病牛都会出现上述3种症状中一种以上的症状，病情逐渐恶化，卧地不起，甚至死亡。发病到死亡的病程为2周至6个月。

病理变化

病尸大体变化不明显。组织病理学局限于中枢神经系统，除脑组织呈海绵状病变外，可见脑干灰质区神经元呈双侧对称性空泡变化，故认为脑组织的空泡化是BSE的特征病理变化。在神经纤维网中有许多小囊状空泡，呈卵圆形、球形，神经元细胞扩张、膨胀、变性、坏死并消失。Jeffrey(1992)认为，神经元的丧失为BSE的重要病理特征。大脑组织淀粉样变，空泡样变主要分布于延脑、中脑中央灰质区、丘脑、下丘脑和间脑。

Scott(1990)电镜发现，BSE牛脑干区有原纤维，且有朊病毒蛋白(PrP)集聚，两者含量均与其空泡化程度相关，所以认为BSE为类痒病。

诊　断

临床诊断

根据流行病学特点、典型症状，可初步诊断。确切诊断尚需组织病理学检查。脑组织切片检查见孤束核、三叉神经脊束核发生空泡样变性，神经纤维网呈海绵样变，诊断准确率达99.6%。电镜下发现牛脑干区有痒病相关纤维(SAF)。已有学者研究用免疫化学、免疫组织化学方法检查有无朊病毒蛋白(PrP)。

类症鉴别

病牛临床呈现的神经症状与牛的神经性酮病、低镁血症、狂犬病、伪狂犬病等相类似，故应予以鉴别。

与神经性酮病的区别　酮病病程短，血液中酮体和游离脂肪酸升高，血糖降低，用神经镇静剂、葡萄糖液、碳酸氢钠液和促肾上腺皮质激素（ACTH)治疗有效，而本病血液生化变化不明显，治疗无效。

与低镁血症的区别　低镁血症病程短，血液检验见血清镁、钙浓度降低，血清谷草转氨酶升高，补镁和钙制剂有明显效果。依据这些即可与本病区别。

与狂犬病的区别　狂犬病由弹状病毒科狂犬病毒属的狂犬病病毒引起。脑脊髓液有蛋白质和有核细胞增高；脑组织学检查有尼氏小体；荧光抗体(FA)脑切片染色能做出快速诊断。

与伪狂犬病的区别　伪狂犬病由疱疹病毒引起，病后高热，诊断时，从中枢神经系统中或从局部损伤处收取水肿液分离病毒，或用免疫荧光抗体检测。流行病学调查有与猪接触的发病史。

预　防

尚无有效治疗方法，也无疫苗，目前主要的防制措施是：

(1) 尽早扑杀病牛，对疑似感染牛应进行脑组织病理学检查，尽快确诊。对尸体一律销毁。

(2) 严格禁止以反刍动物为原料制成的蛋白饲料添加剂喂牛。

(3) 加强动物检疫，严防疫病侵入。严禁从BSE发病国家进口活牛(包括胚胎、冻精)、牛肉、牛肉制品及饲料。

公共卫生

与牛海绵状脑病症状相似的脑类疾病有：绵羊和山羊的痒病（scrapie)、人的克-雅氏病（CJD)、G-S

综合征（Gerstmann-Straussler-Scheinker syndrome，GSS）水貂传染性脑病（MIE）、鹿慢性消瘦症（CWD）及猫海绵状脑病等。

早在牛海绵状脑病被发现之前，CJD 就已存在。然而，在英国暴发牛海绵状脑病时，人的克 - 雅氏病 (CJD) 患者也明显增加，1989 年有 25 人，1994 年达 54 例，病人和牛海绵状脑病牛脑电波极为相似，因此猜测人类可能是由于吃了受感染的羊或牛的肉制品而感染上类似 CJD 的疾病，致使在社会上引起恐慌，并引起了国际上的广泛关注。

一般认为，CJD 主要发生在老年人，引起老年痴呆症。病人视觉异常，动作不随意，步履困难，精神沉郁，记忆力减退至丧失，痴呆。

不久前在英国发现的 10 例 CJD 病人中，年龄最大的 42 岁，有的仅 20 岁，统计平均为 27.5 岁，尽管他们的症状与 BSE 极为相似，但这与老年人发生的 CJD 医学惯例不符，现在还没有足够的证据证实 CJD 与 BSE 之间有必然的联系。因此，prion 感染蛋白因子是否能从牛传播到人？人的 CJD 是否是人类的 BSE？这一切都有待研究，对牛海绵状脑病应引起我们高度的重视。

奶 牛 冬 痢
Winter Dysentery of Dairy Cattle

冬痢是奶牛的一种季节性和暴发性强的疾病。临床以传播快、发病率高、严重腹泻和产奶量明显下降为特征。奶牛和黄牛均可发生。本病最早在欧洲、北美、加拿大暴发，直到 20 世纪 50 年代末，60 年代初才被人们报道。

本病在我国不少地区的奶牛场内呈多次流行，并对奶牛生产造成了严重损失。

据重庆报道，1980 年 12 月首次流行，全场 565 头奶牛，发病 434 头，发病率为 76.8%，其中成年牛占总发病的 79.5%，育成牛占 19.8%，犊牛占 0.7%，牛奶减产 100 804 kg。1988 年 4 月第二次流行，全场 708 头奶牛，发病 499 头，发病率为 70.5%，其中成母牛占 78.9%，育成牛占 21.04%，犊牛未发病，牛奶减产 45 760 kg。1990 年 11 月第三次流行，全场发病率为 42.6%，其中成母牛占 72.3%，育成牛占 24.8%，犊牛未发病。发病期间，头日产奶量平均减少 5%。

浙江余杭报道，1987 年 3 月第一次流行，成母牛发病率为 40%，育成牛为 27.5%，产奶量下降 22.01%。1992 年 3 月第二次流行，成母牛发病占 40%，育成牛占 22.6%，产奶量下降 5.74%。2 次流行皆无犊牛发病。

广州报道，1996 年 1 月，2 分场奶牛共计 464 头，发病 194 头，发病率为 41.8%，其中成母牛占 79.4%，育成牛占 11%，犊牛占 10.4%，产奶量下降 15%。

病　原

真正的病因至今尚未完全肯定。据记载，认为冬痢由空肠弯曲杆菌引起，但用该菌诱发本病却未成功；也有认为是病毒引起的，如冠状病毒、轮状病毒等；也有认为可能是病毒与弯曲杆菌共同作用所致。在几次疫病暴发中，分离出了冠状病毒。目前，绝大多数认为冠状病毒是冬痢的主要病原。

流行病学

本病流行于 11 月份至翌年 4 月份，即冬季和初春，有明显的季节性。所以认为，天气寒冷、气温的骤变，奶牛受寒感冒使机体抵抗力降低，以及饲料突然变更，饲喂发霉变质和冰冻饲料，凡此种种，皆可促使本病的发生。

本病具有高度接触传染性，通过污染的饲料、饮水和兽医、配种员消毒不严等将该病传播。

临 床 症 状

发病突然。病的典型症状是腹泻，稀粪污染后躯及尾部（图 2-24）。病牛排出水样稀便，内含大量气泡、鲜红色血液或血凝块，具腥臭味（图 2-25）。排粪常呈喷射状，20%左右的病牛排出的粪中含有血液。

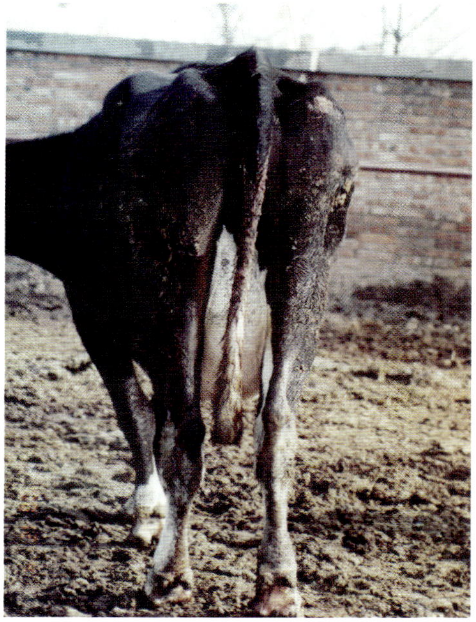

图 2-24　冬痢病牛尾部粘有血样粪便

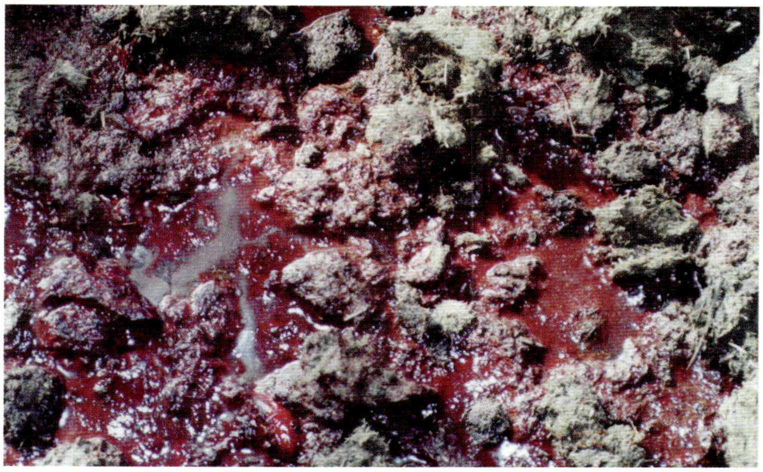

图 2-25　冬痢病牛排出的血样稀粪

通常情况下，食欲和精神无明显改变；体温、呼吸和脉搏均正常。瘤胃蠕动增强，肠音亢进。严重病牛，食欲减退或废绝，精神沉郁，被毛粗乱，腹部卷缩，衰弱，喜躺卧，眼无光，眼窝凹陷，呈现出脱水症状，呼吸增数，心跳加快。

产奶量急剧下降，其下降幅度视腹泻轻重程度而不同。腹泻轻，下降少；腹泻严重，下降多。下降率为 10%～30%、10%～50%和 10%～90%不等。当腹泻控制后，产奶量能很快回升。

由于奶牛生理状况、泌乳量和腹泻程度不同，其病程各异，一般为 3 ～ 7 d。成年牛发病高于育成牛，且病情重，特别是高产牛病情更重且难以恢复。犊牛很少发病或不发病，即使发病，病情轻微，很快痊愈，痊愈牛可获得免疫力，时间 2 ～ 3 年，因此 3 年后仍有暴发现象。

临 床 病 理

血液学变化表现为红细胞（RBC）、白细胞（WBC）、血红蛋白（Hb）和血细胞压积（PCV）减少，淋巴细胞增多（表 2-12），机体处于贫血状态。

表 2-12　冬痢病牛血液学变化

项　目	RBC（万个 /mm^3）	WBC（个 /mm^3）	Hb（g/100 mL）	PCV（%）	中性核（%）	淋巴细胞（%）	嗜酸性粒细胞（%）	嗜碱性粒细胞（%）
冬痢牛	442.5	6 150	7.2	28	27.3	68.3	2.5	2.3
健康牛	613.0	7 002	9.4	38.9	28.8	60.7	4.0	—

诊　　断

临床诊断

根据发病季节、临床特征及发病规律，即能做出诊断。

类症鉴别

值得注意的是在发病初期，由于未表现出本病的流行规律，所以应与球虫病、沙门氏菌病、皱胃溃疡及病毒性腹泻 - 黏膜病等进行区别。

与球虫病的区别　球虫病主要侵害 2 岁以内的小牛，成年牛常呈隐性感染，成为带虫者，通常夏季（6 ~ 9 月份）发病。病后，排粪时努责强烈，常继发肺炎症状。粪中可查到大量的球虫卵囊。

与沙门氏菌病的区别　沙门氏菌病主要侵害出生后 10 ~ 40 d 的犊牛。成年牛感染后，常呈隐性感染，临床可能引起流产，其他无异常。犊牛发生后，急性者发热、败血症，死亡快；较缓者，常有肺炎、关节炎症状。

与皱胃溃疡的区别　皱胃溃疡的发病无季节性，散发，临床症状以粪中混有松馏样的物质（血凝块），贫血，虚脱和死亡快为特征。

与病毒性腹泻 - 黏膜病的区别　患黏膜病的病牛，体温升高至 41 ~ 42℃，唇、腭、齿龈、口腔黏膜上皮出现浅表性烂斑，流涎，并有蹄冠炎、趾间坏死和糜烂，跛行，妊娠牛流产。这些症状都是冬痢所不具有的。

确切诊断较为困难，目前尚无特异的检查方法，如怀疑为冠状病毒引起，可采用血清学方法或电镜检查。目前，临床上仍通过排除法来诊断。

治　疗

迄今，尚无特异疗法，只能靠加强护理，促使病牛自然痊愈。但对临床症状严重的病牛应对症治疗，促使病程缩短，尽快恢复。

为消除肠道炎症，可用防腐消毒剂　常用的有痢特灵 2 g 或磺胺脒、碳酸氢钠各 50 g，一次服用。克辽林 30 ~ 60 g，加水一次灌服。灌服收敛剂，如木炭末、儿茶胶等。氯霉素 2.5 g，一次肌肉注射，每日 2 次。氟哌酸 20 g，拌入精料中饲喂，每日 2 次。杭州余杭南湖奶牛场使用氟哌酸饲喂 127 头病牛，经过 1 ~ 3 d，全部病牛痊愈，治愈率 100%，产奶量仅下降 3.8%，效果极显著。5% 硫酸铜 100 ~ 120 mL，一次灌服。

脱水严重者，应尽早补充水和电解质溶液　葡萄糖生理盐水 2 000 ~ 3 000 mL、维生素 C 100 mL、1.1% 氯化钾 100 mL，一次静脉注射。在补充等渗电解质溶液时，对高产奶牛还可同时静脉注射 10% 葡萄糖酸钙 500 mL，既可解除低钙血症，又可促进瘤胃蠕动，增进食欲。因失血造成贫血的病牛，必要时可采用输血。

预　防

主要是加强饲养管理，增强机体抵抗力。日粮合理配合，保持饲料稳定性，不用变质、冰冻和发霉饲料喂牛。加强兽医防疫消毒制度，严禁非场人员随意进入牛棚。定期用 2% 火碱溶液或用 0.3% ~ 0.5% 菌毒敌液对牛舍、运动场喷洒消毒；做好防寒保暖工作。

结　核　病
Tuberculosis

结核病是由结核杆菌引起的人、畜共患的一种慢性传染病。发病后，常常侵害肺脏、消化道、淋巴结、乳腺组织，引起被侵害组织形成肉芽肿，以及机体的渐进性消瘦。

本病在世界各国都有发生，特别是在养牛多而对结核病控制不严的地区，其流行更为严重。多年来，国内对奶牛的结核病的防制做了大量的工作，在净化牛群中，取得了很多有效经验，从而保证了奶牛的健康，成功地培育出了无结核病的健康牛群。

历　　史

1882 年，Koch 在染色的病理组织中发现了致病因子结核杆菌，并在含血清的培养基上培养出结核杆菌，从此，开始了对结核病的研究工作。发现在人工培养基上培养不久的结核杆菌，在其生长中合成一种新的蛋白质，这种蛋白注射到结核病动物，引起一种特异性的变态反应，从而做成一种诊断原，即所谓结核菌素。

1865 年，通过人和牛的结核组织接种家兔和豚鼠并使之感染，证实了结核病的传染性。

1905 年，Smith 在实验动物研究中，发现牛结核菌株对家兔的致病力高于人类的菌株，这就引出了关于结核杆菌的分类问题，并将菌株分为人型、牛型和禽型。随后又通过细菌的分离，确定了它们的形态学和生理学特性（Davies，1955；Stable-Forth and Galloway 1959）。

1934 年，Siebert 等经过广泛研究试验，用人工合成的不含蛋白质的培养基培养出了结核杆菌，从这种培养基衍生的结核菌素，仅含有结核杆菌所产生的蛋白质，称之为纯蛋白结核菌素。

20 世纪 20 年代，据美国调查，约有 4.9% 的牛是有结核的，严重感染地区，阳性率可高达 80%。1917 年，美国农业部制定了牛结核病的扑灭计划：①所有的牛都要做结核菌素检疫；②对有反应的牛都要隔离和屠杀；③对未作结核检疫和结核反应阳性牛一律控制运输。最终到 1941 年，美国基本控制了结核病，其发病率下降到 0.5% 以下。

新中国成立初期，我国奶牛结核病阳性率达 80%。根据农业部 1957 年公布的结核菌素检疫办法，开始了对结核病的防制和净化工作，采取结核菌素皮内试验和综合防制相结合的措施，目前我国已基本控制了本病。

病　　原

结核杆菌分 3 型，即人型、牛型和禽型。其中以牛型对牛的致病力最强，人型和禽型感染都不影响牛的健康。

形态及染色

牛型结核杆菌是细长杆菌，长 1.5 ~ 4 μm，宽 0.2 ~ 0.6 μm，单个或成链排列。结核杆菌是革兰氏阳性菌，由于菌体含有蜡质，所以具有抗酸染色性。对尼亚林染料不易着色，因此，在临床上常用的染色法是姜 - 纳氏 (Zichl-Neelsen) 抗酸染色，即将结核菌制成抹片，加热固定，再加石炭酸复红染液，加热至沸，用 2% 盐酸酒精液脱色，最后用 1% 美蓝溶液复染 1 min，冲洗镜检。结核杆菌为红色，其他细菌为蓝色。

培养

牛、人、禽型结核杆菌为严格需氧菌，空气中有 5% 二氧化碳有助于生长，牛型的最适温度是 37 ℃，pH 5.8 ~ 6.9 环境中生长最好。初次分离常用的培养基是 Petrof 培养基 (鸡蛋、甘油和结晶紫混合，装入试管中，摆成斜面，蒸汽加热凝固而成)，也可在凝固的血清上以及含有鸡蛋和甘油的培养基上生长（表 2-13）。

表 2-13　三型结核杆菌的培养生长情况

项目	固体培养基	液体培养基
人型	多量、干燥、粗糙、易碎	菌膜易碎、不黏，后期菌膜沉于管底，沉淀物呈沙粒样
牛型	多量、干燥	菌膜易碎、不黏，后期菌膜沉于管底，沉淀物呈沙粒样
禽型	光滑、湿润、灰白色	菌膜黏、不易碎，后期菌膜向下延伸，呈钟乳状生长，部分菌膜沉于管底，沉淀物呈胶状

致病力

三型结核杆菌对不同动物的致病力的不同，这是鉴定细菌的一种最好方法。现将各型不同的致病性列于表 2-14。

表 2-14 结核杆菌的致病力

项目	试验动物			
	豚鼠	家兔	鸡	犊牛
接种方法	皮下	静脉	静脉	皮下
接种量（mg）	1.0	0.01	1.0	50
禽型	±	+	+	0
人型	+	±	0	0
牛型	+	+	0	+

注：+，严重感染；±，轻度感染；0，不感染。

抵抗力

结核杆菌由于含有脂肪性物质，所以对外界环境的抵抗力很强。在干涸的分泌物中，结核杆菌可存活 6 ~ 8 个月；在腐败物、粪便中可存活几个月；在污水中可存活 11 ~ 15 个月；在普通牛奶中可存活 9 ~ 10 d；耐干热，100℃干热 10 ~ 15 min 才能死亡，湿热时易被杀死，65℃ 15 min、85℃ 2 min、100℃ 1 min 即可将其杀死。因此牛奶应用巴氏消毒，即 65℃ 30 min，可杀死病菌，以达到消毒目的。

结核杆菌对普通化学消毒剂、酸、碱有一定的抵抗力。5%石炭酸、2%来苏儿、4%福尔马林液经 12 h 才可杀死，漂白粉、酒精杀菌作用较好，50% ~ 70%酒精、30% ~ 80%异丙醇经 1 ~ 2 min 即可杀死细菌，其中以 70%酒精效果最好。

本菌对磺胺类药物和一般抗生素都不敏感，对链霉素、异烟肼、氨基水杨酸具有不同程度的敏感性。

流行病学

结核病于世界各国普遍流行，特别是气候温和、地势低洼、潮湿的地区，发病较多。

传染源

牛结核病主要是牛型结核菌引起。病牛特别是开放性结核病牛是重要的传染来源。

病牛通过分泌物及排泄物向外排菌。由于呼出的气体、唾液、痰、阴道分泌物、粪便、尿液、精液、伤口的分泌物和乳汁中都含有病原菌，当它们污染了食槽、用具、饲料和水时，都能使本病很快传播。

传播途径

传播主要有两种途径：一是呼吸道，另一是消化道。经呼吸道传染，可以通过飞沫，如病畜咳嗽、打喷嚏时，将病菌扩散在空气中，牛吸入空气中含有的结核杆菌而患病。也可通过尘埃感染，即病畜的分泌物、排泄物干涸后，随尘埃被牛吸入而患病。经消化道感染，是由于食入了被病菌污染的饲草、饮水等所致。此外，也可以通过生殖道感染。

促使传播的因素

不良的环境条件，以及饲养管理不当，可促使结核病的发生与流行。如饲料营养不足（矿物质、维生素的不足与缺乏），厩舍阴暗潮湿，牛舍狭窄、牛群密集，阳光不足，运动缺乏，环境卫生差，不消毒，不坚持定期的检疫等，皆可使结核病发生，且呈地方性流行。

发 病 机 理

结核杆菌侵入机体后，引起机体的病理过程，认为是细菌在体内繁殖及菌体成分如脂质、脂蛋白、多糖所引起的变态反应和代谢产物的直接损伤。

结核杆菌的初次感染 初次感染后，机体被侵害的器官和所属淋巴结，同时引起特异性炎症变化，结核结节病灶出现，此称为原发性初染组合。仅侵害所属淋巴结发生结核结节，组织器官不发生变化，此称为不完全原发初染组合。当机体健康、抵抗力强时，被侵害的原发病灶可因结缔组织增生，形成包囊或干酪化，后经结缔组织机化，形成瘢痕而痊愈。机体营养不良、抵抗力低，侵入机体之病菌，可沿血液或淋巴向其他组织蔓延，引起结核结节的全身化——粟粒性结核，这种结节称为继发性结节。

结核杆菌的二次感染 已感染结核的患牛对于外源性重复感染具有一定的抵抗力，但却有着内源性感染（复发）的可能，唯因机体对病菌呈现出一定的免疫状态，所以不发生全身化现象，病变仅局限于某一组织器官内。

结核结节病理学上的变化：

（1）增生性炎 特征是在组织内形成一种特殊的、没有血管的肉芽肿。结节中心有结核杆菌，外由上皮细胞和血管内皮细胞分裂增生的巨细胞所包围。

（2）渗出性炎 肺中多见。其特征是弥漫性纤维素性渗出，主要细胞成分是淋巴细胞。后发生干酪化，并伴有组织的崩解或钙化。

（3）坏死性炎 常发生于淋巴结。淋巴细胞肿胀，进一步干酪化坏死，组织结构消失。

临 床 症 状

结核病常呈慢性过程，因此，病牛呈渐进性的消瘦，虚弱，产奶量降低为一般变化。由于病菌侵害部位和被侵害组织损伤程度不同（表 2-15），临床表现也不尽一致，具体症状表现：

表 2-15 结核病牛病灶的分布

项目	部位								
	合计	肺	胸膜	乳房	咽喉	子宫	肠	肝	肾	淋巴结
头数	177	148	3	9	8	4	2	1	1	1
比例（%）	100	83.6	1.7	5.1	4.5	2.3	1.1	0.6	0.6	0.6

肺结核

奶牛多发。病初，偶尔可听到短而干的咳嗽，后咳嗽由少增多，带痛感。鼻漏呈黏性、脓性，色灰黄。呼出气具腐臭味。呼吸急促，深而快，当呼吸极度困难时，见伸颈仰头，呼吸声似如“拉风箱”。咳嗽频繁，患牛消瘦、贫血。当呈弥漫性肺结核时，体温升高至 40℃，呈弛张热或稽留热。

肠结核

主要表现为前胃弛缓和瘤胃臌胀。消化道有时产生溃疡，当波及到整个肠壁时，腹泻，粪呈稀粥状，内混有黏液或脓性分泌物，也可引起肠穿孔和脓性腹膜炎。营养不良，渐进性消瘦，全身无力，肋骨外露。直肠检查，腹膜表面粗糙，不光滑，肠系膜淋巴结肿大。

淋巴结核

淋巴结病变部位不同，表现不一，如咽后淋巴结肿大时，压迫咽喉，呼吸声增粗，响亮；支气管淋巴结肿大时，使呼吸道受压，产生响亮的喘息声；纵隔淋巴结肿大，产生慢性瘤胃膨胀；肩前和股后淋巴结肿大，可引起前、后肢跛行。

乳房结核

乳腺实质有大小不等、多少不一的结节，质度坚硬，无热无痛。患区泌乳减少，乳汁稀薄，色呈灰白色，乳房淋巴结肿大。

此外，当生殖道患结核时，母牛流产，久配不孕；公畜患睾丸炎，附睾增大、硬结。

病理变化

特征是内脏有突出的结节。结节大小不一，从针头大至鸡蛋大，白色或黄色。切开时，似有“喳喳”声。结节切面中心似如乳酪样，外由白色石灰样物包裹。急性者，周围有一圈红色区，并有很多的小结节。慢性者，因钙化，周围为坚硬的白色瘢痕组织。

胸膜表面不光滑、粗糙，有的有无数的白色坚硬结节附着在表面，所以称之为“珍珠病”。肺上有多量粟粒大小、黄色、微透明的结节，可以增大，并由纤维素包围，所以称之为“粟粒性结核”。病灶与支气管相通，脓性分泌物随咳嗽喷出，肺部出现空洞。其他见肠黏膜的结节和溃疡、乳房结节等。

诊断

根据临床症状、消瘦，应怀疑本病。确诊须进行细菌分离、鉴定。

奶牛场现行诊断结核病的方法是结核菌素皮内试验。即用适量的结核菌抗原注射于皮内，因结核牛对其具有过敏性，故局部发生炎症和水肿，借以确诊病牛。

结核菌素以其菌型不同，可有人型结核菌素、牛型结核菌素和禽型结核菌素。按照制造方法不同，分为牛结核菌素（OT）、加热浓缩合成培养基菌素（HCSM）和提纯牛型结核菌素（PPD）。目前，临床上经常使用的是牛结核菌素和提纯牛型结核菌素。

牛结核菌素（OT）皮内反应

注射部位　左侧颈部 1/3 处剪毛，直径约 10 cm，3 月龄以内犊牛在肩胛部量原皮厚。

剂量　牛结核菌素原液，3 月龄以内小牛 0.1 mL，3 ～ 12 月龄牛 0.15 mL，1 岁以上牛 0.2 mL。

观察结果与判定　皮内注射后于 72 h 量皮厚，注意有无发热、肿胀等，肿胀大者可量其面积。72 h 观察同时，须于第一次注射同一部位，以同剂量进行第二次注射。第二次注射后 48 h（即 120 h）再量皮厚。

（1）阳性反应（+）　局部发热、有痛感，并呈现界限不明显的弥漫性水肿，肿胀面积在 35 mm × 45 mm 以上，或上述反应较轻，而皮差（接种后之皮厚与原皮厚之差）超过 8 mm 以上。

（2）可疑反应（±）　炎性肿胀面积在 35 mm × 45 mm 以下，皮差在 5 ～ 8 mm 之间。

（3）阴性反应（－）　无炎性水肿，皮差不超过 5 mm，或仅有坚实冷硬、界限明显的硬块者。

提纯牛型结核菌素（PPD）皮内反应

注射部位　牛颈部一侧中部选定一个部位，剪毛，用游标卡尺量皮厚。

剂量　干燥的提纯牛型结核菌素，用无菌蒸馏水溶解并稀释到每毫升含 10 万 IU 后使用。剂量为每头牛 0.1 mL。

观察结果与判定　皮内注射后于 72 h 观察结果并量皮厚。

（1）注射部位发生红肿，皮厚比原来增加 4 mm 以上的，判为阳性反应。

（2）红肿不显著，皮厚增加 2 ～ 3.9 mm 的，判为可疑。

（3）皮厚增加不到 2 mm 的，判为阴性。

可疑牛经过 2 个月后用同样方法在原来地方重新检验。若复检仍呈可疑或阳性反应时，即可判为结核阳性牛。

若有怀疑，试验时，在颈部的另一侧同时注射禽型结核菌素做对比试验，若对禽型结核菌素的反应大于牛型结核菌素，认为被检动物不是牛结核。

预　防

1957—1980 年结核病的净化措施

坚持防疫消毒措施，定期检疫

（1）开放性病牛予以屠宰，无症状阳性牛从牛群中挑出隔离、集中饲养，称此为结核阳性牛场。病牛污染的牛棚、用具，应用 20%漂白粉、5%硫酸、5%来苏儿处理。

（2）结核阳性牛场，应在第一次检疫后 30 ～ 50 d 进行第二次检疫。后每隔 1 ～ 1.5 个月进行一次检疫，凡在 6 个月内连续 3 次检疫不再有阳性病牛出现，可认为是健康牛群。

（3）出场牛只不再回场，新购入牛只须进行结核检疫，阴性者才能入场。

（4）奶牛场每年必须进行 2 次结核病检疫，于春秋进行，可疑牛只须复检。凡 2 次检疫可疑者，可判为阳性。

（5）每年春秋全场大消毒各一次。牛棚、牛栏可用石灰乳粉刷；食槽、用具以 2%火碱或 20%漂白粉处理；粪便集中堆积。

（6）饲养员定期进行健康检查，如患有结核者，应由牛场内挑出，不再从事饲养奶牛工作。

结核牛群培育健康牛群

（1）无症状的结核阳性牛，集中饲养。场地应较偏僻，定为结核场。该场与健牛场绝对隔离；乳经巴氏消毒。产房应清洁、干净，所产犊脐带用 10%碘酊浸泡 1 min。

（2）建立中途站。犊牛出生后立即与母牛分开，可喂初乳 3 ～ 5 d 后，调入中途站内，饲喂犊牛乳用巴氏消毒，用具严格消毒。犊牛出生后 20 ～ 30 d 做第一次结核检疫，第二次于 100 ～ 120 d，第三次于 160 ～ 180 d 进行。3 次检疫为阴性者可进入健康群。

奶牛场内，对阳性结核病牛通常不采取治疗。因其费用大，不能根治。如欲治者，可试用链霉素、异烟肼、对氨基水杨酸等。

目前奶牛结核病净化状况

奶牛场每年进行 2 次结核检疫，对可疑牛只复检，2 次检疫仍为可疑者，可判为阳性，根据农业部《关于种畜疫病检疫条例》的指示，凡结核检疫阳性反应牛一律屠宰，这对防止结核病的传播，保证奶牛健康起到了极大作用。

布氏杆菌病
Brucellosis

布氏杆菌病是由布氏杆菌引起的动物及人共患的一种传染病。主要侵害生殖道，引起子宫、胎膜、关节、睾丸及附睾的炎症，母牛临床以胎衣停滞、流产及繁殖障碍为特征。

因各种布氏杆菌对其相应种类的动物具有极高的致病性，并对其他种类的动物也有一定的致病力，致使本病能广泛流行。由于病原菌对人有很高的致病性，引起人发热，盗汗，无力，关节、头和全身疼痛，因此，加强对本病的监测和控制，保证人、畜健康是极其重要的。

历　史

1887 年，Rruce 从死人的脾脏分离出马耳他热杆菌；1897 年，Bang 和 Stribolt 从牛的流产胎儿中分离出流产杆菌，并进行感染试验成功；1914 年，Traum 从猪的流产胎儿中分离出猪布氏杆菌；1920 年，Meyer 和 Shaw 将这些菌统称为布氏杆菌。20 世纪 50 年代后，又相继分离出绵羊、沙林鼠和犬布氏杆菌。

病　原

形态

布氏杆菌为小的球形、杆状革兰氏阴性细菌。不运动，不形成荚膜，大小为（0.5 ～ 0.7） μm×（0.5 ～ 1.5） μm。

培养

布氏杆菌需要复杂的营养条件，初代分离必须在富含二氧化碳的有氧环境中生长繁殖。在平板培养基上形成蓝色、透明、有光泽的圆形菌落。

抵抗力

布氏杆菌在体外生长条件复杂，一般来说，布氏杆菌喜欢潮湿、凉爽的环境，在感染的胎盘、胎儿组织、冰冻的牛奶和其他奶制品以及污染的冷水中，都可长期具有感染性。本菌对热敏感，在湿热 60℃ 15 ～ 30 min、80℃ 7 ～ 19 min、100℃ 1 ～ 4 min 即可杀死，对干热抵抗力较强，60℃需 75 min 才能杀死，在尘埃中可活 2 个月，在皮毛中可活 5 个月。普通消毒剂均有杀菌作用，1% ～ 3%石炭酸、2% 福尔马林、5% 石灰水及 0.1%升汞都可杀死本菌。

布氏杆菌属现已知有 6 种 19 型，根据其对二氧化碳（CO_2）的需要、H_2S 产生、染料抑菌培养基生长、血凝试验、噬菌体的溶菌性等的不同，进行鉴定，详情见表 2-16。

表 2-16　布氏杆菌属菌种和菌型的性状鉴别

菌种和菌型	CO_2 需要	H_2S 产生	染料培养基		单相血凝试验			RTD 噬菌体裂解	
			硫堇	碱性复红	A	M	R	Tb	Wb
牛流产布氏杆菌									
1	(+)	+	−	+	+	−	−	L	L
2	+	+	−	−	+	−	−	L	L
3	(+)	+	+	+	+	−	−	L	L
4	(+)	+	−	+	−	+	−	L	L
5	−	−	+	+	−	+	−	L	L
6	−	(+)	+	+	+	−	−	L	L
7	−		+	+	+	+	−	L	L
9	(−)	+	+	+	−	+	−	L	L
猪布氏杆菌									
1	−	+	+	−	+	−	−	NL	L
2	−	−	+	−	+	−	−	NL	L

续表 2-16

菌种和菌型	CO_2 需要	H_2S 产生	染料培养基		单相血凝试验			RTD 噬菌体裂解	
			硫堇	碱性复红	A	M	R	Tb	Wb
3	−	−	+	+	+	−	−	NL	L
4	−	−	+	(+)	+	+	−	NL	L
马耳他热布氏杆菌									
1	−	−	+	+	−	+	−	NL	NL
2	−	−	+	+	+	−	−	NL	NL
3	−	−	+	+	+	+	−	NL	NL
绵羊布氏杆菌	+	−	+	(+)	−	−	+	NL	NL
犬布氏杆菌	−	−	+	−	−	−	+	NL	NL
沙林鼠布氏杆菌	−	+	−	−	+	−	+	NL 或 PL	L

注：A，单相特异性牛布氏杆菌抗血清；M，单相特异性羊布氏杆菌抗血清；R，抗粗糙型布氏杆菌血清；Tb，Tbilisi；Wb，Weybridge；+，所有菌株阳性；(+)，多数菌株阳性；−，所有菌株阴性；(−)，多数菌株阴性；L，完全裂解；PL，部分裂解；NL，不裂解；RTD，常规试验稀释液。

流 行 病 学

牛布氏杆菌病广泛分布于世界各地，凡是养牛的地区都有不同程度的感染和流行，特别是饲养管理不良、防疫制度不健全的牛场，其感染更为严重。

传染来源

布氏杆菌病牛是主要传染源。流产胎儿、胎衣、羊水，流产母牛的乳汁、阴道分泌物、血液、粪便、脏器以及公牛的精液，皆含有大量病菌。

传播途径

本病传播途径较多。当病菌污染了饲料、饮水，或乳及乳制品消毒不彻底，当牛采食了被污染的饲料等后，经消化道感染；患病公牛与母畜交配，或因精液中含有病菌，通过人工输精经生殖道感染；病菌通过鼻腔、咽、眼黏膜、乳管上皮及擦伤的皮肤等，经呼吸道和皮肤黏膜感染。

促使传播的因素

日粮不平衡，营养不良，卫生条件差，不消毒等皆可造成机体抵抗力的降低，增强机体的易感性。兽医在人工助产时、配种员在输精时消毒不严，可直接将本病扩散。

发 病 机 理

细菌侵入体内后，到达侵入部位邻近的淋巴结中，在吞噬细胞的细胞浆内增殖，破坏细胞并使其死亡。细菌进入血液引起菌血症，致使体温升高。细菌随血液侵入组织器官中，在细胞内寄生，并引起病理变化。母牛最易受侵害的部位是乳腺、淋巴结和妊娠子宫及胎衣；公牛是睾丸、附睾及精囊。由于病菌在胎盘绒毛上繁殖，使其发生渐进性坏死，上附有纤维蛋白性分泌物，胎儿胎盘和母体胎盘的联系破坏；病菌通过血液、羊水进入胎儿体内，引起营养不良、病变，因此，临床发生流产。当病变处于慢性过程时，见病变的胎盘发生结缔组织增生，母体胎儿胎盘粘连，从而引起胎衣停滞和子宫炎症变化。

临床症状

母牛的主要症状是流产。流产多发生于妊娠 5 ～ 8 个月时；流产儿可能是死胎、弱犊。产犊后母牛因胎衣不下、子宫内膜炎，致使配种不易受孕。此外，母牛可发生腕关节、跗关节及膝关节炎。

公牛睾丸受侵害，引起睾丸和附睾炎症、坏死或化脓，精子生成障碍。

病理变化

剖检变化

肉眼病变见于胎盘、乳房、睾丸及流产儿。

流产儿：皮下呈浆液性或出血性浸润。胸腔积液并含纤维素块；胃肠浆膜、黏膜呈点状、线状出血；皱胃内含黄色、白色黏液及纤维素絮状物；脾肿大。

胎膜：水肿并附有纤维素絮状物；绒毛肥厚、糜烂。

乳房：切面有黄色小结节。

睾丸、附睾、精囊：结缔组织增生、坏死与化脓。

组织学变化

肉芽肿性病变 在胎盘、子宫、睾丸、淋巴结、脾脏等处有肉芽肿性变化，可见在结节的中心部聚集圆形细胞，有时可见坏死和菌体，其周围是淋巴细胞，并杂有成纤维细胞。

胎盘炎 绒毛膜和尿膜有坏死和水肿变化，在坏死部可见有嗜中性粒细胞浸润和菌体，呈坏死、化脓性炎。

乳房 乳头管间质及腺泡间质有局限性淋巴细胞浸润和肉芽肿性病变；小叶间细胞增生，淋巴细胞和浆细胞浸润。

子宫 黏膜上皮空泡化，固有膜有中性粒细胞、淋巴细胞、浆细胞浸润，纤维性细胞增生，血管扩张，子宫腺体周围有细胞浸润或细胞崩解。

诊断

病原学诊断

取流产胎儿皱胃和盲肠的内容物、胎盘、乳汁、淋巴结、脾、肝等，进行细菌分离、鉴定。这是确诊本病最可靠的方法。

血清学诊断

虎红平板凝集试验 取被检血清 0.03 mL，加抗原 0.03 mL，混合，4 min 内观察反应结果。凝集者，判为阳性；不凝者为阴性。对阳性反应牛应再进行试管凝集反应。

试管凝集反应 这是现场最常用的方法。

（1）方法：取试管 5 支，第 1 管加 0.5%石炭酸生理盐水 2.3 mL，第 2 管不加，第 3 ～ 5 管各加 0.5 mL。用吸管吸取 0.2 mL 被检血清于第 1 管内，混合，吸出 0.5 mL 加入第 2 管，再从第 1 管吸取 0.5 mL 加入第 3 管，混合；从第 3 管吸出 0.5 mL 加入第 4 管，混合；从第 4 管吸出 0.5 mL 加入第 5 管，混合，吸出 0.5 mL，废弃。将抗原按 1 ∶ 20 用石炭酸生理盐水作稀释，并分别取其 0.5 mL，加入第 2 ～ 5 管中，第 1 管不加抗原，作为血清对照。最后于 37℃温箱中放置 22 ～ 24 h 后，观察。

“+ + + +”液体完全透明，菌体完全凝集呈伞状沉于管底，振荡，沉淀物呈片状、块状。

“+ + +”液体几乎透明，菌体大部沉于管底。

“+ +”液体中等混浊，管底有明显沉淀，振荡有块状、粒状物出现。

“－”液体混浊，管底无沉淀，振荡时均匀一致混浊。

（2）判定：牛 1 ∶ 50 出现“＋＋”为可疑；1 ∶ 100“＋＋”为阳性。

ELISA 检测　包括间接 ELISA、乳汁间接 ELISA 和竞争 ELISA。间接 ELISA 和乳汁间接 ELISA 适用于奶牛场布氏杆菌病的初筛试验，竞争 ELISA 可区分自然感染和疫苗免疫及布氏杆菌病的确诊。

预　防

对牛布氏杆菌病的预防包括以下环节：定期检疫与及时隔离病畜；加强防疫消毒制度，消除病原菌的侵入和感染机会；培育健康犊牛。

加强饲养管理　根据不同生理阶段的营养需要，合理供应饲料，要注意供应矿物质、维生素饲料；搞好环境和牛棚的卫生，给牛提供良好的生活环境，提高奶牛的抵抗力。

坚持常年防疫消毒制度　加强产房卫生，严格执行兽医、配种的消毒措施，减少感染机会；犊牛喂奶，应经巴氏消毒。

对临床流产应查找原因　对流产母牛应隔离饲养；取流产胎儿皱胃内容物作细菌分离、鉴定。阴性者，母牛回牛群；阳性者，应从牛群中挑出，可将其屠宰。

血液凝集反应　每年定期检查 2 次，阳性牛应从牛群中隔离、屠宰。

免疫预防　有的牛场在犊牛 6 月龄内时采取疫苗接种。疫苗有牛布氏杆菌 19 号苗、猪布氏杆菌 2 号苗、羊布氏杆菌 5 号苗（使用见说明）。注射前应进行血检，阴性者可注苗；注射后 1 个月血检，若血检阴性或可疑者，需进行第二次接种，直到阳性反应止。

根据农业部有关种畜疫病检疫的有关规定，奶牛布氏杆菌病每年应进行两次检疫，即用虎红平板试验检测的阳性和可疑牛，再用试管凝集试验检测；凡检出的阳性牛一律屠宰。可疑牛再经 45 d 后复检，复检仍为可疑者，则判定为阳性牛，一律屠宰。

副结核病
Paratuberculosis

牛副结核病是由一种抗酸性菌——副结核分枝杆菌所引起的传染病。其特征是持续性腹泻和渐进性消瘦。病牛产奶量下降、繁殖力降低甚至死亡。

历　史

本病早在 1826 年由 d’Aroval 报道。1881 年，Hansen 等发现死于特殊形式肠炎的牛，其小肠黏膜增厚，并有皱褶。1906 年，丹麦的 Bang 首次用病变的肠黏膜饲喂小牛使其发病成功，为此确认本病为不同于结核病的一种传染病，称其为“慢性伪结核性肠炎”。1910 年，Twort 在人工培养基上成功地培养出病原菌，并命名为牛“副结核分枝杆菌”后，本病才最后得以确认。自此以后，各国对本病的认识和报道极为普遍。

1949 年在英国，Taylor 对正常牛的回盲淋巴分离培养，其中有 37 头牛分离出副结核分枝杆菌，发病率为 15%。

1903 年在日本，从岩手县的英国进口牛中发现本病，1965—1968 年由美国进口牛中，经变态反应诊断，阳性牛 15 头，发病率为 0.4%。

我国早在 1953 年就发现了本病。1973 年以后，吉林农业大学、中国兽药监察所等对本病进行了专门研究，现已确定内蒙古、西北、西南、华北、北京、天津等地，都有本病存在。

病　原

形态

本病的病原菌是副结核分枝杆菌。现已鉴定出三型副结核菌株：一是牛型副结核株，在自然条件下不感染羊；二是羊型副结核株，在自然条件下可感染羊，对牛有轻微致病力；三是色素型副结核株，仅苏格兰有报道。为短粗杆菌，长 0.5 ~ 1.5 μm，宽 0.2 ~ 0.5 μm，不形成芽孢，无荚膜和鞭毛。形态上与结核菌很相似，用抗酸性染色呈红色。

培养

本菌分离培养时很难生长，需要在培养基中添加生长因子。现在是用分枝杆菌的死菌体或用菌体浸出液，可提高出菌率。培养时，生长缓慢，在 pH 6.8 ~ 7.2、温度 37 ~ 38℃，生长良好。在固体培养基上，菌落小而分散，呈灰白色；在液体培养基上，可形成薄而灰白色，呈皱纹的薄膜。

抵抗力

本菌对外界的抵抗力较强。在粪、土中可存活 11 个月；直射阳光下可存活 10 个月；在 −70℃可存活 3 ~ 15 周；38℃可存活 17 个月。但对湿热抵抗力较小，60℃ 30 min，80℃ 1 ~ 5 min 即可将其杀死。

消毒剂以0.02%升汞、3% ~ 5%石炭酸、5%来苏儿和福尔马林效果较好，约需10 min将其杀死。除此，10% ~ 20%漂白粉乳剂约 20 min，5%克辽林、5% NaOH 约 2 h，可将其杀死。

流行病学

病的发生

迄今，本病已广泛分布于世界各国，特别是奶牛业发达国家如英国、美国、丹麦、澳大利亚、荷兰、德国等均有发生。据英国 1959 年调查，仅 1 年就因此病淘汰了 30 000 ~ 40 000 头牛，其损失达200万英镑。据国际粮农组织 1978 年《家畜卫生年报》报道，在 168 个国家中有 66 个国家有副结核病发生，发病流行率约占 39%。

年龄　本病感染与年龄密切相关，一般以 4 ~ 6 月龄以内的犊牛易感；但成年牛也可因经口感染大量细菌而发病。

品种　品种不同，易感性也有差异，娟姗牛及短角牛有发病较多，而荷兰牛和埃西安牛则有发病少的倾向。

季节　一年四季都有，无季节性。

传播途径

病牛和无症状感染牛为主要传染源，这是由于它们能从粪便中排出大量病菌。病牛粪便排菌量为 10^3 个 /g，感染牛排菌量为 5×10^{12} 个 /d。

粪便污染了饲草、饮水、乳头等经口感染；先天性感染也有可能，可通过胎盘引起胎儿感染；其他途径如乳汁污染、精液污染及交配感染，虽为数较少，但也是存在的。

促使发病的因素

妊娠、分娩、寄生虫感染、饲养管理不当、运输等可引起机体的应激，都可能使其抵抗力降低，而成为发病的重要诱因。

发病机理

副结核病牛的病变主要在肠黏膜，以弥漫性肉芽肿为特征，几乎不发生坏死或坏死不明显。黏膜固有层为上皮细胞和淋巴细胞积聚，继而沿肌层黏膜可看到这些细胞形成一条上皮样细胞带，病灶内存有大量抗酸杆菌。由于肠道慢性炎症反应，导致肠机能紊乱、肠壁的血浆蛋白渗出增加和肠管对氨基酸的吸收障碍，故呈现出低蛋白血症。据 Allen 实验，病牛比对照牛每日多失去 39 g 蛋白质，由于大量蛋白质的丢失，其结果引起病牛消瘦。

Johen(1974) 发现：消瘦牛的肌组织肌酸磷酸激酶活性降低到正常牛的 30%，骨骼肌的萎缩部分可能限制了经肌酸磷酸激酶反应途径利用三磷酸腺苷而使蛋白合成受阻。

近年来，许多学者都对副结核病从免疫机制上予以解释。从免疫学概念上，Merkal 把副结核病解释为伴有释放组胺的抗原抗体反应所致的下痢、流泪、啰音和一系列血液学变化的反应。其发热、白细胞减少和贫血可能就是迟发型超敏反应，而临床上出现的发热和腹泻正是副结核病牛免疫学反应的具体证明。

临床症状

本病从犊牛时遭受感染，经过很长的潜伏期，绝大多数牛呈隐性感染经过，终身带菌，无临床症状。发病率很低，为 3% ~ 5%。

病初无特征性症状，仅见排出软便或稀便。稀便与正常粪便交替出现。继而持续性排出稀便，后呈水样，常误诊为消化不良而经对症处治后恢复正常。经过一段时间，又发生腹泻，严重时呈喷射状（图 2-26）。伴随腹泻可出现短暂的发热和产奶量下降。

随病程持续，病牛精神委靡，消瘦，被毛粗乱无光，可视黏膜苍白，贫血，颌下、胸下及乳房发生水肿（图 2-27），泌乳停止，全身无力，躺卧不起，极度衰竭而死。

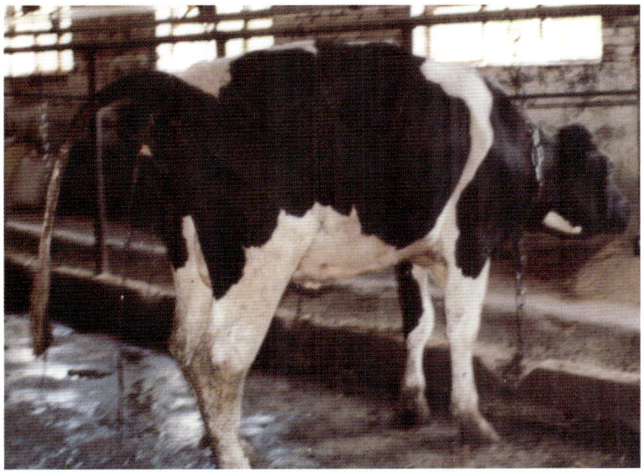

图 2-26 副结核病牛喷射状腹泻

图 2-27 副结核病牛颌下浮肿

临床病理

血液学检验：病牛红细胞、血色素、血细胞压积下降，呈贫血现象。红细胞（RBC）473.5 万个 /mm^3 (312 万 ~ 718 万个 /mm^3)，白细胞（WBC）9 591.4 个 /mm^3，血色素（Hb）7.9 g/100 mL，血细胞压积（PCV） 30%。

病理变化

剖检变化

见营养不良、皮下脂肪贫瘠及肌肉萎缩。特征变化是肠系膜淋巴结肿大和肠管肥厚（图 2-28）。

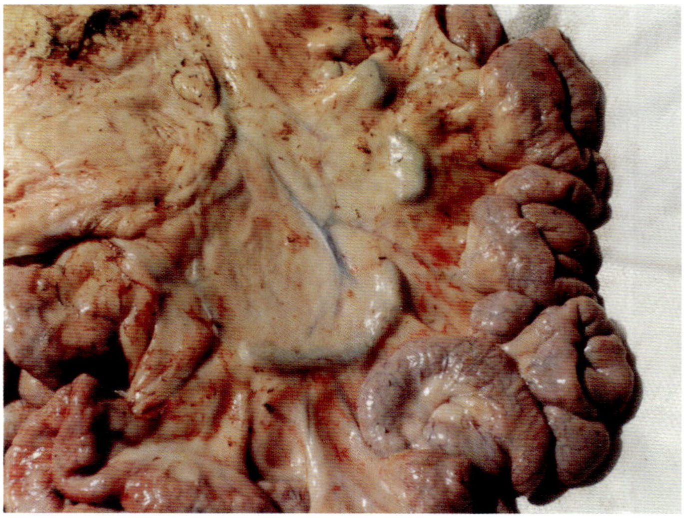

图 2-28　副结核病牛肠管增厚，肠系膜淋巴结肿大

肠系膜淋巴结　病变波及到回肠、结肠和盲肠的附属淋巴结。淋巴结肿大 2 ～ 3 倍，呈串珠样，切面湿润、水肿，呈黄白色髓样、充血、出血，但不形成坏死、干酪化或钙化病灶。

肠管的肥厚　小肠中以回肠的变化最大，见肠黏膜高度增厚，为正常的 3 ～ 30 倍，形成硬而弯曲的皱褶，似如脑回样（图 2-29），黏膜上有点状出血，无坏死、干酪化和钙化灶。大肠主要病变在回盲瓣、盲肠和结肠。回盲瓣充血、出血和水肿，瓣口紧缩；盲、结肠黏膜增厚，具硬感，黏膜呈纵行皱褶。严重型病例，从皱胃到肛门的全部消化道都有病变。

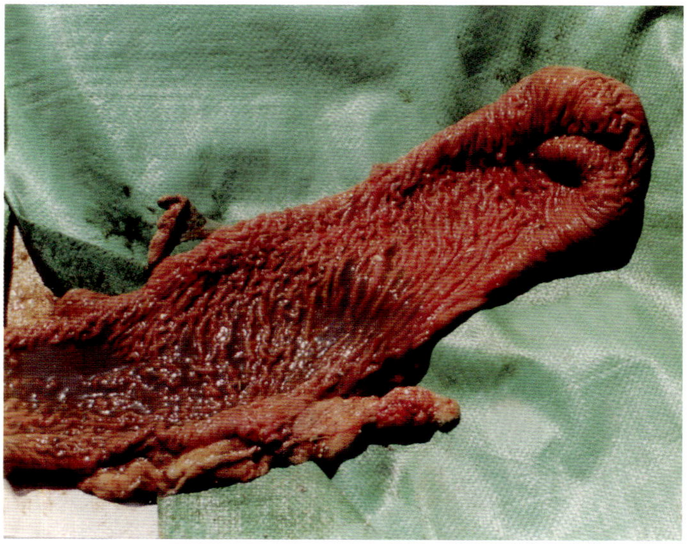

图 2-29　副结核病牛肠黏膜增厚呈脑回样

组织学变化

初期呈现以吞噬细胞为中心的炎症反应，随着吞噬细胞内细菌的增殖，上皮样细胞逐渐增生，继而郎罕氏型巨细胞也增多，并在这些细胞内可以看到多量的、成丛的副结核分枝杆菌。

淋巴结　被膜水肿、增厚，有大量的上皮样细胞及淋巴样细胞呈灶性或弥漫性增生。

肠道　黏膜层特别是黏膜固有层及黏膜下层，上皮样细胞、淋巴样细胞、郎罕氏巨细胞增生，黏膜上皮脱落，绒毛呈酒壶状肥大。

此外，在肝、脾、肾也可见有小的病灶，实质内有上皮样细胞、淋巴样细胞和多核巨细胞增生而形成的局灶性结节。

诊　断

根据慢性而持续性的腹泻、高度消瘦及剖检肠系膜淋巴结肿大和肠管肥厚的特征变化，可以做出初步诊断。确切诊断尚需进行病原学、免疫学的诊断。

病原学诊断

粪便涂片镜检　是一种常用的简单而又快速的方法。采用沉淀法或浮集法进行集菌。以沉渣制作标本，进行抗酸性染色，镜检。如发现有成丛的副结核分枝杆菌或吞噬细胞内含有抗酸性菌，结合临床症状即可诊断。

粪便分离培养　粪便用安替比林、草酸、硫酸、氢氧化钠、丁氨苄烷胺或氧代十六烷基吡啶处理后培养，这些方法对副结核分枝杆菌的抑制作用较小。

肠管及肠系膜淋巴结的培养　刮取肠黏膜，加入 4 ～ 5 倍量的 5%硝酸处理 30 min，以 3 000 r/min 离心 30 min，取沉渣作培养。此法最为准确，检出率较高。

免疫学诊断

细胞免疫诊断　目前实际工作中最常用的方法是采用副结核菌素皮内试验。由于禽结核菌与副结核菌有较多的类属抗原，所以各国已有采用禽结核菌素进行检疫的。在排除牛结核的前提下，凡肿胀面积达 35 mm × 45 mm 或皮厚超过 6.0 mm，可定为阳性。

近年来，因采用精制副结核菌素进行检疫，从而提高了检出率。方法是颈部皮内注射一次，72 h 后观察，凡肿胀皮厚超过 4 mm 者判为阳性。

静脉注射精制副结核菌素 2 ～ 4　mL/ 头，每小时测温一次，注射后 5 ～ 6 h 体温达高峰。体温升高 1.5 ～ 3℃为阳性；升高 0.8 ～ 1.4℃为可疑；升高 0.8℃以下为阴性。

血清学诊断　有间接血凝、补体结合反应、琼脂扩散试验和 ELISA 等，各种检查方法的敏感性和特异性见表 2-17。

表 2-17　副结核检查方法的敏感性与特异性比较

检查方法	敏感性（%）	特异性（%）	资料来源
粪培养	40	100	Buergelt (1978)
	18.9		Colgrove (1989)
	64	45	Larson (1963)
补体反应	26	—	Yokomizo (1986)
	27.3	97.6	Yokomizo (1989)
	96.0 ± 2.2		李明权 (1982)
	20.5	98.9	Seckett (1989)
	64	87.2	Colgrove (1989)
	74	33	Larson (1965)
间接血凝	90.6		张士祥 (1985)
	55	56	Goudsward (1975)
琼脂扩散试验	59	99.2	Seckett (1989)
	28	96.8	Colgrove (1989)

续表 2-17

检查方法	敏感性（%）	特异性（%）	资料来源
ELISA	83	87	Neilsen (1985)
	63.2	99.8	Yokomizo (1989)
	76	97	何昭阳 (1988)
	70.6	90.8	Seckett (1989)
	94	82.4	Colgrove (1989)

类症鉴别

本病与奶牛冬痢、病毒性腹泻 - 黏膜病临床上有相似之处，应予以鉴别，详见表 2-18。

表 2-18　奶牛副结核、冬痢和病毒性腹泻 - 黏膜病的临床鉴别

项目	副结核	冬痢	病毒性腹泻 - 黏膜病
发病时间	一年四季，病多出现于产后不久	冬季（11 月至翌年 4 月）	一年四季
发病头数	散发、零星	流行，成年牛、青年牛都有	流行，主见于泌乳牛、犊牛，偶见于青年牛
排粪状况	排粪呈喷射状，粪黑，稀如水样	粪稀，有的带血、黑色	粪呈黏粥样，盘状，灰白色，具光泽
食欲	时有时无	降低、废绝，5~7 d 后恢复正常	变化不明显，犊牛食欲降低
口腔	无异常	无异常	口腔、齿龈、舌部有溃烂
跛行	无	无	蹄叶炎
剖检变化	肠系膜淋巴结肿大 2~3 倍，回肠黏膜增厚 3~30 倍，呈脑回样	无	齿龈、颌部、舌部、食道、胃、肠等处，有溃烂

治　疗

对本病的治疗，可采用抗分枝杆菌药物如链霉素、氨苯砜、异烟肼、氨甲蝶呤和氨苯吩嗪等。异烟肼按 20 mg/kg 体重口服，每日一次，与利福平 20 mg/kg 体重口服，每日一次，联合应用，也可用硒 30 mg 加水灌服，每日一次，可使腹泻停止。上述药物虽能使病状消失，健康状况有所改善，但仍大量排菌。因此，至今还没有治疗副结核病的有效药物。

预　防

由于该病的潜伏长，病程缓慢、延绵，为防止其蔓延，应采取综合措施予以控制。

对感染牛群的控制

最重要的措施首先是要作清群。采取各种检测手段，掌握牛群感染状况，并采取相应对策。

定期检疫　每 3 个月进行一次变态反应和血清学反应诊断，对检出的阳性牛，应从牛群中挑出，隔离，集中饲养，对临床型病牛，立即予以扑杀。每隔 6 个月进行一次粪便培养。培养阳性牛，应予以屠宰;对无症状的感染牛，应连续不断的定期检疫、淘汰。

加强消毒，切断传染源　病牛粪便及其污染的牛床、地面及器具，应以生石灰、火碱、来苏儿和克辽林消毒，运动场内被污染的泥土铲除后垫上新土，粪便应堆积、发酵。

从感染群中培育无病牛　①犊牛出生后立即隔离饲养，在整个哺乳过程中饲喂巴氏消毒的牛乳，不喂母乳，不喂生乳；②犊牛饲养场严格防疫消毒制度，彻底与病牛场隔离；③在 6 月龄内，应做 2 次副

结核皮内反应，阳性者立即从犊牛群中挑出，2 次全为阴性时，才认为是健康犊牛。

疫苗的使用　菌苗的效果目前尚有争议，但均认为疫苗免疫可以延续和推迟疾病的发生。Larsen(1978) 报道了无毒副结核菌的佐剂苗和全菌苗的临床效果，认为这 2 种苗均能减少本病的损失，但以全菌苗为优。Miburidge 以副结核菌混入液体石蜡或橄榄油内制成活苗，放于 4℃保存 14 d 内使用，产后小牛或 4 周龄前皮下注射，剂量为 0.1 mL(相当于 3.3 mg 活菌)，可有效地控制本病。但注射疫苗后，给结核菌素检疫判断增加了难度。由于成年牛处于潜伏期和临床前期，因而效力不大。

对未感染牛群的预防

加强饲养管理，搞好防疫消毒卫生，定期对全群进行副结核病检疫，凡检出可疑牛、阳性牛及时处理，防止其扩散；加强对引进牛的健康和疫病检查，严禁将病牛引入牛群之中。

牛巴氏杆菌病
Bovine Pasteurellosis

巴氏杆菌病是由多杀性巴氏杆菌引起的畜、禽和野生动物的一种急性、热性、出血性败血性传染病的总称。牛巴氏杆菌病简称“牛出败”，其临床特征为骤然高热，咽喉、颌部和颈部皮下严重水肿，纤维素性胸膜肺炎。病程短促，病死率高。

本病波及世界上许多养牛国家和地区，在东南亚各国、非洲部分国家的牛发病、死亡较多，危害极大。我国以散发为主，偶尔呈小区域性地方流行。2003 年 5 ～ 7 月，京郊一 600 头奶牛场，临产前和产后 3 d 内，发病 25 头，发病率 4.2%，病后 1 ～ 2 d 死亡，死亡 15 头，死亡率达 2.5%。泌乳牛、育成牛和犊牛无一例发病。

病　原

形态与特性

病原多杀性巴氏杆菌，为革兰氏染色阴性的细小球杆菌，瑞氏染色时呈两极着色，卵圆形，大小为 (0.3 ～ 0.6) μm× (0.7 ～ 2.5) μm，在血液培养基中生长良好，但在普通培养基上发育不良。自然病料分离出的菌种荚膜较宽，包围整个菌体，此为 S 型，菌落在 45° 折射光线下呈蓝绿色带金光，边缘有红黄色光带，毒力较强。这种菌型在培养基上反复继代培养，变成为荧光性减弱或无色透明的黏稠型 (M)，继而变成粗糙型 (R)，其毒力减弱。

健康牛的上呼吸道带有巴氏杆菌，据中国农业科学院江苏分院对 261 头奶牛和杂种牛鼻腔与咽喉检查，带菌牛 69 头，带菌率为 26.6%。其中 15 日龄内犊牛未检出，15 日龄以上犊牛带菌率急剧增高，3 月龄带菌率达 80%，6 月龄后带菌率下降，12 月龄带菌很少。说明犊牛带菌为生后感染，随着年龄增长而带菌率减少，可能为自然免疫力增加所致。

本菌分布于病畜各组织器官、分泌物、体液和排泄物中。其中以脾脏含菌最多，次为胸、腹腔液及下颌和颈部水肿液。少数慢性病例仅限于局部病灶，如肺部能分离出病原。

抵抗力

巴氏杆菌对外界不良因素的抵抗力差，对日光和干燥抵抗力弱。在干燥空气中，2 ～ 3 d 死亡；在厩肥内可活 1 个月；在病料中 37℃ 15 d 死亡，在水和腐败物质中不能繁殖。用培养基保存本菌时，需 15 d 传代一次。普通消毒药有良好的杀菌效果，1%石炭酸 3 min、5%生石灰 1 min、1%漂白粉 1 min 可杀死本菌；对抗生素如青霉素、链霉素、土霉素及磺胺类药物敏感。

流行病学

本病在很多地区养牛场内皆有发生，特别是在舍饲牛群中可呈地方性流行，发病率可达10%～50%。

本病可感染多种动物和人。家畜中以牛、猪多发，青壮年牛多见。新疫区，奶牛发病率可达10%～50%。病畜和带菌动物是该病主要的传染源。不同畜禽间一般不互相传染，但有时病猪可传染水牛，牛和水牛可互相传染，猪吃病鸡而发病。病猪感染奶牛而发病。健康牛群本身带菌，外界诱因随时可刺激牛发病。病畜常通过其排泄物和分泌物往环境中散菌，污染饮水、饲料、空气等。易感牛经消化道、呼吸道感染发病，也有报道说牛被山区豺狼咬伤后发生了该病。

本病的流行与气候和地理条件、带菌状况、饲养管理条件及免疫等因素的关系极为密切。因此，由于上述因素的具体状况不同，其流行各不相同，表现为有些地区流行，有的呈散发型，有的则不发病。

本病可见于一年四季，以炎热、多雨的6～8月多见，奶牛场常以零星散发出现。当天气闷热、阴雨潮湿、气候骤变、牛群拥挤、牛舍阴暗、通风不良、营养不良、饲料突变、粪尿不清除、环境卫生条件不良等，皆可使机体抵抗力降低而诱发本病。

发病机理

多杀性巴氏杆菌为牛和犊牛上呼吸道的常生菌。正常情况下，下呼吸道通过机械性、细胞性和分泌性等防御机能能有效地预防其繁殖。然而，由于各种不良应激因素的作用，使下呼吸道防御机能受损，多杀性巴氏杆菌便成为条件性病原菌呈现出致病性。病菌侵入下呼吸道黏膜后，很快的通过淋巴进入血液，形成菌血症，由于细菌大量繁殖及内毒素的作用，病牛以败血症死亡。

当侵入机体的细菌数量不多、毒力较弱，以及机体抵抗力较强时，病菌则局限于局部，引起局部病变，随着局部病变加剧及全身防御机能破坏，在病灶坏死组织及细菌内毒素的作用下，使组织器官功能紊乱而导致死亡。

多杀性巴氏杆菌常常能诱发或与其他病原菌如大肠杆菌、化脓性链球菌、昏睡嗜血杆菌、霉形体及牛呼吸道病毒混合感染，致使病情复杂、加重。

临床症状

最急性

生前无任何症状表现而突然死亡。

急性

体温高达41℃。病牛沉郁，食欲废绝，反刍停止，鼻镜干燥。头、颈、咽喉、前胸，甚至前肢皮下炎性水肿、热、坚实、敏感。抬头、伸颈（图2-30），张口呼吸，大量流涎，流泪，舌头突出、水肿、发紫。部分病牛腹泻，粪稀、恶臭，混有黏液和血液，常因窒息而死。

图2-30　巴氏杆菌病牛抬头、伸颈

亚急性

肺炎为亚急性病例的典型症状，病牛体温升高达40～41℃，沉郁，食欲差，鼻孔有分泌物，呈浆液至黏脓状。湿咳，呼吸急促。泌乳减少。在肺区腹侧前半部经常可听到湿性和干性啰音。病程1～10 d。多数死亡。

慢性

食欲下降，消瘦，咳嗽，呼吸困难，流鼻涕，在肺区腹侧前半部常可听到支气管呼吸音，易继发其他感染。

病犊体温升高达 40.5 ～ 42℃，不吃奶，流泪，鼻漏呈浆性或脓性，拱背，喜卧，腹式呼吸并有间隙，腹泻，肺部有啰音，脑膜炎，脓毒性关节炎，喉部肿胀，头颈直伸，口流白沫，窒息死亡。

病 理 变 化

剖检变化

心外膜、部分浆膜和黏膜及内脏器官有出血斑点。肝、肾变性。下颌、颈、胸肿胀，切开水肿部位呈胶样浸润，流出多量淡黄色透明液体，局部淋巴结切面外翻、多汁。气管和支气管内有白色至猩红色泡沫。肺部呈大叶性肺炎和纤维素性胸膜肺炎，胸腔内有大量淡黄色的纤维素性渗出液，心包表面粘有纤维素样渗出物。肺处于不同时期的肝变期，肺小叶间质胶样增宽（图 2-31）。纵隔淋巴结肿大、切面有出血点。

慢性者，肺内有干酪样坏死灶、支气管扩张、肺脓肿。继发感染不同的疾病，其病变有差异。

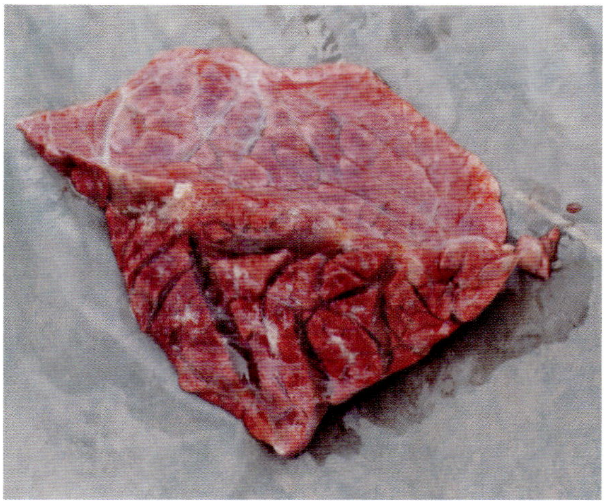

图 2-31　巴氏杆菌病牛肺间质增宽、胶样浸润

组织学变化

细支气管、肺泡间充血、出血、水肿（图 2-32）。心肌充血、出血，肌纤维颗粒变性，呈灶性坏死（图 2-33）。肝细胞结构不清、脂肪变性，有的呈局灶性坏死（图 2-34）。脾淤血、出血，淋巴细胞减少，含铁血黄素沉着。肾曲细胞结构不清，细胞肿胀、变性，呈局灶性坏死，间隙内有红细胞集聚。皱胃、小肠黏膜坏死，固有层淋巴细胞浸润，黏膜下层水肿、出血（图 2-35）。

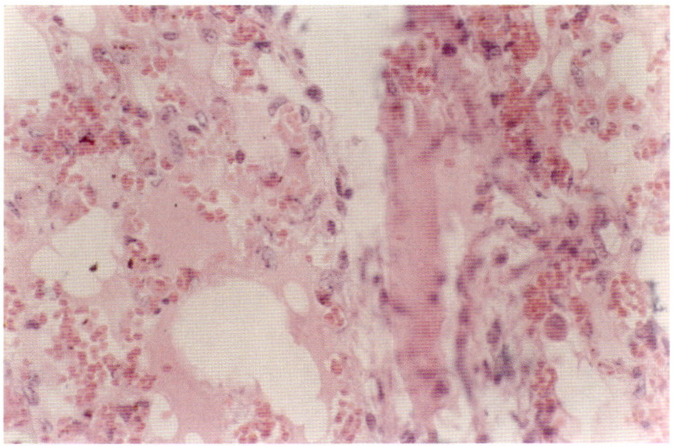

图 2-32　巴氏杆菌病牛肺水肿、充血

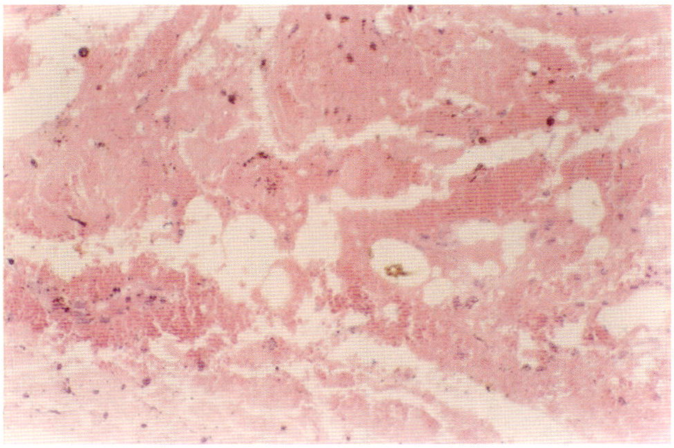

图 2-33　巴氏杆菌病牛心肌出血

诊　　断

临床诊断

根据病史调查、临床听诊肺部前腹侧啰音、颌下与胸前胶样浸润、胃肠道与心脏出血以及肺坚实、

肺炎、肺脓肿等可做出初步诊断。确诊需进行分离鉴定，取血液或实质器官涂片染色，镜检见有两极浓染的小杆菌。

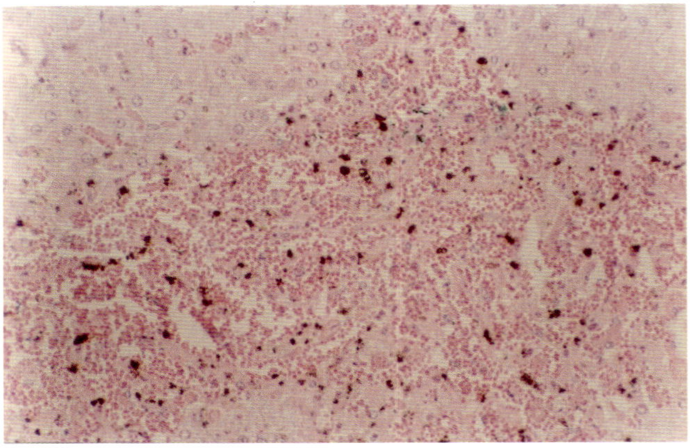

图 2-34　巴氏杆菌病牛肝出血、局灶性坏死

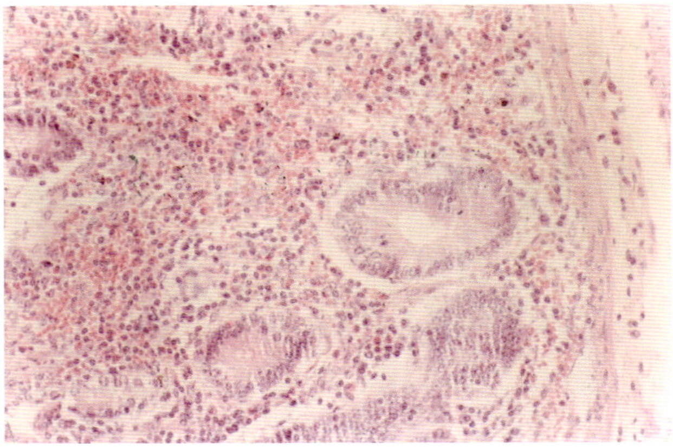

图 2-35　巴氏杆菌病牛肠黏膜出血、细胞浸润

类症鉴别

由于临床症状与炭疽、气肿疽和恶性水肿有相似之处，应类症鉴别。

与炭疽的区别　炭疽病牛鼻腔和肛门出血，血液凝固不全，呈煤焦油状，皮下浮肿较少出现，临死前体温下降至 39℃以下，这可与本病区别。

与气肿疽的区别　气肿疽病牛皮下呈气性水肿，触摸具捻发音，患区肌肉呈黑色，组织干燥，肌肉周围组织呈暗红色，病灶呈酪酸臭味，这为本病所不具有。

与恶性水肿的区别　恶性水肿由创伤感染所致。于创伤周围形成水肿性、气肿性肿胀，具捻发音，肿胀处疼痛，并渗出浆性、血性含气体的液体，具酪酸、腐臭气味。

治　疗

发病后，隔离病牛，单独治疗，全场消毒，选用敏感抗菌药物，如有条件可配合抗血清治疗，待疫情平息后可行免疫注射。

多种抗生素与磺胺类药物对本病有效。头孢噻呋 2.2 mg/kg 体重，一次肌肉注射，每日一次或 2 次。红霉素 5.5 mg/kg 体重，一次静脉注射，每日 2 次。犊牛用金霉素 200 mg，以 0.9%甘氨酸钠稀释，一次静脉注射，每日一次或 2 次。

为了阻断炎症过程、解热，可用阿司匹林 15.5 ～ 31.0 g，每日 2 次口服。保泰松 1~2 g，一次口服，每日 2 次。

为改善病牛体况和食欲，可用盐酸扑敏宁 1 mg/kg 体重，一次肌肉或皮下注射，每日 2 次或 3 次。

预　防

总的原则是加强饲养管理，增强机体的抵抗力，改善环境卫生条件，消除各种诱因。在常发病的牛场应定期免疫接种疫苗。

日粮要平衡，营养要充足，牛舍要通风，做好防寒保暖、防暑降温工作。

加强消毒，特别是产房地面、食槽定期用 2% 火碱水消毒。

对已发病牛场，应加强监测，注意精神食欲变化，班班逐头测温，凡体温升高者，尽早及时治疗。

疫苗有铝胶苗和油佐剂苗。对 4 ～ 5 月龄的牛肌肉注射 3 mL，前者每 6 个月注射一次，而后者则需每 12 个月再接种一次。

弯曲杆菌病
Campylobacterosis

弯曲杆菌病又名弧菌病，是由弯曲杆菌引起的不同临床表现的一种传染病，奶牛感染后临床以子宫内膜炎、输卵管炎、流产和不育为特征。

病　原

形态

弯曲杆菌革兰氏染色阴性，细长，弯曲呈 S 形或逗号状，能运动。能引起动物和人发病的主要是胎儿弯曲杆菌和空肠弯曲杆菌 2 种，前者又分为胎儿弯曲杆菌胎儿亚种和胎儿弯曲杆菌性病亚种。S 形者具 2 条端鞭毛，逗点状者具一条端鞭毛。

培养

弯曲杆菌微嗜氧，在 10%二氧化碳环境中生长良好。于培养基内加入血液或血清在 37℃生长最佳。能耐受 1%牛胆汁，有利于纯培养。菌落圆形、隆起，如乳酪样。初为半透明，后变为不透明。

抵抗力

弯曲杆菌对干燥、阳光和常用消毒药敏感。58℃加热 5 min 即死亡。在干草、厩肥和土壤中 20 ~ 27℃可存活 10 d，61℃可存活 20 d。

流 行 病 学

性病胎儿弯曲杆菌为雌性和雄性生殖道的专性寄生菌，致牛不育和流产，主要存在于生殖母畜的阴道、子宫颈和公畜阴茎上皮及包皮、流产胎盘和胎儿组织中，其感染途径为交配和人工授精。空肠弯曲杆菌对人和动物均有感染性，可致牛散发性流产，主要存在于流产胎盘、胎儿胃内容物、病牛肠内容物、血液和胆汁中，牛采食由于细菌污染的食物而进入动物体内，其感染途径为消化道。病牛和带菌动物是该病的传染源，它们可以通过粪便、牛奶或其他分泌物向外排菌，污染水源、饲料或食物。公牛与病母牛交配后，可将该病传染其他母牛。公牛带菌可长达 6 年。

临 床 症 状

公牛一般无明显的临床表现，包皮黏膜有时出现短暂潮红。母牛交配感染 10 ~ 14 d 后，阴道出现卡他性炎症，黏膜发红，黏液增多，有的可持续 3 ~ 4 个月，如果胚胎早期死亡并被吸收，母牛可再发情，且发情周期不规则，明显延长 (30 ~ 60 d)，少数病牛屡配不孕，大多数在感染后 6 个月可以受孕。如果胎儿在妊娠中后期死亡，可见到流产，且多发生于妊娠 5 ~ 6 个月，流产率为 5% ~ 20%。早期流产时，胎衣常随胎儿排出。妊娠 5 个月以上，可见胎衣滞留、胎盘水肿，胎儿病变与布氏杆菌病相似。初次感染后牛群可获得一定的抵抗力。

性病胎儿弯曲杆菌侵入子宫和输卵管中，引起子宫炎和输卵管炎，病牛从阴道内排出脓性分泌物，表现规律性或无规律的反复发情及不孕。

诊　断

临床诊断

根据临床流产、发情无规律及暂时性不育可初步怀疑本病。

实验室诊断

造成临床流产的原因较多，有饲养管理及病原微生物（病毒、细菌等）等。因此，确诊需进行试验室检测。病菌分离培养的病料包括胎盘子叶、流产胎儿皱胃内容物。此外，可采集病牛血清或阴道分泌物检测抗体。

直接镜检　以新鲜胎盘子叶和胎儿胃内容物直接做压片、镜检，找到 S 形细菌。

细菌培养　取胃内液、羊水、心血、肺或公牛包皮的抽取物接种于硫堇半固体琼脂上，在含二氧化碳的条件中，37℃培养 3 ～ 9 d，然后镜检菌体。对子宫黏液做凝集抗体试验，诊断意义较大，但应与黏液细菌培养结合，并应采自不同牛的样本。

治　疗

牛群暴发本病时，应停止配种 3 个月，并用抗菌药物治疗病牛。对发病母牛子宫进行常规处理。青霉素 300 万 IU 或土霉素、金霉素 3.0 g，用灭菌水或生理盐水 250 ～ 300　mL 溶解，一次灌入子宫内，隔日一次，直到阴道内分泌物清亮、干净为止。

预　防

本病主要通过交配传播。因此，淘汰带菌种公牛，选用健康种公牛进行配种或人工授精是控制本病的关键措施。

每次采精时，应对公牛包皮用消毒液或肥皂彻底清洗；在精液的生产过程中，要严格消毒，并要用抗生素处理。

在人工授精时，严格执行操作规程，注意输精过程中的清洗、消毒处理，防止交叉感染。菌苗对控制本病有效，免疫接种应按说明书进行，每年重复接种。

炭　疽
Anthrax

炭疽是由炭疽杆菌引起的人、畜共患的急性、热性、败血性传染病。其临床特征为呼吸困难、战栗和天然孔出血。剖检病变为脾脏显著肿大，皮下和浆膜下组织出血性胶样浸润，血液凝固不良。

该病分布于世界各地，常散发或呈地方流行，因能起人的恶性炭疽痈，因此具有重要的公共卫生意义。

病　原

形态

炭疽杆菌为革兰氏染色阳性大杆菌，长 5 ～ 8　μm，粗 1 ～ 3　μm，镜下呈竹节样排列，菌体粗大，两端平齐，在动物体内常单个存在或呈短链状，而在培养基中则呈长链状。有荚膜，暴露于空气中后易形成芽孢。该菌在普通培养基上生长良好，如在琼脂平板上可长成灰白色、不透明、表面粗糙、边缘不光滑的菌落，在低倍镜下呈卷发状。

抵抗力

本菌菌体对理化因素的抵抗力不强。60℃ 30 min 和一般消毒药均可将其杀灭。但其芽孢的抵抗力很强，在皮张或毛织品上或污染的土壤中可存活数十年，在粪便中可存活 1 年以上。5%石炭酸、5%漂白粉、3%过氧乙酸都有较强的杀菌作用。

本菌对磺胺、青霉素、红霉素、链霉素、氯霉素和四环素敏感，能抑制细菌繁殖和芽孢生长。

流 行 病 学

传染源

病畜和各种带菌动物为主要传染源，其血液分泌物和排泄物及其产品都含有病菌。肠型炭疽可随血便排菌。炭疽痈破溃后，大量炭疽杆菌随炎性产物排入环境中，在自然条件下很快形成芽孢，污染土壤、水源和饲草，结果成了危险的疫源。所以，在洪水泛滥的季节，尤其是 6 ～ 8 月份，河流附近和低湿地区易暴发炭疽。而且，因夏季雨水多，吸血昆虫增多，炭疽更易散播。所以临床表现出明显的季节性。舍饲奶牛，由于饲料或用具被污染，一年四季均可发生该病，季节性表现不明显。

易感性

实验动物中，小鼠、家兔、豚鼠、仓鼠易感，大鼠和犬不易感。

传播途径

主要是消化道，也可经吸血昆虫或黏膜创口和经呼吸道感染。病畜尸体处理不当，病畜分泌物和排泄物消毒不彻底，病尸或病料运送不当，污染的土壤、水源、饲料和用具等均可能成为本病蔓延的因素。

发 病 机 理

侵入机体的炭疽杆菌，首先在侵入的局部发育繁殖，在体内形成增殖体。在口腔黏膜、消化道黏膜和皮肤的损伤处形成局部炭疽痈。随后炭疽杆菌进入血液，引起菌血症。

炭疽杆菌的毒力是由于具有阻碍吞噬和溶菌作用的多谷氨酸荚膜，以及由水解因子、保护性抗原和致死因子所组成。这些因子能杀死吞噬细胞，损伤毛细血管，并能阻止血液凝固，导致毛细血管通透性增强、血栓形成和组织恶性水肿，因而引起循环障碍和出血，局部组织发生水肿，实质器官及淋巴结等组织广泛出血，进而引起急性败血症，导致动物最急性死亡。

临 床 症 状

潜伏期 1 ～ 5 d。据病程可分为最急性、急性和亚急性三型。

最急性型

突然发病，体温高，黏膜发绀，肌肉震颤，不断鸣叫，步态不稳，倒毙，天然孔出血，病程数小时。

急性型

多数炭疽牛为此型。突然发病，病初体温高达 42℃，心率 80 ～ 100 次 /min，呼吸加快，食欲废绝，反刍停止，瘤胃臌胀，流涎。奶牛泌乳量减少或停止，妊娠母牛流产。病情严重时，兴奋，惊恐，哞叫，后期高度沉郁，呼吸困难，肌肉震颤，步态不稳。可视黏膜发绀，在眼结膜、口腔有针尖或小米粒大小的出血斑点，有时见于鼻腔、肛门和阴道。腹痛，初便秘，后腹泻，粪中带血。尿暗黄色，内含血液，末期体温下降，窒息而死。病程 24 h。

亚急性型

病牛喉、颈、胸、腰、外阴部、直肠内常有炭疽痈。有时舌肿大呈暗红色，有时发生咽喉炎，呼吸极度困难，口鼻流出血液。肠壁痈时，下痢带血，肛门浮肿。重者尿中带血，一般 2 ～ 3 d 死亡。

病 理 变 化

炭疽杆菌暴露于空气中易形成芽孢，一般禁止剖检炭疽尸体。必须剖检时，要严格消毒。尸体可焚烧或深埋，并在上面撒上生石灰。

最急性型

剖检病变不典型。

急性型

尸僵不全，腹部臌胀，天然孔流出血红色泡沫样液体。黏膜发绀，布满出血点。皮下、肌肉及浆膜下有红色或黄色胶样浸润。血液黏稠，煤焦油样，黑红色，凝固不良。脾急性肿大达 3 ～ 5 倍，颜色暗红，质地松软，脾髓易刮脱。全身淋巴结肿大、出血，切面黑红色。脑充血、水肿，肝、肾、心等实质器官变性。胃肠道出血性坏死。

亚急性型

皮肤痈型可见浆液性出血性水肿，外观似恶性水肿。肠型牛可见肠壁有黑红色圆形隆起，界限明显，表面被覆纤维素性薄膜，周围组织及肠系膜有出血点，后坏死，形成灰褐色痂。

诊　　断

病原学诊断

怀疑炭疽死牛，可从耳静脉或颈静脉取血，涂片镜检，可用安沙尼 (Anthony) 氏荚膜染色法，涂片自然干燥，以 1%结晶紫水溶液染色 2 min，再以 20%硫酸铜溶液冲洗，吸干，镜检，菌体呈紫色，荚膜呈淡紫色。

因尸体死亡时间较长，尸体腐败，菌体崩解、消失，加之肠内腐败梭菌、枯草杆菌侵入血液，镜检结果难得满意，故应取新鲜病料。

血清学诊断

血清学诊断方法很多，有琼脂扩散沉淀抑制法、间接微量血凝试验、酶联免疫吸附法等。迄今为止，Ascoli 氏环状沉淀反应简便、适用，仍为现场诊断广泛应用。具体操作是将病料制成 5 ～ 10 倍悬液，煮沸 15 ～ 20 min，过滤，取滤液作抗原。在细玻璃管内预先注入炭疽沉淀素血清，用吸管吸取滤液并缓缓地重叠于血清上，静置 15 min 后，如在两液接触面出现明晰的白色沉淀环，即为阳性。

剖检诊断

通常情况下，对炭疽尸体严禁剖检。但若不能确诊，应在严格控制的场内进行剖检，可见脾脏肿大，浆膜广泛出血，体腔液体呈血样。

类症鉴别

临床上应与猝死症、巴氏杆菌病及气肿疽进行鉴别。

与猝死症的区别　猝死症奶牛常因精料饲喂量过多、缺硒和农药中毒等非传染性因子引起急性死亡，病程很急，在症状上有相似之处，其不同之处是，炭疽有高热，尸僵不全，而非传染性疾病体温正常或偏低，尸僵正常，此外还须进行细菌学、病理变化及血清学检查。

与巴氏杆菌病的区别　巴氏杆菌病牛，颌下、颈部常见水肿，但尸体剖检脾不肿大，血液不呈煤焦油样，血凝完全，心血涂片镜检有呈革兰氏阴性、两极染色的短小杆菌。

与气肿疽的区别　气肿疽肿胀常发生于肌肉丰满部位如臀部，肿胀处触压有捻发音，剖检患部肌肉充满气泡，呈黑色，切面呈海绵状，脾不肿大，取病料做成悬液，对炭疽沉淀素血清不出现沉淀反应。

治　疗

当出现炭疽病畜时，应及时隔离，加强饲养，专人护理，并采用抗炭疽血清、抗生素、磺胺类药物治疗。

抗血清疗法　病初用抗炭疽血清，用量为 100 ～ 300 mL，一次静脉注射。如体温继续上升，病情未见好转可重复注射。

抗生素疗法　青霉素剂量为 1 000 ～ 2 000 IU/kg 体重，一次肌肉注射，隔 3 ～ 4 h 一次，连续注射 3 ～ 4 d。与抗炭疽血清联合使用，效果更好。链霉素剂量为 2 ～ 3 g，一次肌肉注射，每日 2 次或 3 次，连续 3 ～ 4 d。青、链霉素可以联合使用。此外。土霉素、四环素和金霉素都有良效。

磺胺嘧啶　剂量为 0.1 ～ 0.2 g/kg 体重，分 6 次，每隔 4 h 内服一次，连服 3 ～ 5 d。

对症治疗　根据机体状况，可采用静脉注射葡萄糖生理盐水、葡萄糖和碳酸氢钠等，以解毒，防止脱水。

预　防

健康无病牛场

（1）当奶牛原因不明而突然死亡，应仔细检查、诊断，不能随意剖检、剥皮食用。为确诊病情，可将病尸送至化制厂剖检、化制。

（2）炭疽芽孢苗注射。为了预防炭疽发生，奶牛场可每年注射一次炭疽苗。北京地区奶牛场，自 20 世纪 50 年代至今，坚持每年疫苗注射，未见奶牛炭疽发生，收到良好效果。

发生炭疽牛场

对怀疑为炭疽的病牛，经血清学、细菌学诊断，确诊为炭疽时，立即采取：

（1）上报当地政府，由地方政府宣布该地为疫区，全场封锁。

（2）对全群牛只逐头测温，对可疑牛及体温升高牛，立即隔离，并用抗炭疽血清进行治疗。隔离圈专人饲养，所有用具都为专用。

（3）假定健康牛每头每日测温 2 次，静脉注射抗炭疽血清作预防免疫，7 d 后补注炭疽芽孢苗，以增强免疫力。

（4）炭疽尸体、被污染的饲草和其他杂物要焚烧或深埋，被污染的圈舍、场地、饲槽应彻底消毒。

（5）最后 1 头病牛死亡或治愈后 15 d，全部牛只注射炭疽芽孢苗已得到免疫，全场大消毒，由地方政府宣布解除封锁。

气　肿　疽
Gangraena Emphysematosa

气肿疽是由气肿疽梭菌引起的牛和绵羊的一种急性、热性、地方性传染病。其临床特征为肌肉丰满部位发生气性肌炎和灶性坏疽，触压时有捻发音，常伴有跛行，又称“黑腿病”或梭菌性肌炎。本病遍及世界各地，我国也有。虽然总的损失不高，发生较少，但偶尔暴发使发病率增高。

病　原

病原为气肿疽梭菌，革兰氏染色阳性，专性厌氧。在体内外均可形成芽孢。在豚鼠腹腔中可形成 3 ～ 5 个菌体的短链。最适培养基为葡萄糖血液琼脂，能产生毒素。

本菌繁殖体对理化因素的抵抗力不强，但其芽孢的抵抗力却极强，在土壤中可存活 5 年以上，干燥病料中的芽孢在室温可存活 10 年以上，可耐受 20 min 的煮沸，盐腌肌肉中可存活 2 年以上，在腐败的肌肉中可存活 6 个月。芽孢在 3% 甲醛液中 10 min 可被杀死。实验动物中以豚鼠最敏感，小鼠和家兔也可感染。

流行病学

气肿疽可发生于各种品种的牛。在自然条件下，主要侵害黄牛、奶牛。水牛易感性较差，牦牛更差。通常见于 3 月龄至 4 岁的牛，尤其是 2 岁以内的黄牛多发。发病率可能到 2% ~3%。

传染来源

病牛为主要传染源。病变处破溃或病尸处理不当，病菌流出体外，形成芽孢严重污染环境，尤其是土壤。易感动物经消化道或皮肤创伤感染发病。

流行形式

本病有一定的地区性，尤其多见于潮湿的山谷牧场和低湿的沼泽地区。舍饲牛可见于一年四季，偶尔可因食入污染饲料发病。放牧牛群夏季和秋季的发病率比冬季高。

本病发生于所有养牛国家，而在任何一个国家中，病的分布并不一致。据推测，在一个地区内，气肿疽发病率与土壤污染致病细菌芽孢的程度有关。

促使发病的因素

气肿疽梭菌生长的最适环境是厌氧，任何使粪便和脏物进入皮下的操作都能引起疾病的发生。当牛有肌肉创伤、深在或浅在性的刺伤、撕裂、手术切口、肌肉注射刺激性化学药物或生物制剂都为发病创造了条件。因此，在外科手术、断尾、肌肉注射时，器械、伤口及操作过程中消毒不严，皆可促使本病的发生和流行。

发病机理

气肿疽的发病机理尚不完全了解。因为，存在于土壤中的气肿疽梭菌是以增殖体和芽孢两种形式存在还是以芽孢形式存在，尚不清楚。据报道，牛摄入气肿疽梭菌后，增殖体在消化道内增殖，继而进入淋巴和血液，最后进入肌肉和肝脏。移入肌肉的芽孢，部分被吞噬，部分潜伏，生长繁殖。气肿疽梭菌可产生 α 毒素（为溶血性、坏死性卵磷脂酶），它可杀死白细胞，增加毛细血管的通透性；另外还能产生 γ 毒素（透明质酸酶）。生长的细菌及其毒素进一步引起肌肉细胞和毛细血管的坏死，在病理损害中，因发酵作用而蓄积气体；因毛细血管破裂而发生出血。毒素溶解血管外渗的红细胞，也可能溶解血管内的红细胞。细菌的毒素和病理损伤的有毒物质能引起机体毒血症，致使全身反应严重而死亡。

临床症状

潜伏期 3 ～ 5 d。病初体温高达 40 ～ 41℃，食欲下降或废绝，反刍停止，磨牙，鼻镜干裂。沉郁，眼结膜潮红。呼吸增速，脉搏加快达 90 ～ 100 次 /min。病牛焦躁不安，跛行，肩、肢、腰、背肌丰满部位出现局部肿胀，初期硬固、灼热、敏感。病后第二天，结膜发绀，心音不整，呼吸浅表。肿胀部位扩大，其中心变凉，周围皮温高，触诊有捻发音，叩诊呈鼓音。肿胀处皮肤干燥且紧张，弹性消失，色紫黑，丧失知觉。附近淋巴结肿大、发硬。切开肿胀处可见泡沫状黑红色液体、酸臭。严重病例表现出脱水、躺卧、明显的神经症状和休克。病程一般为 2 ～ 3 d，新疫区发病率可达 50%，病死率 100%。

病 理 变 化

剖检变化

尸体极度膨胀。天然孔开张，从鼻腔、肛门流出少量血样泡沫液体。体表某些部位有明显的气性肿胀，皮下结缔组织和肌膜内有大量的浆性或胶样浸润。肌肉内充满气泡，切面呈海绵状。各处肌肉均可受到不同程度的侵害。局部淋巴结肿胀、出血，切面黑红色。胸腔积有部分黑红色液体。心脏扩张，充满血凝块，心肌暗红，略水肿。胸膜上有胶样的黑红色附着物。肺小叶间轻度水肿。肝、肾有大小不等的棕色干燥病灶，切面多孔，呈海绵状。胃、肠轻度出血。

组织学变化

病变组织呈现肌肉和其他组织的凝固性坏死，血清和白细胞的聚积及红细胞的溶解。肌束被气体分开，能发现革兰氏阳性杆菌。

诊　　断

临床诊断

（1）根据临床症状特征，如发热、肌肉僵硬、肌肉肿胀和捻发音来确定。

（2）剖检特征变化。肌肉肿胀、气肿、变黑，且从肌肉中发出酸败气味。

病原学诊断

取肿胀部位的肌肉、肝、脾和水肿液进行细菌分离鉴定。取病变组织培养液，肌肉内接种于豚鼠，可使豚鼠产生出血性肌炎。肝涂片经革兰氏染色，可以见到单个存在的革兰氏阳性大杆菌。

类症鉴别

临床上应与恶性水肿、草木樨中毒、运输热和炭疽进行鉴别。

与恶性水肿的区别　恶性水肿是腐败梭状芽孢杆菌通过创伤进入组织而发生的一种气性坏疽性感染。常能发现在创伤和创伤周围的肿胀，病症多见水肿，肿胀向组织下部平面下坠，如肝、肾和心肌肿胀与肺水肿。

与草木樨中毒的区别　草木樨中毒病牛有采食腐烂草木樨的病史，肌肉的肿大是由肌肉出血所致，并伴有贫血和血液凝固时间延长。

与运输热的区别　运输热病因复杂，与副流感Ⅲ型病毒与溶血性巴氏杆菌有关。虽肌肉发病，但感染肌肉呈灰黄色，病变可能呈双侧性。病牛有上呼吸道炎和肺炎，有鼻漏和呼吸困难。

与炭疽的区别　炭疽病牛脾脏肿大，血液发黑呈煤焦油样，血凝不全，皮下水肿，血液中可见到呈链状的炭疽杆菌。

治　　疗

对本病应尽早做出诊断，一旦疾病症状明显，药物治疗很少成功。如欲治疗，可选用以下方法。

全身疗法

即用磺胺、抗生素和皮质类固醇药物。

抗生素　常选用青霉素，剂量为 44 000 IU/kg 体重，一次肌肉注射，每日 2 次。也可用同等剂量青霉素静脉注射，每日 4 ～ 6 次。

磺胺类药物　磺胺二甲嘧啶，剂量为 0.14 ～ 0.2 g/kg 体重，或磺胺二甲氧嘧啶，剂量为 0.05 ～ 0.1 g/kg 体重，一次内服，维持量减半。

皮质类固醇药物　当病牛发生毒血症和休克时，可选用氢化可的松注射液（0.2 ～ 0.5 g），一次静脉注射。

局部治疗

急性病例，将受感染的肌肉患部做贯通切开，施开窗手术，使组织和氧直接作用，以破坏其厌氧环境，切开后可用 3%双氧水或 0.1%高锰酸钾液冲洗伤口。

预　防

病畜立即隔离治疗。病牛尸体严禁食用或作饲料，应深埋或焚毁以减少病菌散播。用 3%福尔马林消毒圈舍、用具及污染的环境，销毁污染的饲料、粪便和垫草等，以减弱易感牛的感染程度。

加强兽医消毒卫生工作，对注射器械、针头和用具严格消毒，注射药物及实施手术时，应严格遵循操作规程，减少污染。

在经常发生气肿疽的地区，对 6 月龄左右的牛进行疫苗注射。菌苗是由气肿疽梭菌和腐败梭状芽孢杆菌培养的混合苗，只要注射一次就能产生有效的免疫作用。

恶性水肿
Malignant Edema

恶性水肿是由腐败梭状芽孢杆菌引起的一种急性传染病。临床以创伤周围组织的坏疽和气肿为特征。

1877 年，Pasteur 和 Joubert 首次在感染动物组织中发现了恶性水肿的病原微生物，此时称腐败弧菌；Bouvier(1959) 在很多种家畜中作为一种创伤感染，都发现存在腐败梭状芽孢杆菌。因为本病在奶牛场不常发生或呈散发，经济损失较小。但由于饲养管理不良，意外创伤较多，其发病率可能增高。

病　原

恶性水肿的病原菌主要是腐败梭状芽孢杆菌。产气荚膜杆菌、诺维氏梭状芽孢杆菌等也同时参与并促使本病的发生。

形态

腐败梭状芽孢杆菌长 3 ～ 8 μm、宽 0.6 ～ 0.8 μm，为能运动、能产生芽孢、挺直而圆端的厌气杆菌。芽孢呈卵圆形，位于菌体的中央附近。在动物渗出液中呈长链，在培养中以单个或短链存在。幼龄培养物中呈革兰氏阳性，老龄培养物常褪色，呈革兰氏阴性。

抵抗力

芽孢具有一定的抵抗力，能耐受 120℃的高温 10 min，在土壤和干燥的感染组织中能存活很多年，但在 3%甲醛溶液中 10 min 可被杀死。

流 行 病 学

腐败梭状芽孢杆菌在土壤和多种家畜的肠道中常见。奶牛死后，该菌很快由肠道侵入机体组织内。因此，病牛、死牛污染的土壤、环境为重要的传染源。

恶性水肿发生于所有年龄、性别和品种的牛。除牛易感外，其他家畜如马、羊、猪、犬以及试验动物如豚鼠、兔、小白鼠、鸽子等易感，也能感染人。一年四季都能发生，无季节性，为世界流行。

感染途径是通过伤口侵入。由细长尖锐异物如铁钉、铁丝、钗及树枝、棍棒等刺入组织所引起的刺伤；由锋利物体如镰刀、铡刀、手术刀、玻片所引起的切伤；由牛角及牛跳越牛栏时被尖锐物体所引起的机械性、牵张性的撕裂伤、砍伤；在给母牛助产时发生失误所引起的产道损伤等，当创伤发生后，消毒不严格，治疗不及时，皆可促使本病的发生。

发 病 机 理

在创伤时或创伤后，存在于土壤、肥料、污染物体和皮肤表面的腐败梭状芽孢杆菌及其他厌氧细菌的芽孢被带进创伤。深在性穿透性创伤，因其无氧，从而有利于本病的发生。在无氧条件下，芽孢迅速增殖并产生外毒素。其中 α 外毒素是一种卵磷脂酶，具有致死性、坏死性和溶血性，它可引起组织坏死和红细胞溶解，β 外毒素是一种溶血性的脱氧核糖核酸酶，具有杀死白细胞作用；另外还有透明质酸酶和溶血素活性物质。这些毒性物质增进了血管的通透性，使感染部位发生炎性水肿和渗出物蓄积。细菌代谢过程中产生一定气体。感染沿着肌肉的筋膜和疏松结缔组织平面扩散。毒素及组织坏死产物吸收入血，引起全身作用，从而导致致死性毒血症，2 ~ 3 d 后死亡。

临 床 症 状

在创伤和创伤周围迅速肿胀，肿胀呈水肿性并往往有气性肿胀。初期，肿胀组织有疼痛，肿区柔软，按压有凹痕。病牛体温升高到 40.5 ~ 41.5℃，精神沉郁，食欲废绝，呼吸加快。病程延长，肿胀处无知觉，从创伤处渗出一种血腥气体和不良气味的胶样液体，淡红色或淡橘红色，大多位于皮下和肌间结缔组织，肌肉组织为暗红色。病后期，病牛衰竭，步态无力，行走无方向。由于创伤部位不同，随病的发展，肿胀向组织下部平面下坠。去角引起的感染，肿胀向感染一侧的眼睑、面部和颈部下坠；难产所致的感染，生殖道黏膜水肿呈半透明状，肿胀沿大腿内侧会阴下方下坠；肿胀扩散的部位将引起相应的机能障碍。

病 理 变 化

剖检变化

典型的变化是创伤及创伤周围肿胀，肿胀柔软，有压痕。开放性感染创伤，在创伤周围的疏松结缔组织和筋膜有广泛性的胶状、血腥样并含气体的液体，肌肉通常完整呈暗红色，创伤具酪酸、腐臭味。局部淋巴结肿大、出血。肝、肾、心肿大，肺水肿。痊愈病牛，坏疽的皮肤及皮下组织脱落。

组织学变化

肌肉细胞坏死，肌间白细胞浸润；心肌、肝、肾呈混浊肿胀，肺泡和小叶间有渗出液。

诊 断

临床诊断

根据典型症状高热、创伤周围急性疼痛性肿胀、具捻发音，剖检见坏死组织及其周围组织含气性、血腥样浆液可初步确诊。

病原学诊断

取患病组织及浆液给豚鼠作皮下或肌肉注射，在接种处可见有带血色的、气性、胶状渗出物，出血性坏死性肌炎。取豚鼠肝的表面触片染色可见有长链状的菌体。

类症鉴别

诊断时应与气肿疽（黑腿病）区别。气肿疽（黑腿病）通常没有创伤病史，在肌束之间有少量气体，渗出物少，故坏死肌肉组织是干的，不湿润。后肢肌肉遇空气后变成黑色，故称黑腿病。恶性水肿直接与创伤有关，具有创伤的过程，皮下及筋膜中有大量的血腥样、胶状渗出物，坏死组织湿润。

治　疗

治疗原则是抗菌、消炎、防止炎症扩散。

全身治疗

对病牛应用磺胺、抗生素。磺胺二甲氧嘧啶，0.05 ~ 0.1 g/kg 体重，或磺胺二甲嘧啶 0.15 ~ 0.2 g/kg 体重，一次内服。青霉素 G 钾 4 500 ~ 9 000 IU/kg 体重，一次肌肉注射；配合使用链霉素 3 ~ 4 g/头，一次肌肉注射。

为解毒可使用 5%葡萄糖生理盐水 1 500 ~ 2 000 mL、25%葡萄糖 500 mL、5%碳酸氢钠 500 ~ 1 000 mL，一次静脉注射。

局部处理

0.1%高锰酸钾液适量于患部组织内注射。或用青霉素 200 万 ~ 300 万 IU，溶于注射用水 100 mL 中，于患部周围组织分点注射。扩创，切开坏死组织，用大量的 0.1%高锰酸钾液或 3%过氧化氢液彻底清洗患区，除去坏死组织及其渗出物。

预　防

加强饲养管理，防止创伤发生

（1）及时清除各种尖锐异物。对围栏、牛床和运动场上凸出的钉子、铁丝和其他尖锐物体及时清除。

（2）去角。以防止牛互相顶斗发生刺伤。

加强兽医防疫、卫生，防止病原菌的滋生与侵入

（1）搞好牛舍环境卫生，及时清除粪、尿及污水。

（2）全场定期用 2%火碱消毒。

（3）兽医助产时要细致，防止产道损伤。当发生创伤后，治疗要及时，处理要彻底。特别是在手术、去角、阉割时，严格消毒，并在卫生条件下进行。损伤或手术后可注射青霉素，以防止感染。

（4）在本病发生多的牛场，必要时可应用含腐败梭状芽孢杆菌和气肿疽梭菌的混合菌苗预防免疫。

莱　姆　病
Lyme Disease

莱姆病是由波氏螺旋体引起的一种人、畜共患的传染性疾病。通过蜱和其他节肢动物吸血传播，为虫媒传染病。临床以发热、跛行、关节肿大和流产为特征。

历　史

莱姆病最初发现于人，早期出现慢性游走性红斑(ECM)，精神疲乏，肌肉、关节游走性疼痛，后期则表现为神经系统和心脏异常。本病 1883 年由德国的 Buchwald 报道，随后瑞典的 Afzelius (1909)、维也纳的 Balban(1910) 也相继报道。1976 年，在美国的康涅狄克州东南部的莱姆镇（Lyme）发生了儿童群发性的关节疼痛，耶鲁大学的 Steere 等确诊并以莱姆镇的名字命名为莱姆病。1981 年，美国的 Burgdorferi 首次从达明硬蜱中分离出了螺旋体，1983 年，Steere 等从病人分离出莱姆病螺旋体，进一步确定了莱姆病的病原。1984 年，莱姆病螺旋体被命名为波氏（Borrelia）疏螺旋体。

我国于 1986 年军事医学科学院微生物研究所首次进行了莱姆病的调查，1987 年中国预防医学科学院流行病学微生物学研究所在黑龙江、牡丹江林区和延边林区进行调查，证实莱姆病在我国广泛存在。

病　原

形态

病原为疏螺旋体属的波氏疏螺旋体。为革兰氏阴性菌，菌体长 5 ~ 30 μm，直径 0.18 ~ 0.25 μm，螺旋间距 2.1 ~ 2.4 μm，通常有 3 ~ 10 个大而疏的螺旋，两端渐细，末端尖或略钝。

波氏疏螺旋体最外层是含碳水化合物的黏质层，可为阿尔斯蓝染色。银染色可以清晰地观察到波氏疏螺旋体的鞭毛。鞭毛位于菌体两端，各有 7 ~ 15 根，直径为 16 ~ 20 nm。暗视野镜下，菌体具折光性，呈灰白色，多形态，不停地翻转、扭曲运动。

特性

波氏疏螺旋体为非专性厌氧发酵型菌。在含发酵糖、无机盐和还原剂的培养基中生长良好。培养基最适 pH 7.2 ~ 7.6，最适温度为 30 ~ 35℃。

在液体培养中，刚分离的菌体呈聚集生长，数条螺旋体缠绕一起，聚集成团，似如“菊花”、“海葵”在游动，继代聚集消失，呈单个细胞生长。

抵抗力

波氏疏螺旋体怕光、不耐热，室温下可存活 1 个月，4℃条件下存活时间较长，−80℃或更低温可长期存活。

波氏疏螺旋体对青霉素、四环素等敏感，对灭滴灵、甲基达唑不敏感，对利福平、磺胺药具耐药性。

流 行 病 学

传播媒介

本病遍及世界各地，欧洲、美国、日本、澳大利亚等都有流行。在北美传播莱姆病螺旋体的蜱是达明硬蜱、肩板硬蜱和太平洋硬蜱；欧洲是蓖麻硬蜱；亚洲是全沟硬蜱。根据它们超微结构和抗原性的差异分成 3 个型，即波氏疏螺旋体、格氏螺旋体和阿氏螺旋体。后来，日本的学者 Y. Yanagihana 在日本分离出一种不同的莱姆病螺旋体，命名为日本螺旋体。

在我国传播莱姆病的蜱有：全沟硬蜱、粒形硬蜱、壤塘硬蜱、嗜群血蜱、二棘血蜱、长角血蜱、森林革蜱和微小牛蜱。其中全沟硬蜱是北方莱姆病的主要媒介生物，二棘血蜱则可能是南方的主要媒介生物。

媒介蜱寄生于包括哺乳动物、鸟类和爬行动物在内的很多种动物。除人外，目前已经从 22 种哺乳动物、8 种鸟类中分离出了莱姆病螺旋体。

媒介蜱生活史

传播莱姆病的蜱属于硬蜱属，这类蜱有 3 个发育阶段，即幼虫、若虫和成年期，其生活周期为 2 年。成年蜱吸食脊椎动物的血液后在土里越冬，春季时成年雌蜱产卵，1 个月后卵孵化出幼虫，幼虫要吸食一次血液，经过冬天的休眠，在下一春季来临之前变为若虫，幼虫或若虫吸食新的宿主时使其感染波氏疏螺旋体。因此，本病的流行呈明显的地区性和季节性，春末发病，以初夏为高峰。

临床症状

本病多发生于初产母牛，分娩后不久即出现症状，体温升高，不愿走动，步态强拘，趾间和乳房部位出现红斑，开始为红斑疹或丘疹，后向周围扩散形成一个大的圆形皮损，中央平整，周边呈红色隆起，类似于人感染本病的皮肤疹。四肢下部肿张，关节肿大，肌肉和骨骼受损时出现跛行，蹄叶炎，行动异常；妊娠牛发生流产或产出弱犊；某些病牛还出现血红蛋白尿，尿中含波氏疏螺旋体，贫血。卧地不起者，因继发感染而出现褥疮。

诊断

临床诊断

（1）对病牛应进行流行病学调查，结合临床症状，综合分析。

（2）取病牛血液、尿液、关节液、肺和肝组织分离、培养波氏疏螺旋体。

血清学诊断

有间接荧光抗体试验（IFA）和酶联免疫吸附试验（ELISA）。这 2 种试验为诊断是否感染过莱姆病提供了快速、有效的手段。有报道说 ELISA 比 IFA 具有更高的灵敏性和特异性。美国的 Rosa 等于 1989 年用聚合酶链反应（PCR）检测莱姆病螺旋体，具有更高的灵敏性和特异性。

类症鉴别

初产母牛莱姆病临床表现的肌肉强硬、蹄叶炎、跛行，与食饵性蹄叶炎、硒缺乏症和维生素 E 缺乏症有相似之处，应予以鉴别。

与食饵性蹄叶炎的区别 食饵性蹄叶炎主要是粗饲料不足，饲喂过多精料而造成。除了突发疼痛、跛行和蹄温升高及疼痛外，四肢无水肿，无关节肿胀，趾间和乳房无特征性的皮肤疹块，应用抗组胺制剂、肾上腺皮质激素、钙制剂和补碱，能收到良好疗效。

与硒缺乏症的区别 因饲料中长期硒含量过少而发生硒缺乏症，除了跛行和步态强拘外，还有循环和呼吸机能障碍，咳嗽，鼻漏含血，吸吮、采食困难，全身麻痹，无莱姆病的四肢下部肿胀、关节肿大和患部皮肤红色斑疹。补硒配合维生素 E 治疗，收效极佳。

与维生素 E 缺乏症的区别 长期饲喂品质低劣饲料而引起维生素 E 缺乏症。病牛除运动障碍、步态强拘、站立困难外，尚有全身性麻痹，横卧，咽喉肌变性、坏死而出现采食、呼吸困难，无莱姆病的关节肿大，患部皮肤的红色斑疹，大剂量使用维生素 E 制剂，配合补硒，能收到良好效果。

治疗

治疗原则以抗菌、消炎为主，可使用土霉素、普鲁卡因青霉素或苯唑青霉素。普鲁卡因青霉素每日肌肉注射 30 000 ~ 45 000 IU/kg 体重，苯唑青霉素每隔一天肌肉注射 30 000 ~ 45 000 IU/kg 体重，开始使用普鲁卡因青霉素 10 d 后，每隔一天使用苯唑青霉素有显著的疗效。保泰松可用于蹄叶炎的治疗。土霉素按 5 mg/kg 体重静脉注射，头孢三嗪 10 ~ 15 g/d，静脉注射效果更好。

预防

莱姆病的传播媒介是硬蜱，因此消灭蜱是关键。在流行地区，要掌握蜱的活动规律和发育史，采取有效的灭蜱措施。

消灭成年蜱 在春、秋季节，成蜱活跃，此时，使用甲基氨甲酸萘（酯）、苄氯菊酯、胺苯萘、亚胺硫磷或除虫菊酯等杀蜱，在牛群活动地喷洒以杀灭自然环境中的硬蜱，防止产卵与越冬。

消灭越冬蜱 成蜱越冬季节，加强环境卫生，对牛棚、地面等处，要彻底清扫，并用甲基氨甲酸萘（酯）全场喷洒，消灭越冬蜱。

消灭幼虫和若虫 用间苯甲酰二乙胺(DEET)、除虫菊酯定期向牛体喷洒，使用驱避剂可杀死寄生于牛体上的若虫，也可防止成蜱的叮咬。

目前已研制成功抗波氏疏螺旋体的疫苗，但尚未推广使用。

人的莱姆病

人感染发病，早期皮肤局部出现游走性红斑(ECM)，开始为红色斑疹或丘疹，数天或数周内向周围扩散形成一个大的圆形皮损，中央平整，周边呈红色隆起，多数病人表现不适、疲乏、头痛、发热、寒战、嗜睡、颈强直、关节痛、肌痛及淋巴肿大等。中期表现为心脏扩大、心肌炎、心包炎、脑膜炎、面神经麻痹、失眠、记忆力减退、恶心呕吐、肝痛、肝肿大、结膜炎、虹膜炎、视物不清等。晚期，表现为关节肿大、疼痛、麻木、发凉，慢性浸润性滑膜炎，皮肤萎缩、硬化和溃疡等。整个病程呈慢性经过（2 ~ 17 年），通常不会致命。

钩端螺旋体病
Leptospirosis

牛的钩端螺旋体病是由多种血清型的致病性钩端螺旋体引起的一种自然疫源性传染病。其临床特征是发热、贫血、黄疸、出血性素质、血红蛋白尿、流产及黏膜和皮肤坏死。

自从发现人的韦尔氏病病原体为黄疸出血性钩端螺旋体（Inada，1916）以后，牛的钩端螺旋体病最早在苏联被证明（Michin 等，1935）。随后欧洲、以色列、澳大利亚、美国等地都有本病的流行。1921 年，在我国河南、山东、山西等地人群中流行，1963 年后，猪、马、牛、羊中也已存在。可见本病分布之广，为世界流行。

病　原

形态

钩端螺旋体是一种细长、紧密而规则呈螺旋状结构的革兰氏阴性微生物。长 5 ~ 20 μm，宽 0.1 ~ 0.2 μm。一端或两端呈衣钩状，无鞭毛，能运动，常沿菌体中轴转动，在暗视野显微镜下似一串发亮的细小珠链。菌体一般不易着色，但用姬姆萨染色时，菌体呈淡紫红色，组织饱和银染色时，菌体呈棕黑色。

钩端螺旋体血清型很多，其中具致病性的有 18 个血清群和 160 个血清型，而我国至少有 14 个血清群和 57 个血清型。牛的血清型有流感伤寒、哈尔焦 (Hardjo)、犬黄疸、丹麦回归热、秋令热和猪钩端螺旋体。钩端螺旋体属钩端螺旋体属，虽有多种不同的血清型，但目前统一为问号状细钩端螺旋体。

培养

钩端螺旋体为需氧微生物，在含有 5% ~10% 家兔血清的人工培养基上生长良好，最适温度 28 ~ 30℃，最适 pH 7.1 ~ 7.4，因其繁殖速度较慢，一般在接种后 7 ~ 15 d 才生长，因此做出鉴定应需多日观察。

抵抗力

钩端螺旋体对外界不良环境抵抗力较弱，在干燥土壤中能活 30 min，阳光直射下 2 h 内死亡，50℃ 10 min、60 ~ 70℃ 1 min 内致死。对酸碱度高度敏感，pH 5.5 8 h，pH 8.8 2 h 失去运动力，在死水中能存活 7 d。

钩端螺旋体对一般消毒剂和化学药品均无抵抗力，对各种酸类、氯、乙醇、铜、铁、锡等极为敏感。对抗生素药物敏感，青霉素、四环素、金霉素、庆大霉素及土霉素等都能将其杀死。

流行病学

本病流行广泛，遍布世界各国。几乎所有国家、所有温血动物都可感染。病牛及各种带菌动物如猪、犬、猫、羊及鼠是重要的传染源。尿液是人、畜钩端螺旋体主要传染来源，因为菌体在病牛尿中高浓度可持续几个月之久，病牛携带和排出病原体长达 2 个月。由于尿液中含有大量病菌，常会污染水源、土壤、饲料、用具和圈舍使牛感染发病。犊牛易感，症状重，死亡率高。

传播途径

钩端螺旋体传播途径较多。具体有以下多种：

直接接触感染　被菌体污染的水源、运动场内的泥土，当皮肤、黏膜因创伤、搔伤而使正常组织完整性破坏，牛卧于地面而感染。当牛舍狭小，过度拥挤，病牛与健康牛直接接触机会增加，尿液经常接触皮肤、鼻镜而感染。

消化道感染　牛特别是犊牛有舐食异物的习惯，常会将病菌食入；饮水、饲料及牛奶被污染若牛食入后而经口感染。

生殖道感染　病牛精液中含有钩端螺旋体，在 −196℃ 可存活 3 年之久，在人工输精时，往往因消毒卫生不严，使生殖道污染，这都能引起感染。

飞沫感染　病牛的尿液及被污染的水，或牛排尿时溅出的飞沫和气雾，当落入眼睛可经结膜感染，也可经呼吸道吸入到肺而感染。

其他途径　如昆虫吸吮、兽医医疗器械消毒不严等，可引起机械性传播感染。

促使感染流行的因素

温暖、潮湿、雨量多、水草茂盛，都有利于昆虫、小啮齿动物的栖息，也易因雨水泛滥使污染面积扩大而使本病流行。在城郊及舍饲牛场，由于防疫制度不严，饲料、饲草保管不当，鼠类大量繁殖而未进行灭鼠工作，致使本病传播。

发病机理

钩端螺旋体侵入奶牛机体后，很快聚于肝脏，少数见肾脏及肾上腺有菌体。继而菌体进入血液，引起钩端螺旋体血症，并伴发高热，此时肝脏、肾脏菌体显著增加。菌体对肝脏直接损伤，使之发生变性和坏死；由于菌体的溶血作用，使红细胞破坏并产生血红蛋白血症，发生黄疸。随着肝的损伤和黄疸出现，菌体逐渐从肝脏消失，肾脏内的菌体数量显著增加，最后转移到肾皮质和髓质结合部的肾小管，致使从尿中大量向外排出活的钩端螺旋体菌体。

妊娠母牛，血液中的钩端螺旋体通过胎盘而进入胎儿血液，由于感染所产生的毒素及溶血素的作用，使胎儿红细胞被破坏，血液运氧机能丧失而导致缺氧症，胎儿死亡，妊娠牛发生流产。

临床症状

一般呈急性经过，潜伏期 3 ~ 10 d。

急性型

犊牛发病后，体温升高达 39.5 ～ 41.5℃，稽留 10 d。食欲减退，精神沉郁，呼吸困难，黄疸，贫血，血红蛋白尿。

成年牛急性感染时，高热，反刍停止，食欲、乳量减少，乳汁黏稠呈黄色，有时混有血液，可视黏膜黄染；鼻镜干燥，齿龈、唇部坏死、溃疡；背部、耳、胸腹下皮肤水肿、坏死；贫血，血红蛋白尿。

慢性型

成年牛无明显症状，主要在感染后 2 ～ 5 周发生流产，流产以妊娠 7 个月后多见，排出死胎或弱犊，发热轻微，泌乳停止，乳头炎。

病 理 变 化

可视黏膜苍白、黄染，胸、腹皮下水肿、黄染，颌下、肩前和肺门淋巴结肿大、出血，膀胱内储留血红蛋白尿。

肝肿大、色呈黄褐色，切面见有中央小叶坏死而引起的色彩斑点和凝固性坏死。肾脏轻度肿胀，呈红褐色，包膜易剥脱，包膜下有灰白色坏死灶，皮质表面有出血斑点。病理组织变化见肾小管混浊肿胀、坏死，肾小球囊扩张，积有多量异样渗出物；肾间质水肿及淋巴细胞和单核巨噬细胞浸润。镀银染色，可在组织中发现有钩端螺旋体。

流产胎儿皮下水肿，体腔内潴留出血性液体，胎盘水肿，子叶呈淡黄褐色。

诊 断

临床诊断

诊断时，应掌握以下 3 个要点：

（1）本病多发生于温暖的夏、秋季，流行或散发。

（2）病牛体温升高，呈稽留热，表现黄疸、贫血、血红蛋白尿、血乳、口腔黏膜溃烂、皮肤坏死和妊娠牛流产。

（3）剖检见淋巴结肿胀、出血；肝、肾等实质器官肿胀、变性和坏死。

实验室诊断

病原分离和鉴定 ①直接镜检：取血或尿液，离心、取沉淀物制片，在暗视野下镜检。②取病料(血、尿或组织)接种于含 5%～10%家兔血清的柯托夫和斯塔氏 (Stuart) 培养基上培养，涂片，姬姆萨染色镜检。

血清学诊断 常用的方法有凝集溶解试验、补体结合试验、平板凝集试验和间接血凝试验。

类症鉴别

临床上应与犊牛水中毒、急性坏死杆菌病、产后血红蛋白尿等进行鉴别。

与犊牛水中毒的区别 犊牛水中毒多因大量饮水所致，常见于冬、春寒冷季节。病犊体温正常，鼻内流出淡红色液体，出汗，起卧不安，通常采用单独饲喂，限制饮水，不需治疗，经 1 ～ 2 d 可自行痊愈。

与急性坏死杆菌病的区别 急性坏死杆菌病多因饲料中精饲料喂量过大，粗饲料不足而又长期饲喂所致。剖检见肝有化脓性坏死灶，但血液正常，无血红蛋白尿。

与产后血红蛋白尿的区别 产后血红蛋白尿系因饲料中含磷过少所致，见于分娩后 4 ～ 28 d 的母牛，病牛体温低于正常。血涂片镜检除红细胞异染、变形外，无菌体；血生化检验磷含量显著减少，静脉注射磷制剂、输血等效果较好。

与焦虫病的区别　焦虫病病牛除血红蛋白尿、贫血及黄疸外，粪中带黏液或血丝，剖检脾脏显著肿大，脾髓软化，穿刺淋巴结作涂片镜检，易查见多核体，形状似如石榴的横切面谓之“石榴体”。输血、肌肉注射贝尼尔、阿卡普林多能收到明显效果。

与肾盂肾炎的区别　肾盂肾炎由肾棒状杆菌感染所致。呈渐进性、慢性经过，尿液除含血外，还含有脓汁或小脓块，具腐臭。尿液检验有脓球、红细胞和肾棒状杆菌。尿蛋白质增高。直肠检查肾肿大、疼痛，输尿管和膀胱壁增厚。

治　疗

对病牛立即使用敏感性抗生素，常用的有土霉素、金霉素或四环素，剂量为 11.0 mg/kg 体重，溶解于 5% 葡萄糖溶液中，分 2 次静脉注射，连续注射 3 ～ 6 d；链霉素 2.2 g/100 kg 体重、青霉素 7 000 ～ 10 000 IU/kg 体重，分 2 次肌肉注射，连续注射 3 ～ 6 d。

病初，可输血，剂量犊牛为 80 ～ 110 mL/kg 体重，成年牛 60 ～ 70 mL/kg 体重，也可使用钩端螺旋体高免血清，剂量犊牛为 20 ～ 40 mL，成年牛 86 ～ 120 mL，一次皮下注射。

预　防

加强兽医防疫措施，防止疫病传入

（1）做好防疫、消毒工作。定期开展牛场大消毒。牛舍、运动场用 2% 火碱水或 10% ～ 20% 石灰乳喷洒。

（2）不要从疫地引进牛只，需引进时，应做好监测，严禁将带菌牛购入。

（3）已发病者，应将病牛隔离、治疗直到痊愈。流产儿集中焚烧或深埋。

（4）对假定健康牛，采用钩端螺旋菌苗预防注射，每半年一次，第 1 年注射 2 次，第 2 年注射一次。

（5）定期全场开展灭鼠工作，消灭传染源。

加强饲养管理，增强抗感染力

（1）及时清除牛场内各种脏物，保持牛场环境卫生。粪尿及时清除，堆积处理；清除污水、杂草，保持运动场干燥、清洁。

（2）加强饲料、饲草和饮水管理，防止被脏物及病菌污染。

（3）保持牛舍干燥、清洁、通风，给牛提供良好的生存环境。

衣原体病
Chlamydiosis

衣原体病是由衣原体所引起的畜、禽及人共患的一种传染病。禽感染能引起禽类鹦鹉病和鸟疫；人感染后引起人的发热、头痛和肺炎；牛、羊感染后，临床以呼吸道炎、腹泻、脑脊髓炎、流产和关节炎为特征。

Bergey 称本病为宫川氏体病 (Miyagawanellosis)，但多数学者则称为衣原体病 (chlamydiosis)。

病　原

本病的病原体为衣原体属的沙眼衣原体和鹦鹉病衣原体。

衣原体具有 RNA 和 DNA 两种核酸，细胞壁由含氨基糖酸和类脂质的黏蛋白所组成，对某些化学药物和抗生素敏感。由于缺乏某些产生代谢能量所必需的结构和酶，因而寄生于细胞内，以二等分裂增殖形成包涵体。

流 行 病 学

衣原体病为世界流行。于美国、新西兰、意大利、德国、澳大利亚、西班牙、加拿大、南非、英国、罗马尼亚、法国、日本等国家都有存在。

传染源

鹦鹉病衣原体侵害鹦鹉科鸟类，也可侵害鸽、鸡、鸭及其他鸟类。现已知还能引起牛、马、猪、猫、仓鼠、豚鼠感染并发病。

现认为，衣原体含一种或多种特异抗原，对一种或多种动物宿主具有选择性的细胞嗜性，因而决定了病的性质，许多动物具有持续带菌现象，是易感动物的传染来源。

传播途径

通过空气、飞沫经呼吸道感染；通过初乳、感染组织或带菌者粪便污染饲草、饲料等经消化道感染。交配、昆虫叮咬也可传播。

易感性

幼年牛易感并呈现出临床症状，成年牛感染后不出现临床症状，而呈隐性感染成为带菌者。

促使发生的因素

牛场的饲养管理条件不良，如牛舍阴暗、潮湿，牛只拥挤、密度过大，暑热，运动场泥泞等各种应激，以及机体抵抗力的降低，都可以促使该病的发生。

临 床 症 状

衣原体血清型、感染途径及侵害部位的不同，临床症状各有差异。牛的症状表现有以下 5 种：

肺肠炎

主要侵害犊牛。特征是发热，咳嗽，流鼻涕，精神沉郁，昏睡，食欲减退，有肺炎症状。也能引起未吃过初乳的新生犊牛发生肠炎。

关节液呈黄灰色、混浊，内含纤维蛋白，关节面溃烂，表面覆盖着纤维素，关节周围水肿和点状出血。关节液、肝、脾、肾、肺、肠系膜淋巴结、骨髓液等组织内可以分离到衣原体。

关节炎

主要发生于 1 ～ 3 周龄犊牛。初生犊牛虚弱，病犊体温升高至 40℃以上，食欲废绝，不愿活动，四肢关节肿大、疼痛、僵硬，跛行，症状出现后 2 ～ 10 d 死亡。

流产

主要危害怀孕小母牛。母牛不出现临床症状，妊娠后期突然流产，或分娩后不久胎儿死亡，流产率可高达 60%。

精囊炎综合征

以幼年公牛多见，发病率可达 10%。其特征是精囊、副性腺、附睾及睾丸呈慢性炎症过程，患病公牛精液品质差，可分离到衣原体，最后引起睾丸萎缩。

脑脊髓炎

主要感染 3 岁以下牛，呈散发性，所以称为牛的散发性脑脊髓炎。此病最早由 McNutt 于 1940 年描述，最初发生于美国的巴斯牧场，因此又称巴斯病。

自然感染潜伏期不清，一般认为是 4 ～ 27 d，病程为 1 ～ 3 周。突然发热，体温达 39.5 ～ 41.5℃，稽留 5 ～ 7 d，精神沉郁，厌食，鼻、眼常有黏性分泌物，腹泻，脱水，消瘦，虚弱，行动缓慢，步态蹒跚，摇晃转圈，关节肿大具痛感，角弓反张，麻痹，卧地。本病传播缓慢，多数呈隐性感染，但发病牛有 40%～ 60%死亡。

病理变化

肺肠炎。肺膨胀不全和纤维素性肺炎。皱胃、小肠特别是回肠末端水肿、出血和上皮糜烂与溃疡；组织学变化见上皮脱落，黏膜固有层的中性粒细胞和单核细胞浸润。

脑炎、纤维素性胸膜炎和腹膜炎。组织学变化是脑、脊髓的白质和灰质以浆细胞和淋巴细胞为主的血管周围性细胞浸润，神经胶质细胞增生，充血和点状出血。

此外，肝脏、肾脏和脾脏有坏死。肺、脾及脑脊髓液中有衣原体。

流产儿皮肤苍白，黏膜出血，皮下水肿，胸腔、腹腔积液，呈淡黄色，喉头、气管、胸腺和淋巴结有点状出血。肝脏肿大，有灰色小结节。组织学检查可见，脾、淋巴结及其他器官有中性粒细胞和巨噬细胞浸润。胎膜变厚和水肿。

诊　断

病原学诊断

根据临床病例采取相应病料。脑脊髓炎的取脑；关节炎的取关节液与内脏；流产的取胎盘和流产儿的肝脏；肺肠病的取鼻液、肺、脾、肝及腹腔液、肠内容物和粪便；精囊炎的取精液。分别制成乳剂，内加链霉素 5 ～ 10 mg/mL，取 2 mL 接种于豚鼠腹腔内，经 5 ～ 7 d 死亡，可见到脾脏肿大、腹膜炎；取脾或肝制成乳剂，接种于 3 ～ 8 d 鸡胚卵黄囊内，经 3 ～ 9 d 鸡胚死亡，制成涂片，采用姬姆萨染色，可见到衣原体。

血清学诊断

采取发病期和恢复期的血清，用补体结合试验、中和试验、荧光抗体法等测定抗体。间接血凝试验敏感性高，对诊断有较高的应用价值。

类症鉴别

临床上引起奶牛流产、关节炎及脑脊髓炎的病因较多，所以在诊断时应予以鉴别。

与脑脊髓炎的区别　脑脊髓炎症状往往不明确，但出现脑炎症状，并伴有步态僵硬、腹膜炎、胸膜炎和心包炎，此为本病之特征。

与布氏杆菌病的区别　由布氏杆菌引起的流产，母牛有胎盘炎、子宫黏膜溃疡，且常伴胎衣滞留，流产儿肺部水肿和充血，心外膜和脾出血。取母牛血清做虎红平板试验呈阳性。

与其他病原所致的关节炎的区别　大肠杆菌、犊牛副伤寒和链球菌等，都可能引起关节炎，有时可能与衣原体同时感染，因此，应进行病原体分离、鉴定。

治　疗

其治疗原则是抗菌、消炎，阻止继发感染。据记载，大剂量的青霉素、磺胺类药物、四环素、氯霉素、利福平、5- 氟尿嘧啶及萘啶酮酸对衣原体敏感，具有杀菌作用，但链霉素无效。

预　防

牛的衣原体病，目前尚无有效的预防方法，也无有效的疫苗，因此，预防的关键是加强牛群的正常管理，减少各种不良应激所致的应激反应，提高抗病力。对已发病的患牛，隔离饲养，并及时采用四环素、氯霉素等敏感药物治疗。

附红细胞体病
Eperythrozoonosis

附红细胞体病是由附红细胞体寄生引起的一种人、畜共患的传染性疾病，其临床特征是病牛高热、贫血、下痢、消瘦和黄疸。

历　史

1928 年，Schiling 首先从鼠发现了附红细胞体，并命名为球状附红细胞体。

1934 年，Neitz 等从绵羊发现了羊附红细胞体。同年，Adler 和 Ellenbogen 最先报道了牛寄生的维容氏附红细胞体。但因病原性较弱，几乎忽视其作为病原微生物的作用。

1962 年，Hoyte 将在血浆中自由生活的种类命名为 *E. teganodes*，并与寄生在红细胞表面的附红细胞体相区别。

1967 年，Uilenberg 分离出病原性强的寄生在血小板上的 *E. tuomii*。

随着牛遭受附红细胞体的侵害，在放牧牛群中出现以贫血和发热为主要特征的疾病病原，除了焦虫、边虫外，附红细胞体的病原性才被重视。

病　原

附红细胞体属于立克次氏体目、边虫科、附红细胞体属。

形态

寄生在红细胞表面的呈圆盘形、环状，单独或数个寄生；寄生于红细胞周围的多呈日冕形；着色不良，淡蓝色或浓染。环形者直径为 0.3 ～ 0.5 μm，至 0.5 ～ 1.5 μm。

寄生于血浆中的呈环状、杆状、长柄形、球拍形等。环形者为 0.4 ～ 1.2 μm，杆状者为（0.3 ～ 3.5）μm ×（0.2 ～ 0.3）μm。

寄生于血小板的呈环形、卵圆形，直径为 0.1 ～ 0.4 μm 或 0.6 ～ 1.0 μm；有的呈杆形、长柄形。

特性

寄生于红细胞表面、血浆中和血小板的附红细胞体多呈混合感染，从血液中单独分离困难，病原体以二等分裂的出芽形式而增殖。至于在牛体内及传播媒介体内如何发育，对此尚不清楚，组织培养也未成功。三种之间没有关于交叉免疫的报道。

抵抗力

病原体对干燥和化学药剂抵抗力弱，但对低温抵抗力强。迅速冷冻，可保存 765 d，4℃下保存可存活 30 d，－78℃保存可达 100 d 以上。

流行病学

分布

牛附红细胞体病广泛分布于世界各地。Neitz(1940) 报道，南非、荷兰、法国、伊朗、以色列和美国已有发生；1958 年在东非，1962 年在日本和澳大利亚等，先后流行。近年来，我国奶牛先后也有报道。

1988 年，湖南省吉首市奶牛场暴发了附红细胞体病，10 日龄犊牛感染率达 30%。1997 年，承德市某县奶牛村 162 头奶牛，发病 54 头，发病率为 33.3%，死亡 8 头，病死率为 14.8%。1995—1997 年，侯顺利等对兰州市 4 个奶牛场 128 头奶牛血检，感染率达 58.6%。

易感性

牛附红细胞体可感染牛及瘤牛，对绵羊、山羊、鹿不感染。出生犊牛、年老牛都能感染，无年龄区别；发病以 6 ~ 9 月份即夏、秋季流行，呈明显的季节性。

传播途径

目前认为传播途径有昆虫和子宫内两种。

昆虫传播　自然感染的媒介有蚊、蠓、蜱等，由于吸吮了病牛和带虫牛的血液，而将其传播。

子宫内感染　通过对 6 头阳性病牛所产 6 头犊牛血检，5 头阳性，表明母牛与犊牛之间能垂直感染。

促使发病的因素

饲养管理粗放，卫生不良如牛棚、运动场低洼，污水潴留；粪、尿积存，不及时清扫；圈舍堆放杂物、牧草；粪池、积水坑、下水道等不封盖；杂草丛生；饲料品质低劣，营养缺乏，饮水不足，气温潮湿等，这样既有利于昆虫滋生、繁殖，又可使机体抵抗力降低，为诱发本病创造了条件。

临床症状

病初，患牛食欲不振，异食沙石、土块，喜喝水，随之，精神沉郁，食欲剧减至废绝，反刍减少至停止；体温升高达 40 ~ 42℃，呼吸增数至 60 次 /min，脉搏增数至 100 ~ 120 次 /min；腹泻，粪便恶臭；四肢无力，走路摇摆，出汗；可视黏膜、乳房及阴户黏膜黄染；严重者，卧地不起，排出红褐色尿，孕牛流产，流涎，流泪，全身肌肉震颤，黄疸严重，热骤退后死亡。

临床病理

红细胞减少 (192 万 ~ 605 万个 /mm^3)，白细胞数增加 (14 800 ~ 32 000 个 /mm^3)，中性粒细胞增加至 46.2%，血小板数由 100 万个 /mm^3 减少至 10 万个 /mm^3，血色素减少至 4.6 ~ 5.3 g/100 mL，血葡萄糖含量减少至正常值的 1/10 以下，血清谷草转氨酶 (SGOT) 和 γ - 球蛋白升高。

病理变化

剖检变化

尸体消瘦，可视黏膜苍白；血液稀薄，凝固不良；在皮下、浆膜下、全身脏器有点状出血；胸腔积液，腹水增多；腹膜、网膜黄染；肝肿大、质软、呈黄色；胆囊肿大，胆汁浓稠呈胶冻样；脾脏肿大，质软；肾肿大，皮质出血，呈土黄色；心冠状沟脂肪黄染，心内外膜有小出血点；脑出血；肺炎和肺水肿。

组织学变化

主要变化是实质器官的变性、坏死。心间质水肿、细胞浸润，含铁血黄素沉着；肝脂肪变性，肝小叶呈中心性或灶性坏死，枯否氏细胞吞噬含铁血黄素；支气管肺炎和肺水肿等。

诊　断

根据临床高热、贫血、黄疸、消瘦和腹泻以及实质器官的肿大、脂肪变性等特征变化，可以做出初步诊断，确切诊断尚须进行血液学和血清学诊断。

病原学诊断

血涂片检查　取病牛末梢血涂片，姬姆萨染色，置 1 000 倍镜下检查，可见在红细胞边缘有月牙形、圆形、短杆形虫体，呈淡紫色，且具发亮的光彩。

鲜血压片检查　取高热期病牛末梢血液 1 滴置于载玻片上，加等量的生理盐水（也可加 3.8% 柠檬酸钠 1 滴），压盖玻片，置 400 ～ 600 倍镜下观察，可检查到球形、短杆形、卵形、月牙形虫体，大小为（0.12 ～ 0.35） μm ×1.3 μm，虫体有强折光性，呈摇摆或扭转运动，当附着在红细胞上即停止运动。

血清学诊断

现采用的有荧光抗体法、补体结合试验、间接血凝试验等。

类症鉴别

本病与巴贝斯虫病和边虫病有相似之处，应予以区别。

与巴贝斯虫病的区别　巴贝斯虫体大呈环状、梨状、椭圆形，大小为（1.5 ～ 2.4） μm×1.2 μm，寄生于红细胞中央，姬姆萨染色，细胞浆呈淡蓝色，染色质呈紫红色，多为两团，位于虫体边缘。

与边虫病的区别　姬姆萨染色后，边虫呈深红紫色，临床病牛无血尿，可与本病区别。

治　疗

对病牛应隔离饲养、精心护理。治疗原则是阻止病原体在体内增殖和感染。

全身疗法

（1）贝尼尔 3 ～ 7 mg/kg 体重，以生理盐水配成 5% 溶液，分点深部肌肉注射，每日一次，连续注射 2 次。

（2）新胂凡纳明 3 ～ 4.0 g，直接溶于生理盐水或 5% 葡萄糖溶液中，一次静脉注射，据称效果较好，用药后 15 d，附红细胞体从血液中消失。

（3）四环素 300 万 ～ 350 万 IU，溶于 5% 葡萄糖生理盐水中，一次静脉注射，每日 2 次，连续注射 3 ～ 5 d。

对症治疗

治疗中，应注意病牛全身状况，对病情重剧、体质衰弱者，应及时采用静脉注射葡萄糖液、维生素 C、维生素 K 等支持疗法及输血，以增强机体抗病力，促进病牛康复。

预　防

消灭蚊、蝇、蜱等吸血昆虫，阻断传播媒介　在夏初，牛场内可采用 0.12% 蝇毒磷、0.15% 敌杀磷、0.5% 马拉硫磷或 0.5% 毒杀芬等喷洒牛体。

药物预防　发病牛场，每年在发病季节前（5 月份），用贝尼尔 3 ～ 7 mg/kg 体重进行预防注射，隔 10 ～ 15 d 再注射一次，或用新胂凡纳明、四环素注射，可阻止病原体的感染。

鲜血接种 取无病牛新鲜血液 1 mL，添加新胂凡纳明 2.5 mg，作用一昼夜，肌肉或皮下注射，能阻止感染。

牛肺疫
Contagious Bovine Pleuropneumonia

牛肺疫也称为牛传染性胸膜肺炎（CBPP），是由丝状支原体丝状亚种 SC 型引起的牛的急性或慢性传染病。其特征是肺小叶间淋巴管浆液性炎、肺组织纤维蛋白性坏死及纤维蛋白性胸膜炎。临床呈现体温升高，呼吸困难、贫血、消瘦和皮下水肿。

历　史

早在 16 世纪，牛肺疫已在欧洲的阿尔卑斯山和比利牛斯山流行。1736 年，英国的 Barker 根据胸部病变将其与其他疾病区别；1765 年 Bourgelat 最先描述了牛肺疫的临床症状；1773 年，真正认识牛肺疫并对感染牛进行捕杀来控制本病（Egwugo et al，1996）； 1840 年，英国从荷兰引进感染牛而再次发病并于 1850 年迅速传到斯堪的纳维亚半岛、美国和澳大利亚；1854 年传入南非；1898 年，法国的 Nocard 首次分离出牛肺疫病原体并于人工培养基中繁殖成功，命名为丝状支原体丝状亚种 SC 型。20 世纪初期，牛肺疫由澳大利亚传播到新西兰、印度、蒙古、朝鲜、日本和中国等。

20 世纪，西欧通过禁止牛只的移动、屠宰病牛、限制与感染牛接触以及免疫接种等方法消灭牛肺疫。然而，1983 年葡萄牙；1989 年西班牙、1990 年意大利南部的皮埃蒙特仍有该病流行。

在非洲，牛肺疫在广大地区呈地方性流行，特别是在未曾发生牛肺疫的地区如喀麦隆、安哥拉等地也呈现地方性流行。已消灭了牛肺疫的地区如肯尼亚又重新感染。

亚洲，怀疑在巴基斯坦、尼泊尔存在牛肺疫。

牛肺疫被国际兽医局（OIE）列为 A 类疾病。20 世纪 90 年代以后，由于采取了检疫、屠宰和疫苗免疫等措施，CBPP 流行有所下降，但防止其流行仍是艰巨而持久的工作。

病　原

形态

本菌由 3 层细胞膜包裹，无细胞壁。为球状颗粒，直径为 125 ～ 150 μm，菌形呈多形性，初分离的菌体呈丝状，其长度达 200 μm 以上。培养达终点呈串珠状、短丝状、最后呈小球状。

培养

丝状支原体丝状亚种 SC 是兼性厌氧微生物，依赖于多种营养物质，在 5%～ 20%的血清肉汤和琼脂培养基上均能生长，但生长缓慢。近来 Cottew （1972）推荐用白蛋白布氏杆菌肉汤，肉汤 pH 7.4，添加 10%～ 30% 血清，青霉素 G 1 mg/mL，醋酸铊 0.5 mg/mL。其生化性状能分解葡萄糖、果糖、麦芽糖，但不产气；不分解乳糖和蔗糖。

抵抗力

本菌对外界环境抵抗力甚弱。50℃过夜、60℃ 30 min 即失去活力；干燥和阳光直射下很快死亡；冷冻可保存很久，0 ～ 5℃可保存数月；一般化学消毒药如 0.1%升汞、1% ～ 2%克辽林、10%石灰乳、0.25%来苏儿、5%漂白粉及 1%～ 2%氢氧化钠都能很快将其杀死。

致病力

牛以外的动物不感染。人工感染引起像自然感染的病状较为困难。但近年来应用喷雾法能引起典型肺炎的发生。

流 行 病 学

传染源

病牛及痊愈带菌牛为其主要传染源，由于病牛与健康牛的接触，可将病传播。主要发生于黄牛、水牛、奶牛和牦牛。

传播途径

由于病牛痰中含大量病菌，致使咳嗽及呼出气经呼吸道将本病蔓延。近年来有间接接触传播可能性的报道。Masiga 等（1972）证明被病牛的尿污染的干草，数十日后仍有细菌存在，再将这种干草喂牛，使其感染并能发病（Windsor et al，1977）。

促使本病流行的因素

（1）饲养管理不当，如营养不良，饲料品质低劣；牛舍狭窄，牛群拥挤；牛舍阴暗、潮湿，通风不良，环境卫生极差等，促使抵抗力降低。

（2）牛只移动频繁，又无相应的兽医检疫，致使病牛广泛传播。

（3）疫病流行后，无完善的兽医防疫措施。对病牛未果断采取严格的隔离、屠宰；对病场未进行封锁皆有利本病的传播。

发 病 机 理

病原体经由呼吸道侵入肺部后，首先引起肺泡细支气管炎，发生浆性、细胞性渗出和部分的坏死过程。炎症继续向邻近小叶蔓延，引起炎性水肿，血栓形成而引起坏死。由于肺泡炎症进展阶段不同，所以出现了红色、灰白色、黄色等不同色彩的肝变。病原菌侵入肺小叶间结缔组织，引起炎性水肿，淋巴管扩张，淋巴液蓄积，小叶间组织明显增宽，呈白色。间质的变化与肺泡各期的肝变构成颜色相间的形态，形成似如大理石样花纹，因此称“大理石肺”。由于肺炎的大量渗出，胸膜发炎并附有纤维素。胸膜、纵隔和肺门淋巴结的肿大，是因病原经淋巴管侵入所致。在剧烈的咳嗽，或坏死的细支气管破裂时，坏死灶内病原体可侵入外围组织的淋巴间隙和支气管内，使其发炎并进而向外蔓延。

临 床 症 状

发病以个体、种类和饲养管理条件而异。病的流行常很缓慢，潜伏期一般为 2 ～ 4 周，间或更长。根据病的经过不同，可分为急性和慢性两型。

急性型

体温升高达 41℃ 以上，食欲减退至废绝，有时伴发瘤胃臌气。若心外膜和纵隔遭受严重侵害，可引起急性死亡。

特征症状是胸膜肺炎。病牛不愿活动，呻吟，头颈直伸，鼻翼开张，前肢开张；呼吸急迫而浅表，逐渐呈腹式呼吸；强迫运动或叩打胸部，病牛具痛感，咳嗽增多并具痛苦；鼻漏呈浆性或脓性。胸部叩诊有实音区；听诊肺泡音减弱或消失，出现啰音和支气管呼吸音及胸膜摩擦音。随肺部病变加剧，脉搏快而弱，每分钟达 120 次。被毛粗刚无光，弹性降低，便秘与腹泻交替，贫血，颈、胸和腹下水肿，有的牛出现浆性关节炎。30%～50%病牛因呼吸困难于1周内死亡。

慢性型

病牛食欲不振，消瘦，颈、胸、腹下水肿，时常有不同程度的咳嗽，呼吸器官损伤较重，但肺部叩诊和听诊无明显变化。

临床病理

病牛尿量减少，比重1.022～1.036，尿深黄色、酸性，磷酸盐增加，氯盐减少；乳产量下降，乳成分异常，乳脂肪和乳糖含量减少。

病理变化

本病的特征病变是大叶性肺炎、广泛性的纤维素性胸膜炎。肺病变通常是单侧发生。肺炎易发生于心叶和膈叶。切面间质扩张充满浆液，后发生机化而变成小块纤维组织；肺实质从正常的桃红色到红褐色、黑褐色、黄褐色等不同色彩的肝变期，所以呈现大理石纹理。胸膜有纤维素沉着，心肺粘连和肺化脓。慢性时，肺实质病灶坏死、硬化、呈均匀黄灰色，坏死灶液化或化脓而形成空洞。肺门及纵隔淋巴组织肿大。此外还有腹膜炎、纤维素性关节炎。

诊断

临床诊断

牛群中出现体温升高达41℃以上，且持续多日还不降低，并有胸膜肺炎症状。剖检见肺实质大理石样肝变，纤维素性胸膜炎。

实验室诊断

细菌分离、鉴定。可采集胸水及肺组织，接种于血琼脂培养基上，经3～5 d，菌落呈菲薄、透明、滴状、圆形，镜检为革兰氏阴性的细小多形细菌。

血清学诊断

常用的方法有补体结合反应、琼脂扩散和玻片凝集等试验。补体结合反应判定标准是：50%以上阻止溶血的为阳性反应；10%～50%阻止溶血的为可疑。但本法可能有1%～2%的被检牛出现非特异性反应；新近注射菌苗牛可出现阳性反应，因此，判定结果时应予以注意。

1979年，Onoviran采用酶联免疫吸附试验（ELISA）、1994年Bashiruddin采用聚合酶链式反应（PCR）对CBPP进行诊断，结果表明都是有效的诊断方法。

类症鉴别

诊断时要与巴氏杆菌病进行区别。牛巴氏杆菌病发病急、病程短，剖检见皮下组织及内脏器官有广泛出血；肺病变通常是双侧性；肺小叶间组织及淋巴管扩张较轻；肺炎灶内坏死为分散的小病灶，细菌培养有两极浓染的巴氏杆菌；而本病肺病变是单侧发生。

治疗

尚无有效方法。因此，应尽早确诊，对病牛隔离并加强护理。

（1）新胂凡纳明（914）：用量为1 g/100 kg体重，用灭菌水配成10%溶液，一次静脉注射，隔5～7 d后，可再复注一次。

（2）抗生素治疗：可用土霉素、链霉素、泰乐菌素等。土霉素3～4 g或链霉素3～6 g，一次肌肉注射，每日两次，连续注射 3 ～ 5 d。

（3）高免血清 100 ～ 200 mL，一次静脉注射，可重复应用。

（4）对症治疗，根据机体全身反应，可采用强心、补糖、输氧、健胃等辅助措施。

预　　防

发病牛场的防制措施

（1）在发生牛肺疫时，临床病牛立即屠杀，与病牛接触的牛只一律进行预防接种。疫苗 T1-44 是自然弱毒株经鸡胚传 44 代后所制。尾部末梢注射。免疫注射后可以使已感染的牛尽早出现临床症状，及时屠杀，而未感染者能使之获得免疫，大大地缩短了流行过程，而使疫病得以尽早控制。

（2）加强血清学检测。根据疫病流行情况，将地区分为感染区、缓冲区或威胁区及非感染区。在感染区内对 6 月龄以上的牛每年进行两次血清学检测，缓冲区或受威胁区 50% 牛、非感染区 10% 牛每隔 2 个月进行 CBPP 血清学检测，血检阳性牛一律屠杀。

（3）全场封锁，限制牛只出场，全场每周大消毒 1 ～ 2 次。

未发病牛场的防制措施

（1）加强防疫卫生消毒制度，如已受到疫区威胁，可进行 T1-44 疫苗注射。

（2）严禁从疫区购牛。如欲引进牛只，应从无 CBPP 疫病地区购牛。必要时，应进行牛肺疫检疫，确定阴性者，才可进入牛群。

牛放线菌病
Bovine Actinomycosis

牛放线菌病是由放线菌属的牛放线菌所致的一种亚急性、慢性增生性传染病。其特征是奶牛的面骨和颌骨的组织增生，形成特殊的肉芽肿——放线菌肿。被侵害骨质，呈骨质疏松性炎症、坏死和化脓。因牛颌骨常被侵害、肿大，所以又称“大颌病”。

病　　原

牛放线菌为多形态的革兰氏阳性菌。在组织内的硫黄样颗粒中，该菌似一团缠结菌丝，从中央向外周呈放射状排列，颗粒压碎物中，呈球菌样、丝状、分枝状、棒状或螺旋状。该菌在幼龄培养物中常类似白喉杆菌，在老龄培养物中可出现各种菌丝。

本菌不是专性厌氧菌，培养较为困难。

过氧化氢酶阴性，无溶血性，水解淀粉，但不液化明胶，不还原硝酸盐，发酵产物是醋酸、乳酸、琥珀酸。

图 2-36　放线菌病牛舌部损伤

流 行 病 学

牛放线菌为牛口腔和消化道内的一种常在菌。口腔黏膜受损伤，为病原菌的侵入创造了条件，如粗硬的纤维性饲料、木刺及铁丝等异物刺伤口腔黏膜、舌（图 2-36），牛放线菌随即感染骨、牙齿而发病。也能通过同槽牛损伤的皮肤及口腔黏膜污染而发病。通常呈散发，在奶牛场内，如已有本病的发生，也会有相继零星病牛出现，呈地区性。牛的年龄与发病无关，各种年龄牛都可发病，通常以青年牛发病多。

发病机理

细菌侵入下颌、上颌的深部，定居并引起骨膜炎、骨髓炎；病原也可侵入齿槽周围组织，产生细菌集块引起肉芽肿的形成。

临床症状

成年牛的上颌骨或下颌骨肿胀，具热和痛感。肿胀部坚硬如石，头部变形，张嘴困难，流涎，采食、咀嚼障碍。口腔检查时，可见黏膜肿胀、潮红、溃烂，牙齿变形；肿块组织中出现充满脓汁的坏死区，脓汁浓稠、黄绿色、黏液样、无臭味，脓汁通过瘘管排出表面。当增大的肿块导致皮肤破溃时（图 2-37），可露出鲜红色的增生肉芽肿块，上附浆性或黏性脓汁，痊愈后，可留下瘢痕（图 2-38）。

图 2-37　放线菌病牛下颌肿块皮肤破溃

图 2-38　放线菌病牛颌部肿块破溃后愈合

犊牛和 1 岁以内的育成牛感染发病时，可见面部出现肿胀，增生物隆起于面部皮肤表面，与周围界限清晰，肿胀坚硬、疼痛，全身反应轻微，不影响食欲，时间延长，肿物顶部破溃，流出黄绿色似乳酪样的脓汁。经治疗，肿块消退、吸收。

此外，也有引起牛睾丸炎的报道。

诊　断

根据本病的特异症状，如面骨与颌骨的肿块即可诊断。

确诊需取病变组织中心部分进行活检及组织学检查。也可用 X 射线照片。

常用的方法是取少量脓汁，用水稀释后置于表面玻璃上，观察是否有硫黄样颗粒，如有，取一硫黄样颗粒放置于玻片上，加 10% 氢氧化钠 1 滴，经 10 ~ 15 min 后，以另一玻片用力搓压，然后镜检，如见有辐射状菌丝的颗粒状聚积物、革兰氏阳性菌块，即可确诊。

治　疗

本病治疗的关键在于尽早发现，立即治疗，以阻止肿胀增生的发展。

药物疗法

用于肿块尚未破溃时。

（1）用 10%碘酊涂擦患部，再用鱼石脂外敷。

（2）青霉素 200 万～300 万 IU、链霉素 300 万 IU，用注射用水 30 ～ 50 mL 溶解后，肿胀部周围分点注射，每日一次，连续 3 ～ 5 次；或用 0.5% 黄色素 15 ～ 30 mL，肿胀部周围注射，每日或隔日一次。

（3）碘疗法。碘化钠（钾）10 ～ 15 g，成年牛每日一次灌服，连服 1 ～ 2 周。或 5% 碘化钾 50 ～ 100 mL，静脉注射，每隔 2 ～ 3 d 重复一次。若见牛流泪、流涎时，立即停药。

（4）异烟肼 10 ～ 20 mg/kg 体重，一次内服，每日一次。与青霉素联合应用，效果更好。青霉素剂量为 22 000 IU/kg 体重，一次肌肉注射，每日一次。

肿块破溃的治疗

（1）取白砒、朱砂、明雄、苦矾各等份，用少许白面制成小丸（白砒丸），放于病灶内 1 ～ 3 丸，使肿块自行消退。

（2）手术摘除。用 1%奴夫卡因 20 ～ 30 mL，局部麻醉，切开皮肤，将放线菌肿切除，或用尖刀将颌骨孔洞周围坏死组织除去，用 5%碘酊纱布填塞，每日换药一次。本法只能除去皮肤上突出的大块病变，使瘤肿体积缩小，同时应需摘除感染的病芽，用碘酊冲洗瘘管等措施，配合治疗。

全身治疗

（1）链霉素 11 mg/kg 体重，青霉素 22 000 IU/kg 体重，一次肌肉注射，每日 2 次，连续 14 d。红霉素 3 ～ 5 mg/kg 体重，静脉注射，每日 2 次，连续 2 ～ 3 d。

（2）利福平 5 ～ 10 mg/kg 体重，灌服，每日一次，联合使用普鲁卡因青霉素 22 000 IU/kg 体重，每日一次，连用 30 d。

预　防

病牛应单独饲养，排出脓汁应消毒处理，不能乱流，以防污染他物而感染；发病多的牛场，应做好粗饲料的加工调制，如粉碎、蒸煮、碱化、氨化。

牛放线杆菌病
Bovine Actinobacillosis

牛放线杆菌病是由放线杆菌属的林氏放线杆菌所引起的，以典型脓性肉芽肿为特征的软部组织感染的一种慢性传染病。

林氏放线杆菌首先由 Lignieres(1902) 等从类似放线菌病牛中分离到，后于欧洲、美国和南非证实有放线杆菌病。

由于本病病变部的脓汁里的干酪样颗粒物与放线菌病的硫黄样颗粒极为相似，长期以来，将本病与牛放线菌病相混淆。

病　原

本菌为革兰氏阴性菌，呈多形态的棒状。在液体培养基中，呈双球菌和细长杆菌；在固体培养基的深部呈长而弯曲的菌体。菌宽约 0.4 μm，长 1 ～ 15 μm，不运动，需氧，嗜血清或血液。在血琼脂中，表面菌落呈蓝白色，菌落平滑、光亮、突起。不液化明胶，发酵葡萄糖、乳糖、麦芽糖、蔗糖和甘露醇，不分解菊糖和阿拉伯糖，产生靛基质。

在病变部的脓汁中，可以看到干酪样颗粒物，取颗粒物放置于两片玻片中挤压，镜检可见团块中向周围呈放射状的棍棒结构，染色为革兰氏阴性小杆菌。

流行病学

林氏放线杆菌为牛口腔黏膜的正常共生菌。各种尖锐异物如粗硬的秸秆、木刺或铁丝等刺伤黏膜或穿透口腔黏膜，或病原菌通过皮肤伤口侵入深部软组织，引起损伤软组织形成肉芽肿，见于口腔、食道、前胃；远离口腔的皮肤软组织的感染，可能由唾液造成。

本病为奶牛常发病。Hebeler(1961) 报道奶牛群的一次暴发，发病率为 7%，主要病变在皮肤和淋巴结。Campbell(1975) 报道，在 52 头后备母牛中发病率达 73%，认为引起的原因是采食干燥有梗的干草，引起口腔黏膜的刺伤和擦伤，有的直接刺入组织内所致，各种年龄牛均可患本病。

临床症状

木舌是本病的典型症状。急性木舌病病牛，舌弥漫性肿胀、坚实、充盈口腔，并伸出于口腔之外，因舌的组织中形成坚硬的肿块，致使其灵活性降低，试图采食时，常被牙齿损伤而导致严重伤残，采食受阻，食欲降低至废绝，体温升高，流涎。慢性木舌病，病牛体温正常，流涎，消瘦。

牛的非典型的放线杆菌病是缓慢的形成肉芽肿。瘤肿可发生在身体的任何部位，以下颌部、颈部多见。瘤肿坚硬，有软化区，触压有波动性，可抽出浆液或黏液性无臭脓汁，内含干酪样颗粒物。这种瘤肿可破溃，形成深的脓疡；肿块也可继续增大，形成新的溃疡，不易愈合。其他部位如淋巴结、肺、胃、卵巢、睾丸、四肢等也可产生病变形成肉芽肿。

诊断

依据临床症状和干酪样颗粒物的出现可初步诊断，确切诊断尚应切取肉芽肿或活组织供细菌分离培养和病理组织学检查。诊断时，应与牛放线菌病区别。

放线菌病病原硫黄样颗粒大，直径 3 ～ 4 mm，革兰氏阳性，短杆状，菌丝呈分枝形，主要侵害颌骨。放线杆菌病病原干酪样颗粒物小，直径小于 1 mm，革兰氏阴性短杆菌，主要侵害舌、咽、食道、前胃、面部、四肢、淋巴结等。

治疗

本病和牛放线菌病一样，对碘制剂敏感，其作用机理可能是碘能透入肉芽肿破坏微生物，抑制其活性，降低肉芽肿的炎性反应。因此常用 10%碘化钠 50 ～ 100 mL，一次静脉注射，隔 2 ～ 3 d 复注一次，连续应用 3 ～ 5 次。当发现病牛流泪、流鼻涕和面部及颈部皮肤出现鳞状皮屑时，即可停药。

磺胺药、四环素和氯霉素也有效。磺胺二甲嘧啶或磺胺噻唑 0.14 ～ 0.2 g/kg 体重，内服，维持量减半，隔 6 ～ 8 h 内服一次。氯霉素按 10 ～ 30 mg/kg 体重，深部肌肉或静脉注射，每日两次。

对于皮肤上的蘑菇状肉芽肿可用冷冻法、外科切除法。

预防

本病主要是因口腔黏膜创伤而感染，患畜脓汁能造成传染，因此，应加强对病牛的隔离和粗饲料的加工调制工作。对病牛单独饲养，脓汁及吃剩的饲料要集中处理，防止将病原扩散；做好粗饲料加工调制，严防各种尖锐异物混入饲料而刺伤口腔。

成年奶牛肠毒血症
Enterotoxemia in Adult Dairy Cattle

牛肠毒血症是由产气荚膜梭菌引起的一种急性、非接触性传染病。临床以散发性、突然死亡为特征。近年来，我国奶牛场内发生突然死亡牛只的报道不少，经综合诊断确诊为本病。

病 原

形态

产气荚膜梭菌是一种革兰氏阳性、不运动、有荚膜、能产生芽孢的厌氧菌，大小约为（4 ~ 8）μm ×（0.8 ~ 1.5）μm，芽孢位于菌体的近末端或中央，菌体钝圆，单个、成对或短链状。

培养

在血液琼脂平皿、厌氧培养的条件下，菌落光滑、扁平、边缘整齐、灰白色、不透明。

生化特性

对葡萄糖、乳糖、麦芽糖、果糖、甘露醇发酵产酸产气，硫化氢试验阳性，石蕊牛乳试验产生大量气体，使凝乳块呈海绵状，形成“暴性发酵”。

D 型产气荚膜梭菌能产生 ε 毒素（Keast et al，1954）。已证实 ε 毒素能损害血管，在脑中由于血浆蛋白通透性增加，从而引起脑水肿。

流 行 病 学

D 型产气荚膜梭菌广泛地存在于土壤和肥料中，污染饲料和饮水后，可经消化道感染。

肥育牛场的牛，在任何一个肥育阶段，都可能发生本病，特别是当日粮中精饲料喂量过大，而粗饲料不足，品质低劣时，其发病率更高。各种性别和品种的牛都易感。

奶牛多发生于泌乳牛和临产母牛。分析原因与日粮中的玉米、苜蓿喂量过大，粗饲料不足有关。散发，但在有些牛群，短时期内发病率可达 5% ~ 10%，死亡率高达 100%。

发 病 机 理

D 型产气荚膜梭菌污染饲料和饮水，被牛吃入，在通过瘤胃进入皱胃的过程中，很多细菌被破坏。然而，一些存活下来的细菌进入小肠，并在小肠内增殖、产生毒素。

在饲喂粗饲料充足，精饲料喂量适当，精粗比例平衡的日粮时，小肠内的环境不适于 D 型产气荚膜梭菌的生存，影响了细菌的增殖和毒素的生成，即使有细菌增殖和 ε 毒素产生，其数量和毒力是有限的，也不足以引起病理变化的发生。

在饲喂高精料、低粗饲料的日粮时，特别是突然改用大量玉米、小麦和大麦等高能精饲料的日粮饲喂牛只，很多未消化的淀粉颗粒通过皱胃进入小肠，在回肠中，D 型产气荚膜梭菌作用于淀粉底质，迅速增殖并产生大量毒素，由于十二指肠分泌的胰蛋白酶的作用，将其转化为 ε 毒素并被吸收进入血液，分布到机体全身。

ε 毒素能损害血管，使毛细血管破裂，产生出血；使脑组织和其他组织器官的小血管壁通透性增加，引起神经元坏死，从而使病牛经 1 ~ 2 h 死亡。

临 床 症 状

根据牛肠毒血症病程可将其分为最急性、急性和慢性 3 种综合症状。

最急性

无任何临床表现突然死亡。或见牛只共济失调，衰竭，不能站立，耳肌、眼肌痉挛，全身惊厥，经 1 ～ 2 h 死亡。

急性

病牛食欲废绝，体温升高，肌肉震颤，拱腰努责，步态不稳，四肢抽搐、痉挛，后肢麻痹，卧地，角弓反张，口吐白沫，经 8 ～ 12 h 死亡。

慢性

病牛衰竭、昏迷。机敏性增高，感觉、听觉受到刺激，病牛惊厥，角弓反张，约经 7 d 后死亡。

临 床 病 理

病牛血糖增高，尿中糖增加，呈糖尿病。

病 理 变 化

剖检变化

尸体腹部膨大，瘤胃、瓣胃、皱胃和小肠浆膜上有大量斑点状出血，黏膜出血、脱落、呈红色（图 2-39 和图 2-40）。心肌松软，心内外膜出血；肺充血、水肿；肝质脆，被膜出血，胆囊肿大；肾质软，皮质部充血、出血；脑水肿。

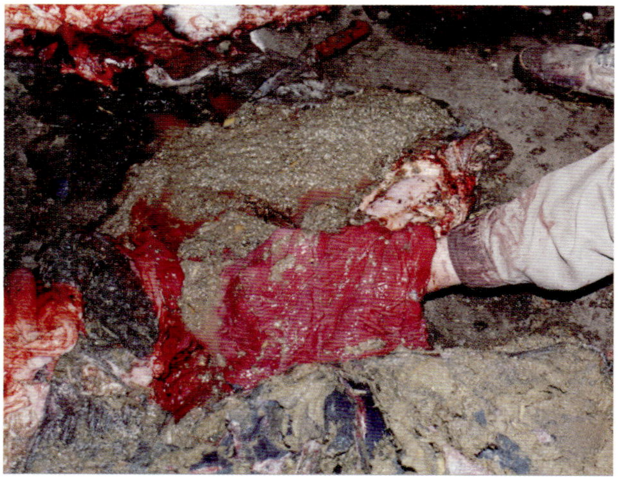

图 2-39 肠毒血症病牛瘤胃出血

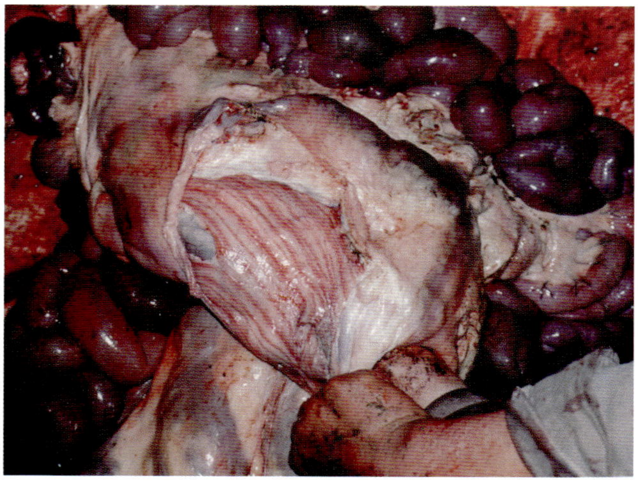

图 2-40 肠毒血症病牛皱胃与肠道出血

组织学变化

主要变化是脑血管周围水肿、神经元坏死。

诊 断

临床诊断

病程短、急性死亡、胃肠道广泛性出血，可初步疑似本病。

实验室诊断

（1）进行病原的分离、生化试验、动物试验，以确定病原菌。将分离的细菌接入肉肝胃酶消化液中，37℃培养 15 ～ 20 h，离心后取上清液（毒素），分别加入 1% 胰酶，置温箱中 30 min 以激活上清液毒力，再分别与 A、B、C、D、E 型产气荚膜梭菌抗血清作中和试验，取中和上清液给小白鼠注射，观察其保护状况，起保护者，即为此型。

（2）毒素的测定。尸体剖检应认真彻底，以排除其他造成急性死亡的原因。小肠内容物装入容器内并冷藏，送实验室作肠内容物特异性毒素的鉴定。结合临床特征作出确诊。

类症鉴别

本病与急性中毒、急性瘤胃臌胀和传染性血栓栓塞性脑膜脑炎应予以鉴别。

与急性中毒的区别　急性中毒时，根据可能找到的有关的有毒物质和病牛食物、胃内容物的化学分析结果来确定。

与急性瘤胃臌胀的区别　急性瘤胃臌胀时，瘤胃积有大量的食物和泡沫，此时用胃管放气法或瘤胃冲洗法将瘤胃内容物及气体排出后，症状即可减轻。

与传染性血栓栓塞性脑膜脑炎的区别　血栓栓塞性脑膜脑炎是由类嗜血杆菌引起，以秋冬季发生多，具季节性，1 ～ 2 岁牛发生多。除了昏迷、卧地不起外，还有四肢关节肿大，跛行。剖检见脑部有一个或多个呈褐红色、散在性的环形梗塞灶。梗塞组织中，毛细血管、小静脉可被细菌填塞。关节肿大，关节液混浊，含血液和蛋白凝块。

治　　疗

目前，尚无有效的治疗方法。急性病例，谈不上治疗问题，稍缓者，其治愈的可能性也很小。如欲治疗，可采用对症处理。

预　　防

尽管在急性死亡的病料中已鉴定出产气荚膜梭菌和毒素，但还不能确定引起成年牛发病的是否为特定菌株，而该病的发生与日粮中蛋白质及能量过高有关（威廉 · C · 雷布汉，1999），因此，预防是关键。

加强饲养管理，供应平衡日粮。日粮应按生理阶段合理供给。饲料品质要好，严防发霉、变质。日粮精粗比例要平衡，严禁为追求产量而片面增加精料喂量。

饲料应稳定，不要突然变更。若要变更饲料，应采取逐渐引进、渐渐改换的办法。

当已发生疾病时，应改换饲料，保证优质干草的喂量，并减少谷类精料的数量。为了防止疾病发生，可考虑应用 D 型产气荚膜梭菌类毒素苗免疫接种。

李斯特氏菌病
Listeriosis

李斯特氏菌病是由单核细胞增多性李斯特氏菌感染脑干神经所致的一种急性传染性疾病。其临床特征是脑膜脑炎、共济失调、转圈和麻痹，妊牛流产，犊牛呈败血症。

历　　史

1926 年，Murray 等首次发现了家兔李斯特氏菌病和单核细胞增多性李斯特氏菌。

1931 年，Gill 把新西兰绵羊的李斯特氏菌病的脑膜脑炎称为“转圈病”，此后，在成年牛和其他反刍动物将此病统称为“李斯特氏菌病”或“转圈病”。

1949 年，从绵羊吃过的青贮饲料中分离到单核细胞增多性李斯特氏菌，随后这些绵羊发生了该病（Palsson，1963）。

1969 年，Darie 从鼻分泌物和粪便中分离到了该病原菌。

2004 年 2 ~ 7 月，我国山东临沂一个 120 头奶牛的牛场，共发生此病 9 头，病牛以神经症状为主，流产 1 头，死亡 5 头，病死率达 55%。从被鼠污染的饲料中分离到该菌。

病　　原

形态

此菌为两端钝圆的小杆菌，长约 2 μm，多单个，也有的呈 V 形或平行排列。初次培养物生有鞭毛，运动呈翻筋斗状，不产生芽孢，不耐酸，微需氧，革兰氏阳性，老培养物则呈革兰氏阴性。

培养

此菌在 0.5% 葡萄糖羊血清琼脂平板、含 5% ~ 10% CO_2 低氧环境中，37℃ 培养 18 ~ 24 h，可见有圆形、湿润、光滑的小菌落，反光观察菌落呈淡黄色。48 h 后，菌落增大、灰暗，周围呈 β 溶血。肉汤液中呈均匀混浊生长，表面有薄膜形成。明胶穿刺培养形如“倒栽的杉树”生长。在普通培养基上，37℃ 24 h 形成圆形、扁平的蓝灰色、半透明、中等大小的菌落，反射光下呈乳白色。

此菌对葡萄糖、鼠李糖、水杨苷，在 24 h 内产酸、不产气。在 7 ~ 12 d 内可使蔗糖、麦芽糖、乳糖、甘油、淀粉产酸而不产气。不产生过氧化氢酶。不形成硫化氢和靛基质。

抵抗力

此菌在土壤、牛奶、青贮饲料和粪中能长期存活。较为耐热，在 pH 5.0 以上的环境中易于繁殖。

血清型

已知李斯特氏菌有 15 种菌体（O）和 4 种鞭毛（H）抗原，共有 7 个血清型和 11 个亚型。其中血清型 I 或 4b 可感染牛并引起发病。

流 行 病 学

易感性

各种家畜、啮齿动物均可感染，如牛、绵羊、猪、马和家禽。偶尔有家兔、鼠感染的报道。昆虫中蜱有带菌现象。李斯特氏菌病常发生于饲喂青贮的牛，呈零星散发；偶尔在一个时期内有相继发病的现象，呈地方性流行。发病多为 2 ~ 3 岁的牛只，公牛和母牛都可发生。

传染来源

该菌广泛存在于土壤、植物、动物特别是反刍动物的粪中。牛场内饲料保管不当，豆饼、玉米被老鼠粪、尿污染，奶牛食进被污染的饲料可造成疾病传播。

劣质青贮饲料常有此菌。在制作青贮时，由于未严格执行制作规程，如原料过干、水分不足，切得过长，压得不实，密封不严等，使青贮窖内发酵不足，青贮饲料的 pH 不能降低至 5.0 以下，从而使该菌增殖，牛吃了这种青贮饲料更易发生本病。

促使发病的因素

饲养管理不当，如饲料品质低劣，气温低而无防寒设施，以及黏膜损伤、妊娠等使机体抵抗力降低的因素，都可能促使疾病的发生。

传播途径

被病原菌污染的饲料特别是青贮饲料、饮水，通过与损伤的口腔黏膜、鼻黏膜或结膜接触而直接感染。当发生李斯特氏菌病的脑膜脑炎后，同时伴有败血症发生，故此认为，本病原体经血液传播也是有可能的。

发病机理

病原体通过唇部、口腔和面部的损伤，特别是饲料中的病原菌，侵入到三叉神经所分布的组织，然后进入三叉神经的分支，沿神经干的淋巴管向上移行和生长，最后进入脑干。进入脑干后，病原菌在此生长，并扩散到脑桥和延脑继续繁殖，也可扩散至各处，引起所感染的神经和脑干的炎症反应，损伤或破坏了神经元和神经纤维，临床上出现神经炎、脑炎和脑膜脑炎。严重病例多因呼吸衰竭而死亡。

败血性李斯特氏菌病可能是因食入的病原菌经消化道进入回肠细胞并在其中繁殖，导致受感染细胞变性，病变蔓延至淋巴结和肝而引起。侵入机体的病原菌能在胎盘中潴留，继而进入羊水中，胎儿吸入病菌后，病菌继续繁殖，胎儿死亡，妊娠母牛流产。

临床症状

发病初期，以脑膜脑炎为主。发病突然，病牛兴奋与沉郁交替出现。体温升高（39.5 ~ 40.5℃），食欲减退或废绝，共济失调，步态不稳，转圈，无目的运动，遇障碍物抵住不动，兴奋时发出声嘶力竭的鸣叫声，两眼直视，前冲后突，经常乱闯。大量流涎，肌肉颤抖，四肢痉挛，抽搐，流汗，颈项强直，角弓反张。有的病牛见耳耷、唇松弛，颌下垂，舌下垂。后期，体温正常或偏低，四肢麻痹，卧地不起，衰竭，呈昏睡状。病牛常以同一侧卧在地上，四肢划动，似游泳状，最后衰竭死亡。

妊娠母牛可能流产。伴乳房炎者，乳区红、肿，乳汁呈黄色、稠状。

临床病理

血细胞计数可见白细胞和单核细胞增多；血碱贮降低，脑脊液中蛋白质浓度升高为 0.8 ~ 2.0 g/L(正常值 0.06 ~ 0.73 g/L)，有核细胞增加，其中 50% 以上为单核细胞、巨噬细胞或淋巴细胞。

病理变化

剖检变化

肝肿大、呈灰色，质脆，有散在坏死灶，切面土黄色。脾灰白色，表面有针头大的坏死灶。肺肿大，灰白色，尖叶有干酪样坏死，挤压支气管断端流出黄白色脓性分泌物。心肌呈熟肉样。小肠黏膜充血，黏膜脱落，肠系膜淋巴结肿大、出血。肾肿大，肾乳头有米粒样大小坏死灶。脑膜充血，脑脊液增多、混浊。流产母牛子宫充血、坏死，子叶出血、坏死。

组织学变化

脑干呈多发性感染的病灶，实质消失，有单核细胞、巨噬细胞和淋巴细胞积聚。小脑的白质中有多形核细胞、单核细胞和淋巴细胞形成的血管套。

诊　断

临床诊断

兴奋狂暴，转圈运动，颈部强直，头向一侧倾斜，一侧性颜面神经麻痹，颌下垂等，为本病的特征性症状。结合脑桥和延脑双侧性灶性坏死可初步确诊。

病原学诊断

取被污染的饲料、胎儿、粪便等培养、分离到单核细胞增多性李斯特氏菌。需从磨碎的感染的脑组织中分离病原，预先应将病料在 4℃贮藏几天时间。

类症鉴别

本病需要与其他中枢神经系统疾病鉴别。

与血栓性脑膜脑炎的区别 血栓性脑膜脑炎是一种暴发性昏睡嗜血杆菌病。急性病例，体温升高至 40 ～ 42℃，视网膜出血性失明、眼前房积脓，关节肿胀，跛行，脑脊液有核细胞明显增多，其中主要是中性粒细胞。

与狂犬病的区别 狂犬病是由狂犬病病毒引起。病牛吼叫声低哑，耳竖立，机敏性高，行动具攻击性。脑脊液蛋白增加，有核细胞增高，脑组织学检查有尼氏小体。

与铅中毒的区别 急性铅中毒病程很短，体温不高，血液和粪便化学分析，铅浓度增高，癫痫、吼叫和过敏显著而频繁，脑脊液中不含细胞成分。

与脑灰质软化症的区别 脑灰质软化症主要是由硫胺素缺乏所致。体温正常，以精神沉郁、失明为特征。血液检查，血清丙酮酸和乳酸含量增加，脑脊液检查见液体透明，蛋白质水平正常。

与中耳感染的区别 中耳感染可引起第 8、9 对颅神经损伤，病牛耳下垂，但面部和其他肌肉不发生麻痹。能采食、饮水，无脑干病灶存在，脑脊液正常。

与神经性酮病的区别 神经性酮病也有前冲、乱跑、不认食槽和不停冲击颈枷的行为。但病牛多为高产母牛，血酮体和尿酮检测呈阳性反应，补充 50% 葡萄糖、5% 碳酸氢钠液和葡萄糖酸钙液，能收到较好的治疗效果。

治　疗

治疗原则是抗菌、消炎、补水、补碱和镇静。

（1）消除炎症，抑制病原菌的生长。

① 磺胺嘧啶钠，剂量为 0.05 ～ 0.1 g/kg 体重，或三甲氧苄胺嘧啶，一次肌肉注射，每日 2 次，连续注射 5 ～ 7 d。首次剂量加倍。

② 普鲁卡因青霉素，剂量为 44 000 IU/kg 体重，静脉注射，每日 2 次，连续注射 10 d。有人建议，第 1 天注射青霉素的剂量应为 300 000 IU/kg 体重，其治疗效果更好。

③ 土霉素剂量为 10 ～ 20 mg/kg 体重，静脉注射，每日 2 次。

（2）补充电解质和碱溶液，防止机体脱水和酸中毒，常用 5% 葡萄糖生理盐水 1 000 ～ 2 000 mL、5% 碳酸氢钠液 500 ～ 1 000 mL、维生素 C 50 ～ 300 mg/kg 体重，一次静脉注射。

（3）解除痉挛，使用镇静剂。利眠宁，1 ～ 2 mg/kg 体重，一次静脉注射；安定，0.55 ～ 1 mg/kg 体重，一次肌肉注射。

预　防

（1）加强饲养管理，提供优质青贮饲料。目前尚无有效疫苗预防本病。因此，保证优质饲料和饮水卫生是预防本病发生的唯一有效措施。牛场应严格控制青贮饲料制作过程，确保制作和储存高质量的青贮饲料。已腐败的青贮饲料应该舍弃，严禁饲喂。

（2）加强饲料保管，防止饲料污染。牛场内应做好灭鼠工作，防止鼠类粪便污染饲料。

（3）加强消毒卫生，防止病原扩散。病牛应隔离、单独饲养，粪便应集中处理，牛奶应消毒后废弃。

公 共 卫 生

病牛的乳房能向外排出此菌，流产胎儿、产道分泌物中带有大量的病菌。由于饮用病牛的乳汁或接触到流产儿、胎衣等，病原菌可感染人类，特别是幼儿、老人及免疫系统抑制的人极易受威胁，引起败血症和脑膜脑炎。因此，公共卫生很重要。要加强对本病的防疫意识，防止感染。严禁饮用病牛奶。与流产牛接触时，要做好消毒和防护工作。

昏睡嗜血杆菌病
Disease Caused by *Haemophilus somnus*

昏睡嗜血杆菌病即血栓性脑膜脑炎（thromboembolic meningoencephalitis， TEME），是牛的一种急性、热性传染病。病牛出现弥散性血管内凝血，血栓可能位于脑、肌肉和关节。其临床特征是精神沉郁、目盲、运动失调、跛行、关节炎、轻瘫，以及牛生殖道感染、流产和支气管肺炎。

历　　史

1956 年，Griner 等首先报道了科罗拉多州肥育牛场的牛传染性血栓性脑膜脑炎。

1960 年，Kennedy 等报道了加利福尼亚州肥育牛发生了该病。

1966 年，Howard 等根据病牛脑脊液的数量、压力和中性粒细胞的增高对本病作出了诊断，并以此与脑灰质软化症相区别。

1968 年，Panciera 认为，四肢和颈部主要关节以及许多腱鞘含有多量混浊，含血的滑液，有些病例的肺脏和腹膜表面有纤维蛋白沉着，这些变化说明是一种全身性血管炎的结果。

病　　原

形态

昏睡嗜血杆菌是一种多形性细菌。大小为（0.3 ～ 0.5） μm×（0.8 ～ 4.0） μm，呈球形、杆形和短链状。不能运动，不形成芽孢，没有荚膜。

培养

此菌最适温度 37℃，初次培养分离必需 CO_2，在胱氨酸心血酵母琼脂或血平板琼脂上培养，极易细菌生长，菌落呈圆形、平滑和透明。不溶解红细胞，氧化酶阳性。

流 行 病 学

易感性

昏睡嗜血杆菌病常发生于肥育牛场的牛，放牧的牛极少发生。目前，美国东北部牛场中暴发的奶牛或犊牛肺炎中有 10% ～ 20% 为本病。该病发生于 1 ～ 2 岁的各种品种和性别的牛只。以秋冬季多发，呈明显的季节性。

传播途径

现已确定，昏睡嗜血杆菌为奶牛呼吸道病原微生物，因此认为感染可通过呼吸道传播。该菌能从母牛生殖道、公牛的包皮和精液中分离到，通过自然交配或输精经生殖道感染也是有可能的。

促使发病的因素

各种不良的应激因素如日粮改变、长途运输、断奶、去角、疫苗注射、驱虫、气候骤变等作用，奶牛机体抵抗力降低，一方面使牛对呼吸道感染及其他部位感染敏感性增大；另一方面使正常呼吸道菌群改变，或使潜在于上呼吸道内的昏睡嗜血杆菌被应激激活，结果由病菌携带者通过呼吸道、生殖道传给健康牛只。

发病机理

昏睡嗜血杆菌侵入机体后，引起机体菌血症、败血症过程，脑、关节囊、腱鞘和其他器官的血管发生血管炎。通过血管带来的大量细菌块作为一种传染性栓子，在栓子定居的部位形成血栓并发生梗塞。脑血管炎和血栓病灶的形成，导致脑梗塞。脑膜和脉络丛的血管炎和梗塞组织向脑和脑室系统表面扩张，白细胞特别是中性粒细胞和细菌进入脑脊液，加速脑脊液的形成和脑脊液压力增高，病牛出现神经症状和因脑损伤而死亡。

关节囊及腱鞘感染后，小血管发炎，血栓形成，中性粒细胞和细菌浸润，关节液增多，引起强直和跛行。

病原菌感染生殖道，引起急性黏性脓性阴道炎，继而从生殖道后段上行性感染，引起子宫炎和败血症，导致胚胎早期死亡和流产。

临床症状

病牛神经症状突然发作，在几小时到 24 h 内发生死亡。病牛体温升高达 41 ~ 42℃，食欲废绝，肌肉无力，后肢系关节肿胀、屈曲、强直和跛行。随着病势发展，病牛共济失调，不能抬头，目盲，斜视，眼球震颤，轻瘫，角弓反张，惊厥，昏睡。病牛多因神经症状而死亡。

肺部感染损伤者，鼻漏呈脓性，痛咳，呼吸困难。肺部叩诊具痛感，听诊除支气管音外，还有湿性和干性啰音。

有的病牛有化脓性阴道炎、子宫炎、胎儿死亡和流产。

病理变化

剖检变化

多数器官呈现出充血、出血。心包膜、心内膜淤血和出血。肺与胸膜表面有纤维素附着，肺前腹下侧有实变区，可见有红斑、出血和白色的脓肿。皱胃和肠黏膜充血与出血。肌肉出血。

脑灰质和白质有呈褐红色、散在的环形梗塞灶。梗塞灶扩展到脑表面，故能通过脑膜看到。脑脊液增多，呈混浊状。四肢、颈部关节肿大，关节囊、腱鞘充血、增厚。关节液增多，呈混浊状，内含血液和纤维蛋白块。

组织学变化

脑组织梗塞部毛细血管被细菌块堵塞。血栓中可发现细菌和中性粒细胞集聚。血管壁白细胞浸润。临近的神经细胞坏死，并含红细胞、中性粒细胞和细菌。

关节囊和腱鞘组织增厚。毛细血管和小静脉壁血栓形成，血管壁及周围组织中性粒细胞浸润。

诊　断

临床诊断

根据临床症状如突然发病、死亡，病牛发热、神经症状和嗜睡，关节肿大和跛行，病理剖检见脑脊液增多、混浊，脑中多发性褐红色梗塞灶，可初步诊断。从病牛的血液、关节液、阴道分泌物、脑损伤处分离到昏睡嗜血杆菌，可作出确切诊断。

类症鉴别

诊断时应与脑灰质软化症和铅中毒区别。

与脑灰质软化症的区别 脑灰质软化症呈散发性，不具传染性，病牛不发热，对硫胺素有良好反应，治疗效果极好。脑脊液细胞成分中主要是淋巴细胞。剖检见脑灰质有多灶性坏死症，并有一条明显的分界线，将正常脑组织与坏死组织分开。四肢、关节正常。

与铅中毒的区别 铅中毒无季节性，只要采食过量铅，随时可发病，病牛常表现出胃肠道伴有腹泻的消化紊乱。瘤胃臌胀、腹痛。脑脊液正常，不含细胞成分。血液、肝脏、肾脏、饲料和粪便化学分析，铅浓度增高。

治　疗

对病牛应早期发热时就能确诊，并及时治疗。当病到后期，病牛已处衰竭、昏睡时，通常治疗是无效的。因此，在疾病发生时，加强对全群牛只的检查，凡体温升高、精神和食欲异常者，应及时隔离，单独饲养。

治疗原则是抗菌、消炎。昏睡嗜血杆菌对多种抗生素包括青霉素敏感。但青霉素临床效果差。临床可用氨苄青霉素，剂量为 11 ～ 22 mg/kg 体重，每日 2 次，连续注射 3 ～ 7 d。土霉素能够穿越血脑屏障，而达到治疗效果，剂量为 5 ～ 10 mg/kg 体重，用 5% 葡萄糖或灭菌生理盐水溶解，一次静脉注射，每日 1 ～ 2 次，连续注射 3 ～ 5 d。

预　防

昏睡嗜血杆菌能够引起牛的许多组织器官感染。在大型饲养场，呼吸道感染最为常见。在北美，本病是饲养场牛群中比较重要的一种疾病，并长期采用预防性注射土霉素及拌料方式进行预防，都未奏效。因此，加强防疫消毒，提供良好的饲养管理条件，增强牛只体质和抵抗力，是预防本病的关键。

（1）供应平衡日粮。根据牛只不同生理阶段，提供合理日粮，使牛获得身体所必需的营养物质。

（2）提供优良的环境条件。牛舍要通风、明亮，运动场平坦、干燥，冬季要有防寒保暖措施，使牛只有良好的生存空间。

（3）加强对去角、断奶、疫苗注射牛只的观察和护理。在此期间要供应优良饲料，提高采食量。有异常者，应及时处治。牛只不能随意调动，更不能出场。如向外地运输，至少经 3 ～ 4 周，牛只完全恢复后才能进行。

（4）加强对牛流产病因的调查分析。如怀疑本病，对病牛除阴道、子宫内注入抗生素外，全身可以用四环素治疗。如怀疑公牛感染，其精液内可用抗生素处理，严禁自然交配。

（5）疫苗免疫，增强牛只免疫力。目前在北美采用氢氧化铝为佐剂的疫苗用于牛只接种。初次免疫后 2 ～ 4 周复免一次，然后每半年或一年加强免疫一次。

杆菌性血红蛋白尿
Bacillary Hemoglobinuria

杆菌性血红蛋白尿也称“红尿病”，是由 D 型诺维氏梭菌引起的牛的一种急性、热性、致死性传染病。其临床特征是高热，血红蛋白尿，贫血，并伴有肝梗死性坏死。

历　　史

1916 年，Meyer 首次报道了加利福尼亚州和内罗毕州山地沼泽牧场中牛杆菌性血红蛋白尿的临床病症和剖检变化，1926 年，Vawter 等确定了 D 型诺维氏梭菌形态学和化学特性，认为该病病原为溶血性梭状芽孢杆菌。

1931 年，Records 等报道了绵羊和猪的杆菌性血红蛋白尿。

1945 年，Records 和 Vawter 指出，溶血性梭状芽孢杆菌所产生的外毒素含有两种成分，一种成分是不稳定的、具高度溶血性，另一种成分是坏死性的。

1947 年，Jasmin 指出毒素中含有卵磷脂酶。

1954 年，Sattord 等指出，易感牛与病牛、带菌牛、感染的牛肉和污染的饮水的直接接触能使该病传播。

病　　原

形态

本菌为能形成芽孢的厌氧杆菌。菌体边缘平直而两端呈圆形，大小为（1 ~ 1.0） μm×（4 ~ 5） μm。芽孢呈卵圆形，位于菌体近末端处，不形成荚膜。在新的培养物中，菌细胞运动活跃，呈革兰氏阳性，在老的培养物中，菌体丧失其存留染色剂的能力而变成革兰氏阴性。

培养

本菌培养需要严格的厌氧条件。在高层琼脂培养基上菌落初呈扁豆状，后变为羊毛状。在血液培养基上能产生溶血。发酵葡萄糖、果糖，产酸、产气。能液化明胶。甲基红和 V-P 试验为阴性。在肝培养基和含胨、胨的培养基中，能形成硫化氢。在适宜的培养基中，能产生外毒素。

抵抗力

芽孢对处界环境抵抗力极强。90℃ 15 min 仍可存活，在土壤中可存活几周到数月。

流 行 病 学

本病在世界很多地区如南美、北美、罗马尼亚、澳大利亚、新西兰等都有发生。

易感性

所有品种、性别的牛对本病都易感。6 月龄以上的牛比犊牛易感。除此，绵羊和猪也可发生。家兔、小白鼠和豚鼠也易感。

季节性

全年都可发生，但以夏季和秋初发病率较高，并呈地方性流行。

传播来源

病牛、带菌动物是主要传染来源。病牛、病死牛通过粪便、尿液、鼻分泌物等，向外排出大量病菌，污染了土壤、饮水和饲料，通过流水、运输而传播。当牛与病牛、运输的感染组织、带菌动物、污染的饲料和饮水直接接触而感染。

促使传播的因素

（1）外界环境因素。D 型诺维氏梭菌在 pH 8.0 时，生长良好。因此，灌溉不良、潮湿温暖的沼泽地区有利于该病的发生。

（2）机体健康状况不良。D 型诺维氏梭菌是牛胃肠道的正常菌群，在健康牛的肝、肾和骨髓中可以发现。当饲养管理不良以及牛只患有诸如败血症、第一胃炎 - 肝脓肿综合征、肝片吸虫病以及肝代谢性缺氧和肝活体穿刺等，皆可使潜伏在体内的 D 型诺维氏梭菌被激活，由芽孢转变为增殖型菌体，使之成为强毒菌而诱发本病。由于在流行区域，患杆菌性血红蛋白尿的病牛常有肝片吸虫病，故认为肝片吸虫是诱发本病的主要生物因素。因此，在肝片吸虫流行的地区，应注意对本病的诊断和防护。

发 病 机 理

被病原菌污染的饲料和饮水进入消化道，经门脉血管进入肝脏，当机体的条件有利于激活潜伏感染时，病菌会在受损的肝组织中大量繁殖，产生外毒素。感染作用和毒素作用导致肝脏坏死。当这些变化靠近门静脉的分支处时，损伤血管壁并形成血栓。局部缺血的组织发生贫血性梗死，进一步促进了细菌的繁殖及毒素的产生。毒素进入循环系统使红细胞迅速发生溶解，临床出现溶血性贫血。在血浆中积聚的血红蛋白到达肾脏，经肾小球进入到尿液，引起血红蛋白尿。随后出现菌血症。病牛多因缺氧症和毒血症而死亡。

临 床 症 状

病牛发病突然，精神沉郁，瘤胃蠕动和排粪停止。体温升高到 40 ～ 41.1℃，呼吸加快，病牛离群呆立，拱背，不愿行步，眼、口腔和阴道黏膜苍白、黄染。尿中含血红蛋白，使尿液呈红色。病的后期，病症加剧，胸下、颌下及结膜水肿，由便秘转为血样腹泻，脱水，体温下降，衰竭，病程 1 ～ 4 d。

临 床 病 理

血液检查，红细胞数由正常的 600 万～ 700 万个 /mm^3 降至 200 万个 / mm^3，血红蛋白由正常的 11 ～ 13 g/100 mL 下降到 3.5 g/100 mL，白细胞数升高至 20 000 个 /mm^3。

病 理 变 化

剖检变化

血液稀薄，黏膜苍白。皱胃出血和糜烂，肠管一致性出血、肿胀，腹腔含大量茶色液体。胸腔、心包腔积液呈茶色。心内膜广泛出血。肝脏肿胀，呈红褐色，有特征性黄色梗死区，其直径 5 ～ 20 cm，外周有充血带，梗死区坚实而苍白，横切面可发现门脉分支有血栓形成。胆管中可能有肝片吸虫。肾皮质出血，肾盂及膀胱内有深红色尿液。

组织学变化

肠壁浆膜下出血，黏膜下广泛出血，呈现出严重的出血性肠炎。肝脏有梗死灶，坏死组织的周围环绕炎症带，窦状隙中可见大量的革兰氏阳性梭状芽孢杆菌。在肾脏集合管、肾小管中存在蛋白圆柱和血红蛋白。

诊 断

临床诊断

根据流行的区域性、季节性，高热，血红蛋白尿，剖检肝脏有特征性的贫血梗死区等，可初步诊断。从肝脏梗死灶中培养出溶血性梭状芽孢杆菌，可确诊本病。

类症鉴别

临床上出现血红蛋白尿症状的疾病很多，诊断时应与急性钩端螺旋体病、边虫病、双芽巴贝斯虫病、产后血红蛋白尿、急性肾盂肾炎、蕨中毒等疾病做鉴别诊断。

与急性钩端螺旋体病的区别 钩端螺旋体病是由钩端螺旋体引起，其临床有发热、黄疸、血红蛋白尿，剖检肝有凝固性坏死灶。因此应通过活体牛只的血清学试验和尿液培养确诊。尿液直接镜检或培养，可查出钩端螺旋体。痊愈的牛，凝集反应或补体结合反应抗体效价上升。

与边虫病的区别 边虫病表现贫血、黄疸，但临床上无血红蛋白尿，也无肝脏梗死性坏死灶，病的早期阶段血液涂片、镜检，可观察到边缘边虫。

与双芽巴贝斯虫病的区别 双芽巴贝斯虫病临床出现血红蛋白尿，也有“红尿”或“血尿病”之称。血液检查，红细胞中有环形、圆形、梨籽形等虫体，虫体多位于红细胞中央，姬姆萨染色的虫体，细胞浆呈淡蓝色，染色质呈紫红色，多为两团，位于虫体边缘。剖检肝脏无梗塞性坏死灶。

与产后血红蛋白尿的区别 产后血红蛋白尿是高产奶牛的急性代谢病，多发生于产后 3 ~ 6 d 至产后 6 周内，虽然有血红蛋白尿，但体温不升高，肝脏无梗塞性坏死灶，其主要原因是日粮不平衡，特别是磷供应量不足，以及十字花科植物如油菜、甘蓝、萝卜、甜菜喂量过大所致。

与急性肾盂肾炎的区别 肾盂肾炎由肾棒状杆菌、大肠杆菌感染所致。尿中有血块、脓块，尿液检查有蛋白质、上皮细胞、红细胞、白细胞。

与蕨中毒的区别 牛蕨中毒是由于采食大量蕨类植物所致，临床上表现为全身性出血、血尿和骨髓损伤。以间隙性尿血伴发膀胱黏膜肿瘤或赘生性病变为特征，但无血红蛋白尿和肝脏梗塞性坏死灶。

治　疗

（1）抗菌、消炎，阻止毒素进一步合成。病的早期应用大剂量的抗生素可以取得治疗效果。青霉素钾或钠盐，剂量为 44 000 IU/kg 体重，静脉注射，每日 2 次。

（2）补充体液，维持机体体力。可经口或静脉注射 5% 葡萄糖生理盐水、25% 葡萄糖液。

（3）补充血液，加速贫血的恢复。输血，输血量成年牛为 60 ~ 70 mL/kg 体重。硫酸亚铁 2 ~ 10 g 配为 0.5% ~ 1% 溶液内服。维生素 B_{12} 1 ~ 2 mg，一次肌肉注射，每日一次。

预　防

（1）加强防疫、消毒，严禁与病牛接触。疫区牛在疫苗接种前不能运出场外。病死牛应立即将尸体焚化或深埋，并对污染的地面、场所进行热力或化学消毒。

（2）疫苗接种，避免疫病扩散。这是预防本病有效的措施。溶血梭菌苗剂量为 2 mL，一次皮下注射。开始免疫时，间隔 4 ~ 6 周再接种一次，以后每半年或 1 年再免疫一次。

（3）加强饲养管理，保证牛只健康。日粮要平衡，精粗比要合适，防止瘤胃炎的发生。在有肝片吸虫发生的地区，要加强驱虫工作，杀死体内的吸虫。

肉毒梭菌中毒
Botulism

肉毒梭菌中毒是由于摄入肉毒梭菌后，因其所产生的毒素而引起的人和动物的一种食物中毒病。其临床特征是渐进性肌肉麻痹、咽部麻痹。病牛共济失调、流涎、舌无力，最后因呼吸麻痹而死亡。

病　原

形态

肉毒梭菌为革兰氏阳性杆菌，宽 0.5 ~ 0.8 μm，长 3 ~ 6 μm，单个或形成短链。幼龄培养物能运动，菌体有周鞭毛，能形成芽孢，呈卵圆形，位于菌体中央或一端。

培养

本菌最适生长温度在 30℃左右，要求严格的厌氧环境。在肝组织培养基上生长良好，高层琼脂中菌落呈蓬松绒毛状，表面菌落大、半透明，边缘不整齐。能分解葡萄糖、果糖和麦芽糖，产酸、产气。能液化明胶。

抵抗力

芽孢对外界抵抗力较强，煮沸 30 min 以上、120℃高压 20 min，才能将其杀死。

血清型

肉毒梭菌有多种血清型，它们在土壤、腐烂的植物和水底沉积物中广泛存在。C 型和 D 型是哺乳动物和鸟类肠道的专性寄生物，除此之外，其他各型通常是土壤和水中的腐生菌。血清型和动物肉毒梭菌中毒有关，反刍动物对 C 型、D 型肉毒梭菌易感。它们在胰蛋白酶水解后能激活毒素而呈现出充分的毒性作用。

流 行 病 学

肉毒梭菌广泛分布于外界环境中，在土壤或草食动物的消化道中常被发现。由于受细菌感染及其所产生的毒素的致病作用，因此，本病在世界上广泛存在。

传染来源

腐败的动物尸体，池塘边、湖泊旁腐烂的植物以及腐烂的蔬菜、动物下脚料、鱼肉等，都可能受肉毒梭菌污染，并能形成毒素。

传播途径

饲料、饮水被腐烂胴体或死畜污染，牛直接采食了腐败的动物尸体或被污染的饲料、饮水后，经消化道感染发病。

促使传播的因素

肉毒梭菌中毒是由于食入被污染并已形成毒素的食物而发生的。因此，促使中毒发生的因素有以下几点：

（1）土壤缺磷、干旱，牧草生长不良。当牛长期放牧于土壤缺磷的草场，牛极易发生缺磷症，临床表现出骨质疏松症、跛行和异嗜癖，使牛对腐败胴体、病死尸体异食而进入体内。由于肉毒梭菌已在尸体及腐败的胴体内大量繁殖并形成了充足的毒素，从而导致了牛的中毒。南非牛的骨毒病、美国牛的腰病和澳洲牛的延脑瘫痪，都是由此引起。

（2）饲料收获、制作、贮存不当和污染。鼠类、猫、犬、禽类（家禽、鸟）等消化道内寄生着肉毒梭菌。往往在干草打捆、堆垛的过程中，死亡的小动物被混入饲草中，或啤酒糟堆放不当被细菌污染，混入饲草、饲料中的死亡动物，成为滋生毒素的主要来源，结果牛食入被毒素污染的饲料而发病。青贮饲料制作不当，质量差，pH 高，不能抑制杂菌生长和毒素形成，也可导致本病，据 Notermans（1979a、b）报道，青贮饲料中蛋白水解性肉毒梭菌株在没有动物组织的条件下，也能产生毒素。优质青贮 pH 3 ～ 4，能抑制毒素的形成。但往往因青贮原料品质差，制作时切得不细，压得不实，密封不严等，青贮的 pH 高，不能抑制毒素的形成，成为牛群发病的主要原因。

发病机理

肉毒梭菌毒素是一种神经毒素。摄入已形成的毒素后，经肠壁吸收进入血液和淋巴。随即被带到外周神经系统。其作用点位于副交感神经和运动神经的突触上，阻止了乙酰胆碱的释放而使胆碱能神经纤维麻痹。动物外部效应是肌肉的松弛性麻痹，表现为运动困难、舌麻痹、咽部麻痹。当波及呼吸肌时，则因呼吸麻痹而死亡。

临床症状

病症的严重程度视摄入毒素量而定。最急性者，发病突然，全身迅速麻痹，很快死亡。

急性者，食欲不振，流涎，瘤胃收缩减弱或停止，粪便干或腹泻。滴尿。随着肌肉麻痹部位不同，头、颈低下，四肢无力、卧地不起，侧卧时，头常掖于肋下，鼻镜着地。仍能站立者，肌肉震颤，共济失调，运动呈跌绊样，咽麻痹，舌无力，常垂于口外，咀嚼吞咽能力降低或丧失。后期呼吸困难，腹式呼吸明显。

预后

卧地不起、呼吸困难病牛多于 1 ～ 3 d 内死亡。卧地不起或不能站立者，预后不良。卧地而能站立者，并能采食和饮水的病牛，经 3 ～ 4 周后可慢慢康复。

诊断

临床诊断

本病除典型症状如肌肉麻痹，咽、舌麻痹，呼吸麻痹外，剖检变化仅见胃肠黏膜肿胀和实质器官出血，无典型的病理损伤，因此依靠血清、胃肠内容物、可疑饲料、饮水检测毒素是唯一可靠的方法。即用上述材料的滤液接种小白鼠检测毒素。

类症鉴别

诊断时应与产后瘫痪、李斯特氏菌病和牛海绵状脑病鉴别。

与产后瘫痪的区别 产后瘫痪又称乳热症、低血钙症，主要是产后血钙降低所致。发生于产犊后 3 d 内，除麻痹卧地外，尚有意识消失，用 10% ～ 20% 葡萄糖酸钙 500 ～ 1 000 mL 静脉注射，能收到显著疗效。

与李斯特氏菌病的区别 李斯特氏菌病除了舌下垂外，还有体温升高、脑膜脑炎症状，如兴奋、转圈运动、颈部强直，最后呈昏睡状，磺胺及抗菌药物治疗有效。

与牛海绵状脑病的区别 牛海绵状脑病的晚期容易与本病混淆，出现后肢麻痹、共济失调等，但不出现舌、咽麻痹，病牛仍能采食，机敏性增强，神经质，病程长，病后 2 周至 6 个月以后才死亡。

治疗

治疗原则是中和毒素，维持体力，对症治疗。

（1）为抵消尚未与受体结合的循环毒素，可用肉毒梭菌多价抗毒素。

（2）为清除胃肠道内尚未吸收的毒素，可用油类、钠盐类泻剂。常用蓖麻油 500 mL、硫酸钠 500 ～ 1 000 g 或液体石蜡 1 000 mL 一次灌服。

（3）为防止脱水，解除酸中毒，可用 5% 葡萄糖生理盐水 2 000 ～ 3 000 mL、5% 碳酸氢钠溶液 500 mL、维生素 C 50 ～ 300 mg/kg 体重，静脉注射。

预 防

严格执行防疫、消毒措施，防止病原滋生。对病死牛应无害化处理，采用深埋或化制。粪便要堆放经生物热处理。

加强饲料加工、存放，防止污染。青贮制作要严格按制作规程，保证其质量。

牛场要定期灭鼠，对于死鼠及其他动物的尸体及时处理，严防将其混入饲料之中。

疫苗免疫，增强病力。在经常流行本病的地区，可接种类毒素或肉毒梭菌苗，剂量为 2 mL/ 头，皮下注射。开始免疫时，隔 4 ～ 6 周再接种一次，以后每隔半年或 1 年免疫一次。

第三章 消化系统疾病

Digestive System Diseases

在奶牛场内，奶牛消化系统疾病中以前胃疾病最多。经对 3 年的 8 081 头奶牛发病统计，消化系统疾病占总发病的 32%，其中主要是前胃疾病。

奶牛前胃疾病以消化机能障碍为其主要特征。临床表现是食欲不振至厌食；反刍和嗳气减少至停止；瘤胃运动减弱至消失；粪便减少或增多以及粪便干燥或腹泻。

通常所说的前胃疾病是指前胃弛缓、瘤胃积食、瘤胃臌气、创伤性网胃炎及瓣胃阻塞。然而，在奶牛临床上，很多疾病都可能伴发消化机能紊乱，引起前胃弛缓综合征的发生，如奶牛急性饲料过食、牧草搐搦、产后瘫痪、酮病、皱胃移位及其他热性疾病等，致使在诊断时引起困难。因此，这就要求我们在实际工作中，首先应以其临床特征表现为根据，确定属何前胃疾病；同时，还必须分析是否有其他疾病存在的可能性，即掌握原发性和继发性疾病的区别。除此而外，在研究和掌握前胃疾病时，不能单纯地把它们割开，还必须要经常地了解它们之间的相互关系。因为一种前胃疾病除其主要特征外，也常常伴有其他前胃疾病的病理过程，它们之间是相互影响和互为因果关系的。如瘤胃积食时，因食物对胃壁的压迫及胃部运动加强，由初期痉挛收缩至后期的弛缓和麻痹，则能引起瘤胃弛缓、臌气的出现；过食碳水化合物饲料可引起中毒性消化不良；前胃弛缓可出现慢性和继发性瘤胃臌气；瘤胃积食、瘤胃臌气因腹压增大，可促使网胃内尖锐异物刺伤网胃、腹膜，引起创伤性网胃 - 腹膜炎的发生，而创伤性网胃炎又可引起继发性前胃弛缓的发生。因此，了解前胃疾病的互相联系，认清它们之间的互为因果关系，这将有助于我们正确地诊断、治疗和预防前胃疾病。

消化紊乱的发生及预防
Pathogenesy and Prevention of Digestive System Disorder

反刍动物的消化

反刍动物的消化特征是前胃（瘤胃）进行大量的发酵性消化，即微生物消化。瘤胃水分含量稳定，渗透压维持与血液相近，温度通常为 39 ～ 42℃，pH 一般在 6 ～ 7 之间，内容物高度厌氧，食物在其中缓慢通过，缓冲而接近中性的液体环境，发酵所产的可溶性产物不断被移除，因此，可以认为瘤胃、网胃是一个有效的发酵罐，为厌气性微生物增殖提供高度有效的连续培养基。

瘤胃微生物主要包括两大类：细菌和原虫。饲料中 70% ～ 80%的可消化干物质和 50% 的粗纤维在瘤胃内消化，产生挥发性脂肪酸（VFA），为反刍动物的主要营养来源。因此，瘤胃的消化代谢在反刍家畜的整个消化代谢中占有特别重要的地位。然而，瘤胃内的消化是在瘤胃微生物的作用下进行的，故瘤胃微生物的活性对反刍动物的消化代谢也就更为重要。

正常饲养管理条件下，瘤胃内细菌区系和原虫是一定的。前胃的发酵过程依靠于稳定的、充分的但又不过量的食物，当动物摄取纤维素、水及其他食物后，通过咀嚼、唾液的分泌、食物在瘤胃内的混合及有节律的典型的前胃运动使有害气体嗳出。反刍、食物通过瘤胃向前推移以及挥发性脂肪酸的吸收、温度的调节和酸碱平衡等，维持着正常的瘤胃功能，保证了正常消化。

影响奶牛消化的因素

奶牛的消化依靠稳定的瘤胃内环境。瘤胃内环境包括瘤胃理化性质和微生物区系，它们之间是协调的、平衡的。由于日粮性质、饲喂制度、饲喂后的时间及动物个体的不同，瘤胃内微生物、细菌区系随之发生变异，轻微变异一般不引起前胃功能障碍，当瘤胃内环境发生严重改变时，临床上表现出消化系统紊乱，病牛呈现食欲减退或废绝，瘤胃收缩减弱或停止及产奶量下降等。影响奶牛消化的常见原因如下。

（1）饲养无规律，日粮不稳定。日粮不同，奶牛瘤胃液 pH、乳酸含量、纤毛虫和细菌数也不同（表 3-1）。表 3-1 显示，日粮性质是影响瘤胃内环境的主要因素。青贮饲料属生理碱性饲料，喂后不影响 pH，但能产生较多乳酸；干草在瘤胃中乳酸产生最少；混合料喂量较多，在瘤胃 pH 最低，能产生较多乳酸。

表 3-1 不同日粮，奶牛瘤胃液 pH、乳酸、细菌和纤毛虫的变化

项 目	羊草 + 玉米 *	青贮 + 玉米 *	羊草 + 混合料 **	测试方法
pH	6.74 ± 0.16	6.9 ± 0.21	6.5 ± 0.24	试纸法
乳酸（mg/100 mL）	3.26 ± 1.59	6.16 ± 2.0	6.30 ± 0.33	Barker 与 Summerson 法
细菌（$\times 10^{11}$/mL）	31.95 ± 26.19	2 489 ± 7.53	31.65 ± 21.51	稀释培养法
细菌（%）				常规法
阳性	11.3 ± 2.95	8.6 ± 1.6	4.76 ± 0.57	
阴性	88.16 ± 2.1	91.5 ± 1.3	95.2 ± 0.6	
纤毛虫（$\times 10^4$/mL）	32.98 ± 9.1	5.17 ± 0.43	15.4 ± 0.11	计数法

注：*，玉米用量 3 kg/d；**，混合料用量 6 kg/d。

由于饲料的贮备不足，经常发现奶牛场随意更换饲料，引起瘤胃内环境和瘤胃微生物菌群的稳定性改变，致使牛只食欲下降，甚至食欲废绝。

（2）日粮不平衡，精饲料喂量过多，粗饲料不足。表 3-1 显示，饲喂 6 kg 混合料的日粮，瘤胃 pH 低，乳酸高。Oecford 用大量淀粉喂羊，瘤胃 pH 下降到 6.0 以下，纤毛虫消失。因此，一致认为精料喂量过多，瘤胃 pH 下降，乳酸增高，而 pH 的下降可抑制纤毛虫、细菌的生长、繁殖，瘤胃正常发酵受阻，致使消化紊乱。

（3）饲料品质低劣。饲喂的饲料发霉、变质，内含泥沙、异物，不仅直接影响到胃肠消化机能，同时也能机械地损伤消化器官，引起器质性的病变，临床上常见的如创伤性网胃炎，最终导致消化紊乱。

（4）疾病的继发。很多疾病都能伴发消化紊乱，引起瘤胃弛缓综合征的发生，奶牛最常见的如生产瘫痪、酮病、青草搐搦及其他热性疾病，消化紊乱只是上述疾病的临床表现。

瘤胃保健措施

“养牛需养胃（瘤胃）”。意思是指在饲养过程中，充分认识日粮性质对瘤胃生理功能的影响，维持相对稳定的瘤胃内环境，为微生物菌群提供赖以生存的有利条件，保证奶牛瘤胃健康。为此，奶牛场应采取如下措施：

（1）贮备充足饲料。牛场从实际出发，饲料应全年计划，统一安排，保证饲料供应相对稳定，克服有啥喂啥的盲目性，要尽可能保持瘤胃内环境的稳定性。当要变更日粮类型时，应循序渐进，避免突然变更。

（2）供应平衡日粮。日粮应根据奶牛营养需要按饲养标准供应。随着奶牛生理阶段不同，日粮供应也应及时调整。要提供优质干草，要严格控制精饲料喂量，严禁为追求产奶量而片面增加精饲料喂量。

（3）全混日粮饲养。全混日粮（TMR）饲喂法是指将饲喂奶牛的各种饲料充分混合在一起，并按奶

牛的最大需要饲喂的方法。在国外及国内规模化的牛场已广泛使用，其优点如下：

① 日粮中的精饲料、粗饲料和矿物质，经充分混合后饲喂，保证奶牛吃到全价饲料。

② 保证奶牛在任何时间采食的饲料都是营养平衡的，故能提高产奶量。

③ 粗饲料与精饲料混合完全，防止奶牛挑食精料而粗饲料不足所引起的消化机能障碍的发生。

④ 适口性差的饲料或具有异味的饲料，经混合后，能改变其适口性，降低其异味，提高采食量。

⑤ 保证精饲料的进食量，使所采食日粮精粗比例平衡，故能提高精饲料的利用率。

（4）加强饲料保管。防止异物如泥沙、木屑、铁器及其他尖锐异物混入饲料中，减少机械性损伤。凡已发霉、变质的饲料予以废弃，严禁饲喂。

（5）饲料中添加缓冲物质、酵母培养物。缓冲物质如碳酸氢钠、氧化镁、膨润土等能使瘤胃内 pH 相对稳定，提高采食量。酵母培养物是一种营养添加剂，能提供发酵因子，刺激消化道细菌生长，促进瘤胃微生物群繁殖。酵母产品能提高干物质的采食量，促进营养物质的消化，提高产奶量（Wohlt et al，1991；Kung et al，1997）。

（6）加强对病牛的防治。奶牛场内，应加强饲养管理，降低牛只发病率。对临床病牛应及时诊治，分清原发性和继发性，将原发病治愈，消化紊乱将随之消除。

呕　吐
Vomiting

呕吐是指胃内容物经食道逆流出口腔的一种复杂的反射过程，为消化道机能紊乱所呈现的一种临床症状表现，俗称“翻胃吐草”、“口吐粪草”。

奶牛呕吐时有发生。在牛群中多见一头牛出现，偶见几头牛同时发生。

病　因

呕吐根据发生的起源分中枢性呕吐和外周性呕吐。由呕吐中枢兴奋发生的呕吐称中枢性呕吐；由非呕吐中枢兴奋即其他原因引起的呕吐称为外周性呕吐。奶牛中枢性呕吐极为罕见。引起外周性呕吐的原因与奶牛日粮或体质状态有关。最常见的原因是日粮供应不平衡，大量饲喂酸性饲料和精饲料，粗饲料进食量不足或缺乏。创伤性网胃 - 腹膜炎、食道远侧疣、网胃疣及患膈疝时，动物出现呕吐或食物返流。迷走神经性消化不良的牛出现呕吐，是由于瘤胃发生臌胀后，瘤胃内积有大量的液体内容物，在反刍时，因在口腔内难以存留故而表现为呕吐；或瘤胃内压力异常增高所致，如粗暴使用口径为 4.0 ~ 5.0 cm 的胃管，咽部和胃受到强烈刺激而引起。临产母牛存在重度低血钙时，由于瘤胃内压升高和平滑肌张力下降，食道松弛会发生呕吐，咽部的吞咽障碍而继发吸入性肺炎。采食有毒植物如夹竹桃、椶木、白蛇根及砷中毒时可出现呕吐。据报道，在英国因杜鹃花、石楠属植物中毒，在美国因百合、喷嚏菊中毒的牛可发生呕吐。慢性氟中毒时，因牙齿不整也见牛吐出食团。犊牛呕吐较少，偶见于白肌病时，病犊因咽部肌肉障碍吞咽困难，以及吸入性肺炎时，可见有呕吐发生。

临 床 症 状

主要症状是从口中吐出胃内容物。呕吐物表现为两种形式，即液体状和草料状。以大量液体物呕出常呈喷射状呕吐，几乎完全以逆蠕动为基础而不伴有呕吐动作，此时见前胃臌胀，内积过量食物和液体。真正呕吐常见于动物采食后，在反刍时，瘤胃内容物通过腹肌、颈部肌肉的收缩和伸颈等，食物进入口内后再吐出，呕吐物呈黏团状，含草料及唾液。每日呕吐一次或多次，无其他不适表现。患牛体温、呼吸、脉率正常，呕吐后仍能照常采食。

病程较长者，呕吐使体液和电解质大量丧失，患牛消瘦、脱水，泌乳量剧减。

诊 断

根据从口吐出的胃内容物即可诊断。但呕吐由何引起，其原发原因只能依发病个体的具体表现、体质状态作细微的观察与分析，如是否过度饲喂精料与青贮饲料，咽部、食道有无损伤及异物，是否有典型的创伤性网胃 - 腹膜炎症状，瘤胃是否臌胀及内容物性质如何等，通过上述调查与检查，可能有助于诊断。

治 疗

因奶牛呕吐为消化道紊乱最复杂的问题，是消化道严重损伤的症状；病后无典型症状表现，确诊困难，所以无特异疗法。临床只能采用食饵疗法和药物治疗。

食饵疗法

调整日粮结构，控制精饲料、青贮饲料的饲喂量，供应充足的优质干草，提高瘤胃兴奋性和收缩力。方法是禁饲精饲料和青贮饲料 2 ~ 3 d，优质干草自由采食，不限其量。

药物治疗

其原则是调整瘤胃内 pH；补充液体，防止脱水；补充钙制剂，增强机体全身张力。

（1）人工盐 250.0 g、碳酸氢钠 100.0 g，加水一次灌服，每日一次，连服 2 ~ 3 d。或硫酸镁 500.0 g、碳酸氢钠 120.0 g，加水一次灌服。

（2）5% 葡萄糖生理盐水 1 000 ~ 1 500 mL、25% 葡萄糖溶液 500.0 mL、20% 安钠咖 10.0 mL，一次静脉注射。

（3）5% 葡萄糖生理盐水 1 000 mL、10% 葡萄糖酸钙溶液 500.0 mL、25% 葡萄糖溶液 500.0 mL，一次静脉注射。

若原发疾病出现，应对其采取相应治疗。

食道阻塞
Esophageal Obstruction

食道阻塞是指吃入的饲料或异物突然梗塞于食道管腔内。其临床特征是流涎、饲料和饮水返流和瘤胃臌胀。

根据发病原因可分为原发性和继发性两种。食道器质和机能正常下发生的阻塞称原发性食道阻塞；在食道麻痹、狭窄和扩张时所引起的阻塞称继发性食道阻塞。临床上牛原发性食道阻塞多见，继发性食道阻塞较少。

阻塞可分完全的和不完全的两种。完全阻塞，气体不能通过食道，而于前胃中积聚，故引起瘤胃臌气；不完全阻塞，有少量的液体和气体仍可通过梗塞的食道。

病 因

引起发病的直接原因是采食直径过大而不能自由通过食道的块根饲料所致。

最常见的是饲料加工调制不当，块根饲料如胡萝卜、甜菜、甘薯、马铃薯等未经粉碎，豆饼块未经浸软，牛贪食而吞食急咽；饲料中混入砖、石、玻璃片、木片、金属片及其他物体，偶尔被牛误咽，或不能通过食道，或异物外表不规则而撕伤、贯穿于食道壁。

先天性或后天性食道异常，可诱发本病，如食道憩室、食道狭窄、食道炎及肿瘤等，都可限制食物在食道腔中的通过而造成食道阻塞。

发病机理

种种原因引起食物、异物阻塞于食道。根据阻塞部不同，可分为咽部、颈部和胸部食道阻塞；依阻塞物的体积、形状和阻塞程度的不同，又分为完全和不完全食道阻塞。

食道被阻塞物梗阻，食物通过食道障碍，阻塞物压迫食道肌层，引起食道壁痉挛性收缩而出现食道逆蠕动；压迫知觉神经而发生疼痛，患牛不安，持续性压迫使食道壁血流受阻而引起组织坏死。阻塞食物或异物压迫临近器官，引起被压器官机能障碍。压迫气管或支气管影响呼吸，压迫颈静脉引起头部缺血，由于氧供应不足，患牛呼吸困难、气喘和兴奋不安。食道完全阻塞时，咽下受阻，反刍和嗳气都受到阻碍，瘤胃发酵产生的CO_2、NH_3、CH_4等气体不能以嗳气排出，滞留于瘤胃的气体引起瘤胃臌胀，严重臌胀招致瘤胃破裂而导致患牛死亡。

尖锐或不正形的异物阻塞食道时，常引起疼痛和食道壁的创伤和穿孔，机械性的压迫和细菌随创伤的侵入而使组织发炎。颈部食道阻塞时见颈部皮下发生气肿，胸部食道阻塞时引起化脓性胸膜炎。

临床症状

食道阻塞发生很突然，病牛立刻停止采食，很快呈现出痛苦状态和惊恐不安。头颈伸直，并做出强力的吞咽和咀嚼动作。

颈部食道阻塞时，病牛流涎，兴奋不安，空嚼，咳嗽，呃逆运动，瘤胃臌胀，于颈沟部食道上部可触摸到梗塞物。颈部直伸，头高抬。胸部食道阻塞时，患牛不安，呼吸困难，口腔张开，哮喘，瘤胃臌胀严重。因呼吸困难、肺气肿常招致皮下气肿，在阻塞部的食道上方积满唾液，触压能感到波动。

食道不完全阻塞时，能部分咽下唾液和嗳气，臌胀及其他症状较轻；当食道完全阻塞时，饮水及采食后即从口腔漏出，流涎，瘤胃臌胀，呼吸严重困难。

金属尖锐异物阻塞引起食道穿孔时，局部皮下发生气性水肿，按压有破裂音。

诊　断

临床诊断

临床症状　根据发病突然，临床表现流涎、吞咽障碍、伸颈抬头、瘤胃臌胀易于诊断。

触诊　咽部、颈部食道阻塞时，可触摸到阻塞物。

胃管探测　咽部、颈部食道阻塞时，胃管插入困难；胸部食道阻塞时，胃管插到阻塞部时推进受阻。

类症鉴别

临床上有一些疾病也有咽下障碍、呃逆、不安、瘤胃臌胀及呼吸困难等症状，因此在诊断时应予以区别。

与食道狭窄及扩张的区别　食道狭窄或扩张时，患牛食欲、饮欲正常，虽采食后有不安和呃逆症状，但将咽下的食物逆出后又恢复安静，食欲恢复。

与食道麻痹的区别　食道麻痹多因脑症状引起。虽咽下障碍，但无呃逆运动；食道内虽充满食物，但按压食道时无疼痛。

与瘤胃臌胀的区别　瘤胃臌胀时，胃导管插入容易，极易从食道插入瘤胃，随胃导管插入有气体或胃内容物由管内逸出，当气体或胃内容物由导管大量排出后，瘤胃臌胀程度减轻，症状缓解。

与咽炎的区别　咽炎症状经过缓慢，缺乏食道逆蠕动，开口检查见咽部充血、肿胀，但无阻塞物。

治　疗

由于本病发生急剧，并因阻塞常伴瘤胃臌胀的出现，因此在治疗时应尽快除去阻塞物。随时注意瘤胃臌胀程度，当臌胀严重时，应及时用套管针穿刺瘤胃放气，防止瘤胃破裂、呼吸困难而窒息死亡。当阻塞物尚未根除，套管针应留在胃中不要拔出，直到阻塞物除去为止。临床常用的治疗方法有以下 4 种：

口内掏取法

若阻塞物在咽或食道上部，将牛保定，装上开口器，助手在颈部将异物固定，术者手伸入口腔，伸进咽腔将阻塞物取出。若阻塞物在颈部食道且为坚硬圆滑物，可用 5% 奴夫卡因液注入咽部和食道，助手可沿两侧颈静脉沟阻塞物之后方向上挤压，将其挤压到咽部，再用手伸进咽部取出。

胃探子推送法

若阻塞物在胸部食道，为润滑食道和消除食道痉挛，预先灌入 100 ～ 200 mL 植物油和 5% 奴夫卡因 20 ～ 50 mL，然后用胃探子插入食道缓慢地将阻塞物送入瘤胃。

气压法

将胃导管插入食道内，露于口外的一端连接在气筒上，向食道内充气，利用气压将阻塞物推入胃中。

外科手术法

金属异物、木屑、玻片阻塞食道时，为防止食道破损，不应强行拉取、推送及按摩，可采用食道切开术取出异物。

预　防

加强饲养管理是预防本病的关键，为此奶牛场应做好以下工作：

（1）做好饲料加工调制。块根饲料应加工、切碎、切小，饼类饲料应粉碎、泡软后再喂。

（2）喂料时，先给青贮料、精饲料，后给块根料，防止贪食、误咽。

（3）做好饲料保管，块根饲料应集中堆放，加固牛栏，防止跑牛后偷吃。

（4）畜舍、运动场内的金属物体、玻片及时清除，严防混入饲料中和牛异食而将其食入。

（5）保持牛舍安静，严防牛采食中突然受到惊吓。

前胃弛缓
Atony of Forestomachs

前胃弛缓是由于前胃神经调节机能紊乱，前胃壁兴奋性降低和收缩力减弱所致的一种消化机能障碍性疾病。根据紊乱的病程分急性和慢性，根据引起的原因分原发性和继发性，为奶牛常发病。

病　因

原发性前胃弛缓

饲养管理不当是主要原因。最常见的是谷类或其他精饲料喂量过多，为了让奶牛产量增加，认为精料越多越好，在饲料中过多地加大蛋白质饲料喂量，结果因采食多量精料不能很好消化而发病。

饲料单纯，长期饲喂难以消化的、富含粗纤维的饲料，如枯老的蒿秆、秕壳及垫草。饲料品质不良及调制不当，如饲喂发霉干草，腐败霉坏的块根、蔬菜，发热的酒糟，煮熟而未变凉的甘薯、马铃薯，含水的青草，冰冻变质的甘薯、胡萝卜、豆腐渣及粥料等，都能引起前胃弛缓。

在常年饲喂青贮饲料而又缺乏干草时，因日粮中青贮饲料喂量过大，青贮饲料中的红霉对成年牛的毒害而致病。据报道，体格大的黑白花奶牛，每日喂给 45 ~ 50 kg 青贮饲料，能使食欲明显降低。

除上述饲料因素外，突然变更饲料及饲养制度对消化机能也有一定影响，如突然改变饲喂次数，突然饲喂不习惯或适口性差的饲料，或由适口性差的饲料突然改换为适口性好的饲料，均可使奶牛过食而发病。

饲养管理条件不良也可促使发病，如密集饲喂，夏季高温而未采取防暑降温，冬季严寒而无防寒保暖设施等。

慢性前胃弛缓

多数是由急性前胃弛缓发展而来。急性前胃弛缓长期不愈，瘤胃、瓣胃和皱胃发炎、坏死，创伤性网胃炎以及其他疾病如肝脓肿、副结核病等，都可引起慢性前胃弛缓的出现。

发病机理

因饲料的异常而引起的原发性前胃弛缓尚无法解释，因为随个体不同有的发病，有的则不发病。然而瘤胃内容物 pH 的变化，瘤胃中异常产物如组胺、酰胺等能显著地影响瘤胃运动有其重要意义。过食含碳水化合物精料，其瘤胃内容物酸度增高，pH 下降，瘤胃运动抑制；蛋白质饲料如豆饼、大豆、尿素等喂量过大，瘤胃中碱度急剧增高，瘤胃运动受到抑制。粗硬而难以消化的饲料，在瘤胃中以物理性作用而妨碍瘤胃运动，霉败、冰冻饲料中含有一些未知物质而引起前胃弛缓。

由于瘤胃内容物 pH 的变化和异常产物的形成，使其正常的分解产物——挥发性脂肪酸的产生急剧下降，从而使产奶量明显下降，前胃弛缓，兴奋性降低，食欲减少。

临床症状

原发性前胃弛缓

最初症状是食欲减退，异食，吃精料不吃粗料，或吃粗料而拒食精料；精神沉郁，对外反应迟钝；咀嚼运动减弱，反刍次数减少至完全停止；瘤胃收缩减弱，运动次数减少至停止。通常瘤胃呈坚实的面团状，而在饲喂冰冻、败坏的饲料或处于变态反应时，瘤胃背囊见有气体，但体积增大不明显；摄食质地粗硬、有毒的植物或刺激性食物引起的弛缓，触诊瘤胃敏感、疼痛；食入酸败的、含水多的青绿饲料及谷类精料所引起的弛缓，病牛伴有胃肠卡他症状而出现腹泻现象，粪呈半液体状或泥样，甚至呈水样。

全身反应不明显。呼吸、脉率和体温正常。乳产量下降。

临床上取瘤胃内容物检查，纤毛虫活性降低，小型纤毛虫占优势。瘤胃液 pH 5.5 ~ 6.0，低于正常牛（pH 6.5 ~ 7.0）。

慢性前胃弛缓

病牛食欲时好时坏，瘤胃运动时有时无，时发臌胀；便秘，排出干燥色深粪便，外附黏液；后期下痢，粪便呈液状；全身无力，体重渐减，衰竭，眼凹陷，肌肉震颤，起立困难，有的长时卧地不起。

预　　后

原发性前胃弛缓经过迅速，通常 2 ~ 4 d 可完全治愈。如果不及时治疗，护理不良，可转为慢性，病程可拖延 1 周以上。

慢性前胃弛缓也多能治愈。然而因其他疾病所引起的继发性前胃弛缓，只有原发性疾病消除，前胃弛缓症状才能消失。值得注意的是，由创伤性网胃炎所致的慢性前胃弛缓，预后不良。

诊　断

临床诊断

原发性前胃弛缓根据病史、病后食欲异常、瘤胃蠕动减弱、咀嚼口数不定及全身反应轻微等特征，可以做出确诊。

类症鉴别

通常情况下，奶牛场内的饲养管理条件基本是稳定的，原发性前胃弛缓发生较少；而奶牛发生疾病后，一般都首先表现出食欲变化，呈现瘤胃弛缓症状，因此，这就要求在诊断时，要对饲料的品质、加工调制，以及生理状况等进行调查。看饲料有无改变；饲料加工调制是否合理；是否妊娠；泌乳量高低等方面作综合分析。经验表明，低产牛和妊娠牛以原发性前胃弛缓多发；高产牛和临产前后牛多以继发性前胃弛缓多发，常见的如创伤性网胃炎、产后瘫痪、酮病、瘤胃积食、皱胃移位等，因此应作类症鉴别。

与瘤胃积食的区别　积食突然发病，瘤胃扩大，触诊质度硬固，多伴有疼痛不安，全身症状重剧，经过急速。

与瘤胃臌胀的区别　臌胀突然发生，瘤胃胀满，内充满多量气体，精神不安，呼吸急迫，经过急剧，触诊瘤胃具弹性，叩诊呈鼓音。

与创伤性网胃炎的区别　患创伤性网胃炎的奶牛，产奶量突然下降，肘头外展，肘肌震颤，粪便干、小、呈黑色，运动迟滞，强压剑状突起部及鬐胛部，病牛疼痛。

与酮病的区别　酮病多发生于产犊后 1 ～ 1.5 个月，乳、尿酮反应呈显著阳性。

与皱胃移位的区别　皱胃移位多发生于母牛分娩后的一段时间内，叩诊左侧腹部正中最后 3 肋间处，可出现钢管音，酮尿反应阳性，病程长达数日。

与瘤胃酸中毒的区别　瘤胃酸中毒是由于摄入多量碳水化合物饲料所引起的急性瘤胃积食，其病程短，病情重，全身反应明显，伴有严重的脱水、酸中毒和休克。

严重的前胃弛缓特别是有并发症而存在毒血症和败血症时，它是多种传染病如牛炭疽、布氏杆菌病、牛肺疫、出血性败血症及血液寄生虫病如血吸虫病、焦虫病、肝片吸虫病以及子宫炎、乳房炎的初期症状的表现，因此，一定要注意原发性和继发性前胃弛缓的区别。

治　疗

治疗的目的在于加强瘤胃的运动及排空机能；制止瘤胃的异常发酵过程；恢复正常的反刍和食欲。治疗原则是消除病因、健胃制酵、调节瘤胃 pH、防止机体酸中毒。

加强瘤胃运动，应用瘤胃兴奋剂

（1）新斯的明按每 45 kg 体重 2.5 mg 的剂量皮下注射。

（2）硫酸镁 500 ～ 1 000 g，加水配为 10%溶液，一次内服，效果良好。

调节瘤胃 pH，恢复瘤胃微生物的正常区系

（1）投服碱性药物。以体重为 450 kg 的成年母牛计算，可灌服氢氧化镁 400 g，或氧化镁 400 g，或碳酸镁 225 ～ 450 g。

（2）灌服健康母牛的瘤胃内容物。瘤胃内容物可从刚刚屠宰的健康牛取到并立即投入。也可用抽吸法从健康牛瘤胃中抽吸得到。

糖钙疗法　根据我们多年临床经验得知，由于食欲和胃肠功能减退以及泌乳，常导致低血钙。因此，对于日产奶量在 20 kg 以上的前胃弛缓病牛，用 25%葡萄糖液 500 mL、10%～ 20%葡萄糖酸钙液 500 mL、5%碳酸氢钠液 500 mL、5%葡萄糖生理盐水 500 ～ 1 000 mL，一次静脉注射，每日一次或

两次，可收到满意效果。

也可静脉注射促反刍液：氯化钠 25 g、氯化钙 5 g、葡萄糖 50 g、安钠咖 1 g、蒸馏水 500 mL，灭菌后一次静脉注射。

对于初发性前胃弛缓及伴瘤胃臌胀者，可用 10%氯化钙 100 mL、10%氯化钠 100 mL、20%安钠咖 10 mL，一次静脉注射，每日一次，连用 2 ～ 3 d。

本病的发生主要由饲养失误所致。在不规律的饲养情况下，仅靠药物疗法是不能很快收效的，何况还没有合理的病因疗法，主要还靠病牛自身的自愈能力。因此，食饵疗法和改善饲养条件，皮下注射自家血液（第 1 次 50 ～ 80 mL，第 2 次 80 ～ 100 mL，第 3 次 100 ～ 120 mL，每日一次）对于加强痊愈过程都是十分重要的。

预　　防

建立和健全饲养管理制度，坚持科学养牛是预防本病的关键。因此，在奶牛场内应做到以下 3 点：

坚持合理的饲养管理制度　饲料应全面安排，保证全年有足够的饲料供应，防止饲料突然变换；工作日程、饲喂制度要固定，不能随意变更，变更时，应循序渐进。

日粮供应要合理　要根据奶牛生理阶段和生产性能的不同而及时调整日粮结构，营养供应要满足营养需要，严禁为追求产奶量而过度增加精料现象。日粮供应中，要注意精粗比、碳氮比以及矿物质、维生素的饲喂，防止或减少营养代谢病的发生。

加强饲料保管，严禁饲喂发霉、变质饲料　饲料在加工过程中，要注意饲料的大小、长短及尖锐异物的清除；谷实类不要粉得过细，干草不要铡得过短；严防饲料中混入铁丝、铁钉等而引起继发性前胃弛缓的发生。

瘤胃角化不全症
Ruminal Parakeratosis

瘤胃角化不全症，是指瘤胃黏膜发生变性的一种病理变化。由于某些原因引起瘤胃角化不全症时，病牛呈现消化紊乱、腹泻和瘤胃臌胀；剖检见瘤胃黏膜乳头肥大、变硬和块状丛集。

在肥育牛群中，所有年龄的公、母牛都有发病，屠宰统计发病率约有 8.8%。成年奶牛、公牛和犊牛也有发病报道。在日粮中精饲料比率比粗饲料比率高的肥育牛，特别是饲喂粗饲料丸，其发病率最高。除牛外，肥育的绵羊通常也会发生瘤胃角化不全症。

病　　因

精饲料喂量过多而粗饲料不足或缺乏　Tamat 等（1967）用精饲料育肥 5 头去势小公牛，在屠宰时，见 5 头牛都有一定程度的瘤胃角化不全症，其中 2 头为严重角化不全症病牛，在最后 2 个月育肥期中，体重增加有限。当日粮精粗比由 2 ∶ 1 以下改为 3 ∶ 1 以上时，其瘤胃角化不全症发病率增高。

饲料粉碎过细　Jense 等（1958）报道，用粗饲料育肥 569 只羔羊，用粉碎饲料丸育肥 100 只羔羊，屠宰时，用粗饲料育肥羔羊中瘤胃角化不全症占 7.7%，用粉碎饲料丸育肥羔羊中占 39.2%，因此认为，瘤胃角化不全症的原因是由饲喂粉碎细的饲料所引起。

瘤胃黏膜损伤及维生素 A 缺乏　由于饲料中混杂金属性异物、粗硬植物性纤维等造成机械性刺伤，或消毒药液、酒石酸锑钾等药物的化学性刺激，两种情况均可导致瘤胃黏膜损伤，加之饲料品质低劣，维生素 A 缺乏，使肝脏中维生素 A 含量降低，为正常牛肝脏中维生素 A 含量的 1/3 左右，由于维生素 A 缺乏，其瘤胃黏膜损伤后，更易诱发本病。

发 病 机 理

瘤胃的重要机能是贮存、混合及消化粗纤维饲料。而纤维溶解细菌——溶纤维细菌则将吃进的饲草、饲料分解成挥发性脂肪酸，成为奶牛一种有效的主要能量来源。瘤胃黏膜乳头则为挥发性脂肪酸提供一种巨大的黏膜表面吸收区，同时，也受粗饲料的机械刺激发生一些磨损，以维持正常的消化、吸收功能。当饲料粉碎过细，黏膜乳头不能发生正常的磨损作用，从而造成过剩层次的角化鳞状上皮细胞的堆积。在各层的细胞层中或细胞层上，积聚着细菌的菌丛、吃入的毛发、植物纤维和饲料碎片。在瘤胃稠密的乳头区，如前背囊和前腹囊，靠近在一起的发病乳头粘连在一起，形成密集的乳头丛块。当角化不全和残核鳞状角化上皮细胞过多地堆积，瘤胃黏膜乳头硬化、增厚，将降低黏膜的正常吸收作用。

临 床 症 状

本病多取慢性经过，表现前胃弛缓性食欲不振，瘤胃蠕动减弱，偏嗜粗饲料和异嗜，如舐自身或与邻近牛相互舔舐等。营养不良，进行性消瘦、虚弱，被毛粗糙、无光泽。育成牛生长增重缓慢或停滞。泌乳牛产乳性能降低、乳脂率降低。大多数病牛呈现顽固性消化不良症状，如便秘或腹泻以及瘤胃臌胀等。

临 床 病 理

血、尿液变化

血液中白细胞数增多，其中中性粒细胞占 60%～90%，核左移。红细胞压积值降低，血沉明显加快，血液中维生素 A 含量减少。尿液 pH 降低。

瘤胃液变化

瘤胃液 pH 降低，挥发性脂肪酸和乳酸含量增多。镜检：可见有大量已剥脱的黏膜上皮细胞等成分。

病 理 变 化

剖检变化

角化不全有两种表现：

（1）患病黏膜乳头肥大、变硬，呈褐色皮革样，乳头成束，往往成堆的丛集在一起。多发生于前背囊和前腹囊。瘤胃中多混杂有被毛、饲料等成分，呈泥状牢固地粘连在一起，用水不易冲脱，有的被毛和饲料纤维可嵌入瘤胃黏膜。个别乳头可能完全或部分角化不全，往往顶部变粗、变硬。

（2）在无乳头的患区黏膜范围内，特别是瘤胃背弯，常见有多发性角化不全灶，病灶黏膜上附着棕色痂块，除去痂块留下完整无损的黏膜面。

组织学变化

黏膜表面会有过剩层次的角化鳞状上皮细胞。异物嵌入黏膜，见黏膜上皮细胞坏死剥脱，固有层充血、淤血，并呈现白细胞浸润等。

诊 断

瘤胃角化不全症单凭症状很难做出病性诊断，生前只有通过瘤胃切开探查或瘤胃内窥镜检查等途径建立最终诊断，但往往还是在死后剖检时发现。

治 疗

无特效疗法。主要是促进瘤胃机能，纠正瘤胃内 pH。首先日粮中增加优质青、干牧草饲喂量，并控制饲喂精料量，同时投服一定量的碳酸氢钠粉，应用健康牛瘤胃液 2 ~ 5 L 进行胃管投服。为保护瘤胃黏膜可应用果胶、阿拉伯胶、硅酸铝等灌服。

预　防

提高饲养管理技术　在饲养上，合理供应精料的饲喂量，多喂给粗料及青干草等，如奶牛每 100 kg 体重不应少于 1.5 kg 粗料量；不要将饲草铡切过短至 3.5 cm 以下，更不要加工调制成颗粒性及粉碎性饲料。在管理上，加强管理工作，注意牛舍、放牧草场以及运动场地的清洁卫生；从饲料中和牛群活动场地范围内清除一切可损伤瘤胃黏膜的尖锐异物，尤其是金属性异物等。

维持正常瘤胃机能　对于高产牛，因精饲料喂量较大，应及时调整瘤胃液的 pH，为此可投服碳酸氢钠粉剂（以占精料饲喂量的 3% ~ 7.5% 为宜），这对预防瘤胃炎、瘤胃角化不全症的发生有明显效果。

瘤胃臌气
Ruminal Tympany

瘤胃臌气是指瘤胃和网胃因发酵产生大量气体，且气体不能以嗳气排出而蓄积于胃内，致使瘤胃体积增大而引起的瘤胃消化机能紊乱的疾病。病的特征是左侧肷窝部高度膨隆，突起于髋关节，瘤胃叩诊呈鼓音。

由于气体在瘤胃内所处的状态不同，临床上可分为泡沫性和非泡沫性臌气两种。泡沫性臌气又称为原发性臌气，即瘤胃食物与形成的气体呈顽固地、持久性的混合状态，多由于食入豆科植物、细嫩青草和谷物类饲料而发生；非泡沫性臌气又称为继发性臌气，是指瘤胃内形成的气体不形成泡沫，呈游离状，瘤胃食物与形成的气体相互不混合，呈分离状态，是由于奶牛嗳气的物理性障碍或前胃弛缓使气体不能排出所引起。

各胎次的牛都有发生，犊牛下痢时也有时伴有臌气现象。

病　因

原发性瘤胃臌气

其特征是形成的气体小，彼此不能聚结、融合。原因是由于气体被一种稳定性的泡沫所代替，使瘤胃中正常发酵的气体化为泡沫而不能游离，并与瘤胃中的固态和液态内容物混合。其原因分饲料因素和动物自身因素。

饲料因素　豆科植物和其他臌气性饲草中的可溶性叶蛋白具有产生泡沫的特性，因此，大量饲喂未经浸泡处理的大豆、豆饼，苜蓿，甘薯秧，生长迅速而未成熟的豆科植物，幼嫩的小麦、青草等可引起发病。

谷物类精料如小麦、玉米加工过程中粉碎过细，喂量过多，采食快，唾液不能充分与食物混合；在大量饲喂含碳水化合物饲料后，瘤胃液 pH 下降到 6.0 时，都将显著增加泡沫的稳定性。

饲喂大量使用尿素肥料的植物，或在饲料中钙、镁、尿素喂量过大，或大量摄食葡萄糖等，可促使本病的发生。

饲料保管不当，如豆腐渣、青贮、甘薯等发霉、变质或经雨淋、潮湿后饲喂，常引起臌气发生。

机体自身因素　原发性瘤胃臌气特别是豆科植物引起的臌气，因个体不同，敏感性也各有差异。有的呈高敏感，有的呈低敏感，这种个体特异性反应可能是遗传的。易感母牛的唾液分泌显然要少于不易感的母牛，而唾液的分泌量、唾液流出的速度和成分有影响瘤胃臌气发生的倾向。

继发性瘤胃臌气

其特征是产生的气体呈游离状态，因呈非泡沫状，所以与食物不相混合。主要是嗳气障碍、气体排出受阻所致。其原因有以下多种：

食道狭窄、食道外部受肿大淋巴结或肿瘤的压迫。

由迷走神经性消化不良和膈疝影响到食道沟的功能，破伤风和引起食道肌痉挛的真菌（豆类丝核菌）中毒，都可引起臌气。

瘤胃和网胃肌肉组织的紧张性和运动力减弱所致的前胃弛缓，如瘤胃炎、酸中毒、创伤性网胃炎等，臌气为其临床症状表现。

前胃间的孔道不全阻塞、肠管的狭窄、胃壁结核、放线菌病、各种赘生物以及腹膜粘连，慢性肝病如片形吸虫、棘球蚴病等存在时，在前胃弛缓的同时，常出现慢性臌气。

发 病 机 理

瘤胃内容物起泡在引起原发性牧草臌气中是极其重要的因素。豆科牧草中起泡的主要因子是叶的细胞质蛋白。幼嫩青绿植物的起泡因子与其含有相当数量的果胶有关。因为在有 Ca^{2+} 和 HCO_3^- 存在时，果胶甲基酯酶能使果胶转变为果胶酸及二氧化碳；果胶酸与水结合后，可形成一种性质稳定的明胶，放出像黏液泡沫样的二氧化碳气泡。此外，泡沫性臌气还与瘤胃液的表面张力、黏稠度、pH 及瘤胃菌丛的活性有关。植物中的皂角甙和微细的饲料颗粒能提高瘤胃液的表面张力，也能增加其黏稠度，这是气泡产生的根本条件；而瘤胃内容物 pH 在 6.0 时，瘤胃微生物所提供的黏多糖能提高泡沫的稳定性，所产生的稳定的泡沫以小气泡的形式与瘤胃内容物混合而封闭于瘤胃内。随着病程的延长，瘤胃和网胃肌紧张性和运动力的丧失，瘤胃内容物的异常发酵，当有毒气体如硫化氢，胺尤其是组胺的吸收，作用于心血管系统和呼吸系统，使病情加剧，全身反应重剧。

继发性瘤胃臌气主要是因前胃弛缓或嗳气受阻（如食道阻塞），使游离气体积聚为特征。

临 床 症 状

急性瘤胃臌气

明显症状是肚腹臌胀。臌胀发生于采食后不久或采食中。外观见左肷部显著突隆，触压腹壁紧张而具弹性；叩诊呈鼓音；听诊瘤胃初期蠕动频繁，呈噼啪音、金属音，以后完全停止，仅可听到泡沫发生音。随着病情发展，患畜低头弯背，四肢缩于腹下，呆然凝立，不安，踢腹，食欲废绝，眼结膜充血，眼球突出，呻吟，初期排粪数增加但量少，后完全停止。体温正常，也有升高的，呼吸困难，呼吸次数增加；心动亢进，心音高朗。全身出汗，严重者张口呼吸，由口内流出泡沫样唾液。

继发性瘤胃臌气

除具有前胃弛缓症状外，多量气体通常以游离状态积聚在固体和液体瘤胃内容物之上，早期瘤胃收缩次数增加，收缩力加强，后呈弛缓状态。通过胃管或插入套管针，气体即可经管腔逸出，臌胀部位凹陷，臌气消除。由其他疾病而引起的臌气，常呈周期性臌气，前胃弛缓时好时坏；臌气时有时消；食欲时有时无。严重病例，可见臌气持续不消，病畜呈渐进性消瘦，被毛粗糙，排粪多不正常。

病 理 变 化

很快死亡的病牛见舌伸出口外和充血，头、颈部淋巴结、上呼吸道黏膜及心外膜明显充血和出血；颈部食道充血和出血，而胸部食道呈苍白色；瘤胃臌胀，内容物呈泡沫状，黏膜下尤其在瘤胃腹囊部黏膜下充血和出血，呈红斑样；小肠黏膜充血；肝脏由于血液从中排出而变苍白；肾脏易碎；肺脏被压缩；偶见瘤胃与膈破裂。死亡时间较长者，瘤胃中的泡沫几乎完全消失，瘤胃角化上皮脱落，黏膜下层明显充血，皮下气肿。

预　　后

本病的病程短促，有的病后 1 ～ 2 h 窒息死亡。如果能采取迅速果断治疗，多能治愈。继发性臌气多依其原发病而定，如原发病能够治愈者则臌气消除；如原发病不能治愈者，病程长而预后不良。

诊　　断

临床诊断

根据瘤胃臌气症状即可诊断。但要确定病因，分清原发性和继发性、急性和慢性则较为困难，因为臌气发生后来不及彻底查清就需要紧急治疗。原发性臌气根据病史、症状能立即做出诊断，而继发性臌气因其病因复杂、症状各异，所以判别困难。

类症鉴别

在牛群中若发生慢性臌气者较多时，除注意病畜本身疾病外，还需考虑饲料与饲养问题。在实施检查中应进行食道、瘤胃、网胃、瓣胃、皱胃和肠道检查。

与食道阻塞的区别　由食道梗阻或狭窄引起的，除臌气外，有逆呕、吞咽困难症状，应用胃导管探诊，可以确诊梗塞物和插入胃导管困难。

与创伤性网胃炎的区别　创伤性网胃炎有肘头外展，肘肌震颤，粪呈干、黑和慢性消化不良病史。病程延绵，臌胀有反复发生现象。

与破伤风的区别　破伤风有四肢僵硬，感觉过敏，瞬膜脱垂，牙关紧闭，耳直立，流涎等症状。

与酮病的区别　酮病也常伴有臌气，但发病多在泌乳高峰时期，尿、乳酮反应呈阳性，精神沉郁或兴奋，补糖补钙后臌气很快消除。

与缺钙性臌胀的区别　缺钙时也有臌气，但病后步态不稳，注射钙剂后，臌气很快消除而痊愈。

对于病因不清伴瘤胃臌气而突然死亡的牛，诊断应仔细。因气肿疽、炭疽都会伴有臌气，所以应予以注意，并能做出死后诊断。

治　　疗

本病的治疗目的是尽快排出臌气，减轻腹压。治疗原则是排气减压、制酵泻下、补充体液、缓解中毒。治疗方法应视病情缓急、病情轻重、臌气的性质而定。

急性病例

可采用瘤胃切开术、瘤胃穿刺术（套管针穿刺放气）和胃管放气法。

瘤胃穿刺术　即用套管针直接穿到瘤胃，放出气体。方法是在左侧肷部突出部剪毛，皮肤用 10% 碘酊消毒，术部先用小刀切开皮肤，左手按压皮肤，使之紧贴瘤胃壁，右手将套管针在棘突与穿刺点的腹壁呈 60° 通过切口刺入到瘤胃一定深度，拔出针栓，压紧套管与创孔间隙，使臌气排出。必要时，通过套管可向瘤胃内灌服制酵剂，如松节油、鱼石脂。

胃管放气法　用开口器固定口腔，选取口径为 3 cm 的硬质胶管，经口腔插入瘤胃中，术者将胃管前、后、左、右、上、下移动，助手用手压迫左侧腹壁，促使瘤胃内气体排出。为能加速内容物排出，可经胃管向瘤胃内灌入清水 1 000 ～ 1 500 mL，随即将其从瘤胃内导出，再灌水、再导出，这样反复多次洗胃，可起到治疗作用。

原发性（泡沫性）臌气

药物治疗的目的是消除泡沫。

（1）花生油、亚麻仁油、大豆油 60 ～ 120 mL 做成 2% 乳剂，一次灌服，每日两次。

（2）鱼石脂 20 ～ 25 g、松节油 50 ～ 60 mL、酒精 100 ～ 150 mL 混合，一次灌服。

（3）聚羟亚烃 20 ～ 25 g，加水适量，一次灌服，每日两次。

（4）二甲基硅油 10 ～ 15 g、酒精 100 ～ 200 mL 混合，一次灌服。

（5）液体石蜡油或植物油 500 ～ 1 000 mL、松节油 80 ～ 90 mL，灌服。

继发性（游离气体性）臌气

除可用胃导管放气，套管穿刺到瘤胃放气外，必须要诊断出引起臌气的原发疾病，并采取针对性治疗。

（1）将一根木棒系于病牛口中，促进唾液分泌，或用硫酸镁 500 ～ 1 000 g、碳酸氢钠粉 100 ～ 150 g，加水 1 000 mL，一次灌服。

（2）对伴有低血钙或低血糖的病牛，应补糖、补钙、补碱。常用处方：25% 葡萄糖液 500.0 mL、10% 葡萄糖酸钙液 500.0 mL、5% 碳酸氢钠液 500.0 mL，一次静脉注射，每日一次或两次。

预　防

加强饲养管理是预防本病的关键。具体措施是：

（1）豆科植物如苜蓿应阴干后再喂，如喂青苜蓿，应控制喂量。豆饼、大豆应限制喂量，并应用开水浸泡后再喂。

（2）谷实类饲料不应粉碎过细，精料量应按需要量供给。在高含量谷物的日粮中，最低也要供给 10% ～ 15% 的粗饲料，如切断的青干草、秸秆。为能保证充足的粗饲料的进食量，运动场内应架设草架，放上干草，令牛自由采食。

（3）加强饲料保管和加工调制，防止饲料腐败、霉烂；严禁饲料中混入尖锐异物，减少创伤性网胃炎所引起的继发性瘤胃臌气的发生。

瘤胃积食
Impaction of Rumen

瘤胃积食是指瘤胃内充盈过量的食物，致使瘤胃壁扩张和停滞；瘤胃容积增大，从而导致瘤胃运动机能及消化功能紊乱的疾病，为奶牛常发病。

病　因

过食是发病的重要条件，而引起过食的原因是偷食或贪食。生产中常有下述几种情况：

饲养无规律　突然变更饲料或饲养班次。例如，突然变更饲料，特别是由适口性差的饲料突然更换为适口性好的饲料，奶牛贪食，吃得过多。

饲料单纯　长期大量饲喂枯老的甘薯秧、黄豆秸、花生秧，饲后供水不及时或饮水不足。

奶牛异食　如吞食了产后母牛胎衣、垫草及塑料薄膜和牛毛。

精饲料喂量过大，粗饲料喂量不足或缺乏　为了追求奶牛高产量，日粮中过度增加精饲料及其他工、副业的副产品如豆腐渣、糖糟、啤酒糟等。

饲料保管不严　牛栏不牢固，牛从厩舍内或从牛栏内跑出，而精料保管不善，牛偷吃了过量的精饲料、豆饼后，结果常常发病。

发病机理

在瘤胃中积存的饲料种类不同，其致病作用各异。以粗饲料而引起的积食，一般以瘤胃的机械性阻塞为主；以精饲料引起的积食，其实质是瘤胃乳酸酸中毒。

由于大量难以消化的粗饲料在瘤胃中集聚，引起了瘤胃壁的扩张，容积增大，瘤胃壁肌层由兴奋而陷于不全麻痹。因此，停滞在瘤胃内的食物浸渍混合和向后部推送受到阻碍，加之食物腐败、发酵产气及有毒产物的刺激，不但引起瘤胃扩张，而且引起胃壁痉挛性收缩，使病畜疼痛不安，胃黏膜发炎和坏死。随着内容物极度充盈，瘤胃收缩微弱，内容物停滞紊乱现象的加剧，呼吸及心脏活动均起变化，全身症状恶化。

由精饲料引起的积食，瘤胃变化表现为 pH 的下降，H^+ 浓度增高，乳酸蓄积，渗透压改变，导致了脱水和酸中毒的发生。

临床症状

最常见的症状是食欲废绝，反刍停止，鼻镜干燥、无舐痕；精神沉郁，茫然停立，拱背；不愿运步，强迫行走，患牛时发呻吟，腹痛，患牛不安，踢腹，肌肉震颤，喜卧。

肚腹增大，以左侧肷部为显著。触诊瘤胃感觉似捏粉样、硬固；压迫时难成压陷窝，而有陷窝出现，又很难消失；叩诊时呈浊音，有时因内有少量气体，所以叩诊呈鼓音；听诊瘤胃有内容物发酵的噼啪音。直肠检查时可触摸到瘤胃部分压进骨盆腔。

随病的加重，呼吸困难并伴呻吟，黏膜潮红，眼球突出，头颈直伸，四肢张开，甚至见张口呼吸，脉率增数，心音高昂，体温正常或稍有升高，乳量下降或无奶，初排粪正常，以后排粪迟滞或停止，过饲精料者，粪便粥样，具恶臭，脱水，酸中毒。

预　　后

治疗及时，疗法得当，护理周到，多数病例通常在 2 ~ 3 d 内可治愈。当发生胃肠炎、酸中毒时，预后可疑。

诊　　断

根据病史和临床症状，容易诊断，但应注意类症鉴别。

与瘤胃臌气的区别：原发性瘤胃臌气时，气体不积聚于瘤胃上部，而是整个混合于瘤胃内容物之中，用套管针穿刺瘤胃之后仅有少量泡沫状气体排出；而瘤胃积食时气泡聚积在瘤胃内容物之上，穿刺为单纯性气体逸出。

当出现腹痛症状时，与肠的机械性闭塞（肠套叠、肠嵌顿）有相同点，此时应进行直肠检查进行鉴别。

治　　疗

治疗原则是尽快移除瘤胃内容物，解除瘤胃酸中毒。

药物疗法

灌服泻剂，促进胃内容物的排空　常用方法是：硫酸镁 500 ~ 1 000 g、苏打粉 100 ~ 120 g，加足够常水，一次灌服；硫酸镁 500 g、液体石蜡 1 000 mL、鱼石脂 20 g，加水一次灌服。

加强瘤胃收缩机能，解除酸中毒　可采用 10% 氯化钠液 500 mL、20% 安钠咖 10 mL，一次静脉注射。5% 葡萄糖生理盐水 1 000 mL、25% 葡萄糖液 500 mL、5% 碳酸氢钠液 500 mL，一次静脉注射，每日 1 ~ 2 次。

手术疗法

即瘤胃切开，掏出过量瘤胃内容物。本法应在急性和早期的病例使用。同时要根据积食的程度、阻塞物的性质来决定。但不应过晚进行，否则，由于病程延长，机体中毒，抵抗力降低而手术后效果不好。

洗胃疗法

对于因大量采食精饲料而发生的积食，可以经胃导管向瘤胃内大量投服生理盐水，并将其导出，再灌入、再导出，反复洗胃，可收到治疗效果。

预 防

关键在于加强饲养管理。日粮要按奶牛不同生理时期的营养需要来提供，不能片面加大精料喂量；要重视干草的供应，在饲喂粗饲料如豆秸、麦秸、花生秧及甘薯秧时，要控制进食量，并作适当的加工，要铡短后再喂，喂时要配合其他饲料，严防单纯化；加强饲料保管，防止奶牛偷食。

创伤性网胃 - 腹膜炎
Traumatic Reticulo-peritonitis

创伤性网胃炎是指各种尖锐异物随食物进入瘤胃，继而到网胃并刺伤网胃壁，所引起的网胃机能障碍和器质性变化的疾病，常伴有腹膜炎的发生。病的特征是突然不食，疼痛，前胃弛缓、瘤胃臌气反复出现。

成年牛、育成牛皆有发病；哺乳犊牛因吃进缝针也有发病。经对北京南郊某牛场1966年、1967年、1977年和1978年4年统计，2 500头牛每年因尖锐异物刺伤网胃，继而刺伤心、肝、脾、肺等组织，被迫淘汰的有35 ~ 50头，故在生产中造成一定损失（表3-2）。

表3-2 尖锐异物引起创伤性疾患统计

年份	育成牛	成乳牛	合计	刺伤部位				饲草与加工	磁铁处理
				心	肝	脾	肺		
1966	—	7	7	7	—	—	—	稻草、秋百草未加工	无
1967	—	10	10	10	—	—	—	稻草、秋百草未加工	无
1977	5	33	38	32	3	2	1	秋百草铡短	无或处理不细
1978	2	48	50	44	2	1	3	秋百草铡短	无或处理不细
合计	7	98	105	93	5	3	4		
占总发病（%）	6.6	93.4	100	88.6	4.8	2.9	3.8		
备注	曾对铡短的1 000 kg秋百草用磁铁处理，吸取尖锐铁器250 g								

病 因

饲养管理不当　主要是由于饲料加工调制不细、饲料中混有尖锐金属异物所致。常见的异物有铁丝、铁钉、缝针、发卡、兽医注射针头、其他非铁物质如铜丝、铝丝、玻璃及硬质木条或竹针等。而造成异物混入饲料的原因有：饲料堆放于铁物旁；豆类饲料、糖糟及加工副产品如水果渣（橘子渣、梨渣）常常混有铁丝、钢丝；随意抛丢尖锐异物等。

促使发病的因素　①牛具有采食快、咀嚼不细、采食量大的特点。当饲料中混有各种尖锐异物时，造成了食入的可能性；舌头上有向内方的舌乳头，加之网胃位于腹腔底部，呈蜂窝状，所以常常使尖锐异物不能从口内吐出，相反常常被潴留于网胃中。②运动场不平、地面光滑，妊娠后期胎儿增大，分娩努责，发情母牛的爬跨等，皆可使腹压增大，促使网胃内的尖锐异物刺伤网胃壁。

经对牛场发病调查，饲喂稻草、麦秸时比饲喂秋百草发病少；喂长的、未经铡短的秋百草比喂铡短的秋百草发病少；铡短秋百草经磁铁处理过后比未经磁铁处理的发病少。因此，可以认为，本病的发生与饲草本身的品种、质量无关，而与饲料加工过程中的处理有关。奶牛的生理构造特点是长期适应的特性，生理状况是正常的规律，不能机械地把生理特性视为发病原因。只要饲养管理细致、精心，饲料中不混入尖锐异物，其发病也随即根除了。

发病机理

异物的性状与发病的关系

异物的硬度、直径、长度和锐性不同，引起的刺伤范围、刺伤深度不同，则局部反应有很大差异。当异物硬度小、锐性不大、过粗及过短，通常不引起发病。异物刺伤部位浅，范围小，经一段时间后，异物从刺伤部脱离呈游离状，或被腐蚀，疾病可逐渐消失。异物越细而尖、锐利、长度为 3 ～ 7 cm，则极易刺伤网胃壁而发病。

刺伤类型与发病的关系

刺伤类型不同，发病的病程各异。穿刺可有 3 种类型，即皱槽型、壁间型和穿孔型。皱槽型是指异物仅穿于网胃的蜂窝与蜂窝之间，未刺伤其他部位，此种几乎无任何局部和全身变化。壁间型是指异物已穿伤胃壁，常引起局部炎灶、溃疡和脓肿，有时因局部发炎，炎性渗出，常引起组织增生和粘连，并伴有腹膜炎的出现。穿孔型是指异物穿过网胃壁，引起腹膜炎，由此而引起其他疾病的发生（图 3-1）。

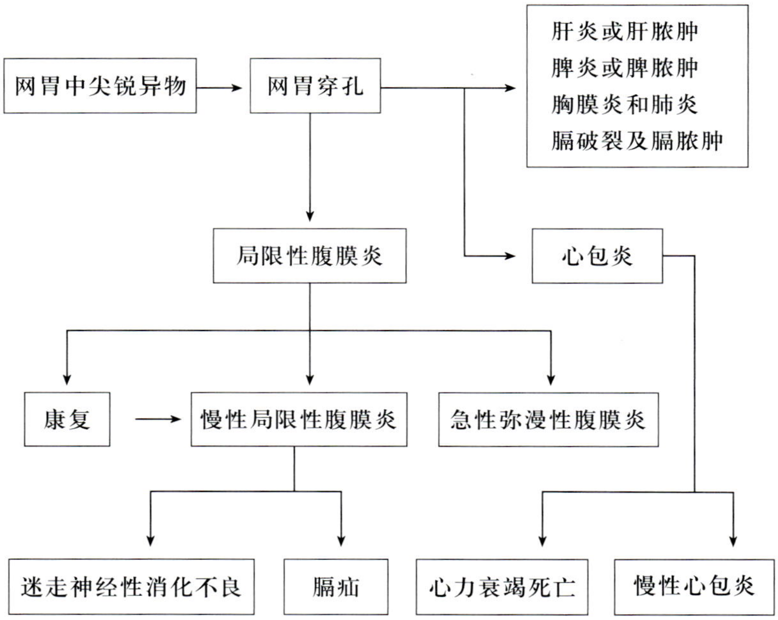

图 3-1　创伤性网胃炎的后遗症

临床症状

单纯性创伤性网胃炎（指异物未刺伤其他组织），全身反应不明显，检查体温 38 ～ 39℃，心跳 80 ～ 90 次 /min，呼吸正常，个别牛发病初体温稍有升高（39 ～ 40℃），主要特征是食欲紊乱、疼痛和姿势异常。

急性病例，食欲突然废绝，精神愁苦，反刍停止，乳产量突然下降，严重者泌乳停止。瘤胃蠕动音微弱，后停止；粪初正常，后干而少，呈褐色，上附黏液或血液，排粪时，不敢努责。临床上发现 2 例，发病牛除食欲废绝外，从口内流出大量清亮液体，开始量少，后持续不断流液。因网胃和腹膜发炎而产生疼痛，病牛被毛无光、逆立；低头伸颈，肘肌震颤，肘头外展（图 3-2），站立拱背而不愿行走，或运步时步态缓慢，小心谨慎，下坡时常发出呻吟，卧下时极其小心；腹部肌肉拘紧；排便、排尿次数减少，呻吟，疼痛；或空嚼磨牙或反刍无力，吞咽或逆呕食团返回口腔缓慢而极不自然。

图 3-2 创伤性网胃炎病牛肘头外展

当异物退回网胃时，症状随之减轻；当异物继续前移、刺伤其他组织时，症状加剧。

由急性转为慢性时，食欲时好时坏，或吃草而不吃料，或吃精料而不吃草；瘤胃蠕动微弱，次数减少，反刍口数多少不定；常常会出现瘤胃臌气，臌气时，食欲废绝，臌气消除后，又有食欲。病牛消瘦，产奶量持续下降。

临床病理

白细胞总数增加，达 10 000 ~ 14 000 个 /mm^3，其中中性粒细胞由正常的 30% ~ 35% 增高至 50% ~ 70%，病情严重者，中性粒细胞核左移，核变性，表现核不规则，细胞质有空泡，核着色不均及核脱出。

急性弥漫性腹膜炎时，白细胞总数减少至 4 000 个 /mm^3 以下，变性，核左移，表明预后不良。

病理变化

胃壁穿孔部可见炎性浸润或硬结肥厚，胃壁与膈呈纤维素性粘连（局限性腹膜炎），粘连部位硬结肥厚，内有脓灶或瘘管。急性弥漫性腹膜炎时，腹腔内贮有大量茶色液体，具腐臭；整个腹膜表面呈纤维蛋白性或化脓性炎症，似绒毛状。有时可见肝、脾化脓性粘连性炎病变；心包被侵害时，可见有化脓性心包炎病变。

诊断

根据对本病的临床诊治经验，我们认为可从症状诊断和药物诊断两方面进行。

症状诊断

特征表现是食欲废绝，前胃弛缓或瘤胃臌气反复发生；粪便干小呈黑色；独特姿势是肘头外展、拱背及肘肌震颤；心跳、体温正常；产奶量明显下降。

药物诊断

健胃药、泻剂诊断 对食欲废绝，排粪干涸或停止的病例，使用硫酸镁 500 ~ 1 000 g、蓖麻油 500 mL，一次灌服，无泻下作用和无食欲者，多与本病有关，即所谓“上下不通网胃查”。

糖钙诊断法　葡萄糖生理盐水 500 ~ 1 000.0 mL、25% 葡萄糖液 500.0 mL、20% 葡萄糖酸钙液 500.0 mL，一次静脉注射，每日 1 ~ 2 次，连续注射 2 ~ 3 d。

结果判定：日产奶量在 20 kg 以上牛只，凡食欲下降或废绝，产奶量降低或停止，主要表现为前胃弛缓、瘤胃臌气，而体温、心率正常者，使用此法治疗 2 ~ 3 d 后，全身症状及食欲仍无好转，可怀疑为本病；分娩前后牛只，食欲降低或废绝，临床检查心率、体温正常，主要表现为前胃弛缓，而无其他症状，用此疗法治疗多次未收效者，多与本病有关。本法曾于临床诊断数例，确诊率达 90% 以上。

奶牛个体不同，异物在网胃中的数量、所处的状态、刺伤部位及程度不同，临床症状不同。有的外部症状明显，有的则无任何外部表现。因此，在奶牛场内，一定要对饲料的加工方法及奶牛的习性、特征、食欲及泌乳等有所了解。在诊断中，既要注意其临床特征变化，又要重视药物的治疗效果，症状诊断与药物诊断相结合可以提早做出确诊。

治　疗

分药物疗法和手术疗法两种。

药物疗法

（1）抗生素的选用。青霉素 300 万 IU、链霉素 4 ~ 5 g，一次肌肉注射，每日 3 次，连续注射 3 ~ 5 d。

（2）使用健胃剂。硫酸镁 500 g、碳酸氢钠 100 g，加水适量，一次灌服。

（3）葡萄糖生理盐水 1 000 mL、25% 葡萄糖液 500 mL、10% 磺胺嘧啶液 100 mL，一次静脉注射，每日一次或两次，连续注射 3 ~ 5 d。为了发挥药物的疗效，在治疗中可以配合使用：①使病牛站立在前高后低的牛床上，持续数日；②向网胃内投放一种由铅、钴、镍合金制成的长 5.71 ~ 6.27 cm，宽 1.27 ~ 2.54 cm 的永久性磁棒，以使异物吸在磁棒上，并在其上固定。

手术疗法

从生产实践中观察得知，往往由于药物治疗而使病程延长，加上外界各种条件的变化及影响，致使异物所处的状态发生改变，加剧病情。因此，尽早确诊，尽早手术取出异物，才是根治疗法。常用的方法是瘤胃切开，网胃中探摸异物术，生产中使用本法，疗效确实可靠。只要早确诊，手术及时，异物尚未刺伤其他组织（如心、肺、肝、脾），实施瘤胃切开，将异物从网胃取出，疗效可达 80% 以上。

预　防

严禁异物混入饲料中是预防本病的关键。因此，要加强饲料保管，不要把饲料乱堆乱放，更不能将草料堆放在铁丝、杂物的附近。饲料加工中，要建立和完善清除异物的设备，防止金属异物混入，常用的有电磁筛、磁性板，将饲料经筛、板处理后再喂。我国目前已生产有永久性磁铁、磁笼，投入网胃中预防本病。即将吸铁磁棒投入网胃内，经一段时间，网胃中的铁器被磁棒吸附，再将磁棒从胃中取出，临床上可收到较好的预防效果。

瓣胃阻塞
Impaction of Omasum

瓣胃阻塞俗称“百叶干”，是指瓣胃内积聚大量干涸的内容物而引起的瓣胃麻痹和食物停滞为特征的疾病。常呈慢性，在前胃疾病中发病率最低。一般原发性少见，继发性多见。因此，在奶牛临床上很少引起人们的重视。

病　　因

原发的原因主要是长期饲喂细碎粉状坚实的饲料如麸皮以及饲喂坚韧而又纤维多的粗饲料，如苜蓿秆、豆秸等，饲料中混有泥沙时更为严重。继发性的病因较多，如瓣胃炎、前胃积食、横膈膜及网胃粘连、皱胃移位或捻转、血孢子虫病、产后瘫痪等。

发病机理

长期饲喂细碎硬固或干硬不易消化的粗饲料，致使瓣胃小叶反射兴奋性降低和胃肌抑制，瓣胃的逆蠕动收缩更加变弱，食物向皱胃排空减少而于其内停滞，水分被吸干而形成阻塞。

至于血孢子虫的寄生，是因产生大量毒素作用于中枢神经引起麻痹，结果出现阻塞。

临床症状

精神沉郁，食欲和反刍次数减少或废绝，鼻镜干燥，嗳气增加，乳产量降低，前胃弛缓，瘤胃积食、臌气。病一出现，排粪就减少，呈黏酱状、恶臭，后便秘，尿减少，呈深黄色，后期无尿。呼吸、体温和脉率正常。

在右侧第 7 ～ 9 肋间，肩胛关节水平线上听诊瓣胃，初期蠕动微弱，后完全停止。触诊瓣胃时患畜有痛感。

随病程延长，眼结膜发绀，眼凹陷，四肢无力，全身肌肉震颤，卧地不起。当瓣胃小叶坏死和败血时，体温升高，呼吸和脉率增数，粪稀、带血，具臭味。若全身症状恶化，可迅速引起死亡。死后剖检，瓣胃坚硬，内容物干燥似如干泥样，小叶坏死呈片层状脱落、溃疡，皱胃及肠道有不同程度的炎症，胆囊肿大，肝实质退行性变。

诊　　断

奶牛由于饲养管理条件基本稳定，故临床发病较少。诊断时应注意前胃疾病的鉴别（表 3-3）。因边虫、焦虫等引起的本病，应注意全身变化，如体温升高、贫血和血尿，血液涂片镜检，可见有虫体。

表 3-3　奶牛前胃疾病的临床鉴别

区别	前胃弛缓	瘤胃臌气	瘤胃积食	创伤性网胃 - 腹膜炎	瓣胃阻塞
病因	饲料单纯；精料喂量过大；糖钙缺乏	大量采食易发酵产气的饲料，如豆饼、苜蓿	过食精料，异食	采食各种金属尖锐异物	过食粉碎坚实饲料及泥沙
食欲	降低	废绝	废绝	废绝或时好时坏	减少或废绝
体温	正常	正常或升高	正常或升高	正常或升高	正常
脉率	正常	初正常后加快	正常或加快	正常	正常
瘤胃蠕动	减弱	有金属音	停止	停止	停止
瘤胃质度	正常	具弹性，叩诊呈鼓音	坚实、捏粉感	正常	正常
粪便	正常	正常	粥状，具腐臭味	干、少、黑	干涸
姿势	正常	正常	四肢缩于腹下	肘头外展	正常
腹围	正常	增大，左侧肷窝突出于髋结节	增大	正常，臌气时增大	正常
洗胃疗效	+	+ +	+ +	−	±
泻剂疗效	+	+	+	−	−
糖钙疗效	+ +	+ +	+	−	−

注：±，可疑；+，有效；++，明显。

治　疗

灌服泻剂

用油类或盐类泻剂，硫酸镁 500 ～ 1 000 g、液体石蜡 1 000 mL，一次灌服。若完全阻塞，通常药物治疗无效，为恢复瓣胃机能，可用 5% ～ 10%氯化钠液 500 mL、安钠咖 2 g，一次静脉注射。

瓣胃注入法

瓣胃无分泌腺，不发生液化作用，因此，食物不能自瓣胃排出。如将泻盐溶液直接注入瓣胃，可能收效。

注射部位在右侧第 10 肋骨末端上方 3 ～ 4 指宽处。用 10 cm 长的针头，经肋骨间隙，方向略向后向下刺入瓣胃后，用注射器抽取胃内容物，如能抽到食物污染的液体时，证明已刺入瓣胃内，然后向内注入 25%硫酸镁 200 ～ 500 mL。

瓣胃冲洗术

可通过切开瘤胃和皱胃两个途径冲洗。

保定　瘤胃切开时，站立保定；皱胃切开时，横卧保定。

麻醉　瘤胃切开用腰旁麻醉；皱胃切开用腰荐间隙硬脊膜外腔麻醉。

术式

（1）切开瘤胃　掏取 1/3 瘤胃内容物，术者将直径约 2 cm 的胶管通过瘤胃、网胃带入瓣胃后，灌注温水。

（2）切开皱胃　将病牛横卧保定，切开皱胃，并将皱胃切口缝合在皮肤缘上，然后将管子通过皱胃带入瓣胃，用温水冲洗，直至瓣胃柔软、变小。

预　防

加强饲养管理，严格遵守饲料管理制度，日粮配合要平衡，供应充足干净饮水，饲料中严防泥沙混入，防止前胃疾病的发生，一旦发生前胃疾病，应及时治疗。

皱胃移位
Displacement of Abomasum

皱胃的正常位置是在瘤胃和网胃的右侧腹底，正中线偏右。皱胃移位是指皱胃由正常位置移到瘤胃和网胃的左侧与左肋弓之间。向前可扩张到网胃和膈肌；向后可扩张到最后肋骨或进入左侧腰旁窝。据报道，皱胃移位 85% ～ 88%在左侧，流行率为 1.22% ～ 2.5%。其临床特征是慢性消化机能紊乱。

病　因

本病自 Begg（1953）首次报道后，其报道逐渐增多。目前在我国不少地区也有发生，据上海 1978—1987 年 10 年统计，临床发病共 569 例。其中 1978—1979 年每年仅发生 1 头，而 1986—1987 年分别发生 108 和 142 头，说明发病率明显增加。

发病与年龄的关系　育成牛、成乳牛均有发生，其中以 4 ～ 5 岁发病最多，占 62.2%，1 ～ 2 岁及 7 岁以上发病较少。新疆呼图壁种牛场三场曾见 3 ～ 6 月龄的犊牛有 6 头发病。

发病与月份的关系　一年四季都有发病，无季节性。但与产犊有关，即产犊高的月份，其发病率增加。

发病与分娩的关系　分娩前后都有发病，其中分娩后发病的占 96%，分娩前发病的仅占 4%。

发病与产乳量的关系　随着牛奶产量的逐年增高，皱胃移位的发病急剧上升。据统计，1978 年，成母牛年平均单产为 6 062.5 kg 时，发病率为 0.015%，而单产提高到年平均 6 922 kg 时，发病率达 2.1%。

发病与精饲料喂量的关系　精料喂量与发病呈正相关，表现为精料喂量多，发病也多。据临床调查，精料由 5.92 kg/d 提高到 8.63 kg/d 时，发病由 1 头 / 年增加到 142 头 / 年。因此可认为干奶期营养过高及日粮中精料、玉米青贮含量过高，有使本病发生增多的倾向。

发病与其他因素的关系　主要包括以下几个方面。

（1）与死胎无关。产双胎比单胎的母牛发病率高 1.8 倍。

（2）与子宫炎无关。

（3）乳热、酮病、胎衣不下与本病有关。据报道，在 50 头左侧皱胃移位病牛中，有 30 头酮病牛，说明酮病是本病的危害因素，反之，也可说明酮病是本病引起的必然结果。

发病与奶牛生理解剖特点的关系　妊娠后期子宫的逐渐扩大，必将迫使瘤胃上抬，皱胃逐渐移向前方及左侧。当皱胃张力降低，食糜和气体在皱胃内淤滞使其扩张，到妊娠末期已处于半变位状态，向左方瘤胃和腹壁间仅有的空隙中扩张。分娩后，子宫变空，腹腔容积扩大，皱胃继续扩张，进而发展成左侧移位。

发病机理

本病的发病机理尚未研究清楚。普遍认为与皱胃弛缓和机械因素有关。

皱胃弛缓　引起皱胃弛缓的因素是精料喂量过多和低血钙。

（1）精料喂量过多　正常情况下，食物在瘤胃中发酵产生的挥发性脂肪酸（VFA）通过瘤胃黏膜吸收，只有少量进入皱胃。大量饲喂精料，包括玉米和玉米青贮，粗饲料不足，精料颗粒即会由瘤胃进入皱胃，并在此发酵，引起皱胃和十二指肠内的挥发性脂肪酸浓度增高（Meylanm et al，2004），抑制了皱胃运动而导致皱胃弛缓。

正常牛的皱胃位于腹底部下方瘤胃和网胃的右侧。皱胃弛缓时，其一，向腹底部正中左侧移动，随着皱胃气体增多，皱胃大弯部分沿左腹壁上移并扩张，而发生左侧移位；其二，皱胃向腹腔右侧扭转，十二指肠也扭转，导致皱胃大量气体、液体增加而臌胀，向前达肝、腹之间，向后到肷部下方。

（2）低血钙　钙具有维持神经、肌肉正常功能的作用。研究指出，血钙浓度低于 0.9 ～ 1.0 mg/L 时，皱胃蠕动和收缩力都要减弱，因此，分娩前后奶牛血糖、血钙水平降低使皱胃收缩力减弱。这可能是导致皱胃弛缓和臌胀的原因（J.Vet Res，2004）。

机械因素　妊娠子宫随着胎儿逐渐增大而沉坠于腹腔底部，机械地将瘤胃和肠管从腹底部抬高并向前推移，使瘤胃腹囊与腹腔底壁之间出现空隙，皱胃有沿此空隙向左侧移动的倾向。分娩后，胎儿排出，腹腔空隙增大，瘤胃下沉，皱胃因弛缓不能及时恢复原位，最后被嵌于瘤胃和左侧腹壁之间。因皱胃部分血流供应不受影响，仅出现食物消化和运动障碍而导致的慢性营养不良。病牛继发酮病、皱胃溃疡和粘连。由于皱胃分泌盐酸减少，进入十二指肠的量不足，临床上出现低血氯、低血钾的轻度代谢性碱中毒。

临床症状

多数病牛出现于分娩后，食欲减少至废绝，少数病牛拒食精料，仅采食少量粗饲料。精神稍沉郁，体温、呼吸、脉率正常。因瘤胃被挤于内侧，在左腹壁出现扁平状隆起，粪便量少，呈深绿色。产奶量明显下降。

瘤胃蠕动微弱或消失。在左侧肩胛骨的下 1/3 水平线的第 11 ～ 12 肋间听诊皱胃时，可听到皱胃内气体通过液面时发出丁零声，犹如钢管音，声响短粗，无规律，以移步或起立时较易听清。叩诊皱胃具空瓮音。

直肠检查：右上腹部较为空虚。病程较长者，瘤胃容积变小，皱胃居于瘤胃与左腹壁之间，胃大弯向上方突出并向后扩张和下降，故左腹胁下陷，左上腹部内压降低，左侧很少能摸到臌胀的皱胃。

随病程延长，机体营养不足，衰弱无力，腹部变小，多卧地不起。

临床病理

在左侧腹壁听到钢管音的稍下部位，即左腹壁中 1/3 处，第 10 ～ 11 肋间穿刺皱胃，皱胃液呈褐色，pH 2.0 ～ 3.0，无活动性的纤毛虫。尿液酮体检查，95%呈阳性反应。瘤胃内容物 pH 6.0 ～ 7.0 之间。血细胞压积、血红蛋白和血清总蛋白升高。血氯和血钾降低的轻度的代谢性碱中毒。

预　　后

由于治疗不当，病程常达数日。治疗及时、合理，能很快痊愈。手术治疗时，如固定不确实，仍有复发现象。病程长久，机体营养不良，全身衰竭时，预后不良。

诊　　断

临床诊断

根据病史及临床特征，如分娩后不久发病，左侧腹下皱胃听诊的钢管音，直肠检查右腹腔上方空虚，左腹腔上部压力降低，外观右肷窝下陷、左腹壁呈扁平状隆起等，以及皱胃穿刺液褐色、pH 2.0 等，可以确诊。

类症鉴别

本病与酮病、创伤性网胃 - 腹膜炎和迷走神经性消化不良有相似症状，故应予以鉴别。

与酮病的区别　酮病多发生于产后 2 ～ 6 周，病后外观无明显异常。用葡萄糖、钙制剂及碳酸氢钠液静脉注射治疗，症状会很快好转，食欲会逐渐恢复。

与创伤性网胃 - 腹膜炎的区别　创伤性网胃 - 腹膜炎的特征是肘头外展，肘肌震颤，粪便干、黑，左侧腹壁无异常等，是皱胃移位所不具有的。

与迷走神经性消化不良的区别　迷走神经性消化不良的发生通常与分娩无关。瘤胃显著臌胀，从后方观察，见左上、下腹和右下腹部隆起，外观呈 L 形，并推移至骨盆的边缘及骨盆入口，直肠检查，皱胃坚实、臌胀但不含液体或气体，即可与本病区别。

治　　疗

对本病的治疗，可分为非手术和手术疗法两类。其目的是尽快使变位的皱胃复位。无论采取何种疗法，对所有的病例均应尽早矫正，以尽量减少皱胃溃疡和黏膜粘连的发生，防止病情延长造成的机体衰竭，避免皱胃穿孔引起的突然死亡。

非手术疗法

常用的是翻滚法，将母牛四蹄缚住，腹部朝天，猛向右滚又突然停止，以期待皱胃自行复原。施用本法前 2 d 应禁食并限制饮水，使瘤胃体积变小，成功率较大。优点是不需开腹，对肌肤无损伤，操作方便、简单、快速；缺点是疗效不确实，易复发。

手术疗法

即切开腹壁，整复移位的皱胃，并将皱胃或网膜固定在右腹壁上。手术疗法适用于病后的任何时期，由于将皱胃固定，疗效确实，是根治疗法。

预 防

加强干奶牛的饲养。严格控制妊娠后期母牛精饲料的进食量，保证充足的干草，增加运动。精料喂量每日 3 ～ 4 kg，青贮料每日 10 ～ 15 kg，优质干草自由采食。每日有 1 ～ 1.5 h 的逍遥运动，以增强体质。

加强围产期母牛的监护。为了防止母牛产后低血钙的发生，临产前 1 周用 25% 葡萄糖液和 10% 葡萄糖酸钙液各 500 mL，静脉注射，隔日一次，直到产后食欲、泌乳完全正常为止。

产犊后应仔细观察食欲，泌乳变化，严防为了追求产奶量而过度增加精饲料喂量。

皱胃扩张和扭转
Dilatation and Torsion of Abomasum

皱胃转动在 180° 以内的变位称为扩张，从后面看皱胃逆时针转 180° ，幽门转到右侧下后方。皱胃转动在 180° 以上的变位称扭转，幽门转到右侧上前方，波及瓣胃和十二指肠前段。皱胃扩张呈亚急性，以食欲不振，皱胃积液、积气，右侧腹部膨胀及脱水为特征。皱胃扭转呈急性，以剧烈腹痛、高度脱水及钾、氯离子缺乏和碱中毒等为特征，病程短而死亡率高。

病 因

本病自 Fincher（1927）、Danks（1937）报道以后，美国、丹麦都有报道，英国发病率为 0.02% ～ 0.03%。我国奶牛也有发生。

普遍认为，皱胃张力缺乏是本病的致病原因，而分娩应激和饲料应激则是引起皱胃弛缓的根本因素。

发病与生理阶段的关系 本病发生于奶牛。公牛、肉牛、育肥牛也有报道，几周龄到 6 月龄的犊牛发病，这被认为是偶然原因（Madeod，1964）。本病主要发生于泌乳早期，干奶期少见。通常发生于产犊后 3 ～ 6 周内。

发病与饲养管理的关系 由放牧改成舍饲，冬季舍饲期间运动不足，饲料突然改换，特别是大量饲喂谷类饲料而粗饲料不足，饲料加工调制不当，如饲料粉碎过细，饲料含大量泥沙、石块而被吃进，凡此种种，都可导致皱胃弛缓、扩张和扭转。

发 病 机 理

饲料和分娩应激引起皱胃弛缓。饲料、气体、液体积聚于皱胃内使其膨胀，扩张的皱胃不能把胃内容物排入十二指肠，从而导致机体脱水并伴有低氯血症、低钾血症和代谢性碱中毒（Whitlock，1975）。

扭转是扩张的结果。皱胃扩张后，其体积和重量增加，由于机械作用导致扭转。皱胃可由 180° ～ 270° 顺序发生顺时针或逆时针扭转，并引起皱胃局部循环不良和缺血性坏死性的急性阻塞症状，病牛严重腹痛、休克、脱水、死亡。

临 床 症 状

病初，食欲减退或废绝，饮水增加，精神沉郁，瘤胃蠕动停止，体温、呼吸正常，心跳加快，达 100 次 /min。右侧腹部明显膨大，右侧肋弓后触诊，皱胃充满液体，并具有拍水音。直肠检查，皱胃壁紧张，内充满气体和液体，粪便少而软。严重病例，卧地不起，呼吸时发出哼声。

当发生皱胃扭转时，体温低于正常，心率上升至 160 次 /min，病牛背部下沉、疼痛、踢腹，粪少而软，内含血液，色呈黑色，似沥青样。皱胃穿刺，液体略带血液。

临床病理

血液浓稠，血细胞压积和血清总蛋白增高，代谢性碱中毒，低氯血和低钾血症（Poulsen，1976）。扭转后期中性粒细胞减少。皱胃局部缺血性坏死和早期腹膜炎时，嗜中性杆状核增加，核左移。皱胃穿刺液 pH 2 ～ 4，无原虫，扭转时液体呈血清样。

病理变化

皱胃扩张时，皱胃内有大量液体和气体，瘤胃内含有大量液体，有些病例见幽门被泥沙、料粒或草屑阻塞，并伴幽门溃疡。急性扭转时，皱胃膨胀，内含棕色血样液体，一般呈顺时针方向扭转，常伴瓣胃、网胃和皱胃移位。当完全扭转时，皱胃壁严重出血和坏死（图 3-3），并可能破溃，血液、胃内容物流入腹腔，可引起腹膜炎。

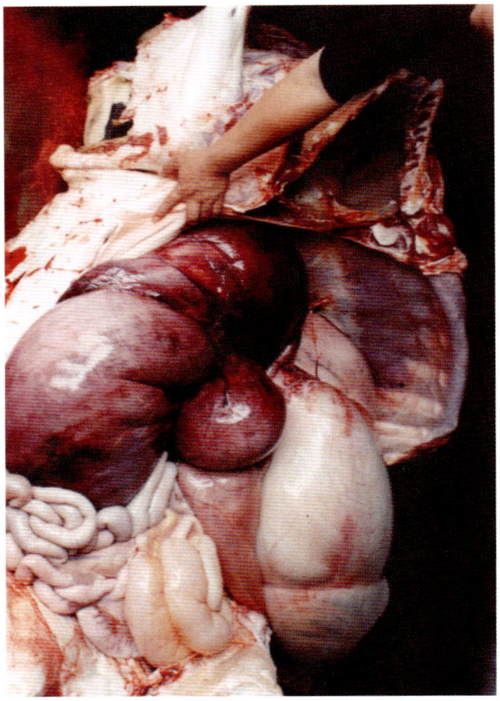

图 3-3　皱胃扭转、出血

诊　断

临床诊断

根据本病发生于产犊后不久，右侧肋弓后膨胀，触诊和叩诊可发出拍水音，粪少而软，以及心率快、腹痛、休克等临床特征，可以作出诊断。

类症鉴别

本病临床症状与皱胃阻塞、皱胃溃疡、盲肠扭转、肠梗阻及急性弥漫性腹膜炎有相似之处，应予以区别。

与皱胃阻塞的区别　皱胃阻塞时，瘤胃内集有大量液体，在肋弓下后方可摸到阻塞的皱胃，质度坚实，如生面团状，位于腹腔底部。皱胃扩张和扭转，其位置则向上靠近右肷窝，叩诊和听诊可听到鼓音，皱胃阻塞则听不到鼓音，剖腹术时，可见皱胃内积有大量食物，泥沙。

与皱胃溃疡的区别　皱胃溃疡排出黑色粪便，似沥青样，穿孔性溃疡时，见有腹膜炎。皱胃扩张和扭转可作为继发性并发症出现。

与盲肠扭转的区别　盲肠扭转时右腹部可能膨胀，叩诊有鼓音，直肠检查盲肠长 60 ～ 80 cm，易移动，带有直径为 10 ～ 20 cm 的盲囊，呈紧张的圆筒形。本病则无此现象。

与肠梗阻的区别　肠梗阻发病突然，粪少带血，直肠检查可摸到肠梗阻部位或膨胀的肠袢。

与急性弥漫性腹膜炎的区别　急性弥漫性腹膜炎，病牛腹部膨胀，呻吟，脱水，有严重的毒血症，腹腔穿刺液体量多，色呈淡红色、褐色，污秽具臭味，喜卧而不愿站立，死亡快。

治　疗

对轻度扩张且未发生扭转的治疗

（1）全身症状轻微者，用 25% 葡萄糖液、10% 葡萄糖酸钙液各 500 ～ 1 000 mL，一次静脉注射。

（2）对伴有轻度脱水和碱中毒者，可静脉注射或口服电解质溶液。0.9% 氯化钠液 2 000 mL、1.1% 氯化钾液 1 000 mL、5% 葡萄糖液 1 000 mL，一次静脉注射，隔 1 ～ 2 h 复注一次。

（3）加速皱胃内容物的排除，可用液体石蜡 5 L、氢氧化镁 250 g，一次内服。

对皱胃扭转的治疗

对于扭转症状较轻的牛，可采用手术治疗。这主要取决于病牛的休克程度。当牛不能站立时，说明病情严重，手术成功率低，应立即淘汰。

（1）补充体液，缓解碱中毒。术前可用 0.9% 氯化钠液 2 000 mL、5% 葡萄糖液 1 000 mL、1.1% 氯化钾液 1 000 mL，一次静脉注射。

（2）手术方法。

① 牛站立保定，脊柱旁麻醉，在右腹壁切口。

② 打开腹腔后，找到皱胃，用粗针头或胶管排出胃内气体。排空皱胃内的气体和液体后，摸清皱胃扭转方向，并随之矫正扭转。

③ 皱胃切开术。吸出皱胃内液体，掏出胃内容物如饲料、饲草、毛团、泥土、砂石等。缝合皱胃切口、腹膜、腹壁和皮肤。

④ 术后护理。对病牛补充体液、抗菌消炎、解除碱中毒。常用 0.9% 氯化钠液 2 000 mL、5% 葡萄糖液 1 000 mL、盐酸四环素 300 万 IU，一次静脉注射。每日服用氯化钾 50 g，直到食欲正常。

预　防

加强饲养管理，供应平衡日粮，减少饲料应激，是预防本病的关键。对于奶牛应控制高谷物精料的喂量，供应充足的优质干草，限制块根类饲料如甜菜、薯类的喂量，饲喂前应将其冲洗干净，防止泥沙、土、石混入而被牛食入。

皱胃溃疡 Abomasal Ulcer

皱胃溃疡是以临床表现厌食、腹痛、奶产量下降和黑粪为特征的消化机能紊乱性疾病。当皱胃轻微出血时，仅呈现为慢性消化不良；当皱胃急性出血时，能导致严重的出血性贫血；而当皱胃穿孔时，则将引起急性弥漫性腹膜炎和迅速死亡。成年牛、犊牛都有发病。随着奶产量的提高，本病发病率也不断增加。

病　因

皱胃溃疡的原因迄今还不十分清楚，推测应激是发病的原因，其中包括分娩、泌乳、过食谷物、疼痛刺激等。如急性出血性皱胃溃疡发生于分娩后的头几周和 3 ～ 6 胎的母牛，分娩应激、开始泌乳和大量饲喂谷物的相互结合可引起本病的发生；骨折、膝关节韧带断裂、肺炎之后或参加展览、出售后，泌乳早期的高产奶牛可发生急性出血性皱胃溃疡。夏季在草地放牧时，奶牛的发病最高，与降雨量、施肥量、载畜量和患牛乳产量也有直接关系，表明牧草的某些因素在成年奶牛的急性疾病中起着重要作用，集约化饲养及大量饲喂精料和青贮玉米的牛群常发生本病。

出生后 2 周龄的哺乳犊牛、2 ～ 4 月龄及断奶开始吃粗饲料的犊牛都有皱胃溃疡发生，有的还会穿孔而迅速引起死亡。虽致病原因不明，但可能与从干物质含量低的食物（乳或代乳品）而转为干物质含量高的食物如干草、谷物、青草有关。腐蚀性物质如砷，偶尔引起皱胃黏膜坏死及溃疡。

另外，皱胃溃疡与皱胃移位、阻塞或扭转、迷走神经性消化不良、牛病毒性腹泻 - 黏膜病、牛传染性鼻气管炎和淋巴瘤病等有关。

发病机理

据对人类胃溃疡的知识认为，胃黏膜的任何损伤都能使氢离子由胃腔扩散进入黏膜组织， 也能使胃蛋白酶扩散进入黏膜各层，导致损伤加剧而形成溃疡。推测牛的发病可能与此相似。常见的是有许多急性和慢性溃疡的痕迹，也可能只有一个大的溃疡。在伴有血管糜烂的急性溃疡时，有急性胃出血和幽门反射性痉挛，以及皱胃内液体积聚，从而导致皱胃臌胀、低氯血症、低钾血症、代谢性碱中毒并发生出血性贫血。通常在 24 h 内，皱胃的一些内容物排至肠内，形成黑粪。

当溃疡由黏膜下层扩展至浆膜，使皱胃穿孔，而穿孔部位被网膜封闭则引起慢性腹膜炎；穿孔较大者，胃内容物进入腹腔则发生急性弥漫性腹膜炎；非出血性溃疡引起慢性皱胃炎，一般通过瘢痕组织使溃疡愈合，呈星状缺损。在一些犊牛的皱胃溃疡发生后，常呈亚临床型，由于对引起溃疡的有关因素无法了解，因此也无法解释溃疡的形成。

临床症状

由于溃疡的出现及伴发出血与否，以及有无穿孔，临床症状也各有不同。

轻度出血性皱胃溃疡

多数病牛无明显症状表现，仅见在粪便中混有少量的黑色血凝块，间歇性出现，病时长者，患牛出现贫血现象。

严重出血性皱胃溃疡

突然不食，轻微腹痛，心搏过速，每分钟达 90 ～ 100 次，奶产量下降，病牛衰弱，体表发冷，黏膜苍白，粪便少而色黑，呈柏油状，偶有腹泻发作，黑粪可持续 4 ～ 6 d。少数严重出血性溃疡病例，可在 24 h 内死亡。

穿孔伴急性局限性腹膜炎

其特征是不规则的发热、厌食和间歇性腹泻。以产后不久的奶牛为常见。触诊右肋弓后，患畜发生疼痛，并能触摸到膨大的、充满液体的皱胃。有的病牛皱胃显著扩张，晃动时可听到泼水音。病牛渴欲增大，不断饮水，频频磨牙，呈中度脱水。

穿孔伴急性弥漫性腹膜炎

穿孔大，皱胃内容物进入腹腔，突发急性弥漫性腹膜炎，病牛衰弱、休克，常于几小时内死亡。

犊牛患有皱胃溃疡后，多不出现明显症状。继发于毛球的皱胃溃疡，在右侧肋弓后可以触摸到臌胀的皱胃，其内充满气体和液体。

临床病理

粪便呈棕黑色、黑色，潜血试验阳性。急性出血者见贫血。穿孔伴发局限性腹膜炎时，血液检验中性粒细胞增多和再生性核左移，呈低血氯、低血钾性代谢性碱中毒。

病理变化

溃疡常沿皱胃的大弯出现，多发生于胃底的最下部，少数在胃底与幽门部的交界处。溃疡呈单个、圆形，直径 10 ～ 30 mm，边缘的界线明显。牛的多数穿孔患部常被网膜包围，所以在腹腔内能形成直径为 12 ～ 15 cm 的大腔，腔内积存着变性的血液和坏死碎屑，并使网膜脂肪广泛浸润。溃疡与周围器官、腹膜之间有结缔组织增生而粘连。组织变化见溃疡被炎性反应包围，底部含有纤维蛋白、白细胞和肉芽组织。

犊牛溃疡通常深而界线分明，充满血块和坏死物质，并含真菌菌丝。

诊断

根据临床症状如突发厌食，皱胃深部触诊疼痛，心搏过速，黑色粪便，贫血等可初步做出诊断。但临床粪中有血液见于多种疾病，如沙门氏菌病、炭疽、犊球虫病、肠套叠、创伤性网胃 - 腹膜炎及肠的穿孔等，除了结合临床症状考虑血液的来源外，还必须要通过直肠检查、器官穿刺及剖腹检查，综合分析、相互区别，最后确诊。

治　疗

对于出血不多，又未引起黑色粪便的慢性皱胃溃疡，因诊断困难，很少被发现，临床上也无法治疗。对严重出血性皱胃溃疡的病例，如粪中排出大量黑粪、发生出血性贫血和休克时，治疗效果不佳，应予以淘汰。对于通过治疗，有痊愈可能的病牛，应及时治疗。

治疗一般采用保守疗法，如输血疗法、补液治疗。为了减弱皱胃中酸性对黏膜的损伤作用，使胃蛋白酶的作用消失，可使用抗酸剂，如氧化镁 500 ～ 1 000 g，每日一次或两次灌服，连服 2 ～ 4 d。硅酸镁每日一次灌服 100 g，连服 2 ～ 4 d。为了使抗酸剂疗效确实，可通过腹壁安放在皱胃上一根套管直接把抗酸剂注入到皱胃中。口服磺胺二甲基嘧啶和磺胺溴二甲基嘧啶，每日每千克体重 200 mg，连用 1 ～ 2 d，随后每日剂量减半，连服 3 ～ 5 d，可控制胃内细菌感染，抑制皱胃黏膜的炎症过程。

预　防

尽管对皱胃溃疡的病因学尚未完全了解，但加强饲养管理，供应平衡日粮，严格控制精饲料特别是谷物饲料的喂量，减少各种不良应激因素对奶牛的作用，促进机体健康，对防止本病的发生，无疑是有益的。

皱 胃 阻 塞
Abomasal Impaction

皱胃阻塞也称为饮食性皱胃积食，是由于大量摄取磨细、含沙饲料而导致饲料在前胃和皱胃中积聚过多，临床上以脱水、电解质平衡紊乱及碱中毒为特征的疾病。本病常见于耕牛、妊娠的肉用牛，妊娠后期奶牛也有发生。

病　因

主要原因是饲养管理失调及饲料加工不当。

饲料单纯，日粮配合不平衡　长期缺乏优质干草，大量饲喂蛋白质和能量水平极低的粗饲料如麦秸、玉米秸和高粱秸，因此，在肥育牛中，由于饲喂 80%粗饲料、20%谷类日粮，其发病增加。

饲料加工不当　饲料中含泥土过多而未经清除饲喂；粗饲料切得过短，甚至将其粉成草末；精料磨得过细，混合饲喂。2000 年，某牛场将苜蓿粉碎过细后喂牛，牛食欲反而降低，相继发生 2 例皱胃积食。

日粮中缺乏矿物质　牛异食，成年牛吞食胎衣、麻袋、毛球、塑料布，犊牛吞食木屑、褥草、塑料布及破布，因其不被消化而滞留。

继发性皱胃积食　常见于巨大的肝脓肿对皱胃的压迫和犊牛长期服用大量磺胺类药物和抗生素。

发 病 机 理

饲喂粉碎的干草及磨细的谷类饲料，极易通过前胃而进入皱胃。由于未经反刍，唾液和瘤胃液又未充分混合，致使消化力降低。进入皱胃的这些饲料，因其不能在皱胃内消化，故首先能引起在皱胃内的滞留和阻塞，继之引起皱胃弛缓、瓣胃增大和瘤胃积食。

由延脑分出的迷走神经支配着前胃和皱胃。当皱胃壁受到阻塞食物的刺激时，胃壁肌肉层组织严重变性，使效应器的功能受到抑制，延脑的刺激也随之降低，结果产生皱胃运动抑制，临床表现出皱胃弛缓。

当皱胃发生阻塞和弛缓时，皱胃液体不能向十二指肠转移，K^+ 滞留于皱胃中。由于皱胃内渗透压增高，H^+、Cl^- 持续向皱胃分泌，致使体液电解质平衡紊乱，酸碱平衡破坏，机体出现低氯血症、低钾血症和碱中毒。机体的脱水和营养性饥饿的发生，最终导致病牛死亡。

临床症状

发病较慢，仅见食欲减退，经 3 ～ 4 d 后才完全不食，粪便少、干硬、具恶臭。体温正常或后期降低，心跳增数，每分钟达 100 次以上。精神沉郁，眼窝凹陷，衰弱，喜卧（图 3-4）。也有的排出黑水样粪汤。

图 3-4　皱胃阻塞病牛卧地姿势

腹围增大。瘤胃蠕动减弱至停止，坚硬，内充盈干涸内容物，后期因内有多量液体，故以拳触及瘤胃有拍水音。

皱胃检查：位置在右侧腹底部 1/4 处，触诊见其后端延伸到右侧肋弓之外。深部触诊和用力叩诊，由于皱胃过度膨满及浆膜过度被牵引，可诱发病牛产生疼痛、呻吟。

直肠检查：手伸入直肠有黏着感，粪少，呈黏稠状、恶臭或内含黏液团块和坏死黏膜。由于皱胃扩张至肋弓后缘，体型较小的牛，可触到膨大的皱胃后壁，肠内容物减少、空虚。

临床病理

血液学检验：白细胞 11 550 个 /mm^3，红细胞 613 万个 / mm^3，PCV 42%，中性粒细胞 31%，淋巴细胞 69%，血红蛋白 11 g/100 mL。

病理变化

全身消瘦，瘤胃内液体增多，网胃有多量液体，瓣胃的小叶肿胀，皱胃肿大为 2 ～ 3 倍，瓣胃、皱胃内都积有与瘤胃相同的内容物（图 3-5）。皱胃重达 25 ～ 30 kg，幽门部黏膜增厚。小肠黏膜增厚，肠系膜淋巴结肿胀，切面外翻，有淡黄色液体流出。

预　　后

由于阻塞程度和酸碱平衡失调程度不同，故病程各异。阻塞严重而发生皱胃破裂、急性弥漫性腹膜炎者，多突然休克而死；临床上多见病程较长，病牛顽固性拒食，衰弱，最后死亡。

诊　　断

本病的临床诊断除症状及实验室检验外，必须要和以下疾病进行区别。

与创伤性网胃炎的区别 创伤性网胃炎时，有独特的姿势，如肘头外展，肘肌震颤，触诊左侧心区和剑状软骨区有疼痛，初期有体温升高（39.5 ～ 39.8℃），这些都为皱胃积食所没有；慢性病例宜剖腹探查。

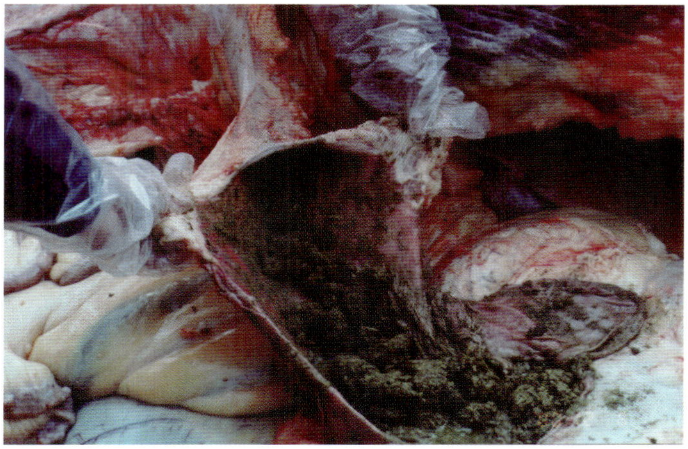

图 3-5 皱胃阻塞病牛皱胃内积有大量与瘤胃内容物相同的食物

与皱胃移位的区别 皱胃移位，瘤胃有蠕动，左侧移位时，在左腹胁至肘后一线以下的区域，可听到高调的丁零音、钢管音或流水声。而皱胃阻塞时，瘤胃蠕动消失、坚硬，后期有拍水音，且症状逐渐加重，脱水、碱中毒明显。

与瓣胃阻塞的区别 瓣胃阻塞，触诊右腹部 7 ～ 9 肋间坚实、增大，脱水和电解质平衡紊乱程度较轻；皱胃阻塞时，触诊变化在右腹下 1/4 部，有时可超出右肋弓之外，脱水、电解质平衡紊乱程度较重。

治　疗

药物治疗

（1）氯化钾 108 g、氯化铵 80 g、水 20 000 mL，混合、灭菌，按 450 kg 体重 20 000 mL，静脉注射。

（2）25%硫代丁二酸二辛钠 120 ～ 180 mL，一次灌入瘤胃。

（3）硫酸钠 500 ～ 800 g、甘油 500 ～ 1000 mL，加水注入皱胃内，12 h 后可皮下注射新斯的明 7 ～ 10 mg，每日注射一次，直到恢复为止。

（4）稀盐酸 40 mL、胃蛋白酶 50 g、呋喃西林 1 ～ 2 g，加常水 2 000 mL，一次皱胃内注入。

皱胃切开术

切开部位在腹中线与右侧腹下静脉之间，从乳房基部起向前 12 ～ 15 cm，与腹中线平行切开 20 cm。切开皱胃后，清除皱胃内容物。

瘤胃切开术

切开瘤胃后，用胶皮管通过网胃、瓣胃，进入皱胃，直接用大量消毒液反复冲洗皱胃，或将液体石蜡打进皱胃，每日 2 000 mL，连续几天，在 5 ～ 7 d 内恢复。

预　防

加强饲养管理，日粮要平衡，控制精料喂量。麦秸、高粱秸要加工调制，喂时要给一定的多汁饲料和青绿饲料，要充分注意供应饮水，块根类饲料要洗净泥沙后再喂。

盲肠扩张和扭转
Caecal Dilatation and Torsion

牛盲肠扩张和扭转是由于食物在瘤胃未完全发酵，在盲肠内发酵，致使挥发性脂肪酸水平升高，pH下降所引起的盲肠弛缓、扩张和扭转的疾病。其临床以食欲不振，腹痛，右腹膨胀，冲击触诊具拍水音和流水音为特征。

本病呈散发性，发病率为 0.01% ~ 0.02%，常发生于产犊后几周内。

病　因

病因尚不清楚。Jones 和 Moore（1957）指出，盲肠顶部悬挂于总肠系膜之间，其背面连于结肠，腹面连于回肠的末端，侧方连于大网膜，内侧接近瘤胃。盲肠后 1/3 游离，位置极易改变，且可折向前方。

目前，通常认为盲肠弛缓是导致发病的重要因素。Svendson（1974）研究指出，由于淀粉食物在瘤胃中未完全发酵，将会在盲肠中发酵，当盲肠内食物分解产生的挥发性脂肪酸浓度增高时，则 pH 下降，盲肠弛缓。丁酸对盲肠的抑制作用最大，而乙酸的抑制作用最小。由于盲肠运动的抑制而发生弛缓，食物和气体在盲肠内积聚，随后发生扩张、变位和扭转。

临床症状

轻度扩张，症状不明显，仅见不同程度的厌食，产奶量下降，排粪减少。全身症状不明显，体温、呼吸、脉率正常。右腹肋上部轻微臌胀，叩诊或冲击性触诊具拍水音或流水音。直肠检查发现直肠空虚，在骨盆腔入口能触摸到扩张的盲肠呈长圆柱形，可移动。有的盲肠甚至进入骨盆腔。由于盲肠内含有大量液体而明显扩张，盲肠远端被压弯而形成扭转。因扩张的盲肠过重，而与肠系膜根部和结肠扭转。臌胀的盲肠在外力作用下可发生破裂，病牛休克和死亡。

病牛轻度脱水和低氯血症、低钾血症。

诊　断

临床诊断

根据病牛腹痛，对右腹冲击触诊会发出拍水音或流水音，右腹臌胀，以及长时排粪停止，可初步诊断。

直肠检查，见直肠空虚。在盆腔边缘或右后腹腔能触诊到扩张的盲肠，即可确诊。

类症鉴别

本病与皱胃右方扩张和扭转的区别　盲肠扭转时，臌胀的直径较小，呈水平走向，且能摸到盲肠的盲端。

治　疗

对轻型病例可采用保守疗法。禁食并投服盐类泻剂及溴化东莨菪碱。

对药物疗法无效或发生扭转病例，若发病时间不长、休克不严重，应通过右腹肋部施行剖腹术外科矫正。剖腹进行开腹探查，可发现扩张的盲肠，排空盲肠内的液体，已发生弯曲或扭转，放完液体可使扭转自行复原，对盲肠切口行荷包式缝合。腹腔按正常方式缝合。

对病畜加强术后护理，补充等渗体液，并进行抗生素疗法。

迷走神经性消化不良
Vagus Indigestion

本病是由于支配前胃和皱胃的迷走神经遭受损伤，致使不同程度的胃麻痹发生，导致以食物通过缓慢、瘤胃臌胀、厌食和排出少量糊状粪便为特征的前胃和皱胃机能紊乱的一种综合征，为奶牛常发病。

支配前胃和皱胃的迷走神经干的任一部位受损均会引起迷走神经性消化不良。由于瘤胃排空机能或嗳气障碍，故临床呈现出瘤胃间歇性或持续性臌胀；远端迷走神经受损则出现幽门梗阻和皱胃阻塞。

病　因

咽部及食道损伤所引起的迷走神经机能紊乱，常见于兽医在诊治奶牛疾病时使用投药器具、胃管、磁铁吸引器等操作粗鲁、不规范。

创伤性损伤直接损伤腹侧迷走神经或因炎性反应及挤压作用影响迷走神经，如创伤性网胃 - 腹膜炎、网胃脓肿、严重中毒性瘤胃炎、瘤胃淋巴肉瘤及肝脓肿等。

网胃或皱胃远侧的前胃损伤可导致迷走神经性消化不良，如淋巴肉瘤及其他肿瘤、弥漫性腹膜炎、皱胃穿孔、皱胃脓肿、皱胃右方扭转等。

此外，瘤胃和网胃的放线菌所致的肉芽肿，结核病时引起的结核结节及膈疝等，都可导致迷走神经性消化不良。

发病机理

粗鲁地使用胃管、磁铁吸引器可造成食道撕裂、严重的蜂窝织炎和有关迷走神经的机能障碍。异物及肿瘤可能挤压食道或迷走神经，可引起嗳气障碍而发生慢性臌胀。网胃和皱胃远侧的前胃损伤种类很多，往往呈多发性，波及范围广，所引起的迷走神经性消化不良可能是机械性和机能性障碍并存。多数皱胃损伤病例出现瘤胃臌胀，特别是皱胃扭转会牵引迷走神经干导致分布于皱胃、瓣胃和网胃小弯的大血管内形成血栓，出现排空障碍、心动过缓、臌胀等。

根据阻塞、臌胀和积食程度不同，可引起不同程度的脱水及低血氯、低血钾性碱中毒。皱胃内容物返流到网胃，加速破坏电解质及酸碱平衡。

临床症状

本病呈亚急性或慢性病程。根据迷走神经损伤部位、瘤胃排空力和臌胀发生程度等的不同，其症状表现：

瘤胃收缩增多性臌胀

病牛长时间食欲下降或不食，逐渐消瘦，中度至重度瘤胃臌胀。瘤胃收缩频率增加（3 ~ 6 次 /min），但蠕动微弱，不能将食物由瘤胃经网胃、瓣胃而推入皱胃。滞留于瘤胃内被浸软的内容物，经持续的搅动出现泡沫，呈现泡沫性臌胀。直肠检查瘤胃臌胀以背囊明显，腹囊也增大。从后方观察增大的瘤胃，左上、下腹和右下腹隆起，外形呈 L 形。粪便量少，正常或呈糊状，心动缓慢，伴收缩性杂音。

瘤胃收缩弛缓性臌胀

多发生于妊娠后期及产后母牛。瘤胃收缩减少至停止，食欲废绝，粪便量少呈糊状，瘤胃臌胀可堵住骨盆入口。病牛极度衰弱、消瘦，心动过快，卧地不起，营养不良而死亡。

幽门梗阻和皱胃阻塞

多因远端迷走神经受损所致。发生于妊娠后期。病牛厌食或食欲废绝，排出少量糊状粪便。直肠检查能摸到皱胃坚实、膨胀而不含气体或液体。瘤胃蠕动停止，脉动加快，若皱胃破裂，病牛可在几小时内死亡。

临床病理

由于致病原因不同，临床病理学的变化也不尽相同。若中性粒细胞增多、核左移及单核细胞相对增多，可能与创伤性网胃 - 腹膜炎有关；血液球蛋白升高预示存在网胃或肝脓肿；皱胃阻塞时，可有不同程度的低血氯、低血钾性碱中毒；怀疑淋巴肉瘤时，应进行牛白血病病毒琼脂免疫扩散试验，结果呈阳性。

病理变化

病变发生在网胃前壁上，见胃壁与腹壁有广泛性的粘连，纤维性瘘管，管内存在异物或污灰色脓汁，表明发生过创伤性网胃 - 腹膜炎。

当有皱胃阻塞时，幽门区被泥沙或细小的、未完全消化的纤维所阻塞，黏膜有溃疡。皱胃内充盈粗糙未消化的物质，与瘤胃中内容物相同。肠道空虚，粪便呈黑绿色黏糊状。

诊断

本病诊断依据是亚急性或慢性病程，典型的腹部膨胀，瘤胃呈 L 形，心动过缓和糊状粪便。确切的诊断尚需确定原发性病因，如咽部创伤、食道撕裂、创伤性网胃炎、皱胃右方扭转等。对有些难以确诊的病例应采取直肠检查、剖腹探查术、瘤胃切开术、血液学、X 线照相术及血清学检验。

左侧剖腹探查术和瘤胃切开术是诊断原发性迷走神经性消化不良的最有效方法，有助于确诊和预后。

治疗

多数由原发病肿瘤、弥漫性腹膜炎、皱胃右方扭转等导致的迷走神经性消化不良难以治愈，预后不良。有的即使采用剖腹探查或瘤胃切开术也不能确定病变的部位和范围，因此，治疗困难。临床上也多采取对症方法，缓解症状。

洗胃法 瘤胃扩张，内充盈液体或粥样内容物时，可用内径 25 mm 胃管插入瘤胃内，并灌入 1%盐水冲洗使之排空，以缓解瘤胃内压。

补充水分、电解质和纠正碱中毒 静脉注射 5%葡萄糖生理盐水、林格氏液或生理盐水，以便纠正脱水。为纠正低钾血症，可静脉注射等渗的 1.1%氯化钾溶液，并配合灌服液体石蜡 5 ~ 10 L，连续 3 d。或用 25% 硫代丁二酸二辛钠 120 ~ 180 mL，每日灌服一次，连续 3 d，反应良好。低血钙时应注射钙制剂。

激素疗法 对临近分娩母牛，除静脉注射平衡电解质溶液外，同时可用地塞米松 20 mg，一次肌肉注射，促使产犊，有的牛分娩后症状逐渐减轻而痊愈。

抗菌、消炎 注射广谱抗生素如四环素、金霉素等。

预防

从发病原因上看，本病主要由创伤性网胃 - 腹膜炎、中毒性瘤胃炎及肝脓肿等引起；从临床病例发生来看，本病在奶牛场内时有发生。由于病后诊断困难，药物治疗效果不明显，病程较长，预后不良，因此要加强预防。

严防尖锐异物混入饲料 在饲料堆放和加工过程中，应进行金属异物的清除工作，防止尖锐异物随饲料被牛食入，减少创伤性网胃炎的发生。

供应平衡日粮　饲养奶牛时，注意日粮配合和精粗比例，防止片面追加精料，减少因过量增加精料而引起肝脓肿及皱胃移位的发生。

肝脓肿综合征
Hepatic Abscess Syndrome

由于饲养管理不当，致使瘤胃黏膜损伤和病变，细菌从瘤胃等胃壁侵入，导致肝坏死病灶和化脓形成的一种疾病。其临床特征是食欲不振、消瘦、黄疸和贫血。

本病因其病程长而慢，无典型症状，病后诊断困难，因此，往往在死后或屠宰场剖检时才发现肝脓肿病变。

肝脓肿所造成的损失表现为产奶量低下，增重减少，脓肿病变部位的废弃及饲草、饲料及饲养费用的浪费，其经济损失都不可低估，因此在奶牛饲养中应引起重视。

病的发生

流行

牛的肝脓肿在世界各地均可见发生，特别是采用肉牛集约化肥育的美国、英国等国家，很早已知肝脓肿的发生。精料饲喂肉牛、舍饲肥育肉牛的发病率高达 17% ~ 32%。

发病的时间性

本病常年发生，通常认为喂精料的肉牛初夏和初冬发病多，一般牛晚夏发生多。其原因是春季瘤胃功能紊乱增加，饲料缺乏，肝脏维生素 A 含量降低，夏季气温升高，采食降低，牛体力减弱或由于抵抗力减退，使发病增加。

发病与品种、产奶量的关系

乳用及高产牛群多发。其原因是日粮中精饲料喂量过多，而粗饲料供应不足。

病　　因

饲养管理不当，日粮不平衡　肝脓肿多与瘤胃角化不全并发，常常与饲养管理不当所致的黏膜损伤有关。

（1）精饲料喂量过多，粗饲料缺乏或不足。在奶牛饲养过程中，为了催乳产量，日粮中片面增加精饲料，致使粗饲料进食量降低。

（2）饲料粉碎过细。粗饲料如秸秆、秋百草粉碎过细或者加工成颗粒状，由于粗饲料过短，失去了其所具有的物理特性，不能发挥其对瘤胃的机械性刺激作用。

（3）饲料加工调制不严，混入尖锐异物。通常见铁丝、铁钉及植物的硬梗，食入后对瘤胃黏膜造成机械性刺伤。

（4）饲料单纯，维生素 A 缺乏。长期饲喂枯黄秸秆、饲料中维生素 A 缺乏，瘤胃黏膜极易遭受机械性和化学性损伤而发病。

细菌感染　引起本病的病原微生物有坏死梭杆菌、化脓性棒状杆菌、拟杆菌属、链球菌属和溶血性芽孢杆菌等细菌，其中主要是坏死梭杆菌。

坏死梭杆菌为革兰氏阴性、无运动性、无芽孢、有纤毛、多形性的专性厌氧杆菌。菌体长 1.5 ~ 3.0 μm，宽 0.5 ～ 1.5 μm，呈球形或长丝状，呈 β 型溶血，自然界分布广泛。本菌除牛外，山羊、绵羊、猪、马、鸡、野生动物的病例中皆能分离到，可由健康牛、病牛瘤胃和消化道分离出来。除牛肝脓肿外的其他部位的脓肿、犊牛白喉、犊牛脐带炎和腐蹄病等，本菌都为其重要的致病原。

发病机理

在集约化的饲养过程中，由于奶牛产奶量的大幅度提高，精饲料的饲喂量也随之增加。大量饲喂精料后，瘤胃内发酵、分解过程加剧，瘤胃内挥发性脂肪酸增加，其中丙酸、丁酸含量增加，乙酸减少，同时，乳酸含量增多，致使瘤胃 pH 降低，这些变化抑制唾液分泌机能，结果导致瘤胃酸中毒，进而使瘤胃黏膜乳头增大、变硬、上皮增生和角化不全。

过度粉碎的饲料及大量精饲料进入瘤胃，不仅使瘤胃黏膜机械性刺激减弱，兴奋性降低，而且饲料中黏性物质又将黏膜乳头黏着，粉料长期滞留于胃内，直接作用于瘤胃黏膜，加重了精料附着部位的病理过程。加上混入饲料中的尖锐异物直接刺激瘤胃，必将引起瘤胃炎、瘤胃溃疡的发生。

瘤胃黏膜的损伤为病原菌的侵入提供了有利条件，瘤胃内坏死梭杆菌随损伤感染，其感染病灶使局部恶化，并以该部向内部侵入，通过瘤胃黏膜吸收后经门脉系统而到达肝脏，引起肝脓肿的形成。这时，由于机体抵抗力的强弱程度、病原菌的数量多少及其致病力的强弱，以及有无其他细菌的感染等，使本病的病势发展程度有很大差异。当机体抵抗力强，病原菌的致病力弱且数量少，无并发感染，其病性可能是单纯性肝脓肿；反之，则可能发生多发性肝脓肿。

临床症状

本病常呈慢性过程。单纯性肝脓肿如果不是特别大，通常并不引起肝机能障碍的临床症状，病牛呈亚临床症状。严重的肝脓肿，病牛食欲时好时坏，营养不良，消瘦，被毛粗刚，可视黏膜黄染，泌乳量降低，前胃弛缓反复出现，便秘或腹泻。肝区疼痛，肝叩诊界扩大，当肝组织严重破坏或释放出大量毒素时，病牛呈现出毒血症的症状，体温升高，呼吸困难，腹部触诊敏感，腹膜炎。

临床病理

白细胞增加，核左移，红细胞压积降低，血液中维生素 A 含量降低。血清白蛋白及胆固醇含量减少，球蛋白增多，A/G 明显降低，血清谷草转氨酶、谷丙转氨酶、山梨醇脱氢酶活性升高。

病理变化

病理变化只有在剖检时才被发现。肝脓肿病灶数量 1 ～ 10 个不等，常发生在肝的尖叶和背部的表面（图 3-6），脓肿大小不等，直径为 2 ～ 5 cm 的占多数，也有拳头大至小儿头大。脓肿外层由结缔组织包围，与健康肝组织界线分明，脓肿内充满黄白色黏稠脓汁，有的呈水样。肝组织坏死、溶解，脓汁被吸收，形成瘢痕。

诊　断

生前诊断极为困难。多数病牛只有淘汰屠宰后才被发现。对于临床病牛表现持续性前胃弛缓、渐进性消瘦、黄疸、贫血，以及肝区叩诊疼痛等症状者，可怀疑本病。

治　疗

由于早期诊断困难，因此只能对症治疗，往往病牛经治疗后，症状缓解或临床痊愈，但并不能确诊是肝脓肿。而已确诊是肝脓肿病牛，此时治疗，是病的后期，因此治疗意义不大。

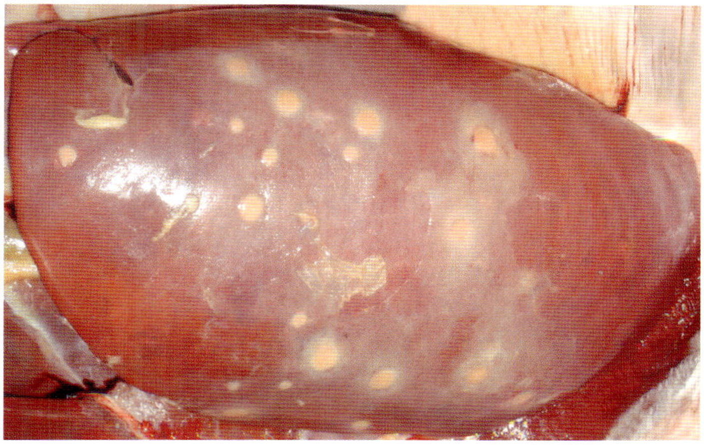

图 3-6 肝脓肿综合征病牛肝表面有大小不等的脓肿

预　　防

肝脓肿的发生是因饲养管理不当及细菌感染而引起，轻症病牛难以发现，严重病牛多以死亡告终，因此预防是关键。

加强饲养管理，改善饲养方法　在饲养上，严格控制精饲料喂量，日粮要注意精粗比例，供应充足优质干草。为了保证瘤胃正常兴奋性，干草加工不能过细，其长度以 3.7 cm 为宜，不能短于 2.5 cm。为了增强机体和肝组织抗病力，防止坏死杆菌侵入，日粮中可饲喂胡萝卜、维生素 A 制剂。在管理上，注意牛体与环境清洁，保持圈舍、运动场干净、干燥，及时清除各种尖锐异物，严防混入饲料中被牛食入。

维持瘤胃内环境稳定，调整瘤胃内 pH　为了防止瘤胃炎、瘤胃角化不全及瘤胃酸中毒，应采取如下措施：

（1）精料中添加 0.8%～ 1.5%碳酸氢钠或 0.8%氧化镁、2%氢氧化钙。

（2）饲料中添加泰乐菌素，每头牛每日饲量为 90 mg，据称使肝脓肿发病率下降 73%。

（3）苹果酸能提高瘤胃 pH，因其能增强反刍兽新月单胞菌利用乳酸的能力，增加二氧化碳的产生量，故每头牛每日饲喂苹果酸 40 ～ 80g。

近年来，有人用超声波处理坏死杆菌后所得到的细胞质成分，以预防肝脓肿的发生认为有效。

腹　膜　炎
Peritonitis

腹膜炎是一种局限性或广泛性、急性或慢性的腹腔浆膜的炎症。其临床特征是腹壁紧张、触摸敏感、伴全身症状。为奶牛常发病。常常是其他特异性疾病的并发症。

病　　因

胃肠穿孔性损伤　常见于牛创伤性网胃 - 腹膜炎、皱胃溃疡穿孔、粗暴的直肠检查所致的直肠破裂以及皱胃扭转。过食谷物精料引起的急性瘤胃炎，也常引起严重的腹膜炎。

生殖道穿孔性损伤　难产助产不当，强行牵引胎儿引起阴道及子宫的破裂；人工授精时，母牛不安导致输精器穿破子宫。

组织脓肿破溃　肝、脾、脐血管及腹膜下脓肿破溃，脓汁溢于腹腔而引起腹膜炎。

机械性损伤　牛只相互角抵，木桩刺伤；瘤胃穿刺放气、腹腔内注射药物及腹腔手术消毒不严，引起腹壁创伤性穿孔和感染。

继发性　如牛结核病、放线菌病、脓毒血症及牛的散发性脑脊髓炎，致病细菌经血液转移至腹膜而引起炎症。

发病机理

腹膜具有高度的吸收和渗出机能。腹膜炎时，细菌和组织崩解所产生的毒素，通过腹膜被吸收进入血液，产生毒血症，表现为体温升高，全身性紊乱。

胃肠蠕动在病初稍增强，以后由于交感神经系统的刺激，消化道紧张和运动反射性受到抑制，蠕动变慢，结果引起肠道机能性梗阻，肠内容物迟滞后继发便秘。

炎性病变开始时表现为充血、血管扩张和渗出加强。大量炎性渗出物集聚于腹腔而使腹部明显肿大，压迫横膈膜，呼吸受阻；病牛除腹壁疼痛外，还见有拱背姿势。

随着病程延长，渗出物中液体被未损伤的腹膜吸收，渗出物减少；渗出物中沉淀的纤维蛋白原被覆于胃肠及腹膜的表面，从而引起组织的粘连，致使胃肠机能紊乱，表现出迷走神经性消化不良；当因剧烈运动而使粘连剥离，腹膜炎症蔓延，临床上又重新出现症状。

临床症状

急性、慢性、弥漫性和局限性腹膜炎的症状各有不同。

急性弥漫性腹膜炎

由于原因不同，故热候不定。病牛站立而不愿走动；运动时，步态强拘，往往两后肢拖曳前进；站立时，拱背，头下垂，四肢缩于腹下，尾偏于体躯一侧；卧地时，极其小心，并伴有不安和呻吟；排粪、排尿痛苦；触诊腹壁紧张，按压疼痛；排粪量少，色黑并伴有大量浓稠黏液，具恶臭。

原发于难产的腹膜炎，阴道黏膜潮红，内集有黏性、脓性具腐臭的分泌物，精神沉郁，虚弱，卧地不起，昏迷，体温升高达 40 ～ 41℃，心率加快，达 100 ～ 120 次 /min。

急性局限性腹膜炎

症状与弥漫性腹膜炎相似，病情较轻。病牛拱背，不愿走动，全身症状轻微。

慢性腹膜炎

由急性转变而来。主要呈现出慢性消化不良和毒血症。食欲减退，渐进性消瘦，前胃弛缓和瘤胃臌胀反复出现，体温时而升高，时而恢复正常，便秘或腹泻。精神不振，泌乳量降低。

继发性腹膜炎

在临床上具有原发疾病的明显症状。牛创伤性网胃 - 腹膜炎时，病牛食欲废绝，肘头外展，肘肌震颤，粪干、黑，白细胞总数增加，中性粒细胞增加，核左移；血浆纤维蛋白原水平随急性腹膜炎的严重程度而增加。

病理变化

死于急性弥漫性腹膜炎或创伤性心包炎的病尸剖检发现，浆膜出血，腹腔中积有量多少不一的渗出液，呈茶色或棕色，内含纤维蛋白块，腹膜不光滑，呈绒毛状；病程较长者，渗出物浓稠，具腐臭味，内脏上覆盖乳酪样浓稠物。

预　　后

本病的预后与病牛症状、精神抑郁、脉搏减弱和毒血症等的严重程度有直接关系。

急性弥漫性腹膜炎随引起原因不同其病程与预后各异。由胃肠、产道及脓肿破裂所致的腹膜炎，常伴有严重的毒血症，腹膜炎症状尚未出现，通常在 24 ~ 48 h 死亡。一般的急性病例，可在数日内死亡或经治疗转为慢性，预后不良。

急性局限性腹膜炎，如粘连不破裂、炎症不扩散，预后良好。

慢性腹膜炎可拖延数日至数月，但因粘连和瘢痕组织引起机械性损伤，预后不良。

诊　　断

发生毒血症的腹膜炎，难以诊断；当腹膜炎症状明显时，如病牛发热，腹壁紧张，便秘，臌胀，胸式呼吸等，可以诊断；当发生局限性和慢性腹膜炎时，诊断较为困难，因此，应对病史和其他症状进行了解和观察，并结合腹腔穿刺检查。穿刺腹腔见有多量呈茶色、棕褐色，混浊不透明，具腐败臭味，其中含有多量纤维素、易凝固的渗出液，有助于诊断。

治　　疗

在治疗原发病的同时，对病牛应采取抗菌、消炎和解毒等措施。

控制感染，阻止炎症过程

（1）青霉素 G 300 万 IU、双氢链霉素 3 g、灭菌水 10 ~ 20 mL，一次肌肉注射，每日注射 2 次或 3 次。同时用肝素 50 000 IU，一次肌肉注射，每日 2 次，连续 3 d。

（2）10% ~ 20%磺胺嘧啶钠 100 mL、5%葡萄糖生理盐水 1 000 ~ 1 500 mL，一次静脉注射，每日注射 2 次。

（3）0.5% 甲硝基乙唑 600 mL，一次静脉注射，每日 2 次，连续注射 3 ~ 5 d。

解除毒素，增强机体防卫能力

（1）5%葡萄糖生理盐水 1 000 ~ 1 500 mL、25%葡萄糖液 500 mL、5%碳酸氢钠液 500 mL、10%葡萄糖酸钙液 500 mL，一次静脉注射。

（2）5%葡萄糖生理盐水 1 000 ~ 1 500 mL、25%葡萄糖液 500 mL、10%水杨酸钠 100 mL、20%安钠咖 10 mL、40%乌洛托品 50 mL，一次静脉注射。

局部处理　腹腔内有大量渗出液，应采用腹腔穿刺术将液体排出。同时用青霉素 300 万 ~ 400 万 IU、链霉素 3 ~ 4 g、0.25%奴夫卡因 200 ~ 300 mL，注入腹腔内，每 12 h 一次，连续注射 3 ~ 5 d。

预　　防

从临床观察，奶牛腹膜炎多因创伤性网胃炎、精料喂量过大所致的肝脓肿，以及助产不当使产道损伤而引起。因此，加强饲养管理是预防本病的关键。在饲料加工、调制过程中，严防尖锐异物特别是铁丝、铁钉混入饲料中被牛采食，防止创伤性网胃炎的发生；日粮要平衡，精粗比例应合适，严禁片面追求产奶量而过度提高精饲料饲喂量，以防瘤胃酸中毒和肝脓肿的发生；加强兽医助产工作，提高操作技术水平，助产时要细微、耐心，不能粗鲁、强行，严格遵守操作要领，尽可能地减少产道的损伤，特别要防止产道破裂。

第四章 营养代谢疾病

Metabolic Disorders of Nutrition

随着养殖业的发展，奶牛数量不断增多，高产、稳产、健康已是奶牛饲养的最终目标。奶牛产量的提高，除了与选种选配、提高牛群质量有关外，尚与限定性饲养、集约化生产管理有关。而限定性饲养和集约化生产管理却又增加了营养代谢疾病发生的可能性，即高产、高质量必将带来奶牛营养代谢障碍问题的发生。目前，在我国的一些高产牛场，奶牛营养代谢疾病的发病率增高，这不仅直接影响奶产量，而且还影响产后母牛的发情、配种，表现出发情延迟，久配不孕。有的病牛对药物反应不明显，治疗无效，终将淘汰，所以对生产造成重大损失。为此，应对奶牛的营养代谢及其紊乱所致的疾病有所了解，以达到有效防制的目的。

反刍动物糖、脂肪代谢

Metabolism of Carbohydrate and Fat in Ruminant Animals

反刍动物的糖代谢

糖的来源

动物体内糖的来源有两种途径：一是饲料中的淀粉经消化后转为葡萄糖由消化道（小肠）吸收；一是由非糖物质转化合成为糖，即糖原异生。由于饲料类型和家畜种类不同，体内糖的来源也不相同。反刍动物的消化是以瘤胃为中心而进行的，其消化代谢在整个营养代谢中占有特别重要的地位。这主要是由于瘤胃的解剖和生理特征所决定。瘤胃容积大，食物在其中缓慢通过，被缓冲而接近中性的液体环境，以及发酵可溶性产物不断地移除等，使瘤胃、网胃共同形成一个有效的发酵罐。由于瘤胃中栖息着大量的微生物——纤毛虫和细菌，因此，反刍动物消化生理特征是饲料在瘤胃中进行大规模的发酵性消化，故称微生物消化。

各种高质量的饲草为反刍动物日粮的基础。除了豆科、禾本科干草外，日粮还可有块根饲料、精饲料及工副业加工副产品。瘤胃内微生物对饲料发酵的速度随其可利用性而变化。一般来说，可溶性糖发酵迅速，淀粉发酵稍慢，纤维素、半纤维素发酵最慢。不管反刍动物采食的何种饲料，即饲草、精料、纤维等，都要在瘤胃内经微生物发酵后，最终变成挥发性脂肪酸（VFA）后才被吸收利用。

挥发性脂肪酸（VFA）包括甲酸、乙酸、丙酸、丁酸、异丁酸、α-甲基丁酸、戊酸、异戊酸和少量的 C_6 和 C_8 酸。其中以乙酸、丙酸、丁酸含量最多，按物质的量浓度其比例分别为 70 : 20 : 10。由于日粮种类不同，故挥发性脂肪酸的各种成分不同。当动物采食干草或其他粗料时，瘤胃内乙酸通常占脂肪酸混合物的 60% ~ 70%，丙酸占 15% ~ 20%，丁酸占 10% ~ 15%。当日粮含大量可溶性糖或谷类饲料时，瘤胃内丙酸的浓度最大；而饲喂劣质干草时，丙酸浓度最少。正常情况下，瘤胃内乳酸生成较少，其重要性不大。当动物摄取含大量可溶性糖的饲料，如块根、块茎类饲料或摄取含大量碳水化合物的饲料如玉米、小麦等，常可见瘤胃内乳酸的暂时升高，但乳酸在瘤胃内极不稳定，仍可发酵生成乙酸和丙酸，它是一种中间产物。只有长期饲喂大量含糖的饲料时，才会发生乳酸在瘤胃内的蓄积，引起反刍动物的瘤胃酸中毒。

瘤胃发酵产生的终产物——VFA 被吸收，有一些参与瘤胃壁的代谢；进入血液中的 VFA，一部分进入肝脏转化，一部分直接为组织利用，作为能量来源和构成细胞的原料，反刍动物所需之能量，有

40% ~ 70% 由 VFA 提供。

瘤胃吸收的乙酸有 40% ~ 70% 被乳腺利用，参与乳脂的合成。

丁酸具有高能价值，是乳腺合成乳汁中乳糖、酪蛋白的主要原料。丁酸吸收后可转变为 β - 羟丁酸，经乙酰乙酸的脱羧基作用可产生丙酮，故具有较强的生酮作用；乳脂中 60% 的低级脂肪酸可由 β - 羟丁酸转变而成，故具有合成乳脂的作用。

丙酸是糖的前体，通过瘤胃壁吸收时，约有 65% 丙酸在瘤胃上皮内转变为葡萄糖和乳酸。其中一部分随血液进入肝脏，并转为葡萄糖和甘油，具有使血糖升高的作用。当瘤胃内产生多量丙酸时，可以防止酮体过多地形成，具有抗酮作用。

甘油能转为葡萄糖，但反刍动物的饲料中的脂肪含量较少，故不是糖的主要来源。只有在饲料缺乏时，能量不足，由于体内糖缺乏，甘油可转为葡萄糖。

蛋白质是体内重要的葡萄糖来源。除亮氨酸、异亮氨酸、酪氨酸和苯丙氨酸外，其余大多数氨基酸经脱氨基作用，可转为葡萄糖。

综上可见，丙酸、氨基酸是反刍动物糖原异生作用中合成糖的主要来源。

反刍动物对糖的需要

反刍动物在完成代谢活动、生长、组织修补、分泌、吸收和排泄等生命活动过程中，都需要能量。机体所需要的能量，是由饲草和谷类饲料中的碳水化合物来提供，即机体大部分能量都来自食物中的糖类。这是因为家畜饲料中 80% 以上的营养物质是糖类，而机体 70% 以上的能量是由糖类来供给的。

糖的生理作用 主要包括以下几个方面。

（1）糖是构成组织细胞的必需成分 细胞中的核酸有核糖和脱氧核糖的成分；结缔组织有黏多糖的成分。

（2）糖是组织器官的供能物质 动物的某些器官（如大脑）和动物在生长、繁殖、泌乳及胎儿在母体内的发育等都需要消耗糖。据统计，泌乳牛每日所需的糖约有 60% 在乳腺中转换为乳糖；体重 454 kg 的奶牛，每日约需 1 200 g 糖，其中有 700 g 糖用于产乳，日产 27 kg 乳的奶牛，每日需从乳中损失乳糖约 1 225 g。妊娠后期的绵羊，每日约需 100 g 葡萄糖，其中有 1/3 ~ 1/2 被胎儿利用；奶山羊每产 100 mL 奶，需要由血液供给 10 g 葡萄糖、3.2 g 乙酸盐和 50 mg 氨基酸，可见糖对机体是十分必要的。当日粮中糖的供给量超过机体需要量时，由于糖在体内以糖原贮存的形式仅为体重的 1%，因而过量的糖转变为脂肪贮存于体内的皮下结缔组织、大网膜、肠系膜、肾脏周围等组织中；如果日粮中的糖供给量过低，则母牛产乳量就不能达到较高的水平，因能量物质不能满足需要，故要动用其贮存脂肪供给能量。

血糖 即血液中所含的葡萄糖。血糖除葡萄糖外，还有少量葡萄糖磷酸酯、果糖、半乳糖及其磷酸酯。血糖是糖在体内的运输形式，正是由于血中葡萄糖被转运到组织，才为组织氧化供能提供先决的物质条件。正常情况下，糖的分解和糖的合成保持动态平衡。因此，血糖浓度也处于相对恒定水平，但是，由于家畜品种、年龄、生理状况等不同，故血糖浓度又各有差异（表 4-1）。

表 4-1 几种反刍家畜血糖的含量 mg/100 mL

动　物	血糖含量	平均值	资料来源
1 ~ 30 日龄犊牛	61 ~ 174	99.5	作者（1986）
成年乳牛	49 ~ 64	55.8	作者（1986）
水牛	42 ~ 46	44.0	湖南农学院
闽南黄牛	40 ~ 68	54.6	福建农科院畜牧所
摩拉水牛	40 ~ 80		Dukes 家畜生理学
绵羊	30 ~ 50		Dukes 家畜生理学
山羊	45 ~ 60		Dukes 家畜生理学

血糖浓度稳定具有重要的生理意义。由于机体所有的组织都是从血液摄取葡萄糖来获得能量，因而血糖恒定与否直接影响到组织细胞的正常生命活动。如果血糖浓度过低，则将引起葡萄糖进入组织的含量不足，造成组织特别是大脑的机能障碍。如果血糖过高，而持续时间较短，血糖因迅速合成肝糖原和肌糖原，或氧化利用，或转为脂肪贮存，使浓度恢复正常；如果持续时间较长，则过多的糖即从尿中排出，出现糖尿。

由于血糖随血液流到全身，它与全身各组织细胞保持着密切关系。因而，血糖水平的变化直接影响到体内组织细胞的代谢变化，而体内组织细胞糖代谢状况往往又反映出血糖水平的变化，所以，测定血糖含量对于判断糖在体内代谢正常与否又具有一定实际意义。

血糖的调节　反刍动物血糖的主要来源是糖原异生；血糖分解主要是用于组织细胞的能量所需。血糖浓度之所以能保持相对恒定状况，这是由于受神经、激素调节所致。

（1）激素对血糖的调节

① 胰岛素对血糖的调节。胰岛素除了促使葡萄糖透过肌肉等组织的细胞内膜进入细胞内以外，又可促进肝脏葡萄糖激酶的活化，以及抑制糖异生作用的酶——丙酮酸羧化酶等活化，以加强肝糖原的合成，同时也抑制丙氨酸的释放等，以减少进入肝脏内糖异生的基质。这些便有导致血糖含量降低的倾向。

② 胰高血糖素等激素对血糖的调节。以胰高血糖素（glucagon）为主，此外儿茶酚胺（catecholamine）、糖皮质激素、生长激素、甲状腺（激）素等激素也可使血糖含量增多。如胰高血糖素可促使肝糖原分解，补充血糖，还能促使肝脏糖异生作用的酶，即催化丙酮酸→草酰乙酸的丙酮酸羧化酶的活化等协同作用，使血糖含量增多。儿茶酚胺也使糖生成机能亢进，以及抑制胰岛素的分泌等，使血糖含量增多。

（2）神经对血糖的调节　位于丘脑下部的采食和饱感中枢（satiety center），其采食增多或减少受着血糖、胰岛素等含量多少的影响极大，即以此调节血糖含量的恒定。

糖代谢紊乱的发生及其影响

糖代谢紊乱的发生　奶牛、绵羊在妊娠后期及泌乳早期，由于胎儿和泌乳的需要，其体内能量消耗很大，这些消耗的能量，必须由糖的异生来补充。如果糖的异生作用速度不能满足机体的能量需要，即由饲料营养物质的“输入”和生产“输出”失调时，必将引起机体能量负平衡。

奶牛特别是高产奶牛，泌乳早期阶段就出现能量负平衡及葡萄糖的严重损耗现象。如日产奶30 ~ 40 kg的奶牛，需要能量为210 ~ 260 MJ，日产奶34 kg，乳腺将吸收血液全部有效葡萄糖。由于妊娠后期瘤胃蠕动降低25%，泌乳早期其机能又不能迅速恢复，因此，在干奶期和泌乳早期的4 ~ 6周内，每日进食干物质约减少2.6 kg。正是因母牛在产犊后8 ~ 10周，每日进食量不能达到必需的消耗量，致使机体所获得的能量水平和糖与其所需之能量水平和糖之间处于不平衡状态，即“入不敷出”时，必将导致机体糖代谢的紊乱，可见，引起糖代谢紊乱的前提是能量负平衡，而造成能量负平衡的原因有以下两点：①干奶期精饲料喂量过高，能量供给过剩，机体肥胖，瘤胃的消化机能减弱，致使产后母牛食欲不能尽快恢复，进食量减少，特别是精饲料进食量不足或精饲料能量水平过低；②泌乳早期，大量的糖以乳糖形式由乳中排出，致使机体消耗严重。

糖代谢紊乱对机体的影响　反刍动物糖代谢紊乱的特征是低血糖。由于血液中葡萄糖浓度降低，对机体产生极其不良的影响，具体表现在以下几个方面。

（1）大脑机能障碍　大脑是神经系统的高级中枢，具有复杂而旺盛的机能活动。大脑机能活动的能量主要靠血糖供给，据报道，人的大脑每日需用糖116 ~ 145 g，脑摄取葡萄糖的速度为每分钟55 mg/100 g脑组织，远较其他组织为高；休息时2/3血糖被脑所消耗。脑对血糖浓度最为敏感，当低血糖时，使脑的耗氧量明显下降，而正常机能遭受破坏，使神经系统发生特征性低血糖综合征。其特点是动物感觉减退、嗜眠、不安、呼吸加快、脉搏增数、瞳孔散大、眼球突出、排粪失禁、排汗、震颤、抽搐，最后感觉丧失、昏迷而死。

（2）加速脂肪动员　低血糖时，机体一方面加强糖的异生作用，动用体蛋白转变为糖，以维持体内糖含量正常浓度；一方面则动用体内贮存的脂肪，以供机体能量之需，减少糖的分解。当体脂过度分解时，必将引起酮体升高，发生酮病。

（3）食欲减退或废绝　食欲的变化，既与低血糖引起的中枢神经机能障碍有关，也与酮体浓度过高对中枢神经的毒害作用有关。因采食量限制，食欲缺乏，直接影响瘤胃的消化代谢过程，特别是瘤胃内挥发性脂肪酸（VFA）的含量和比例发生变化：VFA 总量降低 17%；乙酸绝对量降低 9.1%，相对量增加 16%；丙酸绝对量降低 36%，相对量降低 18%。由于前胃形成多量的氨，瘤胃 pH 向碱性变化，并有异丙醇出现，加强了肝脏生酮作用。因机体不能从饲料中摄取足够的能量，不仅使乳产量降低，同时又促进了低血糖的进一步加剧。

反刍动物的脂肪代谢

脂质的消化和吸收

反刍动物奶牛对脂质的消化和吸收是不同于单胃动物的。奶牛摄取饲料中的脂质，在瘤胃内微生物群作用下，使之水解为脂肪酸和丙酸。脂肪酸与胆酸先形成微胶粒（micelle），经肠黏膜上皮细胞吸收；而丙酸经瘤胃黏膜吸收到血液中。以后脂质吸收和乳糜微粒（chylomicron，CM）的组成情况则同于单胃动物。

脂肪的动员

反刍动物的脂肪组织中不断地进行着脂肪的合成与分解。脂肪组织中的脂肪在激素敏感性脂肪酶的催化作用下水解成甘油和脂肪酸，这种过程称为脂肪动员。

甘油　脂肪水解出的甘油，由血液运至其他组织，在甘油激酶的作用下，生成 α - 磷酸甘油，既可与脂肪酸合成甘油三酯，也可在 α - 磷酸脱氢酶的作用下转为磷酸二羟丙酮，按糖异生作用途径合成葡萄糖或糖原和丙酮酸。丙酮酸进入三羧酸循环继续氧化为 CO_2、H_2O 并释放出能量。由于脂肪组织中没有甘油激酶，故不能再用以合成脂肪。

脂肪酸　脂肪水解出的脂肪酸和血浆白蛋白结合被血液运送至畜体的各个组织细胞内氧化分解，为这些细胞提供重要的能量来源，也可在脂肪组织中再合成脂肪。

脂肪组织中脂肪沉积或动员取决于血糖浓度。血糖浓度高，进入脂肪组织中的葡萄糖多，形成 α - 磷酸甘油也多，脂肪合成大于脂肪分解，脂肪沉积。血糖浓度低，进入脂肪组织中的葡萄糖少，生成 α - 磷酸甘油也少，脂肪分解大于脂肪合成，脂肪动员加强。

当机体长期处于低血糖状态时，脂肪组织中的脂肪大量被动员、水解，由脂肪组织中释放出的游离脂肪酸（FFA）大量增加，则必将引起血液中 FFA 大量蓄积和脂肪组织转化极低密度脂蛋白（VLDL）的速度降低，其结果，血浆中游离脂肪酸（FFA）浓度升高，甘油三酯和极低密度脂蛋白（VLDL）随之增高，机体出现高血脂。

脂肪酸在肝脏中的代谢变化

正常情况下，脂肪酸在肝脏中的代谢　从脂肪组织中动员释放出来的游离脂肪酸和血浆白蛋白结合，经血液运输到各种组织被氧化利用，肝脏是其主要的场所。脂肪酸在肝脏的代谢变化有以下两个方面。

（1）脂肪酸的 β - 氧化作用　家畜体内除成熟红细胞、大脑外，体内各组织都能氧化利用脂肪。肝脏是利用脂肪酸的场所，并以脂肪酸为主要能源。脂肪酸的 β - 氧化作用可分以下几步：

① 脂肪酸的活化。脂肪酸在进行 β - 氧化作用之前，在 ATP、辅酶 A（CoA）参与下，由存在于内质网或线粒体外膜的脂酰 CoA 合成酶的作用下生成脂酰辅酶 A。

② 肉碱接受脂酰 CoA 的酰基将其转入线粒体内膜，重新形成脂酰 CoA。

③ 在线粒体内膜内侧形成的脂酰 CoA，可在线粒体基液中进行脱氢降解。因其氧化过程主要在脂酰基第 3 位碳原子上发生，故称为 β - 氧化。β - 氧化过程是由脂酰 CoA 到生成比原来少 2 个碳原子的脂酰 CoA 和一分子乙酰辅酶 A 的过程。生成的脂酰 CoA 可重复 β - 氧化过程，每次脱去一个乙酰辅酶 A，直到双数碳的脂酰 CoA 完全分解生成乙酰辅酶 A 为止。最后乙酰辅酶 A 进入三羧酸循环氧化生成 CO_2 和 H_2O。

（2）脂肪酸在肝脏中重新酯化，生成甘油三酯　脂肪酸在肝内酯化有两个途径：一是 α - 磷酸酰化，是合成甘油三酯的主要途径；一是甘油酯途径。在肝内生成的甘油三酯与肝脏中的脂蛋白结合成极低密度脂蛋白（VLDL）释放到血浆中，由血液运送到其他组织利用，而在脂肪组织中，即将其重新贮存；在乳腺、肌肉组织中，则继续被氧化供能。

低血糖时，脂肪酸在肝中的代谢变化

（1）酮体的生成　肝脏是代谢机能最复杂的器官，为体内能源物质转运和互变的重要枢纽。低血糖时，脂肪组织中脂肪大量被动员，致使血液中的游离脂肪酸（FFA）明显升高，进入肝脏中的脂肪酸，经 β - 氧化作用生成的乙酰辅酶 A，可通过三羧酸循环氧化为 CO_2 和 H_2O。但其氧化很不完全，经常有脂肪酸的中间产物——酮体出现。所谓酮体是乙酰乙酸、β - 羟丁酸和丙酮三种化合物的总称。由于肝中含有酮体合成的全套酶系，故肝脏是酮体生成的主要器官。酮体在肝内合成后，运送到肝外其他组织被利用。

（2）脂肪肝的形成　正常情况下，进入肝内的脂肪酸可重新脂化合成甘油三酯，再以极低密度脂蛋白（VLDL）的形式进入血液。甘油三酯的合成和输出相对平衡，使肝中甘油三酯含量维持于恒定而较低的水平范围内。低血糖时，由于脂肪大量动员，大量的 FFA 进入肝内，虽然甘油三酯的合成因 α - 磷酸甘油含量限制而不致大大增加，然而仍处于不断形成之中。即 VLDL 仍在形成。由于低血糖能降低脂肪组织清除血浆中 VLDL 的能力，故直接影响到由肝中运出 VLDL 的速度，使 VLDL 由肝中运出受阻，致使 VLDL 在肝中蓄积而形成脂肪肝。

（3）酮体的蓄积　肝脏是酮体生成的场所，酮体是肝脏输出脂肪酸类能源的一种形式。因其水溶性较肝脏输出的极低密度脂蛋白和由脂库输出的游离脂肪酸大，故在运输过程中，不需要和血浆蛋白结合，也易于通过血脑屏障，成为大脑、肌肉、心脏、肾脏的重要能源。

正常情况下，在运动、妊娠和应激等过程中，脂肪加速动员，酮体生成也多，外周组织对酮体摄取和利用也增高，因此，机体内酮体产生和分解相对平衡，体内酮体蓄积较少，北京黑白花奶牛血液酮体含量在 10 mg/100 mL 以下。

低血糖时，脂肪动员加速，肝脏酮体生成增多，血液中酮体含量也增加，同时伴有乳、尿酮体含量的升高，β - 羟丁酸是母牛血液中浓度最高的一种酮体。当酮体产生增多时，乙酰乙酸也增高，亚硝基铁氰化钠与乙酰乙酸或丙酮反应呈红色，故可用来监测乳、尿酮体含量，也是诊断奶牛酮病的一种方法。

酮体增高和蓄积引起酮病的发生，而造成酮体蓄积的因素有两个：①肝外组织利用酮体减少，即酮体的分解作用降低；②肝内酮体的过多产生即生酮作用过多。曾经一度认为，糖类或生糖氨基酸是草酰乙酸的唯一来源，而适量的草酰乙酸能与脂肪酸经 β - 氧化生成的乙酰辅酶 A 缩合后才能进入三羧酸循环氧化为 CO_2 和 H_2O。由于低血糖，草酰乙酸不足，故不能与乙酰辅酶 A 缩合，致使乙酰辅酶 A 生成酮体。这就是所谓的“脂肪只能在糖类的火焰中燃烧”的学说，现许多研究认为，肝外组织对酮体的氧化与血浆中酮体含量成正比，即血浆中酮体含量高，组织对酮体的氧化利用速度也随之加快。但组织利用酮体的速度不是无限制的，它由血中酮体的浓度来调节。当血酮浓度超过 20 mg/100 mL 以上，组织利用酮体的能力已达最大限度，此时如果血酮浓度再高，其利用能力也不再增加，即使血酮少许增加，也能造成血酮的蓄积。这就说明，酮病患畜对酮体的利用能力并没有明显破坏，而是酮体产生量比利用的速度更快，以致引起了酮体的蓄积。

围产期母牛代谢疾病的发生与控制
Pathogeny and Control of Metabolic Disorders in Perinatal Cows

奶牛在生长发育、妊娠及泌乳过程中需要有充足的营养物质，包括蛋白质、碳水化合物、脂肪、维生素、必需的无机元素和水。

保持机体内外环境平衡是动物健康生长和进行生命活动最基本的条件。因此，奶牛机体内营养物质的新陈代谢呈动态平衡，并始终贯穿于全部生命活动之中。

营养物质的摄取和生长发育、泌乳所需保持平衡时，奶牛健康，泌乳正常；当奶牛摄取的饲料中营养物质在质、量上过多或不足，或由于营养物质在机体内的代谢发生失调，致使任何一种必需的营养物质代谢下降到临界水平以下时，必将引起奶牛营养代谢疾病的发生。

围产期是母牛充满应激的时期。在这一时期内，母牛经历激素环境的巨大变化、能量负平衡及饲养管理上出现的应激等，皆可引起代谢紊乱的增加，从而使机体抵抗力降低。加之分娩时，子宫和乳房防御屏障机能降低，产后能量负平衡，血液循环中糖皮质激素浓度升高，使子宫内、乳房内中性粒细胞的活动受到抑制，增加了产后感染机会，因此，围产期母牛健康状况的好坏，不仅直接关系到母牛产后生命活动的正常进行及泌乳性能的发挥，而且也关系到母牛今后的再生产、再高产。

随着奶牛养殖业的发展和奶产量的提高，围产期母牛的代谢疾病如乳热、母牛躺卧不起综合征、酮病、皱胃移位等在一些奶牛场，特别是高产奶牛场时有发生。因此，掌握围产期母牛代谢特点，了解其代谢疾病发生的因素及其相互关系，对于正确诊治和预防这些疾病都有一定的实际意义，也是奶牛场特别是高产牛场必须充分重视的实际问题。

围产期奶牛的生理特征

围产期即指母牛在临产前和产后的一段时期。北京地区多数牛场有产房，母牛临产前 14 d 进产房，产后 15 d 出产房。因这一阶段母牛最易发病，故是母牛关键时期。

围产期是奶牛特定的一个生理阶段，这一时期内，母牛具有以下的生理特征：

胎儿发育对营养需要的增加 胎儿一半以上的生长是在妊娠后期完成，需要有较多的营养以供胎儿发育，因此，对营养需要严格。营养过多或不足，都会直接影响胎儿的生长和母牛产后的健康。

产后母牛生殖器官易受细菌感染 产后子宫弛缓，子宫颈尚未完全关闭，恶露滞留，为微生物侵入和繁殖提供了有利条件。再加上在分娩过程中母牛体力消耗严重，抵抗力降低，皆可促使母牛产后发病增加。

产后母体代谢的明显变化 母牛由妊娠→分娩→泌乳的过程中，全身要发生很大变化，表现出水、钠、氯、镁、氯化物和磷酸盐的迅速交换，它们通过乳或其他途径排泄与分泌而发生变化，如母牛采食、消化、呼吸的变化等，这些都可能影响到母体营养物质的代谢改变。正是由于这些物质摄入与分泌引起变化数量和变化速度异常，致使母牛产后营养代谢稳定性降低。

围产期奶牛代谢疾病的病因

营养代谢疾病的病因，主要是摄取的营养物质的过多或不足，从而发生于围产期的代谢疾病，其原因应归于干奶期饲养管理不当所造成。

奶牛在预期产犊前有一段时间停止产奶，为 60 ～ 65 d，此期为干奶期。干奶母牛的主要任务是：①恢复因繁重产奶的体力消耗和乳腺机能。②维持胎儿发育。因胎儿一半以上的生长是在泌乳期最后两个月。③蓄积体力，供下一次产奶期的需要。综上可见，干奶期的饲养管理对母牛的身体恢复、乳房腺泡的增殖及胎儿的发育起着决定作用。造成发病的原因有以下 3 点：

干奶期精料喂量过大 Gardner 指出，产前饲喂高能水平日粮，可使母牛在分娩时体重增加。干奶母牛能量消耗降低，吃进饲料，特别是吃进大量精料后，过多的能量将以脂肪形式贮存于体内，由于体脂过分沉积，体重增加，奶牛肥胖。

泌乳阶段，为了保证产奶量，必须要供应充足的精料，因此，瘤胃等消化器官负担繁重。在干奶期应有一段时间使消化道有一个自行恢复的机会。精料喂量过大，对瘤胃是相当大的应激，加之妊娠母牛随胎儿的增大，腹压增大，瘤胃容积受到限制，消化机能减弱，食欲降低。

综上所述，干奶期精料喂量过大的母牛，在产后 2 周内，不可能迅速恢复消化机能，因此，进食量降低，必将引起酮病、妊娠毒血症、乳热、皱胃移位等疾病的发生。

从奶牛生产实践中观察，造成干奶期精料量过大的原因有以下 4 点。

(1) 高产奶牛场饲料条件好，如品种多、质量好，精料充足，喂量大。

(2) 在饲料品种单纯，特别是粗饲料缺乏的牛场，常以增加精料喂量来补充粗饲料的不足或缺乏。

(3) 管理粗放，混群饲养，或干奶牛吃了泌乳牛的精料，或泌乳牛吃剩余的精料给干奶牛。

(4) 干奶期如何饲喂，精料喂量多少合适，各场尚无一定标准，而在目前奶牛场内普遍存在着追产量现象。有的牛场，片面认为干奶牛肥胖就能高产，故以膘情好坏来作为判断干奶牛健康状况的标准，因此，在饲养过程中，出现“以料促膘、以膘促奶”的倾向。

干奶期营养不足　主要是营养成分缺乏、蛋白质与能量不足、矿物质和微量元素不足以及维生素不足等。由于蛋白质、碳水化合物和脂肪等缺乏，机体处于半饥饿至完全饥饿状态，因此，首先要消耗机体内贮存的糖原，继而消耗蓄积于体组织中的脂肪，以维持其能量所需。由于营养不良，奶牛表现出消瘦，被毛粗乱无光，泌乳量降低。造成营养不足的原因是饲料的缺乏，而饲料短缺则是由于饲料无长远安排，计划不周，贮备不足等所致。

其他因素　除了营养因素外，围产期代谢疾病的发生与机体的健康状况、产乳量、疾病都有直接关系。

围产期奶牛代谢疾病的相互关系

围产期奶牛代谢疾病不是孤立存在的，它们之间存在着一定的关系，彼此之间相互影响。ERB（1988）将围产期奶牛代谢疾病——乳热、母牛躺卧不起综合征、皱胃移位、牧草搐搦、乳房浮肿及酮病间的相互关系设想如图 4-1 所示。图 4-1 显示，围产期奶牛代谢疾病在临床上可独立存在，其中乳热则是其他所有代谢疾病的核心，即乳热可继发其他几种疾病，乳房浮肿经过一段时间可逐渐消失，恢复正常，母牛躺卧不起综合征多因淘汰或死亡告终，而在以后的泌乳过程中，酮病则是奶牛最主要的一种营养代谢疾病。

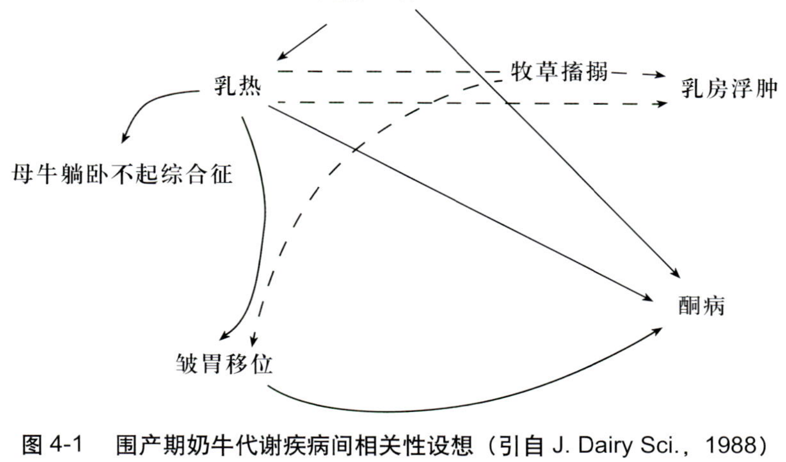

图 4-1　围产期奶牛代谢疾病间相关性设想（引自 J. Dairy Sci.，1988）

Msoeley 等指出，酮病（肥胖母牛）外周血液中 FFA 浓度过高，可促使 Ca^{2+} 向脂肪细胞内移动；Reid 等指出，血液中 FFA 可与 Mg^{2+} 形成螯合物并诱发低镁血症（搐搦），影响泌乳初期钙的动员；牛见忠藏指出，钙和镁在体内总贮量分别为 6 000 g 和 175 g，除了提供正常泌乳和后期胎儿需要外，以离子形态可供紧急动用的 Ca^{2+} 和 Mg^{2+} 用量，仅占总贮量的 0.05% 和 0.43%。因此认为，乳热和低镁血症（搐搦）均属急性发作性疾病。由于 FFA 浸润肌细胞间隙，影响骨骼肌和平滑肌的运动功能，诱发肌无力、皱胃移位和卧地不起。

围产期奶牛代谢疾病的监控

营养代谢疾病的发生，主要是营养物质的“输入”和生产“输出”失调，机体不能代偿所致。通常情况下，营养代谢疾病的发生多属慢性过程，即为长期营养失调而突然于临床发作的过程，营养代谢疾病临床症状的表现，反映出机体营养代谢已处于严重紊乱的程度。因此，早期监测、提早预报是对围产期奶牛代谢疾病监控的有效途径。为此，在生产中应遵循以下原则。

随时掌握饲料的种类及日粮组成

为能使日粮的营养物质及其营养价值满足奶牛的营养需要，应定期对饲料中的干物质、奶牛能量单位（NND）、粗蛋白（CP）、可消化粗蛋白（DCP）、钙（Ca）、磷（P）及维生素等进行计算，并与奶牛饲养标准进行比较，看其是否符合要求，依此标准，进行必要的调整。在饲养干奶母牛时应遵循以下措施：

（1）对饲料的要求包括以下 6 个方面。① 充分利用现有饲料资源，保证饲料供给。奶牛饲料有青干草、玉米青贮、块根、糟粕类和精饲料。矿物质饲料中，应有一定比例的常量元素和微量元素。② 每年应对饲喂奶牛的各种饲料进行一次常规营养成分测定，并鉴定其饲用及经济价值。③ 配合饲料应根据本地区的饲料资源、各种饲料的营养成分，结合奶牛的营养需要，因地制宜地选用饲料并进行加工调制。④ 从粮食加工厂购来的混合饲料，必须了解其营养价值。⑤ 应用化学、生物活性等添加剂时，应了解其生理作用与安全性。⑥ 严禁饲喂发霉变质饲料、冰冻饲料、农药残毒污染严重的饲料、被病菌或黄曲霉污染的饲料及动物源性饲料。

（2）合理供应日粮，满足营养需要。加强干奶期母牛饲养，控制精饲料喂量，防止母牛肥胖。围产前期，日粮干物质占体重的 2% ～ 2.5%，奶牛能量单位 21 ～ 26 NND，粗蛋白 9% ～ 11%，钙 0.3%，磷 0.3%，粗纤维 15% ～ 18%。围产后期，日粮干物质占体重的 2% ～ 5%，奶牛能量单位 20 ～ 25 NND，粗蛋白 12% ～ 14%，钙 0.6% ～ 0.8%，磷 0.4% ～ 0.5%，粗纤维 12% ～ 15%。

加强管理，提供良好的生存环境

主要包括以下四个方面。① 产房坚固耐用，符合卫生标准，宽敞明亮，冬暖夏凉。② 运动场地面平坦，四周有排水沟，场内有遮荫棚、饮水槽、食盐池；粪便及时清扫，垫平坑洼，排除污泥积水，保持干燥。③ 冬天要防寒保暖，夏季要有防暑降温措施。④ 严格执行防疫消毒制度，建立奶牛病历档案。

围产期母牛代谢病的监控措施

加强围产期母牛的健康检查 对母牛的监控技术包括体温、乳产量和尿 pH 的检查。

（1）体温检查：体温升高（39.5℃以上），多与产后脓毒血症、肥胖母牛综合征、产后乳房炎、创伤性心包炎有关。体温正常或偏低（39℃以下），常见于产后瘫痪、瘤胃酸中毒、皱胃移位。

（2）奶产量检查：产奶曲线是反映产后母牛健康状况好坏的重要指标。奶产量不升高，常见于酮病、胎衣不下、产后低血钙症、皱胃移位；产奶量突然下降，常见于酮病、创伤性心包炎、乳房炎。产后无乳或少乳，常见于产后产道损伤、大出血、子宫破裂、金黄色葡萄球菌性乳房炎等。另外，产后 3 d 监测奶体细胞，可以评定干奶期乳房管理和干奶药的效果。

（3）尿液检查：尿液呈酸性，见于酮病、酸中毒、败血症。尿液呈碱性，常见于皱胃扭转。

定期进行血液检验 定期监测血液中的一定成分，可以预报一个畜群或一个泌乳牛群的代谢性疾病的发生。通过血检发现，如果某一成分或某些生化指标下降至正常水平以下，即可预示某些物质的紊乱，为此，应采取必要措施，以防止其负平衡的继续出现。由于奶牛年龄、妊娠期、干乳期、泌乳期、饲养条件、饲料的种类和性质以及环境条件等诸多因素的影响，血液成分有所不同，因此，每年应定期对干奶牛、高产牛进行 2 ～ 4 次血检，及时了解其血液中各种成分的含量及变化。检验项目主要包括血细胞数、血细胞压积值（PCV）、血红蛋白、血糖、血尿素氮、血清无机磷、血钠、血钾、血镁、血钙、总蛋白、球蛋白、白蛋白、碱贮、血酮体、谷草转氨酶、血游离脂肪酸（FFA）等。根据所测结果，与奶牛正常血液生理值进行比较，为早期预防提供依据。目前，国外不少国家已确立了这种措施，并且制定出关于奶牛营养状态的判断标准表用于生产。

建立产房定期酮体监测制度 围产期是一个关键阶段，所以应对临产母牛及产后母牛进行定期的健康检查。由于围产期母牛食欲降低，特别是母牛产后营养负平衡的出现，体脂的动员，酮体是最重要的监测指标，根据作者对黑白花奶牛乳酮变化规律的研究得出，乳酮浓度与泌乳月呈负相关，与产奶量呈正相关，因此，在高产奶牛群应建立酮体监测制度。具体程序是：产前 1 周隔日测尿 pH、酮体一次。产后 1 d，可测尿 pH 和乳中酮体，隔日一次，直到出产房（产后 14 ～ 20 d）。凡测定尿液 pH 呈酸度、尿（乳）酮体含量升高者，立即进行治疗。

奶牛营养障碍
Nutritional Disorders of Dairy Cattle

奶牛在其生命活动过程中，不断地从外界环境摄取饲料中营养物质即蛋白质、碳水化合物、脂肪、矿物质、维生素和水，经过一系列的生化学变化，将其转化为自身的组成成分，以维持其正常的生长发育、组织修补、繁殖和泌乳机能。因此，营养供应在奶牛饲养过程中极为重要。

营养障碍是指奶牛摄取饲料中营养物质过多或不足，导致营养物质的消化、吸收和排泄过程的紊乱所引起的疾病。临床上表现以营养不良，机体消瘦或肥胖，以及泌乳下降、繁殖紊乱等为特征的多种代谢障碍症候群。

我国奶牛采用以舍饲为主的饲养方式。集约化、规模化的饲养模式导致牛群扩大，产奶量提高，然而，粗饲料特别是优质干草缺乏和精饲料喂量过多的现象，成为我国奶牛场普遍存在的问题，致使奶牛营养障碍和营养代谢性疾病发病增加，造成泌乳、生殖性能降低，或久配不妊被淘汰。

病　　因

奶牛营养障碍的发生极为复杂。其主要原因包括饲料中营养物质的缺乏或过多、瘤胃消化机能障碍、肝功能紊乱和内分泌机能失调几个方面。

营养物质缺乏或过多

营养物质的缺乏 奶牛营养物质的缺乏即指奶牛需要的营养素包括能量、蛋白质、粗纤维、矿物质、维生素和水的缺乏。

（1）能量不足。日粮能量供应不足，奶牛出现能量负平衡。为了满足对能量的需要，首先消耗机体内贮备的糖原，继而消耗蓄积于体组织中脂肪的能量。在体脂动员的过程中，必将产出大量的酮体，奶牛发生饥饿性酮病。摄入能量过低，会导致产后母牛发情周期延长，后备母牛成熟卵泡数减少，孕酮水平降低，受孕率降低（Hill et al，1910）。当蛋白质动用、代谢供能时，由于构成蛋白质的氨基酸有生酮氨基酸和生糖氨基酸，它们之间保持着动态平衡，虽然在蛋白质代谢过程中不会引起饥饿性酮病的发生，但会有低蛋白血症的出现。

（2）蛋白质营养不足。蛋白质营养不足，影响消化道黏膜的健康、消化液的分泌、瘤胃微生物蛋白的合成率和合成量，使瘤胃功能下降，采食减少，生长发育受阻，产奶量降低。

（3）矿物质和维生素不足。矿物质中常量元素钙、磷、镁、钾、钠、氯、硫和微量元素钴、硒、锌、铜、碘等及维生素 A、维生素 D、维生素 E 的缺乏，都可引起奶牛的缺乏症。

（4）水不足。水在维持体液和正常的离子平衡，营养物质的消化、吸收，代谢产物的排出，体热的散发，以及为胎儿提供流体环境等方面具有重要作用。供水不足可影响机体物质代谢，降低干物质采食量和产奶量。

营养物质过多　主要指日粮中能量和蛋白质含量过高。

（1）蛋白质过多。日粮中蛋白质饲料过高，导致瘤胃内异常发酵，瘤胃正常消化吸收机能受阻，影响其他营养物质的代谢与吸收，引起营养障碍。

饲料中蛋白质通过瘤胃微生物作用被降解为氨，其中一部分氨在瘤胃中合成为微生物蛋白，其余部分被吸收入血液，通过肝脏解毒作用转化为尿素，经肾脏随尿排出体外。当肝脏功能降低时，则导致奶牛慢性中毒，临床呈现瘤胃腐败症、酮病。

（2）能量过高。系指含碳水化合物饲料如玉米、小麦等喂量过多。大量饲喂含糖饲料，也易导致瘤胃内异常发酵而呈现消化紊乱。当正常瘤胃发酵环境平衡遭受破坏时，有害细菌及食物中霉菌产生的毒素可能破坏瘤胃黏膜，从而影响营养物质的吸收。日粮结构的改变可引起瘤胃内微生物种群变化，表现为革兰氏阴性细菌减少，革兰氏阳性细菌如乳酸杆菌、牛链球菌急剧增殖，pH 下降，乳酸蓄积。当大量乳酸经瘤胃壁吸收进入血液，则将引起乳酸酸中毒。奶牛表现出脱水和休克。

瘤胃消化机能紊乱

瘤胃是一个连续性微生物发酵罐，瘤胃微生物将饲料中的营养物质进行分解、合成和利用。因此可以认为，瘤胃消化即微生物消化。奶牛主要依靠瘤胃发酵来获得营养，引起瘤胃消化机能紊乱的因素如下：

口腔、牙齿疾患　咀嚼使大量唾液与饲料混合在一起，唾液中的缓冲成分碳酸氢钠能够缓冲瘤胃发酵所产生的酸。当口腔、牙齿发生疾患时，不能咀嚼或咀嚼不充分，唾液分泌减少，使瘤胃液 pH 的调节作用发生改变，影响饲料的摄取、消化和吸收。

饲料突然改变　瘤胃发酵因饲料成分而变化。能促进反刍的饲料对维持瘤胃发酵的适宜环境起着有益的作用。饲料中的粗纤维主要用于提供能量，其中结构性碳水化合物能刺激咀嚼、反刍，形成食团，提高唾液的分泌量，维持瘤胃 pH 的恒定。日粮中粗纤维缺乏时，消化机能紊乱，可引起营养障碍。当饲喂高能精料如谷类、糖蜜等饲料时，在瘤胃中许多成分迅速被发酵，并未促进动物反刍，同时使瘤胃内环境和微生物之间共生关系遭受破坏或紊乱，瘤胃异常发酵，可引起瘤胃炎、皱胃溃疡和肠炎。这不仅导致消化、吸收机能障碍，还会形成肝脓肿和慢性营养障碍。

肝功能障碍　肝脏是进行营养物质代谢、解毒、血液贮存及合成维生素等多种功能活动的器官。在营养物质代谢方面，奶牛从饲料摄取的营养素，通过消化器官的静脉、动脉进入血液，再进入肝脏，这些物质在肝脏相应酶系统的作用下，分解、氧化和吸收，以供各组织营养需要。

肝脏极易受摄取饲料种类、性质以及其他各种因素影响而发生功能异常，如：饲料中营养物质缺乏、能量不足，因碳水化合物代谢紊乱而使肝糖原的合成和分解功能降低；精饲料饲喂过多，瘤胃中乳酸蓄积，吸收入血可使肝细胞变性；饲料中的有毒成分以及胃肠道内产生的有毒胺类、细菌内毒素等，都可直接作用于肝细胞，使之损伤，导致肝正常功能紊乱，呈现营养障碍。

内分泌机能紊乱　饲喂高蛋白、低能量的日粮，可见脑垂体 - 肾上腺皮质肥大，则将导致其分泌的肾上腺皮质激素的变化，可引起糖、蛋白质、脂肪、水和电解质代谢紊乱。在饲喂高蛋白饲料时，易引起甲状腺肥大，使脂肪、糖的氧化、利用和蛋白质合成紊乱。用低能量、低蛋白饲料饲喂的奶牛，卵巢机能不全或减退，母牛常不发情。用高蛋白、高能量饲料喂牛，易使母牛发生卵巢囊肿。

疾病继发　奶牛患有牛病毒性腹泻 - 黏膜病、结核病、副结核病、焦虫病、附红细胞体病、肝片吸虫病以及普通病如乳房炎、创伤性网胃 - 腹膜炎等，由于采食量下降或废绝，营养障碍则为这些原发疾病的征候。

临床症状

营养障碍在临床上以精神状况、肥瘦程度和被毛生长情况为主要症状。

营养过多

高精饲料饲喂的牛群，多数奶牛的膘情较好，周身丰满，棱角不明显，被毛短密、有光泽，易发生难产，肥胖母牛综合征，发情延迟或不发情。直肠检查见子宫肥大、弛缓无力，多沉坠于腹腔内，卵巢囊肿或持久黄体，发情频繁或久不发情。

营养缺乏

在低能量、低蛋白饲料饲喂的牛群，多数奶牛消瘦，骨骼显露，精神沉郁，全身乏力。被毛粗刚无光泽，换毛延迟。奶产量低，发情不明显或不发情。直检见子宫缩小，无弹力，卵巢静止，表现为卵巢硬，无卵泡或黄体。长期营养不良，奶牛可视黏膜苍白，体躯下部出现水肿，运步不稳，不愿行走，喜卧。

继发性营养障碍

除了表现出消瘦、发情停止和泌乳降低外，尚有各自疾病固有症状，病毒性腹泻 - 黏膜病有体温升高、持续性腹泻和流产，副结核病牛有顽固性腹泻等。

病理变化

营养过多 能量、蛋白质饲料过高，奶牛肥胖，皮下、大网膜、肠系膜及肾周围沉积大量脂肪，瘤胃肥大，黏膜有充血或出血，在瘤胃壁上黑色素形成不全，皱胃黏膜充血或有小溃烂，心冠状沟脂肪沉积，肝肿大、脂变或硬化，肾炎，卵巢囊肿。

营养缺乏 能量和蛋白饲料喂量不足，奶牛消瘦，肌肉萎缩，皮下、网膜脂肪贫瘠，脂肪呈胶样水肿。瘤胃缩小，肝硬化，卵巢机能不全，卵巢硬，无卵泡或黄体。

诊断

营养障碍依据奶牛外部消瘦和肥胖程度即可诊断。常用体况评分可触摸髋骨、肋骨或尾根外侧，根据触摸骨骼的难易程度、沉积脂肪的多少来打分，采用从消瘦到膘情状况设 0 ～ 5 级的评分法。生理阶段不同，适宜的体况评分标准不同。以干奶期母牛为例，体况评分应为 3.5 ～ 3.75，体况 >4.0 时为肥胖，体况 <3.0 时，则为过瘦。

饲养管理调查 奶牛发生营养障碍时，要对饲料种类、日粮组成进行调查，并对各种饲料营养成分如可消化总养分、可消化粗蛋白、粗纤维、钙、磷、胡萝卜素等进行计算，并与奶牛饲养标准相互比较，以查明饲养过程中饲料营养成分的过剩或缺乏。

对原发性疾病的诊断 营养障碍能引起奶牛疾病，而奶牛原发性疾病也能引起奶牛营养障碍。2001 年，一牛场产奶量持续下降，饲料质量、种类较好，但牛精神发呆、消瘦。经临床检查，多数奶牛牙齿磨灭不正，水质检查含氟量明显过高，确诊该场为奶牛慢性氟中毒。2005 年，一牛场蹄病较多，产奶量低，消瘦，饲料营养物质正常，经临床检查，5 头牛中有 3 头牛口腔、舌部有溃烂，血清病毒中和试验，病毒性腹泻抗体阳性率占 60%，确认该场奶牛患病毒性腹泻 - 黏膜病。因此，奶牛场在诊断营养障碍时，要全面调查、综合分析，才能做出正确诊断。

治　疗

奶牛营养障碍是长期性营养物质在质和量上的缺乏或过饲导致的慢性营养代谢性疾病，治疗的前提是加强饲养管理，调整日粮配合，保持营养平衡。

对酮病、低血糖症病牛，治疗原则是补糖、补碱和保护肝脏。提高血糖浓度、减少脂肪动用，可用葡萄糖、丙二醇、丙酸钠；补充碱量，防止酸中毒，可用 5% 碳酸氢钠液 500 ～ 1 000 mL 静脉注射；解毒保肝、抗脂肪肝的形成，可用葡萄糖醛酸内酯（肝泰乐）1 ～ 2 g 静脉注射，或复方胆碱（每 2 mL 内含氯化胆碱 150 mg、蛋氨酸 40 mg、肌醇 30 mg、维生素 B_{12} 40 μg）20 ～ 30 mL 肌肉注射。

对矿物质、维生素缺乏的病牛，根据病因、症状采取相应治疗，如用钙、磷、镁制剂及维生素 A、维生素 D、维生素 E、维生素 B_{12} 等。

对营养障碍而引起的繁殖障碍，对子宫、卵巢检查，并根据其病理变化采取对症治疗。

对因疾病而引起的营养障碍，对原发病应及时、正确地诊断，并对原发疾病采取相应治疗。

预　防

奶牛的生产性能是泌乳。乳是由乳房腺泡和细小导管的分泌上皮细胞通过腺泡周围的毛细血管选择性地将血液中营养物质转化并合成的新的物质。其中乳糖来源于血液中的葡萄糖，乳脂的前体物是血液中的甘油和脂肪酸。牛奶中免疫球蛋白来源于血液，其他蛋白如酪蛋白、清蛋白是摄取血液中的氨基酸通过乳腺细胞合成。血液中的营养成分来源于饲料的营养物质，即奶牛将从饲料中获取的营养物质除自身需要外，最终都将进入血液转变为乳。从某种意义来说，奶牛是“营养转化机”。

营养是健康的基础。饲料中任何营养物质的量和质的变化都将会引起奶牛营养障碍，进而导致奶牛疾病的发生。为了预防奶牛营养障碍，保证奶牛健康，应采取以下措施。

（1）加强饲养，供应平衡日粮。饲料种类应多，质量要好。除了精饲料外，必须要有充足的优质干草。日粮应按不同生理阶段营养需要供应。为了能满足奶牛营养需要，应掌握所喂饲料的各种营养成分的含量，使配制日粮配方尽量符合奶牛的饲养标准。

（2）定期对牛只进行体况评分。评定奶牛膘情常采用体况评分，奶牛场应组织技术员、兽医和技术工人定期对牛只进行体况评分。以成年母牛为例，可在产犊时、产犊后 1 个月内、泌乳中期和末期各评定 1 次。通过对牛只体况评分，能及时发现牛群可能出现的健康问题，并对奶牛的日粮作出及时的调整。

合理的日粮能够保证奶牛各生理阶段相应的体况评分值，其体况评分的判定标准见表 4-2。

表 4-2　奶牛各时期适宜的体况评分

（中国学生饮用奶奶源管理技术手册，2006）

牛　别	评定时间	体况评分
成年牛	产犊	3.0 ～ 3.75
	泌乳高峰（产后 21~40 d）	2.5 ～ 3.0
	泌乳中期（产后 90~120 d）	2.5 ～ 3.0
	泌乳后期（干奶 60~100 d）	3.0 ～ 3.7
	干奶时	3.5 ～ 3.75
后备牛	6 月龄	2.0 ～ 3.0
	第一次配种	2.0 ～ 3.0
	产犊	3.0 ～ 4.0

(3) 定期对血液、尿液、乳汁及肝功能进行检验。通过检验数据不仅能对奶牛有无病态及疾病程度作出判断，也为判断奶牛日粮合理性提供了依据。由于奶牛生理阶段、饲料种类及日粮组成和环境等不同，检验结果也有所不同，奶牛临产前血液学生理值及血液生化值见表 4-3 和表 4-4，供临床检验参考。

表 4-3 临产奶牛血液学生理值

项目	RBC（万个 /mm³）	WBC（个 /mm³）	Hb（g/100 mL）	PCV（%）	白细胞分类（%）				
					嗜中性	杆状核	嗜酸性	淋巴	单核
范围	560~597	7 170~7 810	9~9.4	33~36.2	28~32	2.8~8	4.4~10.2	52~58	0.2~1.4
平均数	582.6	7 410	9.2	35.0	29.4	4.5	7.0	55.3	0.8

表 4-4 临产奶牛血液生化值

项目	CO_2（%）	血糖（mg/100 mL）	Ca（g/100 mL）	P（g/100 mL）	酮体（mg/100 mL）	尿素氮（mg/100 mL）	游离脂肪酸（mEq/L）	GOT（赖氏单位）
正常值	50.4±0.43	62±2.15	8.2±0.13	5.4±0.2	2.5±0.16	微量至 283±0.16	39~156.714 3	39~56.776

具体程序是：①产前 1 周隔日测尿 pH、酮体一次。②产后 1 d，可测尿 pH 和乳中酮体，隔日一次，直到出产房（产后 14 ~ 20 d）。凡测定尿液 pH 呈酸度、尿（乳）酮体含量升高者，立即进行治疗。

(4) 加强管理，减少应激，给牛创造安静、清洁、干净的生活环境。粪尿及时清扫，保持牛床清洁，卧床所用褥草、沙土、锯末应及时换。牛场宽敞、通风。做好防暑降温，消灭蚊、蝇工作。饮水新鲜、充足、清洁、干净。保护肢蹄健康，坚持定期修蹄和蹄浴。

(5) 加强对原发性疾病的预防。预防有潜在威胁的病原体或毒素感染，以保障牛群健康，保证食品（牛奶、牛肉）的安全和质量。由于病原体及毒素感染，引起奶牛疾病的发生，都会表现食欲异常而呈现的营养障碍，因此应做好预防工作。

第一，加强饲料保管，防止霉变产生的有害物质进入。霉变饲料不仅适口性降低，采食量减少，同时霉变饲料中霉菌及其毒素作用于机体，可引起奶牛中毒，对已发霉的饲料，严禁饲喂。

第二，加强检疫，及时处理阳性病牛。牛场应定期对结核病、布氏杆菌病及其他传染病进行检疫，阳性牛应及时从牛群中挑出。

第三， 加强灭蚊、蝇工作，预防由原虫引起的焦虫病及由立克次氏体引起的附红细胞体病的发生，南方地区应做好肝片吸虫病的预防。已感染牛场，应采取有效的防治措施，减少其危害性。

奶牛酮病
Ketosis of Dairy Cattle

1849 年，Landcr 首先发现了奶牛酮病的一定神经症状之后，引起了世界许多奶牛发达国家对酮病的关注。由于其症状表现不同，病名有酮尿病、酮乳症、酮血症，至今才统一称之为酮病。

奶牛酮病是碳水化合物和脂肪代谢紊乱所引起的一种全身功能失调的代谢性疾病。病的特征是酮血、酮尿、酮乳，出现低血糖、消化机能紊乱、乳产量下降，间有神经症状。

据统计，在世界上的一些奶牛场内，临床酮病的发病率占牛群泌乳牛的 2%～20%不等，发病母牛不仅产乳量明显下降（降低 10%～15%）、发情延迟、配种不妊，同时也易引起所产犊牛发病率和死亡率增高，给奶牛业的发展造成严重损失。

病的发生

与胎次的关系　各胎龄母牛均可发病，以 3 ～ 6 胎者发病最多，第一次产犊的青年母牛也常见发生。

与分娩的关系　本病多发生于产犊后第 1 个泌乳月内，大部分出现于泌乳开始增加的产后 3 周内，第 2 个月后发病减少。

与季节的关系　在常年舍饲条件下饲养的奶牛，一年四季都有发生，季节性不明显。通常认为冬、夏季较多，这与饲喂的日粮种类、日粮搭配有关。由于寒冷、高温、高湿等应激因素的刺激，易引起消化机能的紊乱，当影响食欲时，即促进了疾病发生，所以有冬、夏季发病增多的可能性。

与饲料的关系　饲料的种类、品质好坏、日粮组成、精粗比例等与发病直接相关。日粮不平衡、精料过高、粗饲料缺乏，易造成瘤胃机能减弱，进而引起食欲减退，使瘤胃内环境发生改变。由于机体不能摄取足够的饲料，往往因采食量降低，能量水平不能满足需要，所以发病增加。矿物质缺乏时，如饲料中缺钴、磷时，常导致酮病的大量发生。因为钴缺乏时，使丙酸代谢转化减弱，生糖的先质减少，影响了糖异生作用，使发病增加。青贮饲料含有较多的丁酸，当长期大量饲喂时，因丁酸具有生酮作用，故使体内酮体生成增加，而促使本病的发生。

与遗传的关系　生产中常常发现，有的奶牛有反复发生酮病的现象，即有易患酮病的病史。据报道，有酮病史的牛比无酮病史的牛，酮病发生率高 4.4 ～ 12.3 倍，并且具遗传性，其遗传力估计为 0.06 ～ 0.09。

与奶产量的关系　奶牛产乳量的高低与本病发生有关。高产牛群及高产牛酮病发生多，低产牛群及低产牛酮病发生少。第 1 个泌乳月的产奶量与酮病间有小的表型遗传相关。

与干奶期营养水平的关系　干奶期的饲养水平直接影响到酮病的发生。当饲料的能量水平过高或过低时，发病率都增加。日粮的蛋白水平不足，发病增加，日粮中蛋白水平提高，发病减少，故认为产前饲喂高蛋白日粮具有降低酮病发生的作用。产前 3 周，在日粮中适当增加能量水平，可以起到降低奶牛酮病发病率的作用。

与品种的关系　奶牛的品种虽与发病的关系不十分明了，但临床上发现，产奶量高的品种发病增多。

病因与分类

酮病病因涉及的因素很广，而且较为复杂。但其主要有关的因素则是母牛高产、营养、分娩及泌乳，其中最为重要的一个因素，就是营养供应不足，致使母牛能量负平衡。病因学的突出特点是碳水化合物饲料不足、糖类缺乏，导致体蛋白分解和脂肪动员，结果引起了酮体生成增加。为了能够对酮病本质有所了解，Kronfeid 将酮病分类如下：

原发性营养性酮病

即饲料供应过少，饲料品质低劣、饲料单纯，日粮处于低蛋白、低能量的水平下，致使母牛不能摄取必需的营养物质，所以也称为消耗性饥饿性酮病。

自发性酮病

指按正常饲养方式饲喂，日粮处于高能量、高蛋白的条件下，这种在饲料充足而又高产的奶牛发生的酮病，称之为“有生产者的醋酮血病”。此类酮病在生产中常见，它常发生于分娩后 1 ～ 8 周内的高产母牛，开始呈亚临床酮病，随后痊愈，或发展为酮病。其发生可能与机体消化代谢机能障碍有关，即不能使摄入的充足的碳水化合物转变为葡萄糖所致。

继发性酮病

由于患前胃弛缓、瘤胃臌气、创伤性网胃炎、皱胃移位、胃肠卡他、子宫炎、乳房炎及其他产后疾病，往往引起奶牛食欲减退或废绝，由于不能摄取足够的食物，机体得不到必需的营养所致。

食物性或生酮性酮病

饲料性质能引起酮病的发生。当供给含丁酸多的饲料，所含丁酸经瘤胃壁或瓣胃壁吸收后引起发病。青贮饲料和干草是奶牛的常用饲料。通常，干草含生酮物质（丁酸）比青贮饲料要少，而由多汁饲料制成的青贮料含生酮物质高于其他青贮料，当饲料中丁酸含量过高，经吸收后可转成 β - 羟丁酸，β - 羟丁酸在 β - 羟丁酸脱氢酶的作用下转变成乙酰乙酸，乙酰乙酸脱羧后可变为丙酮，因此引起奶牛发生酮病。

发病机理

健康的反刍动物，脂肪酸的氧化和合成都在同时正常进行着，中间产物的积聚不显著，血液中酮体含量甚微，不会发病。

高产奶牛，由于泌乳，故对营养需要量显著增高，这就必须要从饲料中获得能量以满足自身需要。奶牛机体基本能量代谢不是葡萄糖，而是靠前胃中碳水化合物发酵形成的挥发性脂肪酸（VFA）的糖原异生作用来提供。研究证明，母牛产犊后 4 ～ 6 周已出现泌乳高峰，但其食欲恢复和采食量的高峰在产犊后 8 ～ 10 周出现，说明分娩后食欲恢复与产奶量的上升不能同步进行；另外，在干奶期供应能量水平过高，分娩前母牛过肥等因素的作用，都可影响产后母牛对饲料的采食量。由于不能摄取足够的饲料，必将导致能量负平衡，引起肝内含糖量的不足，则血糖降低。由肝糖水平下降的低血糖所引起的糖代谢紊乱，必将引起体脂动员，其结果是血液游离脂肪酸（FFA）浓度上升、肝脏 FFA 增加。FFA 在肝内代谢有 3 个转归，即合成甘油三酯、氧化供能和生成酮体。所以认为碳水化合物的缺乏所引起的低血糖是酮病发生的主要因素。

酮体（β - 羟丁酸、乙酰乙酸、丙酮）为脂肪代谢的中间产物，它们在肝内产生，然后由血液运送至其他组织如肌肉、心脏、脑和肾脏被氧化利用，生成 CO_2 和 H_2O，血中含量极少。血糖下降、大量脂肪酸进入肝脏，脂肪酸经 β - 氧化所产生的乙酰辅酶 A，因血糖低、草酰乙酸含量减少，故不能在肝中进入三羧酸循环被氧化，致使血中酮体过高。当血中酮体含量超过正常范围和肝外组织氧化酮体的能力降低时，血酮在体内积存而引起酮病。

酮体中的 β - 羟丁酸、乙酰乙酸都是较强的有机酸，若体内聚积过多，可引起代谢性酸中毒，并因使细胞外液的晶体渗透压升高，故可引起水和电解质的平衡失调。乙酰乙酸为有毒的有机酸，脱羧变为丙酮，还原为 β - 羟丁酸。丙酮的还原或 β - 羟丁酸的脱羧，都生成异丙醇，则可引起奶牛的神经症状，患畜表现沉郁或兴奋。

临床症状

根据症状表现和病因不同可分为消化型、神经型、乳热型和继发型 4 种。通常消化症状和神经症状同时存在。

消化型

主见食欲降低或废绝。病初，食欲减退，产乳量下降。通常先拒食精料，尚能采食少量干草，继而食欲废绝。异食，患畜喜喝污水、尿汤，舐食污物或泥土。反刍无力，口数不定，或少于 30 次，或多于 70 次；瘤胃弛缓、蠕动微弱；粪便干而硬、量少；有的伴发瘤胃臌胀；体重明显减轻、消瘦，皮下脂肪消失，皮肤弹性减退；精神沉郁，对外反应微弱，不愿走动；体温、脉搏、呼吸正常，随病时延长，体温稍有下降（37.5℃），心跳增数（100 次 /min），心音模糊，第一、第二心音不清，脉细而微弱。重症患畜全身出汗，似水洒身，尿量减少，呈淡黄色水样，易形成泡沫，有特异的丙酮气味。

乳量下降，轻症者呈持续性，重症者突然骤减或无乳，乳具有特异的丙酮气味。一旦乳量下降，虽经治愈，产乳量多不能完全恢复到病前水平。

神经型

主见有神经症状。病状突然发作，特征症状是患畜不认其槽，于棚内乱转，目光怒视，横冲直撞，四肢叉开或相互交叉，站立不稳，全身紧张，颈部肌肉强直，兴奋不安，也有举尾于运动场内乱跑，阻挡不住，饲养员称之为“疯牛”；空嚼磨牙，流涎，感觉过敏，舐食皮肤，吼叫，震颤。神经症状发作持续时间较短，为 1 ～ 2 h，但 8 ～ 12 h 后，仍有再次复发现象。有的牛不愿走动，呆立于槽前，低头耷耳，眼睑闭合，似如睡样，对外反应淡漠，呈沉郁状。

乳热型

在分娩后 10 d 以内发病的较为多见。其临床症状与乳热症极为相似，并有泌乳量急剧降低和体重减轻趋势。饮、食欲大减，肌肉乏力，不时发生持续性痉挛，对外界刺激反应较敏感，不能站立，被迫横卧地上，其卧下姿势以头屈放肩胛部，呈昏睡状，应用钙制剂静脉注射治疗，多无效果。

继发型

在临床症状上多被原发性疾病的主要症状，如前胃弛缓、皱胃炎、皱胃移位、乳房炎和子宫内膜炎等各自特有症状所掩盖。其症状不外乎精神沉郁，食欲减退或消失，反刍、嗳气和瘤胃蠕动等消化机能紊乱，以及泌乳量大减等。重型病牛多伴发黄疸和神经症状。

临 床 病 理

酮病的出现是以糖、脂肪代谢紊乱为主的一系列障碍，故临床病理学的特征变化是高血酮、高血脂、低血糖和尿、乳中有酮体。

血糖 病牛血糖由正常的 50 mg/100 mL 下降至 20 ～ 40 mg/100 mL（表 4-5）。

表 4-5 健康牛和酮病牛血糖代谢变化 mg/100 mL

项目	健康牛（n=20）	酮病牛	
		初期（n=20）	重期（n=18）
葡萄糖	52（46 ～ 55）	36（34 ～ 41）	28（15 ～ 32）
糖原	29（24 ～ 36）	24（19 ～ 28）	14（12 ～ 18）
丙酮酸	0.57（0.34 ～ 0.76）	1.46（1.04 ～ 1.98）	3.64（2.65 ～ 4.1）
乳酸	11.7（9.6 ～ 12.4）	17.2（16.24 ～ 18.2）	22.6（18.7 ～ 24.6）
柠檬酸	4.68（2.8 ～ 5.5）	1.98（1.75 ～ 2.2）	1.27（0.85 ～ 1.55）

酮体 血酮升高为 10 ～ 100 mg/100 mL，继发性酮病虽也有升高，但很少超过 50 mg/100 mL，尿酮 80 ～ 1 300 mg/100 mL，乳酮可达 40 mg/100 mL 以上（表 4-6）。

表 4-6 健康牛和酮病牛乳酮含量比较 mg/100 mL

健康牛	酮病牛	资料来源
10 以下	40	Blood(1979)
6 ～ 8	40	Кондрахин(1981)
8	80	Данилевскии(1983)

脂肪代谢变化 游离脂肪酸含量增高，甘油三酯降低，约80%胆固醇增高。β-羟丁酸：乙酰乙酸+丙酮正常牛为（7～8）：1，酮病牛则约为1：1（表4-7）。

表4-7 健康牛和酮病牛血脂代谢变化

（д.я.луикий，1978）

项　　目	健康牛（*n*=20）	酮病牛	
		初期（*n*=20）	重期（*n*=18）
总酮体（mg/100 mL）	6.3（1.2～6.8）	12.2（11.0～18.4）	34.1（26.0～48.0）
β-羟丁酸（mg/100 mL）(BH)	5.6（1.1～6.2）	9.3（7.4～13.6）	22.0（18.4～30.0）
乙酰乙酸和丙酮（mg/100 mL）(ACAC)	0.7（0.14～0.8）	2.9（2.3～4.8）	12.1（7.6～18.0）
BH/ACAC	8.0（7.7～12.0）	3.2（2.6～3.8）	1.8（1.6～2.5）
总脂（mg/100 mL）	364（320～410）	442（396～488）	696（620～860）
游离脂肪酸（mEq/L）	285（75～520）	635（510～820）	1 170（860～1 320）
甘油三酯（mg/100 mL）	9.8（8.6～10.2）	5.8（4.7～6.6）	4.2（3.6～4.8）
胆固醇（mg/100 mL）	132（85～154）	158（75～220）	185（50～340）
β-脂蛋白（mg/100 mL）	460（340～520）	580（545～720）	610（580～840）

血糖、血酮和血脂的变化之间有着密切的关系，表现是血糖低、血酮高，血酮高，血脂也高，即血糖和血酮、血脂呈负相关；血脂和血酮呈正相关（图4-2）。

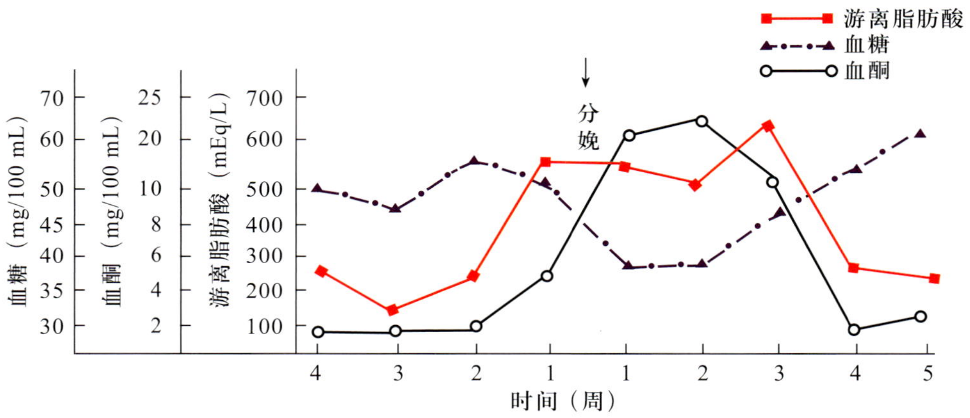

图4-2 病牛游离脂肪酸、血糖、血酮之间的相互关系

蛋白质代谢变化 酮病时也影响到蛋白质和氨的代谢。主要表现是白蛋白减少，γ-球蛋白增多，急性酮病时α-脂蛋白由25.9 mg/100 mL降低至12.3 mg/100 mL；急性酮病牛血尿素氮含量增高，慢性时尿素氮降低；酮病牛生糖氨基酸和丙氨酸、脯氨酸、精氨酸、半胱氨酸等降低，而生酮氨基酸如亮氨酸、苯丙氨酸、赖氨酸、甘氨酸等增高（表4-8）。

尿液变化 尿总氮、氨氮、氨基酸氮增高；尿素氮减少；尿pH下降，呈酸性（表4-9）。

血液离子和血象变化 血钙下降为9 mg/100 mL，这是尿中碱损失增加而对酸中毒的一种代偿；血象变化是嗜酸性粒细胞增多（15%～40%），淋巴细胞增加（达60%～80%），嗜中性分叶核减少（占10%）。

酶的变化 谷草转氨酶活性增高，天门冬氨酸氨基转移酶（ASAT）、γ-谷氨酰转移酶（GGT）、鸟氨酸氨甲酰转移酶（OCT）等在正常牛和病牛之间的差异显著；而病牛OCT、总胆红素（TBR）与乙酰乙酸呈显著相关性；OCT和ASAT的渗出可反映出肝脏的损伤程度。

表 4-8 健康牛和酮病牛血清游离氨基酸的含量

（д.я.луикий，1978）

氨基酸	血清含量（mg/100 mL）		变化（%）	*P*
	健康牛（*n*=24）	酮病牛（*n*=12）		
亮氨酸	1.06±0.04	1.40±0.08	+32	<0.01
异亮氨酸	1.02±0.08	0.66±0.05	−35	<0.01
苯丙氨酸	0.28±0.03	0.41±0.03	+46.4	<0.01
赖氨酸	0.45±0.022	0.84±0.08	+86.6	<0.001
组氨酸	0.61±0.08	1.15±0.11	+88.5	<0.001
缬氨酸	2.26±0.18	1.79±0.18	−12.8	<0.05
苏氨酸	0.42±0.024	0.36±0.05	−13.4	<0.05
蛋氨酸	0.24±0.01	0.18±0.009	−25.0	<0.01
酪氨酸	0.50±0.03	0.27±0.04	−46	<0.002
精氨酸	0.89±0.022	0.55±0.04	−38.3	<0.01
甘氨酸	1.66±0.14	3.00±0.26	+80.7	<0.001
胱氨酸	0.22±0.02	0.04±0.002	−81.8	<0.001
半胱氨酸	0.75±0.013	0.48±0.06	−36.0	<0.01
谷氨酸	1.93±0.11	0.79±0.04	+55.6	<0.001
天门冬氨酸	0.79±0.12	1.37±0.18	+73	<0.001
丙氨酸	1.42±0.12	0.44±0.03	−69	<0.001
丝氨酸	0.53±0.052	0.53±0.06	0	—
脯氨酸	1.30±0.13	0.64±0.07	−50.3	<0.001
氨基酸总量	15.19±0.38	15.52±0.47	—	—

表 4-9 健康牛和酮病牛尿液变化

项　目	健康牛（*n*=28）	酮病牛	
		初期（*n*=22）	重期（*n*=18）
总氮（mg/100 mL）	650（630 ~ 720）	800（620 ~ 910）	940（530 ~ 1 200）
尿素氮（mg/100 mL）	540（500 ~ 610）	480（450 ~ 630）	460（300 ~ 480）
氨基酸氮（mg/100 mL）	19.6（17.0 ~ 24.0）	22.4（18.0 ~ 25.0）	34.8（26.0 ~ 48.0）
氨氮（mg/100 mL）	5.2（4.8 ~ 6.5）	8.5（5.4 ~ 18.0）	38.0（22.0 ~ 112）
氨氮 / 总氮 ×100	0.75（0.62 ~ 0.94）	0.82（0.56 ~ 1.52）	7.6（5.2 ~ 12.0）
pH	8.2（8.0 ~ 8.4）	8.5（7.0 ~ 9.0）	6.2（5.2 ~ 6.5）

预　后

本病的病程与预后根据饲养管理水平、治疗及时与否和肝脏的损伤程度而定。饲养管理水平好、治疗及时、肝损伤较轻，常于 2 ~ 5 d 恢复，预后良好。饲养管理水平差、治疗延误、肝损伤严重，病程长达月余之久，后期卧地不起者，预后可疑。继发性酮病的病程与预后随引起酮病的原发性疾病的治愈与否而定。若原发病治愈，则酮病随即消除；如原发性疾病不能治愈，预后可疑。

病 理 变 化

酮病患畜死亡较少，偶见死亡者，其病理变化是肝脏、心肌和肾脏脂肪变性。镜检：肝索细胞内有大小不等的空泡，细胞核被挤于一边；肾曲细管失去固有形态，细胞内有空泡，核被挤于一边；心肌纤维疏松，横纹不清，肌纤维内、肌纤维间有多量空泡。此外，尚见垂体前叶及肾上腺皮质有继发性病变。

诊　断

由于奶牛酮病临床症状很不典型，所以单纯根据临床症状很难做出确切诊断。因此，在确诊时应对病畜作全面了解，要询问病史，查母牛产犊时间、产乳量变化及日粮组成和喂量，同时对血酮、血糖、尿酮及乳酮作定量和定性测定，要全面分析，综合判断。

生化检验

取病牛血液，测定血糖（吴 - 福林法）和酮体（水杨醛比色法）含量。尿酮、乳酮的定性检查方法通常有以下 3 种。

（1）Rothera 氏法。

试剂：硫酸铵　100 g

无水碳酸钠　50 g

亚硝基铁氰化钠　3 g

研细、混匀、备用。

操作：取试剂少许放于玻片上，加尿液或乳汁 2 ～ 3 滴，立即出现紫红色即为酮体阳性反应。

（2）ROSS 氏法。

试剂：a．亚硝基铁氰化钠　1 g

硫酸铵　100 g

b．28%浓氨水

操作：取被检乳（尿）5 mL，加 a 试剂 1 g，振荡、溶解，沿管壁加 b 试剂 1 mL，重叠其上，静置，如两液面交界处形成紫红色环轮，即为酮体阳性。

判定标准：+ + + ——立即呈色；

++ ——1 min 后呈色；

+ ——20 min 后呈色；

± ——呈色不明显。

（3）列斯法。

试剂：亚硝基铁氰化钠　1 份

硫酸铵　20 份

无水碳酸钠　20 份

研细、混合均匀。

操作：取试剂少许放于玻片上，加尿（乳）2 ～ 3 滴，30 ～ 60 s 内出现紫红色即为阳性。

类症鉴别

奶牛患创伤性网胃炎、皱胃移位、消化不良等疾病时，常导致继发性酮病，易与消化型酮病相混；患李斯特氏菌病、狂犬病具有神经症状，易与神经型酮病相混；产后瘫痪、妊娠毒血症多随分娩出现，又有酮病症状，因此应予以鉴别。

创伤性网胃炎　厌食、乳产量下降多呈急性发病，病情较重，瘤胃蠕动停止，排粪干、少而呈黑色，且有肘头外展、肘肌震颤、体温升高等，按压剑状软骨区有痛感，这都为酮病所没有。

皱胃移位　常发生于分娩后不久的母牛，但厌食是逐渐出现的，腹部缩小，粪量少而呈糊状，腹部左下方能听到皱胃内气体通过液面而发出的钢管音，尿液 pH 呈碱性。

迷走神经性消化不良　多因饲养失调，饲喂不适饲料使瘤胃停滞所致，病畜腹部膨大及中度臌气。

李斯特氏菌病　有轻热，病程持续长达 1 ～ 2 周，全身衰弱，卧地呈昏迷状态，常卧于一侧而不改变姿势，多以死亡告终。

狂犬病　呈狂躁型，上行性麻痹和感觉消失，流涎，多因全身麻痹、吞咽麻痹而死。

酮病与产后瘫痪、瘤胃酸中毒、妊娠毒血症的区别见表 4-10。

表 4-10　酮病与产后瘫痪、瘤胃酸中毒、妊娠毒血症的临床鉴别

项目		酮病	产后瘫痪	瘤胃酸中毒	妊娠毒血症
病的发生	发病时间	产后 1 ～ 3 周内	产后 1 ～ 3 d	随分娩或大量饲喂精饲料后	产后 1 ～ 35 d
	发病胎次	不定	不定	不定	不限
	发病季节	冬春	无季节性	冬春	无季节性
	病程	1 ～ 10 d 痊愈	1 ～ 2 d 痊愈	于 24 h 内死亡	0.5 ～ 1 个月，死亡，淘汰
临床症状	心跳	100 次 /min	100 次 /min	增加	90 ～ 150 次 /min
	呼吸	微弱	微弱	微弱	正常
	体温	37.5℃	37.5℃	37.8 ～ 38.5℃	39.5℃ 以上
	姿势	不典型	颈部呈 S 状	背头、平躺	后期躺卧
	知觉	正常	减退或消失	正常	正常
	精神	兴奋、不安或沉郁	沉郁	休克	正常
	脱水	不明显	不明显	轻度或中度	不明显
	并发症	无	躺卧不起综合征	无	皱胃移位、乳房炎及酮病
	尿酮体	＋＋＋	＋	－	＋＋＋
药物疗效	浓糖	特效	有效	无效	有效
	浓钙	不明显	特效	无效	无效
	等渗液	不明显	不明显	有效	不明显
	苏打水	有效	不明显	特效	不明显
剖检	肝肿大	＋＋	－	±	＋＋＋
	肾肿大	＋＋	－	±	＋＋＋
	脂肪肝	＋＋	－	＋	＋＋＋

注：“－”，无；“＋”，明显；“＋＋”和“＋＋＋”，极明显。

治　疗

对酮病患牛，通过适当针对性治疗都能获得较好的治疗效果而痊愈。已经痊愈的奶牛，如果饲养管理不当，又有复发的可能。也有极少数病牛，对药物治疗无反应，最后被迫淘汰或死亡。对于继发性酮病，应尽早做出确切诊断并对原发病采取有效的治疗措施。

为了提高治疗效果，首先应精心护理病畜，改变饲料状况，日粮中增加块根饲料和优质干草的喂量。

药物治疗的目的是提高血糖浓度，减少脂肪动员，促进酮体的利用，增进瘤胃的消化机能，提高采食量。常用的方法有以下几种：

替代疗法

即葡萄糖疗法。静脉注射50%葡萄糖500～1 000 mL，对大多数病畜有效。因一次注射造成的高血糖是暂时性的，其浓度仅维持2 h左右，所以应反复注射。注射葡萄糖的药理作用：① 降低脂肪酸在肝内的氧化能力；② 增加肝内柠檬酸和 α - 酮戊二酸的浓度；③ 增强肝细胞的氧化能力。

虽然皮下注射葡萄糖能延长疗效，但因易引起局部肿胀和局部感染，所以不宜采用。有时也可用20%葡萄糖1 000～1 500 mL腹腔注射。为了能延长疗效，也有人用果糖治疗，每千克体重0.5 g，配成50%果糖液静脉注射，但注射后，机体往往出现特异反应：呼吸急促，肌肉震颤，衰弱无力和虚脱。为了克服这种反应，应避免重复注射。增加生糖先质，改善瘤胃发酵过程，抑制丁酸发酵，刺激丙酸、乳酸发酵，用丙二醇或甘油（每日450 g，分2次服用，随后每日225 g，连用2 d），效果较好。为增强药效，服用上述药物前可静脉注射葡萄糖，减少乳中含脂量，节省能量，充分发挥葡萄糖和甘油的治疗效果。由于丙二醇和甘油在体内转为葡萄糖时需要利用草酰乙酸，因此其疗效不如葡萄糖那样有效，但因它们在生糖先质中对机体产生的不良反应最小，因此仍是治疗酮病的有效制剂。

丙酸钠具有生糖效应，为生糖先质，可用于酮病的治疗，但是每日给予110～225 g，效果较差；乳酸钙和乳酸钠也有较高的生糖效应，第一天1 kg，以后每日0.5 kg，连续7 d，效果比丙酸钠更差。据报道，乳酸铵每日200 g，连用5 d，效果良好，可广泛使用。

激素疗法

试验和实际治疗表明促肾上腺皮质激素（ACTH）以及肾上腺糖皮质激素也有效。其药理作用是促进肾上腺皮质合成和释放糖皮质激素，其中主要是氢化可的松和皮质酮，从而间接地呈现糖皮质激素的作用。ACTH对肾上腺的特异性作用是由于它能活化腺苷酸环化酶而使cAMP的产生增加，从而促进了糖皮质激素的生物合成。因此，它能促进动物利用体蛋白来产生葡萄糖，从而促进糖原异生作用加强，提高血糖浓度。应用ACTH 200～600 IU，一次肌肉注射，使用方便，简单易行，也不需要同时使用葡萄糖或生糖先质，注射后无副作用。较新的制剂效力较高，需用的剂量也较小，副作用较少，一次注射适当剂量后约48 h，即能引起糖的异生作用加强。值得注意的是，使用肾上腺皮质激素治疗时最主要的缺点是消耗机体其他组织来促进糖异生作用，在排除过多的酮体中要消耗草酰乙酸，也可使乳产量显著下降等，所以应予以重视。

胰岛素在代谢控制上本质是合成激素，具有刺激外周组织对葡萄糖的吸收和利用，肝合成葡萄糖加强和降低葡萄糖释放，蛋白质、脂肪合成加强，解脂和蛋白质降解减弱等功用。胰岛素在治疗酮病时，常常与葡萄糖或糖皮质激素一起使用，其效果尚不明确。

可的松1 000 mg肌肉注射对本病效果较好，注射后48 h内，患牛食欲恢复，2～3 d后泌乳量显著增加，血糖浓度增高，血酮浓度减少，现已广泛使用。

其他疗法

（1）对神经性酮病可用水合氯醛内服，首次剂量为30 g，随后用7 g，每日两次，连服数日，其作用是对大脑产生抑制作用，减弱兴奋性，使患畜安静，缓解病情；增加瘤胃中淀粉的分解，促进葡萄糖的生成和吸收；增强瘤胃内丙酸的发酵过程。

（2）提高碱贮，解除酸中毒，可用5%碳酸氢钠液500～1 000 mL，一次静脉注射。

（3）为了促进糖皮质激素的分泌，可以使用维生素。维生素A 500 IU/kg体重，内服；维生素C 2～3 g内服。

（4）防止不饱和脂肪酸生成过氧化物，以增加肝糖量，可用维生素E 1 000~2 000 mg，一次肌肉注射，或7 000 mg口服，连服2～3 d。

（5）加强前胃消化机能，促进食欲，可用人工盐200～250 g，一次灌服；维生素 B_1 20 mL，一次肌肉注射。维生素 B_{12} 和钴合用，效果更好。

（6）酮病可能与辅酶 A 缺乏有关，可使用辅酶 A 的前体——半胱胺 750 mg 静脉注射，每隔 1 ～ 3 d 静脉注射一次，连续注射 3 次。

（7）中药处方，当归、川芎、砂仁、赤芍、熟地、神曲、麦芽、益母草、广木香各 35 g，磨碎，开水冲，灌服，每日或隔日一次，连服 3 ～ 5 次，对增进食欲，加速病愈效果较好。

治疗酮病的药物较多，现列于表 4-11，以供临床使用时选用。

表 4-11　治疗酮病药物的剂量与用法

药剂名称	剂　量	用　法	用　途
糖皮质激素	相当于 1 g 考的松	肌肉注射或静脉注射	治疗
ACTH	200 ～ 600 IU	肌肉注射	治疗
50% 葡萄糖	500 ～ 1 000 mL	静脉注射	治疗
果糖	0.5 g/kg 体重	配成 50% 溶液，静脉注射	治疗
甘油	500 g	每日两次，连服 7 d	治疗
维生素 B_1	100 mg	口服	治疗
辅酶 A	500 IU	每日一次，肌肉注射	治疗
胰岛素	0.5 IU/kg 体重	皮下或肌肉注射	治疗
醋酸钠	125 ～ 250 g	每日两次，连服 20 d	治疗、辅助疗法
乳酸铵	120 g	每日一次，连服 5 d	治疗、辅助疗法
乳酸钠（钙）	360 g	每日两次，连服 8 d	治疗、辅助疗法
丙酸钠	125 ～ 250 g	每日两次，连服 10 d	治疗、辅助、预防
丙二醇	125 ～ 250 g	每日两次，口服	治疗、辅助、预防
氯化胆碱	25 g 溶于 250 mL 水中	口服或皮下注射	治疗
盐酸半胱氨酸	0.75 g 溶于 500 mL 溶液	静脉注射，每 3 d 一次	治疗
乙酰蛋氨酸	10 g 的 50 mL 溶液	静脉注射	治疗
维生素 B_{12}	1 mg	静脉注射	治疗
硫酸钴	100 mg	每日一次，口服	治疗
维生素 A	1 ～ 2 IU	肌肉注射	治疗
维生素 E	50 mg α-*D*-生育酚	口服	治疗
氯化钾	30 g 溶于 250 mL 水中	每日两次，口服	治疗
水合氯醛	30 ～ 50 g	口服	治疗、辅助疗法
醋酸可的松	1 ～ 1.5 g	每日两次，肌肉注射	治疗
氢化可的松	0.3 ～ 0.6 g	每日一次，肌肉注射	治疗
醋酸泼尼松	200 ～ 400 mg	每日一次，口服	治疗

预　　防

因为本病发病因素复杂，涉及的因素很广，所以很难提出一套完整的防制措施，在生产中只能采取综合措施予以防制。

加强饲养管理，供应平衡日粮，保证母牛在产犊时的健康　对泌乳初期和治疗后的母牛供应充足的能量；对高产牛群要防止营养失调，在控制碳水化合物过多的同时，也要控制蛋白质过多，这是控制酮病发生的关键，因此，饲喂时日粮应按照饲养标准的需要合理供给，为此，应采取以下 3 项措施。

（1）加强干奶牛的饲养。在一个牛群内，母牛个体之间产奶量的差异，遗传因素占25%，其余75%则决定于外界环境因素，其中饲料占最大部分（M·E· 恩斯明格）：在1头奶牛个体上，干奶期的饲养中，精料喂量又将起决定作用。在泌乳阶段，为了保证乳产量，精料饲喂量过高，因此，瘤胃及消化道负担繁重。为了能使消化道在干奶期内有一个自行恢复的时间，精料喂量不应过大，此时如再喂大量精料，将对瘤胃是相当大的应激，为此，干奶期增加干草，对于增进瘤胃正常的消化机能是非常重要的。为防止干奶牛过肥，应限制或降低高能浓厚饲料的进食量，增加干草喂量。通常按干物质计，精粗比以30 ： 70为宜，按混合料计每日3 ～ 4 kg即可，青贮15 ～ 20 kg，干草量不限。

（2）分群管理。根据奶牛不同生理阶段进行分群管理，同时应随时调整营养比例。为避免干奶牛摄取其他牛的精料，可考虑将干奶牛从泌乳牛中分开，组成干奶牛群，集中管理。对于产犊后泌乳初期的母牛，因产奶增加，日粮中的精料也应增加，维持日粮为每100 kg体重给约3 kg干草（每1 kg干草相当于3 kg青贮）。每产3 kg奶给1 kg谷类精料，总蛋白质不应超过16%～ 18%。饲料要稳定，防止突然变更；饲料品质要好，严禁饲喂发霉变质饲料。

（3）加强运动。为增加全身张力，舍饲母牛每日必须有一定的运动时间，减少产后子宫弛缓、胎衣不下的发生，增进食欲。

加强临产和产后牛只的健康检查　定期进行健康检查是对疾病发生的预报方法，也是制定预防措施的基础。因此，定期地监测血液中的一定成分，可能预报一个牛群生产性疾病的发生。如果某一成分下降至正常水平以下，这就说明生产中存在着某些问题，所以应该采取措施，增加饲料的输入，以代偿过量输出所造成的负平衡。

（1）建立酮体监测制度。为及时发现亚临床酮病病牛，减少酮病的发生，对乳酮、尿酮应定期检查。①产前10 d，隔1 ～ 2 d测尿酮、pH一次。②产后1 d，可测尿pH、乳酮，隔1 ～ 2 d一次，凡阳性反应，除加强饲养外，立即对症治疗。

（2）定期补糖、补钙。对年老、高产、食欲不振及有酮病病史的牛只，于产前1周开始补20%葡萄糖液和20%葡萄糖酸钙液各500 mL，一次静脉注射，每日或隔日一次，共补4次。实践证明，可收到较好效果。葡萄糖能提高血糖浓度，为组织细胞提供能量来源；减少脂肪动员，缓解了糖原不足。钙能提高血钙浓度，并能增强神经、肌肉的紧张性，加强了心脏收缩，提高食欲。因此，补糖、补钙既有利于预防酮病发生，又可促使胎衣脱离和子宫恶露排出，防止产后瘫痪的发生，从而预防继发性酮病的出现。

调整日粮结构，增加生糖先质物质　在高产而又有酮病发生的牛群中，应加强日粮的供应，保证有足够的能量水平，减少生酮饲料的喂量，考虑生糖先质物质的补饲。具体措施是：

（1）保证饲料中有充足的钴、磷和碘。

（2）大量饲喂青贮而酮病发病率高的牛场，应适当减少青贮饲喂量。

（3）产前10 d开始，饲料中加喂丙酸钠，每日110 g，连喂6周，这不仅可减少酮病发病率，而且有提高奶产量的效果；丙二醇350 mL，产犊后每日饲喂一次，连用10 d，或按精料日粮的6%饲喂，连用8周，即可收效。

（4）为防止因碳水化合物饲喂过多而引起瘤胃酸中毒的发生，提高瘤胃内pH，保持瘤胃内环境的恒定，日粮中可用2%碳酸氢钠、0.8%氧化镁（按干物质计），与精料混合饲喂。

（5）烟酸（维生素PP）4 ～ 8 g，产前7 d加喂，每日一次。烟酸在体内与核糖、磷酸、腺嘌呤结合形成辅酶Ⅰ（NAD）和辅酶Ⅱ（NADP），为许多脱氢酶的辅基或辅酶，对糖、脂肪代谢，高能磷酸键的生成起着重要作用，所以饲喂后能调节糖和脂肪的代谢，可预防酮病的发生。

鉴于酮病发生病因的复杂性，而在高产牛群中酮病又是一个主要问题，迄今，在发病过程中，尚不能查明在某些特定的环境条件下，各种因素中的某一因素是促进发病的因素，因此，对于本病的防制也只有采取综合措施。实践证明，在奶牛场内，采用上述各种措施对于减少酮病发病率会收到明显效果。

附：奶牛亚临床酮病 Subclinical Ketosis of Dairy Cattle

亚临床酮病是指血液中酮体（包括乙酰乙酸、β-羟丁酸、丙酮）升高，但无明显临床症状的一种糖、脂肪代谢紊乱所致的代谢性疾病的临床类型。其生化特征为酮血症，乳丙酮水平升高，血糖轻度降低，游离脂肪酸升高。

在高产牛群中，亚临床酮病发生严重，其发病率超过酮病的 10 ～ 20 倍。因其使母牛产乳量减少、健康水平下降而又无临床表现，若不检验临床血酮浓度，常不会引起临床兽医和生产者的注意，从而造成严重经济损失。为了预防和控制本病的发生，减少其给奶牛业造成的经济损失，近年来，引起了生产者和科学工作者的普遍重视，并进行了不少研究。

病 的 发 生

亚临床酮病牛多在泌乳早期阶段机体出现能量负平衡及葡萄糖的严重损耗，其造成原因：

（1）产后母牛食欲减退，干物质进食量减少，摄取能量和糖与机体需要的能量和糖之间不能保持平衡，即“入不敷出”。

（2）日粮中无氮浸出物比例偏低，粗纤维比例偏高，能量和蛋白质比例不当，影响了饲料的利用率，致使能量物质尤其是生糖物质相对不足。能量不足，除了与精料中高能饲料太少有关外，并与粗饲料品质低劣、粗纤维含量过高有关。

病牛的年龄和胎次均比健康牛高，表明胎次高的牛发病率较高。

病牛在产犊后 5 ～ 50 d 内，其产乳量明显高于无病母牛（图 4-3）。表明高产奶牛，大量能量物质从乳中丢失，致使母牛更易发生能量负平衡，故其易感性更大。因此，多在产犊后 10 ～ 30 d 内发生率最高。

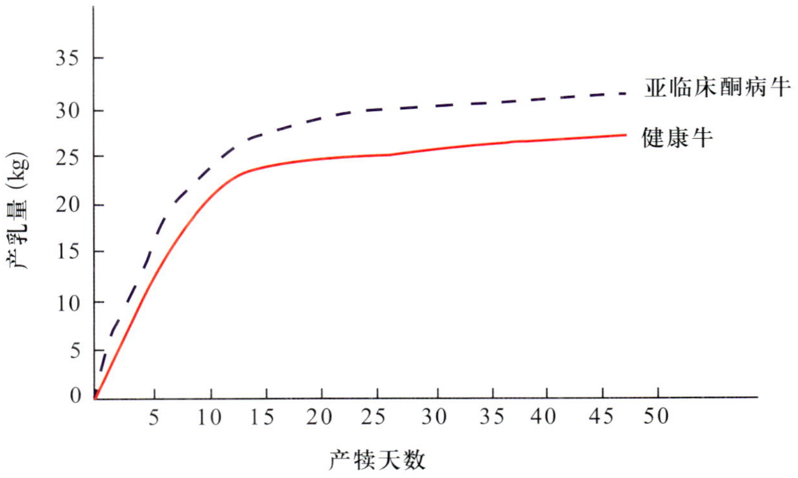

图 4-3 亚临床酮病牛和健康牛的泌乳曲线

临 床 症 状

亚临床酮病牛虽然没有显著的临床症状，即食欲、泌乳无明显异常，但对血液生化指标、牛奶质量、体重和生殖等却有一定影响，其对母牛健康水平的影响，表现在以下 4 个方面。

产奶量下降 亚临床酮病母牛由于不能获得足够的能量，所以也不会有充足的能量物质来满足泌乳所需，即影响了泌乳高峰的出现，这是因为低产和能量缺乏相一致。

牛奶质量的明显变化 亚临床酮病牛乳脂增高（2.33% ～ 3.77%），乳蛋白降低（2.63% ～ 4.03%），乳糖变化不大（表 4-12）。影响牛奶质量的因素较多，其中饲料是因素之一。奶中全乳固体低而脂肪不低，

与摄取低能饲料有关。

表 4-12　亚临床酮病母牛血、乳主要生化指标的变化

项　目	样 数	血酮（mg/100 mL）	血糖（mg/100 mL）	血丙酮酸（mg/100 mL）	血 FFA（mEq/L）	甘油三酯（mg/100 mL）
正常牛	30	6.4±2.03	62±10	0.93±0.28	0.35±0.15	91±31
亚临床酮病牛	5	13.8±2.1	57.4±12.7	0.84±0.30	0.43±0.11	74±20

项　目	胆固醇（mg/100 mL）	总蛋白（g/100 mL）	乳酮（mg/100 mL）	乳糖（%）	乳脂（%）	乳蛋白（%）
正常牛	164±35	8.8±1.05	0.71±0.33	4.68±0.26	2.72±0.64	3.16±0.35
亚临床酮病牛	160±50	9.29±0.58	1.91±0.61	4.95±0.16	2.84±0.38	3.07±0.34

体重减轻　泌乳早期母牛都会出现体重减轻现象，通常减轻达 30 ～ 40 kg，据我们测定，产后母牛每日减重 1.2 ～ 2.1 kg。体重减轻标志着机体处于能量负平衡，同时，也反映出机体脂肪已被动员。

对生殖的影响　由于能量不足，机体得不到足够的能量物质来恢复体力，致使全身张力降低，机体抵抗力较差，促使产后乳房炎、子宫炎发病率增高。在临床上发现，患亚临床酮病母牛，其子宫复旧延迟，发情推迟，影响了按期配妊，使繁殖力降低。

临 床 病 理

（1）血糖下降。北京黑白花奶牛血糖正常值为 49 ～ 69 mg/100 mL，平均为 55.8 mg/100 mL，亚临床酮病牛血糖低于此值。低水平的血糖浓度反映出机体处于能量缺乏状态。

（2）酮体升高。正常牛血酮含量为 10 mg/100 mL 以下，β-羟丁酸：（乙酰乙酸 + 丙酮）=（7 ～ 8）：1；亚临床酮病母牛血酮为 10 ～ 20 mg/100 mL，β-羟丁酸：（乙酰乙酸 + 丙酮）=（5.4 ～ 6.5）：1。表明血酮浓度升高。血酮的升高是由于日粮中能量缺乏、生糖先质相对减少而导致脂肪动员的结果。

（3）游离脂肪酸升高。正常母牛为 0.2 ～ 0.5 mmol/L，亚临床酮病母牛为 0.31～0.53 mmol/L（表 4-12）。

诊　　断

由于亚临床酮病母牛无典型症状表现，临床诊断较为困难。本病在高产牛群已普遍存在，因此，对产后 10 ～ 30 d 的母牛应特别注意，要仔细观察其食欲的好坏和产乳量增减等变化。确切的诊断仍需对血、乳和尿中酮体进行监测。在综合判定中，应考虑亚临床酮病的 3 个特征。

（1）本病多发生于高产母牛产后 10 ～ 30 d 内，40 d 后少见。

（2）饲养管理不当，日粮配合不平衡，特别是日粮能量水平不足，进食量不够致使母牛处于能量负平衡。

（3）血液酮体含量在 10 ～ 20 mg/100 mL，尿 pH 下降至 6.5 以下。

治　　疗

根据临床经验，凡产后牛只，当奶产量未见逐日增加者，一律采用补糖、补碱并结合补钙治疗，对缓解酮病的发展，增加进食量，提高泌乳量，都收到了明显效果。

预　防

防制亚临床酮病的重要措施是加强干奶期饲养，限制精饲料喂量，分娩后尽快提高奶牛采食量，尽可能使产后母牛获得较高能量，缩短摄取能量、糖与能量、糖需要之间差距，减小能量负平衡。在饲养过程中，应当合理配合饲料，保证供应充足的营养物质。

（1）日粮配合和供应应根据我国奶牛饲养标准进行，在满足高产奶牛所需能量与蛋白质的前提下，还应保证优质干草的供应。要坚持合理的饲养制度，随时调整日粮组成；饲料应作长远安排，克服有啥喂啥、喂啥吃啥的局面；严禁为追求产乳量而过度增添精料。

（2）加强干奶牛饲养，防止干奶牛过肥或过瘦。

（3）提高饲料质量，做到饲料品种多样化。

（4）亚临床酮病可不经治疗而自然痊愈，但也能继续发展而成酮病，所以对临床发生产乳量下降，食欲减少，尿检呈酸性（pH 7 以下）牛只，及时用 25% 葡萄糖液、10% 葡萄糖酸钙各 500.0 mL，静脉注射，连续注射 3 ～ 5 d。

（5）产后 10 d 日粮中可喂丙酸钠或丙二醇 125 g，每日一次，连服多日。

奶牛妊娠毒血症
Pregnancy Toxemia of Dairy Cattle

奶牛妊娠毒血症也称为母牛肥胖综合征、牛的脂肪肝和肥胖牛的酮病，主要是由于干奶期母牛日粮能量水平过高，牛只变肥而引起的消化、代谢、生殖等机能失调的综合表现。临床上以食欲废绝、胃肠蠕动停止、间有黄疸为特征。病牛表现出酮病、进行性衰弱、神经症状、乳房炎和卧地不起。死亡率高，剖检见肝、肾严重的脂肪变性。

病的发生

流行特点　奶牛妊娠毒血症常在某地区、某些牛场内发生，流行呈地区性，病牛单个出现、散发。偶见于在一段时间内，产后母牛有相继发病的现象。

发病时间　发病多在分娩后开始，其中产后 1 ～ 7 d 占 82%，7 d 后发病占 18%，而产后 2 d 最多，占 16%。

发病与胎次　各胎都有发生。其中 1 ～ 6 胎占 78.9%，6 ～ 10 胎占 21%，即年青牛、胎次低的牛发病较多。

发病与月份　一年四季皆可发病。其中 12 月份至翌年 5 月份占 55%，6 ～ 11 月份占 45%，即以冬、春季节较多。

发病与产奶量　产奶量在 5 000 kg 的牛无发病；5 000 ～ 6 000 kg 的牛发病占 29%；6 000 ～ 7 000 kg 的牛占 26%；7 000 kg 以上的牛占 45%。产奶量越高，发病越多。

发病与精料喂量　据对 350 头成母牛的 3 个牛场调查分析，干奶期母牛日粮精粗比（按干物质计）为 44 ∶ 56、46 ∶ 54、39 ∶ 61 的 3 种日粮，其发病数分别为 24 头、20 头和 9 头。这说明母牛在干奶期精料喂量越高，发病越多。

病　因

干奶期母牛日粮中精料喂量过大、能量和蛋白质水平过高、母牛实际进食量超过实际营养需要量，是母牛妊娠毒血症的主要原因。据 Littleclike（1981）报道，干奶期营养丰富，日粮中含 15%粗蛋白，代谢病发生占 69.4%，其中有 31%病牛属机敏性卧地不起母牛；如果干奶期日粮中蛋白质占 8%，代谢病发生仅有 7%，无卧地不起母牛。

又据 Gardner（1969）报道，产前高能水平的日粮能使母牛在分娩时体重增加，母牛肥胖，其结果，肥胖母牛产犊后不仅不能使泌乳量增加，反而使代谢病增多。生产中造成日粮营养水平过高，精料喂量增大的原因有以下两点。

日粮不平衡，精粗比例不当　高产奶牛场，产奶量高。由于以乳换料，产奶量越高，所换的精料就越多，精料丰富；此外，其他饲料如糖糟、豆腐糟和块根类饲料丰富，因此，干奶牛的精料量比例增大。有的牛场饲料条件差，特别是粗饲料缺乏，常年缺少干草，且饲料品种单纯，在饲喂时，为了能补充粗饲料的缺乏或不足，所以日粮中增加了精料喂量。

管理不细，不分群饲养　在泌乳牛与干奶牛混群的牛场，常常发现干奶牛抢食泌乳牛的精料，致使精料进食量多；也有的牛场，不了解干奶牛的饲喂方法，单纯认为，干奶牛肥胖就能高产，即所谓“以料催膘、以膘促乳”。因此，精料喂量无严格标准，有加料追膘现象。

发病机理

本病的发生主要是干奶期精料喂量大，牛只肥胖，产后进食量下降，造成能量负平衡，导致体脂肪分解的结果。临床上游离脂肪酸（FFA）升高和酮体增加。

游离脂肪酸升高　其原因是：

（1）干奶期能量过高。产前能量过高，谷物精料、玉米青贮等饲料喂量过大，其结果使较多的能量以脂肪形式贮存于体内。据报道，体脂的贮存在泌乳期为 59%，而在干奶期则为 85%，干奶期能量贮存的增加造成母牛在分娩时肥胖。

（2）糖原异生受阻。反刍动物体内 91% 以上的葡萄糖是由糖异生供给。在过食或饥饿时，肝脏都释放葡萄糖；牛血糖大约有 60% 的葡萄糖用于乳糖，每日每头牛约需 7.4 kg 葡萄糖。由于干奶期精料喂量过高，对瘤胃是极大的应激，因此，产后消化机能减退，食欲降低，糖原先质缺乏，致使糖异生受阻，血糖下降。

(3)脂肪分解加强。脂肪细胞是由单个的脂肪团构成的,而构成脂肪团的甘油三酯是游离脂肪酸(FFA)进入细胞内形成的。血糖降低必将导致脂肪的分解。在脂肪分解时，中性脂肪重新转变成脂肪酸而离开细胞，因此认为，血中游离脂肪酸的增加是脂肪动用的结果。释放出过多量的脂肪酸进入血液并随血液进入肝脏，在肝脏内，由于缺乏合成脂蛋白必需的磷脂，致使甘油三酯在肝内蓄积，血中含量下降，造成脂肪变性。因此，严重的脂肪肝的形成，其实质是脂肪动员的结果。

酮体增加　其原因是：

（1）脂肪动员加速。酮体过高应归因于产前饲养水平高，产后母牛不能利用足够数量的饲料，能量处于负平衡，脂肪动员加剧，脂肪酸成为供能物质，必将伴有肝脏酮体生成增加和血中酮体浓度增加。

（2）酮体生成过多。这与肉毒碱酰基移换酶（CAT）及柠檬酸合成酶的活性有关。当 CAT-Ⅱ 活性处于抑制时，进入肝脏的脂肪多用于合成甘油三酯；CAT-Ⅱ 活性增高时，大量脂肪酸转入线粒体，氧化成乙酰 CoA 而生成酮体。当柠檬酸合成酶活性降低时，乙酰 CoA 进入三羧酸循环的比例减少，酮体生成增多。

综上可见，干奶期精料高，母牛肥胖，分娩后，牛食欲降低，血糖下降，促使体脂肪动员加剧和脂肪肝的形成。而酮体浓度增加，则引起了机体的中毒病程。

脂肪动员过程中形成大量的游离脂肪酸（FFA）浸润于肌细胞间隙和子宫肌层，则将引起骨骼肌和平滑肌运动障碍，诱发母牛卧地不起、皱胃移位、胎衣停滞、子宫炎等综合征；血中 FFA 含量增多，促使 Ca^{2+} 向脂肪细胞转移,加之 FFA 与 Mg^{2+} 形成螯合物,不仅可诱发低镁血症的出现,尚能影响钙的动员,致使低血钙症发生；由于脂肪肝影响雌激素和孕酮的代谢，临床上表现出不孕症、产犊间隔延长等繁殖障碍。

临 床 症 状

急性

随母牛分娩而表现出症状，患牛精神沉郁，食欲废绝，瘤胃蠕动微弱，少奶或无奶。可视黏膜发绀、黄染。体温初期升高（39.5 ~ 40℃以上）。步态强拘，目光呆视，对外反应微弱。伴拉稀者，排出黄褐色、具恶腥臭稀粪。对药物无反应，于 2 ~ 3 d 内死亡或后期卧地不起而淘汰。

亚急性

多于分娩 3 d 后发病，患牛主要呈现为产后酮病。表现为食欲降低或废绝，奶产量减少；粪便量少且干，有的排出稀粪；尿液偏酸，pH 6.0，具酮味，酮体检验呈阳性。病程延绵，呈渐进性消瘦。有的病牛尚伴发乳房炎、胎衣不下。有乳房炎时，见乳房肿胀，乳汁呈脓性或极度稀薄，呈黄水样，乳汁酮体检验呈阳性。产道内蓄积多量褐色具臭味恶露。药物治疗无效，后期卧地不起，呻吟，磨牙，衰竭死亡。

临 床 病 理

血液生理值变化

产后病牛白细胞（WBC）、血红蛋白（Hb）、红细胞压积（PCV）和淋巴细胞下降，嗜中性分叶核增加（表 4-13）。

表 4-13 妊娠毒血症病牛与健康牛血液生理值比较

项 目	WBC（个/mm^3）	RBC（万个/mm^3）	Hb（g/100 mL）	PCV（%）	白细胞分类（%）			
					嗜中性	杆状	嗜酸性	淋巴
病牛	3 400 ~ 7 000	506 ~ 675	8 ~ 9	30 ~ 31	28 ~ 40	0 ~ 3	0 ~ 3	55 ~ 67
	5 350	538	8.5	30.7	35.7	1	1	60.1
健康牛	3 500 ~ 11 800	543 ~ 640	8.5 ~ 10	33 ~ 35	16 ~ 29	0 ~ 1	1 ~ 6	69 ~ 80
	6 878	582	9.3	34	23.9	0.1	2.8	72.6

血液生化值变化

（1）产前 1 周，病牛血液中血糖下降，酮体上升，游离脂肪酸增加（图 4-4），说明病牛在临产前已处于病理过程之中（表 4-14）。

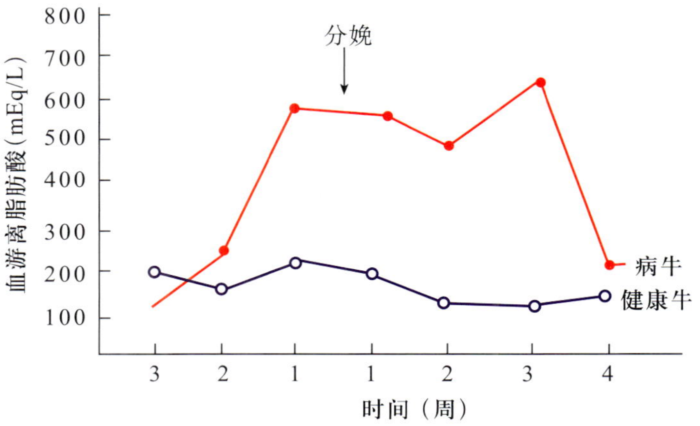

图 4-4 妊娠毒血症病牛血游离脂肪酸的动态变化

表 4-14 妊娠毒血症病牛与健康牛产前血液生化学比较

项目	CO_2 结合力 (V%)	血 糖 (mg/100 mL)	血酮体 (mg/100 mL)	胆固醇 (mg/100 mL)	甘油三酯 (mg/100 mL)	游离脂肪酸 (mEq/L)
病牛	45 ~ 49	50 ~ 50	1.5 ~ 15	83.2 ~ 144	20 ~ 45.1	431 ~ 775.0
	47.7	50	4.6	114.2	38.7	561.1
健康牛	41 ~ 61	48.9 ~ 95.5	0 ~ 3.2	99 ~ 144	微量至 43.2	129 ~ 294
	49.4	60	2	107	27.5	220

（2）产后病牛血液生化学的变化，主要是血糖、甘油三酯下降，血酮、游离脂肪酸（FFA）含量明显增加（表 4-15）。

表 4-15 妊娠毒血症病牛与健康牛产后血液生化学比较

项目	CO_2 结合力 (V%)	血 糖 (mg/100 mL)	血酮体 (mg/100 mL)	胆固醇 (mg/100 mL)	甘油三酯 (mg/100 mL)	游离脂肪酸 (mEq/L)
病牛	45 ~ 52	26 ~ 52	12.7 ~ 32	92 ~ 128	微量至 1.43	238 ~ 983
	47.2	39.7	23.2	102.1	6.2	522
健康牛	43 ~ 65	49 ~ 65	1.36 ~ 6.4	66.7 ~ 225	微量至 78.9	微量至 305
	51.2	57.7	3.2	143.7	14.5	158.2

（3）肝功检验，鸟氨酸氨甲酰转移酶、山梨醇脱氢酶等活性增高，磺溴酞钠（BSP）试验延迟（表 4-16）。

表 4-16 妊娠毒血症病牛与健康牛肝功能比较

项 目	妊娠毒血症病牛	健康奶牛
鸟氨酸氨甲酰转移酶（OCT）	529 ± 263	<200
山梨醇脱氢酶 (SDH)	1 040 ± 133	<900
磺溴酞钠（BSP）试验	11.7 ± 1.7	3.0 ~ 3.9

病理变化

一般检查

尸僵完全，皮下脂肪丰润，呈淡黄色，肥胖。病程较长者，消瘦，可视黏膜黄染。网膜脂肪呈土黄色，有的见胸膜或腹膜上有出血或有绒毛。

系统检查

瘤胃：黏膜脱落、溃疡，在溃疡面上覆着一层厚的痂皮，内容物 pH 6.0。镜检：黏膜上皮细胞脱落，固有层内有脱落的上皮细胞。

网胃：黏膜上血管明显，呈丝状。

瓣胃：内容物干涸，黏膜血管怒张。

皱胃：内容物呈水样，色呈黄褐色、淡红色，黏膜脱落，有溃疡，大小不等。镜检：黏膜脱落，黏膜及黏膜下有白细胞浸润。

小肠：肠壁松弛，浆膜血管怒张，内容物呈水样，色呈褐色、黄褐色。镜检：黏膜脱落，黏膜下层有白细胞。

肝脏：被膜光滑，肝脏肿大（曾对7例病牛肝称重，平均为13.0 kg，1例健康牛肝重为8.6 kg，边缘钝，色呈黄色、质脆，切面外翻，呈油状，切肝块于水中漂浮（图4-5）。镜检：肝细胞脂肪变性（图4-6），中央静脉周围细胞有大小不等的空泡，细胞核被挤于一边，窦状隙极不清晰；小叶间周围细胞内出现空泡，肝小叶极不清楚，似如“鱼网状”。肝细胞结构破坏、变性和坏死。在残存的线粒体内有空泡形成，粗面内质网和滑面内质网呈弥漫性增加，也有空泡变性和脂肪沉着，严重者，大部细胞器坏死或消失。胞浆中有较多的初级和次级溶酶体。

图4-5 妊娠毒血症病牛肝肿大、土黄色，切面呈油状

脾：被膜光滑，被膜下有片状出血斑，质软，切面小梁清楚。镜检：小梁清楚，结构疏松，脾小体淋巴滤泡减少，脾髓血窦内有多量红细胞集聚。

肾：肾周围脂肪丰润，被膜易剥脱、质脆，色呈土黄色。切面皮质部土黄色，髓质部暗紫色。镜检：肾小球内皮细胞核增多，部分血管充血；肾近曲和远曲小管管腔失去固有的形态结构，细胞内有空泡，核被挤于一侧，有的因空泡融合而管腔消失，有的见肾间质内有红细胞集聚（图4-7）。

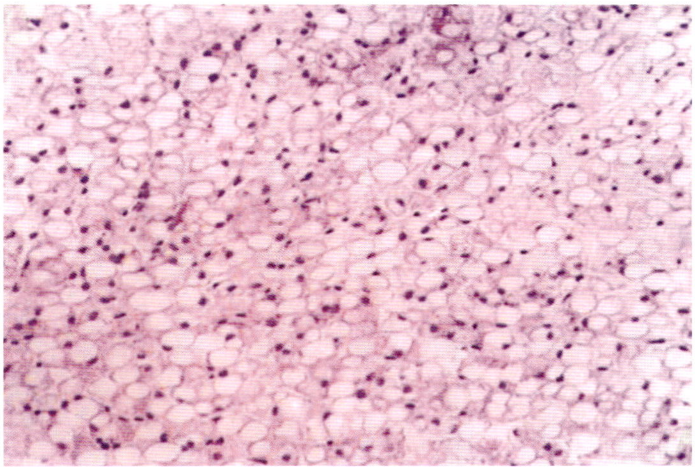

图4-6 妊娠毒血症病牛肝脂肪变性，肝细胞空泡样

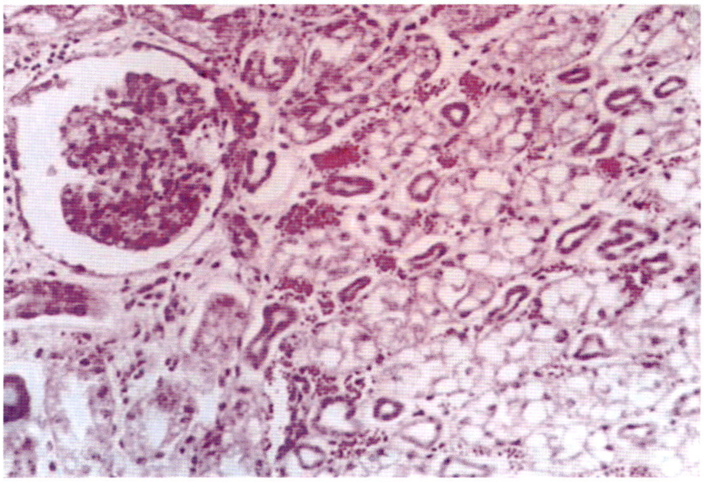

图4-7 妊娠毒血症病牛肾脂肪变性、间质出血

肺：肺淤血、气肿。两肺膨隆，被膜光滑。切面流出含泡沫的暗紫色液体。细支气管、小支气管黏膜脱落，脱落的黏膜散在于肺泡内。肺气肿者见肺泡壁断裂，肺泡融合，肺小泡形态破坏。

心脏：心外膜光滑，冠状脂肪丰润。心肌质软，色呈熟肉样。镜检：心肌纤维疏松，横纹不清，肌纤维内有空泡，肌纤维间有多量空泡，有的见肌纤维间有红细胞（图 4-8）。

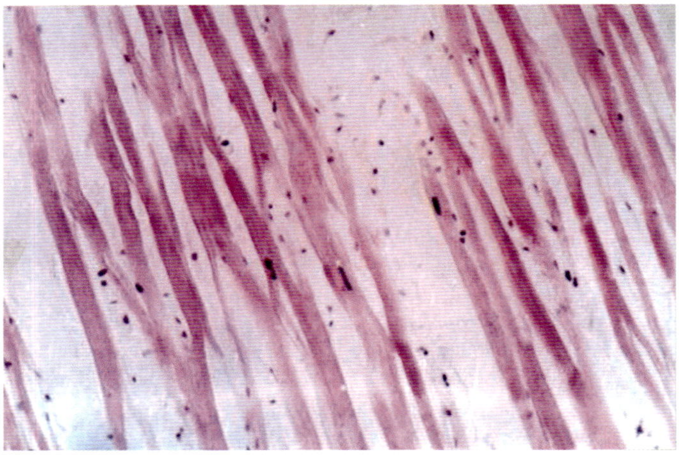

图 4-8 妊娠毒血症病牛心肌脂肪变性

脑膜出血，脑回间血管清楚，尚有子宫收缩不全，内含褐色恶露，膀胱黏膜出血。

预 后

通过临床 38 例病牛的病程分析，发病距死亡天数统计，1 ～ 5 d 死亡占 26.3%，6 d 以上占 73.7%，说明其病程较长，处于慢性过程。

预后应视肝障碍程度而定。由于肝脏本身具有较强的修复和代偿能力，因此，当病牛肝脂肪变性不甚严重，肝障碍程度较轻时，在正确和及时治疗的前提下，可望恢复，预后良好。当肝脂肪变性严重，肝障碍严重，肝结构破坏已达到不可修复程度时，对药物无反应，预后不良。其预后判断的依据是根据血清蛋白电泳和乳酸脱氢酶及其同工酶值的梯度变化。

血清蛋白质，健康牛产前白蛋白（A）和球蛋白（G）之比在 1 以内，肝障碍牛比健康牛下降近 1/2，脂肪肝牛下降幅度更大；乳酸脱氢酶和谷草转氨酶，肝障碍牛上升，脂肪肝牛上升更明显，而且乳酸脱氢酶同工酶出现严重倒置现象。

诊 断

根据流行病学、临床症状、酮体检验可确诊。鉴别诊断详见酮病部分。

治 疗

药物治疗的目的是抑制脂肪分解，减少脂肪酸在肝脏中的积存，加速脂类的利用；其原则是解毒保肝，补充葡萄糖以缓解血糖下降。

提高血糖浓度，补充糖源

（1）50%葡萄糖液 500 ～ 1 000 mL，静脉注射。

（2）50%右旋糖酐，第一次量为 1 500 mL，后改为 500 mL，每日 2 次或 3 次，静脉注射。

（3）木糖醇 500 ～ 1 000 mL，一次静脉注射，每日两次，有升糖和降酮作用。

（4）丙酸钠 114 ～ 228 g 或丙二醇 117 ～ 342 g，每日两次内服，服药前，可静脉注射 50%右旋糖酐，效果更好。

促进脂肪氧化，用解脂制剂

（1）50%氯化胆碱粉 50 ～ 60 g，一次内服。也可用 10%氯化胆碱溶液 250 mL，一次皮下注射，可促进脂肪酸氧化和脂蛋白合成，有显著的解脂作用。

（2）泛酸钙 200 ～ 300 mg，配成 10 %溶液，一次静脉注射，连续注射 3 d。

（3）复合维生素 B 液 200 ～ 250 mL，一次灌服，每日两次，能增进食欲，改善瘤胃功能。

（4）烟酸 12 ～ 15 g，一次内服，连服 3 ～ 5 d，灌服后能抗脂肪分解和抗酮体的生成。

对症治疗　为防止继发感染，可使用抗生素如四环素、金霉素静脉注射；为防止氮血症，可用 5%碳酸氢钠液 500 ～ 1 000 mL，一次静脉注射，对黄疸病牛，用硫酸镁 300 ～ 500 g，加水灌服，连用 3 d。

预　防

干奶期精料喂量过大促使母牛肥胖，产前 5 ～ 7 d 脂肪动员已经开始，因此认为，母牛妊娠毒血症是产前营养失调于分娩后的急性临床表现。由于药物很难使已经发生器质变化的肝脏(脂肪肝)机能恢复，致使疗效差，尤其是后期卧地不起者，治疗更加困难，因此，预防本病的发生则为关键之策。

加强干奶牛饲养　日粮中控制精料喂量，增加干草喂量，防止干奶牛过肥。精料喂量 3 ～ 4 kg，青贮 15 ～ 20 kg，干草自由采食。为便于管理，可将干奶牛集中饲养。

控制脂肪动员　应对临产母牛加强看护，对肥胖牛、高产奶牛和食欲减退牛，在预产前 5 ～ 7 d，可用 50%葡萄糖液 500 ～ 1 000 mL，一次静脉注射，每日一次，直至产犊。

为保持瘤胃内环境的稳定、维护瘤胃正常生理功能，促进糖原异生作用和减少体脂肪的动员，日粮中可加入如下物质：

（1）50%粗制氯化胆碱粉 50 ～ 60 g，产前 20 d 加入精料中饲喂，每日一次，直至产犊。

（2）烟酸 4 ～ 6 g，产前 7 d 加喂，每日一次。

（3）丙酸钠 125 g 或丙二醇 200 mL，产前 6 d 加喂，每日一次，连续饲喂 10 ～ 20 d。

加强配种工作，提高受胎率　加强母牛发情鉴定，不错过发情期，不漏掉发情牛，适时配种，防止空怀发生，避免干奶期过长而使母牛过肥。

日粮中添加保护性蛋氨酸　泌乳初期，奶牛对蛋氨酸的需求增加，仅通过瘤胃中未降解的饲料蛋白质和微生物蛋白获得是不够的，所以必须额外补充。原西德汉诺威大学生理研究所报道，持续而稳定的补充瘤胃保护性蛋氨酸，有助于消除酮体在血液中的蓄积。其主要原因是蛋氨酸能使肝脏亲脂蛋白质合成加快，并有效地利用已动员的组织脂肪来合成乳脂。

饲料中保证有充足的维生素 E　健康牛血中维生素 E 含量为 5 μg/100 mL，妊娠毒血症病牛其含量为 3 μg/100 mL。维生素 E 能参与氧化还原反应，具有生物抗氧化作用和促进细胞脂蛋白膜稳定和完整的作用，因此，维生素 E 不仅有预防妊娠毒血症的作用，对已发病牛能减少肝脂肪浸润，恢复正常代谢，能减轻症状，起到治疗之功效。

母牛躺卧不起综合征
“Downer Cow” Syndrome

母牛躺卧不起综合征有以下 3 种提法：①指乳热病牛在首次静脉注射钙剂疗法后 10 min 内不能站立者。②指乳热病牛在第二次用钙制剂治疗后 24 h 不能站立者。③指母牛分娩后，无任何明显原因而躺卧不起，并于 24 h 内不能站立者（Cox，1986）。

本病流行率为 0.4%～ 2.1%，病后 1 ～ 4 d 内死亡或屠宰，据统计，病牛有 23%屠宰， 44%死亡，33% 恢复。

V. S. Cox（1982）指出，本病的发病率差异很大（表 4-17）。美国威斯康星州屠宰场的记录表明，每年因母牛躺卧不起综合征的损失超过 10 000 头，该州的奶牛总数约 180 万头，由于情况尚不完全清楚，其经济损失难以确定。

表 4-17　母牛躺卧不起综合征的临床调查

作　者	发表年限	国　家	母牛总数	发病率（%）	死亡率（%）
Hallgren	1955 年	瑞典	883	3.8	?
Bjorselle	1969 年	瑞典	283	28.2	36.0
Cortis	1979 年	加拿大	1 817	4.5	67.0
Wange	1980 年	挪威	457	12.15	20.0

由于本病多伴随低血钙性产后瘫痪而发生，故其临床特征是产后长期卧地不起，对钙制剂治疗无反应。知觉、意识尚存，食欲、精神正常，爬行。剖检变化：腰、腿部肌肉和神经损伤，呈现出局部肌肉的缺血性坏死、心肌炎和肝脏脂肪变性。

病的发生

头胎牛难产多，老年牛乳热多，故本病以头胎牛和老年牛多见；冬季多于春季。

随着奶产量增高而发病增多，据报道，在发病牛中，高产牛占 48%，中产牛占 46%，低产牛占 6%。

根据病原学和病理状况的发展，可将母牛躺卧不起综合征分为 3 类。

原发性　有多种病因，主要是代谢、中毒和外伤等所致，如低血钙症、低血钾症、败血性子宫炎、急性大肠杆菌乳房炎。

继发性　是由导致神经和肌肉损害的压伤综合征引起的，如胸椎或腰荐椎管淋巴肉瘤、两侧腓神经麻痹、闭孔神经麻痹等。

永久性　是由各种不同的损害包括肌肉和韧带损害所致，病牛长期躺卧，最后以败血症死亡，如髂骨脱位、荐髂联合的完全或不完全脱位、腓肠肌撕裂、骨盆骨折、大失血等。

病　因

根据本病原发性病因出现的频率，可把致病因子分为 3 类：代谢的、产科的和其他。

代谢性致病因子　血钙过低是牛躺卧的主要病因。常常因产后乳热治愈后复发的血钙过低，治疗太慢、钙剂用量不足等，致使躺卧期延长。B. Jorsell（1968）指出，乳热经治愈而恢复的牛，血清钙、谷氨酰转氨酶、总蛋白、白蛋白 / 球蛋白和躺卧母牛一致；在发生乳热的病牛中，有 4%～35%的牛最后变为躺卧不起母牛；已患过乳热的牛比一般牛易感性高 10 倍，综上分析认为，母牛躺卧不起综合征是乳热的后遗症。

在本病病母牛中还可见有其他的代谢疾病，它们常和血钙过低结合在一起。例如，低镁血症就是其中的一种，还有低磷血症。关于低钾血症，尚有争议。因有的人认为，麻痹主要危害后肢而不是前肢，因此，难以把麻痹归因于肌细胞缺钾；但有的人认为母牛躺卧不起综合征患牛服钾后可得到肯定的结果。

产伤性麻痹　胎儿过大，产道开张不全，助产粗鲁，过分牵引胎儿等，引起坐骨和闭孔神经损伤，或者胫骨神经损伤，或髋骨脱位，于犊牛产出后发生麻痹。

其他病因　①饲料中维生素 E- 硒缺乏。②乳房炎、子宫炎、心肌炎、创伤性心包炎或腹膜炎等所致的全身中毒。③干奶期精饲料喂量过大，母牛肥胖造成肝脂肪变性，其发病率增加。试验表明，玉米青贮日粮加 15% 粗蛋白饲喂 26 头母牛，结果有 6 头牛发病。④消化道阻塞，如幽门或十二指肠阻塞，分娩时髂骨挫伤，以及中枢神经系统损伤，如脑炎、脑水肿或内出血等，都会引起本病的发生。

发病机理

分娩时的急性低血钙是产后瘫痪的根本原因，而本病又是产后瘫痪的并发症。由于治疗时间的延迟、治疗药物用量不足等，致使母牛卧地时间延长，原发疾病治疗之后仍不起来，引起局部缺血性坏死。母牛分娩时由于助产不当，或瘫痪卧地母牛在治疗中企图挣扎站立等，都可能引起腰部肌肉和神经的创伤性损伤，不仅直接造成长时间的躺卧，而且由于肌肉损伤时释放肌红蛋白，所以常伴有蛋白尿的出现。躺卧母牛表现的心搏过速及心律不齐，是急性心肌炎的症状，被认为是由于反复使用钙制剂的不良反应。肝脏的脂肪变性和浸润，是由于饲喂高蛋白、高能量饲料使母牛过肥，体脂过度沉积的结果；也与饲料在瘤胃内异常发酵过程中所产生的有毒物质使机体中毒有关。

临床症状

持续躺卧是本病的实质。病牛通常是机敏性的。食欲正常或减退，体温正常，心率正常或增加，为80 ~ 100 次 /min, 有的见心搏过速或心律不齐。多数患牛频频试图站立，但其后肢不能完全伸直，只能以部分屈曲的两后肢沿地面爬行，力图站立起来，由此得名“爬行母牛”（creeper cow）。有的患牛两后肢向后移位而呈现出犬坐姿势或蛙腿姿势（图 4-9）。

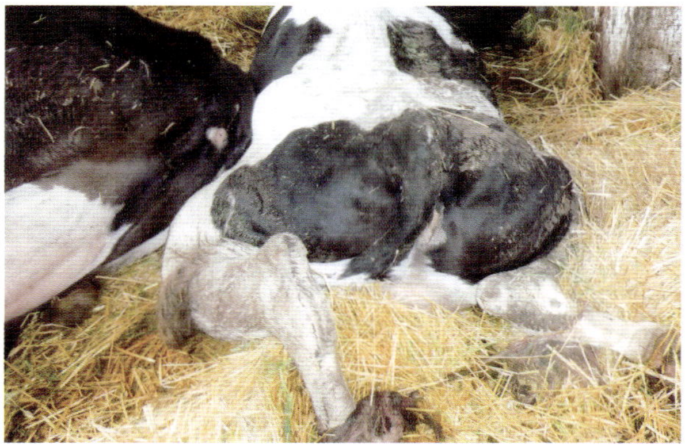

图 4-9 母牛躺卧不起综合征的蛙腿姿势

严重病牛呈侧卧姿势，头向后仰，四肢抽搐，角弓反张，感觉过敏，食欲废绝，此类病牛又称之为机敏性的“爬卧母牛”。由于长期卧地不起，经常引起并发症发生，如由大肠杆菌所致的乳房炎；在跗关节和肘关节的突出部分和由髋部吊带引起髋结节周围等部位发生褥疮性溃疡，最后导致病牛死亡和被迫淘汰。

临床病理

本病大多数伴有低钙血症、低磷血症、低镁血症、低钾血症。由于肌肉损伤，肌酸磷酸激酶增加，天门冬氨酸氨基转移酶（ASAT）活性升高；血清谷草转氨酶活性升高；乳酸脱氢酶（LDH）特别是其中的 LDH_5 活性明显升高。红细胞数、白细胞数增多，嗜中性分叶核增多并伴发核左移；尿 pH 6.0，蛋白尿和肌红蛋白尿，尿酮体阳性。

病理变化

主要变化是股部内侧肌肉出血和变性、圆韧带撕裂的髋关节周围出血；股薄肌、耻骨肌和内收肌局部缺血性坏死；闭孔神经、坐骨神经、腓神经、桡神经出血和水肿。心肌扩大、质度松软，呈灶性心肌炎；肝脂肪浸润；肾小球和肾小管上皮变性。

预　　后

病程长短取决于器官损伤的严重程度和性质、护理的质量以及病初为病牛所提供的环境条件。病牛精神好，有食欲者，或人为吊起能站立者，护理得当，约有 50%的躺卧母牛在 4 d 内或更短的时间内能站立起来；精神不好，食欲废绝，并发乳房炎、褥疮者，预后不良；躺卧超过 7 d 者、心搏过速超过 100 次 / min 者，预后不良。每升血中肌酸磷酸激酶（CPK）含量高于 1 000 IU 时，预后十分严重；高于 500 IU，预后严重；200 ~ 500 IU，尚有成活可能。天门冬氨酸氨基转移酶（ASAT）活性升高，肌肉损伤严重，预后不良。发病后由于心肌炎的发生，常常于 48 ~ 72 h 死亡。躺卧起立而又卧地者，预后不良。

诊　断

根据病后临床特征及发病时间等可以诊断。但应估计器官损害的严重性，以便能判断预后和决定采取的措施。因此，首先应检查肝、肾和心肌的功能，尤其应估计运动器官损伤的程度（表 4-18）。

表 4-18　对在产犊期引起母牛躺卧不起综合征的损伤进行评估所需的检查技术

（Stober and Dirksen,1980）

导致躺卧的原因	知觉	视诊	触诊（包括直肠检查）	敏感性	牛站立时的表现	尿检	乳房检查
神经麻痹							
周围神经	−	(+)	−	(+)	+	−	−
中枢神经	−	(+)	+	+（1）	+	−	−
肌肉破裂							
部分的	−	(+)	(+)	−	(+)	(+)（2）	−
全部的	−	(+)	+	−	(+)	+（2）	−
脱位	−	(+)	+	−	(+)	−	−
腱断裂	−	(+)	+	−	+	−	−
骨折	−	(+)	+	−	+	−	−
髂骨挫伤（休克状态）	(+)	−	(+)（3）	−	不动，± 严重	−	−
产后肝功能不全	+	−	−	+	不动，± 严重	+（5）	±
麻痹性乳房炎	(+)	−	−	−	不动，± 严重	−	+
产后血钙过低性瘫痪	−	乳热特征姿势	−	+（4）	麻痹或全身松弛性瘫痪	−	−

注：+，有用的诊断标准；(+)，能帮助临床兽医的资料，但尚需证实；−，不能诊断；(1)，尾部（+外阴、肛门、直肠、膀胱）麻痹、无感觉；(2)，肌球蛋白尿（疾病初期）；(3)，直肠空或有黏液；(4)，敏感性减退；(5)，尿中胆色素。

生化检验技术也是不可缺少的。在发病初对尿蛋白、尿肌球蛋白、天门冬氨酸氨基转移酶、肌酸磷酸激酶等进行检验，有助于临床确诊。

治　疗

由于本病病因复杂，因此，治疗前首先要分清是原发性的还是继发性的，是可复性的还是永久性的。当已确诊为各种损伤包括肌肉和韧带的损伤时，应尽早予以淘汰屠宰，以减少药费和消瘦所造成的经济损失。

对于经治疗可望恢复的患牛，应对症处治，综合治疗。临床上可采用钙制剂、镁制剂、磷制剂及钾制剂。如 20% 葡萄糖酸钙（内含 4%硼酸）500 ~ 1 000 mL，一次静脉注射，每日 2 次或 3 次。15%磷酸二氢钠液 200 ~ 300 mL、林格氏液 1 000 mL，一次静脉注射。氯化钾 30 ~ 40 g，分 2 次或 3 次内服，或用 5% 氯化钾 100 mL、5% 葡萄糖注射液 500 mL，缓慢一次静脉注射。25%硫酸镁注射液 100 ~ 200 mL，一次皮下注射，在充分保证血钙浓度情况下，上述药物可交替使用。

对于神经损伤、肌肉剧伸的患牛，可用维生素 B_1、维生素 B_{12}、保泰松、盐酸氟胺、康母朗或士的宁于腰荐神经丛穴位注射。也可用醋灸法，即将醋涂布于患牛腰荐部，再用酒精涂布，点燃涂布于腰荐部的酒精，等燃烧过后，用麻袋将腰部覆盖，有时也能收效。

药物治疗的同时，精心护理是极其重要的。当躺卧牛出现时，首先应将其置于干燥、清洁、宽敞的泥土地面的屋内或运动场内。不要强行轰赶，防止患牛尽力挣扎，使肌肉和关节剧伸而加重病情。不要把牛置于光滑地面上，防止起立后滑倒。已经站立起来的牛，药物治疗不能停止，继续用药，防止再次倒卧。病牛应躺卧于用木屑、褥草和沙土铺设的褥垫上，每日要数次翻动牛身，以减轻因长期躺卧而引起的局部缺血性坏死和知觉的消失，防止褥疮的发生。还有一种立方形的气垫，患牛躺在气垫上，能在患牛身体下面充气鼓起，促使病牛能站立起来。也可以人为将牛吊起，使牛能短时间站立，促进恢复站立功能。

预 防

对产后瘫痪的预防、尽早发现和治疗，可以大大降低本病的发病率和病情。为此，应加强干奶期，特别是妊娠后期的饲养管理。具体措施如下：

产前 15 d，将孕牛调入产房内饲养 产房应光线充足、宽敞、清洁和干燥，并应有专人看护，及时发现各种异常现象。如有分娩前兆，应将其置于单圈内饲养，圈舍地面不要太光滑，产床舒适，铺垫干净沙土或褥草。任其自然分娩，并尽量防止滑倒。

助产要按操作规程 需要助产时，操作要仔细，不要过力牵引，减少组织损伤。

产前低钙饲养 分娩前 8 d 肌肉注射维生素 D_3 1 000 万 IU，每日一次，直到分娩；产前 3 ～ 5 d 静脉注射 20% 葡萄糖酸钙 500 mL 和 20% 葡萄糖液 500 mL，每日一次，连续注射 2 ～ 3 d，可以收到明显效果。

产后母牛，一旦倒卧，尽快用葡萄糖和钙制剂静脉注射，尽快促其站立，绝不可以延误治疗时间。初产母牛患本病比例较高，易发生难产和低血钙，因此可以采取推迟初次配种日期，使用体格较小的公牛品种配种。

瘤胃酸中毒
Ruminal Acidosis

大量饲喂精料，动物对精料不适应，常引起酸中毒。

奶牛瘤胃酸中毒是由于大量饲喂碳水化合物，致使瘤胃 pH 下降和乳酸蓄积所引起的一种全身代谢紊乱疾病。其临床特征是瘤胃消化机能紊乱、瘫痪和休克。本病也称为酸性消化不良、乳酸酸中毒、急性食滞和瘤胃过食等。

奶牛瘤胃酸中毒在加拿大、美国、新西兰、法国、日本等养牛国家都有发生，为奶牛常发病。我国奶牛虽有发生，但临床尚不认识。

1982 年，作者首次报道了我国奶牛瘤胃酸中毒后，引起了全国各地奶牛场对该病发生的重视和认识。由于本病发病急剧、病程短，往往对病因及病性不清，一旦发病对药物反应较差，死亡率极高，故给生产带来一定损失。

病 的 发 生

奶牛瘤胃酸中毒呈散发型，常零星出现，未见成群或传播感染方式。各场发病极不平衡，有多有少，常见发病牛场内有相同病例出现的现象。一年四季都有发生，但多发生于 12 月份至翌年 5 月份，发病占 69%，即以冬春季节较多。

各胎奶牛都可发病，其中 1 ～ 6 胎发病较多，占 77%，即以胎次较低的年轻牛易发。

奶牛生理状况不同，发病各异。其中以临产牛、产后 3 d 内的牛发病最多，占 70% 以上。

产乳量与发病的关系：奶产量越高，发病越多，据统计，产奶量在 6 000 kg 以上的奶牛，发病占 65%。

精料喂量与发病的关系：日粮中，母牛饲喂精料量越大、粗饲料不足或缺乏，发病率越高。

促使发病的因素：临产与产后母牛，机体抵抗力降低，消化机能减弱。在分娩、气候条件突然变化等应激因素的作用下，均可影响瘤胃内环境的改变，成为发病的诱因。

病　因

本病主要的原因是饲喂过量的富含碳水化合物的饲料，如玉米、高粱、大麦、燕麦、小麦和各种块根饲料，如甜菜、马铃薯、萝卜，以及糟粕类饲料，如啤酒渣、糖糟、豆腐渣等。造成精料饲喂过量，饲养不当的原因有以下 7 点。

（1）为了促使下胎泌乳增加，干奶期精料喂量增大，以促使母牛肥胖，单纯认为肥胖就能高产。对发病牛场日粮调查结果见表 4-19。表 4-19 显示，发病牛场产前母牛每头每日精料喂量分别为 7.5 kg、5.73 kg，都高于未发病牛场（每头每日 4.76 kg）。

表 4-19　瘤胃酸中毒牛场产前母牛日粮组成　　kg/(d· 头)

牛场	玉米青贮	秋百草	混合料	豆饼	糖糟	豆腐渣	精料量
未发病场	18.0	3.5	3.76	1.0	2.5	—	4.76
发病 1 场	22.0	1.5	6.3	1.2	—	—	7.5
发病 2 场	22.4	2.1	4.6	1.1	—	4.35	5.73

（2）产房期间，精料由饲养员自己掌握，喂量多少合适没有明确规定。

（3）临产前加料催乳房发育，产后为了促乳产量，增加精料。

（4）冬天加料增膘，春天加料换毛。

（5）为能使奶产量增高，过分增加精料、块根类及糟粕类饲料喂量。

（6）谷实类饲料粉碎过细，牛短时间内食入大量粉碎谷实在瘤胃内可产生大量乳酸。

（7）饲料突然变更，特别是日粮突然由适口性差改变为适口性好的饲料，如增加精料、块根类和糖糟等，致使采食过量。

发病机理

关于本病的发病机理，国外学者虽然自 20 世纪 50 年代初就开始研究，迄今尚无定论。目前，对本病的发生有两种观点，即乳酸中毒和内毒素中毒。

乳酸中毒

丰富的非纤维素碳水化合物在瘤胃中都能产生乳酸。过食精料后，血中二氧化碳结合力下降，pH 降低。pH 和二氧化碳分压都可影响血乳酸的水平。这是因为，血 pH 可直接影响血红蛋白的饱和程度和红细胞中 2，3- 二磷酸甘油（DPG）的浓度。在相同的氧分压下，pH 越低，血红蛋白对氧的亲和力越小，氧饱和程度越小。酸中毒时，2，3- 二磷酸甘油的合成降低，分解加强，细胞中 2，3- 二磷酸甘油的浓度下降，加之 pH 下降使毛细血管扩张，血液运氧障碍，引起组织缺氧，因此认为，pH 的下降和缺氧症的出现都能促使乳酸的蓄积。

正常情况下，乳酸不是瘤胃糖类发酵中的主要的细胞外中间物。在饲喂干草时，乳酸作为被消化饲料转换的中间产物，其量不到 1%，而当饲喂高精料日粮时，乳酸大约能占到转化量的 17%，可见，乳酸在瘤胃中随精料量的增加而升高。当所形成的乳酸与其转换消失一样迅速，乳酸的蓄积不易出现；当乳酸的产生速度大于其转换消失速度，则乳酸可在瘤胃内容物中蓄积。当瘤胃中发酵形成的乳酸或其同分异构体，通过瘤胃或胃肠道其他部位吸收进入体内，其中 H^+ 将与体内的碳酸氢根离子结合，形成碳酸，并离解成水和二氧化碳，后散发排出。这样乳酸的吸收减少了身体内碳酸氢根离子的贮存而引起了酸中毒。生化反应为：

$$\text{H}-\text{乳酸} + Na^+HCO_3^- \rightarrow \text{乳酸钠} + H_2CO_3$$
$$\hookrightarrow H_2O + CO_2 \uparrow$$

如果吸收的酸是 *D*（–）- 乳酸，则将会发生更严重的后果。因为，*L*（+）- 乳酸容易变成丙酮酸，继续氧化，而 *D*（–）- 乳酸不易氧化，在血中停滞时间较长。

各种病因的作用，都可能造成牛血中 *D*（–）- 乳酸浓度的升高，剧烈的肌肉运动、休克、缺氧、激素、化学药物的刺激、分娩等，都可激发血中乳酸的增加。内分泌因素如胰岛素、肾上腺皮质激素、肾上腺素、甲状腺素等，都可能影响血中乳酸水平，促使酸中毒发生。

内毒素中毒

大量饲喂精料后，瘤胃内的致病物质如组胺、酪胺、色胺、乙醇和细菌内毒素等，都有助于引起过食精料的发病过程。由于组胺的增高，奶牛可出现蹄疼痛和蹄叶炎。

牛过食精料后，瘤胃 pH 下降到约 5.5 时，纤毛虫活性和再生能力消失，瘤胃微生物区系发生很大变化。牛链球菌生长迅速，使乳酸大量产生，并于瘤胃中蓄积，于摄食后 12 h 发生酸中毒；瘤胃内游离内毒素的浓度显著增加，其增加主要是革兰氏阴性细菌的减少和革兰氏阳性细菌的增加所致，因为革兰氏阴性细菌大量死亡裂解，能释放出细菌内毒素，被吸收入血，可引起奶牛突然死亡。

正常动物，内毒素可通过网状内皮系统解毒。由于瘤胃 pH 下降，乳酸蓄积，并由此而引起机体的氧不全血症的出现，血液循环障碍，网状内皮系统遭受损伤，致使对内毒素解毒能力破坏。由于动物对细菌内毒素的防御机能受到破坏，则出现内毒素中毒并发生休克。

从临床实践出发，我们认为，上述各种因素的致病性不是单一的，而是共同对机体起作用。即瘤胃 pH 的下降，乳酸的蓄积，引起了瘤胃内细菌区系的改变，产生内毒素。内毒素的吸收，作用于组织器官，引起了组织的损伤，加剧了酸消化不良症候群的病理过程。

临 床 症 状

本病临床症状与奶牛品种，食入的饲料种类、性质和数量，以及疾病发展过程的速度有关，通常分为最急性型、急性型和亚急性型 - 慢性型等。

最急性型

常在采食后几小时内出现中毒症状，发病急骤，突然死亡，因病畜生前无任何明显前驱表现，故常不被发现。

有的病牛，在采食大量精料后 12 ~ 24 h 内发生酸中毒。病畜表现不愿走动，运步时步态不稳，呼吸急促，心跳增数，达 100 次 /min 以上，有的呼吸困难，气喘，常于发现症状后 1 ~ 2 h 内死亡。死亡前病牛张口吐舌，从口内吐出泡沫状带血唾液。高声鸣叫，甩头蹬腿。

急性型

常见于产后母牛。分娩前，奶牛精神、食欲正常。分娩后即出现症状，表现出食欲废绝，精神沉郁，目光无神，结膜充血，肌肉震颤，皮温不均，耳、鼻俱凉，走路摇晃，眼窝下陷。腹泻者，排出黄褐色、黑色带黏液的稀粪，或排出褐红色、暗紫色的粪汤，干涸后似如沥青样。

随病情加剧，有的病牛于分娩后 3 ~ 5 h 瘫痪，卧地不起（图 4-10）。初期，卧地后头不能抬起，很快见患牛呈躺卧姿势，头、颈和体躯平躺于地；四肢僵硬，伸直；头向背部弯曲，呻吟、磨牙，兴奋不安，甩头；之后转为抑制状态，精神沉郁，眼睑闭合，全身不动；拉稀者，粪呈水样，黄褐色。体温正常，仅少数病例初期或后期稍有升高（37.5 ～ 39.7℃）；脉率 65 ～ 130 次 /min，少数病牛升高；呼吸 20 ～ 60 次 /min，初呼吸正常，如伴发肺部变化时，呼吸增数、微弱；眼凹陷、脱水。

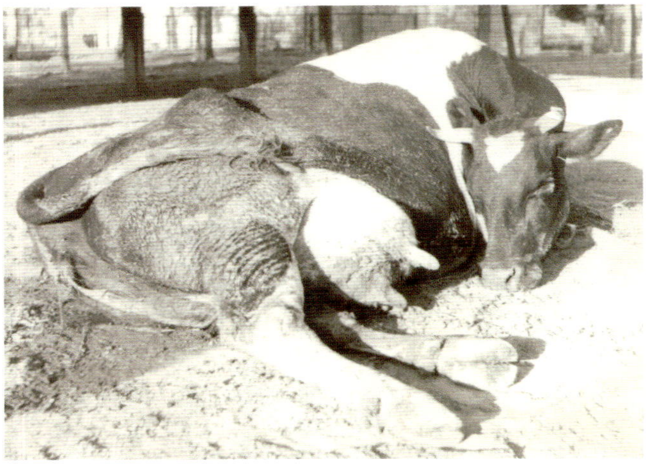

图 4-10　瘤胃酸中毒病牛卧地不起

亚急性型 - 慢性型

病牛症状轻微，通常呈现前胃弛缓，瘤胃蠕动微弱，食欲减退，伴发蹄叶炎时，步态强拘，站立困难。

临床病理

本病的特征变化：瘤胃内容物及血液中乳酸浓度升高，pH 下降，碱贮减少，血液浓稠；瘤胃内纤毛虫数量减少、消失，细菌区系的变化是革兰氏阴性细菌的抑制，革兰氏阳性细菌增殖；尿液 pH 下降。

血液检验

血液浓稠，血容量增高；碱贮下降；血尿素氮、血钠、总蛋白、血平均渗透压增高；血钙、血糖降低（表 4-20）。

表 4-20　瘤胃酸中毒病牛与健康牛血液生化值比较

项　　目	健康奶牛	瘤胃酸中毒奶牛
CO_2 结合力（V %）	46.0±2.39	25.4±2.1
血糖（mg/100 mL）	55.9±5.9	48.2±6.4
血钙（mg/100 mL）	10.4±0.56	7.9±1.1
血钠（mg/100 mL）	139.7±5.9	147.0±2.1
血钾（mg/100 mL）	5.0±0.44	4.98±0.6
总蛋白（g/100 mL）	6.7±0.37	7.4±0.51
白蛋白（g/100 mL）	3.9±0.2	4.4±0.15
球蛋白（g/100 mL）	2.92±0.1	3.45±0.15
血氯（mEq/100 mL）	113.9±3.8	112.1±5.0
尿素氮（mg/100 mL）	11.0±2.95	13.0±6.16
血容量（mg/100 mL）	33.6±0.54	37.5±1.9
血浆渗透压 (mOsm)	275.72	289.73

尿液检验

尿液 pH 下降到 5.0 ～ 6.0，尿胆色素、尿蛋白反应阳性，尿沉渣镜检有白细胞、肾上皮和膀胱上皮等构成的管型。

瘤胃液检验

瘤胃液增多，呈乳绿色、灰白色，黏稠度减小，具酸臭味。pH 4.0 ～ 6.0，乳酸升高（10 ～ 30 mg/100 mL），纤毛虫数量明显减少，革兰氏阴性细菌减少，革兰氏阳性细菌数增加。挥发性脂肪酸含量降低，亚硝酸盐还原试验显著延迟，葡萄糖发酵试验呈阴性反应。

胃肠道 pH 检查

表 4-21 显示，病牛胃肠道 pH 呈一致性显著降低。

表 4-21　瘤胃酸中毒病牛胃肠 pH 变化

项　目	pH								
	瘤胃	网胃	瓣胃	皱胃	十二指肠	空肠	回肠	盲肠	结肠
6 例健康牛	6.8	6.8	6.4	4.1	6.3	6.4	7.0	7.5	7.3
瘤胃酸中毒病牛	5.5	5.3	5.4	4.4	5.3	5.4	5.6	6.7	6.4

病 理 变 化

尸僵完全，可视黏膜发绀，腹围增大，有的从鼻腔、肛门内流出血液；皮下血管怒张，局部肌肉呈淡红色。

瘤胃浆膜血管怒张、充血；瘤胃内容物液体增多，pH 5.0 ～ 6.0，具乳酪酸味；黏膜肿胀，刮脱后见肌层充血，呈红色（图 4-11）。镜检：黏膜肿胀、脱落，固有层内散在脱落上皮，肌层水肿，浆膜水肿。

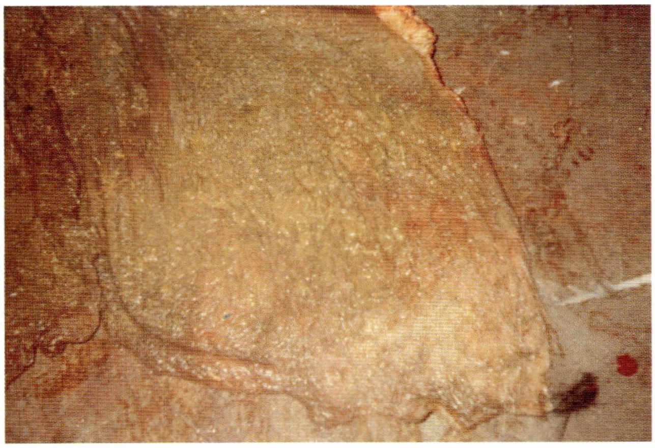

图 4-11　瘤胃酸中毒病牛瘤胃黏膜充血、出血

网胃内容物水样，pH 5.0 ～ 5.5，黏膜充血。

瓣胃黏膜脱落，血管明显（图 4-12），胃内容物 pH 5.0 ～ 6.0。

皱胃内容物呈水样、稀粥状，pH 4.4，色呈黄褐色、褐色、红色；黏膜一致红色，黏膜有黄豆大的溃疡（图 4-13）。

小肠浆膜血管怒张，内容物呈黄色、鸡蛋黄样，褐色，有血液，黏膜上覆盖着脓样物。镜检：黏膜层及固有层留下一些痕迹，坏死、脱落，黏膜下层水肿，局灶性坏死；肠腺上皮细胞分离，腺体结构不清，肌层水肿。

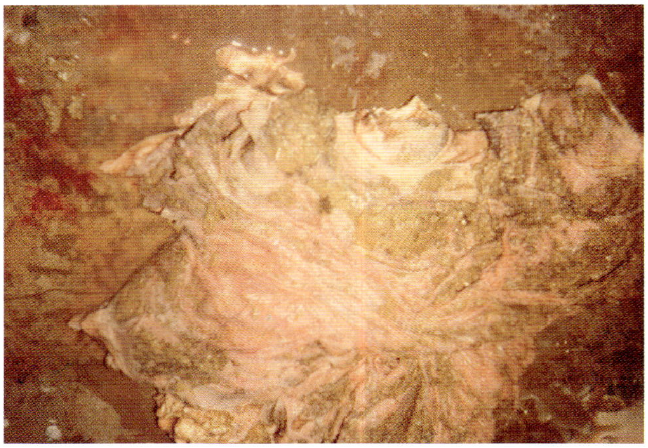

图 4-12　瘤胃酸中毒病牛瓣胃黏膜脱落、出血

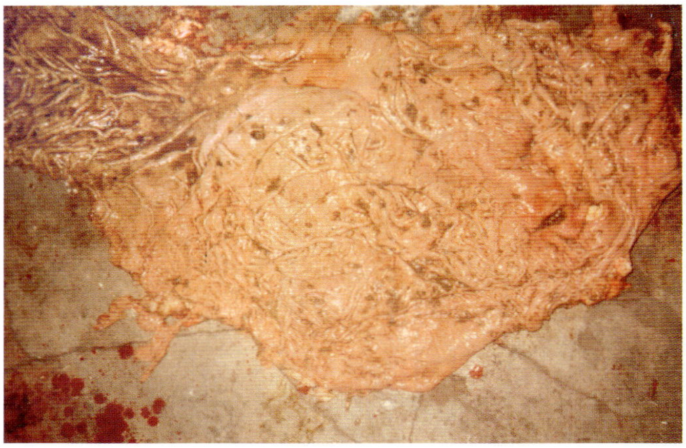

图 4-13　瘤胃酸中毒病牛皱胃黏膜出血、溃疡

盲肠、结肠浆膜血管明显，黏膜充血、出血。内容物 pH 6.4 ～ 6.7。

肝表面光滑，边缘钝，质脆，切面湿润。镜检：肝细胞浊肿、脂变；叶下静脉扩张、充血；肝细胞索排列紊乱，局灶性坏死 (图 4-14)，中央静脉内有脱落的肝细胞，窦状隙扩张，充盈淡粉红色液体。

肾包膜易剥脱，质脆，切面稍外翻。镜检：肾小球囊消失或增宽，间质扩张并集有渗出液，近曲和远曲小管管腔增大，内集蛋白液体（图 4-15）。

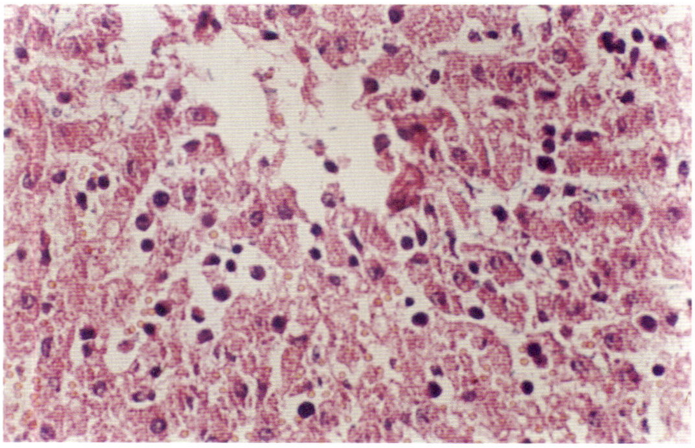

图 4-14　瘤胃酸中毒病牛肝变性、坏死

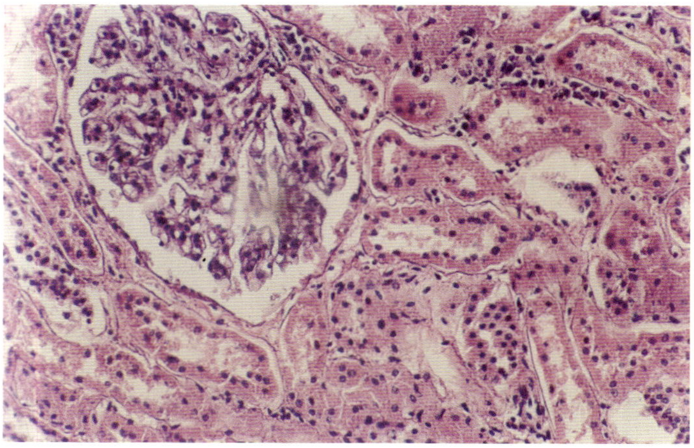

图 4-15　瘤胃酸中毒病牛肾变性

两侧肺膨隆，切面流多量混有气体的血液，镜检：肺泡壁毛细血管扩张、充血，肺泡腔内有水肿液滞留，间质水肿（图 4-16）。

心外膜光滑，冠状脂肪弥漫着出血点，心肌土棕色、质软，镜检：肌原纤维松散、断裂，间质明显扩张，并集有蛋白液、红细胞（图 4-17）。

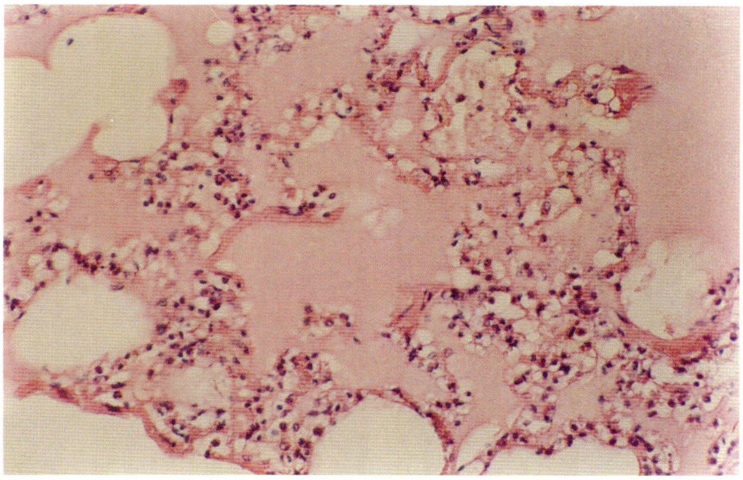

图 4-16 瘤胃酸中毒病牛肺水肿

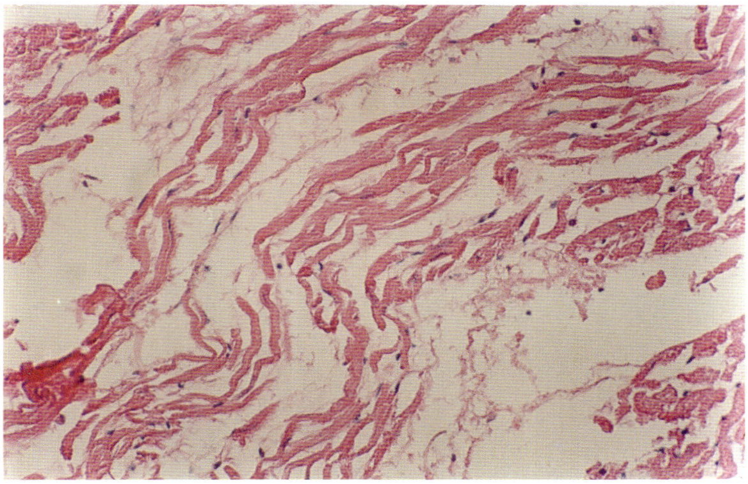

图 4-17 瘤胃酸中毒病牛心肌水肿

脾被膜光滑，质软，切面小梁清晰，易刮脱，镜检：脾小体萎缩、消失，脾髓淋巴细胞明显减少，小梁清楚，结构疏松，红髓血窦扩张，充盈多量红细胞。

脑膜充血，血管清楚，脑回间沟内集有液体，部分软脑膜与脑实质粘连。

预 后

根据对 38 例病牛临床病例分析，突然死亡的占 46.9%，8 h 内死亡的占 28.1%，24 h 内死亡的占 6.3%，在 24 h 内死亡的共占 91%。病程短、预后不良。随着对本病的认识，治疗及时，可以提高治愈率。

诊 断

根据临床症状、流行病学调查可初步诊断。血液中乳酸、碱贮含量及尿液、胃液中 pH 的测定，都有助于确诊。随分娩而发病者，因其体温降低、卧地不起常与乳热相似，应对其鉴别。其区别见酮病中所述。

治　　疗

迄今为止，药物治疗在降低酸中毒的死亡率和缩短痊愈时间方面尚未有满意结果。因其临床表现为酸性消化不良症候群，血液浓稠，碱贮下降，缺氧，因此在治疗时，应抓住扩充血容量、解除酸中毒、补充水及电解质等几个环节。

药物疗法

扩充血容量　常用生理盐水、5%葡萄糖生理盐水，每次用量 2 000 ～ 3 000 mL。

解除酸中毒　常用 5%碳酸氢钠液，静脉注射。补碱量可用下列公式计算：

$$\text{所需碱（mEq）}=\frac{50-\text{病畜 }CO_2\text{ 结合力（V\%）}}{2.24}\times 50\%\times\text{体重}$$

临床使用的 5%碳酸氢钠液每毫升含 0.6 mEq。为使用方便起见，可按 0.45 mL/kg 体重计算。即奶牛按 600 kg 计，补碱量约为 3 000 mL，实际用量先补一半，即 1 000 ～ 1 500 mL。其后，根据实际二氧化碳结合力变化增减，也可按尿液 pH 的变化决定。

甘露醇或山梨醇的应用　当病牛兴奋不安、甩头时，输液中可加入该药，每次 250 ～ 300 mL，可降低颅内压、解除休克，用后见患畜安静。

补糖　适当的补充低浓度葡萄糖，可增加血糖浓度，兼有营养与解毒作用，临床用 10%或 25%葡萄糖 500 ～ 1 000 mL。

补钙　当患畜全身中毒减轻，脱水缓解（病牛眼球充盈，呈水汪汪样）而仍卧地不起者，可以补充低浓度的钙制剂，常用 2%～ 3%氯化钙 500 mL，或 10% 葡萄糖酸钙 500 mL，静脉注射。一可减少渗出，二可补充血钙浓度，加强心脏收缩，增强全身张力。

抗菌、消炎　为防止机体继发感染，可使用抗生素。庆大霉素 100 万～ 299 万 IU、四环素 250 万 IU，随输液时一并加入。

（1）维生素 B_1 每日肌肉注射 100 ～ 300 mg。

（2）灌服碱性药物。常用碳酸氢钠粉 150 ～ 300 g 或石灰水灌服。

瘤胃切开或洗胃法

手术切开瘤胃，将病牛瘤胃内容物取出，或用水灌进瘤胃后将其导出，反复冲洗，有助于瘤胃内 pH 的恢复正常，促使瘤胃正常发酵；除去病牛瘤胃内容物后，也可将健康奶牛瘤胃内容物加入。

预　　防

鉴于本病发病急、病程短、死亡率高而又无特效疗法，预防是关键。

加强饲养管理，合理供应精料　日粮水平不应过高，严防为追求奶产量而突然增加浓厚饲料水平。为防止瘤胃 pH 的降低，使瘤胃适应较高精料日粮，日粮中可加缓冲物质，如碳酸氢钠、氢氧化钙、氧化镁等。碳酸氢钠的用量按总干物质计为 1.5%；按混合料用量为 1.5%～ 2.5%。氧化镁按干物质计用量为 0.8%，可与精料混合直接饲喂。一定要保证充足干草的进食量。

坚持正常的饲养管理制度　不要突然变更饲料或变更饲养制度；要合理安排饲料，即使变化，也要逐渐更换，以使瘤胃内微生物有个适应阶段。

管理要细，分群饲喂　按不同生理阶段随时调整日粮水平，严防精料喂量过大。

加强饲料加工　谷实精料加工时压片或破碎即可，宜大不宜小，颗粒大小要匀称，尽量不要粉成细粉后再喂。

日粮中添加莫能霉素　每日 30 mg/kg 瘤胃素（含 10%～20%莫能霉素）或每头每日饲喂泰乐菌素 90 mg。

日粮中加喂苹果酸　每日每头加喂 40 ～ 80 g，瘤胃 pH 和乙酸含量升高，总挥发性脂肪酸（VFA）产生量下降，丙酸、丁酸、*L*- 乳酸及乙酸与丙酸的比例均没有变化，对预防本病有一定功效。

瘤胃碱中毒
Ruminal Alkalosis

瘤胃碱中毒是由于饲养失误，日粮中过多饲喂蛋白饲料，瘤胃内异常发酵产生大量的氨，使瘤胃内微生物群失调而引起的消化机能障碍性疾病。

在瘤胃碱中毒发展过程中，由于瘤胃 pH 升高，瘤胃内正常微生物群减少且区系改变，大肠杆菌和大肠变形杆菌等病原菌大量增殖，使瘤胃内容物腐败过程占优势，此称为瘤胃腐败症。通常在临床上将两者统称为瘤胃碱中毒。

本病在奶牛、肥育牛及犊牛都有发生。1994 年，某牛场缺乏青贮和优良饲草，而长时饲喂氨化稻草，引起了乳产量下降，青年牛发生子宫炎，经分析，属慢性碱中毒。

病　因

日粮不平衡，蛋白饲料喂量过高　在饲养过程中，为了提高泌乳性能或为了缩短肉用牛肥育期，日粮中过多饲喂富含蛋白饲料，致使瘤胃中蛋白腐败分解过程占优势，产生大量氨，瘤胃液 pH 升高至 7.5 ～ 8.5，当氨含量达 30 mg/100 mL 以上时，由瘤胃壁吸收进入血液而更易发病。

日粮中粗饲料不足或缺乏　粗饲料不足，瘤胃正常发酵改变，异常发酵旺盛，氨的吸收受阻，从而使瘤胃内蓄积大量的氨和过多的丁酸等。

饲料突然改变　由饲喂牧草和谷类饲料突然改饲在施用氮肥过多土地上生长的青嫩豆科饲草，因瘤胃不适应，使瘤胃异常发酵而产生过多的氨。

过饲尿素及非蛋白氮添加剂　为了补充饲料中蛋白质含量不足，常利用尿素及非蛋白氮添加剂。但饲喂方法不当和用量过大，均可使瘤胃内氨含量增多。除此，误食或误饮氮肥，在瘤胃中迅速水解而释放出氨，引起瘤胃内氨含量增多。

此外，犊牛由于喝进不清洁饮水，采食污秽变质饲料以及酸败的脱脂奶等，使大肠杆菌和大肠变形杆菌群大量增殖而诱发本病。

发病机理

由于各种原因而引起瘤胃内氨量过多和蓄积。过量的氨可经瘤胃上皮吸收进入肝脏，超过了肝脏解毒能力即渗入血液，使毛细血管通透性升高，导致肺充血、水肿，从而发生呼吸困难。血氨过高，刺激中枢神经，出现神经症状。

瘤胃内 pH 升高，瘤胃内微生物群减少且区系改变，如大肠杆菌和大肠变形杆菌等病原菌大量增殖，引起瘤胃内有毒产物的产生和自体吸收，并严重影响维生素 K 和 B 族维生素的合成机制，可引起相应维生素的缺乏。

临床症状

通常，临床上仅呈现消化不良症状，易被忽视，当瘤胃内容物腐败分解过程加剧时，临床症状加重，病牛食欲减退或废绝，瘤胃蠕动减弱，逐渐消瘦，反复发生瘤胃臌气，泌乳量明显减少，乳脂率降低，伴发腹泻和呼出气具腐臭气味。有的病牛头颈和四肢肌肉痉挛，尤其在分娩过后的母牛，站立困难，多被迫横卧地上，并将头向一侧弯曲取乳热病牛的特有姿势，呈昏睡状态后不久多数死亡。病牛出现循环机能障碍，如心跳加快、节律不齐等。肝区叩诊界扩大并敏感，神经、肌肉不全麻痹或痉挛，呈现维生素 K 和 B 族维生素缺乏症。奶牛尚有由大肠杆菌和克雷伯氏杆菌所引起的乳房炎、子宫内膜炎、胎衣停滞和繁殖障碍等疾病症状。

犊牛呈现佝偻病症状，如关节肿大、四肢变形呈 O 或 X 形姿势、疼痛、跛行，并伴发湿疹等症状。

公牛除上述症状外，还有精液品质异常。

临 床 病 理

血、尿液变化

血液 pH 升高至 7.3 ～ 7.5 以上，血清钙、血清镁含量均减少。尿液 pH 升高至 8.6 以上，磷酸铵镁结晶增多。

瘤胃液变化

瘤胃液呈黑绿色水样，混有泡沫，具腐臭气味，pH 8 ～ 9.5。轻症病牛瘤胃内微生物群不见大异常；重症病牛瘤胃内纤毛虫几乎消失，只有大肠杆菌和大肠变形杆菌群大量增殖。

瘤胃液糖发酵试验可产生大量气体；亚硝酸盐还原试验时间延长；挥发性脂肪酸含量减少，其中丙酸含量相对减少，而丁酸含量相对增多；氨含量增多至 150 mg/100 mL 以上。

肝功能检验

谷草转氨酶等活性升高。

预　　后

其病程与预后与碱中毒的程度和持续时间有关。轻度病牛，及时调整日粮后可经月余恢复。伴有神经症状、骨软症、肝脓肿、乳房炎和子宫炎者，预后不良。

诊　　断

通过饲养管理调查、日粮分析，结合临床症状特点，可做出初步诊断。抽取瘤胃液检测 pH，即可确诊。

类症鉴别诊断，应注意与瘤胃酸中毒加以区分。瘤胃碱中毒是过饲含蛋白质饲料所致，瘤胃液 pH 偏高，尿 pH 8 以上。瘤胃酸中毒由过饲含糖饲料所致，瘤胃液呈白色，其 pH 偏低，尿 pH 6.0 以下，并有严重脱水和休克。

治　　疗

立即停喂致病性饲料，重新选配日粮，并饲喂优质青绿饲料及干草。

恢复瘤胃机能

为调整瘤胃液 pH，投服稀盐酸 30 ～ 60 mL 或乳酸 50 ～ 100 mL，每日 1 ～ 2 次。也可用 80% 醋酸 500 mL 加水 10 ～ 15 L 经口灌服。为了调理瘤胃微生物群以及恢复其活性机能，可将健康牛瘤胃液 2 ～ 5 L，给病牛投服接种。

对症治疗

对腹泻病牛，投服 5 ～ 10 g 链霉素、土霉素或金霉素，连续投服 2 ～ 3 d 为一疗程。对伴发神经症状的病牛，必要时可酌情施行瘤胃切开术，清除其中大半腐败变质内容物后，或饲喂优质青、干牧草粉，或移植健康牛瘤胃液 2 ～ 5 L。为解毒或排毒，可应用谷氨酸钠、精氨酸 - 谷氨酸，或鸟氨酸 - 天门冬氨酸合剂试治。对不全麻痹的病牛，除静脉注射葡萄糖酸钙注射液以外，还可与维生素 B、维生素 C 等制剂合用治疗。

预　防

加强饲养管理，合理供应日粮。充分注意日粮中的精粗比、碳氮比。严禁为追求奶产量而片面加大蛋白质的饲喂量。保证有优质干草的进食量。加强饲料的保管和贮放，严禁饲喂腐败变质的豆科牧草。保证充足的清洁饮水，防止因供水不足而饮用污秽水的现象。在饲喂氨化饲料或日粮中添加尿素时，一定注意喂量和饲喂时间，喂一定时间后应停喂，防止蓄积中毒。

产后瘫痪
Parturient Paresis

产后瘫痪也称乳热和临床分娩低钙血症。其特征是兴奋、痉挛、全身肌肉无力、运动麻痹、知觉消失、昏迷和瘫痪卧地不起。流行率 1.2% ～ 14.1%。

病的发生

年龄与季节　1 ～ 2 胎牛发病少，3 ～ 6 胎牛发病多，即随年龄增长而发病增多。一年四季都有发生，散发，无季节性。

奶产量　越是高产牛，发病越多，奶产量与发病直接相关。

发病时间　绝大多数牛发生于产后 3 d 内。据统计，产后 1 d 发病占 83%，产后 2 d 发病占 3.2%，产后 3 d 发病占 2.6%。偶然可见临产前 1 ～ 2 d 发病的产前瘫痪，也有于分娩后 3 ～ 6 个月发生的非生产性瘫痪。

机体状况　发病与犊牛性别、体重大小、死胎和双胎无关。上一胎泌乳期低血钙症是本胎分娩后乳热增多的因素；发生过胎衣不下、子宫炎、酮病等症，有使乳热发生增高的倾向。

干奶期营养　干奶期营养状况与本病的发生有关：①干奶期精料喂量过多，特别是日粮中的蛋白质水平过高，则对此病更为易感。②产前饲喂高钙日粮、饲喂高阳离子 Na^+、K^+ 和低阴离子 Cl^-、S^{2-} 日粮，都易促使发病。

复发力和遗传力　不同品种对本病的易感性具有明显的差异。娟姗牛最易感，发病率为 29.2%；瑞士褐牛为 15.3%；短角牛为 13.3%；更赛牛为 8.6%；荷兰牛易感性最低，发病率为 5.6%。临床发现，发生过产后瘫痪的牛，下胎产犊后，有重复发病的趋势。因此认为，本病是一个能复发和遗传性疾病。发生过产后瘫痪的牛比未发生过产后瘫痪的牛易感性高 2 ～ 5 倍，遗传力显著性估计为 0.04 ～ 0.2。

病　因

奶牛产后瘫痪与其体内钙的代谢密切相关，血钙下降为其主要原因。

干奶期母牛对钙的需要处于最低限度。胎儿的发育、尿液和内源性粪钙的排泄等的总量为 10 ～ 12 g/d。此时，血浆钙的补充机制处于无活性状态。分娩后，奶牛泌乳的启动则需要一套快速的内环境钙调节机制。一头日产 10 kg 初乳的母牛，乳中将消耗 23 g 钙（2.3 g Ca/kg），因此，分娩时母牛每日必须有 30 g 或更多的钙进入钙贮。这就是说，产犊后第一天母牛表现为血清钙水平普遍下降的状况。对此，只能通过加强胃肠的吸收和骨骼钙盐的析出来满足泌乳的需要。由于有些母牛不能适应分娩后这种急剧的变化，引起细胞外和血浆钙浓度的下降，最终导致产后瘫痪的发生。

产后母牛发生瘫痪的原因，目前一致认为有以下3点：①钙随初乳丢失量超过了由肠吸收和从骨中动员的补充钙量。②由肠吸收钙的能力下降。③从骨骼中动员钙的贮备的速度降低。

发病机理

奶牛产后瘫痪是一种相当独特的内分泌功能紊乱；营养水平很大程度上又影响着钙-激素的调节，因此，饲养管理不当是引起本病发生的根本原因，具体表现是日粮不平衡，钙、磷含量及其比例不当等。

产前精饲料喂量过多，钙含量过高　据报道，干奶期奶牛，体重按500 kg计，每头每日只需31 g钙即可满足机体及胎儿钙的需要量。据介绍，两群奶牛，一群日喂精料量为7～13 kg/头（精料中含2%贝壳粉，在饲喂时又补加碳酸钙或贝壳粉），21头奶牛中有6头发病，占28.6%；而另一群日喂同样精料，饲喂量为5 kg/头以下，14头奶牛无1头发病。

日粮中磷不足及钙磷比例不当　日粮中强调钙的供应而忽略了磷的供给，致使产后瘫痪增多，临床上通过使用磷酸二氢钠配合治疗，全部治愈，而且比单纯使用钙制剂治疗效果显著，即可说明。通过对健康牛和产后瘫痪病牛测定，血清钙、磷比例分别为1.44∶1和1.67∶1。说明血清钙、磷比例不当，当在1.67∶1时，即可发病。

日粮中Na^+、K^+等阳离子饲料过高　干草是日粮中的基础饲料，含有较高的阳离子，尤其是K^+。这些混合阳离子致使母牛处在一种轻度的代谢性碱中毒状态，尿呈碱性，pH升高，在碱性状态下，骨骼和肾脏很难对甲状旁腺素产生作用。Gaynor指出：喂给母牛日粮的阴阳离子，能够影响1，25-$(OH)_2D_3$的产生和分娩时低血钙的程度；在分娩前喂给高K^+和Na^+日粮，分娩时血浆1，25-$(OH)_2D_3$的浓度较低。Vagg和Payne发现，当发生钙应激需要时，喂给高阴离子Cl^-、S^{2-}日粮的反刍动物骨骼比喂给高阳离子日粮的母牛骨骼能释放出更多的钙。其主要原因是阴离子日粮通过增加靶组织对钙调节激素尤其是甲状旁腺激素（PTH）的反应，控制1α-羟化酶和骨骼钙的吸收而发挥作用。

维生素D不足或合成障碍　经肝、肾羟化酶作用的活化型维生素D_3[1，25-$(OH)_2D_3$]，具有溶解、释放骨钙作用，促使肠黏膜上皮细胞对钙的吸收作用。由于日粮中维生素D的供应不足或合成障碍，不仅妨碍了肠吸收钙的能力，而且也影响到骨的溶解和释放，其结果必将导致血钙含量的降低。

至于干奶牛日粮中钙含量过高，将导致奶牛机体对胃肠的依赖性。体内钙贮量增加，将刺激甲状腺C细胞分泌降钙素增多，作用加强，使甲状旁腺素活性受到抑制。当机体钙大量消耗，机体缺乏动员钙贮的应激能力时，引起血钙下降，从而使肌肉、神经的兴奋性降低，导致瘫痪发生。

临床症状

前驱症状

呈现出短暂的兴奋和搐搦。病牛敏感性增高，四肢肌肉震颤，食欲废绝，站立不稳，摇头、伸舌和磨牙。行走时，步态踉跄，后肢僵硬，共济失调，左右摇摆，易于摔倒。被迫倒地后，兴奋不安，极力挣扎，试图站立，当能挣扎站起后，四肢无力，步行几步后又摔倒卧地。也有见只能前肢直立，而后肢无力者，呈犬坐样。

瘫痪卧地

几经挣扎后，病牛站立不起便安然卧地。卧地有伏卧和躺卧两种姿势。伏卧的牛，四肢缩于腹下，颈部常弯向外侧，呈S状（图4-18）；有的常把头转向后方，置于一侧肋部，或置于地上，人为将其头部拉向前方后，松手又恢复原状。躺卧病牛，四肢直伸，侧卧于地。鼻镜干燥，耳、鼻、皮肤和蹄部末梢温度下降，刺激反射微弱至消失。瞳孔散大，对光反射减弱，感觉反应减弱至消失，肛门松弛，肛门反射消失。尾软弱无力，对刺激无反应；系部呈佝偻样（图4-19）。体温可低于正常，为37.5～37.8℃。

心音微弱，心率加快，可达 90 ～ 100 次 /min。瘤胃蠕动停止，粪便干、便秘。

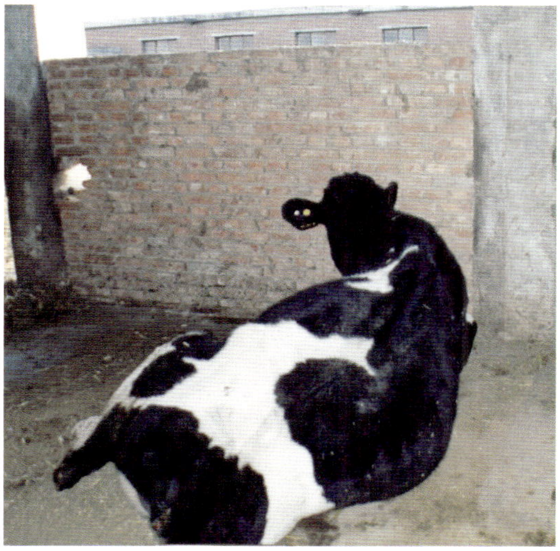

图 4-18　产后瘫痪病牛颈部弯曲成“S”状

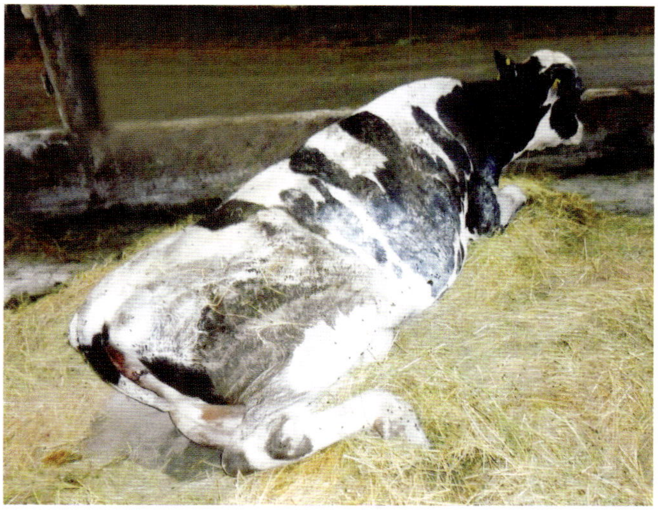

图 4-19　产后瘫痪病牛系部呈佝偻状

昏迷状态

精神高度沉郁，心音极度微弱，心率可增至 120 次 /min，眼睑闭合，全身软弱不动，呈昏睡状。颈静脉凹陷，多伴发瘤胃臌气。

临 床 病 理

血钙、血磷的降低为其主要特征。血钙降低为 3.9 ～ 6.9 mg/100 mL，严重者可降至 1.2 mg/100 mL 以下，血磷降低为 1.0 ～ 2.7 mg/100 mL，血糖升高至 80 ～ 90 mg/100 mL，重病牛可达 160 mg/100 mL，但并发酮病时，血糖降低；血清 GOT、肌酸磷酸激酶 (CPK) 活性升高，血红细胞、血红蛋白和白细胞增多。产后瘫痪病牛血液成分变化详见表 4-22。

表 4-22　产后瘫痪病牛血液成分的变化（Littledike et al）

血液成分	干乳期	分娩后	产后瘫痪病牛（1 ～ 72 h）
血清钙（mg/100 mL）	10.0 ± 0.1	7.6 ± 0.52	4.1 ± 0.11
血清无机磷（mg/100 mL）	6.1 ± 0.16	3.9 ± 0.29	2.1 ± 0.14
血清镁（mg/100 mL）	2.2 ± 0.03	2.6 ± 0.1	2.7 ± 0.05
血清钾（mEq/L）	4.8 ± 0.3	4.8 ± 0.13	4.2 ± 0.07
血清钠（mEq/L）	143 ± 0.8	142 ± 1.7	144 ± 0.9
血糖（mg/100 mL）	69 ± 1.2	66 ± 4.8	115 ± 4.1
氢化可的松（mg/100 mL）	0.6 ± 0.06	1.2 ± 0.29	3.4 ± 0.19
血清氯（mEq/100 mL）	96 ± 1.0	107 ± 2.5	109 ± 0.9
尿素氮（mg/100 mL）	13 ± 0.5	15 ± 1.7	17 ± 0.5
乳酸（mg/100 mL）	11 ± 0.7	14 ± 2.8	35 ± 1.9

沈宝根等对 7 头产后瘫痪牛（重型）进行测定：产前 7 d 血钙、血磷、血镁含量分别为 10.1 mg/100 mL、7.2 mg/100 mL 和 3.2 mg/100 mL，其比为 1.4∶1∶0.44；分娩后立即测定，三者含量为 7.7 mg/100 mL、4.0 mg/100 mL 和 2.5 mg/100 mL，分别比产前下降了 2.4 mg/100 mL、3.2 mg/100 mL 和

1.7 mg/100 mL，尤以血磷下降最多。

预　　后

治疗及时与否、药物用量大小、机体本身所处的状况等，都直接影响到本病的病程长短和预后是否良好。

随分娩而瘫痪者，多于 1 ～ 2 d 痊愈；距产犊时间较长而瘫痪者，病程较长，3 ～ 5 d 痊愈；卧地后半月不起者，预后不良。

据临床观察：治疗越早，效果越好，治愈率达 99% ～ 100%。瘫痪而有食欲者，预后良好。瘫而不食者，且伴发褥疮、体温升高，预后不良。瘫而站立者，仍有再次复发现象，治疗会更困难。故对由瘫痪而站立的病牛，要注意观察食欲和泌乳变化，食欲完全恢复，奶产量持续增长，为痊愈标志，不能一见站立就停止治疗。发生腕、髋关节损伤及创伤性网胃炎者，治疗困难，预后不良。

诊　　断

诊断要点

（1）产犊后不久发病，常在产后 1 ～ 3 d 内瘫痪。

（2）体温低于正常，38℃以下。心跳加快至 100 次 / min。

（3）卧地后知觉消失、昏睡、便秘、系部佝偻。

类症鉴别

由于产后母牛卧地不起的原因较多，在诊断时应仔细检查，并与以下疾病进行严格比较，以使诊断达到准确性（表 4-23）。

表 4-23　产后母牛躺卧不起的临床鉴别

疾　病	发　生	典型症状	血检变化	治疗效果
产后瘫痪（乳热）	产后 48 h 内	初期兴奋、搐搦，后昏迷，末梢麻木，体温降低至 37.5 ℃，心跳加快至 100 次 /min	血钙降低至 5 mg/100 mL，血镁高于 3 mg/100 mL	静脉补钙后肌肉震颤、鼻出汗、排粪、排尿，精神好转，快者 30 min 站立
低镁血症	产犊后或产犊后数天	兴奋，肌肉震颤，抽搐，卧地，强直，惊厥，机敏性增强	血镁低于 1.2 mg/100 mL	静脉补镁后好转，但药物反应较慢
产犊瘫痪	难产，闭孔神经、坐骨神经损伤，头胎牛多见	全身反应正常，食欲、粪便正常，机敏性高，卧地两后肢呈蛙式或劈一字腿	血液钙、镁正常，并伴肌肉损伤，肌酸磷酸激酶升高	无治疗方法，必要时可吊起，并配合钙和针灸治疗
母牛躺卧不起综合征	多因低血钙、镁治疗不当，或治疗前母牛卧时过长	初期母牛机敏性、精神、食欲正常，挣扎站立，后期体温升高，食欲降低，精神沉郁，病程 1 ～ 2 周	血钾、无机磷酸盐、葡萄糖降低，酮体升高，出现酮尿、蛋白尿	对钙、磷有一定反应
妊娠毒血症	乳房炎、腹膜炎（子宫破裂、异物性网胃炎）或阴道破裂引起	体温初升高，后降低，心跳加快至 100 次 /min 以上，呻吟，昏迷，躺卧	白细胞极度降低，血钙可降低至 7 ～ 8 mg/100 mL	疗效不佳，可用抗生素、补糖、补水、补碱等支持疗法；补钙、补镁可加速死亡

母牛躺卧不起综合征　表现中度机敏、活跃、食欲正常，虽不能站立，但多试图爬行，体温升高，病程长达 1 ～ 2 周，血液检验无机磷、血钾和血糖降低，尿蛋白增加；典型姿势呈“蛙式”，对钙剂反

应差。剖检见股部肌肉出血和坏死，关节韧带水肿和出血；心肌炎和脂肪肝。

低镁血症（牧草搐搦、泌乳搐搦） 发病不受品种、年龄限制，特征表现是兴奋、敏感性增高，搐搦伴强直性惊厥。心音高亢，血镁（1.2 mg/100 mL）比产后瘫痪牛（3 mg/100 mL 以上）降低，对钙的反应极慢。

妊娠毒血症 多因产后大肠杆菌所致的乳房炎、创伤性网胃炎、子宫破裂、阴道破裂等所致的急性弥漫性腹膜炎和急性败血性子宫炎所致。病牛心率极度增快，呻吟；乳汁、乳房及产道可检查出病变；钙剂治疗常引起死亡。

热（日）射病 夏季，产后母牛被暴露在阳光下或潮湿炎热环境中，因过热而卧地不起。病牛的典型症状是体温升高，达 42℃以上，可视黏膜发绀，全身脱水严重。

瘤胃酸中毒 过食谷类饲料后，母牛产后也会出现低血钙，因乳酸蓄积中毒，也会瘫痪、休克。但病牛脱水严重，腹泻，排出黄绿色或褐色的稀粪，血糖降低至 25 mg/100 mL 以下，二氧化碳结合力明显下降，使用钙剂可加速病情恶化。

治　疗

当母牛出现瘫痪症状之后，应尽早治疗。往往由于治疗延迟，招致局部肌肉缺血性坏死及躺卧不起综合征的发生，使治疗困难。

钙剂疗法 常用的是 10%～20%葡萄糖酸钙液 500～800 mL，或 2%～3%氯化钙液 500 mL，一次静脉注射，每日 2 次或 3 次。典型的产后瘫痪病牛在补钙后，表现出肌肉震颤、鼻镜出现水珠、排粪、全身状况改善等。为了保证治疗效果，防止异常现象发生，治疗时应注意以下 5 点。

（1）钙剂量要充足，因为剂量不够可使病程延长、不全治愈的机会增加，母牛不能站立，或站立后又瘫痪卧地，这更加重病情。

（2）注射钙剂时，速度应缓慢，不可过快，要注意全身反应，要监听心脏跳动，如心跳过快时，应停止注射。

（3）钙对局部有刺激作用，特别是使用氯化钙时，一定要确实注入血管内，万不能将其漏于皮下，以免引起局部组织的炎性肿胀、坏死、化脓和颈静脉周围炎。

（4）对瘫痪而又见体温升高的病例，不能急于用钙。此时，应先静脉注射等渗糖和电解质液，如 5%葡萄糖生理盐水、林格氏液、抗生素，待体温恢复正常，再行补钙。

（5）多次使用钙剂而效果尚不显著者，可用 15%磷酸二氢钠注射液 200～500 mL、硫酸镁注射液 150～200 mL，一次静脉注射。与钙交替使用，能促进痊愈。

乳房充气法 其目的是使乳房膨胀，内压增高，防止进一步泌乳，减少钙、磷从乳中排出。在经钙剂治疗效果不佳、易于复发的病牛，如配合本法使用，比单独使用钙剂效果更好。

将患牛乳房洗净，将 4 个乳头外露，用酒精棉球擦净乳头，将消毒过的导乳管插入乳头内，外接乳房送风器，向内打气。打气时先向接近地面的乳区内打气，然后再向上面的乳区内打气。为防止注进空气逸出，可用绷带将打满气乳区的乳头结紧。打入气体量以乳房皮肤紧张、乳区界线明显为准。气体量不足，影响疗效；气体量过多，易引起乳腺腺泡损伤。

牛奶疗法 对产后瘫痪不久的母牛，可用新鲜的、健康母牛的乳汁 300～4 000 mL，分别注入病牛的 4 个乳区内，可起到治疗作用。因注射的鲜奶很快被吸收，机体得到了生物学上的全价物质，促使被破坏了的中枢神经系统机能得到迅速恢复。

激素疗法 对钙剂疗效不明显的病牛，可用地塞米松 20 mg 或氢化可的松 25 mg，溶于 5%葡萄糖生理盐水 1 500 mL，一次静脉注射，每日 2 次，连用 1～2 d，同时可配合使用钙制剂，疗效会更好。

预　防

加强干奶期母牛的饲养，增强机体的抗病力

（1）控制精饲料喂量，防止母牛过肥。混合精料喂量 3 ～ 4 kg/d，日粮中保证有充足的优质干草供应。

（2）充分重视矿物质钙、磷的供应量及其比例。一般认为，饲料中钙、磷比应在 2 ∶ 1 的范围。据报道：奶牛日粮中钙含量达 137 g，磷为 85 g，其比例为 1.61 ∶ 1，可使产后瘫痪发病率由 74% 下降至 16%；也有人试验，饲料中钙、磷比为 6 ∶ 1 时，发病率达 30%，1 ∶ 1 时则为 15%。可见钙含量过高反而使发病率上升。因此，目前普遍强调分娩前期要低钙饲养。

（3）提供良好的饲养环境。干奶时可集中饲养；临产牛要在产房或单圈饲养。圈舍要清洁、干净；运动场宽敞，能自由运动，尽可能减少各种应激因素的刺激。

（4）增加含阴离子 S^{2-}、Cl^{-} 的饲料。据称饲喂酸性饲料有预防作用。

据 David（1992）报道：每日每头奶牛补充 108 g NH_4Cl、53 g $(NH_4)_2SO_4$ 和 34 g $MgSO_4 \cdot 7H_2O$ 制成的阴离子日粮，对照组日粮尽可能接近 NRC（1989）处于妊娠最后 2 个月的干奶牛日粮标准，基础日粮相同，只是阴离子日粮钙为 1.81%，氯为 1.06%，硫为 0.44%，分别高于对照组（钙为 0.9%，氯为 0.55%和硫为 0.30%），钠、钾含量相似。用这种日粮对 510 头干奶牛临产前各自饲喂 3 ～ 5 周。结果处理组血清钙离子浓度、血清总钙、血清磷皆高于对照组；临床产后瘫痪发生率明显降低（表 4-24）。

表 4-24 阴离子日粮对黑白花奶牛产后瘫痪发生率的影响

项　目	对照组	处理组	*P*
亚临床低血钙发生率（%）			
经产次数≤ 2	0	0	NS
经产次数≥ 3	12	5	<0.01
所有奶牛	9	4	<0.01
临床低血钙发生率（%）			
经产次数≤ 2	16	2	<0.01
经产次数≥ 3	66	28	<0.01
所有奶牛	50	19	<0.01
血清 Ca (mg/100 mL)	7.10	7.94	<0.01
血清钙离子（mg/100 mL）	3.80	4.31	<0.01
血清 P (mg/100 mL)	3.64	4.44	<0.01

加强对临产母牛的监护，提早采取措施，阻止病牛的出现

（1）注射维生素 D_3。对临产牛可在产前 8 d 开始，肌肉注射维生素 D_3 制剂 1 000 万 IU，每日一次，直到分娩为止。

另外，还可用 25- 羟胆固醇（25-(OH)D_3）8 mg，产前 10 d 开始肌肉注射，每日一次，也可用 1α - 羟胆固醇 250 μg，临产前 2 h 肌肉注射，都有预防效果。

（2）静脉补钙、补磷。对于年老、高产及有瘫痪病史的牛，产前 7 d 可静脉补钙、补磷，有预防作用，其处方是：

10%葡萄糖酸钙液	1 000.0 mL	10%葡萄糖液	2 000.0 mL
5% 磷酸二氢钠液	500.0 mL	氢化可的松	1 000.0 mg
25% 葡萄糖液	1 000.0 mL	10% 安钠咖注射液	20.0 mL

一次静脉注射。本方对已病牛有治疗作用，注射一次，血钙立刻上升到 11.7 mg/100 mL，血磷为 6.3 mg/100 mL。

母牛产后血红蛋白尿
Puerperal Hemoglobinuria of Dairy Cattle

母牛产后血红蛋白尿是以急性血管内溶血、血红蛋白尿、贫血、低磷酸盐血症为特征的高产分娩母牛的代谢疾病。曾称之为产后血红蛋白尿或血红蛋白尿、红水病、营养性血红蛋白尿等，目前多采用产后血红蛋白尿的病名。

病的发生

本病早在1853年首先报道于苏格兰，以后在欧洲、北美、非洲、澳洲和亚洲相继报道。我国主要报道了水牛的发病。

品种与年龄 在国外，主要发生于产后4～28 d的3～6胎的高产母牛，而肉牛与3岁以下的奶牛极少发生，但水牛却屡有发生。我国奶牛报道较少，1996年11月长春市郊1头8岁母牛产后1个月尿血诊断为本病。

发病季节 该病的发生与气候因素有直接关系。深冬严寒季节发生多，故认为寒冷与干旱是主要的诱发因素。

土壤 病区土壤分析表明，无机磷含量为0.05%，与未发病区土壤含磷量0.1%～0.15%比较，明显降低，发病呈地区性。

发病率与死亡率 据临床统计，该病发病率为15%～20%，死亡率为30%。北美总牛群中虽发病不高，但死亡率高达50%。

病 因

日粮不平衡，特别是磷的供应不足 奶牛在长期泌乳的过程中，大量的磷随乳汁排出。当饲料中磷含量不足，或由于降水量减少，植物根部摄取土壤中的磷成分减少，必将导致牛摄取磷不足，结果造成低磷血症。

日粮中十字花科植物喂量过大 由于十字花科植物，如油菜、甜菜、甘蓝、萝卜含有溶血因子，如硫氰酸盐、硝酸盐和磺酸化合物等，可引起血红蛋白尿。

发病机理

母牛产后血红蛋白尿发病过程中，导致红细胞破坏和溶血，以及血红蛋白尿的机制至今尚不明了。据M. G. Simesen（1980）认为，低磷酸盐血症和甜菜叶、苜蓿干草的皂素是本病发生的必需因子。

十字花科植物中所含的生物碱或其他物质，可以改变红细胞内的6-磷酸葡萄糖脱氢酶的代谢链，引起血红蛋白的变性与沉淀，导致海恩茨氏体（Heinz bodies）的形成，而含有这种小体的红细胞可通过脾脏网状内皮系统被移除，若大量红细胞被移除，则将发生溶血性贫血。

无机磷是牛红细胞无氧酵解过程中的必需因子。当机体缺磷，红细胞无氧酵解过程不能正常进行，其酵解产物三磷酸腺苷（ATP）及2，3-二磷酸甘油酸（2，3-DPG）生成减少。红细胞的三磷酸腺苷降低至正常值的15%，红细胞膜变脆，变形性降低；红细胞的三磷酸腺苷降低至正常值的11%，红细胞存活期缩短，为正常的1/5。在寒冷的条件下，在严重低磷酸盐血症时，当血清无机磷水平低于0.5 mg/100 mL时，三磷酸腺苷将显著降低，发生溶血。

临床症状

病初，患牛精神沉郁，食欲不振，产乳量下降。体温正常或稍微升高。血红蛋白尿为主要症状，尿呈淡红色。排尿次数增加，尿量减少。瘤胃蠕动减弱。

随病程延长，尿呈棕褐色、酱油色；贫血，可视黏膜、腋下、股内侧及乳房皮肤呈苍白色；呼吸急促；心率增加达 92 ～ 120 次 /min，心音亢进，出现贫血性杂音；颈静脉怒张和搏动。粪便干硬，有的拉稀，粪恶臭。全身衰弱，躺卧不起。如 3 ～ 5 d 不死，可转入恢复期，可见趾、耳尖、尾尖和乳头发生坏死。

临 床 病 理

红细胞压积（PCV）下降，红细胞数减少，染色不均，其大小不一，巨红细胞、网织红细胞增多，血沉加快，血磷下降（表 4-25），血钙正常。

表 4-25　产后血红蛋白尿病牛血细胞有形成分及血磷的变化

项　目	血红蛋白 (g/100 mL)	红细胞数 ($\times 10^4$ 个/mm^3)	白细胞数 ($\times 10^3$ 个/mm^3)	红细胞沉降率（%）			血磷 (mg/100 mL)
				15 min	30 min	60 min	
病牛（26 头）	2.44 ± 0.16	214.4 ± 5.7	7.97 ± 0.12	24.5 ± 1.9	53 ± 2.7	100 ± 1.9	3.24 ± 0.70
健牛（31 头）	6.98 ± 1.53	543.8 ± 15.5	6.75 ± 0.25	7.0 ± 0.7	21.2 ± 2.3	49 ± 4.2	5.38 ± 0.48

尿液检查：尿中潜血、酮体、胆红素、尿胆原、蛋白质均呈阳性反应；葡萄糖、尿蓝母、尿胆素呈阴性反应；尿沉渣镜检未见红细胞、白细胞、尿圆柱及钩端螺旋体。

黄疸指数升高；血清胆红素定性呈间接反应阳性；血尿素氮增高；磺溴酞钠（BSP）清除试验滞留值延迟。

病 理 变 化

尸体消瘦，全身黄疸，黏膜苍白。肝肿大，脂肪浸润，中央小叶灶性坏死；胆囊肿大，内积满浓稠带颗粒的胆汁。脾肿大，网状内皮细胞增生，红髓管状分布减少，生发中心减少。肾色淡似胶冻样，肾小管上皮退行性变化，肾曲细管中有管型及含铁血黄素沉着。膀胱内积有褐色血红蛋白尿。淋巴结肿大，切面多汁外翻，呈褐色。

诊　　断

诊断要点

（1）本病多发生于寒冷的冬季，呈地区性。

（2）发病以产犊后 4 ～ 28 d 的 3 ～ 6 胎的高产母牛和产犊后水牛最多，肉牛和 3 岁以下的奶牛极少发生。

（3）临床特征变化是血红蛋白尿和贫血。

（4）实验室检验见红细胞数、血红蛋白含量和红细胞压积值均降低，红细胞大小不一，血清无机磷含量明显降低（1.5 mg/100 mL）。

类症鉴别

肾盂肾炎　由肾棒状杆菌、大肠杆菌感染所致。尿中有血块、脓块，尿液检查有蛋白质、上皮细胞、红细胞、白细胞及大量病原菌，以此可与本病区别。

钩端螺旋体病　由致病性钩端螺旋体引起，病牛体温升高，乳汁浓稠呈淡红色或含血块，鼻镜干裂，齿龈、唇内和舌面发生溃疡、坏死，血、尿及流产胎儿胸水中能检查到病原体。上述症状为本病所没有。

焦虫病　病牛体温升高，体表淋巴结高度肿大，在红细胞内可以看到呈环形、逗点状的虫体，以此

可与本病区别。

蕨中毒 因采食蕨而引起中毒，其特征是可视黏膜淤斑性出血，鼻孔、肠道及泌尿生殖道向外流血。犊牛喉部水肿，呼吸呈喘鸣声；呈现血小板减少症、白细胞减少症；凝血时间延长，凝血块收缩不良。体温升高。以此可与本病相区别。

治 疗

治疗原则是尽快补磷，以提高血磷水平；输入新鲜血液以扩充血容量；静脉输液以维持水分。具体措施是：

（1）20% 磷酸二氢钠溶液 300 ～ 500 mL，一次静脉注射，每日 1 次。对重病牛可静脉注射 2 ～ 4 次，在静脉注射的同时，可用相同剂量再皮下注射，效果更明显。

（2）每头每日喂碳酸钙 30 ～ 50 g。如结合静脉注射磷酸二氢钠，则可大大缩短病程，加速痊愈。

（3）输血选择健康牛，静脉取血，立即给病牛注入。注射量见表 4-26。

表 4-26 输血参照表（健康牛红细胞压积值定为 35%）

体重（kg）	全血量（L）	红细胞量（L）	病牛不同红细胞压积值时的输血量（L）		
			10%	20%	30%
50	4.0	1.4	2.0	1.4	0.85
75	6.0	2.1	2.8	2.0	1.14
100	8.0	2.8	3.7	2.57	1.42

（4）15%磷酸二氢钠 1 000 mL、5%葡萄糖生理盐水 500 mL、25%葡萄糖注射液 500 mL、5%碳酸氢钠液 500 mL、氢化可的松 25 mL、复方氯化钠液 500 mL，一次静脉注射，早晚各一次。

预 防

饲喂平衡日粮 日粮营养标准应按母牛需要量确定，为此，配合日粮时，营养要全面，矿物质特别是磷的供应量不能忽略。在发病地区，饲料的营养成分无法计算时，每年从 11 月份开始至翌年 4 月份，每日每头牛应加喂磷酸氢钙 12 g，或用小麦麸 500 ～ 1 000 g 作精料补饲。

控制十字花科植物喂量 甜菜、甘蓝、萝卜每日饲喂量不要过多，以 5 ～ 10 kg 为宜。

定期监测土质，掌握本地区土壤成分 植物成分受土壤成分的影响。土壤中某些成分过多或过少，都会在植物成分中表现出来，因此，为防止本病的发生，应对土壤及饲料成分进行分析，做到饲喂时，缺什么、补什么。有人认为，本病与缺铜有关，对那些缺铜的病牛，每日用 120 mg 有效铜，对预防本病的发生也有益。

做好防寒保暖工作，减少应激因素的刺激 冬天应多铺褥草，加设风障，堵挡门窗等。

牧草搐搦
Grass Tetany

牧草搐搦又称低镁血搐搦、泌乳搐搦、青草蹒跚和低镁血症，是由各种原因引起血镁降低所致的一种矿物质代谢紊乱疾病。其特征是低血镁并伴有低血钙；病牛呈现神经兴奋及肌肉强直和痉挛。

本病自 1930 年首先由荷兰报道以来，世界各国如英国、新西兰、澳大利亚、美国等都有发生，其发病率不尽相同，死亡率 2%～ 12%。

病　因

镁摄入量不足或其利用率降低　泌乳牛每日要随奶、尿和消化道分泌物损失大量的镁。镁摄入量不足，或摄入镁的利用率降低，均能引起低镁血。

（1）镁摄入量不足。由于日粮中镁的含量不足及采食量的降低所致。

① 饲料中镁的缺乏与土质及施肥有关：当土壤中缺乏镁时，植物中镁的含量降低；大量施用钾肥，不仅由于钾和镁的拮抗作用而阻碍植物吸收镁，使植物镁含量缺乏或过少，而且还造成植物钙、磷含量和钙的利用率都降低的结果。

② 采食量不足：实验证明，幼嫩青草中可利用的镁含量低于成熟干草，禾本科牧草含镁量低于三叶草及其他双子叶植物。大量或长期饲喂幼嫩青草，致使母牛干物质进食量减少，其结果将使镁的摄入量必然减少。

（2）镁的利用率降低。机体缺镁不仅与摄入量有关，而且与镁的利用率也有直接关系。降低镁利用率的因素有：

① 动物患消化道疾病如腹泻时，由于采食量减少，以及食物在消化道中滞留时间过短，也可减少消化道中镁的吸收。

② 在植物或瘤胃内容物中存在着螯合因素如 α-酮丁酸时，可以影响镁的吸收，从而降低镁的利用率。日粮中 N 含量过多，瘤胃内氨产生过多，氨与 P、Mg 结合成不溶性磷酸铵镁，将影响镁的吸收。

气象因子对血清镁的影响　寒冷、大风、多雨、阴暗、日光不足等不良天气，使牛发生应激反应，直接影响牛的采食量，从而造成低镁血。对泌乳牛，可使牛甲状腺机能亢进，镁消耗量加大，使低镁血症发病率升高。

甲状腺机能亢进　泌乳母牛进食量减少和泌乳时能量消耗，使机体处于能量负平衡，是引起伴有甲状腺活性增加的低镁血的可能原因。

发病机理

据报道，泌乳母牛每日需要摄取大约 20 g 镁，吸收约 4 g 镁。饲草中镁含量应不少于干物质的 0.2%，如用低于此水平的饲草喂牛，N 和 K 含量增多，牧草中 K/（Ca+Mg）当量比在 1.8 ～ 2.2 以上，易发生牧草搐搦。

奶牛机体内的镁约 70%是以磷酸盐形式贮存在骨骼和牙齿中，其余的 30%存在于血清、红细胞和肌肉中。正常奶牛血镁含量为 1.8 ～ 3.2 mg/100 mL。血液中 Mg 含量减少，K 含量增多，故神经对刺激的反应性增高，呈现兴奋和痉挛症状。

目前，关于镁在反刍动物体内的调节机理尚不完全清楚。由于机体内缺乏易于动员的大量镁贮，血清镁的精细平衡在很大程度上决定于饲料中每日摄入量。镁存在于体液中和细胞中，具有抑制神经、肌肉兴奋的作用。由于镁摄入量及其利用率降低，低镁血出现，镁的正常生理功能失去，必将引起神经、肌肉兴奋性增强。低血钙更促进了该病的发生。

临床症状

急性型

采食突然停止，感觉过敏，抬头鸣叫，盲目奔跑，步态蹒跚，肌肉和两耳颤搐。体温升高至 40 ～ 40.5℃，呼吸增数，心跳加快，心音高亢。四肢搐搦而卧地不起。惊厥时，病牛角弓反张，眼球震颤，眼睑回缩，空嚼磨牙，口吐泡沫，约持续 1 min。安静时，病畜静卧，当遇有突然刺激如惊吓、抽打等，惊厥再次发作。多因治疗不及时而于病后 0.5 ～ 1 h 内死亡。

亚急性型

食欲减退，瘤胃蠕动微弱，产奶量下降。后肢痉挛，站立不稳。排尿停止，排粪频繁。感觉过敏，兴奋不安，全身肌肉震颤，缩头，牙关紧闭，遇外界刺激则引起惊厥，由于全身强直性痉挛反复发作，肌肉严重劳损而卧地不起。

慢性型

高产奶牛易患。母牛血清镁水平低，但不表现临床症状。病情逐渐恶化，精神迟钝，食欲减退，最后逐渐表现出意识障碍、运动失调等。

临 床 病 理

血镁降低至 1 ～ 2 mg/100 mL（正常为 1.8 ～ 3.2 mg/100 mL），血清钙降低至 6 ～ 8 mg/100 mL，血 GOT 活性升高至 140 ～ 258 RFU。血无机磷、钠、氯、总蛋白、A/G 值等无显著变化（表 4-27）。

表 4-27 牧草搐搦病牛血液生化值变化

（村上等，1972）

生化值		牛号							
		3	4	5	6	7	8	9	10
血清无机物	Ca(mg/100 mL)	9.4	9.4	8.0	9.7	10.7	9.4	14.8	9.4
	Mg(mg/100 mL)	0.68	0.56	0.6	0.8	6.7	0.71	0.9	0.71
	Ca/Mg	13.8	16.8	13.3	12.1	14.7	13.2	16.4	13.2
	P(mg/L)	4.5	5.5	5.9	3.7	3.7	5.5	6.2	5.8
	Na(mEq/L)	147.5	145.5	142.5	142.5	141.0	142.5	142.5	136.5
	Cl(mEq/L)	96.0	95.0	98.0	93.5	92.5	94.5	96.0	92.0
	K(mEq/L)	4.0	5.3	5.2	5.5	4.8	5.7	6.1	6.1
血清酶	GOT(RFU)	240.0	184.0	258.0	63.0	68.0	96.0	156.0	61.0
	GPT(RFU)	32.0	14.0	18.0	11.3	11.0	27.0	12.0	5.0
	ALP(KU)	3.4	11.4	13.4	4.6	21.6	9.4	6.7	12.2

尿比重降低，尿蛋白呈阳性反应，尿酮体检测呈阴性。尿中 Mg 含量明显减少，氨含量多达 23 ～ 54.3 mg/100 mL。

病 理 变 化

无特征变化，仅见皮下、肌肉、心内外膜、胸膜、腹膜及肠黏膜下出血，肝脂肪变性及坏死，肾脂肪变性，骨骼肌、心肌变性。

预　　后

急性病例常常在发病后 2 ～ 3 h 内死亡。病情轻者，如治疗不及时，用药不得当，病程加长，最后也因衰竭死亡。若早期及时使用镁制剂，也无并发症者，其能痊愈，预后良好。

诊　　断

本病多发生于放牧的牛群之中，而舍饲的奶牛群发病较少，即使有所出现，因其多伴有低钙血症的出现，所以在临床上多按缺钙处理。

在放牧的牛群中，如在寒冷、多雨的初春或秋季，出现兴奋、痉挛等症状，应怀疑为本病。确切的诊断有赖于血镁的测定，而临床使用镁剂将其治愈，也可帮助确诊。

值得注意的是，本病与乳热、神经性酮病的症状有相似之处，因此应予以鉴别。

与乳热的区别 乳热病牛多随分娩而发病，病后体温下降至38℃以下，当进入昏迷状态阶段时，精神高度沉郁，对外无反应，全身麻痹，血钙明显下降至3 mg/100 mL以下，对钙剂敏感；这与本病的体温升高（40℃以上）、痉挛、惊厥和对外刺激的机敏性增高、血镁明显下降（1～2 mg/100 mL以下），对镁剂敏感是容易区别的。

与神经性酮病的区别 酮病牛有兴奋、狂暴不安症状，但很少出现惊厥及搐搦，且尿中、乳中具酮味，酮体反应阳性，这些都是本病所不具有的。

治疗

由于本病发生急剧，病程短，应尽早治疗。首选药物是镁和钙制剂。

（1）25%葡萄糖酸钙溶液500 mL、20%硫酸镁溶液200～300 mL，一次静脉注射。为了避免注射后血镁很快下降，可配合50%硫酸镁液200 mL作皮下注射。静脉注射镁盐时，一定要缓慢，防止心跳过快和呼吸衰竭的发生。如果病牛确实出现心率加快、呼吸过慢等症状时，应立即停止注射，必要时可静脉注射钙溶液予以缓解。

（2）5%葡萄糖酸钙溶液和12%己二酸镁溶液各500 mL，一次静脉注射。

此外，3.3%乳酸镁、15%葡萄糖酸镁静脉注射，都有治疗效果。

在治疗时，应注意病牛状况，采取必要的对症治疗，如：为缓解惊厥，可肌肉注射镇静剂；保护肝脏，可用葡萄糖；体温升高时应使用抗生素等。

加强病牛护理，将病牛置于安静、避光的环境中，尽量减少各种不良刺激，减少应激。对不能站立者，应多铺褥草，不要强行轰赶。

预防

加强饲养管理，供应平衡日粮 对舍饲的奶牛场来说，本病尽管发生较少，但也应引起重视。随着奶牛饲料（干草）以及矿物质饲料的流通扩大，使用前最好对其来源、成分进行分析，掌握其各种营养成分，做到饲喂时心中有数。防止高钾饲料引起镁的降低；在补镁时，要防止镁高而影响磷的吸收，从而引起临床低磷酸盐血症发生的可能性。

加强草地管理，防止牧草镁含量缺乏 可采取以下措施：① 在向草地施肥时，特别在早春时，要限制钾肥的使用数量。防止因K肥多而影响牧草Mg、K之间的平衡。② 提高牧草含镁量，可使用含镁的肥料，如用含钙的菱镁矿粉、镁石灰石及撒布氧化镁等，也可用2%硫酸镁溶液喷洒草地。③ 在缺镁地区或经常发病地区，应补饲镁盐，以预防本病的发生。通常采用氧化镁、硫酸镁，每日50～60 g，饮用或随饲料食进。

钙磷代谢障碍
Metabolic Disorders of Calcium and Phosphorus

奶牛体内矿物质中70%以上是钙磷化合物。以羟磷灰石 [$Ca_3(PO_4)_2 \cdot Ca(OH)_2$] 的形式存在于骨骼和牙齿中，其中钙占全身钙的99%、磷占80%。钙在神经兴奋性的传导、血液凝固、酶的活性、细胞膜功能等方面起着重要作用。磷除构成骨骼、牙齿外，以无机磷、己糖磷酸、磷酸蛋白、磷脂质、核酸、三磷酸腺苷、磷酸肌酸等形式广泛分布于机体体液中，并在代谢中起着重要作用。

正常奶牛血清钙含量平均为（10±1）mg/100 mL，其含量较为稳定。但稳定性受肠吸收、肾排出及重吸收等因素影响，并且受甲状旁腺素、降钙素、活化型维生素 D_3[1，25-$(OH)_2D_3$] 调节。

甲状旁腺素（PTH）由甲状旁腺分泌。具有促进肠对钙的吸收和肾脏排磷，促使骨盐溶解以提高血钙水平的作用，为 1，25-（OH）$_2$ 骨化醇的促激素。

降钙素（CT）由甲状旁腺和甲状腺 C 细胞分泌。具有抑制破骨细胞的活动，减少骨骼中钙的释放，促进肾小管对钙、磷的排出，抑制血钙水平增高的作用。与甲状旁腺素相互制约。

维生素 D_3 吸收后，由血液循环进入肝脏。经肝脏羟化酶作用，转变为 25- 羟胆固醇，它在肾 1α - 羟化酶的作用下，生成 1，25-（OH）$_2D_3$。活化型维生素 D_3 [1，25-（OH）$_2D_3$] 的活性最强，可促进肠吸收钙；它与甲状旁腺素协同，促进肾小管重吸收钙和促使钙由骨骼中释放。当血钙过高时，它又通过羟化酶的负反馈作用，由 1，25-（OH）$_2D_3$ 变成活性低或无活性的 24，25-（OH）$_2D_3$ 和 1，24，25-（OH）$_3D_3$，使活性降低，血钙下降。

正常奶牛血液中磷含量为 4 ～ 8 mg/100 mL，分无机磷、有机磷和磷脂等。血清中无机磷的含量受肠吸收、肾排出及磷在体内细胞中的释放、进入和骨骼中沉积与溶解等影响，也受肾上腺素、胰岛素、性激素、甲状旁腺素等调节。

当饲料中钙含量低、维生素 D 丰富及肠 pH 偏低，肾功能不全，将促进或增强对磷的吸收，致使血清中磷增多。饲喂高钙饲料，肠 pH 增高，维生素 D 不足以及摄取镁、铝、铁等过多，将阻碍磷的吸收；加之肾上腺素、胰岛素等促使磷向细胞内转移，甲状旁腺素性肾小管对磷重吸收机能不全等，皆可造成血磷降低而出现低磷血症。

钙、磷是奶牛必需的矿物质，在机体内有着密切关系。钙、磷不足或比例不当等，皆可能引起钙、磷代谢障碍，而于临床上发生骨软症和佝偻病。

病　　因

引起钙、磷代谢障碍的原因如下：

饲料中长期钙、磷缺乏或其比例不当

（1）日粮配合不平衡　在饲喂过程中不注意钙、磷供应，有啥喂啥，或饲喂高钙低磷，或饲喂低钙高磷饲料，造成饲料中钙或磷的绝对量不足。以年产 5 000 kg 的母牛为例，每产 1 kg 的奶，要消耗 1.2 g 钙和 0.8 g 磷，一个泌乳期要排出 6 kg 钙和 4 kg 磷。泌乳高峰时，每日排出 30 g 钙和 20 g 磷，本身生命活动每日需 20 g 钙和 15 g 磷。可见，奶牛对钙、磷的需要量及消耗量较大。如果饲料中钙、鳞供应不足，致使机体不能摄取所需的钙、磷，其结果必将引起钙、磷不足而发生代谢障碍。

（2）日粮中钙、磷比例不当　机体对钙、磷的吸收，不仅决定其含量，还与其比例有关。饲养试验证明，正常肠道对钙、磷吸收的最佳比例是 1.4 ∶ 1。当日粮中钙、磷比大于或小于这个值时，都可造成钙、磷代谢障碍，使之呈现负平衡。

维生素 D 缺乏　奶牛从植物中获得的麦角固醇及其皮内的 7- 脱氢胆固醇，在太阳紫外线照射下，分别可以转化为维生素 D_2 及维生素 D_3。饲料中维生素 D 的不足，阳光照射不足等，皆可造成维生素 D 的缺乏，从而使钙、磷吸收降低。

机体健康状况不佳　奶牛健康状况不良，不仅引起钙、磷的吸收障碍，而且也影响骨的溶解。其中最重要的有以下几种表现：

（1）甲状旁腺机能亢进　中枢神经系统对钙、磷代谢起着主导作用。在中枢神经控制下，可使甲状旁腺机能加强，破骨作用增强，骨骼中大量钙盐溶解，骨质疏松。

（2）肾功能障碍　当奶牛发生肾病或其他疾病，引起肾功能不全时，由于代谢产物在体内的蓄积而造成酸中毒，此时钙与酸性产物结合，血钙下降，脱钙加剧。

（3）慢性消化道疾病　反刍动物胃肠道消化机能紊乱，通常以低血钙为其特征。瘤胃收缩力减弱，血钙浓度降低，血钙与瘤胃收缩之间呈显著相关。由此认为，奶牛胃肠的运动，对日粮中钙的吸收，维持内环境中钙的平衡起重要作用。渐进性胃肠道活动降低，能引起钙吸收减少，从而促使临床低钙血症的发生。

骨软症（Osteomalacia）

骨软症是成年牛钙、磷代谢障碍引起的一种慢性全身性疾病。特征是软骨内骨化完全、骨质疏松和形成过量的未钙化的骨基质。临床症状是消化紊乱，骨质变软，肢势异常，蹄变形，尾椎吸收及跛行。为奶牛常见病。随泌乳量增高，饲养管理不当，发病增多，尤以年老而又高产的母牛易发。

发病机理

正常时，奶牛体内血钙和血磷的含量是稳定的，常常以血磷和血钙的乘积来表示，即血钙多时，血磷就少，而血钙低时，血磷就高。当钙、磷供应不足或比例不当，磷、钙消耗量大，高产奶牛肝功能低下，使维生素 D 不能正常羟化，血 25-（OH）D_3 含量低下，导致血清 1，25-（OH）$_2D_3$ 含量降低，结果影响钙、磷的吸收和骨钙化不全（图 4-20）。

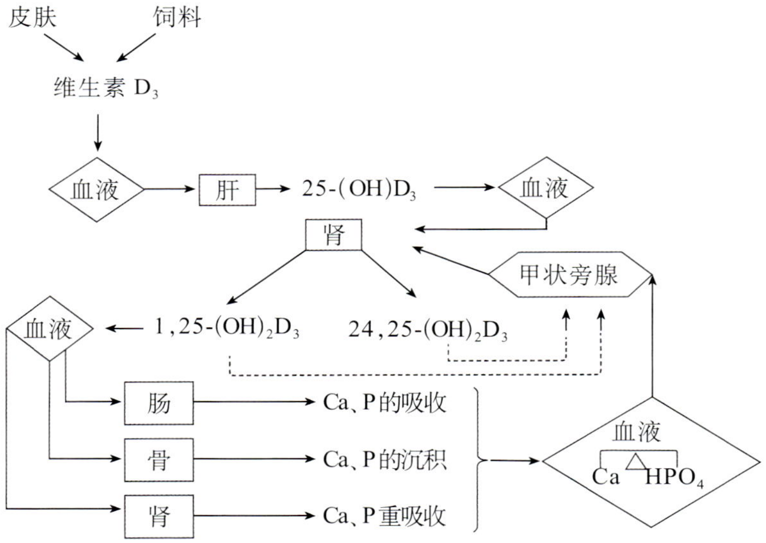

图 4-20　1，25-（OH）$_2D_3$ 对肠、骨、肾的作用

血钙下降，表现出神经兴奋性降低。为了维持血钙浓度的恒定，中枢神经系统反射性引起甲状旁腺机能加强，使骨骼脱钙，骨质疏松。管状骨间隙扩大，哈佛氏管的皮层界线不清，骨小梁消失，骨的外面呈齿形、粗糙。

由于肾小管排磷加强，血磷由尿中排出，血磷下降，促使血钙、血磷的乘积低于生理常数，所以继续从骨骼中脱钙以维持其恒定。脱钙最早发生于负重较轻的骨骼，如肋骨、尾椎、蹄部等。由于钙质的溶解，骨质疏松，临床发现骨柔软、弯曲、变形、骨折以及局灶性增大等。

临床症状

病初无明显症状，见患牛异食，常舐食墙壁、牛栏、泥土，喝粪汤尿水，或有时食欲减少，降乳，发情配种延迟等。当脱钙时间持续，则见骨骼变形，表现为尾椎被吸收，最后一个尾椎或两个尾椎吸收消失，甚至多数尾椎排列不齐、变软或消失。人为屈曲尾尖，易弯曲，无疼痛；肋骨肿胀、畸形，肋软骨肿胀呈串珠样，似如“串糖葫芦”。髋关节吸收、消失。

蹄生长不良，磨灭不正，蹄变形，呈翻卷状。严重者，两后肢跗关节以下向外倾斜，呈 X 形。患畜拱腰（图 4-21），后肢抽搐，常见提肢弹腿。泌乳量高时，症状明显。

图 4-21　骨质疏松症牛拱腰

患畜两后肢伸于后方，不愿行走，行走时，呈拖拽其两后肢状，饲养员通常称为“翻蹄亮掌拉拉胯”。蹄质变疏、呈石灰粉末状，跛行。经常卧地不起，运动强拘，步行时常可听到肢关节有破裂音，即“吱吱”声。

临 床 病 理

病牛血钙、钙离子、钙磷乘积、A/G、α-球蛋白和 β-球蛋白减少，清蛋白、总蛋白、球蛋白和 γ-球蛋白增多（表 4-28 和表 4-29）。

表 4-28　骨软症牛血液 Ca、P 及蛋白变化

项　目	血　钙 (mg/100 mL)	血　磷 (mg/100 mL)	钙磷乘积	钙离子 (mg/100 mL)	总蛋白 (g/100 mL)	清蛋白 (g/100 mL)	球蛋白 (g/100 mL)	A/G
健康牛	9.2 ~ 11.6	4.31 ~ 7.6	46.4 ~ 76.2	0.22 ~ 2.32	8.5 ~ 9.95	3.61 ~ 4.36	4.3 ~ 5.5	0.6 ~ 0.9
骨软症牛	9.0 ~ 10.45	3.6 ~ 7.4	34.2 ~ 69.36	0.13 ~ 0.195	9.65 ~ 15.33	4.5 ~ 4.95	5.7 ~ 11.0	0.3 ~ 0.7

表 4-29　骨软症牛球蛋白及 AKP 活性的变化

项　目	血清 AKP（金氏单位）	α- 球蛋白（%）	β- 球蛋白（%）	γ- 球蛋白（%）
健康牛	8.64 ± 3.35	13.4 ~ 24.7	8.13 ~ 12.99	24.6 ~ 39.5
骨软症牛	10.13 ± 3.15	11.24 ~ 16.46	5.9 ~ 12.0	37.23 ~ 62.97

病 理 变 化

已出现明显症状的病牛，长骨骨髓腔扩张，骨皮质变薄且软而脆，短骨变形、膨大、质软，肋骨、肱骨易发生骨折。

诊　　断

依据其发病特有症状，如蹄变形、后肢抽搐、产乳量下降、胎次高的高产牛易发，并结合饲料中 Ca、P 含量不足与两者间的比例不当可以确诊。

尾椎 X 线影像诊断，表现为尾椎吸收，骨皮质变薄，密度降低等（图 4-22 和图 4-23）。

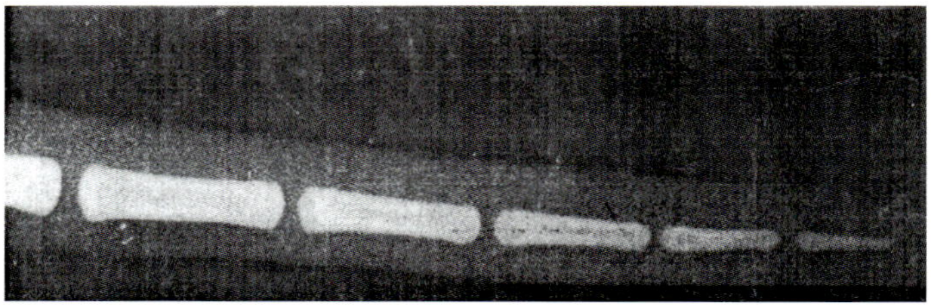

图 4-22　乳牛正常尾椎骨 X 线影像

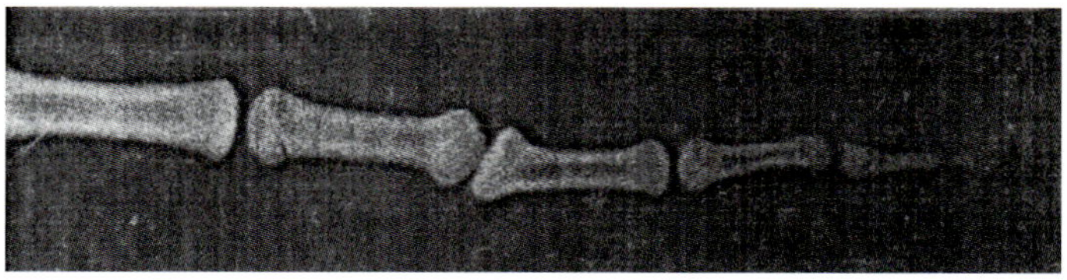

图 4-23　病牛尾椎骨被吸收，骨骺膨大变粗，呈竹节状肿、变形

治　疗

病初如及时治疗，收效较大。如症状已趋明显，则已不可能使之恢复。治疗方法是：

（1）于饲料中补加碳酸钙、南京石粉、磷酸钙、乳酸钙等，每日 30~50 g，连服数日。

（2）静脉注射 10％氯化钙 200 ～ 300 mL 或 20％葡萄糖酸钙 500 mL 或 20％磷酸二氢钠液 300 ～ 500 mL 或 3%次磷酸钙液 1 000 mL，每日一次，连续注射 5 ～ 7 d。

（3）维生素 AD 注射液 15 000 ～ 20 000 IU、维丁胶性钙 20 mL，一次肌肉注射，隔日一次，连续 35 d。

临床上曾用维生素 D_3 10 000 IU 肌肉注射，10% 葡萄糖酸钙 500 mL，一次静脉注射，隔日一次，连续注射 35 d，对 15 头牛进行治疗，结果尾椎、蹄的病理变化无明显改变，说明药物治疗对已发生病理变化的患畜效果不明显，不能使其恢复，即骨变形是不可恢复的。但对于防止病的继续恶化，似有作用。也有人用每周肌肉注射 1.8×10^6 IU 维生素 D_3 水剂注射液治疗奶牛骨软病，8 周后病牛生化指标正常，尾椎 X 线变化得到了明显好转。

预　防

（1）奶牛饲养过程中，应充分重视矿物质的供应与比例，其钙、磷比以 1.4 ∶ 1 为宜。有条件牛场，应加喂干草，增加秋百草的采食量。为补充维生素，可每日喂胡萝卜 7.5 ～ 10 kg。有些牛场对高产牛、年老牛采取定期静脉注射钙制剂，对防止钙缺乏，效果较好。

（2）对于已出现脱钙现象而表现出症状的高产牛，为防止病的恶化，促使机体恢复，可采用提早停乳。

（3）为保证蹄的健康，防止蹄变形加剧，坚持定期修蹄。

（4）头胎牛奶产量在 6 000 kg 以上者，多呈现有骨代谢异常变化，因此应避免头胎牛过度利用，严禁片面饲喂追产量的现象。

（5）日粮呈高精料而干草、块根缺乏，易引起酮病的发生，酮病的发生可继发骨质营养不良。据报道，每 1/3 酮病母牛中，有继发性骨质营养不良的。所以应控制日粮，防止和减少酮病的发生，减少继发性骨质营养不良的出现。

佝偻病（Rickets）

佝偻病是指犊牛在生长过程中，由于矿物质钙、磷和维生素 D 缺乏所致的成骨细胞钙化不全、软骨肥大及骨骺增大的骨营养不良性疾病。其特征是消化紊乱、长骨弯曲和跛行。

临 床 症 状

一般表现：精神沉郁，消化紊乱，异食癖，如舐墙壁、食褥草、吃粪、喝尿及污水，营养不良，消瘦，贫血，生长发育缓慢。

特征变化：四肢各关节肿大，特别是腕关节和跗关节最为明显；四肢长骨弯曲变形，肋骨和肋软骨连接处肿大呈串珠样；脊柱变形。由于骨及关节的变化，从而影响全身的变化。站立时拱背，两前肢腕关节外展呈 O 形，两后肢跗关节向内收呈 X 状，运步强拘，起立和运动困难，跛行，喜卧不起。牙齿发育不良，咀嚼困难。胸廓变形。鼻、上颌肿大、隆起，颜面增宽，呈“大头”。呼吸困难。重病牛有神经症状，搐搦，痉挛，易发生骨折，韧带剥脱。

临 床 病 理

血液学检验，血磷下降至 3 mg/100 mL 以下，血钙正常，血碱性磷酸酶活性升高（表 4-30）。

表 4-30　佝偻病犊血液 Ca、P 及碱性磷酸酶变化

项　目	血清钙（mmol/L）	血清磷（mmol/L）	碱性磷酸酶（U/L）
佝偻病牛	2.75 ± 0.23	2.06 ± 0.121	235.2 ± 76.7
康复牛	2.44 ± 0.2	2.43 ± 0.13	69 ± 13.2

病 理 变 化

长骨骨端肿大、变形、质软，直径变粗。四肢、脊椎弯曲，关节肿大。肋骨与肋软骨连接处肿胀。组织学变化是软骨基质钙化不全，破骨细胞减少。

治　　疗

由于长期营养不良、生长发育受阻，易继发感染，对病牛应尽早治疗。在饲养上给豆科牧草及其籽实、优质干草和骨粉。同时，可用维生素 D_2（骨化醇）200 万～ 400 万 IU，肌肉注射，隔日一次，3 ～ 5 次为 1 个疗程；维生素 AD 50 万～ 100 万 IU，一次肌肉注射；维丁胶性钙 5 ～ 10 mL，一次肌肉注射，每日一次，连续注射 3 ～ 5 d。

预　　防

（1）加强妊娠后期母牛的饲养管理，防止犊牛先天性骨发育不良。

（2）出生后，加强犊牛的护理。尽早培养采食能力，饲料安排应以适口性好，品质好的，保证蛋白质、矿物质 Ca、P 及维生素 D 的供给；犊牛舍应干燥、通风，并且日光充足，增加日照时间。

运 输 搐 搦
Transport Tetany

运输搐搦是指妊娠后期的母牛经过长途运输后发生的一种营养代谢性疾病。其临床特征是食欲废绝、运动失调、意识障碍、昏迷和卧地不起。

本病分布很广，大多数国家发现当妊娠后期母牛经铁路、公路长途运输或长途赶运，都能引起本病发生。发病母牛多数死亡，从而造成一定的损失。

凡妊娠后期母牛均能发病，无年龄差异。产犊后的母牛、去势公牛也有发病报道。除奶牛外，母羊

也易发病。

病　因

真正的病因不明，然而机体的急性低血钙，以及由于长时间运输、各种不良条件所致的体力的下降及应激是发病的明显因素。诸如运输前喂食过饱，而在运输中长时间不饮、不喂；车厢狭小，运输中过挤，通气不良，过度闷热；运到目的地后任其暴饮；天热时，汽车运输无车篷遮荫等，皆可促使本病的发生。

临床症状

牛在运输过程中或到达目的地后 24 ～ 48 h 内发病。病初呈现过度兴奋，不安，磨牙，或咬肌痉挛。体温轻度升高，呼吸促迫，心搏亢进，脉搏加快达 100 ～ 150 次 /min 以上。后躯部分肌肉麻痹，趾关节强直，间歇性痉挛，步态不稳，最后不能站立而被迫横卧。病牛烦渴，食欲废绝，口角流出泡沫状唾液，瘤胃蠕动消失，并伴发瘤胃臌气。有的妊娠母牛早产。随病情发展，可视黏膜发绀或潮红，肛门和膀胱括约肌麻痹，不断排粪和尿淋漓，昏睡横卧。呼出气带有丙酮气味。病牛多迅速死亡或卧地后 2 ～ 3 d 死亡。

诊　断

临床诊断

根据长途运输的发病史，结合食欲废绝、兴奋、沉郁等神经症状和昏睡、卧地不起可初步诊断。

血液学检验

血清镁、磷含量减少，血钙下降至 7 ～ 7.5 mg/100 mL，血糖和血中乳酸含量增多，血液酮体反应阳性，白细胞总数增多，嗜酸性粒细胞数减少。

类症鉴别

本病应与产后瘫痪（乳热）、酮病、破伤风和牧草搐搦等病进行区别。

与产后瘫痪的区别　产后瘫痪无运输病史，而与分娩相关。多发生于产犊后 48 h 内，体温下降至 37℃，排粪、排尿停止，补钙制剂后，症状消除较快，1 ～ 2 d 痊愈、站立，如无其他并发症，病牛 100%痊愈，很少有死亡。

与酮病的区别　酮病发生于高产泌乳母牛。其主要病因是日粮不平衡，或蛋白质过高或过低，或能量水平过低。病牛体温降低，静脉输注葡萄糖、碳酸氢钠后，症状会好转。病牛站立、食欲逐渐恢复。病程较长，死亡率低。

与破伤风的区别　破伤风有新近创伤病史，病牛耳竖立，尾僵硬而高抬，四肢僵硬而开展，体温升高达 42℃，听觉和触觉过敏，对外刺激都能引起肌肉强直和痉挛性收缩，创伤分泌物中能分离到破伤风杆菌。

与牧草搐搦的区别　牧草搐搦是由低镁血所致。病牛感觉过敏，吼叫，狂奔，阵发性惊厥。体温升高至 40 ～ 40.5℃，血清镁含量降至 1.2 mg/100 mL 以下。用 10%葡萄糖酸钙溶液 500 ～ 1 000 mL、20%硫酸镁溶液 200 ～ 300 mL，一次静脉注射，能使病情好转至痊愈。

治　疗

补充等渗电解质溶液，防止脱水　病牛存在不同程度的脱水，因此应大剂量补充体液，防止浓血症。同时，应补充钙和镁制剂。临床可用 5%葡萄糖生理盐水 2 000 ～ 5 000 mL、10%葡萄糖酸钙 500 ～ 1 000 mL、20%硫酸镁 200 ～ 300 mL，一次缓慢静脉注射。

安神、镇静　对表现兴奋和痉挛发作的病牛，可用水合氯醛 3.0 g 溶于 500 mL 水中，投服或灌肠。苯异丙胺 0.1 ～ 0.3 g，一次皮下注射。

预　防

本病发生后，多数病牛特别是昏睡、卧地病牛，常于 2 ～ 3 d 死亡，所以预防是关键。特别是目前奶牛业兴旺，各地引进奶牛频繁，在运输过程中应充分重视该病发生的危害性，采取有效的防制措施。

（1）应做好运输计划和运输过程中的一切准备工作，安排好车辆，准备好饲料和饮水。在运输中做到不拥挤，通风良好，不过热，并保证饮水供应和适当的休息。计划运输的牛群，尤其是妊娠后期母牛在启运前数日限制精料饲喂量，防止运输前过食。

（2）在运输前肌肉注射盐酸氯丙嗪或其他镇静药（1 ～ 1.25 mg/kg 体重），可减少运输应激，也有预防本病发生的效果。

（3）到达目的地后 24 h 内，将牛只拴系冷凉处，并限制饮水，在 2 ～ 3 d 内限制饮水量和运动量。加强对牛只的观察，在运输中或到达目的地后，应仔细观察母牛精神、食欲和体温变化，如有异常，应及时补充葡萄糖、钙、镁和等渗电解质溶液，以防止病情恶化。

脂肪坏死症
Fat Necrosis

脂肪坏死症又称脂肪过多症、腹脂肪坏死或脂肪瘤，是指牛腹腔内沉积脂肪的脏器，如结肠圆盘、腹膜、大网膜、肠系膜、直肠以及肾脏周围等，由于代谢障碍使其脂肪变性、坏死，并形成肿瘤状硬块，挤压使之出现压迫性肠腔狭窄，导致以食欲减退、消化紊乱、排粪困难为主症的慢性代谢性疾病。

国内外都有本病的报道。据资料介绍：本病多发生于 4 ～ 9 岁的短角牛、南德温牛、无角红牛等乳肉兼用牛及亚伯丁·安格斯牛等肉用牛。荷兰牛、娟姗牛和更赛牛等乳用牛也有发病报道。本病发生与品种无关，但与遗传因素关系密切。发病季节多不固定，通常为散发形式，但也有群发现象，其发病率可达 67%。由于消瘦、生产性能低下，有 20%～ 40%的牛将会死亡或淘汰。

病　因

真正的病因不清。临床上多见于肥胖的肉牛、奶牛，因此估计肥胖牛腹腔脂肪丰富与本病发生有关。饲养过程中，过多饲喂精料，尤其是含脂类和碳水化合物比例较大的精料，加上运动量不足，肥育过快，体脂肪过度沉积都是本病的诱发因素。

发病机理

本病的发病机理尚不太清楚，现就目前的观点介绍如下。

机械性胰液外漏学说

由于胰脏外伤或炎症导致胰液外漏，使脂肪分解酶——胰脂肪酶在组织内发生浸润，脂肪细胞分解过程中，甘油三酯水解生成甘油和脂肪酸。甘油较易吸收，而熔点低的脂肪酸进行溶解可使局部酸度升高，从而使脂肪变性、坏死。熔点高的脂肪酸不易分解，为机体组织内机械性刺激的异物，这种病变多波及腹腔脏器的脂肪组织，如胰脏及其周围脂肪组织、肠系膜、大网膜、腹膜以及肾脏周围脂肪组织等。以皮下、肌肉脂肪为中心的所有体脂肪组织发生的弥漫性脂肪坏死症，可能是由于脂肪组织的机械性损伤所致，故称为外伤性脂肪坏死症。应用胰脏组织乳剂或脂肪分解酶——胰脂肪酶给健康牛腹腔内注入，均可诱发脂肪坏死症。

血液循环障碍学说

此学说认为，不断增生肥厚的脂肪组织压迫脂肪内的微细血管，使血液循环障碍，毛细血管通透性改变、变性，血液中的酯酶溢出，分解脂肪并产生各种异常分解物质，致使脂肪组织变性和坏死。

脂肪酶缺乏学说

是指参与脂肪代谢的酶，如脂肪酶的绝对量或相对量的不足，使难于动员的饱和脂肪酸残留在细胞内并形成结晶物质，致使脂肪坏死。

全身性代谢障碍学说

参与激素敏感的脂肪酶活性的肾上腺素、胰高血糖素、促肾上腺皮质激素、糖皮质激素和促甲状腺素等调节平衡紊乱，以及胰岛素活性降低等所引起的代谢障碍，使脂肪变性和坏死。

临床症状

病牛多无临床症状，往往因妊娠诊断进行直肠检查时，才发现腹腔有坏死的脂肪硬块。只有当坏死脂肪硬块发生机械性压迫时，才出现症状，其症状表现因脂肪坏死病灶部位不同而异。病灶发生于结肠圆盘、回肠、直肠周围，使肠腔压迫性狭窄而导致消化机能障碍。急性病牛以食欲迅速废绝、血便和腹痛等为主要症状，慢性病牛表现为长期食欲不振，反刍减弱或停止，体温、脉搏和呼吸正常，皮温不整，可视黏膜苍白或黄染。多有剧性腹痛，腹部卷缩，频频努责做排粪姿势，粪便量少呈球状，有的下痢呈恶臭软便，混杂黏液、血液。随病势发展，病牛脱水、消瘦严重。脊背部位被毛逆立，褪色无光泽，尾根脱毛。起立困难，四肢乏力，步态踉跄。肝区触诊、叩诊有痛性反应。直肠检查见直肠狭窄，入手困难。发生于骨盆腔内的脂肪坏死病灶，可压迫卵巢、输卵管和子宫等而引起生殖机能障碍的一系列症状。呈亚临床症状的病牛，多在剖检时才发现某些病变。

临床病理

血液、尿液的变化

红细胞、白细胞数轻微减少，有的病初白细胞总数增多，其中以嗜酸性粒细胞数增多明显。血红蛋白含量和红细胞压积值均增高。血钙含量降低（7.5 mg/100 mL），血清胆固醇含量减少（100 mg/100 mL 以下），血清淀粉酶活性降低。尿液 pH 5.0 ~ 7.0，尿蛋白、酮体、尿胆原和胆红素定性反应均为阳性。

肝功能的变化

谷草转氨酶活性升高，血清尿素氮和血糖含量减少，棕榈酸、油酸含量增多，甘油三酯含量减少。

坏死脂肪细胞检查：Ca 含量比正常部位增多 3 倍，P 增多 40 倍，中性脂肪含量减少，游离化脂肪和磷脂质成倍增多。

病理变化

根据脂肪坏死病灶的发生性质分为肿瘤型和弥漫型两种类型。

肿瘤型的以腹腔脏器较多，如结肠圆盘（图 4-24）、回肠和直肠周围，约占总发病的 3/4，其余在胰脏和肾周围脂肪组织。肿瘤状脂肪坏死块指头大至小儿头大，坚硬，形状不整，表面为灰白色或黄褐色，由一层较厚的结缔组织包围着，与周围正常组织界线分明。用刀切时有抵抗感，切面粗糙，其中含有钙化和结晶物质（图 4-25）。

弥漫型主要发生在皮下和肌肉脂肪组织，可分布于全身各处。脂肪组织变硬呈黄色，由结缔组织覆盖的呈黄白色，其中含有粟米样颗粒至针状结晶物质。

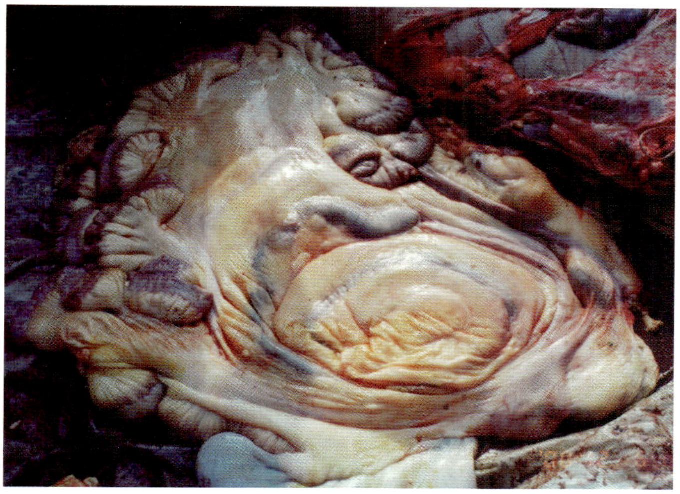

图 4-24 脂肪坏死症病牛肠袢脂肪肿瘤

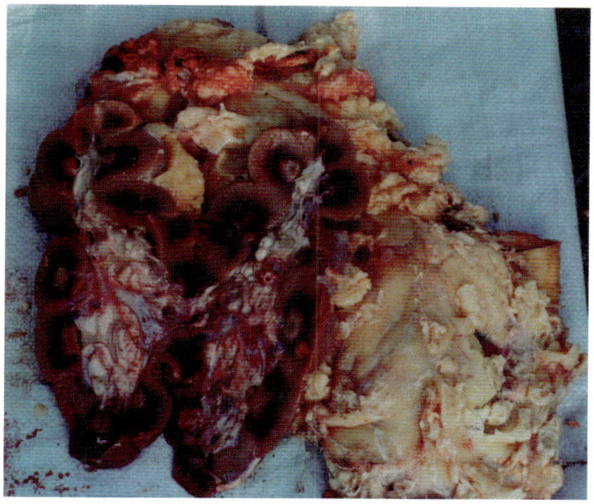

图 4-25 脂肪坏死症病牛肾周围脂肪呈块状，切面粗糙，内含结晶物质

诊　断

根据病史、食欲减退和渐进性消瘦，结合直肠检查等，可初步诊断，最终确诊尚需剖检确定。由于子宫妊娠、木乃伊、结节性腹膜炎及子宫外伤性愈着与本病有相似之处，故临床上应予以鉴别。

子宫妊娠　随妊娠月份的增大，两子宫角极不对称，角间沟消失，子宫壁松软，波动明显，有时还能触摸到胎儿、胎盘和明显颤动的子宫中动脉。

木乃伊　胎儿木乃伊化，子宫内有硬固物体存在。而脂肪坏死症的肿块多发生在子宫外脏器，特别是在直肠和结肠部位。

结节性腹膜炎　此多与肿瘤型脂肪坏死块易于混淆。此外，尚有结核性输卵管炎、黏液囊炎等，其中结核性的应用结核菌素注射反应呈阳性，且病理组织脆弱、柔软等易于区分。

子宫愈着　子宫愈着多因外伤所致。往往因胎儿过大、子宫颈开张不全或助产不当，强行牵引胎儿使产道发生损伤而粘连。此种粘连、愈着极为固定，而肿瘤型脂肪坏死块多呈游离状，分布位置在腹腔较前器官内。

治　疗

无有效治疗措施。直肠检查确诊部位实施手术摘除较为有效。

药物治疗使肿块消散极为困难。有人用薏苡仁 250 g/d 投服，连续 2 d，间隔 2 周后再服用，据说有使脂肪坏死块缩小、溶解和减轻症状的效果。精氨酸制剂，用量为 400 mg/kg 体重，一次肌肉注射，每周一次，连续 5 ~ 9 个月。促甲状腺激素释放激素 1 mg，一次皮下注射，每月 2 次，历时 3 个月。

从生产出发，当已确诊为脂肪坏死症病牛，为减少药费开支，应尽早将其淘汰。

预　防

本病主要发生于肥胖牛只，加强饲养管理是预防的关键。

合理供应日粮，防止牛只肥胖　牛群要分群管理，根据牛只生理状况不同，及时调整日粮配方。特别对干奶牛及妊娠的年轻牛，要控制精饲料饲喂量，保证有充足的优质干草。

及时配种，缩短空怀期　临床上经常发现，空怀期延长的牛只，体况都较肥胖。因此，应加强繁殖管理，查明影响繁殖的因素，并及时予以处理，提高受胎率，减少空怀天数，防止母牛肥胖。

奶牛维生素缺乏症
Avitaminosis of Dairy Cattle

维生素（vitamin）是机体维持正常生命活动所必需的一类低分子有机化合物。在生理功能上既不能供给机体能量，也不能提供组织或器官构造、修复所需的成分，但在营养上却是不可缺少的物质。在碳水化合物、脂肪和蛋白质代谢，机体内的能量转换，以及其他生理过程的维持中，起着调节和控制作用。多数维生素是某些酶的辅酶的成分，在物质代谢过程中起着重要的催化作用，缺少任何一种维生素都能引起特定的营养代谢性疾病即维生素缺乏症。

现已知的维生素约有 20 种，根据其溶解性可分为脂溶性和水溶性两大类。前者有维生素 A、维生素 D、维生素 E 和维生素 K，后者有 B 族维生素（包括维生素 B_1、维生素 B_2、维生素 B_3、维生素 B_6、维生素 B_7、维生素 B_{12} 和烟酸、叶酸、胆碱）以及维生素 C。

牛体内的维生素，除了由饲料供给外，大部分维生素奶牛自身可以合成。B 族维生素由瘤胃微生物合成，维生素 D 经皮肤通过日光作用可以合成。通常情况下维生素特别是 B 族维生素的缺乏症很少发生。

牛对维生素的需要量，由于年龄、生理阶段、外界环境、日粮成分及性质、瘤胃内微生物群状态等因素影响而有极大差异，而当不能满足其需要量时，则将会引起维生素缺乏症。

病　因

维生素缺乏症主要由日粮中维生素含量不足、机体吸收障碍、瘤胃内合成作用降低及牛体需要量增加等引起。

（1）日粮中维生素含量不足。饲料在贮存或加工过程中，使某些维生素损失或破坏。常见于干草、玉米秸在贮存时长期暴晒或经雨淋而发霉变质。犊牛代乳品质量低劣，长期饲喂后因摄食量不足而引起缺乏症。

（2）机体吸收机能紊乱。当牛只患慢性消化不良、腹泻、贫血及肝病时，由于消化机能障碍，对饲料中维生素不能充分吸收而导致缺乏。

（3）瘤胃合成维生素作用降低。在治疗奶牛疾病时，大量、长期服用抗菌药物，或饲料中添加抗球虫药物，使瘤胃内微生物生长受到抑制，引起瘤胃微生物合成维生素的功能受阻。

（4）牛体需要量增加。奶牛生理阶段不同，对维生素的需要量不同。犊牛阶段、妊娠和泌乳期，牛只对维生素 A、维生素 D、维生素 E 的需要量增大；发热、感染、中毒等应激状态下，牛只对 B 族维生素、维生素 C 等需要量增大。此时，日粮中供应不足则将会引起维生素缺乏症。

临 床 症 状

维生素缺乏症的共同症状是生长缓慢，发育受阻。因其生理功能不同，故又有其各自的症状，详见表 4-31。

诊　断

临床诊断

了解维生素缺乏症病史，调查饲养情况，特别对日粮配合和饲料供应进行分析，结合症状表现综合判断。

实验室诊断

取病料、血液、尿液进行生化学检验。

表 4-31 奶牛常用维生素来源、生理功能及缺乏症症状

类别	名称	又名	来源	主要生理功能	缺乏症症状
脂溶性维生素	维生素 A	视黄醇、视黄醛	牧草、蔬菜、水果、鱼肝油、乳汁、卵黄中	维持视觉、黏膜和生殖正常生理机能，促进正常生长发育	夜盲，黏膜、上皮干燥、增生和角化。生长发育停滞，骨骼变性，性功能低下，不孕、死胎、流产
	维生素 D	麦角骨化醇、胆骨化醇	植物、动物所含的维生素 D 原转变而来	调节血钙浓度，促进骨骼正常钙化	犊牛生长发育不良，掌骨、跖骨、膝关节肿大，拱背。成年牛跛行，过敏，抽搐，胸腔变形，早产
	维生素 E	生育酚	种子胚芽，植物油，青绿植物如苜蓿、三叶草	抗氧化作用。保护构成生物膜脂质的不饱和脂肪酸，使之免受氧化，维持细胞膜的完整和正常功能	犊牛肌萎缩，骨骼肌炎症、水肿和变性，外观有白色条纹，即“白肌病”；成年牛性功能紊乱，不孕、流产
	维生素 K	叶绿醌	苜蓿植物中，微生物合成	为酶的辅酶，参与凝血酶原合成	血凝时间延长，出现低凝血酶原血症
水溶性维生素	维生素 B_1	硫胺素	谷类、豆类外壳，麦麸，米糠，青绿饲料，瘤胃内合成	为 α-酮酸氧化脱羧酶系及磷酸已糖转羟乙醛酶反应的辅酶，在糖代谢中有重要作用	胃弛缓，衰弱，跛行，心律失常，脑皮质坏死、软化
	维生素 B_2	核黄素	谷类、豆类外壳，麦麸，米糠，青绿饲料，瘤胃内合成	为黄酶类的辅基或辅酶，参与生物氧化还原反应	犊牛口炎，掉毛，腹泻
	维生素 B_3	泛酸	谷类、豆类外壳，麦麸，米糠，青绿饲料，瘤胃内合成	辅酶 A 的成分，在三羧酸循环中有重要作用	犊牛食欲不振，皮炎，脱毛，脊髓、神经脱鞘
	维生素 B_6	吡哆醇	谷类、豆类外壳，麦麸，米糠，青绿饲料，瘤胃内合成	为氨基酸代谢重要酶类的辅酶，参与脂肪代谢，对红细胞的生长、内分泌腺功能都有作用	生长不良，神经症状
	维生素 PP	烟酸	谷物，花生饼，苜蓿，瘤胃内合成	为脱氢酶的辅基或辅酶，对糖、脂肪代谢，高能磷酸键的生成极为重要	犊牛生长停滞，口炎，皮炎，贫血，坏死性肠炎
	维生素 B_{12}	氰钴胺素、羟钴胺素	肝、放线菌培养液	参与蛋白质、脂肪和碳水化合物代谢，促进核酸形成，维持造血、上皮细胞生长及神经的正常生理功能	生长缓慢，营养不良，贫血
	维生素 B_7	生物素	瘤胃内合成	多种酶的辅酶，参与脂肪合成	生长缓慢，皮炎，后肢麻痹
	维生素 B_9	叶酸	谷物，青绿饲料，酵母，瘤胃内合成	在胸苷酸、蛋氨酸、嘌呤合成以及组氨酸降解、丝氨酸与甘氨酸的互变上起重要作用	脑水肿，肠炎，巨幼红细胞性贫血症
	胆碱		肝、胆汁	与肝脏中甘油三酯结合成卵磷脂，促进肝中脂肪的运输，减少肝脏的脂肪，具有抗脂肪肝的作用	产奶量降低，繁殖障碍，脂肪肝，呈现妊娠毒血症症状
	维生素 C	抗坏血酸	水果、蔬菜、青绿植物	参与体内氧化还原反应，维持酶活性，解毒，抗氧化作用，参与结缔组织的生成	犊牛抗病力降低，出血

饲料分析

对发病牛场饲料要进行调查，查饲料种类、品质、日粮成分及喂量，必要时应对饲料营养成分进行化验。

治　疗

首先，应改变饲养管理。给牛提供优质饲料和优良的环境条件。如补充富含维生素的青绿饲料、蛋白质等，加强运动，多晒日光。

根据具体病畜所缺乏的维生素，采用相应的维生素进行治疗。

预　防

（1）提供优质饲料。饲养奶牛过程中，要有充足的饲料准备。饲料不仅量要充足，而且质量要好。饲料品种要多样，不要单一。要加强饲料保管，严禁饲喂发霉、变质饲料。

（2）充分认识维生素对奶牛的重要性。根据奶牛不同生理阶段和饲料品质调整日粮结构。如当日粮中饲草质量低劣、玉米青贮和精料喂量过大，缺乏优质干草时，应考虑添加青绿饲料、胡萝卜、维生素 A；高产奶牛和泌乳初期奶牛的日粮中补充烟酸等。

维生素 A 缺乏症
Vitamin A Deficiency

维生素 A 缺乏症是由于日粮中维生素 A 及其前体物含量不足或缺乏所引起的一种慢性代谢疾病。其临床特征是瘦弱、夜盲、腹泻、水肿、惊厥和繁殖障碍。奶牛偶有发生。

病　因

维生素 A 又称为维生素 A_1、维生素 A 醇、视黄醇或维生素 A_2、维生素 A 醛、视黄醛。其来源以鱼类，尤其是鳕、鲛和肝脏等动物性饲料中含量较多，植物则以其前体物——胡萝卜素在绿色植物性饲草和黄玉米中大量存在。

当日粮中过多饲喂维生素 A 含量少的精料，缺乏富含胡萝卜素的绿色植物性饲草，奶牛尤其是犊牛，可成群发生维生素 A 缺乏症。其原因归纳如下：

长期饲喂品质低劣的饲草　初夏酷热，青饲料长势不佳；夏秋之交，天阴多雨，粗饲料收贮量大受影响，饲料在日光、雨淋、堆积发热等作用下氧化失去活性，所含胡萝卜素被破坏，为能满足粗饲料的进食量，多以稻草、谷草等饲草补充。

日粮不平衡，片面饲喂　在生产过程中，有些牛场重视泌乳牛，忽视青年牛的饲喂，青饲料特别是鲜嫩的青绿饲料，只喂产奶牛而不喂青年牛，好干草长期不足而发病。

胃肠道消化吸收机能紊乱　胃肠卡他、寄生虫寄生如肝片吸虫、饲喂硝酸盐含量过多的饲料和缺磷饲料，以及氯化萘中毒等，都能使消化机能破坏，影响胡萝卜素转化为维生素 A 和吸收。

奶牛生理功能异常　如泌乳期、妊娠末期肝功能减退，体温升高，甲状腺机能亢进及注射雌二醇等。

犊牛饲养不当　初乳中维生素 A 含量约为 700 U/100 mL；常乳中维生素 A 含量为 100 ~ 150 U/100 mL。犊牛时期不喂初乳，或哺乳期短、过早断乳，致使哺乳量不足，或饲喂的代乳粉因加热调制过程维生素 A 被破坏，犊牛得不到必需的维生素 A 而发病。

发病机理

牛的日粮因成分不同，其所含胡萝卜素的数量各有差异。进入瘤胃中的维生素 A，由于微生物和硝酸盐的作用，有 40% ~ 80% 被破坏。在小肠壁中胡萝卜素转化为醇式维生素 A 被吸收，变成一种酯型的蛋白质复合物，通过淋巴和血液转运到全身，过多的维生素 A 贮存于肝脏，并随吸收维生素 A 的数量升高或降低。血液中恒定的和临界的维生素的水平通过肝脏贮存的变动来维持。然而，牛肝脏使胡萝卜素转变为维生素 A 的能力，以及在其中的贮存，都比其他动物低而少。

维生素 A 的长期吸收不足、肝维生素 A 亏损，血液中的水平也就降低，因此，不能满足组织的需要。当血浆中维生素 A 的水平降至 40 ～ 50 IU/100 mL 时，即可发生维生素 A 缺乏症，致使眼、神经、骨骼和上皮等多种组织呈现出病理过程。

眼病的发生

从肝脏输送来的维生素 A，即由 11- 顺维生素 A（酯型）转化为 11- 顺维生素 A（11- 顺视黄醇），经氧化过程变为 11- 顺视黄醛以后与视网膜中的特异蛋白——视蛋白或暗视蛋白结合成为视紫红质。视紫红质是光感受体，即一种感觉物质，遇到光起光化学反应而分解为全反视黄醛和视蛋白后，再还原为全反维生素 A（全反视黄醇）和全反维生素 A（酯型）。在视紫红质再合成过程中，必须由视黄醇向视黄醛氧化。维生素 A 是合成视紫红质的必需原料。当维生素 A 缺乏时，光感受体——视紫红质再合成发生障碍，呈现视觉生理功能异常，即发生夜盲症（图 4-26）。

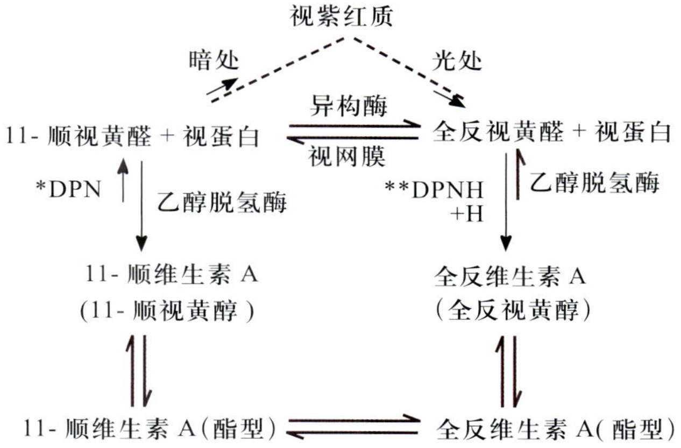

图 4-26 维生素 A 对眼视觉生理功能图解

（Maynard 等，1979）

注：* DPN 为二磷酸吡啶核苷酸 - 辅酶 I；

**DPNH+H 为辅酶 I 还原型

其他器官的变化

维生素 A 的主要生理功能是维持上皮组织结构完整，促进结缔组织中黏多糖的合成并保持细胞膜和细胞器（如线粒体、溶酶体等）膜结构正常的通透性、骨骼的正常发育以及视觉机能等。当维生素 A 缺乏，由于分泌速度加快或吸收速度减慢，而使脑脊髓液压力增高，由于中枢神经组织压力增大，而导致神经过敏、运动失调和不断发生惊厥。此外，四肢、胸前和腹下形成水肿。成年牛除发生这些损伤外，还严重地影响着牛的正常生长发育。

对犊牛可阻碍骨骺的软骨内骨生长，致使骨骼粗大、变短并使部分中枢神经系统受骨骼的挤压。成年牛结膜上皮细胞过度角化、子宫上皮细胞发生多层鳞状上皮细胞的组织变形，这些综合变化提高了病牛对感染性疾病如肺炎、子宫炎、膀胱炎的易感性，临床表现出流产和繁殖障碍。

临 床 症 状

一般症状 食欲减退，异嗜（癖），消瘦，四肢无力，贫血，被毛粗刚、无光泽，皮屑增多，生长发育缓慢，母牛泌乳性能大大降低。由于机体抵抗力降低，牛易发感染性疾病，如乳房炎、子宫炎、支气管炎、肺炎和肠炎。

神经症状 患牛步态蹒跚，后肢无力，无目的乱窜，共济失调，惊厥。发作时，牛突然昏倒，头颈和四肢直伸，两眼睁圆，眼球突出，呼吸急迫，持续 1 ～ 8 min，有的牛呕吐、腹泻。

干眼病和夜盲 以角膜干燥、羞明为主征，瞳孔散大，眼球突出，角膜混浊，角膜炎，对光反射消失。患牛多呆立不动，步行时，无方向的小心移动，或头抵于障碍物如墙壁、饲槽。眼部检查可见视神经乳头水肿，视网膜呈淡蓝色或淡灰色，部分区域视网膜粉红，视觉逐渐减弱至持久性目盲。

繁殖障碍 由于泌尿生殖器官疾病，公牛产生精液性能降低，性欲减退；母牛受胎率降低（不孕），发生卵巢囊肿、胎衣停滞，妊娠母牛多在后期发生流产、死胎或胎儿生后数天内死亡，并多出现先天性畸形——瞎眼、咬合不全等，有的体质过度瘦弱或生长发育不全等。此外，公牛易发尿石症。呈现排尿困难，全身水肿，尤以胸前、前肢和关节处极为明显，往往因尿毒症而死。

骨发育障碍 在生长发育犊牛中，可使软骨组织中毛细血管减少，成骨细胞也明显减少。骨组织生长受阻，骨化不全性骨质疏松、软化，骨骼变形，致使骨收容的中枢神经受到一定挤压，尤其是视神经孔变狭后压迫视神经，往往导致失明。

临床病理

经过对病牛血液学、肝功能及血浆维生素 A 含量测定，红细胞降低，白细胞升高，血清尿素氮升高，血浆维生素 A 含量降低（表 4-32 和表 4-33），病牛处于营养不良、贫血和炎症感染过程。

表 4-32 维生素 A 缺乏症病牛血液学变化

项目	红细胞（万个/mm^3）	白细胞（个/mm^3）	Hb（g/100 mL）	淋巴细胞（%）	中性粒细胞（%）
病牛	358.8 （294 ~ 388）	10 252.4 （7 200 ~ 13 600）	10.5	65.6	33.5
健康牛	612.8±9.2	7 002±265	9.4	60.7	28.8

表 4-33 维生素 A 缺乏症病牛肝功能及血浆维生素 A 含量测定

项目	麝香草酚浊度（T.T）（麦氏单位）	硫酸锌浊度（Z.T）（麦氏单位）	谷丙转氨酶（GPT）（赖氏单位）	血清尿素氮（BUN）（mg/100 mL）	血浆维生素 A（μg/100 mL）
病牛					
两极差	2	6 ~ 18	3.5 ~ 23	6.4 ~ 22.9	5.5 ~ 39.5
平均	2	12.1	10.8	12.3	19.7
健康牛	1 ~ 8	4 ~ 8	19.7	9.3	27.5

病理变化

剖检变化

除肺炎、尿石症等并发症病理变化以外，还见到部分视神经萎缩，肝脏肿大，瘤胃黏膜角化不全。有的全身性水肿，皮下浆液性浸润，睾丸上皮组织退行性变化。

组织学变化

结膜上皮细胞过度角化，子宫、腮腺及唾液腺排泄管立方细胞和圆柱状细胞变成多层鳞状上皮细胞。

诊　断

根据饲料组成的调查、发病情况及群体中出现失明、神经症状和流产等表现，结合眼检查视神经乳头水肿等特征变化，可初步诊断。

确诊应对日粮、血液和肝脏活组织进行维生素 A 或胡萝卜素的含量测定。健康奶牛血液中维生素 A 含量为 60 IU/100 mL，肝脏活组织维生素 A 含量为 10 ～ 50 μg/g。当测定其含量低于上述值，即能获得确诊。

在诊断时，应考虑与传染性角膜结膜炎的区别。传染性角膜结膜炎发病率很高，但无神经症状，且有深的角膜溃疡。据此两点可与维生素 A 缺乏症相区别。

治　疗

牛群中发生维生素 A 缺乏症时，全场立即调整饲料，供应富含维生素 A 或胡萝卜素的优质饲料，如鲜青草、胡萝卜、优质干草或维生素 A 强化饲料。对病牛从速应用维生素 A（440 IU/kg 体重）肌肉注射，并且每日每头按 40 IU/kg 体重经口投服，也可用维生素 AD 每头每日 20 万～ 25 万 IU，肌肉注射，每日一次，连续注射 7 d。

对感染而高热、生殖道感染、腹泻及眼部疾患，要用抗菌、消炎等药物对症治疗。

预　防

做好饲料计划安排　全年应贮备充足的富含胡萝卜素或维生素 A 的饲料，如苜蓿、优质干草；注意日粮组成，保证全价日粮。据报道，体重 500 kg 奶牛必需胡萝卜素量为 60 mg。所以在 5 ～ 6 月份饲喂青绿饲草量不宜少于 3 ～ 4 kg，每日有 19 mg 胡萝卜素，每千克混合料中含维生素 A 不少于 1 400 IU，以满足需要量。

加强犊牛和育成牛饲养　及时供应犊牛初乳，保证足够的喂乳量和哺乳期，不要过早断奶。在饲喂代乳品时，要注意代乳品的质量和维生素 A 的含量。要重视后备牛的培养，不能只顾产奶，而将品质低劣的饲料用来喂育成牛。在充分重视供应平衡日粮的前提下，同时要重视管理，给犊牛和育成牛提供良好的环境条件，防止牛舍潮湿、拥挤，保证牛舍通风、清洁、干燥和阳光充足，运动场宽敞，令牛自由活动。

维生素 B_{12} 缺乏症
Vitamin B_{12} Deficiency

维生素 B_{12} 又称氰钴胺，所以维生素 B_{12} 缺乏症也称氰钴胺缺少症。维生素 B_{12} 是抗恶性贫血因子，含元素钴。动物性饲料中肉、肝、奶、蛋和鱼粉等含量较多。草食动物胃、肠中的微生物能合成维生素 B_{12}。牛瘤胃内由灰色链球菌、丙酸菌和橄榄色链球菌在发酵过程中合成。实验证明，在 100 g 瘤胃内容物干物质中维生素 B_{12} 含量达 50 μg，所以，在通常情况下，除饲料原发性缺钴外，牛维生素 B_{12} 缺乏是不大可能发生的。

病　因

维生素 B_{12} 缺乏主要是由饲料中钴缺乏、瘤胃机能发育不全和前胃疾病，以及胃肠黏膜吸收障碍所致。

维生素 B_{12} 含元素钴，日粮中钴含量不足或缺乏，致使维生素 B_{12} 合成受阻。犊牛阶段，由于瘤胃尚未发育完全，瘤胃发酵、合成机能不全，所以不能合成维生素 B_{12}。凡是能引起前胃疾病的因素都能影响维生素 B_{12} 的合成与吸收，如因突然变更饲料、精料过多所致的前胃弛缓、瘤胃积食，由乳房炎、创伤性心包炎及其他热性病所致的体温升高、毒血症等，都能直接导致瘤胃微生物菌群发酵过程异常，从而

影响维生素 B_{12} 的合成。当胃肠黏膜损伤，其分泌机能障碍，被称为“内因子”的黏蛋白分泌缺乏，不能与维生素 B_{12} 结合而被吸收，从而因吸收障碍而造成维生素 B_{12} 的缺乏。

发病机理

维生素 B_{12} 为机体重要的辅酶，参与核酸和氨基酸的生物合成，促进红细胞的发育和成熟。参与瘤胃内碳水化合物发酵生成丙酸，随之进行糖异生过程，如丙酸→丙酰辅酶 A →甲基丙二酸单酰辅酶 A $\xrightarrow{维生素B_{12}}$ 琥珀酰辅酶 A →琥珀酸→草酰乙酸→葡萄糖。在这一过程中的甲基丙二酸单酰辅酶 A 异构酶必须有维生素 B_{12} 参与。当维生素 B_{12} 缺乏时，丙酸代谢受阻，脂质代谢失调，影响髓鞘的形成而出现神经症状。

维生素 B_{12} 与 N^5- 甲基四氢叶酸共同促进同型半胱氨酸转变成蛋氨酸。维生素 B_{12} 缺乏时，N^5- 甲基四氢叶酸不能利用，出现与叶酸缺乏相似的结果，表现为嘌呤合成机能降低，红细胞发育成熟受阻，致使红细胞数大为减少和白细胞数减少。

临床症状

发病犊牛，食欲不振、异嗜，瘤胃蠕动机能减弱，营养不良，被毛逆立、无光泽，生长发育缓慢，由于四肢肌肉乏力和全身虚弱，病犊牛站立困难，强迫走动呈现运动失调。母牛发情减弱乃至不发情。病牛往往伴发正红细胞性或小红细胞性贫血。

治疗

首先，应对病牛具体分析，确定发病原因。因用合成日粮饲喂幼龄犊牛而引起维生素 B_{12} 缺乏的综合征，要在日粮中每日加喂维生素 B_{12} 20 ～ 40 μg 的同时，肌肉注射维生素 B_{12} 400 ～ 500 μg，每日一次或隔日一次。

对成年牛，要确定原发疾病，并及时予以治疗，同时肌肉注射维生素 B_{12} 1 000 ～ 2 000 μg，每日一次或隔日一次。

预防

对犊牛，在日粮中应添加维生素 B_{12} 20 ～ 40 μg/d 或含钴的维生素。

对成年牛，充分注意日粮中钴含量，防止钴缺乏，饲料中可加入钴 0.3 ～ 2 mg/（d· 头）混合饲喂。

维生素 C 缺乏症
Vitamin C Deficiency

维生素 C 具有抗坏血病的功能，呈酸性，所以又称抗坏血酸。其分布广泛，如青绿饲料、青贮和马铃薯等含量较多。虽然在牛瘤胃内通过微生物群不能合成，反受微生物群和化学作用而破坏，但在肝脏内却能合成维生素 C，因此，在通常饲养条件下，牛很少发病。

病因

凡能引起肝脏内合成障碍的因素，都可能造成维生素 C 缺乏并导致疾病的发生。诸如各种急性、热性传染病、代谢性疾病（如酮病、妊娠毒血症）、各种中毒性疾病（如铅、砷、农药和某些化学药品中毒）等，由于肝脏受损伤，使正常合成功能破坏而引起维生素 C 缺乏症。

临床症状

本病的临床表现与维生素 C 所具有的生理功能损伤和破坏相一致。维生素 C 能促进细胞间质中胶原蛋白的形成，即参与胶原蛋白的主要成分羟脯氨酸合成，参与叶酸、酪氨酸以及机体细胞的氧化和还原反应，也促进肾上腺皮质激素的代谢，以维持血液凝固作用、毛细血管通透性和抗体产生等。缺乏时细胞间质中胶原纤维和基质成分黏多糖减少或消失，血管通透性增加，脆性提高，病牛出现齿龈肿胀、出血、溃疡，牙齿松动，骨质脆弱等症状，有的由于毛细血管变脆和通透性增大等原因，导致全身性出血。也有的耳、颈和鬐甲等处出现被皮脱落、皮炎和结痂等皮肤病。由于促肾上腺皮质激素等分泌机能紊乱，而诱发母牛酮病和不妊症、公牛精子活力降低。维生素 C 的缺乏常使机体抵抗力降低而易诱发各种感染性疾病。

诊　断

由于本病无典型症状表现，致使诊断困难。又因其缺乏是由于合成障碍所致，因此，诊断时应考虑原发性疾病的诊断，仔细检查，综合分析。检测尿液中维生素 C 含量，则是判断牛机体内贮存和生理需要量的主要依据。

治　疗

首先，对病牛应用维生素 C 注射液，剂量 1 000 ～ 2 000 mg 皮下注射，若与 B 族维生素注射液并用，疗效更为明显。

同时，应根据病牛全身表现，采取对症治疗。因为，在热性传染病、严重创伤以及肝脏疾病时，血液中维生素 C 的水平下降，所以，应采取抗菌、消炎、解毒、保肝措施。体温升高时要用维生素 C、磺胺类药物；食欲下降、营养不良者，要补充葡萄糖等。

预　防

日粮要平衡，营养要全面。饲料品质要好，并饲喂一定量富含维生素 C 的饲料，如马铃薯、胡萝卜和谷物发芽饲料等。

及时预防和治疗原发疾病。维生素 C 能提高机体抗病力，增进机体体质；而当机体发生疾患时，维生素 C 合成障碍，因其缺乏又促使病情恶化，因此，预防和治疗原发性疾病，是防制关键。在饲养上，要合理供应精料，严防精料喂量过高而致使肝脓肿。在治疗时，对热性病、代谢病除针对原发病使用药物外，还必须补充维生素 C 制剂，防止血液中含量降低，促进痊愈过程。

奶牛微量元素缺乏症
Microelement Deficiency of Dairy Cattle

微量元素为动物机体组织细胞内含量极少的一些化学元素，与营养生理学有关的有锌（Zn）、硒（Se）、钴（Co）、铜（Cu）、锰（Mn）、碘（I）和铁（Fe）7 种。这些微量元素在动物生命过程中有着极为重要的生物学效应，为酶或辅酶、激素、部分蛋白质和某些维生素的构成成分，参与生理机能，调节物质生化代谢过程，故为生命活动的必需元素。

奶牛需要的微量元素主要来自植物性饲料，而植物中微量元素又受土壤和水中微量元素含量的影响。当微量元素随饲料和饮水摄取的数量不足时，机体内微量元素含量减少，则将导致机体内物质代谢障碍，酶活性、内分泌系统发生变化，以及维生素合成、利用率降低。

微量元素缺乏症是指摄取饲料和水中的一种或几种微量元素缺乏或不足所引起的营养缺乏症，其特征是生长发育缓慢、泌乳性能降低和繁殖机能障碍。

病　因

饲料、饮水中微量元素含量不足或缺乏。由于土壤、水中缺乏微量元素，造成植物的缺乏，当牛长期采食所生长的作物，则将引起缺乏症，因此，微量元素缺乏症常呈地方性。微量元素缺乏不仅与饲料中含量有关，同时也受胃肠道消化机能、饲料成分及微量元素的含量和机体需要量影响。

（1）胃肠消化机能紊乱。瘤胃发酵异常时，影响了维生素 B_{12} 的合成，可引起钴缺乏。腹泻时，因吸收紊乱，使铁的吸收障碍。

（2）饲料成分。犊牛饲喂酸性饲料时，可导致饲料中铜、锌、锰和钴的利用率降低。

（3）饲料中微量元素含量、比例不当。机体对微量元素的吸收不仅决定于饲料中的含量，也与其之间的比例有关。因为有些微量元素之间存在拮抗作用。饲料中铜和钼比例不当可导致吸收障碍，如钼含量高时可引起铜缺乏。土壤和饲料中硫含量多时，可阻碍硒吸收。

（4）机体需要量增多。犊牛、妊娠牛对碘需要量增加，如饲料中含量低，由于供应量不能满足其需要量而发生缺乏症。

临床症状

微量元素缺乏症出现后，其临床症状呈现出精神不振、食欲减退，生长缓慢、繁殖机能紊乱及贫血，具体表现见表 4-34。

表 4-34　奶牛微量元素需要量及其缺乏症主要症状

微量元素	需要量 *（mg/kg DM）	生理功能	缺乏症症状
锌（Zn）	50	为多种酶的组成成分，维持酶活性，参与蛋白、糖代谢	皮肤角化不全，生长停止，繁殖紊乱，关节肿，骨形成缓慢，乳房、四肢皮肤皲裂
硒（Se）	0.1	为谷胱甘肽过氧化物酶（GSH-PZ）的组成成分，保护细胞膜的正常功能，促进抗体形成、增强免疫力	犊牛横纹肌、心肌变性、坏死，肌外呈白色，故称白肌病；成年牛繁殖机能紊乱，不孕，流产，产出死胎或弱犊
钴（Co）	0.1	为维生素 B_{12} 的组成成分，它通过瘤胃微生物利用合成维生素 B_{12}，维生素 B_{12} 将丙酸转为葡萄糖，可提供能源，加强红细胞生成，合成蛋氨酸、胆碱，抗脂肪肝形成	食欲不振，贫血，体重减轻，性周期紊乱，不孕，流产，死胎，脂肪肝
铜（Cu）	10	为过氧化氢酶、细胞色素 C 及细胞色素氧化酶的成分，与铁参与血红蛋白的合成	食欲降低，被毛褪色，消瘦，腹泻，贫血，关节肿大，性机能减退，不发情，心力衰竭，易发癫痫，猝死
锰（Mn）	50	为精氨酸酶等多种酶的激活剂，参与黏多糖的合成	生长缓慢，四肢和关节畸形，繁殖机能紊乱，排卵停滞
碘（I）	0.2	加速组织能量代谢，促进糖、脂肪氧化利用和蛋白质合成	胎儿早死，或产出弱犊，无毛或稀毛，不能站立，生长慢；青年牛性成熟缓慢，受胎率低
铁（Fe）	50	为细胞呼吸酶类、血红蛋白、肌红蛋白组成成分，参与细胞生物氧化和呼吸过程，保证组织内的氧输送	犊牛生长缓慢，异食，消瘦，贫血，衰弱

注：* 需要量来源于 NRC（1988）。

诊　断

临床诊断

（1）病牛检查。微量元素缺乏症中，某些元素缺乏后临床上无固有症状，因此应对病牛进行临床检查，对口腔、牙齿、瘤胃检查，以确定引起食欲不振的原因。

（2）饲料调查与分析。调查日粮的组成及饲料的来源，有条件者，对饲料、饮水应进行分析、化验。

实验室诊断

（1）采集血液、被毛，检测其微量元素含量，对病性诊断有重要作用。

（2）仔细剖检，根据组织变化，作出病理学诊断。

（3）寄生虫检查。某些矿物质缺乏时，会增强寄生虫易感性，应采集粪便作寄生虫诊断。病畜同时发生矿物质缺乏和寄生虫病是常有的，因此，必须作出最后诊断。

治疗和预防

奶牛需要的微量元素，主要来源于植物性饲料，而植物中的微量元素含量又受土壤、水中微量元素含量的影响，由于饲料来源的广泛性，通常情况下，奶牛微量元素缺乏症发生较少，其缺乏症的出现多呈局限性、地方性。在采购饲料时，应对当地的土壤、植被、水质量有所了解。已查出本地区存在微量元素缺乏且发生缺乏症的地区，或发生微量元素缺乏症的牛场，应及时采取相应措施，予以防制。

（1）尽早确定缺乏的微量元素，用其相应注射剂或片剂直接补充，或者将所确定的缺乏微量元素添加到日粮中，以饲喂方式补充。

（2）在补充微量元素时应注意两点：①缺什么微量元素补充什么，不缺乏者不补给；②机体内各种微量元素浓度处于相对平衡，补充时应注意各种微量元素之间的相互关系，不要什么都补充，防止一种元素增多而拮抗另一种元素所导致的另一种元素的缺乏。

钴缺乏症
Cobalt Deficiency

钴缺乏症是由饲料和饲草钴含量不足或缺乏，以及瘤胃内微生物合成维生素 B_{12} 因子受到阻碍所致的慢性代谢性疾病。临床以食欲减退、生长缓慢、贫血、消瘦和脂肪肝为特征。

本病在澳大利亚、美国、英国、新西兰和日本等国都有发生。由于发病地区不同，而病名各异。发生在澳大利亚的称为“海岸病”；在英国称为“营养不良”；在美国称为“格兰特拉弗斯病”；在新西兰称为“丛林病”（灌木病）和在日本称为“废食病”等。

成年公、母牛和犊牛都有发病。其中犊牛比成年牛患病严重。在相同饲养条件下，泌乳高的牛易感，易使奶牛酮病发生率较高。

由于饲草钴含量的差异，特别是冬季枯草期，饲料单纯、缺乏，因而春季发病率高。

病　因

由于摄入饲料中的钴缺乏，必将导致钴缺乏症。造成钴缺乏的原因：

饲料或饲草中钴缺乏　土壤中缺钴，饲草中就缺钴。长期放牧在土壤钴含量在 0.25 mg/kg 以下的牧场上，或长期饲喂钴含量 0.04 ~ 0.07 mg/kg（以干物质计）以下的饲草的牛群，都会发生原发性钴缺乏。

维生素 B_{12} 合成受阻或疾病　维生素 B_{12} 含元素钴。反刍动物胃肠道中的微生物能合成维生素 B_{12}，维生素 B_{12} 必须与胃肠黏膜分泌的“内因子”结合后才能被肠壁吸收。由此可见，凡阻碍奶牛瘤胃内发酵过程中合成维生素 B_{12} 的因子或疾病存在，皆可导致钴缺乏症。病初几周期间无临床症状，直到肝脏和其他组织中贮存维生素 B_{12} 消耗殆尽后才出现本病。

发病机理

钴是反刍动物必需的微量元素。奶牛干奶期和肉用牛对钴需要量为 0.07 ~ 0.1 mg/kg 体重，犊牛比成年牛需要量要大些。牛摄取含钴饲料后，钴主要是通过肠道吸收，除小部分由尿液、粪便排出体外，大部分贮存在肝脏。健康奶牛肝脏中钴含量为 0.08 ~ 0.12 mg/kg（以干重计），但犊牛肝脏中钴含量比较少。据报道，常乳中钴含量为 0.4 ~ 1.1 μg/100 mL，而初乳中钴含量高于常乳的 4 ~ 10 倍。由于犊牛初乳喂量不足或不喂初乳，往往引起犊牛的钴缺乏。

钴为维生素 B_{12} 的组成成分。维生素 B_{12} 可通过瘤胃内微生物群来合成。维生素 B_{12} 又是微生物群自身生长、繁殖，以及牛的骨髓造血所必需的一种有机化合物。当钴摄取过多时，使红细胞数增多；当钴缺乏时，必然影响牛机体造血机能和丙酸转变为琥珀酸的糖异生过程，结果出现脂肪肝、脾脏中含铁血黄素沉积，以及贫血等特有的病理变化。这显然是由于某些呼吸酶——细胞色素氧化酶和琥珀酸脱氢酶活性受到抑制的必然结果。

临床症状

病牛食欲逐渐减退、渐进性消瘦和衰弱是最明显的临床症状。可视黏膜淡染或苍白，皮肤变薄，肌肉乏力、松弛，被毛无光泽，换毛延迟，体表有鳞屑，流泪，贫血，腹下水肿。犊牛生长发育缓慢，体重减轻，随饮、食欲废绝之后，反刍、瘤胃蠕动减弱至停止，便秘或腹泻。由于病牛急剧性衰竭和重度贫血，多数死亡。泌乳牛产奶量明显下降，性周期延迟或久不发情、不妊。妊娠母牛流产，或产出弱犊、死胎。

临床病理

血清总蛋白含量减少，红细胞数减少到 200 万～ 350 万个 /mm^3，且属红细胞大小不匀症和小细胞性、低血红蛋白性贫血等血象，血红蛋白含量减少为 8 g/100 mL。白细胞总数减少，其中中性粒细胞和小淋巴细胞数增多，而单核细胞数减少。血浆中钴含量减少到 0.2 ～ 0.8 mg/kg，肝脏中钴含量减少到 0.041 ～ 0.07 mg/kg。肝脏中维生素 B_{12} 含量减少到 0.01 mg/kg（生理值为 0.3 mg/kg）。瘤胃内容物中钴含量减少到 0.8 μg/mL 以下。血糖降低至 60 mg/100 mL 以下，血清碱性磷酸酶下降至 20 IU/L 以下。

尿液中甲基丙二酸、亚胺甲基谷氨酸检验均呈阳性反应。

病理变化

尸体极度消瘦，皮下脂肪消失，体躯肌肉褪色，肝脂肪变性，脾脏中含铁血黄素沉积，各个消化器官壁变薄，脏器萎缩、变轻，贫血，大脑皮质坏死等。

诊　　断

本病发生后首先应进行流行病学调查，分析当地状况，在低钴地区的牛群，凡出现厌食、营养性消瘦和可视黏膜淡染（贫血）等症状时，可怀疑钴缺乏症。然而，引起厌食、营养不良、贫血的原因较多，如蛋白质、维生素 A、维生素 D 及微量元素硒、铜等缺乏，以及内寄生虫等，因此，诊断时应全面考虑，综合分析。

一般认为补钴试验可作诊断，即用含钴量 5 ～ 35 mg/d 的氯化钴水溶液经口灌服，每日一次，连服 5 ～ 7 d，若厌食等症状好转、消失，有助于诊断。同时，应对本地区土壤、饲料和肝组织中钴含量进行分析，以求确诊。

治　　疗

本病呈慢性过程，所以对病牛常不重视，只有病情严重，衰弱无力而卧地不起时，才被发现。因此，应尽早确诊，及时治疗。

治疗方法是口服钴盐和肌肉注射维生素 B_{12}。钴盐有氯化钴、硫酸钴等。对病牛投服氯化钴水溶液（5 ～ 35 mg/d），开始用大剂量，逐渐减至小剂量，持续 2 ～ 3 个月。投服维生素 B_{12} 制剂，按饲喂饲料的 0.001 7%～ 0.003 3%比例混饲。对重型病牛，应用维生素 B_{12} 和右旋糖酐铁合剂 4 ～ 6 mL，每 3 d 肌肉注射一次。维生素 B_{12}（氰钴胺）1000 ～ 2000 μg，一次肌肉注射，每日或隔日一次。

预　防

牛饲料中钴的含量按干物质计，每千克饲料为 0.06 ～ 0.07 mg，如果含量不足则需补钴。对钴缺乏地区可施用钴盐肥料，一般每公顷每年施用 400 ～ 600 g。为了预防还可混饲钴添加剂（日量为 0.3 ～ 2 mg）。在钴缺乏土壤中锰、铁和镁含量减少，所以应注意锰、镁、铁的补饲。

锌缺乏症
Zinc Deficiency

锌缺乏症是由于饲草、饲料中锌含量过少而引起的一种微量元素缺乏症。其临床特征是生长发育受阻、皮肤角化不全、骨骼异常和繁殖机能障碍。

锌是奶牛必需的一种微量元素。机体组织器官中含有大量的锌。在组织中锌含量相当于铁含量的 1/2，铜含量的 10 ～ 15 倍，锰含量的 100 倍以上。在骨骼、牙齿、被毛和皮肤中锌含量多，肌肉中锌含量往往由于色泽和机能的不同而有 3 ～ 4 倍量的差异，如浓厚色泽和活动性能较强的肌群，比淡薄色泽和活动性能弱，甚至不活动的肌群中的锌含量要多，眼球脉络膜中锌含量最多。血液中锌分布于血浆、红细胞、白细胞和血小板中。血清中锌含量为 1.5 ～ 1.8 μg/mL，当饲喂草料中锌含量较多时，可增至 2.5 ～ 2.7 μg/mL。犊牛血清中锌含量为 0.8 ～ 1.2 μg/mL。乳汁中锌含量为 3 ～ 5 μg/mL，初乳中锌含量比常乳中的多 3 ～ 5 倍。被毛中锌含量可根据色泽而异，大多数的被毛中锌含量在 115 ～ 135 mg/kg。按美国全国研究理事会饲养标准规定：泌乳牛、干奶牛的锌需要量为 40 mg/kg 体重，肉用育成牛的锌需要量为 20 ～ 30 mg/kg 体重，种公牛的锌需要量基本上接近育成牛。当饲料供应不足，即可发生锌缺乏症。

病　因

分原发性和继发性两种。

原发性锌缺乏

主要是由于饲喂锌含量在 30 ～ 100 mg/kg 以下地带生长的牧草，其中锌含量少于 10 mg/kg 和谷类作物中锌含量少于 5 mg/kg 以下而发生本病。

Miller 等（1962—1965）应用锌含量 0.05 ～ 0.2 mg/kg 体重的饲料饲喂 2 ～ 11 周龄犊牛，经过 2 ～ 3 周后便发生异常。

继发性锌缺乏

这是由于饲喂的饲料中含有过多的钙或植酸钙镁等，阻碍机体对饲料中的锌吸收和利用，从而发生锌缺乏症。

人工复制发病试验表明：应用上述的锌缺乏地带生长的牧草和各类作物饲喂牛群，则可使之发生锌缺乏症。在犊牛饲喂锌含量为 40 mg/kg 的饲料过后，仍能保持健康状态，但是在锌含量为 20 ～ 80 mg/kg 和钙含量为 0.6%草场放牧牛群中，则多数发生角化不全症。

饲料含植酸多，植酸与锌结合形成不溶的、难以吸收的植酸盐，降低锌的吸收。

发 病 机 理

锌通过小肠吸收入血，血液中的锌同血浆蛋白结合后运输到机体各组织。锌是碳酸酐酶、碱性磷酸酯酶、羧基肽酶和许多脱氢酶的组成成分或其作用的必需因子，对于维持皮肤和黏膜的正常结构和功能，都有重要影响。锌参与体内蛋白质合成，碳水化合物代谢，维持某些氧化酶和脱氢酶的活性，起着重要作用。锌与性激素的合成也有密切关系。

临床症状

严重缺锌病牛，皮肤角化不全和脱毛，尤以鼻镜、尾尖、耳部、颈部损伤最为明显。趾间皮肤增殖，蹄病，繁殖机能紊乱，母牛发情延迟，不发情，或发情配种不妊。

发病犊牛发育不良。鼻镜、阴门、肛门、后肢和颈部等处皮肤易发角化不全、瘙痒、干燥、皲裂、肥厚、弹性减退，并在四肢、阴囊、鼻孔周围、颈部等处脱毛，出现皱襞。后肢弯曲，关节肿胀，僵硬，四肢乏力，步样强拘。

公牛精液量和精子减少，其活动力降低，性机能减弱。

临床病理

血液生化学测定表明，锌缺乏病牛血清锌含量减少为 18 μg/100 mL（正常值为 80 ~ 120 μg/100 mL）。碱性磷酸酯酶活性降低至（2.03 ± 0.39）IU/mL，碳酸酐酶活性升高至（4.52 ± 1.35）EU/mm^3。血清总蛋白含量有所增多，但其中白蛋白含量稍有减少 [(2.42 ± 0.39）g/100 mL]，γ - 球蛋白含量稍有增多 [（4.05 ± 0.58）g/100 mL]。

病理变化

典型锌缺乏而引起病死的牛较少，即使有变化，也不明显。仅见病牛口腔、网胃和皱胃黏膜肥厚，网胃和皱胃角化机能亢进。胆囊充满胆汁、膨大。皮肤组织学检查见角质层增生肥厚，颗粒层也增生，呈现角化不全等病变。其特征性病变为表皮上有突出的棘皮症。

诊　断

临床诊断

除通过病史调查、临床症状和病理变化观察以外，宜结合血液和各个脏器中锌含量检测结果，建立病性最终诊断。

类症鉴别

应注意与真菌性皮肤病、疥螨和渗出性皮炎加以区别。

真菌性皮肤病　由疣状毛癣菌引起。以皮肤呈圆形脱毛、渗出和痂皮形成为特征。先有丘疹，后病灶扩大，周边有炎症，呈豌豆大隆起，损伤处覆盖着暗红色鳞屑和石棉样痂皮。取痂皮、被毛镜检，可见呈石垣状或镶嵌状排列的球形节孢子。

疥螨病　由疥螨寄生于牛皮肤内所致。损伤形成结节，继而出现水疱，破裂，流出淋巴液，形成痂皮。患牛瘙痒时于栏杆、墙壁等处摩擦，皮肤刮取物能发现疥螨。用敌百虫、蝇毒磷涂布进行治疗，可以恢复。

渗出性皮炎　渗出性皮炎病变具有滑腻性，完全不同于角化不全的干燥易碎的病变，且死亡率较高。

治　疗

立即改换病畜饲料，口服硫酸锌，剂量为每头 2 g，一次内服，每周一次，或用硫酸锌 1 g，一次肌肉注射，每周一次。犊牛可连续服用硫酸锌，剂量为 100 mg/kg 体重，连续 3 ~ 4 周。

预　防

以硫酸盐或碳酸盐的形式补充锌，是有效的预防方法，可在每吨饲料中加硫酸锌或碳酸锌 180 g 饲喂。对饲养和放牧在锌缺乏地带的牛群，要严格控制饲料中钙含量在 0.5% ~ 0.6%以内，同时，宜在饲料中补加硫酸锌 25 ～ 50 mg/kg 混饲。

在饲喂新鲜青绿牧草时，适量添加些含不饱和脂肪酸的油类，如大豆油，对治疗和预防锌缺乏症可收到较好的效果。

碘缺乏症
Iodine Deficiency

碘缺乏症又称甲状腺肿，是由于摄入碘量不足所致的一种地方性营养代谢病。临床特征是新生犊牛死亡、脱毛、生长发育缓慢以及成年牛繁殖机能障碍、甲状腺肿大和增生。

碘缺乏遍布世界，由于它易于识别和纠正，所以危害性较小。通常情况下，碘缺乏在成年牛中发生较少，即使发病在临床上也多不被重视，仅见发情抑制而不妊。犊牛由于对碘缺乏敏感，容易发病，并引起大量死亡。

碘为奶牛必需的一种微量元素。奶牛机体内碘的 70% ～ 80%浓缩并贮存在甲状腺中，其含量为 2 000 ～ 5 000 mg/kg（以干物质计）。卵巢中碘含量比肌肉等其他脏器组织中高 3 ～ 4 倍，眼窝脂肪中碘含量也较多。健康牛血液中蛋白结合碘含量为 2.6 ～ 6.5 μg/100 mL。乳汁中碘含量为 20 ～ 90 μg / 100 mL，初乳中碘含量较多，在泌乳后期奶中碘含量则逐渐减少。

美国全国研究理事会饲养标准规定：奶牛泌乳期饲料中碘含量为 0.5 mg/kg；干奶期妊娠母牛饲料中碘含量也不应少于 0.5 mg/kg；成年公牛、青年牛和育成犊牛的饲料或其他用品中碘含量为 0.25 mg/kg；肉用种公牛、肉用妊娠干奶牛和泌乳牛饲料中碘含量应保持在 0.05 ～ 0.1 mg/kg。当饲料中碘不足时，必将引起碘缺乏症。

病　因

分原发性和继发性两种。

原发性碘缺乏

是由于土壤、饲料和水源中碘含量过少致使牛碘摄取量不足所致。其中以土壤和水源为关键，而饲草饲料中碘含量取决于土壤、水源、施肥、天气和季节等诸多因素。降雨量大，土壤中碘因淋溶而耗竭；土壤中富含钙质而又缺少腐殖质的地方，碘相对缺乏，故大量使用石灰石的草地，易发生本病。有些植物含碘量少，似与遗传因素有关。

继发性碘缺乏

是由于对碘需要量增多和致甲状腺肿的物质存在所致。

机体对碘需要量增加　这主要表现在犊牛生长发育、母牛妊娠、泌乳量过高等，都需要大量的碘。

长期饲喂含致甲状腺肿的饲料　大量而持久地饲喂致甲状腺肿饲料，如白三叶草、卷心洋白菜、油菜籽、亚麻仁及其副产品、黄芜菁和大豆等含有致甲状腺肿素或致甲状腺肿物质的饲料而发病。这种物质可能是硫氰酸盐。

化学药物及制剂的作用　用于治疗甲状腺机能亢进的药物——硫脲、铷盐等，以及摄取过多的钙制剂，阻碍对碘的吸收。其他如氟化合物、钴、锰等也会影响甲状腺机能。

其他因素　饲养管理不良，卫生条件不佳，饮水或饲料被污水污染，细菌繁殖而饮用和食用后发病。

发 病 机 理

碘缺乏引起甲状腺素生成减少，促进垂体分泌促甲状腺激素而导致甲状腺肿。牛体内碘可分为无机碘和有机碘两种。摄取饲料中的无机碘由肠道吸收后，以甲状腺素、三碘甲腺原氨酸、甲状腺球蛋白和氨基酸结合碘等形式贮存在甲状腺中。随着蛋白酶水解，产生甲状腺素（包括三碘甲腺原氨酸在内），释放到血液中的这类有机碘与血浆中蛋白结合为蛋白结合碘，而后游离于血液中进行循环。

以甲状腺素为例，它能加速组织能量代谢，促进糖、脂肪氧化、利用和蛋白质合成等。这对牛的正常生长发育、繁殖和泌乳等起着重要作用。当碘缺乏时，甲状腺素合成减少，从而血液中甲状腺素含量也相应地减少，刺激或诱导脑下垂体某些神经细胞分泌激素——促甲状腺激素，使甲状腺素分泌增多，但仍不能合成牛机体大量需要的甲状腺素时，便发生甲状腺代偿性增生或肿大，尤其是在妊娠过程中其所需要的甲状腺素增多情况下，甲状腺增生、肿大更为重剧。由碘缺乏症母牛产生的犊牛，往往由于甲状腺素不足而发生先天性甲状腺肿。

食入的少量氰化物在肝脏的解毒过程中，由于所产生的硫基酸盐和磺基氰酸盐抑制甲状腺上皮的代谢活动，从而影响和限制对碘的吸收。

临床症状

妊娠母牛发病后，胎儿早死、流产，妊娠期延长，产出犊牛体质虚弱而不能站立。有的被毛生长发育不全，呈现稀毛或无毛，皮肤厚纸浆状。先天性甲状腺肿犊牛，多数死于窒息。幸存的犊牛，由于生长发育停滞成为侏儒牛。青年牛性器官成熟延缓，性周期不规律，受胎率降低，泌乳性能下降，产后胎衣停滞。公牛性欲减退，精子品质低劣，精液量减少。

病理变化

甲状腺明显肿大，脱毛和黏液水肿。组织学变化是缺乏骨化中心的骨成熟延缓。碘缺乏的甲状腺碘含量明显减少，为 0.03 g/100 g 鲜重以下，而正常犊牛平均甲状腺碘含量为 6.5 g/100 g 鲜重。

诊　断

甲状腺肿大和犊牛生长发育缓慢等症状为本病病性诊断基础，结合检测蛋白结合碘和甲状腺素含量等，有助于病性最终诊断。甲状腺素含量是反映血清中蛋白结合碘含量的指标。碘缺乏症病牛碘含量少于 2.5 μg/100 mL；乳汁中碘含量少于 10 ～ 30 μg/100 mL；甲状腺中碘含量多在 1 200 mg/kg DM 以下。

治　疗

对病牛宜尽早补饲碘盐或含碘饲料添加剂。每千克盐中掺碘化钾 200 mg，或在碘化钾中加入 8%硬脂酸钙混合，每千克盐中加入 200 mg，可以服用。或用含 40%结合碘的油剂 2 mL，一次肌肉注射。碘对犊牛最低中毒量低于 50 mg/kg 体重，过量易引起中毒，其症状是厌食和严重的皮疹，因此补碘时应小心、慎重。

预　防

对犊牛宜用卢格氏液几滴内服，连续 1 周时间。对妊娠母牛（尤其是处于后期），以含碘 0.015%的食盐，按 10%比例添加在饲料中饲喂，会起到较好的预防作用。

锰缺乏症
Magnesium Deficiency

锰缺乏症是由于日粮中锰含量过少所致的一种矿物质营养代谢病。临床以成年牛不妊和犊牛骨骼变形、生长发育缓慢为特征。

锰为奶牛必需的一种微量元素。机体组织器官中含有大量的锰。牛肝脏锰含量为 12 mg/kg，初生犊牛为 8 mg/kg。犊牛血液中锰含量为 20 μg/100 mL，成年牛为 18 ～ 19 μg/100 mL。乳汁中锰含量为 30 ～ 40 μg/100 mL，初乳中为 130 ～ 160 μg/100 mL 或更多。被毛中锰含量较多，健康成年牛被毛中锰含量为 8 ～ 15 mg/kg（平均为 12 mg/kg）。NRC 饲养标准规定：奶牛、妊娠母牛、成年种公牛、育成牛等对锰需要量为 40 mg/kg；肉用牛稍少。妊娠干乳牛饲喂料中锰含量 20 mg/kg。在通常饲养条件下，由于牧草、干草中锰含量较多（50 ～ 150 mg/kg），饲料中麦类——小麦（40 mg/kg）、大麦（25 mg/kg）和燕麦（50 mg/kg）及其副产品中锰含量也较多，所以自然发病的报道较少。然而，饲草（饲料）中锰含量受所在土壤、施肥等条件影响而差异很大，加上我国幅员辽阔，各地风土气候、地理、地貌的不同，锰缺乏的可能性也不可忽视。

病　　因

分原发性和继发性两种。

原发性锰缺乏

主要是由于摄取锰含量过少的饲草、饲料所致。当土壤中锰含量在 3 mg/kg 以下、牧草中锰含量在 50 mg/kg 以下时，便使成年牛发生不妊症，犊牛出现生长发育缓慢和先天性或后天性骨骼变形等。

玉米及大麦含锰较少，若日粮中长期大量饲喂这些饲料，易引起锰缺乏。

继发性锰缺乏

主要是由于饲料中锰的吸收率和利用率降低所致。在饲养过程中，当饲草、饲料中钙、磷含量过多，可使机体对锰的吸收受阻而对其利用率降低，即相对地对锰需要量增多，则诱发锰缺乏症。

发 病 机 理

锰通过胃肠道吸收，在血液中锰与血浆蛋白疏松结合，并进入细胞核和细胞线粒体。

锰是多种酶的激活剂，其中有精氨酸酶、碱性磷酸酯酶、异柠檬酸脱氢酶和肠肽酶等。虽然可被其他离子——镁、钴等所取代，但有些酶还是必需锰的。锰与黏多糖的合成也有着密切关系。骨基质黏多糖的形成需要硫酸软骨素，而硫酸软骨素的形成需要锰。牛缺乏锰时，骨形成和代谢发生异常，表现出骨骼变形、关节肿大、跛行。锰为丙酸脱羧酶的成分，影响糖和脂肪代谢，能促进肝形成脂肪酸和胆固醇。缺锰时，繁殖障碍，母牛不孕，公牛性欲降低，精子形成受阻。

临 床 症 状

牛锰缺乏的症状，表现为生长发育缓慢，四肢骨骼和关节畸形，繁殖性能降低和不妊。

犊牛锰缺乏

病犊食欲减退至废绝，被毛干燥，体质虚弱，消瘦，肱骨的重量、长度及抗断性能等显著降低。关节肿大，驻立姿势异常，站立困难，跛行。有的犊牛出生前即发生肢腿弯曲。

成年牛锰缺乏

性周期延迟，不发情或弱发情，卵巢萎缩，排卵停滞，受胎率降低或不妊。胎儿吸收、死胎。公牛睾丸萎缩，性欲减退，精液质量不良。

诊　　断

本病无典型症状，临床诊断困难。目前认为补饲锰添加剂，并观察临床反应情况，有助于对本病的诊断。若进行病牛被毛中锰含量的检测，由正常值 12 mg/kg 减少到 8 mg/kg 以下时，即可确诊为锰缺乏症。

治疗和预防

有效方法是补充硫酸锰。对母牛每日补饲锰含量 2 g 添加剂对繁殖性能恢复有较好效果。犊牛连续投服硫酸锰 4 g/d，有预防作用。但应注意的是投服剂量不要过大，因为锰还能干扰牛对钴和锌的利用。补饲量大可导致犊牛生长缓慢和血红蛋白含量减少。

铜缺乏症
Copper Deficiency

铜缺乏症是由于饲料含铜不足及组织对铜的利用发生障碍所引起的牛的一种地方性代谢病。临床特征是被毛褪色、下痢、贫血、骨质异常、神经症状和繁殖机能障碍。

牛体不同脏器和部位铜含量各异，肝脏是铜的主要贮存器官，铜含量在初生犊牛较多，平均值为 381 mg/kg 干重，成年牛平均值为 200 mg/kg 干重；成年牛血液中铜含量为 0.93 μg/mL，新生犊牛为 0.2 ~ 0.6 μg/mL；成年牛被毛中含铜量为 7.8 ~ 10 mg/kg。当铜缺乏时，组织器官铜含量都明显减少而发病。

本病发生于世界各国和地区，且多以地方性铜缺乏症形式出现。由于发病地区不同病名各异，发生在澳大利亚的称为“猝倒病”，发生在新西兰的称为“泥炭病”，发生在美国的称为“舔盐病”等。在春、夏季节易发病，这与饲草中铜含量最低的时间相一致。

病　　因

分原发性和继发性两种。

原发性铜缺乏症

由于采食了在铜缺乏土地上生长的牧草，其中铜含量在 3 mg/kg 以下时，呈现铜缺乏症症状。有时其中铜含量在 3 ~ 5 mg/kg 之间时，多为亚临床铜缺乏症。牧草含铜量与土壤有关，缺乏有机质的土壤、高度风化的沙土、淤泥及沼泽的泥炭土上生长的牧草铜含量都会不足，这种牧草被奶牛长期采食而发病。

继发性铜缺乏症

是指饲料和饮水中铜含量充足，由于牛机体组织对铜的吸收和利用受阻而发生的铜缺乏。铜与钼等微量元素之间有着拮抗作用，饲料中钼过多，超过 10 mg/kg，可造成铜缺乏。饲料中硫酸盐、过磷酸钙与钼可以影响铜吸收。硫酸盐含量能加强钼的作用，而促进铜摄入量降低。这是由于硫酸盐和钼、铜形成为钼酸铜或硫化铜而使瘤胃中的铜不能被利用所致。此外，锌、镉、钙、汞和铁均能降低铜的吸收。

发病机理

铜是奶牛必需的一种微量元素。饲料中的铜通过胃肠道吸收，吸收的铜与血浆蛋白呈疏松结合，并分布到全身组织，发挥着重要的生理功能。动物机体组织中过氧化氢酶、细胞色素 c 和细胞色素氧化酶系统的合成及其活性的维持，铜是不可缺少的组成部分。铜能促进磷脂的形成及大脑和脊髓的神经髓鞘正常发育。当铜缺乏时，可使脊髓神经纤维髓鞘脱失。而且破坏上述的酶系统，使各组织不能充分进行氧化，则发生铜缺乏症的各种病理变化。铜作为催化剂又与铁参与血红蛋白的合成。当铜缺乏时，除使病牛组织中沉积大量含铁血黄素外，也可影响血红蛋白卟啉核的形成，从而发生贫血。猝倒病是贫血性缺氧的最终表现。铜能促进酪氨酸变成黑色素，维持黑的毛色，缺铜时，毛褪色。在角质蛋白合成中，铜能将—SH 基氧化成—S—S，促使毛的生长和弯曲度形成，铜缺乏时，—SH 氧化障碍，出现脱毛或直毛。

临 床 症 状

原发性铜缺乏

病牛食欲减退，异嗜，生长发育缓慢，尤其犊牛更为明显。被毛无光泽，黑色毛变为锈褐色，红毛变为暗褐色，在眼周围由于被毛褪色或脱毛，则呈无毛或白色似眼镜外观（图 4-27）。病牛消瘦、腹泻、脱水和贫血，性周期延迟或不发情，流产。乳产量下降，有的共济失调，后肢失控而突然卧地，呈蹲坐姿势。发痒，舐毛。犊牛跛行，步样强拘，甚至两腿相碰，关节肿大，易发骨折。重型病牛心肌萎缩和纤维化，往往发生急性心力衰竭，即使在轻微运动过后也易发病，有的在 24 h 内突然死亡。

图 4-27 铜缺乏病牛眼周围毛呈白色，似如“眼镜”

继发性铜缺乏

除了少见贫血外，其他症状与原发性铜缺乏基本相似。腹泻为其主要症状，腹泻严重而呈持续性。

临 床 病 理

红细胞数降至 200 万～400 万个 /mm^3，血红蛋白降低至 5～8 g/100 mL，血铜含量下降至 0.7 μg/mL，肝铜下降为 30 mg/kg。因为血浆铜含量和血浆铜蓝蛋白活性呈明显相关性（r=0.97），故可用血浆铜蓝蛋白测定值诊断铜缺乏。因为在铜缺乏的明显临床症状出现之前 80 d，血浆铜蓝蛋白活性已迅速下降。

病 理 变 化

尸体剖检病变是贫血和消瘦。肝、脾肿大，颜色变暗。肝、脾和肾等器官可见含铁血黄素大量沉积。皱胃和肠黏膜明显充血，小肠黏膜萎缩。心肌松软而苍白，肌纤维萎缩，大部分为纤维组织所代替。脑内水肿，脑脊髓液增加，大脑回消失，白质发生坏死并出现空洞。

犊牛腕关节和跗关节周围滑液囊增厚，骨皮质变薄，骨质脆弱。组织学变化是骨质疏松，成骨细胞变小，数量减少，骨骺的钙化软骨的骨化推迟。项韧带的弹性组织形成障碍。

诊　断

临床诊断

根据病史调查、临床症状和病理变化等情况，可做出病性诊断。为了确切诊断，必须对饲料、饮水和土壤，以及病牛血液、肝脏，特别是被毛中铜含量进行检测等。继发性的尚应测定饲料中钼、硫酸盐和组织中钼含量。骨骼射线照相检查和组织学检查也有助于临床诊断。

类症鉴别

临床上引起腹泻、消瘦和贫血症状的疾病很多，故在诊断时应进行鉴别。

与内寄生虫病的区别　内寄生虫病出现腹泻、消瘦、贫血，粪便虫卵检查、血液虫体检查都能检出，但与本病可能同时发生，因此，日粮中补铜试验或用补铜治疗，其效果明显即可确定为铜缺乏。

与奶牛冬痢的区别　奶牛冬痢多发生于冬、春季节，稀便中含血液，严重脱水，一般轻症者不需治疗，3 ~ 7 d 后自行痊愈。严重病牛通过胃肠消炎，静脉补充水和电解质溶液，很快会康复。

与副结核病的区别　副结核病由副结核分枝杆菌引起。腹泻呈间歇性，时停时发。剖检见肠系膜淋巴结肿大，小肠特别是回肠黏膜明显增厚呈脑回样。粪便能查出副结核分枝杆菌，用副结核菌素皮内试验，呈阳性反应。

与沙门氏菌病的区别　沙门氏菌病主要侵害出生后 10 ~ 40 d 的犊牛。成年牛常呈隐性感染，临床除可能引起流产外，其他无任何异常。犊牛发病后，体温升高达 41℃以上，腹泻，粪内含血、黏液和黏膜。除关节炎外，还有肺炎。剖检皱胃、小肠出血，肠系膜淋巴结肿大，肝、脾坏死。

与中毒病的区别　砷、铅等中毒除引起奶牛腹泻外，还有其他中毒症状。在调查中有接触毒物过程；饲料、瘤胃内容物及组织中经检验能发现毒物。如果口服铜盐能见明显效果，则可诊断为本病。

治　疗

立即使用硫酸铜。可投服硫酸铜制剂，成年牛每日 2 g 或每周 4 g，犊牛每日 1 g，每周 2 g。还可应用 0.2% 硫酸铜液，溶于 100 mL 生理盐水中，成年牛剂量为 125 ~ 250 mL，静脉注射。甘氨酸 - 乙二胺四乙酸铜钙，剂量为 120 ~ 240 mg 铜，一次肌肉注射，隔 3 ~ 6 个月注射一次。

预　防

预防的前提是掌握含铜量状况。因此，应对本地区的饲料、水源及土壤进行铜含量的检测再作对策。对铜缺乏土壤可施用含铜肥料，如澳大利亚在每公顷牧草场地上施用 5 ~ 7 kg 硫酸铜，便使其生长的牧草中铜含量达到牛的生理需要量，并能维持几年有效。对舍饲牛群可皮下注射甘氨酸铜制剂，成年牛 400 mg（纯铜 120 mg），犊牛 200 mg（纯铜 60 mg），历时 3 ~ 4 个月，或对牛口服硫酸铜 4 g，每周一次，可起到预防效果。

铁缺乏症
Iron Deficiency

铁缺乏症是由于日粮中、饲料中铁含量过低而引起的一种营养代谢病，其临床特征是病牛生长缓慢及贫血。

铁是动物体内血红蛋白、肌红蛋白、细胞色素氧化酶、过氧化物酶和过氧化氢酶的必需组成部分，其主要生理功能是在氧化还原过程中成为氧的载体，保证组织内氧的转送，在细胞生物氧化和细胞呼吸过程中起着重要的作用。

按 NRC（1988）推荐，奶牛对铁的需要量为每千克干物质中 50 mg。3 月龄以上的奶牛铁需要量为 50 mg/kg，生长牛的铁需要量约为 100 mg/kg。血浆铁主要以铁蛋白贮存于肝、脾、骨髓等组织中。由于年龄、性别、营养状况、妊娠和疾病等因素的影响其含量有所差异。奶牛血红蛋白中铁含量为 11 ～ 12 mg/100 mL，血清中铁含量为 146 mg/100 mL，刚出生的犊牛血清铁含量为 170 μg/100 mL。乳汁中铁含量为 0.5 μg/mL。

通常，成年奶牛很少缺铁，只有在哺乳犊牛时，由于饲养管理不当较易发生缺铁症。

病　因

（1）长期在铁缺乏土壤生长的草场放牧或饲喂铁含量过少的饲草的牛群，则会发生低铁性贫血。在集约化舍饲的犊牛，以牛奶为主的饲养条件下，常可发生低铁性贫血。

（2）胃肠吸收机能紊乱，如胃液缺乏或腹泻，饲喂含磷过高精料以及肠黏膜产生脱铁铁蛋白等诱因，致使对铁的吸收机能降低而发生低铁血症。

（3）由于遭受寄生虫如吸血线虫、蜱等寄生，由于各种原因引起失血性贫血，以及由于铁代谢障碍导致慢性贫血，即再生不全性贫血等。

发病机理

铁在肠管内以离子化的亚铁盐被吸收。肠黏膜上皮细胞的吸收通过主动转运和扩散作用两种方式。铁被肠黏膜吸收后，经门脉循环进入血液，并将亚铁氧化的高铁，同血浆运铁蛋白的 β - 球蛋白结合成血浆铁，血浆铁贮存在肝、脾、骨髓等组织，并与这些组织中的去铁铁蛋白结合成铁蛋白。在骨髓内，铁蛋白的铁与原卟啉结合成为亚铁血红素，进而合成血红蛋白。若动物机体内缺铁，尽管骨髓造血机能正常，也不能生成足够的血红蛋白和红细胞，最终导致临床上贫血症的发生。

临床症状

病犊表现食欲不振，异食，生长发育缓慢，可视黏膜苍白，腹泻，消瘦，重症病犊多呈现重剧性贫血症状，呼吸急速，嗜睡，心跳加速，并伴发心缩期杂音，舌乳头明显萎缩。

临床病理

病犊血清中甘油三酯、叶酸含量减少。血液或组织中的细胞色素氧化酶、琥珀酸脱氢酶和过氧化氢酶等活性降低。血清铁和铁蛋白含量减少在正常值低限以下。血红蛋白和肌红蛋白含量减少。

病理变化

病尸消瘦，血液稀薄，肝脏肿大、呈斑驳状，色灰黄色，脂肪变性。心脏扩张。

诊　断

临床诊断

本病可通过血红蛋白、血清中铁和铁蛋白含量的测定，以及根据可疑病牛投服铁制剂后防治效果确诊。引起贫血的原因较多，应与相似症状疾病进行鉴别。

类症鉴别

与铜缺乏症的区别　铜缺乏症除贫血外，红色、黑色被毛变为白色、棕红色。产后牛呈现产后血红蛋白尿，犊牛关节肿大、僵硬。铜制剂治疗效果明显。

与附红细胞体病的区别　附红细胞体病牛临床特征是高热、黄疸、排出红褐色尿，血液涂片检查红细胞边缘有月牙形、圆形、杆形虫体。用贝尼尔、四环素治疗效果明显。

治　疗

对临床出现的铁缺乏症病牛，用铁制剂治疗均有良好效果。最为常用的是硫酸亚铁口服。剂量为每日 2 ～ 4 g，连用 2 周为一个疗程。铁盐能沉淀蛋白质，刺激消化道黏膜，引起胃肠反应，因此可将硫酸亚铁配成 0.5% ～ 1% 溶液，饲后投服。右旋糖酐铁、葡聚糖铁钴注射液，每次注射剂量为 0.5 ～ 1.0 g 元素铁，肌肉注射，每周一次。为了提高疗效，在补铁的同时，应根据具体情况补充铜、钴等微量元素，这不仅提供了机体对这些元素的需要，还能促使对铁的利用。此外，还应加强饲养管理，提高饲料中蛋白质的供应量，为形成血红蛋白的提供充足的原料来源。对于急性失血性贫血病牛，在恢复期也可应用铁制剂。

预　防

加强饲养，供应平衡日粮。特别是集约化、规模化养殖场，更应重视哺乳犊牛的饲料供应，必要时，可补饲铁制剂，按每千克饲料（按干物质计）含 25 ～ 30 mg 可溶性铁饲喂。

第五章 乳房疾病

Mastosis

乳房及乳房的防御机制
Breast and Its Defensive Mechanism

乳　房

乳房大体结构

牛乳房由 4 个腺叶组成，左右两半乳房之间由乳房间沟分界，每半乳房又再分为前后两区，构成了乳房的 4 叶。4 个腺叶在结构上是分开的，乳汁不能在其间相互流动，每部分的乳汁都是由单独的乳头排出。

乳房皮下为皮下蜂窝组织，是一层由腹浅筋膜延续成的乳房浅筋膜，含少量弹性纤维。致密的纤维性的悬韧带是由腹黄膜分出的，支撑着乳房。悬韧带向下延伸到乳房腹侧面，向内走向左右两半乳房成中央韧带，将两侧的乳房分开并形成双侧垂直分开的腺体。悬韧带也向腺体之内分出支架，支撑着小叶实质。整个乳房由悬韧带支撑、固定，当其弹性降低或失去时，则将导致乳房下垂或与腹壁分离。

乳房组织学结构

乳房实质由腺泡和输乳管构成。每个腺泡有 1 ~ 2 个囊，囊腔直径为 120 ~ 150 μm。腺泡膜分外膜和内膜。外膜为肌上皮细胞，呈星状，各细胞间由胞突相互连续，形成网状，包在腺泡壁外。肌上皮细胞具收缩性，可使腺泡壁收缩，将腺泡内乳汁挤入输出管。腺泡内皮，在空虚时，内部的分泌细胞或腺泡细胞呈高的立方形；当腺泡处于扩张状态时，分泌细胞或腺泡细胞则呈复层鳞状上皮细胞。

乳房腺泡开口于排乳管。腺泡、排乳管和周围包着有组织的中等导管构成乳房小叶，每一叶乳房的腺泡与排乳管自成一个独立系统，不与邻近各叶相通。小叶间有结缔组织，其内有动脉、静脉、淋巴管和小叶间导管。小叶间导管汇聚形成乳管，乳管再汇聚成总导管即乳道，并开口于乳池。

乳头

牛的乳头长度根据年龄、品种和产乳量不同而异，长 2 ~ 10 cm。每个乳头末端有一乳头管，长 0.5 ~ 1 cm。向上连于双层上皮排列的乳池，其外口称为乳头孔。

乳头的结缔组织中含有平滑肌纤维，肌束纵向分布，彼此交错，在乳头管周围形成乳头管括约肌。正常情况下，乳头管由于括约肌周围的平滑肌和弹性组织作用，呈关闭状态。

乳头壁由表皮层、真皮层、中间层、纤维固有层和乳头管内皮组成。乳头被厚的、复层鳞状的角质表皮覆盖，无毛囊、汗腺和皮脂腺。乳头表皮深层的乳头状结构与腹侧的真皮结缔组织相互交叉，表皮与真皮紧密相连，真皮纤维形成紧密的纤维肌肉层，真皮下无疏松浅筋膜，因此，乳头的皮肤由紧密的深层纤维肌固定，致使乳头表皮厚度增大，角质层发达。坚固的乳头表面能很好地抵抗手工或机械挤奶产生的摩擦力。

乳房血液供应

乳房血液供给非常丰富，动脉、静脉、毛细血管在每个腺泡的周围都形成了稠密的血管网。

乳房动脉 以日产奶20 kg的奶牛为例，需要流经母牛乳房的血液约4 000 kg，而这些富含营养的血主要来自阴部外动脉。阴部外动脉通过腹股沟管而达乳房基部，大约在后乳头的正上方成为乳动脉。乳动脉在进入乳腺实质前，沿乳房基部分别向前叶及后叶分出乳房底前动脉和乳房底后动脉。乳房动脉进入乳房腺泡后，又分别分出乳房前动脉和乳房后动脉，每条动脉管又分出大量分支，在乳池部的动、静脉细支共同构成血管网，由此网再分出细小的乳头动脉，直到乳头壁中。

乳房静脉 静脉在乳房基底形成环状，血液由腹皮下静脉、阴部外静脉及会阴静脉输出。淋巴管比较稠密，主要输入于乳房上淋巴结。

乳房神经

神经来自腹股沟神经及交感神经的肠系膜后神经丛。

主要有第1、2腰神经，精索外神经，会阴神经和交感神经。

乳房的防御机制

牛乳房具有特异性和非特异性防御机制（Outteridge et al，1988）。非特异机制包括乳头和乳头管的形状和结构；特异性机制包括防止细菌对上皮细胞的黏附作用、中和细菌毒素、调动病原菌或直接将病原菌溶解，以及病原菌或其毒素抗原决定簇直接诱导产生的抗体。因此，了解乳房的防御机制及乳房的免疫功能，对奶牛乳房炎的防治有着重要的指导作用。

非特异性防御机制

奶牛乳房经常暴露在被污染的环境中，乳房感染及乳房炎的发生都是因病原菌经乳头管进入而引起的，所以乳头对于抗感染提供了一个极其重要的屏障。

乳头管的机械屏障作用 乳头管是乳房防御病原微生物感染的第一道有效屏障。乳头管的黏膜组织呈纵向、条纹状排列，内衬角质蛋白，它来自于乳头管的鳞状上皮细胞表面，并不断发生角质化。角蛋白是一种白色蜡状物质，为硬质蛋白，在管腔内形成网状结构，充塞在开放的乳头管内，机械性阻止病原菌向乳池内侵入。

乳头管抗菌物质的溶菌作用 乳头管中的蛋白质在乳房防御过程中也起到重要作用。乳头管角蛋白含有高浓度的酯化和非酯化脂肪酸，这些物质对病原微生物感染具有极大的抵抗作用。其中的十二碳脂酸、十四碳脂酸、十八烯酸和亚油酸等都具有抑菌作用。研究发现，角蛋白含有抗微生物阳离子蛋白（冷激素），这些阳离子蛋白与金黄色葡萄球菌、无乳链球菌的细胞壁结合，使细菌渗透压的调节机制破坏，从而引起细胞结构破坏而死亡。

乳头池及乳腺池的抗菌作用 乳头池及乳腺池均被覆双层立方上皮，其表面细胞紧密排列呈六角形，并有绒毛附着，内皮可能是淋巴性上皮，对入侵的病原微生物有吸附和渗透作用。上皮内淋巴细胞丰富，固有膜也有弥散淋巴组织和淋巴小结，聚集浆细胞和生发中心，表现为局部体液免疫应答。

乳中可溶性因子的抗菌作用 乳腺分泌物中的非特异性抗微生物物质对乳房的防御反应起着一定的促进作用。乳铁传递蛋白是一种铁螯合蛋白，存在于碳酸氢盐中，是细菌的抑制剂。由于微生物的生长需要大量的铁，当泌乳期大量形成高浓度铁传递蛋白时，它可以抑制大肠杆菌、链球菌以及其他病原菌的生长。同时，乳铁传递蛋白可能通过调节吞噬细胞、淋巴细胞和中性粒细胞的活性来发挥抗菌作用。

乳中其他抗微生物因子包括乳过氧化物酶、硫氰酸盐和过氧化氢，这些因子构成乳过氧化物酶体系。该体系对革兰氏阳性病原菌有抑菌作用，对革兰氏阴性菌有杀菌作用。硫氰酸盐存在于乳汁中，过氧化氢（H_2O_2）由链球菌刺激乳过氧化物酶催化硫氰酸盐的氧化而产生；吞噬性的中性粒细胞可能是过氧化氢的一个来源。过氧化氢可破坏细菌的细胞壁导致细菌死亡。新近研究指出，奶牛乳头管和乳腺的分泌组织中存在黄嘌呤氧化酶，黄嘌呤氧化酶作用于底物释放过氧化氢，然后在乳过氧化物酶系统中发挥作用。

特异性防御机制

乳腺细胞的吞噬作用　奶牛乳腺中的巨噬细胞、单核细胞和嗜中性多形核粒细胞（PMN）构成乳腺自然免疫防御系统。乳汁中的体细胞群除这些细胞外，还有上皮细胞。在正常情况下，即在非感染时，奶牛乳腺体细胞所占的比例分别为，巨噬细胞 60%、淋巴细胞 30%、嗜中性多形核粒细胞 10%，上皮细胞 2%。初乳中主要的细胞类型则是嗜中性多形核粒细胞，约占 60%。

（1）巨噬细胞的功能：巨噬细胞可吞噬和杀死病原微生物，清除退化乳腺中的脂肪、异物和细胞碎片，通过抗原加工和递呈作用在局部免疫中发挥作用。此外，巨噬细胞接触内毒素后可产生细胞因子和少量炎性介质，特别是产生的多形核白细胞化学吸附因子，对病原微生物如乳房链球菌、金黄色葡萄球菌具有强力的吞噬作用。

（2）淋巴细胞的功能：健康奶牛的乳汁中，T 淋巴细胞约占 60%，B 淋巴细胞约占 20%，T 细胞主要分布在乳腺黏膜的表面（Asai et al，2000）。多数 T 细胞是 CD_8^+（细胞毒性 T 细胞），CD_4^+ 细胞数量相对较少。T 淋巴细胞能产生大量的细胞因子，影响其他细胞的募集和活化，对维持机体的免疫平衡和抵抗外源性微生物的入侵都具有重要作用。另外，淋巴细胞也具有清除衰老细胞的功能。

（3）嗜中性多形核粒细胞的功能：乳房抵御病原微生物入侵的最有效的防御系统在于中性粒细胞的吞噬活性。其功能是吞噬和杀灭侵入乳腺的病原菌。健康奶牛乳汁中主要的白细胞包括巨噬细胞和淋巴细胞，嗜中性粒细胞很少存在于乳汁中。然而，在感染早期，由于细菌和细菌产物的作用，引起了内源性炎性介质的形成。其中包括由环氧合酶途径产生的前列腺素和由脂肪氧合作用产生的白三烯和白细胞介素。这些介质导致了毛细血管的嗜中性粒细胞渗出到表皮下结缔组织内，而嗜中性粒细胞释放的其他炎性因子，又进一步促进了嗜中性粒细胞的移动过程，因此，乳汁中嗜中性粒细胞迅速增多，避免了早期牛乳房因抗牛白细胞血清造成中性粒细胞减少而使细菌迅速繁殖、生长的现象。

乳中免疫球蛋白的作用　不同泌乳期的乳汁中免疫球蛋白的浓度不同。据 Lascelles（1979）报道，初乳乳清免疫球蛋白含量为 2 260 mg/100 mL，而常乳乳清免疫球蛋白含量为 66 mg/100 mL。Butler（1986）报道，牛乳中有 4 种类型的免疫球蛋白，即 IgA、IgE、IgG 和 IgM。IgG 又分为 IgG_1 和 IgG_2 两个亚型。

IgA 是牛大部分分泌液中的主要免疫球蛋白。血液性 IgA 首先与上皮细胞的分泌成分相结合，然后通过滤泡运输作用，选择性地被运输到大部分黏液中。乳中 50% ~ 100% 的 IgA 由乳腺局部紧靠近腺上皮的淋巴母细胞——浆细胞产生。其作用有两个：一是保护黏膜表面，防止病原菌在黏膜表面的聚集和穿透黏膜，抑制细菌增殖，中和细菌毒素和凝集细菌。二是一种调理素，能够促进乳铁蛋白的抑制作用。

IgG 的主要功能是调理细胞的吞噬作用，有效地固定补体，中和细菌毒素。在细胞的吞噬过程中，IgG 与病原微生物结合，通过嗜中性多形核白细胞的吞噬或摄食，增强对病原体的破坏作用。

乳中的 IgG_1 大部分来自血液，大约有 90%的 IgG_2，由乳腺局部合成。

IgM 主要由乳腺局部合成。其作用是杀灭革兰氏阴性细菌；调理巨噬细胞对病原菌的吞噬作用；使乳中病原菌发生凝集，并使其通过泌乳而排出体外。

细胞因子的免疫调节作用　细胞因子是一组调控蛋白，具有多重生物学功能，能调控不同细胞的特异性和非特异性免疫活性，有些细胞因子能改变细胞的生理过程，并能引起病理学变化。目前已分辨的细胞因子有 30 余种，在乳腺免疫调节中发挥作用的有肿瘤坏死因子（TNF）、白细胞介素 -1、白细胞介素 -2、白细胞介素 -6 及白细胞介素 -8、转化生长因子（TGF）、干扰素（IFN）和集落刺激因子（CSF）等。其中白细胞介素 -2 可促进 B 细胞生长分化，产生抗体，激活 T 细胞，增强杀菌性，是乳房炎疫苗的有效佐剂。干扰素具有抗病毒、抗肿瘤、免疫调节、控制细胞增殖和引起发热的作用，使用 γ 干扰素，可显著增强中性粒细胞抗大肠杆菌感染的能力。肿瘤坏死因子与利福平、麦迪霉素和环丙沙星合用，可提高抗生素对细胞内细菌的杀死能力。

乳房防御机制的实际意义

奶牛的生产性能是泌乳，乳房则是分泌乳汁的场所。乳房健康无论对饲养者还是对奶牛自身来说，都是至关重要的。因此，保护乳房健康，增强乳房特异性和非特异性抵抗力，是奶牛生产中的一项重要工作。

加强管理，搞好挤乳卫生 乳头管是乳腺防御病原微生物感染的第一道有效屏障，同时，它也是病原菌入侵的首要门户，常表现在，乳头管在挤乳后约 2 h 才能恢复到正常的关闭状态，其间由于乳头开放容易受到环境微生物的侵入；牛床、运动场泥泞、不清洁，牛只卧地后乳头易受微生物感染；挤乳时间过长、挤奶设备不完善及外伤，都可能直接引起乳头管的损伤，从而增加乳房感染的机会。因此，在生产中应加强环境卫生和挤乳卫生，保持挤乳机合适的真空水平，正确地套上和取下挤奶杯，在套上挤奶杯之前擦干乳头，选择不易滑落的内套管并定期更换；挤乳后立即进行乳头药浴，以保持乳头健康。

增强乳房特异性抵抗力 近年来，国内外学者对奶牛乳房炎的研究着重于提高奶牛自身的抗病能力上，人们一直在努力探索恰当的免疫方法来增强奶牛对乳房炎病原菌的抵抗力。关于免疫问题，Mellenberger（1977）认为，对乳房炎通过免疫不可能产生免疫保护，其控制应基于管理、治疗和遗传选择。而 Colditz 等（1985）认为，疫苗在乳房炎的控制中能起到一定的作用。现就乳房炎疫苗的研究情况，简述如下。

（1）金黄色葡萄球菌疫苗：疫苗成分包括细菌细胞壁组织（蛋白 A）、黏附因子（与金黄色葡萄球菌黏附在乳腺内皮细胞相关的因子）和荚膜多糖（细菌外壁黏液层）。在美国商品名是 Somato-Staph®和 Lysigin®。试验证明，疫苗对金黄色葡萄球菌污染严重的牛场有效，能提高乳房炎的自愈率，降低慢性感染。而对大多数能控制金黄色葡萄球菌性乳房炎的牛场来说，效果不明显。澳大利亚的研究人员用金黄色葡萄球菌荚膜多糖制成的灭活苗做试验显示，疫苗能刺激抗荚膜多糖抗体的产生，能减轻临床症状，但不能使乳中体细胞数显著降低。在金黄色葡萄球菌乳房炎的高发牛群接种后，临床型乳房炎症状明显减轻，隐性乳房炎的转化率明显下降。

（2）大肠杆菌疫苗：疫苗采用大肠杆菌核心抗原制造。在美国，现有三种商品化大肠杆菌乳房炎疫苗，其商标分别为 J-5Bacterin（J5 苗）、Mastiguard™ 和 Endovac-Bovi®。疫苗能刺激机体产生直接针对革兰氏阴性菌共同核心抗原的抗体。人们普遍认为，接种 J5 苗能增强白细胞杀灭细菌的能力，降低乳腺内病原菌感染的持续时间，降低牛奶中的细菌数，并能减轻临床症状。由于接种 J5 苗能减少生产上的损失，经济效益明显，因此，在美国的许多牛场应用 J5 苗预防革兰氏阴性菌引起的乳房炎已成为标准生产规程。

（3）链球菌疫苗：Finch（1994）用乳房炎链球菌的灭活苗免疫奶牛，可降低牛奶中的细菌数，但不能降低牛奶中的体细胞数。Giraudo（1997）用乳房链球菌和停乳链球菌多联灭活苗免疫接种，结果是奶牛链球菌引起的乳房炎未能明显降低。

（4）疫苗免疫的问题：尽管人们期望通过疫苗来有效控制奶牛乳房炎，但大量科学研究报道，疫苗不能有效地预防乳房致病菌感染。这是因疫苗免疫存在以下问题。

① 乳汁中体细胞数是判定乳质量的主要指标。乳腺的主要防御组分是带有特异抗体的增生的白细胞，即大量嗜中性粒细胞从血液渗出到乳房来发挥作用，因此，有人认为乳房炎中性粒细胞增多就是抗体在免疫保护过程中发生的炎症反应，并且此时牛奶品质和产量都明显下降。这与疫苗所引起的保护性应答反应的机理是一致的。

② 在每个泌乳周期中，奶牛经常会受到各种剧烈应激，致使奶牛的免疫功能降低，从而发生免疫抑制现象。妊娠期，血浆内源性阿片类物质水平的增加可导致免疫功能的降低。孕激素的水平与妊娠期密切相关，可降低淋巴细胞的功能，干扰素与白细胞介素-2 的浓度降低。在分娩过程中，雌激素的水平急剧增加，极大地抑制了嗜中性多形核粒细胞（PMN）的功能。由于围产期免疫抑制现象的发生，所以在

产犊时或产犊后 30 d 内，临床型乳房炎发病率很高，且乳房内感染的几率也高。

③ 代谢、分娩应激可导致免疫抑制。产后母牛能量和蛋白质负平衡、子宫炎、呼吸系统疾病和乳热等并发症，可降低免疫功能。泌乳也可促使免疫功能受损和免疫抑制，美国国家动物疾病中心（NADC）的研究表明，泌乳是导致产后免疫抑制的主要因素，研究人员将产后 1 周的奶牛乳腺切除，其免疫机能很快恢复，而对照奶牛则需 2 ～ 3 周才能恢复其免疫机能。

④ 嗜中性多形核粒细胞的功能对牛乳腺的防御性能是有限的。对一个高产牛场来说，泌乳期的奶牛，每日产乳 30 kg 以上，在这种泌乳强度时，维持乳中抗体水平需要极大的合成率。另外，乳房中的牛奶能稀释抗感染的中性粒细胞的浓度，同时，牛奶中的脂肪和酪蛋白能降低中性粒细胞的杀菌能力。

⑤ 饲养环境是乳房发生感染的病源地。这是因为外界环境中存在着大量的环境致病菌诸如大肠杆菌、乳房链球菌、克雷伯氏杆菌和杆菌属等。在挤奶过程中或挤奶后，奶牛立即卧于地面上，致病菌通过乳头被挤压进入乳房，引起乳房炎。由于环境卫生、圈舍、场地活动空间、挤乳卫生不同，不同牛场致病性环境病原菌所引起的乳房炎的性质不同，这使疫苗的应用受到了影响。

综上可见：病原菌感染乳头是乳房炎发生的主要途径。企图用某一措施控制乳房炎发生是不可能的。奶牛场应该采取综合措施，其中包括良好的环境管理措施，给奶牛提供洁净的环境，充足的圈舍活动空间；正确操作挤奶机及良好的挤奶方式；挤奶前乳房消毒和挤乳后乳头药浴；干奶牛抗生素治疗或淘汰慢性感染牛；以及杆菌性乳房炎疫苗免疫等，能够控制或极大地降低乳房炎的发生。

乳　房　炎
Mastitis

乳房炎为奶牛最常见的疾病之一，也是对奶牛生产危害性最大的一种疾病。

据统计，临床型乳房炎占奶牛总发病的 21% ～ 23%。因其造成产奶量下降，病乳废弃，严重者，乳区化脓、坏疽、萎缩，致使永久失去泌乳能力，其淘汰占奶牛总淘汰率的 9% ～ 10%，在经济上造成一定损失。

隐性乳房炎在奶牛群中更为普遍。据美国、日本报道，头阳性率高达 50%，乳区阳性率为 20% ～ 30%。近年来，我国各地分别进行了普查，结果是：兰州乳区阳性率为 27%（冬季），浙江为 36% ～ 55%，上海为 35.8% ～ 51.2%；北京头阳性率为 62.7%，乳区阳性率为 31%。由于患牛乳房和乳汁无明显的可见肉眼变化，临床上很难被发现，故常常不被人们所重视。

基于上述分析，可见乳房炎发病之多，流行之广，淘汰之高。因此，深入了解其对奶牛生产的危害性，对于积极采取有效措施予以防制，无疑是有益的。

危　害　性

奶产量降低

临床型乳房炎严重者，发病后无奶。如以日产奶 25 kg 计，第三个泌乳月发病，将直接损失牛奶 4 000 kg。

研究表明，牛乳中体细胞数与产奶量损失密切相关（表 5-1）。当牛群牛乳体细胞数为 50 万 ～ 100 万个 /mL 时，潜在损失的产奶量约为 12%；100 万 ～ 500 万个 /mL 时，损失产奶量约 20%。

如果按乳区 CMT 反应来估计奶产量的损失，患区与健区对比，其损失量（表 5-2）：CMT 呈“±”，奶产量损失 2.8% ～ 9%，“ + ”损失 10% ～ 19.5%，“ + + ”损失 16% ～ 31.8%，“ + + + ”损失 24.5% ～ 45.5%。

表 5-1 乳中体细胞数与产奶量损失的关系（Forster，1976） %

体细胞数（万个/mL）	一个乳区损失	一头牛损失	全群牛损失
15 ～ 50	3	6	5
50 ～ 100	11	10	12
100 ～ 500	26	16	20

表 5-2 CMT 反应与患区的奶量损失

CMT 反应	±	+	+ +	+ + +	资料来源
奶产量损失（%）	2.8	11.4	25.6	45.5	Philot
	9.0	19.5	31.8	43.4	Forster
	6.0	10.0	16.0	24.5	Gray,Schalm
	6.0	16.0	29.0	45.0	Ranbertas

乳营养成分降低

乳房炎病牛，由于乳腺的分泌细胞受到损伤或破坏，从而其分泌机能障碍，乳糖、乳脂、总固体及总蛋白减少；由于乳房炎症的发生、乳房血管的扩张及渗透压的改变，血液成分中的白细胞、碳酸氢钠、蛋白等渗出并进入腺泡，致使乳成分发生明显改变。结果 pH 升高，白细胞增多，氯化物增高。因乳中钠离子、氯离子和 pH 与组织损伤和代谢紊乱关系密切，即组织损伤越大越重，炎症反应越强，其升高越明显。

影响食品卫生

乳中有害病菌如结核杆菌、布氏杆菌、金黄色葡萄球菌和化脓性链球菌等，既能引起乳房炎，又能使人患病。结核杆菌、布氏杆菌能引起人的结核病和布氏杆菌病；金黄色葡萄球菌可产生毒素，能引起人的发热、呕吐、腹泻和脱水，使人发生食物中毒；化脓性链球菌经由挤奶员污染牛乳，能使人患扁桃体炎、猩红热或化脓性咽喉炎。

对乳房炎病牛的治疗，目前普遍采用的是抗生素疗法。由于大剂量的使用青霉素、链霉素、四环素和金霉素等药物，致使乳中存在残留抗生素。当人们食用含抗生素的乳后，可引起过敏反应如皮疹、不适，严重者发生过敏性休克。更多的人因长期饮用残留有抗生素的乳，而使机体内细菌产生耐药性，给医治疾病带来较大困难。因此，世界很多国家都已在法律中规定，凡使用抗生素治疗过乳房炎的牛乳，1 周内不得出售。

此外，由于乳中有抗生素残留，接种乳酸菌后不易繁殖，使酸乳生成受阻，所以极大地影响了乳制品生产。

浪费饲料，增加药费

临床型乳房炎病牛经治愈后，产奶量不会很快恢复，吃进的饲料不能转换出更多的牛乳。有的牛痊愈后乳头瞎掉，不出乳。如果牛场内有 4 头瞎掉一个乳区的奶牛，即是少 4 个乳区出乳，这意味着饲养 4 头奶牛，而只有 3 头牛出乳，所以造成了饲料浪费。治疗时，其药费开支因各场饲养管理条件、兽医治疗水平等影响，各不一致。但一句话，药费开支是可观的。

据国外报道，临床型和隐性乳房炎所造成的损失如表 5-3 所示。

表 5-3　乳房炎造成损失比例

类　型	损 失 内 容	所占比例（%）
临床型乳房炎	死亡或过早淘汰（14%）、废弃奶（8%）、药费（8%）	30
隐性乳房炎	降低奶产量	70

由表 5-3 看出，隐性乳房炎所造成的损失远远超过了临床型乳房炎，而这种损失是人们不能直接观察到的。因此，加强对乳房炎的综合防制措施，提高经济效益，对奶牛场来说，已是势在必行。

流 行 病 学

本病的流行　乳房炎的发生，是一种世界性问题。即凡是养奶牛的国家，都有乳房炎的发生。

胎次与发病　随着胎次的增加，乳房炎头阳性率和乳区阳性率相应增加，其相关系数分别为 r=0.893 和 r=0.93。由于在长期泌乳过程中，乳头管松弛和感染机会增加，病原微生物侵入乳头管的容易程度增加以及前感染的累积效应，使发病率增加。

季节与发病　全年皆有发生，以 7 ～ 9 月份为发病最高峰，呈明显的季节性。此时气温高，降雨量集中，湿度大，运动场泥泞，给细菌繁殖、侵入提供了良好条件。有人认为，夏季乳房炎的传播与蚊、蝇相关。研究表明，苍蝇携带着不同的致病菌，当其长时在乳头皮肤停留时，细菌能在乳头皮肤上生长，因此，乳头污染是夏季发生乳房炎的前提。夏季病例的增加可能与牛饲养密度相关。产犊后大多数牛易感性增高，且更易受细菌感染。如果存在着其他环境性和饲养性应激因素，特别是草料品质低劣、高温和蚊、蝇应激，促使乳房炎发病率增加。

临床型和隐性乳房炎的关系　生产中临床型和隐性乳房炎逐月统计结果见表 5-4。国外报道，临床型和隐性乳房炎发病之比为 1 ∶（15 ～ 40）。

表 5-4　临床型和隐性乳房炎的逐月统计

项　目	月份											
	1	2	3	4	5	6	7	8	9	10	11	12
隐性乳房炎乳区数	129	118	514	156	116	112	151	143	132	70	99	135
临床型乳房炎乳区数	6	8	4	5	4	4	14	17	8	4	5	5
临床型 ∶ 隐性	1 ∶ 22	1 ∶ 15	1 ∶ 129	1 ∶ 31	1 ∶ 29	1 ∶ 28	1 ∶ 11	1 ∶ 8.4	1 ∶ 17	1 ∶ 17.5	1 ∶ 20	1 ∶ 27

泌乳月与发病　经对 98 头临床型乳房炎病例分析，第 1 ～ 3 个泌乳月和第 7 ～ 8 个泌乳月多，即泌乳初期和停乳期发生多。干奶期的早期乳房感染率较高，此时感染持续时间较长，围产期机体防御机制受到影响，因而使产犊期和泌乳早期乳房炎发病率增高。

产奶量与发病　经对 381 头检测，隐性乳房炎 164 头，阳性率占 43%，表现为产奶量越低，阳性率越高（表 5-5）。这是由于乳房炎能大大减少奶产量，而未受感染的奶牛，才能达到其可能的全部奶产量。

表 5-5　奶产量与隐性乳房炎发生的关系

项　目	产奶量（kg）						合　计
	<5	5~10	10~15	15~20	20~25	25~30	
实检头数（头）	6	45	98	154	75	3	381
阳性头数（头）	4	26	49	63	21	1	164
阳性率（%）	66.7	57.8	50.0	40.9	28.0	33.3	43.0

营养与发病 饲料中的营养成分，特别是蛋白质、矿物质和维生素与乳房炎的发生有着密切的关系。乳中免疫球蛋白由局部或血液运输或渗出而来，当蛋白质缺乏时，乳中免疫球蛋白合成和血液渗出受阻，IgA、IgM 和 IgG 在乳中含量减少，乳房内的防御机能减弱，乳房炎发生增多。Naresh（2002）指出，隐性乳房炎奶牛血锌水平降低。Weiss（1990）指出，奶牛体细胞数及临床型乳房炎发病率与血浆硒浓度呈负相关。Braun 等（1991）发现，长期患临床型乳房炎奶牛的血清硒浓度明显比健康牛要低。Batra（1992）报道，适当补充维生素 E 能有效预防奶牛乳房炎的发生。

挤奶机与发病 机器挤奶乳房炎发病率高的原因是：①机器抽力过大，引起乳头出血、裂伤；②电压不稳，抽力大小不均；③频率不定，过快或过慢；④抽时过长，无乳还抽，跑空机；⑤乳头大小不合适，机器配套不全，内壁未及时更换，弹性低，松软，掉杯；⑥机器未及时清刷，消毒卫生不严，特别是乳杯不消毒。

管理因素 主要指环境不良和管理不当。

（1）圈舍与乳房炎。舍饲奶牛活动受限制，这使乳房炎的易感性增加。特别牛床不及时更换垫料及被污染，微生物不断地增殖，也使乳房炎发生增多。研究表明，锯末垫料中大肠菌群、肺炎克雷伯氏杆菌含量极高，常会引起严重的乳房炎。

牛床不及时清扫，粪便不清除，粪中乳房炎链球菌污染垫料，病原菌在垫料中增殖，乳头表面接触大量病原，常会引起干奶期和分娩期乳房炎。牛床阴暗、潮湿极有利于病原微生物繁殖。

（2）运动场内粪不清扫，褥草不勤换，排水不良，污水积聚，运动场泥泞。

（3）病牛乳不集中，挤在牛床上后，不冲洗，不消毒。

（4）不严格地执行挤乳操作规程，如洗乳房水不勤换，毛巾共用、不消毒，不进行乳头药浴。机器挤奶时乳杯不清洗、不消毒或处理不彻底。

牛体状况 主要指免疫功能、机体抵抗力的强弱及乳房形态等。

（1）奶牛在每个泌乳期内，都会受到各种强烈应激，使其免疫功能在一定时间偏低，在怀孕期、分娩期和泌乳早期都会发生免疫抑制现象，即所谓“围产期免疫抑制”，产后发病增高。

（2）一般认为，免疫球蛋白是由血液中进入乳房内而于乳中出现的，当机体抵抗力降低时，乳中免疫球蛋白也相应下降。当营养供应不平衡时，机体发育受阻，营养不良，乳中免疫球蛋白合成和由血液中渗出受阻，IgA、IgM 和 IgG 在乳中含量减少，乳房内防御机能减弱，易感性增强。

（3）乳房过于下坠、过大，易受牛蹄踏伤或其他外力作用而引起乳房、乳头刺伤、撕裂、挫伤等。

病　　原

病原微生物

按其传染方式及生活繁殖场所分为两类。

传染性病原菌 主要生活和繁殖在牛乳房上和乳房中。挤奶时由挤奶员的手、洗乳房的毛巾、挤奶杯等在牛间传播。主要病原菌是无乳链球菌、停乳链球菌和金黄色葡萄球菌。经对合肥一奶牛场 128 份乳样分离，金黄色葡萄球菌为 88 株，占检出菌的 81.5%。

环境性病原菌 主要生活和繁殖在牛体外，如粪便、褥草、污水、泥土及蝇类。当牛与外界环境接触时，牛体感染后发病。这类病原菌有大肠杆菌、乳房链球菌、化脓性棒状杆菌等。

此外，还有真菌如念珠菌属、毛孢子菌、酵母样芽状菌、胞浆菌以及病毒等。

感染途径

乳头口侵入 这是主要的途径，病原菌经乳头口侵入乳头管使乳腺组织感染。

血液感染 即病原菌经血液循环侵入乳房，使其感染，如子宫内膜炎、胎衣不下、创伤性网胃炎时，乳房炎为其继发症。

淋巴感染　一般由乳房创伤而引起。

发病机理

乳房炎的发病包括侵入、感染和发炎 3 个阶段。

各种不良的致病因素，促使了病原微生物经乳头口侵入乳头管。由于受奶牛体质，细菌的数量和毒力，乳头内抗菌物质等影响，病原微生物呈现出不同的致病作用，奶牛表现出不同的症候。轻度的炎症，受害乳区的血管损伤较轻，血液成分渗出较少，仅见有乳中白细胞不同程度的增加，而临床症状不明显，此时，呈隐性感染，即称隐性乳房炎。

随着机体抵抗力的降低，病原微生物在乳房内继续生长、繁殖，或细菌继续侵入而发生重复感染，细菌数量增多，毒力增强，乳房组织对细菌敏感性增高，则引起乳房组织炎症过程的加剧，血管渗透性增高，血管内大量的有形成分进入腺泡内，致使乳房明显肿胀，乳汁变性；当腺泡破坏严重时，泌乳停止，临床上可见明显症状，即称临床型乳房炎。除了乳房变化外，当细菌毒素及其分解产物吸收入血，对全身呈现毒性作用，则奶牛全身反应明显，表现出体温升高，食欲废绝。

轻微炎症缓解后，受损伤的乳区奶产量将逐渐恢复；中度感染，受损伤的乳区恢复时间较长；严重损伤者，损伤的腺泡将形成瘢痕组织，以致发生纤维化、萎缩，泌乳能力消失。值得说明的是，乳房炎在整个发病过程中，机体免疫抑制起着主要作用。它受多种因素制约，其中分娩应激，泌乳，神经内分泌改变，严重的能量、蛋白质负平衡，以及产后疾病如子宫炎、产后瘫痪、呼吸道疾病等并发症，都将促使免疫功能受损和免疫抑制。

临床症状

根据临床表现可分为临床型和隐性乳房炎；根据病原不同，可分为细菌性、霉菌性乳房炎；根据病理变化，可分为浆性、化脓性、出血性、坏死性和坏疽性乳房炎；根据病因可分为原发性和继发性乳房炎。尽管乳房炎的分类较多，但从生产实践观点出发，我们认为按临床症状划分较为适宜。

临床型乳房炎

为乳房间质、实质组织的炎症。其特征是乳汁变性，乳房组织不同程度地呈现肿胀、温热和疼痛。根据病程长短和病情严重程度不同，可分为最急性、急性、亚急性和慢性乳房炎。

最急性　发病突然，发展迅速，多发生于 1 个乳区，患乳区乳房明显肿大，坚硬如石，皮肤发紫，龟裂（图 5-1），疼痛明显，健乳区奶产量剧减，患乳区仅能挤出 1 ～ 2 把黄水或淡的血水。全身症状显著，食欲废绝，体温升高至 41.5 ～ 42℃，呈稽留热型，心跳增数达 110 ～ 130 次 /min，呼吸增数，精神沉郁，粪便黑干，肌肉软弱无力，不愿走动，喜卧，迅速消瘦。

急性　病情较最急性缓和。发病后，乳房肿大，质度硬，其内可摸到硬块，皮肤发红，疼痛明显，有躲避和踢人表现，全身症状较轻，精神尚好，体温正常或稍升高，食欲减退，奶量下降为正常时的 1/3 ～ 1/2，有的仅有几把奶，乳汁呈灰白色，内混有大小不等的奶块、絮状物。

亚急性　发病缓和，患乳区红、肿、热、痛不明显；食欲、体温、脉率等全身反应均正常；乳汁稍稀薄，色呈灰白色，最初几把乳内常含絮状物或乳凝块，体细胞数增加，pH 偏高，氯化钠含量增加。

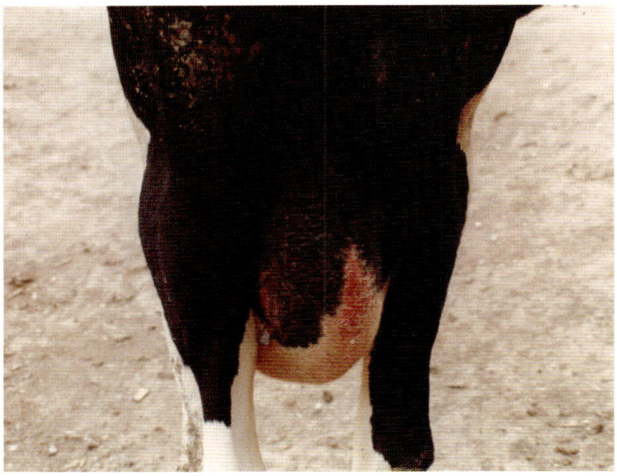

图 5-1　乳房硬肿，乳房皮肤龟裂

慢性　由急性转变而来。病反复发生，病程长，发作后又转入正常。乳产量下降，药物反应差，疗效低。头几把乳汁有块状物，以后又无，眼观正常；重者乳异常，放置后见能分出乳清或内含脓汁。乳房有大小不等的硬结。由于反复经乳头管内注射药物，乳头管呈一条绳索样的硬条，挤乳困难。乳头变小，乳区下部有硬区。

隐性乳房炎

又称亚临床型乳房炎，为无临床症状表现的一种乳房炎。其特征是乳房和乳汁无肉眼可见异常，然而乳汁在理化性质、细菌学上已发生变化（表 5-6 和表 5-7），具体表现：pH 7.0 以上，呈偏碱性；乳内有乳块、絮状物、纤维；氯化钠含量在 0.14%以上，体细胞数在 50 万个 /mL 以上；细菌数和电导值增高。

表 5-6　隐性乳房炎乳与正常牛乳物理性质比较

对 比	肉 眼 外 观	pH	味	体细胞数（个 /mL）
正常牛乳	无可见颗粒物质	6.4 ～ 6.8	甜香	50 万以下
隐性乳房炎乳	有乳块、纤维、絮状物	7.0 以上	咸	50 万以上

表 5-7　隐性乳房炎乳与正常牛乳盐类成分比较

对 比	Ca (mg/100 mL)	P (mg/100 mL)	K	Na	Cl	Mg (mg/100 mL)
			mEq/100 mL			
正常牛乳	41.5	42.3	20.9	104.5	34.7	8.2
隐性乳房炎乳	45.5	39.6	18.2	149.5	38.6	8.5

预　　后

乳房炎的病程、预后与奶牛体质、病原微生物、治疗及护理条件等，有直接关系。奶牛体质好，病原微生物毒力弱，治疗及时，护理合理，病程短而预后良好；奶牛体质差，病原微生物毒力强，治疗不当，护理差，病程长而预后不良。

最急性病例，如治疗失误，预后不良，死亡率约 10%；不死亡者，病程可持续月余之久，多因乳腺组织受损、无乳而被淘汰，或转为慢性，最后见患乳区萎缩、变小，泌乳能力丧失，变成所谓“瞎乳房”（图 5-2）。

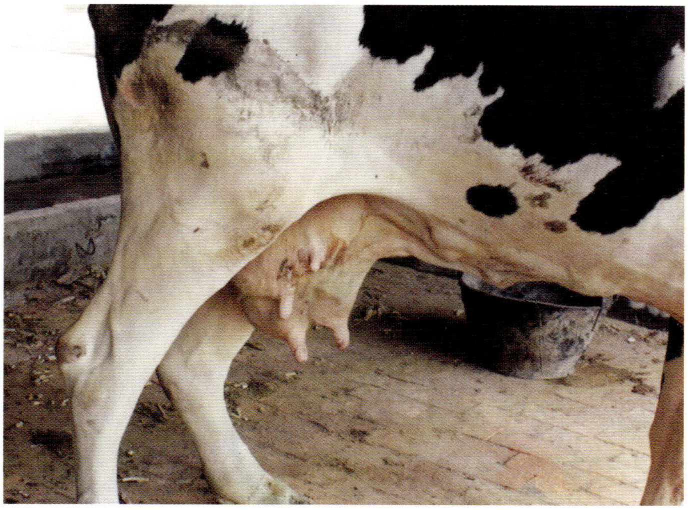

图 5-2　乳房萎缩、变小

急性病例，治疗合理，病程短，预后良好，多经 3 ～ 5 d 痊愈，也有发展为慢性乳房炎的。

慢性病例，由于乳腺组织呈渐进性炎症过程，泌乳腺泡较大范围遭受破坏，乳腺组织发生纤维化，常引起乳房萎缩和乳房硬结。

诊 断

根据乳房炎临床症状明显程度不同，诊断方法各不相同。

临床型乳房炎的诊断

通过乳房及乳汁的临床检查可做出诊断，检查内容包括：

视诊 观察乳房的大小、对称性，乳头的大小、形状、完整性（有无外伤）以及皮肤颜色等。

触诊 有无疼痛、敏感性，乳头管及乳房坚硬度，乳房上有无硬块，有无捻发音，温度有无增高，乳上淋巴结有无肿大等。

乳汁变化 观察其颜色、絮状物、黏稠度、血块等。

鉴于临床型乳房炎表现有明显的临床症状，因此极易被确诊。

隐性乳房炎的诊断

由于无临床症状表现，故只能依赖于物理和化学检验、乳中体细胞测定以及微生物检查等。

物理检查 主要是检查牛乳中有无沉淀物或乳凝块，常用杯滤法，即在杯上安装上金属筛网，将乳通过此杯滤过，如果网上有乳块、絮状物或纤维丝等沉淀，即可确诊为患有乳房炎。

化学检查 主要测定牛乳 pH。牛乳 pH 的测定常用 B·T·B 法（溴麝香草酚蓝试验）。

试剂：47.4%乙醇	500 mL
溴麝香草酚蓝	1.0 g
5% NaOH	1.3 ～ 1.5 mL

搅拌混匀，呈微绿色，pH ＝ 7.0

方法：取被检乳 5 mL，加试剂 1 mL，混合观察颜色判定。黄绿色（pH 6.5 以下）为正常乳；绿色（pH 6.6）为可疑；蓝色至青绿色（pH 6.6 以上）为阳性。

乳中体细胞测定 主要是测定乳中体细胞数，正常乳每毫升体细胞数在 50 万以下，超过此数为乳房炎乳。有直接和间接检查法两类，目前奶牛场普遍采用的是间接检查法——CMT 法（加州乳房炎试验）。

原理：烷基丙烯基磺（硫）酸盐为表面活性剂，具有使各种白细胞膨胀的作用，苛性钠能加速细胞电荷的改变。这样，在白细胞之间的间隙及其电荷发生改变的情况下，变性细胞彼此出现凝结。

试剂：NaOH	15 g
烷基丙烯基磺酸钠（钾）	30 ～ 50 g
溴甲酚紫	0.1 g
蒸馏水	1 000 mL

混合，待用。

诊断盘：乳白色塑料盘，其上有 4 个深约 1.5 cm、直径 5 cm 的圆形小室。

操作：将被检牛的 4 个乳区的乳，分别挤在诊断盘中的 4 个小室内，倾斜诊断盘，倒出多余乳，使每个小室内保留乳汁 2 mL，分别加 2 mL 试剂于小室内，呈同心圆摇动诊断盘，最后判定（图 5-3）。判断标准见表 5-8。

优点：本法简单、方便易行，牛旁就能进行，具有实用性，对隐性乳房炎检出率高，可靠性大，泌乳牛、临近干乳期牛都适用。

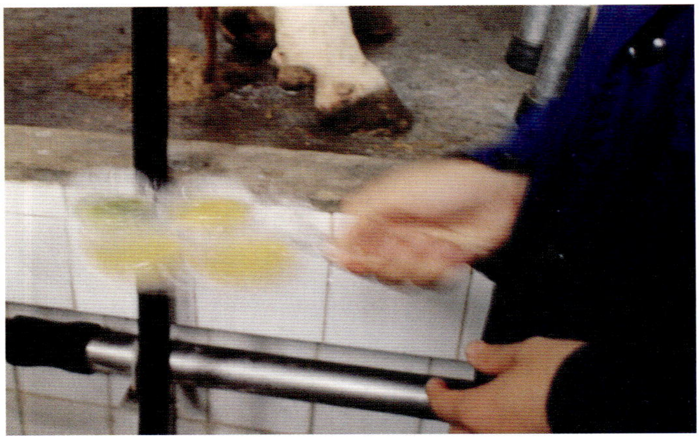

图 5-3　隐性乳房炎诊断盘，盘中蓝绿色为隐性乳房炎奶

表 5-8　CMT 反应判定标准

反应	符号	乳汁反应	总细胞数（个 / mL）	中性粒细胞（%）
阴性	−	液状，无沉淀物	0 ～ 200 000	0 ～ 25
可疑	±	微量极细颗粒，不久即消失	150 000 ～ 500 000	30 ～ 40
弱阳性	+	有部分沉淀物	400 000 ～ 1 500 000	40 ～ 60
阳性	++	凝结物呈胶状，摇动时呈中心集聚，停止摇动时，沉淀物呈凹凸状附着于盘底	800 000 ～ 5 000 000	60 ～ 70
强阳性	+++	凝结物呈胶状，表面突出，摇动时向中心集中、凸起，黏稠度大，停止摇动，凝结物仍黏附于盘底，不消失	5 000 000 以上	70 ～ 80
碱性乳	P	呈深紫色 (pH 7 以上)	—	—
酸性乳	Y	呈黄色 (pH 5.2 以下)	—	—

根据 CMT 的原理，不少国家有了自己的诊断试剂。1982 年以后，我国也研制了乳房炎诊断液，并于生产中使用，对隐性乳房炎的监测起到了一定作用，诸如兰州乳房炎试验（LMT）、浙江乳房炎试验（ZMT）和北京乳房炎试验（BMT）等。

乳房炎的临床鉴别

病原不同，其所引起的乳房炎的临床表现各有不同，见表 5-9。

表 5-9　奶牛乳房炎的临床鉴别

病菌	分布	症状	防治
无乳链球菌	为乳房专性菌	呈亚临床，很少有全身症状，间或发热，奶中体细胞增加，特别是大桶乳中体细胞突然增多	加强挤奶卫生，乳头药浴，干奶期治疗，药物用青霉素、邻氯青霉素、头孢菌素
停乳链球菌	乳房、乳头末端	CMT 阳性，轻热，乳区肿、增温、捏粉感，乳汁有块状、片状絮状物	加强挤乳卫生，减少对乳头末端损伤，药物用青霉素、邻氯青霉素、头孢菌素
乳房链球菌	牛体、乳房、环境中	发热、厌食，乳房肿、坚实，乳汁稀薄、含凝乳块	加强牛体、挤乳卫生，药物用青霉素、链霉素、红霉素、四环素

续表 5-9

病菌	分布	症状	防治
金黄色葡萄球菌	乳头、乳房、扁桃体、阴道、不健康皮肤上	产犊后即发病，体温升高至 41℃以上，乳区硬、坚实、疼痛，跛行，毒血症。乳房坏疽，患区由粉红→红→紫→蓝，并流出浅红色液体。患区皮肤发凉，与周围正常皮肤界线明显。乳房内有气体	全身与局部治疗相结合，药物用邻氯青霉素、头孢噻呋，治愈率仅有 40%，加强干奶期治疗预防
大肠杆菌	分布于环境中，如褥草、粪便、运动场等	产后即发病。体温升高至 40 ～ 42℃，全身症状明显，多伴低血钙、内毒素血症，脱水，腹泻，战栗，蹄叶炎，休克，患区肿胀、增温、坚实、疼痛，乳汁稀薄为水样或无乳	加强环境消毒卫生，增加挤奶次数，药物用庆大霉素、卡那霉素、多黏菌素 B、先锋霉素 I。氟尼酸葡胺初为 0.5 mg/kg 体重，后为 0.25 mg/kg 体重，阿司匹林 64.8 mg/kg 体重，地塞米松 10 ～ 40 mg，补钙，补碱
凝固酶阴性葡萄球菌	牛皮、乳头、乳头管外口	奶产量下降，CMT 阴性，体细胞增高，头胎牛产后乳房炎，乳区肿胀、硬，乳汁呈脓样，怀疑是由本菌或金黄色葡萄球菌感染所致	加强挤奶卫生，乳头碘液药浴，头胎牛饲养在干燥、清洁环境中，消灭蚊、蝇
真菌	注药导管、注射器消毒不严，继发于治疗过的乳房炎	全身症状轻微，患乳区弥漫性肿胀、呈面团样、水肿，乳汁正常、稀薄或含凝乳块	治疗无效，多数能自愈，药物用咪康唑、制霉菌素、乙醚碘

治　疗

临床型乳房炎的治疗

治疗要求　对乳房炎的治疗越早越好，过晚治疗，效果不大。治疗期间应适当限制饮水，以减轻乳房负担；加强管理，病牛应置于清洁、干燥、温暖、安静的环境之中；治疗方法和药物要选择得当。诊断要准，如是继发病时，应对原发病采取治疗。

治疗原则　消灭病原微生物，抑制和控制炎症过程，改善奶牛全身状况，防止败血症。

治疗措施　引起急性乳房炎最常见的病原微生物有大肠杆菌、克雷伯氏菌 - 肠杆菌群、葡萄球菌属、链球菌属等，其临床症状重剧，因此应采取以下措施。

（1）加强感染乳区的排空，尽快排出患区乳汁，静脉注射催产素。催产素具有刺激乳腺导管肌上皮细胞，使之收缩，并驱使乳汁从腺泡进入导管和乳窦而产生催乳的作用。将催产素缓慢静脉注射有助于乳房的完全排空。而乳房排空又有助于细菌内毒素和机体的炎症介质的排空，从而能显著地减轻临床症状。静脉注射剂量为 3 ～ 10 U。

（2）抑制病原菌，控制炎症，应采用抗菌治疗。迄今为止，奶牛乳房炎的治疗，抗生素仍是首选药物。在选择抗菌药物治疗乳房炎时，应充分考虑到炎症感染的特点和轻重程度、泌乳阶段、致病微生物及其药敏性。乳房炎致病菌不同，其感染乳房的部位不同。病原菌不同，对药物敏感性不同，因此，应尽早无菌采集乳样进行细菌培养，以选用合理的治疗药物。

① 抗菌药物的选择。

杆菌性乳房炎主要是乳房的泌乳腺泡受感染，庆大霉素、多黏菌素 B、恩诺沙星、三甲氧苄胺嘧啶、磺胺药有最小抑菌浓度，组织分布良好。

链球菌性乳房炎感染乳房的泌乳腺泡，应选用膜穿透能力低，具有强杀菌效应的抗菌药物，如苄青霉素、氨苄青霉素。

金黄色葡萄球菌侵入乳房后，可进入细胞间隙，上皮细胞和巨噬细胞内（Pyrorala,1995），是引起亚临床型乳房炎的致病菌，有时也可引起急性坏疽性乳房炎。治疗时应选用穿透上皮细胞和乳房组织，并

具有抗葡萄球菌 β - 内酰胺酶活性的抗生素，如阿莫西林和大环内酯类抗生素。红霉素，剂量为 2 ～ 4 mg/kg 体重，临用前先用生理盐水稀释成 5% 溶液，然后用 5% 葡萄糖注射液稀释为 10 mg/mL，分点肌肉或缓慢静脉注射。螺旋霉素剂量为 4 ～ 10 mg/kg 体重，皮下或肌肉注射，每日一次。泰乐菌素剂量为每日 4 ～ 10 mg/kg 体重，肌肉注射。

② 抗菌药物治疗途径，分乳房内注入和全身注射。

乳房内注入是治疗乳房炎常用的简便、有效的方法。药物有抗生素、磺胺、氨苯磺胺等。为了保证药效，在进行乳房注入时应注意：a. 乳导管、乳头、术者手均要严格消毒。b. 乳房内的乳、残留物应挤净。如有脓汁而不易挤出时，可先用 2% ～ 3% 苏打水将其“水化”再挤。c. 抗生素的使用，宜选用经药敏试验后的有效药物，在不能作药敏试验的牛场，要随时注意药物疗效，要注意耐药性，效果不好者，应适当更换。d. 每挤完一次乳后立即注药一次，注药后，可轻轻捏一下乳头，防止漏出。

肌肉或静脉注射主要用于全身症状明显的病牛。除上述药物外，临床上常用青霉素 350 万 IU，链霉素 4 g，一次肌肉注射，每日两次。四环素按每日每千克体重 5 ～ 10 mg，分两次静脉注射，严重者可加 2 ～ 3 倍量，效果更好。

根据临床观察，在治疗乳房炎时，同时采用乳房内注入和全身注射的方法，能加速痊愈过程，提高治愈率。

（3）对症疗法。为防止败血症，改善机体全身状况，应静脉输液。根据病情，可用 10% ～ 25% 葡萄糖液 500 ～ 1 000 mL、5% 碳酸氢钠液 500 ～ 1000 mL、10% ～ 20% 葡萄糖酸钙 500 ～ 1 000 mL，一次静脉注射，每日 1 ～ 2 次。

（4）应用非类固醇抗炎药物。非类固醇抗炎药为镇痛剂和解热剂，具有外周抗炎活性。其主要作用是直接抑制环氧合酶的活性，稳定溶酶体膜使之不易破坏，减少组织的损伤，发挥抗炎作用。抑制前列腺素的生物合成，减少炎症渗出物中前列腺素的产生，使之调控的发热中枢、疼痛感受和组织炎症得以缓解。由于其能缓解内毒素性休克症状，故常用于最急性大肠杆菌性乳房炎的治疗。氟尼辛葡甲胺剂量为每日 2.2 mg/kg 体重，静脉注射，共用 5 d。

（5）乳房炎患区破坏法。当乳区经常产生异常乳并反复出现临床型乳房炎，或者有慢性坏死性炎症时，为了阻止炎症的反复发生，减轻患畜的病情，可向患区乳房内注入：

① 10% 福尔马林 100 mL，加灭菌生理盐水 500 mL，稀释后灌入乳区内，直到不能注入为止。此药产生炎症轻，全身症状出现少。

② 5% 硫酸铜溶液 20 mL。

③ 3% 硝酸银溶液 50 ～ 100 mL。

④ 洗必泰 50 mL。

上述的任何一种药液注入后应停留于乳房内，不再挤出，经 24 ～ 48 h 后，乳房肿胀、发炎，若患牛有全身反应如体温升高、食欲废绝等，可将药液挤出，患区经急性炎症后逐渐萎缩，腺体破坏。

预　防

乳房炎是一种传染性疾病。其发生不仅与病原菌的侵入、繁殖有关，而且受多种因素影响，如环境卫生的好坏，饲养管理制度和措施是否完善，以及挤奶人员的操作技术的优劣等。显而易见，乳房炎的预防是一个相当复杂的问题。

目前，国内外对隐性乳房炎都不用抗生素治疗，而是提倡综合预防，降低其阳性率。其主要原因是隐性乳房炎流行广，发生多，所需药费开支过大，经治疗用药，损失的乳很难用在短期内增产的乳来补偿，故应加强管理，重视环境卫生和挤奶卫生。

加强饲养，提高机体防御能力

（1）盐酸左旋咪唑的应用。《Vet Ree》（1984）报道，左旋咪唑为驱虫药，具有免疫调节特性，干奶期一次应用左旋咪唑，配合乳房内注入抗生素，可刺激干奶时乳腺的防卫机能，也可能促进乳腺复旧；奶牛产犊后皮下注射一次左旋咪唑，48 h 复注一次，可以帮助机体防卫系统恢复正常的功能。

岛田保昭报道，在泌乳期，盐酸左旋咪唑按每千克体重 7.5 mg 一次内服，乳区有效率为 58.9%，分娩前 1 个月内服，乳区有效率为 75%以上。谢仲强（2001）给奶牛每头一次投饲 3 g，间隔 10 d 重复投喂一次，3 次为一疗程，结果奶牛隐性乳房炎头阳性率由 83.7%降到 55.8%，乳区阳性率由 46.4%降至 31.5%。

（2）微量元素硒、锌、铜的补充。

硒：牛乳房注入大肠杆菌以研究日粮添加硒对乳房炎发生的影响，结果表明，补硒能减轻大肠杆菌乳房炎的症状，使病程缩短，乳中体细胞数减少。1990 年研究证实，奶牛每头每日补硒 2 mg，可使接种金黄色葡萄球菌感染乳区乳中的体细胞数到达峰值的时间缩短，使乳区细菌浓度达到峰值的时间由对照牛的（9.5±4.0）d 延长至（20.7±3.1）d。

锌：Kineaid 试验指出，用氧化锌补充，可使奶中炎性细胞减少 30%，补充有机锌，可使炎性细胞降低 40%。

铜：Harmon（1994）从产前 20 d 到产后 60 d，给青年母牛基础日粮（含铜 6 ～ 7 mg/kg）添加蛋氨酸锌（含铜 10 mg/kg），结果增加有机铜可大大减少感染。

（3）维生素 E 的补充。Smith（1984）在干奶牛日粮中补充维生素 E 740 IU/d，与不添加牛比较，产犊时临床型乳房炎下降 37%，乳房内感染率下降 42%。Harrison（1980）指出，在母牛分娩前 21 d，母牛日粮中加 0.75 g 维生素 E 和注射硒 0.1 mg/kg 体重，乳房炎发生率降低 26 个百分点。Smith（1988）指出，干奶期母牛每头每日供给 1.0 g 维生素 E 或注射硒 0.1 mg/kg 体重，乳房炎发生率分别下降 37% 和 12%。

加强管理，减少乳房感染

（1）建立稳定、训练有素的挤奶员队伍。挤奶员的技术水平直接与乳房炎有关。因此，应进行专业知识培训，使他们了解乳房结构，泌乳生理，乳房炎的发生、传播及预防的基本知识，从而提高他们执行挤乳操作规程的自觉性。

（2）搞好环境卫生，阻止细菌繁殖。不良的环境是微生物生长繁殖的重要场所。因此，保持环境、牛体清洁是防制措施的关键。粪便、垫草要及时清扫，堆积发酵；运动场要清洁、干燥，污水及时排除；牛舍、牛床经常用水清洗，定期用 1%～ 2%火碱水消毒；牛体每日刷拭，冬天干刷，夏季用水刷拭。

（3）创造优良环境，减少应激因素。引起奶牛应激的因素很多，如妊娠、分娩、不良的气候条件（严寒、酷热、湿热）、严重蹄病、惊吓、饲料发霉变质等都能引起奶牛的应激反应。研究表明，牛在应激中，白细胞吞噬和消化细菌能力降低 60%～ 98%。产后和夏季，正是因为牛受到了较多应激条件，干扰了牛体与细菌间的平衡，致使乳房炎发病增多。因此，应做好防暑降温工作，创造良好的“人工小气候”，保持牛舍安静，使牛生活在最佳环境之中。很多牛场都设置了牛卧床（图 5-4），这对于减少乳房感染，防止乳房炎的发生起到了一定作用。

图 5-4 奶牛卧床

加强挤乳卫生，执行挤奶操作规程

（1）挤乳前应将牛床打扫清洁，并将牛体特别是后躯刷拭干净。

（2）挤乳前最好用 200 ～ 300 μL/L 有效氯溶液清洗乳房，再用 50℃的温水用干净毛巾彻底洗净乳房。水要勤换；每头牛要固定一条毛巾；洗涤后一定要擦干，防止洗乳房的污水流到乳头或挤乳杯内套和乳头皮肤间；奶桶洗净后擦干；毛巾要煮沸消毒。目前，有许多牛场先用药浴液浸泡乳头后，立即用纸巾擦干（图 5-5 和图 5-6）。

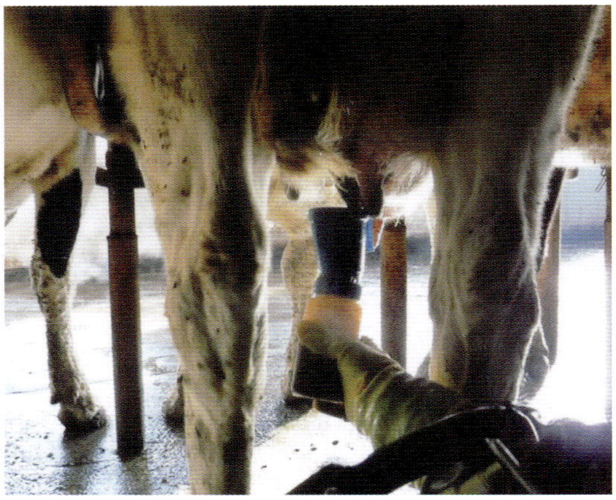

图 5-5　药浴乳头

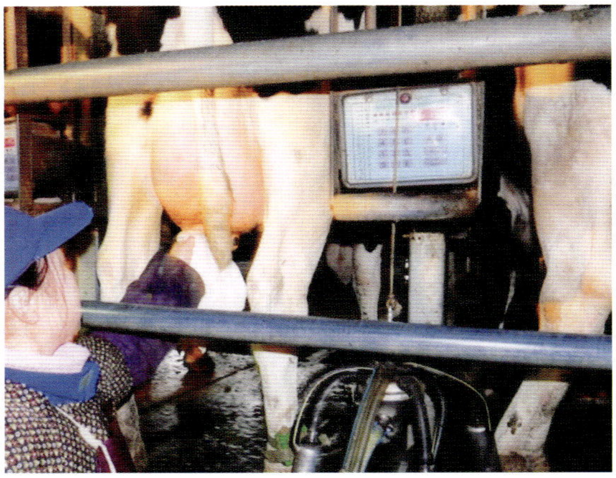

图 5-6　用纸巾（或毛巾）擦干乳头

（3）头几把乳应挤在容器内（图 5-7），不要挤在牛床上；先挤健康牛的乳，后乳房炎病牛的乳，乳房炎乳要单独处理。

（4）加强挤奶员卫生。挤乳员要固定，要定期进行健康检查。手要用消毒液洗涤，这是因为手是传染源。经检查，50%挤乳员的手已在挤乳前污染了，挤乳中 100%污染，用消毒液洗涤后 80%手上可培养出细菌，不用消毒液洗涤的 95%可培养出细菌，故值得注意。

坚持乳头药浴　乳头药浴（乳头进行药液消毒）是控制奶牛乳房炎的主要措施之一。特别是对消除病原微生物，如无乳链球菌、停乳链球菌、金黄色葡萄球菌和化脓性棒状杆菌的感染，具有重要作用。

1916 年，乳头药浴首先由 Moak 提出，但未得到广泛应用。20 世纪 50 年代后期，Newbould 和 Barnum 重新又倡导了乳头药浴，其后，在实践中逐渐体会到它的作用，并被临床上所采用，目前，我国不少奶牛场也已普遍采用并坚持执行。

（1）药浴的作用　正常挤乳后，乳头管松弛 20 ～ 30 min，乳头和乳房因乳汁排出而呈负压状态。由于挤乳卫生不良，加之奶牛卧于污秽地面或褥草上，极易使寄生在乳头皮肤上的病原菌及污染物侵入乳头管而发生感染，因此，乳头药浴能减少挤乳过程中乳头污染及进入乳头管的细菌、痘疮等感染。其作用是：①能抑制病原菌在乳头口的生长繁殖；②对残存于乳头上的病原菌有杀灭作用；③能防止乳头外伤所引起的感染，并能促进创伤愈合过程。使用这一技术，临床效果明显。据国外报道，可降低乳房炎新感染率达 50%～ 80%，临床型乳房炎可降低 45 % ～ 55%。1983 年，四季青牛场进行药浴试验，选择不同药液浸泡乳头，结果以 3%次氯酸钠液、0.3%洗必泰液效果最好，乳中体细胞数明显下降。

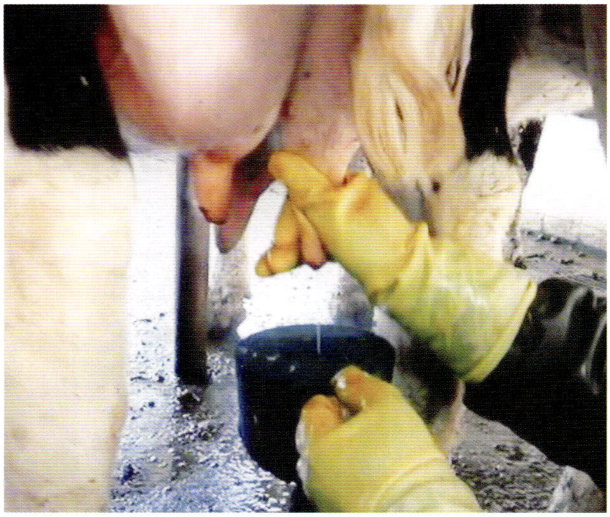

图 5-7　前 3 把奶挤在积奶杯内

（2）药浴药品 常用药品有 3%次氯酸钠、0.3%～0.5%洗必泰、0.2%过氧乙酸和 0.5%～1% 碘附。任何药液与有机物接触后药效都会降低，所以每次挤乳后使用的药液都应倒掉；次氯酸钠和过氧乙酸应在冷暗处保存，否则会降低效力；药浴原液或稀释液应避免受冻，以防变质，使药液分解。次氯酸钠放置过久，或多次浸泡污染后，易发生变质，易使乳头皮肤褶皱。残余液不倒掉再用反而造成污染，如洗必泰和铵盐化合物作药浴液，残液有沙雷伯氏菌污染的报道；残留碘液可引起绿脓杆菌生长而造成污染等。

（3）药浴杯 为特制的塑料杯，用时宜用 85℃热水清洗干净。

（4）药浴方式 有浸泡法和喷洒法两种。浸泡法是指在浴杯内盛上药浴液，使乳头在药液中浸泡一定时间的方法。喷洒法是用喷雾器将消毒药喷洒到乳头上，此法效果不如浸泡法。

（5）药浴时间 于挤完乳 1min 进行，越早越好。以浸入半个乳头为最佳，浸整个乳头也可。

（6）药浴次数 干奶牛是在停乳的前 10 d 每日 1 次或 2 次；临产牛从预产期前 10 d 开始，每日 1 次或 2 次；泌乳牛在每班挤乳后进行一次，持续 1 个泌乳期。

（7）药浴注意事项 ①初次使用，药物浓度由低逐渐增大，使乳头皮肤有一个适应过程；②使用新的药液，如对其药物性能尚不了解，应先作几头试验，如无反应，再扩大范围，以免发生乳头损伤；③使用药物要合乎标准，如次氯酸钠的含碱量不超过 0.05%。

目前，在上海、南京和北京的一些大型奶牛场，在预防乳房炎的过程中，采用“两次药浴、纸巾擦拭”，即先用消毒液洗乳头，再用纸巾擦干乳头，挤出前 3 把奶，再上机挤；挤净奶后，用纸巾将乳头擦干，然后立即用消毒液药浴乳头的方法，使隐性乳房炎显著减少。

干奶期注入抗菌药物 干奶初期，由于乳腺细胞变性和对感染抵抗力降低，故极易为微生物侵入，因此，在干奶期预防乳房炎的发生极为重要。干奶期受到感染，产后感染增高，其感染随胎次增加而增加。

干奶期发病率占乳房炎总发病率，英国为 10.2%，日本为 13.9%～18.5%，我国为 20%～69%。由于感染期不同，故对产奶量的影响各异（表 5-10）。干乳期乳房感染，对奶产量影响极大，应加以注意。

表 5-10 干奶期乳房感染对乳产量的影响

干奶初期（主动退化期）	干奶末期（生乳期）	奶产量降低（%）
感染	无	11.3
感染	感染	33.2
无	感染	36.6

（1）干奶期注入抗菌药物的作用 对乳房尚未受感染的牛有预防新感染发生的作用，对已发生乳房感染牛能达到治疗作用。

① 使产犊前曾感染和损伤的乳腺组织得到修复、再生。

② 减少干奶期新感染的发生，降低产犊前和产犊后临床型乳房炎的发病率。

③ 比在泌乳期治疗临床型乳房炎经济、有效。

④ 干奶期经处治过的牛，产犊后，乳中无药物残留，不污染鲜奶，产乳量提高。

（2）干奶药物的性质 干奶期注入干奶药物这一措施，由 Ward 在 1949 年首先使用。药物应具有对乳房完全无刺激性；与乳房分泌物和乳房组织蛋白结合程度高；有高度亲水性；分子重量大，不易吸收，保持作用时间长，最低有效抑菌浓度达 3 周以上；广谱抗菌等优点。目前有水剂、油剂、缓释吸收剂及微囊等。

（3）干奶药物的应用效果 经用干奶药物证明，在停乳时注入，产后 1 周内，阳性率不仅明显低于对照组，而且也比停乳时大为降低（表 5-11）。

表 5-11　干奶时注入干奶药物后 BMT 变化　%

组别	乳区数	停奶前 BMT 反应		产后 1 周 BMT 反应	
		－～±	+	－～±	+
试验组	45	22.2	77.8	95.6	4.4
对照组	46	37.5	62.5	70.4	29.6

（4）干奶药物的使用　关于干奶期乳头内注入干奶药物，目前有两种观点：一种认为全部乳区注射，能保证防治效果高；另一种认为选择乳区注射，即感染的乳区注射，未感染的乳区不注射，能节省药费，较为经济。究竟采取何法合适，各场应从实际出发，选择自己的治疗方案。

坚持隐性乳房炎的监测　健康、非感染乳腺分泌的乳汁中含有一些体细胞，主要是巨噬细胞、单核细胞和少量中性粒细胞，一般这些细胞数量为 50 000 个 /mL。发生乳房炎时，体细胞数特别是中性粒细胞增加，因此体细胞数检测是诊断隐性乳房炎的主要方法。

（1）个体牛或乳区体细胞数检测　对个体牛而言，同一乳房的不同乳区，其乳汁中体细胞数不同，未感染的乳区体细胞数较少，而感染严重的乳区，乳汁中体细胞数显著增高。个体牛的体细胞数测定的临床意义是：①估计牛群中严重感染牛的百分率。②对发生感染、乳体细胞数高的牛需要进行细菌学检查，以鉴别引起乳房炎的病原菌。③根据确定的病原菌，采取相应治疗。当分离出无乳链球菌时，说明乳头消毒不严，或干奶期治疗不彻底。当临床型乳房炎病例不断出现，且分离出金黄色葡萄球菌时，说明泌乳期消毒不严或干奶期治疗效果差，因此，应加强挤乳卫生和干奶牛的治疗。④根据牛乳中体细胞数持续增高和细菌学检查资料确定将病牛隔离或淘汰。

在对个体牛的体细胞检测时，应对乳中体细胞数与泌乳期产奶量和乳房组织的变化等进行分析，就一个样品来说不可能作出确诊。这是因为初乳和干乳牛的乳中体细胞数高。随着泌乳和产奶量下降，乳中体细胞数和导电性有所增加；当乳房组织发生严重损伤时，经治疗后病原菌已被抑制，培养无细菌，但乳汁体细胞数和乳成分发生永久性升高和异常。

（2）奶桶乳体细胞数检测　控制乳房炎的有效方法是检测牛群，而不是对单个牛进行乳房炎的鉴定或特殊治疗。因此，多数采用奶桶中的乳来检测乳中体细胞数，并以此估计牛群乳房炎的发生情况。

影响奶桶乳的体细胞计数的重要因素是乳区的临床型感染和亚临床型感染，其中亚临床型感染更重要。因此奶桶乳体细胞计数能较客观地估测牛群中亚临床型乳房炎的发生状况。

Fenlon 等（1995）对 30 个牛场调查表明，奶桶乳中无乳链球菌、停乳链球菌和乳房链球菌的数量与乳中体细胞数之间呈显著的相关性。如果奶桶内没有掺入临床型乳房炎的病牛奶，那么乳房感染对奶桶乳体细胞数的影响不明显，因此，奶桶乳体细胞计数不是革兰氏阴性菌感染的良好指标（David et al，1984）。

奶桶乳体细胞计数的重要性，在乳品工业中，乳体细胞计数是唯一重要的检测对象，是估价原奶乳质及能否销售的一个标准，其原因是：①消费者需要优质牛奶。②乳品工业需要高质量原乳。③国际市场对高质量乳产品的需求。欧盟指令表明，所有液态乳或乳制品用乳的奶桶乳体细胞数必须小于 400 000 个 /mL。④有助于奶牛乳房的健康。因此奶牛场应每月进行奶桶乳体细胞计数，并做好记录，这不仅提供了每月乳中体细胞数情况，客观地反映了牛群中亚临床型乳房炎状况，并为奶牛场提供了牛群乳房炎的防控依据。

及时治疗、淘汰病牛

（1）加强对乳房炎病牛的治疗。病牛是重要的传染源。一旦发病，应将其隔离，单独饲喂，针对其病情，采取有效的治疗措施，促使其尽快痊愈。

（2）加强对有关疾病的治疗。奶牛结核病、布氏杆菌病、流行热、口蹄疫、乳头外伤、痘疮、胎衣不下、子宫内膜炎、产后败血症等，常有乳房炎的发生，因此，应及时治疗原发性疾病，对结核、布氏杆菌病阳性牛，隔离淘汰；预防乳头外伤和牛痘发生；对胎衣不下、子宫内膜炎要合理处治，并预防其发生。

（3）淘汰病牛。对病情严重而疗效不明显的病牛，低产而又呈慢性乳房炎病牛，及时淘汰是消灭乳房炎传染源的措施之一。其作用是切断传染源，保护健康牛群免受感染，节省饲料和药物费用开支。

总之，乳房炎是由环境、微生物和牛体三者构成的连锁环而发生的，缺一不可。其中以环境因素更为重要。因为环境因素不仅能影响病原微生物的生活条件和侵入乳房的机会，而且也影响到奶牛机体的抵抗力和对乳房炎的易感性。然而，人们能改变环境，可以通过加强管理，创造良好的、卫生清洁的环境条件，借以杜绝病原微生物赖以生存的环境，使其生长繁殖不利，把它降低到最低程度，同时，也减少了它们进入乳房的机会。人们也能通过繁育和饲养管理的加强，使奶牛机体健康、强壮，以提高奶牛对病原体感染的抵抗力，从而最大限度地降低乳房炎的发病率。

乳房炎的预防只能采取综合措施才有效，而综合措施的实施必须要长年坚持，天天进行，持之以恒。

未经产牛的乳房炎 Heifer Mastitis

所谓未经产牛，即还未分娩、产过犊的牛，奶牛场内常称头胎牛。

近年来，奶牛场内经常出现未经产牛发生乳房炎，患病后常不被注意，只有在产犊后初次挤奶时被发现。

散发。但在发生过的牛场，可连续发生，呈地方性。这种乳房炎最后多因丧失泌乳能力而成瞎乳头，有的牛因两个乳区瞎掉而将其淘汰，在经济上造成极大损失。

病　因

细菌感染　引起本病的病原菌主要是化脓棒状杆菌，除此还有停乳链球菌、金黄色葡萄球菌、溶血性巴氏杆菌、拟杆菌属和不分解糖消化球菌等厌氧菌。

细菌感染途径分内源性和外源性两种。外源性是由于各种不卫生条件污染了乳头、乳房，细菌经乳头侵入感染；内源性是由于机体内有创伤、脓肿，或上呼吸道及扁桃体存在着化脓棒状杆菌，通过血液循环转移到乳房而引起发病。

促使发病的因素　归纳有以下 4 种。

（1）夏季气温高、降雨量多、湿度大，直接影响机体的生理结构。高温使地面温度增高，湿度大时地面潮湿，易于细菌繁殖。当牛卧于运动场时，湿热地面作用于乳房皮肤，使其血管扩张，乳头口开张，极易被细菌侵入。

（2）蚊、蝇及其他吸血昆虫叮咬、吸吮乳房，而将病原菌传播。

（3）饲养管理不良，如运动场潮湿、泥泞，粪便不及时清除，褥草不及时更换，或由于病牛的乳房、污染的皮肤与饲草、用具等的直接接触而引起传播。

（4）妊娠青年牛圈舍和运动场窄小，饲养密度过大，或牛群中混有吸吮他牛乳房的恶癖牛。实践中发现青年牛被吸吮的乳房，分娩后极易出现乳房炎。

临床症状

乳房感染可见于一个乳区，偶见于 2 个乳区。病区乳房急剧发红、肿大、硬结，但多与临近分娩时乳房肿大相混，因此常不被注意。产犊后挤乳时即发现症状，患乳区皮肤红色、紫红色，坚硬如石，皮肤龟裂；乳房浮肿波及下腹部及后肢，乳房疼痛，步行强拘，跛行，乳汁呈灰白色或黄色，呈脓汁样，具腐臭味。出现全身症状者，体温升高至 40℃以上，食欲减退，精神沉郁。随病程延长，患乳区脓汁状乳汁逐渐减少，肿胀消退而萎缩，最后丧失泌乳能力。

治　疗

未经产牛的乳房炎和经产牛的乳房炎一样，治疗方法相同，即用抗生素、输液治疗。然而，一旦发生，治疗只能促进痊愈过程，达到临床痊愈，而对于严重破坏的组织无法使其恢复，不能达到组织痊愈，最后变成“瞎乳头”。因此，对本病不能期望治愈，而只能预防。

预　防

目前，对本病的发病机制尚不明确，确切的预防措施尚有待完善。尽管如此，现场应采取：

（1）对病牛隔离、淘汰。病牛单独饲养，挤乳应严格按卫生要求，病乳集中处理，所用工具及环境要定期消毒。因乳房“瞎掉”而失去泌乳能力者，必要时可以淘汰。

（2）加强饲养管理，重视环境消毒与卫生。牛棚、运动场及时清扫、消毒，及时排除污水，低洼处应填平，保持干燥、清洁。

（3）夏季做好防暑遮荫工作，消灭蚊、蝇和其他吸血昆虫。

（4）怀妊青年牛集中饲养，加强乳房观察并进行乳头药浴，以便能尽早发现异常，早期处理。

（5）加强牛只观察，对有偷吸他牛乳房的恶癖牛，应及时带上笼头，或从牛群中挑出。

坏疽性乳房炎
Gangrenous Mastitis

坏疽性乳房炎是指一个或两个乳区组织发生坏死继而腐败的病理过程。为乳牛常发病，特别是产后不久的头胎母牛更为多见。

病　因

病原微生物的感染　引起坏疽性乳房炎的细菌有肠杆菌和厌氧菌，但金黄色葡萄球菌则是最主要的病原菌。本菌常在健康动物的皮肤、鼻和口腔内定居，也可定植于乳房、乳头、扁桃体、阴道以及身体其他部位的不健康皮肤上。

促使病原菌致病的因素　本菌的入侵和产生病变决定于皮肤创伤、奶牛机体抵抗力，以及局部组织所处的状态等。

（1）母牛分娩　母牛在分娩过程中，由于助产不当致使产道损伤，如分娩时母牛不安，时起时卧，既会使乳房受到挤压、乳头损伤，又增加了环境微生物污染的机会。

（2）机体抵抗力降低　分娩是母牛最大的应激，特别对头胎牛。临产前后，母牛全身状况发生改变，食欲降低，精神紧张、不安，全身张力降低以及产后子宫弛缓等，都为病原菌的侵入提供了条件。

（3）环境卫生不良　环境条件决定局部组织所处的状态。饲养管理水平低下，外界环境不良，如运动场泥泞，粪、尿、泥土及污水对乳房的浸渍，产房不消毒，褥草被污染，助产消毒不严，增加了病原菌继发感染的可能性。

发病机理

金黄色葡萄球菌的致病作用与其所产生的毒素和酶有关。毒素有 α、β、γ、δ 溶血素、杀白细胞素和肠毒素；酶有凝固酶、透明质酸酶、脱氧核糖核酸酶、脂肪酶、蛋白酶和血纤维溶解酶等。其中 α 毒素对乳房坏疽的发生很重要，这种毒素损伤血管，具有收缩血管的作用，使邻近组织发生局部缺血性凝固性坏死；金黄色葡萄球菌能存活于乳腺巨噬细胞中，所以，乳汁中白细胞并不能予以有效地防卫；凝固酶能使血浆凝固，它的存在与细菌有关，虽对牛发病机理并不重要，但由乳房炎中分离的菌株所产生的脱氧核糖核酸酶能代替凝固酶作为细菌毒力的标准，因此它能凝固血浆，引起组织缺血性凝固性坏死；透明质酸酶使细胞内基质中的透明质酸减少，使感染进一步扩散，毒力增强，炎症加剧。

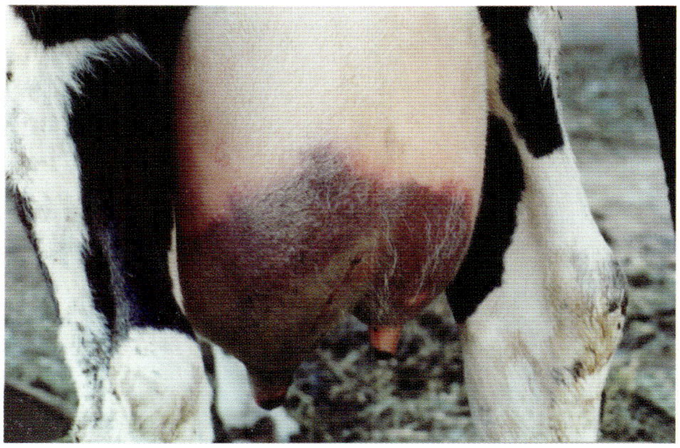

图 5-8　坏疽性乳房炎病牛患区皮肤呈蓝紫色

临床症状

母牛分娩后不久即表现出症状，呈最急性。病牛精神沉郁，食欲废绝，体温升高达 40.5 ～ 41.5℃，心跳加快至 100 次 /min 以上，乳房肿大、坚实，患乳区在几小时内由粉红色变为深红色，由深红色变为紫色，再由紫色变为蓝色（图 5-8）。触诊冷凉，皮肤可出现水疱，有浆液渗出。坏疽区皮肤与周围正常皮肤间的界线分明。从乳头内仅能挤出少量分泌物，呈棕黄、橙红色浆液，内含絮状沉淀，并能发现在乳腺内有气体存在。受害区域最后可能脱落。病情重剧，常在 1 ～ 2 d 内死于毒血症。

诊断

根据发病过程和临床乳房发生坏疽病变即可确诊。

治疗

尚无有效治疗方法。其原则是抗菌、解毒、保护心脏，防止和缓解毒血症的病理过程。

全身可选用红霉素、氯霉素肌肉或静脉注射；补充葡萄糖和静脉注射碳酸氢钠液等。

局部试用呋喃妥英、氯苯酚、3%过氧化氢注入患区。

上述措施，也只是缓解病情，促进坏疽自愈。本病预后常是泌乳能力丧失，或患乳区自行脱落；有的病例在 2 ～ 3 d 死亡。疗效不理想。因此，我们认为，对临床发生乳房坏疽的病牛，应尽早淘汰。

血　乳
Blood-tinged Milk

血乳即乳房出血，是由各种不良因素作用于乳房，引起输乳管、腺泡及其周围组织血管破裂发生出血，血液进入乳汁，外观呈红色。以产后最初几天最为常见。

病因

主要是乳房挫伤所致。分娩后，母牛乳房肿胀、水肿严重或乳房下垂，牛在运动和卧地时乳房受到挤压；牛只互相爬跨，突然于硬地上滑倒；运动场不平，碎砖、瓦片对乳房的作用，寒冷地区，冬天运动场内粪尿不及时清除而结冻成块，皆可造成机械性损伤，使乳房血管破裂。

有一些母牛若伴有血小板减少或其他血凝障碍性疾病，也易发生乳房出血。

临床症状

发病突然，病乳区肿胀，局部温度升高，皮肤上出现红色或紫红色斑点；挤奶时表现疼痛，乳汁稀薄。轻症者，乳汁呈粉红色；重症者呈鲜红色、棕红色（图 5-9），其中含有多量的暗红色血凝块。一般全身反应轻微。精神、食欲和泌乳正常。仅在挤奶时因血凝块填塞乳头管而挤乳困难。通常经 4 ～ 5 d 出血逐渐减轻或消失。而当患血小板减少症时，病牛呈进行性贫血，黏膜苍白，全身症状明显。

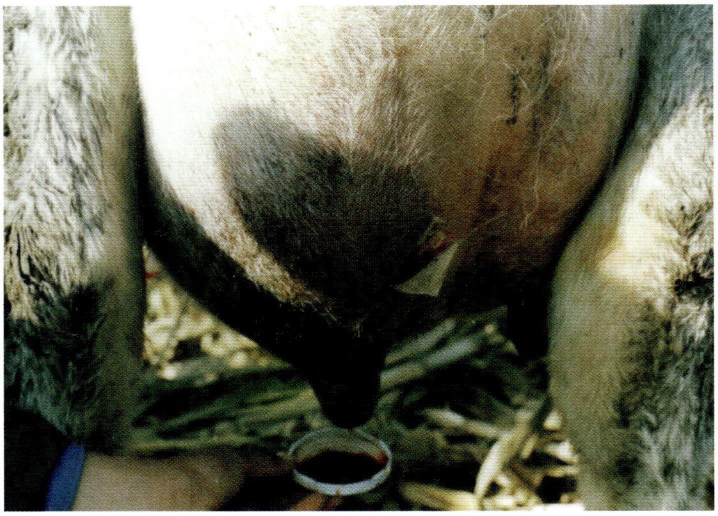

图 5-9 血乳，乳汁呈棕红色

诊 断

根据乳呈红色，即可诊断。但应注意全身反应，并与感染性乳房出血鉴别。

出血性乳房炎常发生在产后最初几天，主要由浆性或卡他性乳房炎引起，多见半个或整个乳房红、肿、热、痛、炎性反应明显。乳房皮肤出现红色或紫红色斑点，乳汁稀薄如水，呈淡红色或深红色，内含凝血和凝乳块。全身反应严重，体温升高到 41℃，食欲减少或废绝，精神沉郁。

治 疗

对机械性乳房出血，严禁按摩、热敷和涂刺激药物，保持乳房安静。饲喂时，应减少精饲料、多汁饲料，限制饮水，令其自然恢复。必要时，可用止血药如止血敏、维生素 K 和抗生素等，肌肉注射。据报道，用 0.2% 高锰酸钾溶液 300 mL，乳头内注入疗效好，共治 22 例，经 2 ~ 4 d，20 例痊愈，治愈率达 91%。为了防止挤奶后血液流出，可减少挤乳次数，每日只挤一次，当流血多时，应考虑输血、补充钙剂。

乳池狭窄及阻塞
Stenosis and Obstruction of Cistern

由于乳头创伤而导致的黏膜损伤、肉芽组织增生或纤维化，则将引起乳池狭窄及阻塞。临床特征是乳汁流出障碍。为奶牛经常发生的现象。

病 因

乳池狭窄及阻塞多数是由于早期乳头挫伤，挤乳不当（常见于手工挤奶用力过度，机械挤奶时真空压力过大，挤乳时间延长，跑“空机”），或长时间使用导乳管，使黏膜受到伤害呈慢性炎症，形成瘢痕、肉芽肿或纤维化。

除了固定病变，在挤奶过程中会遇到“奶石”或“漂浮物”引入乳头并机械地影响挤奶。“漂浮物”可能是游离的，也可通过蒂附着在黏膜上。当乳头外部受到创伤后引起黏膜脱落，脱落黏膜可能会贴附于对侧的乳头壁上，因引起阀门效应而干扰挤奶。损伤引起黏膜下层出血与水肿，若炎症消退，黏膜下的液体被吸收、消散，黏膜脱落并在乳池内漂游，从而出现阻塞。

临床症状

部分乳池狭窄，虽能挤出乳汁，但乳池充奶缓慢，影响挤奶速度。乳头基部或乳池壁上，摸到不移动的硬结样物，插入乳导管可遇到阻碍。局部黏膜脱落会导致间隙性阻塞，手工挤奶时，可以感觉到脱落黏膜在拇指与其他手指间“滑动”。

整个乳池狭窄，乳房中充满乳汁，但挤不出奶，触诊乳头黏膜厚而硬，呈坚实的纵向团块，感到乳池内有一硬索状物，似为“铅笔样”。插入乳导管困难，与肉芽或纤维组织摩擦时会感到阻力。

弥漫性乳头肿胀使正常乳池狭窄、塌陷，乳头肿胀，具疼痛感，无明显团块，插导乳针容易并能将乳腺池内的乳汁导出。

诊断

本病通过病史、触诊和乳导管探查进行诊断。当考虑实施乳池切开术时，可用静电射线照片、造影射线照相。造影射线照相是通过向乳头和乳池注入 10 mL 以碘为基本成分的造影剂来实现的。

治疗

本病的治疗方法有保守疗法和手术方法，具体应用要根据每一头患病母牛的实际情况来选择。

保守疗法

（1）当患有局部或弥散性乳头阻塞，且又邻近泌乳末期的母牛，为减少受损伤部位刺激，可以停乳、休息。4 周后复查，以确定病变是否好转或恶化。

（2）当有漂浮物进入乳池时，应用手指将其固定，耐心而细致的用蚊式止血钳扩张乳头管和括约肌，并将其夹住去除。

（3）轻度狭窄时，乳头上涂碘化钾或黄色素软膏（黄色素 0.5 g、碳酸钙 250 g、石蜡油 4 g、羊毛脂 5 g、凡士林 16 g），经常按摩。

（4）乳头弥散性肿胀，立即用 10%硫酸镁液浸泡，局部用二甲亚砜、羊毛脂或芦荟软膏保护乳头。

（5）其他的方法有乳导管排出乳汁、液氮疗法等。

手术疗法

包括开放性与非开放性。

非开放性 乳池内有肉芽组织、赘生物，可用眼科小锐匙反复刮削，将其去掉。术前，应向乳池内注入 1%普鲁卡因 30 ~ 50 mL。也可用柳叶刀进行摘除。

开放性 即乳头切开术。其优点：①能直接观察到病变。②能准确地切除病变。③可以闭合黏膜缺失或用健康的黏膜缝合。缺点有：①伤口愈合不佳而形成乳头瘘。②伤口不愈合。Donawick（1982）报道了植入技术，现被改进并广泛应用。该技术采用手术刀切开乳头来确定肉眼病变，按需要进行外科处理，在闭合乳头前先植入一个硅橡胶管，管内径为 7 mm，外径为 10 mm，放入乳池中，管的远端紧靠乳池的远端，近端做窗孔并与乳池连接部平齐，用聚丙烯缝线把管固定在乳头基层上，管要固定好，不要将管弄歪或错位，最后将乳头缝合，插管永久性置于乳池中。

预防

关键在于加强饲养管理，严格遵守挤奶操作规程，提高挤奶技术，防止乳头损伤。

乳头末端损伤
Damage of Mamillary Endings

乳头末端损伤是由物理性或化学性因子的作用所引起的乳头末端（乳头口）的炎性过程。乳头末端是奶牛乳头最易发生损伤的部位，其损伤会影响括约肌和乳头管，或两者同时受影响。一旦发生，挤奶疼痛，排奶受阻，易诱发乳房炎。

病　　因

导致乳头末端损伤的因素很多，最常见的有机械性损伤、化学性损伤等。

机械性损伤　乳房易摆动，乳房支持结构功能丧失、乳头严重下垂的牛，其乳房易被自己同侧后肢的趾或悬蹄损伤，或被他牛踢到乳头造成损伤。运动场不平，或有石子、砖瓦及铁丝，牛卧地时被异物损伤。

未严格执行挤奶操作规程，如挤奶机的真空压力过高，挤完乳后未及时摘掉挤奶杯，长时间过度挤奶，手工挤奶技术不佳，过度挤压乳头，也可造成乳头末端损伤。

化学性损伤　牛场消毒时，消毒液的浓度过高，奶牛卧下时，运动场地面、褥草上高浓度消毒液直接刺激乳头；乳头药浴时，药浴液浓度过高，浸泡时间过长，或选用的药物刺激性过大等，可造成乳头末端损伤。

疾病的症状　奶牛患有疾病，如口蹄疫、乳房脓疱病、疱疹性乳头炎、副牛痘等，乳头损伤为其症状表现。

临床症状

急性损伤常引起乳头末端基层和括约肌炎症、出血和水肿。乳头软组织肿胀，机械性干扰使奶从乳头管正常下泄，触摸乳头极其敏感、疼痛，拒绝挤奶。检查乳头皮肤有出血或肿胀，有时还会发现痂皮、坏死或溃疡，挤奶不畅，呈细线状。由于挤奶不完全，以及乳头管生理防御机能受损，故常诱发乳房炎。

慢性损伤有急性损伤病史及反复的慢性刺激经过。疼痛稍减轻，但呈现出持续性的挤奶困难。触诊乳头可见乳头括约肌纤维化，或在乳头管背侧、乳头池的腹侧括约肌有肉芽组织形成。

诊　　断

根据乳头的损伤、挤奶困难及乳头纤维化等症状，即可确诊。

治　　疗

对病牛单独饲养，减少对乳头的刺激和进一步损伤，并采取消炎治疗。

为缓解水肿和炎症，在10%～20%硫酸镁温溶液中浸泡受伤的乳头，每日两次，每次5 min。局部使用二甲亚砜涂布。

病牛手工挤奶，若挤奶无阻碍，应耐心挤奶；只有在挤奶受阻时，才可使用乳导管。使用时，应洗净乳头末端，消毒好乳导管，酒精消毒乳头口，再插入乳导管。奶挤净后，乳头末端进行药浴，并涂磺胺或抗生素软膏。

当有痂皮或渗出物堆积时，可用甘油或羊毛脂轻轻地浸湿乳头，使其软化，有利于挤奶。当乳头口过紧，可使用硝酸银棒插入乳头口内；或用火柴棍一端用水浸湿蘸上高锰酸钾，包一层薄脱脂棉，塞入口紧的乳头管内，剪掉外露部分，每日1次或2次，连续2～3 d。

预　防

乳房、乳头对奶牛来说，是极其重要的组织器官，乳头每日挤奶时都需要，即使轻微的损伤，也会直接影响到挤奶过程的完成。因此，保护乳头的健康、完整，防止乳头损伤，应引起奶牛场高度重视。

加强管理，减少一切损伤乳头的隐患　运动场要平坦，及时除去各种尖锐异物及碎石烂砖，保持圈舍及运动场内干燥、清洁，减少污物对乳头的浸渍。饲养密度不要过大，防止拥挤。

加强乳房卫生保健，严格执行挤奶规程　挤奶时要洗净乳房，及时检查、调试挤奶机，防止真空压力过高，挤完奶及时摘机，严防跑空机；手工挤奶要采用拳握式，严禁用手指捋乳头，以免损伤乳头黏膜。乳头药浴时，药物及其浓度都要固定，不能随意更换。

对于反复发生乳头损伤的病牛，应确定原因　确系由悬蹄造成，应将悬蹄切掉；对乳房过于悬垂而造成损伤的母牛，应予以淘汰。

漏　奶
Incontinence of Milk

漏奶是指未经挤奶，奶从乳头内自然流出的现象。漏奶有正常的和非正常的。前者常见于正常的挤奶过程中，由于乳房内乳汁的分泌与充盈，致使内压增加而有漏奶现象，也称为生理性的；后者则见于非挤奶时间经常地有奶从乳头内流出，此为不正常漏奶，这种白白漏奶，不仅极大地影响奶产量，同时也给饲养造成了极大浪费。

病　因

主要是乳头损伤所致，如挤奶时用力过大，机器挤奶时真空压力过大、抽时过长，引起乳头末端黏膜发炎和纤维化，破坏了乳头括约肌的正常紧张性，招致括约肌萎缩、松弛和麻痹。乳头外伤使其末端断离、缺损。

临床症状

生理性漏奶，当洗乳房时或洗完乳房后，即可见从乳头内流出股状乳汁，呈不间断的线状。

不正常漏奶，从乳头内流出的奶呈滴状，无时间性，因奶已流出，故乳区松软，检查乳头，可发现松弛、紧张度差，或乳头缺损、纤维化。

治　疗

生理性漏奶，可用拇指与食指、中指轻轻按摩乳头，经 3 ～ 5 min 漏奶即可消失。

不正常性漏奶无有效治疗方法，有人用结核注射器吸取液体石蜡在乳头开口处分点注射 0.25 mL。F. H. Fox（1970） 用结核菌素注射器在括约肌的 4 个等距离点注射复方碘溶液（碘 1.3 g、碘化钾 2.6 g，无菌注射用水 24.0 mL），对漏奶的治愈率达 50%。

预　防

严格遵守挤奶规程和挤奶技术，加强乳房卫生保健，防止乳头损伤。机器挤奶真空压力不应高于 380 mmHg（1 mmHg=133.32 Pa），抽时不应超过 5 min；及时修整牛蹄，防止蹄角质过长而损伤乳头；手工挤奶应用拳握式，不能采用捋式，挤奶后要施行乳头药浴。

乳房脓疱病
Mammary Impetigo

乳房脓疱病又称乳房葡萄球菌病，是由葡萄球菌侵害乳房皮肤，致使乳房上形成弥漫性、粟粒性毛囊炎和脓疱的疾病。

病　因

主要原因是饲养管理不当、环境卫生不良，如运动场潮湿，粪、尿不及时清除，挤奶时洗乳房不彻底，褥草不及时更换等，使乳房皮肤长时被粪、尿浸渍，毛囊口被堵塞，为葡萄球菌的侵入创造了条件，引起葡萄球菌性皮炎。

临床症状

患牛乳房上有结节状化脓性炎，初呈充满无色液体的囊，后呈黄色，其中含有少量黏稠性黄白色脓汁，脓疱遍布于整个乳房，特别是毛多的乳房，被毛与干的或湿的渗出物黏附一起而形成隆起的小毛簇。乳头背侧或整个乳头常被侵害而发生脓疱，挤奶时疼痛。脓疱破溃，脓汁流出，此时形成有痂皮覆盖的溃疡面，当新生角质层出现后痂皮脱落。通常牛群中仅有一头或几头牛感染发病，偶有成群发生。

治　疗

首先应剪去乳房上的毛，用 0.3%洗必泰液或稀碘液清洗患部，再用清水冲洗，保持乳房干燥，每日冲洗 1 次或 2 次。脓疱成熟者，应扩开脓疱，排出脓汁，然后用 1%碘酊或 3%龙胆紫等于患部涂布。

预　防

加强环境卫生，及时除去污秽环境中的污染源；加强乳房卫生保健，保持乳房皮肤清洁、干净。

无　乳　症
Agalactosis

无乳症是指母牛产后乳腺机能异常，分泌乳汁显著减少或完全无乳的现象。检查母牛全身和局部无明显症状，奶牛时有发生，以初产母牛和年老牛多见。

病　因

本病的病因较多，可分为饲养管理性和病理、生理的。

饲养管理性的　主要是指饲料中营养不足或缺乏，通常见蛋白质、维生素、矿物质不足。这多由于重视泌乳牛而忽视对青年牛的饲喂，致使营养不良，乳腺发育受阻。管理不良如圈舍内混乱嘈杂、粗暴、惊吓、饲养无规律，天气过热、寒冷等，都可能影响泌乳反射，从而使乳腺发育受阻。

病理的或生理的　主要是指机体神经、内分泌失调。当垂体机能紊乱，分泌激素机能受阻，催乳素不足等，可以使乳腺发育受阻，致使分泌乳汁能力大受影响。

因全身性疾病及乳腺疾病而使乳腺发生萎缩，无乳是各种疾病的症状表现。

临床症状

主要是产后无乳。检查乳房见乳头缩小，乳房小，不肿胀，乳房皮肤松弛，乳腺组织松软，挤不出奶，或仅能挤 1 ～ 2 把奶。全身无症状，食欲、精神正常。乳房局部无任何异常。头胎母牛产后无乳，若不是乳房发育问题或无其他疾病，在加强饲养管理的同时，坚持定时挤奶，按摩乳房，乳汁可望出现。但因其他原因引起的无乳，预后可疑。

治　疗

对产后无乳的牛只，应加强饲养管理，日粮中必须供应富含蛋白质的可消化精料、青饲料和多汁饲料，提高进食量。

促进乳房血液循环，每次挤乳时，用温水充分擦洗乳房，每日 2 ～ 3 次，持续多日。

治疗上可选用促使乳汁分泌的药物。雌二醇 10 ～ 20 mg，一次肌肉注射或催乳素 60 IU，一次静脉注射，每日一次，连续注射 4 d。

中药处方：白芍 30 g，当归 30 g，黄芪 30 g，党参 30 g，通草 50 g，王不留行 80 g，白术 30 g，穿山甲 50 g，研细，灌服。

预　防

加强对青年牛的培育，特别是妊娠后期，要加强饲养。仔细观察乳房发育，对乳房发育不好，肿大不明显者，应及时调整日粮结构，并补加蛋白质、多汁饲料和青饲料，增加运动，以促进乳房发育。有些牛场对妊娠青年牛洗乳房，方法是在临产前 3 周，用 45 ～ 50℃ 热水洗乳房，每日一次，每次 5 ～ 10 min。其一能使牛习惯，便于产后挤乳；其二是温热刺激和按摩作用，能促使乳房血液循环，增进乳房膨胀。

伪 牛 痘
Pseudocowpox

伪牛痘又叫副牛痘，在人称挤奶者结节，是由痘病毒科、副痘病毒属的副牛痘病毒引起的传染病。其特征是乳房和乳头皮肤上出现丘疹、水疱和在厚痂皮下愈合的破损区。

病　原

副牛痘病毒于 1963 年被 Moscovici 等分离到。病毒大小为 190 nm × 296 nm，形态是两端呈圆形的纺锤形，病毒属 DNA，对乙醚敏感，氯仿在 10 min 内可使病毒灭活。

病毒能在牛肾细胞培养物中产生细胞病变，在肾细胞中培养后，病毒能在人胚成纤维细胞中生长，不感染家兔、小鼠和鸡胚。

此病毒与牛痘病毒和痘苗病毒之间无交叉免疫性，因其具有与牛丘疹性口炎病毒相似的螺旋形结构，故两者很难区别。

流行病学

伪牛痘在世界各地流行，为奶牛常见病。据报道，北美、加拿大、俄罗斯、澳大利亚、南非、欧洲等地都有发生。

一旦发生，极易引起全场流行。挤奶时消毒卫生不严，常常通过挤奶员的手、挤奶机的污染、洗乳房的水、擦乳房的毛巾等而传染给其他牛只。干奶牛、育成牛、成年牛和公牛很少被侵害。本病的免疫性短暂，故新的感染经一段时间消失，然后仍可再次复发，致使流行过程延绵，几个月也不停。

临床症状

发病牛的乳房和乳头上出现红色的丘疹，由小豆大到大豆大，病变直径可达 1.0 ～ 2.5 cm，呈圆形或马蹄形，后变成水疱，最后覆盖痂皮，经 2 ～ 3 周后，在干痂下愈合，增生隆起，痂皮脱落。

病变发生于乳头上，挤奶疼痛，病牛躲避，或踢挤奶工人，致使挤奶困难。由于继发细菌感染，乳房炎的发病率大大提高。此病本身对牛影响轻微，几乎无全身性症状。

犊牛因吸吮感染发病母牛的乳头，会产生与丘疹性口炎相似的病变。

诊　断

根据临床症状、发病学调查可初步诊断。确切诊断尚应靠实验室检验。引起乳房、乳头上发生疱疹的疫病较多，故还应进行类症鉴别。

实验室诊断

取组织或水疱液做病毒分离，或对水疱液进行电镜观察。

类症鉴别

乳房、乳头上出现疱疹的疾病有口蹄疫、牛痘、脓疱病和疱疹性乳头炎，故应进行鉴别。

与口蹄疫的区别　口蹄疫由口蹄疫病毒引起。水疱主要在乳头，偶见于乳房表面。水疱液清亮，破裂后，留下颜色发白的上皮，其下为粗糙而出血的溃疡面。除此，舌、齿龈、颊、鼻镜、趾间、蹄冠等处也见有水疱发生，全身症状明显，体温升高，流涎，不吃，跛行；副牛痘在乳头、乳房上先是丘疹，继而发生水疱、结痂，无全身症状，故可区别。

与牛痘的区别　牛痘由牛痘病毒引起。乳头、乳房上初出现红斑丘疹，逐渐增大变成水疱，水疱初透明，后混浊，中心凹陷呈脐状，最后变成脓疱，结痂呈暗褐色。患牛也见发热，食欲减退，泌乳减少等全身症状。副牛痘乳头、乳房上的水疱不形成脓疱，无全身症状。

与乳房脓疱病的区别　乳房脓疱病由葡萄球菌引起。患牛乳房、乳头上呈结节状化脓性皮炎，囊内初为无色液体，后呈黄色，含少量浓稠黄白色脓汁，脓肿破溃，留下覆盖痂皮的溃烂面。无丘疹、有脓疱，可与副牛痘区别。

与疱疹性乳头炎的区别　牛疱疹性乳头炎由牛疱疹病毒 α 型感染所致，也叫伪疹状性皮肤病。乳头发炎肿胀，出现水疱，水疱破溃形成痂皮。此外，面部、颈部、背部和会阴皮肤出现中心红色、扁平而硬的隆起物，后由红变紫、脱毛，可与副牛痘区别。

总结以上区别可归纳于表 5-12。

表 5-12　引起乳头、乳房疱疹性疾病的临床鉴别

疫病	乳头、乳房					其他部位	全身反应
	丘疹	水疱	脓疱	结痂	溃烂面		
口蹄疫 *	−	+	−	−	+	舌头、鼻、口腔、蹄部水疱、化脓	流涎，体温升高，食欲减退，跛行
牛痘	+	+	+	+	+	公牛阴茎、股内部、犊牛口唇、鼻部发痘	发热，食欲减退，泌乳量下降
副牛痘	+	+	−	+	−	−	−
乳房脓疱病	−	−	+	+	−	−	−
疱疹性乳头炎 *	−	+	−	+	+	颈、面、会阴、背部出现硬疹块、坏死结痂，犊牛口炎	发热等

注：*，病变主要在乳头上；“−”，无或不形成；“+”，有或形成。

治　疗

尚无特殊治疗方法。对病牛应隔离饲养，单独挤奶。加强挤奶卫生，病区应消炎、防腐，促进愈合。

(1) 洗乳房时，可用 0.3%洗必泰、3%过氧乙酸或次氯酸钠，做到一头一巾，避免相互感染。
(2) 乳头涂布防腐剂或消炎抗菌药膏，可缓解挤奶时乳头患部的疼痛。
(3) 加强挤奶者的手指消毒，防止感染，必要时可戴上外科手套。

人的伪牛痘

人的伪牛痘称挤奶者结节。手上出现丘疹，呈半球形、樱桃红色。5 ～ 7 d 后，逐渐增大，直径可达 2 cm，结实、具弹性、平滑、半球形，色呈蓝红色，不疼，具痒觉；肿块不消失，经 4 ～ 6 周后，构成结节团块的肉芽组织逐渐被吸收，慢慢变成扁平。腋下淋巴结肿胀。

酒精阳性乳
Alcohol-test Positive Milk

酒精阳性乳是指与等量的 68% ～ 70% 酒精混合后产生微细颗粒或絮状凝块的牛乳。根据酒精阳性乳酸度的差异，可将其分为高酸度酒精阳性乳和低酸度酒精阳性乳两种。

高酸度酒精阳性乳：指酸度在 18 ～ 20°T 之间，加 70%酒精发生凝固的乳。其发生是因牛乳在收藏、运输等过程中，由于卫生消毒不严，未及时冷却，乳中微生物迅速繁殖，乳糖分解为乳酸，致使酸度增高所致。这种乳加热后凝固，其实质是发酵变质牛乳。

低酸度酒精阳性乳：指酸度在 11 ～ 18°T 之间，加 70%酒精可产生细小絮状凝块的乳。这种乳加热不凝固，因质量差于正常乳，故又称为二等乳。刚从乳房内挤出来的乳出现酒精阳性反应，即属这一类。20 世纪 60 年代，世界养牛业中这种现象较多。据日本报道，1961 年这种乳占总产乳量的 5%～ 12%。

近年来，我国不少地区、不少牛场鲜乳酒精阳性反应不断发生，特别在一些集体养牛场、养牛专业户更为多见。据统计，1983 年 7 月，北京海淀四季青牛场，85 头泌乳牛，阳性牛 24 头，占 28.2%；1987 年 5 月，门头沟龙泉务牛场，52 头泌乳牛，阳性牛 26 头，占 50%；昌平南邵牛场 124 头泌乳牛，阳性牛 43 头，占 34.7%；朝阳将台牛场，108 头乳牛，阳性牛 56 头，占 51.9%。

多年来，酒精试验已成为乳品厂检验牛乳品质好坏的一个指标，常用其作为评定牛乳酸度变化的依据。因此，凡属酒精阳性乳，不论其酸度高低，加热凝固与否，皆按不合格处理，致使大批质量稍差，但尚能利用的新鲜牛乳被废弃，成为奶牛场内最难以解决的实际问题。

酒精阳性乳的发生

发生与胎次 1 ～ 6 胎均有发生，但多集中于 1 ～ 3 胎，占 66%，即胎次低的牛阳性率出现较高。

发生与泌乳月 1 ～ 14 个泌乳月均有发生。据 Mitamura(1937) 报道，泌乳初期牛乳对酒精很不稳定，随着泌乳时间的延长，对酒精的稳定性逐渐增加，到泌乳末期，稳定性又降低。

发生与产乳量 酒精阳性乳在低产期、产乳高峰期都可出现。

发生与日粮 经对酒精阳性乳发生牛场日粮调查，其饲料供应情况列于表 5-13 至表 5-15。

表 5-13 酒精阳性乳牛场日粮供应 kg

牛场	混合料	鱼粉	花生饼	青贮	谷草	野青草
牛场 1	8.37*	0.22	0.5	15	5	—
牛场 2	6.57**	—	—	—	—	50

注：*，玉米 53%，麸皮 16%，豆饼 16%，胡麻饼 8%，骨粉 10%，食盐 4%；**，玉米 55%，豆饼 15%，次粉 10%，麸皮 15%，蛎粉 1%，骨粉 1%，食盐 2%。

表 5-14　母牛日粮实际营养水平与营养需要比较

牛场	营养比较	干物质（%）	奶牛能量单位（NND）	粗蛋白（g）	可消化粗蛋白（g）	Ca（g）	P（g）	日产奶（kg）
牛场 1	日粮营养水平	15.75	34	2 153.1	1 681.9	140	86.1	
	国颁饲养标准（1983）	13.64	29.39	1 891	1 228	106.2	73.8	18
牛场 2	日粮营养水平	18.34	27.14	1 813.5	1 060.1	126.2	107.2	
	国颁饲养标准（1983）	11.6	24.17	1 447	940	82.8	58.2	12

表 5-15　母牛日粮精粗比和钙磷比

牛场	按干物质计的精粗比	按能量计的精粗比	钙磷比
牛场 1	53.3 ∶ 46.7	66.0 ∶ 34.0	1.63 ∶ 1
牛场 2	31 ∶ 69	45.5 ∶ 54.5	1.2 ∶ 1

表 5-14 和表 5-15 显示，发生酒精阳性乳的牛场，日粮中可消化粗蛋白（DCP）、钙、磷的供应量都高于营养需要量。据报道，不适当的饲喂精料，特别是总可消化养分（TDN）和可消化粗蛋白质（DCP）的过多或不足，是酒精阳性乳发生的原因。饲料中含钙量过多，所分泌的乳，酒精试验呈阳性。前者是由于蛋白过高，会加重肝的负重，引起肝、肾的变性；后者饲料中高钙，是引起乳中含钙量升高的原因。因此，饲养管理不当，饲料供应不平衡，能直接影响机体全身状况和实质器官的正常生理机能、内分泌机能及乳腺组织的分泌机能，而这些功能的异常，则是酒精阳性乳产生的原因。

酒精阳性乳理化性质的测定

酸度

pH　经对 71 份酒精阳性乳用试纸法测定，其 pH 在 6.2 ～ 7.2 的范围内。与正常牛乳 pH 6.2 ～ 6.6 比较，酒精阳性乳 pH 属正常范围者占 67.6%，pH 6.6 以上者占 32.4%，说明酒精阳性乳 pH 范围较大，即 pH 低的有酒精阳性乳的出现，pH 高的也是如此，且大部分酒精阳性乳的 pH 在正常范围之中，故可认为，酒精阳性乳的发生与牛乳 pH 无直接关系。

滴定酸度　对刚从乳房内挤出的乳，用 70%酒精试验，阳性者，立即取样用 0.1 mol/L NaOH 滴定，并与正常牛奶的滴定酸度比较。

结果显示：①酒精阳性乳滴定酸度在 12 ～ 23°T，其中 15°T 以下占 10.7%，16 ～ 20°T 占 86.4%，21°T 以上占 2.8%。酒精阴性（正常）乳的酸度分别占 14.8%、72.5%和 12.6%。如以 16 ～ 20°T 为正常标准，酒精阳性乳的滴定酸度基本属正常范围之中。②酒精阳性乳在酸度低（12°T）、酸度高（23°T）和正常标准酸度（16 ～ 20°T）都会出现，因此可以认为，新鲜乳酒精阳性反应与滴定酸度无直接关系。

比重

牛乳的比重与乳的成分密切相关，受干物质、脂肪、温度、挤出后的时间等影响。乳中无脂干物质越多，比重越大；脂肪越高，比重越小。将刚从乳房内挤出来的酒精阳性乳比重和正常牛乳比重（1.028 ～ 1.34）比较，低于标准者占 6.2%。

酒精阳性乳中细菌分离

用无菌法采集酒精阳性乳 39 例，分别进行细菌与真菌分离培养，结果酒精阳性乳中主要是葡萄球菌、停乳链球菌、组织胞浆菌和酵母菌，这些与正常乳没有差异。3 例未分离出细菌。

酒精阳性乳成分的测定

粗蛋白、粗脂肪和氨基酸的测定　结果列于表 5-16 和表 5-17。

牛乳的主要成分是脂肪、蛋白质、乳糖、无机盐和维生素。正常牛乳的成分一般是稳定的，因此，牛乳成分含量的变化，可以用来辨别乳质的好坏。

表 5-16　酒精阳性乳与正常乳主要成分含量的比较　%

项目	份数	水分	干物质	粗蛋白	粗脂肪
酒精阳性乳	8	88.17±0.792	11.8±0.795	3.44±0.631	3.18±0.222
正常乳	4	89.0±0.213	11.0±0.301	2.46±0.413	2.79±0.098
t 测验		$P>0.05$	$P>0.05$	$P>0.05$	$P>0.05$

表 5-17　酒精阳性乳与正常乳氨基酸含量的比较

项　目	酒精阳性乳	正常乳	t 测验
天门冬氨酸（Asp）	0.261 3±0.016	0.225±0.010	$P>0.05$
苏氨酸（Thr）	0.148 7±0.011	0.130±0.004	$P>0.05$
丝氨酸（Ser）	0.190 0±0.014	0.168±0.006	$P>0.05$
谷氨酸（Glu）	0.711 3±0.047	0.623±0.019	$P>0.05$
甘氨酸（Gly）	0.067 5±0.005	0.058±0.003	$P>0.05$
丙氨酸（Ala）	0.117 5±0.009	0.098±0.003	$P>0.05$
缬氨酸（Val）	0.217 5±0.007 5	0.188±0.006	$P>0.05$
蛋氨酸（Met）	0.090±0.007	0.078±0.003	$P>0.05$
异亮氨酸（Ile）	0.184±0.012	0.163±0.005	$P>0.05$
亮氨酸（Leu）	0.341 3±0.023	0.295±0.013	$P>0.05$
酪氨酸（Tyr）	0.153±0.010	0.128±0.03	$P>0.05$
苯丙氨酸（Phe）	0.175±0.012	0.150±0.004	$P>0.05$
赖氨酸（Lys）	0.281 3±0.018	0.243±0.009	$P>0.05$
氨（NH_3）	0.073±0.005	0.07±0.004	$P>0.05$
组氨酸（His）	0.090±0.007	0.08±0.004	$P>0.05$
精氨酸（Arg）	0.123±0.009	0.103±0.005	$P>0.05$
脯氨酸（Pro）	0.330±0.023	0.290±0.009	$P>0.05$
色氨酸（Trp）	0.058±0.003	0.048±0.003	$P>0.05$
胱氨酸（Cys）	0.024±0.003	0.02±0	$P>0.05$
总和	3.633±0.245	3.14±0.106	$P>0.05$

表 5-16 和表 5-17 显示，酒精阳性乳与正常牛乳（酒精阴性乳）比较，干物质、粗蛋白、粗脂肪和氨基酸的含量均较高，但差异不显著（$P>0.05$），即滴定酸度、pH、乳脂、蛋白质、非脂固形物（SNF）的含量对牛乳的稳定性没有明显影响。由此可以认为：①在相同饲养管理条件下，酒精阳性乳成分与正常牛乳成分相比没有明显变化，说明酒精阳性乳与正常牛乳的营养水平相同，它并没有失去必要的营养成分，仍具有利用价值。②乳脂、乳蛋白、氨基酸的含量与酒精阳性乳的发生无明显关系。

酒精阳性乳稳定性的测定　现将所测酒精阳性乳各种成分含量，按照 $C.V=\frac{S}{\bar{X}}\times 100\%$ 公式所计算出的变异系数列于表 5-18。

表 5-18 显示：酒精阳性乳的水分、粗蛋白、粗脂肪、氨基酸的变异系数皆大于正常牛乳成分的变异系数。

变异系数（C．V）可反映出物质成分的稳定程度。变异系数大，稳定性差；变异系数小，稳定性强。因此，可以认为，酒精阳性乳中各种成分都不如正常乳稳定。

正常牛乳的成分一般是稳定的。由于品种、个体、挤乳时间、泌乳期、年龄、饲料、季节、环境温度、疾病等的影响，乳成分可发生变化。通常以脂肪变动最大，蛋白质次之，乳糖含量变化最小。

乳脂与血脂的成分密切相关，直接由血液的甘油三酯形成。

牛乳中所含的蛋白质以酪蛋白为主。具体含量是酪蛋白占 3/4、乳白蛋白占 1/6，乳球蛋白、免疫蛋白含量很少。大部分乳蛋白不见于血液，而是由血液中的氨基酸在乳腺内合成。奶牛能自身合成一些氨基酸，但牛体所需之必需氨基酸，必须由饲料供应，因此，乳蛋白不仅与饲料成分有关，而且也与乳腺的合成机能有关。也就是说，当饲料中营养成分不平衡或缺乏或乳腺受到各种因素的作用而合成乳蛋白的机能受到影响，都可能引起乳蛋白发生变化。

表 5-18　酒精阳性乳与正常乳成分稳定性比较

项　目	C.V		C.V 差 酒精阳性乳 − 正常乳
	酒精阳性乳	正常乳	
水 分	2.54	0.68	+ 1.86
粗蛋白	19.71	7.0	+ 12.71
粗脂肪	51.81	33.61	+ 18.21
天门冬氨酸（Asp）	17.6	9.24	+ 8.36
苏氨酸 (Thr)	20.5	6.15	+ 14.35
丝氨酸 (Ser)	20.94	7.53	+ 13.41
谷氨酸 (Glu)	18.63	6.2	+ 12.43
丙氨酸 (Ala)	21.28	5.13	+ 16.15
缬氨酸 (Val)	19.26	6.67	+ 12.59
蛋氨酸 (Met)	21.44	0.65	+ 20.79
异亮氨酸 (Ile)	18.61	5.9	+ 12.71
亮氨酸 (Leu)	19.28	8.54	+ 10.74
酪氨酸 (Tyr)	19.15	3.92	+ 15.23
苯丙氨酸 (Phe)	19.31	5.47	+ 13.84
赖氨酸 (Lys)	17.99	7.05	+ 10.94
氨 (NH_3)	19.07	11.71	+ 7.36
组氨酸 (His)	20.56	10.0	+ 10.56
精氨酸 (Arg)	20.8	9.36	+ 11.44
脯氨酸 (Pro)	19.70	6.07	+ 13.63
色氨酸 (Trp)	15.30	10.53	+ 4.77
胱氨酸 (Cys)	31.09	0	+ 31.09
甘氨酸 (Gly)	18.96	0.87	+ 18.09
总和平均	19.09	6.73	+ 12.36

Shunrokuro（1963）指出，酒精阳性乳的酪蛋白比正常牛乳的酪蛋白稳定性差。特别是 as- 酪蛋白极不稳定。

这是因为，蛋白质分子是多个氨基酸组成的多肽链，通常不是全部以疏松的线状存在，而是部分卷曲、盘旋成螺旋状，呈所谓的 α - 螺旋，或折叠成片层状（β - 折叠），或整条肽链卷曲成螺旋、片层状，而这些螺旋、片层状结构，则保证了蛋白质的稳定性。

蛋白质的稳定性与其卷曲、折叠结构有关，而卷曲、折叠状又受肽链中氨基酸残基侧链的大小、亲水性、疏水性、荷电性以及氨键、盐键、疏水键等副键的形成能力和肽链中二硫键、脯氨酸的作用影响。各种蛋白都有其由氨基酸所组成的多肽链，并有由多肽链所构成的空间构型，因此，它们呈现不同的稳定状态。

酒精对蛋白质具有脱水作用。酒精分子进入蛋白质肽链的空隙内，破坏构型使蛋白变性和沉淀。正常牛乳，由于氨基酸变异小、稳定，蛋白空间构型稳定，酒精分子不易进入蛋白质肽链的空隙内，因此，乳蛋白结构不足以引起变化，故不会发生凝结。酒精阳性乳的氨基酸含量变异大、不稳定，由氨基酸所组成的肽链也相应不稳定，乳蛋白的空间构型亦不稳定，酒精易进入肽链空隙内，从而破坏蛋白中的副键，使空间构型改变，发生变性、沉淀，即酒精能引起酪蛋白的绝缘率减小，而绝缘率的降低，强烈地引起蛋白与蛋白、蛋白与离子吸引力增强，结果沉淀发生。

盐类及其他成分的测定 结果见表 5-19。表 5-19 显示，酒精阳性乳 Ca^{2+} 高于正常乳，其中以滤过性 Ca 含量增高明显。

表 5-19 酒精阳性乳和正常乳成分的比较 mg/100 mL

测定项目	Ca	滤过性 Ca	离子 Ca	酸可溶性 P	滤过性 P	Mg	滤过性 Mg	K	Cl	Na
酒精阳性乳										
平均数	106	15.8	35	56	13.1	10.2	4.4	142	143	58
范围	40 ~ 205	8.3 ~ 36.2	20 ~ 50	38 ~ 100	3.7 ~ 20.6	5.2 ~ 23.5	2.7 ~ 10.4	82 ~ 193	71 ~ 220	44 ~ 128
例数	108	75	75	108	74	298	72	75	99	75
正常乳										
平均数	104	9.6	32	58	13.9	10.9	3.9	145	138	59
范围	60 ~ 246	3.1 ~ 17.6	21 ~ 45	39 ~ 83	5.0 ~ 38.6	4.5 ~ 25.1	1.3 ~ 10.5	92 ~ 193	75 ~ 227	31 ~ 170
例数	119	81	75	119	77	118	76	80	74	80

酒精阳性乳比正常牛乳 Ca 含量高的报道很多。牛乳酒精稳定性与可溶性 Ca 含量、Ca^{2+} 呈负相关，即含 Ca、Ca^{2+} 越高，牛乳对酒精稳定性越低。乳中 Ca^{2+} 增加，多量的 Ca 与酪蛋白相结合，形成较大的粒子而出现沉淀。

温度对酒精阳性乳的影响

温度对酒精阳性乳物理性质的影响

低温作用 酒精阳性乳经低温处理的结果表明：①正常牛乳经低温处理，其滴定酸度基本不变。酒精阳性乳经低温处理后，滴定酸度有下降趋势，酸度稳定性差于正常乳。②低温对酒精阳性乳的凝结度影响较小。无论在 5℃、0℃或冻结，酒精阳性反应始终不变。这是由于低温并不改变牛乳蛋白结构，酒精分子仍能进入蛋白内，使蛋白变性而发生沉淀所致。③低温能引起酒精阳性乳的酸度发生改变，但不引起与酒精发生凝结现象的改变，酸度的变化与凝结现象呈不一致性，说明酒精阳性乳与酸度无关。

高温作用 将酒精阳性乳、正常乳经不同高温处理后，其物理性质变化如下：①正常牛乳在加热前和加热后，其滴定酸度基本不变。酒精阳性乳的滴定酸度在 17.2 ~ 20°T，属于常牛乳的酸度。随着温度的升高，酸度逐渐下降，其变动范围在 1.5°T 左右，稳定性差于正常乳。但无论酸度升高或下降，都变化于正常乳的酸度之中。②正常乳酒精试验不随温度而变化，都呈阴性。酒精阳性乳的凝结则随着温度的升高而凝结现象减轻，煮沸后，凝结消失，酒精试验呈阴性。这可能与蛋白结构有关。因为，酒精对蛋白质具有脱水作用；酒精分子进入蛋白质肽链的空隙内可破坏其结构，使蛋白变性而沉淀。酒精阳性乳经煮沸后，由于高温作用，使蛋白间水分失去，蛋白结构变得致密，酒精分子不能进入蛋白内，故失去沉淀蛋白的作用，酒精阳性乳变成阴性。

温度对酒精阳性乳盐类及有机成分的影响

低温作用　低温对正常乳、酒精阳性乳盐类及有机成分的影响见表 5-20。表 5-20 显示：冻结前后，正常乳、酒精阳性乳的盐类、有机成分变化不明显，其变动属正常范围，故低温不改变酒精阳性乳和正常乳的性质。

表 5-20　冻结对酒精阳性乳盐类及有机成分的影响

项目	Ca	P	K	Na	Cl	Mg	乳酸	酮体
	mg/100 mL		mEq/100 mL			mg/100 mL		
冻结前								
酒精阳性乳	22.5～152.5	35～46	21～27.5	21～100.8	31～50.6	4.3～6.3	0.27～3.2	10.5～27.5
	70	38.5	23.4	43.8	38.2	5.03	1.5	20
正常乳	12～50	43～57	8.7～17.9	25～124	29～40	6～7.7	0～0	2.7～12.9
	30.7	52	12.8	55.9	36.2	7.1	0	6.82
冻结后								
酒精阳性乳	17.5～80	33～44	19.5～26.5	20.3～100.8	33.1～50.6	4.4～21.9	0.8～2.14	1～5.5
	47.5	38.5	23.1	54	40	8.7	1.6	3.9
正常乳	4～53	45～54	8.1～18.5	24.4～79.8	31.2～44	4.2～6.2	0～0.8	0.88～15.1
	31.8	53	12.3	48.8	37.7	5.2	0.16	10.2

高温作用　酒精阳性乳、正常乳经高温处理后，其盐类及有机成分的变化如下。

(1) 盐类成分的变化：①酒精阳性乳中除氯离子含量与正常乳相同外，其他离子含量皆不相同，而钙离子含量过高则是酒精阳性乳发生原因之一。②煮沸后，正常乳、酒精阳性乳盐类虽有变化，但变化不明显。

(2) 乳酸的变化：①牛乳酸度的主要组成是磷酸、呈弱酸性的酪朊和蛋白质；柠檬酸、碳酸含量甚微；新鲜牛乳不含有乳酸。②煮沸后，正常乳、酒精阳性乳的乳酸变化不明显。

(3) 乳酮体的变化：加热前，正常乳酮体含量为 6.82 mg/100 mL，酒精阳性乳中酮体含量为 20 mg/100 mL，说明酒精阳性牛患有隐性酮病，即与酮病有关。煮沸后正常乳酮升高，而酒精阳性乳变化不明显。

酒精阳性乳与隐性乳房炎乳的比较

酒精阳性乳的乳房炎检查

酒精阳性乳北京隐性乳房炎（BMT）试验检查结果见表 5-21。表 5-21 显示，酒精阳性乳经 BMT 检测，处于＋～＋＋者，占 46.1%，白细胞数在 50 万以上者，占 50.7%，说明在酒精阳性乳中有 46.1% ～ 50.7% 为隐性乳房炎乳。

根据对正常乳（酒精阴性乳）的隐性乳房炎调查报道，美国、日本隐性乳房炎，头阳性率占 50%。1981 年，用 BMT 法对北京地区 408 头酒精阳性乳乳牛 1 595 个乳区调查，机挤奶乳房炎头阳性率占 58%～ 90%，手挤头阳性率占 59%～ 70%．即正常牛乳隐性乳房炎阳性率为 50%～ 70%。说明北京地区隐性乳房炎流行严重，非酒精阳性乳头阳性率较高。酒精阳性乳中的隐性乳房炎占 46%～ 50.7%，属于正常乳中隐性乳房炎的发生范围之中，乳房炎乳白细胞数比正常乳增加，而正常乳和酒精阳性乳之间没有差异。

表 5-21 酒精阳性乳 BMT 反应

反应	−	±	+	＋＋以上	合计
头数	22	19	25	10	76
%	28.9	25	32.9	13.2	100

注："−"，细胞数 0 ～ 25 万，反应物流动，黄色；"±"，细胞数 20 万～ 50 万，反应物微细颗粒，流动，黄色稍带绿；"+"，细胞数 50 万～ 150 万，反应物呈絮状、胶凝状，流动差，绿色；"++"，细胞数 150 万以上，反应物呈明显胶凝状，流动极差，深绿色。

相同乳区酒精试验和 BMT 反应的比较

随机选取 60 头泌乳母牛，按乳区取样，于牛床旁对刚挤出的新鲜牛乳，分别同时进行酒精试验和 BMT 检查，结果见表 5-22。

表 5-22 显示：① BMT 呈阳性反应的 65 个乳区中，酒精阳性反应 58 个，占 89.2%，说明酒精反应与 BMT 反应呈不一致性，这种反应的不一致性，说明酒精阳性乳不是隐性乳房炎乳；② BMT 呈阳性反应的 115 个乳区中，酒精阳性反应乳区为 100 个，占 86.9%，说明 BMT 阳性反应和酒精阳性反应呈一致性，即隐性乳房炎乳同酒精阳性乳并存，这种反应的一致性，说明隐性乳房炎乳和酒精阳性乳为两种不同的临床类型。

表 5-22 相同乳区酒精试验与 BMT 的比较

BMT	反 应 乳区数	− 65			± 58			＋以上 115		
70% 酒精试验	反 应 *	−		+	−	±	±	−		+
酒精试验 /BMT	乳区数	1	5	58	0	6	52	9	6	100
	%	1.5	9.2	89.2	0	10.3	89.7	7.8	15.2	86.9

注：*，70% 酒精 2 mL 加鲜牛乳 2 mL，混合。"−"，无凝结；"±"，有极轻微细小的颗粒；"+"，有明显的细微颗粒，附于管壁，或有块状、絮状凝结物、沉淀。

酒精阳性乳与隐性乳房炎乳盐类成分的比较

酒精阳性乳和隐性乳房炎乳盐类成分测定结果表明：酒精阳性乳和隐性乳房炎乳的盐类成分，两者仅氯离子含量相同，而其他成分都不相同，尤以钠离子差异明显，前者明显低于后者。乳房炎时，由于炎症的发生，乳房血管扩张，渗透性改变，血液成分中的白细胞缓冲物质如碳酸氢钠、蛋白质等成分渗出，进入腺泡，使乳成分发生改变。结果 Na 高、pH 升高、白细胞增加。而酒精阳性乳 Na 低、pH 低说明了不是炎症过程，不是乳房炎。

酒精阳性乳的产生原因

饲养管理失调

（1）日粮不平衡，可消化粗蛋白（DCP）和总消化养分（TDN）的过度或缺乏。据调查，泌乳牛空怀时饲料不足，营养缺乏，妊娠中的泌乳牛饲料过剩，发病率较高（表 5-23）。原因是营养不足或饲料中含蛋白过高，使肝机能障碍所致。

（2）矿物质的不足或过量。乳中的矿物质来源于饲料。日粮中矿物质 Ca、P、Mg、Na 等的含量及比例直接影响牛乳矿物质含量的变化。

饭冢（1962）指出，饲喂过高 Ca 时，乳中 Ca^{2+} 增加，分泌的乳呈酒精阳性反应；碳酸钙喂量过高，

Ca、P 代谢紊乱，牛患软骨症，而软骨症的牛易出现酒精阳性乳。

表 5-23　酒精阳性乳与泌乳期、干乳期饲料供应的关系

营养成分	饲料供应量	生理空怀期泌乳牛		妊娠中泌乳牛		干乳牛		合　计	
		阳性头数	%	阳性头数	%	阳性头数	%	阳性头数	%
总消化养分（TDN）	过剩	13	22	84	56.7	32	39.5	129	44.8
	适当	19	32.2	43	29.1	36	44.4	98	34.0
	不足	27	45.8	21	14.2	13	16.1	61	21.0
	合计	59	100	148	100	81	100	288	100
可消化粗蛋白（DCP）	过剩	19	32.2	97	65.5	49	60.5	165	57.3
	适当	11	18.7	27	18.2	21	25.9	59	20.5
	不足	29	49.2	24	16.2	11	13.6	64	22.2
	合计	59	100	148	100	81	100	288	100

注：“过剩”，TDN、DCP 100 g 以上；“不足”，TDN、DCP 100 g 以下。

Kaseda（1980）认为，低 Mg、K/Na 高的低酸度酒精阳性乳，与食物中 Mg 的缺乏、镁代谢紊乱相关。饲料中 Ca 含量高，乳中 Ca 含量也高，酒精阳性反应也高。

（3）饲料发霉变质，体内代谢平衡失调。

乳中无机离子含量改变　牛乳成分中 Ca、P、Mg、磷酸盐、柠檬酸盐之间的平衡是保证牛乳稳定性的必要条件。如果其中任何一种含量过多，都会影响牛乳的稳定性。

低酸度酒精阳性乳 Mg 低、K/Na 高、钠高、钾低。更多的研究认为，Ca、Mg 等 2 价阳离子的增高，则是酒精阳性乳发生的直接原因。

饭冢（1959）指出，牛乳中的 Ca 分为蛋白结合型钙（占 60%），过滤性磷酸、柠檬酸结合钙（占 30%）和游离的离子型钙（占 10%）3 种。乳中钙离子增高的原因：①血液中的 Ca 大量流入乳中。②乳腺机能下降，乳房毛细血管扩张，渗透性增加，血液成分流入乳内，而血液中磷酸、柠檬酸减少引起乳中含量降低，Ca 不能结合而游离。③乳腺机能减退，合成酪蛋白的能力减弱，酪蛋白不能与钙结合而游离。

粗蛋白稳定性降低　牛乳蛋白质成分包括酪蛋白（占 3/4）、乳白蛋白（占 1/6）和很少量的乳球蛋白及免疫蛋白。酪蛋白具有亲水性，能和 Ca、P 结合、吸附，凝聚成非溶性的微胶粒分散于溶液中。

酒精对蛋白有脱水作用。酒精分子进入蛋白质肽链的空隙内破坏构型，使蛋白质变性、沉淀。它所呈现的作用：①直接作用，70%酒精使蛋白胶体颗粒表面的水分丧失，酒精分子进入蛋白质内，使其空间构型破坏而变性。②促进蛋白、离子间的结合作用。酒精阳性乳的酪蛋白与 Ca、P 结合较弱，酒精能引起酪蛋白水溶液的绝缘率下降，导致蛋白与蛋白、蛋白与离子之间吸引力加强，Ca、P 与酪蛋白结合，形成较大的粒子而沉淀。

牛乳酪蛋白由多种成分构成，不同的酪蛋白稳定性不同。正常牛乳的酪蛋白成分是固定的；酒精阳性乳的酪蛋白的稳定性比正常牛乳要低。

疾病的并发　各种潜在性疾病诱发酒精阳性乳已有很多报道。饭冢对 100 余头酒精阳性乳奶牛调查，其中 76% 白细胞超过 50 万以上，故认为它是非特异性或慢性乳房炎。Nakanishi（1966）指出，乳房炎乳 Cl^-、白细胞数比正常乳高，而正常乳与酒精阳性乳之间没有差异。乳房炎由细菌感染而起，而酒精阳性乳和细菌含量无关。Nakazawu（1980）在 UHT 消毒下，研究了牛乳质量对乳斑形成的影响指出，在 80℃时，正常乳和乳房炎乳形成少量沉淀，通过清洗因子能改变沉淀，酒精阳性乳可形成大量褐色斑点，通过一般清洗因子不能改变沉淀。其他疾病，如肝功能障碍、骨软症、繁殖障碍，都易出现酒精阳性乳。

其他因素　各种不良因素作用于牛体都可能成为酒精阳性乳发生的诱因，如酷热，寒冷，气温突然改变，过度疲劳，挤乳过度，牛棚阴暗、潮湿、通风不良，刺激性气体（氨气），杂音，车辆，运输等各种应激因素对牛只刺激，引起内分泌系统机能失衡，使乳腺组织分泌乳汁异常；乳腺异常发达、畸形

的牛，其乳腺对外刺激也更为敏感，易分泌酒精阳性乳。研究表明，气象因子（气温、降水量、温度）、乳房代谢与酒精阳性乳的发生率有一定关系。

与乳房代谢的关系　cAMP、cGMP 为细胞内物质代谢的调节物质。Goldtery 指出，cAMP 和 cGMP 相对含量即 cAMP/cGMP 比值的变化比其中任何一种绝对量变化更重要，据阎凤周（1993）报道，酒精阳性乳 cAMP/cGMP 比值发生了改变，既有升高，也有降低，这是乳腺细胞代谢异常的标志。因其为乳房细胞排出，其浓度与乳细胞内的 cAMP 和 cGMP 呈正相关。

酒精阳性乳的防制

机体健康状况是抵抗和适应各种外界刺激因素的基础，饲养管理水平则是促进机体健康的根本保证。

酒精阳性乳的发生是一个极其复杂的临床表现，它不仅与饲养管理、日粮组成有关，而且与机体所处的状况、健康水平、外界环境气象因子等都有直接关系。从某种意义来说，它是全身反应的局部表现，是机体对各种不良应激因素所产生的一种应激反应。

迄今为止，对于酒精阳性乳发生的绝对因子尚未发现，也没有特效治疗方法。因此，加强饲养管理，改进各种不良环境条件，减少各种应激因素对奶牛的刺激，增强机体抵抗力，使全身生理机能和乳腺机能免受影响，是防制酒精阳性乳的唯一有效途径。

加强饲养管理，供应均衡日粮

（1）根据奶牛不同生理阶段的营养需要合理供应日粮，精料特别是蛋白饲料的喂量不应过高或不足。粗饲料要充足，保证优质干草如秋百草、苜蓿的足够进食量。

（2）加强饲料保管，严禁饲喂发霉、变质、腐败饲料。

（3）重视矿物质的供应，注意日粮中 Ca、P、Mg、Na 的供应量和比例。

（4）饲料要固定，不能突然更换。

（5）加强挤乳卫生和环境卫生，提供良好的环境条件。天热季节，做好防暑降温工作，如安排风扇，冬季应做好防寒保暖工作，如运动场内铺垫褥草，设置挡风墙等。

药物治疗　酒精阳性乳出现的牛场，应从实际出发，对饲养管理、日粮供应、牛体健康等方面作全面检查，综合分析，采取综合措施防制。药物治疗的目的是调节机体全身代谢、解毒保肝、改善乳腺机能。

（1）柠檬酸钠 150 g，分两次内服，连服 7 d。

（2）10% 柠檬酸钠 300 mL，分 2 ～ 3 次，皮下注射。

（3）磷酸二氢钠 40 ～ 70 g，一次内服，每日一次，连服 7 ～ 10 d。

（4）丙酸钠 150 g，一次内服，每日一次，连服 7 ～ 10 d。

（5）为恢复乳腺机能，可用 2% 甲基硫尿嘧啶 20 mL，一次肌肉注射。与维生素 B_1 合用效果更好。

（6）调节乳腺毛细血管通透性，可肌肉注射维生素 C。

（7）奶牛发情时出现酒精阳性乳，认为与性周期有关，对此可肌肉注射黄体酮。

酒精阳性乳的利用

新鲜的酒精阳性乳，其蛋白质、乳糖、脂肪含量和正常生乳没有差异，仍具有正常的营养成分，但耐热性较差（表 5-24）。在 100℃ 以内与正常乳差异不大，120℃ 以上时，容易发生凝固。从消化率上看，酒精阳性乳 α - 酪蛋白、β - 酪蛋白均较正常乳的两种酪蛋白难以消化，但延长消化时间后，两者的消化率没有显著差异（表 5-25）。

目前，各国收购牛乳都有一定的标准。在评定牛乳时，根据其酸度、比重、脂肪率、细菌数、酒精反应等的检查，将乳分成等级，按质论价。日本将新鲜酒精阳性乳称二等乳，即比正常乳降低一等，按二等乳收购。鉴于我国这种乳发生数量之大，分布范围之广，对此应引起重视。除了加强饲养管理、预防其发生而外，在牛乳收购时不能只凭酒精反应一个指标而将大批质量稍差，但尚能利用的鲜乳废弃，而应采取综合评定，以减少其所造成的经济损失。

表 5-24 酒精阳性乳与正常乳耐热性比较

对比	120℃	凝固件数			128℃	凝固件数		
	试验数（头）	加热时间（min）			试验数（头）	加热时间（min）		
		30	60	90		30	60	90
酒精阳性乳	11	2	7	10	30	26	26	30
正常乳	4	0	0	0	4	0	1	4

表 5-25 酒精阳性乳和正常乳在胃蛋白酶作用下的消化率 %

消化时间	正常乳		酒精阳性乳	
	α- 酪蛋白	β- 酪蛋白	α- 酪蛋白	β- 酪蛋白
2 h 以后	91.1	84.5	46.1	37.0
5 h 以后	93.0	87.0	62.3	54.3
12 h 以后	86.3	76.8	82.8	78.8

第六章 繁殖障碍

Reproductive Disorders

奶牛繁殖力的影响因素

Influential Elements of Fertility of Dairy Cattle

繁殖力是表示家畜繁殖性能的一种常用术语。通常用受胎率、不返情率、受胎指数、繁殖率、成活率、产犊指数等具体指标进行综合评定。

奶牛的繁殖直接影响到母牛泌乳量的高低，并对奶牛生产性能的发挥和全场经济效益起着重要的决定作用。发情、妊娠、分娩和泌乳是奶牛正常的生理功能，而繁殖管理水平则是直接关系到这些生理功能能否正常进行的关键。牛场繁殖管理水平高，母牛就能按期怀孕、分娩和泌乳；反之，母牛就不能按期怀孕、分娩和泌乳，“没有牛（胎儿），就没有奶，就没有再生产（奶）”。

牛群繁殖力受多种因素影响，犊牛成活率直接与繁殖管理水平有关。如果用 A 表示发情鉴定，B 表示母牛繁殖力，C 表示公牛（精液）繁殖力，D 表示人工授精（或自然交配）的时间和技术，E 表示疾病及难产情况，那么活犊牛可以由下列公式表示：$A \times B \times C \times D \times E=$ 活犊牛。式中任何一项为零，其结果产品都为“零犊牛”。因此，加强繁殖管理，提高母牛的繁殖力，是奶牛场一个十分重要的工作。

目前，我国奶牛场特别是高产牛场，奶牛繁殖问题是一个普遍存在的生产问题。影响繁殖力的因素多而复杂，各地区、各牛场不尽一致，概括起来有以下几个方面。

营养与繁殖力

营养和机体状况的好坏在维持奶牛良好的繁殖力上起着重要的作用。而日粮中能量高低是影响奶牛繁殖力的主要因素。通常情况下，日粮中营养水平和机体状况是相关的，营养好，体况就好；营养差，体况就差。

Mulvaney（1978）对奶牛采用测定腰部和尾根部脂肪层的厚度实行 5 级评分制来评定体况。其评定标准：0 级，脊柱非常突出，脊柱横突明显，其外侧检测不到脂肪。1 级，脊柱突出，横突不明显。2 级，可感觉到横突，但被覆一薄层脂肪。3 级，拇指用力压才能感觉到个别的横突。4 级，用力压迫也难感觉到横突。5 级，尾根部周围覆盖一厚层脂肪及沉积的脂肪，横突完全不明显。体况与繁殖性能密切相关（表 6-1）。母牛产犊期间的体况应保持在 2.5 ～ 3，直到下一次配种受孕。

表 6-1　体况与繁殖性能的关系

牛群平均交配体况评分	产犊间隔（d）	犊牛头数
1 ～ 2	418	78
2	382	85
2 ～ 3	364	95
＞ 3	358	93

体况评分较低，产后母牛营养不良，卵泡周期出现滞后，不能排卵，产犊间隔延长，怀孕期推迟。能量比蛋白质对维持母牛正常繁殖更为重要，摄入能量多少与繁殖性能之间呈正相关，摄入能量过低导

致产后母牛发情周期延长，后备母牛成熟卵泡减少，孕酮水平降低及受胎率降低（Hill et al，1970）。

能量对繁殖力的影响

能量不足　干奶期管理不善，能量供应不足，机体消瘦，产后机体状况未能及时恢复，以及泌乳早期出现能量负平衡等，使丘脑下部中促性腺激素释放激素（GnRH）的释放受到抑制或无 GnRH 释放，都可能降低黄体功能，使黄体分泌黄体酮水平下降的时间延长。促黄体素（LH）是恢复卵巢活动，使卵泡生长、成熟、排卵的激素，它不仅能调节养分进入生殖器官或组织的流量，还能影响组织特异受体的数量和对激素的反应性，调节组织获得养分的能力。当生殖激素的合成和释放受到限制时，生殖系统获得养分能力下降，使器官和组织的生长发育受阻，降低了繁殖性能。母牛出现发情周期停止，持久黄体，卵巢功能紊乱，排卵延迟或不排卵，不发情或发情不排卵，受孕率降低。

能量过多　在干奶期的饲养管理中，能量供应充足，致使过多的能量以脂肪的形式贮存在体内，母牛在肥胖的体况下容易发生难产、产道损伤、子宫复旧延缓以及细菌感染都会引起繁殖力下降。体况评分在 4 分或 4 分以上的母牛因产后食欲降低，体脂肪的动员，容易发生肥胖母牛综合征、酮病等疾病，结果产后母牛繁殖紊乱，不发情或发情延滞。

蛋白质对繁殖力的影响

牛对蛋白质的需要量主要用于促进机体发育和产奶。日粮中蛋白质在瘤胃微生物作用下被降解为氨，其中部分氨在瘤胃内合成为微生物蛋白，其余的被吸收入血液，在肝脏中转化为尿素，随尿排出体外。蛋白质不足，会明显地降低受孕率。日粮中蛋白质水平过高，会造成尿素或氨的水平过高，而影响精子的活力及胚胎的成活。Ferguson（1986）指出，日粮中蛋白质水平过高，血清尿素氮水平超过 20 mg/100 mL，奶牛可发生不育。奶牛场内可以观察到，日粮中饲喂过量瘤胃可降解蛋白质，经常会出现母牛早期胚胎死亡、反复发情和卵巢囊肿的现象。

蛋白质除喂量外，其来源也与繁殖有关。棉籽饼因含有过量的棉酚，蓖麻籽饼因含有蓖麻毒素、蓖麻碱，饲喂量过多时这些成分对机体呈现毒性作用，可引起母牛流产。

微量元素、维生素对繁殖力的影响

在饲养过程中，由于日粮不平衡，特别是微量元素和维生素的缺乏对奶牛繁殖力的影响，应值得注意。最容易缺乏的微量元素有锰（Mn）、硒（Se）、钴（Co）以及维生素 A 和维生素 E。如果这些物质供应不足或缺乏时，都会使母牛繁殖性能降低、不发情、不孕、胎儿死亡或产出弱犊。分娩时母牛硒水平低，易发生胎衣不下和卵巢囊肿（Harrison,1984 ）补硒可提高成母牛的受孕率（Mcclure,1986）。

环境与繁殖力

环境即指奶牛的生存条件，包括气象因子、圈舍结构、运动场等。这些因素都会影响奶牛的繁殖力。

热应激

高温和高湿共同作用造成热应激。减少采食量是减少体热产生的主要途径。受热应激的奶牛临床表现出采食量下降，导致产奶量下降和能量负平衡。

热应激对公牛的影响　高温环境下，种公牛的下丘脑、垂体和性腺活动受到抑制，其分泌的激素也发生变化，血清中睾酮、T_3、T_4、皮质醇、促黄体素及精清中睾酮含量显著降低（桑润滋，2002）。由于体温升高，阴囊皮温和睾丸温度上升，使精子的成熟和贮存受到影响，精液品质显著下降，使原精活力、冻精活力、精液密度、活精百分数和顶体完整率都明显降低。

热应激对母牛的影响

（1）对生理机能的影响。IKeda 等（1999）研究指出，热应激使母牛生理机能发生改变，输卵管内产生的一氧化氮自由基、过氧化基等，可通过脂质氧化对生物膜的液态性、流动性和通透性产生影响，并与细胞内的脂质、蛋白质或核酸等发生作用引起细胞损伤。Guerin 等（2001）研究表明，早期卵裂阶段的胚胎对氧化应激非常敏感，易引起胚胎发育抑制，细胞破碎和恶化。

（2）对内分泌的影响。Thatcher 报道，奶牛在热应激下，LH 水平升高。而 Gllad 等（1993）认为热应激会导致 LH 水平降低，并指出，排卵前雌激素水平低的 LH 浓度降低，雌激素水平高的 LH 浓度不变。

（3）对卵子的影响。Roth 等（2001）指出，热应激会推迟卵泡选择并延长卵泡波的持续时间，从而降低卵母细胞质量，抑制卵泡类固醇的合成。同样，热应激会影响胚胎的产生。Rocha 等（1998）对美国路易斯安纳州荷斯坦奶牛卵母细胞的研究发现，7、8 月份收集的卵母细胞培养成熟、受精并发育至囊胚的比率比其他月份低。这都表明，高温对卵母细胞呈现出不良影响，从而降低奶牛情期受胎率。

（4）对胚胎发育的影响。Monty 和 Racowsky 研究发现，在热应激下，超排后冲出的桑葚胚和囊胚的生存能力比未受热应激的生存能力差（Sadahiro et al，2003）。Edwards（1997）指出，热应邀不但会使胚胎内抗应激因子的消耗增加，而且对早期胚胎的基因组具有强烈的抑制作用，使谷胱甘肽（GSH）和热应激蛋白 70（HSP^{70}）合成减少。然后，当胚胎发育到了两细胞中期后，胚胎基因组已经激活，开始转录并合成少量的 HSP^{70} 在一定程度上缓解应激细胞的损伤作用，发挥维持胚胎存活和发育的功能。高温对胚胎本身的影响随着胚胎的发育而逐渐减小。

综上可见，热应激对奶牛繁殖力影响极大，它能使机体内分泌功能、输卵管和子宫内环境发生改变，从而使发情期缩短，发情强度和配种率降低，并通过影响胚胎发育造成胚胎早期死亡和流产。

冷应激

严寒时期的冷应激使奶牛繁殖力降低，这是由于：

（1）冷应激下甲状腺激素可能升高，引起干物质进食量增加，以获取能量维持身体的热量，此时，观察到奶牛被毛粗糙，体况下降。

（2）严冬季节，通常白昼短夜间长，光照作用弱，时间短，垂体促性腺激素分泌减少，发情表现微弱，或发生安静发情，受胎率低。

（3）寒冷使运动场、厩舍地面冰冻，粪尿未及时清除而冻结，奶牛不愿在坚硬而又不平坦的地面上行走，运动不足，全身张力降低，彼此不愿接触、爬跨，表现出发情活动减少，或发情行为表现时间缩短。

精液品质、输精与繁殖力

精液品质优良，受胎率高，常用精子密度和活力相结合的检查法来评定精液品质。检查合格的精液尚需进行稀释、分装、保存和运输等过程，最后才用于输精。精液处理过程中的任何一个环节错误，都有可能影响精液品质，并对受孕率产生严重影响。塑料细管保存精液易受温度变化而造成精液的损害，维护好精液保存罐是保证精液品质的关键。液氮罐中的温度必须保持在 −196℃。Barth（1993）指出，温度高于 −130℃时，能使水分子重结晶生成更大的结晶体，更易破坏细胞结构。

授精员的素质（责任心和输精技术）直接影响到繁殖力。责任心是指对输精的工作认真、负责的程度。输精技术是指能正确的做好发情鉴定，及时、准确和熟练输精的技能。责任心和输精技术是统一的，责任心强、输精技术熟练的授精员，奶牛受胎率高，技术不熟练的授精员不仅使奶牛受孕率下降，可能还会造成子宫颈或子宫创伤、脓肿和生殖道穿孔。

健康状况与繁殖力

机体的健康状况直接影响到繁殖力的高低，特别是当母牛发生疾病时对繁殖力的影响更为显著，具体如下：

（1）传染性疾病：可导致繁殖力降低的有布氏杆菌病、弯曲杆菌病、钩端螺旋体病、李斯特氏菌病、霉形体病、衣原体病、传染性鼻气管炎、病毒性腹泻-黏膜病等，可引起子宫炎、流产、死胎。

(2) 寄生虫病：毛滴虫病、新孢子虫病，可引起流产。

(3) 普通病：酮病、妊娠毒血症、蹄病、子宫和卵巢疾病。当蹄叶炎、腐蹄病和趾间纤维乳头瘤引起牛跛行流行时，对牛群的繁殖力会产生严重的影响，这是由于跛行所产生的疼痛，使牛不愿站立、走动和接触其他牛只，表现出卧地不起，采食时间缩短，体重减轻，产奶量下降和能量负平衡，并表现出不发情。子宫炎或卵巢疾病会直接引起不孕。

营养、环境因素、代谢、骨骼肌肉和传染性、寄生虫性、生殖道疾病，都会影响奶牛繁殖力，表现为发情期缩短或不发情。因此，在实际生产过程中，要了解、分析、认识影响奶牛繁殖力的各种应激因素，采取有效的预防措施，最大程度上减少应激对机体的影响。

流　产
Abortion

流产也叫妊娠中断，是由各种原因引起胎儿与母体间的正常生理过程受到破坏，不能按期产出正常胎儿的临床病理症状。

流产不是一种病，而是各种不良因素作用于机体所产生的临床表现。奶牛流产所造成的危害，不仅在于排出流产胎儿，致使奶牛不能按期产犊，延长了产犊间隔，加长了空怀天数，直接影响到生产的完成；更重要的是流产的原因复杂，常常发现牛场不同，其发生流产的原因不同，因此，一旦流产出现，往往不能及时、确切地找到引起流产的真正原因，致使奶牛场不能有效防制，其所造成的经济损失是显而易见的。

病的发生

流产是奶牛场常发现象。为了掌握一些流产规律，曾对5个牛场流产牛进行了调查归纳统计，结果见表6-2。

表6-2　奶牛临床流产统计结果

牛场	第1次			第2次			第3次			第4次			第5次			第6次		
	实妊（头）	流产（头）	流产率（%）	实妊（头）	流产（头）	流产率（%）	实妊（头）	流产（头）	流产率（%）	实妊（头）	流产（头）	流产率（%）	实妊（头）	流产（头）	流产率（%）	实妊（头）	流产（头）	流产率（%）
1	329	29	8.8	886	65	7.3	890	80	8.9	974	71	7.2	1 093	92	8.4	1 127	95	8.4
2	995	39	3.9	1 000	79	7.9	1 044	58	5.6	1 028	85	8.3	1 106	62	5.6	1 247	86	6.9
3	298	27	9.1	242	30	12.4	264	39	14.8	307	54	17.6	322	38	11.8	331	35	10.6
4	476	28	5.9	480	30	6.3	500	38	7.6	486	24	4.9	545	28	5.1	578	32	5.5
5	—	—	—	—	—	—	—	—	—	217	21	9.7	169	26	15.4	273	24	8.8
合计	2 098	123	5.9	2 608	204	7.8	2 698	215	8.0	3 012	255	8.5	3 230	246	7.6	3 551	272	7.7

流产率　各牛场均有流产，其流产率为2.4%～17.6%，平均为5.8%～8.5%。相同年份，不同牛场，流产率不同；同一牛场，不同年份，流产率不同。经统计学处理，差异不显著（$P > 0.05$）。说明在饲养管理基本一致、无布氏杆菌病、未从外地购牛的条件下，各牛场流产率与年间无本质差异。

流产与月份的关系　通过6次5个牛场流产牛月份统计，全年各月都有，平均为6.20%～10.5%，夏季略高于冬春。

流产与胎次的关系　经对1 276头流产母牛胎次统计，育成牛至4胎牛占68.6%，说明胎次低的牛，流产较多。

流产胎儿类型 经对 1 291 头流产胎儿分类统计，小产 756 头，占 58.6%；隐性流产 80 头，占 6.2%；干胎 311 头，占 24.1%；早产 116 头，占 8.9%；胎儿腐败 27 头，占 2.1%；胎儿浸溶 1 头，占 0.07%。说明流产以小产和干胎最多，约占总流产的 82.7%。

流产与初次发情间隔 经对 775 头流产牛的初次发情时间统计，并与随机选取的 360 头正产牛的初次发情时间比较，流产牛流产后 30 d 内发情占 52.4%，正产牛占 12.3%；31 ~ 60 d 内发情流产牛占 30.1%，正产牛占 56.4%，总计 60 d 内发情流产牛共为 82.5%，正产牛为 68.7 %，说明流产后不影响发情。

流产与配妊次数 流产牛与正产牛配妊次数比较见表 6-3。

表 6-3 流产牛与正产牛配妊次数比较

配妊次数	1		2		3		4		5		总计（头）
	头	%	头	%	头	%	头	%	头	%	
流产牛	383	59.6	143	22.2	51	7.9	36	5.6	30	4.7	643
正产牛	32	64	9	18	5	10	1	2	3	6	50

表 6-3 显示，流产牛一次配妊率低于正产牛，经两次配种受妊统计，两者之间差异不大。

流产与公牛的关系 经过 6 次调查，配妊母牛 17 137 头，共使用种公牛 62 头，其中 1 315 头流产母牛使用公牛 21 头，经 *F* 测验，流产率与公牛间、年间差异均不显著（$P > 0.05$）。

病 因

流产原因很多，从生产出发可分为传染性和非传染性两大类。前者是由特定的病原如寄生虫、细菌、病毒及其他病原微生物引起；后者则多因饲养管理不当而造成（表 6-4）。

表 6-4 引起奶牛流产的因素

- 流产
  - 非传染性
    - 饲养不当
      - 饲料品质低劣，营养不良，日粮中矿物质、微量元素、维生素不足或缺乏
      - 饲喂发毒、腐败变质饲料或含毒饲料
    - 管理不良
      - 机械性损伤：突然滑倒，爬跨，拥挤，外力打击
      - 技术失误：兽医错误使用泻剂、驱虫剂、催情药、子宫收缩药
      - 配种员粗鲁实施妊娠检查
    - 普通病：子宫炎、乳房炎、中毒性疾病及其他热性病
    - 胎儿异常：畸形、脐带扭转、水肿
  - 传染性
    - 寄生虫性：毛滴虫病、新孢子虫病
    - 细菌、病毒及其他微生物
      - 胎儿弯杆菌/弧菌病、布氏杆菌病、钩端螺旋体病、牛传染性鼻气管炎、牛病毒性腹泻 - 黏膜病、牛昏睡嗜血杆菌病、牛衣原体病、牛支原体病等

非传染性流产

又称为普通流产。临床多以散发性发生，其原因如下：

遗传因素 流产与遗传有关。牛胚胎损失有 1/3 ~ 2/3 系遗传因素所致。

胎膜异常 牛常见的是在正常胎盘之间出现小胎盘，即所谓的附属胎盘，可影响胎儿活力，严重的可引起胎儿死亡。

胎水过多和胎膜水肿 能影响胎儿发育并引起流产。

胎儿异常 双胎怀在一个子宫角内其流产率高，畸形胎在发育中死亡。

子宫异常 子宫中蛋白质、能源物质与离子发生异常，能引起胚胎早期死亡。因子宫粘连，常会影响

子宫随胎儿的发育而扩展，因此，到怀孕的一定阶段，子宫不能继续扩展致使胎儿发育受阻而引起流产。

内分泌失调　孕酮在妊娠早期胚胎的着床和发育中起重要作用。当分泌不足或产生不协调时，均可引起胚胎死亡和流产。由于子宫粘连和内分泌失调，常常会在怀孕相同阶段多次发生流产，临床上称这种流产为习惯性流产。

精液品质不良　精液品质的好坏，直接影响胚胎的存活力。精液品质好，胚胎死亡率低；精液品质不良，胚胎死亡率增高。

饲养管理不当　①饲养不当，如饲料中矿物质、维生素和微量元素缺乏。缺碘使犊牛无毛、水肿，伴甲状腺肿大，体弱死亡。维生素A缺乏，胎儿发育不良，失明，流产。缺硒地区，受胎率低，流产多。饲喂未脱毒的棉籽饼和壳，发霉、变质饲料，或采食有毒饲料，可引起流产。霉变玉米因含有赤霉烯酮可引起流产。②管理不良。如地面过滑，圈门过窄，牛只相互顶抵，兽医粗暴地实施直肠检查可引起机械性流产，农药管理不当而被牛误食可引起中毒性流产。

传染性流产

很多病原微生物都能引起临床流产，如病毒、细菌、真菌、衣原体等所致的流产在奶牛都有发生，由这些病原菌所引起的流产已在传染病中详细介绍。由寄生虫寄生引起的流产，奶牛也有发生。除流产外，还有其他症状表现，这些将在寄生虫病中介绍。

临床症状

根据流产胎儿的日龄、形态和外部变化的不同，可将流产分为隐性流产、小产、早产、胎儿干尸化（干胎）、胎儿腐败和胎儿浸溶等6种类型。

隐性流产

又叫胚胎消失或吸收。胚胎形成1～1.5个月后死亡，组织液化被母体吸收，临床未见排出胎儿或排出后未被发现，多在母牛重新发情时发现。

小产

即排出死胎。胎儿已成形，多数母牛无临床症状，只有当流产胎儿较大，或排出受阻时，或已经停乳时，乳牛表现出乳房增大，站立不安，检查阴道见子宫颈口稍开张，子宫内混有褐色不洁的黏液。

早产

即排出不足月的活犊。流产前2～3 d，母牛乳房胀大，阴门稍微肿胀，并向外排出清亮或淡红色黏液，流产胎儿体小、软弱，有的会吸吮，有的无吸吮能力，会吸吮、能吃奶者精心护理，仍有成活的可能。

胎儿干尸化

又叫干胎、木乃伊。胎儿死亡后停留于子宫内，因子宫颈口闭锁，未经细菌、微生物感染，死胎组织水分及胎水被吸收，体积缩小，呈干尸化（图6-1）。

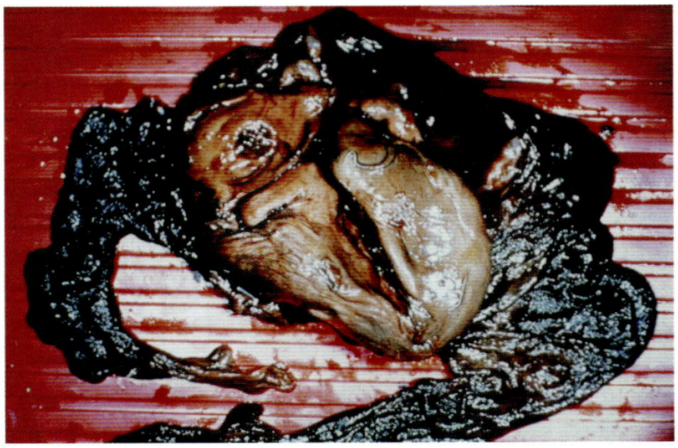

图6-1　干尸化胎儿及胎膜

发生干尸化的母牛，随着妊娠期的延长，黄体作用的消失而再发情时，才将胎儿向外排出被发现；有的母牛腹部不随妊娠期延长而增大，怀孕现象逐渐消退，也不发情；有的妊娠期已满，到分娩期而不见产犊，经检查才被发现。直肠检查见子宫膨大，内容物坚硬，似为圆球，无弹性，无胎动、胎水、子叶和波动。卵巢有黄体，子宫中动脉无怀孕脉搏。

胎儿腐败

胎儿死亡，腐败菌经子宫侵入胎儿，引起胎儿组织发生腐败分解，异常分解产物硫化氢、二氧化碳、氨等气体，潴留于胎儿皮下、肌间、胸腔、腹腔和肠管内，使体积迅速增大，阴道检查见内积有污褐色不洁液体，具腐臭味，子宫颈开张，胎儿嵌入产道内，触摸胎儿，被毛极易脱落，有捻发音。

有些母牛有精神沉郁，食欲减退，体温升高等症状。

胎儿浸溶

胎儿死亡经非腐败性细菌感染，胎儿软组织分解变为液体流出，骨骼留于子宫内（图 6-2）。

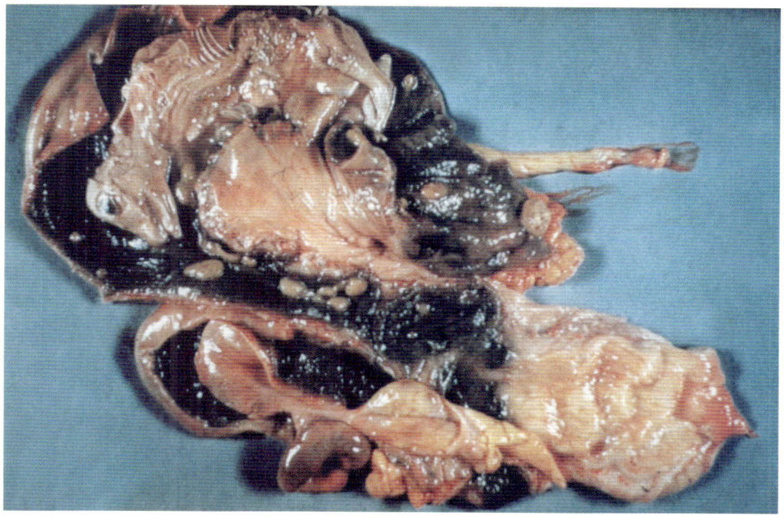

图 6-2　胎儿浸溶

病牛精神沉郁，体温升高，食欲减退或废绝，消瘦，腹泻，努责，从阴门流出污褐色黏稠液体，具腐臭味，内含碎小骨片，最后仅排出脓液，黏附于尾根及坐骨结节上。

阴道检查见子宫颈开张，阴道黏膜暗红色，内积有褐红色黏液、碎骨片或脓液。

直肠检查，子宫颈粗大，子宫壁厚，可触摸到潴留在子宫内的骨片，捏挤可感觉到骨片摩擦音。

预　　后

流产母牛的预后标准以流产后能否发情和配种受孕来判定。通常，只要及时对流产母牛处理治疗，并加强护理，预后良好。

根据对 220 头隐性流产、早产和小产牛统计，流产儿胎龄小，流产后初次发情间隔短，发情早；胎龄大，流产后发情间隔长，发情迟。对 62 头干胎牛统计，不同时期的干胎经处理后，初次发情间隔差异不大。

胎儿浸溶临床发生较少，占 0.07%，一旦发生，因为它可造成严重的慢性子宫内膜炎，子宫与周围组织发生粘连，致使长期不发情，或发情配种不孕，预后不良。

诊　　断

临床流产通过妊检记录、临床观察（排出流产胎儿）可确诊。临床观察要细致，注意有无异常，在普通流产中，自发性流产常有胎膜异常及胎儿畸形。霉菌中毒性流产可见胎盘水肿坏死并肿大（图 6-3），胎儿皮肤呈皮革样坏死（图 6-4）。对于胎儿干尸、胎儿腐败和胎儿浸溶通过阴道检查、直肠检查也可确诊。

至于引起流产的确切原因，则需要进行细致检查，包括饲料分析化验、微生物学、病理组织学、血清学等诊断手段，才能最后作出确切诊断。

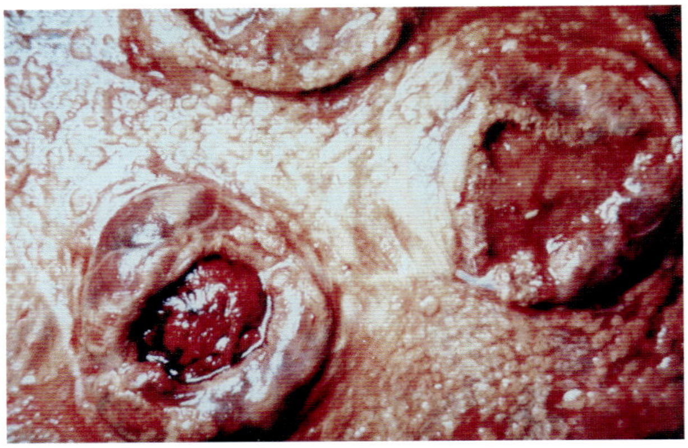

图 6-3 霉菌性流产胎儿胎盘水肿、增大

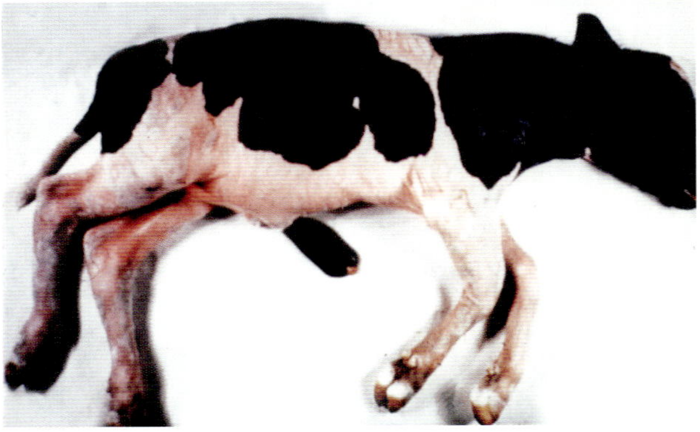

图 6-4 霉菌性流产胎儿皮肤呈皮革样

治　疗

隐性流产因其妊娠日龄较少，多于再次发情时发现，故不需治疗。

已有临床流产先兆的母牛

未到分娩而母牛表现轻微腹痛，站立不稳，有流产症状者，阴道检查子宫颈紧闭，黏液塞尚未液化；直肠检查胎儿尚活着的牛只，可使用抑制子宫收缩药，予以保胎。

（1）肌肉注射孕酮，牛 50 ～ 100 mg，每日或隔日一次，连用数次。

（2）1%硫酸阿托品 2 ～ 5 mL，皮下注射。

（3）盐酸氯丙嗪注射液 1 ～ 2 mg/kg 体重，肌肉注射，或水合氯醛 15 ～ 30 g，内服。

临床观察，一旦牛只确为流产，保胎法收效较小。

已发生流产、早产的母牛

要观察胎衣脱落情况，为防止子宫内膜炎的发生，可用土霉素粉 2 ～ 3 g 或金霉素粉 1.5 ～ 2 g，溶于灭菌水 250 ～ 300 mL 中，注入子宫，隔日一次，直到阴道分泌物干净、清亮为止。如有全身症状如体温升高，食欲不振者，应采取消炎、补液、补碱治疗。

对胎儿干尸化的治疗

扩张子宫颈，增强子宫张力　可使用雌二醇 20 ～ 30 mg，肌肉或皮下注射，同时皮下注射催产素 40 ～ 50 IU。

子宫内灌注润滑剂，减少产道干燥　将温肥皂水或液体石蜡 1 000 ~ 2 000 mL 灌入子宫内，手伸入子宫内将干尸拉出或取出骨片。当取骨片困难时，可用阴道开张器扩张阴道、子宫颈口，用长柄钳夹出骨骼。

子宫内抗菌、消炎　彻底取出干尸或骨骼后，用土霉素粉 2.5 ~ 3 g 或金霉素粉 1.5 ~ 2 g，溶解后灌入子宫内，每日或隔日一次。

对胎儿腐败的治疗

消毒、防腐　用 0.2%高锰酸钾液灌入产道内，并灌入温肥皂水或液体石蜡。

牵引胎儿　用绳拴于胎儿前置部位，向外牵引，如胎儿因气肿抽出困难，可以切开皮肤放气，或施胸、腹腔缩小术，再牵引。必要时可采取碎胎术。

消除子宫炎症，增强子宫收缩机能　胎儿牵出后，用 0.2%高锰酸钾液反复冲洗子宫；催产素 15 ~ 20 IU，肌肉注射；金霉素粉 2 g，溶解后灌入子宫。

预　防

流产在奶牛场内，从某种意义来说，是不可避免的。由于引起流产的因素较多，流产后又无典型的病理特征，特别是散发性，这就给诊断、防制带来了困难，加上生产单位条件所限，化验检测手段的欠缺，致使真正流产原因不明，为了能使流产尽量减少，奶牛场应采取如下预防措施：

加强饲养管理，增强奶牛体质

（1）日粮供应要合理，要充分注意饲料中矿物质、维生素和微量元素的供应量，以防营养缺乏症的发生。饲料品质要好，严禁饲喂发霉、变质饲料。

（2）加强责任心，提高管理技术水平。不轰赶牛，不打牛，给牛提供良好的生存环境；兽医、配种员要严格遵守操作规程，防止技术事故的发生。

（3）对临床病牛要作出正确诊断，并及时采取有效治疗方法，尽早促进康复，防止因治疗失误、拖延病程而引起继发感染。

加强防疫，定期进行疫病普查　保证牛群健康、无疫病，这是奶牛场的首要目标。定期进行疫病普查，这是保证牛群健康的必要手段，也是防止流产的主要措施。因此，在牛场内，每年应定期对布氏杆菌病、牛传染性鼻气管炎、牛病毒性腹泻 - 黏膜病等易引起流产的疫病作血清学检查，以了解其在牛群中的感染状况，为判定流产提供依据。对于已知确定病原微生物感染严重的牛场，应按传染病控制方法处理，必要时接种疫苗。

有的疫病也可通过精液传播，因此应对公牛健康状况有所了解，对于患有能引起流产疫病的公牛予以淘汰，或不使用其精液。

欲引进牛只时，要进行疫病检查，不要把病牛引入牛场，以防其扩散而带来临床流产的发生。

加强对流产牛及胎儿的检查　流产后，对流产母牛应单独隔离，全身检查，胎衣及产道分泌物应严格处理，确系无疫病时，再回群混养。

对流产胎儿及胎膜，应注意有无出血、坏死、水肿和畸形等，详细观察、记录。为了确定病因与病性，可采取流产母牛的血液（血清）、阴道分泌物及胎儿的皱胃、肝、脾、肾、肺等器官，进行微生物学和血清学检查，从而采取有效方法，予以防制。

妊娠浮肿
Hydrops Gravidarum

妊娠浮肿是指在妊娠末期母牛腹下、乳房和后肢发生的水肿，特征是病变部位间质组织间隙液体蓄积过多。通常于产前 1 个月左右开始出现，产前 10 d 浮肿显著，产后 2 周左右自行消退。

病　因

营养过多或缺乏　产前精料喂量过大。在 103 头牛中，高精料组由不喂精料的 1.4% 增加到 2.3%（H. N. Erb，1988）。妊娠后期，胎儿迅速增大，对营养物质特别是蛋白质需求量增加，当孕牛不能从饲料中摄取足够的蛋白质时，血浆蛋白浓度下降，导致血液与组织间水分失去生理的动态平衡，血液中水分渗透到组织中。

血流滞缓　妊娠后期，胎儿迅速发育，足月的子宫压迫腹腔后部脉管，肿大的乳房影响孕牛运动，皆可使乳房、腹下、后肢等处静脉血回流滞缓，引起毛细血管渗透性升高，液体渗出增加，潴留于组织间隙形成水肿。

内分泌失调　妊娠期至分娩前，母牛内分泌变化使肾小管远端对钠的重吸收增加，使组织内钠含量增加，导致体内水的潴留。雌酮和 17 α - 雌二醇可促进产前水肿的发生。

心、肾功能异常　妊娠期间，母牛新陈代谢旺盛，循环血量增加，心、肾功能负担加重，正常情况下能得到生理性代偿。当心、肾功能异常时，代偿困难，容易发生水肿。

临床症状

妊娠浮肿多数为生理现象，浮肿分轻度、中度和严重水肿。当浮肿严重时，才被认为是病理性。

初期乳房皮肤呈渐进性充血，乳房膨大，肿胀。然后，肿胀向腹下蔓延，呈扁平状，左右对称（图 6-5）。触诊如面团样，压之留指痕，皮温稍低。严重时，可蔓延至前胸、阴门及后肢。通常，全身变化、食欲、泌乳量变化不大。

图 6-5　妊娠奶牛腹下、乳房及阴门水肿

治　疗

妊娠浮肿产后可逐渐消退，不需治疗。但对患牛应加强护理，采取限制饮水、多汁饲料和食盐，减少精饲料喂量，增加优质干草喂量，适当运动。

对重症病例的治疗原则是强心，利尿。

（1）20% 安钠咖 20 mL，肌肉注射，每日 2 次。

（2）10% 葡萄糖 1 500 mL、50% 葡萄糖 500 mL、10% 葡萄糖酸钙 500 mL、水解蛋白酶 500 mL、20% 安钠咖 10 mL，静脉注射，每日 1 次，连用多日。

（3）速尿 500 mg，一次肌肉注射。

预　防

加强干奶期饲养。日粮供应要平衡，围产前期，控制精饲料喂量，充分供应优质干草，令牛自由采食。对已发生浮肿的病牛，应单独饲养，防止外伤的发生。

阵缩努责微弱
Uterine Inertia

阵缩努责微弱是指子宫肌、腹肌及膈肌收缩微弱，以致不能产出胎儿。

根据分娩过程中阵缩努责微弱发生的时间不同，可将其分为原发性和继发性两种：前者是分娩一开始就发生的；后者则是由于长时排不出胎儿，致使子宫肌及腹肌疲劳，收缩力减弱所致。

本病在奶牛分娩中最为常见，年轻牛、年老牛都有发生。

病　因

营养不平衡　围产期母牛营养不良，体质衰弱，或营养过剩，母牛肥胖，都可引起全身张力的降低。矿物质缺乏，钙、磷代谢紊乱可引起的低血钙易导致阵缩微弱。这是由于钙能增强神经、内分泌系统机能，神经、激素的传递有赖于钙的浓度，低血钙时神经、肌肉的兴奋性降低而发生本病。

内分泌失调　临产前，妊娠母牛雌激素、前列腺素或垂体后叶催产素分泌不足，或孕酮过多，子宫肌对上述激素反应减弱。

机体状况不佳　年老，运动不足，胎儿过大或胎水过多，妊娠毒血症等，皆可引起本病的发生。

继发性　见于难产后，如子宫捻转。病牛分娩时不见努责，当捻转子宫复位后，母牛往往宫缩微弱或不再出现宫缩。

临床症状

妊娠母牛已出现分娩前兆，但努责次数少，时间短，力量弱，或努责、阵缩不明显，胎囊不破或胎水流出缓慢，不见分娩进展。有的病牛呈现抑郁和横卧，颈部弯曲或头向腹胁部弯曲，努责微弱或无努责。

产道检查可触摸到子宫颈松软，但开张不全，胎儿及胎囊尚未进入子宫及骨盆腔。

继发性阵缩努责微弱病例，可发现胎儿异常或母体产道异常。

诊　断

根据临床表现和产道、子宫内检查，作出是原发性或继发性诊断。

治　疗

对分娩不见进展的病牛应进行产道检查，根据子宫颈开张大小，胎水是否排出，胎囊是否破裂及胎儿死活等变化，确定助产时机和助产方法。

药物催产　对产道开张良好，胎儿姿势正常的牛可以采用：

（1）25% 葡萄糖 500 mL、10% 葡萄糖酸钙 500 mL，一次静脉注射。用药后可促使阵缩和努责加强。

（2）垂体后叶素 5 IU，一次肌肉注射，能使子宫收缩增强，频率增加，保持节律性收缩，使分娩顺利进行，严禁一次性大剂量应用。

牵引术拉出胎儿　这是最佳疗法。产道、手臂消毒后，应用牵引术将胎儿拉出。拉出胎儿后，应对机体全身状况、产道仔细检查，衰弱者应补液、补糖、补钙，产道损伤者应对症处理。

预　防

加强围产期母牛饲养管理，供应平衡日粮。保证优质干草、苜蓿的喂量。产房应宽阔、干燥，令牛能自由运动。对年老、高产、体弱牛只，产前可用 25% 葡萄糖 500 mL、10% 葡萄糖酸钙 500 mL，一次静脉注射，每日或隔日一次，连续 2 ~ 3 次。

阴　道　炎
Vaginitis

阴道炎是由于各种不良因素使阴道感染和损伤所致阴道黏膜表层及深层的炎症。其特征是从阴道内排出混浊、黏性、脓性分泌物，有的具恶臭，为奶牛最常发生的疾病。

病　因

细菌感染

（1）分娩或助产时，消毒不严，细菌经助产人员的手臂、器械带入阴道。

（2）产房、运动场卫生不良，粪便不及时清除，褥草不及时更换，潮湿、泥泞，牛卧地后，尾根、后躯接触地面而被粪尿、泥土污染。

（3）牛体卫生不良，不刷拭、不清洗后躯和尾根。

（4）输精时器械消毒不严，操作粗鲁而刺伤阴道；牛患子宫脱、阴道脱和胎衣不下时，治疗不及时，处理不当而感染。

阴道损伤　难产助产时，操作技术失误而引起阴道创伤、会阴撕裂，阴门肿胀（图 6-6）。外伤致使会阴部正常解剖结构改变而使阴道污染，临床常见阴道积尿、积粪。

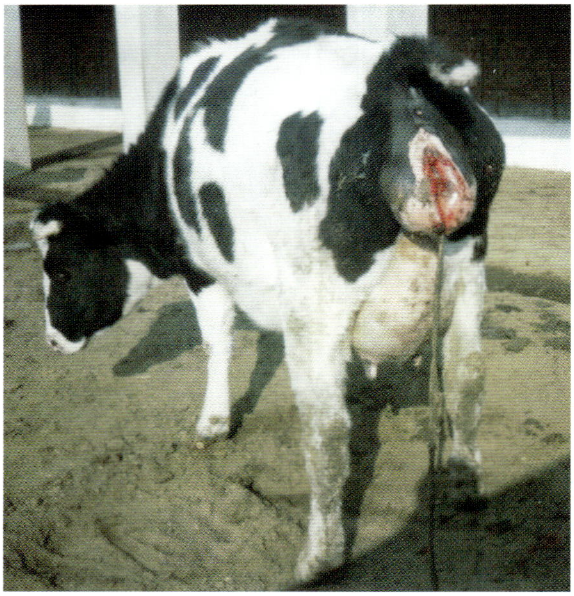

图 6-6　助产不当，阴道损伤，阴门肿胀

疾病继发　当奶牛发生传染性鼻气管炎（IBR）、尿素支原体、支原体和昏睡嗜血杆菌感染时，阴道炎为其临床表现。2004 年，一奶牛场初产母牛 33 头，产后 4 d 出现坏死性阴道炎，发病率 100%，死亡 1 例，阴道分泌物培养出大肠杆菌，血清型为 O_{87}、O_{76} 和 O_{96}，血清 IBR 中和试验阳性率 80%，诊断为牛传染性鼻气管炎继发大肠杆菌感染。

临床症状

根据炎症的经过分急性和慢性；根据炎症的程度分轻型和重型。

病势轻者，阴道黏膜稍肿，充血和出血，无全身症状，仅见从阴门内流出黏性或脓性分泌物，常附于尾根和外阴部周围。

病势较重者，病牛拱背、举尾、努责，常作排尿姿势，但尿量少，随努责从阴门中排出污褐色、恶臭分泌物。阴门肿胀，阴道黏膜充血、出血、暗红色、溃烂，上附着脓膜（图 6-7）。阴道触诊时病牛极度痛苦不安，左右逃避，呻吟，努责，拱背，阴道内温度增高，干燥不光滑，创伤部出血，坏死的黏膜附着手臂。全身症状明显，体温升高至 40 ~ 41℃，呈稽留热，呼吸浅表、喘，心跳 90 ~ 110 次 /min，精神沉郁，食欲减退，泌乳量剧减，里急后重。

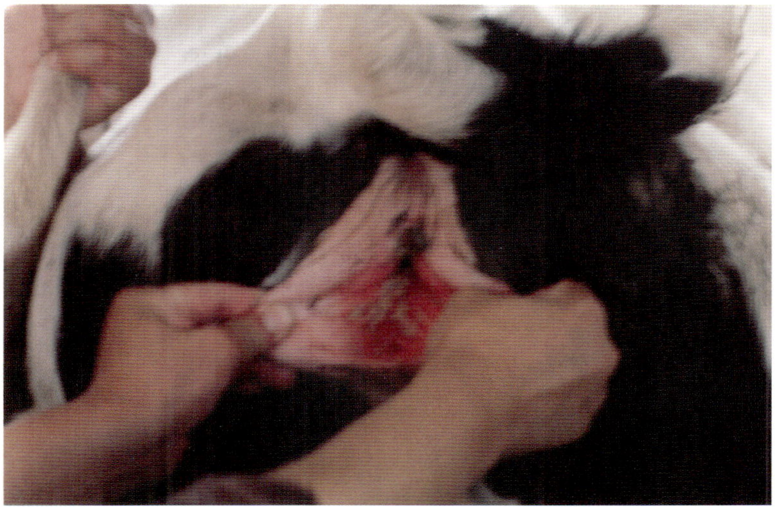

图 6-7 IBR 初产牛继发大肠杆菌导致坏死性阴道炎

继发性阴道炎除了阴道黏膜充血、疱疹、结节和溃烂外，尚有原发性疾病的典型症状。

预 后

轻度阴道炎经及时治疗，预后良好。重度者如能合理处治，也能治愈。若炎症蔓延到子宫颈、子宫，则引起子宫颈炎、子宫内膜炎，将影响受孕。阴道因受严重创伤引起的炎症，常治不愈而转为慢性，致使组织增生、粘连和瘢痕形成，患牛久不发情，或发情而不受孕。分娩创伤，可引起外阴倾斜、会阴撕裂和膀胱部分麻痹，致使阴道内粪、尿潴留，异物刺激子宫而发生炎症，影响受精卵的着床，造成不孕。继发性阴道炎，随原发性疾病的病程而定，原发病消除，其炎症也随之消除。

诊 断

原发性阴道炎根据病因和临床症状即可确诊。继发性阴道炎的病因较多，很多传染性疾病如牛传染性鼻气管炎、变异尿素支原体、牛生殖道支原体和昏睡嗜血杆菌等，都会引起临床流产和阴道炎，故应予以鉴别（表 6-5）。

表 6-5 引起奶牛阴道炎的传染性因子的临床鉴别

项目	牛传染性鼻气管炎	变异尿素支原体	牛生殖道支原体	昏睡嗜血杆菌
局部变化	外阴黏膜充血，有白色小脓疱、糜烂、溃疡	外阴黏膜红、黄褐色，有颗粒状白色小结节	颗粒性阴唇阴道炎	急性黏性脓性阴道炎
临床症状	体温升高，流产，上呼吸道炎，阴道炎，结膜炎，犊牛脑炎	流产，无规律的反复发情，全身反应轻微	可引起乳房炎，乳房肿胀、坚实，但不痛，乳汁浓稠、色黄，永久性丧失泌乳功能	流产，可出现血栓性脑膜炎，上呼吸道炎，肺炎，体温升高，嗜睡，麻痹
剖检变化	成年牛死亡较少，犊牛、青年牛死后见口腔溃烂，气管、咽出血、溃烂，脑血管充血	无典型变化	无典型变化	纤维素性脑膜炎和坏死，肌肉、浆膜出血，化脓性关节炎
防治	（1）头孢霉素 10 ～ 20 mg/kg 体重，肌肉注射，每日 1 ～ 2 次 （2）IBR 疫苗接种	（1）阴道内注入四环素 1 g，发情配种后 24 h 注入 1 g 四环素 （2）补硒	用抗生素如四环素、氯霉素、嘌呤霉素	（1）阴道内注入四环素，结合全身用四环素注射 （2）昏睡嗜血杆菌疫苗接种

治　疗

局部治疗

（1）防腐消毒液冲洗，常用 0.05%～0.1%高锰酸钾液、0.1%雷佛奴尔液、0.01%～0.05%新洁尔灭液冲洗阴道。冲洗后，可向阴道和子宫内灌注抗生素，如青霉素200万IU、土霉素粉2 g或金霉素粉1.5 g。

（2）当阴道有创伤时，冲洗后，创面上撒布抗生素或磺胺粉，或碘次糊剂（碘仿16 g、次硝酸铋8 g、液体石蜡8 mL，混合均匀）。

（3）会阴撕裂，按外科方法进行缝合。

全身治疗

（1）对体温升高者可用头孢霉素，剂量为10～20 mg/kg体重，肌肉注射，每日注射1～2次，或金霉素、四环素、庆大霉素等静脉注射。

（2）食欲减退或废绝者，可用5%葡萄糖生理盐水1 500～2 000 mL，25%葡萄糖液500～1 000 mL，静脉注射，每日注射2～3次。

（3）为纠正酸中毒，可用5%碳酸氢钠液500～1 000 mL，静脉注射，每日注射两次。

预　防

阴道炎在奶牛中流行较广，成年母牛有，青年母牛也有发生。虽临床死亡率较低，但其所引起的发情延迟、久不发情、久配不妊及淘汰率增高，应引起高度重视，并严格预防。

加强卫生、消毒，减少感染机会　产房、牛床、运动场经常保持清洁、干燥，定期用2%碱水清刷；保持牛体卫生，产后用1%来苏儿或0.5%新洁尔灭液刷洗牛尾和后躯。

严格执行操作规程，防止阴道感染和损伤　输精时，配种员对输精器械、外阴部认真消毒，输精要小心，防止阴道损伤。兽医在助产时，消毒彻底，正确实施助产，不要将产道损伤。

加强对原发病的诊断和治疗　一旦确诊出原发病，应采取针对性治疗，包括疫苗接种，防止疫病蔓延。

阴道脱出
Prolapse of Vagina

阴道壁的部分或全部脱离原有的正常位置而突出于阴门之外，称阴道脱出。部分阴道壁脱出于阴门外称不完全脱出；全部阴道壁脱出于阴门外称完全脱出。

阴道脱出为奶牛常见病，干奶牛和产后母牛都有发生，主要见于过肥的干奶牛。

病　因

（1）妊娠后期，胎盘产生的雌激素过多；或母牛由于患卵巢囊肿分泌的雌激素水平过高，致使固定阴道的组织和韧带松弛。

（2）难产时，助产不当，产道受到严重的物理性拉扯，损伤骨盆的支配神经，从而引起持续性或反复发作的阴道脱出。

（3）怀妊后期，由于胎儿过大、双胎和胎水过多等，腹内压增高，腹腔器官向后推送子宫和阴道，容易引起发病。

（4）饲喂含雌激素高的饲料，或饲喂发霉谷物，如玉米发霉时，其产生的真菌毒素——玉米赤霉烯酮，可引起阴门肿胀、乳房肿大和卵泡囊肿，并导致阴道脱出。

（5）机体状况不良如营养不良、年老经产、便秘或腹泻，或患有瘤胃积食、瘤胃臌气及直肠脱等，由于全身组织张力降低和腹内压增大，都可引起阴道脱出的发生。

临床症状

阴道部分脱出主见于产前。阴门外突出鹅卵大或拳头大，深红或粉红色带状物，卧地时突出（图 6-8），站立时突出物自行缩回。此现象可反复出现，最后阴道壁逐渐松弛，母牛站立时阴道不能缩回原位，阴道黏膜受暴露性刺激、损伤，充血、水肿、干燥，流出带血液体。

阴道完全脱出见于分娩前、后。分娩前发生时，脱出物如排球大至篮球大，脱出末端可看到子宫颈外口，在外口内可见到怀妊的黏液塞，阴道壁有弹性，可触摸到胎儿。阴道不能回缩，一直暴露在外，牛尾摩擦可导致水肿、炎症、表层坏死、假膜形成、阴道炎和里急后重。

产后阴道完全脱出，从阴门突出红色带光泽的大球状物。末端可见子宫颈口，其下壁前端可见到尿道口，有时在脱出的阴道壁下面，膀胱随之脱出，色苍白、球状。由于脱出的阴道不能缩回，呈暗红色或紫红色，水肿、干裂、坏死、糜烂。

阴道不全脱出，患牛全身症状轻微。阴道完全脱出，患牛不安，拱背，努责，常作排尿姿势，当黏膜损伤严重时，努责强烈，食欲降低，并引起子宫颈炎、直肠脱和流产（图 6-9）。

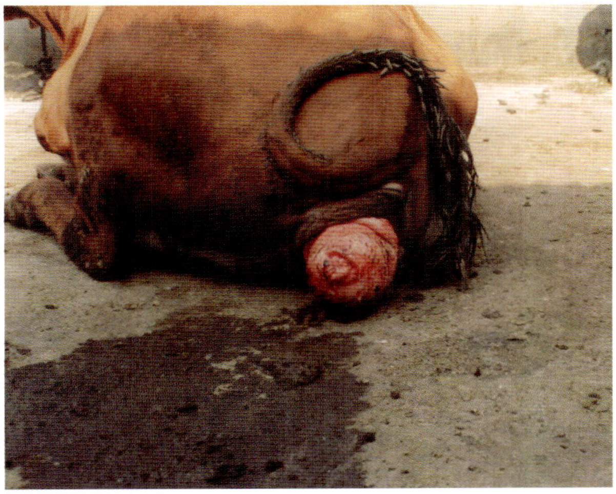

图 6-8　牛阴道脱出

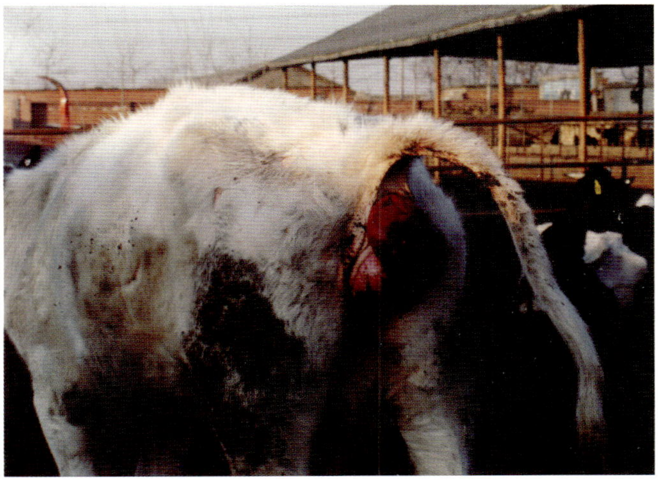

图 6-9　阴道脱出伴发直肠脱

诊断

依其临床症状即可诊断。确诊原因应通过物理检查会阴、外阴、骨盆韧带、坐骨区非常松弛；未孕牛是否有卵巢囊肿；难产助产有无损伤及饲喂发霉变质饲料与否等。

治疗

临近分娩的干奶牛发生轻度阴道脱出不必进行治疗。待分娩后可自动恢复。但应对阴道不全脱出患牛单独饲养，圈舍应干净，褥草清洁并要勤换，将牛尾拴系于体躯一侧，以避免对脱出黏膜摩擦。

对阴道完全脱出，早期治疗的关键是防止阴道创伤、水肿、坏死和伪膜发生。具体措施是整复与固定。

整复

将脱出的阴道整治恢复其原位。

（1）将牛置于前低后高的地方或栏内站立保定。

（2）用 0.05%～0.1%新洁尔灭、0.1%雷佛奴尔或 0.1%高锰酸钾液充分清洗暴露黏膜，再用 2%明矾液冲洗，使其收缩。仔细检查脱出黏膜，淤血、水肿剧烈者，用消毒针头刺扎，使淤血及组织渗出液流出；

有伤口者，涂布碘甘油或3%龙胆紫；伤口过大者，应缝合；有坏死组织者，应完全清除干净。

(3) 助手用消毒纱布将阴道托起与阴门等高，术者用两手手掌从靠近阴门部分开始，逐渐将阴道向阴门内推送。术者也可用拳抵住脱出阴道末端，压迫子宫颈，将阴道向内推送。彻底将阴道复原，待母牛不再努责时，可向内注入土霉素粉 2 ～ 3 g 或金霉素粉 2 g。

固定

为防止阴道再次脱出，可加以固定。固定方法较多，可根据母牛全身状况、努责程度，采取相应的方法。

注射酒精法 选取阴门上、下、左、右四点，分别注射70%酒精 10 mL，进针深度约 10 cm，以刺激阴门周围组织肿胀，阻止阴道脱出。

阴门缝合法 本法确切，可靠，常用圆枕缝合、袋口缝合及双内翻缝合等。

(1) 圆枕缝合　充分清洗、消毒阴门，距阴门裂 1 ～ 4 cm 处进针，针深 0.5 cm 以上，穿出后打结，通常缝 3 ～ 5 针。

(2) 袋口缝合　用一根长粗线，从一侧阴门下角距阴门裂 2 ～ 4 cm 处进针，与阴门裂平行距进针点 2 ～ 3 cm 处穿出针，再距 2 ～ 3 cm 进针，距 2 ～ 3 cm 处出针，如此反复围阴门一圈，将缝线适度拉紧，与初次进针的缝线打结即可。

(3) 双内翻缝合　从一侧距阴门裂 3 cm 处进针，从同侧距阴门边缘 0.5 cm 处穿出，再从另一侧距阴门裂 0.5 cm 处进针，从同侧距阴门裂 3 cm 处穿出，再距出针扎 2 ～ 3 cm 处进针，将两个线头束紧打结，根据阴门裂的长短，用同样方法再作 1 ～ 2 道缝合即可。

(4) 阴道壁腹直肌缝合　患牛肌肉注射保定宁，剂量为 1.2 mg/kg 体重，或行荐尾间隙或尾椎间隙硬膜外麻醉，注入 2% ～ 3%普鲁卡因 12 ～ 15 mL。阴道整复后，于尿道内插入尿导管，用手从阴道内将尿道及膀胱推向一侧，在对侧缝合。将大弯针带入阴道内，在耻骨结节的耻骨前缘从前向后穿过阴道底壁及腹直肌，使针尖沿耻骨前缘返回阴道内，将缝针与缝线拉出阴道外，打外科结，并向阴道内拉紧缝线，打结，剪断游离缝线。左、右各缝一针即可。

预　防

加强饲养管理，增进机体全身张力。供应平衡日粮，以满足机体营养需要；控制干奶期精料喂量，防止母牛肥胖。提高兽医助产水平，减少或防止助产不当所引起的产道损伤。饲料品质应佳，适口性要好，严禁饲喂发霉、变质饲料。卵巢囊肿易继发阴道脱出，故应对病牛仔细诊断并对原发性疾病采取相应治疗。

子宫脱出
Prolapse of Uterus

母牛产犊后，子宫翻转脱出于阴门外，称子宫脱出，为奶牛的一种常见病。通常发生于产后几小时内，因为此时子宫颈扩张，子宫松弛、尚未收缩。子宫脱出以经产牛多见，初产牛发生较少。该病现被认为是非遗传性疾病，故很少有下胎复发现象。

病　因

就单个病牛而言，子宫脱出的病因难以确定，可能的诱因包括以下几点：

(1) 怀妊末期雌激素水平升高，致使骨盆内的支持组织和韧带松弛。

(2) 饲养管理不当，机体全身张力降低，如饲料营养缺乏，矿物质与维生素不足，饲养密集，运动不足等，母牛产后易发生低血钙，而低血钙性子宫弛缓则是经产牛子宫脱出的常见原因。

(3) 胎儿过大，双胎，胎水过多，均能引起子宫过度扩张并导致子宫弛缓。而当胎儿排出受阻，难产助产过程中，由于过度牵引，机械地引起产道损伤，导致母牛里急后重，努责强烈等，极易使子宫脱出。

临床症状

子宫脱出，阴门外附有一个很大的椭圆形袋状物（图 6-10）。母牛能站立和行走，大的脱出的子宫悬垂于跗关节附近，如胎衣脱落，可见子宫黏膜满布红色或紫红色、圆形或椭圆形的母体胎盘。由于后肢的反复碰撞，地面的摩擦，粪、尿、褥草及泥沙的污染，脱出的子宫被拉长、创伤或撕裂，黏膜充血、水肿，进而变成黑红色、干裂，有血水渗出。

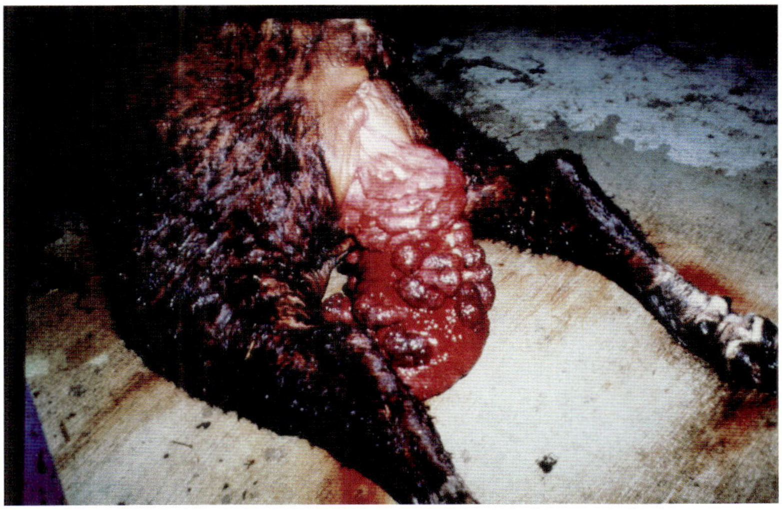

图 6-10 奶牛子宫脱出

母牛身体健壮而子宫脱出时间不长者，多数全身症状较轻，仅表现拱腰、轻度兴奋不安、努责和排尿困难。

有的病牛呈现出程度不同的低钙血症症状，精神沉郁，虚弱无力，体温降低，焦躁不安，挣扎，虚脱和昏迷。

当分娩后子宫脱出而未被及时发现时，母牛因内出血或外出血，脱出的子宫撕裂、穿孔，或小肠也嵌顿于脱出的子宫中，极易引起低血容量性休克，病牛呈现可视黏膜苍白、战栗、呼吸浅表、心率加快、虚脱等症状，往往在治疗后或未经治疗而死亡。

预　后

本病的预后因脱出时间的长短、机体状况、黏膜损伤的程度以及治疗及时与否而有所不同。

单纯发生子宫脱出，及时治疗并进行日常监测，约有 75%或更多的病牛会转为正常，并能再次繁殖。

子宫脱出时间过久，子宫黏膜损伤严重、黏膜撕裂，或发展为腹膜炎、子宫内膜炎等，其预后可疑。

经整复后仍反复脱出的患牛，预后可疑。

当子宫脱出的患牛发生大量内出血、休克等时，母牛均有可能死亡。

治　疗

子宫脱出治愈关键在于尽早发现，及时治疗。对病畜使之安静，用 1%碘溶液充分洗净暴露的子宫，并保持其湿润。

整复

治疗方法是整复法。具体步骤如下：

（1）麻醉。荐尾间隙或 1 ~ 2 尾椎间隙注入 2% ~ 3%普鲁卡因 10 ~ 15 mL，以减轻其努责，避免整复过程中母牛的骚动和不安。

（2）站立保定。对卧地病牛，应使其呈前躯低，骨盆向前倾斜，后躯高的重力优势；也可使用髋部吊带将母牛后躯提起。

（3）清洗消毒。用 0.1%高锰酸钾液、0.1%雷佛奴尔或 0.05%新洁尔灭等消毒液冲洗暴露部分，彻底除去异物及坏死组织。胎衣未脱落者，清洗前应剥掉；有伤口者，涂碘甘油；伤口大者，应缝合。再用 2%明矾液冲洗或浸泡，以缓解水肿。

（4）对站立母牛，助手用消毒毛巾、床单或托盘将子宫托起，提升至坐骨水平；母牛俯卧时，助手应坐在母牛荐部，面向后将脱出子宫置于其腹部与大腿之间，或用毛巾将子宫悬吊起来。

（5）术者手指并拢成拳，以缓慢按摩和轻推方式，从阴门最近处的子宫颈末端开始回送脱出的子宫，且勿损伤或穿透脆弱的子宫黏膜及子宫壁。也可用拳顶住子宫角末端凹陷，小心地向前推送，直至送回腹腔原位为止。最后轻轻摇动子宫体和子宫角，以确保其完全复位，防止再次脱出。

整复后的措施

其原则是阻止子宫的脱出和黏膜发炎，补充体液以增强机体体质。

（1）为消除子宫炎症，可用土霉素粉 2 ~ 3 g 或金霉素胶囊 4 粒，溶于 100 ~ 150 mL 灭菌生理盐水中，注入子宫内。同时，对阴门可采用圆枕或袋口缝合。

（2）补充糖、等渗电解质溶液和钙制剂，以解除脱水，缓解低血钙。常用 5%葡萄糖生理盐水 1 000 ~ 1 500 mL、10% ~ 25%葡萄糖液 500 ~ 1 000 mL、10%葡萄糖酸钙液 500 ~ 1 000 mL，一次静脉注射。同时用青霉素 250 万 ~ 300 万 IU，一次肌肉注射，每日 3 次，连续注射 3 ~ 4 d。

（3）为促使子宫收缩复旧，可用催产素 40 ~ 50 IU 或麦角新碱 5 ~ 15 mg，一次肌肉注射。

（4）随时观察母牛全身状况，对食欲不振，努责、不安，体温升高者，及时处理。

预　防

（1）临产母牛应在产房内饲养，产房应宽敞、清洁、干燥，可自由活动。 日粮应限制精料喂量，充分供应优质、适口性好的干草。为了防止产后急性低血钙症的发生，产前 1 周，可用 25%葡萄糖液和 10%葡萄糖酸钙液各 500 mL，一次静脉注射，每日一次，连续注射 3 ~ 5 次。

（2）对已有分娩前兆的妊牛，应单独饲养在产圈内，并有专人监护。强调自然分娩，需助产时，操作耐心、细致，防止产道损伤。

（3）加强对产后母牛的监护。产后母牛应专人看护，注意母牛有无努责、产道有无出血、精神状况如何等，异常者及时处理。分娩时，母牛体力消耗严重，为增强体力，产后可用 5%葡萄糖生理盐水 1 000 mL、25%葡萄糖液 500 mL、10%葡萄糖酸钙液 500 mL，一次静脉注射。一旦发生子宫脱出，立即整复。

子宫捻转
Uterine Torsion

子宫捻转是指整个怀妊子宫、一侧子宫角或子宫角的一部分围绕其纵轴发生捻转的产科疾病。若捻转发生于临产前，而且子宫捻转超过 180°，则产出胎儿受阻。也有报道怀孕后 70 d 时发生的子宫捻转（Robert，1986）和妊娠 3 个月的子宫捻转。

病　因

就具体病例而言，子宫捻转发生的真正原因无法查明。可能性的病因有以下几点：

母牛子宫解剖构造　母牛子宫阔韧带长而较窄，附着在子宫角小弯上，因此，子宫阔韧带仅固定住子宫颈、子宫体和子宫角基部的两侧，子宫角大弯未受固定。在妊娠后期，胎儿迅速增大，致使子宫角大弯向前延伸扩展，而子宫角小弯扩张不大，此时子宫向前向腹腔下垂，这样子宫角大弯及子宫整个前部都是游离的，可以左右大幅度移动，从而易使子宫体、子宫颈和阴道前部发生捻转。

牛起卧特点　牛起立时后躯先起，卧下时前躯先卧，由于子宫在腹腔内呈游离状态，提供了向前移动和摇摆的条件。因此，妊牛在起卧的过程中，由于惯性作用，极易导致子宫捻转的形成。

饲养管理不当　营养不足或缺乏，运动不足，致使全身张力降低，子宫支持组织弛缓。运动场不平，妊牛奔跑，突然滑倒和牛只爬跨等，皆可促使本病的发生。

临床症状

当子宫发生 45° 扭转或大于 45° 的部分捻转，如果捻转不进一步发展，通常不出现症状。妊娠中期时发生捻转，病牛不安，踏地，踢腹，食欲减退，摇尾，不愿卧地，或频繁起卧，心跳加快，常与急腹症混淆，经阴道和直肠检查时，可将此病确诊。子宫捻转发生于临产前或分娩时，病牛分娩时间延长，无阵缩和努责，有的母牛有阵缩或努责，但久不见胎膜、胎水和胎儿排出。直肠检查：手伸入直肠深部，可感觉直肠壁向一侧转向而不直通，可摸到子宫皱襞，捻转一侧的子宫韧带紧张，子宫中动脉无搏动或搏动紧张如敲击样，而另一侧子宫韧带松弛。阴道检查：阴道壁紧张，越向前阴道腔越狭窄，致使前端呈螺旋状皱褶。近子宫颈阴道部管腔更小。捻转不超过 90°，手能伸入子宫腔内，可摸到胎膜和胎儿；捻转超过 180°，管腔狭窄，仅能伸入 1 ～ 3 个手指。阴道外形异常，两侧阴唇不对称，一侧内陷，而另一侧转向子宫捻转的一侧。

轻度子宫捻转，虽不出现症状，但能影响胎儿或子宫血液的供应。严重的子宫捻转，由于供应子宫的血管受压或闭锁，因血液循环障碍，胎儿死亡、腐败，时间过久可使子宫壁发生坏死，母牛全身症状重剧。

诊　断

本病的诊断在于加强临床检查。当妊娠中期母牛有急腹症表现时，应考虑到子宫捻转发生的可能性，并随即进行必要的检查。

对临近分娩或超过预产期的母牛，要特别注意，要通过阴道、直肠检查进行诊断。注意母牛全身状况，阴门是否对称等。

根据直肠检查时阴道上壁后方的螺旋状皱褶的旋转方向，即可判定捻转的方向，确定是顺时针还是逆时针捻转。顺时针捻转即子宫向右捻转，表现为右子宫阔韧带被拉到捻转了的子宫的下方，而左子宫阔韧带被拉到生殖道的顶部上方；逆时针捻转即子宫向左扭转，其表现与子宫向右捻转正好相反。

治　疗

徒手矫正　子宫颈已开张，子宫捻转不大，而阴道未发生捻转时，可将消毒过的手伸入产道内，握住胎儿的露出部分（头、前肢或后肢）向捻转的相反方向转动，矫正子宫，再拉出胎儿。

翻转母体　在牛翻转处铺上一层较厚的垫草，使母牛卧地，将两侧前后肢分别斜向固定，即在系关节上方将某一侧前肢经母牛背部与另一侧后肢用软绳固定抽紧，使斜对侧的前后肢均屈曲于腹下时固定之。用同样的方法固定另一斜对侧的前后肢。使母体近似圆筒状，便于翻转。

翻转方向以子宫向哪一侧捻转而定。如子宫向右捻转，母牛右侧着地横卧，向右方急速翻转母牛，横卧。如子宫向左捻转则应向相反方向翻转。由于母体翻转迅速，子宫即可借胎儿重量的惯性作用而恢复原来的位置。

腹胁部放硬板并翻动　用一长约 3 m，宽 20 ～ 25 cm 的木板一块，将其一端放于腹胁部，另一端着地，术者站立其上固定。将母牛向对侧翻转，同时翻转母牛头部。本法是借助腹压固定子宫和胎儿位置，翻转后，进行直肠检查，确定转后效果，如不成功，可重新翻转。据称效果较好。

剖腹手术矫正　早期子宫捻转，因胎儿重量较小，故宜剖腹矫正。对于经上述方法不能矫正的病牛，为了避免子宫和腹膜出血性渗出加剧，以及子宫坏死和败血症、休克的发生，应尽早实施剖腹手术。

子宫内膜炎
Endometritis

子宫内膜炎为子宫内膜的炎症。根据黏膜损伤程度及分泌物性质的不同，可将其分为隐性、慢性卡他性、慢性卡他性脓性和慢性脓性子宫内膜炎 4 种。

经对 8 018 头母牛发病统计，子宫内膜炎发病率占 7.5%，为奶牛常发病。近年来，随着奶产量提高，牛群扩大，有的牛场子宫内膜炎发病率高达 25%。由于受子宫黏膜炎症的病程、炎性产物及细菌毒素的影响，一方面母牛呈现出性周期紊乱；另一方面又直接危害精子的活力及胚胎着床，致使配种不孕，是引起母牛不妊症的主要原因之一，给奶牛生产造成了一定的损失。

危　害　性

子宫内膜炎对机体的影响，主要表现在产后初次发情时间的延迟和配妊次数的增加。

产后发情推迟　经对 178 头子宫内膜炎母牛产后初次发情时间统计，产后 60 d 发情占 21.9%，61 ～ 90 d 占 48.2%，91 d 以上占 30%。农垦系统《奶牛场技术管理规范（草案）》指出，对产后 60 d 未发情的牛只，要查明原因，并进行诱导发情，即母牛发情时间以产后 60 d 为标准，调查结果，约 78.2% 子宫内膜炎母牛超过 60 d 才发情，表现出母牛产后发情推迟。

配种次数增加　农垦系统《奶牛场技术管理规范（草案）》中指出，对输精两次以上未妊牛只，要进行母畜科检查，发现症状要及时处理，即以输精两次配妊为标准。经对 146 头子宫内膜炎母牛发情配妊次数统计，输精一次配妊牛占 33.6%，两次配妊占 34.2%，两次以上配妊占 32%，说明子宫内膜炎造成配种次数增加，有的多次配种不妊。

病 的 发 生

发病与月份的关系　经对 174 头子宫内膜炎病牛发病时间统计，子宫内膜炎全年都有，这主要与奶牛场均衡产犊有关。尽管如此，其中以 12 月份至翌年 2 月份发病较多，占 35%，似与冬季严寒、冷刺激引起机体张力下降有关。

发病与胎次的关系　经对由 88 头胎衣不下和 82 头其他原因引起的子宫内膜炎胎次统计，1 胎占 16.8%，2 胎占 27.3%，3 胎占 18%，4 胎占 20.3%，5 胎以上占 17.6%。

头胎牛子宫内膜炎发病多的原因：

（1）干奶时，精饲料喂量较高，母牛肥胖，产道周围脂肪沉积，影响了产道的开张和松弛，造成分娩时产道狭窄，产出困难。

（2）胎儿过大，助产时操作不当而引起产道机械性损伤。

（3）产后牛食欲减退，进食量不足，产后能量负平衡持续时间延长，机体消瘦，全身张力降低，子宫弛缓，恶露潴留。

发病与产奶量的关系　经对 175 头子宫内膜炎母牛奶产量统计，5 000 kg 以下的占 28%，5 001 ～ 6 000 kg 的占 14.3%，6 001 ～ 7 000 kg 的占 24%，7 000 kg 以上的占 33.7%。子宫内膜炎与产奶量呈正相关，即随着产奶量的增高，子宫内膜炎发病率增加，其原因：

（1）产后高产牛对外界抵抗力降低，易受外界病原微生物感染。

（2）高产牛易发生胎衣不下，在 175 头牛中，胎衣不下 93 头，占 53.1%。由于胎衣停滞，导致产道内细菌生长、繁殖加快，子宫内异常发酵，毒素增加，使子宫黏膜遭受毒害而发炎。

（3）内分泌机能降低，子宫弛缓，恶露排出不及时。

病　因

感染　病原微生物的感染是引起子宫内膜炎的主要原因。常见的细菌有链球菌、葡萄球菌、大肠杆菌、布氏杆菌、化脓杆菌、嗜血杆菌等，病毒有牛传染性鼻气管炎病毒、牛病毒性腹泻病毒；真菌有酵母菌、念珠菌、放线菌及毛霉菌等，寄生虫有胎儿毛滴虫，以及生殖道支原体。

经对产后 159 头母牛生殖道内细菌学检验，共分离细菌 179 株，其中大肠杆菌 109 株，链球菌 22 株，葡萄球菌 10 株，绿脓杆菌 9 株，酵母和毛霉菌各 1 株，枯草杆菌、梭菌各 1 株，说明母牛生殖道内主要致病性细菌是大肠杆菌占 60.9%，次为链球菌占 12.3%，葡萄球菌和绿脓杆菌约各占 5%。母牛生殖道以一种细菌感染较多，占 72%，两种细菌感染较少，占 28%，尚未见三种细菌的混合感染。

未严格执行兽医消毒规程

（1）兽医在助产时消毒不严，助产粗鲁，致使产道损伤；在处治胎衣不下、子宫脱出、阴道和子宫颈炎时，消毒不彻底，治疗不及时，治疗方法不得当。

（2）配种时，不严格执行输精操作规程，输精器械、外阴部、手臂消毒不严；输精时不仔细，损伤阴道及子宫颈黏膜；过度地增加输精次数等。

机体患有疾病　结核病、布氏杆菌病、牛病毒性腹泻 - 黏膜病、牛传染性鼻气管炎、创伤性网胃 - 心包炎等，常伴有子宫内膜炎的发生。

饲养管理不当　日粮中精料喂量过多，牛只过肥，运动缺乏，过度催乳等，使母牛全身张力降低，造成产后子宫弛缓，恶露蓄积，子宫内感染。日粮营养不足，矿物质、维生素缺乏。1994 年，某场以氨化稻草为主要饲料，缺乏青贮饲料和优质干草，结果青年牛、成乳牛大批发生化脓性子宫内膜炎。

临床症状

隐性子宫内膜炎

母牛发情周期正常，但配种不易受妊。经检查阴道、子宫形态及全身未见异常，仅见发情黏液增多，混浊或含有絮状物；冲洗子宫的回流液静置后，有蛋白絮状物沉淀。

慢性卡他性子宫内膜炎

性周期、发情、排卵正常，但屡配不妊，或配种受妊后发生流产。阴道内集有少量混浊黏液，发情时从子宫内流出混有絮状物的黏液；子宫角增粗，子宫壁肥厚质软，弹性降低，子宫收缩微弱；阴道检查见子宫颈口开张，子宫颈阴道部肿胀、充血，阴道内积有混浊的或含有絮状物的透明黏液。

慢性卡他性脓性子宫内膜炎

母牛精神不振，食欲减少，前胃弛缓，体温时有升高现象；性周期紊乱，或久不发情或发情持续。从阴门内流出稀薄的污白色黏液或脓液，黏附于坐骨结节、尾根并结痂。阴道检查：子宫颈口开张，子宫颈阴道部充血、潮红、肿胀，有脓性分泌物。直肠检查：子宫角增大、质度不均、薄厚不匀，有时有轻微波动，卵巢上或有持久黄体，或有囊肿。

慢性脓性子宫内膜炎

性周期不规律，发情不规律或不发情；从阴道内排出多量脓性分泌物，卧地后排出量更多，脓性分泌物黏稠、灰白色或黄褐色，具恶臭；子宫角肥大，子宫壁肥厚不均，收缩反应极其微弱；子宫颈阴道部充血、肿胀，有脓性分泌物潴留。

预　后

子宫内膜炎的预后视炎症性质、病程和治疗而不同。通常隐性和卡他性可以治愈，只要配种细心，仍能受妊。慢性卡他性脓性和脓性子宫内膜炎，治疗较难，治愈后虽能受妊，但可能会发生流产。如伴输卵管炎、卵巢炎等，预后不良。

卡他性炎症时，如病程较长，子宫腺体分泌机能加强，因子宫颈管黏膜肿胀，卡他性分泌物不能排出体外，故在子宫腔内蓄积而造成子宫积水，繁殖力往往不能恢复。

脓性炎症时，若脓汁蓄积，则引起子宫蓄脓，性周期消失。

诊　断

临床检查

通过阴道、直肠检查确定子宫内膜炎症变化、肿胀、质地和收缩反应，结合发情、配种情况等，进行综合分析，可以确诊。

精液生物学诊断

有以下两种。

黏液加精液试验　在加温（38℃）的载玻片上，分开滴上 2 滴精液（保存在液氮中，用 2.9%柠檬酸钠溶液于 38 ～ 40℃下解冻），再将被检母牛的阴道黏液，加入其中的 1 滴精液中，用干净的盖玻片将两个液滴盖上，镜检。如精子在黏液中逐渐不运动或凝集，即为子宫内膜炎。

Yaŭtcaun 改良法　即黏液加 4% NaOH 试验。将 2 mL 阴道黏液和 2 mL 4% NaOH 液加入青霉素瓶中，使其混合，然后在酒精灯上加热到开始沸腾，冷却后，根据液体的颜色判定结果：无色为阴性反应（-）；慢慢地变成微黄色者为可疑（±）；出现柠檬黄者为阳性（+），即为子宫内膜炎患牛。

子宫内膜检查

取子宫内膜刮下物镜检，若标本上有淋巴样细胞集聚，上皮细胞正常，上皮下有中性粒细胞集聚，血管扩张，子宫腺体萎缩，即可确定为本病。

值得注意的是，慢性卡他性子宫内膜炎，由于病程较长，子宫腺体分泌机能加强，因子宫颈管黏膜肿胀、机体张力降低及子宫弛缓、收缩乏力等，致使卡他性分泌物不能排出体外而潴留于子宫腔内，形成子宫积水，发情停止。

治　疗

子宫内灌注法

（1）抗生素子宫内注入。金霉素、四环素、青霉素、链霉素、红霉素及磺胺类药物皆可。其目的是消炎、抑菌。其中以土霉素效果较好，剂量是 1 ～ 3 g，隔日一次灌入。

（2）碘溶液子宫内注入。卢格氏液：碘 25 g、碘化钾 50 g，加蒸馏水 40 ～ 50 mL，溶解，再加入蒸馏水至 500 mL，配成 5%溶液。取 5%碘溶液 20 mL，加蒸馏水 500 ～ 600 mL，一次灌入子宫。其作用是：碘具有较强的杀菌力；能活化子宫，促使子宫黏膜慢性炎症过程转成急性炎症过程，渗出加强，起到子宫自净作用，促使子宫恢复。

（3）鱼石脂溶液子宫灌入。取纯鱼石脂 8 ～ 10 g，溶于蒸馏水 1 000 mL 中，每次灌入 100 mL，一般用 1 ～ 3 次即可。其作用是使子宫软化。鱼石脂对局部有微弱的刺激作用，故可调节神经、改善局部组织血液循环和营养供应；并有防腐作用，可抑制病原微生物生长繁殖。北京南郊某牛场，曾对 23 例、平均 3 次配种不妊牛治疗，18 例痊愈，配妊率达 78.2%，疗后配妊平均为 1.55 次。后对 200 余例使用，收效较好。

（4）10% 呋喃唑酮鱼肝油悬液 10.0 mL，一次注入子宫，每 2 d 一次，连用 4 ～ 5 次，对因胎衣不下引起的脓性子宫内膜炎有效。

（5）青霉素 200 万 IU、甲基尿嘧啶 3 g、鱼肝油 5 g、5% 氨苯磺胺鱼肝油乳剂 100 g，一次灌入子宫，隔 48 h 灌注一次，用于脓性子宫内膜炎。

（6）注射维生素 A 50 IU、催产素 6.7 IU/100 kg 体重和维生素 E 50 ～ 100 mg 等。

（7）目前，已有用抗菌药物制成的栓剂、发泡剂、缓释剂等，投入子宫内，临床上也收到了一定效果。

关于子宫冲洗问题：所谓冲洗，是指将药物灌入子宫后，再使其由子宫内流出（实际上是导出）的过程。通过药液灌入与导出以达到子宫干净的目的。然而，根据临床实践体会到：①子宫口虽稍有张开，但开口并不完全，大导管进入困难，细导管也很难插入，因此，药液的灌入和导出都较为困难。②灌入药液如果导不出，停留于子宫内，将使子宫内环境改变。③反复抽出或送入导管，一是机械地损伤子宫黏膜，二是因导管、手臂等消毒不严，造成子宫内感染的机会增多。所以，子宫冲洗应谨慎使用。在一般情况下，只要及时使用抗菌药物，并持续治疗；手臂、器械消毒彻底，也会收到满意效果，从而可避免冲洗法带来的不利影响。

激素疗法

（1）雌二醇 100 mg，溶于 100 mL 油剂中，一次子宫内注入；或用雌二醇 50 mg 油剂，一次肌肉注射。能使子宫颈开张，有利于子宫内分泌物排出，促使子宫腺体分泌增加，改善子宫血液循环，促进性周期正常。

（2）前列腺素及其类似物。用氯前列烯醇肌肉注射，剂量为 500 μg，对于促进子宫内脓性分泌物的排出，提高受妊率可收到一定效果。

激光疗法

用氦氖激光治疗子宫疾病，效果显著。仪器为上海注射器三厂生产的 HNZSQ-1 型氦氖激光器，波长 6 328 nm，最大输出电流大于 40 mA，输出功率 30 mW，照射交巢穴。

中草药治疗

中药治疗，全国各地的处方及使用效果报道颇多，现列举其一，仅供参考。

完带汤：白术（土炒）30 g，苍术 30 g，山药 30 g，陈皮 18 g，酒车前 12 g，荞芥炭 12 g，酒白芍 13 g，党参 30 g，柴胡 12 g，甘草 12 g，磨细，黄酒 250 mL 为引，开水冲，一次灌服。

其他疗法

如自血疗法，子宫按摩法，全身补液、补盐、补碱，以及磺胺和抗生素的使用，都是有益的。

预　防

子宫内膜炎多发生于头胎牛、高产牛和胎衣不下牛，其中胎衣不下是主要原因。因此，预防子宫内膜炎发生的前提是加强对胎衣不下的防治，采取严格的卫生管理，防止产后感染；加强饲养管理，保持机体代谢正常化和使产道免受损伤；提高子宫神经肌肉的紧张度，增强子宫的收缩机能，促使子宫机能和结构恢复等综合防制措施。

加强围产期母牛的饲养管理，减少产后疾病的发生

（1）饲养上　产前营养水平不应过高，混合料喂量在 3 ～ 4 kg，青贮饲料喂量 15 kg，干草任其自

由采食。产前应注意矿物质、维生素及微量元素的供应。

（2）在管理上 搞好环境卫生，防止感染。产房应清洁、干燥、通风、明亮，运动场干净，粪尿、褥草及时清扫。产前应仔细观察母牛的食欲、精神等全身状况，对年老、高产和体弱牛应于产前 3 ～ 5 d 静脉注射 20%葡萄糖和 20%葡萄糖酸钙液各 500 mL，每日或隔日一次，可防止产后瘫痪和胎衣不下发生。

加强分娩管理，减少产道损伤和感染 临产母牛，应单独隔离，产床消毒，并铺垫清洁褥草。强调自然分娩。需助产时，要做好所需药品、器械的消毒；确定助产的方法和措施；操作细致、规范，防止产道损伤和感染。

加强对产后母牛的监控

（1）分娩后母牛应有专人看护，当发现努责强烈，产道损伤、流血，子宫脱垂等应及时处理。

（2）头胎母牛常因产犊体质消耗严重，卧地不起，可于分娩后，用 5%葡萄糖生理盐水 1 000 mL、25%葡萄糖液 500 mL，一次静脉注射，以促进体力恢复。

（3）为防止胎衣不下，产后母牛可采用：① 20%葡萄糖酸钙和 25%葡萄糖液各 500 mL，一次静脉注射。②产后立即用催产素 100 IU 一次肌肉注射，也可先注 50 IU，隔 4 ～ 8 h 再注 50 IU。产后 12 h，胎衣不脱离者可判为胎衣不下，应及时选用高敏性抗生素注入。不要用大量液体冲洗，以避免促进炎症加剧和毒素吸收。

（4）产后 6 ～ 8 d，极易因子宫内感染而发生子宫内膜炎，为防止其发生，产床每日消毒一次，用 0.1%新洁尔灭、0.3%～ 0.5%洗必泰或 4%次氯酸钠清洗母牛尾根及后躯，每日 2 ～ 3 次。

（5）坚持出产房的检查，通常产后 15 d 出产房。其标准是泌乳、食欲正常；阴道分泌物清亮或呈褐色，胶冻样无臭味。异常者应治疗。

（6）产后 30 d 内，为奶牛特别是高产奶牛隐性酮病易发期，为了促使机体体质恢复，预防和治疗酮病，促进子宫收缩和复旧，加速恶露排出，可用 25%葡萄糖和 20%葡萄糖酸钙液各 500 mL，一次静脉注射，每日或隔日一次，连续注射 3 ～ 5 次。

及时治疗母牛全身疾病 因为产后瘫痪、乳房炎、胎衣不下、酮病等，都会直接或间接引起子宫炎症及其复旧不全的发生，故应尽早治疗。有条件的牛场，应对本场母牛生殖道微生物进行分离，并选择高敏药物治疗，缩短病程，减少慢性、顽固性子宫内膜炎的发生。

子宫蓄脓
Pyometra

子宫蓄脓是指子宫内脓汁不能排出体外而蓄积于子宫内，并伴有持久黄体和不发情。

由于子宫蓄脓的患牛不像子宫内膜炎的病牛那样从子宫内排出相似的液体并出现发情，罗伯特（Robert）认为，持续性黄体是在分娩后最初几次排卵中一次形成的。由于黄体滞留，不发情，常将子宫蓄脓误认为已经妊娠。而当从子宫内排出脓性分泌物，或妊娠检查时，才被发现。奶牛时有发生。

病　因

子宫蓄脓与子宫内膜炎、持久黄体紧密相关。因此，凡能引起子宫内膜炎和持久黄体的病因，都能引起子宫蓄脓。

（1）饲养管理不当，饲料单纯、品质低劣，矿物质、维生素不足或缺乏；高产奶牛分娩后持续高的泌乳量，子宫内膜性黄体溶解因子或内源性前列腺素不能促使黄体溶解，故发情周期停止。

（2）难产时，助产不当，产道损伤；胎衣不下、子宫脱出、阴道脱出、产后子宫弛缓、恶露蓄积，常会引起慢性脓性子宫内膜炎并伴有持久黄体。

（3）怀孕过程中，由于化脓性放线菌或毛滴虫感染，引起胎儿死亡，并继发子宫蓄脓。

临床症状

子宫蓄脓的母牛，其临床症状是发情停止、持久性黄体和子宫积液。多数病例均会有间隙地或频繁地从生殖道内排出黏性、脓性分泌物。阴道检查：子宫颈、阴道黏膜充血，积有脓性分泌物（图 6-11）。直肠检查：子宫增大，两子宫角对称，内有液体，其量由几克到几千克不等，子宫壁变厚、弛缓或薄厚不均、弹性小、收缩反应微弱，当脓汁多时子宫扩张，具膜滑动感，但无子叶，卵巢上有持久黄体。

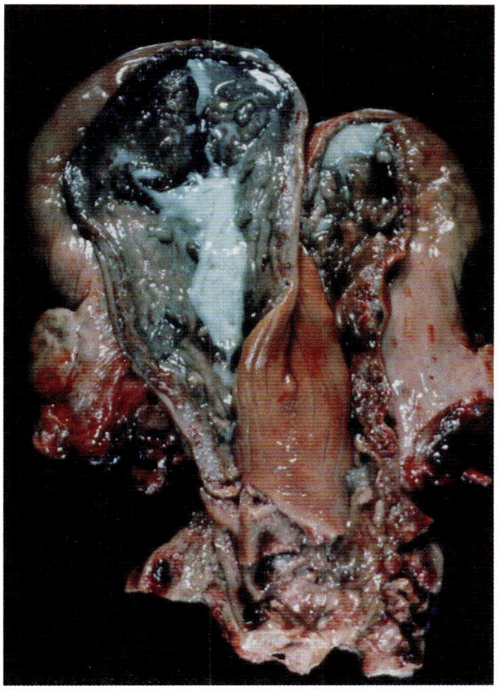

图 6-11　奶牛子宫蓄脓

诊断

本病根据临床表现，通过直肠检查或超声检查，即可确诊。另外，在诊断时应与配种受孕后子宫增大、子宫积水进行鉴别（表 6-6）。

表 6-6　子宫积水、子宫蓄脓、子宫妊娠的鉴别

项目	阴道变化	直肠检查	子宫体积	发情周期
子宫积水	子宫颈阴道部充血，颈口开张约一指	子宫增大、壁薄、波动明显，两子宫角大小相等、对称，卵巢上有黄体	子宫的大小可能发生改变	紊乱，不发情
子宫蓄脓	子宫颈阴道部黏膜充血，集有脓性分泌物	子宫增大，两子宫角对称，子宫壁肥厚，薄厚不均，收缩反应微弱，弹性小，卵巢上有黄体或囊肿	形状、大小、质度不变化，如有配种，与其时间不相应	紊乱，不发情
子宫妊娠	子宫颈闭锁，黏膜淡粉色、干燥	可摸到胎儿、胎盘，子宫中动脉搏动阳性，卵巢上有黄体	随妊娠时间延长，子宫体积增大	发情停止
备注	为确诊可肌肉注射雌二醇 5 mg。子宫积水、蓄脓时，注射药物后，可由子宫内排出黏性或脓性分泌物，子宫妊娠则无反应（此量不会引起流产）			

治疗

子宫蓄脓的持续时间直接影响母牛的繁殖，当蓄脓超过 2 个月或母牛子宫内大量蓄脓时，其再繁殖的可能性较小，因此对子宫蓄脓应尽早诊断并及时治疗。

药物治疗

（1）前列腺素 $F_{2\alpha}$（$PGF_{2\alpha}$）35 mg，一次肌肉注射，隔 14 d 后，再复注一次。

（2）氯前列烯醇 500 μg，一次肌肉注射，隔 14 d 后，再复注一次。

以上两种药物疗效都很好。

（3）注射雌激素后再使用催产素。苯甲酸雌二醇液 20 mg，一次皮下注射，然后再用催产素 50 IU，一次皮下注射，也有疗效。

子宫内注入

（1）前列腺素能促使黄体作用减退。山崎大辅等对患子宫蓄脓的 5 头母牛，向子宫腔内注入前列腺素 2 ～ 6 mg，所治病牛在给药后 1 ～ 3 d 内见到了排脓，再配合抗生素和碘制剂子宫内注入，治愈后平均 21 d 发情。

（2）抗生素注入。土霉素 3 g、金霉素 2 g 或新霉素 200 万 IU，溶于灭菌水 200 ～ 250 mL，一次灌入子宫，隔日一次，直至子宫分泌物清亮、干净为止。

预　防

加强饲养管理，供应全价平衡日粮，增进机体体质，提高全身张力。助产时要细致，防止产道损伤；对胎衣不下、子宫内膜炎的母牛，应及时、合理治疗。

加强母牛产后繁殖监控，发情牛要及时配种，对产后 60 d 未发情牛，应通过直肠检查，查清子宫复旧情况，并采取对症治疗，必要时进行诱导发情；已配妊母牛，定期检查全身状况，如有流产、胎儿死亡应及时处治。一句话，就是严格贯彻产后繁殖管理，控制一切造成子宫蓄脓发生的可能性因素。子宫蓄脓在奶牛中是可预防的。

胎水过多
Dropsy of Allantois and Amnion

胎水包括尿水和羊水。正常情况下，牛的羊水为淡乳白色，量 3 ～ 5 L；尿水为淡黄色，量 8 ～ 15 L。

胎水过多指羊膜囊内积有过多的羊水，或尿囊内积有过多的尿水。胎水过多约有 10% 是由羊水过多造成的，尿水过多则极为普遍。

病　因

牛胎水过多的真正原因尚不清楚。目前认为，羊水过多由胎儿造成，即因胎儿发育不正常，胎儿吞咽障碍或阻止了羊水通过肠的运输所致。尿水过多与双胎有关。其主要原因是母体胎盘形成异常而造成，以胎盘块和外膜胎盘数量减少为特征。

此外，子宫疾患时，子宫内膜抵抗力降低；维生素不足特别是维生素 A 的缺乏；矿物质及微量元素的缺乏；母牛患有心脏、肾脏疾病或贫血等，也是造成发病的条件。

临床症状

母牛在妊娠 6 个月后腹部明显膨胀，腹壁紧张，腹部向两旁扩张，背部凹陷，触动腹壁可感到有液体存在。站立时，四肢外展；运步时，步态缓慢。胎水特别多时，起卧困难。

子宫内胎水过多，子宫扩张而压迫内脏，影响牛只食欲，采食量减少，体质虚弱。体温正常，呼吸浅表，脉搏快而弱，脱水并可继发酮病及其他代谢病。

由于腹部重量的极大增加，起立挣扎或滑倒，易引起肌肉拉伤、髋关节脱位、股骨骨折、腹肌破裂和腹壁疝等，其病情更加重剧。

预　后

临近分娩胎水过多的母牛，预后较好，距分娩期较长者，预后较差。

胎水过多不继发其他疾病，能正常分娩，但因其影响食欲，母牛处于能量负平衡，故产犊后乳房松弛，泌乳能力受到影响。尿水过多的母牛，易招致胎衣不下及子宫炎，故可影响配种。当胎水过多伴发其他疾病，特别是肌肉损伤而不能站立者，应尽早淘汰。

诊　　断

根据妊娠母牛后期腹部的显著增大，可作出初步诊断。羊水过多或尿水过多可以通过外观及直肠检查来区别。

羊水过多腹部膨大是缓慢的、进行性增大，最后腹部呈梨形。直肠检查可触摸到胎儿和胎盘。分娩或流产时，流出液体浓稠。

尿水过多腹部迅速增大，从后方观察，腹部呈圆形。直肠检查因子宫角增大，故摸不到胎儿及胎盘。分娩或流产时，流出液体呈水样。

治　　疗

治疗的前提是根据病牛的全身状况、距分娩时间的长短而相应处治。

在距分娩时间很远时

母牛症状较重、食欲不振、呼吸加快、脉率增数者，应尽早用引产或剖腹产将胎儿排出。

（1）人工引产　前列腺素 $F_{2\alpha}$（$PGF_{2\alpha}$）30 ~ 40 mg，一次肌肉注射，配合用雌二醇 6 ~ 8 mg，一次肌肉注射，每日一次，以使子宫颈和生殖道松弛，常在 24 ~ 48 h 内排出胎儿。

（2）剖腹产　即用手术方法取出胎儿。术前应仔细检查，看有无脱水症状，当脱水症状明显时，应及时补充水和电解质溶液。手术时，为避免剖腹产引起静脉压力改变，防止出现内脏淤血和休克的发生，术前应先穿刺，使子宫内液体慢慢流出，再进行剖腹产手术。

临近分娩时

对病牛应仔细监护，单独饲喂。在饲养上，给予营养丰富、体积小的饲料；限制饮水，增加运动，增强机体体质。对脱水者，应静脉输液；伴有酮病或低钙血症时，应补充葡萄糖和钙制剂。表现出分娩前兆时，应专人看护，并及时助产。

排出胎儿后

应加强护理，注意全身状况、胎衣是否脱落等。胎衣不下应及时处理，伴有体温升高者，全身用抗生素治疗。

胎 衣 不 下
Retained Fetal Membranes

胎衣不下又叫胎衣停滞，是指母牛在产出胎犊后的一定时间内，胎衣不能自行脱落而滞留于子宫内。

经对 479 头黑白花奶牛胎衣脱落时间统计，产犊后 5 h 内脱落的占 55.5%；6 ~ 10 h 脱落的占 41.5%；10 h 内脱落的共占 97%。

因各场饲养管理水平不同，胎衣不下发病率各异。我国的发生率为 12% ~ 30%。由于胎衣不下易引起子宫内膜炎，导致产后发情时间延迟，配种次数增加，极大地影响繁殖率，故给奶牛生产造成一定损失。

病 的 发 生

季节与发病的关系　呈季节性。春、冬季较低，为 15% ~ 18%；夏季最高，为 24% ~ 28%。

胎次与发病的关系　不同胎次发生率不同，据对 88 头胎衣不下牛胎次统计，其中 1 ~ 3 胎的占

53%，4 ～ 10 胎的占 44.7%，即胎次低的牛发生多。

胎儿初生重、性别与发病的关系　据调查，犊牛初生重在 35 ～ 50 kg 的母牛，发生率为 15%；30 kg 以下的，发生率为 33%。与性别无关。

早产、双胎与发病的关系　早产和双胎发生率分别占 67% 和 64.3%，远远超过正产单胎。

产奶量与发病的关系　据 93 头胎衣不下牛产奶量统计，5 000 kg 的占 16.1%，6 000 kg 的占 39%，7 000 kg 以上的占 44%，产奶量愈高，胎衣不下牛愈多。

发病对繁殖的影响　胎衣不下的母牛其产后发情延迟。其中 3 ～ 6 胎的牛产后首次配种较第一胎延迟约 4 d；6 ～ 7 胎母牛，延迟约 36 d，使产后空怀期延长。

病　因

饲养不当　日粮中矿物质、维生素缺乏与不足，饲料单纯、品质差，奶牛营养不良、消瘦，或过度饲喂精料，机体过肥、全身张力降低。

子宫收缩乏力、弛缓　牛的胎盘属于上皮绒毛膜与结缔组织绒毛膜的混合型。由于子宫肌较强的收缩力，使宫腔变小，绒毛膜的皱襞增大，血管被压缩，血液循环减慢，供血减少，腺窝的紧张度减轻；加上胎儿胎盘血液循环停止，使绒毛的膨胀压力降低，故胎儿与母体胎盘之间失去联系，胎衣排出。当子宫收缩力减弱、子宫弛缓时，上述过程减弱或停止，致使胎儿胎盘与母体胎盘部分地或全部地不能分离而发生滞留。

造成子宫弛缓的原因，常见如胎儿过大、胎水过多、双胎、流产。

由子宫炎症引起的胎盘粘连　如子宫炎、布氏杆菌病，以及病毒、霉菌感染，引起子宫内膜及胎盘发炎，继而引起结缔组织增生，导致胎儿胎盘和母体胎盘发生粘连。

子宫颈闭合过早　产后子宫套叠，未孕子宫角强烈收缩，胎衣被夹，导致脱落的胎衣不能排出。

临 床 症 状

根据胎衣在子宫内储留的多少，常可分为全部胎衣不下和部分胎衣不下。

全部胎衣不下

指整个胎衣停留于子宫内。多由于子宫垂于腹腔或脐带断端过短所致。外观仅有少量胎膜悬垂于阴门外（图 6-12），或看不见胎衣，经阴道检查发现。

一般患牛无何表现，仅见一些头胎牛有举尾、拱腰、不安和轻微努责。

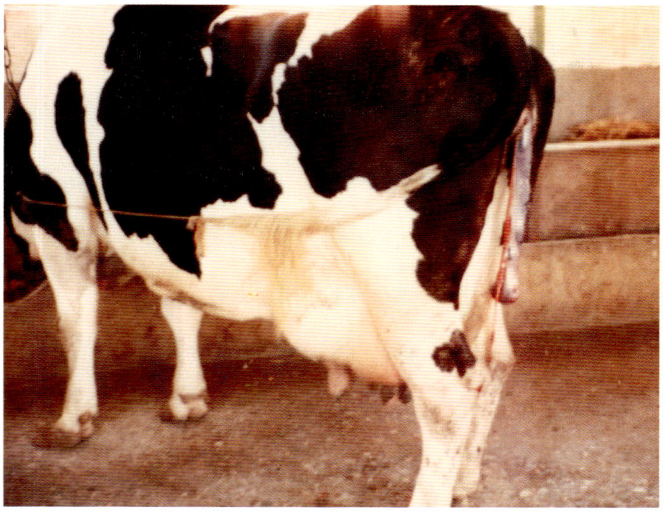

图 6-12　胎衣仅少量垂于阴门外

部分胎衣不下

指大部分垂于阴门外，少部分粘连。垂附于阴门外的胎衣，初为粉红色，因长时间于后躯悬垂，故易受外界污染，胎衣上附着粪末、草屑、泥土，粪尿浸渍发生腐败，尤以在夏季炎热天气显著。胎衣色呈熟肉样，具剧烈的难闻腐臭味。子宫颈开张，阴道有褐色、腐臭的分泌物。

也有大部分脱落，仅有少部或个别子叶滞留于子宫内，其残存部分发生于子宫角。这只有在检查胎衣时，或经 3 ～ 4 d 后，由阴道内排出腐败的、灰红色、熟肉样的胎衣块时才发现。

通常，胎衣不下对奶牛全身影响不大，食欲、精神、体温正常。仅有少数病牛，由于胎衣腐败，恶露潴留，细菌生长繁殖，毒素吸收，发生自体中毒，表现体温升高，精神沉郁，食欲下降或废绝，产乳量下降。

预　　后

胎衣不下，适当治疗常于 14 ～ 26 d，子宫内分泌物干净，预后良好。

如治疗不及时、不正确，胎衣不下易引起子宫炎，而招致母牛发情推迟，不能按期配种受妊。

经对 101 头胎衣不下牛只，391 头胎衣自行脱落牛只子宫干净天数统计，101 头胎衣不下牛子宫干净天数共计为 2 622 d，平均每头牛为 26 d，后者为 8 062 d，平均 20.6 d，即说明胎衣不下牛子宫干净天数延迟 5.4 d。

诊　　断

胎衣不下易于确诊。但有些牛只有吃胎衣现象，而误为胎衣不下。也有脱落不完整者，故必须尽早进行阴道检查。

治　　疗

产后 10 h 胎衣不下即可处理，夏季可在产后 7 h 处理。其治疗原则是抑菌、消炎，促使胎衣排出。

全身疗法

（1）20% 葡萄糖酸钙（或 10% 葡萄糖、3% 氯化钙）与 25% 葡萄糖液各 500 mL，一次静脉注射，每日一次。

（2）垂体后叶素 100 IU，或麦角新碱 20 mL，一次肌肉注射。

（3）激素疗法：促肾上腺皮质激素 30 ～ 50 IU，氢化可的松 125 ～ 150 mg，强的松龙 0.05 ～ 1 mg/kg 体重，一次注射，每隔 24 h 注射一次，共注 2 ～ 3 次。具有抗炎作用，可减轻组织损伤和中毒表现，促使糖、蛋白质、脂肪的正常代谢，并有抗组胺作用，用后可使体温、呼吸、脉率恢复正常。

子宫内注入

（1）10% 高渗盐水 1 000 ～ 1 500 mL，一次灌入子宫内，常于灌药后 3 ～ 5 d，胎衣脱落。其作用是促使胎盘绒毛脱水收缩，而从子宫阜中脱落。

（2）抗生素注入。土霉素 3 g 或金霉素 2 g，溶于 250 mL 蒸馏水中，一次灌入子宫。隔日一次，常于 5 ～ 7 d 后胎衣自行分解脱落。排出胎衣后，继续灌药，直到子宫阴道内分泌物清亮为止。一般在 14 ～ 20 d 子宫干净。

据临床体会，金霉素、土霉素效果好，而呋喃西林、磺胺类药物效果较差。

中药处方

车前子 250 ～ 300 g，酒（市售白酒或 75%酒精）拌湿车前子，拌匀后点火烧，边烧边拌，放凉后碾成面，加温水灌服。共治 13 例（奶牛 11 头，黄牛 2 头），服药后 2 d，胎衣能自行脱落。

手术治疗

即胎衣剥离。胎衣剥离的优点是及时取出胎衣，减少胎衣在子宫内潴留时间。缺点是手臂伸入产道易造成感染；剥离时易引起母体胎盘出血，子宫黏膜受损；不易将胎衣完整剥离，特别是子宫角的胎衣因子宫收缩，手难以进入。因此，有些牛在胎衣剥离后出现体温升高、拱背、呻吟、不食等，所以多不采用。常采用灌注抗生素的方法。但应注意：胎衣粘连不紧或仅部分粘连容易剥脱者将其剥离，后灌注抗生素，可隔日灌注金霉素或土霉素。

预　防

加强饲养管理，供应平衡日粮　干奶期不仅要注意精粗比例，还应重视矿物质、维生素的供应，加强运动，增强全身张力。

加强兽医消毒卫生　临产牛要置于安静、清洁、宽敞的圈舍内，令其自然分娩，避免各种应激；助产应严格消毒，操作细致；全场应做好防疫消毒工作；凡有流产发生，应查明原因，确定病性，凡由传染性病因引起的流产，应将母畜从牛群隔离，流产胎儿、胎衣、分泌物应严格处理。

药物预防

（1）产前补糖、补钙。对年老、高产和有胎衣不下病史母牛，临产前 3 ~ 5 d，每日或隔日用 25% 葡萄糖液和 20% 葡萄糖酸钙各 500 mL，一次静脉注射，可促使胎衣脱落。

（2）产后肌肉注射垂体后叶素 100 IU 也有效。但应早期使用，如 24 h 后再用，其作用微小。因为在产后 12 h 内，由于妊娠末期胎盘产生的雌激素，使子宫对垂体激素具有敏感性，因而产生明显的子宫收缩；当时间延长时，雌激素消失，则使子宫对垂体激素的敏感性降低或消失，即使再用此药，子宫的收缩反应也不明显，起不到治疗作用。

1998 年，我们对 177 头分娩母牛，产后立即注射催产素 100 IU，其结果：

① 注射催产素后，胎衣脱落 134 头，占 75.7%，与不注射的对照组（26/40）65% 比，高 10.7%，说明有加速胎衣脱落的作用。

② 注射催产素后，产后 8 h 内，胎衣脱落的占 88%，自然脱落牛仅占 73%，前者比后者高 15%，说明有促使胎衣提早脱落的作用。

③ 注射催产素后，母牛产后 90 d 发情的占 86.3%，胎衣自然脱落的发情牛占 70.3%，说明有促进母牛发情的作用。

④ 注射催产素后，配种一次受妊牛占 49.2%，未注射的占 35%，3 次配种受妊牛，前者占 90%，对照牛为 82.5%，说明有提高受妊率的作用。

（3）肌肉注射亚硒酸钠维生素 E。预产前 15 d、30 d，可使用亚硒酸钠 10 mg、维生素 E 5 000 IU，一次肌肉注射。

（4）产后 2 h 静脉注射钙制剂。用 10% 葡萄糖酸钙 500 mL 或 3% 氯化钙 500 mL，一次静脉注射，可促使胎衣脱落。

（5）产前 7 d 肌肉注射维生素 AD 10 mL（每毫升含维生素 A 50 000 IU、维生素 D_2 5 000 IU），每日一次，直到分娩为止，可起到预防作用。

（6）饮用羊水或母牛产犊后 1 h，颈部皮下注射初乳 50 mL，也有预防作用。

（7）产前 9 d 每日注射孕酮 100 mg，或产犊后 4 ~ 5 h，注射甲基麦角新碱 5 mg，可降低胎衣不下发生率，缩短产后配种期。

卵巢机能减退
Ovarian Inadequacy

卵巢机能减退是指卵巢受各种因素的影响而机能发生紊乱，临床呈现出排卵障碍，如不排卵或排卵延迟，母牛不发情或发情不完全。当卵巢机能长期减退时，将导致卵巢组织萎缩和硬化。本病为奶牛常发病，特别是产后高产母牛易见。

病　因

饲养管理不当　这是本病最常见的病因之一，具体表现是：

（1）日粮不平衡。蛋白质、碳水化合物饲料比例不当；矿物质和微量元素缺乏或不足，特别是维生素 A、维生素 D、维生素 E 缺乏。

（2）饲料单纯，品质低劣，母牛营养不良、消瘦，母牛易表现不排卵或卵泡发育受阻。饲料丰富，精饲料喂量多，母牛过肥，也易发生排卵障碍。

（3）过度催乳。乳产量过高，机体营养随乳汁排出，生殖系统营养不足，使母牛卵巢机能受到抑制。

（4）牛舍狭小、运动场地窄小，母牛运动不足。

激素分泌异常和酶活性降低

（1）促黄体素（LH）释放不足或释放时间不当，结果使泡卵成熟、排卵和雌激素的分泌障碍，排卵延迟或不排卵。

（2）促乳素（PRL）水平过高，使卵泡的生长发育抑制。

（3）前列腺素（PG）不足。PG 参与排卵过程，排卵前的卵泡液中 PGE_2 和 $PGF_{2\alpha}$ 浓度明显增加。当前列腺素不足时，排卵过程将受到抑制。

（4）雌激素含量降低，雄激素在卵泡内含量升高，将使卵泡发生闭锁。

（5）酶活性降低。排卵是酶性溶解的结果。卵泡液中的蛋白水解酶、胶原酶、淀粉酶、透明质酸酶及纤维蛋白溶解酶系的活性降低，将会因卵泡的溶解受阻而发生排卵障碍。

应激因素的作用　各种不良外界环境条件都可成为应激因素，如热应激、冷应激、饲料应激、泌乳应激等等，都能引起排卵障碍。

（1）突然变更饲养环境。奶牛对所处的气候环境、饲料和饲养制度不适应，使排卵障碍，表现为发情延迟，或发情而不排卵。

（2）炎热的夏季高温引起肾上腺分泌机能加强，使血浆促肾上腺皮质激素（ACTH）和皮质类固醇浓度升高，直接干扰排卵机制，从而阻止排卵。因此，夏季母牛不发情和不孕率高于其他季节。

（3）光照不足，气候潮湿，排卵受阻。

机体本身状况

（1）年老牛，由于全身机能衰退，生殖机能减退；瘦弱母牛，全身营养不良，卵巢缩小，机能异常。

（2）疾病继发。母牛患有消化及呼吸道疾病、营养代谢疾病、传染病、寄生虫病都可以引起卵巢机能不全而发生排卵障碍；子宫炎、阴道炎也因其炎症对卵巢的影响，使其发生炎症和机能异常。

（3）遗传性。据信排卵障碍具有遗传性。

临床症状

患卵巢机能减退的母牛，由于卵泡变化类型与发病阶段不同，故临床表现不同。

卵巢机能不全

病牛发情周期正常，发情明显或微弱，卵巢中有成熟卵泡，但不排卵或排卵延迟。不排卵者，成熟卵泡发生退化或闭锁，发情征状即随之消失；排卵延迟者，因多数卵子老化或变性，故不能受孕。直肠检查：卵巢无特殊变化。仅见前者在发情当天卵泡变软、壁薄，继而变厚，圆形而光滑，且有波动，卵泡存在时间较长。

卵巢静止

母牛不发情，卵巢大小、质地正常。直肠检查：卵巢上无卵泡和黄体，其体积变小，一侧卵巢上可能有黄体遗迹。

卵巢萎缩

外观见母牛不发情。直肠检查见卵巢缩小，组织萎缩、质度硬，无卵泡和黄体，子宫也往往缩小。

治　疗

治疗的目的是促进排卵，具体方法如下：

（1）激素疗法　临床使用促黄体素释放激素（LRH）、绒毛膜促性腺激素（HCG）、促卵泡素（FSH）、促黄体素（LH）、孕马血清促性腺激素（PMSG）和雌激素等（表 6-7）。

表 6-7　母牛卵巢机能减退的病因及治疗

临床表现	原因	卵巢变化	治疗
发情延迟	（1）卵泡发育异常 （2）持久黄体 （3）胎儿木乃伊	排卵延迟或不排卵，卵巢增大、硬	（1）LRH 或 FSH 100 ～ 200 IU，隔日一次，连续注射 2 ～ 3 次 （2）LH 100 ～ 200 IU，肌肉注射
发情缩短（发情周期缩短）	（1）卵巢囊肿 （2）黄体功能不全	卵巢上有 1 ～ 2 个以上大卵泡、波动，母牛呈慕雄狂	（1）LH 100 ～ 200 IU，肌肉注射 （2）HCG 5 000 ～ 10 000 IU，肌肉注射 （3）激光照射
长期不发情	（1）卵巢静止 （2）卵巢萎缩 （3）隐性发情 （4）持久黄体	卵巢硬，无卵泡和黄体 卵巢缩小，无卵泡和黄体 有卵泡，无发情 卵巢增大、硬，有黄体	（1）HCG 2 500 ～ 50 000 IU，肌肉注射 （2）雌二醇 4 ～ 10 mg，肌肉注射 （3）PMSG 20 ～ 40 mL，肌肉注射 （4）LH 100 ～ 200 IU，肌肉注射 （5）$PGF_{2\alpha}$ 5 ～ 10 mg、LRH-A 400 ～ 500 μg，肌肉注射
性周期正常但屡配不孕	（1）输卵管炎 （2）隐性子宫内膜炎	性机能、生殖器官正常，子宫内有卡他性分泌物	（1）1% 盐水、1% 碳酸氢钠液冲洗子宫 （2）灌注抗生素

（2）电针疗法　产后卵巢机能不全及卵巢萎缩者，电针命门、百会、腰肷穴；卵巢静止者，电针阳关、百会及交巢穴。

（3）激素和抗生素综合应用　对不排卵和排卵延迟牛可在发情出现后肌肉注射新斯的明 20 mL 或 HCG 3 000 ～ 5 000 IU 后，再用青霉素 160 万 IU、链霉素 200 万 IU、维生素 B_{12} 10 mL、生理盐水 30 mL，一次灌入子宫内，效果较好。

预 防

（1）供应平衡日粮。根据母牛营养状况确定日粮组成。体弱牛，应供应足够的蛋白质、维生素、矿物质及微量元素，保证优质干草的喂量，并加喂胡萝卜、大麦芽等饲料；过肥牛，应控制精饲料喂量，充分供应优质干草和多汁饲料。

（2）提供优良的环境条件，减少各种应激。加强运动，以增进体质；严禁加料催乳产量；保持饲料及饲养制度稳定；及时清除粪便，保持牛舍、运动场的清洁；做好防暑降温、防寒保暖工作，创造良好的人工小气候，减少气象因素的影响。

卵巢囊肿
Ovarian Cyst

卵巢囊肿是指卵巢上长期存在大于成熟并内含液体的卵泡。其特征是卵泡在预期排卵时间不排卵，继续增大。在奶牛繁殖疾病中，卵巢囊肿为奶牛常见的一种疾病，常引起不妊。

卵巢囊肿分卵泡囊肿和黄体囊肿两种。

卵泡囊肿是由于卵泡上皮变性、卵泡壁结缔组织增生变厚，卵泡液未被吸收或增多而形成。

黄体囊肿是由未排卵的卵泡壁上皮黄体化而形成。

病 的 发 生

年龄与发病 性成熟后任何年龄的牛都能发病，但以 2 ～ 5 胎牛发病较多。

产奶量与发病 本病多见于分娩后 1 ～ 4 个月，即泌乳高峰时期。通常认为高产牛易发病，临床上过度催产奶量和肥胖的牛易发生。

季节与发病 一年四季都有。据报道，12 月份至翌年 1 月份和 2 月份发病占 48%，即严冬季节多见。

病 因

饲养管理失调 常见于为促奶产量而在日粮中过度增加蛋白质饲料（黄豆、豆饼），造成蛋白过高，能量不足，母牛过肥；运动不足；缺乏日照。

内分泌机能紊乱 当垂体前叶分泌 LH 不足，卵泡壁产生 $PGF_{2\alpha}$ 受阻时，排卵受阻；或大剂量使用雌激素制剂和孕马血清，导致卵泡滞留。

生殖系统疾病 当卵巢、输卵管、子宫等炎症时，常引起卵巢炎症而发生囊肿。

遗传因素 Henricson 对 341 头荷兰牛研究指出，卵巢囊肿有遗传性，其遗传率为 0.42；有人对 331 头卵巢囊肿的瑞典红牛分析，认为 26%患牛的母亲有卵巢囊肿病史，遗传率为 0.42。

发 病 机 理

卵巢囊肿的真正发生机理尚不清楚。目前普遍认为促黄体素（LH）不足是囊肿的主要原因。LH 的不足不仅受垂体前叶分泌的影响，也与促性腺激素释放激素（GnRH）释放有关。据报道，正常发情牛，排卵后第 4 天，垂体中促性腺激素的含量为 3.0 ～ 9.1 μg，而患病牛发情的第 4 天，垂体中该激素的含量为 6.1 ～ 15.1 μg，表明卵巢囊肿时，LH 的释放受到阻碍。

$PGF_{2\alpha}$ 是排卵的必需激素。LH 分泌减少后，卵泡壁上不产生 $PGF_{2\alpha}$，致使排卵受阻而囊肿形成。

囊肿卵泡在卵巢上长时间存在，不断增大，使雌激素分泌持续，发情延长而频繁；随着囊肿的发展，卵泡上皮细胞变性，合成雌激素能力降低，可表现不发情。

临床症状

卵巢囊肿的主要症状是发情周期紊乱，牛均无正常的发情周期。由于囊肿性质不同，故症状各异。

卵泡囊肿

表现发情明显而频繁。

(1) 发情期短，发情期延长。性欲旺盛、强烈，过度兴奋，故食欲降低，产奶量下降。

(2) 阴门浮肿、弛缓、增大，子宫颈口开张而松弛，排出多量灰白色、不透明的黏液。

(3) 约有 27%的病牛表现有慕雄狂症状。患牛常追逐、爬跨其他牛只，致使全群牛只乱跑，极不安宁；患牛颈部肌肉发达，目光怒视，焦急不安，刨地，大声鸣叫，眼、皮肤、胸部及声音很像公牛。食欲下降，奶产量骤减。

(4) 约有 78% 的持续发情病牛的荐坐韧带弛缓，尾根翘起，尾根与坐骨结节间形成凹陷（图 6-13）。

(5) 直肠检查：子宫颈口肥大，子宫增大、壁厚而柔软；一侧或两侧卵巢上有数量不等、直径 3 ~ 5 cm 的囊肿，突出于卵巢表面，壁薄、有弹性（图 6-14 和图 6-15）。据对 433 例病牛统计，两侧囊肿占 50%，右侧占 31%，左侧占 19%，右侧发病多于左侧。

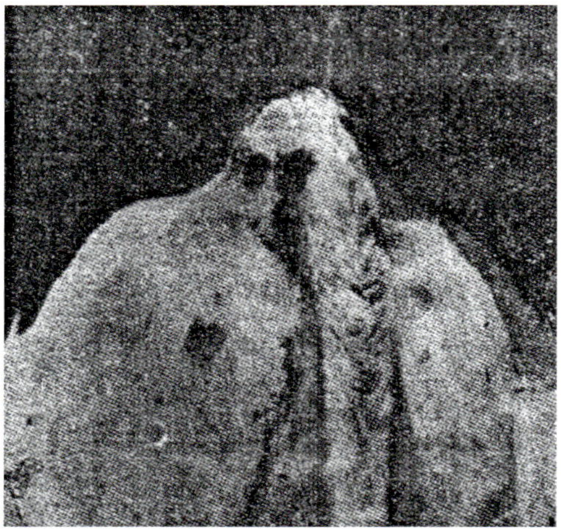

图 6-13　卵泡囊肿牛的尾根高翘

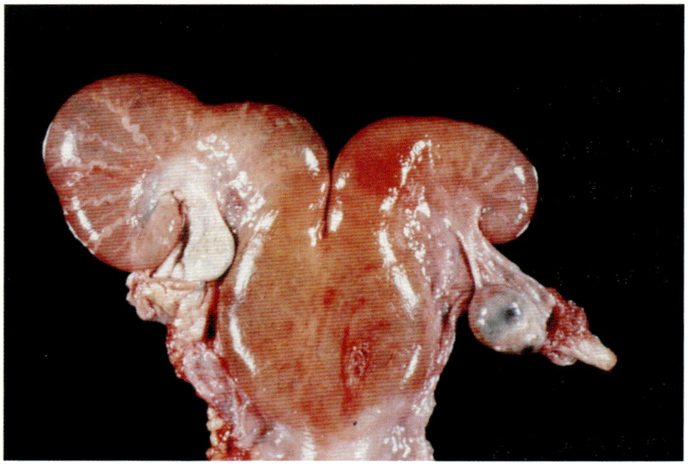

图 6-14　一侧性卵泡囊肿

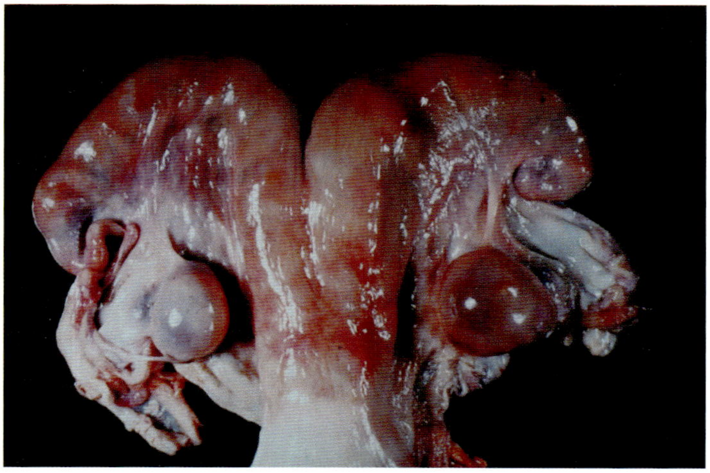

图 6-15　两侧性卵泡囊肿

当卵泡上皮发生退行性变、萎缩，促卵泡素生成受阻时，母牛出现不发情。

黄体囊肿

血中孕酮水平极度升高，母牛常见不发情。囊肿多为一个，壁厚而柔软。

预　后

单个、一侧性卵泡囊肿，病程短，治疗及时，预后良好。据报道，6 个月以内的有 90% 能治愈受妊；6 ～ 12 个月的治愈率为 60% ～ 70%。治愈后的母牛，下一胎分娩后，有 20% ～ 30% 复发。当卵泡上皮变性、萎缩，卵泡素分泌减少或停止，卵巢机能减退，则长期不再发情。

黄体囊肿，如对侧卵巢也同时发生异常，如有多个囊肿、局部硬化等，预后不良。

诊　断

临床诊断

根据临床症状即可确诊。据报道，10% ～ 20% 卵泡囊肿病例会出现慕雄狂，或发情周期缩短，或不规则发情或发情周期延长。

直肠检查

直肠触诊卵泡增大，但要分清卵泡囊肿和黄体囊肿则较为困难。

孕酮测定

血浆孕酮或乳汁孕酮水平可用于卵泡囊肿和黄体囊肿的鉴别（表 6-8）。

表 6-8　卵巢囊肿类型的鉴别

项　目	卵泡囊肿	黄体囊肿
病性	卵泡上皮变性，卵泡壁增生	卵泡壁上皮黄体化
发情	持续而频繁，后期无	不发情
囊肿大小	直径 2.5 cm（1 ～ 6 cm）	5.3 cm 以上（3 ～ 9 cm）
囊肿数目	囊肿可为一侧性或两侧性，数目不等	为单侧性，一个
囊肿状态	壁薄、膨满、紧张，有波动	壁厚而柔软
穿刺液	呈黄色，透明	深黄色、褐色
发生比例	70%	30%
血清孕酮（ng/mL）	0.59 ± 0.30（0.10 ～ 0.98）	3.70 ± 1.75（1.50 ～ 7.00）

超声诊断

B 超是诊断本病直接和准确的方法，能够测出卵泡壁的厚度，通过卵泡壁的厚度来确诊是卵泡囊肿还是黄体囊肿。

治　疗

对卵泡囊肿的治疗

（1）促性腺激素释放激素（GnRH）：GnRH 与垂体前叶促性腺分泌细胞的受体结合后，可促使其分泌促黄体素（LH）增加，促使卵泡成熟或接近成熟的卵泡排卵，用量为 1 000 IU，一次肌肉注射。

（2）促黄体素释放激素（LRH）类似物。常用 LRH-A_3，用量 50 ～ 500 μg，一次肌肉注射，连续注射 1 ～ 4 d。如配合黄体酮 100 mg，肌肉注射，效果更好。

（3）孕酮。50 ～ 100 mg，一次肌肉注射，连续 14 d，总量为 750 ～ 1 000 mg，治疗后 10 ～ 20 d，有 60% ～ 70% 的患牛发情恢复正常。

（4）前列腺素 $F_{2\alpha}$（$PGF_{2\alpha}$）5 ～ 10 mg，一次肌肉注射。

（5）地塞米松。100 mg，一次静脉注射，隔日一次，连续注射 2 ～ 3 次。

（6）穿刺或挤破囊肿。据报道，对牛挤破或穿刺囊肿后 2 ～ 3 d，囊肿仍可复发，如配合注射孕酮 200 ～ 500 mg，或注射绒毛膜促性腺激素 2 500 ～ 10 000 IU，对恢复卵巢的正常机能有较高疗效。

（7）加强对并发病的治疗。如患有子宫炎时，可用抗生素（金霉素或土霉素）注入子宫。

药物治疗卵泡囊肿的效果，临床上以囊肿的消失和发情配孕为标准。为提高疗效，应加强饲养管理，促使奶牛体质增强；同时，可结合内服碘化钾，每次量为 150 mg，连服 7 d，配合肌肉注射 1% 孕酮，每次量 50 mg，连续注射 7 d，对于预防和治疗囊肿都是有效的。

对黄体囊肿的治疗

（1）催产素 200 IU，一次肌肉注射，每日 2 次，总量为 400 IU。

（2）垂体后叶激素 50 IU，一次肌肉注射，隔日一次，共注 2 ～ 3 次。

（3）前列腺素 $F_{2\alpha}$（$PGF_{2\alpha}$）5 ～ 10 mg，一次肌肉注射。其优点是快速恢复发情。

（4）前列腺素类似物，甲基前列腺素 $F_{2\alpha}$ 2 mg，一次肌肉注射；氯前列烯醇 0.5 ～ 1.0 mg，一次肌肉注射，必要时可隔 7 ～ 10 d 后再注射一次。

为了提高治愈率，测定牛奶中黄体酮水平是有益的。因为牛奶中低黄体酮水平卵巢囊肿，可用 GnRH 治疗，而高黄体酮水平卵巢囊肿用 $PGF_{2\alpha}$ 治疗比都用 GnRH 治疗的治愈率要高。偶然发生的卵巢囊肿可同时使用 GnRH 和 $PGF_{2\alpha}$ 治疗。

预　　防

正确饲养，供应平衡日粮　饲料供应要多样化，特别要注意精粗比例、碳氮比例和矿物质、微量元素及维生素的含量；加强运动。

加强产后母牛繁殖监控　在产后 30 d 进行直肠检查，触摸子宫及卵巢的变化，如有异常，应及时治疗，防止病时加长。

对发情正常的母牛，及时、准确配种　授精时，要严格执行操作规程，提高受妊率，缩短产犊间隔，防止配妊天数延长。

促进产后子宫恢复　母牛产犊后 13 ～ 15 d，肌肉注射 GnRH-A1 000 IU，或产后肌肉注射催产素 100 IU，可提高子宫和卵巢机能；增强子宫收缩，促进恶露排出，预防子宫内膜炎的发生；使 LH 浓度升高，孕酮分泌减少，具有提早排卵的作用。

加强选种选配工作　对有卵巢囊肿病史母牛新产犊应少留或不留，尽可能地降低遗传因素的影响。

持久黄体
Persistent Corpus Luteum

持久黄体也称永久黄体或黄体滞留，是指每牛在分娩后或性周期排卵后，妊娠黄体或发情性周期黄体及其机能长期存在而不消失。

从组织构造和对机体的生理作用，性周期黄体、妊娠黄体无何区别。由于黄体滞留，黄体分泌孕酮的作用持续，抑制了卵泡的发育，因此，其临床特征是性周期停止，母牛常不发情。

病　因

饲养管理不当　饲料单纯，品质低劣，母牛营养不足；日粮配合不平衡，特别是矿物质、维生素 A、维生素 E 不足或缺乏。

子宫及全身疾病　子宫慢性炎症、胎衣不下、子宫复旧不全等，子宫内存有异物如胎儿木乃伊、子宫蓄脓、子宫积水、子宫肿瘤及胎儿浸溶等，都会使黄体吸收受阻，而成为持久黄体。结核病、布氏杆菌病等也可能促使本病的发生。

过度加料催奶产量　高产奶牛在分娩后，由于大量饲喂精料，致使乳产量高而持续，由于营养消耗严重，血中促乳素水平增高，不仅表现出发情延滞，而且也易导致本病的发生。

从临床观察，持久黄体发生的原因较为复杂，它不仅与机体营养状况如过肥或过瘦，泌乳量的过高等有密切关系，而且也与子宫、卵巢的状况和机能有关。因此，在了解其病因时，不能单纯认为只是黄体滞留，而应视本病是机体全身状况和卵巢机能不全的综合临床表现。

发病机理

正常情况下，母牛在发情后或分娩后，由于子宫黏膜产生前列腺素（$PGF_{2\alpha}$），故使黄体退化。

在卵巢机能减退时，黄体中的催产素（OXT）产生不足，抑制了 $PGF_{2\alpha}$ 的产生与释放；泌乳过度时，垂体分泌的促乳素（PRL）水平过高，因 PRL 有抗溶黄体作用；子宫疾病时，$PGF_{2\alpha}$ 产生降低。综上所述，由于种种原因，使促黄体素（LH）和促乳素的分泌增加及 $PGF_{2\alpha}$ 的产生和释放抑制，都可以造成持久黄体的发生。

临床症状

持久黄体的症状特征是母牛性周期停滞，长期不发情。

直肠检查：一侧或两侧卵巢体积增大，卵巢内有持久黄体存在，并突出于卵巢表面。由于黄体所处阶段不同，有的呈掐粉感，有的质度较硬，其大小不一，数目有一个，也可有两个以上。子宫收缩反应微弱，如子宫内有异物，可以触摸到，子宫沉于腹腔内。

预　后

持久黄体不伴有子宫疾患时，治疗后黄体消退，性周期恢复，预后良好；如伴有子宫疾患并发胎儿干尸，以及患全身疾病，奶牛体弱，预后可疑。

诊　断

本病因与妊娠黄体表现相同，故应鉴别。对母牛在发情时间不发情，需间隔 5 ～ 7 d 进行一次直肠检查，连续 2 ～ 3 次，如黄体的大小、位置、形态及质度均无变化，子宫内不见妊娠，即可确诊为持久黄体。

治　疗

药物治疗的目的是引起前列腺素 $F_{2\alpha}$ 的合成与分泌，促使黄体溶解。为提高疗效，应加强管理，改善饲养条件，调整饲料比例，减少挤乳量等。常用的方法有以下几种：

药物治疗

（1）前列腺素 $F_{2\alpha}$ 30 mg，一次肌肉注射。

（2）13- 去氢 -ω - 乙基 - 前列腺素 $F_{2\alpha}$ 2 ～ 4 mg，一次肌肉注射。

（3）甲基前列腺素 $F_{2\alpha}$ 5 ～ 6 mg，一次肌肉注射，间隔 11 d 可再注一次。

（4）氯前列烯醇 500 μg，一次肌肉注射。

（5）垂体促性腺激素 200 ～ 400 IU，一次肌肉注射，隔 2 d 一次，连续 3 次。

（6）孕马血清促性腺激素，第一次量 20 ～ 30 mg，一次皮下或肌肉注射，7 d 后再注射一次，量为 30 mL。

（7）雌二醇 4 ～ 10 mg，一次肌肉注射。

（8）催产素 50 IU，一次肌肉注射，隔日一次，共注 2 ～ 3 次。

卵巢按摩法

即手隔直肠按摩卵巢，使之充血，每日一次，每次 5 min，连续 2 ～ 3 次。

黄体挤破法

手伸入直肠内，握住卵巢，使卵巢固定于大拇指与其余四指之间，轻轻挤破黄体。

氦氖激光照射交巢穴

距离 50 ～ 60 cm，每日一次，每次照 8 min，7 d 为一个疗程，对治疗持久黄体具有较好疗效。

子宫治疗

伴发子宫炎时，应肌肉注射雌二醇 4 ～ 10 mg，促使子宫颈开张，再用土霉素 2 g 或金霉素 1 ～ 1.5 g，溶于蒸馏水 150 mL 内，一次注入子宫内，每日或隔日一次，直到阴道分泌物清亮为止。

预　　防

产后母牛的饲养　加强产后母牛的饲养，尽快消除能量负平衡的过程。

产后母牛一般都处于能量负平衡。泌乳早期的能量负平衡可能降低黄体功能，使黄体酮水平降低，严重的能量负平衡将引起奶牛出现持久黄体，因此对产后母牛要加强饲养，饲料品质要好，并供应充足的优质干草，促进食欲，提高机体采食量，严禁追奶产量而过度增加精料。

加强产后母牛健康检查，发现疾病应及时治疗

（1）产后母牛易患营养代谢病，如酮病、缺钙症等而影响繁殖，生产中应建立监控制度，定期对血、尿、乳进行酮体检查；对牛只的食欲、泌乳要逐日观察，异常者应及时处治。

（2）对母牛繁殖应进行监控，对产后母牛性周期停止、乏情期延长者，要仔细检查。对异常者采取针对性措施予以处治，防止病情加重。

不孕症的综合防制措施
Synthetical Control Methods of Infertility

不孕是指母牛产后 3 次配种不妊或产后长期不能参加配种。

不孕症不是一种病，而是由于各种原因的影响，致使机体所呈现的一种临床综合反应。其因素多而复杂，诸如先天性的（生殖器官异常）、饲养管理性的、内分泌失调性的、生殖道疾患性的等等。如果牛群中不孕牛达 10%以上时，应作为牛群性的问题加以对待。由于不孕的出现，母牛产期推迟，不能按期繁殖，延长了产犊间隔，有的牛因长期不孕，最后淘汰，其淘汰率占繁殖疾病的 20% ～ 30%，给奶牛生产造成一定损失。

迄今，临床上尚没有一种特效方法可治愈所有的或大部分不孕症病畜，使其能全部发情、配种、受孕，故为当今奶牛生产中危害奶牛四大病（蹄病、乳房炎、代谢病和不孕症）之一。因此，防止不孕，应引起奶牛场的高度重视。生产实践证明：加强饲养管理和繁殖管理，是防制不孕症的关键。其具体措施包括下述几个方面：

供应平衡日粮，减少应激

（1）保证日粮供应，增进食欲，防止能量负平衡。机体状况不良和能量摄入不足会造成繁殖力低下，能量负平衡可降低黄体功能，使黄体酮水平降低，严重时奶牛发情周期停止，出现持久黄体，卵巢功能抑制，因此应给奶牛提供优良饲料，增加采食量。

（2）保证蛋白质供应，不能过量或不足。日粮蛋白质不足会降低受孕率，但蛋白质水平过高会造成尿素或氨的水平过高，当血清尿素氮水平超过 20 mg/100 mL 时，即会造成不孕，Weaver（1987）推荐日粮蛋白中应有 35%是非瘤胃降解蛋白。

（3）充分重视日粮中矿物质、微量元素的供应。缺硒能影响繁殖，造成胎衣不下、子宫内膜炎、卵巢囊肿的发病率增高，并引起母牛不发情和胎儿死亡率增加，因此应定期进行血清硒的检测，特别是缺硒地区，更应引起重视。

（4）高温、高湿对牛造成热应激。受热应激的奶牛黄体酮水平增高，影响发情期 LH 的分泌，故不发情；热应激使母牛采食量降低，能量负平衡，故受孕率下降，并会出现异常胚胎、不受精卵子数增加、胚胎早期死亡和流产。故应做好防暑降温工作，如安装排风扇、洒水降温等，饲料除供优质、适口性好的，还应补充缓冲剂如碳酸氢钠、补钾以增进食欲，增加瘤胃 pH。

（5）冷应激使繁殖力下降。除了加强饲养管理，供应含能量高的饲料，还应做好防寒保暖工作，如铺垫干净的褥草，加设防风墙等。

加强围产期母牛的饲养管理，减少产后疾病的发生

围产前期的饲养管理水平直接影响到产后母牛的泌乳性能、子宫的恢复和发情配种，因此为母牛的重要生理时期，应保证母牛在围产期健康和高产。所谓母牛健康，就是有足够的再生产能力；所谓高产，就是为本胎全泌乳期的高产打下基础。为了促使母牛产后体质的恢复，不致因分娩应激和产后疾病的发生而影响配种、泌乳，应采取如下措施：

在饲养上 产前营养水平不应过高。混合精饲料喂量在 3 ~ 4 kg、青贮饲料喂量 15 kg，干草自由采食，防止母牛过肥。

在管理上 要提供优良环境，加强监护，促进母牛健康。

（1）产房应清洁、干燥、宽敞、明亮，运动场干净，粪、尿、褥草及时清扫、更换。

（2）对高产牛、体弱牛、年老牛应加强监护，于产前、产后定期检测血液、尿液酮体含量。并采取静脉注射葡萄糖、钙剂、维生素 D_3 以及肌肉注射亚硒酸钠 - 维生素 E 等措施，防止产后瘫痪、胎衣不下的发生。

（3）强调母牛自然分娩。需助产时，应做到四要：要做好卫生消毒；要准备好需用的药品、器械；要对助产的性质、方法、措施明确；要认真、细致操作，防止产道损伤和感染。

（4）加强产后母牛监护。产后牛要有专人看护，随时观察母牛的精神、行为及各种异常变化，看其产道有无损伤、流血，有无努责，精神是否沉郁等，并当即进行处理。

（5）产犊后 12 h，胎衣仍不脱落时，应进行处治。主张不剥离胎衣。若胎衣粘连不紧、易剥离，可手术剥离后同时用土霉素 3 ~ 4 g 或金霉素 2 g，溶于 250 ~ 300 mL 蒸馏水中，一次灌入子宫内，隔日一次，直到阴道分泌物清亮、无絮状物出现为止。

（6）坚持出产房牛的检查。胎衣自行脱落牛，产后 15 d 出产房。此时，要对其精神、食欲、泌乳、恶露及黏液的排出、性质等作全面检查。全身健康，泌乳和食欲正常，子宫恢复良好，阴道分泌物清亮、干净者才能出产房，否则，应予以及时处理。

加强母牛的繁殖管理，提高受孕率

（1）加强对出产房母牛的临床观察，对发情牛应及时配种，及时发现产后不发情牛，对未发情牛应及时处治。对产后 60 d 未发情的母牛，应通过直肠检查其子宫复旧情况，结合全身状况，综合分析，查明原因并予以处理。必要时应进行诱导发情，使其尽早参加配种。对 15 月龄以上的育成牛应进行产道和全身检查。

（2）加强产后母牛发情鉴定，正确地判断发情母牛，不错过发情期，不漏掉发情牛，是防止不孕的前提。对青年牛和成年母牛都很重要。发情观察要细，每日观察 3 次。对个别发情不明显或异常母牛，结合阴道和直肠检查。

为了使配种员、饲养员能了解母牛的发情配种情况，应建立“简明配种卡”。卡片内容有牛号、配种日期和下次预计发情日期。为便于观察，可将其贴于牛棚内显著位置。

（3）及时而准确的配种，这是提高受妊率的决定条件。

① 配种员固定，要熟悉和掌握每头母牛的繁殖状况，经常注意其配种情况，要建立详细的配种记录。

② 做好配种前精液品质、器械和母畜科的检查和准备工作。具体要求：精液品质要好，活力达 0.35 以上，直线运动精子数颗粒为 1 200 万以上，细管为 1 000 万以上才能用做输精。输精管每牛 1 只，使用前后皆经过消毒、清洗和高温处理，凡母牛有生殖道疾病的牛不予配种，应及时治疗。

③ 配种应按操作规程进行，要认真、细致。具体要求是：a. 配种时，应严格遵守人工授精卫生要求进行；b. 成年牛产后第一次配种应以 50 ~ 90 d 为好；c. 输精要采用直肠把握法，输精时间应掌握在发情中、后期，一个发情期输精 1 ~ 2 次，每次用一个剂量精液；d. 对输精两次以上未妊的牛只，应进行直肠检查，如有病患，应及时对症治疗。

加强妊娠诊断，提早发现未妊牛只

（1）母牛输精后进行 2 次妊检：第 1 次在配后 2 ~ 3 个月，第 2 次在停奶前。

（2）对已妊而临床上出现胚胎早期死亡、流产、早产的母牛，应分析原因，必要时应进行微生物学检验。对流产母牛应及时处治，使其尽早恢复，促使发情、配种，缩短空怀时间。

加强对全身性和生殖疾病的防治

全身性疾病的防治 机体是一个整体，任何影响机体全身变化的疾病，都会影响母牛的发情、配种、受妊，如结核病、布氏杆菌病、酮病、胎衣不下等。因此，应及时、正确诊断并给予对症治疗，加速痊愈过程。奶牛场应特别重视对传染性疾病和寄生虫病的防治，加强检疫、净化牛群。

生殖疾病的防治 子宫、卵巢的疾病，直接与妊娠有关，也是引起母牛不妊的主要原因之一，常见的有子宫内膜炎、卵巢囊肿、持久黄体等。由于这些疾病的发生，临床表现为发情延迟，性周期延长；发情时间缩短，性周期短；持久发情、长期不发情和屡配不孕等，危害奶牛生产。因此，当发现不妊病牛时，应对全身状况仔细检查，找出病因，并采取相应的措施。

加强管理，为奶牛创造良好的生活环境，做好奶牛福利

（1）加强防暑降温，减少热应激。有效地消除热应激的方法是改善外界环境，常用的措施包括遮阳、气雾、喷水或通风。其目的是减少太阳的直接辐射，降低气温，改善或促进空气流动，以及促进体表水分的蒸发。

① 场内种植树木。树荫是最有效的太阳辐射遮挡物，树叶表面水分蒸发可以降低气温，动物从树荫处受到的辐射热负荷较少，因此，树林是奶牛饲养环境中最理想的天然阴凉处。

② 人工遮阳，修建遮阳棚。日光照射是形成热应激的主要因素，直接或间接地增加了机体吸热量。据报道，单纯利用阴凉设施可以增加 10% ~ 19% 的产奶量。因此，各牛场应根据本地的气候条件，决

定遮阳棚高度、宽度和大小。

③ 降低周围气温。安装风扇，利用空气中的热能使水分蒸发，可降低气温并使相对湿度升高。使用高压水雾降温，高压喷嘴产生的水滴会很快蒸发，从而降低气温并使空气相对湿度升高。在风扇出风口处安装高压喷嘴装置，喷出的小水滴（30 滴 /cm^2）扩散到风扇产生的气流中很快蒸发，因为吸入低温的空气，而且受凉风的吹拂，使奶牛降温。

④ 加强奶牛自然散热机制。即通过湿润皮肤和促进空气流动经由皮肤的蒸发，以提高奶牛散热。常用措施有喷淋系统和风扇。经喷淋系统用大量水湿润奶牛被毛，通过水从被毛和皮肤的蒸发来散热。研究显示，喷淋奶牛身体上部结合强制通风是一种有效降温措施，可增加采食量和产奶量。可在奶牛从挤奶厅到饲喂间设置淋浴走廊，奶牛经过时，喷雾器自动喷水。

（2）加强防寒设施，减少冷应激。在严寒季节，奶牛场可封闭窗户，架设挡风墙，运动场内可铺垫褥草等。

（3）加强管理，充分重视动物福利。所谓动物福利是使动物个体的各种状态（包括动物的感情、各种行为生理反应及健康状况等）适应其所生存的环境。动物如何适应其生存环境，适应或不适应，以及对环境的满意程度都属于动物福利范畴。不给奶牛提供充足的饮水、食物，不按动物生活习性进行饲养管理，对病牛不及时治疗等，都属于忽略动物，降低奶牛福利的行为。因此，在奶牛饲养过程中，应该考虑以下问题：

① 在集约化、规模化的舍饲奶牛，应该给奶牛提供足够的采食空间和活动空间。厩舍地面潮湿，凹凸不平，排污系统不良，牛站立于泥泞的地面容易导致牛出现跛行，地面太滑会造成牛起卧困难，引起肢蹄损伤，故应保持地面干燥，并用褥草垫好，防止滑倒。

② 跛行是一个严重的奶牛福利问题（Broom，1996）。美国奶牛每年发病率 35% ～ 56%，英国为 59.6%。潮湿的圈舍、坚硬的地面极易导致肢蹄病的发生。Peeler（1994）等研究表明，配种前发生跛行的奶牛，其发情期延滞，而高产奶牛更易发生跛行。因此，保护肢蹄健康，坚持修蹄、蹄浴为奶牛场的一项重要工作。

③ 现代的高产奶牛都是坚持长期选种选配、人工育种和科学的、合理的日粮配方饲养管理的结果。奶牛适合饲喂高纤维含量、低密度的日粮，不适应饲喂高谷物精料、高蛋白质、低纤维的日粮。除非能够保障奶牛的福利，否则，不应该再追求高产和饲料转化率（Phillips，1997）。产奶量与疾病发生率及发生程度之间呈正相关（Lyons，1991）。除了乳房炎和蹄病外，体质良好的高产牛更易发生产后瘫痪、子宫炎、胎衣不下、脂肪肝和酮病（Studer，1998）。因此，在饲养过程中，要合理供应平衡日粮，充分重视优质干草的饲喂量，严禁为追产量而过度饲喂，从而减少产后母牛疾病的发生，提高繁殖力。

总之，防制母牛不孕是关系到全年生产任务能否完成的关键。母牛不孕，就没有乳，没有再生产。特别是大批母牛不孕时，其对全场的影响则更大，故应引起高度重视。不孕发生后，必须对其进行全面调查研究。要对饲养管理、母牛全身健康状况、精液品质作全面了解，从中找出引起不孕的主要原因，并采取积极有效措施以消除母牛的不孕。具体做到养、护结合；饲养员、配种员、畜牧兽医技术员相结合；坚持发情鉴定要细、配种操作要细，病牛及时处治的原则，相信奶牛不孕是会减少和被控制的。

第七章 肢 蹄 病

Diseases of Limbs and Digital Region

蹄病发生及保健
Pathogeny of Foot Diseases and Protection

蹄是奶牛重要的支柱器官，由于蹄具有坚实的角质壳，因此具有保护知觉部、支持体重、抗震、推动体躯和血液回流的功能。奶牛肢、蹄的健康，是高产的保证。

蹄 的 结 构

蹄由 3 部分组成。其中包括蹄壳、真皮和骨及相关结构。

蹄壳

又叫角质壳，是角质化的表皮。由蹄缘、蹄壁、蹄底、白线和蹄踵组成。

蹄缘是分隔蹄壁和皮肤软角质的冠状无毛带，与蹄踵的球状部融合形成柔软、平滑的“釉层”，其主要作用是防止蹄角质脱水。

蹄壁由管状带下真皮乳头层生成，它从上部（蹄冠）不断形成并移行到蹄的底部，在底部的蹄负缘逐渐磨损，磨损程度与圈舍、运动场地面有关。蹄壁是指（趾）最坚硬、最牢固的部分。

蹄底由蹄底角质构成。蹄底角质由蹄底真皮乳头层生成，也包含有角质小管和小管间角质。这种角质比蹄壁角质软，也不结实。蹄底部稍凹陷，其倾斜度在靠近指（趾）间隙处最大。

白线是蹄底角质和蹄壁角质连接处的软角质线。由蹄壁真皮层与蹄底真皮乳头层生成。

蹄踵即蹄球状部。由蹄壁角质和蹄底角质组成。蹄踵角质柔软，能随运动伸展和收缩，而且它与指(趾)枕相连，有减震和促进血管收缩、预防静脉血停滞的作用。

真皮

真皮是一层结实而紧密的组织。表皮在真皮表面形成。真皮层含有神经和血管，为蹄角质、骨及内部相关结构提供营养物质。表皮的深层，即蹄壳靠近真皮的部分，是形成新角质的部分，所需营养由供应真皮的血液渗透而来。表皮最深层，即邻近真皮的部分为生发层。表皮最深层与真皮层相互交叉，形成一个与真皮牢固结合的结构，具有保护作用。

蹄踵真皮向蹄骨边缘下方伸延形成蹄枕，含有丰富的脂肪、纤维及弹性组织，使得指（趾）枕具有吸收震动的作用。

骨及相关结构

蹄匣内由第 3 指骨（蹄骨）、第 2 指骨（冠骨）和远端籽骨组成。指深屈肌腱起自蹄骨的屈肌并和起自远籽骨的蹄踵分列于舟状骨黏液囊内。蹄骨的悬韧带支撑着蹄骨的边缘，在远轴侧与真皮紧连，轴侧与肢悬韧带相连。

蹄病的发生

随着乳产量的提高，近年来在生产中发现，奶牛蹄病发生增多。据对北京地区 11 746 头成年母牛 3 年发病统计，蹄病占总发病率分别为 9.9%、6% 和 8.4%。这里所指的蹄病主要包括腐蹄病、蹄底糜烂和蹄趾间炎。曾对 9 头公牛 859 头女儿蹄形调查，蹄变形牛 272 头，变形率占 31.7%。

蹄变形指蹄的形状发生改变，不同于正常牛蹄的形状；蹄病指蹄已发生了病理变化，临床表现出红、肿、热、痛和功能障碍。两者是有区别的，但又相互联系。这是因为，蹄变形是蹄病的基础，即由于蹄变形，负重不均，促使炎症（无败性）的发生，临床表现出蹄病；当蹄病发生后，炎症蔓延到球关节、冠关节时，由于关节肿胀、增生，又可促使蹄形状发生改变。

临床发现，严重蹄变形的奶牛，四肢姿势也发生改变。常由于运步困难，食欲减退，使产奶量下降。而奶牛一旦发生蹄病，由于疼痛产生，跛行出现，蹄关节化脓，久治不愈，或卧地不起，常被淘汰。经统计，蹄病淘汰率占总淘汰率的 15% ~ 23%，这些淘汰牛中，有的是一些高产牛，因此不仅在经济上，而且在育种上都造成一定损失，故为奶牛的一种危害性较大的疾病。了解蹄病的发生，采取有效的预防措施予以防制，已成为奶牛场所普遍重视的实际问题。

为了具体掌握蹄病的流行，曾对北京年产 7 500 kg 以上的牛场的临床肢蹄病进行了调查，结果见表 7-1。

表 7-1 奶牛肢蹄病的分类统计 %

次数	蹄变形	指（趾）间皮肤赘生	腐蹄病	关节炎	肢痉挛
1	80.37	12.15	1.87	5.74	1.87
2	85.5	1.57	0.39	9.0	3.53
3	67.3	10.8	6.54	6.54	2.8

由表 7-1 可见，影响奶牛蹄健康的主要疾病是蹄变形、指（趾）间皮肤赘生、关节炎和腐蹄病等，其中以蹄变形发生最高。

根据临床调查分析，蹄病发生的因素，归纳有以下几方面：

蹄病与营养的关系 在集约化饲养条件下，日粮中营养水平在很大程度上影响蹄病的发生。而蹄病的发生又常常与瘤胃酸中毒、霉败饲料中毒、胎衣停滞、子宫炎、乳房浮肿、乳房炎和酮病有关。

（1）产前精料喂量过多，产犊时母牛肥胖，产后胎衣不下、子宫炎和酮病发病增多；日粮中含大量易消化的碳水化合物饲料，粗饲料进食量减少，致使瘤胃内环境发生异常，反刍障碍，导致瘤胃酸中毒的发生，而这些疾病可促使蹄病的发生。

（2）饲料中矿物质的缺乏，特别是 Ca、P 的不足，比例不当，致使 Ca、P 代谢紊乱，临床上出现骨质疏松症，则导致蹄病发生。

（3）霉败饲料的有毒成分，有些可引起奶牛过敏反应，并能引起蹄病。

蹄病与圈舍的关系 圈舍卫生条件、湿度、地面硬度、圈舍大小等都直接影响牛蹄的健康状况。

（1）夏秋季节，雨水较多，气候炎热，牛圈泥泞，圈内粪尿堆积、发酵，卫生条件极差，牛蹄长期受污物浸渍，角质变软，抵抗力降低，易促使蹄病发生。

（2）圈舍阴暗潮湿，通风不良，氨气集聚，在氨的作用下，蹄角质蛋白分解变性成为死角质，特别是蹄底部变质呈粉末状，故在临床上出现“粉蹄”。

（3）水泥地面与蹄病有关。蹄长期站立于水泥地面，可促使软化的角质过度磨损，引起蹄底发生严重的挫伤。当蹄部损伤产生疼痛时，牛喜欢在软地、泥水中站立，一可增加蹄角质软化，二使蹄部发生开放性损伤，病牛的创口受到严重的污染，使病情加重。不仅如此，坚硬地面长期对肢蹄的作用，常常使奶牛腕关节的背侧和跗关节的外侧发生挫伤，有的发生化脓感染，形成化脓性腕关节、跗关节炎，如治疗不当，最后被迫淘汰。

（4）小圈舍饲喂对奶牛前蹄影响较大，易使前蹄内侧指角质过度形成，出现过长指和蹄裂；饲槽过低，奶牛在采食时，呈前倾姿势伸向食槽，两前肢叉开，使其内侧指比后肢外侧趾负重要多，必然引起该指的角质过多形成而变形。由于在采食和运动过程中内侧指受到来自地面的较大的反压力，使其蒙受挫伤的机会多于外侧指，造成蹄病增多。

蹄病与管理的关系　在奶牛集中饲养的环境中，由于圈舍、运动场地不清扫，不消毒，致使传染病、寄生虫病流行和传播，常常会引起蹄病的出现。最为常见的传染病，如口蹄疫、坏死杆菌病、牛病毒性腹泻，寄生虫病，如锥虫病牛四肢下部的水肿也可波及蹄部，引起蹄病的发生。

蹄病与修蹄的关系　修蹄能使蹄具有更好的保护功能。蹄受多种因素影响，表现出异常角质形成。不定期或不及时予以修理平正，可促使其异常生长；修蹄及时、合理，能缓解异常角质的生长。因此，在保证肢蹄健康过程中，修蹄与否与蹄病发生极为密切。

蹄病与遗传育种的关系　蹄病的遗传性已愈来愈多地被人们所重视。品种不同，蹄病易感性各异。研究表明：荷兰黑白花奶牛发病最多，红白花奶牛次之，美国 - 加拿大黑白花奶牛发病最少。

就蹄病本身而言，有的蹄病如指（趾）间皮肤赘生、螺旋状变形蹄及蹄叶炎有遗传性。某些品种，位于指（趾）间中央，增殖物较大者有明显的遗传性；两后肢外侧趾都发生变形者，具有遗传性；曾受到蹄叶炎侵害的奶牛易再次复发；不同公牛女儿群发生蹄叶炎的差异性，说明某些家族的奶牛对蹄叶炎易感性高等。

育种方案的实施对奶牛后代的肢蹄性状有很大影响。有目的地采取理想育种方案，有赖于兽医人员对奶牛蹄病资料作全面记录，育种人员将奶牛肢蹄结构纳入育种选择指标。在生产实践中，奶牛场可通过淘汰有明显肢蹄缺陷，特别是淘汰那些蹄变形严重，经常发生跛行的奶牛及其后代，可以使牛群的肢蹄状况得到改善。

蹄的保健

修蹄

所谓修蹄，是指利用刀、剪、锯、锉或修蹄器等器械，以外科手术方法使蹄的形状及其生理功能得到恢复的一种技术，为奶牛场保护肢蹄健康的一种极其重要的技术措施，为现代奶牛生产的一部分。

目的意义　修蹄的主要目的是使蹄形美观正常，保持蹄最佳生理功能。通过多年临床修蹄观察，其实际意义表现为：

（1）合理而及时地修蹄，能够矫正蹄形，防止蹄变形程度加剧而招致肢势的改变。

（2）对已发生蹄病的奶牛有治疗之功。趾间腐烂、蹄糜烂及腐蹄病经修蹄后，能促使蹄病痊愈。

（3）提高奶产量。据报道，及时地修整蹄形可提高产奶量 1.5% ~ 4%。

（4）可提高奶牛的利用年限，降低因蹄变形、蹄病造成的淘汰率。

修蹄种类　修蹄由于在临床上使用的阶段和目的不同，可将其分为预防性修蹄和功能性修蹄两类。

（1）预防性修蹄　即指蹄形无异常、无跛行出现而进行的经常性的修蹄。其作用是减少蹄挫伤的发生和变形角质的形成；阻止蹄病向深层发展；预防蹄过度负重而引起的蹄叶炎的发生；减少跛行牛只。

（2）功能性修蹄　是指蹄已发生变形，或因蹄病出现跛行，通过对蹄进行的切削修整，使蹄形正常，跛行减轻至消失，蹄功能恢复健康的修蹄。因其具有治疗之功，故也称为“治疗性修蹄”。由于功能性修蹄可解除过度负重引起的知觉部挫伤，缓解或预防再度受到挫伤，因此修蹄时可将患指（趾）削低，除去松脱的角质，削薄角质边缘。

实质上，预防性和功能性修蹄并无绝对的区别，它们的功能是相互一致、统一的，如奶牛刚发生跛行就采取修蹄，因受挫伤的真皮还未形成开放性病灶，此时修蹄简单、效果好，功能性修蹄本身就可奏效。

由于修蹄早，故能防止蹄病向深部发展，临床上起到了预防性修蹄的作用。在发生跛行之前的更早阶段对奶牛每年两次的定期修蹄，使预防性修蹄产生了治疗蹄病的作用。

修蹄方法

（1）术前准备　器械，蹄刀、剪、锯、锉或修蹄机、绳等；药品，消毒棉、来苏儿、硫酸铜、10%碘酊、松馏油、高锰酸钾及绷带等。

（2）保定　在二柱栏、四柱栏或修蹄架内，站立保定。

（3）具体术式　将牛保定确实后，术者站立于所要修蹄的外侧，根据蹄变形及蹄病的不同，分别进行修整。

① 长蹄　用蹄刀或蹄钳，将蹄角质过长部分修去，使其为正常形状，同时，也应对蹄底作适当修整，以使修整蹄的形状、蹄机得到改善。

② 宽蹄　用蹄刀或蹄钳，将过宽的角质部分剪除，对蹄底稍加修整，使其内外侧指（趾）等长、等高。

③ 翻卷蹄　用蹄钳剪去过长的角质部，将翻卷侧蹄底内侧缘增厚的角质除去。

修蹄步骤　Blowey（1998）把修蹄分为 4 步，具体如下：

第 1 步，把过长的蹄尖修整到正常长度，从冠状带到蹄尖为 75 ～ 80 mm。

第 2 步，从蹄尖的蹄底面除去多余的角质，即相对于蹄踵进行修蹄。蹄壁可用蹄剪去除（图 7-1），蹄刀将蹄底的角度削去，此时应用拇指按压蹄底，检查蹄底软硬的均匀度，不能出现角质变软情况，否则易使蹄部真皮暴露。

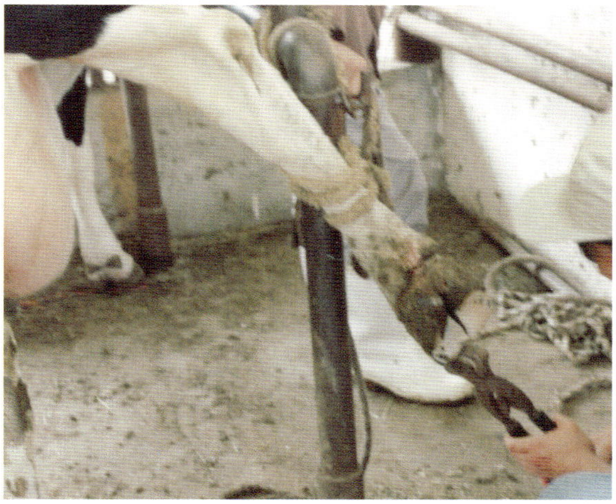

图 7-1　用蹄剪去除过长的蹄壁

第 3 步，沿两指（趾）底面轴侧蝶形线，去除蹄底轴侧过长的角质，内侧角质稍微多削一些，使指（趾）间的空间扩大，使泥土和其他异物不易潴留，减少蹄糜烂、指（趾）间皮肤赘生的发生。

第 4 步，修整两指(趾)，使大小近似，使四肢恢复直立，负重平均。

修蹄时间

（1）很多大型奶牛场蹄保健的措施是全场统一修蹄，于春、秋两季进行。但应随时观察个体牛的具体情况，如突然出现跛行、蹄部疼痛、变形等，应对患牛保定，并抬起患肢，对蹄进行检查、修整，以发现患区，此时修蹄，有治疗作用。

（2）对蹄角质生长过度的牛只，应及时修去过长角质。因为角质过长不仅使行动不便，还会导致蹄底溃疡等其他许多严重的蹄损伤发生。

（3）干奶期和泌乳后期修蹄。产犊期，很多牛易发生跛行，为了保持蹄适宜的形状，减少产后奶牛跛行出现，干奶期时应进行修蹄。同样，在一个泌乳期内，由于长期泌乳，蹄角质会发生变化，在泌乳末期时也可进行修蹄。

修蹄注意事项

（1）修蹄前，要做好蹄部检查，检查项目包括长度、形状和趾高。判断蹄形的标准是：正常牛前蹄指长为 7.5 ～ 8.5 cm，后蹄趾长为 8 ～ 9 cm，蹄底厚度为 5 ～ 7 mm。

（2）无论修整何种变形蹄，都应根据各个蹄形的具体情况，决定修去角质的程度。当趾长度正常时，蹄底部稍加切削即可，不要将蹄底削得太薄，否则易伤及知觉部。对变形十分严重者，修蹄时应倍加小心，因其趾的内部形状发生了变化，防止过削出血。

（3）为了保证蹄的稳定性和好的功能，尽量少削内侧趾，使内侧趾尽量高，使两趾等高。在奶牛站立时，新的蹄负面要和跖骨的长轴有合适的角度。

（4）要注意蹄底的倾斜度。蹄底应向轴侧倾斜，即轴侧较为凹陷，在趾的后半部，越靠近趾间隙，倾斜度也应越大。保留一定倾斜度的目的在于减少蹄底溃疡和裂隙的发生；减少来自地面对蹄底病变部位的反压力；能使蹄在负重时两侧趾分开，蹄趾间不易存留污物、粪草。

（5）发生角质病灶时，应将趾后方尽量削低，除去蹄底、球部和蹄壁的松脱角质；削薄角质缘并使过渡平缓。创内真皮因受刺激而增生，如果突出明显而基部狭小，可用锋利的蹄刀将这种增生的肉芽组织整个切除。

（6）对跛行病牛，修蹄时应先修患蹄，再修健蹄。由于一肢跛行，健肢的外侧趾必然过度负重，因患肢常减负或免负体重，健肢的过度负重将会持续。为保证健肢的良好功能，应对其进行功能性修蹄。如跛行严重，健肢不能提起，置病牛于干净、干燥、松软地面的良好舍饲环境，加速病愈；跛行减轻，再尽快给健肢修蹄。通常情况下，跛行病例经修蹄治疗很快会好转。当经修蹄后数日或 1 周后，跛行仍无明显改善甚至加剧，此时应对有关趾再进行详细检查。

（7）修蹄时间可安排在土地翻浆之后雨季到来前。过早修整、气温低，蹄角质坚硬，修蹄困难；过晚修蹄，天热雨水多，修后不易护理，易于感染。

（8）凡因蹄病（真皮损伤）而经修整处治后的病牛，应置于干净、干燥的圈舍内饲喂，保持蹄部清洁，减少感染机会。

蹄浴

蹄浴即浴蹄，指用一定浓度的消毒药液处理牛蹄，借以达到预防、改善或治疗蹄病的一种经常性的卫生措施。

蹄浴药物　蹄浴所用的药物以福尔马林最佳，其浓度为 3% ~ 5%，即在 100 kg 水中加入市售的福尔马林 3 ~ 5 kg，混合即可。

新近研究指出，4%硫酸铜溶液对奶牛浴蹄效果良好。其优点是：①该溶液能有效地杀灭牛场中环境微生物及牛蹄部的多种病原菌。②能增强牛蹄角质硬度，故可提高蹄部皮肤的抵抗力。③溶液无挥发性，无异常气味，刺激性小，长期使用不会对皮肤造成损害。④省工，省力，价格低廉，方便实用。

因为药液和指（趾）间皮肤接触充分，所以蹄浴对腐蹄病、蹄部角质糜烂和其他蹄病都有预防效果。

蹄浴不仅适用于舍饲奶牛，也适用于放牧的牛群。在夏季对舍饲奶牛蹄浴，极易做到；放牧季节实行蹄浴最为适合，因此时牛蹄比较清洁，不黏附大量的粪块。

蹄浴可减少感染机会，再加上每年进行 1 ~ 2 次的清圈消毒，蹄病发病率将会大大降低。在当今集约化奶牛生产过程中，蹄浴已被普遍认为是护蹄的一种较好的卫生保健措施。

蹄浴方法　根据蹄浴的形式和所采取的方法不同，将蹄浴分为喷洒浴蹄和浸泡浴蹄两种。

（1）喷洒浴蹄　将药液直接喷于牛蹄的方法称喷洒浴蹄。

药品与用具：4%硫酸铜溶液，去掉喷嘴的塑料喷雾器。

术式：牛站立保定；用清水充分洗净蹄部的泥土、粪尿等脏物；术者站在牛的侧前方，开启背在身上的喷雾器开关，将药液向蹄上直接喷洒。夏、秋季，每隔 5 ~ 7 d 喷洒 1 ~ 2 次，冬、春季可适当延长间隔时间。

北京不少牛场采用此法护蹄，普遍反映效果不错，使肢蹄病发病率明显减少。

（2）浸泡浴蹄　将奶牛置于盛有药液的池内，使牛蹄在药液内浸泡的方法称浸泡浴蹄。

蹄浴池设计：舍饲奶牛挤奶方式包括上槽挤奶和挤奶厅挤奶，即挤奶有固定地点。蹄浴池可设置在奶牛必经之处，上槽挤奶前和挤奶后下槽牛都能从该池内通过（图 7-2）。蹄浴池大小以长 3 ~ 5 m，宽 1 m，深 15 cm 为宜。

药液与用量：3% ~ 5%福尔马林溶液，深度约 10 cm。

蹄浴时间：一般来说，此种蹄浴可进行 6 ~ 8 周，必要时，可长期使用，每日经过蹄浴池。

图 7-2 奶牛通过蹄浴池

蹄浴注意事项

（1）为使吸附于蹄部皮肤上的福尔马林发挥作用，在浴蹄后应将奶牛置于干燥场地，使蹄保持干燥 30 ～ 60 min。

（2）为保证药效，池内药液每周更换 1 ～ 2 次。

（3）药液温度在 15℃以下时，药效下降，故应用热水配制溶液。或用 4%的硫酸铜溶液也可。

（4）浴蹄中，当牛蹄皮肤受刺激而表现踢腿症状时，应立即停止浴蹄，约经 2 周后，蹄恢复正常再进行蹄浴。

（5）患有指（趾）间蜂窝织炎的病牛，不要蹄浴。

护蹄

护蹄即蹄的护理。为保证肢蹄健康，护蹄应是奶牛场的一项经常性措施。在护蹄过程中，由于时间、阶段和采取的措施不同，以及所要达到的目的不同，可分为经常性护蹄和修蹄后护蹄。

经常性护蹄　指在蹄无变形、无病理过程，临床无蹄病时，长年坚持不懈所采取的保护肢蹄的措施。其主要目的是，防止蹄变形和蹄病的发生。通常采取的护蹄方法如下：

（1）供应平衡日粮，满足奶牛对各种营养成分的需要量。日粮的供应根据奶牛不同生理阶段随时调整，其中要特别注意精粗比、碳氮比和钙磷比。

（2）经常保持圈舍、运动场的清洁、干燥，如粪便及时清扫，污水及时排除。

（3）保持运动场平坦。不用炉渣、石子铺运动场，见有砖头、石块及时捡出。

（4）保持蹄部卫生，夏天每日用清水冲洗。

（5）坚持用 4%硫酸铜溶液喷洒浴蹄。

修蹄后护蹄　指在蹄发生变形和蹄病后，经过修蹄后所采取的对肢蹄的保护措施。

广义来讲，修蹄的本身也是护蹄，而且也是一种十分有效的护蹄措施。通过修蹄，使指（趾）各部及其负重得到较为合理的分配，健康的知觉部负重较多，患部能得到适当的休息。由于除去了压迫真皮的角质及病理性分泌物，故可促使病指（趾）康复。

修蹄后的护理与否，采取哪种方法，应根据奶牛蹄病的程度、有无跛行等灵活掌握。

对无跛行而仅表现出蹄变形的病牛，修蹄后通常不需特殊的护理。对表现跛行的病牛，只要知觉部的抵抗力和愈合能力未受很大影响，当修蹄后，经过数日或 1 周时间，临床症状会有明显改善。当蹄知觉部受到侵害，真皮已经暴露，即所谓呈开放性病灶的病牛，应防止来自外界的损伤，促使挫伤的知觉部完成愈合过程，故应予以护理。护蹄的方法有打蹄绷带和在健指（趾）下装木块两种。

（1）打蹄绷带。患蹄仍能负重，主要起保护患指（趾）伤口免遭损伤。常用于蹄底溃疡。打蹄绷带之前，用 0.1% 高锰酸钾液、1%来苏儿液冲洗病灶，并将坏死组织清除，创内放入松馏油棉球填充后，装置绷带。

(2) 装置木块或橡胶块。此方法的主要作用是使患指(趾)不负重。其目的是使患指(趾)能完全休息，使奶牛疼痛减轻，稳健运步，间接起到保护蹄的作用。

装木块前，应将指(趾)削平并保持合适角度，使蹄底牢固。木块的厚度为 2 ～ 3 cm，固定时间约 4 周。

蹄绷带和健指（趾）装木块相结合使用，效果更好。

蹄 变 形
Deformed Hooves

蹄变形是由于各种不良因素的作用，致使蹄角质异常生长，蹄外形发生改变而不同于正常奶牛的蹄形，又称变形蹄。

病 的 发 生

胎次与蹄变形 1 ～ 10 胎都有蹄变形发生。随着奶牛胎次的增加，蹄变形明显增加。从第 5 胎开始，每增加 1 个胎次，其变形率增加 20%左右。5 胎以上奶牛蹄变形率高达 76%。

营养与蹄变形 日粮中精料喂量过大，粗饲料不足，精粗比例不当；钙磷不足，比例不当，都可以促使蹄变形发生（表 7-2）。

表 7-2 营养与蹄变形的关系

次数	能量/蛋白	Ca（g）	P（g）	Ca：P	发病率（%）
1	1 ： 55	8.49	4.71	1.8 ： 1	70.73
2	1 ： 57	9.40	4.19	2.2 ： 1	49.61
3	1 ： 52	7.13	4.84	1.47 ： 1	12.15

前后蹄与蹄变形 经对 859 头母牛统计，前蹄变形率为 10.9%，后蹄为 29.7%，即后蹄多于前蹄。前蹄以宽蹄、长蹄为多；后蹄以翻卷蹄较多。

产奶量与蹄变形 经对蹄变形牛和其他原因淘汰牛比较，蹄变形牛平均利用胎次减少 0.4 胎，终身产奶量降低约 669 kg，但胎次平均产奶量约高 3.8%；蹄变形牛的最高胎次产奶量高于其他牛（表 7-3）。说明单产高的牛蹄变形可能性大，胎产量愈高，蹄变形可能愈大。

表 7-3 蹄变形牛与其他淘汰牛之间产乳性能比较 kg

项目	平均利用胎次		终身产奶量		平均胎次产奶量		最高胎次产奶量	
	蹄变形牛	其他牛	蹄变形牛	其他牛	蹄变形牛	其他牛	蹄变形牛	其他牛
X	5.90	6.30	32 825	33 494	8 520	5 315	6 545	6 230
S	1.98	3.21	12 532	17 538	1 446	1 100	1 150	1 208
N	86	309	86	309	86	309	86	309
差异绝对值	0.4		669		205		307	
相对差	6.55%		2.02%		3.78%		4.80%	
df	393		393		393		393	
显著性差异	$p>0.05$		$p>0.05$		$p>0.05$		$p<0.05$	

修蹄与蹄变形 修蹄与否，直接关系到蹄变形的发生。未采取全群定期修蹄，只对严重变形蹄、腐

蹄采取个体修正，结果淘汰牛占总淘汰率的 33.3%；采取全群修蹄，坚持定期修蹄，蹄变形淘汰率下降到 13.9%。

遗传与蹄变形 变形蹄具有遗传倾向，特别是后肢外侧趾呈翻卷状的蹄形。曾对 9 头公牛后代调查，其中 1 头后肢呈严重的 X 状，后蹄严重翻卷的公牛，其女儿蹄变形率占总变形蹄的 50.7%，似有遗传可能。

病 因

引起蹄变形的因素很多，但主要原因是饲养管理不当。其中有为了追产奶量而日粮中精饲料喂量过高，粗饲料不足或缺乏；日粮中矿物质饲料钙、磷不足或比例不当，致使钙磷代谢紊乱；不定期进行修蹄与蹄浴；以及运动场泥泞、潮湿对蹄的浸渍，粪尿不及时清除，牛床、运动场不填褥草，致使水泥、砖地面对蹄肢的磨损等。

临 床 症 状

临床上，变形蹄的形状各异，其分类不尽相同。据幡谷正明和北昂（1977）报道，将其分为过长蹄和变形蹄两类。

过长蹄

延蹄 蹄角质明显延长，是单纯延伸的过长蹄。蹄角度低，指轴后方波折，前后肢的肢势良好，蹄不卷、不翻。

长嘴蹄 蹄尖伸长向上翻，也称嘴状蹄，严重者蹄尖交叉。如蹄尖显著交叉时，也称剪状蹄或交叉蹄。如蹄尖向后方上翻严重者，可称为角笛蹄。

长刀蹄 蹄纵径长，蹄前壁凹弯，尖端上翻，由于枯角质蓄积，使蹄底膨隆，外形呈长刀状。蹄角度小，蹄轴后方波折明显，蹄踵负重大，过度磨灭，前后肢都可发生。此也称撬蹄、马刀蹄。

拖鞋蹄 蹄前壁向反轴侧壁倾斜显著，缓缓地不正形扩张，为横径大的过长蹄。蹄底浅而广，呈广蹄和平蹄形状，蹄角度小，指轴后方波折明显。常诱发白线裂和白线腐烂。前后蹄都可发生，呈前踏肢势。蹄低而广的称开蹄。

变形蹄

低蹄 蹄前壁角度小于 45°，指轴后方波折明显，蹄尖和蹄踵的蹄壁高度比为（3 ～ 4）：1。

高蹄 蹄前壁角度大于 55° ～ 60°，指轴前方波折，蹄尖和蹄踵的蹄壁高度比为 5 ：4。

平蹄 蹄前壁向反轴侧壁先天性倾斜，蹄底无穹窿度，与负面同高。

丰蹄 由平蹄发展而来。蹄底膨隆突出于负面。蹄壁上的蹄轮明显，蹄冠下的蹄壁有凹陷带，蹄质较脆，易发生白线裂。

狭窄蹄 分蹄冠、蹄底和蹄踵狭窄。蹄角质发育不良、全身性营养障碍、地面干燥可引起狭窄蹄的发生。

山羊蹄 伴有卧系的小型蹄。蹄尖与蹄踵的蹄壁同长。蹄骨、关节和腱先天性异常，或继发后天性异常，山地牛多发生。

竹马蹄 也称高跷蹄、桶状蹄。蹄踵的蹄壁比蹄尖高，发生原因同山羊蹄。

弯蹄 内、外指（趾）发育失去平衡，与肢势不良有直接关系。重度广踏，外向肢势易发生。外蹄负重少，磨灭也少。蹄大，反轴侧蹄壁凹弯。蹄发育不良，蹄轮细，蹄角度多低。外侧指轴内方波折。

倾蹄 也称卷边蹄。内指或外指有一个较小，蹄底狭窄，反轴侧蹄壁从外侧向蹄底延伸。负重轻的蹄尖上翻，严重者称螺旋蹄。

芜蹄 为慢性蹄叶炎的后遗症。蹄踵负重，蹄尖负面不着地，角度生长过度，蹄轮间隔不规则并明显增宽。

猪蹄　蹄发育及蹄质不良，蹄壁光滑，蹄轮细。蹄纵径长、狭深，蹄底狭而深。蹄踵负重，先天性卧系前踏，后肢多发生。

蟹蹄　蹄纵径短，高蹄，趾间壁互为弯曲，中央部离开，蹄尖接近，呈后踏肢势。前肢多发。

大小不同蹄　内、外指（趾）大小不等，相差悬殊，发生于先天性蹄形成不全。

从生产实际出发，为便于对蹄的划分归类，作者（1981）曾将变形蹄分为长蹄、宽蹄和翻卷蹄 3 种。

（1）长蹄　即延蹄。指蹄的两侧支超过了正常蹄支的长度，蹄角质向前过度伸延，外观呈长形（图 7-3）。其因蹄壁角质比蹄踵坚硬，蹄尖角质比蹄踵角质磨损慢，使蹄尖角质过度生长。

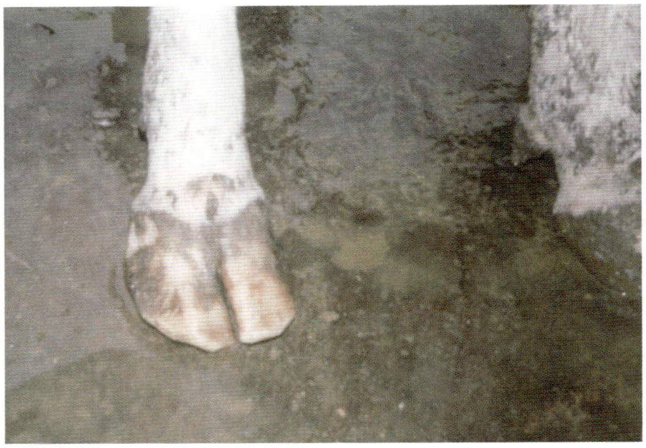

图 7-3　长蹄

（2）宽蹄　指蹄的两侧支长度和宽度都超过了正常蹄支范围，外观大而宽，故称为"大脚板"。此类蹄角质部较薄，蹄踵部较低，在驻立和运步中，蹄的前缘负重不实，向上稍翻，反回不易（图 7-4）。

（3）翻卷蹄　多见于后蹄的外侧支。从正面看，翻卷蹄支变得窄小，呈翻卷状，蹄尖部细长而向上翻卷（图 7-5）；从蹄底面看，蹄磨灭不正，翻卷侧的蹄支的蹄背部弯曲变成蹄底，靠蹄间沟处的角质增厚，蹄底负重不均，由因变形蹄形影响，往往见后肢跗关节以下向外侧倾斜，肢势呈"X"状。严重者，两后肢向后方伸展，病牛拱背，运步呈拖曳式，俗称"翻蹄、亮掌、拉拉胯"。

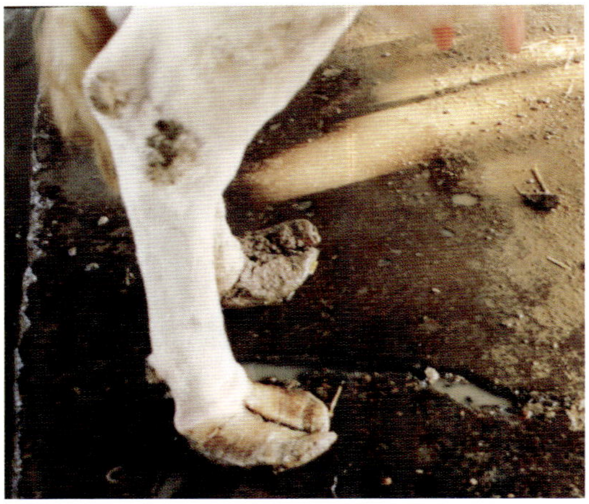

图 7-4　宽蹄

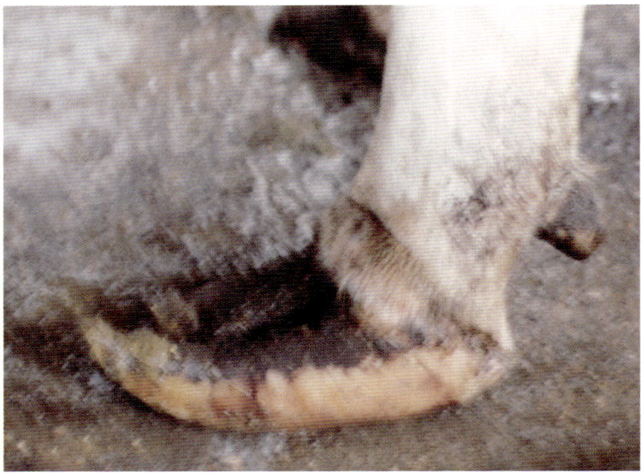

图 7-5　翻卷蹄

预　　后

蹄变形属慢性病理过程。在无跛行和食欲障碍的情况下，往往不引起人们的注意。严重变形蹄，经过定期而正确的修正，仍能存活多年；当变形蹄并发蹄病（腐蹄病）时，由于炎症的蔓延，冠关节、球关节化脓，伴有食欲减退、卧地不起等，预后不良。

治　　疗

药物疗法未能收到满意效果。我们曾对 15 头变形蹄母牛，用维生素 D_3 10 000 IU，多次肌肉注射，同时静脉注射 10%葡萄糖酸钙 500 mL，每日一次，7 d 为一疗程，共治 5 个疗程，结果变形蹄无何改变，说明蹄变形是不可复的。药物疗法只能防止病情的恶化，而不能使变形蹄恢复正常。目前最为实用的方法是修蹄疗法。

预　防

鉴于蹄变形的发生受多种因素影响，而一旦变形出现又无法使其形态恢复正常，因此预防是关键。应加强牛蹄卫生保健措施，采取综合方法预防。

制定合理的日粮结构，满足奶牛营养需要　日粮的供应要根据奶牛生理状况合理配合。特别是泌乳高峰牛，尽量缩短能量、钙、磷的负平衡时间，日粮中注意维生素、矿物质给量。钙、磷比以 1.4 ∶ 1 为合适，可适当补给维生素 AD、鱼肝油。

严防为追产奶量而片面追加精饲料，保证粗饲料，尤其是干草给量，每头牛每日能进食干草 3 ～ 3.5 kg，增加瘤胃缓冲能力，维持正常的瘤胃 pH。必要时日粮中可加入 2%碳酸氢钠（按干物质计），与精料混合饲喂。

加强圈舍卫生，改善环境条件　为防止牛蹄被粪、尿、污物浸渍，保持蹄干净、干燥，每年夏季和秋季多雨季节，应疏通排水渠道，保持圈舍干燥清洁；运动场低洼处用细沙填平；粪便及时清扫，使牛蹄处于良好的环境之中。

药浴牛蹄，保持牛蹄卫生　坚持每日清刷牛蹄，冬天用毛刷干刷，除去泥土、粪渍；夏天湿刷，用清水冲洗一次。坚持浴蹄，常用 4%硫酸铜溶液喷洒蹄部，每 4 ～ 5 d 喷洒一次，长时间坚持。

保持蹄形正常，定期修蹄　每年应对全群牛只蹄形进行普查，建立定期修蹄制度。凡变形者，一律修正。每年 1 ～ 2 次修蹄。为防止蹄部感染，修蹄不宜于雨季进行。现在有的牛场修蹄安排在产后 30 d 和妊娠 3 个月前进行，也有的在出产房时修蹄。

加强选育，调整配种方案　为剔除有害基因对奶牛肢蹄的影响，应加强个体选择，母牛发生蹄变形的女儿均不能纳入核心群。在每年制定选配方案时，要选择肢蹄健壮、蹄形正常的公牛，避免公牛蹄形对后代的影响。对有明显蹄变形公牛的后裔，考虑其不要留作种用；对蹄变形严重公牛可少用或淘汰。

指（趾）间皮肤赘生
Interdigital Skin Hyperplasia

指（趾）间皮肤赘生又称指（趾）间皮肤增生、指（趾）间皮肤增殖，为指（趾）间皮肤（表皮和真皮）组织的慢性增殖性疾病。

在不发生继发感染的情况下，增殖组织不发生破溃，无肉芽组织外露，此称为指（趾）间皮肤增殖。

如发生继发感染，指（趾）间皮肤增殖物表皮破坏，下层组织裸露，此称之为指（趾）间肉芽肿。

病的发生

胎次与发病　本病多发生在 2 ～ 4 胎之间的奶牛，7 胎后发病较少。

性别与发病　通常认为发病与性别无关，但也有认为公牛比母牛有易感的倾向。

品种与发病　各种品种的牛都可发生，以荷兰牛发病较高。北京黑白花奶牛的发病率为 1.48%～ 3.9%。

前后蹄与发病　前蹄发生少于后蹄。据报道，前蹄占总发病的 6%，后蹄占 94%；从发病来看，后蹄发生率占 76%，前蹄发生率占 8.7%，四蹄同时发病的占 9.4%。

病　因

虽对引起本病的确切病因不清楚，但认为与以下因素有关：

遗传因素 根据对增殖物组织学检查，发现真皮和表皮同时增厚；没有皮肤慢性炎症的变化倾向；皮肤之间可见到脂肪与结缔组织仍然正常，具有正常指（趾）间皮肤的结构；组织退行变化到一定程度就停止。基于此，认为似有遗传倾向，但目前对此提法仍有很大争议。

蹄变形因素 变形蹄与本病有关，特别是开蹄。由于蹄的两指（趾）向外过度开张，引起了指（趾）间皮肤过度紧张和伸展，促使本病发生。

环境因素 环境卫生不良，圈舍潮湿、运动场泥泞，粪便不及时清除，为本病发生的重要条件。

营养因素 日粮中营养不足，特别是微量元素锌、钼等缺乏或比例失调，与本病发生有关。

临床症状

本病常取慢性过程。慢性发炎组织可引起病态生长。在不良因素作用下，使生长层受到慢性刺激并导致表皮形成增多，其真皮也有新组织形成的反应，由于真皮和表皮的厚度都发生不同程度的增加，结果表现出指（趾）间增生物的形成。由于环境卫生不良，蹄卫生不良，粪、尿、泥土等污物的黏附及浸渍，不断对增生物刺激，又引起组织的过度生长，这种恶性循环的持续作用，使临床症状由不明显到明显和加重。

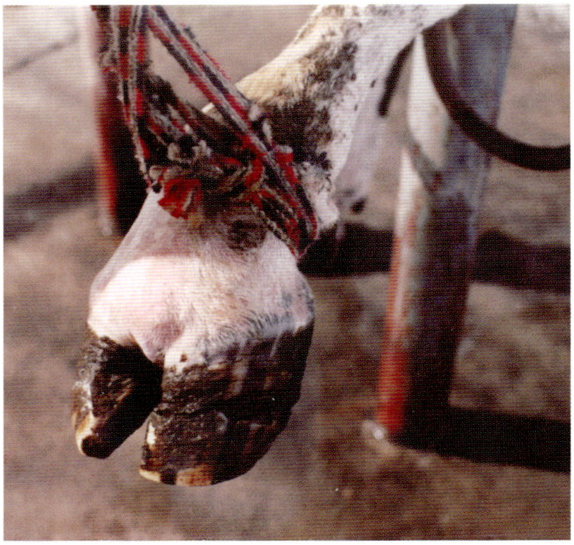
图 7-6 指间有一舌状突起

初期，指（趾）间隙背侧穹窿部皮肤发红、肿胀，有一小的舌状突起（图 7-6），此时无跛行表现。随病程发展，增生物不断增大，继而能完全填满指（趾）间隙，当其压迫蹄部，使两指（趾）分开时，可引起跛行。

指（趾）间增生物由于受压迫坏死，或受外力损伤，表面破溃并感染，可见破溃面上有渗出物流出、恶臭，或形成干痂覆盖。有时可形成一种疣样的乳头状增生物——疣状皮炎。唯因真皮暴露，在受到两指（趾）的压力和其他物体的作用时，疼痛异常。泌乳牛奶产量下降。

预　　后

本病对奶牛无显著影响，经过适当治疗，常预后良好。

治　　疗

分药物腐蚀法和手术切除法两种。

药物腐蚀法

用 0.1%高锰酸钾或 2%来苏儿清洗指（趾）间皮肤，增生部可撒布硫酸铜粉、高锰酸钾粉、硫黄粉等，再包扎蹄部，48 ～ 72 h 更换药物一次，直到增生物消除为止。

手术切除法

为根治方法。具体操作：

（1）病牛横卧保定或柱栏内站立保定。

（2）全身用化学保定剂（静松灵等），局部（掌、跖部）用 2%～ 3%奴夫卡因传导麻醉。

（3）用绳套或徒手将两指（趾）分开，充分暴露增生物。

（4）用组织钳夹住增生物，沿增生的基部作梭形切口，切开皮肤及结缔组织至脂肪显露为止，切去增生物后，创缘用丝线作 2 ~ 3 针结节缝合，外涂松馏油，用绷带包扎即可。

预　防

加强管理，保持蹄部干燥，故要使牛床、运动场清洁、干燥；坚持用硫酸铜溶液浴蹄，减少蹄感染机会；定期修蹄，防止蹄变形的发生。

指（趾）间纤维乳头瘤
Interdigital Fibropapilloma

本病是指（趾）间发生纤维乳头瘤的一种蹄病。可侵害一后肢或两后肢，由于疼痛异常，病牛呈中度至重度跛行。

舍饲牛场散发。目前，在开放式舍饲的牛群发病增多，有的牛群有 10% ~ 50% 的牛一后肢或两后肢发生此病，呈流行性。

病　因

病原尚不清楚。有的认为是乳头瘤病毒，有的怀疑为螺旋体，有的认为是细菌，但都未得到证实。

现普遍认为牛舍环境卫生不良，粪、尿不及时清除，运动场潮湿、泥泞等有助于发病。蹄部长期受粪、尿浸渍，可使蹄部皮肤受到尿素及其他化学物质的刺激，长期浸泡于潮湿环境中，易使皮肤变软、抵抗力降低，增加指（趾）间皮肤感染机会。

临床症状

病牛蹄部指（趾）间皮肤，背侧至跖侧的任何部位出现疣或纤维乳头瘤，大小不一，似如菜花样突出于指（趾）间（图 7-7），有的发生溃疡，病变以后肢为多，疼痛明显，不愿行走，食欲降低，消瘦，产奶量下降，发情迟滞或不发情。

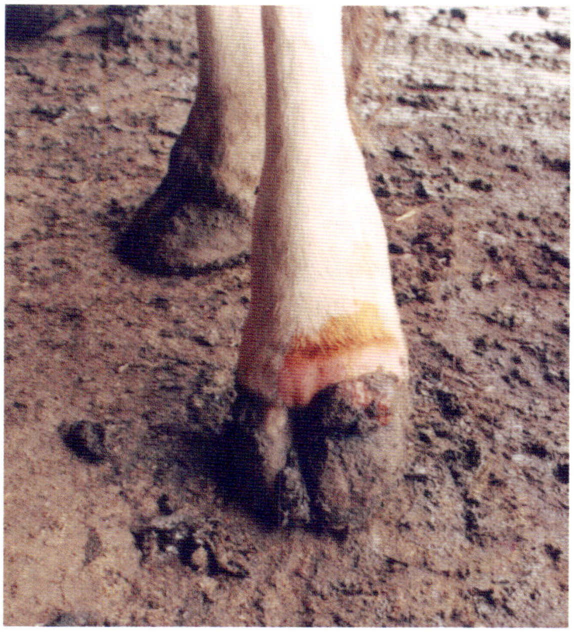

图 7-7　指间背侧纤维乳头瘤

诊　断

通过蹄部指（趾）间有典型的乳头状瘤突起，发生或不发生溃疡，异常疼痛即可确诊。

注意与指（趾）间皮肤赘生的区别。本病跛行明显，即使纤维乳头瘤很小，也能引起明显疼痛，能发生溃疡；指（趾）间皮肤赘生跛行轻微，增殖物极大，负重时与地面摩擦才发生溃疡，否则不发生。

治　疗

药物治疗

早期病变采用烧烙、腐蚀、冷冻都能有效。患部用四环素粉涂布，四环素浸湿敷料置于患部，绷带包扎，或用 0.1% 四环素溶液浴蹄都有明显效果。

手术疗法

患肢保定、麻醉后手术切除瘤状物。切口应在病灶周围的正常皮肤上，切口深度应恰在皮肤，不要伤及指（趾）间的深部组织。病变组织切除后，创口撒布硫酸铜 - 磺胺粉，再打上绷带，以防止感染和出血。

预　防

（1）加强管理。圈舍、运动场宽敞、通风、干燥，粪、尿及时清除。牛床和运动场用干沙土、清洁稻草铺垫，以减少指（趾）间皮肤感染。

（2）定期浴蹄。用 5% ～ 10% 硫酸铜、0.1% 四环素或 2% ～ 5% 福尔马林溶液浴蹄，每周 2 ～ 3 次。

（3）免疫。用纤维乳头瘤疫苗或用切下的指（趾）间纤维乳头瘤制成的自体疫苗，在高发病牛群对头胎青年母牛，在转群前注射自体疫苗，每隔 2 周一次，连续注射 3 次，预防效果明显。

指（趾）间蜂窝织炎
Interdigital Phlegmon

指（趾）间蜂窝织炎又称瘭疽、指（趾）间坏死杆菌病、腐蹄病，为指（趾）间皮肤及其深部组织的急性或亚急性炎症。其临床特征是患部皮肤裂开、坏死和化脓，常伴有蹄冠、系部和球节炎症过程，故呈现出不同程度的跛行。为奶牛常发病。

流行特点是：全年都有发生，但以每年的 7 ～ 9 月份最多，呈现出明显的季节性；四蹄都有发生，而以后蹄多见；发病以成年牛为多，育成牛和犊牛少见。

病　因

坏死杆菌是本病的主要病原菌。此外，尚能分离出葡萄球菌、链球菌、化脓性棒状杆菌、结节状拟杆菌和产黑色素梭菌等细菌。

牛舍阴暗潮湿，夏秋雨水多，运动场泥泞，污水积存；牛场卫生条件不良，粪便不及时清除，圈舍不清扫、不消毒；运动场不平坦，内有石子、炉渣、玻璃片、瓦片、铁丝和尖锐异物等，致使蹄部长期被污泥、粪尿、泥水浸渍，角质变软，有利于病原菌滋生增殖，加上异物对蹄部的刺伤等，皆可促使本病的发生。

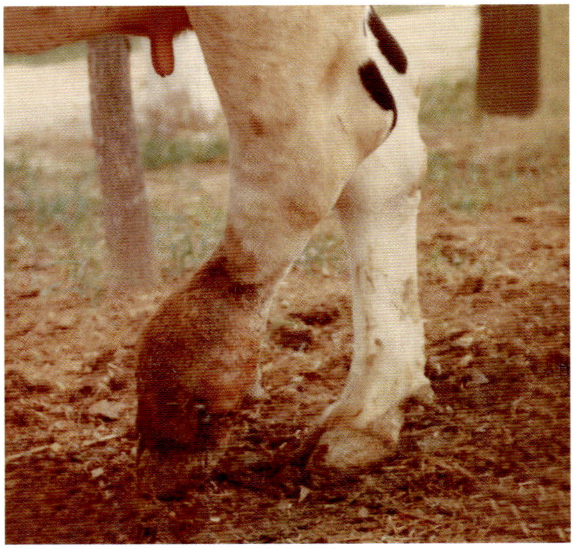
图 7-8　指(趾)间蜂窝织炎病牛，球关节肿胀、化脓、破溃及后肢肿胀

临床症状

急性病例见指（趾）间隙及蹄冠部肿胀温热，呈红色，系部、球关节屈曲，频频提举患肢，或以蹄尖轻轻打地，跛行，体温升高至 40 ～ 41℃，疼痛剧烈，站立时减负体重。前蹄患病时，患肢伸向前方，运步时明显的后方短步。食欲减退，产奶量下降。患牛喜卧而不愿意站立。

蹄部检查，指（趾）间部和蹄冠部皮肤有裂口，有难闻恶臭气味，裂口表面附有伪膜；随病程延长，指（趾）间皮肤剥离，坏死向深部组织发展，引起化脓性蹄关节炎、冠关节炎、球节炎（图 7-8）、舟状骨滑膜炎等，严重的可见蹄脱落。此时，患牛症状更加严重，卧地不起，消瘦或发生褥疮。

预 后

本病及时治疗，局部和全身症状较轻，在治疗和护理结合下，预后较好。若引起关节化脓、步行呈“三脚跳”时，常喜卧不起，多因采食下降、褥疮发生、全身消瘦，预后不良，最终将淘汰处理。

治 疗

局部处理

用 0.1%高锰酸钾液、2%来苏儿液彻底洗净患部，用外科法清除创内坏死组织，并撒布磺胺粉、土霉素粉或松馏油，打蹄绷带，将病畜置于干燥的圈舍内饲喂。

全身治疗

目的是消除炎症，解毒，防止败血。

（1）磺胺嘧啶（SD）50 ~ 70 mg/kg 体重，静脉或肌肉注射，每日两次，连续 3 d。

（2）土霉素 20 mg/kg 体重，静脉注射，每日两次，连续注射 3 ~ 5 d。

（3）5%葡萄糖生理盐水 1 000 ~ 1 500 mL、5%碳酸氢钠液 500 mL、25%葡萄糖液 500 mL、维生素 C 5 g，一次静脉注射，每日两次。

（4）硫酸锌或氧化锌，口服，认为对本病有较好的治疗效果。

预 防

加强防疫消毒卫生工作，创造干净、干燥的环境条件，保证蹄部健康。运动场保持平坦，及时清除粪便和各种异物；污水及时排除；夏季用清水每日一次将蹄部冲洗干净，每隔 4 ~ 5 d，用 4%硫酸铜溶液喷洒浴蹄一次。牛床定期用 2% 火碱液消毒。对蹄形不正的牛只，应定期修蹄。

据报道，饲料中加入二氢碘化乙二胺和尿素对腐蹄病有预防作用。

值得注意的是，对病牛要隔离饲养。我们曾发现，由于病牛未经控制，蹄部脓性分泌物污染外界环境，致使犊牛流行坏死杆菌病。因此，一定要对病牛的坏死组织、脓汁及其褥草集中处理，防止环境污染而造成病原菌的扩散。

加强饲养，供应平衡日粮。生产中发现，精料喂量大、粗饲料进食量少的牛场，腐蹄病发生的多，因此要重视优质干草的供应，精粗比要合适，同时，还应重视矿物质、微量元素和维生素的供应。

蹄 糜 烂
Erosion of Hooves

蹄底和球负面角质的糜烂称蹄糜烂。常因角质深层组织感染化脓，临床上出现跛行。为舍饲奶牛常见的蹄病之一。

病 因

（1）牛舍阴暗潮湿，雨水大，运动场泥泞，粪便未及时清扫，致使圈舍、运动场内污水积存，粪污物堆积，牛蹄长期于污泥、粪尿中浸渍，角质变软，细菌感染。

（2）蹄形不正，蹄底负重不均，如延蹄、芜蹄、蹄叶炎易诱发本病。

（3）与指（趾）间皮炎、球部的糜烂有关，牛患热性病时可在底球之间角质结合处发生糜烂。

（4）管理不当，未定期进行修蹄，无完善的护蹄措施。

临床症状

图 7-9　蹄糜烂病牛两前肢交叉着地

本病常呈慢性过程，通常不呈现异常。当局部感染化脓，并向深部组织蔓延时，出现跛行后才被注意。病牛站立时免负或减负体重，患蹄球关节以下屈曲，频频倒步，并见患蹄打地、踢腹。前蹄患病，见患肢向前伸出。患蹄驻立时间缩短，运步时呈明显的后方短步。两前蹄患病，见前肢交叉着地（图 7-9）。

患蹄检查：蹄变形，蹄底磨灭不正，在球部或蹄底出现小的黑色小洞，有时许多小洞可融合为一个大洞或沟，蹄底常形成潜道，其内充满黑色浓稠脓汁，污灰色或污黑色，具腐臭、难闻气味。

腐烂后，炎症蔓延到蹄冠、球节时，关节肿胀，皮肤增厚，失去弹性，疼痛明显，步行呈“三脚跳”；化脓后，关节处破溃，流出乳酪样脓汁，病牛全身症状加重，体温升高，食欲减退，奶产量下降，卧地，消瘦。

诊　断

诊断要点

（1）四蹄皆可发病，以后蹄多见；全年皆有，但以 7 ～ 9 月份最多。

（2）蹄底部有黑色小洞，角质糜烂、溶解，从潜道内流出黑色脓汁。

类症鉴别

蹄底溃疡（局限性蹄皮炎）　跛行严重、持续时间长。典型症状是底球结合部的角质呈红色、黄色，角质软，疼痛，角质因溃疡而缺损，真皮暴露，或长出菜花样的肉芽组织。

蹄底刺伤　由锐利物体直接刺伤蹄真皮组织所致。突然发生疼痛，跛行明显，检查蹄部，可能发现异物存在。蹄部肿胀，蹄抖动，减负体重。

蹄底挫伤　运动场内地面不平，砖头、石块等钝性物体对蹄底挤压，致使真皮损伤所致。削蹄时，蹄角质有黄色、红色、褐色的血斑，经 1 ～ 3 次削蹄，血斑痕迹即可消除。

白线病　主要是因白线处软角质裂开或糜烂，蹄壁角质与蹄底角质分离，泥沙、粪土、石子嵌入，致使真皮发生化脓过程。病牛患蹄减负体重，蹄壁温度增高，疼痛明显，白线色变深，宽度增大，内嵌异物，当伴发继发感染时，体温升高，食欲减退。

治　疗

对病牛应加强护理，单独饲喂，根据具体病状采取合理治疗，促使尽早痊愈。

局部处理

先将患蹄修理平整，找出角质部糜烂的黑斑，由糜烂的角质部向内逐渐轻轻搔刮，直到见有黑色腐臭的脓汁流出为止。用 4% 硫酸铜溶液彻底洗净创口，创内涂 10% 碘酊，填入松馏油棉球，或放入高锰酸钾粉、硫酸铜粉，打蹄绷带。

全身疗法

如体温升高，食欲减退，或伴有关节炎症时，可用磺胺、抗生素治疗。磺胺吡啶钠 56 g 和青霉素 250 万 IU，一次肌肉注射；10% 磺胺噻唑钠 150 ～ 200 mL，一次静脉注射，每日一次，连续注射 7 d。5%

碳酸氢钠 500 mL，一次静脉注射，连续注射 3 ～ 5 d。金霉素或四环素，剂量为 0.01 g/kg 体重，静脉注射，也有效果。关节发炎者，可应用巴布剂、酒精鱼石脂绷带包裹。

预 防

加强管理 经常保持圈舍、运动场干燥及清洁卫生，粪便及时处理，运动场内的石块、异物及时清除，保护牛蹄卫生，减少蹄部外伤的发生。

坚持蹄浴 4%硫酸铜溶液浴蹄，5 ～ 7 d 进行 1 ～ 2 次，也可用 5% 福尔马林液蹄部喷洒。

蹄 叶 炎
Laminitis

蹄叶炎为蹄真皮弥漫性无败性炎症过程。患病奶牛一肢或两肢表现出蹄角质软弱，临床特征是疼痛、蹄变形和程度不同的跛行。

病 的 发 生

年龄与发病 青年牛和胎次低的母牛发病率高。

季节与发病 与产犊季节相关。

品种与发病 主要见于肥育牛、奶牛。通常为散发，但也有群发现象。

产奶量与发病 产奶量越高，蹄叶炎的发生机会越多。

病 因

蹄叶炎作为牛群的问题，是一种多因子的疾病，其中营养因素是最主要的原因，具体表现如下。

（1）产前精料喂量太多，产后精料量增加太快。这就增加了瘤胃酸中毒、乳房水肿、乳房炎和酮病发生的可能性。

（2）围产期精料喂量过多，粗饲料采食量减少，日粮中含粗纤维饲料过少，将影响瘤胃消化功能，导致消化道疾病的发生。蹄叶炎时，生角质细胞内的胱氨酸结合明显减少。角蛋白前驱细胞的成熟依赖含二硫键的胱氨酸和蛋氨酸。如果这些氨基酸合成减少，就会影响角蛋白的合成。

蛋氨酸是硫酸软骨素的硫酸根的来源，消化紊乱时，硫酸根与吲哚、酚等结合，从而影响了硫酸软骨素的合成。

（3）干奶期精料过多，母牛过肥，易使产后母牛发生肥胖综合征。

综上所述，饲料中精料过多，粗饲料不足或缺乏；奶牛分娩时后肢的水肿使蹄真皮的抵抗力降低，是本病发生的原因；瘤胃酸中毒、霉败饲料中毒、胎衣不下、子宫炎、乳房水肿、乳房炎及酮病等，皆可促使本病的发生。

此外，蹄形异常如平蹄、弯蹄、蹄踵高等，使蹄机障碍，易使蹄壁受到压迫，蹄匣过小，经常受到体重压迫，加之护蹄不良，不修蹄，运动场不平，水泥地面，蹄常常受到机械性损伤而发病。

发 病 机 理

关于本病的发生有负重性、变态反应等认识，但目前普遍认为瘤胃酸中毒是蹄叶炎的主要病因。由于瘤胃乳酸蓄积，pH 下降，微生物区系改变，毒素（如组胺）与细菌内毒素吸收入血，毒物作用于蹄真皮毛细血管壁，使之充血，并伴有血液或体液从血管中渗出，真皮水肿；部分血管局部缺血，渗出液对真皮的刺激和压迫，产生疼痛，引起奶牛跛行。随病程延长，积聚在真皮层的液体被吸收，真皮瘢痕形成而使蹄壳变形。

也有人认为，瘤胃酸中毒引起细菌死亡，它所释放的外毒素进入血液，外毒素激活蹄部表皮细胞的蛋白酶，导致蹄部角质层和真皮层分离而发生蹄叶炎。

临床症状

急性病例，体温升高至 40 ~ 41℃，呼吸每分钟达 40 次以上，心动亢进，脉率每分钟达 100 次以上。食欲减少，出汗，肌肉震颤，蹄冠部肿胀，蹄壁叩诊时疼痛。四蹄发病时，四肢频频交替负重，为避免疼痛，肢势改变，拱背站立，或前肢向前伸（图 7-10），后肢伸于腹下，或四肢缩于一起。两前肢发病时，见两前肢交叉负重。两后肢发病时，头低下，两前肢后踏，两后肢稍向前伸。趾尖翘起，球部下沉（图 7-11）。不愿走动，行走时步态强拘，腹部紧缩。喜在软地上行走，对硬地、不平地躲避，或步态困难。病牛喜卧，卧地后，四肢伸直呈侧卧姿势。蹄部角质变软，呈黄色蜡样。

蹄底出血为蹄叶炎的指征，可能发生于蹄底全部或特定部位。严重病例，蹄底几乎从真皮全部分离，因新的蹄底生长出来，故形成双层蹄底。

慢性病例，全身症状轻微，患蹄出现特征性的异常形状：患指（趾）前缘弯曲，趾尖翘起，蹄轮向后下方延伸且彼此分离；蹄踵高而蹄冠部倾斜度变小；角质蹄壁浑圆而蹄底角质凸出，蹄壁延长；系部和球节下沉（图 7-11）。重型病例拱背，全身僵直，步态强拘，消瘦。X 线检查蹄骨变位、下沉，与蹄尖壁间隔加大；蹄壁角质面凹凸不平；蹄骨骨质疏松，骨端吸收消失。当蹄皮肤或真皮损伤、蹄底穿刺或蹄壁裂时，可继发蹄内化脓，化脓过程将蔓延直至蹄上面破溃，进而涉及蹄骨或蹄关节。

图 7-10　蹄叶炎病牛两前肢负重不实

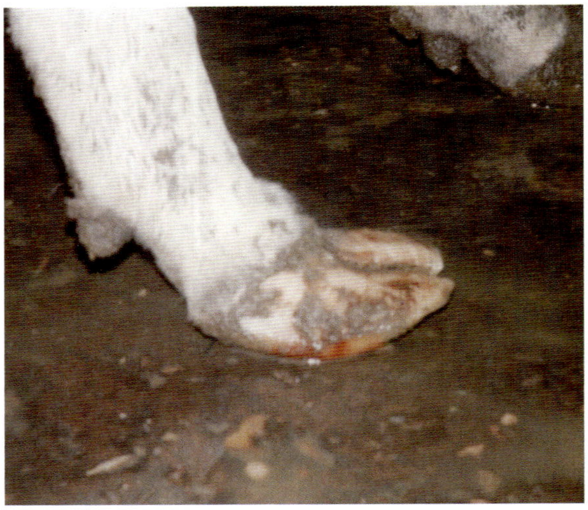

图 7-11　蹄叶炎病牛趾尖翘起，球部下沉

临床病理

经对 9 例蹄叶炎病牛血液生化值测定，其结果二氧化碳结合力、镁、钾含量明显降低，磷含量增加（表 7-4）。而二氧化碳结合力的降低，提示机体处于代谢性酸中毒的病理过程。

表 7-4　蹄叶炎病牛血液学变化

项　目	CO_2 结合力 (V%)	Ca	P	Mg	Na	K	Cl
		mg/100 mL			mEq/100 mL		
病牛	27.6	8.3	7.0	0.77	139.6	4.3	97.3
健康牛	46.0	8.5	6.1	2.8	144.0	7.3	101.1

预　　后

急性病例经及时治疗，预后良好；慢性病例多见蹄变形，经修蹄能缓解病情，除影响产奶量外，病畜仍能存活多年。若继发关节化脓，则预后不良。

诊　　断

急性型应根据长期过量饲喂精料，以及典型症状如突发跛行、异常姿势、拱背、步态强拘及全身僵硬，可以做出确诊。

类症鉴别诊断时应与多发性关节炎、蹄骨骨折、软骨症、蹄糜烂、腱鞘炎、腐蹄病、乳热、镁缺乏症、破伤风等区分。

慢性型蹄叶炎往往被误认为蹄变形，而这只能通过X线检查确定。其依据是系部和球节的下沉，指(趾)静脉的持久性扩张，生角质物质的消失及蹄小叶广泛性纤维化。

治　　疗

在治疗时，应分清是原发性还是继发性。原发性多因饲喂精饲料过多所致，故应改变日粮结构，减少精料，增加优质干草喂量。如因乳房炎、子宫炎、酮病等引起，应加强对这些疾病的治疗。

治疗原则：去除病因，解除疼痛，促进循环，防止蹄骨转位和促进角质的生成。

患牛置于清洁、干燥的软地上饲喂，以促进蹄内血液循环的恢复。

为缓解疼痛，可用 1% 普鲁卡因液 20 ~ 30 mL 行指（趾）神经封闭。也可用乙酰普吗嗪 0.08 mg/kg 体重，肌肉注射，有助于减低血压和解除疼痛。

蛋氨酸 10 g，一次内服，连用 4 d，后改为 5 g，每日内服，连服多日。

为解除酸中毒，静脉注射 5% ~ 7% 碳酸氢钠液 500 ~ 1 000 mL、5% ~ 10% 葡萄糖溶液 500 ~ 1 000 mL、0.1% 维生素 C 10 ~ 20 mL。也可静脉注射 10% 水杨酸钠液 100 mL、20% 葡萄糖酸钙 500 mL。

脱敏疗法可用抗组胺制剂、可的松类药物。盐酸苯海拉明 0.5 ~ 1.0 g 内服，每日 1 ~ 2 次。氢化可的松 0.2 ~ 0.5 g，溶于生理盐水或 5% 葡萄糖注射液 500 mL 内，静脉注射。

慢性病例主要是保护蹄底角质，修整蹄形。将蹄壁角质和蹄尖角质多削。

预　　防

合理的饲养管理是预防蹄叶炎的基础。就营养而言，日粮中供应的营养成分与机体营养需要平衡，为预防本病所必须遵循的原则。只有这样，才能保持正常的消化功能，才能使消化率最高而有毒物质产生最少，奶牛也才能有健壮的体质。

加强围产前后奶牛的饲养，制定围产期精料供应计划

（1）干奶期，控制精料饲喂量，防止母牛过肥。日粮中精饲料每日给 3 ~ 4 kg，青贮 15 kg，优质干草自由采食，不限其量。

（2）产犊后，精料量应逐渐增加，产后 2 周内精料给量不能达到最高数量，只有在 3 周后再给高水平精料，但也要保证粗纤维的供应。据国内外的试验和生产实践经验表明，日粮中干物质以 15% ~ 20% 为宜，最低不能少于 13%。

（3）饲料要稳定，避免日粮的突然改变。特别是在日粮中增加含蛋白质和碳水化合物饲料时，要逐渐引进，使瘤胃内环境有一个适应阶段，减少消化道疾病的发生。

（4）加强饲料保管。严禁饲喂发霉、变质饲料。因其能在血液循环中产生组胺和毒素，导致毛细血管内血栓形成。

（5）保持瘤胃内环境相对稳定。运动场内设置食盐槽，令牛自由舐食食盐或碘化盐，促进唾液分泌，维持瘤胃 pH。在精料喂量大的情况下，为防止瘤胃 pH 的明显下降，可投服碳酸氢钠（以精料的 1%为宜）、0.8%氧化镁（按干物质计）等缓冲物质。

定期修蹄，平衡蹄部负重　有规律地修蹄，尽可能将体重的负荷平均分布于两蹄支，奶牛在干奶期修蹄，是预防本病的最好措施，在产犊后修蹄，也可大大减少跛行的发生。除此，定期用 4% 硫酸铜溶液喷洒浴蹄。

加强产后疾病的预防和治疗　胎衣不下通常是子宫炎的致病因素。子宫炎和乳房炎直接与蹄叶炎相关联。这是因为这些疾病能产生毒素，毒素吸收入血，在循环过程中能影响角质的生长，从而引起出血。因此，对产后胎衣不下及乳房炎病牛，应及时治疗。

加强管理，为奶牛营造舒适环境　舒适环境包括牛舍、地面的卫生，通风和面积。

（1）水泥地面容易使跗关节受损害而发生病变，因此要选择柔软而不滑溜、清洁的铺垫物，如将刨花或沙土铺于牛床上。橡胶地面铺垫，已广泛用于预防牛蹄底出血。可用胶垫必须柔软，以牛蹄部能适当下陷其中为度，硬度太大易使牛滑跌。牛棚、地面粪尿及时清除，保持清洁、干燥。

（2）牛舍要通风、干燥。良好通风是保持空气流通、新鲜所必需的措施。牛舍干燥，有利于蹄部保健。

（3）牛舍宽敞。牛群饲养密度绝对不能过大，应有利于奶牛躺卧、站立和自由活动。

痉挛性轻瘫
Spasmus Paresis

痉挛性轻瘫是指由于腓肠肌痉挛性收缩、过度紧张而引起畜体运动机能障碍的疾患。其临床特征是后肢过度强直、跗关节高度伸展、僵直和跛行。

本病主要发生于荷斯坦牛、更赛牛、爱尔夏牛、荷兰牛、德国牛、丹麦红牛和肉用短角牛。1971 年起，作者曾先后发现我国黑白花奶用种公牛有 5 例发生，年龄在 4 岁以上。2009 年 1 头褐色青年母牛发生，年龄 1.5 岁。

病　因

目前认为与遗传和环境因素有关。

遗传因素　长期以来，认为本病是一种遗传性疾病，故称之为牛的遗传性痉挛性轻瘫。在荷斯坦牛和几个德国品种的牛，种公畜有非常僵直的跗关节，其犊牛生后早期有各种类型的膝关节和跗关节跛行。在荷斯坦犊牛，一头 ELSO 公牛，其后裔痉挛性轻瘫易见，故称为 ELSO 后裔。

环境因素　Lojda（1967）指出，本病出现症状并非在相同年龄，有的在 5 个月，有的在成年时，这充分显示出疾病的发生具有不同的基因表现度，而迟出类型（即成年牛）是受环境因素累积的影响。

根据对临床 5 例病牛观察、分析，我们认为，如果本病具有遗传性，也仅是易感性遗传，而环境因素的影响，诸如日粮不平衡，矿物质钙、磷不足或比例不当以及微量元素、维生素缺乏等所引起的营养失调；台牛体格过大，性情狂暴，采精时公牛爬跨、跳跃时母牛的摇摆与骚动；运动场不平及土质过硬等，致使公牛骨质疏松，关节及腓肠肌的挫伤、剧伸等不良因素的作用，为促使发病的外部条件，因此遗传与环境因素是统一的，是共同作用的结果。

临床症状

犊牛，通常在 2 ～ 10 月龄出现症状。表现后肢伸于后方，以蹄尖着地，头、颈上扬。随病程渐进性发展，两后肢发病时，疼痛异常，运步困难，步态强拘，食欲减退，体重下降，喜卧少站。

成年牛，病牛突然发病，见一后肢或两后肢痉挛，病肢伸向后方，疼痛，跛行。体温升高至 39.5℃以上。食欲减退，喜卧，不愿行走，两后肢同时发病时，初能站立，经 5 ～ 7 d 后卧地不起。

慢性者，通常一肢发病明显。初期常不注意，只有症状明显后才被发现。驻立时，患肢向后挺直，常常以蹄尖着地，严重病牛病肢前后摇摆，似钟摆样，蹄前壁角质过度磨损，甚至蹄尖部出血。跗关节僵直，失去正常跗关节的形状。运步时，肢活动受到限制，抬不高，病牛摇晃，患肢常不能着地。触摸跗关节僵硬，腓肠肌强直，屈曲患肢不能，也不反抗。由于腓肠肌处于痉挛性收缩状态，故患牛举尾。通常，患牛精神、食欲和全身反应正常，仍能参加采精。跛行加剧，致使患牛躺卧时间较长，食欲减退，体重明显减轻。

诊　断

根据患肢典型症状如患肢后伸、跗关节强直（图 7-12）及 X 线检查见跗关节外生骨疣（图 7-13），即可确诊。

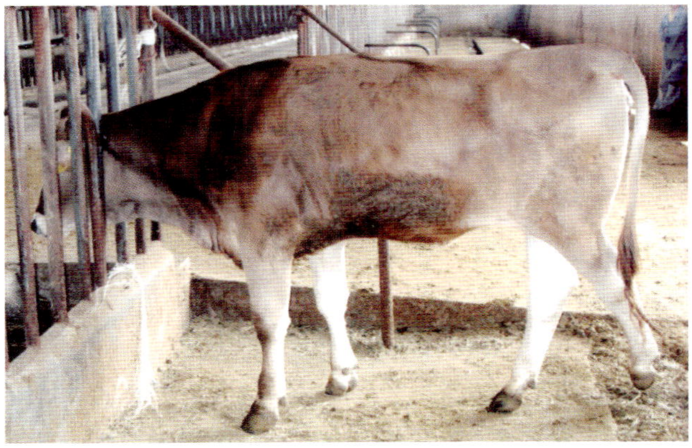

图 7-12　痉挛性轻瘫病牛跗关节强直，后肢向后直伸

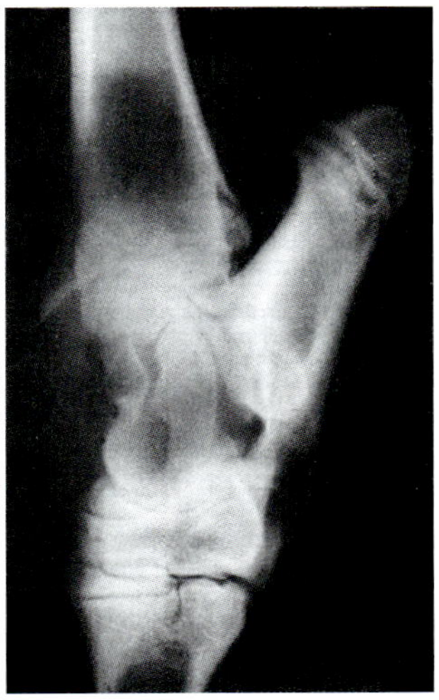

图 7-13　痉挛性轻瘫病牛跗关节外生骨疣

治　疗

药物治疗尚不能收效。通过跟腱手术可解除或减轻症状。术部在跟结节前方约 6 cm，跟腱的背面。局部消毒，皮下与皮下组织浸润麻醉，用外科刀刺入皮肤，伸至腓肠肌腱的腹面，将刀刃转向对着腱，直到将腓肠肌切断为止，再用外科刀刃在指浅屈肌腱的中央部分横切一半，皮肤用结节缝合。

预　防

有的学者认为在繁殖计划中，不一定撤除怀疑为生产患犊的某头公牛，因此加强饲养管理则是防制本病的唯一有效途径。

科学养牛　按牛的营养需要供给平衡日粮。饲料供应中特别要注意矿物质、微量元素和维生素供应，防止骨质疏松症的发生。

加强管理，提供良好的环境条件　运动场、牛棚要平整，尽量减少蹄支在硬地上的磨损；减少各种机械外力对肢蹄的作用，防止膝关节和跗关节的损伤。这是因为膝关节的伸展引起跗关节的伸展，膝关节屈曲引起跗关节屈曲，它们相互影响，因此一定要引起注意。

加强采精技术　根据公牛大小选择台畜，台畜不可过高或过矮；选择性情温顺的台畜，最大限度地减少公牛在配种时因爬跨、跳跃而招致的跗关节及周围软组织的损伤。

飞节软肿
Bog Spavin

本病是指跗关节的突出部重复蒙受损伤所引起的皮下组织内浆液聚积。

飞节软肿过去常认为是黏液囊炎，现在认为它不是真正的黏液囊发炎，而是重复损伤或卧于坚硬地面所引起的浆液在皮下组织内的聚积。

病　因

本病主要是由于跗关节外侧表面长期而又持续地遭受机械性损伤所致，如牛饲养在水泥地面或其他硬地面上，牛卧倒或起立时跗关节与地面的反复摩擦。舍饲奶牛场，下槽后置泥土地面上能自由运动的奶牛发病极少，而拴于水泥或砖地且又未铺垫褥草的奶牛发病较多，故认为，垫草不足是最常见的原因。

临床症状

本病呈慢性经过。初期常不被发现。随着炎症的加剧，渗出物数量显著增加，渗出物大量积聚，跗关节出现很大的隆起，局部呈局限性、波动性肿胀，肿胀呈圆形或卵圆形，小如网球至大如篮球，无机能障碍，无疼痛感，故对奶牛影响不大。由于渗出物中纤维蛋白的析出和结缔组织增生，囊壁增厚，飞节软肿变得硬固。随病时延长，飞节软肿体积过于增大，在运动时皮肤经常遭受机械性刺激而发生硬化或角化。少数飞节软肿因皮肤擦伤和病变为条件性微生物如化脓性放线菌侵入提供了条件，囊腔感染，病牛关节周围肿胀，疼痛，屈曲或触诊囊腔下关节时，运动避闪。当飞节软肿感染后，由于治疗不及时或不当，炎症扩散可引起脓毒性关节炎或腱鞘炎，全身症状加重。

诊　断

根据跗关节处的肿胀，触诊患部无疼痛，又无机能障碍，无跛行等即可确诊。当关节周围肿胀有疼痛时，多由于感染所致。此时应抽取囊腔中液体进行肉眼及微生物检验。未发生感染者，液体呈淡黄色或橘红色，无病原菌；发生感染者，液体呈脓样，镜检能观察到病原菌——化脓性放线菌。

治　疗

通常对飞节软肿不需治疗。一般治疗是在皮肤上涂擦发泡剂。也可抽出炎性分泌物，并向囊内注入奴夫卡因青霉素，最后于关节处装压迫绷带。

当飞节软肿过大时，可施行手术。一种是手术从病灶中央部切除一椭圆形皮瓣，放出液体，减张缝合创口，打压迫绷带。一种是手术摘除，方法是在术前 5 ～ 7 d，先向囊内注入 5%～ 10%碘酊或 5%硫酸钠液、75%酒精或 5%～ 10%福尔马林液，以使囊壁坏死、增厚、变硬，然后再进行摘除。手术区在囊的基部，剃毛、消毒，局部作浸润麻醉。基部皮肤作梭形切口，然后剥离皮肤，不要损伤囊壁，仔细而完整地将囊摘除，皮肤行结节缝合，并作几排圆枕缝合，最后用绷带加以固定。手术后将患畜置于泥土地面并铺以厚的褥草，单独饲喂，限制活动。

已感染的飞节软肿应及时作外科处理，扩开囊壁，放出脓汁，每日用 3%过氧化氢液或 0.1%高锰酸钾液冲洗。骨关节周围肿胀，全身可用抗生素治疗。

预　防

本病主要发生于南方地区，这是因其天气热、雨水多，运动场以砖铺为主，奶牛多拴于水泥地面上。北方地区运动场宽敞，多为泥地，牛能运动，故发病较少。

预防的关键是减少对关节部位的磨损。据报道，牛床上铺橡胶垫子不能有效地防止飞节软肿的发生，因为舍饲于橡胶垫子上本病发生率并不低于在水泥地面上的发生率。因此，牛床上加厚垫草并及时更换，尽可能给牛提供活动机会和土地面条件，则是预防本病的最佳措施。

腕部黏液囊炎
Carpal Bursitis

腕部黏液囊炎又称腕关节部水瘤，奶牛时有发生。

病　因

常见于舍饲在水泥地面的圈舍，以及水泥或砖地运动场的奶牛。腕关节前部组织与其接触，并反复受到挫伤是发病的主要因素。有的病例与布氏杆菌感染有关。

临床症状

腕部黏液囊炎可涉及皮肤、皮下腕前黏液囊和周围的软组织，但感染很少蔓延到关节。

初期，常不被注意，多在慢性炎症阶段才被发现。在腕的背侧形成一个柔软、无热、无痛的肿胀，肿胀有单侧的，一般是对称的，无品种和年龄差异。肿胀大小不一，有柚子大、柠檬大，即使体积很大也不发生跛行（图 7-14）。囊液淡黄、澄清而不黏稠，由黏液囊内膜产生。肿胀皮肤常常有挫伤的痕迹，由于反复磨损，经常遭受机械性损伤，引起皮肤硬化并发生角质化，上皮不断剥脱，但很少发生自行破溃。

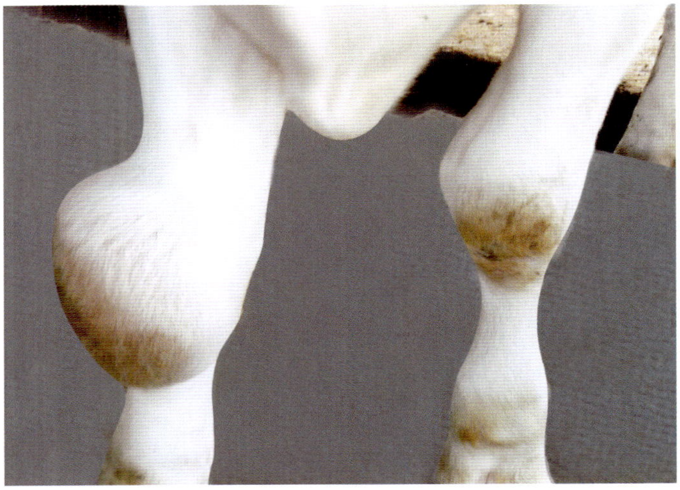

图 7-14　腕部黏液囊炎

治　疗

通常不需治疗。将牛置于土地面或铺以厚的褥草的环境中饲养，以减轻症状。

不要进行引流，因为易引起囊内和皮肤感染。只有当行走受到影响时，可考虑引流，但必须在无菌条件下进行。放出囊内液体后，可将皮质类固醇溶液和抗生素混合注入空腔内，每隔一周进行一次注射。

如需手术切除，病畜横卧保定，全身麻醉，或沿切线作局部麻醉。术区在水瘤的前面，剃毛并进行消毒。皮肤切开后，除去水瘤的液体内容物。从皮肤分离炎性组织，与关节囊粘连的组织不要去掉。用纱布浸碘酊放在腔内，整个肿胀部位用绷带紧紧固定，每日检查伤口一次，根据症状情况进行治疗。为了限制关节活动，可在肢后面用金属夹板固定，这有助于伤口的愈合。

感染性关节炎
Infectious Arthritis

奶牛关节常常被细菌、病毒、支原体等病原微生物侵害而引起感染性关节炎。感染关节发炎、化脓，脓汁贮积于关节内，此称化脓性关节炎。其临床特征是体温升高、关节肿大和跛行。

病　因

主要是由细菌感染所致，而感染分内源性和外源性两种。

外源性感染

由于关节机械性损伤，病原微生物直接侵入所致。常见于奶牛于硬地上的突然滑倒，铁丝及异物对关节的刺伤，瘫痪卧地而引起的褥疮等使关节发生创伤。

内源性感染

由于病原微生物经血液转移到关节所引起的炎症，又称为血源性的。犊牛最常见于脐带感染、肠炎、脑膜炎或肺炎。成年牛常见于脓毒性乳房炎、肺炎、肺脓肿、肝脓肿及慢性蹄部感染。主要的病原菌是大肠杆菌、沙门氏菌、昏睡嗜血杆菌、衣原体及支原体等。

临床症状

病牛体温升高至 39.5 ~ 40℃，食欲减退，产奶量减少，关节及周围组织呈广泛疼痛性肿胀及水肿状态，触诊具高度疼痛，局部增温，运动出现中度或重度跛行，严重时，常卧地不起，奶牛以膝关节、跗关节、腕关节及系关节多见。当患多发性关节炎时，常常两肢呈对称性发生。

诊　断

关节处彻底消毒后，取滑液做细菌学和细胞学检验。滑液浓稠、混浊，白细胞数高达 10 000 ~ 30 000 个 /mm^3，总固形物超过 3.0 g/100 mL，革兰氏染色可观察到细菌，如做细菌鉴定则需进行分离培养。

病史调查和临床检查要详尽，以确定病因。如怀疑脐部感染，应检查脐部，X 射线照片显示关节腔变宽是因滑液增多所致，慢性感染则关节腔变窄。

治　疗

首先应对原发病进行治疗。对感染性关节炎的治疗方法包括抗菌消炎、关节灌洗与注入和支持疗法。

急性感染性关节炎

抗菌消炎　全身大剂量应用抗生素，大剂量抗生素用后，血液中的药物可从关节囊膜渗透到关节内，起到治疗作用。硫酸卡那霉素，剂量为 5 ~ 15 mg/kg 体重，一次肌肉注射，每日 2 次，或氨苄青霉素，剂量为 2 ~ 7 mg/kg 体重，一次肌肉注射，每日 2 次。

关节灌洗　治疗的关键是关节灌洗。

（1）灌洗准备　14 号针头、100 mL 注射器、生理盐水、0.1% 雷佛奴尔液、林格氏液、青霉素。

（2）灌洗的方法　首先对关节局部剪毛、消毒，用一个 14 号消毒针头做关节穿刺，注射器将灌洗液注入关节囊内并使其臌胀，于关节的另一侧刺入另一个 14 号针头，加大压力，注入上述灌洗液中的一种，将病原微生物、纤维素、白细胞等炎性物质从关节内冲击出去，尽可能地通过针头导出关节内的液体后，关节处打压迫绷带。关节灌注每日或隔日一次，其原则是将关节内的所有炎性分泌物及组织碎片冲洗干净。

关节内注入　据报道，用庆大霉素浸渍聚甲基丙烯酸甲酯向关节内注射，治疗脓毒性关节炎并发骨髓炎效果良好。

支持疗法　为了解除疼痛和消除肿胀，提高全身状况，可用保泰松 2.2 ~ 4.4 mg/kg 体重内服或静脉注射。为了保证有效的血液容积，静脉注入代血浆。

慢性感染性关节炎

需要进行灌洗或施行关节切开引流排除浓稠的脓汁。关节切开后，进行关节的开放性灌洗，并配合全身应用抗生素治疗。

在治疗中，应根据全身状况，除应用抗生素外，还应注意解毒、保肝和防止酸中毒，故全身应配合使用葡萄糖、碳酸氢钠等药物。

犊牛多发性关节炎不宜手术治疗，应采用全身支持疗法和抗生素疗法。

如果是由支原体引起的，可用四环素、金霉素或泰乐菌素进行全身治疗。

预　防

加强兽医防疫消毒制度，防止疫病的发生、蔓延。对已发生感染性疾病的病牛，应加强治疗，防止病原菌的转移。对牛要加强护理，提供好的饲养环境，新生犊牛一定要严格做好脐带消毒，尽量减少各种不良因素对关节的损伤，保证牛体健康。

肌　病
Myopathy

肌病是产后母牛患“躺卧不起综合征”最为常见的并发症。躺卧发生于围产期低钙血症、感染性疾病，偶发于神经以及骨骼、肌肉的损伤。其临床特征是病牛不能站立、卧地不起或患肢不能负重的肢体机能障碍。

随着产奶量的不断提高，本病的发生率有增多的趋势，各胎次牛都有发病，头胎牛也有，无年龄区别。由于病后对药物反应较差，常常最后被淘汰，故为奶牛的疑难病。

病　因

母牛低血钙性躺卧　产后母牛低血钙，由于病牛在瘫痪发生之时奋力挣扎、企图站立，或由于产房地面光滑，在站立时滑倒，从而引起肌肉、神经损伤或关节、韧带的损伤。

助产时闭孔神经损伤　难产时，由于助产不当，当胎儿过大，或母牛产道开张不全、产道干燥等，强行牵引胎儿，致使闭孔神经及坐骨神经损伤而麻痹，病牛两后肢劈叉或在光滑地面上两肢叉开，可引起内收肌受伤。

“爬行母牛”的爬行损伤　各种原因引起“爬行母牛”。爬行母牛在两后肢向后伸的状态下向前爬行或挣扎欲起，常常会引起股四头肌损伤。由于机体虚弱而起立不能，可伤及腓肠肌或股后半腱肌和半膜肌。

肌肉过劳导致的肌肉损伤　由于饲养管理不当，奶牛被陷于淤泥、粪池或其他设施中，以及在冰冻地面、湿滑的水泥地面滑倒等，致使母牛奋力挣扎或挣脱，经多次挣扎欲起，努力站立时动作不协调，都会引起运动肌肉的损伤。

发病机理

各种不同原因引起躺卧不起综合征，继而引起肌肉的剧伸，从而导致肌肉微观或大体的损伤。表现出肌细胞破裂、水肿、出血，结果释放出乳酸，最后引起肌肉坏死或纤维化。母牛长时间躺卧，必将导致腔隙综合征的发生，造成躺卧侧肢缺血。缺血使膝关节以下部位水肿。由于筋膜内的肌束和神经水肿及压迫性坏死又可伴发神经、肌肉的损伤，加剧了病情。通常坐骨神经可在股骨近端后侧发生损伤；腓神经在压迫肢的膝关节与跗关节之间受到损伤。

母牛躺卧不起综合征可引起肌病和关节腔隙综合征的发生，而肌肉和关节腔隙的损伤又可加重躺卧不起综合征的病情。由此可见，它们之间的关系密切，互为因果。

急性肌病，肌细胞破裂，可出现高钾血症和肌红蛋白性肾病。由于大量乳酸从肌细胞中释放进入血液，病牛发生代谢性酸中毒。继而因受损伤肌肉的中间代谢产物的吸收，可引起神经症状和休克。

临床症状

由于肌群以及骨骼和神经损伤部位不同，其临床症状和病牛的姿势也不尽相同。但其相同处是肌肉较软，缺乏张力，肌肉肿胀不对称，病牛不能站立、躺卧和欲起。严重肌病患牛，尿液混浊，呈棕色或深红色。较轻病牛尿液呈清亮的淡黄色或棕色。

预　　后

母牛躺卧不起综合征所致的肌病预后，应视原发病是否存在及其能否治愈而定。

由低血钙引起的躺卧，当补钙而使原发病得到纠正，此时只有肌病是躺卧的原因，在继续治疗及护理下，预后良好。

由闭孔神经麻痹、骨及关节损伤、化脓性乳房炎等所致的肌病躺卧，因其原发病存在，又伴有肌病，故预后可疑。

大群肌肉损伤，肌红蛋白尿阳性，预示有肌红蛋白性肾病的可能，并能发展为肾衰竭。检测肌酸激酶（CK）或天门冬氨酸转移酶（AST）含量皆超过 10 000 IU/L 以上，这都表明预后不良。

母牛卧地后精神状态良好，食欲正常，机敏，试图站立，并已消除了致使病牛躺卧的原发病，可望治愈。

诊　　断

引起肌病的原因复杂，而当奶牛躺卧不起后，都会影响肌肉的结构和正常生理功能。因此，单纯地通过肌肉肿胀、不对称及病牛躺卧和欲起的症状表现还不能做出诊断，尚需进行细致的临床检查和鉴别分析。

临床诊断

意识正常　指母牛卧地后，仅见不能站立，而精神、食欲正常。此多见于：

（1）骨折、荐坐韧带断裂、髋关节脱位、肢体运动异常，有噼啪音。

（2）肌病，损伤肌肉群肿胀、疼痛、变性与坏死。

（3）神经麻痹，局部感觉消失，针刺无反应，末梢部变凉。

（4）腹痛与休克，多由创伤性网胃炎、腹膜炎及胃、肠破裂等所致。

（5）毒血症，当发生产后子宫内膜炎、化脓性乳房炎，病牛因脓毒血症而躺卧。

意识紊乱　指母牛卧地后，意识紊乱，神经兴奋或沉郁，食欲、精神异常。此多见于：

（1）产后低钙血症，体温偏低，昏迷，但补钙后症状很快好转。

（2）低镁血症，感觉过敏，兴奋，肌肉震颤，强直性痉挛，机敏性。补镁后症状好转。

实验室诊断

尿液检验　肌红蛋白尿阳性反应。

血清肌酸激酶测定 对躺卧 24 ~ 46 h 病牛测定，其值升高至 5 000 ~ 10 000 IU/L。躺卧 1 周后，天门冬氨酸转移酶（AST）高达 3 000 IU/L 以上，并持续数天。

治　疗

对确诊为肌病的病牛，还应综合分析，对确系不能治愈，无治愈可能者，应当即决定，予以淘汰。如认为可以治疗，应采取以护为主、治护结合的原则。

加强护理，防止腔隙综合征的发生 提供地面平坦、干燥、清洁的土地；地面上铺好垫草让牛躺卧。粪、尿及时清扫，褥草勤换。在躺卧处喂、饮病牛，并给予优质日粮，增加进食量。对外展倾向的后肢应将其拴系起来以防劈叉，每日应对躺卧牛翻身数次，以防褥疮发生。

消炎、止痛，阻止炎症的扩散 为了减轻或防止肌肉炎症及水肿的扩散和腔隙综合征的疼痛，应给予镇痛剂、非类固醇抗炎药及抗生素。氨基比林 1 ~ 1.2 g，一次皮下或肌肉注射。氟尼辛葡甲胺每日 2.2 mg/kg 体重，一次静脉注射。青霉素 G 钾 4 000 ~ 8 000 IU/kg 体重，一次肌肉注射，每日 2 ~ 3 次。阿司匹林 10 ~ 30 g，一次内服，或水杨酸钠 10 ~ 30 g，静脉注射。

保护肝、肾，补充平衡电解质溶液 当检测有肌红蛋白尿，预示有些脏器损伤，此时应静脉输注等渗电解质溶液。当尿液呈酸性，为防止酸中毒，在补液的同时，应输注 5%碳酸氢钠 500 ~ 1 000 mL。

补充钙、镁、维生素 E 和硒 根据病牛症状表现，在低血钙、低血镁缓解后，仍应适当补充钙、镁制剂。给予适当的、治疗量的维生素 E 和硒，其目的是保证肌肉修复时所需的营养物质。醋酸维生素 E 5 ~ 20 mg/kg 体重，一次肌肉注射。亚硒酸钠 30 ~ 50 mg，一次肌肉注射。

人工辅助病牛站立 对于精神状态良好，食欲正常，并试图起立，助立后能够自行站立的病牛，可采用人为提起牛尾，使用髋悬带或其他吊带等机械方法帮助站立。但在使用时，必须谨慎，防止损伤的发生。若用悬带吊起 5 min 后病牛仍不能自己站立，应将其重新放下卧地，以减少悬带接触的皮肤发生压迫性坏死的可能性。

预　防

加强临产母牛监护 从临床实践观察，临产特别是产后 3 d 内，是母牛躺卧不起，也是肌病发生的重要时期，为防止发生，应采取以下措施：

（1）临产母牛应在产房内单独饲养，产房地面平坦、干燥、清洁，并铺有厚的褥草，应有专人看护，防止滑倒。

（2）及时观察分析分娩牛的精神、食欲，为防止产后低钙血症，临产前 1 周，静脉注射 25%葡萄糖和 10%葡萄糖酸钙各 500 mL，每日或隔日一次，直到产后食欲及全身状况正常。

（3）助产时要细致，牵引胎儿不能过早或过晚，严格执行助产操作规程，防止产道及神经损伤。

加强对原发病的治疗 代谢性疾病、感染性疾病都可引起母牛躺卧并继发肌病。因此，应加强诊断和治疗。低血钙时补钙，低血镁时补镁，低血钾时补钾。当发生化脓性炎症时，应抗菌、消炎，防止炎症的扩散、蔓延和败血症发生。

第八章 中 毒

Intoxication

中毒的发生与解救

Pathogeny and Rescue of Intoxication

植物性、动物性或矿物性有毒物质被机体吸收，引起动物有机体内产生复杂的生理变化，发生病理过程，甚至迅速死亡，称为中毒。

中毒是由毒物引起的。某些毒物进入动物机体，即使是微量，也能引起机体生理机能的严重紊乱，产生一系列病理变化，甚至导致死亡。

由于毒物性质不同，中毒可分为生物性的、物理性的和化学因子性的三大类。

生物性的中毒，如肉毒中毒、尼古丁中毒、真菌及其毒素中毒。因毒素是在生物学过程中产生的，故通常称为“生物毒素”，包括动物毒素、细菌毒素（内毒素和外毒素）和植物毒素。

物理性的中毒通常有一氧化碳、铅、氟、硒、铜和汞大量进入体内所致的中毒。

化学性的中毒常见的有农药（杀菌剂、除莠剂）及饲料添加剂中毒等。

随着奶牛业的发展，牛群扩大，奶产量的提高，伴随而来的是饲料用量增大，饲养技术的改进，饲料的开发与利用和添加剂饲料的补充等。但是，由于管理和饲养上的失误，奶牛中毒性疾病也逐渐增多，为此，了解奶牛中毒的原因，掌握中毒的诊断和预防，对奶牛场有一定的实际意义。

病　因

（1）饲料保管、储存不当，发霉、腐败。常见的有饲喂霉败饲料而引起的植物性饲料中毒；由于饲喂腐败的鱼粉、血粉而引起的动物性饲料中毒。

（2）饲料加工调制不当，喂量过大。如长期而大量饲喂未经去毒的棉籽饼、亚麻仁饼而引起的中毒。

（3）有毒化合物误食或经皮肤吸收而引起中毒。如农药（敌百虫、滴滴涕及有机磷化合物）保管和使用不当；或喷洒于植物后未经过一段时间使其效力减弱，立即将其割掉饲喂。

（4）工矿企业的废水、废气、废料未经处理，污染了水源、空气和土壤，通过饮水、呼吸和摄取该地区的饲料，最后导致中毒，如氟中毒、钼中毒等。

（5）缺乏科学性管理。对中毒不了解，不知道其危害性，因此在饲养管理过程中，缺乏科学性。对饲料的营养成分不分析化验，腐败饲料不清除，盲目加喂成分不清的饲料添加剂，结果发生中毒。

临床症状

中毒后的奶牛，其症状表现有以下几点：

（1）体温正常或下降。

（2）口腔黏膜湿润，分泌增多、流涎或过度干燥。

（3）精神过度兴奋、狂暴，或过度沉郁、对外反应迟钝。

（4）浑身发抖、战栗、搐搦。

（5）腹痛，胀肚，踢腹，便秘或腹泻，粪内多含血液。

（6）全身肌肉反射微弱，四肢无力，瘫痪卧地。

（7）瞳孔反射消失，瞳孔散大或缩小。
（8）发病突然，许多健康奶牛同时发病，并表现出同样的临床症状和病理变化。

诊 断

一旦中毒发生，应通过病史、临床症状、病理剖检、地理环境及毒物分析等综合判定。病史调查的内容包括发病数目、饲料有无改变、饲料及饮水质量、有无与农药接触，以及附近牛场有无类似疾病的发生。

样品分析包括怀疑中毒来源的材料及消化道内容物。除此，因毒物不同应相应采取一定部位的样品，如汞中毒取肾，铅中毒取肾、血、骨，砷中毒取肾、毛、皮，氟中毒取尿、齿、骨。

样品应包装在玻璃或塑料瓶内，密封、包严，防止因漏气或细菌发酵而造成毒物损失。通常不加防腐剂，欲加时，按每克组织加 1 mL 乙醇即可。病料应置于干冰中。

治 疗

治疗原则有两条：一是促使尚未吸收的毒物从消化道或皮肤排除；一是促使已被吸收的毒物通过生物学和化学方法将其解毒。具体措施：

洗胃　用含 3%炭末的温水洗胃，或口服炭末 40 g，以帮助吸附毒物。

投服泻剂　泻剂的使用应根据毒物的刺激性来决定。刺激性强的毒物，泻剂以油类为宜，可用液体石蜡、蓖麻油，可保护胃肠道。盐类泻剂用于治疗非刺激性毒物，如生氰糖苷中毒时可用硫酸镁。

沉淀毒物　为了能解除消化道中的残留毒物，可使其沉淀和凝固。如铅中毒时，灌服硫酸盐可使其在消化道内沉淀；凝固蛋白的毒物可灌服牛奶和鸡蛋；生物碱毒物可用氧化剂、鞣酸使其沉淀。

利尿解毒　为了稀释毒物的浓度，达到利尿解毒的目的，可以大量静脉注射 5%葡萄糖生理盐水，或灌服大量常水。

特效疗法　有针对性地选择解毒药物。如镁中毒时注射钙盐；铅中毒时用维尔烯酸钙；氢氰酸中毒时用硫代硫酸钠或亚硝酸钠；生物碱或糖苷类中毒用钙盐；亚硝酸盐中毒时用美蓝。

对症治疗　根据机体全身状况，可补液，应用阿托品、咖啡因、樟脑制剂等药物。

预 防

提高对中毒性疾病预防的主动性，加强饲养管理，保管好饲料，严防饲料发霉变质，已霉败的饲料，严禁饲喂。

对所喂饲料，应定期进行分析，了解日粮中的营养成分，特别是矿物质、添加剂饲料，一定要分析，不能盲目饲喂。

植物性饲料常常受土壤、水、肥料等影响，因此应对本地区土壤、植被、饮水进行全面监测，掌握其各种营养成分和微量元素的真实含量，做到心中有数。已查清有地方性营养缺乏症或过多症的地区，应采取相应措施，尽量消除不良影响。

对工矿企业的“三废”即废水、废渣和废气要做好处理，防止在局部地区造成公害。

加强农药保管，不喂刚喷洒农药的植物；药浴时要注意安全。

饲喂植物性蛋白饲料，要进行去毒处理，并要控制喂量。

黄曲霉毒素中毒
Aflatoxicosis

奶牛因长期或大量摄食经黄曲霉、寄生曲霉污染的饲料所致的中毒性疾病称黄曲霉毒素中毒，其临床特征是消化机能紊乱、神经症状和流产；剖检见肝变性、坏死和纤维化硬变。

病的发生

1961 年 Loosmore 等首先报道了反刍兽的黄曲霉毒素中毒。20 世纪 60 年代初，在英国东南部一些农场，约有 10 万只火鸡死亡，病因不明，以肝坏死为特征，称为“火鸡 X 病”，经研究确定此病为黄曲霉毒素所致。

牛的黄曲霉毒素中毒的自然病例日趋增多。奶牛和肥育牛发病较高，尤以犊牛更为常见。

由于黄曲霉和寄生曲霉广泛存在于自然界中，被污染的饲料不仅对牛，而且对鸭、鹅、鸡、猪、马和人都呈现中毒作用，同时黄曲霉毒素（AFT）还具有极强的致癌作用，因此现已引起世界各国的普遍重视。

病因

各种饲料如干花生苗、花生饼、玉米粉、谷类、豆类及其饼类、棉籽粉、酒糟，以及贮藏过的混合饲料，由于保管、贮存不当，在高温、高湿的环境条件下，极易为黄曲霉、寄生曲霉生长，产生黄曲霉毒素。有的是动物食入受黄曲霉污染饲料后在体内形成代谢产物——黄曲霉毒素。

AFT 是一类结构类似的化合物，都含有二呋喃环和香豆素。目前已明确结构的有十多种，主要有 $AFTB_1$、$AFTB_2$、$AFTG_1$、$AFTG_2$、$AFTM_1$ 和 $AFTM_2$，其中以 $AFTB_1$ 含量最高，毒性最大。所以当奶牛长期或大量摄取上述饲料后，即能引起中毒。

AFT 毒性比氰化钾还大。肝脏是 AFT 的靶器官。由于品种、年龄、性别及个体的耐受性不同，因此中毒量各异。实验表明，体重 183 kg 的肥育牛，采食含毒素 650 ~ 800 μg/kg 饲料的日粮，经 17.5 周后有轻度病变；奶牛每日每千克体重摄入 0.5 mg 黄曲霉毒素，19 周后出现产乳量降低，乳中可检出毒素；断乳犊牛采食含黄曲霉素 0.22 ~ 2.2 mg/kg 体重的日粮，16 周后出现了生长缓慢、肝损伤，甚至死亡；海伏特公犊，每千克体重口服 0.1 ~ 1.0 mg AFT，42 d 内 3 头牛无死亡，口服 1.2 ~ 1.6 mg 的 3 头牛，2 头死亡，口服 1.8 mg 的 3 头牛全部死亡。

Patterson 指出，饲料中含有 AFT 100 μg/kg 即对牛有害。对 3 月龄犊牛，AFT 中毒量为 110 μg/kg 饲料。对成年牛低于这一剂量仍能引起中毒。

临床症状

急性中毒

食欲废绝，精神沉郁，拱背。惊厥，磨牙，转圈运动，站立不稳，易摔倒。黏膜黄染，结膜炎甚至失明，对光过敏反应；颌下水肿；腹泻呈里急后重，脱肛，虚脱；约于 48 h 内死亡。

慢性中毒

犊牛表现食欲不振，生长发育缓慢，惊恐、转圈或无目的徘徊，腹泻，消瘦。成年牛表现前胃弛缓，精神沉郁，采食量减少，奶产量下降，黄疸；妊娠牛流产，排足月的死胎，或早产。因奶中含有黄曲霉毒素，故可引起哺乳犊牛中毒。由于毒素抑制淋巴细胞活性，损伤免疫系统，故机体抵抗力降低，易引起继发症的发生。

临床病理

急性病例见小红细胞性贫血，红细胞压积降低，中性粒细胞，尤其是分叶核白细胞增多，血液胆红素增多，凝血时间延长。总胆红素升高为 11.76 mg/100 mL，结合胆红素为 3.92 mg/100 mL，血清谷草转氨酶升高（596.2 ~ 877 IU/L），血清 γ - 谷酰基转肽酶升高（55 ~ 63.6 IU/L），血清碱性磷酸酶升高，血浆胡萝卜素和维生素 A 明显降低。

病理变化

急性中毒剖检见黄疸；皮下、骨骼肌、淋巴结、心内外膜、食道、胃肠浆膜出血；肝棕黄色，质坚实，似如橡胶样。镜检：肝细胞，特别是肝门附近的肝细胞肿胀，核增大约 5 倍；有的肝细胞有空泡；肝索崩解；有的肝细胞含胆汁；肝小叶周围及中央静脉周围有胆管增生。胰腺周围有化脓灶。

慢性中毒除肝黄染、硬变外，无其他明显异常变化。镜检：静脉阻塞，肝细胞颗粒变性和脂肪变性，结缔组织和胆管增生，血管周围水肿，成纤维细胞浸润，淋巴管扩张。

诊　断

黄曲霉毒素中毒后，首先作饲料调查。观察饲料种类、贮存情况及喂量，结合病史、发病情况、症状及病理变化，可初步得出诊断。而确切的诊断应测毒素（包括饲料、胃内容物、血、尿和粪便的 AFT 含量），进行饲料中黄曲霉的分离、培养和鉴定等。

治　疗

当已怀疑为黄曲霉毒素中毒时，全场应立即停喂所怀疑的饲料，改换其他饲料。对牛群应加强检查，及时发现病牛，尽早治疗。

肌肉注射土霉素　剂量为 10 mg/kg 体重，每日 1 ～ 2 次，连续 5 d。其治疗作用不是在于它的抗菌作用，而是因为它对酶的诱导作用，也可能是它干扰了黄曲霉毒素的毒性机制。

口服碱性活性炭　用磷酸盐缓冲液即 pH 7，$KH_2PO_4+Na_2HPO_4$ 稀释的活性炭，大量灌服。也可配合土霉素肌肉注射，都有疗效。

用半胱氨酸或蛋氨酸　剂量为 200 mg/kg 体重，一次腹腔注射；或硫代硫酸钠 50 mg/kg 体重，一次腹腔注射。

5%葡萄糖生理盐水配合使用苯巴比妥、蛋氨酸、硫代硫酸钠，静脉注射，也有治疗作用。

预　防

玉米、花生饼及其他谷类饲料，为奶牛的主要精饲料，易受黄曲霉污染。据对 377 份玉米黄曲霉毒素含量测定，超过 5 μg/kg 以上的有 355 份，阳性率占 94%，最高含量达 10 000 μg/kg，因此积极预防是关键。

加强饲料的收获、贮存工作，防止霉败　在收获时应注意天气变化，及时收割；收获的饲料应尽快晒干；饲料应放在干燥、通风的地方，料库的温度不应过高，应低于 25℃，相对湿度应保持在 85%以下，防止发热、潮湿；定期检查贮存的饲料，对已有霉变者，应及时挑出，防止霉菌扩散。

防霉法　包括气体法、固体防霉剂法和电离辐射法。最近，美国采用一种广谱药物来防止霉败。其药物制剂内含焦亚硫酸、丙酸、富马酸和山梨酸。据信此复合酸抑制 AFT 比传统的使用单种酸类或其他盐类更为安全、可靠和实用，无腐蚀性，可用粉剂，也可配成水剂使用。

去毒法　饲料受黄曲霉污染后，可用氨处理、酒精发酵液化、流水冲洗法和高温处理法等处理。

（1）氨熏蒸法　污染的饲料（玉米或其他精料）堆高不超过 2.5 m，每隔 2 m 设通氨管一根，与液氨钢瓶出口开关连接（如使用氨水，每根通氨管内径为 3 ～ 5 cm，由下而上每 30 cm 开钻 3 ～ 4 个直径为 6 mm 的孔），顶部用厚为 0.3 ～ 0.4 mm 的塑料薄膜覆盖，四周也应密封严实。然后充氨气，时间 60 min 以上。饲喂前，先开薄膜散气，1 ～ 2 d 后将饲料堆降低一半高度以利残氨挥发，自然散气 7 ～ 10 d 以上才能使用。据测定，含毒量为 1 666 ～ 2 000 μg/kg，密闭 10 d 可降至 100 μg/kg，20 d 可降至 50 ～ 60 μg/kg。

（2）流水冲洗法　把精饲料盛入容器内，以流水将其冲洗。经 24 h 冲洗，可使含毒量由 2 000 μg/kg

降至 100 μg/kg，冲洗 48 h 可降至 11 μg/kg，去毒效果达 91.5%～99.5%。

（3）高温处理法　将 AFT 污染的饲料，在 160～180℃高温下消毒 10 min，可使毒性消失。经高温处理的饲料饲喂犊牛，应在饲料中加入维生素、微量元素及抗生素添加剂，效果很好。

霉麦芽根中毒
Moldy Malt Rootlets Poisoning

奶牛霉麦芽根中毒是由于摄食被霉菌污染的麦芽根所引起的一种真菌毒素中毒性疾病。其临床特征是肌肉震颤、共济失调、气喘和出血性胃肠炎。

我国奶牛先后有 4 次报道。1963 年，黄祝封报道了黑龙江省麦芽根中毒；1978 年，王继英报道了广东省奶牛霉麦芽根中毒病例；1982 年，蒋次升报道了杭州市的奶牛棒曲霉中毒；1986 年，高齐瑜报道了北京市的奶牛霉麦芽根中毒。

病　因

主要原因是饲喂了霉麦芽根。由于对麦芽根贮存不当，堆积时间过久而霉败。霉麦芽根呈黑褐色、污褐色，潮湿呈团块状，具苦味。长期或大量喂牛将引起发病。

根据对临床自然病例调查，每头每日饲喂霉麦芽根 1～5 kg，连续饲喂 10 d 左右，可引起发病。若每头每日摄食霉麦芽根 10 kg，即可引起中毒致死。人工试验证明，犊牛最为敏感，对体重 100 kg 5 月龄犊牛，每日饲喂 900 g 霉麦芽根，分 3 次饲喂，连续 4 d 出现中毒症状，饲喂 7 d 出现明显临床症状，停止饲喂后 2 d，中毒死亡。

引起霉麦芽根的发霉菌有以下几种：荨麻青霉菌、棒曲霉菌和米曲霉菌。由于这些霉菌污染了麦芽根、高粱、啤酒糟等饲料，使其霉变并产生毒素，奶牛吃了这种饲料，结果将引起中毒。

中毒机理

引起本病发生的毒素有：由米曲霉产生的米曲霉素和由棒曲霉产生的棒曲霉素（展青霉素）、细胞松弛素 E、色氨酸震颤素、去甲色氨酸震颤素、脱氧色氨酸震颤素、脱氧色氨酸震颤酮等，作用于机体后，使其发生中毒。

毒素对机体的毒性作用是使淋巴细胞显著减少，血管壁通透性增高，导致肺水肿的发生（Bouag，1949）。也有的指出，由于毒素影响了细胞膜的通透性，使生命活动所需的营养物由细胞漏出，或抑制了细胞对营养物质的吸收，从而使细胞的生长发育和生物氧化过程受到阻碍。另外，棒曲霉素尚能引起中枢神经水肿、心肌和肝脏坏死，使全身的代谢发生紊乱。

临床症状

由于奶牛采食霉麦芽根的数量及其所含毒素的种类及毒素量不同，临床中毒快慢及中毒轻重程度各异。急性发作 1～3 d 死亡，亚急性 1～2 周，北京某郊奶牛 28 头同批发病，死亡率达 100%。

一般症状

食欲、反刍减退，产奶量降低，粪便软，外附黏液或血液。体温正常，死前体温升高至 40℃以上；病中、后期，呼吸困难，每分钟达 80 次以上，腹式呼吸明显，鼻孔内流出泡沫状液体，肺有啰音；心音初快而高亢，后微弱，每分钟达 90～140 次，心音混浊，节律不齐。

中枢神经紊乱

病牛眼球突出，目光凝视，站立不稳，运步无力，关节强拘，特别是后肢跗关节，极易跌倒，倒地后站立困难，卧地不起。卧地呈躺卧状，头颈伸直，或向背部弯曲，角弓反张，四肢直伸，间歇性划动，最后口吐白沫而死。

肌肉震颤，尤以肘肌最为明显，随后全身肌肉痉挛；兴奋不安，对外界刺激极为敏感，惊动时，即见恐惧、闪避。

临 床 病 理

血液检验：红细胞无明显变化，白细胞增多，其中中性粒细胞增高至 54%，淋巴细胞减少至 40%左右，血钙降低。

病 理 变 化

脑血管扩张、充血。镜检：丘脑、中脑和延脑神经核的神经节细胞肿胀、尼氏小体消失，胞浆红染并散在空泡，核浓缩、溶解消失，细胞周围间隙水肿增宽。

股神经干、臂神经干呈胶样浸润，条斑状出血。镜检：胶原纤维蓝染，黏液样变性，神经纤维脱髓鞘，排列紊乱，间隙增宽，雪旺氏细胞核浓缩或消失。

肝脏肿大、边缘钝、质软，切面外翻，色呈灰黄色，肝小叶坏死。

肺脏淤血、膨隆，呈暗紫色，切面多血，间质水肿增宽。

心脏冠状沟脂肪点状、斑状出血，心内膜特别在乳头肌部有条状或斑状出血。

肠道黏膜出血。肠内容物如血样。

淋巴结水肿、出血。镜检：淋巴细胞减少，生发中心疏松，网状纤维红染。

骨骼肌色淡、质脆、出血。镜检：肌纤维肿胀增粗、断裂，横纹消失，核浓缩或消失。肌纤维束，胶原纤维黏液样变性，也见有肌纤维坏死，钙盐沉着；肌纤维间出血，红细胞溶解，并积聚多量的纤维素样物和中性粒细胞。

诊　　断

临床诊断

（1）有长期或大量饲喂霉麦芽根的病史。

（2）同槽饲喂的牛发病而不喂该饲料的牛不发病。

（3）典型症状是中枢神经系统紊乱。

（4）剖检见大脑皮质出血与软化灶，出血性坏死性肌炎病变。

真菌检验

称取可疑麦芽根 10 ~ 20 g 于三角瓶内，加入灭菌水 150 mL，充分振荡 1 ~ 2 min，倾去液体，再加水振荡，反复冲洗 5 ~ 10 次，将水弃去。以无菌操作称取样品 5 g，放入 50 mL 灭菌水中，充分振荡，此液为 1∶10 稀释液，然后再作 1∶100、1∶1 000 稀释，分别从各稀释液吸取 1 mL 注入无菌平皿中，作倾注培养。观察菌落生长情况，钩取小量孢子，接种在平板上和斜面上，培养后的第 4、7、10 和 14 天观察生长和菌落特征。棒状菌落略呈丛状，菌层密，灰绿色，周边白色，表面凸起，有细小水珠。镜检：分生孢子梗从营养菌丝直立生长，无隔而呈棒状，长大的顶囊呈棍棒状，周围有放射状的小梗。

动物试验

取霉麦芽根和不含麦芽根饲料分别饲喂小白鼠，经饲喂几天后，喂霉麦芽根组发病，而不喂麦芽根的不发病。

治　　疗

无特效疗法。对病牛只能采取对症治疗。其原则是加速胃肠道内毒物的排出，缓解呼吸困难，提高肝的解毒和肾脏的排毒功能。

加速胃肠道内毒物排出　①洗胃。用胃导管向胃内投入生理盐水 2 000 ~ 3 000 mL，再将其导出，这样反复多次。②灌肠。从直肠深部灌入生理盐水 3 000 ~ 5 000 mL。③投服泻剂。液体石蜡 1 000 ~ 1 500 mL，一次灌入。

保护肝脏，增强解毒机能　25% ~ 50%葡萄糖液 500 ~ 1 000 mL、5% ~ 20%硫代硫酸钠注射液 200 ~ 300 mL、40%乌洛托品注射液 50 ~ 100 mL、10%维生素 C 50 mL，一次静脉注射。

制止渗出，缓解组织水肿，降低毛细血管的通透性　可使用钙制剂、肾上腺皮质激素。如 3%氯化钙或 10%葡萄糖酸钙 500 mL，一次静脉注射。氢化可的松注射液 0.2 ~ 0.5 g，一次静脉注射，或用强的松龙 0.05 ~ 0.15 g，肌肉或静脉注射。

输血疗法　先从静脉放血 1 000 ~ 1 500 mL，然后立即输入等量全血。因其具有止血、解毒和提高生物学免疫作用，故认为该疗法是一项有效的辅助治疗措施。

降低颅内压，减轻脑和肺水肿，解除痉挛　可用 25%山梨醇或 20%甘露醇注射液 250 ~ 500 mL，一次静脉注射。

防止继发感染　全身用磺胺、抗生素治疗。

预　　防

加强饲料保管，防止发霉变质　对啤酒糟及大麦芽要喂新鲜的，不要堆积存放时间过长。麦芽根贮存时，应有专人保管，要注意室内的温度和湿度，要保证室内干燥、通风，要定期对其检查，以防止霉败。

已发生霉败的麦芽根，严禁饲喂　对存放时间过久，而肉眼看不出异常者，如欲饲喂，应先作小量饲喂。即先给 2 ~ 3 头牛饲喂，观察其反应，如确系安全、不发病，再喂其他牛只，要做到心中有数。对其怀疑者，最好还是取饲料样品，经过化验后再喂。已发现有霉败现象的，要当机立断，坚决废弃。

大麦发芽的场地消毒　每次发芽结束后应用石灰水冲洗消毒，消灭可能存在的霉菌孢子。

对已受霉菌污染的地区，应作消毒处理　可按每立方米空间用福尔马林 25 g、高锰酸钾 25 g、水 12.5 mL，混合熏蒸，或用 5%过氧乙酸喷雾。

霉稻草中毒
Moldy Straw Poisoning

霉稻草中毒又称“烂蹄病”、“蹄腿肿烂病”，是指由于大量摄食霉稻草所引起腿肿蹄烂的一种真菌毒素中毒病。病的特征是耳尖枯焦、尾端干性坏死、蹄腿肿烂和蹄匣脱落。

病　　因

本病的发生主要是饲喂霉稻草所致。外界不良环境（空气湿度、气温、日光）及贮存条件不良等是促使稻草霉烂的原因，而霉稻草中镰刀菌属中的三线镰刀菌、半裸镰刀菌、串珠镰刀菌、禾谷镰刀菌等所产生的毒素——丁烯酸内酯、赤霉烯醇等，可引起耕牛、水牛及奶牛的中毒。

病发的有关因素

季节性　本病发生于11月份至翌年4月份。1～2月份达高峰，4月份以后逐渐停息，呈现出明显的季节性。这是由于秋、冬季饲草主要以稻草为主，若稻草未经晒干而堆贮，以致霉菌大量繁殖而发霉，牛吃了即发生急性或慢性中毒。

地区性　本病主要发生于水稻产区，故在我国南方各省发生多，而在不产水稻地区，无此病流行。

生理状况　根据临床观察，水牛发病率高于黄牛；营养差的牛因机体耐受性和抵抗力差，故发病率高；公牛、青年牛因采食量大，故发病率高；高产奶牛发病多，年青牛和低产牛发病少。

与饲喂霉稻草的关系　病牛有长期饲喂霉稻草史，饲喂量越大、霉烂程度越严重，发病率越高；不喂霉稻草者，不发病。

促使稻草霉烂的因素

（1）降水量　天然基质中水分含量是影响镰刀菌繁殖与产毒的首要条件。降水量大，基质含水量多，则极有利于镰刀菌的生长繁殖，也极易造成稻草的霉烂。

（2）湿度与光照　环境中相对湿度可影响基质的水分平衡。镰刀菌的繁殖需要高湿度的条件。据资料介绍，相对湿度低于30%时，镰刀菌几乎不发育，相对湿度达85%～90%，特别是连阴雨天，日照不足，可加速镰刀菌的繁殖，使稻草霉烂程度加重。

（3）温度　据对陕西洋县发病区1972—1980年各月气温变化分析：9月份气温变动在17～25.5℃，平均气温为20℃，为镰刀菌生长发育最佳条件，10～12月份，平均气温分别为14℃、8.5℃和4℃，这也是镰刀菌产毒的最适温度，因此当饲喂这种稻草后，11～12月份发病高。

中毒机理

根据资料报道，丁烯酸内酯是导致霉稻草中毒的一种毒物，而从霉稻草真菌培养鉴定出镰刀菌属中的木贼镰刀菌、半裸镰刀菌、烟草镰刀菌、梨孢镰刀菌、拟枝孢镰刀菌等都能产生这种毒素。

丁烯酸内酯的结构有N-乙酰氨基，具有血液毒的作用，体外1～2 mg/mL的丁烯酸内酯能使血红蛋白变成高铁血红蛋白，使血红蛋白的正常功能受到破坏。

丁烯酸内酯对血管能呈现出毒性作用。当被机体吸收进入血液，真菌毒素作用于外周血管，引起局部血管的痉挛性收缩，致使血管壁增厚，血管狭窄，血流缓慢，继而血栓形成，进一步发生脉管炎症变化。由于局部血液循环障碍，血管内血液的滞留，营养和供氧机能破坏，从而引起末梢组织的淤血、水肿、出血和坏死，表现在耳部、尾部出现坏死，肢蹄发生肿烂，患肢皮肤屏障机能破坏，为外界细菌的侵入提供了良好条件，促使病情恶化。

低温是镰刀菌产生毒素的有利温度；低温的作用，可使牛远端体表末梢血管收缩，血流缓慢，这更增强了毒物的作用，促使疾病的发生，故此认为，低温是本病发生的诱因。

临床症状

一般表现

突然发病，病牛精神沉郁，拱背，被毛粗乱，皮肤干燥无光；可视黏膜微红；有的牛鼻黏膜有蚕豆大的烂斑，一侧鼻孔流出鲜红色血液；通常体温、脉搏、食欲、粪便正常，全身变化不明显，仅有少数病牛有体温升高现象。

蹄部变化

在蹄部肿胀前，病牛患肢步态僵硬，见有间歇性提举现象。继而见蹄冠肿胀，触诊发热、疼痛，蹄冠与系部皮肤有环状裂隙，皮肤变凉，从皮肤的裂隙处渗出黄白色、黄红色液体。病继续发展，皮肤破溃、出血、化脓和坏死，创面久不愈合，具腥臭味。肿胀由蹄部蔓延至腕关节、跗关节时，跛行明显，病牛不愿行走，喜卧而不愿站立。蹄壳松动脱落，有的连指（趾）关节一起脱落。肿胀可蔓延至前肢肩胛部和后肢臀部。肿胀消退后，皮肤干硬，似如龟板。当跗关节以下发生干性坏疽，病部与健部皮肤呈明显的环形分界线，坏死皮肤紧箍于骨骼，干硬似如木棒。当坏死处被细菌感染时，见皮肤破溃，流出黄红色液体，皮肤与骨骼分离，似如穿着长筒靴样。

耳、尾部变化

耳部坏死长达 5 cm，病部与健部界线分明，坏死区皮肤干硬呈暗褐色，最后耳尖脱落为半耳。尾端干性坏死达 1/3 ~ 2/3，甚至整个尾断离。起初尾端变细、不灵活，或肿烂，继而干枯卷曲而断离。

黄牛症状较轻，水牛症状明显而重；公牛阴囊皮肤可见干硬皱缩症状。

病 理 变 化

尸体消瘦，体表多处溃烂，蹄冠、系部水肿、出血、坏死及溃烂，耳尖、尾尖坏死，皮下组织疏松，呈浆性浸润。

蹄冠与系部血管扩张、充血，血管内有灰色、暗红色的血栓，肌肉呈灰红色或苍白色，镜检：肌间水肿，血管扩张，血管内血栓。尾、耳干枯，镜检：皮肤坏死，皮下积聚大量崩解的白细胞，出血，红细胞溶解，小动脉管壁增厚，形成血栓。心外膜出血，心肌柔软、淡红色，镜检：心肌变性。肺淤血、气肿。肝肿大，红黄色相间，镜检：肝细胞颗粒变性、脂肪变性，肝小叶坏死。肾皮质部呈淡黄红色，镜检：肾小球充血、血管内皮细胞肿胀，曲细管上皮颗粒变性，间质充血。瘤胃黏膜表层坏死；皱胃黏膜增厚，有烂斑；小肠黏膜充血、出血、坏死脱落。

诊 断

临床诊断

（1）发病均在饲喂霉稻草的季节，以秋、冬季最多。

（2）饲喂量愈大，发病愈多，病情愈重；喂量少或不喂霉稻草，发病少或不发病。

（3）病能复发，只要饲喂霉稻草，年年都有发生。

（4）典型症状是耳尖、尾尖坏死，蹄腿肿烂及蹄匣脱落。

真菌检验

采取怀疑霉稻草样品，剪成 2 cm 长，在 0.1%升汞液中浸泡 1 min，用灭菌蒸馏水冲洗 5 ~ 10 次，将其接种于马铃薯葡萄糖琼脂培养基和察氏培养基上，在 22 ~ 26℃条件下培养 6 ~ 8 d，进行分离鉴定，分离出镰刀菌属即可确诊。

类症鉴别

锥虫病 能感染马，病后有间歇性发热，严重贫血，进行性消瘦，腹下水肿，血液中有锥虫，这些均可与本病区别。

坏死杆菌病 除大牛外，幼龄牛也可感染，病后发热，厌食，脓性鼻漏，齿龈、舌、颊部黏膜上有溃疡，从病灶内能分离出坏死杆菌，据此可与本病相区别。

营养性水肿 蹄腿肿烂虽可能与营养性衰竭症有关，但体格强、膘情好的也同样发病，故可排除营养性水肿的可能性。

冻疮 牛因冷冻作用而引起蹄腿肿烂实属少见。在同一地区不喂霉稻草不发病，这可排除冻疮的可能。

治 疗

无特效疗法。对病牛应加强饲养，给予品质优良的饲料；隔离于干净、干燥、保暖的圈舍中喂养，促使机体康复。

局部治疗

患部尚未破溃，用消毒液冲洗患部后，涂布刺激性药物如松节油搽剂、樟脑搽剂等；白酒 200 ～ 300 mL、白胡椒 20 ～ 30 g，灌服，以促进血液循环。当患部破溃时，用 0.1%高锰酸钾液、1%～ 2%来苏儿、4%硫酸铜液冲洗患蹄，可在创内撒布磺胺粉、松馏油，打蹄绷带。

全身治疗

目的是防止继发感染，增强机体解毒机能。

磺胺噻唑钠 10 g/d、磺胺嘧啶 30 ～ 50 mg/kg 体重，一次静脉注射，连续注射 5 ～ 7 d。

氯霉素 10 ～ 30 mg/kg 体重，四环素 5 ～ 10 mg/kg 体重，新霉素 8 ～ 15 mg/kg 体重，或卡那霉素 6 ～ 12 mg/kg 体重，一次静脉注射，日注 2 次。

用 5% 葡萄糖生理盐水 1 000 ～ 1 500 mL、25% 葡萄糖液 500 mL、安钠咖 2 g、维生素 C 5 g，一次静脉注射。

预 防

加强稻草收贮，防止霉变 秋季收获时，及时晒干，未经晒干的稻草，一定不要堆贮；已晒干而堆贮的稻草垛，垛顶要用塑料布遮盖严实，并要定期检查，严防雨水渗入。

严禁饲喂霉烂稻草 饲喂稻草时，要仔细检查，凡已霉烂稻草，绝不喂牛，这是防制本病行之有效的关键措施。

霉烂甘薯中毒
Moldy Sweet Potato Poisoning

牛霉烂甘薯中毒也称为甘薯黑斑病中毒、牛喘气病，是由于牛吃进了一定量的霉烂甘薯而引起的一种中毒性疾病。其特征是急性肺水肿、间质性肺泡气肿、气喘和皮下气肿。

甘薯含干物质约 30%，主要成分为淀粉和糖分。营养价值较高，红色或黄色的甘薯含有大量的胡萝卜素，其含量为 60 ～ 120 mg/kg。因其味甜美，适口性好，不仅人们爱吃，而且在奶牛场也喜欢用甘薯及其加工副产品来饲喂奶牛，以此提高奶牛的膘情和产奶量。

霉烂甘薯中毒，很久以前，在世界上许多国家都有发生，但最早发现是在 1890 年的美国。日本于 1905 年在熊本县发生本病。我国是在 1952 年发现并确定了本病。

病 因

本病的发生是因食入足够的患有黑斑病的甘薯而发生的中毒。

甘薯黑斑病是由爪哇镰刀菌和茄病镰刀菌的感染所致。而霉烂的甘薯能产生甘薯毒素，包括甘薯酮、甘薯醇、甘薯宁、1- 薯醇和 4 - 薯醇等。这些毒素具有耐高温性，即通过蒸煮、火烤等处理，毒素不易被破坏，因此不论是喂生的，或加热变熟的霉烂甘薯；或者是由霉烂甘薯加工的副产品如粉渣、酒糟等喂牛，都会发生中毒。

甘薯霉烂的原因是由于甘薯收获后贮藏不当造成。过冷、过热、过湿、过干及损伤都易为黑斑病菌所侵害。例如，贮藏温度低于 9℃或高于 18℃；或在收获时，破皮、冻伤都易引起霉烂。霉烂甘薯的病变部位呈干涸、硬化、凹陷、圆形或不规则的黑色或黑褐色斑点，界线清晰，具苦味。

由于饲养管理失误，特别是在思想上存在麻痹意识，而将其饲喂，则结果使牛中毒。因此，本病常发生于甘薯收获后经过一段时间的贮藏而发生霉烂的季节；在大量种植甘薯的地区，因贮藏不当，饲喂牛后常呈地区性和群发性的特点。

当牛食进了大量的霉烂甘薯时，其有毒性的毒素对中枢神经系统、心血管系统，以及胃肠道、肝、肺、胰脏等器官的刺激和损伤，从而导致呼吸系统和代谢机能紊乱，引起了本病的发生和发展。

中毒机理

霉烂甘薯毒素刺激性极强，可引起胃肠道出血性炎；毒素吸收入血，经门静脉到肝，引起肝肿大，同时通过循环引起心肌变性，刺激呼吸中枢神经，使交感神经兴奋性增强，引起支气管和肺泡弛缓、扩张，气体交换障碍，发生肺气肿。毒素对中枢神经作用，使新陈代谢紊乱，从而导致了严重的病理过程。

临床症状

一般症状

突然发病，病后呈现出精神沉郁，低头耷耳；体温正常，多数为 38 ～ 39.8℃之间，少数升高至 40.3℃；鼻黏膜潮红，流出稀的或脓性的鼻漏，极少数可见混有血丝；流泪，眼结膜充血或呈淡黄色；流涎，从口内流出白色泡沫状物；肘肌及臀肌呈间歇性战栗。当病程重剧时，病牛站立不安，颜貌愁苦，不愿卧地，运步时，步态蹒跚，摇摆不稳，可视黏膜发绀，体温降至正常以下，倒地死亡。

食欲减少或废绝，反刍停止，磨牙；粪便量少，色黑而干硬，呈算盘子状，表面附有黏液和血液，具腐臭味，便秘，也有腹泻者，排出稀软含黏液的粪便。触诊瘤胃，具硬感，蠕动微弱或停止，肠蠕动减弱。

特征症状

病牛表现出不同程度的呼吸困难。病初即发喘，呼吸次数增加，每分钟达 40 ～ 80 次，少数达 100 次以上，呼吸音粗而强烈，似如拉风箱。吭声不断，吸气困难，鼻孔在吸气时扩大，呼吸时鼻翼向后上方显著抽缩。肺部听诊时，肺前部支气管呼吸音粗厉，有湿性啰音。胸部叩诊，可呈鼓音，有时在胸的下部听到实音。临死前呼吸高度困难，头颈直伸，张口吐舌，口流大量白沫，突然倒地挣扎，窒息死亡。

病初心率加快，心音混浊而钝，心音区扩大。随病情加剧，心音微弱，心搏增至每分钟 100 ～ 160 次，节律不齐，第 1、2 心音模糊不清，往往因呼吸急促而心音被其掩盖，难以听清。

皮下气肿。在背部两侧皮下出现气肿，触诊呈捻发音，气肿可蔓延到胸侧、颈部、肩前和头部。

临床病理

血容量 60%以上(正常牛为 35%～ 40%)，白细胞增高至 15 000 个/mm^3 以上，尿糖阳性，有尿蛋白，粪潜血试验阳性。白细胞分类计数，初期中性粒细胞数增高，恢复期和濒死期均有减少，但无核左移。

病理变化

肺脏显著膨胀，肺膜紧张，肺膜下充满大小不等的气泡，肺小叶间质充气、增宽，肺表面因气泡而隆突。切面流出多量混有泡沫的黄色或血色水样液，小叶间质因充气扩大致使断面呈撕裂状。

气管黏膜下有出血点或出血斑，喉、甲状软骨后缘间有小点出血。

胸腔纵隔气肿，形成大小不等的气泡。胸、背、肩、颈部的皮下组织及肌膜中，有大小不等的气泡集聚。胸腔积液，色黄、混浊，肋膜面有小纤维素绒毛。

心冠状沟脂肪、心耳、纵沟上有出血斑，心脏扩张，心肌质度较软。

胃肠道黏膜弥漫性充血、出血或坏死，其中以皱胃、小肠和盲肠的损伤严重。肝肿大，呈现实质变性，切面似槟榔状，胆囊肿大，胆汁稀薄。脾、肾、膀胱等有不同程度的充血与出血。

预　后

本病的中毒症状、病情的轻重、长短及转归的好坏等，直接与黑斑病甘薯中毒的毒素含量有密切关系。当摄取的黑斑病甘薯量多，甘薯霉烂程度严重时，发病快，症状明显，病程短，死亡率高；反之，当摄取量少，并且霉烂程度较轻，可以不发病，或发病慢，经过饲喂多日才发病，发病后，症状也不明显，病程长，病情缓，也有的牛不经治疗，慢慢耐过，死亡率低。

诊　断

临床诊断

（1）在同一地区，同时发生。

（2）多发生在冬、春季节，以及甘薯霉烂而饲喂奶牛之后。

（3）突然发病，病后特征是哮喘，体温正常，于 38 ～ 39.8℃之间。

（4）血容量增高，白细胞数增加，糖尿和尿蛋白，粪潜血呈阳性。

（5）病理剖检变化是肺气肿及肺水肿。

类症鉴别

诊断时，应与牛巴氏杆菌病、牛肺疫鉴别。

与牛巴氏杆菌病的区别　牛巴氏杆菌病体温升高至 41 ～ 42℃，颈部、咽喉及胸前水肿，呈捏粉感；肺部听诊，可出现支气管呼吸音、水泡音、破裂音或胸膜摩擦音，剖检可见胸膜、肺膜上有小点出血，并附有纤维素样薄膜，肺弥漫性出血，切面呈大理石样。

与牛肺疫的区别　牛肺疫病牛体温升高至 40 ～ 42℃，呈稽留热型。叩诊胸侧或肩胛骨后部，有水平浊音或实音区；胸腔积液，胸膜肥厚、出血，纤维素渗出物与肺粘连；浆液性纤维素性胸膜肺炎，肺呈明显的大理石样，有腹膜炎、浆液性纤维蛋白性关节炎。

治　疗

一旦中毒发生，无特效疗法，只能对症治疗。药物治疗的目的是加速毒物的排除，改善呼吸机能，缓解呼吸困难，增强肝脏的解毒功能。

加速毒物的排除

洗胃　对于食入霉烂甘薯不久的患牛，用胃导管灌服大量的清洁温水，或 0.5%～ 1.0%高锰酸钾液，人工按摩瘤胃，使液体在胃内混合，然后将其从瘤胃中通过胃导管抽出，如此反复多次，借以将毒物吸出。

投服泻剂　用硫酸镁 500 ～ 1 000 g、人工盐 200 g，配成 10%溶液，一次灌服。

缓解呼吸困难

静脉放血　根据病牛大小和体质健康状况，可静脉放血 1 000 ～ 3 000 mL，然后用 5%葡萄糖生理盐水 3 000 ～ 5 000 mL、维生素 C 5 g、20%安钠咖 10 mL、25%葡萄糖注射液 1 000 ～ 2 000 mL，缓慢地静脉注入。

输氧　其目的是：①使萎陷的肺泡不再发生闭锁，改善换气不好或间歇性萎陷肺泡的气体交换。

②减少静脉血的回流，以减轻肺充血和呼吸的过分负担，改善动脉血氧化程度。③制止液体的继续渗出。

（1）经鼻输氧。输氧速度一般控制在 5 ~ 6 L/min 为宜。严重垂危病牛，输氧速度增加至 15 L/min。输氧时，初速度应低，一般 3 ~ 4 L/min，让病牛适应，后应逐渐增加速度，当病牛呼吸改善时，速度下降、变慢。呼吸改善后，停止输氧，停氧观察一段时间，如呼吸尚未彻底改善，可继续进行输氧。

（2）静脉注射过氧化氢液。取 3%过氧化氢液 40 ~ 100 mL，用 10%葡萄糖注射液稀释 10 ~ 20 倍。按 500 ~ 1 000 mL/h 速度，缓慢静脉滴注，每日 1 ~ 2 次。

胸部插管和抽气 通过胸部插管，调节胸压负平衡，减轻胸压，加速肺泡弹性回力的恢复，从而缓解呼吸困难。临床使用，对肺气肿的效果确实、可靠。

插管术：医用胸腔闭式插管及水封瓶法。

部位：胸侧第 6 肋间，距背中线 20 ~ 25 mm 处。

术式：术部剪毛消毒，局部麻醉，切开皮肤，导管针插入胸腔 10 ~ 12 cm，以穿透胸膜为宜，拔出针芯，把消毒的塑料管插入导管（插入长度以在胸膜腔为宜，塑料管内径大于 8 mm，尖端为月牙形，有侧孔 3 ~ 4 个）内，然后再拔出导管，塑料管外端用胶布固定，并立即接在水封瓶的长玻璃管上（水封瓶有长短两根玻璃管，用橡胶瓶塞固定。水封瓶内消毒水面超过长玻管。短玻管排气用）。

注射地塞米松 用地塞米松 50 ~ 150 mg、25% ~ 50%葡萄糖注射液 500 mL、40%乌洛托品 50 ~ 100 mL、5%氯化钙 200 ~ 300 mL，一次缓慢静脉注射。本法对肺水肿、肺气肿疗效明显，注射后病牛症状很快缓解，呼吸平稳。

解毒、保肝，防止酸中毒

（1）用 0.1% ~ 0.5%高锰酸钾液 1 000 ~ 1 500 mL，一次投服，每 4 h 给药一次。

（2）用 5% ~ 20%硫代硫酸钠注射液 200 ~ 300 mL，一次静脉注射。

（3）用 5%碳酸氢钠注射液 500 ~ 1 000 mL，一次静脉注射。

预　防

（1）消灭黑斑病菌，防止甘薯遭受其感染，种用甘薯在育秧时，用 50% ~ 70%的甲基托布津溶液或乙基托布津溶液，充分浸泡 10 min。

（2）加强甘薯的收获和贮藏工作，防止霉烂。收获要细致，不要损伤甘薯的表皮，装、卸要轻。贮藏时，应首先将已破损的甘薯挑出。窖要干燥，温度合适，以 11 ~ 15℃最好。

（3）加强饲养管理，严禁饲喂霉烂甘薯。随时检查，及时将霉烂甘薯挑出、废弃，严禁饲喂。在饲喂甘薯粉渣、甘薯酒糟时，应慎重。必要时，可用其少量对牛饲喂，如确系无不良后果时，再进行全群饲喂。

酒糟中毒
Brewer's Grain Poisoning

酒糟是酿酒后的副产品，由于其质度柔软，可口，气味酒香，适口性极好，故奶牛场常用来喂牛。由于饲喂不当，当长期饲喂或突然大量饲喂，可引起奶牛中毒。

病　因

酒糟由于所用原料、种曲不同，故其所含成分各异。酒糟的有毒成分也因其原料、存放时间而不同。如用黑斑病甘薯酿酒，其酒糟的有毒成分是甘薯酮、甘薯醇；霉败原料酒糟中的有毒成分是不同的真菌毒素；发芽的马铃薯酒糟中含有龙葵素；新鲜酒糟中的有毒成分是残留酒精；发酵酸败的酒糟中的有毒成分是乳酸、酪酸、醋酸等游离酸和杂醇油，而杂醇的存在又能加强酒精的毒性。综上所述，酒糟中毒其因素复杂，临床上应引起重视，发生原因有以下几点：

（1）日粮配合不均，为了能增加奶产量，过度增加酒糟喂量，或因饲料保管不严，于牛棚内乱堆乱放，牛从圈舍内跑出后，偷吃过量酒糟。

（2）饲料单纯，只能用酒糟代替其他饲料的缺乏，致使长期过量饲喂。

（3）对酒糟保管不好，致使发霉变质而饲喂，常常发现酒糟无贮放地方，只能放于露天地，雨水的浸渍，日光的照射，以及堆积而不散开，结果酸败。

临床症状

湿酒糟可产生大量乳酸，特别是堆积而不散开时，更易产生乳酸。如果喂量过大，特别是日粮中谷类精料喂量高的母牛，常常会出现乳酸酸中毒症状。

急性中毒：病牛食欲废绝，腹痛，兴奋不安，共济失调，脱水，眼窝凹陷，腹泻，或排出恶臭黏性粪便，脉搏微细，心搏增快，步态不稳，四肢无力，卧地不起。

慢性中毒：病牛表现为顽固性的前胃弛缓，食欲不振，瘤胃蠕动微弱。由于酸性产物的增加与体内的蓄积，致使矿物质吸收紊乱而出现缺钙现象，母牛流产或屡配不孕。腹泻、消瘦。后肢系部皮肤潮红，后形成疱疹。当水疱破裂出现溃疡面，上覆以痂皮。如经细菌感染，化脓、疼痛、跛行。严重病例，皮炎可涉及全身，机体衰竭。

病理变化

胃黏膜充血、出血；肠黏膜出血、水肿；肠系膜淋巴结充血；肺水肿；肝、肾肿胀和变性；心、脑出血。

诊　断

根据有喂酒糟的病史、类似酸中毒后脱水、共济失调、腹泻症状表现，可以确诊。

治　疗

其原则是解除脱水、解毒、镇静。

（1）碳酸氢钠 100 ～ 150 g，加水一次灌服。也可用 1%碳酸氢钠溶液灌肠。

（2）补充体液，解除脱水。可用 5%葡萄糖生理盐水 1 500 ～ 3 000 mL、25%葡萄糖溶液 500 mL、5%碳酸氢钠液 800 ～ 1 000 mL，一次静脉注射。20%葡萄糖酸钙 500 ～ 800 mL，一次静脉注射。

（3）山梨醇或甘露醇溶液 300 ～ 500 mL，一次静脉注射。

（4）必要时，还应配合使用抗生素，强心，维生素治疗。

预　防

（1）酒糟应饲喂新鲜的，不要贮存时间过久，如欲贮存时，应摊开，要遮盖，防止雨水浸入和日光暴晒。

（2）饲喂时，要对酒糟的品质进行检查，轻度酸败，可加入石灰水、碳酸氢钠中和后再喂，凡已严重霉败的酒糟，应坚决废弃。

（3）合理饲养，控制酒糟喂量，每日喂量以 5 ～ 10 kg 为宜。日粮要平衡，在合理供应精料、酒糟的同时，充分保证干草进食量。为防止酸性产物对钙吸收的影响，日粮中可增加磷酸三钙、碳酸氢钠等补充饲料。

淀粉渣（浆）中毒
Starch Sediment（paste）Poisoning

淀粉渣（浆）是淀粉加工后的副产品，含有蛋白质、糖、脂肪等多种营养成分（表 8-1）。因其质地疏松、柔软，适口性好。用来喂牛，牛很爱吃，且能提高产奶量。

表 8-1　新鲜玉米淀粉渣（浆）营养成分　%

样品	干物质	粗灰分	粗蛋白	粗脂肪	粗纤维	无氮浸出物	Ca	P
全浆	1.42	0.06	0.54	0.14	0.03	0.71	—	0.01
淀粉浆	8.37	0.11	3.32	0.94	0.26	3.85	0.01	0.015
淀粉渣	19.00	0.17	1.60	0.62	2.00	14.78	0.03	0.01

用淀粉渣（浆）喂牛，经过一段时间后，由于其所含亚硫酸的蓄积作用，常会引起奶牛中毒。其临床特征是消化机能紊乱、出血性胃肠炎、奶产量下降、跛行和瘫痪。

Luedke 等（1959）用焦亚硫酸盐每日 80 ~ 160 g 喂牛，可引起中毒；Bouchard（1973）喂含硫 0.3% ~ 0.35%的日粮，使泌乳牛的干物质进食量减少；1975 年西安市第一奶牛场用淀粉渣喂牛，10 头牛中毒死亡；1984 年，江西红星南山奶牛场每头每日喂淀粉渣 10 ~ 15 kg，结果部分牛中毒。

病　因

玉米淀粉在加工过程中，玉米需用 0.25% ~ 0.3%的亚硫酸浸泡几天，再将玉米粉碎加工成淀粉及淀粉渣。浸泡过的玉米中的亚硫酸，将有一部分进入淀粉浆和淀粉渣内。经分析，淀粉浆经沉淀后的上清液，亚硫酸含量为 139.2 mg/kg；未经沉淀的淀粉浆，其含量为 130.4 mg/kg，淀粉渣含亚硫酸为 86.9 mg/kg。江西红星南山奶牛场喂的淀粉渣，亚硫酸含量为 139.2 mg/kg，经用淀粉浆、淀粉渣喂牛，均先后发病。因此，认为玉米淀粉渣（浆）中的亚硫酸是引起发病的主要原因，而造成中毒的直接因素是：

（1）淀粉渣（浆）喂量过大，喂时过长，或变质。

（2）淀粉渣（浆）未经必要的去毒处理。

（3）日粮不平衡，钙、维生素不足或缺乏，粗饲料进食量不足。

中毒机理

亚硫酸随饲料进入瘤胃，与饲料中的钙结合为硫酸钙，随粪排出，影响了钙的吸收，造成血钙下降；长时间缺钙，必将导致骨营养不良，使骨质疏松，尾椎吸收，牙齿松动和低钙血症出现。病牛无力，瘫痪、衰竭。

亚硫酸进入瘤胃，直接引起瘤胃 pH 下降，瘤胃微生物区系改变，纤毛虫减少，瘤胃消化紊乱，酸中毒，呼吸困难，瘫痪和失明。

亚硫酸作为一种强的无机酸，直接作用于胃肠道，引起胃肠道发炎、出血，便秘或腹泻。粪便中含有血液，机体脱水。

亚硫酸吸收进入血液，破坏了机体酶的活性，致使生物氧化发生障碍，全身代谢紊乱，脑、肝、脾、肾等实质器官发生退行性变。

临床症状

由于淀粉渣（浆）饲喂时间、喂量及机体的生理状况不同，因此其中毒程度各异。产奶量高，喂量多的牛，发病率高；低产牛、育成牛，喂量少，发病率低。通常轻症牛停喂淀粉渣（浆）一段时间，可自行康复。

中毒较轻者：精神沉郁，采食量减少，只吃一些新鲜的青绿饲料，反刍不规则，呈现周期性前胃消化紊乱，奶产量下降。

中毒严重者：食欲废绝；瘤胃蠕动微弱无力；异食，啃泥土，舐食粪尿、褥草；便秘者，粪干，呈深黑色；拉稀者，排出大量棕褐色、稀粥样粪便；全身无力，步态强拘，运步时，后躯摇摆，跛行，拱背，尾椎变软、缩小；卧地不起。如发生于分娩牛，多出现产后瘫痪。

临床病理

血钙降低，血磷偏高；血糖、碱性磷酸酶（AKP）、铜蓝蛋白升高；白蛋白与球蛋白比例倒置；血、尿、乳中的硫化物含量均明显升高。尿 pH 为 7.2，瘤胃 pH 为 6.5，硫化物含量 1.284 mg/mL。

病理变化

病牛消瘦，皱胃底出血，肠道特别是回肠出血，呈黑色，黏膜肿胀、脱落，黏膜固有层有多量蛋白质样物沉积；肝肿大、变脆，实质淀粉样变、脂变与萎缩；肺气肿；脾被膜增厚，实质内呈现多量含铁血黄素沉着，小梁肿胀，呈水肿状态，脾小体减少，仅见少数不规则脾小体分散于实质中；肾脂肪呈胶冻状，肾小管扩张，管腔内积液，上皮细胞呈锥立方形或扁平上皮样结构；心肌质软，镜检见肌纤维肿胀，结构模糊，横纹消失；大脑着色偏淡，神经元肿胀，核及核仁结构模糊。

诊　断

根据饲喂过用亚硫酸处理过的玉米淀粉渣（浆）病史，临床特征是胃肠消化紊乱、跛行、瘫痪，以及血、尿、乳中硫化物含量增加，可以确诊。

治　疗

本病无特效疗法。对病牛立即停喂淀粉渣（浆），并给予优质的青绿饲料、块根类及干草，增加进食量，促使自然康复。对症治疗可补钙、输液和使用维生素及抗生素治疗。

（1）为提高血钙浓度，缓解低钙血症，可用 3% ~ 5% 氯化钙，或 20% 葡萄糖酸钙 500 mL，一次静脉注射，每日 1 或 2 次。

（2）为解毒、保肝，防止脱水，可静脉注射 25% 葡萄糖液 500 mL、5% 葡萄糖生理盐水 1 500 ~ 2 500 mL、维生素 C 5 g。

（3）维持心脏、神经及消化系统的正常机能，促进代谢，用维生素 B_1 0.1 ~ 0.5 g，一次皮下注射。

（4）为防止继发感染和胃肠炎症，可使用氯霉素 10 ~ 30 mg/kg 体重，四环素 250 万 ~ 300 万 IU，硫酸新霉素 5 ~ 15 mg/kg 体重，静脉或肌肉注射。

（5）中和瘤胃酸度，防止瘤胃 pH 的下降，可用氢氧化钙、碳酸氢钠等灌服。

预　防

严格控制淀粉渣（浆）喂量　未经去毒处理的淀粉渣（浆），其喂量每头每日不应超过 7 ~ 7.5 kg。在喂的过程中，要充分保证优质干草的进食量。为了防止中毒，最好在喂一段时间后停喂一段时间再喂。

淀粉渣应经去毒处理后再喂　其去毒方法有以下两种。

（1）水浸法　取淀粉渣用 2 倍水浸泡 1 h，沉淀后，将其上清液除去，据测亚硫酸含量由 86.9 mg/kg 减少为 61.4 mg/kg，去毒率为 30%，经反复冲洗，其效果更好。但缺点是用水量大，麻烦，且淀粉渣内的营养成分可随水而流失。

（2）晒（烘）干法 据测定，日晒一天，虽未干，但亚硫酸含量可降低到 36 mg/kg，去毒率达 60%。晒干或烘干后，效果更好。鉴于生产中烘干的具体困难，因此淀粉渣不能堆积，应散开，使其水分尽量散发后再喂，或采用干、湿搭配饲喂。

日粮中补喂钙及胡萝卜素 为减少亚硫酸对钙的消耗，饲料中应补加碳酸钙、贝壳粉；同时，为防止胡萝卜素缺乏而引起硫在体内的蓄积所致的中毒发生，每日还应喂 5 ～ 7 kg 的胡萝卜。

加强饲料调制 粗饲料如稻草、麦秸、玉米秸、干草可经碱化处理再喂，这既可增加适口性，提高进食量，又可增加钙的补充。

亚麻籽饼中毒
Linseed Meal Poisoning

亚麻籽含油量为 40%～48%，蛋白质含量为 23%。榨油后的亚麻籽饼具有一定的适口性，含丰富蛋白质，故常用来作为蛋白质补充料喂牛。

由于饲喂不当或亚麻籽饼粉碎过细，采食后，亚麻籽饼释放氢氰酸的速度过快，可引起中毒。其中毒特征是呼吸困难、震颤、惊厥和组织缺氧。

病　因

亚麻籽饼中毒的原因与其加工制作、饲喂时间、喂量及机体所处的状况有直接关系。

亚麻籽榨油的方法与含毒量 榨油方法不同亚麻籽饼含毒（氰苷）量不同。热榨（蒸煮）法处理含毒量低，冷榨法（未经蒸煮）处理含毒量高。当长期饲喂未经热处理的亚麻籽饼，其所含的亚麻苦苷酶活性未被破坏，故易引起中毒。

亚麻籽饼的调制与中毒 当亚麻籽饼碾磨过细，或将磨细的饼粉制成粥喂牛，极易引起中毒。这是由于磨碎的亚麻籽饼在瘤胃中释放的氢氰酸速度过快所致。

饲料单纯、奶牛贪食与中毒 饲料缺乏，长期饲喂；奶牛饥饿、贪食等，由于大量吃进亚麻籽饼而引起中毒。

中毒机理

亚麻籽、叶及全株都含有亚麻苦苷，采食进入瘤胃内，在适当的温度和水分条件下，以及在亚麻籽饼内所含的亚麻苦苷酶的作用下，即可使亚麻苦苷产生氢氰酸。大量的氢氰酸吸收入血，使细胞色素氧化酶、接触酶、过氧化氢酶、乳酸脱氢酶等多种酶的活性抑制，特别是氰离子能迅速地同氧化型细胞色素氧化酶的辅基三价铁结合，使其不能转变为具有二价铁辅基的还原性细胞色素氧化酶，从而使酶传递电子、激活分子氧的作用丧失，致使组织对氧的吸收及氧化过程受到阻止和破坏，导致机体内缺氧症的出现。

组织缺氧，组织有氧代谢受阻而仅能在无氧条件下进行，肌糖原的酵解将导致乳酸和无机磷酸含量增高，糖原和三磷酸腺苷等高能磷化物含量降低。由于中枢神经系统对缺氧特别敏感，并且在一定程度上氢氰酸在类脂质中溶解度较大，因此中枢神经系统首先受其损害。当呼吸中枢和血管运动中枢缺氧时，临床上呈现出先兴奋而后抑制，最终因呼吸麻痹而死亡。

临床症状

中毒后病牛呈现不安，流涎，肌肉震颤，可视黏膜鲜红色，口内流出白色泡沫状唾液。呼吸困难，呼出气具有苦杏仁味；脉搏快而弱；腹痛、臌气和腹泻（图 8-1）。粪呈灰白色，含泡沫（图 8-2）。病时延长，全身极度衰弱，体温下降，行走不稳，后肢麻痹、卧地不起，牙关紧闭，瞳孔散大，对外反射减弱或消失，四肢划动，呼吸停止、死亡。

图 8-1　亚麻籽饼中毒病牛沉郁、腹泻

图 8-2　亚麻籽饼中毒病牛粪稀、灰白色

病 理 变 化

血液鲜红色、黏稠。胸、腹腔和心包腔内积有红色液体。胃肠道黏膜充血、出血，内容物散发出苦杏仁气味。皮下有点状、斑状出血。气管、支气管内积有红色、泡沫状液体，肺水肿。心脏扩张，肝、肾实质器官充血和变性。

诊　　断

临床诊断

病史调查　当发生中毒后，首先对病因进行了解，掌握亚麻籽饼的喂量及饲喂方法。

临床特征　可视黏膜发红，呼出气具苦杏仁气味和血液呈鲜红色等。

毒物学检查

通过氰苷的检验可最终确诊。

普鲁士蓝法：

试剂：① 10%硫酸亚铁溶液，临用时配制。

　　② 1%三氯化铁溶液。

　　③ 10%盐酸溶液。

操作：取蒸馏水 1 ～ 2 mL，加新配制的 10%硫酸亚铁溶液 2 ～ 3 滴，摇匀，微温，再加入 1%三氯化铁溶液 1 滴，最后加入 10%盐酸溶液使之呈明显酸性。加入待检饲料样品，当呈现蓝色时，即有氰化物存在。

治　疗

确诊后应立即治疗。取 5%亚硝酸钠溶液 50 ～ 60 mL，静脉注射，随即用 5%～ 10%硫代硫酸钠溶液 100 ～ 200 mL，静脉注射。也可注射亚硝酸钠和硫代硫酸钠合剂，剂量是亚硝酸钠 3 g、硫代硫酸钠 15 g，用 200 mL 蒸馏水溶解，灭菌，一次静脉注射。也可用美蓝与硫代硫酸钠配合使用治疗。

预　防

合理配合日粮，严格控制亚麻籽饼的喂量；在饲料加工过程中，不要磨粉过细，也不要制成糊状喂牛，应采用干饲法；加热可以去毒，在饲喂时，应先将亚麻籽饼浸泡，再煮熟 10 min，可以消除其毒性。

棉籽饼中毒
Cotton Seed Cake Poisoning

棉籽饼是一种营养丰富的精饲料，蛋白质含量 33%～ 40%。含有 0.04%～ 2.5%的棉籽毒，即棉酚。棉酚能与蛋白质、氨基酸、磷脂等结合而生成结合棉酚，毒性消失；未与上述物质结合的游离棉酚，因其具有活性醛基和羟基而呈毒性作用。但经过加工调制如浸泡、加热等，使棉酚不超过 0.02%，其毒性减小而变成无害。

棉籽饼中毒是指长期饲喂多量的棉籽饼，有毒的棉酚在体内特别是在肝中蓄积，所引起的一种慢性中毒性疾病。其临床特征是胃肠炎、肝炎、神经症状，以及脱水和酸中毒。

病　因

本病的发生不仅与棉籽饼的喂量、加工调制有关，而且与奶牛的品种、年龄、生理状况及日粮平衡有直接关系。

与加工处理的关系　棉酚存在于棉籽中的色素腺中，由于提油时所用的溶剂和方法不同，其棉酚含量不尽相同。加热至 100℃经 1 h，或 70℃经 2 h，可使棉酚活性丧失；漂浮、浸泡能将棉酚从色素腺中去除，使毒性消除。否则，可引起中毒。

与牛年龄的关系　犊牛阶段因其瘤胃发育不全，故对棉酚有一定的易感性。棉籽饼对成年牛的饲养是十分安全的，通常不引起中毒，其主要原因是在发育完善的瘤胃中，游离棉酚能被细菌和瘤胃可溶性蛋白质所结合，其结果是形成的结合棉酚毒性丧失，而这一进程始终不变地在牛的消化过程中进行着。

与牛品种的关系　奶牛品种不同，其反应各异。如相同棉酚不引起泽西牛毒性，而可引起荷兰犊牛死亡；水牛易感性低，黄牛虽不中毒，但夜盲症多；阿塞拜疆红牛抵抗力高于苏联水牛。

与日粮水平的关系　日粮水平与棉籽饼中毒的发生有关。日粮平衡，牛采食全价饲料其易感性降低，用不平衡日粮喂牛，特别是饲料中维生素 A 不足或缺乏，蛋白水平过低，都可能使易感性增高。这是因为维生素 A 缺乏，导致器官上皮细胞变性、角化，因而棉酚对全身内皮细胞毒性作用增强。在低蛋白日粮的条件下，瘤胃中形成的结合棉酚降低，而游离棉酚水平增加，毒性作用增强。因此，认为水牛、黄牛易感性高于奶牛，可能是由于日粮蛋白水平低，易感性增高所致。

我们曾发现有的牛场，奶牛盲目症增多，经调查，是由于饲料单纯，长年只有混合料和收获玉米后的秸秆制成的青贮两种饲料，混合料中以棉籽饼、亚麻籽饼为主，故此认为，除了缺乏维生素 A 外，尚与饲料单纯、棉籽饼喂量过大有关。

中毒机理

有毒的棉酚，被动物吃进，经过一段时间的蓄积过程，便在体内大量积存，因其为嗜细胞性物质，故可引起胃肠炎症；损伤肝细胞、心肌和骨骼肌；棉酚与体内硫和蛋白质结合牢固，破坏红细胞、损伤微血管膜，从而导致贫血，并呈现出血性素质。棉籽饼中的环丙烯结构的脂肪酸，作用于卵巢和输卵管，使之萎缩，引起生殖机能紊乱，孕牛常发生流产。

临床症状

根据病程分急性和慢性中毒。

成年牛急性棉籽饼中毒其实质是瘤胃积食；慢性中毒其实质是维生素 A 缺乏症。患牛急性发作，食欲不振，产奶量剧减，体温正常，有的见神经兴奋不安，运动失去平衡，全身肌肉发抖，黏膜发绀，心音减弱。脉搏增数至 100 次 /min，前胃弛缓，肠蠕动减弱，便秘，排出带黏液粪便，后腹泻，脱水，酸中毒。急性者，经 2 ～ 3 d，死亡率达 30%左右。慢性者，由于维生素 A 缺乏，症状不明显，仅见消瘦、夜盲症、尿石症；有的常继发呼吸道炎症，以及慢性增生性肝炎和黄疸；妊娠母牛流产；尿呈红色。

犊牛中毒后，食欲下降，胃肠炎，腹泻，呈佝偻病症状，也有黄疸、夜盲和尿石症的发生。

临床病理

尿碱性，比重为 1.025，含蛋白质，尿中有尿蓝母及血红素，尿沉渣检查有血红素小块；血液变化是红细胞数减少，血红素减少，中性粒细胞增高。

病理变化

瘤胃内充满大量食物，瓣胃干涸；胸腹腔积水；肺充血、肿大；心肌松弛；肠道有出血性炎症；肝、肾、脾质脆、变性和坏死。

预　后

本病因中毒的程度不同而预后各异。当长期大量饲喂未经去毒的棉籽饼时，其病程短、病情重，如治疗得当，多预后良好，但也有发生死亡者。

诊　断

根据病史、饲料调查（日粮配合及其加工调制方法）及临床症状综合分析可做出确诊。具体分析是：

（1）有长期饲喂或一次性多量饲喂棉籽饼的过程，病畜突然发病（其实质是长期中毒的突然发作）。

（2）棉籽饼未经去毒处理。

（3）日粮配合不平衡，蛋白质、维生素缺乏，饲料单纯。

（4）胃肠炎、脱水和酸中毒为其典型症状。

治　疗

无特效的治疗方法，主要是对症治疗。

静脉注射 25%葡萄糖液 500 ～ 1 000 mL、10%安钠咖液 20 mL。投服泻剂以清除未吸收的毒物，硫酸镁 500 ～ 1 000 g，加水一次灌服。另外，可用 0.1%高锰酸钾液 1 000 ～ 2 000 mL，一次灌服。

预　防

供应平衡日粮　在饲养过程中，饲喂棉籽饼时，要注意日粮配合。饲料应多样化，要防止单纯化，要有丰富的蛋白质、维生素和矿物质饲料，特别是维生素 A、钙的供应。

去毒处理　棉籽饼的去毒方法有：

（1）加热或在热水中浸泡 2 ～ 4 h。

（2）在 2%～ 5%石灰水，或 1%氢氧化钠，或 2.5%碳酸氢钠液中浸泡过夜，再用清水冲洗后饲喂。

（3）在 1.5%绿矾液中浸泡 3 ～ 4 h。

（4）日粮中补充硫酸亚铁。

掌握科学的饲养技术　哺乳期犊牛和妊娠后期母牛，对过食棉籽饼敏感性高，最好是不喂。对成年牛，要严格掌握饲喂量，不宜太多。棉籽饼喂量通常按日粮精料计，以 5 % ～ 15%为宜。为防止其产生蓄积中毒，可采取饲喂一段时间和停喂相结合的方法。

硝酸盐和亚硝酸盐中毒
Nitrate and Nitrite Poisoning

硝酸盐和亚硝酸盐中毒是由于采食富含硝酸盐的饲草与饲料所引起的中毒性疾病。其临床特征是急性贫血性缺氧综合征，病牛呈现出可视黏膜发绀，呼吸困难。

当摄取大量硝酸盐时，可引起胃肠炎。牛的瘤胃能将硝酸盐转化为亚硝酸盐并引起中毒，所以在美国、澳大利亚、欧洲和亚洲等国家和地区，早有奶牛因采食玉米、燕麦等草料而发生中毒的报道。

病　　因

日粮不平衡　过量饲喂富含硝酸盐的饲草、饲料如苜蓿、甜菜叶、甘薯藤、芜菁叶、白菜、菠菜、燕麦草、草莓叶以及燕麦、高粱、玉米和黑麦芽。造成硝酸盐含量增多的原因与条件是：

（1）大量施用家畜粪尿及氮肥，使土壤中硝酸盐含量增多，致使生长的作物其嫩叶和幼苗含有较多的硝酸盐。

（2）施用除莠剂 2, 4 - D 等过后，植物的代谢发生变化，硝酸盐含量增加。

（3）阴雨天多，日照不足以及铜、铁、磷、硫、锰和钼等元素缺乏时，作物进行光合作用受到影响，促使作物中硝酸盐不能转化为氨基酸，造成硝酸盐蓄积增加。

（4）饲料搭配不当，当大量饲喂富含硝酸盐的饲料后，影响了其他饲料特别是含碳水化合物饲料的进食量；或饲料品质低劣，碳水化合物饲料缺乏，易使硝酸盐变为亚硝酸盐。

饲草保管不当　收获季节，大量收获的蔬菜、青草，未摊开晾干，堆积发热；或经雨水浸渍，致使亚硝酸盐含量增多，饲喂后发病。

误食毒物　硝酸钠、硝酸铵等化肥保管不严而误食，或误饮施有硝酸盐化肥的水，硝酸盐在瘤胃中被还原成亚硝酸盐而中毒。

中 毒 机 理

大量的硝酸盐随饲料进入瘤胃内，通过大肠杆菌、梭状芽孢杆菌等微生物的还原作用，将其变成毒性很强的亚硝酸盐。经过瘤胃壁吸收，亚硝酸盐进入循环血液中并与血红蛋白相结合，使之氧化成为高铁血红蛋白。高铁血红蛋白与氧具有强大的结合力，除本身丧失了携带氧的作用外，还能使正常的血红蛋白携带的氧在组织中不易分离，从而导致组织细胞急性缺氧。健康牛高铁血红蛋白为血红蛋白总量的 0.7% ～ 10%，当全血中的高铁血红蛋白增加到 30%～ 40%时，病牛呈现出可视黏膜发绀、呼吸困难等严重的中毒症状，当高铁血红蛋白含量增加到 80% ～ 90% 时，牛会发生窒息死亡。

临 床 症 状

长期饲喂含硝酸盐饲草、饲料的牛群，通常牛只无任何临床表现突然中毒，或急性死亡。病情较轻者，精神沉郁，呆立、不愿走动，运步时步态不稳。食欲减退至废绝，瘤胃臌胀。从口角流出大量含泡沫的口水，呻吟，磨牙，腹痛，腹泻和呕吐。严重病牛见黏膜发绀，全身肌肉震颤，四肢无力，横卧于地。呼吸急迫、浅表，呼吸困难。体温正常或降低。脉细而弱，脉搏增数至 160 次 / min 以上。妊娠母牛流产。末期出现阵发性惊厥、窒息死亡。

临 床 病 理

血液呈暗紫色，血凝不全，红、白细胞数增多，血红蛋白含量增高，中性粒细胞增多，淋巴细胞减少。血中硝酸盐、亚硝酸盐及高铁血红蛋白含量增加（高铁血红蛋白由正常的 0.12 ～ 0.2 g/100 mL 增加至 9 g/100 mL）。血氧分压降低，死亡牛降低到 60% 以下。血糖、血氨含量增高。尿糖、尿蛋白检验均呈阳性，尿亚硝酸盐含量增多。肝功能检验，磺溴酞钠清除试验，当高铁血红蛋白含量在 35% 以上时，其潴留值延迟。

病 理 变 化

血凝呈暗红色、咖啡色，似如酱油，凝固不全，暴露于空气中经久不能转变成鲜红色。全身血管扩张、充血；胃肠黏膜充血；气管出血，肺淤血；心肌出血；肝淤血、肿大；肾充血、出血。

诊 断

临床诊断

病史调查 在饲养过程中，有饲喂含硝酸盐的饲草、饲料的过程，并于饲喂后发病。

典型症状 黏膜发绀、呼吸困难。

剖检变化 血呈酱油样，凝固不全。

实验室检验

取饲草、血液、尿液、腹水等进行检验，常用方法是二苯胺法。

试剂：0.5 g 二苯胺，溶于 20 mL 蒸馏水中，加入浓硫酸 1.0 mL，装入茶色瓶中。

操作：取被检样 1 ～ 2 滴于白瓷板上，加入试剂 2 ～ 3 滴，呈蓝色，有硝酸盐；呈绿色，有亚硝酸盐。其灵敏度对硝酸盐为 10 mg/kg，对亚硝酸盐为 1 mg/kg。

类症鉴别

与氢氰酸中毒的区别 亚硝酸盐中毒时可视黏膜发绀，血液发暗、咖啡色，而氢氰酸中毒时黏膜呈鲜红色，血液呈鲜红色，瘤胃内容物具苦杏仁气味。

与尿素中毒的区别 尿素中毒时有饲喂尿素的病史；瘤胃内容物具氨臭气味，用石蕊试纸检验变蓝呈碱性（pH 升高至 7.9）；尿 pH 升高。亚硝酸盐中毒，瘤胃内容物亚硝酸检查为阳性，尿糖呈阳性，血呈酱油样，经久不褪色，凝固不全。

与有机磷农药中毒的区别 有机磷农药中毒突然发生，呈狂暴不安，后期呈强直性痉挛。瘤胃内容物具有独特气味，如蒜臭味、韭菜味等。有接触有机磷农药的病史。这些都可与本病区别。

治 疗

尽早确诊，及时采取针对性治疗是治愈的关键。药物应选择能将高铁血红蛋白还原为血红蛋白的特效制剂。

特效解毒药

美蓝（亚甲蓝） 剂量为 9 mg/kg 体重，用生理盐水或 5% 葡萄糖溶液制成 4% 溶液，一次静脉注射。

甲苯胺蓝 剂量为 5 mg/kg 体重，用时配成 5% 溶液，静脉注射。甲苯胺蓝还原高铁血红蛋白的速度比美蓝快 37%，故疗效优于美蓝，适用于垂危病例的救治。

维生素 C 剂量为 0.5~2.0 g，一次肌肉注射，或按 5~20 mg/kg 体重，溶于 25% 葡萄糖溶液中，一次静脉注射，具有使高铁血红蛋白还原为血红蛋白的作用。因其作用不及美蓝迅速、彻底，故应与美蓝合用。

对症治疗

根据机体状况，可采用兴奋呼吸、强心等措施，酌情采用尼可刹米、樟脑制剂、输液及镇静等。

预 防

预防的关键是加强饲养管理，充分认识硝酸盐及亚硝酸盐对奶牛的危害性。

（1）加强饲料保管，合理配合日粮。在青饲料及菜类收获季节，保证要喂鲜的。如量过大，堆放时应摊开，防止堆积发热。要控制喂量，不要一次喂量过大。这是因放置时间与亚硝酸盐含量有关，据称新鲜青菜含亚硝酸盐 0 ~ 0.1 mg/kg，自然放置 4 d 含量为 2.4 mg/kg，6 ~ 8 d 含量可达 340 ~ 384 mg/kg。因此，存放过久或腐烂者，严禁饲喂。

（2）对怀疑含有硝酸盐和亚硝酸盐的饲草，要严格控制喂量，并要保证供应充足的碳水化合物饲料、维生素 A、维生素 C 及微量元素碘。

（3）抑制硝酸盐转化成亚硝酸盐的速度。饲料中可加入金霉素（30 mg/kg 饲料）或四环素（30 ~ 40 mg/kg 饲料）作补充饲料。

非蛋白氮中毒
Nonprotein Nitrogen Poisoning

在饲养奶牛的过程中，利用非蛋白氮作为牛的补充饲料，是解决牛蛋白质不足的极好途径，迄今已为奶牛生产所普遍采用。然而，在饲喂非蛋白氮化合物时，由于喂量过大或饲喂方法不当，致使瘤胃内氨释放量过多，血氨过高而发生中毒。其中毒的临床特征是呼吸困难和强直性痉挛。

非蛋白氮的种类及利用

种类

用于奶牛饲养的非蛋白氮主要有以下几种：

尿素 [$(NH_2)_2CO$] 白色晶体，含氮 45% ~ 47%。含氮量高，1 kg 尿素等于 2.62 ~ 2.87 kg 蛋白质。

磷酸氢二铵 [$(NH_4)_2HPO_4$] 白色微带黄色，颗粒，具氨味，含氮 9% ~ 20%，含磷 48% ~ 50%，不能单独饲喂，以免造成日粮中磷过高。与尿素按 1 ：（2 ~ 2.5）混合使用，效果较好。

亚硫酸铵或硫酸铵 [$(NH_4)_2SO_4$] 白色结晶粉，含氮 21%，含硫 25.9%。工业生产的亚硫酸铵因含有毒杂质，故不能用做饲料，只能用做肥料。

氨 分无水氨和氨水两种。这是目前处理粗饲料秸秆最常用的原料。此外，在制作青贮时，也有加入氨的。经氨处理的饲料被称为氨化秸秆、氨化青贮等。氨水（NH_4OH）含氮 17% ~ 20%。

利用

尿素喂量大约为日粮干物质的 1%，或精料的 3%，或日粮蛋白质总量的 20% ~ 25%。每头牛每日喂量，育成牛为 30 g，肥育牛为 80 ~ 100 g，泌乳牛为 50 ~ 80 g。也可按体重大小估计喂量：136 ~ 226 kg 的牛喂 45 g；226 ~ 363 kg 的牛喂 91 g；363 kg 以上体重的牛喂 136 g。

磷酸氢二铵、硫酸铵只能和尿素混合使用，其比例为 1 ∶ （2 ~ 2.5）（尿素）。

无水氨的用量可按秸秆重的 3%通入；氨水用量是按秸秆重量 1 ∶ 1 的比例喷洒 3%浓度的氨水。

病　　因

硫酸铵、磷酸氢二铵等常因误食而引起中毒。

尿素中毒的原因是：

（1）饲料中突然加喂大量尿素，牛瘤胃不适应。

（2）喂量过大，超过了正常耐受量。加之日粮中碳水化合物饲料不足或缺乏，豆科饲料比例过大，瘤胃液 pH 升高。

（3）饲喂方法不当。尿素溶解在水中而饮喂，使其过于集中，并很快于瘤胃内分解吸收。

（4）尿素一次集中喂给，或在饲料中拌不均匀，或青贮中尿素集中等，都易造成瘤胃中的尿素浓度过大，分解产氨过多。

（5）尿素添加剂潮湿变软或雨淋，加喂时采食量过大。

中毒机理

瘤胃微生物群能利用无机氮构成自身蛋白（菌体蛋白），而成为奶牛主要的蛋白来源。正常情况下，进入瘤胃中的非蛋白氮在瘤胃微生物的作用下，分解为氨和二氧化碳。所分解的氨一部分转为氨基酸为微生物所利用，一部分经瘤胃、网胃壁吸收，进入血液，经肝脏形成尿素随尿排出体外。

当瘤胃内尿素浓度过高时，在脲酶的作用下，尿素在瘤胃内分解速度加快，每小时达 100 mg/100 g 瘤胃内容物，尿素分解产生氨的速度为瘤胃中氨被同化速度的 4 倍。瘤胃液因其分解产氨，pH 升高超过 6.5 时，促使氨被吸收的速度加快。当血液中氨浓度在 2 mg/100 mL 以上时，即引起严重中毒；当血氨浓度为 5 mg/100 mL 时，即引起奶牛中毒死亡。

临床症状

中毒症状出现的早晚及病情的轻重程度，不仅与饲喂尿素的量有关，而且也与机体的状况、日粮配合等因素有关系。例如，在饲喂尿素的同时加喂大豆粉，大豆粉中的脲酶能促进尿素分解成氨，加速中毒；尿素放在糖蜜里饲喂，能增强机体对尿素喂量的耐受性；饥饿时，机体对尿素耐受性降低，每千克体重喂 0.33 g 尿素即可引起血氨浓度升高，0.44 g 即在 10 min 内引起中毒，1 ~ 1.5 g 即引起牛死亡；犊牛因瘤胃发育不全，饲喂后易引起中毒。

中毒呈急性经过，常于采食后 30 ~ 60 min 内出现症状。病牛不安，呻吟，步态不稳，共济失调；继而见食欲废绝，反刍停止；牙关紧闭，伴有瘤胃臌气；体温升高，心跳加速，每分钟达 120 ~ 150 次，心音混浊不清，节律不齐；呼吸急迫；肌肉震颤，腹痛，吼叫，全身痉挛、强直，张口呼吸，浑身出汗，流涎，四肢无力，卧地不起，四肢划动，多于食入尿素后 4 h 而窒息死亡。

临床病理

血氨浓度升高达 8 mg/100 mL（正常牛 0.2 ~ 0.6 mg/100 mL），红细胞压积增高 10% ~ 15%，白细胞数逐渐增多，血钾增高，尿液 pH 升高，临死时下降；瘤胃氨含量升高达 5 mg/100 mL 以上，pH 升高至 7.9。

病理变化

全身皮下血管怒张；瘤胃内容物具氨味，皱胃、小肠充血与出血；肺水肿；胸腔积液，心内外膜出血，心包积液；肝、肾肿大与脂肪变性；脑膜、脑室及脉络丛充血。

诊　　断

本病可根据有饲喂尿素过量或突然加喂尿素的经过；呼吸困难和强直性痉挛的典型表现；剖检见瘤胃 pH 升高及肺水肿等，可以初步做出诊断。而血氨的升高超过了正常值 0.6 mg/100 mL 以上，即可确诊。

治　　疗

鉴于本病发生急骤，病程短、死亡率高的特点，因此应尽早发现病牛并予急救。

药物治疗

中和瘤胃的氨，可灌服弱酸　食醋 1 500 ～ 4 000 mL，一次灌服；5%醋酸 1 000 ～ 3 000 mL，一次灌服。

静脉注射 5% 葡萄糖生理盐水或硫代硫酸钠液　先放血 200 ～ 300 mL，再使用 5%葡萄糖生理盐水 2 000 ～ 3 000 mL、维生素 C 5 g、10%樟脑磺酸钠 20 mL，一次静脉注射，或用 5%～ 10%硫代硫酸钠 100 ～ 200 mL，一次静脉注射。

洗胃或瘤胃切开法

为了迅速将瘤胃内容物排除，减少氨的继续吸收，可用大孔的胃管插入瘤胃将其内容物导出，或直接切开瘤胃，取出胃内容物，这是极为确切和有效的治疗措施。

预　　防

严格控制非蛋白氮喂量、坚持正确的饲喂方法，是控制和预防本病的关键。具体措施：

（1）尿素只能作为氮源以补充蛋白质的不足，一般喂量不能超过日粮中总氮量的 1/3；在蛋白质充足的情况下，不需补充尿素，以防止蛋白质加速尿素分解产氨而发生中毒。

（2）严格控制喂量，每 100 kg 体重喂量为 20 ～ 50 g，每头成年母牛，每日最高喂量不能超过 300 g，一般控制在 150 g 左右为宜。

（3）初次饲喂时，喂量要少，使瘤胃微生物有一个适应过程，量由少到多，逐渐增至全量，万不能一次立即大量供给。

（4）尿素吸水性很强，极易分解放出氨，因此不能溶于水中喂饮；不能单独饲喂，喂时，可溶于清水或糖稀中拌料、拌草或洒在饲草上；喂后不能立即饮水；全天量应分开饲喂。

（5）犊牛、年幼育成牛，因瘤胃微生物发育不全，不要加喂。

食盐中毒
Salt Poisoning

摄食日粮中氯化钠含量过高，常会引起奶牛中毒。其临床特征是腹泻、脑水肿和神经症状。

食盐溶于水中，就产生钠离子及氯离子。机体内的钠大部分以氯化钠的形式存在于细胞外液。其中钠离子占阳离子含量的 90%，是维持细胞外渗透压和容量的重要成分。机体内缓冲体系碳酸氢根离子常因钠离子的含量而升降，因此钠离子的含量对酸碱平衡具有重要作用。其中钠离子的正常浓度和适当比例，为维持组织特别是神经、肌肉正常生理功能之必需。食盐具咸味，可调解味觉，增进食欲，提高采食量。因此，食盐在奶牛饲养过程中是必不可缺少的物质，通常其供应量占精料的 2‰。

病　因

食盐中毒的主要原因是日粮中氯化钠过量。

高产奶牛特别是泌乳早期的母牛，由于其体液和电解质状态不稳定，对食盐中毒非常易感。当饲料中食盐量达 2.2 g/kg 体重，即可引起中毒。1999 年 12 月，某市乳品公司奶牛场精料中含食盐量 9.25 g/100 g，青贮含盐 1%，每头牛每日喂 20 kg，12 月 8 日腹泻牛 598 头，占全场牛的 90%，诊断为食盐中毒，全部改换饲料后，未见发病。2003 年 1 月 5 日，唐山丰润县一牛场，由无盐饲料而突然饲喂大量食盐，当晚引起 19 头牛中毒。有的场用酱渣喂牛，喂量大、喂时长，也会中毒。

犊牛喜欢喝含盐的液体，如果代乳料中含盐过高，也会发生食盐中毒。

中毒机理

当摄食过量食盐时，高浓度的食盐溶液，直接刺激胃黏膜，能引起反射性呕吐。钠离子在胃肠道内浓度增加而渗透压增高，组织内水分大量渗出，机体脱水。钠离子引起肠运动神经的兴奋，使肠蠕动亢进，导致腹泻。机体内 Na^+、K^+、Mg^{2+} 和 Ca^{2+} 等离子间保持着平衡状态，如果 Na^+ 太高，则将破坏机体矿物离子间的平衡，表现肌肉痉挛性收缩。大量的钠被吸收入血，而出现高钠血，抑制脑神经元的糖酵解作用，脑组织失去了能量来源，使神经的正常生理功能紊乱。钠离子在脑组织中的积聚，使水渗入脑细胞，导致脑水肿形成，继而出现神经症状。

临床症状

牛的急性食盐中毒主要表现为消化机能紊乱和胃肠道症状。病牛精神委顿，头低耳耷，鼻镜干燥，眼窝下陷，结膜潮红；厌食、腹痛，渴欲增强，呕吐，腹泻，粪中带有黏液、暗红色的凝血块；多尿，色呈淡黄色；体温 37.8 ~ 39℃，呼吸 31 ~ 41 次 /min，脉搏 85 ~ 102 次 /min；瘤胃蠕动音减弱至停止。有的见失明，肌肉震颤，癫痫，后肢麻痹，卧地不起。

犊牛的主要症状是精神沉郁，衰弱，腹泻，晚期病犊可能出现神经症状。

病理变化

急性食盐中毒牛剖检见血液黏稠，胃肠黏膜潮红、肿胀、充血、出血，肠道内有稀软含血的内容物，粪便稀黑。中毒经解救而存活的病牛出现骨骼肌水肿和心包积液。组织学检查见大脑水肿和脑膜脑炎，大脑皮质软化。

诊　断

临床诊断

首先应对饲养状况进行调查，看饲料有无改变；掌握饲料中食盐喂量及饮水供应状况，结合临床症状，可初步作出诊断。确切诊断应通过对典型症状病牛的血清、脑细胞液钠含量进行测定，其结果钠含量明显增高。

类症鉴别

成年牛发生食盐中毒主要是由于水缺乏所致，发病快，有失明、癫痫等神经症状，故应与铅中毒、狂犬病、脑灰质软化症进行鉴别。

与铅中毒的区别　急性铅中毒病程很短，死亡很快。癫痫、吼叫和过敏明显而频繁。血液或粪便化验分析，铅含量增高，钠含量没有变化。

与狂犬病的区别　狂犬病多为散发，病牛狂暴，好攻击人或牛只；性机能亢进、频繁爬跨；咽麻痹，喝水后不能下咽；脑脊液蛋白值升高，或蛋白和单核细胞增高，钠含量没有变化。

与脑灰质软化症的区别　脑灰质软化症主要是急性硫胺缺乏所致。血液测定丙酮酸和乳酸含量增加，钠含量无变化。脑脊液中钠含量正常。特异疗法，盐酸硫胺 10 ~ 20 mg/kg 体重静脉注射，然后用 10 mg/kg 体重，每日 2 次肌肉注射，效果明显。

治　　疗

立即停喂含食盐的饲料。控制饮水，间隔一定时间给予少量饮水，饮水次数宜多而每次饮水量要小。过多饮水会造成脑水肿，引起患病牛头数增加。

治疗原则是镇静解痉，利尿以减低脑压，补充等渗液以防止脱水。

（1）调节血液中 K^+、Na^+、Ca^{2+}、Mg^{2+} 之间的含量与比例，恢复血液中离子之间的平衡，维持神经的正常功能，可补充钙制剂。5% 葡萄糖液 1 000 ~ 2 000 mL、10% 安钠咖 20 ~ 30 mL、10% 葡萄糖酸钙 500 ~ 1 000 mL，一次静脉注射。

（2）降低颅内压，缓解脑水肿，可用 25% 山梨醇或甘露醇 500 ~ 1 000 mL，静脉注射。

（3）抑制对肾脏 Na^+ 的重吸收，加速尿液排出，可用速尿 0.5 mg/kg 体重、5% 葡萄糖液 1 000 ~ 2 000 mL，一次静脉注射。

（4）安神、解痉，可用溴化钾 5 ~ 10 g、5% 葡萄糖 500 ~ 1 000 mL，一次静脉注射。

预　　防

加强饲养管理，配合日粮时，严格控制食盐的供应量。通常混合料中，食盐量占 2%。为了保证牛只能够随时自由采食食盐和饮水，运动场内应设置食盐槽、饮水池，并应每日检查，随时补充。

农药中毒
Pesticide Poisoning

所谓农药，是指用于保护农作物、牧草、果树、蔬菜和树木的正常生长，杀灭作物病虫的侵染，抑制杂草生长及防止鼠类损伤所使用的各种药剂的统称。

随着农业生产的不断发展和科学技术的进步，农药的使用已成为防治作物病虫害的重要手段，同时，也已在保护作物、牧草和蔬菜的生长和产值的提高中显示出不可忽视的作用。

不仅如此，近年来有很多农药也用于控制畜禽的体内外寄生虫生长，消灭畜禽疾病传播媒介的滋生，这对保护畜禽的健康，促进畜牧业的发展，其作用更是无法估量。

农药种类很多，常用以下 3 种：①有机磷杀虫剂，常用的有甲拌磷、对硫磷、敌敌畏、敌百虫、蝇毒磷、乐果等；②有机氯杀虫剂，如六六六、滴滴涕、碳氯灵、毒杀芬、硫丹、氯丹等；③有机氟化合物，如氟乙酰胺、氟乙酸钠、甘氯等。

由于国内外一致注意从高效、低毒、残毒期短的目标研制农药，因此一般的农药，如果按规定操作和应用，通常是不会发生中毒的。

病　　因

引起奶牛发生农药中毒的具体原因是：

（1）采食喷洒过农药不久，或未被雨水冲刷过的农作物、牧草、蔬菜等；误食或偷食经农药浸拌过的种子。

（2）在防治畜禽内外寄生虫以及昆虫媒介时，由于农药使用方法不当、用药量过大而引起中毒。

（3）使用农药时不按操作规程，使用过的工具如药桶、拌药的铁锨在水井、水池旁冲刷，致使饮水污染，当奶牛饮用了被污染的饮水后发生中毒。

（4）违反有关农药使用、保管的各种安全操作规程。如农药乱堆乱放，饲料与农药混存，用过农药的工具不清洗又用于拌料等，皆可引起中毒。

（5）机体生理状况、体质不同，对药物的耐受量不同。由于在使用农药时，将上述因素忽视，不注意个体间的差异性，结果因年幼、体弱、疾病等影响，而引起中毒。

中 毒 机 理

农药不同，引起机体中毒的机理各异。

有机磷杀虫剂中毒

其机理是抑制胆碱酯酶的活性，使其水解乙酰胆碱的能力丧失，以致胆碱能神经部位释放的乙酰胆碱不能迅速被水解，而发生大量蓄积。由于乙酸胆碱作用于组织器官的不同，引起不同的中毒症状，出现毒蕈碱样症状、烟碱样症状和中枢神经症状。

有机氯杀虫剂中毒

目前对其机理的认识尚未统一，有以下说法：进入血液中的有机氯在氧原子作用下，产生不稳定的含氧化合物，对各系统的毒害作用；妨碍乙酰胆碱酯酶的合成，引起神经机能紊乱；取代了维持消化道黏膜机能所需的肌醇而发生中毒；使脂蛋白酶的活性降低，影响谷胱甘肽酶、脱氢酶的活性，从而导致脂血症、肝功能紊乱等。

有机氟化合物中毒

有机氟进入机体后，脱氨后生成氟柠檬酸，使三羧酸循环受到干扰。因葡萄糖不能充分利用，发生高血糖的乳酸血症；病畜脑氟增高，出现神经症状。

临 床 症 状

有机磷杀虫剂中毒

突然发病，病牛不安，食欲、反刍停止；流涎，流鼻涕，呻吟，磨牙；皮肤及末梢发凉，出冷汗；排出带血稀便，腹泻呈淡红色、褐色水样；结膜发绀，瞳孔缩小，眼球震颤；痉挛，见面部、眼睑及全身肌肉震颤，步态强拘，共济失调；心跳加快，脉率增速，呼吸困难，最后因呼吸肌麻痹而导致窒息死亡。

有机氯杀虫剂中毒

急性见兴奋性增强，感觉过敏。惊恐不安，起卧不宁，共济失调，到处乱撞，运动不随意；阵发性全身痉挛，突然倒地，见眼睑闪动，四肢划动，角弓反张，痉挛过后，呈间歇短的安静后，又见痉挛发作，反复发作，间歇时间缩短，症状加剧；体温升高，腹泻，最后因呼吸衰竭死亡。慢性中毒见奶产量下降，精神沉郁，食欲减退，呈渐进性消瘦，全身无力，随着蓄积毒物中毒的作用，症状加剧，站立不稳，全身失去平衡，肌肉震颤，后肢麻痹，卧地。

有机氟化合物中毒

最急性者，病牛突然倒地，抽搐，角弓反张，四肢痉挛，瞳孔散大，口吐白沫，终因循环衰竭死亡。病情较缓者，精神沉郁，全身无力，磨牙，呻吟，站立不稳，步态蹒跚；食欲废绝，反刍停止；心跳加快，心节律不齐，出现心室纤维性颤动；因脑缺氧而出现阵发性痉挛。

病理变化

有机磷杀虫剂中毒

由消化道途径发生中毒病例，多由瘤胃内散发独特气味，如甲基对硫磷、内吸磷等的蒜臭味，对硫磷的韭菜和蒜味等。急性中毒病例的剖检所见除胃肠黏膜出现程度不同的充血外，多无特征性病变。亚急性中毒病例，常见支气管内充满泡沫样黏液，肺充血、水肿；胃肠坏死性出血性炎症，肠系膜淋巴结肿大、出血；心内、外膜出血；肝、脾肿大；肾脏包膜不易剥离，肾肿大。慢性者，胃肠黏膜坏死、肝坏死和其他实质器官浊肿。

有机氯杀虫剂中毒

急性者病变不明显。慢性者，体表淋巴结肿大、水肿；瘤胃黏膜脱落；网胃黏膜出血、溃疡；皱胃黏膜充血与出血；肠黏膜出血；肝肿大、变硬，肝小叶中心坏死，胆囊肿大；肾肿大、出血；脾肿大、质脆；肺气肿。

有机氟化合物中毒

尸僵完全，可视黏膜发绀，血色黑暗，心肌松软，心包下及心内外膜片状出血（图 8-3），胃肠道出血性炎（图 8-4），肝、肾充血、肿胀，肺淤血，脑水肿。

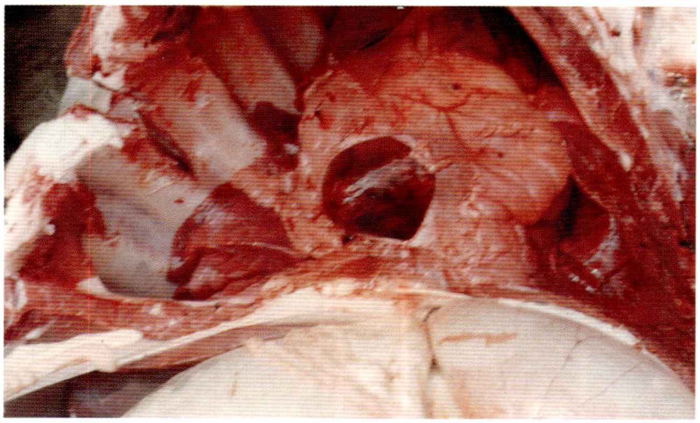

图 8-3　氟乙胺中毒病牛心肌出血

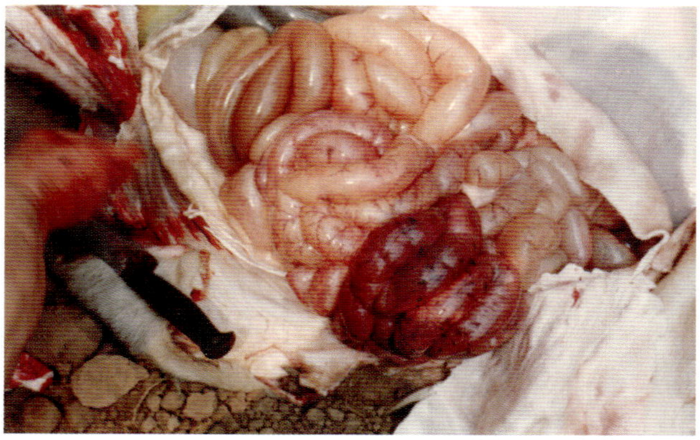

图 8-4　氟乙胺中毒病牛肠道出血

诊　断

临床诊断

病史调查　深入了解有关农药的保管、使用情况；查询病牛接触和误食、误饮被农药污染的饲料和饮水的时间、数量；结合同栏牛只发病情况，可以初步做出诊断。

临床症状　特征变化是流涎，呼吸困难，肌肉震颤，共济失调，胃肠炎等，可提供诊断依据。

病理变化　血液浓稠，胃肠出血性炎，实质器官出血、变性和坏死。

实验室检验

取可疑食物、饮水、胃内容物、肝、肾作毒物分析，这是最为确切的诊断方法。

治　疗

农药中毒因其种类不同，治疗方法有共同性的和特殊的解毒方法。

农药中毒的通用治疗方法

（1）阻断毒物继续进入畜体的各种途径，改换饲料、饮水，并将其置于新的安静、环境干净的圈舍内饲喂。

（2）加速毒物从体内的排出，阻止毒物继续被吸收。

① 经皮肤中毒者。可用 1%肥皂水或 4%碳酸氢钠溶液彻底洗涤皮肤。

② 经口中毒者。可洗胃、灌肠和内服泻剂。洗胃和灌肠常用 1% ~ 5%碳酸氢钠溶液。泻剂以盐类最好，常用的有硫酸钠（镁）500 ~ 1 000 g，加水一次灌服，或用人工盐 250 ~ 350 g，加水一次灌服；严禁使用油类特别是植物油类。吸附毒物，用活性炭 250 ~ 300 g 加水灌服。

农药中毒的解毒剂治疗

（1）有机磷杀虫剂中毒的解救。

① 阿托品。剂量为 0.25 mg/kg 体重，将此剂量的 1/3 制成 2%溶液，缓慢静脉注射，其余量行肌肉注射，如果症状再现，可每隔 4 ~ 5 h 重复注射，持续 24 ~ 48 h 以上，对重病效果较好。

② 双解磷（TMB）。剂量为 10 ~ 20 mg/kg 体重，皮下或腹腔注射。

③ 解磷定。又称碘磷定、派姆（2-PAM）。剂量为 50 ~ 100 mg/kg 体重，一次静脉注射。

④ 双复磷（DMO_4）。首次剂量为 3 ~ 6 g，静脉或肌肉注射，以后每 2 h 注射一次，剂量减半。

在治疗中，如将上述肟类化合物中之一种与阿托品联合使用，将能大大提高治疗效果。

（2）有机氯杀虫剂中毒的解救。尚无特效解毒剂，故只能按一般的解救办法处理。据报道，中毒后内服苯巴比妥钠，能大大提高有机氯杀虫剂的排泄率。

（3）有机氟化合物中毒的解救。

① 解氟灵（5%乙酰胺）0.1 g/kg 体重，一次肌肉注射，每日 3 ~ 4 次，直到抽搐现象消除为止。

② 醋精（乙二醇乙酸酯）100 mL，加常水 500 mL，一次灌服。

③ 95%酒精 100 ~ 200 mL，一次灌服。

④ 5%酒精 1 000 ~ 1 200 mL、5%醋酸 1 000 ~ 1 200 mL，混合后一次灌服。

农药中毒的对症疗法

解毒、保肝 常用 5%葡萄糖生理盐水、复方氯化钠注射液、5%~ 10%葡萄糖液 2 500 ~ 4 000 mL，静脉注射；解除酸中毒用 5%碳酸氢钠液 500 ~ 1 000 mL，静脉注射。有条件者，可用辅酶 A、细胞色素 C。

兴奋不安时 可使用水合氯醛 15 ~ 25 g，或盐酸氯丙嗪 0.5 ~ 1 mg/kg 体重，静脉或肌肉注射。

控制脑水肿 可用 20%甘露醇或 25%山梨醇注射液 250 ~ 500 mL，静脉注射。

呼吸困难时 可使用尼可刹米、可拉明、山梗茶碱等。

预 防

加强农药保管 农药应专库存放、专人专管。拌过农药的种子妥善保管；盛农药器具妥善处理，防止污染饲料、饮水。

控制接触农药 凡已怀疑被农药污染的饲料、饮水，不再利用。喷洒过农药的地方，1 周内不准牛进入；喷洒过农药的作物、蔬菜、牧草在 1 个月内严禁食用。

严格遵守使用方法 使用农药来防治畜体内外寄生虫病时，严格控制药物浓度与剂量，严防滥用。临床常用杀虫剂的用量、中毒和解救见表 8-2。

表 8-2 常用杀虫剂的用量、中毒及解救

药物		药浴浓度	撒布	喷洒	内服	中毒症状	解毒
有机氯杀虫剂	666（六氯苯、六氯环己烷）	0.04% ~ 0.1%	0.2% ~ 0.6%	0.5% ~ 1%		神经症状：兴奋，抑制，肌肉震颤，痉挛，共济失调，流涎、磨牙，瘫痪，虚脱，死亡	(1) 2%$NaHCO_3$、石灰水洗胃或灌服 (2) 皮肤用肥皂水、碱水、石灰水擦洗 (3) 静脉注射葡萄糖、钙制剂、维生素 C
	滴滴涕（氯苯乙烷）	—	5% ~ 10%	5%			
有机磷杀虫剂	敌百虫	0.1% ~ 0.5%	1% ~ 2%	0.1% ~ 0.5%	5 mg/kg 体重（犊），50 mg/kg 体重（成年牛）	流涎，腹泻，肌肉强直、蹒跚，视力障碍，抽搐，呼吸困难，虚脱而死亡	(1) 阿托品，用量为 0.25 mg/kg 体重，此剂量 1/3 配为 2% 溶液，缓缓静脉注射，其余量肌肉注射，隔 4 ~ 5 h 重复注射一次 (2) 双解磷，剂量为 10 ~ 20 mg/kg 体重，制成 10% 溶液皮下注射 (3) 阿托品与双解磷合用效果更好
	敌敌畏	—	—	0.5 mL/m^3（熏蒸）	37 mg/kg 体重（混饲）		
	蝇毒磷	0.05%	0.025%	0.05%	2 mg/kg 体重（混饲）		
	倍硫磷	—	2%	0.025% ~ 0.1%	1 mg/kg 体重		
	氧硫磷（蜱虱敌）	—	0.025%	0.05%	200 mg/kg 体重		

慢性氟中毒
Chronic Fluoride Poisoning

氟是动物体内必需的一种微量元素。正常齿釉含氟化钙 0.01% ~ 0.02%，骨骼中含氟化钙 0.01% ~ 0.03%。由于经饲料或饮水持续摄取中毒量的氟所致的慢性中毒，称氟中毒；由氟中毒所致的慢性疾病，称为氟病。其特征是牙齿发生齿斑、过度磨损、骨质疏松及间歇性跛行。

病 因

引起奶牛氟中毒的原因有 3 种。

自然条件性致病 主要是氟酸盐分布的某些盆地、盐碱地、氟石和磷灰石矿区。这些地区由于水土、饲料中含氟量过高，常常引起人畜共患的“地方性骨氟症”。据对我国北方 13 个省市调查，有 300 个市县属高氟区。山东大牟家的水氟高达 18 mg/kg。经对毛家庄、杨家庄的 64 头黄牛检查，48 头患氟斑牙，占 78%。

工业氟化物对环境的污染 炼钢厂、磷肥厂综合配套措施不全，对废水、废气、废渣等“三废”处理不严，造成大气、水、土、植被污染而发病。

1975—1976 年，包钢西北部的乌拉特前旗，70 万头家畜中因氟引起中毒的有 47 万头，发病率占 70%，死亡 8.8 万头，死亡率达 19%。

1977—1980 年，山东铝厂每日平均进入大气的氟化物达 1.26 t，污染直径 10 km，造成本厂附近的牛只不能繁殖、发病和死亡。

日粮中补喂磷酸钙中的氟含量过高　由于对磷酸钙的含氟量未测定，盲目乱喂，若其含氟量高于100 mg/kg，也会引起慢性氟中毒的发生。

中 毒 机 理

大量摄入可溶性氟化物，在胃中酸性环境里形成氢氟酸刺激胃肠黏膜，引起胃肠炎。过多的氟化物吸收进入血液，与血液中的钙形成不溶性的氟化钙，导致血液中游离钙的减少及低钙血症，血凝受到抑制，临床呈现出感觉过敏、抽搐等神经症状。

长量少量饲喂但超过了正常限度的氟化物时，因其与食物的钙结合形成不溶性的氟化钙，致使钙吸收困难，是造成缺钙的原因之一；吸入血液中的氟与血钙结合为氟化钙，造成低血钙，由于血钙降低，造成长骨的脱钙以维持血钙浓度而发生骨质疏松；氟能损伤成釉细胞与齿质母细胞，从而妨碍生长发育中的骨骼和牙齿的钙化作用，使其钙化不全，造成齿质和釉质疏松，易于磨损，出现对称性齿斑，当附着于齿斑中的有机物被氧化，使牙齿呈黄色、褐色或黑色釉斑；氟刺激骨骼可发生骨膜炎、骨质增生，最后形成骨疣；氟抑制骨髓的造血机能，临床出现贫血。

临 床 症 状

急性中毒

瘤胃蠕动停止，食欲废绝，反刍停止，便秘或腹泻；惊恐，瞳孔散大。感觉过敏，空嚼磨牙，肌肉震颤、抽搐和虚脱；呼吸困难，常于几小时内死亡。

慢性中毒

采食量减少，反刍和瘤胃运动减少、减弱，粪便秘结或下痢，时间久之则营养不良，被毛无光，皮肤弹性降低，奶产量下降。关节僵直，跛行或卧地。幼畜发育不良；成年牛营养不良，易发酮病。通常全身变化不明显，但见病牛有结膜炎症状（如结膜肿胀、潮红、流泪、羞明）及胸、腹下皮肤浮肿（图 8-5）。其主要特征症状是牙齿、骨骼的损害，关节肿胀和跛行（表 8-3）。

图 8-5　慢性氟中毒奶牛胸下浮肿

表 8-3　奶牛氟中毒的临床表现　　%

项目	检查头数	跛行	齿斑	腕跗关节肿	肋骨骨赘
成母牛	94	25.53	55.3	47.1	6.38
育成牛	46	—	17.39	26.1	—
犊　牛	36	—	13.9	36.1	—

牙齿变化　失去光泽，齿上有淡黄色、棕色、黑色斑点、斑条或斑块，偶见釉质裂隙的色素沉着带，重者呈白垩状，并有大面积黄色及黑色锈斑（氟斑牙）；门齿松动，排列不齐，高度磨损；臼齿呈波状，高度磨损，特别是第 1、2、3 前臼齿严重磨平或脱落（图 8-6）。门齿、臼齿釉质均有很多裂纹，易成块脱落，呈石灰样，质地疏松。

骨骼及关节变化　头部肿大，下颌骨肿胀（图 8-7）。奶牛（犊牛、育成牛、泌乳牛）四肢变形，腕关节肿胀；尾骨多扭曲，第 1 ～ 4 尾椎骨软化或吸收；腰荐部凹陷，坐骨结节、髋结节肿大向外突出，严重病牛两侧肋骨有鸡卵大的骨赘；拱背，运步强硬，不灵活，运步或负重时，可听见有清亮的“咔咔”

声，似如行走在石板路上的蹄音。病牛起卧拘谨小心，有痛感，常卧地不起。

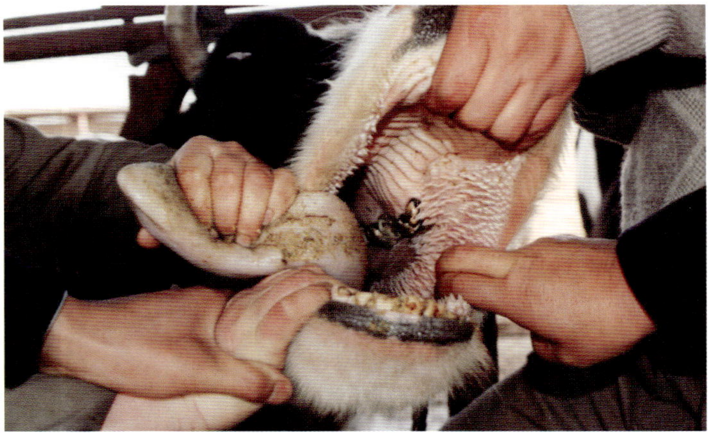

图 8-6　慢性氟中毒奶牛牙齿磨灭不正

图 8-7　慢性氟中毒奶牛下颌骨和鼻骨肿胀

临床病理

主要变化是血氟、尿氟、骨氟、毛氟含量明显升高；碱性磷酸酶升高；X 线检查：腕关节的关节腔隙距离缩小，骨皮质变薄，骨髓腔增大；肋骨有陈旧性、多发性骨折，其周围骨质增生，但骨折线明显，故此认为，肋骨上形成的骨赘，可能是因骨折而局部组织增生所致；骨盆骨、四肢骨骼、肋骨均发现骨密度降低，骨髓腔增宽，骨小梁粗糙；尾椎骨折。

病理变化

肌肉呈淡黄色，骨骼呈白垩样、松脆，在肋骨、肋骨与肋软骨结合处、肋骨胸膜面等部位有大小不等的骨赘，外被灰白色骨覆盖，质地坚硬。切开断面中心似海绵样，骨磨片见骨单位形状不规则、紊乱、模糊，哈佛氏管扩张、粗细不等；镜检见骨密质部变薄，骨松质部增多，钙盐脱失明显。幼畜常有釉质和牙齿发育不全。

胃肠道呈卡他性炎，重病肝、肾、心肌、中枢神经系统变性，骨骼变性。

诊　断

临床诊断

（1）消化不良，采食减少，咀嚼慢，奶产量下降，渐进性消瘦，间歇性跛行。

（2）口腔检查，病畜常有对称性斑釉齿，臼齿排列不齐，波状或过度磨损。

实验室诊断

对饲料、饮水、血、尿、骨、毛氟含量进行分析测定，其所含氟量都超过了正常范围。

治　疗

目前，对氟中毒无特效疗法，只能采取营养疗法和对症治疗。一旦发病，立即采取供给柔软、优质饲料饲养，适当增加蛋白质水平，尽可能增加采食量，以增强机体体质，促进全身状况好转。

（1）补钙。用 20% 葡萄糖酸钙和 25% 葡萄糖注射液各 500 mL，一次静脉注射，每日 1 或 2 次，连续 5 ～ 7 d。

（2）中和消化道残留氟。用硫酸铝 30 g，一次灌服，每日一次，连续数日。

（3）蛇纹石（主要成分是 SiO_2 39.26%、MgO 38.51%、Fe_2O_3 8.53%、F 590 mg/kg）12 g，早晚饲喂，连续 15 d，停药 3 ～ 5 d，再喂。

（4）生滑石粉每日 40 ～ 50 g，分两次拌入饲料中喂服，连服数日。

（5）修整牙齿。如确因长尖牙而影响采食，可使用修牙器将其剪短。

（6）日粮中补加乳酸钙 50 g/d，连续服用。

预　防

对于未受氟污染的奶牛场，应加强饲草、饲料和矿物质，特别是对磷酸钙中含氟量的测定，要掌握其氟含量，做到心中有数。未经了解者不要乱喂，饲料中含氟量每千克牛日粮不应超过 100 mg，严防因饲料中氟含量过高而长期饲喂发病。

对氟污染地区，牛场应远离污染区。为了减少氟危害，应采取如下措施：

（1）修建防氟水井，减少由饮水中的摄氟量。

（2）对氟区牛群，用生滑石粉 30 ～ 40 g/d，拌入饲料中饲喂。

（3）用奶牛矿物质添加剂（上海产）80 ～ 120 g/d，拌入饲料中，分 2 次喂服。

（4）饮水中加入新鲜的熟石灰，水中含量为 500 ～ 1 000 mg/kg，静置几天后饮用。

（5）硫酸铝 30 g，与饲料一起服用。

此外，应保证有充足的钙和磷，可以缓解氟中毒的发生。同时应加强工矿企业“三废”处理工作，防止造成公害。

地方性钼中毒
Enzootic Molybdenum Poisoning

钼是动物体内的必需微量元素。钼也是黄嘌呤氧化酶、醛氧化酶、硝酸还原酶等的重要组成成分，故在生物氧化过程中起着重要的作用。

由于长期食入含钼量过高的饲料，常招致机体中毒，并继发低铜症。其特征是腹泻和被毛脱色；生长停滞和生产性能降低。

钼中毒主要发生于土壤中含钼过高的地区，故呈地方性。目前，世界许多国家都有这种病。1938 年，Ferguson 等在英国首先证实，称为“下泻病”（teart）；之后，新西兰、澳大利亚、爱尔兰等国相继报道，称为牛的泥炭泻（peat scours）。1981 年，樊璞等首次报道了我国江西的耕牛钼中毒，称为白毛红皮综合征（white hair and red skin syndrome）。1990 年，兰州黑白花奶牛也发生了钼中毒。

病　因

饲料含钼量与中毒的关系　据报道，一般饲草中铜含量平均为 8 ～ 10 mg/kg，钼含量为 1 ～ 3 mg/kg。在反刍动物饲料中，铜钼比以（6 ～ 10）: 1 为最宜，若铜钼比低于 2 : 1，即铜含量不足钼的 2 倍，就能引起钼中毒。试验证明，牛每日摄取钼 120 ～ 125 mg 时，可引起中毒。若每千克稻草中含 128 mg，则每头牛每日吃进 1 kg 稻草就可中毒。因此认为，随着饲料中钼含量的增加，中毒可能就愈大，饲料钼含量与发病有直接关系。

品种与中毒的关系　动物中以牛对钼最敏感，其次是羊。马、猪及家禽对钼耐受性大。牛中以水牛最敏感，根据江西潮泥岗地区调查，水牛发病率达 95%～ 100%，死亡率为 33%；黄牛发病率约为 50%，死亡率为 10%。

机体状况与中毒的关系　劳役过重、泌乳牛、营养状况较差的牛，容易发病。哺乳犊牛因母牛乳中含钼高而发病。

并发病与中毒的关系　机体有并发病时能促使其中毒。例如，牛患肝片吸虫病时，中毒发病早、症状重、死亡快。

饲料品种与中毒的关系　饲料中钼含量随季节而变化，我国江西地区发生于 7 月份以后；豆科植物，尤其是杂三叶，因其吸收钼的量要比其他禾本科牧草多得多，故易引起中毒。

中毒机理

长期采食含钼量过高的饲料，体内钼含量过多，这将干扰铜在肝脏中的贮存并引起继发性缺铜症。

机体内铜和钼有着相互制约、相互影响的关系。饲料中钼的毒性受饲料中铜钼比例的影响，铜钼的临床比值是 2 ∶ 1。当此比例变低，过多的钼与铜形成钼酸铜而使瘤胃的铜不能被吸收利用，引起了铜缺乏。钼酸盐能干扰肝铜的动员，抑制组织对铜的摄取，并能抑制铜在肝中的贮存和从肝中运出；抑制铜贮存复合体和血铜蓝蛋白的合成，使血浆铜蓝蛋白和血浆、肝、肾中的铜水平下降。铜是细胞色素氧化酶的组成成分，因其缺乏，使这些酶系统的结构破坏，活性减弱，从而引起组织氧化不全，中间代谢紊乱。

临床症状

腹泻　为其特征症状。采食高钼饲料 10 d 左右发生腹泻。粪由稀变为水样，可持续月余之久，最后衰竭而死。

贫血与消瘦　腹泻开始后，被毛无光，消瘦，肋骨外露，黏膜苍白，行走无力，后期卧地不起。犊牛系关节肿大，关节僵硬，步态强拘，跛行。

毛色褪脱　腹泻后 45 ～ 60 d，被毛变色，黑色变白，最先出现于眼周围，眼周围毛色变白似戴“眼镜”样。

皮肤发红　腹泻后 15 ～ 30 d，皮肤发红，呈斑状，从头颈开始，逐渐蔓延至躯干，严重时波及全身。发红的皮肤呈轻度水肿，指压褪色，消退后不留任何痕迹。

除上述症状外，母牛常不发情，受孕后流产；尾椎吸收，尾尖变软至脱落。公牛曲精小管上皮细胞损伤，精子生成减少，精子活力低下，性欲减退或丧失。

临床病理

病牛血钼水平升高，血铜水平降低；肝脏中钼、锌水平升高，铜水平降低；被毛钼水平升高。

病理变化

消瘦，尾椎变小、柔软。血液稀薄，脂肪呈胶冻样。胸、腹腔有淡黄色液体。心肌质度柔软、色淡，心房及心室肌均变薄，其中以右心房肌特别显著。有的病牛右心房肌的厚度仅有 1 mm，手伸入心房腔，通过心房壁指纹清晰可见。

诊　断

临床诊断

病史调查　由于本病多呈地方性，故发病不是 1 头、1 个场，而有区域性。另外，发病季节多在夏季以后。各种牛都发病。

特征症状　腹泻和被毛脱色。

药物诊断　用硫酸铜 2 g 给病牛口服，每日一次，连续服用 3 ～ 5 d，腹泻停止，其他症状逐渐改善，即为本病。

实验室诊断

对土壤、牧草及血液化验检查，如土壤中钼水平在 0.5 mg/kg 以上，牧草中钼水平在 3 mg/kg 以上，血钼水平在 0.1 mg/kg 以上，肝钼水平大于 3 mg/kg，饲料中铜钼比低于 2∶1 等，都为钼中毒的重要指标。这是最确切的诊断。

类症鉴别

临床腹泻可由多种疾病引起，故应予区别。粪中虫卵的检查可与寄生虫病区别；副结核病多发生于成年牛、散发，副结核菌素皮内试验阳性，可与本病区别；犊牛副伤寒有体温升高，肺炎，为本病所没有；冬痢发生于冬、春季节，犊牛不发病，氟哌酸治疗有效，这些可与本病区别；病毒性腹泻 - 黏膜病表现体温升高，流涎，唇、齿龈、口腔黏膜上的烂斑，蹄冠及趾间表皮的坏死与糜烂等，都为本病所不具有。

治　疗

对病畜应立即改换饲料，或移到安全地区饲养。药物可用：

（1）硫酸铜，成年牛每日 2 g，2 ～ 3 d 后即能收效。

（2）甘氨酸铜或 EDTA 铜 - 钙合剂，牛 120 ～ 240 mg，连续 1 周作皮下或肌肉注射。

预　防

首先，应对本地区土壤、饲料进行分析，掌握钼含量，并采取相应预防措施，以免盲目饲喂而发生中毒。

对已发病地区，可在饲料中增加铜化合物。如将饲料中铜的含量增加到 5 mg/kg，可控制钼中毒的发生。1 头 500 kg 重的奶牛，每日约采食 15 kg 干物质，每头牛每日采食 300 mg 铜时可预防钼中毒，如按 375 ～ 400 mg 铜的剂量供给，连续 2 周，间隔 3 ～ 4 个月，再按此剂量继续使用 2 周，每年进行 3 ～ 4 次，可保证血铜浓度在 0.7 mg/kg 以上，能防止本病。

在钼中毒的牛群中，临配种前注射一次铜制剂将有助于提高繁殖率；临产前给母牛注射一次铜制剂，可使新生犊牛从乳汁中获取所需要的铜，而免除钼中毒的发生。

铅　中　毒
Lead Poisoning

铅是一种软质重金属，呈灰蓝色。铅的混合物很多，油漆和颜料多由含铅化合物组成，如氧化铅（PbO，黄丹）、铅丹（Pb_2O_3）、红丹（Pb_3O_4）、铅粉（白铅）、碘化铅、硝酸铅和油灰（亚麻仁油酸铅）等，废机油、油毡、废电池、焊料、润滑油、汽油和含铅的挡雨材料中都含有铅。在工业铅产品区域，高温炼铅时释放出的铅蒸气氧化为氧化铅和铅废料的污染等，都会造成铅集中与扩散。

由于铅及铅产品使用、保管不当，奶牛食入含铅的物质而发生铅中毒，在奶牛场内时有发生，特别以新建牛场中的犊牛多见。

病　　因

牛的铅中毒主要是由于短时间内摄食了中毒量的铅所致。其原因：

（1）长期使用铅制品如铅食槽、饮水槽、饮水器和自来水管。

（2）舐食含铅的涂料、涂料罐、围栏、墙壁、机油、润滑油以及被风雨腐蚀、风化的薄铅板。

（3）放牧于新近喷洒过含铅杀虫剂（砷酸铅）的田间或牧地，或者采食了喷洒过含铅杀虫剂的青草、蔬菜和果实。

（4）铅矿厂、冶炼厂及油田“三废”处理不当，致使空气、水源和周边环境污染，使其青草含铅量达 325 mg/kg；城郊区、公路旁大量汽车废气排出，造成环境污染，路旁青草含铅量高达 399 mg/kg。牛饮用了工矿厂排出的废水，采食了含铅污染的饲草及吸入了含铅的空气而发病。

（5）饲料不平衡，矿物质缺乏，特别是因磷缺乏导致牛异食，喜啃咬坚硬物体；加上牛有天生好奇、喜舐食异物的习惯，但又缺乏用口辨别的能力，促使了本病的发生。特别是舍饲犊牛，更喜乱舐，故吃奶犊牛比断奶犊牛更为敏感。

中毒机理

正常动、植物体内均含有微量的铅。动物尿中含铅量低于 0.08 mg/L，牧草含铅量 3 ～ 7 mg/kg。工业废水引起牛慢性铅中毒的日剂量为 6 ～ 7 mg/kg 体重，生长于含 260 ～ 914 mg/kg 铅污染土壤上的牧草可引起犊牛死亡。

进入机体的铅仅有少部分被消化道吸收，大部分由粪便中排出。反刍动物最易受害，这是由于铅的颗粒物质有在网胃内停留的趋向，并在前胃酸性环境的作用下被转化为醋酸铅之故。吸收后的铅，部分进入肝脏，部分进入血液，由尿、乳汁排除。

血液中的铅在组织中仅短暂停留，除少量在肝、脾、肺及肾脏存留外，约有 95% 铅以不活泼的正磷酸铅形式沉积于骨骼中，以后再从沉积处变化为足以引起中毒的可溶性磷酸氢铅进入血液，产生毒性作用。

铅对消化道黏膜的刺激、腐蚀作用引起胃肠炎；铅在组织中，定位于毛细血管内皮细胞的细胞质中，使微血管损害，血液供应障碍，引起神经、肌肉损害，表现为脑皮层组织的水肿、坏死，外周神经变性、脱鞘，出现神经症状和运动失调；铅能抑制 δ - 氨基乙酰丙酸脱水酶（ALAD）的代谢，妨碍硫氢基（—SH）酶的活性，并能与红细胞结合，使其脆性增加，于成熟前破坏；铅抑制骨髓造血功能，使红细胞生成减少，最终引起贫血。

铅对肾脏的毒害是使肾小管细胞变性、坏死，肾小管重吸收功能障碍，排出氨基酸尿。

临床症状

根据铅中毒发病经过可分为急性和亚急性两种。

急性中毒

突然发作，主要表现为神经症状。少数病牛未见到症状即已死亡。病牛空嚼磨牙，口吐泡沫，眨眼及眼球转动；头部及颈部肌肉震颤，吼叫，步态蹒跚。随病程发展，脑炎症状明显，失明，肌肉痉挛，见面部和耳部抽搐，角弓反张，体位异常，对触摸和声音感觉过敏，狂躁不安，横冲直撞，对人袭击，头用力抵住固定物体；动物虚脱、呼吸衰竭而死。

亚急性中毒

主要表现为胃肠炎症状。病牛食、饮欲废绝；呆立，流涎，磨牙，腹痛，初便秘，后腹泻，排出恶臭粪汤；失明，眼睑反射消失或减弱；精神委靡，步态不稳，共济失调，转圈，盲目行走。卧地不起，死亡。

值得说明的是：由于环境污染，当长期摄取低水平的铅时，牛能呈现出亚临床铅中毒，表现为生长速度减慢，新生犊牛畸形。

临 床 病 理

其主要特点是粪、尿、血液和乳汁中铅含量增多；血液出现嗜碱性彩点红细胞、网织红细胞和低血色素性贫血。粪铅由 1.5 ~ 35 mg/kg 增加到 1 000 mg/kg；乳铅水平由正常的 0.028 ~ 0.06 mg/kg 升高至 2.26 mg/kg；血液铅水平由 0.025 ~ 0.25 mg/L 升高至 0.35 mg/L 以上；牛毛中铅含量由 0.1 mg/kg 升高至 88 mg/kg。血液中 δ - 氨基乙酰丙酸脱水酶下降，尿中 δ - 氨基乙酰丙酸水平增高。

病 理 变 化

剖检变化

皮下、胸腺、气管出血；眼角膜炎、眼球出血；瘤胃中可见有含铅颗粒物如涂料薄片、油漆、润滑油等；皱胃炎，肠炎；肺弥漫性充血；肾充血与出血；肝脏肿大，脂肪变性；心外膜出血；膀胱出血；脑膜充血、出血，脑水肿、充血、出血，大脑皮质软化，枕叶空洞，呈黄色；肌肉苍白如煮熟样。

组织学变化

肝小叶中央变性，肝细胞核中有抗酸性包涵体；肾小球囊增厚，肾小管上皮变性、坏死，有抗酸性核内包涵体；脑皮质分层坏死，内皮和星状细胞增生，小神经胶质细胞积聚，软脑膜有嗜酸性粒细胞浸润，核内有抗酸性包涵体。

诊　　断

临床诊断

（1）有意外舐食含铅化合物或摄食含铅饲料的经过。

（2）发病突然，并在同棚或同一地区发生；病后特征是神经症状和胃肠炎。

（3）剖检可找到油漆、润滑油及特殊涂料；脑皮质肿胀、水肿和变黄。

实验室诊断

（1）血液中含铅量测定。铅中毒牛，血液含铅量高于正常含铅量 0.025 ~ 0.25 mg/L 的范围，并超过了 0.3 mg/L。

（2）肝、肾含铅量测定。铅中毒牛，肾脏和肝脏中铅含量超过 10 mg/kg（湿重）。

类症鉴别

铅中毒后病牛呈现的神经症状、失明与脑软化、维生素 A 缺乏症、嗜血杆菌性脑膜炎、缺镁性牧草搐搦、酮病等有相似之处，故应予以鉴别。

与脑软化的区别　脑软化系指脑组织变软，特别是脱髓鞘和灰质的坏死。多因营养缺乏所致，如牛缺乏硫胺；也可能与植物或细菌毒素有关。发病后的损害无发展趋势，病畜可能长期处于疾病状态而仍能继续存活，采用支持疗法能促使耐过病情，眼睑反射正常，可与铅中毒的病程短、死亡快相区别。

与维生素A缺乏症的区别　饲料中缺乏维生素A或其前体物胡萝卜素，可引起维生素A缺乏症。病牛血浆胡萝卜素水平由正常的150 μg/100 mL下降至90 μg/100 mL；肝活体组织检查，维生素A水平由正常的60 μg/g下降至2.0 μg/g，胡萝卜素水平由正常的4.0 μg/g下降至0.5 μg/g；结膜涂片中角化上皮细胞数目显著增加；大脑穹窿和锥体变小，脑、脊髓神经受压损伤，视神经损伤严重；犊牛腮腺小叶间导管鳞状上皮组织变性，肝灶性坏死，但肾无特异病变。日粮中补加维生素A，剂量为每日40～80 IU/kg体重，或肌肉注射3 000～6 000 IU/kg体重，都会收到较好效果。

与嗜血杆菌性脑膜炎的区别　由嗜血杆菌引起的脑膜炎又称血栓性脑膜炎，病牛体温升高达41.4℃，卧地，除脑炎症状外，临床还有支气管肺炎、多发性关节炎、急性黏性脓性阴道炎、流产等；剖检有肺实变区、小脓肿、纤维素性胸膜炎；临床病理见血液中性粒细胞增多、脑脊髓液中有白细胞，尽早使用抗生素如氨苄青霉素治疗，疗效明显。

与缺镁性牧草搐搦的区别　缺镁性搐搦主要由于采食低镁饲料等多种原因引起血液中镁含量减少所致。多见于成年牛，其特征是血清镁含量由正常的1.8～3.2 mg/100 mL减少到0.4～0.9 mg/100 mL，同时伴发低血钙（血钙下降到7 mg/100 mL以下）。治疗用氯化钙30 g、氯化镁8 g，溶解于250 mL蒸馏水中，煮沸消毒，静脉注射有效。

与神经性酮病的区别　酮病多发生于产后2～6周内，高产牛易发，血液中酮体、游离脂肪酸升高，血糖降低至30 mg/100 mL，尿酮体检查阳性。25%葡萄糖液、5%碳酸氢钠液静脉注射，丙二醇、丙酸钠内服，效果明显。

治　疗

本病的治疗原则是加速体内铅的排除，阻止铅的吸收。

加速体内铅的排除

（1）维尔烯酸钙（Na_2Ca-EDTA）能与肾组织中的铅发生螯合作用，使其溶解并随尿液排出。剂量为60～100 mg/kg体重，用5%葡萄糖液配制成1%～2%溶液，静脉注射，每日2次，连续注射4 d，隔4 d后再注4 d。该药不要口服，注射时应缓慢。

（2）硫胺，剂量为2 mg/kg体重，与Na_2Ca-EDTA合用，效果更好。

（3）二巯基丙醇(BAL)能除去红细胞中的铅,有促使铅从尿和粪中排出的作用,剂量为4 mg/kg体重，每4 h一次，连续注射2 d。与Na_2Ca-EDTA合用，在15 h内能使血铅下降约50%。

阻止铅的吸收　常用硫酸镁1 000 g，加水配成10%溶液，一次内服。硫酸镁与消化道内的铅化合物形成不溶性的硫酸铅，可加速排除。*D*-青霉胺3～6 g内服不易破坏，与铅络合由尿迅速排出，促进铅排泄。

对症治疗

（1）为缓解惊厥，可用水合氯醛10～25 g，配成1%～3%溶液，一次内服；异戊巴比妥钠，剂量为4～6 mg/kg体重，内服；安定5～10 mg，静脉注射。

（2）为解除脱水，可用5%葡萄糖生理盐水1 000～1 500 mL，一次静脉注射。

（3）铅中毒时伴有钙的流失，为补充血钙，防止骨钙的溶解和促使血钙向骨钙沉积，可用10%葡萄糖酸钙500～1 000 mL，一次静脉注射，每日一次，连续注射5～7 d。

预　防

加强饲养管理，防止或减少奶牛异食　为此，日粮供应要平衡，特别要注意矿物质饲料钙、磷的补充，量要足，比例要平衡。

加强含铅物质的保管，控制含铅物质的使用，防止奶牛接近铅　牛场内减少含铅用具，油漆畜舍和围栏时，尽量避免使用含铅油漆。对油漆、润滑油、汽油等应严加保管，切勿随意存放。

增强环保意识，加强对铅工厂、冶炼厂“三废”处理 废水、废气要经无害化处理，废物、废料集中堆放，不能流散于场外，最大限度地减少环境污染。

铜　中　毒
Copper Poisoning

铜中毒是由于一时摄食大量或长期而持续地摄食小量铜盐，以及摄食含有肝毒性生物碱的植物引起肝的损伤，致使奶牛发生的中毒性疾病。其临床特征是严重胃肠炎、黄疸、血红蛋白尿、虚脱和休克。病程短，致死率约 100%。

病　因

分原发性和继发性两种。

原发性铜中毒

急性中毒是由于偶然采食了喷洒过杀真菌药如硫酸铜的饲草，或者是投服含铜驱虫剂及含铜饲料添加剂过量或方法不当。犊牛摄取铜 20 ～ 110 mg/kg 体重、成年牛摄取铜 220 ～ 880 mg/kg 体重，即可发生铜中毒死亡。慢性中毒多发生于土壤含铜量高的地区，由于铜矿厂、铜冶炼厂“三废”处理不当，污染了周边的土壤、饮水，以及牛只采食了铜污染土地上生长的饲草，饮用了铜污染水源的水而发病。犊牛每日从饲料中摄入 3.5 mg/kg 体重的铜，即可发生慢性铜中毒。

继发性铜中毒

包括肝源性的和元素间相关性的两种。

肝源性慢性铜中毒 主要是采食含有肝毒性生物碱的植物所致。这类饲草如天芥菜、千里光和蓝蓟等。采食后，能使肝细胞对铜的亲和力增加，异常大量的铜蓄积于肝，引起肝细胞的形态学和生物学的变化，导致肝机能的严重损伤。

元素间相关性铜中毒 植物含铜量的毒性不仅取决于土壤中铜的绝对数量，也决定于其他许多因素的相互作用，如钼的数量及硫酸盐的数量。当钼与硫酸盐、过磷酸钙数量降低时，都能使铜的吸收量增加而发病。

中 毒 机 理

高浓度的可溶性铜盐是蛋白质凝固剂。食入大量的铜对消化道黏膜的强烈刺激，引起严重的胃肠炎。铜吸收进入牛体，引起肝、肾组织损伤，呈现出肝机能不全、肾小管坏死、血管内溶血和血红蛋白尿，以肾衰竭而死亡。慢性铜中毒，铜蓄积于肝脏，当机体营养不良、运输或过度泌乳等各种应激，促进肝铜释放进入血液，引起急性血管内溶血，细胞膜损伤、肝坏死，以急性贫血和血红蛋白尿性肾病而引起死亡。

临 床 症 状

急性中毒

病牛发生严重胃肠炎，剧烈腹泻并伴有腹痛，粪便含黏液，颜色呈绿色或蓝色。脱水、厌食，精神沉郁，体温下降，心率加快，黄疸，血红蛋白尿，休克、虚脱死亡。

慢性中毒

病牛突然发病，表现食欲剧减至废绝，饮水量增加，可视黏膜苍白、黄染，精神沉郁，血红蛋白尿。

通常在病后 1 ～ 2 d 内死亡。

临床病理

粪便铜含量增加为 8 000 ～ 10 000 mg/kg；肝铜水平由正常的 350 mg/kg（干物质重）以下升高至 2 000 mg/kg；肾脏铜水平升高，大于 25 mg/kg 干物质。急性溶血发作时，血细胞压积急剧减小，由 40%减少至 10%，血铜水平由正常的 100 μg/100 mL 升高至 500 ～ 1 000 μg/mL，可能出现正铁血红蛋白血症；尿液检查为血红蛋白尿；肝功能测定，磺溴酞钠清除率明显下降，血清谷草转氨酶水平升高。

病理变化

急性中毒以胃肠炎明显。胃肠黏膜糜烂与溃疡，以皱胃严重并可能破裂。体腔积液。肝小叶中心坏死和广泛性肾小管坏死。

慢性中毒以肝、肾变性与坏死为主。肝脏肿大、呈黄色；肾肿胀，表面呈暗褐色；脾易碎，髓质变软；黄疸；膀胱内蓄有血红蛋白尿。肝和脾中有含铁血黄素沉着；肾小管中存在管型；胃内容物和粪便呈蓝绿色。

诊断

临床诊断

根据病史调查、饲料中铜含量测定、临床症状、胃内容物和 粪便呈蓝绿色等，可初步确诊，必要时进行肝组织学观察肝损伤来决定。

类症鉴别

慢性铜中毒与钩端螺旋体病、杆菌性血红蛋白尿、产后血红蛋白尿及油菜中毒易混淆，故应予以鉴别。

与钩端螺旋体病的区别 钩端螺旋体病牛高热，体温达 41.5℃，稽留不退，可从血液、尿液和肾组织中检查到钩端螺旋体。抗生素如土霉素、四环素、链霉素治疗有效。痊愈牛，凝集反应或补体结合反应抗体效价上升。

与杆菌性血红蛋白尿的区别 杆菌性血红蛋白尿病牛体温升高达 39.5 ～ 41.5℃，呈毒血症。剖检肝呈梗塞性坏死。从血液、肝病料中分离到溶血性梭状芽孢杆菌。

与产后血红蛋白尿的区别 产后血红蛋白尿病牛为高产奶牛一种急性病。多发生于分娩后 2 ～ 4 周内的母牛，由饲料中低磷所致。静脉注射磷酸二氢钠，效果明显。

与油菜中毒的区别 油菜的种子和叶含有大量的生氰物质。病后见甲状腺肿、“油菜盲”（失明）、狂躁、肺气肿、呼吸困难。由大量饲喂油菜所致。

治疗

对中毒病牛口服钼酸铵 50 ～ 100 mg/(头·d）和硫酸钠 0.3 ～ 1.0 g/(头·d)，连用 3 d。解毒剂有二巯基丙醇注射液，剂量为 2.5 ～ 5 mg/kg 体重，一次肌肉注射，或依地酸钙钠，用量为 3 ～ 6 g，用生理盐水稀释成 0.25%～ 0.5%溶液，缓慢地静脉注射。青霉胺也可，作用稍差，但毒性较低。这些药物所含巯基易与铜结合成无毒、难离解的环状化合物，由尿排出。因它们与金属结合力比酶强，故防止铜与巯基酶的结合，并能夺取与酶结合的铜，使酶系统的巯基释放出来恢复活性，从而达到解毒作用。

预防

当发生铜中毒时，每日随饲料给钼 7 mg/kg，也可用盐 86.184 kg（190 磅）、细石膏粉 63.504 kg（140 磅）、钼酸钠 0.453 6 kg（1 磅），制成含钼的舔盐，舐用。饲料中应补充铁、锌含量，减少钙含量，能降低铜中毒的发生，有预防作用。

硒 中 毒
Selenium Poisoning

硒中毒是由于摄食硒含量过高的饲料或硒制剂而发生的一种中毒性疾病。急性硒中毒表现为神经系统损伤和失明，又称为“瞎撞病”。慢性硒中毒表现为消瘦、跛行和脱毛，又称为“碱病”。

自 1937 年 A.L.Moxon 等在美国南达科他州等地发现家畜因吃富含硒植物中毒以来，加拿大、南美、新西兰、澳大利亚、德国等先后报道了该病的存在。目前，硒中毒在世界许多地方发生。我国湖北恩施和陕西紫阳等地区也有发生。

硒是奶牛必需的微量元素之一。机体很多组织器官中都含有硒。在肾皮质中硒含量最多，胰腺、脑下垂体、肝脏中硒含量也多，肌肉、骨骼和血液中硒含量较少，心肌硒含量却比骨骼肌中的要多。脂肪组织硒含量少。乳汁中硒含量为 0.049 ～ 0.67 mg/kg。

机体必须从饲料中摄取一定量的硒以满足其需要。当饲料干物质中硒含量低于 0.1 mg/kg 时，会发生硒缺乏。但其硒含量不应超过 5 mg/kg，当在含 25 mg/kg DM 硒的牧场上放牧数周时，可引起慢性硒中毒，牧草含硒高达 2 000 ～ 6 000 mg/kg，采食数日即可发生急性中毒。一次口服硒 9 mg/kg 体重，即可中毒。

病　因

长期而大量饲喂含硒量高的饲料　土壤中富含硒且 pH 偏高，使植物含有高浓度的硒，当采食这些植物后，可引起发病。特别是降雨量少时，可溶性有效硒化合物不能从土壤中被淋溶，故可促使硒中毒的发生。因此，本病的发生常呈局限性、地区性。

我国湖北恩施和陕西紫阳等局部地区，土壤中硒含量高达 45.5 mg/kg，平均 9.7 mg/kg，在这两个地方，均存在人畜慢性硒中毒。据流行病学分析，前者是由于水溶性硒随水流至低洼地区、堆积，使之成为富硒土壤。后者是因硒石煤裸露风化形成了高硒土壤，加之用石煤熏灶肥及用煤灰做底肥，使土壤中含硒量显著增加。据地区科研单位资料表明，常见的 30 多种野生植物平均含硒量（63.2 ± 55.42）μg/g，为我国饲草平均含硒量的 1 215 倍。牛日粮中含硒量为 0.25 mg/kg 体重时，可引起硒中毒，在含硒量为 25 mg/kg（干物质）的草场放牧数周，可引起慢性硒中毒。

错误添加过量的硒　在防治硒缺乏时，添加硒制剂过多，或在治疗时根据活体重进行口服给药或非肠道注射用量过大。硒是一种蓄积性毒物，随着补加时间延长，对每日摄入量和日粮中硒浓度的耐受量降低。Muth 等（1964）指出，对牛注射 1.2 mg/kg 时，可引起死亡。吴心华等（2004）报道，2002 年宁夏某奶牛场 43 头成年牛，每日饮水中添加了亚硒酸钠 35 ～ 40 g，连饮 4 d，全部发生中毒。据分析每头每日摄入硒 1.5 ～ 1.7 mg/kg，与实际硒需要量 0.1 ～ 0.2 mg/kg 比高 7 ～ 17 倍。

促使硒中毒的因素　硒工、矿企业和冶炼厂环境治理差，废水、废气和废料处理不严，以及日粮中钴缺乏和蛋白质不足等，皆可增强硒中毒易感性。

中 毒 机 理

植物中的硒以含硫的氨基酸类似物的形式存在，饲料进入消化道后，绝大部分硒经小肠吸收后与蛋白相结合，在肝、肾和毛等器官组织中沉积，或在红细胞和肝脏内经还原和甲基化，分别由肺呼出气和尿液排出体外。硒中毒的发病机理，可能是由于过多的硒干扰了谷胱甘肽过氧化物酶等含巯基酶类如血清氨基酸转移酶、肝脏琥珀酸脱氢酶和脲酶等的活性作用。

硒通过血液循环分布至机体各器官，使组织器官造成损害。肝损害能使凝血酶原时间增加，血清谷草转氨酶明显升高。硒具有使骨骼肌发生营养不良的作用，干扰维生素 A 和抗坏血酸的代谢，报道指出，硒中毒与组织抗坏血酸和谷胱甘肽减少有关，使三磷酸腺苷抑制，肝蛋氨酸明显降低。有些学者认为，过多的硒主要干扰谷胱甘肽过氧化物酶等含巯基酶类的活性作用，致使心肌、肝、肾等实质器官组织细胞发生变性和坏死。高蛋白饲料对硒中毒具有保护作用。汞、铜、镉、砷等能与硒形成无毒化合物，故可降低硒的毒性而利于硒中毒的防治。

临床症状

急性硒中毒，病牛精神沉郁，呼吸困难，脉搏细速，流涎，黏膜发绀，腹痛，瘤胃臌胀，失明，转圈，无目的地游走，并以头抵住固定物体。数小时内因呼吸中枢衰竭死亡。

慢性硒中毒，病牛食欲减退，渐进性消瘦，前胃弛缓，腹痛，腹泻，贫血。步态不稳，共济失调，无目的地徘徊，作圆圈运动。视力减退，甚至失明，到处瞎撞。被毛粗乱，尾基部被毛和尾端长毛脱落。四肢强拘，跛行，蹄冠肿胀，蹄壳畸形，蹄匣脱落。犊牛生长发育不良。妊娠母牛多流产（死胎）。病程由数周到数月不等，最终因呼吸衰竭死亡。

临床病理

血红蛋白含量下降至 7 g/100 mL，血液中硒含量为 3 mg/kg，尿硒含量高于 4 mg/kg。

病理变化

急性硒中毒，全身出血，皱胃和小肠充血、坏死和溃疡；腹腔积液；肺充血、水肿；肝充血和坏死；骨髓质充血与变性；平滑肌弛缓；关节面溃烂。

慢性硒中毒，肝脏萎缩、坏死和硬化；脾脏肿大并见局灶性出血；心肌萎缩与心扩张；肾变性；脑充血、出血、水肿和变软；胃肠炎和关节面溃烂。

诊断

临床诊断

通过在土壤含硒量高的区域发病的特定性；或对饲料含硒量，添加硒量的分析；结合病牛发病的症状表现及病理剖检综合分析，可以作出诊断。

临床病理学诊断

Underwood 等（1999）提供了发生硒中毒的临界范围（mmol 硒 /kg 干物质），日粮，50 ~ 75；肝，30 ~ 50；蹄，25 ~ 63；被毛，63 ~ 125。Mclaughlin 等（1989）提出血液的对应范围是 25 ~ 30 mmol 硒 / L。

类症鉴别

本病与亚急性铅中毒、维生素 A 缺乏症有某些相似，诊断时应予以鉴别。

与铅中毒的区别　铅中毒有接触、摄食铅的病史，病牛头部、颈部肌肉震颤、抽搐，阵发性惊厥，角弓反张，感觉过敏，狂躁，对人袭击，血液中铅含量升高。

与维生素 A 缺乏症的区别　饲料中维生素 A 和胡萝卜素不足是发病的主要原因。失明是由于泪腺上皮细胞萎缩、坏死所致。脑脊髓液压升高，视神经萎缩。肝脏肿大。血液和肝脏维生素 A 含量显著减少。肌肉注射或口服大剂量的维生素 A，能很快减轻症状。

治疗

立即停喂含硒饲料或饮水　应用解毒剂对氨基苯胂酸，剂量为 10 mg/kg 体重，与饲料混合饲喂，可减少对硒的吸收，促进硒由胆汁排出。也有报道，对牛用萘 4 ~ 5 g 内服，连服 5 d。

对症治疗　对严重病牛可用 25% 葡萄糖 1 000 mL、50% 葡萄糖生理盐水 1 000 mL、氢化可的松 100 mL、维生素 C 100 mL、维生素 B_1 100 mL 静脉注射，为保护肝脏，可用辅酶 A 等综合治疗。

预 防

预防的主要措施是降低饲料中的硒含量，严格控制硒添加剂的用量，增强机体对硒的耐受性和降低含硒饲料的毒性作用。常用方法：

（1）治理土壤，降低植物对硒的吸收，可用硫酸铵、硫酸铜肥料。同时做好防涝排水工作，提高土壤的排水性。

（2）在含硒量高的地区，在饲养时，饲料中添加含硫酸盐的化合物，应用 10 mg/kg 对氨基苯胂酸补饲。

（3）日粮中增加高蛋白饲料，并加亚麻籽油，可增强预防作用。

（4）日粮中添加适量的铜和维生素 E。

青霉素中毒
Penicillin Poisoning

青霉素是青霉菌属的某些菌种产生的抗生素。分天然青霉素和半合成青霉素两类。

细菌细胞的最外层是细胞壁，对菌体具有保护作用。青霉素因其能抑制细菌细胞壁的合成，故呈现出抗菌作用。

青霉素对敏感细菌如多种革兰氏阳性细菌和部分革兰氏阴性细菌具有强大的抗菌作用，又因哺乳动物细胞无细胞壁，对哺乳动物的毒性作用低微，故为兽医临床上广泛使用的一种抗菌药物。但由于药质不纯或使用不当可能会引起奶牛中毒。

病 因

青霉素中毒的发生可能与药物的质量、注射剂量、用药途径和个体差异等因素有关。

药物质量 药物在生产过程中，由于工业技术的失误，致使药质不纯，产品质量不合格。

超量应用 兽医在治疗过程中，为了追求疗效，片面认为剂量愈大愈好，致使用量超常量好几倍。据报道，青霉素 G 钾每 100 万 IU 中含钾离子 66.3 mg，当用量过大时，可引起部分牛只高钾血症。

用药途径 青霉素 G 内服后在胃酸及胃肠道寄生细菌的青霉素酶的作用下，被破坏而失活，仅有 10%～25%可被吸收，故不用于内服。肌肉或皮下注射吸收迅速，血中浓度在 15 ～ 30 min 内达最高峰。在临床上，有些兽医为了省事，或为了直接达到治疗作用，在输液时，将药物直接静脉注射后而发病。

机体体质 奶牛机体体质差或对青霉素具有过敏体质。

中毒机理

青霉素的中毒作用对牛可分为过敏反应和毒性反应。过敏反应大多发生于已应用过青霉素治疗的奶牛，也有初次用药即发生过敏反应者。过敏反应是一种抗原 - 抗体或抗原与致敏细胞相互作用而产生的特异性反应。青霉素本身含青霉烯酸、青霉噻唑蛋白、高分子聚合体，和机体体内蛋白质结合为全抗原后，再与体内的免疫球蛋白 IgE、IgG、IgM 结合，抗原 - 抗体作用于肥大细胞、嗜碱性粒细胞等组织细胞和胆碱能神经，结果释放出组胺、缓激肽、乙酰胆碱和 5- 羟色胺等生物活性物质，从而引起各种不同类型的过敏反应。

临床症状

奶牛发生青霉素中毒的主要表现是过敏反应，皮肤过敏，出现荨麻疹、过敏性皮炎，此外，病牛大量出汗，狂躁不安，黏膜发绀，呼吸急速、气喘，心跳加快，脉搏细弱，肌肉震颤，抽搐，流涎，站立不稳，腹泻，排粪、排尿失禁，眩晕昏迷。轻症者经一段时间后，症状可逐渐自行消除。严重者可出现过敏性休克，因呼吸及循环衰竭很快死亡。

诊　断

根据使用青霉素后不久，病牛出现过敏反应及过敏性休克，即可确诊。

治　疗

对病牛立即使用抗过敏药物　最常用的方法是用 0.1% 肾上腺素 3 ～ 5 mL，一次皮下注射，或用其半量，以 10% 葡萄糖溶液 10 倍稀释，一次静脉注射，观察 5 ～ 10 min；氢化可的松注射液 0.2 ～ 0.5 g，一次缓慢静脉注射。

对症治疗　对惊厥严重的中毒奶牛，可使用安定 5 ～ 10 mg、10% 葡萄糖溶液 3 000 ～ 5 000 mL，一次静脉注射。呼吸困难时，可应用氨茶碱 1 ～ 2 g，一次静脉注射。

预　防

多年来，青霉素在奶牛临床上为最惯用的药物，对于各种炎性疾病都收到了明显的效果，尽管青霉素中毒的现象发生较少，但防止青霉素中毒的发生，则应是值得重视的问题。

严格遵守抗生素使用原则，按规定用药

（1）青霉素配成水溶液后稳定性大为降低，放于冰箱内不仅效价降低或消失，而且会产生与青霉素过敏反应可能有关的降解产物——青霉烯酸，故青霉素配成溶液后应及时用完，不能存放。

（2）青霉素水溶液与葡萄糖、盐酸四环素等配伍，使 pH 下降，稳定性降低，故不能一起使用。

（3）一般细菌对青霉素不易产生耐药性，但对金黄色葡萄球菌和革兰氏阴性杆菌，可渐进性地产生耐药性，其主要原因是由于这些细菌能产生破坏青霉素 β - 内酰胺环的青霉素酶而使之失去活性，因此青霉素不能滥用，有条件者应做药敏试验后再用。

（4）使用应按青霉素规定量。不应超量，也不要长期使用。通常只采用肌肉注射，而不作口服或静脉注射。

重视青霉素中毒的临床反应

（1）在使用青霉素时，要充分意识到中毒的可能性，因此在用药过程中，要仔细观察病牛的反应，注药后仍应继续观察 10 ～ 15 min，一旦异常，立即处治。

（2）事先准备好急救药物如肾上腺素或氢化可的松，如发现过敏反应者，立即使用。

第九章 寄生虫病
Parasitic Diseases

奶牛寄生虫病的流行与预防
Epidemic and Preventive Measures of Parasitosis of Dairy Cattle

现　状

寄生虫病是由寄生虫寄生于机体组织、器官及血液中所引起的一种疾病。常呈慢性或亚临床型，因其临床造成死亡率不高，奶牛特别是舍饲奶牛场对其防治现状如下：

防控意识及重视度不足　舍饲奶牛，由于饲养环境条件，场内消毒、防疫制度完善；饲料以干草、青贮为主，长期以来，忽视了寄生虫媒介传播及多种感染途径和重复感染的特点，很多牛场淡化了对寄生虫感染的防控力度。

基础工作薄弱　有关舍饲奶牛寄生虫种类、危害性、流行情况，尚无系统调查、研究。对奶牛寄生虫病尚未开展监测。奶牛寄生虫病监测可以提早掌握寄生虫感染状况，从而及时采取合理的预防措施、提高驱虫效果、降低饲养成本。目前，尚未开展这一工作。奶牛场内，只有牛只发病后，根据临床症状确诊后才采取相应的防治措施。

不驱虫或盲目驱虫　驱虫应考虑其合理性，即驱虫投入与驱虫回报比率。当奶牛体内寄生虫量不影响奶牛生产性能或影响的经济损失等于或小于驱虫投入时，驱虫工作为不合理。由于未进行定期监测，对场内奶牛寄生虫的感染程度不了解，驱虫措施随意性大，反映出有的牛场寄生虫感染严重而不驱虫；有的牛场不论其感染程度如何，采用“定期驱虫”，多次反复驱虫，呈盲目性。驱虫后，也未对奶牛寄生虫进行检测，难以判定驱虫效果。

驱虫药物单一　在驱虫时，长期单一使用驱虫药物临床上造成：①单一驱虫药物驱虫谱窄，起不到有效的驱虫作用。②长期使用单一药物使寄生虫产生耐药性，导致驱虫效率降低或无效。同时提高了生产成本，造成经济上的浪费。③造成食品安全和环境污染。驱虫药物在体内残留，影响乳汁和肉的食品安全，药物由粪尿排出体外，可造成环境污染问题。

危 害 性

奶牛寄生虫对机体的危害性表现为产奶量下降、乳质量下降和传播其他疾病。

产奶量下降　寄生虫在体内生存、繁殖的过程中，一方面从奶牛体内掠夺大量的营养物质供自身需要，另一方面对奶牛组织、器官造成机械性损伤，其代谢产物和分泌毒素可使机体中毒，这皆可导致奶牛正常消化、吸收和代谢功能异常，使其对营养物质的吸收率下降，饲料报酬降低，重者表现出临床病症，结果造成奶产量下降。

乳品质降低　由于寄生虫在生命活动中消耗奶牛体内某些氨基酸、维生素、矿物质和脂肪酸，造成该物质在奶中含量的不足，使乳品质量下降。

传播疾病　寄生虫自身作为病原体能引起病征，与其他病原微生物一起有协同作用，因其在生活过程中能引起皮肤、黏膜损伤，为细菌、病毒感染创造了条件，故能传播其他疾病。临床上最为常见的是由吸血昆虫蚊、虻、蜱引起的血液寄生虫病如焦虫病、锥虫病，以及牛流行热、蓝舌病等病毒性传染病。

流　行

我国幅员辽阔，奶牛养殖地域和奶牛数量增多，舍饲与放牧并存。南方地区，气候温暖，雨量充沛，适宜螺、蜗牛、蚊、蝇繁殖生长。放牧的奶牛，与外界环境接触较多，草地污染，以及从国外大批引进奶牛，进场后未定期检测等，都可能引起寄生虫病的流行。

刘广振等（2004）对广州、珠江、番禺 1、2 场 223 头奶牛粪便检查，球虫阳性率为 31% ～ 39.8%，平均为 36.3%。

武林等（2006）对合肥某奶牛场 381 头奶牛粪样检查，其感染率为 13.6%，病原为鼠隐孢子虫。

唐耀平等（2007）对邵阳市奶牛寄生虫感染情况进行了调查，粪便虫卵感染率分别为：肝片吸虫 19.2%，前后盘吸虫 13.7%，线虫 34.7%，球虫 10%，小袋纤毛虫 8.7%。

严秋霞等（2007）报道，上海地区奶牛前后盘吸虫感染率为 67.5%，线虫为 7.5%；黑龙江奶牛消化道线虫感染率为 14.3%，球虫为 51.4%；湖南奶牛肝片吸虫感染率为 7.9%，线虫为 14.37%，球虫为 23.16%，螨虫为 39.55%；广东省规模化牛场肝片吸虫感染率为 12.5%，球虫为 5.4%，线虫为 9.58% ～ 17.5%；成都奶牛前后盘吸虫感染率为 67.39%，肝片吸虫为 6.82%，线虫为 14.8%，球虫为 10.5%；南京地区个体奶牛场奶牛感染率分别为前后盘吸虫 45% ～ 67.5%，肝片吸虫 5% ～ 27.5%，线虫 10% ～ 29.4%，规模化牛场线虫为 29.7%，肝片吸虫为 7.3%；无锡奶牛感染率犊牛 27.3%。廖党全（2005）对四川洪雅区域内的 939 头成年牛调查，有 791 头前后盘吸虫虫卵呈阳性，阳性率为 84.24%。上述报道说明，在我国奶牛场内奶牛寄生虫感染还是较为普遍的，有的地区其流行程度还是较为严重的。

预　防

根据寄生虫的流行状况及其对奶牛生产的危害性，对奶牛场来说，应从本场实际出发，重视对寄生虫的预防工作，具体措施如下：

加强饲料加工调制，降低寄生虫的感染　寄生虫的幼虫、虫卵污染饲料，奶牛采食被污染的饲料是引起感染的主要途径，因此，应加强饲料加工调制。饲料经发酵、晒干等措施处理，多数寄生虫卵、幼虫死亡，其感染率降低。这也是规模化牛场常年饲喂青贮、干草，寄生虫感染率低的主要原因。

对放牧牛群，在夏、秋季雨后，应考虑减少放牧，或在天晴后放牧。

加强对寄生虫的检测　在寄生虫流行地区，根据奶牛易流行的寄生虫病，或以淘汰牛屠宰发现有寄生虫的牛场，应建立定期监测寄生虫的制度，每年 2 ～ 4 次，采用虫卵计数法、血液涂片检查法。根据寄生虫的种类、感染程度，确定防制措施，如是否实施驱虫，选择何种药物等。驱虫后，及时检查粪中虫卵变化或血液中虫体状况，评估驱虫效果。为防止驱虫药物在牛体内残留，保证牛奶或奶制品安全，驱虫工作可在干奶期进行。

加强管理，控制寄生虫病原体扩散　被污染的环境、工具及昆虫能扩散寄生虫病原体，因此，奶牛场应加强牛场环境卫生，粪便及时处理、堆积发酵，保持饲养工具卫生；减少奶牛接触寄生虫的机会；外购牛只，应隔离、检测、驱虫后再进场；加强灭鼠、灭蚊、灭蝇工作。

免疫预防　随着寄生虫的人工培养技术的进步，各种生物技术特别是分子生物学技术在寄生虫学研究领域的广泛应用，寄生虫免疫学研究取得了很大进展，致弱虫苗、抗原虫苗、合成肽疫苗、基因疫苗都在研究和生产，如巴贝斯虫疫苗、弓形虫疫苗、锥虫疫苗等，这为预防寄生虫病提供了有效途径。根据牛场具体情况，必要时可采取疫苗接种，提高免疫力。

肝片形吸虫病
Hepatic Fascioliasis

肝片形吸虫病是由片形属的肝片形吸虫寄生于肝脏、胆管中所引起的寄生虫病。临床以急性和慢性肝炎、胆管炎、全身性中毒和营养障碍为特征。

本病分布颇为广泛，我国许多地区的绵羊、山羊、黄牛、水牛、牦牛、奶牛均有被侵害而患病的报道。1987 年贵州广西关岭县牛粪检，感染率为 39.8%；1974 年，广西柳州种畜场对摩拉及其杂交水牛检查，阳性率为 76%；1990 年，杭州一牧及二牧对全场饲养的奶牛普查结果，阳性率分别为 90% 和 45.1%。

病　原

肝片形吸虫外观呈叶片状，灰褐色，表面为角质膜，膜内为间质细胞和肌层构成。虫体大小变异较大，一般长 20 ~ 35 mm，宽 5 ~ 13 mm。前端有呈三角形的锥状突，其基部后方向两侧扩展形成“肩”。中部最宽，向后逐渐缩窄。虫的角质膜上生有许多小刺。

锥状突前端有口吸盘。口吸盘底有口孔，通过咽及食道连接肠管。肠管分两条肠干，肠干向外侧形成很多盲管。腹吸盘位于腹面中线上的肩部水平位。在口吸盘与腹吸盘之间有生殖孔，虫体后部有排泄孔。

生殖系统较为发达，为雌雄同体。雄性生殖器包括两个睾丸，雌性为呈鹿角状分枝的卵巢。

生 活 史

肝片形吸虫在发育过程中的成虫阶段寄生于牛的肝脏、胆管中；虫卵随胆汁进入消化道并随粪便排出体外。

在温度为 15 ~ 30℃，pH 6.5 左右的水中，经 10 ~ 25 d，卵内胚细胞发育为毛蚴。毛蚴呈长形，前宽后狭。除虫体前端的顶突部外，周身有纤毛。借助纤毛运动，可在水中迅速游动。当遇有中间宿主——椎实螺时，即钻入其体内，脱去纤毛表皮，发育成胞蚴。胞蚴呈长袋状。经 15 ~ 30 d，胚细胞增大发育成雷蚴。雷蚴破胞蚴而出，继续在螺体内生长，在一般情况下，雷蚴体内的胚细胞多直接发育成尾蚴。这一过程，需时 50 ~ 80 d，全部发育是在中间宿主体内进行的。

发育完全的尾蚴（或仔雷蚴）由两部分组成。前部为体部，呈椭圆形，长 0.28 ~ 0.30 mm、宽约 0.23 mm；后部为尾部，长 0.45 ~ 0.6 mm。由雷蚴体前部的生产孔钻出，再由螺体内钻出，游入水中。经一短暂的游动，尾蚴即附着于水草、杂物的表面，或直接在水面上脱去尾部，由生囊腺的分泌物形成一个比较质硬、不透性的包囊将其包围，此期尾蚴被称为囊蚴。囊蚴呈圆点状，囊中的蚴虫仍有活动力。当牛采食带有囊蚴的饲草或饮用带有囊蚴的水后，被膜在其消化道中溶解，蚴虫即转入牛的肝脏及胆管中，逐渐发育为成虫（图 9-1）。

发 病 机 理

肝片形吸虫的致病作用主要包括机械性刺激及毒素中毒两个方面。

机械性刺激作用　感染初期，幼虫在肠道内破包膜而出，侵入肠壁，引起肠黏膜损伤和出血；当虫体经肠壁血管到达肝脏，或穿通肠壁经腹腔转入肝实质，或误入肾、脾、淋巴结等器官的过程中，都可能使被侵害器官遭受损伤，引起炎性变化和实质变性。

寄生于胆管内的成虫，机械的刺激胆管，引起胆管炎；虫体阻塞胆管，引起胆汁停滞，从而导致局部肝实质变性，使其正常功能障碍，血液中胆色素增多，发生黄疸。

毒素中毒作用　虫体的新陈代谢产物及其分解产物对机体呈现毒害作用。因为，有毒物质中含有大量的蛋白、脂肪和糖分解酶。其毒害作用表现为体温升高、贫血、白细胞增多和出现神经症状。成虫分泌的毒素具有溶血作用，可引起血液稀薄。

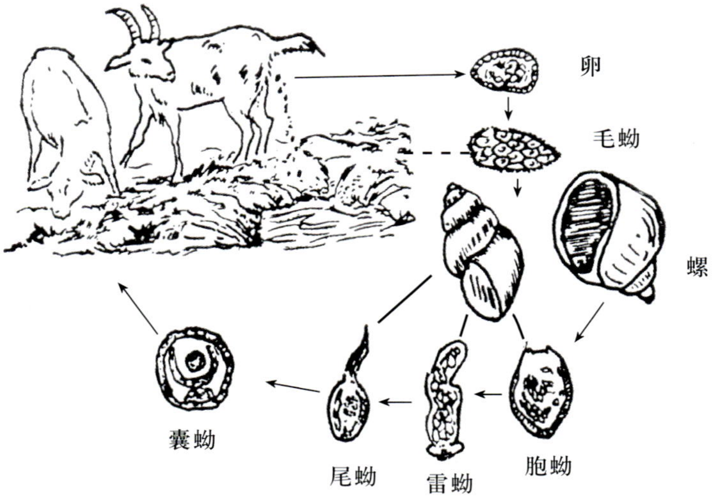

图 9-1 肝片形吸虫生活史

毒素作用于肝脏，引起肝小叶间浆性细胞浸润，最后引起结缔组织增生；当增生由肝小叶间扩展至胆管，致使胆管增粗、肥厚。

随幼虫的移行而细菌侵入，细菌在侵染的组织器官内生长、繁殖，当细菌在胆内大量繁殖，分解胆汁，加剧中毒过程；当细菌侵入实质器官，可引起局部组织发炎、坏死和脓肿的形成。

肝实质的损伤和肝机能的破坏，可引起消化机能障碍和前胃弛缓，牛因此而出现营养障碍、消瘦、生产性能低下、流产和犊牛先天性营养不良。

临床症状

由于机体内感染虫体数量及牛的年龄和饲养管理水平的不同，其症状表现程度各异。

犊牛症状较重，甚至发生死亡。

成年牛呈慢性、隐性感染，临床症状较不明显，呈渐进性消瘦、体质衰竭和产奶量降低。严重感染时，一般呈现营养不良，被毛逆立、无光，黏膜苍白；食欲不振，时好时差，异食，间歇性瘤胃臌胀，腹泻，体温正常或升高，贫血，黄疸，全身无力，最后因衰竭死亡。孕牛可能发生流产，排出死胎或弱犊。肝片形吸虫误寄生于肺脏时，病牛咳嗽并有肺炎症状。

临床病理

血液检验，发现红细胞和血红素显著减少，嗜酸性粒细胞增多。

病理变化

主要病变在肝脏（100%）和肺部（占 35%～50%）。急性肝炎时，肝肿大、出血，切面有黏稠污黄色液体流出，其中杂有未成熟的虫体。胆管浆膜溢血，外附纤维素薄膜。

慢性肝炎时，病变部位萎缩，表面不光，质硬，呈灰白色；胆管扩大，充满灰褐色胆汁和虫体，钙盐沉着而变硬呈管状，并形成结石，刀切时有“嚓嚓声”；挤压胆管切面时，出现脓液、血液。

肺部分呈现核桃大、鸡卵大的局限性硬固结节。结节由钙化的结缔组织包围；结节内积有暗褐色黏稠物和 1 ～ 2 条活的或呈半分解状的虫体。

诊　断

根据流行病学、临床症状、病理剖检及粪便检查等，进行综合诊断。

临床诊断

（1）本病多发生于夏、秋季节，沼泽地带和以水生植物为饲料的地区，呈地方性流行。

（2）特征症状是腹泻、贫血、消瘦和产奶量下降。

（3）剖检见肝包膜上出血、有暗红色虫道，内有虫体。胆管扩张、增厚、变粗甚至堵塞，似绳索样突出于肝表面。胆管壁有磷酸钙和磷酸镁盐沉积，刀切有“嚓嚓声”。

粪便检查

取粪便 5 g，加清水 100 mL 以上，搅匀，通过 40 ~ 60 目铜筛过滤于三角瓶中，静置沉淀 20 ~ 40 min，倾去上层液。再加水与沉淀物混合，再沉淀。如此反复操作，连续洗涤，直到上清液透明为止。吸取沉淀物镜检。虫卵呈长卵圆形、黄褐色，大小为（116 ~ 132）μm×（66 ~ 82）μm，前端较窄，后端较钝，卵壳薄而透明，卵内充满卵黄细胞和 1 个胚细胞。

碘液检查法

试剂：碘片　　1 g

碘化钾　　2 g

蒸馏水　　27 mL

将试剂完全溶解后备用。

操作：吸取待检血清 2 滴放在玻片上，加等量试剂，轻轻摇动玻片，使之充分混合，经 10 ~ 30 s 后观察并判定。

判定标准：

强阳性（+++）：凝集物量多，黏稠呈胶冻样，黏附在玻片上，流动性差。

阳性（++）：凝集物呈颗粒状或片状，有黏附性，倾倒时上层液体流出，留有残留物。

弱阳性（+）：凝集物呈丝状。

阴性（-）：混合液清亮、色如碘液，无凝集物出现。

1984 年，四川重庆井口农场用本法对 821 头奶牛作检查，同时与粪检法进行比较，其结果基本一致。

治　疗

驱虫是唯一的有效方法。驱虫药物很多，现介绍以下几种：

（1）丙硫苯咪唑（抗蠕敏）　剂量 15 mg/kg 体重，一次灌服。灌药后 6 d、10 d 两次粪检，驱虫率为 75%。投药后 20 d，产奶量和乳脂率都有明显提高（表 9-1）。

表 9-1　驱虫对乳产量、乳脂率的影响

项目	驱虫前 20 d		驱虫后 20 d	
	乳产量（kg）	乳脂率（%）	乳产量（kg）	乳脂率（%）
投药组	22.33	2.79	24.28	2.98
对照组	22.90	3.04	23.04	3.08

（2）硝氯酚　奶牛 5 ~ 7 mg/kg 体重，水牛 4 ~ 6 mg/kg 体重灌服，驱虫率可达 100%。

（3）硝硫氰醚　重庆医药工业研究所制，3% 油剂，剂量 50 ~ 60 mg/kg 体重，一次口服，驱虫率达 93% ~ 97.6%。

预　防

定期驱虫、防止虫卵的扩散、消灭中间宿主和保证饮水、饲草卫生是有效的防制本病的综合措施。

定期驱虫 肝片形吸虫病牛是本病的主要传染源。因此，定期驱除牛体内的虫体，具有消灭病源和治疗病畜的双重作用。每年定期两次，于春季和秋季进行。

防止虫卵扩散 粪中含有大量虫卵，是虫卵扩散重要的介质。因此，要加强粪便的清除和处理。粪便集中堆积，发酵消毒；病畜的内脏废弃化制；全场要进行大消毒。

消灭中间宿主 具体方法是：

（1）改良土地和环境卫生条件，如填平低洼水塘；消除污水池，改善排水系统。

（2）用 0.2%硫酸铜溶液按平方米用 5 L 的量或 0.002%油菜籽饼向水池和沼泽地施用，以消灭螺；每公顷面积也可用 1 000 ～ 1 500 kg 石灰，对螺杀灭作用极好。

加强饮水、饲草卫生 饮用自来水和井水；对怀疑有本病感染的地区，最好不喂青饲料，或将青草晒干，贮藏 6 个月后再喂。

锥 虫 病
Trypanosomiasis

锥虫病又称苏拉病，是由伊氏锥虫寄生于牛血液中而引起的一种原虫病。临床以间歇性发热、贫血、结膜炎、四肢和体躯下部水肿、耳和尾部坏死以及神经症状为特征。常可引起牛的大批死亡。除牛外，马、骆驼和猪都可感染。

病　原

伊氏锥虫呈纺锤形，两端尖细，前端比后端更为尖细。其大小为（18 ～ 34）μm×（1.5 ～ 2.5）μm。在染色的涂片上，虫体近中央有一较大的近圆形的细胞核（主核），靠近体后端约 1.5 μm 处，有呈点状或短杆状的原生质动基体，由动基体中的毛基体生出一根游离的长约 6 μm 的鞭毛，其由虫体前端伸出体外。鞭毛与虫体由薄膜相连，因其能随鞭毛运动而产生波动，故称为波动膜。波动膜宽而曲折。在血液压滴玻片中，虫体透明无色，运动活泼。

生 活 史

伊氏锥虫寄生在牛的血液中，以纵分裂的方式进行繁殖。本病的传播是通过牛虻以及螯蝇的刺螫而感染的。当吸血昆虫吸吮病牛的血液，病原锥虫随血进入昆虫体内，它们并不进行发育；当昆虫吸吮其他健康牛只血液时，随即将病原锥虫带入其体内；进入新宿主体内的锥虫则将进行分裂繁殖，并引起其发病。

流 行 病 学

在自然条件下，本病的传播是通过吸血昆虫，因此本病的流行有以下特征：

季节性

因昆虫是传播媒介，故昆虫的活动使本病呈明显的季节性。通常 5 月份开始昆虫出现，6 月份、7 月份大批出现，后逐渐减少，故发病从 7 月份开始，9 月份、10 月份最多，后逐渐降低，即以夏、秋季多发。

地区性

昆虫的滋生与气温相关。热带、亚热带地区，昆虫多，故为本病常发地带，常呈地区性流行。

传染源

病牛、带虫牛为其重要传染源。此外，犬、猪、啮齿动物都能保虫，故也为本病的传染源。

传播除了昆虫传播外，伊氏锥虫能经母畜胎盘传给胎儿；交配或人工授精，以及兽医注射时针头消毒不严等，都能将本病传播。

另外，牛场饲养管理粗放，杂草丛生，污水积存，卫生不良，不进行灭蚊蝇工作等，都可促使蚊、蝇滋生，使本病流行。

发病机理

伊氏锥虫寄生于血液和其他组织液中，其对牛体的损害，除了依靠渗透作用直接吸取机体的营养外，同时还向血液内排出特异性的锥虫毒素使机体中毒。

锥虫毒素是锥虫在牛体内生命活动及其分解过程中所形成的产物。毒素作用于神经系统，使其神经调节作用破坏，牛出现神经症状；毒素作用于网状内皮系统和骨髓，使其造血功能破坏，使红细胞减少，贫血；毒素使红细胞溶解，则血液稀薄，血胆红素增高而出现黄疸；血细胞破坏，血乳酸增高，氧气供应不足，致使机体出现酸中毒；毒素作用于肝脏，使肝细胞损伤、功能破坏，导致解毒功能降低，并出现低血糖；毒素作用于心血管系统，使心肌的收缩功能破坏，血管渗透性增高，故见腹下、胸下和四肢等处发生水肿。

临床症状

根据病程可分为急性和慢性两型。一般多呈慢性经过，带菌现象保持很长时间。呈现出临床症状的病牛，表现为间歇性发热，体温升高达 40 ～ 41℃，持续 1 ～ 2 d，间隔 2 ～ 6 d 再度升高，如此反复出现，使机体全身严重消耗。病牛食欲减退，精神沉郁，皮肤粗糙、弹性降低，渐进性消瘦， 贫血；眼结膜潮红，流泪，眼内常有灰白色分泌物，有时见结膜上出血斑点；四肢和身体下垂部水肿；耳尖和尾端干涸、坏死和脱掉；机体极度衰弱，不愿走动，喜卧，或转圈运动，或无目的地前进或瘫痪卧地。

临床病理

红细胞减少至 300 万个 /mm^3 以下，血色素降低到 3 g/100 mL 左右，白细胞升高达 60 000 个 /mm^3 以上。

病理变化

尸体消瘦，血液稀薄，皮下水肿。体表淋巴结肿大，切面多汁呈髓样；胸、腹腔内积有大量淡茶色液体；心脏内外膜出血，冠状沟和纵沟脂肪呈胶样浸润，心室扩大；肝脏肿大、淤血、质脆，切面呈淡红褐色或褐色肉豆蔻状，小叶明显肿大；脾脏肿大，急性者髓质松软，慢性者质硬，包膜出血，实质色淡、贫血；肾脏肿大，包膜下出血，切面水肿样、贫血，皮质部有出血点；皱胃和小肠黏膜出血性炎。

诊　断

临床症状和流行病学调查　本病多发生于夏、秋季节，呈地方性；特征是贫血，消瘦，间歇性体温升高，眼结膜炎，四肢和体躯下部水肿，尾部及耳尖坏死，神经症状等。

血液涂片检验　颈静脉采血抹片，干燥，姬姆萨染色，镜检。锥虫的胞浆呈淡天蓝色；细胞核、动基体和鞭毛呈淡红紫色。

血纸胶乳凝集反应（血纸乳凝）　先在微型多孔凝集板上编号，每两孔为 1 个样品。将被检血纸剪成 1.2 cm^2 大小，将其剪碎放入所编号的孔内，加入生理盐水 0.2 mL，使成为 1 ∶ 20 倍稀释。充分混匀，从第一孔内吸出 0.05 mL 加入第二孔，再加生理盐水 0.05 mL，使成 1 ∶ 40 倍稀释；再从第二孔内吸取 0.05 mL 稀释混合液，滴至乳凝反应板上，滴加 1 滴锥虫胶乳诊断液，使其充分混匀，待 8 min 后观察结果、判定。凝集者为阳性。

间接血凝试验　血清稀释及操作见表 9-2。反应在 96 孔 V 形微量血凝板内进行。

表 9-2 血清稀释法 mL

项目	血清稀释倍数 5	10	20	40	80		空白对照孔
缓冲液	0.2	0.05	0.05	0.05	0.05		0.05
被检血清	0.05	0.05	0.05	0.05	0.05		
抗原	0.01	0.01	0.01	0.01	0.01	弃去 0.05	0.01

判定标准：

“++++”：红细胞呈均匀薄层平铺孔底，周边皱缩或呈圆圈状；

“+++”：红细胞呈均匀薄层平铺孔底，似毛玻璃状；

“++”：红细胞平铺孔底，中间有少量红细胞集中的小点；

“+”：红细胞大部沉于孔底中心，边缘呈稀疏的膜样凝集；

“－”：红细胞全部沉于孔底中心，边缘光滑，呈圆点状。

阳性牛判定标准：测定排比对照排高出两个滴度以上，为阳性；只高出一个滴度为可疑；测定排与对照排滴度相同为阴性。

治　疗

对已确诊和怀疑患本病的病牛应尽早治疗。化学疗法中的药品很多，现介绍以下几种。

（1）纳嘎诺（拜耳 205）　8 ～ 12 mg/kg 体重，用生理盐水配成 10%溶液，一次静脉注射。

（2）安锥赛　0.005 ～ 0.01 g/kg 体重，用蒸馏水配成 10%溶液，一次皮下或肌肉注射。

（3）新胂凡纳明（914）　10 ～ 15 mg/kg 体重，用 5%葡萄糖溶液 200 mL 稀释，缓慢一次静脉注射，隔 3 ～ 4 d 后再注射一次，连续注射 3 ～ 4 次。

（4）贝尼尔（血虫净）5 ～ 7 mg/kg 体重，用蒸馏水配成 7% 溶液，一次肌肉注射，每日一次，连用 2 ～ 3 d。

根据沈杰（1991）用 4 种抗锥虫药对 3 个伊氏锥虫地理株的杀虫效果比较，认为在我国销售的 4 种抗锥虫药以纳嘎诺最好，杀虫力最强，安锥赛次之，贝尼尔和锥嘧啶最次。因此，在临床防治工作中，需对各地锥虫地理株抗药性进行测定，并应考虑到用药方便与否、药费及取材难易等因素，以决定采用何种药物。鉴于较长时间使用同一种药物易使虫体对药物产生抗药性，所以，在临床上应选择两种以上药物交替使用。

预　防

定期普查，及时发现病畜　在疫区牛场，每年至少应对全群牛进行两次普遍检查，一次在冬春蚊、虻出现之前，一次在夏秋。对检出的病牛、可疑病牛应隔离饲养，及时治疗。无病牛场，严禁从疫区引进牛只。在购入奶牛时，要对本病进行检查，阴性牛才能归群混合饲养，严防将病牛引进场内。

加强灭蚊、蝇工作，消灭传播媒介　做好饲养场的消毒卫生工作：铲除畜舍内的杂草；排除污水；清除粪便、垃圾；填平污水坑；保持牛场环境卫生，防止蚊、蝇滋生。在夏、秋季节，定期用杀虫药滴滴涕、溴氰菊酯全场喷雾灭蝇，也可喷洒畜体，以消灭蚊蝇。

药物预防性注射　为了防止本病的传播和蔓延，在病牛场，可在每年流行季节到来之前，对牛进行药物预防注射。常用安锥赛预防盐作预防注射。

配制：安锥赛预防盐 350 g（内含安锥赛）1.5 份、氯化钠 2 份、蒸馏水 1 500 mL，充分混合均匀、备用。

用法：皮下注射。

用量：体重 150 kg 以内，用量 0.05 mL/kg 体重；体重 150 ～ 200 kg，用量 10 mL/kg 体重；体重 200 ～ 350 kg，用量 15 mL/kg 体重；体重 350 kg 以上，用量 20 mL/kg 体重。上述剂量，每 3 个月注射一次。

牛梨形虫病
Bovine Piroplasmosis

牛梨形虫病是由巴贝斯科和泰勒科的不同梨形虫寄生于牛血液内所引起的呈季节性和流行性寄生虫病的总称。临床上以发热、贫血、黄疸、迅速消瘦和产奶量明显降低为其特征。因其流行广泛，病情严重，往往能引起大批牛死亡，故给养牛业造成严重损失。

病　　原

梨形虫病的病原体主要有双芽巴贝斯虫、牛巴贝斯虫、环形泰勒虫和瑟氏泰勒虫 4 种。其形态特征见表 9-3。

表 9-3　牛梨形虫的形态

梨形虫		在红细胞内的位置	红细胞虫体数	虫体形状	虫体大小	红细胞感染率	寄生部位
巴贝斯科	双芽巴贝斯虫	中央	1 ～ 2 个，偶有 4 个	环状，梨形	单梨形长 2.8 ～ 6 μm，成对梨形长 3.1 μm，宽 1.7 μm	10% ～ 15%，高达 65%	红细胞、血浆及白细胞
	牛巴贝斯虫	边缘	1 ～ 4 个	环形，椭圆形，梨形	成对梨形长 1.5 ～ 2.4 μm，宽 1.2 μm	7% ～ 15%，高达 30% ～ 40%	红细胞、血浆及白细胞
泰勒科	环形泰勒虫	中央旁侧	1 ～ 4 个，高达 10 个	环形，椭圆形	环形者为 1 ～ 1.7 μm，椭圆形长宽比 1.5 ： 1	病极期达 50%，甚至达 80% ～ 95%	先出现于肝、脾、淋巴结，后出现于血液
	瑟氏泰勒虫	中央	1 ～ 5 个	杆状，逗点状，圆形，梨形	杆状为（1.7 ～ 2） μm×（0.5 ～ 0.8） μm，圆形为 1.4 ～ 1.7 μm，梨形为 2.79 ～ 3.11 μm	40% ～ 50%，高达 80% ～ 90%	血液、红细胞中

生　活　史

巴贝斯科虫体的发育史

虫体以成对出芽的生殖方式进行繁殖。在两个宿主体内完成，在中间宿主牛体内进行无性繁殖，在终末宿主蜱体内进行有性繁殖。

蜱吸食了有病原体的牛血液后，在肠管内形成同型配子，经过同配生殖和进一步发育，形成棒状动合子；动合子穿过蜱的肠壁，进入生殖器官，在卵内变成孢子细胞，以后分裂为多核体，多核体又分裂为多数动孢子，呈圆形、帽形、星形或长形的动孢子转移到正在发育的蜱的各组织中，在蜱孵出前或孵出后，动孢子发育成为梨形的子孢子，当它们吸血时，通过蜱的唾液侵入牛的血液。虫体寄生于红细胞中，以无性繁殖方式分裂成新的虫体，新的虫体进入红细胞再继续分裂，如此反复进行。

泰勒科虫体的发育史

具有感染性的虫体随蜱的唾液侵入牛体后，立即进入巨噬细胞、淋巴细胞中，以裂殖方式进行繁殖，形成多核体（石榴体）；细胞破坏，多核体逸出，再侵入新的细胞进行无性繁殖，如此经数代无性繁殖后，产生了有性型多核虫体，当细胞破裂，虫体即进入血液，侵入红细胞中并在其中寄生而不再进行繁殖（变为配子体）。

蜱吸食了含有配子体的血液，在消化道中红细胞被消化，虫体释出，形成大、小配子，配子结合为合子；合子进入蜱的各部组织。移入唾液腺的合子，经裂殖生殖，形成具有侵袭性的虫体。当蜱吸食牛血时，虫体即随唾液侵入牛体，进入网状内皮细胞中生长和繁殖。

流行病学

牛梨形虫病的发生与传播，必须具备一定的条件，即病原体（病牛和带虫牛）、传播本病的媒介（蜱）及健康牛共同存在。由于蜱是中间媒介，因此，蜱的种类和分布，以及蜱的生活史直接影响到牛梨形虫的发生和流行；而外界环境条件、气象因子又影响蜱的生长和繁殖，因此，这就形成了牛梨形虫病具有地区性和季节性流行的特点。总的来看，巴贝斯虫病在我国南方各省流行较多；泰勒虫病以西北、东北、华北一带流行广泛。前者出现于 6 ～ 9 月份，以 7 月份为高峰；而后者以 6 ～ 8 月份为发病季节，其中以 6 ～ 7 月份发病最多。

从年龄上来看，通常以 2 岁内的牛发病最多，但症状较轻，死亡很少，容易自愈。成年牛发病率较低，但病情重，死亡率高，特别是年老、体弱、高产和妊娠牛，病情更为严重。本地牛耐受性高；从外地引进牛耐受性低，易感性高。痊愈牛虽有带虫免疫现象，但免疫力小，饲养管理不当以及其他并发症存在时仍可再次复发。

牛场饲养管理条件能促使本病的发生与流行。如环境卫生不良，圈舍不清洁，杂草丛生，粪、尿不清扫，污水乱流，不消毒，极易造成蜱的滋生；对病牛、带虫牛不及时治疗，不隔离；引进牛不经检疫或将病牛引入牛场，造成牛群中病原体的长期潜伏而使病蔓延。

发病机理

梨形虫病的发病是由虫体对组织、器官的直接破坏作用和虫体及其生活活动产物（毒素）作用而造成。

（1）巴贝斯虫侵入机体后，直接进入红细胞中发育繁殖，机械地破坏了红细胞；泰勒虫侵入机体后，首先在网状内皮系统细胞内反复以裂殖方式发育繁殖，随后进入红细胞，这直接破坏了这些细胞的正常结构，使其正常的生理功能受到破坏。

（2）在虫体生活活动产物（毒素），以及机体在虫体作用下形成的分解产物和炎性产物等毒性物质的刺激下，使中枢神经发生紊乱，营养失调，代谢机能障碍，因而在临床上呈现出一系列梨形虫病的症候群，表现为体温升高，精神沉郁，对外反应迟钝，心悸亢进，脉率增数，呼吸困难，贫血，黄疸，消瘦，便秘或下痢等。

临床症状

巴贝斯科虫体所致的症状

多为急性经过。最先呈现体温升高达 40 ～ 41.5℃，呈稽留热型。精神沉郁，对外反应淡漠，呆立，凝视，呼吸增数，奶产量剧减至停止。食欲减退，瘤胃蠕动微弱；粪便干、少；尿少，次数增多。经 2 ～ 3 d 后，病状恶化，衰弱无力，呻吟，消瘦。病牛流涎；流泪；瘤胃蠕动停止；心跳增数，呼吸加快，每分钟达 80 ～ 100 次；黏膜发绀；便秘，粪中含黏液，褐色具恶臭；尿出现血红蛋白尿，初呈红黄色，后呈浅红色，有的呈红褐色。有的病牛全身肌肉痉挛，惊恐，兴奋不安；瘤胃臌气，贫血，黄疸，体表淋巴结肿大。

泰勒科虫体所致的症状

多呈急性型。

初期：体温升高达 39.5 ～ 41.8℃，呈稽留热型。肩前、鼠蹊淋巴结肿大；心跳加快，每分钟 90 ～ 120 次；呼吸增数，每分钟 80 ～ 110 次；精神沉郁，食欲剧减至废绝；眼结膜潮红。此时血液中很少发现虫体；淋巴穿刺可发现有石榴体。

中期：精神极度沉郁，呆立或伏卧；腹部紧缩；食欲、反刍停止，体温升高达 40 ～ 42℃；流泪，角膜呈灰色，可视黏膜贫血、黄染，有的眼睑下有粟粒大的淤血点；肌肉震颤，步态蹒跚；粪中带血，便秘与腹泻交替；尿呈淡黄或深黄色，尿血红素检查呈阳性；异食。

后期：体质极度衰弱，卧地不起，食欲废绝。重病牛在眼睑、尾根部皮肤出现粟粒至扁豆大小的、深红色结节，突出于皮肤，贫血、消瘦，最后死亡。

临 床 病 理

血液检验：血液稀薄呈淡红色，红细胞下降至 200 万～ 300 万个 /mm^3，出现大小不均、异形红细胞；血色素降至 2 ～ 3 g/100 mL；白细胞 8 000 个 /mm^3。白细胞分类计数，淋巴细胞占 80% ～ 90%，嗜中性分叶核白细胞占 6% ～ 20%。

病 理 变 化

牛梨形虫病的主要剖检变化是消瘦、可视黏膜苍白、皮下组织黄染，胸、腹腔有淡茶色液体。

心脏增大，心肌质软，苍白呈熟肉样，心内外膜出血；肺水肿或气肿；网膜呈黄色，有点状或片状出血；肝肿大、黄色、质软，切面有棕色液体流出，小叶清晰；胆囊黏膜出血，胆汁黏稠，内含褐绿色碎渣；脾肿大 1 ～ 3 倍，边缘钝，切面多血、颗粒状，脾髓软化，紫红色，粥样；肾表面出血；膀胱集有淡红色、深红色尿液（泰勒虫尿液透明，呈淡黄色、暗黄色）；皱胃黏膜充血、出血、溃疡，泰勒虫病还有灰色斑和结节；小肠有溃疡和小结节；肠系膜淋巴结肿大，被膜下出血，切面多汁；骨髓呈灰黄色、胶样。

诊　　断

临床诊断

对牛梨形虫病的诊断应从以下几个方面进行。

症状特征　体温升高至 40℃以上，呈稽留热；贫血、黄疸；便秘或腹泻。

病原体检查　发热的第二天，静脉取血涂片，染色镜检，可以发现有典型的虫体。环形泰勒虫病还可采取淋巴结穿刺检查，常可发现石榴体。

中间宿主蜱的鉴定　蜱为传播媒介，因此，本病多发生于气温较高季节。除了注意牛体上蜱的存在，并要观察牛棚、圈舍及其墙壁缝隙内有无蜱的存在。

病理变化特征　消瘦，结膜炎，可视黏膜贫血、黄染，血液稀薄，凝固不全，皮下组织水肿，胃肠道出血性炎和实质变性。

类症鉴别

梨形虫病与牛巴氏杆菌病、血尿病、炭疽，巴贝斯虫病与泰勒虫病之间有相似之处，故应予临床鉴别。

与牛巴氏杆菌病的区别　巴氏杆菌病病程急剧，无明显的季节性，脾脏正常，无黄疸，尿不呈现红色。

与血尿病的区别　血尿病症状轻且持续较久，体温不高，无季节性，死亡率低。无黄疸，尿为红色，但静置后变清；脾不肿大，不软化。

与炭疽的区别　炭疽病程急剧，无明显季节性；天然孔出血，血液浓稠，颜色暗黑，凝固不良；无黄疸，无红尿；全身性出血明显；脾明显肿大、质软，切面有焦油样液流出。

治　疗

对巴贝斯虫病的治疗

（1）贝尼尔　3.5 ～ 7.0 mg/kg 体重，牛深部肌肉注射，用前用蒸馏水或生理盐水配为 10%溶液。用药后 16 ～ 18 h 退热，1 ～ 3 d 使巴贝斯虫病牛血红蛋白尿消失，重病牛用药后 2 ～ 3 d 可愈。

（2）阿卡普林（硫酸喹啉脲）　0.6 ～ 1.0 mg/kg 体重，配成 5%溶液，皮下注射。每头病牛也可使用市售的 5% 阿卡普林 3 ～ 5 mL 于胸前皮下注射。5 ～ 6 h 后体温下降，24 h 血红蛋白尿消失，严重病牛可注射两次。如病牛流涎，肌肉搐搦，精神不安，可皮下或肌肉注射阿托品 3 ～ 5 mL。

（3）台盼蓝（锥蓝素）　5 mg/kg 体重，用生理盐水配成 1%溶液，静脉注射。用药后第二天体温正常，精神、食欲恢复。重病牛可再注一次。注射速度应慢，切勿漏出血管外，如病牛出现不安、肌肉震颤，应停止给药，必要时可用异丙嗪解毒。

(4) 黄色素　3 ～ 4 mg/kg 体重，最多不超过 2 g，用生理盐水配成 0.5%～ 1%溶液，一次静脉注射，隔 1 ～ 2 d 可再注射一次。

对泰勒虫病的治疗

（1）磷酸伯胺喹啉　3 mg/kg 体重，一次内服，每日一次，连服 3 d。用药后染虫率急剧下降，症状明显好转，精神、食欲恢复正常，2 个月后复查，均未查到虫体与复发现象。

（2）磺胺甲氧吡嗪　50 ～ 200 mg/kg 体重、三甲氧苄胺嘧啶 25 ～ 200 mg/kg 体重、磷酸伯胺喹啉 0.75 ～ 1.5 mg/kg 体重，3 种药混合，加常水溶解，一次灌服，每日一次，连服 2 ～ 4 次。

对梨形虫病的全身治疗

对梨形虫病牛治疗时应随时观察病牛全身状况，进行全身治疗。采取补充葡萄糖和电解质溶液，强心注射维生素 B_1、维生素 B_{12} 和维生素 C。必要时也可用输血疗法，成年牛每次输血 1 500 ～ 2 000 mL，犊牛每次 500 mL。

预　防

灭蜱以阻断传播媒介

（1）消灭牛体上的幼虫。根据梨形虫病的各种蜱类出没时间和活动规律，及时采用 0.05% 蝇毒磷水溶液，或 0.01%～ 0.02%蜱虱敌（拜耳 9037）喷洒牛体，或涂擦、药浴，每隔 5 ～ 7 d 一次。

（2）消灭圈舍内的幼虫。在 10 ～ 11 月间，用杀虫剂对圈舍、墙壁、木栏、砖缝等处喷洒，以消灭越冬的幼虫，这是防制牛环形泰勒虫病的一项重要措施。

（3）消灭蜱的滋生。经常做好圈舍清洁工作，铲除杂草，清除场内粪便、褥草，排除积水，定期进行全场消毒，灭鼠、灭蚊蝇，使牛场干净、清洁，造成不利于蜱发育繁殖的环境，以达到消灭蜱类的目的。

控制传染源，隔断与蜱的联系

（1）病牛和带虫牛是主要传染源，故应集中饲养，注意灭蜱，以防存留牛体内过冬的病原体继续发育、繁殖和传播。

（2）严格控制病牛、带虫牛的引入或调出。需要引进牛时，必须要隔离检查，确系无病者，应给以杀蜱处理再归群。

免疫和药物预防

（1）对牛环形泰勒虫病，可用环形泰勒虫裂殖体胶冻细胞苗接种，以使其免疫。

（2）对巴贝斯虫病，黄色素 3 ～ 4 mg/kg 体重，用蒸馏水配成 0.5%～ 1.0%溶液，静脉注射；台盼蓝 0.005 g/kg 体重，用 0.3%～ 0.4%氯化钠溶液配成 1%溶液，一次静脉注射，对病牛场的牛进行注射，可起到预防作用。

牛球虫病
Bovine Coccidiosis

牛球虫病是由艾美耳球虫属引起的牛的出血性肠炎的原虫病。以粪便稀薄含血为其特征。多发生于犊牛，成年牛常呈隐性感染而为带虫者。以地方性散发式出现，常引起犊牛死亡。

病 原

牛球虫种类较多，但致病性不同。目前认为致病强的有邱氏艾美耳球虫和牛艾美耳球虫。这些球虫都寄生在牛肠道黏膜上皮细胞内，卵囊的特征见表 9-4。

表 9-4 致病性球虫卵囊的特征

球虫种类	卵囊				孢子形成所需时间
	大小（μm）	形状	颜色	卵膜孔	
邱氏艾美耳球虫	大型 20 小型 14.9	圆形	无色至淡玫瑰色	无	48 ～ 72 h
牛艾美耳球虫	34.1 × 19.6	卵形	淡黄色	不明显	3 ～ 14 d

生 活 史

艾美耳球虫的发育包括裂殖发育、配子发育和孢子发育 3 个阶段。其中裂殖发育和配子发育是在宿主体内进行，故称为内生性发育；而孢子发育是在外界环境中完成，故称为外生性发育。

寄生在肠上皮细胞内的球虫，发育并形成卵囊，卵囊随粪便排至外界，在温度 12℃时经 9 ～ 10 d；温度 15℃经 6 d；温度 20℃经 3 d；25℃经 40 h 完成子孢子发育，此称为孢子化卵囊，这种卵囊污染了饲料、饮水并被牛摄入而发生感染。进入肠道内的侵袭性卵囊中的子孢子破囊而出，随即侵入上皮细胞变为圆形的裂殖体，其以裂殖方式形成小配子体、大配子体。大配子体大小为 11 μm × 14 μm，其周边有 1 ～ 2 排成囊颗粒，小配子体大小为 10 μm × 14 μm。两性成熟后，小配子钻进大配子内，融合为合子，合子迅速形成一层被膜——卵囊形成。卵囊随粪排出，在外界又进行孢子生殖，再侵入宿主体内又重复以上的发育过程（图 9-2）。

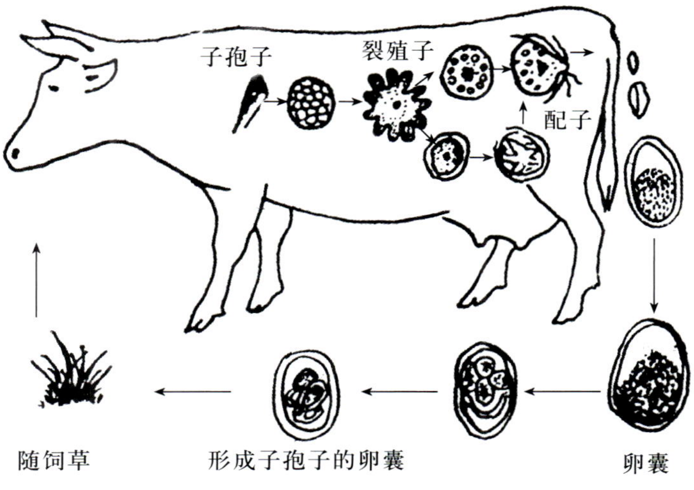

图 9-2 球虫生活史

流行病学

各种品种的牛对本病均有感染性。主要危害 2 岁以内的犊牛。对感染舍饲牛场的犊牛感染分析，1 月龄未见排卵；2 月龄感染率为 24%；4 月龄感染率为 90%；5 月龄为 100%。成牛呈隐性感染，为带虫者。发病全年皆有，北京以 6 ~ 9 月份为多。

牛群感染程度不仅与球虫卵囊的数量、外界环境条件有关，而且与饲养管理水平有关。促使球虫感染的因素有以下几个方面：

（1）温暖、多雨、潮湿有利于球虫发育，容易发生感染。

（2）牛舍狭小，粪便、褥草不勤换勤垫，卫生条件不良，致使饲料、饮水及乳房、牛奶被污染，可经口感染。

（3）饲养管理水平差，日粮中营养不平衡，饲料不固定等，奶牛不能获得足够的营养物质致使机体抵抗力降低，可增强对本病的易感性。

（4）疾病并发，如牛肺炎、下痢，以及某些传染病如口蹄疫，因机体抵抗力降低而诱发本病。

发病机理

牛球虫主要寄生在大肠的上皮细胞内，并在其内进行裂殖发育，引起肠黏膜出血、溃疡。临床呈现出血性肠炎，粪便含血液和黏膜。

肠道黏膜损伤后，其正常的吸收和屏障作用破坏，因此，肠内腐败细菌繁殖所产生的毒素及肠道内有毒物质，极易被吸收而引起全身中毒。病牛体温升高，精神沉郁，红细胞减少。虫体刺激胃肠黏膜，使胃肠蠕动增强和吸收障碍而导致下痢。长期下痢使病牛营养不良、消瘦，生长发育受阻。

临床症状

本病症状轻重主要依赖于吃进卵囊的数量。吃进的虫卵数量少，症状轻或不显；重复少量虫卵感染，可使机体产生免疫力；吃进的虫卵数量多，症状重，甚至引起死亡。

潜伏期 2 ~ 3 周。根据病程可分为急性和慢性两种类型。

急性型

初期，病牛精神沉郁，食欲不振，体温升高或正常，粪便稀薄含血。约经 1 周后，症状加重，病牛食欲废绝，消瘦，无力，喜卧。排出含血液、黏膜具恶臭的稀粪，体温升高至 40℃ 以上。末期，粪呈黑色，体温下降，贫血，虚弱，呈恶病质死亡。

有 20% ~ 50%的病牛呈现出神经症状。病牛肌肉震颤、痉挛，角弓反张，眼球震颤，失明等，死亡率高达 50% ~ 80%。

慢性型

病程缠绵，多由急性转变而来；或感染虫卵较少而呈慢性过程。粪便含少量血液，下痢和贫血症状较轻，病牛渐进性消瘦，四肢无力，生长发育缓慢。也有因极度消瘦和贫血而死亡。

病理变化

尸体消瘦、贫血。主要见盲肠、结肠和回肠的出血性炎症变化。黏膜充血、出血和水肿。淋巴滤泡肿大、突出，呈白色或灰色的小病灶并有溃疡，其表面覆有凝乳样薄膜。肠内积有血液，肠系膜淋巴结肿大。

诊　　断

临床诊断

牛球虫病的临床特征是：犊牛易感；病牛腹泻，粪中含血液和黏膜，贫血。剖检见出血性肠炎，肠有白色、灰色的结节和溃疡。

虫卵检查

常用费勒鹏法。取粪便 10 g，加饱和食盐水 100 mL 混匀，通过 60 目铜筛，将液体滤入烧杯中，静置 30 min，虫卵上浮，用直径为 5 ～ 10 mm 的铁丝圈，使其与液面平行接触，以沾取表面液膜，将沾取物抖落在清洁的玻片上，镜检虫卵。

类症鉴别

奶牛很多疾病都有腹泻症状，故临床上应注意鉴别。

与犊牛下痢的区别　犊牛下痢多发生在 1 个月内，持续时间短，多经 2 ～ 3 d 痊愈。粪便多呈灰白色、黄绿色；无贫血现象；粪便检查无球虫卵。

与犊牛大肠杆菌病的区别　犊牛大肠杆菌病多发生在出生后 10 d 内的犊牛，呈败血症，脱水，昏迷，病程短，多于 1 ～ 2 d 内死亡或痊愈。细菌培养可分离出大肠杆菌，粪便中无球虫卵。

与牛副结核病的区别　副结核病潜伏期很长，常呈隐性感染，腹泻呈水样，很少内含血液。剖检主要见回肠黏膜高度增厚，呈弯曲皱褶，黏膜上无坏死灶，而有干酪化或钙化灶；粪便镜检能发现有成丛的副结核分枝杆菌而无球虫卵；副结核菌素皮内试验呈阳性反应。

治　　疗

（1）呋喃西林。7 ～ 10 mg/kg 体重，与饲料混合饲喂，每日一次，连喂 7 d。因药物对犊牛有毒性作用，故应严格控制喂量。

（2）磺胺二甲嘧啶。140 mg/kg 体重，口服，每日 2 次，连服 3 d。

（3）氨丙啉。20 ～ 50 mg/kg 体重，口服，每日一次，连服 5 ～ 6 d。

（4）鱼石脂银。剂量为 0.2 ～ 1.0 g，溶于水中一次灌服，每日 2 次。

（5）莫能霉素。每顿饲料中加入 16 ～ 33 g。

此外，林肯霉素 1 g 加入饮水中，以及磺胺类和抗生素（金霉素）等都对球虫病有治疗和预防作用。

为了加强药物的治疗效果，对病牛应加强管理。将病牛隔离饲养，牛舍应干净、清洁、干燥；粪便应及时清扫，圈舍应定期消毒；并给予营养丰富、适口性好、易消化的饲料。

预　　防

本病的预防措施是加强防疫消毒卫生，消灭球虫卵滋生和发育场所；及时治疗病牛，防止球虫卵的扩散和蔓延两个环节。

加强防疫消毒卫生

（1）牛舍、运动场及时清扫　粪便、褥草应及时清除，堆积发酵处理。牛舍、运动场应保持干净、干燥。

（2）全场定期消毒　每月应对饲槽、饮水池、牛栏、地面用 1%克辽林，或 3% ～ 5% 火碱水消毒一次。

及时治疗病牛　已有球虫病流行的牛场，应采取隔离、治疗和消毒的综合措施。

（1）临床病牛应及时隔离饲养，搞好隔离场内的环境卫生，加强饲养，促进机体康复。

（2）对病牛污染的场地、褥草以及粪便应严格消毒，集中处理，严防向外传播。

（3）在球虫病存在地区，犊牛饲养时可投服莫能菌素或沙拉里菌素 1.0 mg/kg 体重，连续使用，可抵抗球虫感染，并能提高犊牛的增重。

胃肠道线虫病
Gastrointestinal Nematodiasis

胃肠道线虫病是指线虫寄生于胃肠道内所致的牛和其他家畜的一种临床的或亚临床的寄生虫病。其临床特征是胃肠炎、瘦弱和贫血。

牛胃肠道寄生虫病是普遍的，特别在放牧的犊牛和青年牛极为普遍。奶牛由于多采取舍饲方式饲养，感染机会较少，故胃肠寄生虫病较少。尽管如此，对于舍饲犊牛和放牧的小母牛还不应忽视肠道内线虫的感染。

病　原

通常，牛能感染多种寄生虫。但在一个牛群中或就一个单独的牛体而言，只有一种类型的寄生虫占优势，常见的牛胃肠道寄生虫有血矛线虫、仰口线虫、弓首蛔虫和食道口线虫几种（表 9-5）。

表 9-5　牛主要胃肠道线虫

虫名	寄生部位	成虫形态大小	卵	交合刺（mm）
血矛线虫（捻转胃虫）	皱胃	呈细毛发状，淡红色，头尖细，口囊小，内有一矛状角质齿，雄虫长 18 ~ 22 mm，雌虫长 26 ~ 32 mm	呈椭圆形，灰褐色，（70 ~ 85）μm×（41 ~ 48）μm	0.46 ~ 0.50
仰口线虫（钩虫）	小肠	虫体前端稍向背弯曲，乳白色，吸血后呈淡红色，口囊大，呈漏斗状，其腹侧有两对亚腹侧齿，雄虫长 10 ~ 18 mm，雌虫长 24 ~ 28 mm	呈冬瓜形，黑色，106 μm×46 μm	3.5 ~ 4.0
弓首蛔虫	小肠	虫体淡黄色，头端有三片唇，食道后端有胃，雄虫长 11 ~ 26 mm，雌虫长 14 ~ 30 mm		
食道口线虫（结节虫）	大肠	（1）哥伦比亚食道口线虫：雄虫长 12.0 ~ 13.5 mm，雌虫长 16.7 ~ 18.6 mm （2）微管食道口线虫：雄虫长 12 ~ 14 mm，雌虫长 16 ~ 20 mm （3）辐射食道口线虫：雄虫长 13.9 ~ 15.0 mm，雌虫长 14.7 ~ 18.0 mm	（70 ~ 86）μm×（36 ~ 40）μm	0.7 ~ 0.8

生　活　史

胃肠道寄生线虫生活史基本是一致的，它们都包含自由生活及寄生生活两个阶段。以卵—幼虫—蜕皮—侵袭性幼虫—经口感染的方式引起发病。也就是虫卵随牛的粪便排出体外，在适当的温度、湿度的环境条件下，发育为幼虫，幼虫在外界环境中经过蜕皮，孵育成感染性幼虫，感染性幼虫或虫卵被牛采食后，在牛体内逐渐发育为成虫，分别寄生在皱胃、小肠或大肠中。

流 行 病 学

根据线虫的生活史，本病传播是通过虫卵，因此，流行特点是：

传染源

病牛、带虫牛为其重要传染源。除牛外，绵羊、山羊、马等也易感染，故也是本病的传染来源。

传播途径

主要是采食被侵袭性幼虫污染的饲料、饲草及饮水经口感染。

流行形式

虫卵的发育与气温变化相关。气候温暖、潮湿有利于虫卵孵化，故春、夏季节为感染季节，发病呈区域性。犊牛比成年牛易感染。

促使传播发病的因素

本病通过虫卵传播，故饲养管理不当，是促使其传播的主要条件，常见有以下几种：

（1）牛场饲养管理粗放，杂草丛生，污水积存，粪便不及时清除，环境卫生不良，致使饲料、饮水污染而饲喂后发病。

（2）牛场消毒不严，食槽、水槽、喂奶用具等，不清洗、不消毒，饲养员个人卫生不良等，都能将本病传播。

（3）机体营养状况不良、虚弱、疾病及饲料营养不足等，使机体抗寄生虫感染力降低，促使本病发生。

发病机理

侵袭性幼虫进入胃肠道内，在寄生部位发育为成虫。成虫以其前端刺入胃肠黏膜内吸血，造成损伤，导致胃肠黏膜发炎和出血。成虫分泌有毒物质，可干扰宿主的造血功能，并影响胃肠分泌、运动以及对碳水化合物、蛋白质和某些矿物质的消化吸收，从而引起机体的营养不良、贫血和腹泻。

有的线虫如弓首蛔虫、仰口线虫，幼虫侵入机体后，移行到喉头、咽、肺，在移行过程中使这些器官损伤，临床上可出现上呼吸道炎、肺炎等。

临床症状

通常呈隐性感染，无明显临床症状。感染较重者，仅见精神沉郁，食欲减退，被毛粗乱、无光，消瘦。严重者，病牛表现出低蛋白血症，贫血，可视黏膜苍白，体躯下部发生水肿，严重腹泻，或便秘与下痢交替出现。

诊断

临床诊断

根据临床症状、虫卵检查和剖检变化作综合诊断。

临床特征 贫血、瘦弱、腹泻和水肿。

虫卵检查 取粪便应用漂浮法检查虫卵，但粪中应有足够数量的寄生虫卵时，才能证实。

病理剖检 从消化道不同节段中采集成虫和幼虫，并要进行鉴定和计数。

类症鉴别

球虫病、副结核病也常见腹泻、消瘦症状，故应予以鉴别。

与球虫病的区别 球虫病通常发生于 2 岁以下的牛，取粪便检查，可见有大量的卵囊，黏膜刮取物涂片镜检，可发现不同阶段的裂殖生殖和孢子生殖。

与副结核病的区别 副结核病牛腹泻呈水样、喷射状；副结核菌素皮内试验呈阳性反应；剖检见肠道特别是回肠黏膜高度增厚，呈脑回样；粪便镜检能发现成丛的副结核分枝杆菌而无虫卵。

治疗

治疗方法是驱虫。杀死线虫的广谱抗虫药物很多，举例如下：

(1) 阿苯达唑　10 mg/kg 体重，一次口服。

(2) 丙氧咪唑　10 ~ 20 mg/kg 体重，一次口服。

(3) 左咪唑　4 ~ 5 mg/kg 体重，一次皮下或肌肉注射，或 6 mg/kg 体重，一次口服。

(4) 噻苯咪唑　70 ~ 110 mg/kg 体重，配成 10%水悬液，一次灌服。

(5) 丙硫苯咪唑　5 ~ 10 mg/kg 体重，拌入饲料中一次喂服，或配成 10%水悬液，一次灌服。

(6) 哈乐松　30 ~ 50 mg/kg 体重，配成 10%水悬液，一次灌服。

(7) 1%害获灭（Ivomec）注射剂　0.02 mL/kg 体重，一次皮下注射。

预　防

(1) 加强饲料、饮水保护，防止污染。减少胃肠道线虫虫卵、幼虫污染草料及饮水是最重要的环节，奶牛场要保证饲草、饲料及饮水卫生。

(2) 加强对病牛隔离、治疗，定期驱虫。当发现临床患线虫感染病牛，应立即将其隔离、治疗，并严格注意消毒。感染牛场定期进行预防性驱虫，一般在春、秋两季各进行一次。

(3) 加强对放牧牛只管理。放牧应在无感染的地域或草地。若要奶牛放牧，在严重流行地区，牛只放牧期间，可将硫化二苯胺，剂量是每日每头给予 0.5 g，混入食盐或精料中口服进行预防。要选择合适时间，尽可能地避开潮湿牧地和幼虫活跃的时间进行。

牛弓形虫病
Bovine Toxoplasmosis

弓形虫病是由弓形虫所引起的人、畜共患疾病。家畜弓形病多呈隐性感染；显性感染的临床特征是高热、呼吸困难、中枢神经机能障碍、早产和流产。剖检以实质器官的灶性坏死、间质性肺炎及脑膜脑炎为特征。

历　史

1905 年，Nicolle 及 Manceaux 在北非的一种啮齿动物肝、脾细胞内首先发现了刚第弓形虫（*Toxoplasma gondii*）。

1933 年，Janku 在婴儿的视网膜切片中首先发现弓形虫包囊。

1939 年，Hepding 从患有脉络膜视网膜炎的病例中，描述了鸡的弓形虫病。

1942 年，Olafson 及 Monlux 在纽约发现了绵羊弓形虫病的神经症状及呼吸困难。

1952 年，Farell 首次报道了在美国的猪弓形虫病。

1953 年，Sanger 等报道了牛弓形虫病。

我国是 1955 年首先在福建平潭从猫和兔分离出弓形虫，接着又从猪和豚鼠分离出弓形虫。1977 年，上海从高热病猪中分离出弓形虫，证明了猪弓形虫的暴发流行；此后，猪、羊、牛、兔及鸡的弓形虫病陆续在全国各地发现。1987 年 8 月，北京郊区一奶牛场暴发了奶牛弓形虫病。

病　原

形态

弓形虫在整个生活史过程中可出现以下几种不同的形态。

滋养体　呈香蕉形或半月形，长 4 ~ 7 μm，宽 2 ~ 4 μm。用瑞氏染色见核呈红色，胞浆呈蓝色。电镜下见虫体外包以双层质膜，内外质膜对称，虫体由 3 个极环将虫体冠部包围，在 3 个极环的后面有类圆锥体、棒状或微线体从类圆锥体中心通过，达到最前端的外质膜。虫体内，细胞核的周围有线粒体，此外，还有高尔基附加体、内质网、糖原颗粒、嗜锇颗粒等。

包囊

（1）在慢性或隐性感染的机体内，滋养体在肌肉、脑细胞内繁殖，积聚为 10 ～ 60 μm 的圆形体，外由虫体分泌的薄膜包围，内有上千个虫体。

（2）在急性感染的机体细胞内滋养体繁殖，积聚为 15 ～ 40 μm 的圆形体，外膜由宿主细胞所构成，包囊内有几个至几十个虫体，当细胞崩裂后，虫体便游离而出成滋养体。

卵囊　呈圆形或卵圆形，淡灰色，大小为 10.7 μm × 12.2 μm，有一层光滑的薄囊壁。囊内充满小颗粒，在外界适宜环境中，卵内发育形成 2 个孢子囊，每个孢子囊内又有 4 个长形微弯的孢子体，发育成孢子体的卵囊才具有传染性，抵抗力极强。

裂殖体　仅见于猫小肠绒毛上皮细胞内。成熟的裂殖体呈圆形，直径为 12 ～ 15 μm，内有 10 ～ 15 个香蕉状裂殖体。

配子体　位于猫小肠绒毛上皮细胞内。雌配子体圆形，直径为 10 μm，成熟后形成 12 ～ 32 个新月形配子。雄配子长 3 μm，有 2 条鞭毛，雌配子直径 15 ～ 20 μm，呈圆形。

培养

弓形虫滋养体可以在多种动物细胞中培养，如猪肾、牛肾、猴肾等原代细胞，以及其他种传代细胞，均能发育好。接种后 30 min，虫体即可钻入细胞。

抵抗力

卵囊对酸、碱、普通消毒剂、胰酶及胃酶等都有相当高的抵抗力。对干燥及热抵抗力较弱，50℃ 30 min、55 ～ 60℃ 15 min、70℃ 2 min、80℃ 1 min 可使卵囊感染力丧失；28% 氨水对粪便中的卵囊有毒，效力极强。

滋养体对热、干燥、日光、化学药物极敏感。低温有利于存活。4℃以下保存 51 d，－196℃中保存 419 d。1% 来苏儿、1% 盐酸，1 min 内可杀死虫体。

包囊对热敏感。50℃ 30 min、56℃ 10 ～ 15 min 即丧失活力。低温有利于保存。冰冻状况下的猪肉内的包囊可保存 35 d。乙酸、过氧乙酸为包囊有效的消毒剂。

生　活　史

分为有性繁殖和无性繁殖。前者仅限于猫科动物，在其他动物和人体内只有无性繁殖。

感染性卵囊被家畜、鼠、禽和人吞食后，孢子体穿过肠壁随血液或淋巴系统扩散至全身，进入脑、肝、肺、淋巴结及肌肉等组织，在细胞内以二芽殖法进行无性繁殖。虫体在细胞核内形成多核体，经过 8 ～ 16 h 的繁殖，体积不断增大，而引起细胞破裂。核裂开或核崩裂，形成多核体，紧贴在细胞核的边缘，于胞浆内生长发育，直至成熟。虫体在胞浆内呈等分裂繁殖，核先一分为二，然后原生质分成两部分，形成两个新虫体。

流 行 病 学

传染来源

隐性感染或临床型的猫、人、畜、禽、鼠及其他动物都是本病的传染来源。由于猫能排出卵囊，而且卵囊又能在外界环境中长时间贮存，故是最危险的传染来源。其次是大量中间宿主或隐性感染机体的脑、肌肉内存留有弓形虫包囊；急性病例体内及乳汁、唾液、精液中都含有滋养体，所以，当吃进含有包囊的猪肉、乳汁等皆可引起感染。

传播途径

分为先天和后天感染。

先天感染　即通过胎盘、子宫、产道等而感染。日本在死胎猪、我国湖北省畜牧兽医所从流产胎儿脏器、羊水及腹、胸水，以及铁岭种畜场从流产胎羊中都分离到弓形虫，人也从脑积水畸形胎儿中分离出弓形虫，这都说明先天性感染在人和家畜中均有存在。

后天感染　主要是通过消化道吞食了能耐胃酸的卵囊或包囊而感染。污染的饲料、饮水及屠宰残渣是最常见的传染媒介；呼吸道感染、皮肤划痕、同栖及交配，以及输血等接触途径，均可导致感染。

流行特征

感染情况　本病为世界流行。我国经血清学或病原学证实自然感染的动物有 16 种，其中以猫、猪最为严重。猪感染率通常在 20%以上，感染弓形虫的猪，脑内可长期存留包囊，故危害最大。

季节性　弓形虫卵囊孵育与气温、湿度有关，故常以温暖、潮湿的夏、秋季节多发。云南牛弓形虫的发病季节十分明显，多发生在每年气温在 25 ～ 27℃的 6 月间。

年龄　幼龄牛比成年牛敏感，随着年龄增长感染率下降。

临床症状

突然发病，最急性者约经 36 h 死亡。病牛食欲废绝，反刍停止；粪便干、黑，外附黏液和血液；流涎；结膜炎、流泪；体温升高至 40 ～ 41.5℃，呈稽留热；脉搏增数，每分钟达 120 次，呼吸增数，每分钟达 80 次以上，气喘，腹式呼吸，咳嗽；肌肉震颤，腰和四肢僵硬，步态不稳，共济失调，严重者，后肢麻痹，卧地不起；腹下、四肢内侧出现紫红色斑块，体躯下部水肿；死前表现兴奋不安、吐白沫，窒息。病情较轻者，虽能康复，但见发生流产；病程较长者，可见神经症状，如昏睡，四肢划动；有的出现耳尖坏死或脱落，最后死亡。

病理变化

皮下血管怒张，颈部皮下水肿，结膜发绀；鼻腔、气管黏膜点状出血；阴道黏膜条状出血；皱胃、小肠黏膜出血；肺水肿、气肿，间质增宽，切面流出大量含泡沫的液体；肝脏肿大、质硬、土黄色、浊肿，表面有粟粒状坏死灶；体表淋巴结肿大，切面外翻，周边出血，实质见脑回样坏死。

诊　断

病原学检查

病料直接涂片　生前可取腹股沟浅淋巴结；急性死亡病例可取肺、肝、淋巴结直接抹片、染色、镜检，发现直径 10 ～ 16 μm 的圆形或椭圆形小体。

小白鼠接种　取组织病料 1∶10 生理盐水悬液 0.5 ～ 1.0 mL，接种于小白鼠腹腔，接种后 1 ～ 2 周小白鼠出现蜷缩、闭目、腹部膨胀、呼吸困难至死亡。腹水抹片可发现滋养体。对小白鼠不敏感的虫株，可以采取大剂量接种来获得虫体。

血清学诊断

染色试验　新鲜弓形虫易被碱性美蓝着色，但在有弓形虫抗体及同时含有辅助因子（致活剂）的新鲜人血清时，可使虫体胞浆变性，不易为美蓝着色。血清滴度 1 ∶ 8 稀释时，能使 50%虫体不着色，即认为阳性。1 ∶ 256 视为活性感染，1 ∶ 1 024 视为急性感染。通常动物感染弓形虫 1 周后血清滴度增高，

4 ～ 6 周达到高峰，以后下降并维持较长时间。

间接血凝试验（IHA） 由于本法具有快速、简易、实用及效果确实的优点，已广泛用于弓形虫病的诊断及流行病学调查。

皮内试验 以弓形虫超声波裂解物腹腔或耳根皮内注射，注射后 24 h 出现红肿反应，肿胀中央遗留一个 5 mm × 5 mm 黑色坏死点，即为阳性。本法用于猪，认为有较高的特异性和敏感性。

免疫荧光诊断 取肺、淋巴结组织作触片，固定、染色、镜检。如各视野内有大量特异性荧光的弓形虫，其胞浆为黄绿色荧光，胞核暗而不发荧光，虫体呈月牙形、枣核形，即可确诊。

类症鉴别

牛弓形虫病发生在夏、秋季，北京地区曾于 8 月份流行，症状表现高热、胃肠炎、瘫痪卧地，与牛流行热的流行极其相似，故应进行鉴别。为此，可取病牛血液，提取血清，以间接法（双层法）染色，镜检，观察有无特异性荧光细胞，如果没有，证明牛流行热为阳性。同时，取病死牛肺、淋巴结作触片，染色，镜检。如视野下发现细胞浆为黄绿色荧光，核暗不发荧光，虫体呈月牙形、枣核形，即可确诊为牛弓形虫。

治　　疗

一旦疫病流行，首先将病牛隔离，全群牛进行血清学检验，了解血清抗体水平，防止垂直感染。治疗应及时，愈早愈好。

磺胺制剂对本病有极好的疗效，故为临床治疗普遍采用。

（1）磺胺 -5- 甲氧嘧啶（SMD） 按每日 30 ～ 50 mg/kg 体重，静脉注射，连续注射 3 ～ 5 d。

（2）磺胺嘧啶（SD）、磺胺间甲氧嘧啶（SMM） 按 30 ～ 50 mg/kg 体重，一次静脉注射，如配合使用甲氧苄胺嘧啶，或磺胺增效剂（TMP）10 ～ 15 mg/kg 体重，一次静脉注射，效果更佳。

（3）氯苯胍 剂量为 10 ～ 15 mg/kg 体重，一次内服，每日两次，连服 4 ～ 6 d。

（4）二磺酰胺基 -4,4′- 二氨基联苯砜（SDDS） 剂量为 10 mg/kg 体重，一次肌肉注射，连续 7 d。

（5）痢特灵 按 10 mg/kg 体重，一次内服，连服 7 d。

预　　防

（1）已发生过弓形虫病的奶牛场，应定期进行血清学检查，及时检出隐性感染奶牛，并进行严格控制，隔离饲养，用磺胺类药物连续治疗，直到完全康复为止。

（2）坚持兽医防疫制度，保持牛舍、运动场的卫生，粪便经常清除，堆积发酵后才能在地里施用；开展灭鼠，禁止养猫。

（3）已发生弓形虫病时，全群牛可考虑用药物预防。饲料内添喂 SMM 100 mg/kg 体重和磺胺嘧啶 5 mg/kg 体重，连续 7 d，可防止卵囊感染。

（4）江苏农业科学院（1982）以组织培养的弓形虫，通过紫外光照射致弱，培育出一株弱毒株，接种后具有坚强免疫力，免疫期 6 个月。

无形（浆）体病
Anaplasmosis

无形（浆）体病又称边虫病，是立克次氏体目、边虫科的边虫感染而引起的一种慢性或急性疾病。临床以发热、贫血和黄疸为特征。

病　原

侵害牛的边虫有边缘边虫、中央边虫等。虫体呈球状或粒状，姬姆萨染色呈深红色或紫红色，其大小是 0.3 ～ 1.0 μm，大多数寄生在红细胞的边缘，在红细胞内一般只有 1 个，但也有寄生 2 ～ 3 个。电镜检查，小体由 1 ～ 10 个原生小体组成，最外层被覆单层的薄膜，原生小体由双层膜覆盖着。

原生小体侵入红细胞后，以二等分裂法增殖 4 ～ 8 个，分裂的母小体发育成为有侵袭性的原生小体，脱出并侵入邻近的新的红细胞，红细胞感染率为 15%～ 50%。本小体也可寄生于血小板。

流行病学

边虫分布很广，除加拿大、北欧和新西兰外，几乎分布于世界各地，我国奶牛也有边虫病发生的报道。

自发感染以牛和鹿类为主，人工感染可引起绵羊、山羊发病。发病耐过的牛和野生的鹿类为重要带菌者，成为持续传染源。牛感染后可获得免疫，对再感染有抵抗力。如果牛体质下降、衰弱时仍可再次发病。

蜱、蚊、蝇、虻等吸血昆虫是其传染媒介，常常通过吸血而机械传播。在奶牛场内，也可以通过手术器械机械性传播，如采血、断角和去势等而发生大批感染。经子宫内和眼也可感染。

发病在夏、秋季节。因为此时气温高、雨水多，杂草丛生，有利于吸血昆虫的繁殖、生长。因此，牛场环境卫生不良，不进行灭蚊、蝇工作，可促使本病的流行。

临床症状

虫体感染量不同，潜伏期长短不一。自然感染牛一般为 3 ～ 6 周。

急性型

体温升高至 40.5 ～ 41.5℃，呈间歇热型。呼吸加快，40 次 /min，脉率增数，达 100 ～ 120 次 / min。食欲减少至废绝，有时发生瘤胃臌气，便秘，排出黏稠血便。精神沉郁，高度虚弱，眼睑、咽部及颈部水肿。1 ～ 2 d 后，出现贫血和黄疸，流泪，结膜苍白，角膜呈白色。排尿频繁，但不排血红蛋白尿。病牛迅速消瘦，流产，步履困难，卧地不起，经 2 ～ 3 d 死亡。

慢性型

多由急性耐过而来。病牛长期呈现消瘦、衰弱、泌乳量低下和贫血，死亡率可达 10%～ 50%。

发病犊牛，病情较轻，仅表现出消化紊乱和体温升高，但持续时间较短，症状很快消失，死亡较少。

病理变化

剖检变化

尸体消瘦，可视黏膜苍白，皮下呈黄色胶样浸润。肝脏肿大，呈黄褐色，胆囊肿大，胆汁黏稠，呈暗红色；脾肿大 3 ～ 4 倍，髓质软化，切面暗红褐色似如焦油状；肾肿大，呈黄褐色；心外膜有点状出血；胃肠黏膜可见出血性炎。

组织学变化

肝小叶中心坏死，窦状隙中有中性粒细胞，枯否氏细胞肿大、增生、含铁血黄素沉着，小叶间结缔组织有淋巴细胞和浆细胞浸润。脾髓多血、含铁血黄素沉着。心脏水肿、出血，有淋巴细胞、中性粒细胞和浆细胞浸润。

诊　断

本病的诊断要根据流行病学调查、临床症状、血液和病理学及病原体的检查等综合诊断。

临床诊断

（1）高热呈间歇型，可视黏膜苍白、贫血。

（2）剖检见皮下胶样浸润，肝、脾、肾肿大，心肌变性及出血，广泛性胃肠道出血性炎。

实验室诊断

血液学检查　红细胞数降低到 100 万～200 万个 / mm^3，血红蛋白降低到 3 g/100 mL 以下，白细胞增加。

病原体镜检　取血液、穿刺液等病料涂片，姬姆萨染色，油镜检查有无虫体及寄生部位。

血清学诊断　可采用补体结合试验、荧光抗体法和试管凝集试验。

类症鉴别

因症状与巴贝斯虫病、钩端螺旋体病和出血性败血症相似，故应进行类症鉴别。

与巴贝斯虫病的区别　巴贝斯虫病牛，体温升高呈稽留热型；有血红蛋白尿；虫体检查，呈环状、梨形、椭圆形，虫体大，长 1.5 ～ 2.4 μm，宽 1.2 μm，寄生于红细胞、白细胞和血浆内。边虫病体温升高呈间歇型；无血红蛋白尿；虫体大小为 0.3 ～ 1.0 μm；主要寄生在红细胞内。

与钩端螺旋体病的区别　钩端螺旋体病牛，体温升高呈稽留热，表现出血红蛋白尿，皮肤坏死，黏膜溃疡，流产；虫体呈螺旋状，一端或两端弯曲成钩状，虫体长 6 ～ 20 μm，宽 0.1 ～ 0.2 μm，这些可与边虫病区别。

与出血性败血症的区别　由巴氏杆菌引起“出败”，其临床以肠炎和呼吸道炎为主要症状，病牛表现腹泻、咳嗽、脓性鼻漏，肺部有干性或湿性啰音，剖检见大叶性肺炎和纤维素性胸膜肺炎；病原检查可见有革兰氏阴性、两极着色的细小球杆菌，这些可与本病区别。

治　疗

抑制边虫增殖、消灭病原体

（1）四环素或金霉素 10 mg/kg 体重，溶于 5%葡萄糖溶液中，一次静脉注射，每日 2 次，连续注射 5 ～ 7 d。

（2）次硫代缩氨基脲（Gloxazone）5 mg/kg 体重，一次静脉注射，与四环素合用效果更好。

（3）双咪苯脲或双咪苯脲 · 双氢氯酸 2.5 ～ 10 mg/kg 体重，一次皮下注射。

对症治疗　根据病牛状况，可采用支持疗法，如补充葡萄糖、维生素 C 和其他药物。

输血疗法　对重病牛，可采集健康牛的血液 1 000 ～ 2 000 mL，一次静脉注射。

预　防

消灭传播媒介蜱及其他吸血昆虫是预防本病感染的有效措施，因此在奶牛场内，在夏初应定期开展灭蚊、蝇工作，以阻止机械性传播途径。

引进牛只时，一定要在非病区购牛，不要把病牛引入牛场。对已发病牛场，病牛要隔离、治疗，痊愈牛要细致检查，特别要对血液虫体进行检查。治疗要彻底，直到红细胞内无虫体时，才能认为痊愈。

关于免疫预防方法，很早就用含中央边虫的血液 5 mL，注射于牛皮下，经 20 ～ 40 d 可产生对边缘边虫的免疫力。边缘边虫制成的灭活苗和活疫苗，虽能起预防作用，但也存在着成为传染源的危险性；组织培养疫苗，仍在研究之中。

隐孢子虫病
Cryptosporidiosis

隐孢子虫病是由隐孢子虫寄生于新生犊牛肠道所致的一种寄生虫病。其临床以腹泻、脱水为特征。

隐孢子虫病曾被认为是一种新的、散发性传染病，20 世纪 80 年代发现，本病流行较广，并成为新生犊牛腹泻的病因之一。我国哺乳犊牛隐孢子虫病也有报道，据蒋金书对北京牛场调查，2 ~ 3 月龄犊牛感染最多，死亡率达 16% ~ 40%。

病　原

属于原生动物门、复顶亚门、孢子虫纲、真球虫目、艾美耳亚目、隐孢科、隐孢属的小鼠隐孢子虫和小球隐孢子虫。寄生于犊牛肠道，特别是小肠后段。

小鼠隐孢子虫

卵囊呈卵圆形，壁薄、光滑、无色，厚度为 0.5 μm，无卵膜孔和极体。卵囊大小为（6.6 ~ 7.9）μm ×（5.3 ~ 6.5）μm，平均大小为 7.4 μm × 5.6 μm；孢子化卵囊中含 4 个裸露的子孢子和颗粒状残体。子孢子大小为（9.9 ~ 12.5）μm ×（0.8 ~ 1.2）μm，平均大小为 11.1 μm × 1.0 μm，细胞核偏后端。

小球隐孢子虫

卵囊呈卵圆形或近圆形，壁薄、光滑、无色，厚度为 0.4 μm，大小为（4.5 ~ 5.4）μm ×（4.2 ~ 5.0）μm，平均大小为 5.0 μm × 4.5 μm，无卵膜孔和极体。孢子化卵囊内有 4 个裸露的呈香蕉状的子孢子和颗粒状残体。子孢子长 4.5 ~ 5.8 μm，宽 1.0 ~ 1.4 μm，平均大小为 4.9 μm × 1.2 μm，细胞核靠近钝端。

生 活 史

隐孢子虫的发育史分孢子发育、裂殖发育和配子发育 3 个阶段。卵囊进入体内后，发育为第一代裂殖体，然后又发育为第二代裂殖体，第二代裂殖体分别发育为大、小配子体，结合形成合子，合子形成薄壁型和厚壁型两种卵囊，卵囊在宿主体内已完成孢子发育，3 个阶段均在宿主体内进行。随宿主粪便排出的卵囊，可感染新宿主。

流行病学

隐孢子虫除能感染犊牛外，羔羊、仔猪、人及啮齿动物也易感染。犊牛以 5 ~ 15 日龄易感，有时也见 1 月龄犊牛发病。病牛和感染牛成为重要的传染源。

传播途径主要是通过粪便以及由粪便污染的饮水、饲料而经消化道感染。因此，外界环境不良，饲养管理不当，诸如产房和犊牛舍狭小、阴暗、消毒不严或粪便未及时清扫，喂奶用具不清洗、不消毒等，常常会招致本病的发生。

发病机理

隐孢子虫孢子化卵囊经消化道感染新生犊牛后，在体内释放出子孢子，损伤小肠细胞并在细胞表面形成带虫空泡，带虫空泡破裂释放出裂殖子，重新感染别的肠细胞，在此过程中引起肠细胞大量破坏，导致肠细胞绒毛萎缩，肠吸收功能破坏，临床出现消化、吸收不良和腹泻。由于肠黏膜的损伤，为大肠杆菌、沙门氏菌和病毒的侵入提供了条件，从而加剧病情，腹泻加重。

临床症状

隐孢子虫感染的主要临床症状是脱水和腹泻。小鼠隐孢子虫病可发生在任何日龄的犊牛，引起中等程度的腹泻，而小球隐孢子虫病则是常见于21日龄内的小犊牛，引起严重的水泻。

病牛精神沉郁，哺乳能力和食欲减退，有的牛体温升高，下痢呈淡黄色或灰白色，粪汤中带有大量纤维素和血液，营养不良，虚弱无力，身体消瘦。3周龄以下犊牛发病率达50%以上，死亡率达16%～40%。

病理变化

主要病变在回肠和大肠。呈现出卡他性、出血性及纤维素性炎症变化。肠绒毛萎缩、脱落，绒毛刷状缘中有隐孢子虫。

诊断

犊牛腹泻其病因较多，而本病在临床上又无典型特征症状，故诊断较为困难。因此，必须要做实验室诊断。对可疑病例，可检查粪便和黏膜刮取物，寻找虫体。因隐孢子虫虫体很小，容易被忽略，必须用放大到1 000倍的显微镜下检查。粪检时，可用饱和盐水或糖溶液（蔗糖454 g、石炭酸6.5 mL、蒸馏水355 mL）漂浮法检查卵囊。用肠黏膜刮取物或粪便作涂片时，可用姬氏液染色，染片中胞浆呈蓝色，内含2～5个致密的红色颗粒。

由于犊牛轮状病毒、牛病毒性腹泻-黏膜病、牛冠状病毒、牛传染性鼻气管炎、犊牛大肠杆菌病、犊牛副伤寒及饮食性腹泻等，都会引起犊牛腹泻、脱水，故应予以鉴别。

治疗

无特效疗法。对病犊应隔离饲养。治疗原则是补充电解质和葡萄糖溶液，防止脱水。常用5%葡萄糖生理盐水1 000～1 500 mL、25%葡萄糖液250～300 mL、5%碳酸氢钠液250～300 mL，一次静脉注射，日注射2～3次。同时，可用口服补液盐。由于许多药物如抗生素、磺胺类等对孢子虫病无效，故可不用。抗球虫药、拉沙里菌素和螺旋霉素的效果，仍需深入研究。

预防

隐孢子虫病治愈可能性不大，也无治疗药物，一旦牛群中流行，控制困难，故预防是关键。

加强环境卫生，阻断传播途径 粪便及时清除，堆积发酵。牛舍、运动场经常打扫，保持卫生，避免环境污染而向外传播。

犊牛单圈饲养 犊牛出生后立即转移到严格消毒过的犊牛圈内单独喂养，圈舍要清洁卫生，防止牛与相邻牛以及粪便接触。

做好防寒保暖工作 受寒、感冒，犊牛抵抗力差，隐孢子虫感染极易引起犊牛营养不良、全身消瘦，故应注意保暖，以增强机体抵抗力。

新孢子虫病
Neosporosis

新孢子虫病是由犬新孢子虫引起的多种家畜的一种原虫病。临床以孕畜的流产、死胎；新生胎儿运动障碍和神经症状为特征。

本病分布于世界各国，病原体寄生于犬、羊、牛、马和鹿的脑、肝、肌肉和其他内脏器官。人工可感染猪、猫、家兔和鼠类。

历　史

1984 年，挪威兽医学家 Bjerkes 等，在患脑膜炎和肌炎的幼犬体内发现了有包囊形成的一种原虫，其形态与刚第弓形虫相似。

1988 年，美国农业部家畜寄生虫研究所 Dubey 等对 23 只诊断为弓形虫病的病料复诊时，也发现了与弓形虫相似，但形态结构不同的原虫，并命名为犬新孢子虫。

1989 年，Dubey 报道了美国墨西哥州一持续发生流产的牛场，从牛胎儿脑组织中分离到类似刚第弓形虫的组织包囊，它与抗犬新孢子虫的抗体发生反应，流产母牛无刚第弓形虫的抗体，认为此虫为牛流产的病原。

病　原

新孢子虫生活史中有 3 种形态类型，即速殖子、组织包囊和卵囊。

速殖子

呈卵圆形、圆形或新月形。在犬的细胞内，大小为（4~7）μm×（1.5~5）μm。在其他动物体内，一般为（4.8~5.3）μm×（1.8~2.3）μm。寄生于感染动物的神经细胞、巨噬细胞、成纤维细胞、血管内皮细胞、肌细胞、肾小管上皮细胞和肝细胞内，并在细胞浆内进行反复繁殖，形成大小为 45 μm×35 μm 的虫体集落，内含上百个虫体，这种包囊的膜有宿主细胞膜构成。姬姆萨染色即可看到虫体。

组织包囊

也称包囊。呈圆形或卵圆形，大小为（15~35）μm×（10~27）μm，包囊壁平滑，厚 1~3 μm，呈分支的管状结构，无间隔膜。包囊中含有大量的、细长的缓殖子，大小为（3.4~4.3）μm×（0.9~1.3）μm。缓殖子间常有管泡状结构。主要寄生于脑、脊椎、神经和视网膜中。

卵囊

犬粪中的卵囊直径为 10~11 μm。卵囊经 24 h 变成孢子化卵囊，内含 2 个孢子囊，每个孢子囊内含 4 个子孢子。

生 活 史

犬新孢子虫的生活史尚未完全明了。经胎盘感染已被证实。妊娠前实验感染犬新孢子虫，能使胎儿发生先天性感染，从母体胎盘和子宫中可检出犬新孢子虫。Mcallister 等（1998）在犬的粪中发现了卵囊，从而认为犬既是犬新孢子虫的中间宿主，又可能是其终末宿主。

临 床 症 状

成年牛

病牛四肢无力，关节拘僵，后肢麻痹，运动失调，头骨变形，头部震颤，眼睑反射迟钝，角膜混浊。孕牛流产，流产一年四季都可发生，呈散发性或地区性，流产可反复发生，可发生于妊娠 3~9 个月，多数流产发生于妊娠 4~6 个月。据严秋霞（2007）报道，犬新孢子虫阳性奶牛产奶量及奶品质均下降，日产奶量比阴性牛低 9.7%，乳蛋白率降低 20%，乳脂率降低 15%。

犊牛

体质虚弱，出生后表现出神经症状，四肢软弱或僵直，不能站立。或出生后正常，经 1~2 周后表现出临床症状。

病理变化

剖检变化

小脑发育不全，脑膜脑炎，脊髓炎，脊髓中灰质少，形成灶性空洞，病变中可检查到新孢子虫的组织包囊。

组织学变化

心肌炎，心肌单核细胞中寄生有大量的速殖子。肝门静脉周围单核细胞浸润，出现不同程度的坏死灶。胎盘黏膜层的绒毛坏死，并有虫体病灶。

诊断

临床诊断

当牛群中出现孕牛流产、犊牛出生后有神经症状、瘫痪者，可怀疑本病。

实验室诊断

间接荧光抗体试验（IFAT），免疫组织化学法是用牛新孢子虫的抗血清在由组织样本制作的石蜡包埋切片上，进行过氧化物酶组织化学反应来检测（Barr 等，1993），也可用酶联免疫吸附试验（ELISA）、聚合酶链式反应（PCR）等方法诊断。

类症鉴别

由于新孢子虫和弓形虫在形态学上十分相似，因此应予以鉴别。

（1）临床症状。本病主要症状是孕畜流产和犊牛神经症状，而弓形虫病表现高热、出血性胃肠炎、气喘，流产较少。

（2）组织学变化。在光学显微镜下，新孢子虫的组织包囊出现于神经组织，包囊壁厚约 4 μm；弓形虫的组织包囊可在许多组织器官中出现，包囊壁厚在 1 μm 以内。

治疗

尚无有效治疗方法。临床可选用磺胺类药物，大环内酯类如红霉素、泰乐霉素，四环素类如四环素、金霉素，以及离子载体抗生素类如莫能霉素、盐霉素、马杜拉霉素治疗。

Mayhew 等（1991）报道，用磺胺嘧啶、甲氧苄胺嘧啶和乙胺嘧啶等抗弓形虫药物治疗，对早期新孢子虫病有一定疗效。又据报道，用磺胺嘧啶和甲氧苄胺嘧啶合剂，剂量为 150 mg/kg 体重，每日 2 次，同时用乙胺嘧啶 1 mg/kg 体重治疗一次，4 周后，犬麻痹症消失。

预防

由于对新孢子虫的生活史及其感染途径尚不清楚，故无有效的预防措施。已知本病能通过胎盘传染，因此，奶牛场应加强监测，凡检出的阳性牛应集中隔离饲养，或将其淘汰。

本病在欧美、澳大利亚、新西兰、加拿大、日本等广为分布，在进口奶牛时，应加强口岸检疫，防止将本病引入。

加强防疫，牛场内不准养犬，严禁外部犬、羊进入场内。

毛滴虫病
Trichomoniasis

毛滴虫病是由鞭毛虫纲毛滴虫科的胎儿毛滴虫引起的疾病。感染母年的临床特征是生殖道炎、流产和不孕。

病　原

病原为胎儿毛滴虫。虫体呈梨形、纺锤形或卵圆形，长 12 ～ 17 μm，宽 3 ～ 10 μm。经姬姆萨染色的虫体，细胞核位于虫体的前半部，呈圆形、紫红色，原生质呈天蓝色，鞭毛呈暗紫色或黑色。核前方有一毛基体，由毛基体伸出 4 根鞭毛，其中 3 根位于虫体前方，呈游离状，即前鞭毛，长度与体长相等；另一根向后延伸，与体侧波动膜相连，游离部分称后鞭毛。波动膜有 3 ～ 6 个弯曲(图 9-3)。

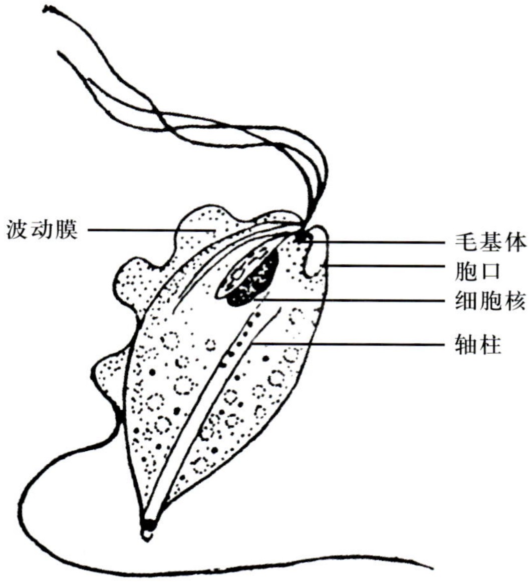

图 9-3　胎儿毛滴虫模式图

胎儿毛滴虫对高温和消毒药抵抗力很小，在 50 ～ 55℃时 2 ～ 3 min 即死，但在 0℃环境中能生存 2 ～ 18 d。0.5%硫酸铜、0.1% ～ 0.2%甲醛溶液中 1 min 即死，在 15%氯化钠溶液中 20 ～ 30 s 即死。

流 行 病 学

胎儿毛滴虫主要寄生在母牛的阴道、子宫黏膜，公牛的包皮、阴茎的上皮和输精管等处，以及妊娠母牛的胎儿、胎盘和胎液中。

感染公牛和母牛为其传染来源。公牛交配时可释放大量的胎儿毛滴虫而引起感染。因此，公牛在采精时消毒不严；冻精在制作过程中未严格遵守操作规程；或人工授精时，器械消毒不严格；特别是自然交配等，都可以将本病传播。也可通过流产胎儿、病牛阴道排泄物的直接接触而传染。

临 床 症 状

当病原体与母牛生殖道接触后，可在阴道、子宫颈、子宫内膜和输卵管等发生感染，并引起轻度的外阴－阴道炎和子宫颈炎，经 1 ～ 2 周后，从阴道向外排出絮状的灰白色分泌物。由于子宫和输卵管发炎，妊娠 3 ～ 5 个月时，胚胎死亡而流产。

多数牛在感染后在 3 ～ 4 个月可能自愈，并表现出发情、怀孕。但少数牛可能发生子宫蓄脓，或反复发情、无规律发情，往往造成不孕。

公牛感染通常无外部症状，但也有见包皮肿胀，有脓性分泌物，阴茎黏膜上有红色小结。这些症状很快消失，输精管和睾丸内集有大量虫体。

诊　断

根据流行病学调查、临床流产、发情配种不孕、反复发情且无规律，及配种后阴道内有分泌物排出，可怀疑有本病存在。临床流产病因较多，且症状又较难区分，确诊应进行毛滴虫分离和鉴定。

公牛应取包皮刮取物或抽取液体为样本。母牛取子宫吸出液，流产胎儿可取第四胃内容物。对收集的冲洗液，经离心沉淀后，取沉淀物进行显微镜检查。

胎儿毛滴虫培养，取病料接种于葡萄糖马血清肉汤培养基上，37℃培养，2 ～ 3 d 观察一次，连续观察 10 次。

治　疗

对病牛及时隔离、治疗，防止继续传播。

全身疗法

（1）抗生素的使用　四环素每日 5 ～ 10 mg/kg 体重，用 5%葡萄糖液或生理盐水配成 1%溶液，静脉注射，连续 2 ～ 3 d。或用苄星青霉素 8 000 ～ 10 000 IU/kg 体重，一次肌肉注射，连续 2 ～ 3 次。

（2）甲硝异丙咪　经抗生素治疗 2 ～ 3 d 后，用甲硝异丙咪 15 ～ 30 g，深部肌肉注射，每隔 24 h 注射一次，共注 3 次。

局部治疗

（1）对公牛，用 0.1%雷佛奴尔液、0.1%高锰酸钾液注射包皮腔，或用复方碘溶液（碘 1 g、碘化钾 2 g、蒸馏水 250 mL、甘油 250 g 混匀）冲洗包皮腔。

（2）对母牛，采用子宫内灌入。用土霉素 3 g 或金霉素 2 g，溶于灭菌蒸馏水 250 mL 中，混匀，一次灌入子宫，隔日一次，连灌 3 ～ 5 次。

预　防

本病主要是通过交配、输精感染。因此，在奶牛场内，一律采用人工授精，严禁自然交配是根除方法。公牛采精时，要注意包皮、阴茎清洗与消毒工作，并应加强健康检查。严格执行人工授精操作规程，在输精时，应注意手臂、输精器械消毒，尽量减少传播机会。

对病牛应淘汰。必须保留的公牛，应立即确诊，并隔离治疗。隔离期间停止采精。治疗后经仔细检查，确认痊愈后，才能使用。对引进公牛应进行检疫，严防将本病带入。

肉孢子虫病
Sarcocystosis

肉孢子虫病是由肉孢子虫属的各种肉孢子虫寄生于动物体内所引起的一种原虫病。除感染马、牛、羊和猪外，犬、鹿、猫、鼠类、鸟类、鱼类及爬行类也可感染。人也有感染的报道。牛感染了肉孢子虫，发病后的特征是发热、贫血、腹泻、流产、脱毛和肌肉抽搐。

病　原

寄生于牛的肉孢子虫，经 Levine 1977 年确认的有 3 种，即枯氏肉孢子虫 [*S.cruzi*（*S.bovicanis*）]、牛肉孢子虫 [*S.hirsuta*（*S.bovifelis*）] 和人肉孢子虫 [*S.hominis*（*S.bovihominis*）]，其区别如表 9-6 所示。

表 9-6　牛肉孢子虫的区别
(Parasitic Protozoa Vol.111)

项　目	*S.cruzi*（*S.bovicanis*）	*S.hirsuta*（*S.bovifelis*）	*S.hominis*（*S.bovihominis*）
囊壁	薄，0.5 μm	厚，6.0 μm，有条痕	厚，5.9 μm，有条痕
致病力	有	无或轻微	无或轻微
终末宿主	犬	猫	人
卵囊排出前期	9 ～ 10 d	7 ～ 9 d	9 ～ 10 d
孢子囊	16 μm × 11 μm	12 μm × 8 μm	15 μm × 9 μm

牛肉孢子虫呈纺锤形、圆柱形、卵圆形，多寄生于牛的舌肌和心脏。虫体的囊壁为单一的基础膜，膜下层为嗜锇性物质构成，外层有许多突起延伸于周围肌组织中，起吸收营养作用。基础膜的下面由细粒物质构成并向囊内深入，将囊隔成小室，内含滋养体。发育中的滋养体于外层小室内；成熟的滋养体（缓殖子）呈香蕉形，于深层的小室中；中间部分没有隔和缓殖子，充满液体并含肉孢子虫毒素。滋养体和缓殖子构造如图 9-4 所示。

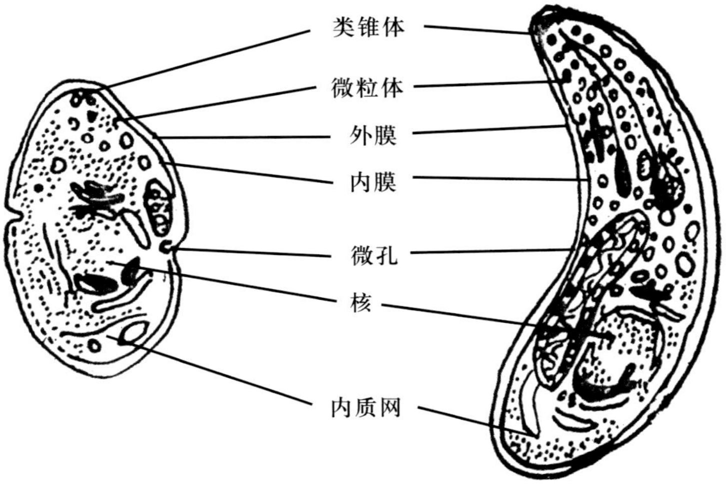

图 9-4　牛肉孢子虫 *S.cruzi* 的滋养体与缓殖子构造

（引自 Parasitic Protozoa Vol.111）

生　活　史

肉孢子虫是严格的二宿主寄生虫，即在草食性中间宿主和肉食性终末宿主之间交替寄生。无性繁殖期在草食兽的横纹肌成囊；其有性繁殖是在肉食兽和人的小肠中繁殖。

终末宿主吞食了有肉孢子虫成熟包囊的中间宿主的肌肉和神经组织而感染。由于消化酶的作用，包囊被蛋白分解酶溶解，滋养体逸出，进入小肠固有层形成有性生殖配子，雌雄配子结合形成卵囊，在每一卵囊内有 2 个孢子囊发育，每一孢子囊内有 4 个子孢子发育，这样，在每一个形成孢子的卵囊内有 8 个子孢子。卵囊壁薄而脆，破坏后两个孢子囊便从固有层中逸出，进入肠腔随粪便排出。

牛吞食了由受染终末宿主排出的卵囊或孢子囊而被感染。由于消化酶与胆汁的作用，子孢子在小肠中从孢子囊内逸出，进入肠壁血管，并在组织器官的血管内皮细胞中进行裂体生殖。裂殖体形成的裂殖子散出，随血液进入食道肌、膈肌、舌肌及心肌内寄生，形成与肌纤维平行的包囊，此包囊称米氏管，呈纺锤形、圆柱形、卵圆形等形状，色呈灰白至乳白色；有的也可寄生于脑部。牛肉孢子虫生活史如图 9-5 所示。

流 行 病 学

易感动物很多，犬、猫作为终末宿主。虫体常为肠道寄生，粪中能排出卵囊或孢子囊，故起传播作用。

肉孢子虫分布广泛，许多国家都有报道。用消化法检查，德国 11 个屠宰场感染率为 99.7%，奶牛为 88.3%；斐济为 76.1%；奥地利感染率为 87.4%；苏联白俄罗斯感染率为 90%；美国为 62%；委内瑞拉对牛肌肉检查，感染率为 92%；印度马德兰市屠宰水牛感染率为 40.1%；广州市食品公司屠宰猪的感染率为 6.76%，西安屠宰猪感染率为 12.49%。一年四季均可发生，无季节性。

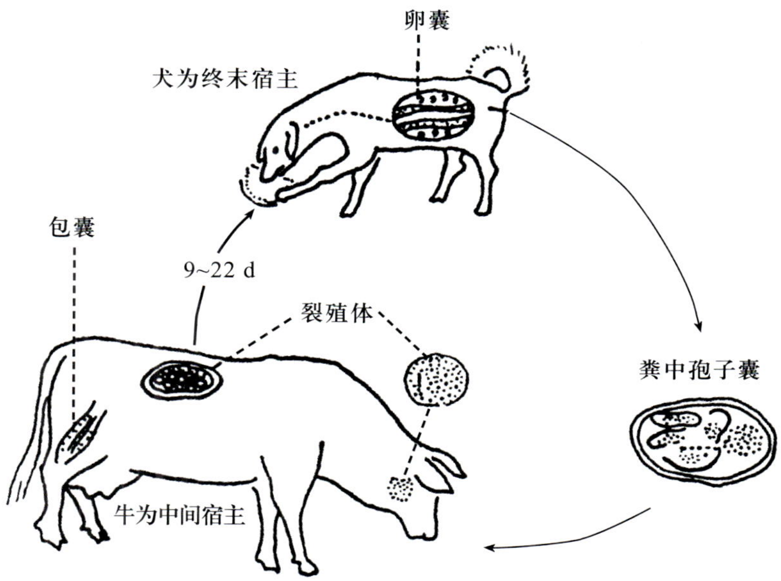

图 9-5　牛肉孢子虫 *S.cruzi* 的生活史
（引自 Parasitic Protozoa Vol.111）

临 床 症 状

临床表现的严重程度根据吞食孢子囊的数目而定。当发生急性病时，患牛食欲不振，体温升高并持续 2 ～ 30 d，贫血，腹泻，流涎，口腔及食道糜烂、溃疡，肌肉无力，肌肉抽搐，感觉过敏，有轻度的神经症状。母牛流产，多发生于妊娠后期；也有见出血性阴道炎。消瘦，乳产量下降。慢性的可拖至 8 周以上，其特征是极度衰弱，黏膜苍白，下颌水肿，跛行。四肢脱毛；尾端脱毛至完全脱光，似如老鼠尾巴；眼周围、颈部被毛脱落。恶病质，体表淋巴结肿大。

临 床 病 理

血细胞压积值、红细胞数和血红蛋白浓度下降到正常值的 75%。中性粒细胞核左移。血尿素氮（BUN）和胆红素持续性增高。肌酸磷酸激酶（CPK）、乳酸脱氢酶（LDH）、天门冬氨酸转氨酶（ASAT）和山梨醇脱氢酶（SBDH）增高。血葡萄糖、钙、钠、氯和总蛋白减少。钾、镁、磷正常。尿中出现甲基组氨酸。

病 理 变 化

剖检变化

体脂肪减少，肾周围与心冠状沟脂肪贫瘠，呈胶状或半透明，器官苍白、出血。常见眼的巩膜、内脏浆膜面、心肌、胸腺、脾、骨骼肌呈斑状出血。肌肉松弛、水肿，色如煮肉样或烂黄泥样，并有虎纹或镶嵌型的明暗交替的带。

组织学变化

淋巴结水肿和网状细胞增生。各组织的血管内皮单核细胞浸润，并有裂殖体增殖阶段的虫体。肺泡毛细血管纤维性栓塞。脾呈多发性坏死病灶。门脉血管、胆管、胆小管周围单核细胞浸润，肝呈非化脓性肝炎和脂变。胆囊水肿、单核细胞浸润。心肌及骨骼肌淤血、出血，可见肉孢子虫包囊（图 9-6），心肌变性，肌纤维模糊不清。中枢神经系损伤，见神经胶质增生。

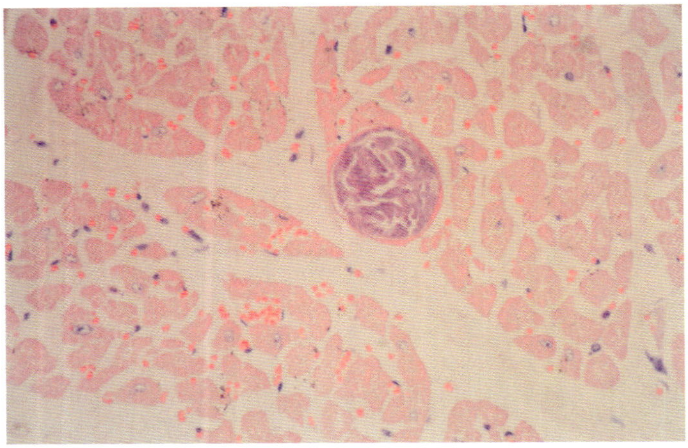

图 9-6　牛心肌淤血、出血，可见肉孢子虫包囊

诊　断

临床诊断

临床发病后的表现是贫血，厌食，发热，淋巴结肿大，多涎，流产与尾尖的脱毛。

实验室检验

血液学检验　感染牛谷草转氨酶（GOT）、乳酸脱氢酶（LDH）、肌酸磷酸激酶（CPK）的活性增强。血尿素氮及胆红素水平增高。

间接血凝（IHA）　用 *S. cruzi* 的缓殖子作抗原，食入孢子囊后 30 ～ 45 d，血清滴度高于 1:162 时，即为阳性感染。

粪便检查　取粪便直接涂片或生理盐水漂浮，镜检有孢子囊。

活体组织检查　主要是从活体肌肉取样检查有无肉孢子虫，发现虫体便可确诊。

类症鉴别

肉孢子虫病与牛弓形虫病有相似之处，应予以鉴别。肉孢子虫的裂殖体与弓形虫的速殖体和组织包囊的区别是：前者虫体在血管中或靠近血管且直接与宿主细胞浆接触，而后者实际上在所有细胞内生长，而且被一个空泡将其与宿主细胞浆分开，组织坏死比前者严重突出。血清学检验两者无交叉反应。

治　疗

迄今，对肉孢子虫病尚无特效疗法。据报道，抗球虫药可以降低中间宿主（牛）的感染。Fayer 等 1975 年用氨丙啉按 100 mg/kg 体重喂服，每日一次，连续投药 30 d，可以减轻其感染的严重程度。

莫能菌素，剂量为 1 mg/kg 体重，拌入饲料中，连服 33 d。

预　防

鉴于动物的年龄与抵抗本病能力无关；通过初乳传递抗体的被动免疫对临床肉孢子虫病不呈现保护作用；已感染而出现临床症状的牛仍具有易感性，在同一动物体不同种的肉孢子虫之间也不出现交叉保护免疫，因此，其预防措施必须以防止肉食动物感染及预防其粪便污染饲料、牧场为原则，以阻断其发育环。具体措施如下：

加强兽医防疫消毒制度　死亡的畜体应深埋或焚烧，不能将其肉或内脏喂肉食动物；消灭野狗、野猫；牛场内严禁饲喂猫、犬。

加强饲料保管 严禁猫、犬等终末宿主进入圈内污染饲料和饮水。

加强肉品卫生检查 肉品冰冻处理 −20℃ 30 d，−27℃ 24 h 以上。广州对肉孢子虫定量处理办法是：镜检中，每 10 个视野有 20 ~ 30 条肉孢子虫且肉没有病变者，该肉作高温处理；未及本数量者为轻度感染，不受限制出厂；大于本数量且肉有病变时，该肉应作工业用或销毁。

皮蝇蛆病
Hypodermiasis

牛皮蝇蛆病是由皮蝇科皮蝇属的牛皮蝇和纹皮蝇的幼虫寄生于牛的皮下组织所引起的一种寄生虫病，其临床特征是幼虫移行至背部皮下发生肿块。牛皮蝇蛆偶尔还可以寄生于羊、马、驴和一些野生动物。

危　害　性

奶牛严重感染牛皮蝇蛆时，给养牛业带来的损失是严重的，其危害性表现为：

直接经济损失 成蝇引起牛只不安，食欲减少，幼虫寄生于皮下影响皮革质量。据阎启礼（1986）对青海黄南地区调查，产乳量下降 6.08%，增重率降低 8.38%，犊牛死亡率升高 4.36%，产肉量下降 10.72%，牛皮收购价下降 13.14%。

并发病的发生 幼虫移行至食道和脊髓，或因皮内幼虫死亡而引起中毒及过敏反应。

本病在我国流行广泛，尤以东北、西北等地更为严重。据报道，青海某地总感染率高达 64.5%，其中 1 岁牛占 94.2%，2 ~ 3 岁牛占 78.4%，4 岁以上占 29.7%，即随年龄增长，感染率下降。

病　　原

牛皮蝇和纹皮蝇形态相似（表 9-7）。外形像蜜蜂，体表被有绒毛，触角分 3 节，口器已退化，不能采食，亦不能蜇咬牛只。牛皮蝇体长约 15 mm，虫卵产在牛的四肢上部、腹部、乳房区和体侧的被毛上，单个地黏着于被毛上。卵呈淡黄白色，有光泽。

表 9-7　牛皮蝇和纹皮蝇的比较

对比	成虫	卵	幼虫		
			寄生部位	后部气孔板	成熟幼虫大小及寄生部位
牛皮蝇	13 ~ 16 mm，有橙黄色带，宽而深	（0.76 ~ 0.8）mm ×（0.2 ~ 0.29）mm，淡黄色、有光泽，卵产于腿部和腰部	脊髓硬膜外	凹	27 ~ 28 mm，背部
纹皮蝇	13 mm，黑色，有橙黄色胸带	0.76 mm × 0.21 mm，卵产于前肢内侧和腹部及胸前	食道	扁	25 mm，背部

寄生于牛背部皮下组织中的第三期幼虫，体较粗大，长约 28 mm，深褐色，分为 11 节，背面较平，腹面呈疣状带小刺的结节，最后 2 节背腹面均无小刺。虫体前端较尖，无口钩，后端较平，有 2 个呈漏斗状深棕褐色的气孔板。

纹皮蝇比牛皮蝇小，体长只有 13 mm，虫卵产在牛后腿的后下方和前腿部分，一根毛上可固着成排的虫卵。

纹皮蝇的第三期幼虫与牛皮蝇的相似，体长约 26 mm，虫体最后一节无小刺，第 10 节的腹面仅后缘有刺。气孔板较平。

生 活 史

牛皮蝇与纹皮蝇的发育史基本相同，属完全变态，经卵、幼虫、蛹和蝇四个阶段。皮蝇在自然界生活的时间只有 5 ～ 6 d。

在夏季天气晴朗炎热时，雌雄皮蝇交配后，雄蝇不久死亡，雌蝇飞向牛体产卵，雌蝇产完卵后也死亡。卵经 4 ～ 7 d 孵化出第一期幼虫。牛皮蝇的第一期幼虫钻入皮下移行，最后发育成第三期幼虫到达背部皮下。纹皮蝇的第一期幼虫钻入皮下移行，在感染后的 2.5 个月可在咽头和食道部发现第二期幼虫。第二期幼虫在食道壁停留 5 个月，最后也移行到牛背部皮下，发育成第三期幼虫。幼虫到达牛背部皮下时，在局部出现瘤状隆起，并出现绿豆大的小孔，幼虫以其气孔板朝向小孔。在牛背部皮下，第三期幼虫寄生 2 ～ 2.5 个月。随着生长过程，幼虫颜色逐渐变成褐色，同时皮肤上小孔的口径也随之增大。成熟后的幼虫经皮孔逸出，落入土中变成蛹，再经 1 ～ 2 个月后，羽化为成蝇。幼虫在牛体内寄生 10 ～ 11 个月，整个发育过程大约 1 年。

发 病 机 理

成蝇的活动季节，因各地气候不同而有差异，在同一地区，牛皮蝇出现时间一般比纹皮蝇晚。雌蝇飞翔产卵时，常引起牛只不安，喷鼻蹴踢，竖尾奔逃，影响采食，有些牛只奔逃时受外伤，甚至发生流产。

幼虫钻入皮肤时，引起动物瘙痒、不安和局部疼痛。幼虫在体内长时间移行，使组织受损伤，在咽头、食道部移行时引起咽炎、食道壁的炎症。幼虫分泌的毒素对牛有一定的毒害，常使患畜消瘦，产乳量下降，幼畜贫血和发育不良。幼虫寄生于牛背部皮下时，其寄生部位往往发生血肿和蜂窝织炎。感染化脓菌时，常形成瘘管，经常流出脓液，直到幼虫逸出后，瘘管才逐渐愈合，形成瘢痕，影响皮革质量。

临 床 症 状

在皮蝇雌虫飞翔产卵季节，为躲避成年皮蝇，在牧草上或运动场内牛只乱跑，不安，蹶踢，摇尾和吼叫。由于奶牛不能休息，日见采食量减少，身体消瘦，产奶量下降，甚至会引起外伤和流产。

幼虫钻入皮肤时，引起牛只不安、局部疼痛及瘙痒，病变部位发生血肿、皮下蜂窝织炎，皮肤隆起，粗糙不平。用手指按压肿胀的边缘，可挤出幼虫，并有褐色胶样物、脓液流出。

诊 断

根据临床症状，如母牛兴奋，被毛上虫卵，局灶性皮炎及背部多处肿胀和皮肤钻孔，指压有幼虫挤出即可确诊。

诊断时还须与背部损伤和细菌性感染相区别。背部损伤的肿胀无通气孔，肿胀内无幼虫。当发生背部血肿和脓肿时，肿胀具波动性，用针穿刺可抽出血液或脓汁。

治 疗

治疗时，应加强灭蝇工作，减少皮蝇繁殖的环境因素及其对牛只的刺激。具体治疗措施：

消灭牛背部皮下的幼虫

可用 1%～ 2%敌百虫溶液涂擦，1.5%鱼藤酮溶液或 0.5%～ 0.7%蝇毒磷溶液喷洒牛背部。一般于 3 月中旬至 5 月底进行，每隔 30 d 处理一次，共处理两次。

消灭尚未到达牛背部皮下的幼虫

可用 10%或 15%敌百虫溶液，0.1 ～ 0.2 mL/kg 体重，于 10 月中旬和翌年 1 月下旬，给牛进行两次臀部肌肉注射。或用倍硫磷（百治图、拜耳 29493），7 mg/kg 体重，肌肉注射，注射应在 11 ～ 12 月份进行，或每头牛用 1%溶液 170 mL 浇洒。也可用皮蝇磷，100 mg/kg 体重，一次口服，或每日 15 mg/kg 体重，口服，连用 6 ～ 7 d。亚胺硫磷乳油，30 mg/kg 体重，泼洒或点滴牛背部皮肤，杀虫效果比敌百虫更好。伊维菌素 0.02 mL/kg 体重，一次皮下注射。

预　防

加强牛体卫生和牛舍环境卫生，减少由蛹变成为蝇的生存条件。消灭牛皮蝇成虫，在夏季成蝇活动季节，可用溴氰菊酯定期全场喷雾，每半个月用 2%敌百虫水溶液喷洒牛背部，在成蝇活动季节终止后的一个短期内，对所有牛用 2% 敌百虫溶液再喷洒全身，能达到减轻和消灭的目的。

疥　癣　病
Sarcoptic Acariasis

疥癣病是由疥癣虫引起的一种急性或慢性接触性、侵袭性皮肤病。临床以湿疹性皮炎、脱毛及剧痒为特征。

病　原

牛疥癣病是根据寄生螨的类型分类的，每一种疥癣在其早期各具有不同的特征，这是由于不同疥癣虫有其不同的生物学特征所致。其病原主要包括疥螨、痒螨和足螨 3 种（表 9-8）。

表 9-8　牛疥癣虫

名　称	生活周期（d）	虫　体	虫　卵	寄生部位	特　征
痒螨（吸吮疥癣虫）	10 ～ 12	成虫呈长圆形，大小为 0.5 ～ 0.9 mm	卵圆形，透明，灰白色，大小为 0.14 mm × 0.3 mm	股部、阴部、乳房、大腿内侧	痂皮，增厚，鳞屑，剥脱
疥螨（穿孔疥癣虫）	15	黄白色，大小为 0.2 ～ 0.45 mm	卵圆形，透明，微黄色，大小为 0.1 mm × 0.15 mm	头、颈、肩部、背部	剥脱，增厚，有皱褶
足螨（食皮疥癣虫）	19 ～ 23	0.3 ～ 0.4 mm	0.1 ～ 0.2 mm	股部、肛门、尾根	剥脱，增厚，有皱褶，痂皮

疥螨形体很小，肉眼不易见，呈龟形，背面隆起，腹面扁平，浅黄色。体背面有细横纹、锥突、圆锥形鳞片和刚毛，腹面有 4 对粗短的足。虫体前端有一假头（咀嚼式口器）。雌螨比雄螨大，其大小为（0.25 ～ 0.51）mm ×（0.24 ～ 0.39）mm；雄螨大小为（0.19 ～ 0.25）mm ×（0.14 ～ 0.29）mm。雌螨的第 1 对、第 2 对足，雄螨的第 1 对、第 2 对、第 4 对足的跗节末端长有一带长柄的膜质、钟形吸盘。

生　活　史

虽然牛疥癣虫生物学特性不同，但它们的生活发育史是一致的。疥螨的发育属于不完全变态，包括卵、幼虫、若虫和成虫 4 个阶段。整个发育过程在牛体皮肤中完成。成虫钻入表皮内挖掘隧道，在隧道内发育和繁殖、产卵，每 2 ～ 3 d 产卵一次，一生可产 40 ～ 50 个卵。卵经 3 ～ 8 d 孵化出幼虫，幼虫只有 3 对足，很活跃，爬离隧道到皮肤表面，再另挖隧道，在其中生活，蜕皮变为若虫。若虫形似成虫，有 4 对足，但体型较小，生殖器官尚未发育。若虫有大小两型：小型的经蜕皮变为雄虫，大型的经蜕皮发育为雌虫。雄虫与雌虫在宿主体表进行交配，交配后的雄虫不久即死亡，雌虫寿命为 4 ～ 5 周。疥螨整个发育过程需

15 d 左右。

流 行 病 学

牛的疥癣病在全世界都有发生。所有品种和性别的牛都有发生，奶牛和纯种公牛最为常见。成年牛，特别是 6 月龄以上的牛最易发生。通常呈散发，但偶尔也有群发现象。除牛外，其他家畜和野生动物也可受到疥癣虫感染而发病，这种感染很广泛，并且具有宿主特异性。

传染源

病牛为主要传染源。一般是通过病畜和健畜直接的身体接触而传播。也可通过健牛与污染的物体的接触而间接传播。

季节性

本病主要发生于秋末、冬季和初春。因为在这些季节，日照不足，畜体毛长而密，皮肤湿度较高，最适合疥螨发育繁殖。牛疥螨病，开始于牛的头部、颈部、背部、尾根等被毛较短的部位，严重时可波及全身。

促使感染的因素

牛舍阴暗、潮湿、狭窄，牛只拥挤、饲养密度过大，褥草不勤换；病牛污染的刷子、用具不专用；病牛患病发痒时于牛栏、墙壁等固定物体摩擦处，不清洗、不消毒以及饲养员、兽医的手臂不消毒都可将本病传播。

临 床 症 状

疥癣感染初期，局部皮肤上出现小结节，继而出现小水疱，患部发痒，以致牛摩擦和啃咬患部，造成局部脱毛，皮肤损伤、破裂、流出淋巴液，形成痂皮。痂皮脱落后遗留下无毛的皮肤。皮肤变厚，出现皱褶、龟裂，病变向四周延伸。由于发痒，病牛神经质地摔打牛尾，舐食、啃咬、蹴踢和搔抓感染的皮肤，对着牛栏、厩舍、木桩及其他物体进行摩擦。病牛吃食减少，体重降低，产奶量减少，犊牛生长发育受阻。

诊 断

根据临床症状、痒觉与皮肤损伤，疥癣可疑。确诊应在皮肤病变部位与健康部位交界处，用刀刮取皮屑，置载玻片上，滴加 50% 甘油水溶液，显微镜下检查虫体，因疥螨寄生于皮肤内的隧道中，故刮取病料时必须深刮，直至轻度出血。

沉淀法

将刮取物放入 5% ~ 10% 氢氧化钠或氢氧化钾溶液中浸泡 2 h，或煮沸数分钟，离心 5 min，取沉淀物制成压片，低倍镜下镜检。

漂浮法

按上述处理法进行，离心沉淀 5 min，弃去上清液，加入 60% 亚硫酸钠溶液适量，静置 10 min，螨可漂浮于液面，取表面层液体置于载玻片上，镜检虫体。

治 疗

对牛疥癣治疗方法很多，可选用药液进行浸洗或喷雾。

（1）2%石灰硫黄溶液（生石灰 5.4 kg、硫黄粉 10.8 kg，水 455 L）浸洗，每周一次，连用 4 次。
（2）敌百虫配成 0.5% ~ 1%水溶液，喷洒或擦洗牛体，1 周后再治疗一次。
（3）蝇毒灵乳剂配成 0.05%水溶液，喷淋或擦洗一次，1 周后再治疗一次。
（4）1%奥佛麦菌素注射液 0.02 mL/kg 体重，一次皮下注射。
（5）溴氰菊酯（敌杀死，倍特）配成 0.005% ~ 0.008%水溶液，喷淋或涂擦，1 周后再治疗一次。
（6）12.5%双甲脒乳油 1 L，加水 500 ~ 700 L，喷雾或涂擦一次。

预　防

对病牛应及时隔离治疗，用 0.5%毒杀芬、1%敌百虫水溶液对厩舍、用具消毒。

严禁健康牛与病牛接触。对引进牛只应严格检查，并应用上述药液浸洗或喷雾处理，再混入群内。为防止病原传播，出场牛只亦应用药液清洗或喷雾处理。平时加强环境卫生和牛体卫生。

牛蝇蛆病
Warbles

本病是成年蝇蛆吸吮伤口、黏膜并在其内产卵、孵化为蛆所致的病症。为奶牛场内常见现象。

病　原

许多种蝇（丽蝇、绿蝇、金蝇、吴氏蝇和麻蝇）都能引起奶牛的蝇蛆病。成年蝇为了寻找食物和产卵地点可飞行很远。坏死伤口、尸体、腐肉、沾有粪尿和汗液的皮肤或沾有黏液的天然孔及植物性物质，因其具有散发的异常气味，均能吸引更多的蝇类。

初夏和秋季，气温较高，为这些蝇类活动最旺盛季节，雌蝇产出的卵经 1 ~ 3 d 孵化为蛆，当环境温暖而潮湿，有的在 12 h 便能孵化为蛆。

蝇蛆能产生蛋白酶，故能消化和液化宿主坏死组织和伤口分泌液而不继续向深部活组织蛀蚀。但有些蝇蛆能蛀蚀健康组织，故能在活肌肉中发现有蛆。

临床症状

当牛去角、阉割或外伤后，由于对伤口护理不当，极易出现蝇蛆。蝇蛆寄生后，伤口溃烂并排出腐臭难闻气味的分泌物，溃疡的边缘呈水肿状，肉芽生长不良，愈合困难。在出血、坏死组织的空腔内，可见有数目繁多的蝇蛆在蠕动。

当眼部损伤，特别是患“红眼病”并继发角膜穿孔、眼窝凹陷，大量黏性、脓性分泌物流出，或牛患鳞状细胞癌时，眼眶内都会积存大量的蝇蛆。

犊牛患腹泻、败血症和白肌病，机体衰弱，由于蝇蛆的寄生，蝇蛆蠕动所致的不安及毒素的作用，更加促进其虚弱的发生。

被粪、尿污染的肛门，难产所致外阴道的撕裂与坏死，这些部位常有蝇类堆积，引起蝇蛆大量寄生，从而加剧损伤部位的炎症过程，引起大小不等的空洞状的深部溃疡。

治　疗

患部清洗　伤口剪毛、清洁，除去伤口内的蝇蛆及坏死组织。以松节油（松节油 1 份、水 32 份）溶液、3%来苏儿溶液、3%石炭酸溶液或 0.25%蝇毒磷冲洗，以清除和杀死蛆。

局部处理 经用消毒液彻底冲洗后，局部可用 3% 蝇毒磷软膏、1% 滴滴涕粉或氯仿磺胺粉（氯仿 1 份、磺胺粉 1 份）涂布。

预　　防

加强消毒卫生工作，及时彻底地清除腐败物质，尸体深埋。在蝇活动季节，要做好灭蚊、蝇工作，全场定期用除蝇剂喷洒。如有外伤发生，要妥善处理伤口，并用 0.25%蝇毒磷液清洗或涂布驱蝇剂。

第十章 呼吸系统及循环系统疾病

Diseases of Respiratory System and Circulatory System

肺充血及肺水肿
Pulmonary Hyperemia and Edema

肺充血是指肺毛细血管过度充满血液使肺中血量增加。分主动性与被动性充血两种，前者是由于流入肺脏和流出肺脏的血量同时增多，使毛细血管过度充盈；而后者则由于流出肺脏的血量减少，流入肺脏的血量正常或增多所致。

肺水肿是由于毛细血管内液体渗出而漏入肺间质与肺泡所引起，为肺充血的必然结果。由于肺泡空间数量的丧失程度不同，故其临床以呼吸困难程度各异为特征。

病　因

肺充血及肺水肿是许多疾病常见的一种最终结果，但常被其他障碍所掩盖而忽视。引起肺充血的原因分原发性和继发性两种，原发性即主动性的，继发性即被动性的。

原发性（主动性）充血

指基本损害在肺脏。多见于肺炎初期；炎热天气而无遮荫、防暑设施所致的日射病和热射病；吸入烟雾和刺激性气体及毒气中毒；农药中毒如有机磷和有机氟中毒，以及由再生牧草热所致的急性过敏反应等。这些均能引起肺毛细血管扩张而造成主动性充血。

继发性（被动性）充血

指基本损害在其他器官。主要见于充血性心力衰竭的疾病，如心扩张、心肌炎、心肌变性及二尖瓣狭窄和闭锁不全，由于肺脏内血液流出受阻而造成肺淤血；也见于病牛长期躺卧，造成局部血液停滞而引起所谓的沉积性充血。

发 病 机 理

肺充血时，由于肺脏毛细血管扩张、充血，使肺泡腔减少而造成肺活量减少，血液氧合作用降低。同时，由于流经肺血管内的血液减慢，血液氧合作用更加减弱，血氧不足和二氧化碳在血中储留，引起机体缺氧症发生，表现出呼吸困难、喘息等。由于毒素、缺氧时代谢产物对肺毛细血管的损害，使其渗透性改变，或由于心脏发生充血性心力衰竭，血液流经肺脏因毛细血管流体静脉压升高，血液受阻，此时血液中液体由血管漏出而形成水肿，当漏出液充满肺泡，继而充满支气管，致使肺活量更加降低，气体交换更加障碍，最后以呼吸衰竭、窒息死亡。

临 床 症 状

肺充血及肺水肿病状相似，常迅速发生呼吸困难，可视黏膜鲜红或发绀，颈静脉怒张。病牛由兴奋不安转为沉郁。咳嗽短浅、声弱而呈湿性，鼻液初呈浆液性，后期鼻液量增多，常见从两鼻孔内流出黄色或淡红色、带血色的泡沫样鼻液。严重呼吸困难者，头直伸，张口吐舌，鼻孔张大，喘息，腹部运动明显。也有表现为两前肢叉开，肘头外展，头下垂者。心跳加快至100次/min以上，心音初增强而后减弱。

肺部叩诊音不同，充血初期未见异常，有水肿时为鼓音，当肺泡被大量水肿液充满时则呈浊音或半浊音。

肺部听诊，充血时有粗糙的水泡杂音、无啰音；肺水肿时，肺泡音减弱，能听到小水泡音和捻发音。

病理变化

急性肺充血时肺脏体积增大，色呈暗红色、质度稍硬，切面流出大量血液。组织学变化是肺毛细血管充盈，肺泡中集有漏出液和血液。

肺水肿时体积增大、较重，呈蓝紫色，失去弹性，按有压痕。气管、支气管和肺泡常积聚大量淡红色、泡沫状液体，切面流出大量淡红色浆液。

诊　断

临床诊断

肺水肿及肺充血区别困难，通过临床症状可以诊断。

类症鉴别

在临床诊断时，肺充血与肺水肿应与热射病、日射病、肺炎等鉴别。

与热射病及日射病的区别　热射病及日射病时，病牛体温升高达41.5℃以上，并伴有神经症状。

与肺炎的区别　肺炎病牛体温升高至40～41.5℃，呈弛张热，叩诊时肺部出现散在性小浊音区，听诊时浊音区肺泡音减弱或消失，其周围肺泡音增强，有时能听到啰音。细菌性肺炎常伴有毒血症，对抗菌药物治疗反应最好。

过敏反应　由过敏反应引起的肺充血与肺水肿有自愈倾向。

治　疗

治疗原则是降低肺内压，缓解呼吸困难，减少渗出以防水肿加重。治疗药物可选用速尿0.5～1.0 mg/kg体重，一次肌肉注射，每日2次。阿托品0.048 mg/kg体重，一次肌肉注射，每日2次。氢化可的松0.2～0.5 g，一次静脉注射。据报道，乙酰水杨酸（阿司匹林）、甲氯灭酸钠对牛抗过敏作用效果较好，故可用阿司匹林15～30 g，一次内服；或甲氯灭酸钠1 mg/kg体重，一次内服，每日2次。为了防止渗出，可用5%氯化钙200～250 mL，一次静脉注射。

预　防

加强饲养管理，注意牛舍通风，避免刺激性气体的刺激。夏季应做好防暑降温工作，防止奶牛受热应激。加强对农药保管，防止奶牛误食、误饮有机磷等杀虫剂而引起中毒。对因产后瘫痪等疾病而引发的躺卧母牛，或因蹄病而卧地不起的病牛，应加强护理，每日应人工翻动体躯1～2次，以防止沉积性肺淤血的发生。

肺　气　肿
Pulmonary Emphysema

肺气肿是由于肺泡充满过量气体而过度扩张，使肺的体积膨胀，伴有肺泡壁破裂。常见的有肺泡性气肿及肺间质性气肿。

肺气肿为奶牛肺部疾病最为常见的一种临床病理变化，临床以呼吸困难、呼气时长而用力为特征。

分急性和慢性两种。

病　因

肺气肿在典型的间质性肺炎、寄生虫性肺炎以及由急性过敏反应引起的肺水肿中是一种重要的损害。其原因有以下几种：

（1）日粮不平衡，饲料突然改变。大量采食青草、芜菁、甘蓝、紫花苜蓿和油菜后；饲喂色氨酸在瘤胃内转变为吲哚乙酸，脱羧基形成 3- 甲基吲哚，经瘤胃黏膜吸收进入血液对肺泡上皮细胞呈现毒性作用，可引起肺气肿。

（2）牛舍通风不良，厩舍空气污浊。吸入的空气常含有潜在性刺激物质；饲料发霉、变质，含尘土过多，其所含的小多孢子菌、烟曲霉都可激发肺气肿。

（3）疾病继发。病毒和细菌性疾病如大肠杆菌性乳房炎引起毒血症的病牛有肺气肿；牛流行热病牛有肺气肿。金属异物所致的创伤性网胃炎，继而刺伤肺脏引起肺脓肿时，可引起肺气肿。

（4）有毒气体、真菌毒素的作用。饲料毒素对肺毒害，如牛黑斑病甘薯中毒时，有严重的肺气肿。有毒气体如氯气中毒、金属焊接时冒出的烟气吸入等，可引起肺气肿。

发病机理

肺实质支持组织和弹性组织过度伸展是肺泡过度扩张的基础。各种致病因素直接作用于机体，引起了肺泡组织失去弹性；支气管痉挛及支气管和细支气管炎使气道阻塞，但空气仍能通过其间的通道进入肺泡、聚积并引起肺泡膨胀，由于肺泡弹性降低，易受膨胀气体的压力而破裂。当肺泡因压缩性萎缩和肺结缔组织被空气扩张，则引起肺间质性气肿，这最常见于牛。

肺组织弹力降低、肺泡气肿，将引起肺排气不全和二氧化碳的蓄积，加之毛细血管在肺气肿组织压迫下血流减慢，因此肺中气体与外界交换面积减少，致使机体需氧不足。为了满足氧气之需，在中枢神经的调节下，引起了代偿性呼吸加深加快，如此就加剧了慢性肺气肿的形成。

肺气肿时，由于肺动脉的血流不畅，引起右心室扩张、衰竭和二氧化碳的储留，使病牛发生酸中毒。

临床症状

急性肺气肿突然发作，病牛精神沉郁，食欲减少至废绝，流泪，鼻漏呈浆性或脓性，站立不安，不愿卧地，可视黏膜发绀，体温多数升高至 40.5℃，从口内流出白色泡沫状物，产奶量骤减，心搏增至每分钟 100 ～ 160 次，心节律不齐，心音模糊。

典型症状是呼吸困难，呼吸次数增加至每分钟 40 ～ 80 次，少数达 100 次以上，气喘，腹部扇动，鼻孔开张，举头伸颈，张口吐舌，舌呈暗紫色，胸部叩诊可呈鼓音，肺部听诊有摩擦音和啰音，于背部两侧皮下出现气肿，触诊呈捻发音，气肿可蔓延至胸颈部、肩部和头部。

临床病理

血容量增高，红细胞数增多，二氧化碳结合力降低，中性粒细胞增多。怀疑为过敏性肺气肿，见血液嗜酸性粒细胞增多，鼻分泌物涂片镜检有大量嗜酸性粒细胞。

病理变化

肺脏显著膨胀，肺膜紧张，颜色苍白而有肋骨压迹，肺膜下充满大小不等的气泡。间质气肿时，肺泡间隔被空气胀满而增宽。肺表面因气泡而隆起似卵大、拳大至皮球大；肺切面因小叶间质充气扩大而呈撕裂状。胸膜和纵隔形成大小不等的气泡；胸、背、肩和颈部的皮下组织及肌膜中，有大小不等的气泡集聚。有明显的充血性心力衰竭和细支气管炎。

诊　断

临床诊断

根据病史、临床症状和死亡病例的肺脏病理变化而做出诊断。

类症鉴别

本病与肺充血及肺水肿、支气管痉挛和肺炎有相似之处，应进行鉴别。

与肺充血及肺水肿的区别　肺气肿常伴有肺水肿，并且肺下部有实变和湿啰音，极易与肺充血及肺水肿相混淆。但后两种无用力呼吸的特征，常见两侧鼻孔流出黄色或淡红色的泡沫样鼻液。

与支气管痉挛的区别　因感染或变态反应引起急性细支气管炎并导致支气管痉挛，临床表现出呼吸困难，有明显的双重呼吸，体温正常，全身反应不明显，常认为是急性肺气肿。此时，用抗组胺药或抗生素治疗，再使用皮质类固醇，症状好转即为支气管痉挛。

与肺炎的区别　肺炎病牛体温升高，痛苦的湿咳或阵发性剧烈干咳，局部有捻发音和湿啰音，这种异常呼吸音不像肺气肿那样明显而广泛。

治　疗

对肺气肿尚无特效疗法。继发于传染性肺炎的肺气肿，对原发性损害进行有效治疗，随原发病的痊愈，肺气肿通常将自行消退。具体治疗方法：

输氧　当严重缺氧并危及生命时，应输氧。输氧速度应控制在 5 ～ 6 L/min 为宜，持续 3 ～ 4 h，初输氧时，速度先慢，一般为 3 ～ 4 L/min，后逐渐加速。

利尿　肺气肿时常伴有肺水肿，为减轻肺水肿，使机体体液状态良好，可使用速尿，剂量为 0.5 ～ 1.0 mg/kg 体重，每日 1 ～ 2 次，肌肉或静脉注射。

解除支气管痉挛，缓解呼吸困难　阿托品 0.05 mg/kg 体重，一次肌肉注射，每日两次。

消炎、抗过敏　可用地塞米松 10 ～ 20 mg，一次肌肉或静脉注射，每日一次，连用 3 d。

消炎、抑菌，防止继发感染　可选用广谱抗生素治疗 5 ～ 7 d。

预　防

加强饲养管理，牛舍内保持通风、清洁，防止尘埃飞扬。严禁饲喂霉败饲料，饲喂干草时，干草捆不要在牛棚内打开，要在饲喂前于牛棚外散开，防止干草内的尘土及微生物在牛棚内散发，或尘埃较多，应将干草弄湿。为防止突然饲喂青草、紫花苜蓿、甘蓝等饲料而诱发本病，可在饲料中加喂莫能霉素或拉沙里菌素 200 mg /（头 · d），以抑制色氨酸转化为 3- 甲基吲哚。

肺　炎
Pneumonia

肺炎为肺实质的炎症，常伴有细支气管炎和胸膜炎的发生。牛的肺炎多起因于支气管源性，故也称支气管肺炎。当炎症由支气管蔓延至周围组织，波及所属的肺小叶及肺泡，在发炎的肺泡中充满炎性渗出物、白细胞、红细胞及脱落上皮细胞，从而引起小叶性肺炎。其临床特征是体温升高、咳嗽、呼吸困难和肺部听诊有异常呼吸音。本病多见于犊牛和体弱牛，以冬、春寒冷季节发病较多。

病　因

肺炎分原发性和继发性两种。

原发性

即直接由病毒、细菌、真菌、寄生虫及不良的物理性和化学性因子所致。

（1）病毒　引起奶牛肺炎的病毒有牛副流感Ⅲ型病毒、鼻病毒、腺病毒、牛合胞体病毒和呼肠孤病毒等。

（2）细菌　牛巴氏杆菌、大肠杆菌、化脓性棒状杆菌、链球菌等为奶牛常见的病原。

（3）其他病原　除上述病原外，还有丝状霉形体、胎生网尾线虫。

（4）物理、化学因子作用　主要由刺激性气体、毒气和烟雾吸入对支气管和肺的刺激引起。

继发性

当奶牛患有子宫炎、乳房炎及创伤性心包炎等，由于原发病灶的病原微生物由血液或淋巴转移入肺所致。

促使发病的因素

饲养管理不当，营养缺乏特别是维生素 A 缺乏，体质衰弱，厩舍阴暗潮湿，通风不良，灰尘、氨气集聚，冬季无防寒保暖设施、机体受寒，这皆可引起机体及肺组织抵抗力降低，从而促使疾病发生。

发 病 机 理

正常情况下，呼吸道及肺实质具有生理的、生物化学的以及免疫学的综合防御机能，故能防止有害因子侵入并将其中和或排除而不被损害。营养不良、机体衰弱使机体抗病力和免疫力降低及外界不良因子的作用，皆可使支气管黏膜和肺泡上皮抵抗力降低，为病原菌的侵害提供了有利条件。病原菌首先引起支气管发炎，继而向下蔓延、扩散至相邻的肺实质，引起炎症并形成小叶性肺炎，病原也可沿血液、淋巴侵害其他小叶。炎症初期，支气管黏膜或肺泡间质充血、肿胀，进而呈现出浆性、细胞性渗出，肺泡内积聚多量的浆液、白细胞、红细胞和脱落上皮细胞，致使肺泡空气和血液间的气体交换障碍，血液氧合作用严重减少，产生缺氧，可视黏膜发绀。中枢神经系统对缺氧极为敏感，为了维持机体对氧的需要量，结果引起呼吸浅表，心跳加快，呼吸机能不全，二氧化碳不能完全排除而蓄积于血液和组织之中，则将产生酸中毒。

临 床 症 状

病初症状不明显，偶尔见咳嗽。随着病的发展，病牛精神沉郁，食欲减少至废绝，反刍停止，粪干、少，有的腹泻，产乳量骤减。鼻漏初为多量透明浆性，后量少，呈黏性、脓性，最后又变为多量浆性。咳嗽初呈干咳、具痛苦，后为湿咳。呼吸次数增加，每分钟达 40 ～ 90 次，站立时头颈直伸，鼻翼扇动，有的见张口呼吸。黏膜发绀。体温升高至 40 ～ 41℃，呈弛张热。心跳加快达 90 ～ 100 次 / min，心音初增强、后微弱。肺部听诊见肺泡音减弱或消失，病灶周围组织肺泡音增粗；肺部叩诊病区呈半浊音或浊音。

临 床 病 理

X 射线检查：肺边缘模糊不清，肺的前下部可见有数目不定的散在炎性病灶。

尿液初量少，后期增多，呈酸性，有时有蛋白尿。

血液检验：中性粒细胞增加，白细胞总数增加，核左移。病毒性肺炎见白细胞数减少和淋巴细胞减少。

病 理 变 化

胸腔积液呈红色（图 10-1）。心包与胸膜粘连（图 10-2）。支气管肺炎病变孤立、散在，表面隆起，质地坚实。支气管中存在着浆性纤维蛋白性或脓性分泌物（图 10-3）。切面有不同颜色，初期呈红色，以后变成灰黄色或灰白色。间质性肺炎时小叶间隔明显增宽、变硬，细支气管管腔内干净，病肺凹陷，色暗红，胸膜与肺切面外观呈颗粒状，有的肺表面粗糙，肺与胸膜粘连（图 10-4）。肺实质化脓（图 10-5）。

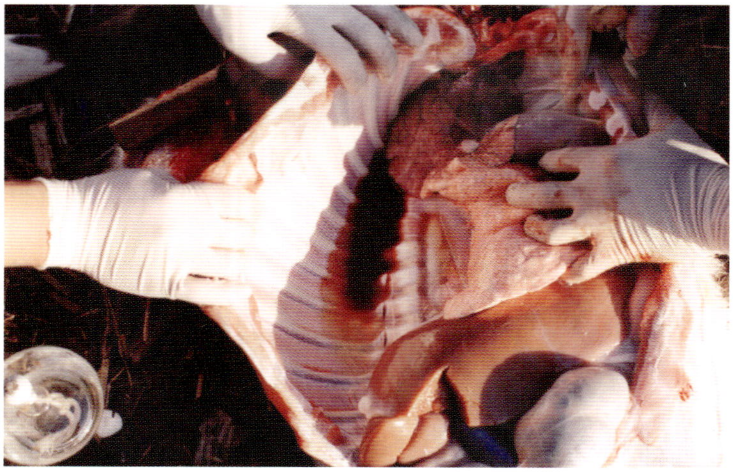

图 10-1　胸腔内有红色液体

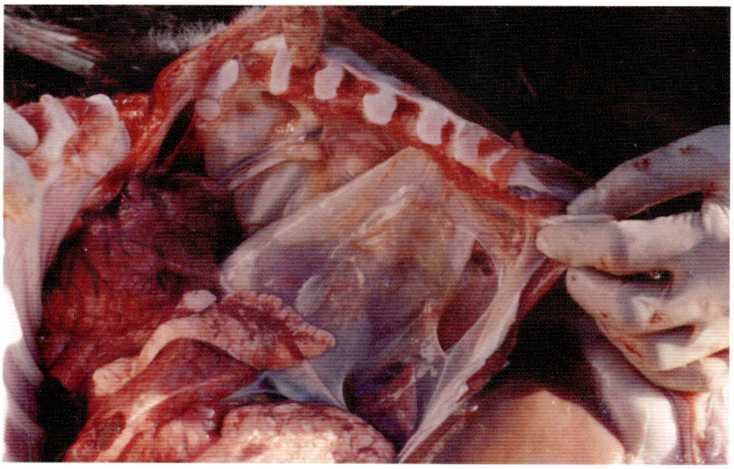

图 10-2　心包与胸膜粘连

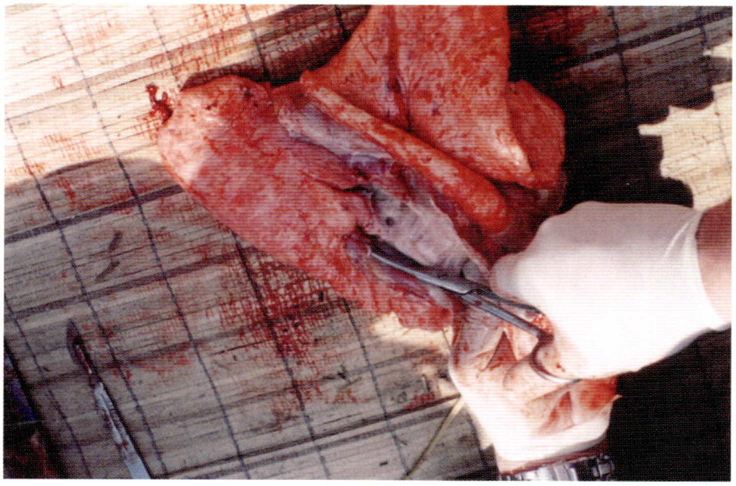

图 10-3　气管、支气管中有脓性分泌物

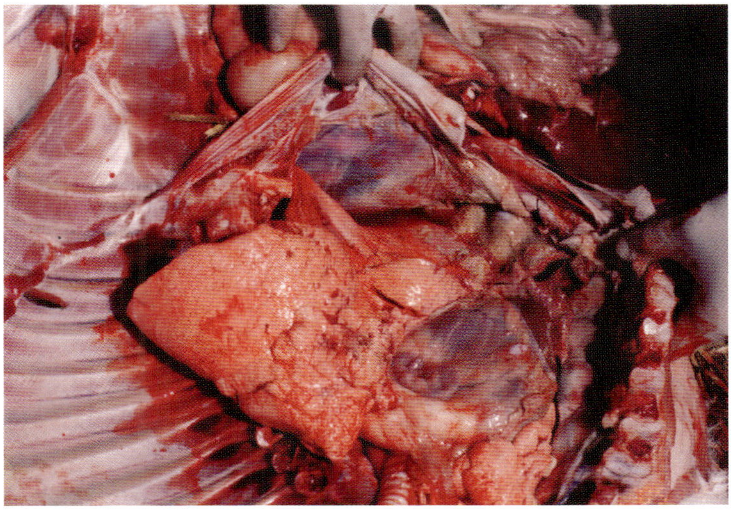

图 10-4 肺与胸膜粘连，肺表面粗糙

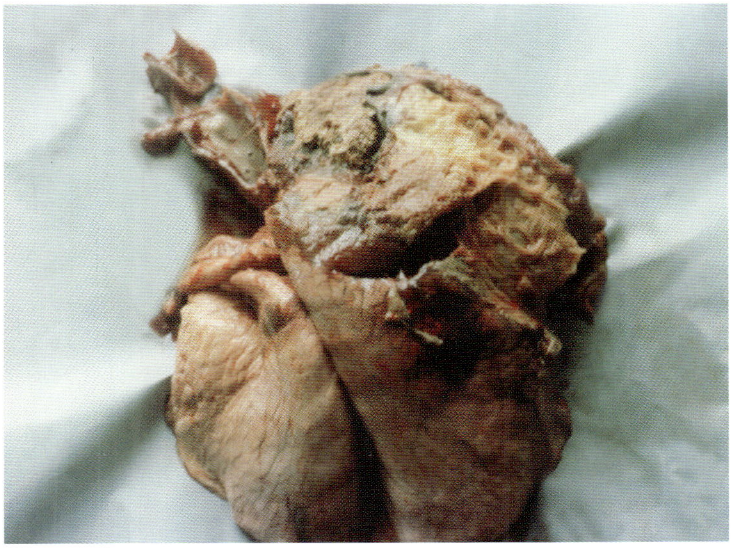

图 10-5 肺炎牛肺实质化脓

诊 断

临床诊断

本病根据其临床特征表现弛张热，短促咳嗽，呼吸困难；听诊局部肺泡音减弱或消失，局部肺泡音增强，有捻发音；叩诊局部有浊音区，可以诊断。

类症鉴别

应与肺气肿、牛巴氏杆菌病、牛肺疫、牛肺结核、肺水肿等进行鉴别。

与肺气肿的区别 肺气肿病牛肺脏内充满过量气体，肺体积增大，叩诊肺各部皆呈鼓音或过清音，叩诊界可向后延伸，心浊音区缩小，呼气较长，由于腹部肌肉用力收缩，沿肋骨与肋软骨交界处凹陷成一纵沟。这都为本病所没有。

与巴氏杆菌病的区别 牛巴氏杆菌病发病突然，体温升高，除肺炎型外，还呈现急性败血型，病牛精神不安、敏感，腹泻，排出血样稀粪。

与牛肺疫的区别 牛肺疫多数呈慢性经过，急性者较少，按压肋间有明显胸痛；叩诊肺部浊音区广泛；胸下、腹下水肿，胸腔穿刺有浆性纤维蛋白性渗出液体。

与牛结核病的区别　牛结核病病程长，呈慢性经过，病牛渐进性消瘦，贫血。咳嗽频繁，并具痛苦；牛结核菌素皮内试验，呈阳性反应。这些都可与本病鉴别。

与肺水肿的区别　肺水肿病牛体温多不升高，全身毒血症较轻，叩诊肺常呈鼓音，两侧鼻孔流出黄色或淡红色的泡沫状鼻液，这可与肺炎相区别。

与上呼吸道炎的区别　奶牛上呼吸道炎包括喉炎、喉水肿、气管炎和支气管炎。这些疾病全身毒血症程度要比肺炎轻，且咳嗽频繁，人工诱咳呈阳性，即用手指捏压喉头或气管可诱发咳嗽。

治　疗

对病牛应加强护理，单独饲养，给予易消化、适口性好的饲料。

治疗原则是抗菌、消炎，阻止炎症的扩散；强心、利尿，减少渗出；已渗出时，应促使渗出物吸收。

抗菌、消炎，可选用广谱抗菌药物　从牛场具体情况出发，应选用敏感性高的抗菌药物。除青霉素外，可选用新霉素 4 mg/kg 体重，肌肉注射，每日两次，连续注射 7 d；四环素 5 ~ 12 mg/kg 体重，一次静脉注射，每日两次；卡那霉素 15 mg/kg 体重，一次肌肉注射，每日两次；土霉素 2.5 g，溶于生理盐水 500 mL，一次静脉注射，每日两次；氯霉素 10 mg/kg 体重，一次肌肉注射。磺胺二甲嘧啶 200 mg/kg 体重，一次口服，每日一次，连服 3 ~ 5 d；磺胺溴二甲嘧啶 100 mg/kg 体重，一次口服，每日一次，连续 2 ~ 3 d。阿司匹林 15 ~ 31.0 g，每日 2 次内服。

减少渗出和促进渗出物的吸收

（1）速尿　剂量为 250 mg，一次肌肉注射，每日两次。

（2）撒乌安合剂　5% 葡萄糖生理盐水 500 ~ 1 000 mL、25% 葡萄糖液 500 mL、10% 水杨酸钠液 100 mL、40% 乌洛托品 20 ~ 30 mL、20% 安钠咖 10 mL，一次静脉注射。

缓解呼吸困难　可使用支气管扩张药物、非皮质类固醇和抗组胺类药物。

（1）阿托品 0.048 mg/kg 体重，一次肌肉注射，每日两次。

（2）氟尼辛葡胺 2.2 ~ 4.4 mg/kg 体重，一次肌肉或静脉注射，每日一次。

（3）盐酸扑敏宁 1 mg/kg 体重，一次肌肉注射，每日两次。

中药治疗　处方为百合、桔梗、冬花、天冬、寸冬、连翘、花粉、百部、栀子、黄芩、紫菀各 30 g，知母 40 g，兜铃、甘草各 24 g，粉成末，一次口服，每日 1 剂，连服 3 剂。

预　防

奶牛呼吸道疾病包括肺炎在内，其发病原因较多，除了病原微生物的作用外，还包括不良的饲养管理等应激因素，因此应采取综合措施予以控制。

加强对病牛的临床和实验室诊断　有效的预防来源于准确的诊断，因此，对于病牛除了细致的临床检查，还应采取病料进行病原学、临床病理学及病理组织学的检查，据此提出确切的病因诊断，从而提出有效的预防方法。

加强饲养管理，减少刺激呼吸道的各种应激因素　饲料品质要好，营养要全面；牛舍要干净、通风、明亮、干净；冬春季节要做好防寒保暖；防止有害气体及尘埃的吸入，给牛提供良好的生存环境，以增强机体体质，提高奶牛抗病力。

加强兽医防疫，预防传染病的发生　我国地域辽阔，风土、气候差异较大，又因各地奶牛场饲养管理条件及技术水平的不同，因此，肺炎的发病率各异。

从临床观察，哺乳犊牛由大肠杆菌、沙门氏菌所致的犊牛腹泻及肺炎较为常见。近年发现，在不少牛场牛传染性鼻气管炎（IBR）、牛病毒性腹泻 - 黏膜病（BVD）和牛副流感Ⅲ型病毒感染（PI_3）等引起的呼吸道疾病包括肺炎，其发病率增多，因此，在一个牛场或一个地区，当呼吸道疾病增多时，应尽快采用综合检测方法确定病性，当确诊为 IBR、BVD 和 PI_3 的牛场，可选用免疫接种的预防医学方法，遵守疫苗的使用说明和免疫程序操作，全场疫苗接种，使牛只尽快获得免疫力，从而降低和控制呼吸道疾病的发生。

吸入性肺炎
Aspiration Pneumonia

吸入性肺炎又称异物性肺炎。由于饲料、奶或药物误入气管、肺组织并引起气管和肺组织炎性病理变化；伴随异物进入的腐败性微生物的作用，加剧了炎症过程，导致肺实质的坏死、腐败和分解，临床上形成肺坏疽。

病　　因

分原发性和继发性两种。

原发性

多为医源性的，这常见于兽医人员使用胃管、喂食器或投药器粗暴、不熟练，机械性损伤咽部，导致吞咽困难或神经性吞咽障碍。也见于胃管、投食器误插入气管内，而又未检查是否真正插入瘤胃，匆匆将药液、食物灌入。用塑料瓶灌药时，灌药速度过快，或牛头吊起过多，牛口大张，致使药液误入气管内。兽医治疗失误所致，如对患有黑斑病甘薯中毒、肺间质气肿而引起呼吸困难的疾病，以及患乳热而吞咽障碍牛只，强迫灌药而发生。

继发性

常因神经性、意识紊乱性疾病及中毒性疾病引起。由于咽麻痹，吞咽障碍而引起，如李斯特氏菌病、肉毒中毒等，都能导致吞咽困难、吞咽麻痹而继发吸入性肺炎。

某些意识紊乱的疾病如脑软化、脑缺氧，食道麻痹，颈部食道梗阻，以及乳热，都能引起唾液和饲料误咽而发生吸入性肺炎。其中乳热是成年牛最为常见的原因，严重低血钙母牛，表现躺卧不起，瘤胃臌胀，因呈半昏迷状态，自体不能清除咽和呼吸道中来自瘤胃返流食物，故导致误咽而发病。

犊牛吸入性肺炎多见于难产时分娩产出时间延长，胎儿吸入羊水；犊牛开始吸吮时，将奶或代乳品吸入；治疗时误将药液灌入气管内。此外，患白肌病犊牛，因舌、咀嚼肌以及与吞咽有关的肌肉生理功能受到影响，故为发病主要原因之一。

发 病 机 理

各种原因引起饲料、奶及药物等异物误入气管内，吸入的异物对气管、肺组织直接造成机械性损伤。随异物进入的腐败细菌首先在支气管黏膜大量繁殖引起支气管黏膜炎，继而引起支气管壁及其周围组织的腐败性炎，炎症蔓延到肺泡而引起肺实质的坏死、腐败和分解。腐败分解产物吸收入血，引起脓毒血症。腐败产物具恶臭，当坏疽病灶与气管相通时，呼出气带有恶臭味，腐败物由鼻孔流出，呈脓性具腐败味。

临 床 症 状

临床症状因吸入异物的性质及其量的不同而异。当大量的、不易吸收的液体进入气管，立即出现不安，呼吸困难，反复咳嗽和发绀，从鼻孔流出或从口腔内吐出泡沫状液体物质，多于 1 ~ 2 d 内死亡。

异物吸入量少，病初精神沉郁，时发咳嗽，气喘。当异物进入支气管可引起支气管肺炎症状。体温升高，脉搏增快，结膜发绀。随病时延长，呼气带难闻气味，鼻孔内流出恶臭脓性鼻液。肺部叩诊，当炎性浸润时呈半浊音或浊音；当已发生肺坏疽并形成空洞时，呈鼓音；空洞与较大的支气管沟通时则形成破壶音。肺部听诊可听到空瓮性呼吸音，有时可听到啰音。病牛食欲减退或废绝，当毒素吸收和细菌转移而呈败血症时，心跳增数，脉搏细而无力。

临床病理

血液检验见白细胞总数比正常增加两倍，氯化物减少，尿比重增加。痰液镜检可见肺组织碎片、白细胞、红细胞和细菌。

病理变化

支气管腔内积有脓性分泌物，黏膜呈青灰色或灰红色。肺坏疽病灶多在肺前下部，可见大小不一的空洞，内含污黑色脓汁，具恶臭。病灶周围充血、水肿，并有肺炎变化。病灶于肺表层可见有腐败性胸膜炎、脓胸等。

诊断

本病根据病史调查如有无继发病、误咽及投药等，结合呼气的腐臭味、肺部检查可以初步诊断。痰液镜检可发现肺组织碎片及弹力纤维都是确诊的方法。

治疗

无特效疗法。对病畜治疗与否应根据吸入液体的量和异物成分，结合机体全身状况具体来定。当吸入量大，异物成分难溶解、吸收，刺激性大者，并呈现呼吸困难、持续性发热等毒血症症状，多因进行性恶化而死亡，治疗无效。

当吸入量少，易吸收，不出现严重呼吸困难和发绀，可采取治疗。

治疗的原则是抗菌、消炎。使用药物是广谱抗菌药物和非皮质类固醇抗炎药物。抗生素使用时间要长，最少要连用 2 周，以阻止炎症发展。而当肺坏疽出现，以死亡结局。

预防

加强责任心，严格执行兽医技术操作规程，防止异物吸入肺内。灌药时，牛头不能吊得过高，等牛安静后再慢慢将药经口灌入，不能过快、过急。若牛骚动不安、咳嗽，应立即将牛头放下，停止灌药。有的牛在灌药时，张口吐舌，此时，应将手伸入口角内，手指刺激舌部，待舌回缩于口内再灌。插胃管要轻，不能粗暴，胃管穿入瘤胃后有一股酸臭气味放出，证明已确实插进瘤胃内再灌药。对确诊为患咽、食道麻痹、乳热和呼吸困难病牛，严禁经口灌药，并加强对原发病的治疗。

栓塞性肺炎
Embolic Pneumonia

来自肝脓肿的脓毒性血栓栓子，进入后腔静脉而导致后腔静脉血栓形成，其结果引起栓塞性肺炎。临床以呼吸困难、咯血和贫血为特征，典型症状是鼻出血。常常因支气管内大量出血引起死亡。奶牛时有发生，鼻出血突然发生，流血不止，治疗无效死亡。

病因

引起本病的直接原因是肝脓肿，而造成肝脓肿的原因是：

粗饲料不足或缺乏，精饲料喂量过大 当日粮中精饲料喂量占25%以上，并长时间饲喂时，因精饲料直接与瘤胃黏膜接触而引起黏膜损伤；瘤胃内微生物利用精料中碳水化合物产生乳酸，大量乳酸在瘤胃中蓄积，pH下降，使瘤胃长期处于弱酸性的环境中，引起黏膜糜烂。

长期饲喂粉碎过细的精料 饲喂过细的精料造成瘤胃黏膜乳头间隙填塞，阻碍了黏膜正常的磨碎机能，也机械的引起了黏膜发炎，继而引起肝脓肿。

矿物质不足，奶牛异食 日粮不平衡，矿物质、维生素不足或缺乏，奶牛异食，异食到瘤胃中的木屑、被毛、铁丝等，机械地刺伤瘤胃黏膜。

坏死杆菌的侵入 正常黏膜对坏死杆菌、化脓性放线菌具有一定的防御能力。当胃肠黏膜损伤时，坏死杆菌及化脓性放线菌对损伤、糜烂组织具有致病作用，使组织坏死。细菌经胃肠黏膜侵入并进入血液后，滞留在肝脏内繁殖，引起肝脏坏死并形成脓肿。

发病机理

瘤胃炎、瘤胃酸中毒及皱胃溃疡，给细菌进入门脉循环创造了条件，并形成肝脓肿。

肝脓肿的脓毒性血栓栓子进入后腔静脉，引起静脉炎。血栓向血管的胸腔部延伸，当填塞肝静脉后腔静脉的入口时，引起肝充血和肝肥大；当栓子脱落，并停留于肺动脉中，可引起栓塞、动脉内膜炎、多发性肺脓肿及慢性化脓性肺炎。肺动脉血压升高，受损的肺动脉形成动脉瘤，因牛肺动脉分支靠近支气管，当与呼吸道直接贯通的动脉瘤破裂，即可引起肺内或支气管内大量出血，导致咯血和鼻出血。

临床症状

肝脓肿的数量和部位直接决定其症状，其中脓肿部位更为重要。当肝脓肿位于肝门处或靠近后腔静脉，其危险性更大。

肝脓肿形成后，奶牛不出现临床症状，或呈现出前胃弛缓、泌乳量下降、消瘦、腹水，排出黑粪等。

后腔静脉血栓形成后，临床症状有以下几种表现：

猝死综合征

奶牛无任何生前异常而突然急性死亡。其原因是肝脓肿破裂，大量血栓栓子由后腔静脉进入肺动脉，引起肺梗死以及由外毒素和内毒素所致的毒血症，引起机体缺氧，导致死亡。

急性呼吸急迫综合征

病牛突然出现呼吸道症状。可见呼吸加快、急迫和困难，张口吐舌，体温升高，心跳加快，皮下（背部、颈部）气肿；听诊肺泡呼吸音微弱，有的可听到啰音。

鼻出血、咯血、慢性支气管肺炎、贫血综合征

病牛虽有呼吸道疾病的病史，但在生前常不被注意。仅见生长不良，消瘦，以呼吸道疾病的现象为特征。呼吸急迫，具疼痛感；听诊有干啰音；贫血，可视黏膜苍白；咯血或鼻出血；广泛性水肿和腹水，腹泻；多数病牛以急性或慢性贫血而死。

预　　后

急性死亡者常无任何生前异常，临床发现的病畜，虽经治疗症状有所改善，但因后腔静脉有血栓栓子存在，故可能呈现间歇性或持续性栓子，预后不良。

咯血或鼻出血呈间歇性，出血时间短，出血量不多，经治疗能暂时好转，这也仅是病程延长而已；

咯血和鼻出血呈持续性，流血量大而不止，常于 1 ~ 2 d 内死亡。

综上认为，在奶牛场内，无任何原因而突然发生的奶牛咯血与鼻出血，一旦出现并诊断与呼吸道有关，其预后慎重。因为发生后腔静脉栓子形成的牛能够存活的极为罕见，故对病牛不予治疗而立即淘汰。

诊　断

临床诊断

猝死综合征　对生前健康而突然死亡的奶牛，只能以尸体剖检诊断。可见支气管和气管内集有大量的血凝块；肝脏有大小不同、数量不等的肝脓肿，并常靠近后腔静脉壁；肺可能出现气肿、水肿、脓肿和化脓性肺炎、肺出血和肺血栓栓塞。

急性呼吸急迫综合征　奶牛场内如出现单个牛突然发生呼吸急迫，可怀疑为本病；如果治疗后急性症状缓解，经一段时间出现鼻出血、咯血或贫血者，即可确诊为本病。

鼻出血、咯血及慢性支气管肺炎　这是本病的特征症状，一旦出现上述症状，尽管偶尔或一次突然出现鼻出血，即可确诊为本病。

类症鉴别

与慢性吸入性肺炎的区别　饲料、奶及药物进入肺，引起脓毒性支气管肺炎，通过调查即能确定发病原因。异物性肺炎常见于灌药时误投入肺；咽、食道麻痹时食物的误咽等。病牛表现为急性坏疽性肺炎，肺脏广泛化脓，呼出气有腐败臭味；无鼻出血和咯血。剖检肺内有异物。

与非典型间质性肺炎的区别　引起非典型间质性肺炎的病因较多，常见于由急性过敏反应引起，如突然饲喂麦草、苜蓿、甘蓝，发霉变质饲料的毒素中毒，吸入空气中的刺激物质等。剖检见肺水肿，失去弹性，按之有凹陷，切面流出大量的血液或浆液。肺气肿时，见肺膨隆，肺间质增宽；无多发性肺脓肿、化脓性肺炎及肺梗死。

与寄生虫性肺炎的区别　牛的肺丝虫（胎生网尾线虫）、牛新蛔虫等，都能引起犊牛和成年牛的寄生虫性肺炎。患牛体温升高达 39.5 ~ 41℃，呼吸困难，咳嗽等。牛群中发病牛头数多，患牛普遍体弱、消瘦。剖检可检查到气管渗出物中的幼虫和呼吸道中的成虫。粪便和气管洗出物中可查出寄生虫；气管呈现嗜酸性粒细胞性炎症。

治　疗

如欲治疗，其原则是止血、消炎和解毒。

止血　对鼻出血、咯血的病牛应立即止血，其方法是，安络血注射液（含 0.5%安络血与 12.5%水杨酸钠）20 ~ 40 mL，肌肉注射，日注射 2 ~ 3 次。6- 氨基己酸 20 ~ 30 g，溶于 5%葡萄糖生理盐水 500 mL 中，缓慢静脉注射。凝血酸 1.25 ~ 2.5 g，溶于 25%葡萄糖液 500 mL，一次静脉注射。为了缓解鼻出血，也可采用冷水冲头及钙制剂静脉注射。

抗菌、消炎，控制脓毒性血栓栓子　青霉素按 22 000 IU/kg 体重，肌肉注射，日注射 2 ~ 3 次。土霉素 5 ~ 10 mg/kg 体重，用 5%葡萄糖盐水配成 2.5%浓度，静脉注射，日注射 1 ~ 2 次。

抵抗内毒素血症的出现，减少血小板进一步黏集和血栓形成　可长期使用阿司匹林，剂量为 15.3 ~ 31.1 g / 450 kg 体重，一次内服，日服 2 次。

其他疗法　为扩张支气管，减少支气管分泌，可用阿托品 0.05 mg/kg 体重，皮下注射，日注射 2 次；当出现肺水肿时，可用速尿，剂量为 200 ~ 250 mg/ 头，肌肉注射，日注射 2 次。

预　防

高产奶牛场日粮总是存在着高能量、高蛋白的营养水平，而高能量饲料又常会造成继发瘤胃炎、皱胃溃疡和瘤胃酸中毒的危险，并因此引起肝脓肿的形成。患牛虽有病理学变化，仍能持续数月。多数肝脓肿的牛无临床症状，然而当奶牛场内有一头栓塞性肺炎的病牛出现时，这不只是一头病牛的问题，而应作为群的问题来对待，它预示着在饲养管理中的失误或不当，应对饲料营养成分、饲养标准和饲养程序等进行调查、分析和调整。

由于栓塞性肺炎病牛，或突然死亡，或治疗后死亡，因此，预防肝脓肿的发生极为关键，为此，牛场内应采取：

加强饲养管理，供应平衡日粮

（1）根据不同生理阶段供应日粮，日粮应随牛只生理阶段的不同而相应变更。加强干奶牛饲养，严格控制精饲料喂量，防止母牛肥胖。

（2）饲料不能粉碎过细，以防精料填塞胃黏膜；粗饲料长度不短于 3.8 cm，以保证正常瘤胃功能，促进反刍和唾液分泌，奶牛日粮中有效中性洗涤纤维（eNDF）的含量不能低于 15%。

（3）饲料加工、调制时要细致，防止各种尖锐异物混入；保证日粮中矿物质和微量元素的供应，防止奶牛因异食而将木屑、铁片、瓦石舐入胃内而刺伤黏膜。

采取综合措施，防止瘤胃炎 - 肝脓肿的发生　除了控制精料喂量，保证合理的精粗比例，分群饲养及增加饲喂次数等外，生产中还可采取如下方法：

（1）日粮中添加缓冲物质，如精料中添加 0.8% 氧化镁、1.5% ~ 2.5% 碳酸氢钠及氢氧化钙等。

（2）奶牛日粮中加喂 40 ~ 80 g/（头 · d）苹果酸，可降低瘤胃 pH，促进瘤胃微生物的生长，提高饲料转换率，减少慢性瘤胃酸中毒的发生。

（3）添加泰乐菌素。饲料中添加泰乐菌素是控制肝脓肿的常用措施。它能抑制瘤胃和肝组织中的腐败梭菌的生长和繁殖（Nagaraja 等，1996），Vogel 和 Lauden 对 6 971 头育肥牛试验表明，每头牛每日饲喂 90 mg 泰乐菌素，肝脓肿发病率下降 73.1%，增重提高 2.1%，饲料转化率提高 2.6%。

创伤性心包炎
Traumatic Pericarditis

创伤性心包炎是指由来自网胃的尖锐异物刺伤心包而引起的心包的化脓性、增生性炎症。常伴有毒血症和充血性心力衰竭以及网胃炎、膈膜炎、胸膜炎和腹膜炎的发生。其临床特征是食欲废绝，心搏过速，发热，颈静脉充血，胸、腹下浮肿，及胸水、腹水和心音异常。

本病在奶牛场中较为常见，特别在饲养管理粗放，饲料加工过程中不进行异物清除处理的牛场，发生更多。虽然各牛群都有发生，但以成年母牛发病最多。

病　因

凡能引起奶牛创伤性网胃炎的原因均可发展成为创伤性心包炎。

本病的发生虽与饲料品质、种类无关，但与饲料加工处理与否及其所含尖锐异物的性质呈显著相关。

根据我们临床对 105 头创伤性疾患牛只统计，饲喂长稻草、秋百草时，发病占 16%，而铡短后饲喂，又未严格处理尖锐异物，发病占 84%。

发病机理

对异物刺伤部位统计分析，由创伤性引起的各组织的发病率分别是：心包占 88.4%，肝占 4.7%，肺占 3.8%，脾占 2.8%。可见异物刺伤心包者发病最高。这主要是因为网胃位于腹腔的底部，仅隔一层横膈膜与心脏毗邻。

进入网胃的异物是尖锐的，很容易因网胃的收缩而刺入胃壁，加之刺入部位靠近横膈膜及心脏，当蠕动达到一定的压力，或因前胃过满，分娩的阵缩，突然的滑倒等引起腹内压增高，这皆极易使异物过横膈膜而刺伤心包甚至心肌。异物带入的病原菌感染，引起心包发生局部炎症，使心包膜表面充血并产生摩擦音，大量渗出物的积聚，使心脏受压，故而发生毒血症和充血性心力衰竭。病牛表现出沉郁和颌下、胸前水肿。

临床症状

（1）外部表现。食欲废绝，反刍紊乱，精神沉郁，习惯于躺卧，起卧困难，磨牙，站立时，腿常发抖，拱背，肘头外展，上坡容易，下坡困难。粪便干燥，黑色，上附黏液或血液，有时拉稀。泌乳量显著减少，甚至停止。颈静脉怒张，粗硬成条索状，颈静脉波动明显。随病时延长，可见胸下、颌下浮肿（图 10-6）。

（2）体温升高至 40℃以上，心搏增数，每分钟达 100 次以上。叩打前心区部，患牛躲避、疼痛。

（3）心脏特征变化，病初由于有少量纤维素渗出，可听到摩擦音，随着浆性渗出增加，心音低沉，可听到泼水音或拍水音。由于心包内充满液体和纤维素，心听诊区和叩诊区也随之增大，心音模糊不清。

图 10-6 创伤性心包炎病牛胸下浮肿

临床病理

血象的突出变化是中性粒细胞增多，高达 16 000 ～ 30 000 个 /mm^3，杆状核增加，淋巴细胞和嗜酸性粒细胞减少，红细胞低于正常 [（496±0.21）万个 /mm^3]，血容量（PCV）为（27.86±1.7）%。

病理变化

胸下、颌下部皮下呈胶冻样，胸腔集有多量茶褐色液体。心包、膈和胸膜有不同程度的粘连。

心包内集有腐臭的，含有纤维蛋白块的灰色液体，心包浆膜表面有新形成的纤维蛋白沉着。慢性病例，心包明显增厚，呈絮状、菜花状（图 10-7）。

腹腔内含有腹水，呈茶褐色。网胃与膈膜由结缔组织增生而粘连。

网胃、膈膜与心包之间有结缔组织增生而形成的瘘管，瘘管内集有污秽的、污灰色的腐臭脓汁，有的见异物存在于瘘管之中。

图 10-7 创伤性心包炎，心包菜花样增生

诊 断

依据临床上特征表现，容易确定。最后确诊，可抽取心包液。即在左侧第 4 ～ 6 肋间，肘关节水平线上，心音听取最清晰部，剪毛，10%碘酊消毒，以带胶管的 10 cm 长的 18G 针头，直刺入心包内，进针深 4 ～ 5 cm，用注射器抽取。液体量增多，呈淡黄色、深黄色、暗褐色、污灰色，具腐臭，遇空气易凝固。

本病与创伤性网胃炎有相似之处，特别是初期阶段，更难区别，故应注意鉴别。创伤性网胃炎是创伤性心包炎的前驱阶段，创伤性心包炎是网胃炎的继续发展和恶化。其区别是：创伤性网胃炎尚未侵害到心包，故临床上无心脏的摩擦音、拍水音，也无颈静脉的怒张和颌下、胸前的皮下水肿。

治　疗

治疗无特效方法，其疗效也不能令人满意。有人认为，用磺胺和抗生素类药物长期注射，可以抢救50%的病例，但我们曾大量使用这些药物，未能收效。对于心包液呈淡黄色无臭味，茶色具有腐臭味的患牛，也曾采取瘤胃切开，拔出异物方法，也未收到效果。虽然实施胸腔手术，偶能见效，但从奶牛生产出发，以经济观点考虑，我们认为，手术治疗存在以下问题：

（1）治疗复杂，药费开支较大。

（2）术后需要较长时间护理，本胎次泌乳已不可能，只能再等下胎，且能否发情、配种受妊尚不能肯定，故增加饲料费用。

（3）心包组织坏死、糜烂或结缔组织增生，病牛全身状况恶化，即使手术成功，预后也很难肯定。

基于上述分析认为，手术的目的不在于取出金属异物，而应注意术后痊愈奶牛是否能产奶，是否还能保持原有的生产性能，因此，从经济观点着眼，一旦确诊为本病，应尽早淘汰、屠宰。

预　防

根本的方法是加强对尖锐异物的清除，严防其混入饲料中而被牛食入。具体措施：

用磁铁处理饲料，吸取金属异物　经铡短、粉碎的干草，通过磁筛或磁板，将混入饲料中的铁质异物吸取后再饲喂。

胃内投放磁棒，以预防网胃炎的发生

（1）投放永久性磁铁。将铝、镍永久材料铸成的圆柱状磁棒（直径 14 mm、长 60 mm，重 80 g，或直径 18 mm、长 70 mm，重 160 g）投入胃内，投后不再取出，永久性停留于网胃内，将铁器吸附在磁棒上，而防止从网胃内穿出。

（2）投放临时性磁铁。

① 材料：前述磁棒的一端用锡焊一个小铁环或小铁柄，以固定系绳。

投放器：选一长 60 ～ 80 cm 的普通胶管，内径以放进磁棒为准，管内插一根小木棒作挺杆。

开口器：木制，长 25 ～ 30 cm，中央较粗，并有 3 cm ×4 cm 的椭圆形孔，以通过装有磁棒的胶管，开口器两端各有一小孔，以尼龙绳固定。

② 投放方法：先根据牛体大小灌入 25 ～ 35 kg 常水，稀释胃内容物。开口器放入口中，并固定好，磁棒涂凡士林，放入胶管内约 1/2 处，磁棒系绳端向外，以绳系于牛角上固定，推动投放器挺杆，推出磁棒于瘤胃内，取出投放器，牵牛运动，上下坡数次，促使磁铁在胃内移动，经 1 ～ 2 h 后，牵引磁棒上的系绳。牵引时，时紧时松改变拉力，缓缓将磁棒拉出，取下开口器。

对已确诊为创伤性网胃炎的病牛　应尽早实施瘤胃切开术，取出异物，避免因药物治疗延长病程而使病情恶化，刺伤心包。

心　肌　炎
Myocarditis

心肌炎通常并不独立出现，而常为某些疾病的继发病。按照炎症的经过，心肌炎分为急性和慢性两种。

病　因

病原微生物感染　心肌炎常继发于败血症或慢性感染。奶牛患急性脓毒性乳房炎、子宫炎、肺炎或昏睡嗜血杆菌感染及牛口蹄疫等，由于细菌、病毒的败血性扩散和炎性介质的直接作用，都会引起心肌的急性病理性损伤。

毒素的作用 引起牛中毒性心肌炎的原因较多，最常见的是饲喂有毒饲料如野豌豆、望江南、藕草及过量饲喂棉籽饼所致的心肌中毒性损伤；有机磷、有机氯和氟杀虫药的中毒；矿物质及微量元素的过量或缺乏，如铜缺乏会导致急性心肌炎；日粮中饲喂过量的添加剂如莫能霉素和拉沙里菌素，也能引起心肌炎。

寄生虫和原虫感染 牛囊尾蚴、肉孢子虫、牛弓形虫都能引起牛的心肌炎。

遗传性心肌炎 据报道，加拿大荷斯坦奶牛中有扩张性心肌病，发生于 19 ~ 78 月龄的奶牛，认为与遗传有关。

发病机理

各种致病因素作用于心肌,引起心肌间质结缔组织中血管充血,白细胞浸润。心脏神经纤维受到刺激,引起心肌兴奋性增高,心跳加速。由于心肌收缩频繁,致使心脏神经的兴奋障碍,发生节律不齐、期外收缩、阵发性心跳过速。随心肌损伤加重，发生变性，则收缩无力，血液循环障碍。于肝、肾、胃肠道及全身出现淤血，结果发生气喘、水肿、肺淤血、肺炎。

临床症状

初期，由于心肌兴奋性增高，心脏跳动加速，动脉高度充盈，听诊第 1 心音增高。随后心肌收缩力减弱，此时常出现期外收缩所引起的心跳过速、节律不齐和缩期杂音。随着心肌受损变性，收缩力减退，临床上出现血液循环障碍，病牛黏膜发绀，静脉充血，肺充血和肺水肿，呼吸困难，气喘，下颌、胸前、四肢下端水肿，体腔积水等。由于心脏收缩减弱而影响门脉循环，招致肝、肾、胃肠道及全身淤血现象的发生，从而造成各器官机能紊乱，患牛精神沉郁，食欲废绝，全身虚弱，战栗，目晕。唯因心肌炎常为传染病、中毒性疾病的继发症，除上述表现外，尚应有原发病的症状存在，因此原发病的心肌受损程度决定了急性心肌炎的病程。病情较轻者，在治疗原发病时，急性心肌炎也逐渐得到痊愈。但当心肌损伤严重，常因心脏麻痹而死亡。

病理变化

心肌砖红色、无光泽、弛缓、柔软，心脏壁薄、质地脆弱、易破裂。心腔扩大，血管充血。灶性心肌炎的心脏切面呈灰黄色的斑纹，称“虎斑心”。损伤的灶性心肌部位由结缔组织增生呈纤维化、硬化。由寄生虫引起的在心肌中可见有包囊。由中毒引起的心肌苍白，均匀的或呈条纹状分布于肌束之间。

预　　后

心肌炎的预后是根据原发病的病情及心肌损伤程度而定。轻微的心肌损伤可能逐渐治愈或纤维化，严重的、多灶性损伤可导致心力衰竭以致心脏麻痹死亡。

慢性心肌炎病程较长，可持续数月至数年，症状可反复发作，可能代偿性恢复或恶化，预后不容乐观。

诊　　断

根据临床症状，听诊心跳加快、节律不齐，叩诊心浊界扩大，可初步诊断。但本病初期易与心包炎和心内膜炎相混淆，故应鉴别。其方法是令病牛作轻微运动，然后立即检查，发现心跳、脉率剧增；节律不齐加剧；病牛虚弱；呼吸困难，这些症状的恢复需经较长时间，则可确诊为心肌炎。

心电图、心脏回声描记法，都是有效的诊断方法。

治　　疗

对病牛应加强护理，单独饲养于安静环境中，避免刺激和运动；给予易消化、适口性好的饲料；限制饮水。

药物治疗应以机体全身状况而定，体温升高者，可使用抗生素、磺胺药物以抗菌、消炎；中毒性心肌炎应查明中毒原因，对应采用泻药、保护制剂和其他支持疗法；寄生虫性的心肌炎应选用驱虫药物。同时应对症治疗，心力衰弱，可用咖啡因 3 ～ 5 g，一次肌肉注射；呼吸困难者，可行输氧、输血；肺水肿者，可用速尿 0.5 ～ 1.0 mg/kg 体重，每日 2 次，根据实际情况，检测血液的酸碱度和电解质状况，补充葡萄糖、碳酸氢钠；对食欲不振的牛，每日灌服氯化钾（KCl）50 ～ 100 mg，以保持血钾水平。

预　防

（1）严格执行兽医防疫制度，加强卫生防疫消毒措施，防止传染性疾病的发生与流行。对已发生的伴有体温升高的病牛，应及时治疗，使之尽快康复，防止转为败血症。

（2）加强饲养管理，对有机毒物、农药应严格遵守其使用、保管等事项，防止中毒；在饲喂含有毒物的植物时，应对这些饲草进行加工、去毒处理，严格控制喂量，防止发生中毒。

（3）在发生寄生虫感染的牛场，搞好卫生，防止肉食动物或人的粪便污染牛的饲草，并做好驱虫药物的预防性处理。

心内膜炎
Endocarditis

心内膜炎是奶牛常见的疾病。由于心内膜炎症导致瓣膜闭锁不全或狭窄，从而妨碍了血液从心脏喷出。其临床特征是波动性发热，心动过速，缩期或舒期杂音及充血性心力衰竭。

病　因

细菌感染是心内膜炎的主要原因。α 型溶血性链球菌、化脓性棒状杆菌为牛心内膜炎最常见的细菌；葡萄球菌及革兰氏阴性菌也可导致本病的发生。

感染分原发性和血源性两种。原发性的如以活丝状霉形体免疫引起犊牛的心内膜炎；血源性的是来自其他部位化脓性损害的栓塞转移所致，这是最为常见的，如创伤性心包炎、酸性消化不良、肺炎、子宫炎、乳房炎、肌肉与骨骼的化脓性感染、血栓性静脉炎和脓肿等，都能导致心内膜炎。

发病机理

由于细菌的致病性不同，心内膜可能发生溃疡性和赘生性病变。溃疡性病变是由于坏死过程迅速，而增生过程不强所致。此时坏死组织作为颗粒碎片崩解，随血液带走，可引起肝、肾、脾及脑梗塞性的动脉内膜炎，粟粒性肺脓肿及关节脓肿。

赘生性病变是由于坏死过程缓慢，病灶周围增殖性反应的结果，结缔组织增生，使瓣膜闭锁不全或瓣孔狭窄，从而引起充血性心力衰竭。

慢性病变，由于瓣尖之间发生粘连和结缔组织瘢痕收缩，使瓣膜尖端皱缩、变形和增厚，血液循环严重障碍，表现为动脉中血液减少，流动缓慢，静脉及各脏器淤血，进而造成体腔积水和皮下水肿。牛的瓣膜损伤多发生于右房室瓣，故全身血管以静脉充血最为明显。

临床症状

持续或间歇性发热、听诊时的杂音和触诊时的颤动是心内膜炎牛的重要症状。病牛食欲降低、消瘦，产奶量显著下降。心率加快，呼吸困难，黏膜苍白。疼痛，呻吟。瘤胃臌胀，便秘或腹泻。常常发生心衰，多数病牛颈静脉扩张，全身水肿。关节肿胀，强拘、疼痛和跛行。有的病牛失明，黄疸，肌肉无力，躺卧和突然死亡。

临床病理

急性病牛白细胞增多，其中主要是中性粒细胞增多和核左移。贫血，血清球蛋白高于 5.0 mg/100 mL。尿可出现蛋白尿，并有细菌排出。对发热高峰时的血液进行细菌培养，但应禁止使用全身性抗生素，并需要多次重复取血培养。

病理变化

心瓣膜肿胀、混浊、坏死，坏死组织周围有炎性反应。瓣膜边缘有大如菜花样的赘生物或小的疣状物。在瓣膜或心内膜的其他部分见有溃疡，脱落的脓块随血达到其他器官，故而引起侵害器官的梗塞性病变。

诊断

临床诊断

根据临床症状高热、心脏杂音、心音高亢、心动过速和心衰等可怀疑患有心内膜炎。确切诊断还应通过血液的培养和超声波诊断。

类症鉴别

由于本病易与心包炎混淆，易和淋巴肉瘤鉴别错误，故应引起注意。

与心包炎的区别 心包炎病牛，听诊时，心音微弱，模糊不清，有拍水音，站立时肘头外展，以 10 ~ 12 号的针头在第 4 ~ 6 肋间，心叩诊区内穿刺心包，可抽出褐色、污灰色、腐臭味、易凝固的心包液，即可与本病区别。

与淋巴肉瘤的区别 使用青霉素、红霉素对淋巴肉瘤无治疗效果。

治疗

治疗原则是抗菌、消炎、控制感染。

药物治疗 长期使用抗生素药物。药物选择应根据对药物敏感性而定。常用的首选抗生素有青霉素、氨苄青霉素、红霉素和四环素。其用量分别为青霉素 22 000 ~ 33 000 IU/kg 体重，每日 2 次，或氨苄青霉素 10 ~ 20 mg/kg 体重，每日 2 次，连续 3 周，或四环素 5 ~ 10 mg/kg 体重，用 5%葡萄糖生理盐水溶解，每日 1 ~ 2 次静脉注射，连续多日，或红霉素 2 ~ 4 mg/kg 体重，临用前先用灭菌注射用水配成 5% 溶液（不能用生理盐水或其他无机盐溶液配制，以免产生沉淀），然后用 5%葡萄糖注射液稀释成 10 mg/mL，缓慢静脉注射，每日 2 次，连续多日。

利福平内服剂量是 5 mg/kg 体重，每日 2 次。如配合使用青霉素，认为能提高治愈率。利福平具有良好的组织渗透性，它可以很好地渗透到脓性肉芽肿病变或进入巨噬细胞中，杀死或帮助杀伤细胞内细菌。

对症治疗 患牛出现疼痛、跛行，可内服阿司匹林 15 ~ 30 g，每日 2 次。出现静脉扩张、肺水肿或腹下水肿的病牛，除使用抗生素外，可使用速尿，剂量为 0.5 mg/kg 体重，每日 3 次。由于许多心内膜炎病牛食欲减少或废绝，若过量使用速尿会导致电解质 Ca^{2+}、K^{+} 减少和脱水，故使用时一定要按需要量，不要过量。

预防

加强饲养管理，增强机体抵抗力；建立、健全奶牛卫生保健制度，加强兽医防疫，预防传染病的发生。对于奶牛常发的感染性疾病如乳房炎、子宫炎，要严格执行卫生保健措施，减少其发生；对已发病者，应及时、彻底治疗，防止病原菌的扩散与蔓延。

静脉血栓症及静脉炎
Venous Thrombosis and Phlebitis

静脉中发生血栓可引起静脉血流局部阻塞，栓子随血流可停留于肺、肝和其他器官中，引起阻塞部位的病理变化；静脉损伤及其周围组织炎症的扩散和病原菌感染，导致血栓性静脉炎。

病　因

可分医源性、感染性和外伤性。

医源性

是指兽医在操作过程中对静脉的损伤，故也称损伤性。

反复的静脉穿刺　由于保定不确定，静脉注射技术不佳，针头过短，术前准备不当（针头堵塞与消毒不严）等，故在静脉穿刺时多次针刺静脉，引起静脉炎并导致血栓形成。特别是在严重脱水的情况下，静脉血少，脉管充盈度减小，皮肤失去正常弹性，变涩而脆，静脉穿刺补液困难，反复穿刺极易引起血栓形成。由于血小板的活化和其他凝血因子的作用，可以发现在静脉穿刺处出现胶冻状的凝血块，且凝血块常常将穿刺针头堵塞。

血管周围炎性反应的扩散　兽医在医治过程中，由于注射药物的刺激作用及静脉注射技术失误所致。如水合氯醛、氯化钙、保泰松、四环素和碘化钠等刺激性药物，因静脉注射失误而漏于血管外；高渗葡萄糖溶液和含有葡萄糖的钙制剂，因易引起局部组织的严重反应，故极易引发此病。

感染性

由于病原微生物感染、扩散所致。常见于犊牛因脐带消毒不严而发生的脐静脉炎。

外伤性

牛颈枷、铁链反复对颈静脉的机械性损伤；牛顶撞引起的静脉外伤；产前乳房浮肿、腹腔重量过大或躺卧于硬地等造成的单侧性压迫，都可引起乳静脉的血栓形成。成年母牛由于干奶，可引起干奶期自发性的乳静脉血栓形成。

临 床 症 状

奶牛颈静脉极易受损伤，偶见乳静脉和尾静脉受损伤。犊牛因脐部感染而引起脐静脉炎者，临床常见。

颈静脉血栓形成

单纯的血栓形成在静脉管内可触摸到柔软或坚实的血凝块，颈静脉沟血管周围结缔组织呈现炎性水肿而轮廓消失，随病时延长，血栓坚实，局部增温，触摸患部敏感、疼痛。颈部活动性降低，患牛常将头颈弯向病侧以减轻疼痛。压迫颈下部静脉，患部不大充实。随病时延长转成慢性，水肿和疼痛减轻，组织增生发硬，沿颈静脉径路触摸呈硬固的条索状。

颈静脉炎

通常由血管周围结缔组织即颈静脉壁的外面开始，最后在静脉腔内形成血栓。血栓性静脉炎时，颈静脉沟内出现炎性水肿，局部增温、疼痛，触诊硬结处有抵抗力，上部颈静脉显著怒张，下部压迫缺乏弹性，具空虚感。炎性浸润可能完全被吸收，血栓被排除或被机化，血管畅通性恢复。

当血栓感染而发生化脓性静脉炎时，患部可发现弥漫性、热性肿胀，不易触及静脉，压迫静脉下端时，患部及外周端不能隆起，全身症状重剧，体温增高，精神沉郁，食欲减退或废绝，鼻、口腔和眼结膜淤血，头活动受阻并见头部浮肿，患部发生一处或多处脓肿，破溃后排出脓汁。当血栓和坏死的静脉壁感染化脓、溶解，或因患部发痒而于墙壁、柱栏上摩擦，都可能引起突然出血，常常因未能及时发现而患畜死亡。

脐静脉炎

犊牛发热，脐部肿胀，将脐外部的结痂除去后，可从脐管中排出脓性物质。触诊脐部可摸到脐管增大，呈索状。血栓停留于肝脏，可引起肝脓肿，病犊精神沉郁，厌食，发育受阻，常常继发腹膜炎、脓毒性关节炎和泌尿道感染。

此外，奶牛发生严重的尾静脉血栓性静脉炎时，可引起尾巴脱落。患乳静脉血栓性静脉炎时，可引起严重的乳房及静脉水肿和同侧下腹壁明显疼痛。

诊　断

根据静脉肿胀、触诊疼痛、局部水肿以及患区蜂窝织炎、脓肿和坏死组织脱落，剖检可在水肿和局部出血部位找到梗阻的脉管和血栓等易作出确诊。

由于本病充血、水肿是因静脉血栓形成所致，故可与肿瘤、血肿和淋巴结肿大等压迫形成的水肿、静脉充血区别。

由恶性水肿、黑腿病和急性葡萄球菌所致的乳房炎可引起局部水肿，除此，病牛都伴有明显发热，严重的毒血症，急性局部炎症和坏死，这都可与本病区别。

治　疗

对急性病例，冷敷局部以减少血肿形成。当已知氯化钙漏于血管之外时，立即用 25% 硫酸钠液 10 ~ 25 mL 注入药物漏入部的皮下，使其生成硫酸钙以减轻刺激性。或在肿胀部周围皮下注射生理盐水以稀释血管周围漏出的药物，局部涂擦樟脑软膏、鱼石脂软膏或碘化钾软膏等。也可在患部周围分点注射 0.5% 奴夫卡因溶液，以阻止炎症扩散。口服阿司匹林 15 ~ 31 g，每日 2 次。

化脓性血栓性静脉炎时，为防止心内膜炎的发生，可用抗菌、消炎药物治疗。普鲁卡因青霉素 20 000 ~ 30 000 IU/kg 体重，一次肌肉注射，每日 2 次。当血管周围结缔组织已感染化脓，应切开排脓。对化脓性静脉炎，应双重结扎，早期切除。其方法是将患畜横卧保定确实后，在患部切开颈沟至血管周围结缔组织，小心将血管与其周围组织分离，在上下部健康组织范围内，将血管以双重结扎法将其结扎好，在结扎间将静脉切断摘除。

对化脓性血栓脐静脉炎，用 3% 双氧水清洗，再用 0.2% ~ 0.5% 雷佛奴尔液反复冲洗，然后涂布抗菌药物。

预　防

关键是加强兽医消毒措施，防止病原菌的侵入与感染。静脉注射时，局部应严格消毒，注射针头与器械应按无菌规则处理。提高兽医操作技术水平，防止和减少机械性或化学药物对静脉的刺激。静脉注射时进针要准确，在注射刺激性强的药物时，确实将病牛固定牢靠，一定要保证药物输入静脉内，为了防止药物漏出静脉，注药过程中多次回血，如回血正常可继续注药。加强脐带消毒，防止新生犊牛脐感染。

第十一章 泌尿器官及神经系统疾病

Diseases of Urinary Organs and Nervous System

肾盂肾炎

Pyelonephritis

肾盂肾炎又称牛细菌性肾盂肾炎或牛传染性肾盂肾炎，是由肾棒状杆菌感染所引起的牛的肾脏炎性、感染性疾病，常伴有输尿管及膀胱不同程度的炎症过程。其临床特征是排尿频繁及排尿困难，尿混浊及血尿。

世界各国都有此病的发生。发病以成母牛多见，罕见有马、山羊、绵羊和猪的感染病例。由于本病呈散发性，所以其危害性未被重视。然而，由于病牛尿中含有大量细菌，持续地向外排出而污染牛舍、运动场，致使发病牛常年可见，随病情发展，以废用或死亡告终，在经济上造成一定损失。

病　因

其主要病因是病原微生物的感染所致。

病原微生物的感染　病原为埃希氏大肠杆菌和肾棒状杆菌。其中主要是肾棒状杆菌。

肾棒状杆菌为粗短棒状，其一端较另一端稍厚，有纤毛，不运动，不形成芽孢，无荚膜，革兰氏阳性菌。本菌分Ⅰ、Ⅱ、Ⅲ型，3个型都能引起牛的膀胱炎或肾盂肾炎，但Ⅰ型和Ⅲ型都比Ⅱ型毒力强。

促使发病的因素　各种不良因素的作用或刺激，皆可促使疾病的发生，最常见的有：

（1）泌尿生殖道黏膜蒙受物理性或化学因素的损伤，兽医助产消毒不严，甚至粗鲁操作；导尿时不消毒及插入导尿管不细致；胎衣不下、子宫弛缓等处理不及时及应用刺激性药物等；这些极易造成产道黏膜损伤和膀胱麻痹的发生。

（2）饲养管理不当，粪尿不清除，运动场不清扫，卫生不良；天气寒冷无防寒保暖措施；日粮不平衡，饲料品质低劣，母牛得不到必需的营养物质而营养不良；妊娠和临产母牛体质差；这都可使母牛机体抵抗力降低而促使疾病发生。

发病机理

肾棒状杆菌为正常牛生殖道后部的常在菌，当机体抵抗力降低及输尿管、膀胱黏膜损伤时，病原微生物即出现上行性感染。肾棒状杆菌上存在纤毛，具有在生殖道黏膜附着定居、繁殖的作用。

肾盂肾炎的发生与发展取决于尿道微生物的感染和尿液潴留。当膀胱、输尿管感染发炎，其黏膜肿胀和管壁增厚而使管腔狭窄，尿液排出受阻而潴留于膀胱内，促使细菌繁殖和向肾盂侵入，引起肾乳头和肾髓质的损伤。由于积聚在肾盂中的细菌毒素及尿液腐败分解产物吸收进入体内，则将引起毒血症，可见体温升高。肾盂因尿液、脓液积聚，排出脓尿、血尿。当两侧肾脏同时受到损害，则毒血症更为严重。

临床症状

急性原发性病牛体温升高至39.5～40.5℃时，食欲废绝，泌乳量剧减，具腹痛症状，表现出踢腹，起卧不安，拱背站立。主要症状是排出带有脓汁或小脓块的血尿。尿液量逐渐减少，排尿次数增加，尿呈淡红、鲜红、褐红色，具恶臭。直肠检查：肾脏感觉敏感，患牛腰背左右摇摆，后肢站立不稳，肾肿大。

阴道黏膜潮红、糜烂，阴道口周围发炎肿胀，阴道内潴留脓性分泌物。

慢性病例被毛粗乱，食欲减退，体重下降，泌乳量降低，腹泻，贫血，腹痛，尿淋漓，尿中含血、纤维素或脓球。

隐性病例多见于产后的头几个月，常常伴发皱胃移位、子宫炎及乳房炎等症，肾盂肾炎常被上述症状所掩盖，这只有通过直肠检查左侧肾脏肿大、疼痛及尿液检查才能发现。

临床病理

尿液检验，尿蛋白质增高，尿沉渣中有肾上皮细胞、脓细胞、红细胞和大量的病原菌。

血液检验，红细胞和血红蛋白减少，白细胞数增加，血清总蛋白量下降。

病理变化

剖检变化

膀胱壁增厚，黏膜表面出血、淤血并有溃疡，其上覆盖着组织碎片及纤维蛋白。膀胱内尿液混浊，含血液、脓块和结石。

输尿管扩张、肿大，管壁水肿性肥厚，黏膜坏死，管腔内积聚有脓块和坏死组织。

肾脏肿大、坏死。肾盂肿大、肾乳头坏死，肾盂内容物含呈黄色、黏性、无臭的渗出物，并混有纤维蛋白、坏死组织、血凝块和石灰样物质。

组织学变化

膀胱上皮出血、溃烂。溃疡部黏膜固有层有中性粒细胞及淋巴细胞浸润，结缔组织增生。输尿管上皮溃疡、糜烂。肾髓质和皮质见淋巴细胞浸润，结缔组织增生，呈间质性炎症。有时伴肾小管上皮细胞坏死，中性粒细胞浸润，周围间质组织有脓肿形成。

诊断

此病通过临床症状、直肠检查、阴道检查和尿液分析及尿液病原微生物培养等综合措施，可做出确诊。掌握其特征如发热，尿中有红、白细胞和蛋白尿；直肠摸到左肾肿大；低蛋白血症，及培养出短的、粗的革兰氏阳性杆菌。

治疗

抗菌、消炎　常用青霉素 300 万 IU，一次肌肉注射，每日 2 ～ 3 次，连续注射 3 ～ 5 d。卡那霉素剂量为 3 ～ 5 g，一次肌肉注射，每日 2 次。呋喃坦啶钠，剂量 3 ～ 4 mg/kg 体重，一次肌肉注射。

为了能巩固疗效，抗生素使用应维持 3 周，短期治疗效果不好。

利尿、解毒　用 5%葡萄糖生理盐水 1 000 mL、25%葡萄糖液 500 ～ 1 000 mL、乌洛托品 10 g、安钠咖 2 g，一次静脉注射，每日 1 ～ 2 次，连续注射 2 ～ 3 d。

预防

加强饲养管理，增进牛体健康　日粮要平衡，使牛获得足够的营养物质；保持牛棚、运动场的清洁卫生，及时清除粪、尿、污物及褥草；冬季做好防寒保暖工作，给牛提供良好的生存环境，提高抗病力。

加强产房管理　搞好助产和产后的消毒卫生工作，减少细菌经泌尿道的感染机会。被病牛尿污染的牛床，应及时清扫、消毒；褥草应彻底清除焚烧，减少接触传播。

加强兽医技术管理，提高技术水平　难产助产要仔细，及时对产后母牛泌尿生殖疾病如子宫炎、胎衣不下等疾病进行治疗，尽可能减少产道的损伤和微生物繁殖、侵入。

肾 炎
Nephritis

肾炎为肾实质的炎症。病变主要是肾小球血管炎症，故又称为肾小球肾炎，伴有肾小管上皮轻微的变性病变。其临床特征是血白蛋白减少、严重的蛋白尿及四肢、胸前和腹下水肿。牛肾小球肾炎临床上少见。

病 因

此病多继发或并发于某些传染性疾病，如口蹄疫、炭疽、出血性败血症等。概因沉着于肾小球的病原体及其毒素和分解产物及抗体复合物或感染牛只产生的侵害肾小球基底膜的特异性抗体，共同作用而引起肾小球的损伤。

奶牛肾小球肾炎也常继发于子宫内膜炎、乳房炎、胸膜炎和腹膜炎，由于炎性渗出物及其他蛋白腐败分解产物持续对肾脏的刺激，导致产生大量的抗体可诱发此病。

寒冷刺激，机体及肾脏的防御机能降低，可诱发此病。

发 病 机 理

此病的发病机理尚未十分明了。现被认为是过敏反应。过敏因素通过血管运动神经，引起肾小球毛细血管痉挛性收缩和炎性反应，导致肾脏血液循环障碍，泌尿机能紊乱，排尿减少或无尿。由于机体内的水分、氯化钠和含氮代谢终末产物不能排出体外而于体内潴留，将引起肾性水肿和氮血性尿毒症。

肾小球毛细血管和肾细尿管的损伤和炎性产物的排除，尿中混有红细胞、白细胞、肾上皮细胞及大量蛋白。血液中白蛋白大量由肾脏排出，引起低白蛋白血症，使血液胶体渗透压改变，水代谢平衡紊乱，加重了全身水肿的程度。

临 床 症 状

轻症者症状不明显，不易发现。病情较重者，精神沉郁，食欲减退至废绝，腹泻，疲倦无力、行动缓慢，体温中度升高，四肢、胸前、腹下水肿。心音微弱，颈静脉怒张。呼吸促迫，呼吸次数增加，当有支气管炎、肺炎和肺水肿发生时，病牛咳嗽，肺部听诊有干性或湿性啰音。直肠检查肾脏肿大，以左肾明显，疼痛、敏感性增高。无尿或少尿，尿液色深，比重增大，混浊，内含蛋白质、红细胞、白细胞和肾上皮细胞。

诊 断

根据腹下水肿，低白蛋白血症，左侧肾脏肿大，血液学检验见红细胞和血色素减少，中性粒细胞增多，非蛋白氮显著增高至 500 mg/100 mL 等，可以得出确切诊断。由于上述变化和淀粉样变性有相似之处，故确立诊断应通过肾脏活组织检查。

治 疗

针对病的性质采取病因疗法。由传染病所致者，在加强饲养和护理条件下，消灭体内病原微生物，以病原菌特性，可采用注射特异血清、磺胺制剂和广谱抗生素类药物。

对症治疗应视病畜症状而定。少尿或无尿可用利尿剂，速尿 0.5 ～ 1.0 mg/kg 体重，每日 1 ～ 2 次，肌肉注射，或醋酸钾 50 ～ 100 g，内服，每日 2 ～ 3 次。伴心力衰竭及肾性水肿者，用洋地黄叶末 2 ～ 8 g，一次灌服。为防止渗出，减轻水肿，改善心脏冠状动脉及肾血液循环，可给 10%氯化钙溶液 200 ～ 250 mL、40%葡萄糖溶液 300 ～ 500 mL，一次静脉注射。有氮血性尿毒症者，可先放血 1 000 ～ 3 000 mL，再用 10%葡萄糖溶液 1 000 ～ 3 000 mL，一次静脉注射。

预　防

加强兽医防疫，控制奶牛常发的急性全身性传染病发生。对于奶牛易患的感染性疾病，治疗要及时，促使尽早痊愈，防止转成慢性而持续地对肾脏刺激。加强饲养管理，日粮要平衡，饲料品质要好，做好防寒保暖、防暑降温等工作，增进奶牛体质，提高抗病力。

肾　病
Nephrosis

肾病是由毒素、药物所引起的肾小管性疾病。临床特征是食欲减退至废绝、消瘦、多尿和脱水。

病　因

此病系由外源性或内源性毒素所致。

外源性因素的作用

（1）饲喂大量霉败饲料或误食有毒植物可造成此病的发生。常见的发霉饲料如霉败的酒糟、豆腐渣及变质的青贮等，有毒植物如由栎树叶、藜草所引起的中毒。

（2）刺激性的药物和药物过量所致的药物中毒。抗生素药物如新霉素、庆大霉素、卡那霉素、四环素、丙二醇、盐酸土霉素等都可引起肾小管的损伤。磺胺制剂具有损伤肾小管的能力，并能在肾小管内沉积。由于在治疗中使用量过大，或由于机体脱水、血液浓稠和肾灌注量降低时而使用，因而增加了对肾脏损伤的可能性。

在对瘫痪卧地而怀疑病牛为低血钙时，常使用非常规用量的钙制剂治疗，过量使用钙盐也可能引起肾病。

（3）奶牛误食重金属铅、砷、汞等而引起的中毒，常伴有肾病。当这些物质经肾脏排出又经肾小管浓缩时，因其刺激作用的增强，可造成本病的急剧发作。

内源性毒素的作用

主要系指由机体自体产生的毒性物质对肾脏的刺激。如妊娠毒血症及消化道疾病所产生的毒素；大面积烧伤时腐败产物的吸收；脓毒败血症的毒素及酮病时酮体在体内的蓄积等。因此，当牛患脓毒性子宫炎、脓毒性乳房炎、皱胃移位、腹泻和肺炎等，都可伴有肾病的发生。

发病机理

各种毒素、毒物引起肾小管的损伤和变性。当急性肾病时，由肾小球滤液流经肾小管受到阻碍，引起梗塞性少尿和尿毒症。肾病的后期，由于肾小管上皮的严重变性或坏死，对原尿溶质和液体重吸收机能紊乱，此时尿液量增多。

临床症状

病牛无特异症状。仅见食欲减退或厌食，精神沉郁，体温低，心率减慢和脉搏细弱，口黏膜色淡，消瘦，脱水，体躯腹下、胸下水肿，往往原发疾病的其他症状将肾病症状所掩盖。初期少尿，后期排尿频繁，多尿，尿液稀。直肠检查：左侧肾增大。

由传染病引起的存在着传染病的特征症状；由毒物或重金属中毒引起的可见有胃肠道症状和神经症状。

临床病理

急性肾病，尿比重高，蛋白尿，尿蛋白可高达3%～5%，血液检验：血红细胞及血色素减少，尿素氮和亮氨酸氨基肽酶水平升高，低氯血症，低钾血症，低钙血症，低钠血症，高磷及高镁血症。后期尿比重低，含或不含蛋白质。

病理变化

肾脏肿大，切面水肿、湿润，组织学变化是肾小管上皮脱落和坏死，在扩张的肾小管中有透明管型。

诊断

根据发病调查、症状表现和血、尿化验可以诊断。临床上与肾小球肾炎应进行区别。急性肾炎无少尿、水肿及心脏肥大症状，只有病情严重时才有少尿或无尿，尿液混浊，含红细胞。肾病则多尿、尿频和糖尿，后期尿比重低，不含蛋白也无红细胞。

治疗

首先，应对引起肾病的原发性疾病进行诊治。对病牛必须尽快恢复肾功能，其治疗原则是利尿，防止酸中毒。

补充体液以保证充足肾灌注 根据病牛脱水程度，静脉输注平衡电解质溶液，如复方氯化钠液、5%葡萄糖生理盐水液，用量要大，以脱水缓解、眼凹陷消失和病牛排出尿液为止。

在补充体液的同时，为了防止水肿或促进水肿消退，对低血钙病牛，可缓慢静脉注射10%葡萄糖酸钙溶液500～1 000 mL、生理盐水3 000～5 000 mL、50%葡萄糖溶液500～1 000 mL，一次静脉注射；用10%葡萄糖溶液5 000 mL、速尿（呋喃苯氨酸）250～500 mg，一次静脉注射。

对有酸中毒、低钾血症的病牛，补碱以防止酸中毒 用0.45%氯化钠溶液3 000～5 000 mL、2.5%葡萄糖溶液3 000～5 000 mL、5%碳酸氢钠溶液500～1 000 mL，一次静脉注射。

预防

加强对原发病的预防和治疗，以减少此病的发生。在日常饲养过程中，合理配合日粮，严禁饲喂发霉、变质饲料。在奶牛疾病防治工作中，应不断提高兽医技术水平，在使用抗生素、钙制剂时，应严格遵守药物用量和用药次数，不能因为一次或几次用药而效果不明显，就继续随意增加药量和用药次数。

淀粉样变性
Amyloidosis

淀粉样变性又称为淀粉样浸润，为机体各个器官组织和血管壁周围结缔组织及肾脏、肠道、脾脏、肾上腺等组织周围结缔组织出现淀粉样物质沉积的病理过程。临床上以其损伤脏器机能异常和肾小管上皮变性性蛋白尿为主征的一种代谢性疾病。

本病发生于5岁以上的成年牛，尤其见于刚分娩过后的母牛。

病因

分原发性和继发性两种类型。原发性淀粉样变性在牛群少有病例报道，可能是免疫介质的或代谢性贮积性疾病，如反复的接受抗原物质的刺激，抗原和抗体的异常反应，引起的一种与代谢相关联的疾病。继发性主见于牛慢性化脓性疾病，如创伤性网胃炎、慢性乳房炎、慢性子宫内膜炎、慢性肺炎、慢性腹膜炎和肝脓肿等。有的也继发于非化脓性传染病，如结核病、副结核病等。

发病机理

多数学者认为：由于慢性消耗性疾病或某些传染病产生过多抗原性刺激，致使细胞免疫力降低和抗原、抗体反应异常，以及网状内皮细胞活性亢进等，进而诱导产生淀粉样物质。淀粉样物质的本质并非碳水化合物，而是一种纤维性蛋白，它能与多糖类物质共同沉积于血管壁周围结缔组织中形成所谓的淀粉样浸润。原发性淀粉样物质来自免疫球蛋白的 L 链蛋白，称为 IgLV；继发性淀粉样物质来自免疫球蛋白以外的蛋白，称为蛋白 AA。

由于淀粉样物质广泛沉积于肝、脾、肾及其他器官，致使这些器官明显增大和机能障碍。肾脏为牛淀粉样物质沉积的主要器官，故病牛表现为蛋白尿和肾病综合征症状，临床上见低蛋白血症和水肿，最后以尿毒症、昏迷和死亡结局，当肠道发生淀粉样变性和水肿时，其吸收功能障碍，病牛出现腹泻。

临床症状

真正的淀粉样变性的病牛，临床上很难确诊，多在尸体剖检时发现。临床特征是消瘦和蛋白尿。病牛食欲不振或废绝，烦渴而饮欲大增，被毛粗刚、无光泽，呈现消瘦，脱水。主要症状是顽固性腹泻，持续性排泄水样或稀泥状软便，虽有腹泻一时性缓和，但一经复发后又多不易根治。粪便中混杂大量黏液，散发恶臭气味。水肿最多发生于颌下、胸前、腹下和四肢末端等处，触诊有冷感、无痛。体温、呼吸正常，心跳次数稍有增多。瘤胃蠕动微弱，反刍、嗳气异常，肠音活泼，可视黏膜苍白。病牛除原发性疾病，如乳房炎、子宫内膜炎等固有症状外，尚有泌乳性能降低，繁殖障碍（发情延缓，配种受胎率低）等。病到后期，病牛消瘦明显，体力衰退，步态蹒跚，站立困难，直肠检查:可触摸到左侧肾脏明显增大、质地坚实，肠壁肥厚。最终多继发尿毒症而死亡，病程一般为 2 ～ 5 周。

临床病理

血液学及其生化学变化

红细胞数减少至 300 万～ 500 万个 /mm^3，白细胞总数增多，其中中性粒细胞增多，淋巴细胞和嗜酸性粒细胞数减少。严重的低蛋白血症，血清总蛋白量为 3 ～ 5 g/100 mL，白蛋白和 γ- 球蛋白含量明显减少，而 α - 球蛋白含量增多（表 11-1）。铁传递蛋白、纤维蛋白溶酶等含量减少，而 α_2- 巨球蛋白含量增多。血尿素氮含量增多至 40 ～ 150 mg/100 mL，转氨酶活性升高。多数病牛血钙含量减少。

表 11-1　淀粉样变性牛与健康牛的血清蛋白含量比较（电泳法）

蛋白成分	淀粉样变性牛		健康牛	
	蛋白含量（g/100 mL）	蛋白百分比（%）	蛋白含量（g/100 mL）	蛋白百分比（%）
总蛋白（TP）	3.8		7.0	
白蛋白（ALb）	0.57	15	2.59	37
球蛋白（GP）				
α - 球蛋白	1.29	34	0.58	14
β - 球蛋白	0.27	19	0.98	14
γ - 球蛋白	1.22	32	2.45	35

尿液变化

尿蛋白强阳性反应，尿液或混浊或透明，呈淡黄色，比重降低（1.002 ~ 1.020），尿液量减少。尿沉渣检验，有少量白细胞、肾小管上皮细胞和颗粒管型等。

肝脏活组织镜检

穿刺取样，切片镜检，可见肝组织中有淀粉样物质沉积。

病理变化

剖检主要见肾脏和胃肠道变化。肾脏肿胀明显，比正常大 2 ~ 3 倍，表面呈白色—黏土色，凹凸不平，呈米粒样或砂粒大颗粒状斑点。肾实质混浊，有呈灰白色—黄白色的点状或条纹状病灶。前胃水肿较轻；皱胃和小肠水肿严重；大肠和肠系膜也见水肿。肝脏和肾上腺皮质部多有灰白色病灶。组织学检查可见肾脏、脾脏、心肌、甲状腺及消化道周围有淀粉样蛋白沉积。

诊断

临床诊断

此病根据临床表现出顽固性腹泻、胸前水肿、直检肾脏明显肿胀以及实验室检验的高度低蛋白血症等，可建立病性诊断。早期活体组织或尸体剖检取肾组织用卢格氏溶液、用硫酸进一步染色和刚果红染色，淀粉样沉淀蛋白浸润的肾组织呈红褐色、蓝色和特殊的染色反应。

类症鉴别

与副结核病、肾盂肾炎、非传染性和寄生虫性胃肠炎及牛白血病有相似之处，应予以鉴别。

与牛副结核病的区别 副结核病用副结核菌素变态反应和补体结合反应等方法检查呈阳性；自粪便和直肠黏膜取病料、涂片、抗酸染色镜检，可检出副结核杆菌。

与细菌性肾盂肾炎的区别 细菌性肾盂肾炎无腹泻症状，但体温升高，血尿，肾脏肿大变软且有压痛反应。尿沉渣检验，除发现红细胞外，还有大量白细胞、肾棒状杆菌和化脓性棒状杆菌等。

与非传染性和寄生虫性胃肠疾病的区别 非传染性胃肠疾病多为胃肠卡他，通过饲料调整和对症治疗会使症状减轻直至康复。至于寄生虫性慢性卡他性肠炎，检查粪便中虫体或虫卵呈阳性可确诊。

与牛白血病的区别 白血病牛有腹泻和水肿等症状，但主要症状是从体表和直肠能触摸到淋巴结肿大，增大是一侧性或对称性，能移动，由于不同部位淋巴结肿大，故能引起相关症状，如头颈偏斜、眼球凸出和后肢麻痹。血象检验呈淋巴细胞增多症，白细胞总数由正常至 30 万个 /mm^3, 淋巴结增大 5 倍以上。

治疗

目前尚无治疗淀粉样变性的特效疗法。对病牛曾应用免疫抑制剂，包括全身使用二甲基亚砜（DMSO）进行试治，其效果不如人医所报道的好。患此病的病牛，在确诊后宜尽早淘汰。

预防

目前虽无有效的预防办法，但在实际工作中，应加强兽医诊治技术，提高医疗水平，以减少慢性感染性疾病的发生。当已发生慢性化脓性疾病时，应采取积极有效的治疗，可能对本病的预防会产生一定作用。

膀 胱 炎
Cystitis

膀胱炎为膀胱黏膜的炎症。为牛的常见病，临床以排尿疼痛、尿频和尿中有血及炎性细胞为特征。

病 因

本病的发生和膀胱麻痹、细菌经尿道上行感染及膀胱结石的慢性刺激关系密切。病原微生物通常有肾棒状杆菌、大肠杆菌、变形杆菌、链球菌、葡萄球菌及绿脓杆菌等。促使细菌感染的因素有以下几种：

经泌尿生殖道上行感染 母牛患有阴道炎、子宫内膜炎、胎衣不下和产后子宫弛缓、恶露潴留，公牛患尿道炎、前列腺炎，治疗不及时或治疗不当，常会由尿道上行感染。从某种意义来说，本病可认为是生殖道疾病的继发病。

兽医诊治疾病时操作失误 通常是手臂、器械消毒不严；常规性导尿管取尿时消毒不严，操作粗鲁；配种员输精管消毒不严，以及难产助产时所造成的产道损伤。由于难产助产失误，常常会损伤分布到膀胱的荐神经，从而降低膀胱张力，干扰了膀胱的排空机能，致使尿液潴留于膀胱内，也可经尿道口直接污染而使膀胱感染。

膀胱壁的损伤 不良因素刺激作用引起膀胱壁的充血、淤血、创伤、膀胱麻痹所致的尿液潴留及尿石等，皆可引起膀胱壁病理变化，致使本病发生。

犊牛往往因脐带残段和脐尿管感染灶的存在，或因纤维性粘连牵引，致使膀胱排空机能遭受影响而发生膀胱炎。

临 床 症 状

典型症状是痛性频尿。病牛常作排尿姿势，虽排尿次数增加，却仅排出少量尿液。严重感染时呈现腹痛，病牛极度不安，摇尾，踢腹。直肠触诊膀胱时病牛敏感。膀胱如棒球或拳大、壁厚、坚实。如有结石也可触摸到。膀胱麻痹时见膀胱弛缓。尿液检查内含大量白细胞、脱落的膀胱上皮和细菌。肉眼观察尿混浊，尿液含少量红细胞、黏液和脓汁，具刺鼻难闻气味。严重病例，患牛精神沉郁，体温升高，食欲减退或废绝，排出干硬粪便。

预 后

急性病例若及时治疗，可经数日痊愈；慢性者，炎症呈上行性感染而引起肾炎、肾盂肾炎或膀胱麻痹。

诊 断

临床诊断

根据临床特征排尿频繁、尿量减少，尿中含黏液、膀胱上皮，触诊膀胱有痛感，可以确诊。

类症鉴别

与肾盂肾炎、膀胱麻痹和膀胱痉挛进行鉴别。

与肾盂肾炎的区别 肾盂肾炎排尿次数增加，尿量少，尿内含少量血液和脓液，直肠触诊肾脏敏感而膀胱不具痛感，此可与膀胱炎区别。

与膀胱麻痹的区别 膀胱麻痹排尿次数增加，尿量少或无尿，直肠触诊膀胱，见膀胱极度扩张，压迫膀胱尿液大量排出，此可与膀胱炎区别。

与膀胱痉挛的区别 膀胱痉挛排尿频繁，尿量减少或无尿，触诊膀胱敏感具痛感，但尿液无血液和脓球，此可与膀胱炎区别。

治　疗

对病牛加强饲养，给予优质干草，饲喂多汁、块根类饲料；及时治疗，促使尽早恢复。

抗菌、消炎　青霉素、卡那霉素、四环素肌肉或静脉注射，每日 2 次，连用 1 周。呋喃坦啶钠 0.5 g，溶于蒸馏水 50 mL，一次肌肉注射，每日 3 ～ 4 次。

膀胱灌洗　可选用刺激性小的消毒液如 0.1%硝酸银溶液、0.5%碳酸氢钠溶液、0.1%雷佛奴尔溶液、0.1 % ～ 1.0%氨苯磺胺溶液等进行膀胱灌注。

对于膀胱麻痹或弛缓而继发的膀胱炎，可使用导尿管导出膀胱内的积尿，促进膀胱的排空，减少膀胱中炎性沉积物对膀胱的刺激。

预　防

加强兽医卫生消毒，严格执行操作规程和无菌原则，减少经生殖道感染的机会。对患生殖道和泌尿器官疾病的病牛，应及时治疗，防止继发感染。不断提高兽医技术水平，助产操作要仔细、谨慎，万不能粗枝大叶，防止产道损伤和感染。

尿 石 症
Urolithiasis

尿石症是指尿液中无机盐类结晶析出，并于肾盂、膀胱和尿道内凝结成数量和大小不等的结晶，致使输尿管、尿道等处发生阻塞，临床以排尿困难、尿闭，继而膀胱破裂和尿毒症为特征的矿物质代谢障碍性疾病。

公牛和母牛在尿路中都能形成结石，但母牛结石容易排出而不发生阻塞。结石主要发生于 6 ～ 24 月龄的去势小公牛，秋、冬季发病率高，特别是寒冷气候来临之后。

病　因

尿结石在结构上和发生过程是极其复杂的，其复杂性又与许多因子如日粮组成、激素和环境因素之间相互作用有关。而解剖学和病理学因子，在尿石症的发生和排尿管的阻塞也是不可忽视的因素。现就其原因归纳如下：

日粮中精料喂量过高　日粮中粗饲料不足，钙、磷比例不当，或磷含量过高或过低，或钙含量过低或过高。尿液 pH 升高，使尿液中盐类平衡破坏。由于精料过多，使肾小管上皮细胞黏蛋白分泌增多，矿物质中阳离子钙、镁的可溶性降低，尿液中胶体物质含量增多。故认为高精料日粮可提高尿黏蛋白，并导致尿液的凝固。

维生素 A 缺乏或不足　长期饲喂品质低劣的干草，机体得不到必要的维生素 A 和胡萝卜素，结果使尿路黏膜上皮角化亢进和上皮细胞大量脱落，有助于结石形成。

雌激素过多　雌激素可源于牧草、饲料和玉米赤霉烯酮。当含有雌激素多的饲料喂量过大，饲喂时间长，或为了催肥目的投服雌激素时，使尿道内径缩小，并促使尿道黏膜上皮细胞剥脱。尿中蛋白质和肽类的含量及结石的数量都有增高。

饮水量不足　由于过饲精料，同时限制饮水量，尤其在严冬季节饮欲大减，导致尿液浓缩或尿液减少，也会促使结石形成。

早期去势　公犊牛 4 月龄去势，有碍尿道发育，降低远端泌尿道直径，导致尿道内径狭窄，也可形成结石。

发病机理

牛的尿液是一种混合溶液，其中含有蛋白质、黏蛋白、肽及氯化物、磷酸盐、硫酸盐和碳酸盐等阴离子和镁、钾、钠、钙、铵等阳离子。结石就是由这些物质组成。

关于结石的形成，目前有几种看法：一种认为，先是蛋白质、肽和黏蛋白积聚在一起形成有机的基质，因其带有正电荷和负电荷，故能结合阴性和阳性两种离子。离子结合的空间模型，成为结晶形成的核心。其次是矿物质结晶在基质中的沉积。由于矿物质的沉积作用使核心凝结块逐渐增大，形成高度不溶的矿物质和基质的凝结块。其主要成分是磷酸铵镁。另一种认为，沿着从肾盂到膀胱的泌尿系统中任何一个解剖部位都可形成结石。结石从形成部位借助尿液沿泌尿系统而转移。当结石进入直径小的泌尿管时，往往发生阻塞。在阻塞结石的周围发生炎性肿胀，使管腔闭合。在阻塞部位近端有尿液集聚并产生压力，可引起膀胱破裂，尿液和结石进入腹腔。由于尿素分解产物吸收入血，从而引起尿毒症而死亡。

临床症状

病情较轻者，虽不见有排尿困难，但出现频频排尿症状，阴毛末端附着有微细的白色、灰白色颗粒状结石。有的呈现一时性血尿和蛋白尿现象。

病情较重者，发病后即出现频尿或无尿。当发生结石闭塞时，食欲大减，突发间歇性或持续性腹痛，病牛表现踢腹，原地踏步，站立不安，频繁地拱腰、举尾和努责等，尿淋漓或无尿。尿闭时腹围明显膨胀，触诊敏感，取四肢叉开站立姿势。有的包皮浮肿，眼结膜潮红，呼吸促迫，出大汗。继发肾盂肾炎、膀胱炎，特别是尿道或膀胱破裂的病牛，精神高度沉郁，食欲废绝，体温升高达 39.6℃以上，脉搏增数在 110 次 /min 以上，多在 1 周内由于继发感染性腹膜炎或尿毒症而死亡。

临床病理

血液学及其生化学变化

红、白细胞计数、红细胞压积值，以及血红蛋白含量几乎无变化。只有重型病牛嗜酸性粒细胞明显减少。血糖、血清总蛋白、血清白蛋白、α-球蛋白、β-球蛋白、γ-球蛋白含量和血清电解质磷、钙、镁等无明显变化。血清胡萝卜素含量减少为 10 ～ 20 μg/100 mL，维生素 A 含量减少到 25 ～ 50 μg/100 mL。尿闭重型病牛血清尿素氮含量增多，达 30 ～ 80 mg/100 mL。继发肾盂肾炎、膀胱炎或尿道炎的病牛，白细胞数增多。

尿液的变化

尿液比重正常或升高，pH 9 左右，也有的为 5.5。新鲜尿液混浊，静置后有灰白色沉淀物，其中无机磷和镁等成分明显增多。尿蛋白和尿潜血反应阳性。尿沉渣检验，除红细胞管型、尿道黏膜上皮细胞管型等以外，在碱性尿液中还见有大量磷酸铵镁结晶。

病理变化

结石常发部位为肾盂、膀胱和尿道等。肾脏肿大、水肿，有时在肾实质内沉积有灰白色颗粒状矿物质结晶。膀胱内结石呈鸡蛋大、砂状颗粒不等，黏膜充血、出血、糜烂、水肿并伴发溃疡。尿道结石多发生于 S 状弯曲后部和龟头部位。多数闭塞部位有黏膜坏死灶。尿道破裂多伴发黏膜坏死病变。膀胱破裂时，腹腔内有大量尿液、结石，尸体发出一种尿液气味。

诊断

本病根据临床症状和尿液检验进行综合分析来建立病性诊断。

临床诊断

轻型病牛尿频，阴毛末端附着有细小颗粒状结石，当排在地面上的尿液干燥后，见有灰白色砂粒状结石。当膀胱处于空虚状态时，直肠检查可触摸到大型或砂粒状结石。

重型病牛突发腹痛和尿闭。直肠检查能触摸到膀胱高度膨满，尿道扩张等。

膀胱破裂时，腹下部膨满，直肠检查发现膀胱空虚。

尿道破裂时，膀胱内蓄积尿液，腹下部发生水肿。对腹腔穿刺液进行检验可鉴定其性质。对 S 状弯曲后部结石时，通过阴茎送入探针，可判查阻塞部位。

尿液性状检验

（1）离心沉淀法：将新鲜尿液盛入 10 mL 刻度尖底试管内，3 000 r/min 离心 5 min，将上清液约 9 mL 弃去，残液与沉淀物混合均匀后再移到温特氏管内，3 000 r/min 离心 30 min，读出沉淀层刻度，可推算出结晶含量。

（2）氨添加法：将尿液 0.25 mL 注入红细胞凝集反应板凹穴处，再加注 1 mol/L 的 NH_4OH 溶液 0.25 mL，充分混合均匀，室温静置 20 ~ 60 min，按其中镁、磷酸钙（镁）等沉淀状况来判断。

类症鉴别

诊断时应注意与水腹、肾盂肾炎、肠阻塞和瘤胃臌胀的区别。

与水腹的区别　水腹为全身水肿的部分表现，往往由于右心衰竭所致，抽取水肿液检验不具有尿的特征。

与肾盂肾炎的区别　根据观察，肾盂肾炎母牛发病比公牛多，通常无排尿困难或尿闭等症状。直肠检查：肾脏肿大，质地软并有压痛反应。尿沉渣涂片，姬姆萨染色镜检，往往见有大量白细胞和肾盂肾炎病原性细菌——肾棒状杆菌。

与肠阻塞的区别　肠阻塞尿液无大变化，但多数病牛排粪带血。直肠检查可触摸到阻塞肠段。

与瘤胃臌胀的区别　瘤胃臌胀主要见左腹部迅速出现臌胀，胃导管插入后，气体或瘤胃内容物导出后，症状可以立即缓解或消除。

治　疗

药物治疗

目的是促使结石溶解，缓解疼痛和痉挛。

（1）氯化铵 10 ~ 20 g/d，一次内服，连用 3 ~ 7 d。症状减轻即停药，防止用药量过大而产生副作用。

（2）维生素 A 10 万 ~ 25 万 IU、维生素 D_3 2 万 ~ 4 万 IU 或维生素 AD 合剂 5 ~ 10 mL，一次肌肉注射，连续注射 4 ~ 14 d。与氯化铵合用，效果更好。

（3）盐酸氯丙嗪注射液 1 ~ 2 mg/kg 体重，一次肌肉注射。

手术治疗

在膀胱破裂之前，可进行尿道切开术或膀胱穿刺术。尿道切口在阻塞点近端，尿液可通过切口流出。膀胱穿刺术是用一个大的针接上一根硬的不易压扁的管子通过直肠穿刺膀胱，借膀胱引流可暂时解除膀胱膨胀。膀胱裂口通过腹腔手术闭合。采用抗生素治疗预防腹膜炎。

预　防

充分注意饮水。日粮中补充足够的钠盐，按干物质计可供应 4%氯化钠，提高饮水量。当精料过饲时，可在日粮中添加一定量钙制剂，使钙、磷比例维持在(1.5 ~ 2)：1。精料中加 2%氯化铵(用量为每日 6 ~ 10 g)和维生素 A、维生素 B 制剂，能预防尿石症。公牛去势不要过早，将公犊牛去势时间延迟到 4 月龄以后，也有积极预防作用。

坏死性包皮炎
Necrotic Posthitis

本病为公牛包皮囊的急性炎症。其临床特征是包皮呈外翻性肿胀、疼痛和坏死。常见于去势牛和公牛。

病　　因

包皮炎原发性病因还不了解。推测是由于病原菌、腐生物感染及管理不当所致。

病原菌感染　多种病原菌和腐生寄生菌污染包皮囊可使之发炎；也有报道牛传染性鼻气管炎病毒为其病原，因为它能感染并引起包皮、阴茎和阴道黏膜的损伤，但也有认为坏死性包皮炎与其暴发无关。现认为引起包皮黏膜继发性坏死的原因是坏死杆菌，这是因为奶牛场内普遍存在着坏死杆菌，健康牛、病牛的消化道、皮肤表面和蹄都有本菌的存在。公牛包皮口及包皮囊也有坏死杆菌存在。健康、完整的皮肤和黏膜具有抵抗坏死杆菌侵入的能力，而当其完整性受到损伤，则可通过损害的上皮侵入并呈现出致病作用。

管理不当　牛舍卫生条件差，运动场潮湿泥泞，粪便不清除，对公牛包皮不清洗等，致使牛卧于脏地，下腹壁和包皮经常被粪尿污染；尿液潴留于包皮囊及包皮垢分解产物的长期刺激引起发炎。

促使发病的因素　先天性或后天性包皮口狭窄、阴茎头或包皮囊内赘生物的形成以及对包皮层的强烈剥离，皆可促使本病的发生。

发病机理

各种不良管理条件的刺激，引起了包皮的炎症发生。由于包皮位于腹部下方，皮下组织及肌肉缺乏，作为炎性渗出液，因没有肌肉收缩以帮助推动液体通过传入导管而进入循环，故于包皮黏膜中蓄积而使包皮囊充盈，包皮肿胀外翻。当牛卧地后，污秽的粪尿、泥土及草屑与坏死杆菌一起污染包皮黏膜，并通过包皮口进入包皮囊。坏死杆菌侵入黏膜和黏膜下层后，使炎症加重，引起黏膜严重水肿和坏死。

炎性肿胀扩延于阴茎体、龟头及下腹壁前部和阴囊上，当发生化脓性炎时，体温增高，并有脓肿形成。脓肿破溃，在阴茎龟头和包皮口出现病理增生性肉芽组织；内外包皮之间形成瘢痕及粘连，病牛排尿受阻，阴茎不能回缩，继而发生包茎或嵌顿包茎。

临床症状

病的初期，包皮呈现炎性浮肿、疼痛及局部增温。包皮口的皮肤发红，黏膜外翻。炎症向内外蔓延至周围的腹部皮肤发生弥漫性肿胀，体温升高，疼痛明显，排尿痛苦而中断，从包皮囊内流出尿液和坏死组织碎片。有时在皮肤表面见到炎性渗出物的渗出、脓肿形成及病理性肉芽。肉芽呈浮肿状，易损伤出血、排脓，并具恶臭气味。有瘢痕形成时，包皮口狭窄，不能配种。当有包茎时，包茎口内集有黏稠的、灰黑色、具恶臭的腐败包皮垢。

由于各地饲养管理状况不同，发病率不等，由个别到25%，病程3 ~ 7 d，严重的达2 ~ 3周，死亡率约1%，发病牛群中可见到腐蹄病。

诊　　断

根据典型临床症状如痛性排尿、包皮水肿、外翻、发红及包皮囊检查出黏膜的坏死，可以确诊。由于尿石症也有排尿困难及包皮浮肿症状，故应予以区别。

尿石症，直肠检查触摸到膀胱高度膨胀；膀胱空虚时，可触摸到大型或砂粒状结石；尿道破裂时，尿液集于腹下部皮下组织而肿胀，穿刺肿胀部尿液可排出；膀胱破裂时，尿液流入腹腔内而膨胀，穿刺腹腔排出尿液可确诊，腹腔内有大小不等的结石。而上述病例，检查包皮腔几乎正常。

治　疗

首先，彻底清除蓄积于包皮囊内的包皮垢。常用肥皂水、3%过氧化氢反复清洗。包皮囊内灌注煌绿酒精液、1%结晶紫液、美蓝或磺胺类药物及碘仿软膏。

当包皮炎性肿胀严重或呈蜂窝织炎时，用消毒针头乱刺包皮外层，能减轻肿胀，改进血液循环，促进毒素排出，预防败血症和黏膜坏死的发生。

已有脓肿时，切开排脓。包皮狭窄时，可将包皮切开。

当体温升高时，应采用抗菌、消炎，全身用磺胺类药物和抗菌药物治疗。磺胺二甲基嘧啶或磺胺噻唑钠 140 mg/kg 体重或土霉素 11 mg/kg 体重，一次静脉注射，每日一次，连续注射 2 ～ 3 d。

预　防

加强管理，搞好奶牛场牛舍、运动场清洁卫生，粪便及时清除，污水及时排除。

种公牛站，应搞好公牛牛体卫生，定期对包皮用温肥皂水或 0.1%高锰酸钾清洗，及时清除包皮垢，保持包皮的清洁卫生。

脑　膜　炎
Meningitis

脑膜炎为脑及脑膜的炎症。本病的炎性病变通常是由软脑膜开始，沿血管及淋巴管而蔓延于脑实质，故为脑血管和神经组织炎性损伤性疾病。其临床特征是先兴奋继而神经机能丧失而沉郁。

病　因

病原微生物感染　本病是由病毒、细菌等病原微生物引起。如患狂犬病、伪狂犬病和日本乙型脑炎时的脑炎；由恶性卡他热病毒引起的脑炎；由昏睡嗜血杆菌引起的牛传染性血栓栓塞性脑膜炎以及由单核细胞增多性李斯特氏菌引起的脑炎等。

成年牛脑炎发生较少，大多数呈散发。除上述病原外，当母牛患乳房炎、子宫炎、创伤性网胃 - 腹膜炎时，由于细菌转移与扩散可引起脑炎；由霉菌性乳房炎和霉菌性瘤胃炎所致的败血症，可引起霉菌性脑炎；当患慢性额窦炎及慢性垂体脓肿时，由于炎症直接蔓延也可导致脑膜炎。

犊牛特别是新生犊牛脑炎发生较多，尤以在管理差的牛场，可能呈地方性流行。其主要病原微生物是大肠杆菌、沙门氏菌和克雷伯氏菌。由此感染所出现的细菌性败血症是犊牛脑膜炎最常见的病因。1999 年，某牛场哺乳犊牛发生以多发性关节炎为主的脑膜炎，分离出病原为大肠杆菌。此外，传染性鼻气管炎、病毒性腹泻 - 黏膜病也有脑炎症状。

促使发病的因素　主要是饲养管理不良所致。如精饲料喂量过多，饲喂发霉、变质饲料，急性消化不良及中毒性肠炎等，由于内源性中毒，可发生脑膜炎。天气酷热、厩舍通风不良、日光持续性直晒及脑震荡等，皆可促使本病的发生。

犊牛常因初乳喂量不足而造成免疫球蛋白的缺乏，脐带消毒不严而导致脐部感染，或者喂乳卫生较差而经口感染等，终将导致发病。

发 病 机 理

病原体可以通过脉管系统侵入，也可以通过外周神经干进入。病原体或其毒素的刺激作用引起动脉充血，继而引起浆液浸润和细胞浸润，这种现象在血管周围特别明显。病原体侵袭神经元，引起细胞兴奋，随后细胞死亡。由于脑组织的损伤和脑内压增高，致使神经细胞的机能障碍，故而出现脑症状。

临床症状

脑膜炎通常有发热、厌食、沉郁和心率加快等。发病开始表现兴奋或狂躁，反应过敏，不时空嚼，流涎且混有泡沫，频频回头，以角抵触障碍物，或攀上饲槽，或各处狂奔，目光凶凶，甚至嘶鸣，眼球突出，头颈高扬，前肢悬起，刨地举尾，无目的直行、转圈，撞击人、畜，撞击障碍物，全身震颤或痉挛，最后转为迟钝，步态踉跄，站立不稳，姿势不自然，知觉迟钝，倒地，眼球向上翻转呈惊厥状，或呈沉郁、昏睡状态。

患脑膜炎的新生犊牛，当脑膜炎先于其他器官感染时，出现高热、嗜睡、癫痫、失明、头颈伸直、步态僵硬，严重者休克和虚脱。当脑膜炎和其他器官感染如脐带炎和脓毒性关节炎并发时，将其脑炎的特异症状掩盖，病犊仅见食欲减退至废绝，腹泻，对称性、多发性关节炎，常见球关节、腕关节及跗关节肿胀，跛行，失明，有的病犊因败血症可导致迅速衰竭而休克。

病理变化

肉眼可见变化是脑脊髓液量增多及脑膜充血（图 11-1）。脑组织由于浆液浸润而呈湿润外观，脑回有时展平，小血管向脑质内走入，脑有软化区，形成空洞和皮质分层坏死。死于由大肠杆菌引起的脑膜炎的病犊，除上述变化外，见腕关节、跗关节肿大，关节液增多，呈淡黄色，关节面溃烂。

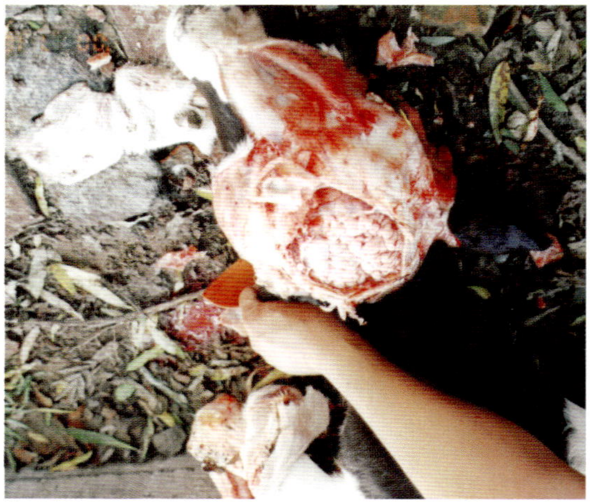

图 11-1　犊牛巴氏杆菌关节炎脑肿胀、血管怒张

诊　断

临床诊断

症状明显者，诊断容易，此时应注意精神、眼睐、瞳孔、颈的强直、牙关紧闭及脑神经的麻痹等，而症状不明显仅表现一般症状时，诊断困难。

实验室诊断

脑脊髓液（CFS）蛋白含量增高（正常值≤ 40 mg/100 mL）、白细胞（WBC）增多，其中以中性粒细胞为多。病原微生物确定应通过脑脊髓液和血液培养、分离和鉴定。

类症鉴别

临床上应对李斯特氏菌病、昏睡嗜血杆菌病、恶性卡他热等疾病进行鉴别。

李斯特氏菌病的鉴别　李斯特氏菌病牛头向一侧偏斜，一侧性颜面神经麻痹，一侧性眨眼反射消失，不流泪，圆圈运动。

昏睡嗜血杆菌病的鉴别　昏睡嗜血杆菌病牛患脑膜炎，体温升高达 41.2℃，高度沉郁可持续 12 ～ 24 h，嗜睡，呈流行性。

牛恶性卡他热的鉴别　恶性卡他热病牛除脑膜炎外，流鼻涕、鼻镜糜烂和结痂，口腔黏膜溃烂，角膜混浊和白细胞减少症。

破伤风的鉴别　破伤风病牛机敏性增强，刺激可引起肌肉痉挛性和强直性收缩，牙关紧闭，四肢强直。

由毒素引起的脑机能改变　常常伴有重度的胃肠障碍和其他症状，病史调查有助于诊断。

治　疗

治疗原则是抗菌、消炎、阻止炎症扩散；安神、解除兴奋；促使渗出吸收，降低颅内压。

抗菌、消炎主要是应用广谱抗生素。庆大霉素 2.2 mg/kg 体重，一次肌肉注射或静脉注射，每日 2～3 次；氨苄青霉素 11 ～ 22 mg/kg 体重，一次肌肉注射，每日 2 次；丁胺卡那霉素 4.4 ～ 6.6 mg/kg 体重，每日 2 次，三甲氧苄胺嘧啶（TMP）22 mg/kg 体重，每日 2 次。

对高度兴奋病牛，解痉、镇定。水合氯醛 0.08 ～ 0.12 mg/kg 体重，配成 10% 无菌液一次静脉注射；氯丙嗪 1 ～ 2 mg/kg 体重，一次肌肉注射；安定 5 ～ 10 mg，一次肌肉注射。

为了降低颅内压，可用甘露醇或山梨醇 150 ～ 300 mL，一次静脉注射。

对病牛单独饲养在安静、通风、干净场所内，精心护理，并采取对症治疗。

预　防

任何性质的脑膜炎都有生命危险，故预后慎重。通常病程越长，预后越不良。如治疗与护理不当，死亡率极高。因此，应加强饲养管理，供应优质平衡的日粮。加强防疫消毒工作，防止传染病的发生与蔓延，对犊牛充分做好助产，严格消毒脐带，减少脐带感染的机会。在管理上应做好防暑降温，严防烈日暴晒。对传染性疾病及时治疗，避免败血症及化脓性传染。奶牛传染性鼻气管炎、昏睡嗜血杆菌病流行牛场，牛群中可接种预防该病的疫苗。

脑灰质软化症
Polioencephalomalacia

脑灰质软化症是牛的一种急性硫胺素缺乏所引起的应答性疾病。以大脑皮层呈现多发性坏死灶为特征，故也称为脑皮质坏死症。

本病为世界发生。发病年龄在 3 月龄到 4 岁，无性别差异；冬季发病多；通常呈散发，其中以 2 ～ 8 月龄犊牛多见。集中大群饲养的奶牛群有的发病率可高达 10% ～ 25%。

病　因

引起脑灰质软化症的确切原因尚不了解。因为反刍动物在瘤胃微生物作用下机体内能合成硫胺素。而造成硫胺素缺乏及影响硫胺素合成的因素又很多，现认为日粮不平衡，大量饲喂高谷类饲料和低纤维饲料是发病主要原因之一。因这种饲料能使瘤胃内环境改变，在酸性环境中，瘤胃正常微生物菌群减少，硫胺素合成受阻。其二认为是瘤胃中硫胺酶活性和浓度增高，使维生素 B_1 遭受分解、破坏。同样，饲草中有毒成分如蕨类、木贼类植物中所含硫胺活性因素可改变硫胺水平。饲料中尿素喂量过高或饮水中含硫酸盐过高时，由于能造成钴缺乏而诱发本病。至于引起犊牛发病主要是由于犊牛瘤胃尚未发育成熟，瘤胃内微生物菌群尚未完善，故使硫胺素合成量过少，或由于吃不到优质母乳或吸收机能受阻等，致使犊牛机体中贮存硫胺素含量过少。

发病机理

关于维生素 B_1 缺乏症的发生机理了解很少。然而硫胺素在参与碳水化合物的代谢过程中，作为肝脏活化型焦磷酸硫胺素（羧化酶辅酶），使丙酮酸和 α- 酮戊二酸发生氧化脱羧反应，释放能量以供组织，特别是神经组织消耗之用，发挥着重要的生理功能。

当维生素 B_1 缺乏时，则导致血液中丙酮酸的蓄积，神经组织得不到必需的能量物质，并引起大脑水肿和神经元坏死。代谢障碍使神经元损伤和坏死，在视皮质区距状沟中发生的这些细胞变化，导致了视觉损伤。

临床症状

严重病牛，无任何临床症状，突然死亡。病情轻者，首先表现精神沉郁，厌食；机体衰弱，喉肌部分麻痹，吞咽障碍、流涎；间歇性腹泻；失明；低头，磨牙，或伸头、伸颈；步态踉跄，共济失调；肌肉震颤，惊厥，圆圈状走步。随病势发展，病牛躺卧，昏迷，衰竭，见四肢划动，角弓反张，眼球震颤，通常在几天内死亡。

病理变化

剖检变化

主要损伤在脑部。脑肿胀，脑膜出血，大脑过度软化。横切面见灰质有多发性坏死灶，特别是在冠沟、侧沟以及邻近脑回，病灶呈黄色，坏死组织与活组织分界清晰。丘脑有坏死灶，并见出血和脑脊髓液量增多。

组织学变化

坏死的神经元皱缩，呈嗜酸性染色，细胞核固缩、破裂或消失。坏死组织液化，周围有粒状细胞积聚。毛细血管内皮细胞增大。

诊断

临床诊断

通过发病调查、临床症状和病理剖检可以综合诊断。

（1）病史调查中有饲喂高谷类饲料、尿素喂量过大等发病史。

（2）典型症状是发病突然，正常体温，目盲，感觉过敏，斜视，眼球震颤，定向力障碍，惊厥和昏迷。

（3）剖检变化是大脑过度软化，灰质呈现多发性坏死灶。

实验室诊断

可以通过尿液、血液和脑脊髓液化验诊断。

尿液检查 通过硫胺素负荷试验来测定维生素 B_1。投服后经过不同时间，随尿液排出维生素 B_1 含量情况，作为对本病病性主要诊断手段之一。必要时可与健康犊牛做对比试验。

血液检查 取病牛血液，测定其血液中丙酮酸和乳酸含量。脑灰质软化症病牛丙酮酸和乳酸含量增加。

脑脊髓液检验 通常本病脑脊髓液透明，无有核细胞增加，蛋白质水平正常，后期蛋白质增加，巨噬细胞轻度增加。

类症鉴别

应与李斯特氏菌病、铅中毒、脑膜脑炎、神经性酮病、犊牛肠毒血症及维生素 A 缺乏症等加以区别。

与李斯特氏菌病的区别 李斯特氏菌病是由李斯特氏菌引起的。体温升高，一侧性面神经麻痹及圆圈运动，妊娠牛流产，脑脊髓液量增多、混浊，白细胞和球蛋白增多，并能分离到单核细胞增多性李斯特氏菌。

与铅中毒的区别 急性铅中毒病程很短，体温不升高，血液或粪便化学分析，其铅浓度含量增高，脑脊髓液中不含细胞成分。癫痫、吼叫和过敏明显而频繁。

与传染性栓塞性脑膜脑炎的区别 此病是由类嗜血杆菌引起，体温升高，除神经症状外，还有关节炎、腱鞘炎和跛行。脑脊髓液中细胞含量达 200 个 $/mm^3$ 以上，大部分是中性粒细胞。剖检脑组织有梗塞灶。

与神经性酮病的区别 酮病主见于高产泌乳牛，血、尿酮体检查呈阳性，静脉注射葡萄糖效果较好。

与犊牛肠毒血症的区别 肠毒血症发生在犊牛，多由 D 型产气荚膜杆菌引起。体温升高，腹泻，排出血便。病程短，存在着高糖血症和糖尿症。小肠内容物证实毒素和培养出产气荚膜杆菌。

与维生素 A 缺乏症的区别 维生素 A 缺乏症特征是视乳头和结膜上皮细胞角化，瘦弱，增重慢，病程长，血液和肝组织中维生素 A 含量都明显降低。

治　疗

对病牛立即注射盐酸硫胺素，剂量为 10 ~ 20 mg/kg 体重，一次静脉注射，然后用 10 mg/kg 体重，一次肌肉注射，每日两次，连续 3 ~ 10 d。

为了解毒，可用美蓝 1 ~ 2 g，一次静脉注射。补充体液和葡萄糖液也有必要。通常经上述方法治疗症状都会好转，失明逐渐消失而痊愈。

预　防

加强饲养管理，饲喂全价日粮是预防本病的关键。为此，在高谷物饲喂时，一定保证有充足的优质干草的采食量，至少每日吃进 3 ~ 4 kg 干草。在已发病牛场，对未发病犊牛，盐酸硫胺素按 10 mg/kg 体重，一次肌肉注射，重复使用，可起一定预防作用。为防止进一步发病，全场饲喂日粮中补加硫胺素，剂量为 5 ~ 10 mg/kg 饲料，也是有益的。

热 射 病
Heat-stroke

热射病为奶牛在高热、高湿的环境中蒙受热应激所致的一种急性病。其临床特征是体温过高、虚脱和神经损伤。

本病发生于炎热、潮湿的夏季。主要发生于成年母牛，有时偶见于青年牛和犊牛。

病　因

本病的发生主要是外界气温过高，机体调节体温机能受到破坏，致使体内热蓄积而发生过热。这与饲养管理不当、机体体质和所处状况有关。

饲养管理不当，未做好防暑降温工作 夏季，在高热、高湿的天气时，牛舍内通风不良，无任何防暑降温设施；或牛舍阴暗狭小、牛只拥挤、饲养密度过大；运动场内无遮荫凉棚，牛长时间置于既无凉棚、又不通风的环境之中，经受阳光长时间直照；供水不充分、不及时，致使奶牛饮水不足。

机体本身健康状况不良 如奶牛过度肥胖，母牛产后血钙过低而躺卧于高热、高湿及日光照射下，牛患呼吸道或其他疾病而引起体温升高等，都易引起热射病的发生。

发 病 机 理

奶牛具有耐寒怕热的体质。这是因为奶牛体形大，单位体重散热面积小；被毛及皮肤组织的保温性能好；汗腺不发达、皮肤蒸发散热量少；以及饲料利用和产奶过程中都要产生热量，因此，这就决定了奶牛对热敏感的特性。

奶牛最适温度为 10 ~ 20℃，超过 27℃时，奶牛就已受到严重的热应激。

奶牛的散热分蒸发型和非蒸发型两种。前者主要是通过皮肤散热，后者则靠呼吸道散热。当环境温度为 0 ~ 10℃时，奶牛的热散发约 75%是通过呼吸道散热（非蒸发型），25%的热散发是通过皮肤散热（蒸发型）。当环境温度超过 10℃时，体表蒸发散热成为主要的散热途径。在高热、高湿时，其蒸发散热受阻，体内过多热量蓄积而导致机体过热。

热射病时，体温升高到 41℃以上，大量出汗，血液因脱水而变浓稠，血流缓慢，加之呼吸急促和呼吸困难的恶性循环，引起肺水肿，结果造成组织内供氧不足，以窒息死亡。

机体大量脱水，血流缓慢，体内盐类特别是氯化钠流失过多，其一造成代谢产物在体内蓄积，引起自体中毒和昏迷；其二，破坏了体内水分的正常代谢，组织因氯化钠的缺乏而发生胶样浸润，引起神经损伤、麻痹和脑神经机能紊乱。

临床症状

患牛精神迟钝，沉郁，呼吸窘迫，张口吐舌，由口鼻流出泡沫状唾液；双眼凝视，结膜淤血；鼻孔扩张，呼吸急促，达 75 次 / min 以上；心悸亢进，心率达 100 次 / min 以上；体温升高至 41.5 ~ 42.5℃，步态不稳，摇晃，后卧地呈昏睡状态。

病理变化

可视黏膜暗紫色，血液黏稠不易凝固；胸膜及心包有出血点；脑及脑膜充血；肺水肿及心肌变硬。

预后

应观察机体全身反应，不断地测量直肠温度，当心率过速和呼吸急促现象有所缓解，直肠温度下降至 40℃以下，预后良好；当体温超过 42℃，并经治疗持续不下，全身反应未见缓解，多预后不良。

诊断

临床诊断

根据病时的高热、高湿的夏季，结合呼吸急促、心动过速、体温过高及运动、意识机能紊乱等，可以做出诊断。

类症鉴别

应与肺水肿、脓毒性乳房炎、低血钙等进行区别。

与肺水肿的区别 热射病与肺水肿容易混同，但单纯肺的疾病主要表现为呼吸道症状，全身症状较轻，体温不会过高。

与脓毒性乳房炎的区别 脓毒性乳房炎时，乳房症状严重，全身症状不如热射病严重。

与低血钙的区别 低血钙牛主要见于产后不久，与产犊有关，低血钙为热射病提供了诱发条件；而热射病发生与产犊和低血钙无关，另外，低血钙所致的全身症状不如热射病严重。

治疗

一旦发病，对病牛停止一切应激，立即采取降温措施。如用冷水浇患牛头部及全身，并结合用风扇吹牛头部；冷水灌肠。

对有肺水肿、泡沫状鼻液、呼吸急促的病牛，可采用静脉放血 1 000 ~ 1 500 mL，放血后用 0.9% 生理盐水或林格氏液 2 000 ~ 3 000 mL 静脉注射。或用速尿 0.5 ~ 1.0 mg/kg 体重，肌肉注射。

对重度虚脱患牛可用皮质固醇类消炎药治疗。氢化泼尼松（强的松龙）0.05 ~ 0.15 g，肌肉注射或静脉注射。

对伴低钙血症的热射病患牛，在补充生理盐水和降温的同时，应进行补钙治疗。在治疗中，因病牛心动过速高达 120 次 / min，因此在输入钙剂时，应特别慎重。

预　防

在夏天，应加强饲养管理，充分做好防暑降温工作，给牛提供良好的生存环境。牛舍要通风，牛棚内应设置排风扇；喷雾降温，向牛体喷洒细雾，以湿牛体；运动场内搭设凉棚；及时清刷饮水槽，保证有充足的清洁饮水；运动场设置食盐槽，令牛自由舐食。

加强产房管理，对产前产后母牛要专人看护，单独饲养，随时观察牛只全身状况，对食欲不振、走路不稳的母牛，定期补糖、补钙，防止低血钙而招致瘫痪发生，一旦发病，应及时对症治疗，并将其推送至阴凉地，以免躺卧于运动场而受高温、高湿影响导致热射病的发生。

闭孔神经损伤
Damage of Obturator Nerve

闭孔神经损伤又称产犊瘫痪，是指在分娩过程中，由于闭孔神经损伤，其实质也包括坐骨神经的第六腰脊神经同时损伤所引起的站立不能的疾病。奶牛时有发生，以初产牛多见。

病　因

闭孔神经支配着后肢的耻骨肌、股薄肌、内收肌和闭孔外肌，而这些肌肉对髋关节起着内收和外展的作用。第六腰脊神经则分出到半腱肌、半膜肌的坐骨神经分支和腓神经纤维，支配着髋股关节的伸展及跗关节的伸展与屈曲。

当难产时，尤其在头胎牛，由于产道狭窄或开张不全，胎儿过大，胎水流出过早，产道干燥等，由于兽医助产失误、粗鲁，在强行牵引胎儿的过程中，当其沿髂骨干内侧通过时，压迫损伤闭孔神经；第六腰脊神经在荐骨峭突腹侧通过，难产时也易受压和损伤而发病。

对分娩牛护理不好，无产房，产犊牛与泌乳牛大棚内混养，牛只相互拥挤而于光滑地面上突然滑倒，或牛舍阴暗潮湿，地面冻冰使牛滑倒；产后瘫痪（乳热）强行挣扎、起立等，使后肢内收肌损伤、撕裂，也可出现产犊瘫痪的症状。

临 床 症 状

病牛症状随单侧或两侧损伤而异。

单侧损伤病牛后肢不能内收，球节突出，以球节和趾背侧着地站立，人工帮助能使屈曲的关节站立和负重。

两侧坐骨神经和闭孔神经损伤，病牛瘫痪卧地，不能站立。以腹部着地，后肢屈曲外展，呈“蛙式”，严重者，后肢劈叉并向外展，与身体长轴垂直。无全身症状，精神、食欲正常，常常可见患牛拖腹于运动场内滑行。由于挣扎起立、滑倒，故极易发生髋关节脱位、股骨骨折等继发病。因长时躺卧，往往在体躯突出部位发生褥疮，全身感染而导致败血症。

预　后

单侧损伤，病情轻，预后良好。双侧损伤而瘫痪卧地不起者，预后不良。伴内收肌肌病、髋关节脱位和股骨骨折者，预后不良。初产母牛因体重小、腹腔脏器体积较小、整体灵活，故比经产母牛预后好。若对药物反应差，病程长，发生褥疮而全身感染者，将因败血症而导致死亡。

诊　断

闭孔神经损伤病因复杂，为多种疾病的一种症状表现，故应仔细检查，进行类症鉴别，才能做出最后诊断。

与髋关节脱位的区别 由于脱位方向不同，故病肢缩短或延长，大转子突出或凹陷，站立时，以蹄尖着地，他动运动可听到骨关节处的摩擦音，运步时，呈“三脚跳”，或病肢拖曳状向外划弧。

与生产瘫痪（乳热）的区别 乳热多于分娩后不久出现卧地，病牛意识紊乱，常呈沉郁、昏迷状；食欲废绝；静脉注射葡萄糖酸钙后，症状很多好转，并能站立，食欲恢复。

与骨盆骨折的区别 骨盆骨折以髂骨骨折多见。病牛患部塌陷，两侧臀部不对称，他动运动有疼痛和捻发音。直肠检查可以触摸到骨折部位。

与内毒素血症的区别 奶牛瘤胃酸中毒所致的内毒素血症时，多随分娩出现症状。除常卧地不起外，并表现昏迷和休克。病牛严重脱水，眼凹陷，有的还有腹泻、蹄叶炎，病程短，多于 1 ～ 2 d 死亡。

治 疗

对病牛应尽早治疗，并采用治疗与护养相结合的原则。

全身治疗

止疼、消炎、解毒。

消炎、止疼和解毒 可用地塞米松 20 ～ 40 mg，一次肌肉注射。或阿司匹林 15 ～ 31 g，每日两次灌服。或用氢化可的松 0.2 ～ 0.5 mg，溶于 5%葡萄糖溶液 500 mL 内，一次静脉注射。或氟胺烟酸葡胺 0.1 ～ 1.1 mg/kg，每日分两次肌肉注射。也可用二甲基亚砜（DMSO），剂量为 1 mg/kg 体重，以 5%葡萄糖作 1 ：1 稀释，静脉注射。

防止低血钙 可用 10%葡萄糖酸钙、25%葡萄糖液各 500 mL，一次静脉注射，每日注射 1 ～ 2 次，连续 3 ～ 5 d。

局部处理

使用 10%樟脑酒精涂擦病牛腰荐部和四肢，每日 2 ～ 3 次。也可用麸皮 5 ～ 8 kg，在锅内加热，再加醋 2 ～ 3 kg 一起炒热，装入麻袋内，置于腰荐部和四肢上，以促进血液和淋巴循环，加速病变部位的新陈代谢，有利于损伤组织痊愈。

针灸

可选用百会、八字穴。选准穴位，进针后注射士的宁 5 mL（含 10 mg）或维生素 B_{12} 10 mL，隔 1 ～ 2 d 一次。

护理方法

①勤翻牛体。首先应将病牛置于清洁、干燥的地方（最好是土地面），铺以厚的褥草，经常让躺卧牛置换体位，防止褥疮发生。②做脚绊。根据奶牛大小，可在跖部相距 60 ～ 75 cm 处，用软的线绳拴在两后脚的跖部。③用吊带。对不能站立，全身状况良好且试图站立的病牛，应考虑用吊带以机械力帮助病畜站立，待其能自行站立时，再将吊带拿走。

预 防

加强临产母牛饲养管理，防止机械性损伤

（1）临产母牛应在产房内集中饲养，产房内设产圈，对有分娩前兆母牛，置于产圈内，并设专人看护。

（2）对产后母牛，应注意全身变化，及时观察食欲、精神及行为表现，异常者，及时治疗，并加强护理，防止牛顶、滑倒而发生神经和肌肉损伤。

加强兽医责任心，提高诊疗水平

（1）难产发生后，应仔细确诊难产原因，需助产时，要做出助产处理方案，助产时要耐心、细致，防止神经、肌肉和产道损伤。

（2）临床观察，乳热病牛，由于挣扎，在试图站立时，或经治疗而未完全痊愈时，往往因站立、滑倒而引发本病，从某种意义来说，本病是乳热的继发病。因此，应加强对乳热的治疗，对已能起立的乳热病牛，不能过早停药，而应在彻底痊愈后再停药，防止病情复发导致神经和肌肉的损伤。

第十二章 眼及皮肤疾病
Eye Diseases and Dermatosis

结　膜　炎
Conjunctivitis

各种不良外界刺激及感染所引起的结膜炎症过程称结膜炎。

奶牛结膜炎偶尔可见，只有当发生感染时，结膜炎的发病率明显增多。

病　　因

本病的病因可分机械性、理化性、传染性和过敏性几种。

机械性损伤

各种外力如牛只顶撞、棍棒打击及尖锐异物铁丝、麦芒可引起结膜外伤；尘土及寄生于眼部的斯氏吸吮线虫（*Thelazia skrjabini*）和大口吸吮线虫（*Thelazia gulosa*）的刺激也可引起。

理化因子刺激

厩舍内通风不良，烟雾、氨气对结膜的刺激；高温、火焰以及在消毒过程中消毒液如石灰水、火碱水、肥皂水、洗必泰对结膜的作用。

传染性因子

这是奶牛最为常见的一种致病因子，分细菌性的和病毒性的。细菌性的如巴氏杆菌可引起黏性脓性角膜炎并伴有结膜炎；犊牛患嗜血杆菌病可发生结膜炎，在流行结膜炎时，常会分离到支原体；摩氏杆菌引起牛角膜结膜炎。病毒性的有恶性卡他热病毒所致的恶性卡他热，疱疹病毒Ⅰ型引起的牛传染性鼻气管炎以及由病毒性腹泻-黏膜病病毒引起的牛病毒性腹泻-黏膜病等，都伴有结膜炎的症状。

过敏性因素

由变态反应可引起牛结膜水肿。

此外，眼睑的炎症、眼的恶性肿瘤等，都会引起本病的发生。

临 床 症 状

根据病的经过可分为急性和慢性两种。

急性

病初结膜充血、发红，流泪，分泌物呈浆性，随后结膜显著充血，肿胀明显，羞明、流泪，分泌物黏性、量多，常蓄积于结膜囊内或附于眼内角。结膜下组织受侵害时，疼痛和肿胀剧烈，肿胀结膜呈肉块样、外翻，露出于上下眼睑之间，遮蔽整个眼球，呈紫红色、黑褐色坏死。炎症蔓延到角膜，其周围有新生血管，发生弥漫性角膜混浊。

慢性

由急性转来。结膜轻度充血、暗红色、肥厚，泪液及炎性分泌物流出，在眼下方皮肤上可见到泪痕，形成湿疹样皮炎，被毛脱落，出现痒感。当牛外翻的结膜粘上污物，发痒，常因擦伤、出血，结缔组织增生，导致结膜变硬、紫红色，溃烂和坏死。炎症波及角膜，引起角膜翳（图 12-1）。

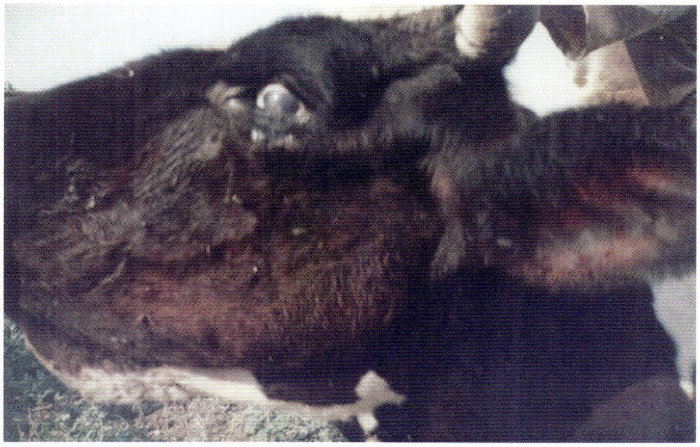

图 12-1　奶牛角膜翳

化脓性结膜炎，全身症状重剧，结膜显著充血，肿胀明显，疼痛剧烈，水肿外翻，羞明，流泪，第三眼睑突出，眼内流出多量黄色、脓性分泌物，时久脓汁变稠，上下眼睑互相黏着。

严重的结膜水肿，水肿的结膜可从睑裂突出，深红色至暗紫红色，如桃大。

诊　断

根据临床症状，本病极易诊断。但在诊断时，应注意是散发的、还是多发性的。当牛群中有多数发病，呈流行性时，应注意与红眼病、牛传染性鼻气管炎及牛病毒性腹泻之间的区别。

治　疗

治疗原则是消除病因，减少刺激，抗菌、消炎，促使炎症消散。

急性

病初用生理盐水、2% ~ 3%硼酸液、2%明矾液、0.1%新洁尔灭液洗眼。消炎止痛可用醋酸可的松眼药水滴眼，每 4 ~ 6 h 一次；0.25%氯霉素眼药水、0.5%金霉素或 0.5%土霉素眼膏滴眼；分泌物减少时可用 0.5% ~ 2%硫酸锌滴眼，每日 2 ~ 3 次。较严重病例，用青霉素可的松作结膜下注射。每次用 1%普鲁卡因 2 mL、氢化可的松 10 mg、青霉素 G 5 万 ~ 10 万 IU，隔日一次，有较好效果。

慢性

可用 3% ~ 5%硫酸锌液，2% ~ 5%强蛋白银滴眼，如有增生时，先反复清洗外翻结膜上的污物，用外科方法除去坏死和增生组织，滴注 0.5%金霉素眼膏、5%磺胺软膏。也可取自身血治疗，方法是静脉取血 2 ~ 3 mL，作结膜下注射。

结膜严重水肿时，可用消毒过的注射针头，于肿胀的结膜多处乱刺，然后再涂布抗菌药物。若系传染性的，则应对全身采取相应的治疗。

预　防

结膜炎多为奶牛多种传染性疾病的症状表现，故应加强防疫消毒，控制疫病的发生。对已确诊为传染性鼻气管炎、牛病毒性腹泻和牛传染性角膜结膜炎的牛群，必要时，应采用疫苗注射。

红 眼 病
Pinkeye

红眼病即牛传染性角膜结膜炎。是由牛摩拉氏菌引起的眼角膜和结膜的急性炎症。其临床特征是羞明、流泪、结膜炎和角膜混浊。1889 年，Billings 记载了牛传染性角膜结膜炎。以后在美国（Daldwin, 1945)、欧洲（Cooper, 1960)、南非（Coles, 1936)、苏联（Gromov, 1963)，对本病进行了研究。近年来，世界各国不少奶牛场时有发生。1994 年夏初至秋末，山西晋南某牛场 52 头奶牛中，发病 39 头，发病率为 75%。

病　原

牛摩拉氏菌大约长 2 μm，宽 1 μm，革兰氏阴性球杆菌，双链或短链，不运动，不形成芽孢；在血琼脂上呈圆形、半透明、灰白色，少黏稠性，出现 β 溶血。从带菌牛分离的菌落不溶血，边缘不整齐；从临床病牛分离的菌落有很多菌毛，故菌落粗糙。根据致病力将其分为致病型和非致病型。致病性牛摩拉氏菌溶血、菌落粗糙，有菌毛，可产生 a 型或 b 型菌毛素，其中以 b 型菌毛素与致病力有关。非致病性牛摩拉氏菌不溶血，菌落平滑，没有毒力。

牛摩拉氏菌为需氧菌，氧化酶阳性，靛基质、硫化氢和尿素酶的产生均阴性，能液化明胶，但不发酵糖类。

紫外线照射能使细菌致病力降低或消失。结果其感染轻微或不感染。

流 行 病 学

红眼病在世界养牛地区普遍发生和流行。鉴于本病为虫媒性及高度接触性传染病，故其流行特点是：

季节性

本病主要发生在夏季，其原因是夏季日照强烈，蚊、蝇滋生旺盛且活动频繁，极易将病传播。有些地方也有见冬季流行的，可能与牛嗜血杆菌有关，也可能与牛群中病毒性结膜炎、病毒性上呼吸道感染及牛病毒性腹泻 - 黏膜病并发，使非致病性牛摩拉氏菌病的菌株转化为致病株所致。

传播途径

直接接触感染，即机械地将强毒株牛摩拉氏菌由病牛传染给健康牛。其传播媒介是家蝇、厩螯蝇和秋家蝇的口、脚；饲养员、兽医管理失误而传播。

易感性

各种年龄牛都易感，但幼龄牛高于成年牛，说明随着年龄增大而抵抗力增强；但如果是完全健康牛场而发生感染时，成年牛也同样会出现高的发病率。品种不同，其感染性不同。短角牛、海福特牛、荷兰牛、娟姗牛等发病较多，而安格斯种具有一定的抵抗力，发病较少。

传染源

感染发病的康复牛，细菌能在鼻孔和眼结膜繁殖、生长，长时间保存，这种保菌牛能将本病在各地传播，为主要的传染来源。

发病机理

关于本病的发病学，目前尚未完全了解。据报道，与致病性摩拉氏菌的菌毛和溶血素有关。在流行时，溶血株的分离率高，其毒力也强，溶血素在对抗牛中性粒细胞的细胞毒性中起了一定作用；菌毛有利于黏附在角膜上皮上，其所产生的 b 型菌毛素呈现出毒性作用。牛摩拉氏菌产生的一种皮肤坏死毒素接种到犊牛角膜内，能产生与红眼病相同的角膜病变；牛摩拉氏菌感染眼睛，其所产生的趋化因子，激发中性粒细胞和其他炎性防御反应，引起中性粒细胞大量浸润，并能释放较多的胶原酶，有助于角膜基质的破坏。

临床症状

发病突然，见于一侧或两侧眼结膜发炎。初期流泪，分泌物呈浆液至黏性；结膜发红、充血、肿胀；眼睑肿胀，羞明，眼睑半闭合状；呆立，触眼睛具疼痛感；大量流泪使颊部有泪痕；角膜或巩膜为淡红至深红色（图 12-2）。

图 12-2 红眼病奶牛眼角膜呈红色

症状出现 2 ～ 3 d 后，角膜中央及其附近，出现直径 2 ～ 3 mm 环形小白斑，不透明白斑扩大、突起，后出现溃疡，患部周围角膜变成粗糙、增厚、混浊，分泌物呈脓性，眼睑闭合。

在角膜变化出现后 2 ～ 3 d，急性炎症缓和，从角膜周边部开始发生血管扩张和增生，新生血管直至角膜中央，角膜变化减弱，逐渐不透明，溃疡部的周围出现血管网，由肉芽组织增生而形成瘢痕。表层部炎症，在 1 ～ 3 周恢复，当病变达到深部时，需 1 ～ 2 个月才能恢复。

有些病例，角膜病变仅限于表层，不形成角膜溃疡，仅见角膜混浊和中央黄白色斑，血管反应和白细胞浸润较轻，恢复较快，角膜很快变清，只在中央区留有小的黄白色痕迹。

通常表层角膜炎全身反应轻微，而当深层角膜溃疡时，病牛表现出食欲减退，奶产量下降。

预　　后

表层炎症及时治疗，经 1 ～ 3 周即可恢复；深层溃疡出现后，溃疡先长肉芽组织，后形成上皮，经数周或数月痊愈。多数康复牛角膜上留有角膜翳、角膜白斑，但不影响视力；本病可发展为虹膜突出、眼前房蓄脓、角膜穿孔、全眼球炎及白内障。

诊　　断

根据流行病学（发病时间、发病率）调查和临床症状，可以做出确诊。由于继发感染和混合感染，临床诊断时应仔细鉴别。

与奈瑟氏球菌感染的区别　这主要通过细菌学检查。奈瑟氏球菌成对或成堆团状，相邻面扁平，大小为 0.6 ～ 1.0 μm，有荚膜和鞭毛，兼性厌氧，37℃中最适宜生长，少数能分解糖，不产生芽孢，产生黄绿色色素，对青霉素不如摩拉氏菌敏感。本菌曾因分离出而被认为是病原，但现已否定。

与牛昏睡嗜血杆菌病的区别　牛昏睡嗜血杆菌病表现为视网膜、脉络膜的局灶性出血，眼睑闭合、失明。此外，还有高热、嗜睡、间歇性癫痫，步态僵硬，头部强直，痛苦等症状。

与牛传染性鼻气管炎(IBR)的区别 牛传染性鼻气管炎除了结膜炎外,还有急性卡他性上呼吸道炎、疱疹性阴道炎和犊牛脑膜脑炎。临床上见鼻黏膜充血,口腔黏膜、舌、齿龈的烂斑;阴道黏膜发炎和溃疡,流产;犊牛神经症状、呼吸困难和腹泻。

与牛病毒性腹泻-黏膜病的区别 牛病毒性腹泻-黏膜病除了结膜炎外,青年牛和犊牛唇、齿龈、口腔黏膜上有烂斑;水样腹泻,并含血液、黏液;蹄部发炎、糜烂。妊牛流产或产出中枢神经缺陷的弱犊,呈现运动失调,角弓反张。持续感染病毒性腹泻-黏膜病的病牛,红眼病病程长,有时进一步恶化,对药物治疗无反应。

治　疗

本病应尽可能做到早期发现和早期治疗。已发病患牛,将其隔离,集中饲养,避免日光、尘埃和昆虫(蚊、蝇)的刺激。

局部处理

(1)0.1%硼酸液冲洗患眼,清洗眼分泌物。

(2)庆大霉素 20 ~ 50 mg 或青霉素 G 300 000 IU,眼结膜下注射,每日一次,连续注射 3 d。

(3)1%阿托品软膏,或庆大霉素、青霉素、四环素软膏,或酒石酸泰乐菌素液(50 mg/mL),患眼滴涂。角膜感染严重,局部用 5%硝酸银滴眼,以防穿孔。

全身治疗

(1)四环素 20 mg/kg 体重,肌肉注射,每日一次,连续注射 3 次。

(2)磺胺二甲嘧啶 100 mg/kg 体重,一次静脉注射,日注射 1 ~ 2 次,连续注射 3 d。

(3)土霉素 5 ~ 10 mg/kg 体重,用 5% 葡萄糖生理盐水 500 mL 溶解,一次静脉注射。也可配成 2.5% 浓度,肌肉注射。为增强肌肉注射疗效,可给犊牛每头每日喂土霉素 2 g。

(4)角膜溃疡时,可用眼睑暂时完全缝合术。方法是用 4 ~ 6 针结节水平褥状缝合闭合上下眼睑,缝线可用不吸收合成线或不锈钢丝,缝合不能穿透整个眼睑厚度,只在麦氏腺开口水平。为减少肿胀和缝线损伤眼睑,可用减张装置。

预　防

加强卫生保健措施,减少疫病扩散和混合感染

(1)兽医查槽时应仔细,不仅注意食欲好坏,而且要注意全身变化如眼部有无分泌物,有无肿胀等,万不能因食欲正常而忽视其他;一旦发现眼部异常,应及时治疗。

(2)建立疫病普查制度。为了掌握奶牛健康状况,应定期进行疫病普查。近年来,我国的一些地区、一些牛场,奶牛流行着牛传染性鼻气管炎(IBR)、牛病毒性腹泻-黏膜病,有的有临床表现,有的呈隐性感染,因此,应进行血清中和试验,予以澄清。对感染严重并呈临床型者,应预先进行疫苗接种。

加强驱灭蚊、蝇,消灭传播媒介

(1)清除污水、杂草、粪便,控制蚊蝇滋生和幼虫繁殖,经常保持牛场清洁、卫生。

(2)夏季,定期用除虫菊酯、蝇毒磷等杀虫剂于牛棚、运动场等处喷洒。

疫苗接种 现有多种牛摩拉氏菌的菌苗,虽能降低其发病率,但还不能完全阻止新病的发生,故新的有效菌苗,有待研究。

眼鳞状细胞癌
Ocular Squamous Cell Carcinoma

眼鳞状细胞癌各国均有报道。R. L. Grier（1980）报道，美国牛发生率为 0.8% ~ 1.6%，Hamir（1980）报道，加拿大牛的发生率为 0.92%。

病　　因

引起本病的原因较多，诸如遗传因素、紫外线长时照射、昆虫及化学因素的作用等。近年来认为病毒如乳头瘤病毒、牛疱疹病毒也与本病有关。

临 床 症 状

病初，眼流泪，羞明，呈结膜炎。多次用青霉素药膏治疗均无效。月余，在内侧眼角的下眼睑处，有一 2 cm × 2 cm × 2 cm 的增生物，结膜囊内有腐烂物积留，上下眼睑粘连。除去腐烂物后，下眼睑长期溃烂，并向外流出淡黄红色分泌物，恶臭，上下眼睑肿胀，眼球塌陷（图 12-3）。食欲废绝、消瘦，产奶量消失。体温 38.8 ~ 39.8℃，脉搏 88 ~ 98 次 /min。

图 12-3　牛眼鳞状细胞癌并发颌下腺癌

临 床 病 理

血液检验：血色素 8.2 g/100 mL，白细胞总数 13 600 个 /mm^3，红细胞总数 344 万个 /mm^3，分类，中性粒细胞 63%，淋巴细胞 37%。

病 理 变 化

剖检变化

内脏器官未见异常，主要病变在左眼和左下颌部。左眼下眼睑明显增厚（2.5 cm）。结膜囊内有淡黄红色分泌物及污秽腐烂物，结膜糜烂、坏死、不平整；眼球塌陷与眼眶易分离，眼底平整、光滑。

组织学变化

眼睑皮肤、被毛及基底细胞层尚完整。在皮肤和黏膜的结合处，局灶表皮层深陷，与真皮和黏膜下的癌巢混合。黏膜仅靠近睑缘处尚存，但上皮细胞变形、变薄，黏膜下淋巴细胞浸润；其余广大部分的黏膜坏死。

表皮和黏膜下的癌巢，多呈团块状，大小、形状不等。癌巢外层的细胞为梭形、低柱状或不正形，有的呈柱状；核圆形、椭圆形、梭形或不正形，比较清亮，染色质呈颗粒状，核膜较清楚，核仁嗜酸性，有不典型的细胞核分裂象，可见细胞间桥。癌巢中央，癌细胞变成圆形或多角形，胞浆丰富，均质红染，细胞界限渐变模糊，核淡染或消失。有的癌巢中央坏死、红染，仅存核碎屑或残影，有时见单个的癌细胞变成红染均质的团块，呈突然角化或单个细胞角化状态。有的癌细胞呈大空泡状，核偏位，或核在中央呈星状。

癌巢与周围的间质分界明显。在靠近眼睑皮肤的癌巢之间，有时可见残存的毛囊和汗腺。个别的癌巢，在基底细胞层中可见丝状的黑色色素。癌巢间质胶原纤维较丰富。

结膜坏死处的组织结构消失，有大量炎性细胞浸润。靠近坏死区的癌巢，分化程度较差，多呈腺团状。细胞排列不规则，实心，结构较疏松，胞浆丰富。有的癌巢中央出现假腺腔，内积红染、坏死、核碎的细胞碎屑或残体。癌细胞层次越多，中心越多出现角化现象。

诊　断

当眼睑、结膜或角膜出现灰白色或淡黄色斑点，或局限性光滑、不规则突起，无药物反应，并见溃烂、流脓或肿瘤增大、突起，可初步确诊。确诊应进行病理学检查。

治　疗

对于局限性的鳞状细胞癌治疗一般有效。但当癌细胞转移，如转移到颌下腺、淋巴结或转移到骨组织，则已无治疗价值。

治疗的方法有手术切除法、冷冻法及免疫疗法等。

纤维乳头状瘤
Fibropapilloma

纤维乳头状瘤是由牛乳头瘤病毒引起的体表或部分黏膜发生的慢性增生性疾病，也称为“疣”。为奶牛最常见的良性肿瘤疾病。

病　原

牛乳头瘤病毒（BPV）属于乳多空病毒科的乳头瘤病毒属，其粒子的直径为 53 nm，含环形、双链的 DNA，分子质量是 5×10^6 u，衣壳有 72 个壳粒；对乙醚有抵抗力，对热和酸稳定；病毒的纯化制备物能凝集小鼠的红细胞；在鸡胚绒毛尿囊膜培养极易生长。已知本病由 BPV Ⅰ ～ Ⅵ型引起。虽病毒具有某些相同的抗原成分，但相互间的免疫交叉反应较差。由于病毒抗原型不同，故所侵害部位及症状表现各异。

流行病学

牛纤维乳头状瘤流行广泛，世界各国都有发生。发病与年龄、品种、性别无关。通常情况下，幼龄牛比年老牛发病多，肉牛比奶牛发病多。牛纤维乳头状瘤还能感染人、犬、家兔并出现症状。散发，但在集约化饲养场，犊牛特别是肉牛大群饲养地其发病率较高，呈地方性流行。

传播方式是通过直接接触，由尖锐异物如铁钉、木刺、采血针、耳标、围栏、笼头、颈枷、毛刷、建筑物等所致的创伤而发病；通过口腔侵入或生殖道黏膜也可形成感染发病。由此可见，饲养管理不当，牛只拥挤、卫生不良及不严格执行挤奶工艺等，都可促使本病的发生和传播。

图 12-4　奶牛眼周围的皮肤纤维乳头状瘤

临床症状

根据侵害部位不同，其症状如下：

皮肤纤维乳头状瘤

主要是由乳头瘤病毒Ⅰ型和Ⅱ型所致，特别是Ⅱ型。通常在牛的头、眼眶（图 12-4）、颈、鼻和腿部出现瘤块。瘤体灰白色，表面粗糙、无毛、干燥、角化呈菜花样，数目多少不等，大小不一，由几毫米到 10 cm 或更大。也有的瘤体外观扁平、灰色，基底部较宽，与皮肤相连。全身反应轻微，只有在温暖季节，瘤体常被苍蝇、蚊虫叮咬、刺激，出血或生长蝇蛆，影响休息和食欲。

乳头、乳房的纤维乳头状瘤

纤维乳头状瘤由病毒Ⅴ型（BPV-5）引起，呈扁平“米粒状”；乳头或乳房上的鳞状乳头状瘤通常是由病毒Ⅰ（BPV-1）或Ⅵ（BPV-6）型引起，并表现出较多的上皮性突起（图 12-5），瘤体常呈多样性，不侵害乳管，通常对牛影响较小，但当疣生长旺盛或数目增多，或疣外形较大，致使在挤乳时放置乳杯产生机械性干扰，常发生损伤、扯掉，造成奶牛疼痛，乳头末端的瘤体，造成挤奶困难，加上环境污染，极易引起乳房炎。

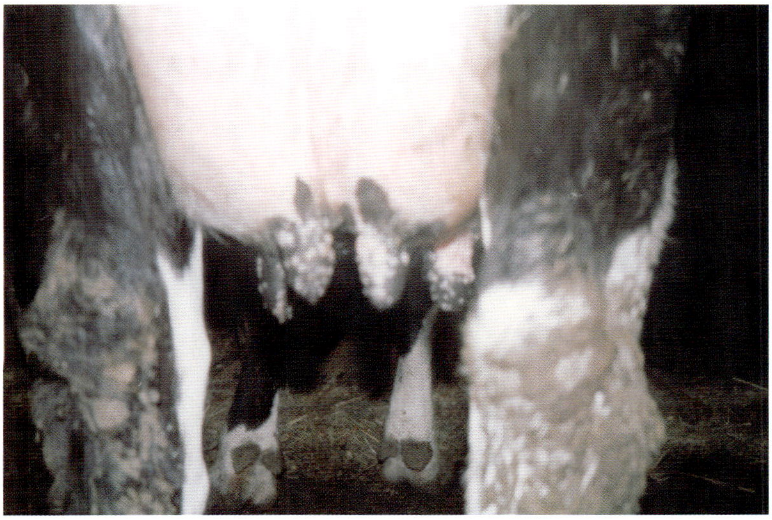

图 12-5　奶牛乳头上的纤维乳头状瘤

生殖道的纤维乳头状瘤

由Ⅰ型病毒引起。疣多见于公牛的阴茎上，感染公牛采精或交配后阴茎或鞘出血，影响繁殖，能传播给母牛，发生阴道炎和疣，并能继续传给别的公牛。阴道纤维乳头状瘤通常不被发现，只有疣特别大时才被查出（图 12-6）。

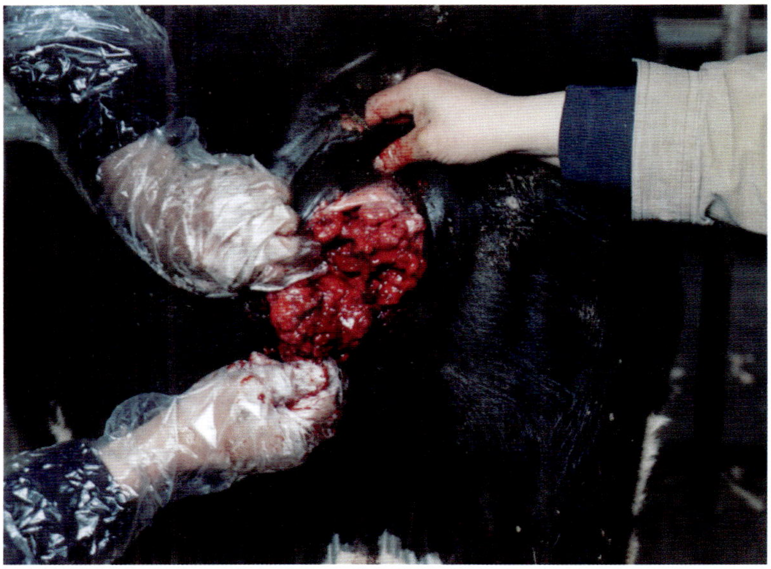

图 12-6　阴道壁上的纤维乳头状瘤

消化道的纤维乳头状瘤

与Ⅲ型和Ⅳ型病毒有关。病毒侵害口腔、舌、咽部、食道、前胃，引起被侵害部的乳头上皮瘤，通常无明显症状，当疣增大后可引起机械性障碍，如吞咽困难、嗳气受阻等。

病毒感染膀胱引起膀胱瘤，病牛排尿困难、痛性尿淋漓和血尿。

病毒引起指（趾）间皮肤纤维乳头状瘤，病牛运步疼痛，跛行。

除此，青年牛、成年牛可感染一种非典型疣，病变呈指头状或叶状突起，存活时间较长，虽有上皮增生，但缺乏纤维瘤的皮肤成分。

病理变化

纤维乳头状瘤呈多形性，由小结节到菜花样，侵害部位上皮肥厚，皮肤乳头变长，在纤维增殖区浅层形成表皮角化症或棘皮病。表皮颗粒细胞层和未角化细胞变性和空泡化，空泡细胞核内有嗜酸性的核内包涵体。

诊　断

根据本病在临床上的外观即可确诊。必要时可进行组织学诊断。疣的切面外观是纤维化的真皮上有明显的表皮增生、角质化。

治　疗

皮肤疣经 4 ～ 6 个月，由于病灶的基底部发生干燥坏死、脱落，不需治疗而自愈。但疣体较长时不脱或有机械性障碍时，应采用外科切除、冷冻和结扎等方法。

结扎法　适用于较大疣，用细绳绑缚疣基底部数月即可脱落，残留病灶可涂布冰醋酸或氢氧化钾液。

切除法　即从疣基底部用外科刀切除。创面涂布 10%碘酊即可并防止出血。公牛阴茎上疣切除后，基底部用冷冻（液氮）处理。阴道疣基部血管较多，应先将基底部行双重结扎后再切，以防出血。

自家疫苗　取病理组织一份，捣碎，冷冻 2 ～ 3 次，加 9 份生理盐水，混合，过滤，皮下注射 1 ～ 5 mL，每周一次，共注 3 次，有治疗和预防作用。

预　防

加强消毒、卫生，减少传播途径

（1）及时发现病畜，采取隔离饲养和治疗，严防病牛混群，对病牛的用具与健康牛分开，不要混用。

（2）全场定期用 2% 火碱水对牛栏、颈枷等消毒。

严格执行挤奶卫生规程，减少乳头皮肤创伤的发生

（1）褥草勤换，运动场干燥清洁。

（2）清洗乳房的毛巾、用具避免公用，应一头一巾。

（3）坚持乳头药浴，药液可用 0.3%洗必泰、1% 碘附等浸泡乳头。

（4）对乳头感染母牛应隔离，如无条件可采用最后挤奶。

牛嗜皮菌病
Bovine Dermatophiliasis

牛嗜皮菌病又叫链丝菌病、皮肤雨伤病，是由刚果嗜皮菌引起的牛和其他家畜以渗出并形成痂块为特征的皮肤传染病。

嗜皮菌病首先由 Van Saceghem（1915）报道，发生于刚果。该病在非洲极为普遍，现已在欧洲、澳大利亚、新西兰、印度、美国、英国和加拿大等国家和地区广泛分布。除牛、羊易感染外，也可感染人。

病　原

本菌形态是菌丝与球菌形，革兰氏阳性，菌丝分枝，有隔，向外部游出，会形成有鞭毛的游动孢子。

新鲜病料易分离细菌，在添加 10%二氧化碳条件下比一般需氧培养发育良好。固体培养基上菌落为灰白色，渐渐变成淡色。

本菌为皮肤的专性寄生菌，在土壤中不能存活，能运动的游动孢子具有感染力，干燥的孢子能长期存活。

流行病学

刚果嗜皮菌为某些牛的皮肤常在菌群。病牛和带菌牛为本病的主要传染来源。由于皮肤损伤、温度和雨水的相互作用，促使细菌的感染而发病。

在皮肤损伤中，最常见的有牛舍内铁丝、铁钉，以及尖锐的树枝引起的外伤；吸血昆虫蜱及蝇类所致的刺伤；皮肤瘙痒而与坚硬物体摩擦所致的机械性擦伤。

饲养管理不当所致的皮肤潮湿，诸如因无防雨设施而使雨水浇淋牛体；运动场泥泞而牛只卧于其中；奶牛长期置于牛棚阴暗、通风不良及垫草潮湿的潮湿环境之中，致使被毛缠结而为感染提供了良好条件。

此外，牛只患病、免疫状况低下、长时使用糖皮质类固醇药物治疗的牛发病严重。

本病发病与雨水、昆虫有关，故呈现出一定的季节性和地区性流行。

发病机理

刚果嗜皮菌的致病性决定于寄生于皮肤上的游动孢子能否侵入表皮的深层组织。雨水浸渍，皮肤的创伤，为病菌侵入提供了重要途径。侵入皮肤的游动孢子发芽，发芽管伸长成菌丝，菌丝成长变粗，再产生支枝菌丝侵害毛囊，由于积集在真皮内中性粒细胞所产生的一种因子的作用，感染表皮下方，中性粒细胞积集，浆性渗出物蓄积并向表面渗出，最终导致痂块形成，真皮不受侵害。

临床症状

典型表现是背部皮肤出现小的、成片的、凸起的及局限的硬皮，在黏着成簇状的毛下可见水肿或小脓疮。被毛与渗出物黏着成似毛刷束形、地毯状隆起。有的是缠结的被毛完全由皮肤结痂覆盖，刮开痂皮，可见到黄绿色脓汁及粉红色皮炎。痊愈时，结痂脱落，出现新毛或残留无毛部分。除背部感染外，头部、颜面、颈部、四肢和鼻镜也常感染发病。公牛阴囊和母牛乳房皮肤时有发病。

本病全身症状轻微，但往往因炎热、潮湿及昆虫叮咬，常会影响食欲和休息，当嗜皮菌感染全身体表超过 50% 以上时，极易导致机体虚弱、营养不良、衰竭和败血症死亡。在有些牛群中，约有 4%的牛因患此病而被淘汰。

诊　断

根据临床表现的皮肤表皮结痂的皮炎可初步诊断，确诊应做细菌和病理检查。病理组织学观察到表皮充血、水肿及白细胞浸润和硬皮病为特征的增生性变化，并能在表皮细胞和毛囊发现病原体。细菌检查可取病灶脓汁，涂片，姬姆萨染色或革兰氏染色，镜检，寻找分枝及多隔的菌丝和平行排列的革兰氏阳性球菌样细胞丛。培养需采取痂皮、病变皮肤直接培养或研碎用生理盐水稀释后培养。

治　疗

局部治疗

对病牛，应置于干燥、清洁的牛棚内饲养。保持牛体清洁、干燥；清除病灶的痂皮、被毛及周围皮肤被毛，以减少病原体数量，局部用1%龙胆紫酒精溶液、5%水杨酸酒精溶液或碘溶液涂擦。

全身治疗

青霉素5 000 IU/kg体重、链霉素11.0 mg/kg体重，一次肌肉注射，每日2次，连续注射5～7 d。有人认为用碘化钾内服或静脉注射，有治疗效果。

预　防

加强饲养管理，经常保持牛场环境卫生和牛体卫生，清除污水、杂草，做好灭蚊、蝇工作。当有病牛出现时，应及时治疗，防止因治疗失误而将病扩散。

皮肤真菌病
Dermatomycosis

皮肤真菌病是由疣状毛癣菌引起的一种以脱毛、鳞屑为特征的慢性、局部表在性的真菌性皮肤炎，俗称为钱癣。

本病为世界各国流行，因其传染性强，在舍饲奶牛场，由于饲养管理不当，极易造成多数牛被感染发病，并且通过病牛也易引起人的感染，故在公共卫生上应予以重视。

病　原

本病主要病原是疣状毛癣菌。从病变边缘拔出来的毛在显微镜下检查可见分节孢子。在人工培养基上容易生长，但生长缓慢，生长时需维生素B_1和肌醇。菌落呈褶皱状，白色至黄色。通常在25℃培养2周后，菌落直径可达5～20 μm。

疣状毛癣菌的孢子对干燥和日光有较强的抵抗力。在土壤、干草和木头等体外材料上持久存在并保持其致病力。在牛棚内，孢子活力能保持4年，在日光照射下也可保持多日。

极少情况下，须毛（发）癣菌也能引起发病。

流行病学

所有品种、性别和年龄的牛都易感，但犊牛比成年牛更常发生。除牛外，绵羊、山羊、马和人都能感染发病。

传播途径是接触感染。病牛及其所用的刷拭工具和病牛接触的木栅、墙壁、颈枷、饲槽、牛床等，通过直接或间接接触将病传播。

促使感染的因素有饲养管理不当，环境卫生不良，牛舍狭小、阴暗潮湿，饲养密度过大，营养不良，维生素A、维生素D不足或缺乏，皮肤创伤和疾病等使机体体质差、免疫力降低而诱发本病。

一年四季都有发生，季节性不明显。但因冬季寒冷，奶牛群集，故增加感染机会。

发病机理

皮肤划伤或擦伤，促使真菌生长和局部感染并侵入表皮和毛囊。由于菌丝的穿透作用，使毛根鞘破坏，毛干脆弱，引起皮肤表面毛干断裂，出现红斑。随病时延长，表皮和真皮呈现出慢性炎症反应，导致上皮细胞增殖、角化，角质层集聚的细胞在炎灶周围的皮肤表面上形成短的乳头状突起，皮肤明显地出现鳞屑痂垫。

临床症状

潜伏期为 1 ～ 4 周。初期损伤轻微，仅见局部不完全脱毛和鳞屑。随后逐渐从其外缘以同心圆状向外扩散，形成直径可达 1.0 ～ 5.0 cm 的圆形或卵圆形隆起。病灶被毛减少，界线清楚，被覆灰黄色或灰白色痂皮。痂皮坚实、干燥、变厚呈石棉样。痂皮剥脱后，可见到湿润、血样溃烂面。好发部位在眼周围、颈部；病灶表现有单一的、多发性和融合的（图 12-7），有的牛可遍布全身，波及头、颈、胸、腹、乳房和四肢等处。通常全身影响较小，但在初期和痊愈时期，由于剧烈痒觉，病牛与坚硬物体摩擦，使皮肤出血、溃烂和继发感染，引起皮肤增厚和苔藓样硬化。轻症者经月余、重症者经数月后，痂皮脱落，病变部位长出新毛而痊愈。已痊愈牛只因具有抵抗力而不再感染。

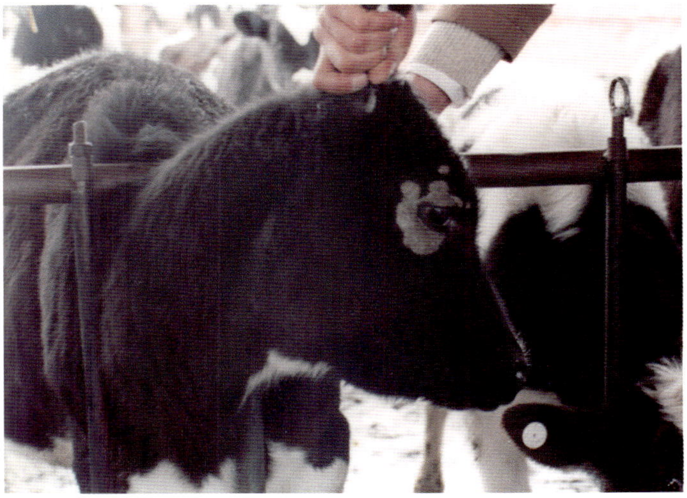

图 12-7 眼周围的钱癣

病理变化

病理组织学变化是病灶真皮和表皮呈现慢性炎症。角质层上皮细胞增数，呈现角化不全。在皮肤表面因细胞积聚形成乳头状突起。在皮肤角质层和毛囊之间可发现丝状菌丝。有些毛囊由孢子包围着毛囊鞘并使其损伤。在真皮和表皮中可发现小的脓肿。在真皮感染的毛囊周围可见有淋巴细胞、单核巨噬细胞和中性粒细胞集聚。

诊断

本病的确切诊断，必须通过病原学诊断，对病原真菌进行直接镜检和分离培养。

直接镜检

取病灶鳞屑、被毛或痂皮，混于 10% ～ 20% 氢氧化钠溶液中，放置 15 min 以上，稍稍加温使角质溶解，镜检。可见到垣状或镶嵌状排列的球状节孢子。

分离培养

将采集的被毛、痂皮等病料，用生理盐水或 0.01% 次氯酸钠溶液冲洗，用灭菌纸吸干后，接种在萨布罗葡糖琼脂或麦芽糖琼脂培养基上，同时加 1% 酵母、肌醇 100 μg/mL 和氯霉素 0.125 mg/mL，30 ～ 35℃培养。经 10 ～ 14 d 后，菌落表面呈褶皱状，初呈天鹅绒状或蜡样光泽，后呈粉状或呈白色、黄色棉絮状。菌丝出现大量的小分生孢子，呈梨形或卵圆形、葡萄样；大分生孢子呈纺锤形，细长似如鼠尾，以隔壁分成 3 ～ 5 个室。

类症鉴别

诊断时应注意与乳头状瘤和疥癣的区别。

与乳头状瘤的区别　乳头状瘤形状从肉柱或毛状的小结节发展到菜花状，表面呈鳞状或棘状，多半从表皮生出茎。非典型应作病理学检查。

与疥癣的区别　疥癣的痂皮有一定的渗出物，刮取病料镜检，可检到呈龟形、背面隆起、腹面扁平、浅黄色的虫体。

治　　疗

多数病牛钱癣具有自愈性，治疗的目的是促进炎症的痊愈过程。

局部治疗

先将病灶局部被毛剪掉，清除鳞屑、痂皮等污物后，用 2% ～ 5%硫黄石灰、1%碘附或 0.5%次氯酸钠液擦洗。局部用以下药物涂布：

（1）3% ～ 5%噻苯达唑软膏 1 ～ 2 次 /d。

（2）10%水杨酸酒精乳剂（水杨酸 10.0、石炭酸 1.0、甘油 25.0、酒精 100.0）2 ～ 3 次 /d。

（3）克霉唑或双氯苯咪唑乳膏 1 ～ 2 次 /d。

（4）10% ～ 30%过氧化氢尿素型软膏，2 ～ 3 次 /d。

全身治疗

（1）维生素 AD 注射液(1 mL 含维生素 A 50 000 IU、维生素 D 5 000 IU)5 ～ 10 mL，一次肌肉注射。

（2）灰黄霉素 6 ～ 7.5 mg/kg 体重，一次口服，连服 7 d。

（3）20%碘化钠（钾）溶液 150 ～ 165 mL，一次静脉注射，隔 3 ～ 4 d，再注射一次。

预　　防

对病牛应隔离饲养，彻底治疗。由于疣状毛癣菌能在土壤、牧草和被毛腐生 2 ～ 3 年之久，故应对病牛污染的环境，用 5%硫化石灰溶液、0.3% ～ 0.5%次氯酸钠溶液、1.5%硫酸铜溶液和甲醛溶液等进行消毒。在牛棚内，用克菌丹（红克丹）170 ～ 185 g/90 L 饮用水，在 180 ～ 200 kg 的压力下做成喷雾剂，喷雾消毒治疗。

加强牛群管理，保持牛舍环境、用具和牛体卫生，保证运动和日照；在饲养上要饲喂全价日粮，充分注意维生素及矿物质、微量元素的添加饲喂，增进牛只体质，提高抗病力。

病牛经 4 个月后可自行痊愈。痊愈牛可产生免疫力，多不再感染发病。前苏联已研制出 LTF-130 冻干疫苗（Sarkisor，1972），肌肉注射，间隔 10 ～ 14 d，注射 2 次，对尚未感染疣状毛癣菌的牛，可获得免疫力，原东德认为有效，目前美国仍无疫苗应用。

因本病能感染人，故处理病牛的工人应戴上手套，处理后应用碘附、肥皂等彻底清洗。

荨　麻　疹
Urticaria

荨麻疹是变应性反应或超敏性反应的临床表现，其特征是皮肤表面出现疹块或黏膜肿胀。奶牛时有发生。

病　　因

外源性因素

常因昆虫叮咬和接触有刺毛的植物而发生；也由某些药品如松节油、抗生素，以及疫苗、全血注射而引起。

内源性因素

常因摄食异常食物或饲料突然变更，特别是在饲料中突然增加蛋白质的喂量后引起发病。此外，奶牛因消化不良，肠道内毒素的作用而致病。

乳汁变态反应

各种原因引起的乳汁潴留，可激发奶牛自身变应性、超敏反应，导致不同程度的荨麻疹和呼吸困难，除皮肤疹块外，在眼、唇、外阴黏膜与皮肤接合处发生水肿。

发病机理

过敏反应的类型有Ⅰ～Ⅳ型。以Ⅰ型和Ⅱ型过敏反应多见。Ⅰ型过敏反应是由IgE介导的，而Ⅱ型则是免疫复合物性的。反刍动物Ⅰ型过敏反应为引起大多数荨麻疹的原因，因其致使肥大细胞和嗜碱性粒细胞脱颗粒，并随之释放组胺、慢反应物质（SRS-A）、前列腺素和其他介质。组胺能使毛细血管扩张，液体渗出，使真皮局部水肿。

临床症状

发病突然。在身体各处出现数量较多的疹块，大小不一，直径0.5～10 cm，呈圆形、椭圆形、环形等形状，疹块隆起于皮肤表面，顶部扁平，边缘模糊，触摸皮肤紧张感，无皮肤损伤，也无渗出现象。除了昆虫叮咬或接触有刺毛植物外，通常不具痒觉。在无色素的皮肤上，疹块初呈红色，当扩大时中央颜色变淡，边缘仍呈红色。除皮肤疹块外，有的牛在眼睑、唇、外阴或肛门等处出现明显肿胀。随着疹块的出现，病牛伴有颤抖、流涎、轻度瘤胃臌胀、腹泻和体温升高现象。疹块常于几小时内消失，但因新的损伤发生，故症状可持续3～4 d。

临床病理

血中组胺水平和嗜酸性粒细胞增高；局部组胺水平增高和嗜酸性粒细胞积聚。

诊　　断

根据发病急骤及病后皮肤表面的疹块，可以诊断。但应与神经性水肿和过敏反应区别。

与神经性水肿的区别　神经性水肿涉及皮下组织较大的损伤，故皮下出现较大的肿胀或水肿斑块；荨麻疹仅损伤皮肤本身，故能触摸到疹块。

与过敏反应的区别　过敏反应发病迅速，患牛初期表现沉郁、不安、被毛逆立和呼吸困难，后期出现流涎、鼻孔内集有泡沫、虚脱和流产等症状。因平滑肌收缩和血管改变而引起严重的呼吸困难和心血管症状，故通常危及生命。荨麻疹病牛全身症状轻微，无上述症状。

治　　疗

尽快阻止过敏反应对病畜的危害，可使用抗组胺药、肾上腺素、皮质类固醇制剂、钙制剂等。

（1）地塞米松40 mg或甲基强的松龙100～150 mg，一次肌肉或静脉注射。

（2）0.1%肾上腺素 4 ～ 8 mL，肌肉或皮下注射。

（3）5% 抗组胺药 20 ～ 30 mL，静脉注射，6 ～ 8 h 后复注一次；盐酸苯海拉明 0.2 ～ 0.3 g，皮下注射，每日注射 3 次或 4 次；马来酸氯苯非那敏（扑尔敏）80 ～ 100 mg，一次内服，日服 1 ～ 3 次。

（4）10% 葡萄糖酸钙 500 ～ 1 000 mL，一次静脉注射。

（5）对呼吸困难、肺水肿者，可用速尿，剂量为 0.5 ～ 1.0 mg/kg 体重，静脉注射。

预　　防

具体分析发病原因并及时处理，如改变致敏饲料，停用致敏药物，加强消灭蚊、蝇及吸血昆虫工作等。

湿　　疹
Eczema

湿疹是上皮细胞对敏化细胞的物质的一种炎性反应，是皮肤的真皮乳头层和表皮的轻型过敏性皮肤病。

根据皮肤损伤情况分急性和慢性两类。急性型是以红斑、湿润和瘙痒为特征；慢性型是以细胞浸润、皮肤增厚和苔藓样硬化为特征。

本病发生以春、夏和秋季较多，而在冬季较少。

病　　因

湿疹的发病原因多种多样，其主要的病因取决于两方面因素：一是家畜（包括牛在内）先天性或后天性过敏性素质；二是致敏因子——变态反应原，简称为变应原。

先天性或后天性过敏性素质　在某种情况下似乎是遗传性的。过敏性素质一旦发生某种改变，如先天性过敏素质中的遗传性 IgE 缺乏和后天性过敏素质中的新陈代谢异常（维生素 A 缺乏、矿物质代谢障碍等），以及内分泌调节机能紊乱导致机体防御屏障破坏，即机体抵抗力降低，而诱使皮肤对某些外界的或内在的各种致敏因子的易感性增高，则易发湿疹。

致敏因子（变应原）　分外源性和内源性两种。前者是指直接与皮肤表面接触而发生的因子。后者是通过胃肠吸收进入血液的因子，它包括化学性强碱、强酸物品，炎性渗液、鼻漏、眼泪和皮垢等排泄物；物理性日光强烈地照射、寒冷和厩舍地面阴湿等；机械性摩擦，体外遭受虱、蜱、疥螨、蚊、虻等侵袭；微生物感染以及过饲高蛋白饲料和饲料中有毒成分等在胃肠道中形成的物质吸收所致的自体中毒等。

发病机理

初期，皮肤充血、红斑，皮肤疏松部位呈对称性，红斑面积大小不等，指压褪色，界限不明显，逐渐向周围蔓延。随病势的发展，由于棘层和乳头层炎性渗出与细胞性浸润，在红斑外围出现界限明显的粟粒乃至豌豆大数目不等、质地较硬丘疹。由于乳头层炎性渗液增多，发生浸润并使其中充满透明性浆液，形成水疱。当化脓性菌污染后，水疱内有大量白细胞而生成类白色脓疱。当水疱或脓疱破溃后，其中浆液或脓汁外溢，角质痂皮剥脱后，在鲜红糜烂创面上露出湿润、血样皮损病灶。当渗液凝固、干涸后，形成黏着性痂皮，痂皮剥脱，上皮组织增殖并角质化，使皮损覆以细微的白色秕糠样鳞屑。

临床症状

真正的湿疹在奶牛少见。病牛除食欲减少、流涎、便秘或腹泻、营养不良（消瘦）和泌乳性能降低等全身症状外，主要是皮损的局部症状。

牛的急性湿疹，按红斑期→水疱期→丘疹期→脓疱期→结痂期→鳞屑期经过发展，但有时也出现糜烂期或湿润期（性）湿疹症状。有的普遍渗出而无水疱。急性期可迅速消失。牛的好发部位是眼的周围、颈部、腰部、四肢和尾根等处，且呈对称性发病。

慢性湿疹由于皮炎波及真皮的乳头层和血管周围的结缔组织，引起细胞浸润和结缔组织增生，致使皮肤肥厚、皲裂和苔藓样硬化等，同时，出现黑色色素沉着和剧性瘙痒等症状。发生部位除同于急性型外，还可见于腋下、股内侧、乳头、乳房和趾间。

诊 断

临床诊断

根据湿疹症状及其特征，如对称性瘙痒以及有复发倾向等情况，结合理化学或生物学刺激性病史，可做出初步病性诊断。

类症鉴别

与感光性皮炎、疥螨病、皮肤真菌病（钱癣）以及脱毛症等进行鉴别。

与感光性皮炎的区别 感光性皮炎损伤通常局限于无色素沉着区域、黏膜与皮肤连接处和白毛区。肝源性感光致敏，除皮肤损伤外，全身症状重剧，病牛黄疸、食欲减退至废绝，奶产量显著下降；牛先天性卟啉症引起的感光致敏，病牛贫血、红牙齿、红色尿液和发音障碍。

与疥螨病的区别 疥螨病其临床特点是明显瘙痒导致的舔、咬和于物体上的摩擦。在皮肤病变部与健康部结合处深刮，对刮取物可镜检出虫体。用2%硫化石灰、0.5%～1.0%敌百虫水溶液擦洗牛体，症状缓解。

与钱癣的区别 钱癣其典型特征是损伤是单一性的或多发性的，呈圆形、直径为1～5 cm的、干燥的、有鳞屑的、色呈灰白色、脱毛的痂皮。取痂皮镜检可发现菌丝和孢子。碘制剂、2%硫化石灰或1.5%硫酸铜涂布有效。

与脱毛症的区别 脱毛症分先天性、遗传性、神经损伤和缺碘等原因所引起的脱毛。多因毛囊发育不良而停止产生纤维，皮肤发亮并比正常皮肤薄。因肺炎、严重腹泻和败血症而发高热的病牛，也见有不同部位大片脱毛现象，但裸露的皮肤是健康的，随着机体营养状况改善，会长出新毛。

治 疗

对病牛应加强饲养管理，保护皮肤完整性，维护皮肤清洁卫生，消除致病性因素。其治疗原则是抑制渗液、脱敏、促使角化上皮溶解剥脱及预防继发性感染。

局部治疗

在治疗前，对皮损及其周围的被毛剪短剪净，再用10%～20%鞣酸溶液或0.1%高锰酸钾液清洗，去掉痂皮、渗液和分泌物等病理性异物。

药物可选用保护性粉剂（氧化锌20 g、滑石粉40 g、淀粉40 g）或清凉搽剂（石灰水50 mL、花生油50 mL），渗液或脓性分泌物过多的，宜收敛、消炎，选用复方粉剂（水杨酸3 g、滑石粉87 g、淀粉10 g）或醋酸铅液（醋酸铅5 g、明矾10 g, 水加至100 mL）涂擦。渗液减少或无渗液，且形成痂皮的，选用防腐性鞣酸液（鞣酸10 g，水加至10 mL）或炉甘石洗剂（炉甘石10 g、氧化锌6 g、石炭酸2 g、甘油10 mL，水加至100 mL）洗擦。处于结痂期的，宜用氧化锌软膏（氧化锌20 g、水杨酸5 g、淀粉25 g、凡士林100 g）涂擦。

慢性湿疹，尤其发生皮肤肥厚、苔藓样硬化的，选用碘仿鞣酸软膏（碘仿10 g、鞣酸5 g、凡士林100 g）或硫黄松馏油软膏（魏氏软膏，硫黄20 g、松馏油20 g、钾肥皂40 g、安息香酸豚脂40 g、樟脑10 g）涂擦，既能抑制表皮细胞增生肥厚，又能促使真皮炎性浸润的吸收，角化上皮软化、溶解和剥脱。同时，也应注射维生素 A 制剂。

全身疗法

抗生素疗法 常用青霉素 400 万～500 万 IU、链霉素 300 万～400 万 IU, 一次肌肉注射，10%磺胺嘧啶钠注射液 150～200 mL，一次静脉注射，或氯霉素 350 万 IU、卡那霉素 500 万 IU 溶于等渗葡萄糖溶液中一次静脉注射。每日 2～3 次，连用 5～7 d。

抗过敏疗法 其主要目的是解除皮肤敏感和抑制血管通透性。可选用乳酸钙 15～20 g，溶于适量常水一次投服，10%氯化钙注射液 100～200 mL，静脉注射，每日一次。同时配合抗组胺制剂，如苯海拉明、扑尔敏等投服，提高疗效。

糖皮质类固醇疗法 当急性湿疹应用多种药物治疗无明显效果时，为了改善盐类、糖、蛋白质等代谢机能以及缓解病情的发展，可选用 0.5% 氢化可的松注射液 50～100 mL，或地塞米松磷酸钠 40～60 mg, 溶于 25%葡萄糖注射液 500 mL 中，一次静脉注射。若配合抗生素治疗，如添加 10%磺胺嘧啶钠注射液 200 mL 或氯霉素 350 万 IU、卡那霉素 500 万 IU 等，疗效更为理想。见症状减轻或好转后，便减少激素用量并逐步停药。

普鲁卡因封闭疗法 阻断皮损部位的刺激传导，对神经系统有着一定良性保护作用。常用 0.25%普鲁卡因溶液 50～100 mL，静脉注射，适用于湿疹性瘙痒，可收到一时性效果。

感光性皮炎
Photosensitive Dermatitis

感光性皮炎是指皮肤内的感光性物质在日光直接照射下，所引起的无色素、无毛至稀毛的皮肤处的一种急性炎症。其临床病理变化是皮肤出现红斑、渗出、疹块、坏死、溃疡和剥脱等。

本病以放牧牛群较多。舍饲牛群，由于无遮荫设备而长时暴露于日光下的牛只时有发生。

病　　因

皮肤内蓄积足够量的感光性物质和阳光照射是发病的关键。由于感光性物质的来源及形成途径不同，其发生有以下几种。

原发性感光致敏

牛食入植物、化学物质及某些药物所致。植物常见的有各种油菜、三叶草、荞麦（其中含有荞麦素）、金丝桃属植物（其中含有金丝桃素）；投服吩噻嗪（在肠管内形成硫氧基吩噻嗪），以及注射曙红、吖啶黄、二碘曙红和亚甲蓝等荧光色素时，由于其中所含的成分均属感光性物质，受日光直接照射后，则多发生感光性皮炎。四环素族和硫黄也是感光性物质。

肝源性感光致敏

进入瘤胃的叶绿素，经瘤胃微生物分解代谢，其正常终末产物是叶红素。叶红素通常在肝脏经结合反应而分泌入胆汁。当肝细胞毒性植物蒺藜，龙舌兰，狭叶羽扇豆以及寄生纸皮思霉及其代谢产物葚孢菌素的黑麦草和白三叶草等，对肝脏呈毒性作用，致使肝组织变性和胆管阻塞，血中叶红素含量增加，由血液循环流进皮肤的叶红素升高并沉积，当受到阳光照射后，迅速发生感光性皮炎。

色素合成紊乱性感光致敏

如先天性卟啉症，为牛的一种遗传缺陷病。这是由于血红蛋白合成酶 —— 尿卟啉合成辅酶Ⅲ缺乏，导致卟啉代谢异常，从而在机体内生成过多卟啉体 —— 尿卟啉 I 和粪卟啉 I 并沉积于机体组织，特别是牙齿和骨骼等硬组织以及无色素皮肤中，即先天性卟啉症，由于卟啉代谢产物在皮肤内蓄积，故而引起感光过敏。

原因不明性感光致敏

当放牧在生长茂盛的紫花苜蓿、苏丹草和野生豌豆等草场的牛群，或采食芜菁和车前子等植物，往往也可能发生感光过敏，这些到底是植物性的，还是肝损伤所致的继发性的或是饲草发霉、感染真菌对肝的损伤所引起，目前尚不十分清楚。

发 病 机 理

皮肤表层中沉积着感光性物质，日光直接照射和皮肤无色素、无毛或稀毛等，以及随饲草和药物进入机体组织，又能在机体内形成的对特定波长起着感光作用的感光性物质，只有在机体组织内达到一定浓度并分布到特定皮肤中去，再经日光直接照射后，才能诱发感光性皮炎。牛个体的皮肤角质层的厚薄，皮肤色素的有无、多少，以及内分泌机能障碍与否等不同情况，也可影响对本病发生的易感性。

光线透入皮肤组织，引起组胺的释放，使血管渗透性改变，引起局部组织水肿和细胞坏死。由于皮肤水肿、剧痒，最终导致脱皮。

临 床 症 状

局部症状

皮肤损伤多局限于无色素、无毛及能接受多量阳光和紫外光照射的部位。病变皮肤与健康皮肤界限分明，尤其以黑白被毛相间的白色被毛部分更为明显。皮肤潮红、肿胀、浆液性渗出、增温、瘙痒和痛感症状为主。好发部位是背部和体躯两侧，耳尖、口、鼻、眼的周围、乳房及乳头、阴门与阴囊等处。重型皮损呈黑褐色，逐渐硬化，其周围呈现裂纹、坏死、脱皮。

全身症状

病牛精神沉郁，黏膜黄染或发绀，食欲减退，饮欲增强，体温升高至 41 ~ 42℃，心搏动加快，呼吸困难。眼结膜炎，伴腹痛症状，如呻吟，磨牙，站立不稳，后蹄踢腹或起卧等。便秘或下痢，泌乳性能降低。有的病牛出现神经症状，如盲目乱走，步样踉跄，共济失调，四肢无力，后躯不全麻痹。因先天性卟啉症引起的感光致敏病牛，表现贫血、粉红色牙和血尿。

病 理 变 化

病牛脱水，皮肤呈现水肿、红斑、水疱、坏死等病变。色素合成紊乱性感光致敏病牛，其牙齿和骨骼等硬组织中沉积着浅红色色素。肝源性感光致敏的急性死亡病牛，肝脏肿大，边缘钝圆；肝细胞变性。病初胆管上皮变性，接着发生胆管炎和胆管周炎以及组织增生，最终胆管狭窄性收缩，导致胆汁蓄积、浓缩，胆囊扩大。

诊　　断

根据临床症状可以诊断，但要确定原因，需对病牛做血液学、尿液检测。肝源性感光过敏红细胞、白细胞数增加，黄疸指数升高，胆红素阳性，血清谷草转氨酶活性升高；尿胆红素、尿胆素原呈阳性。先天性卟啉症病牛，红细胞减少、血尿和卟啉尿。

治　疗

全身疗法

解毒、保肝　首先应用20%硫代硫酸钠注射液50 ～ 100 mL，静脉注射，每6 ～ 12 h注射一次，或口服硫代硫酸钠液，剂量为0.5 ～ 1.0 g/kg体重。

消炎、抗过敏　氢化可的松0.2 ～ 0.5 g，一次静脉注射，或地塞米松5 ～ 20 mg，一次静脉或肌肉注射，或盐酸苯海拉明0.1 ～ 0.5 g，一次肌肉注射。

防止脱水　通常用复方生理盐水或等渗葡萄糖注射液2 000 ～ 3 000 mL静脉注射。对皮损严重、体温升高病牛，为了防止继发性感染或败血症发生，宜选用抗生素（如青霉素、链霉素等）或磺胺类药物。

局部疗法

对局限性皮损，在剪毛并清除痂皮和渗液后，用2%硼酸溶液清洗干净，再用氧化锌油膏（氧化锌25.0 g，蓖麻油55.0 mL，液体石蜡20.0 mL）或碘化硫油膏（硫黄20.0 g，碘片80.0 g，花生油加至1 000.0 mL）外涂。

脱　毛　症
Alopecia

脱毛症是由于毛的生成不足或已生成的毛受到损伤而引起的被毛稀少或缺乏的现象。犊牛时有发生。

病　因

分先天性和后天性两种。

先天性脱毛症

一种是由牛的遗传性皮肤缺陷所致，如先天性稀毛症、对称性脱毛、无毛犊牛和腺垂体发育不全等毛囊不能生长纤维。一种是由碘缺乏所致的甲状腺机能减弱所致。母牛在妊娠过程中碘需要量增多，以供胎儿所需，由于饲料中碘含量不足或缺乏，碘缺乏母牛所生的犊牛将发生先天性甲状腺肿，表现出稀毛或无毛。

后天性脱毛症

是指已形成的被毛受到种种不良因子的作用，使毛损伤而脱掉。其原因分为以下几种。

病原微生物　牛感染疣状毛癣菌、刚果嗜皮菌所致的皮炎。

营养缺乏　由于营养失调而引起的代谢性脱毛，如饲喂犊牛的代乳品鲸油、棕榈油或豆油含量过高；维生素C及微量元素碘、锌缺乏。

创伤性　各种皮肤外伤或因痒觉而于硬物体上摩擦引起皮肤损伤，由于皮肤深在性损伤，瘢痕形成而破坏毛囊，此称为瘢痕性脱毛；由于神经损伤而引起的脱毛，称神经性脱毛。

中毒性　当铊中毒和银合欢中毒时，可引起中毒性脱毛。

疾病的继发　因肺炎、败血症和严重腹泻并伴有高热的病牛，偶见颈部、躯干和四肢等处发生大面积脱毛，此因毛生长再生部损伤，故又称再生期脱毛。

发 病 机 理

毛纤维正常脱落是一经常性、正常的生理过程，受环境温度的改变而变化。秋季环境温度下降，被毛重新迅速生长，冬季长出长毛；春季气候变暖，光照时间增加，故脱毛加快。这可能与皮肤毛细血管供血和血液供给毛的营养质量不同有关。多数先天性脱毛中表皮所有细胞成分减少、无毛囊存在；各种损伤因子所致的皮肤损伤，当毛囊破坏，皆可引起脱毛。当毛囊生发细胞机能尚未完全破坏，机能改变是暂时的，毛纤维还会再生。

临 床 症 状

由于病因不同，故临床症状各异。

对称性脱毛

为牛的遗传性皮肤缺陷。本病发生在荷斯坦牛，出生时被毛正常，从 6 周龄开始到 6 月龄逐渐脱毛，脱毛呈对称性，从头、颈、背开始，发展到后躯、尾根、前肢、后肢。毛脱完全变秃，有色素和无色素皮肤同样患病，不引起刺激，其他方面正常。

先天性稀毛症

为遗传缺陷。犊牛出生时大部分无被毛，但有睫毛，足和头部附近有触毛，皮肤正常，但有发亮的、棕褐色外观。有的犊牛出生时无毛、无牙；有的被毛弯细，以后长出一些粗而坚硬的毛，虽能存活，但发育不良。

无毛犊牛

犊牛的一种遗传缺陷。仅见于荷斯坦牛。出生时正常，到 1 ～ 2 月龄时，虽食欲良好，但体况下降，出现关节强硬和皮肤异常。颈部、肩部、肋部及腕、跗和肘关节以上的皮肤无毛，皮肤变厚，形成皱褶，有鳞屑，因痒而有皮肤擦痕。耳基部、眼附近脱毛，耳尖蜷缩，角不发育。消瘦，多于 6 月龄时死亡。

碘缺乏性稀毛或无毛

犊牛出生后体质衰弱而不能站立，被毛生长发育不全、稀毛或无毛，皮肤呈厚纸浆状，多数以窒息死亡。少数幸存者，发育受阻，成为侏儒牛。

由其他原因引起的原发性脱毛，可见有旧纤维的残基或新生的纤维；当纤维生长障碍时，皮肤发亮并比正常皮肤薄；因缺少被毛，故皮肤对环境温度的突然变化及日光极为敏感；因皮肤奇痒，故可见由瘙痒和摩擦引起的皮肤损伤。

诊　　断

脱毛易于识别，但关键是要确定被毛脱落的病因，特别是要区分遗传性和非遗传性脱毛。必要时，应进行皮肤活组织检查以确定毛囊上皮的状况，才能确诊。

治　　疗

对牛的脱毛通常不需治疗，如欲治疗可用皮肤刺激药物，改善皮肤血液循环，以促进毛生长。有些脱毛，在于加强饲养管理，机体全身状况改善，经过一定时间后，可以重新长出新的被毛。

第十三章 犊牛疾病

Diseases of Calves

犊牛的发病与保健

Pathogenesis and Health Care of Calves

新生犊牛的生理特性

所谓新生犊牛是指出生后至脐带断离、干燥脱落这一段时期的小犊牛。由于脐带脱落受外界环境如气温、卫生状况及断脐方法的影响，脐带干燥脱落有早有晚。通常将出生 10 d 内的犊牛称为新生犊牛。

胎儿在母体子宫内时，温度恒定，气体交换、营养获得和废物的排出都由胎盘进行。胎儿出生后其生活条件发生了根本改变，成为独立生活体，直接与外界环境接触，自行呼吸，自行摄食、消化和排泄，因此，这就需要新生犊牛生理特性随着环境的改变而发生变化，其中以心肺循环和消化功能最为重要。

犊牛的心肺循环

犊牛出生后，由于呼吸开始，胎盘循环立即停止，脐带往往在犊牛产出过程中或产出的瞬间自行断离，脐动脉由于强的收缩，很快封闭并向腹腔后部回缩，最终形成膀胱圆韧带，脐静脉由于肺循环开始，静脉压的改变和转入动脉血任务的完成而封闭，并向肝脏回缩形成圆韧带。

胎儿的肺循环很不发达，肺动脉的大部分血液直接经动脉导管入主动脉，胎儿出生后肺循环立即开始动作，同时导管很快地变成动脉导管索。位于心房中隔上，使左右心房相互交通的卵圆孔，孔内有一卵圆孔瓣，可防止左心房的血流向右心房，生后不久即行闭锁。由此可见，胎儿时期的心肺循环构造随胎儿出生发生了重大变化，并转为新生犊牛固有的循环结构。

犊牛的消化

新生犊牛消化系统尚未发育完全，皱胃是唯一发育完全并具有消化功能的胃。牛奶主要由皱胃产生的酸和酶消化。

犊牛的食道沟 新生犊牛不具有反刍功能，食道沟对其采食起着重要作用。食道沟由两片肌肉组织构成，当这两片肌肉收缩时，可形成类似食道样的管道结构。食道沟将食道和瓣胃口直接连接从而使食道与皱胃直接相通，液体食物可避过瘤胃和网胃直接流入皱胃中。

食道沟的闭合是反射活动，受吸吮、吞咽刺激舌、咽感受器而产生闭合。食道沟对各种刺激的反应不同，如牛奶的温度、饲喂时间、喂奶量、饲喂次数、喂奶方式及牛奶质量等因素影响食道沟的封闭状态。研究表明，用桶喂奶时，犊牛因大口急速地吸吮牛奶而将食道沟唇撑开，结果大部分牛奶流入瘤胃，进入瘤胃的乳汁异常发酵、腐败，引起胃肠道疾病，临床上出现瘤胃臌气及腹泻。

犊牛的消化 牛奶中含有蛋白质、脂肪、乳糖、矿物质和维生素等 100 多种化学成分。牛奶在皱胃形成凝乳块后，奶中的蛋白质才能很好地被消化；奶中的脂肪以及部分水和矿物质被包裹在乳凝块中，在皱胃中被消化；其他成分如清蛋白、乳糖和大多矿物质游离进小肠消化、吸收，其中乳糖消化、吸收最快并为犊牛提供能量来源。

皱胃能分泌凝乳酶、胃蛋白酶和盐酸。牛奶中的酪蛋白在酶和强酸的作用后形成凝乳块，当经一段时间后，凝乳块再经强酸分解，并在胃酶的作用下被消化。

乳脂由脂酶分解。新生犊牛唾液腺能分泌脂酶，因此，唾液的分泌和饲喂方法能影响乳脂的消化。研究表明，经母牛乳头吸吮或使用带奶嘴的奶罐饲喂犊牛比奶桶喂奶的犊牛唾液分泌量多，唾液中脂酶的含量也多，乳脂分解的也多，最后进入小肠中未被消化的乳脂再由胰腺分泌的胰脂酶继续消化和吸收。

随着犊牛生长，日龄增大，采食固体和纤维素饲料的增加，瘤胃内微生物菌系逐渐建立，由于饲料发酵产生的酸对瘤胃壁的刺激，瘤胃发育成能够消化各种饲料的器官。

犊牛的发病特征

犊牛经历了从母体子宫环境到体外自然环境；由通过胎盘供应营养排泄废物，变为自行吸吮、消化和排泄；由胎盘进行气体交换转为自行呼吸这一巨大生理学的改变，由于各器官系统尚未发育完善，以及对外界环境的适应性尚未健全和适应，因而，这就形成了新生犊牛的发病表现以消化、呼吸和胎盘感染等疾病发生最多的特征。

犊牛消化紊乱的发生

新生犊牛的皱胃容积为 1.0 ～ 1.5 L，pH 6.5，对病原菌很敏感，由于初乳中含有丰富的免疫球蛋白，出生后 1 h 内，及时食入初乳而使其被中和。随着乳中营养物质不断地进入十二指肠，皱胃上皮细胞数量增加，并开始分泌盐酸，使皱胃 pH 下降，酸性环境使胃壁细胞分泌的胃蛋白酶原转换为有活性的胃蛋白酶，胃蛋白酶和凝乳酶都能使乳发生凝固，在 pH 5.2 时，胃蛋白酶能消化多种类型的蛋白质，并逐渐建立起胃蛋白酶消化系统。

新生犊牛皱胃乳凝固不良，pH 上升，未经消化好的乳进入十二指肠，这除了改变肠道内的渗透平衡外，也为肠道中细菌发酵提供了良好条件，从而引起腹泻。奶牛场在饲喂新生犊牛时，由于饲喂不当，促使其发生腹泻的原因有以下几点：

饲喂无规律 常指喂奶量、喂乳时间、喂奶温度不定。喂奶量时多时少，若喂奶量少，犊牛得不到必需的营养物质，影响生长；喂奶量多，使其胃负荷加大，过多的奶会流进十二指肠，引起腹泻。喂时忽早忽晚，影响食道沟闭锁功能。奶温高低不定，会影响食道沟关闭状况。奶温高，牛不爱喝；奶温低，牛奶在皱胃内的凝固时间延长，当奶温下降到 6℃时，乳在皱胃内凝固时间增加 1 倍，未消化的乳流出皱胃，不仅其营养价值降低，也可引发腹泻，因为冷牛奶比热牛奶更易引起消化紊乱。

喂奶品质不良 即指喂犊牛奶的成分、质量比正常牛奶差。

乳房炎奶：乳房炎奶不仅品质降低，而且含有大量抗生素，其结果阻碍了瘤胃内细菌群落的正常建立，增强细菌抗药性的产生，削弱了某些抗生素的疗效，增加了犊牛患病的危险性，影响了犊牛生长发育。

脱脂奶：新鲜脱脂奶蛋白质相对高，但能量和维生素的含量低，在稀释过程中如果含水量过多，会影响奶在皱胃中的凝固性，因此，不仅其营养不全，也会引起腹泻。

代乳品：在制作过程中，奶粉加热过度，酪蛋白发生变性，喂后在皱胃内凝固不全，未被消化的酪蛋白进入小肠内，经细菌作用在腐败、发酵过程中产生的有毒产物作用于肠壁，引发腹泻。

犊牛呼吸系统疾病的发生

主要因管理不良所致。管理不良是指不能给新生犊牛提供良好的生存空间和环境。新生犊牛呼吸道疾病如感冒、肺炎等是常见疾病。而这与饲养管理的突然改变以及气候剧烈变化等应激因素的作用有着直接的关系。在奶牛场最为常见的有以下两种。

（1）圈舍阴暗、潮湿及通风不良。新生犊牛体温调节的能力尚不完善，对外界环境温度的适应能力较差，其生活最适温度在 9 ～ 17℃。寒冷刺激，机体以降低呼吸频率和肺换气量来减少热量的散失，这将造成肺氧分压下降，肺泡巨噬细胞和黏膜纤毛分泌细胞活性降低及肺清除异物功能受阻，引起呼吸道疾病的传播。

阴雨和高温的环境中，空气中细菌数增高。通风不良将影响牛舍的换气率。通风不良的牛舍内，室内空气变暖，湿度大，灰尘、氨、颗粒物质和病原微生物浓度增大。犊牛对寒冷刺激的抵抗力降低，对呼吸道疾病的易感性增加。另一方面也能使呼吸道内的病原微生物繁殖增加，并向下呼吸道移居而引起疾病。

（2）圈舍狭小，饲养密度过大。在集约化的饲养条件下，圈舍狭小、同龄犊牛的集中饲养、密度过大是疾病发生和传播的主要因素，也是呼吸道疾病的主要原因。在一些饲养小区内，圈舍不清洁、不消毒，犊牛和母牛混养，这都会使母牛体内病原微生物传给犊牛，增加了犊牛感染、发病的可能性。

经胎盘感染的疾病

在奶牛场内，很多病原体感染了母体但不表现出临床症状而成带菌者，它们不断地向外界排出病菌，污染饲料、饮水、用具，经口感染新生犊牛并使之发病。或者在胎儿发育过程中通过胎盘感染胎儿，使之在出生后表现出临床症状。

1991—1998 年，经对 14 个牛场 2 270 头奶牛血清传染性鼻气管炎（IBR）检查，阳性率为 35.2%，14 个牛场中，11 个牛场是阳性场，占 78.6%，对 20 头阳性母牛及其新生犊牛 IBR 血清学检查，17 头为阳性，阳性率占 85%，其犊牛在生后 3 ～ 5 d，表现出上呼吸道炎、脑炎和肠炎症状，死淘率达 100%。

1994—1995 年，在 3 个牛场发现母牛早产，新生犊牛畸形、失明及神经症状，死亡率高达 80%～ 90%，取病死犊牛母体血清 30 份，临床病犊和幼犊各 1 份，通过血清病毒中和试验，病毒性腹泻 - 黏膜病（BVD）阳性 26 头，阳性率占 86.7%，2 头犊牛全部为阳性，阳性率 100%。

犊牛的保健措施

新生犊牛的生理学特性决定其发病的特征，饲养管理水平的高低直接制约着临床发病与否及其严重程度。因此，在奶牛场内，新生犊牛的保健就显得更为重要了，具体操作如下：

提供良好的环境，严格执行管理规程

（1）圈舍。产房及犊牛舍应通风良好、干燥，易清刷、消毒，下水道要通畅。

（2）加强对临产母牛的看护。已有分娩前兆的母牛，将其置于产房内，如天气暖和可在室外产犊，自行分娩，需要助产时要做好消毒和助产准备，严防将母子拉伤。

（3）新生儿的擦拭。目前，很多牛场采用麻袋、毛巾擦拭犊牛口、鼻及体表后，将母子分开。有人认为，母牛生后舔舐新生犊牛，并于 24 h 内不分开，犊牛能寻找乳头，吸食初乳，这可使吸收免疫球蛋白的效率提高达 80% 以上。

（4）脐带消毒。挤净脐带内的血液，于断端离脐部 5 cm 处剪断，断端在 5%～ 10% 碘酊中浸泡 0.5 min。

（5）单圈饲养。一头犊牛一个圈（图 13-1），及时清理粪便，勤换垫草。在严寒冬季，一定要保暖。特别在东北，新疆的冬季，气温 -30℃，为防止犊牛冻坏，可给牛体套上棉背心（图 13-2）。

（6）及时饲喂初乳。出生后 1 h 内喂初乳，喂量约 4 kg。如一次不能吃进，可人工灌服。

图 13-1　犊牛单圈饲养

图 13-2 犊牛棉背心

(7) 饲喂坚持定温、定时、定量。每日饲喂奶温 39℃，每日喂 2 次，每次喂量为体重的 4% ~ 5%。

(8) 保证喂奶浓度。为保证奶在皱胃中的凝固性，喂奶时不能在奶中加入过多的水。为防止犊牛吃奶后暴饮，犊牛舍内应设置饮水槽，令其自由饮用。

(9) 严格掌握饲喂方法。用装有橡胶奶嘴的奶罐喂牛时，其高度以与食道保持水平，牛鼻能向上触及奶嘴为准。用奶桶饲喂，桶底应高过地面 30 cm，不要把奶桶放地让犊牛低头或跪地喝奶，避免乳汁流溢入瘤胃。

(10) 每次使用后的奶嘴、奶罐、奶桶都必须彻底清洗干净并放置在用具架上，保持清洁卫生。

加强防疫、检疫，确保母体健康

健康的母牛为新生犊牛提供丰富的抗体，从而提高肠道的抗感染力，减少疾病的发生。但当母体已患有传染性鼻气管炎（IBR）、病毒性腹泻 - 黏膜病（BVD）时，病毒可通过胎盘感染，使犊牛发病。因此，应加强检疫，对抗体阳性牛应隔离饲养，必要时，全场牛只应进行 IBR、BVD 疫苗注射。

犊牛腹泻
Diarrhea of Calves

腹泻是指肠蠕动亢进，肠内吸收不全或吸收困难，致使肠内容物与多量水分被排出体外的一种犊牛消化机能紊乱疾病。其临床特征是粪呈稀汤或水样，脱水，酸中毒，死亡较快。

犊牛腹泻为犊牛常见的一种临床症状。恩斯明格（1985）指出，哺乳犊牛的饲养和管理是奶牛生产中的一个重要阶段。由于营养缺乏和管理不善，其发病率和死亡率高达 20% 以上。1988 年，我们曾对北京一牛场调查，其发病率为 80%，死亡率为 35%。这不仅直接给奶牛业造成巨大的经济损失，而且，也影响到犊牛的生长发育和成年后的泌乳性能。由于其流行之广，发病之多，死亡率之高，可以说，在奶牛场内，犊牛腹泻是影响犊牛最主要的疾病之一。

病　　因

犊牛腹泻的病因复杂，它与犊牛免疫力、病原菌的作用以及环境因素等都有直接关系。

免疫力低下

(1) 初生犊牛生后的最初几天，其免疫力极低。由于初乳富含抗体、蛋白质、维生素和矿物质，故依靠初乳提供基本的抗体，以防止犊牛应激反应和疾病的发生，在犊牛饲养上是极其重要的。但是，由于饲养管理失误，如初乳饲喂时间过晚；喂量过少或根本不喂；随着挤奶次数增加而免疫球蛋白的减少（表 13-1），其结果，犊牛因不能获得母源抗体而抵抗力降低。

表 13-1 奶牛初乳中免疫球蛋白与挤奶次数的关系

初　乳	挤奶时间	含　量	
挤奶量（kg）	第一次挤奶	3.82±0.582	(0.85 ～ 9.75)
	第二次挤奶	2.78±0.473	
乳清（%）	第一次挤奶	58.0±2.4	(43.0 ～ 70.0)
	第二次挤奶	63.0±2.0	(43.0 ～ 75.0)
IgG（mg/100 mL）	第一次挤奶	43.7±3.8	(24.0 ～ 76.0)
	第二次挤奶	27.3±4.0	(5.6 ～ 69.0)
IgM（mg/100 mL）	第一次挤奶	9.4±1.0	(1.9 ～ 15.9)
	第二次挤奶	4.3±0.68	(1.0 ～ 11.5)
IgA（mg/100 mL）	第一次挤奶	4.5±0.5	(1.4 ～ 7.3)
	第二次挤奶	2.4±0.74	(0.5 ～ 5.5)

（2）干奶期饲养不当。妊娠母牛营养状况的好坏，不仅直接影响到胎儿的生长发育，也影响到初乳的品质。这是因为胎儿一半以上的生长是在泌乳期最后 2 个月，而胎儿的全部营养物质都要依靠母体供给，当母体营养不良，特别是在干奶期时，母体得不到必需足够的营养物质以供胎儿发育，必将引起胎儿发育不良，表现为体弱、活力不足，抗病力降低。同样，干奶期精料喂量过大，造成母牛肥胖，易使产后母牛发病增多，如酮病等。血液是乳的来源。母体的代谢紊乱不仅影响血液的变化，也影响到乳汁的品质。据报道，犊牛消化不良与母牛酮病有关。由于酮体（乙酰乙酸、β - 羟丁酸和丙酮）在母体内蓄积，乳中酮体含量增多，致使犊牛的发病率和死亡率升高。肖定汉等（1987）研究指出，犊牛腹泻与初乳中酮体含量增高呈一致关系。表现为初乳酮体含量越多，犊牛腹泻发生率越高，这种因酮体所引起的腹泻，也可称为“中毒性消化不良”。病犊出生后 1 ～ 3 d 出现下痢，精神沉郁，拱背，步态不稳。剖检：肝脏肿大、黄褐色，切面脂肪浸润。由酮病母牛新生之犊牛血糖、甘油三酯、总蛋白、白蛋白明显降低，病犊胎尿酮体检验呈强阳性反应（表 13-2）、体弱、腹泻。

表 13-2　健康与酮病母牛对新生犊牛血液、尿液的影响

项　目	头数	血糖 (mg/100 mL)	甘油三酯 (mg/100 mL)	总蛋白 (g/100 mL)	白蛋白 (g/100 mL)	球蛋白 (g/100 mL)	胎尿酮体反应
酮病母牛产的犊牛	6	21.3±9.9	11.1±18.4	3.8±1.8	1.8±0.9	2.1±1.3	强阳（+++）
健康母牛产的犊牛	7	60.9±20.7	46.9±17.8	4.3±1.2	2.7±1.1	1.5±1.5	阴性（-）

细菌、病毒等病原体对胃肠道的作用　经常引起犊牛腹泻的病原微生物有大肠杆菌、沙门氏菌、传染性鼻气管炎病毒、轮状病毒等，除此，球虫也能引起腹泻。

外界环境不良因素的作用　不良的环境条件（包括饲养管理不当），一方面能降低犊牛体质和抗病力；另一面又能促使病原微生物的生长繁殖和毒力的增强，并为其传播提供了有利条件。这在奶牛场内是经常可见的，具体表现有：

（1）不严格执行犊牛饲喂操作规程，喂奶不固定，奶具不消毒。

（2）牛场消毒不严，特别是产房、犊牛圈舍不清扫、不定期消毒。

（3）犊牛舍阴暗潮湿、阳光不足、通风不良，圈舍狭小，饲喂犊牛多、密度大，过分拥挤；粪便不及时清除，褥草不勤换。

（4）无防风、防寒、防暑、防雨设施，故常因天气骤然变化如大雨、大风和寒冷的应激作用，促使腹泻发生。

发 病 机 理

引起犊牛腹泻的病理发生　有4个方面，即肠内容物渗透压增高、肠道分泌增加、肠道动力紊乱和肠吸收减少（图13-3）。

（1）肠内容物渗透压增高　喂奶量过大，犊牛难以消化吸收，由于细菌、病毒、真菌，及其肠道内异常分解产物在肠内的蓄积，致病因素作用于肠黏膜后，引起肠黏膜的炎症，其炎性分泌物在肠道内的滞留等。

（2）肠道分泌增加　各种原因都能促使肠分泌增加，如大肠杆菌产生的肠毒素，大量饲喂发酵变质的牛奶等。

（3）肠道动力紊乱　不良的致病因素刺激胃肠黏膜，造成黏膜的炎症，其结果引起胃肠道蠕动增加。

（4）肠吸收减少　黏膜的损伤必将导致其正常吸收机能的破坏，使吸收减少。病原体作用于肠黏膜，使肠上皮细胞肿大，影响了肠黏膜的吸收；病原体破坏了肠绒毛吸收细胞，使黏膜萎缩，肠绒毛变短、坏死、脱落，破坏了正常黏膜细胞的组织结构，使吸收减少；发生肠动力紊乱时，直接影响肠内容物与肠黏膜吸收面充分接触，从而使肠吸收减少。

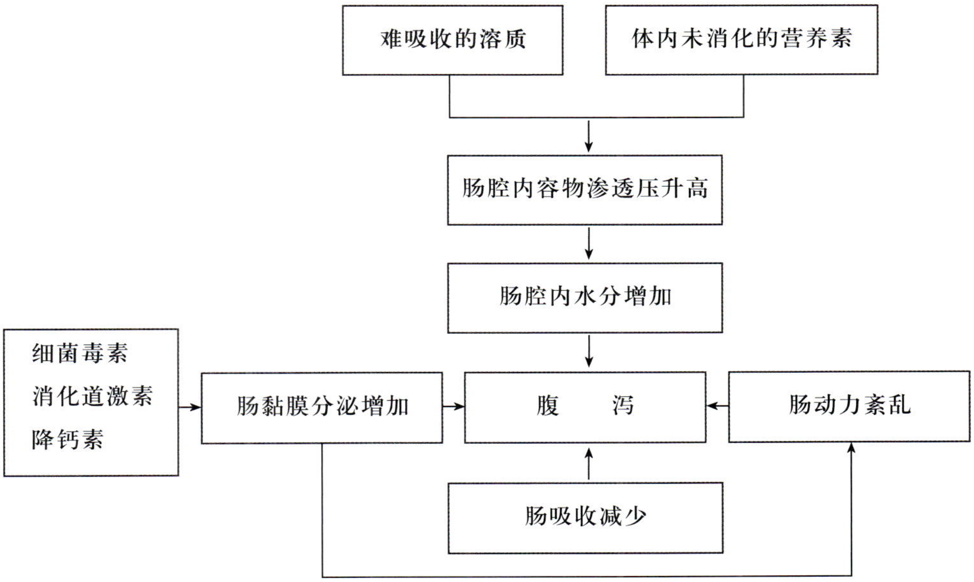

图13-3　犊牛腹泻的发病机理

严重而持续的腹泻对机体的影响

（1）脱水。机体组织水分和电解质（Na和重碳酸盐离子）大量丧失，则呈现出水的负平衡。

（2）酸中毒。大量的水从血管内向外渗出，血液浓缩，循环血量减少，血运氧速度减慢，使组织中的氧供应量减少，结果引起缺氧症。组织分解产物在组织内积累，碱贮下降，酸中毒发生。

（3）全身营养障碍。营养物质消化吸收障碍，机体营养缺乏，消瘦，无力，最后衰竭而死。

临 床 症 状

无论是何种原因所引起的腹泻，发病犊牛在临床上的表现是一致的，即稀汤样或水样粪便、不同程度的脱水和酸中毒。犊牛腹泻的临床病因与症状见表13-3。

表 13-3　常见犊牛腹泻的病因及临床表现

病名	病因	流行病学	临床症状	病理剖检
犊牛饮食性腹泻（犊牛下痢）	饲养管理不当	发病年龄不定，多在 1 月龄内，散发，无季节性	体温正常或升高，粪便呈灰白色、淡黄色、褐色，或有血液，反复发病	消瘦，无特征变化
犊牛大肠杆菌病	大肠杆菌	生后 1 ～ 10 d 内发病，以 3 d 内发病数多，流行	体温升高，脱水严重，酸中毒，病程短，粪呈淡黄色、黄色、水样	胃肠道内广泛的出血、坏死，肝、脾肿大、坏死
犊副伤寒	沙门氏菌	出生后 10 d 以上发病，散发或流行	体温升高达 40 ℃，稽留，多伴有肺炎和关节炎，粪便内混有血液或黏液，病程长达 0.5 ～ 1 个月之久	胃肠道广泛性出血，小肠黏膜坏死脱落，回盲肠有溃疡，肝肿大，有灰白色坏死灶（副伤寒结节），肺炎，关节炎
轮状病毒感染	轮状病毒	生后 10 d 内发病，以 3 ～ 5 d 最多，散发，冬季较多	体温正常，脱水，粪呈灰白色，内含黏液或新鲜血液	小肠出血明显
犊传染性鼻气管炎	传染性鼻气管炎病毒	怀孕后期或刚生后感染，出生后即发病，1 ～ 4 周发病占 50%	体温升高，伸颈，气喘，腹泻，流涎，神经症状	口、舌、食道内有坏死灶，肝、脾、淋巴结能分离出 IBR 病毒，鼻骨、咽、气管出血、溃烂
球虫病	艾美耳球虫	2 月龄以上，2 岁内都能感染，牛群拥挤，卫生不良，促其暴发	稀粪带血、血凝块或血便，贫血，肺炎，渐进性消瘦、脱水	盲肠、结肠和回肠充血、水肿和弥漫性出血
隐孢子虫病	隐孢子虫	5 ～ 15 日龄，在一场内呈流行性，发病率达 50%	稀粪呈淡黄色、灰白色，混有纤维素、血液，脱水、消瘦	回肠、大肠充血、出血和纤维素性炎，绒毛脱落、萎缩，有隐孢子虫寄生

临 床 病 理

血液检验

血细胞学及血液生化学的变化表现为红细胞（RBC）、血色素（Hb）的减少，尿素氮、白细胞（WBC）升高，二氧化碳结合力、血糖降低和明显的高血钾（表 13-4 和表 13-5）。

表 13-4　腹泻犊牛与健康犊牛血细胞比较

项目	头数	RBC（万个 /mm^3）	WBC（个 /mm^3）	Hb（g/100 mL）	PCV（%）	中性粒细胞（%）	淋巴细胞（%）
健康犊牛	30	660.5 ± 23.4	8 257 ± 112.3	8.7 ± 0.7	36 ± 2.1	41.1 ± 2.0	59 ± 3.9
腹泻犊牛	28	454.8 ± 90.1	9 051 ± 377.9	7.7 ± 1.4	32 ± 6.7	37 ± 5.3	63.5 ± 3.9

表 13-5　腹泻犊牛与健康犊牛血液生化值比较

项目	头数	CO_2 结合力（V%）	血糖	Ca	P	K	Na	Cl	尿素氮
			mg/100 mL	mg/100 mL	mg/100 mL	mg/100 mL	mEq/100 mL	mEq/100 mL	mg/100 mL
健康犊牛	30	40.7 ± 0.8	99.5 ± 14.0	7.6 ± 1.1	5.4 ± 0.8	7.9 ± 1.3	144 ± 28.2	101 ± 4.6	11.6 ± 0.4
腹泻犊牛	28	32.9 ± 14.8	54 ± 26.3	10.4 ± 7.6	8.0 ± 3.1	10.6 ± 4.1	110 ± 15.3	98 ± 8.3	15.7 ± 6.5

粪成分变化

粪中钠、钾、氯、钙、镁等含量显著增加，故造成大量的水和电解质丧失（表 13-6）。患病犊牛表现出脱水，眼凹陷，皮肤失去弹性，血液浓稠，静脉血量减少。

表 13-6 腹泻犊牛与健康犊牛粪成分的比较

粪中成分	正常犊牛		腹泻犊牛		增加率（%）
	头数	含量	头数	含量	
总量	7	5.9±1.0	5	129.8±33.3	22.9
水分（%）	7	72.8±2.8	8	94.1±0.5	21.3
水分	7	4.3±1.0	5	122.1±33.3	28.4
Na	7	9.5±2.5	5	258.1±68.6	27.2
Cl	7	7.6±2.7	5	282.9±109.8	37.2
K	7	5.6±1.4	5	97.8±45.7	17.5
Ca	2	5.4±3.5	2	130.8±14.3	24.2
Mg	2	0.41±0.35	2	16.4±0.73	40.0

注：总量水分为相当于 1 kg 体重的日重（g）；电解质为 mg/（kg·d）。

预　后

急性犊牛腹泻，多在出生后 1 ~ 2 d 内发病，病程短，死亡快，如治疗不得当，不及时，1 ~ 2 d 内死亡占 50%，相反，如治疗及时而正确，通常在 3 d 内即可恢复。现将北京地区某场 44 头病牛的发病时间及病程列于表 13-7 和表 13-8。

表 13-7 犊牛腹泻的发病时间

项目	距出生时间（d）						合计
	1	2	3	4	5	6	
头数	21	14	1	7	1	0	44
占总发病（%）	47.7	31.8	2.3	15.9	2.3	0	100

表 13-8 犊牛腹泻病程

转归	死亡							痊愈						
天数	1	2	3	4	5	6	合计	1	2	3	4	5	6	合计
头数	2	3	1	2	—	2	10	7	14	10	1	2	—	34
%	20	30	10	20	—	20	100	20.6	41.2	29.4	2.9	5.9	—	100

诊　断

犊牛腹泻发生后，首先应掌握其流行情况，其中包括发病日龄、发病季节，以及临床表现，初步能得到诊断。确切的诊断需进行微生物学的检查，其中包括细菌的分离、病毒的培养以及寄生虫检查。值得引起注意的是，急性腹泻常常呈混合感染，就大肠杆菌病而言，真正由大肠杆菌单独所引起的大肠杆菌病仅占 25% ~ 30%。根据我们对北京地区的两个犊牛腹泻发生牛场细菌检查结果，一个场单独由大肠杆菌所致；另一个牛场，对病死犊牛肝、脾、心细菌分离结果，共分离出 17 株细菌，其中大肠杆菌占 23.5%，沙门氏菌占 17%，变形杆菌占 17.6%，志贺氏菌占 17.6%，胎儿弧菌和产碱杆菌分别占 0.6%。因此，在诊断犊牛腹泻时应综合分析。

治 疗

根据犊牛腹泻发生快（出生后 1 ～ 2 d）、死亡快（1 ～ 4 d 占 80%）、脱水、酸中毒和电解质平衡失调等特点，因此，对腹泻的治疗要及时。其原则是补充电解质溶液，缓解酸中毒。

补充电解质溶液 目的是恢复正常的血容量和正常的渗透压，缓解机体的脱水状态，维持正常的血液循环。体液补充常用的电解质溶液有 5%葡萄糖生理盐水、生理盐水和林格氏液。近年来，口服补液盐（ORS）也广泛用于犊牛腹泻的治疗之中，其组成各异，举例如下。

① 葡萄糖 56.7　蛋白质 19.9
碳酸氢钠 12.68　氯化钾 3.60
甘氨酸 3.12　氯化钠 2.84
硫酸镁 0.76　磷酸钙 1.33
加水 2 L，分 1 ～ 2 次灌服。

② 氯化钠 3.5　碳酸氢钠 12.68
氯化钾 1.5　葡萄糖 20.0
加水 1 L，灌服量为 50 ～ 100 mL/kg 体重。

③ 葡萄糖 67.53　甘氨酸 10.3
氯化钠 14.34　柠檬酸 0.81
柠檬酸钾 0.21　磷酸二氢钠 6.8
加水 3 L，灌服。

④ 葡萄糖 50.0　氯化钠 1.17
氯化钾 1.5　碳酸氢钠 1.68
磷酸氢二钾 1.35
加水 1 L 溶解，每日按 100 ～ 140 mL/kg 体重灌服。

补液量可根据犊牛脱水程度来决定，也可以按照公式计算。

（1）按临床脱水程度决定补液量，如表 13-9 所示。

表 13-9 犊牛脱水程度及补液量制定

脱水程度	精神	口腔黏膜	眼窝下陷	皮肤弹性	体重减少（%）	补液量（mL/kg 体重）
轻度	沉郁	稍干	不明显	稍差（0 s）	5 ～ 8	20 ～ 25
中度	喜卧少动	干涩	轻微	差（2 ～ 6 s）	8 ～ 10	30 ～ 80
重度	卧地不起	极干	明显	极差（20 s）	10 ～ 12	80 ～ 120

（2）$$输液量 = 正常血容量 - \frac{正常血容量 \times 正常红细胞压积}{病畜的红细胞压积}$$

（3）输液量（L）=（脱水后红细胞压积 − 脱水前红细胞压积）× 0.47

脱水时，犊牛伴有不同程度的酸中毒，为缓解酸中毒，应纠正体液的 pH，常用 5%碳酸氢钠液静脉注射以补充碱贮量，用量为 50 ～ 150 mL。

从表 13-5 显示，酸中毒的犊牛，初期血液中钾的含量明显升高，呈高钾血症。随着大量输液和酸中毒的缓解，病犊可出现低钾血症，因此，适当而及时的补钾也是必要的。

抗生素的使用 从理论上来讲，人们对抗生素的使用有不同看法，认为抗生素在抑制病原菌的同时，对有益菌也有抑制作用，使用后，使胃肠道内的菌群区系受到影响，其平衡受到破坏，然而，在临床实践中，对于犊牛腹泻的治疗，仍依靠于抗生素的作用。消除炎症，抑制病原微生物的繁殖，防止继发感染等仍是治疗中所应遵循的原则。因此，庆大霉素、多黏菌素、四环素、氯霉素及磺胺增效剂等广谱性抗菌药物为常用药。

休克的治疗　当因脱水而引起虚脱时，应迅速采取措施维护血管的正常功能，可选择具有升压作用的药物，如双吗啉胺、新福林盐酸盐、G 毒毛旋花苷，用 5%葡萄糖溶液、0.9%生理盐水溶液稀释后静脉注射。

预　防

鉴于引起犊牛腹泻的原因复杂，治疗方法在某地、某场有效，而在另一牛场无效或效果较差；加之发病急骤、病程短、死亡快等特点，因此，只能采取综合措施予以防制。

未发病牛场

加强干奶母牛的饲养　干奶母牛的饲养不仅影响母牛本身的健康和产后乳产量的高低，也影响到犊牛的健康，应采取：

（1）严格控制精料喂量，防止母牛过肥和产后酮病的发生，以减少犊牛中毒性腹泻的发生。

（2）产前 8 d，肌肉注射链霉素，200 万 ～ 300 万 IU，每日一次，连续注射 5 ～ 7 d。

加强产房消毒卫生　母牛预产期前 15 d 进产房。产房要宽敞、通风、干燥，阳光充足，消毒卫生应经常持久。

（1）产床、运动场要及时清扫，粪便、褥草应及时清除。

（2）牛舍地面每日应用清水冲洗 1 ～ 2 次，每隔 7 ～ 10 d，要用火碱水冲洗食槽和地面。

（3）凡进入产房的牛，每日刷拭牛体 1 ～ 2 次，用 1%来苏儿液每日刷洗后躯及牛尾 1 ～ 2 次，使牛体清洁。

加强对新生犊牛的护理

（1）犊牛出生后擦干全身，脐带距腹部约 5 cm 处剪断，断端应在 10%碘酊内浸泡 0.5 ～ 1 min。

（2）及时饲喂初乳。出生后 0.5 ～ 1 h 内喂上初乳，初次喂量 4 kg。

（3）新生犊牛单圈饲养。其优点：①犊牛出生到断奶，单独饲养在同一牛栏内，避免相互吸吮，相互接触的机会，减少了病原微生物的传播，可降低犊牛发病率。②圈舍通风、空气新鲜、光线充足，运动自由，可提高犊牛的体质和抗病力。③能保证每头犊牛的进食量，避免集中混群饲养抢食而造成犊牛进食不足的现象。④便于发现病牛，也便于及时治疗和观察，能起到隔离病牛的作用，圈舍小，便于消毒，有利于对疾病的控制。⑤一旦圈舍被病原菌污染，圈舍内结构简单，便于移动，有利于犊牛饲养场的更新。

已发病牛场

药物预防　出生后不喂初乳或喂给第一次初乳就发病者，可预先投服以下药物预防：

（1）吡哌酸 0.5 g，一次内服，每日 3 次，连喂 3 d。

（2）喹乙醇 0.5 ～ 0.8 g，一次内服，每日 1 ～ 2 次，连服 2 ～ 3 d。

（3）金霉素 0.5 g，一次口服，每日 2 次，连服 3 d。

（4）出生后第一天静脉注射电解质溶液 100 mL。其溶液配方：氯化钠 5.0 g、磷酸镁 1.0 g、葡萄糖酸钙 2.5 g 、氯化钴 8 mg、硫酸锰 10 mg、硫酸铜 15 mg、硫酸锌 10 mg、蒸馏水 100 mL。可预防全部犊牛发生消化不良。

改换犊牛圈舍　发病后，采取对运动场、犊牛栏消毒措施，临床效果较差。为此，应从根本上解决犊牛饲养场地。奶牛场应从实际情况出发，选择干净、清洁的场地饲喂犊牛，称为犊牛隔离站。出生后犊牛按严格消毒卫生处理后，立即送入隔离站内。隔离站内严格执行防疫消毒制度：①非本场人员严禁入内。②隔离站内一切用具（喂奶用具及其他工具）不能随意拿出。③隔离站饲养员不能和本场人员接触，出入消毒，工作服、胶鞋等不能穿出隔离站外。

及时治疗病犊，提高治愈率　无论腹泻是由何种病原微生物所引起，其临床表现是一致的，即脱水、酸中毒和排出稀粪。在临床上，对于犊牛腹泻的治疗无明显的差异。其治疗原则是抑菌、消炎、防止败血；增加血容量，补充电解质溶液；纠正酸中毒，提高血液碱贮量等。为能提高治疗效果，临床应注意以下几点：

（1）抗生素的使用：抗生素对腹泻为常用治疗方法，也收到一定效果。但随着各种抗生素的大量使用，细菌抗药性不断增加，故在治疗犊牛腹泻时，应选择本场尚未使用或使用较少的抗生素治疗。

（2）补充水和电解质：防止脱水是提高犊牛腹泻治愈率的关键。补液应及时，补液量要足，每日 3 ～ 4 次，每次 1 500 ～ 3 000 mL。因病犊血糖下降，故以葡萄糖生理盐水较好。

（3）补碱：腹泻犊牛二氧化碳结合力下降，因此，适当补碱以提高血液碱贮，防止酸中毒极其必要。常用 5%碳酸氢钠。为防止补碱过量而引起碱中毒，故应随时测定尿 pH，以决定其补与不补，或补多补少。

（4）当酸中毒缓解，在输液时应加 1.1%氯化钾 100 mL，以解除犊牛低钾血症，能提高治愈率。

（5）临床发现，腹泻犊牛血液极易凝固，静脉凹陷，补液极其困难，故应注意以下两点：①输液针头不能过粗，以 14 ～ 16 号针头为宜，针头小对皮肤和静脉管壁损伤小，可防止针头过粗，引起皮肤堵塞针眼，以及输液后血液向外溢流现象。②如脱水严重，静脉凹陷不能找出时，对无法采用静脉输液的病犊，临床可采用切开颈部皮肤，直接找出颈静脉的方法，可准确的将液体补进，能提高治愈率。

犊牛饮食性腹泻
Dietary Diarrhea of Calves

所谓饮食性腹泻，主要是指由于饮食（乳及代乳品）不当或品质不良而造成的腹泻。

因饮食而引起的腹泻，奶牛场常称为犊牛下痢，为犊牛胃肠消化障碍和器质性变化的综合性疾病。其特征是消化不良和拉稀。

饮食性腹泻为犊牛常发疾病。由于腹泻，致使犊牛营养不良，生长缓慢，发育受阻；发病以 1 月龄内最多，2 月龄后减少；全年都有发病，以雨季和冬春季节发病最多。

病　因

饲喂犊牛时，乳量饲喂过多，饲养员不固定，乳温不定，忽高忽低；饲喂酸败变质乳，常见将呈豆腐块样乳饲喂后，犊牛大批腹泻发生。

代乳品质量低劣，也是犊牛腹泻发生的原因之一。如大豆、鱼粉代乳品，加工调制及喂量不当可引起腹泻；奶粉受热蛋白质变性，在皱胃内不易凝结，消化率降低，可引起腹泻。

由以上原因所引起的腹泻，都会造成大肠杆菌和沙门氏菌的感染，并继发大肠杆菌病和沙门氏菌病。

外界环境的改变如气温骤然变化，寒冷，阴雨潮湿，运动场泥泞，皆可促使犊牛抵抗力的降低，为腹泻发生的诱因。

发病机理

犊牛特别是月龄小的犊牛，前胃发育不全，食物中的营养物质是在皱胃和肠内的消化液中酶的作用下进行消化的。犊牛皱胃内的消化特点是凝乳酶的消化。当乳量饲喂过多，犊牛喝乳过快，及其他不良因素作用于犊牛，首先引起皱胃兴奋过高，收缩加强，乳在胃中停留时间缩短，凝乳酶不能与奶充分作用，出现奶凝不全。一方面，这种消化不全的食糜进入肠内，肠道不能消化和吸收，对肠是一种刺激物质，肠黏膜受刺激而兴奋性增高；另一方面，消化不全食物在胃肠道内受细菌的作用，可产生乳酸、H_2S、NH_3、N_2 等异常产物，使肠腔内渗透压增加，吸收减少，液体增加，更加促使了肠蠕动加快，致使消化不全的内容物与分泌物一起排出体外，造成腹泻。

过早或大量给月龄小的犊牛喂饮代乳品饲料，犊牛呈现出消化不良，拉稀，这是因前胃未发育完善，淀粉酶、蔗糖酶和磷酸酶的活性低下所致。

胃肠对食物的消化吸收机能紊乱，营养吸收障碍，直接引起犊牛营养不良、消瘦，也为其他疾病，如大肠杆菌病、沙门氏菌病和犊牛肺炎的发生提供了条件。

临床症状

饮食性腹泻的病牛，由于发病的月龄、食物的性质、病程长短以及病情程度等不同症状也有不同。

相同表现是精神沉郁，食饮减少或废绝，低头耷耳，被毛粗乱，腹部紧缩，夹尾，喜卧而不愿走动，后躯被粪汤污染，常见肛门周围附着粪痂，具腥臭；腹泻持续时间较长者，眼窝凹陷，肋骨外露，步态蹒跚，似要摔倒，在长期被粪汤浸渍的肛门周围，被毛脱落；胃肠臌胀者，腹部下方增大，叩诊呈鼓音，当肠腔内积大量液体，推动腹壁，有拍水音；在冬天，或伴体温升高者，患犊浑身发抖，常见有肺炎并发，呼吸加快，喘，鼻孔内流出大量脓性分泌物。腹泻排出的粪便呈现出不同颜色。

（1）粪呈灰白色、水样，其中混有未消化的凝乳块，呈絮状，腥臭。这多见于 10 ～ 20 d 内的犊牛。

（2）粪呈黄绿色、似为捣碎的鸡蛋样；或粪便较干，附有血丝，呈柠檬色，这多发生于产后 10 d 以内的犊牛，此种症状，多与大肠杆菌感染有关。

（3）粪呈暗红色，血汤样，这多见于 1 个月的犊牛。

（4）粪呈白色、干硬，这与过食牛奶或乳制品有关。

（5）粪呈暗绿色、黑褐色，稀粪汤内含有较干的粪块，多见于 1 个月以上的犊牛。

预　　后

犊牛饮食性腹泻一般全身症状轻微，当加强饲养管理，改变饮食，合理治疗，经 1 ～ 2 d 可愈；但当饲养管理不当，腹泻仍可再次复发。下痢有食欲者，病程短，恢复快；下痢无食欲者，病程长，恢复慢；下痢持续或反复发生下痢者，犊牛营养不良，消瘦，衰竭，预后不良；当继发感染，犊牛体温升高，伴发肺炎者，病程长而预后不良。

诊　　断

根据临床表现出消化不良，拉稀即可确诊。因犊牛腹泻的病因复杂，而病后表现除拉稀外，又无典型症状，因此，要注意与大肠杆菌病、轮状病毒感染、犊副伤寒进行鉴别。要根据病后情况如发病犊牛日龄、发病头数、发病时间、全身症状等进行综合分析。

治　　疗

治疗的前提是加强饲养，精心护理。治疗原则是健胃整肠，消炎，防止继发感染和脱水。

减少喂奶量或绝食　通常可减少正常乳量 1/3 ～ 1/2，减少乳量用温开水代替；绝食 24 h，可喂给口服补液盐，当腹泻减轻，再逐渐喂给正常乳量。

药物治疗　应根据临床症状选用药物。

（1） 对腹泻而有食欲者，用乳酶生 1 g、磺胺脒 4 g、酵母片 3 g，一次喂服，每日 3 次，连服 3 d。

（2）对腹泻带血者，首先应清理胃肠道，用液体石蜡 150 ～ 200 mL，一次灌服。次日，可用磺胺脒和碳酸氢钠各 4 g，一次喂服，日服 3 次，连服 2 ～ 3 d。

（3）对腹泻伴有胃肠臌胀者，应消除臌胀，可用磺胺脒 5 g、碳酸氢钠 5 g、氧化镁 2 g，一次喂服。

（4）对腹泻而脱水者，应尽快补充等渗电解质溶液，增加血容量。常用 5%葡萄糖生理盐水或林格氏液 1 500 ～ 2 500 mL、20%葡萄糖液 250 ～ 500 mL、5%碳酸氢钠液 250 ～ 300 mL，一次静脉注射，日补 2 ～ 3 次。

（5）对腹泻而伴有体温升高者，除内服健胃、消炎药外，全身可用青霉素 80 万～ 160 万 IU、链霉素 100 万 IU，一次肌肉注射，每日 2 ～ 3 次，连续注射 2 ～ 3 d。

预　防

加强饲养管理，严格执行犊牛饲养管理规程，是预防犊牛饮食性腹泻的关键。

（1）出生后及时喂给初乳 4 L，以使犊牛能尽早获得母源抗体。

（2）坚持“四定”，即定温、定时、定量和定饲养员。乳温恒定，不能忽高忽低；喂乳时间固定，不能忽早忽晚；喂量固定，不能忽多忽少；要选精心、有经验的饲养员管理犊牛，要固定人员，不要随时更换。

（3）饲喂发酵初乳。初乳发酵和保存最适温度为 10 ～ 12℃，夏天可加入初乳重量 1% 的丙酸或 0.7%醋酸以作防腐，应用自然发酵初乳饲喂犊牛，可预防腹泻。

（4）保证饮乳质量，严禁饲喂劣质代乳品及发酵变质腐败牛奶。

（5）据报道，因缺硒能引起犊牛腹泻，对此，在缺硒地区或因缺硒而发生腹泻的地区，可给妊娠后期母牛注射 0.1% 亚硒酸钠溶液 20 mL，隔 0.5 ～ 1 个月注射一次，共注 2 ～ 3 次，以期预防。

犊牛大肠杆菌病
Colibacillosis of Calves

犊牛大肠杆菌病又叫犊牛白痢，是由致病性大肠杆菌引起的新生犊牛的急性传染病。其临床特征是发病急、病程短、腹泻、脱水、衰竭和败血症。

病　原

大肠杆菌为两端钝圆的短粗杆菌，有鞭毛，能运动，无荚膜，不产生芽孢，革兰氏阴性细菌。

本菌广泛地存在于自然界中以及正常动物和人的肠道内。因其能分解糖类产酸，故有抑制其他细菌生长及合成 B 族维生素的作用。但也有一些大肠杆菌具有致病性，这些血清型有 O_8、O_9、O_{45}、O_{78}、O_{101}、O_{115}、O_{137}、O_{110} 等。

本菌对外界不良因素的抵抗力不强，50℃ 30 min、60℃ 15 min 即可死亡，一般消毒药均能很快将其杀死。

致病性病原菌能产生内毒素和肠毒素。内毒素能耐高温，100℃ 30 min 才能破坏。肠毒素分耐热和不耐热性，不耐热的具有抗原性，60℃ 10 min 即可破坏；耐热的无抗原性，需 60℃以上、较长时间才能破坏。

流行病学

本病的流行不仅决定于致病性大肠杆菌的毒力与数量，而且也决定于犊牛全身状况及饲养管理条件的好坏。其中饲养管理条件起决定性作用。因为它不仅能影响到病原菌的毒力和数量，也直接影响到犊牛的抗病力。饲养管理条件好，机体健壮，病原微生物无生长繁殖的条件，不发病；相反，饲养管理条件不良，将可促使本病的流行。这些不良因素包括有母牛的营养不良，未及时饲喂初乳，喂奶用具不清洁，犊牛舍阴暗潮湿，阳光不足，密度过大，气候骤然变化，受寒，以及粪便不清除，褥草不勤换，圈舍不消毒等。

犊牛大肠杆菌病发生于出生后 10 d 内，其中以 1 ～ 3 d 内发病最多，病初常见犊牛吃过第一次初乳后发病，随着病流行加剧，出生后尚未吃初乳的犊牛也见严重腹泻发生。

一年四季都可流行。多集中于某地或某场，散发或呈地方性流行。

大肠杆菌通过病犊大量增殖，随粪、尿排出，其毒力增强，污染了地面、水源、草料及饲养管理用具，极易引起新的传染，造成流行。

自然感染多因病菌污染了饲料及饲喂用具经消化道感染；当产房不卫生，接产时消毒不严，可经脐带感染；经子宫和产道感染者较为少见。

发病机理

大肠杆菌血清型直接与侵袭型的犊牛大肠杆菌有关。由于大肠杆菌侵入机体，经胃、肠进入血液并在其中增殖而发生败血症。这类细菌血清型有 O_{15}、O_{26}、O_{78}、O_{86}、O_{115}、O_{117}、O_{137}。

肠毒血症是由 O_{8}、O_{9}、O_{20} 和 O_{101} 各群中的菌株所引起。经对犊牛大肠杆菌测定，证明有 12%能产生肠毒素，其毒素遇热稳定，为热稳定性毒素（ST），而且几乎总与 K_{99} 抗原结合。

侵入犊牛机体内的菌株即在小肠前段迅速增殖，这个阶段由于致病菌型具有 K_{99} 菌毛蛋白这样的定居抗原，促使小肠绒毛上皮细胞上的吸附作用，因而增强了细菌的定居作用，随即释放出 ST 肠毒素。毒素使水与电解质全部外流，引起了严重的腹泻和脱水。

由于病原菌在肠道内的增殖，一方面使肠毒素的浓度增加，致使肠黏膜严重受到损伤，其结果是正常吸收功能障碍，水和电解质的丢失严重，机体虚脱；另一方面是肠道内毒素和异常分解产物吸收入血，更加重了病理过程，常引起犊牛死亡。

临床症状

根据发病时间、病程缓急，将其症状表现分为以下 3 种类型。

大肠杆菌性败血症

常侵害 1 ～ 14 日龄的犊牛，一般存在局部感染。

（1）超急性型　常侵害 7 日龄以内的犊牛。病初体温高，精神沉郁，虚弱，心动过速和脱水。可视黏膜高度充血和斑点样出血。不吃奶，耳鼻发凉，卧地不起，呼吸微弱。眼前房积脓。有的病犊对外界刺激敏感，有的可见脐带感染。病程过长时可见腹泻。病程 1 ～ 2 d，病死率高达 50%～ 80%。

（2）急性型　其典型临床表现为病初发热，脐带明显肿大，腹泻，关节发热肿大，眼色素层炎，伴有神经症状。

（3）慢性型　虚弱，身体状况差，关节肿大，卧地不起。

血象变化：红细胞压积升高，核左移，低血糖，采血培养可发现大肠杆菌。

大肠杆菌肠毒素性腹泻

21 日龄以内的犊牛均可发病，但以 7 日龄以内的犊牛多发。发病率和死亡率均可高达 70%～ 100%。

（1）超急性型　发病前无任何异常。在腹泻前有的病犊有全身症状和腹胀。病犊频繁排出水样稀粪，病后几小时即可见病犊严重脱水，虚弱，昏迷休克。可视黏膜发绀，全身发凉，皮肤弹性消失。食欲废绝，粪便淡黄色、稀汤状，内含未消化的乳块、血丝和气泡，腥臭。肛门失禁，会阴部和大腿后侧被稀粪污染。肛温偏低或正常。有全身反应时，心动过缓，心律不齐。

(2) 急性型　病犊严重水样腹泻,进行性脱水,衰弱,体温正常或偏低,厌食,全身状况差,体重明显减轻。

(3) 亚急性型　这类病犊很常见,一般不需治疗也能康复。主要表现为粪便稀软或呈水样。

血象变化:酸中毒,高钾血症,红细胞压积升高,白细胞总数正常,低血糖。

其他大肠杆菌性腹泻

发病后可见病犊腹泻,脱水,沉郁,衰弱。而且常呈喷射状腹泻,粪便中带有血液和黏膜碎片,有时可见贫血,一般都有发热。

病理变化

犊牛大肠杆菌病死犊,常无典型的特征性病理变化。外部变化见尸体消瘦,眼窝凹陷,黏膜苍白。皱胃黏膜出血,上覆黏液,胃内集有黄白色的凝乳块;肠道内集有黄色黏稠的粪便,混含血液和气泡,腥臭,肠黏膜充血、出血,部分黏膜脱落;肠系膜淋巴结肿大,切面多汁;肝脏和肾脏色苍白,被膜下出血;心内膜出血。病程长的病犊还有肺炎和关节炎的变化。

诊　断

根据流行特点(发病时间、日龄、发病头数)、症状表现、病理变化、细菌分离等综合分析。临床诊断应掌握以下几点:本病以出生 3 d 内的发病最多;吃过初乳或未吃过初乳的就发病;临床上以腹泻、脱水为其特征,粪呈淡黄色水样,病程短,死亡快;剖检变化是卡他性或出血性胃肠炎;从死犊的心、肝、脾等组织中能分离出大肠杆菌。

虽然细菌学的分离、培养能提供确切诊断,但耗时太多,故常常影响其实用价值。

(美)威廉·C·雷布汉(1990)介绍,通过不同浓度的硫酸钠来判定血清中免疫球蛋白水平,可以用来判定大肠杆菌病。具体方法是取 3 种浓度硫酸钠各 9 mL,加犊牛血清 0.1 mL,室温下沉淀 1 h 后,按表 13-10 方法换算免疫球蛋白含量值。

表 13-10　不同浓度硫酸钠与犊牛血清反应的免疫球蛋白含量

反应	Na_2SO_4 浓度			免疫球蛋白水平
	14%	16%	18%	
血清反应	−	−	+	< 500 mg/100 mL
血清反应	−	+	+	500 ~ 1 000 mg/100 mL
血清反应	+	+	+	> 1 500 mg/100 mL

血清免疫球蛋白 1 500 mg/100 mL 以上为最合适的免疫球蛋白水平。因为血清中 IgG 水平达 1 600 mg/100 mL 的犊牛,不可能感染大肠杆菌性败血症,低于此标准极易感染大肠杆菌而发病。

治　疗

脱水、血中离子平衡失调和酸中毒是引起犊牛死亡的主要原因;而大肠杆菌的致病作用又是引起主要原因的关键。因此,治疗原则是抗菌防止败血症;补液解除脱水;补碱以缓解酸中毒;并要调节胃肠机能。

补充体液防止脱水　脱水、代谢紊乱、中毒加剧,补水是关键。治疗中应抓住“早”和“足”两个环节。早就是早发现病牛,早补充水;足就是补水量要足。临床实践证明,抓住这两个环节,会大大提高治愈率。治疗方法:

5%葡萄糖生理盐水　　1 000 ~ 2 000 mL

25%葡萄糖液	200 ～ 300 mL
5%碳酸氢钠液	100 ～ 150 mL
维生素 C	5 ～ 10 mg
10% 安钠咖	5 mL

一次静脉注射，日注射 2 ～ 3 次。

消炎、抑菌

（1）氯霉素、新霉素、链霉素 10 ～ 30 mg/kg 体重，一次肌肉注射，每日 2 次，或按每千克体重 30 ～ 50 mg，一次内服，每日 2 ～ 3 次，连服 3 ～ 5 d。

（2）庆大霉素按 1 mg/kg 体重服用，据报道，56 例中 48 例有效，有效率达 85.7%。

（3）吡哌酸 2.5 ～ 4 g，一次内服，日服 2 ～ 3 次，连服 2 ～ 4 d，治愈率达 95%。

（4）喹乙醇 0.5 ～ 0.8 g，一次内服，日服 1 ～ 2 次，连服 3 ～ 5 d，治疗 97 头，治愈 93 头，治愈率达 95.8%。

（5）氟哌酸 1 000 mg、鞣酸蛋白 30 g，混合一次喂服，每日 2 次，配合庆大霉素 40 万 IU 一次肌肉注射，共治 20 例，死亡 2 头，治愈率为 90%。

（6）止痢灵（促菌生）5 g，一次内服，每日 2 次，共服 3 ～ 4 次，共治 66 头，治愈 62 头，治愈率为 94%。

（7）磷霉素钙片 10 片，一次内服，每日 3 次，连服 2 ～ 4 d，共治出生后 2 d 发生腹泻的犊牛 25 头，全部治愈。

输血　取母牛血液 100 ～ 200 mL，一次静脉注射，或用 20 ～ 30 mL，一次皮下注射。

保护胃肠黏膜　鱼石脂乳酸液（乳酸 2 g、鱼石脂 20 g，加水 90 mL），每次喂 5 mL，每日 2 ～ 3 次，能起到保护胃肠黏膜，减少毒素吸收，调整胃肠功能的作用。

预　　防

加强妊娠母牛饲养，保证胎儿正常发育　怀孕母牛特别是妊娠后期母牛饲养管理的好坏，不仅直接影响到胎儿的生长发育，同时，也直接影响到初乳的质量及免疫球蛋白的含量。因此，对妊娠母牛应供给足够的蛋白质、矿物质和维生素饲料；牛舍特别是产房要保持清洁、干燥；妊娠母牛要适当运动。饲料要保证干草喂量，控制精饲料喂量，防止过肥和隐性酮病的发生。

加强对新生犊牛护理，增强抗病力　对新生犊牛的护理主要包括接产、犊牛床及饮乳清洁卫生，减少细菌感染的机会。

（1）做好接产准备，对接产用具用 2%来苏儿浸洗消毒；犊牛脐带用 10%碘酊浸泡。

（2）犊牛舍要清洁卫生，温度应在 16 ～ 19℃，相对湿度为 50% ～ 70%；牛床应用 2%火碱消毒，褥草应干燥清洁。

（3）饲喂初乳是犊牛获得免疫的最好方法，也是预防犊牛腹泻根本而又有效的方法。由于首次初乳喂时的延误，或消化道内吸收初乳发生障碍，新生犊牛会出现低 γ - 球蛋白血症，很多资料证明，腹泻犊牛血清免疫球蛋白低于健康犊牛。Fischer 等（1975）指出，患大肠杆菌病的犊牛，血清 IgG 和 IgA 降低，死犊血清 IgG 含量为（7.06 ±1.8）mg/mL [健康犊为（15.8±0.94 mg/mL）]，IgA 为（0.46±0.29）mg/mL [健康犊为（1.51±0.45）mg/mL]，病犊从粪中排出 IgG 显著增加，每日排出 IgG 为 1 278 mg（健康犊从粪排出 325 mg），故可作为病情严重程度的指标。因此，新生犊牛首次饲喂初乳时间不超过产后 1 ～ 1.5 h，出生后的 6 ～ 8 h 内，两次获得初乳量不少于 3.5 ～ 4 L。

（4）犊牛腹泻的被动免疫也有不少研究，如用产肠毒素大肠杆菌 K_{99} 抗原，在产前 4 ～ 10 周，给 7 ～ 15 岁的 24 头母牛接种，以预防犊牛腹泻，结果初乳抗体显著升高。Morlter 等（1984）用大肠杆菌单克隆抗体给出生后 12 h 的犊牛口服，能减轻由产生肠毒素的 K_{99} 大肠杆菌所致的腹泻的严重性。

（5）在经常流行犊牛大肠杆菌病的牛场，应彻底改变犊牛饲养地，将其换在新的饲养场所饲喂；凡出生后犊牛，在饲喂初乳前一律采取皮下注射母血 20 ~ 30 mL，或口服合霉素或金霉素 0.5 g，每日 2 次，连服 3 d，能起到一定的预防作用。

（6）Grovax 混合苗是由英国的 Hoechst 公司于 1980 年销售的新产品。本菌除了含有灭活的大肠埃希氏菌外，还含有沙门氏菌和巴氏杆菌，用于防制新生犊牛腹泻。曾用于不喂初乳的新生犊牛试验，每头投给疫苗 40 mL，过 4 h 后再投予大剂量的强毒大肠埃希氏菌，结果所有投苗组犊牛均成活很好，而 8 头未投苗的对照犊牛均于 60 h 内死亡。

犊牛沙门氏菌病
Salmonellosis of Calves

犊牛沙门氏菌病又称犊副伤寒，是由沙门氏菌属细菌引起的一种犊牛传染病。其临床特征是败血症、胃肠炎、肺炎和关节炎。

病　原

引起犊牛沙门氏菌病主要的血清型有两种，即鼠伤寒沙门氏菌和都柏林沙门氏菌。也偶然由其他血清型引起。细菌均为革兰氏阴性短杆菌，不产生芽孢，无荚膜，有鞭毛，能运动。在普通培养基上生长良好，最适生长温度为 37℃，但在 43℃也能生长。菌体对干燥有一定抵抗力，如在干燥的垫草中可存活 8 ~ 20 周，在低温（-25℃）中能存活 10 个月，加热 60℃经 1 h 死亡。2% ~ 3%石炭酸、5%石灰乳、2% ~ 3%来苏儿等消毒液都能起到较好的消毒作用。

流行病学

本病以幼龄牛多发，其中多以 10 ~ 40 日龄犊牛最易感，发病以地方流行性为多；成年牛易感性降低，多呈短期或长期带菌者，发病也呈散发型。

病牛和带菌牛的胆囊内长期存在有病原菌，并通过粪便而排出体外，因此是主要的传染来源。

细菌在粪中能存活 4 个月至 1 年以上，因此，当病畜的粪便污染了喂奶用具、饮水、犊牛栏、运动场以及饲草、饲料等，经消化道传染途径而将本病传播。

通常认为，沙门氏菌为肠道内的寄生菌，因其毒力很低，并不呈现出致病作用。但当犊牛营养不良如蛋白质不足、维生素及矿物质缺乏，牛舍污秽不洁，阴暗潮湿，牛群拥挤，饲养不规范，气候骤变，不喂初乳或初乳饲喂不及时，喂量不足，皆可促使机体抵抗力降低，致使细菌大量繁殖，致病力增强而疾病暴发；在已发病的牛场，由于未及时将病畜隔离，病犊能从唾液中排出病菌，从而通过犊牛间相互吸吮舐毛而将病传播。

发病机理

沙门氏菌经口侵入。主要侵害结肠及回肠，在肠内繁殖，它克服了大肠内固有细菌的抑制作用和肠黏膜吞噬细胞的吞噬作用，侵入肠黏膜。虽然细菌不产生外毒素，但当细菌裂解时能产生毒性很强的肠毒素状的物质即内毒素，在其作用下，能迅速引起肠道炎症，表现出充血、水肿和点状出血。在沙门氏菌引起的炎性反应所释放的前列腺素的作用下，腺苷酸环化酶被激活，水、HCO_3^- 和 Cl^- 分泌增加，肠蠕动增强，引起腹泻症状。

沙门氏菌可直接侵害肠系膜淋巴结及其他淋巴组织，并在其中大量繁殖。当病原菌侵入血液，可经血液运往身体任何部位，如心、肝、脾、肺、关节等处，引起被侵害部位的感染病灶，临床上表现为败血症。

临 床 症 状

本病的潜伏期为 5 ~ 8 d，有时较长。根据发病后疾病的严重程度不同，可分急性和慢性两种。

急性

多见于生后 1 周龄以上的犊牛。初体温升高至 40 ~ 41℃，呈稽留热。呼吸和脉率增加，精神沉郁，食欲降低或废绝，出现结膜炎和鼻炎；发病后 1 ~ 2 d，出现腹泻症状，排出黄色或灰黄色，气味难闻的稀粪，内含黏液与黏膜碎片，或血丝，严重者呈血汤样。随腹泻的发生，患犊迅速虚弱，眼窝凹陷，末梢发凉，喜卧而不愿行走，通常死亡率达 5%～ 10%，严重者升高至 75%。

慢性

经急性期而不死的犊牛可转为慢性。腹泻逐渐减轻至停止。食欲时有时无，其主要呈现肺炎和关节炎症状。病畜的两侧鼻孔流出浆液性后为脓性鼻漏；咳嗽初为干性，后变成湿性，呼吸困难，体温时高时低，有肺炎症状。关节肿大以腕关节和跗关节最为明显；跛行；因病程长达月余之久，病犊消瘦，少数在耳尖、尾尖及足端发生缺血性坏死，外观见耳尖、尾尖干硬或脱落。

病 理 变 化

主要变化是胃肠道出血性炎症。皱胃黏膜弥漫性充血、出血和水肿；小肠下段与结肠出血性炎症；肠系膜淋巴结出血与水肿；肝脏、脾脏肿大，均有坏死灶；肺呈小叶性肺炎及坏死灶；腕、跗关节及其附近腱鞘内集有浆液，内含纤维蛋白块。

诊 断

根据本病流行特点、临床症状及病理变化可初步做出诊断。为能确切诊断，可取病尸肝、脾、肾、肠系膜淋巴结做沙门氏菌的培养与分离鉴定。

治 疗

首先应将病犊及可疑病犊从犊牛群中挑出，隔离饲养。治疗原则是消除炎症，抑制病原菌的生长，防止败血症和酸中毒。

抑菌消炎可使用广谱抗生素和磺胺类药物 呋喃唑酮 0.01 g/kg 体重，分 2 次内服，连服 3 ~ 5 d。氯霉素 0.02 g/kg 体重，内服，每日 2 ~ 3 次。新霉素每日 2 ~ 3 g，分 2 ~ 3 次内服，连续 3 ~ 5 d。合霉素 1 ~ 2 g，每日 2 ~ 3 次。由于沙门氏菌能出现抗药菌株，因此，有条件者，应随时做药敏试验，以确定其敏感性药物。在生产中使用抗生素时，应随时观察临床效果，当一种药物治疗无效时，应换用另一种药物治疗。

磺胺药物如磺胺嘧啶、磺胺甲基异噁唑按 0.02 ~ 0.04 g/kg 体重，分两次内服。

腹泻脱水时，可补水、补碱 可用 5%葡萄糖生理盐水 1 000 mL、20%葡萄糖 250 mL、5%碳酸氢钠液 150 ~ 200 mL，一次静脉注射，日注射 2 ~ 3 次。也可口服补液盐。

对有肺炎症状者，用青霉素 100 万 IU、链霉素 150 万～ 200 万 IU，一次肌肉注射，每日 2 ~ 3 次。“914” 0.75 g 加入 5%葡萄糖生理盐水 500 mL 中，缓慢静脉注射。

伴有关节炎症时，可用鱼石脂酒精绷带包裹患部，也可向关节腔内注入 1%普鲁卡因青霉素 15 ~ 20 mL。

预　防

犊牛沙门氏菌病的预防，必须实施综合措施。其中包括加强幼畜的饲养管理以增强抵抗力，以及常发病牛场的预防注射。

加强饲养管理，增强犊牛抵抗力

（1）对妊娠母牛特别是妊娠后期的母牛，要合理供应饲料，保证有丰富的蛋白质、矿物质和维生素，以使胎儿能获得发育所必需的营养物质。

（2）加强产房的清洁卫生，助产时，应严格消毒。

（3）犊牛舍、奶具定期消毒，保证清洁卫生。

注射疫苗，以增强免疫力　在常发病的牛场，用都柏林沙门氏菌疫苗给怀孕母牛接种，证明对犊牛有较好的预防效果。

都柏林沙门氏菌苗，皮下注射，可预防 6 月龄内犊牛的沙门氏菌性腹泻。此苗由英国的动物疾病研究所（IRAD）于 1981 年研制成功。它含有经加热灭活的都柏林沙门氏菌。

犊牛传染性鼻气管炎
Infectious Rhinotracheitis of Calves

牛传染性鼻气管炎（IBR）又称坏死性鼻炎、“红鼻”病、牛媾疫，是由牛传染性鼻气管炎病毒引起的牛的一种高度传染性疾病。其临床特征是鼻气管炎、结膜炎、脑膜炎、疱疹性外阴 - 阴道炎和流产。

1984 年，Hill 报道了澳大利亚一个 200 多头短角牛群中，有 40 头 6 周龄内的犊牛暴发了脑膜脑炎。

1993 年以来，肖定汉先后在奶牛场内发现新生至 6 周龄内的犊牛流行一种以神经症状为主的传染性疾病，经过临床症状、病理解剖及病毒中和试验等综合诊断，确定为犊牛传染性鼻气管炎。

流行病学

（1）发病时间　某场为一个成年母牛 70 头的牛场。1993 年曾流行过两次，第一次是 2 ～ 5 月份，第二次是 10 ～ 12 月份，即从秋末开始至冬春，呈明显季节性，此时，气候温差变化较大，天气寒冷，故促使了本病的发生。

（2）发病日龄　生后 1 d 就有发病的。最晚的出现于生后 25 d 以上。据对临床 19 例病牛统计，1 ～ 5 d 占 21.1%，11 ～ 15 d 占 21.1%，16 ～ 20 d 占 21%，25 d 以上占 15.8%。全部发病日龄为 6 周龄内的犊牛。

（3）发病率与病死率　1993 年 2 ～ 5 月份生犊 30 头，发病 22 头，发病率 73.3%，死亡 22 头，病死率 100%。1993 年 10 ～ 12 月份生犊 15 头，发病 15 头，发病率 100%，死亡 13 头，病死率 86.7%。

临床症状

一般症状

病牛食欲废绝，精神沉郁，喜卧而不愿走动，站立时，头、颈直伸（图 13-4），拱背，流泪，鼻腔内流出黏性、脓性分泌物，流涎，口内流出泡沫状唾液。鼻黏膜潮红、肿胀，鼻腔内、鼻镜上均有溃疡；口腔黏膜、齿龈红肿，并有溃疡。

图 13-4　传染性鼻气管炎犊牛伸颈、脓性鼻漏

体温 39.2 ~ 40.2℃，心跳、呼吸初正常，后期呼吸增数，心跳加快。

典型表现

是神经症状。患犊共济失调，无目的地转圈运动，对外反应敏感，当人接近时，患牛立即站立，乱跑乱撞，阵发性痉挛，兴奋后转为沉郁（图 13-5）。

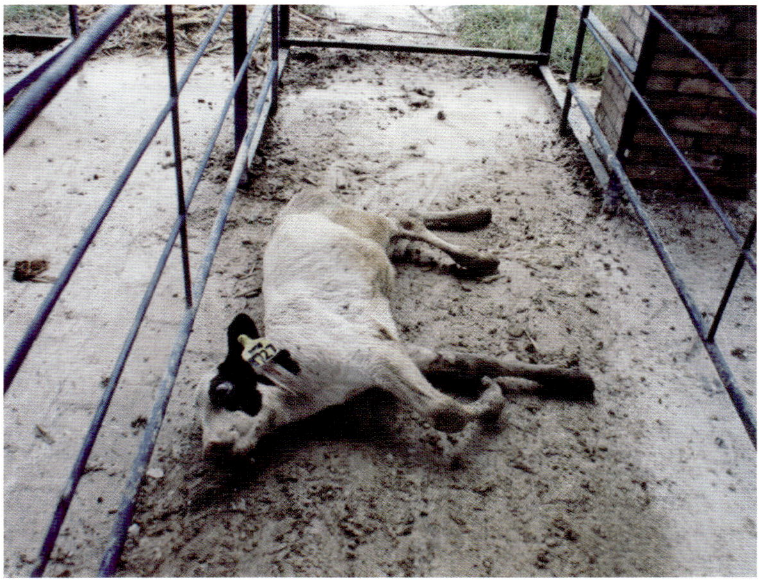

图 13-5 传染性鼻气管炎犊牛抽搐

肠炎症状

主要表现出腹泻。患牛排出黄绿色稀粥样、水样粪便，眼窝凹陷，目光无神，脱水、消瘦。

临 床 病 理

病犊红细胞（RBC）、白细胞（WBC）、血色素（Hb）、中性粒细胞下降；血细胞压积（PCV）、淋巴细胞具有升高现象（表 13-11）。

表 13-11 IBR 病犊牛与健康犊牛血细胞比较

项目	RBC（万个 /mm³）	WBC（个 /mm³）	Hb (g/100 mL)	PCV (%)	白细胞分类（%）			
					嗜中性	淋巴	嗜碱性	嗜酸性
病犊	472 ~ 520	2 700 ~ 5 400	7 ~ 7.2	40 ~ 48	22 ~ 33	69 ~ 72	3 ~ 6	—
健康犊	660 ± 23.9	8 257 ± 112.3	8.7 ± 0.7	36 ± 2.1	41 ± 4	58 ± 3.9	—	—
病：健	下降	下降	下降	升高	下降	升高	—	—

病 理 变 化

剖检变化

主要表现为脑膜炎，鼻、口腔黏膜溃疡及出血性肠炎。尸体消瘦，尸僵完全。血液浓稠。鼻镜、齿龈有溃疡。齿龈潮红、肿胀，鼻黏膜潮红、肿胀，有溃疡。鼻甲骨一致红色，有溃疡（图 13-6）。会厌软骨出血，有溃疡。咽部、气管溃疡边缘不齐，上覆盖有污灰色的假膜（图 13-7）。气管、支气管黏膜红色，呈条状，充血与出血。有的病牛鼻腔内集有纤维素粒状物。肺淤血、水肿。脑膜下血管怒张，脑充血、水肿，实质肿胀。

皱胃、小肠黏膜脱落，黏膜下一致红色。

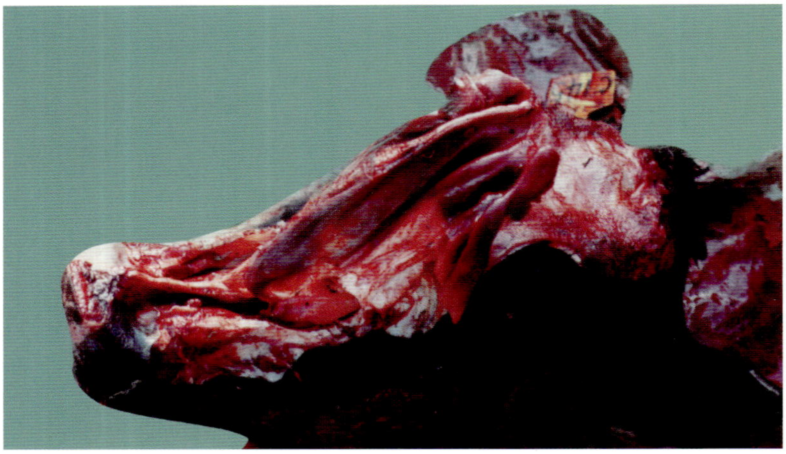

图 13-6 传染性鼻气管炎犊牛鼻甲骨充血、出血

图 13-7 传染性鼻气管炎犊牛咽部、气管溃烂

组织学变化

镜检脑血管出血，神经细胞肿胀、液化（图 13-8 和图 13-9）。肺局部出血、气肿，支气管内充盈红细胞（图 13-10）。

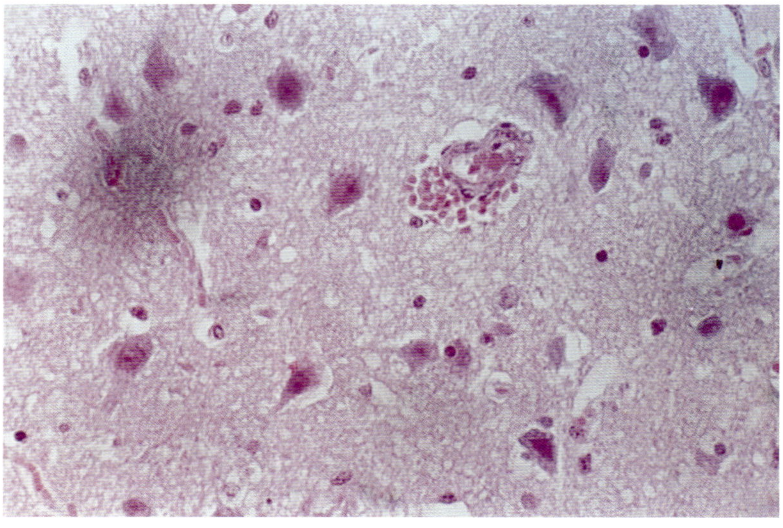

图 13-8 传染性鼻气管炎犊牛脑血管出血，神经细胞变性肿胀

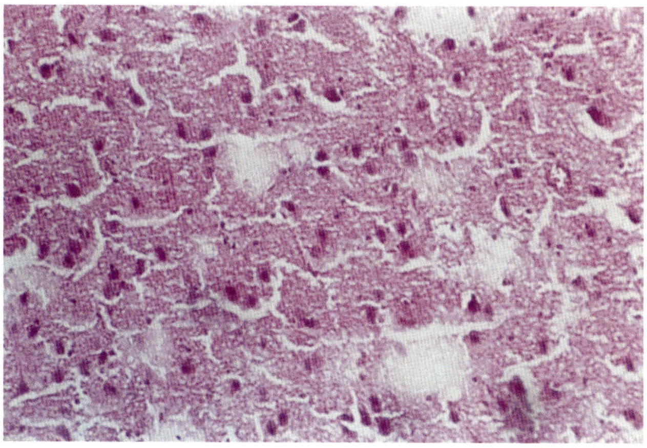

图 13-9 传染性鼻气管炎犊牛脑液化灶

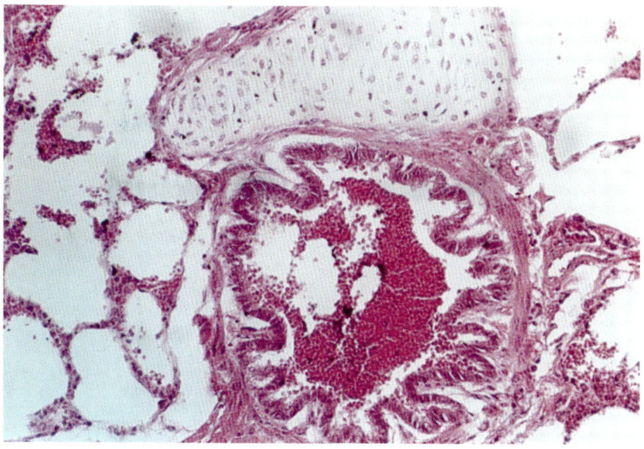

图 13-10 传染性鼻气管炎犊牛支气管内充盈红细胞

预 后

IBR 犊牛病程不一，急性病例，多于 5 d 内死亡，占 52.6%，最长的病程达半个月以上，占 10.5%。根据临床观察，病牛往往因继发肺炎而衰竭死亡。病犊偶有成活可能，但生长缓慢，发育受阻。

诊 断

根据病史、流行病学及临床病状可初步诊断。确诊尚依赖于病毒分离鉴定和血清学反应。

病毒的分离、鉴定

根据症状不同采取相应的被检物，尤其以发热期采取的材料最易分离到病毒。分别采取鼻眼分泌物、阴道黏膜及其分泌物、流产胎儿的血液、胸水、肝、肺以及脑组织等，接种于牛、猪肾细胞的组织培养物上，24 ~ 48 h 出现细胞病变，细胞变圆、萎缩，形成团块，可初步鉴定。

血清学反应

以血清中和试验最为常用，以此来检查病毒抗体。此外，还有荧光抗体技术、微量酶联免疫吸附法等。取病犊与母血检查，IBR 皆呈阳性反应。

治 疗

一旦流行，尚无特效方法治疗。

为了增强机体的抵抗力和解毒功能，防止细菌继发感染，临床上采用补充葡萄糖和抗生素治疗。

（1）糖盐水 1 000 mL、25% 葡萄糖液 250 mL，一次静脉注射。

（2）抗生素如四环素、金霉素 75 万 ~ 100 万 IU，一次静脉注射。青霉素 80 万 IU、链霉素 100 万 IU，一次肌肉注射，每日 2 ~ 3 次。

（3）维生素 A、维生素 E、维生素 C 肌肉注射。

经上述治疗，其疗效不明显。治愈的牛，多呈现消瘦、发育缓慢和肺化脓性病变。

预 防

扑杀　当确诊为临床病牛，或者是血清 IBR 阳性（可能成为隐性带毒者），如数量较少，予以屠宰，是抢救牛群，防止病情蔓延、扩散最为经济的办法。若感染阳性牛较多，则应加强饲养管理，增强牛的抵抗力，再配合疫苗接种等综合措施，可以收到显著的效果。

建立免疫机制，疫苗接种　目前疫苗有 3 种类型：

(1) 牛胎肾或兔肾细胞传代的弱毒苗　滴鼻接种后 72 h 即可获得保护，对怀孕母牛安全，对呼吸型产生的保护尤为迅速而有效。

(2) 灭活苗　即经甲醛、乙醇加热或用紫外线处理过的疫苗。

值得注意的是，无论是弱毒苗或死苗，滴鼻或肌肉接种，接种牛都能获得免疫。但弱毒苗能向外排毒，可感染健康牛。

(3) 亚单位苗　本苗不含活的病毒，对动物安全，不向外排毒，可用于带有母源抗体的小牛。

加强兽医防疫、检疫制度，防止病毒带入

(1) 坚持自繁自养。不从病区引进牛或不把病牛引进场内。

(2) 凡欲引进牛时，应对所引牛的健康状况及其牛群健康状况作全面了解。所引牛要进行血清学检验，阴性者才能引进。要隔离 1 个月以上，其间要进行两次血检，阴性者，再进牛群饲养。

(3) 定期对全群牛进行血清学普查。阳性牛及时从牛群中挑出，隔离饲养。如数目较少，可以采取扑杀淘汰。

犊牛病毒性腹泻 - 黏膜病
Viral Diarrhea-Mucosal Disease of Calves

犊牛病毒性腹泻 - 黏膜病，又称黏膜病、病毒性腹泻，是由病毒引起的牛的一种传染病，其临床特征是高热、口腔黏膜烂斑、腹泻和发育异常。

1994 年以来，奶牛场中屡屡发现以母牛早产，新生犊牛畸形、失明、神经症状及体温升高为特征的病例，经过病理学、血清学和临床综合诊断，确诊为犊牛病毒性腹泻 - 黏膜病。

流 行 病 学

1994 年 1 ~ 5 月份，某牛场连续发生母牛流产，犊牛提前 1 ~ 1.5 个月产出，出生后有的 1 ~ 2 d 死亡，有的呈佝偻样，站立蹒跚。

1994 年 12 月 22 日，某场一头 14 月龄的青年牛，突然不食，体温升高，经药物治疗无效，5 d 后死亡。

1995 年 1 月 2 日至 2 月 21 日，某牛场产出 7 头犊牛，全部畸形，存活 1 d，最长的存活 7 d，全部死亡。死犊双眼淤血，或从鼻孔内流出血汤。分娩母牛有 1 胎的，也有 2 胎、3 胎、4 胎的。

1999 年 8 月，某肥育牛群中暴发犊牛黏膜病，发病率 30%，死亡 50%，初期以腹泻为主，后期以眼结膜角膜炎为主。

根据各场流行状况归纳为：①本病冬、春多见，夏季也有，无季节性。②发病犊牛的母体，各胎次都有，与母牛胎次无关。③发病无地区性。④死亡率有的高达 50%。

临 床 症 状

新生犊牛临床常见有以下几种表现：犊牛提前 1 ~ 1.5 个月产出，有生后即死的，有生后 1 ~ 2 d 死亡的，能存活者，发育不良。犊牛前肢腕关节、后肢跗关节屈曲，不能站立，卧地不起；站立时四肢弯曲呈佝偻样，行走时，步态蹒跚，共济失调。失明，多为一侧性，患犊眼外观无异常，仅在步行时见颈向一侧弯曲，眼检查时，患眼对外界刺激无反应。结膜炎，红、肿、流泪、羞明疼痛，角膜出现白斑、溃疡。

体温升高，食欲减少，流涎，有鼻漏。随病时延长，两颊部肿胀（图 13-11），开口检查，口腔黏膜溃烂、恶臭，食物充满口内，消瘦，腹泻，行走步态不稳，喜卧地，衰竭死亡。

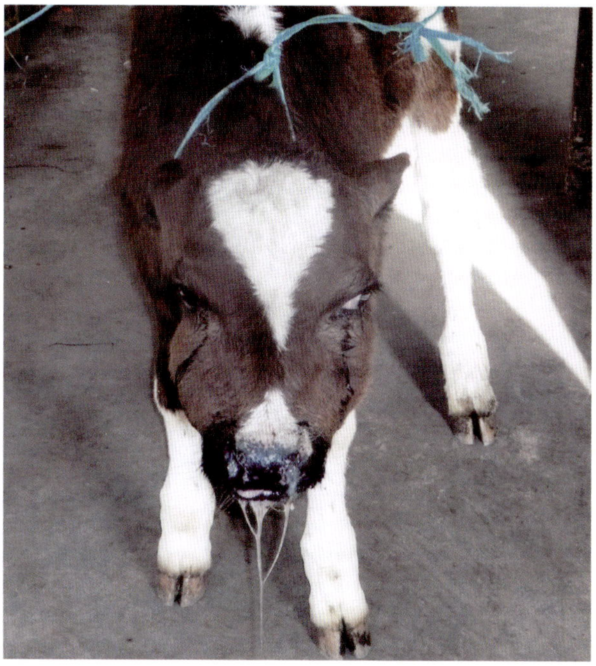

图 13-11　BVD 犊牛流涎，两颊肿胀

临 床 病 理

粪潜血阳性，白细胞（WBC）1 030 个 /mm^3，红细胞（RBC）560 万个 /mm^3，血色素（Hb）9 g/100 mL，血细胞压积（PCV）35%。白细胞分类计数，淋巴细胞 70%，白细胞 30%。

病 理 变 化

剖检变化

尸体消瘦、脱水，皮下组织充血。鼻腔黏膜潮红、充血，肺炎。消化道黏膜充血、出血，尤以肠道变化最严重。硬腭、舌溃烂（图 13-12 和图 13-13），皱胃弥漫性出血、水肿，有小的溃疡；肠系膜淋巴结水肿，增大为枣样；小肠黏膜弥漫性充血、出血；盲肠和结肠黏膜充血、出血，有的溃疡。心内、外膜出血。脑膜充血，脑膜下积聚着大量水肿液。

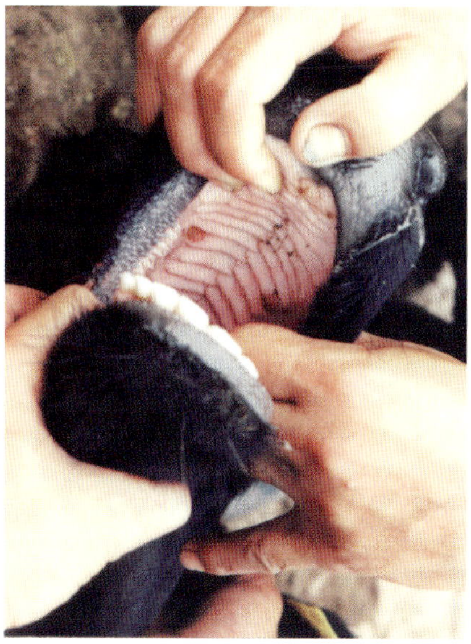

图 13-12　BVD 犊牛硬腭溃烂

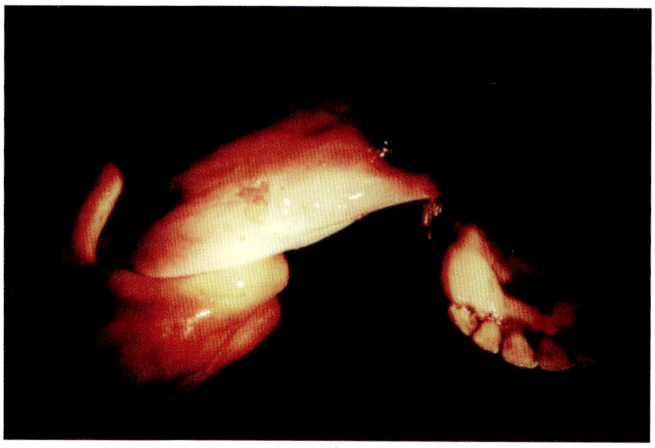

图 13-13　BVD 犊牛舌溃烂

组织学变化

心肌局灶性结缔组织增生；肝细胞坏死，出血、含铁血黄素沉着；脾出血、含铁血黄素沉着；肾管型，内有红细胞（图 13-14）；脑神经表现有噬神经细胞现象（图 13-15）；肺泡腔内有大量纤维素渗出；细支气管内有脱落的上皮细胞（图 13-16）。

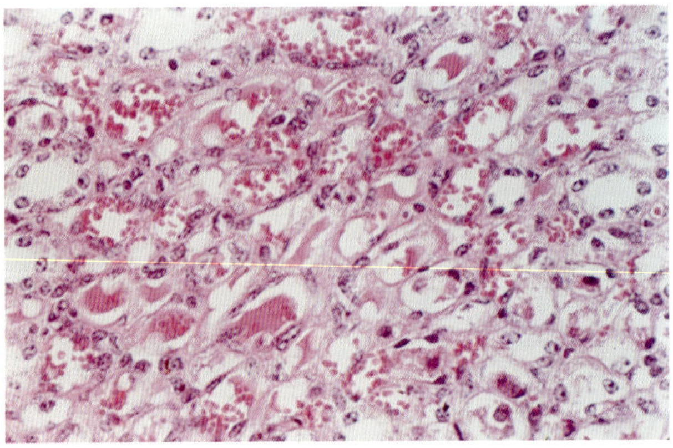

图 13-14　BVD 犊牛肾管型，内有红细胞

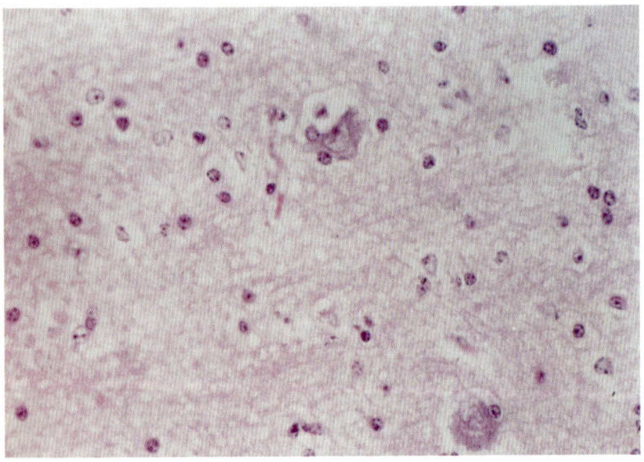

图 13-15　BVD 犊牛脑噬神经细胞现象

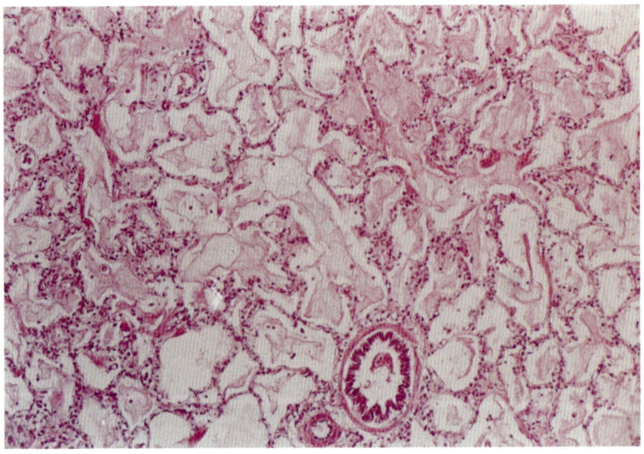

图 13-16　BVD 犊牛肺泡内有大量纤维素渗出，细支气管内有脱落上皮细胞

预　后

病犊有食欲，经治疗，预后良好；食欲废绝、腹泻及继发肺炎者，预后不良。虽能存活者，生长发育不良。

诊　断

临床诊断

本病特征是先天性畸形、失明、抽搐、共济失调、口腔溃烂、神经症状。

血清学诊断

取病死犊牛母体血清和临床发病犊牛、青年牛血清进行 BVD 病毒中和试验，其结果全为阳性。

鉴别诊断

由于犊牛发病后表现目盲、衰弱、畸形，生后短期即死亡，以及共济失调、步态蹒跚等，与维生素 A 缺乏症相似；鼻腔黏膜充血，口腔溃烂，神经症状，脱水及药物治疗无效，此与犊牛传染性鼻气管炎相似，因此，在诊断时，应予以鉴别。除了对流行病学、饲养管理等方面注意外，我们认为，病牛及母体血清学的检验是确定本病最为可靠的诊断方法。

治　疗

无特效疗法。只能采取对症治疗。全身抗菌、消炎，防止继发感染。常用青霉素、四环素、头孢类药物。支持疗法可采用静脉注射葡萄糖、维生素 C。

预　防

对体温升高病牛曾用抗生素、补糖、补水、补碱等治疗，终以死亡结束，因此，预防是关键。

无病牛场

应加强兽医防疫制度。

（1）坚持自繁自养原则，凡欲引进奶牛时，不从病牛区购牛；进场牛，应首先对其进行 BVD 血清中和试验，阴性者，再进入场内。严禁将病牛引入场内。

（2）公牛及其精液能将本病传播，故应加强公牛检疫，不使用有病公牛及病牛的精液。

（3）定期对全群牛进行血清学检验，以便及时掌握 BVD 在牛群中流行状况，如发现有少数牛出现抗体阳性时，应将其淘汰，以防病情扩大。

（4）病牛场与健牛场坚决隔离。严禁病场人员进入，防止将病带入。

已感染牛场

目前尚无有效的防制措施，只能加强饲养管理和兽医防疫措施，保证牛体健康，增强抗病力和对本病的耐受性，以尽可能减少本病所造成的危害性。病牛群应进行病毒分离，间隔 4 周进行两次血清抗体检测，以划分病牛与健康牛，带毒牛屠杀；健康牛与血清抗体阳性牛应分场隔离饲养，当抗体阳性牛妊娠及产犊均正常时，表明已经康复。

BVD 疫苗有弱毒苗和灭活苗，已在世界许多国家应用。

犊牛轮状病毒感染
Rotavirus Infection of Calves

轮状病毒感染是指由轮状病毒所引起的新生和幼龄犊牛的急性传染性疾病。其临床特征是精神沉郁、食欲废绝、水样腹泻、严重脱水和酸中毒。

近年来，在奶牛场发生的犊牛腹泻中，由轮状病毒所引起的犊牛特别是新生犊牛的腹泻，其发生、流行和造成的危害不断增大，应引起我们的重视。

历　史

Light 和 Hodes 在 1943 年首先在腹泻病人中发现一种滤过性病毒，并将这种病毒传给犊牛引起了腹泻。1973 年，Bishop 等也在粪中发现了病毒颗粒，从此，世界各地发现人的胃肠炎与轮状病毒有关。1969 年美国 Nebraska 州 Mebus 用电镜检查发现了犊牛腹泻病毒；1975 年国际病毒命名委员会根据 Flewete 对本病毒形态特征的建议，采用了轮状病毒（RV）；1978 年第四届国际病毒学会通过了这一建议。

病　原

完整的病毒颗粒是由一个直径约 70 nm 的双层衣壳构成，有一个直径约 38 nm 的六角形核心。它们很像有宽的轮壳和短的轮辐的轮子，故称轮状病毒。

轮状病毒核酸含有双股 RNA。有依赖 RNA 的 RNA 聚合酶活性。酶反应的最适温度为 50℃，热、振动或 EDTA 处理可使其活化。

轮状病毒（RV）比较稳定，在 4℃下能保持形态的完整性，加热 56℃经 1 h 不能灭活。对乙醚、氯仿、去氧胆酸钠有抵抗力。在 1 mol/L 硫酸镁中加热至 56℃表现稳定，而在 1 mol/L 氯化镁中加热 56℃即可破坏。在 pH 3 和 pH 10 的环境中稳定，不失去感染性；在粪中或在没有抗体的牛奶中，在温度 18 ~ 20℃中放置 7 个月，仍具有感染性。

任何动物包括人在内的轮状病毒，在血清学上都有极近的亲缘关系，说明具有共同的抗原。抗原存在于毒粒的内层衣壳上。

从犊牛及仔猪分离的轮状病毒，能在多种细胞培养系中繁殖，其他的轮状病毒很难在细胞中繁殖。人轮状病毒在人胚肾细胞中繁殖，但是“不增生性”感染；鼠轮状病毒无适应细胞。

流行病学

本病首先在美国发生后，澳大利亚、英国、荷兰、印度、新西兰、加拿大、德国、日本等各国都有发生。

1979 年，我国首先在 32 例幼儿腹泻粪中检查出 RV 颗粒 11 例后，全国各地相继发生。

1980 年，从水牛、黄牛腹泻粪中检查出 RV 后，接着，犊牛病毒性腹泻也相继报道。

气候异常变化能促使本病的发生，通常多发生在寒冷的冬季，这是因阴寒潮湿使机体抵抗力降低所致。

感染轮状病毒的宿主有人、牛、猪、绵羊、马、犬、羚羊、小鼠等。实验证明，人轮状病毒可感染猪、羔羊、犊牛和猴；牛轮状病毒能感染猪。轮状病毒主要感染新生和幼年动物，可引起犊牛、仔猪、羔羊、小鼠、犬及家禽的腹泻。感染主要是因病犊、带菌母牛的粪便污染了饲料、土壤、垫草和饮水后，经消化道感染；胎盘感染尚未发现。然而，经呼吸道传播也是可能的。据报道，在人工复制的 24 头病牛中有 8 头使用呼吸道感染，其中滴鼻和气雾感染各 4 头。

本病的流行常呈地方性，一旦发病过的牛场，以后每年可再度发生。形成本病重发性的原因，分析有以下几点：

（1）低温的冬季，机体局部黏膜的免疫机能易受到抑制，有利于病毒的侵入和繁殖。

（2）病区母牛有极高的抗体保护率，易引起犊牛的隐性感染和较大牛的再感染；感染的犊牛为病原贮主，并成为传染来源。

（3）一度受感染的母牛，其小肠黏膜对病毒的再感染具有抵抗力，故其血清中抗体效价几乎不再上升；在下次分娩后，初乳中抗体不足，犊牛不能得到足够防御感染的抗体，而成为易感动物。

（4）病毒对外界环境的抵抗力较强，通过粪便排出体外后，能保持较长时间的感染性。各种应激下及饲养密度过大时，常与大肠杆菌、隐孢子虫等混合感染。

（5）牛群扩大，引进牛只机会的频繁，促使病毒的侵入、扩散和持续感染的机会增加。

（6）饲养管理不当，如产房消毒不严、犊牛舍不消毒、褥草不勤换、接产时不卫生、脐带不消毒、不喂初乳或初乳喂量不足、初乳喂的不及时等，都可造成本病的流行和再发。

发病机理

轮状病毒感染的发病机理在动物和人中是相似的。其主要包括有病毒的激活、肠黏膜的损害和电解质传递功能障碍。经口侵入体内的轮状病毒，在胃肠道内被胰蛋白酶激活成感染型；激活的病毒损害的主要部位是小肠绒毛上皮细胞，而不损害腺管细胞，可见到个别细胞脱落，小肠上皮细胞转换率增加，受感染的上皮细胞脱落后，绒毛变短变宽。刷状缘的酶特别是感染上皮的乳糖酶减少和 ATP 酶活性缺乏。

上述种种原因，造成食物（乳及乳制品）中乳糖代谢受阻，葡萄糖生成减少，血糖下降；食物消化障碍而于胃肠道内蓄积滞留，在胃肠道内细菌的作用下，食物经细菌分解变成乳酸，引起肠内渗透压的增加，肠管通透性和吸收功能的改变，使大量液体进入肠内造成腹泻。大量体液的流失，从而导致了机体脱水、电解质平衡的失调和酸中毒。

临床症状

本病多突然发生，前期症状不明显。潜伏期很短，人工感染为 43 ~ 48 h。自然发病的犊牛以 1 ~ 10 日龄为最多。病初精神沉郁，食欲减少或废绝，体温正常，也有轻微升高者。典型症状是严重腹泻，呈淡黄色、水样，有时混有黏液和血液。犊牛脱水，眼凹陷，四肢无力，卧地。病重者，经 4 ~ 7 d 由于严重脱水，酸碱平衡破坏，以心脏衰竭而死亡。当伴发大肠杆菌和沙门氏菌感染时，其发病更急、病程更短、死亡更快。腹泻发作后食欲废绝，如果腹泻持续，体重可减少 10% ~ 25%；加之气候寒冷、阴雨，在症状出现后 2 ~ 3 d 因并发肺炎而死亡。

病理变化

主要变化在小肠。肠壁变薄。肠内容物稀汤，呈黄褐色、红色，黏膜脱落。通过切片电子显微镜观察，发现小肠黏膜病变最明显的是在空肠和回肠部。其变化是小肠绒毛萎缩，柱状上皮细胞脱落，被未成熟分化的立方状上皮细胞所覆盖。固有层淋巴细胞浸润。胃、肠系膜淋巴结、结肠、肺、肝、脾和胰等器官未见病变。

诊断

本病和由细菌所引起的腹泻在临床上很难区别，因此，对于出生后 1 ~ 10 日龄的犊牛发生腹泻，首先应考虑采用以下方法确诊：

电镜观察 从粪便中直接分离病毒，或通过组织分离后，直接用电镜观察。

细胞培养 取粪便滤过液接种于牛肾细胞上培养，然后测其抗体反应抗原效价。

特异性荧光细胞的检查 用适量的 PBS 稀释腹泻粪便液，涂抹于玻片上，37℃干燥 20 min，以冷丙酮固定 10 min，然后用荧光素标记的抗血清在室温染色 30 min，镜检有无特异性荧光细胞。

此外，也可用酶标记免疫吸附法等，并认为此法具有敏感性最强和快速的优点。

治疗

迄今为止，没有特效药物可供治疗。只能采取对症疗法。常用补水、补碱、补糖，解除脱水和休克。脱水者，可口服补液盐或静脉注射 5% 葡萄糖生理盐水、林格氏液等。也可应用葡萄糖生理盐水代替乳汁进行饲喂以减轻症状。为防止继发感染，可用抗生素治疗。福建省农业科学院牧医所以清热解毒，渗湿敛肠为治疗原则，选用地榆槐花汤：地榆、槐花、苍术、银花、连苕、甘草各 30 g，乌梅、诃子、猪苓、泽泻各 50 g，煎汤灌服，有病者能治，无病者能起到预防作用。

预防

轮状病毒感染的重要问题是预防问题，而在预防措施的实施时，必须充分认识促进疾病发生因素的重要性。为此，要加强管理，尽可能地减少发病因素的作用。

加强对新生犊牛的护理

（1）接产时严格消毒。脐带用 10% 碘酊消毒后，置于干燥、清洁的牛床上。

（2）及时饲喂初乳。成年母牛轮状病毒的血清抗体在分娩后大量地分泌于第一天的初乳中，3 d 后即迅速下降到零。为能使犊牛及时的从初乳中获得母源抗体，并能得到有效的保护，最好在出生后 0.5 ~ 1 h 吃上初乳，每次喂量 4 kg。如果初乳量多，可以制成发酵初乳，使整个易感期连续地饲喂第一天初乳。

母牛接种 母牛接种的目的是在分娩后一段时间，在初乳和常乳中仍具有轮状病毒抗体，以此使犊牛的肠管中持续存在抗体，从而得到保护。方法是用 0.5% 甲醛灭活犊的牛轮状病毒，在母牛分娩前 90 ~ 60 d 皮下接种 5 mL，分娩前 30 d 用 5 mL 作第二次接种。母牛产生高效价的抗体，并随初乳转移给犊牛，对本病的预防有一定作用。

犊牛冠状病毒感染
Coronavirus Infection of Calves

犊牛冠状病毒感染也称新生犊泻（neonatal calf diarrhea），是由冠状病毒所引起的新生犊牛的传染性疾病。其临床特征是腹泻。此病是奶牛和肉牛新生犊牛最常见的急性腹泻综合征的一个组成部分。

病　原

冠状病毒属冠状病毒科。病毒颗粒为多形态，略呈球形，也可见椭圆形和肾形，直径 80 ~ 160 nm，有囊膜，外周带有 12 ~ 24 nm 的突起。突起末端呈球状或花瓣状，规则地排列成皇冠状，故称冠状病毒。

病毒的最适生长温度为 33 ~ 35℃，37℃时病毒的生长速度明显下降。对 pH 要求高，pH 低于 6.7 或大于 7.7 时极不稳定。

本病毒能在胎牛肾细胞培养物中复制，形成合胞体，也能在乳鼠脑中生长。

临床症状

本病主要见于 7 ~ 10 日龄犊牛，吃过初乳或未吃过初乳的犊牛都会发病。潜伏期大约为 20 h。初期，患犊精神沉郁，吃奶量减少或不吃奶，排出淡黄色的水样粪便，内含凝乳块和黏液。机体持续不断的腹泻是由于吃进的奶和未成熟的绒毛上皮长期存在所致。未成熟的绒毛上皮的持久存在引起了消化酶的缺乏，肠的消化吸收能力降低。随腹泻继续发展，病犊在腹泻后 2 ~ 3 d，衰弱、脱水，血液浓缩，红细胞压积增至 49% ~ 61%（健康犊牛为 32%）。

病理变化

小肠绒毛缩短，相邻的绒毛偶然融合在一起。绒毛被立方上皮细胞覆盖着，其中有的显示出冠状病毒的免疫荧光。结肠的结肠嵴萎缩，黏膜上皮细胞由正方形变成短柱形。分散的结肠嵴扩张，由低的立方上皮细胞覆盖。黏膜的和肠腺的上皮细胞都有冠状病毒的荧光。

诊　断

引起新生犊牛腹泻的原因较多，如轮状病毒感染、犊牛大肠杆菌等，其发病后的症状也与本病相似。因此，根据临床症状难以做出确切的病原学诊断。

确切的诊断是粪中找到病毒，细胞培养物中分离出病毒，用免疫荧光法在绒毛上皮细胞中证明有病毒抗原及病毒中和试验等。

治　疗

无特效疗法，只能在疾病早期进行对症治疗。对有脱水和酸中毒者，可应用含葡萄糖的电解质溶液，如葡萄糖生理盐水以及 5% 碳酸氢钠溶液等静脉注射。口服补液盐（ORS）对纠正腹泻脱水有效，但尚不能减少腹泻粪便排出量、腹泻次数或腹泻持续时间。因而应根据腹泻生理特征，改进 ORS 配方，使其不但能补充水和电解质，而且能促进肠管分泌液再吸收，以减少腹泻粪便排出量和腹泻持续时间，并能增加营养。故可用煮熟谷粉代替葡萄糖，或与甘氨酸合用，以使 ORS 的效果更好。

为防止继发感染可使用抗生素，如合霉素、氯霉素、庆大霉素等。

预　防

预防的关键在于加强饲养管理。及时的饲喂初乳，这对新生犊牛是极其重要的。因为抵抗冠状病毒的保护机制，位于犊牛的肠道和血液中。试验证明，出生正常的犊牛，饲喂初乳后，冠状病毒血清中和抗体效价的范围为 324 ~ 537，当它们接种该病毒后 4 ~ 5 日龄时，腹泻发生，但精神体况良好，小肠前部绒毛很少或完全未见萎缩，小肠后部则有严重的绒毛萎缩，在 12 日龄时才被接种的犊牛，产生了腹泻，小肠全部出现绒毛萎缩。

加强新生犊牛的护理，将其隔离单独饲喂，犊牛舍要保持清洁、干燥和温暖。

犊牛坏死性喉炎
Necrotic Laryngitis of Calves

犊牛坏死性喉炎俗称犊牛白喉。它是由坏死杆菌引起的一种特殊的恶性型的犊牛传染病，临床以口腔黏膜、齿龈硬肿、坏死和溃疡及肺炎为特征。

1983 年春，京郊某牛场在饲养过腐蹄病病牛的圈舍内饲养犊牛，结果引起了犊牛白喉的流行。2005 年 1 ~ 3 月间，一牛场用成乳牛吃剩的饲草作犊牛褥草，结果引起了本病的流行。

病　原

病原坏死杆菌为不运动、不形成芽孢的革兰氏阴性菌，呈多形性。在病变组织和培养物内呈长丝状，菌宽为 0.5 ~ 1.0 μm、长达 100 μm，用石炭酸美蓝染色时，呈不均匀着色。

坏死杆菌在良好的厌氧条件下才生长，最适生长温度为 37℃，适宜 pH 7.4 ~ 7.6，及在含 5% ~ 10% 二氧化碳的厌氧环境中生长良好。

本菌在血液或血清培养基上生长良好。在马、牛或绵羊血液琼脂上，呈 β 溶血。不液化明胶，能发酵葡萄糖、蔗糖、麦芽糖和乳糖，产生微量的酸和气体，能产生靛基质、硫化氢。

本菌对理化因素的抵抗力不强。在粪便中能存活 50 d，在污染的土壤中存活 10 ~ 30 d，在尿中存活 15 d。65℃加热 15 min、日光直射 8 ~ 10 h，可杀死本菌。0.5%石炭酸、1%福尔马林 20 min、1%高锰酸钾 10 min、5%来苏儿 5 min 即可达到杀菌目的。

流行病学

坏死杆菌能侵害各种动物与禽类。猪、牛、羊、马最为易感。各种病畜是本病的主要传染源。病畜通过粪便、病灶炎性分泌物、唾液向环境中排出大量病菌，污染了饲料、畜舍、运动场、褥草、场地和水源等，而将病情传播。传播途径是损伤的皮肤及黏膜，新生犊牛也可经脐带感染。

（1）发病集中于 1 ~ 3 月。其中 1 月占 13%，2 月占 34.8%，3 月占 52.9%。

（2）以 2 ~ 5 月龄的犊牛发病最多。其中以 2 ~ 3 月龄发病最多，占 69.6%。

（3）在调查的发病 23 头中，死亡 10 头，病死率为 43%。

卫生条件不良及口腔损伤是促使发病的诱因。奶牛场内最常见的是犊牛舍阴暗潮湿，运动场泥泞，粪便不及时清扫，褥草不及时更换，脐带消毒不严或不消毒，营养不良，如维生素 A、维生素 D 缺乏，饲喂品质低劣的干草而刺伤口腔黏膜及对病畜不隔离等。

发病机理

完整的上皮和黏膜具有抵抗坏死杆菌侵入的机能。各种不良因素如刺伤、细菌和病毒感染，使口腔黏膜完整性遭受破坏，坏死杆菌随即由伤口侵入并在侵害部位繁殖，引起局灶性炎症和单核细胞（包括巨噬细胞）的集聚。坏死杆菌能产生强力的杀白细胞素和内毒素，因其对细胞的毒性作用，结果引起侵害部位的灶性坏死和脓肿的形成。当病变由口腔延伸到喉部，坏死物质吸收入肺可引起犊牛肺炎。

临床症状

犊牛白喉多发生在 2 ~ 5 月龄犊牛。病初体温升高至 39.5 ~ 40.5℃，厌食，流涎，鼻漏呈脓样。颊部肿胀，鸡蛋样大，质地初坚实，后变软（图 13-17）。口腔检查，口内含有不洁黏液及食物残屑，具腐臭味。齿龈、颊部、硬腭、舌及咽部有界限明显的硬肿，上附粗糙、污秽褐色的坏死物质，坏死物脱落留下溃疡，边缘肥厚，底部不平整。鼻腔、气管黏膜也有病变。当喉部、肺部感染时，病犊呼吸困难，咳嗽短具痛感，呼出气具腐臭味。患犊消瘦、喜卧、平躺、呻吟，通常经 7 ~ 10 d 死亡。病程长者，食欲恢复，体重增加缓慢，因部分勺状软骨凸入喉腔，故呈现持续喘鸣声。

图 13-17　坏死性喉炎犊牛颊部肿胀

临床病理

经对病犊血象检查，红细胞（RBC）561 万 ~ 650 万个 /mm^3，白细胞（WBC）12 583 个 /mm^3（正常 8 257 个 /mm^3），血细胞压积（PCV）39.3%，白细胞显著增多，PCV 增高，病犊处于急性病理过程和脱水状态。

病理变化

剖检变化

颊部肿胀，内含脓汁。口腔黏膜、齿龈、颊部溃烂，舌溃烂处有结缔组织包囊形成的化脓灶（图 13-18）。咽部潮红，气管内有脓性分泌物，肺与胸壁粘连（图 13-19），肺实变、质硬，切面有脓汁。心肌水肿。肝暗紫色，切面湿润，胆囊肿。脾出血。肾肿胀，切面肾髓质水肿。网胃与瓣胃或瓣胃与皱胃间有独立的脓肿。皱胃、小肠、大肠充血、出血。脑水肿。

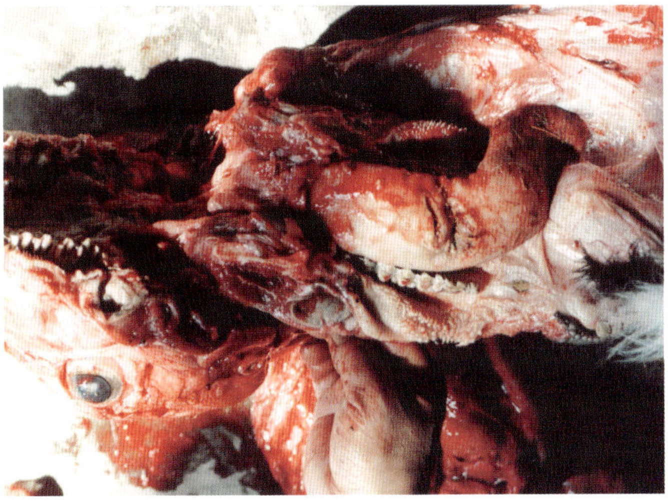

图 13-18 坏死性喉炎犊牛舌部溃烂

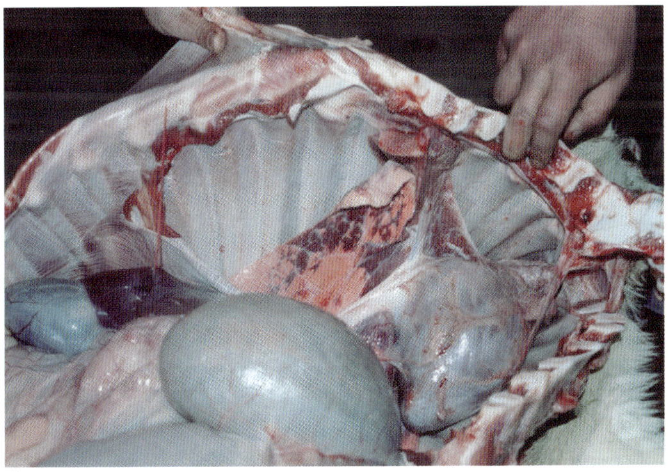

图 13-19 坏死性喉炎犊牛肺与胸壁粘连

组织学变化

舌表面角质增厚，可见脱落的上皮细胞和黏液（图 13-20）。心肌纤维变性、坏死，有浆液渗出。肺见多灶性干酪性坏死，边缘可见大量 HE 蓝染的菌体，其周围形成肉芽肿，肺组织纤维化（图 13-21）。脾淤血、出血，淋巴滤泡吞噬象明显。肝细胞坏死。肾脏淤血、出血、弓状血管带可见多灶性出血。胃肠道黏膜上皮细胞坏死、脱落，腺体结构不清。脑淤血、脑细胞水肿，髓质轻度脱髓鞘（图 13-22）。

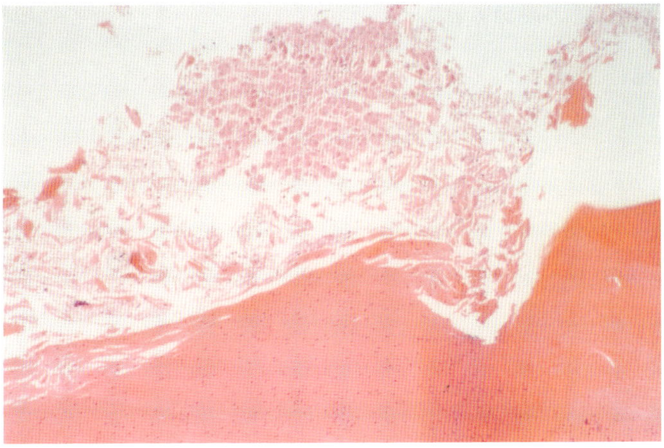

图 13-20 坏死性喉炎犊牛舌表面角质增厚，上附脱落细胞

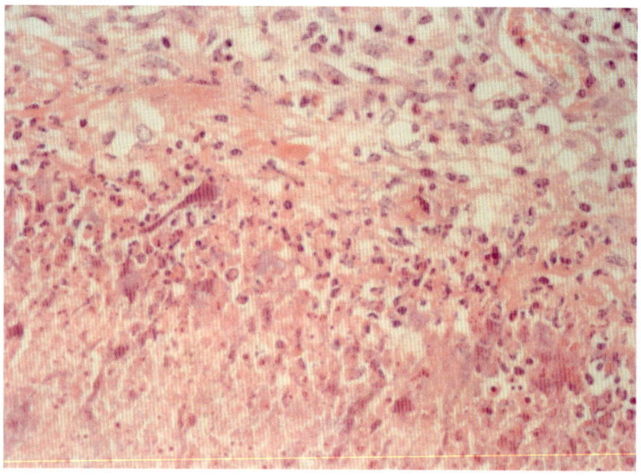

图 13-21 坏死性喉炎犊牛肺纤维化

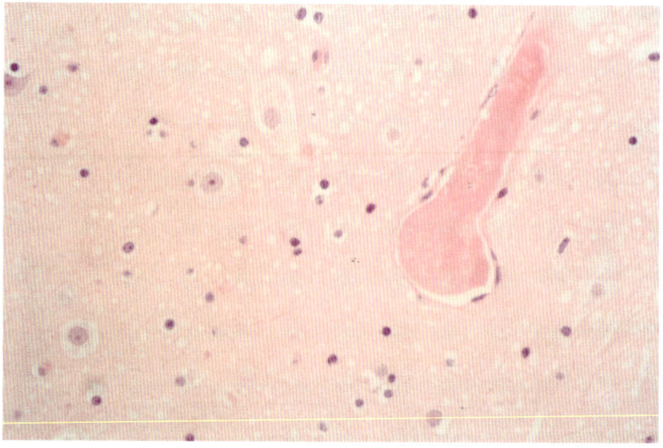

图 13-22 坏死性喉炎犊牛脑淤血、细胞水肿，髓质轻度脱髓鞘

诊 断

根据流行状况、发病部位、坏死灶的特征及腐臭味可以确诊。必要时可作病原分离、培养。

治 疗

局部处理

小心用外科法除去口腔内的坏死组织及脓肿，用 3% 过氧化氢或 3% 高锰酸钾液彻底冲洗患部，每日 1 ~ 2 次，再用碘甘油（碘 50 g、碘化钾 100 g、甘油 200 mL，加蒸馏水至 1 000 mL，混合均匀）涂布。

全身治疗

消除炎症，防止病灶转移，常用青霉素，剂量为 22 000 IU/kg 体重，一次肌肉注射，每日 2 次。结合使用磺胺类药物（磺胺吡啶、磺胺二甲基嘧啶），效果更好。第 1 天剂量为 143 mg/kg 体重，然后每日 70 mg/kg 体重，治疗 7 ~ 14 d。根据全身症状，必要时静脉注射葡萄糖、安钠咖、四环素、头孢类药物及肌肉注射维生素 A、维生素 D 等。

预 防

犊牛 2 ~ 5 月龄是发育的关键时期。断奶前后，食物由以奶为主向以饲料为主的日粮转换，犊牛体质较弱。在采食过程中，口腔黏膜易受到粗硬饲料损伤，加至外界环境污染即易感染发病，因此应采取如下措施。

加强饲养管理，消除诱发因素。日粮要营养全面，质量要好。饲料柔软、铡短、粉细，防止粗硬饲料刺伤口腔黏膜。也可改喂犊牛颗粒饲料。改善环境卫生条件，及时清除污物、积水，保持圈舍、运动场干净、干燥。搞好防寒保暖，褥草应干净、干燥，并定期更换。严禁将成牛吃剩的草料用做犊牛褥草。病犊应单独隔离饲养，及时治疗，做好消毒工作。

犊牛产气荚膜梭菌 - 肠毒血症
Clostridium perfringens-Enterotoxemia of Calves

C 型产气荚膜梭菌能引起哺乳犊牛肠毒血症。病牛以腹泻、脱水和休克为特征症状。

1985 年 8 ~ 9 月份，京郊东北旺农场牛场产犊 23 头，发病 5 头，治疗无效，全部死亡，发病率

21.7%，病死率 100%。

病　原

产气荚膜梭菌是革兰氏阳性菌，不能运动，呈厌氧性，有荚膜，无鞭毛，能形成芽孢。形态短粗、两端钝圆呈杆状。生长菌落呈隆起、不规则圆形，大小 2 mm 左右，湿润，灰白色不透明，有溶血性；分解葡萄糖、乳糖、蔗糖、麦芽糖和甘露醇，产酸产气；不分解水杨酸和果糖；牛乳发生剧烈发酵。

根据产生毒素的种类，将其分为 A、B、C、D、E 5 型。引起本病的病原主要是 C 型产气荚膜梭菌，偶尔从犊牛或成年牛中分离到 B 型或 D 型。京郊牛场犊牛发病就是由 C 型所致。

C 型产气荚膜梭菌能产生 α-毒素和 β-毒素。α-毒素为溶血素，β-毒素是能引起肠黏膜发炎和损伤的一种蛋白质，故导致出血性肠炎和肠黏膜溃疡。β-毒素对胰蛋白酶不稳定，但因幼龄犊牛胰蛋白酶的水平要比较大犊牛的低，因此，本病主要发生于出生不久的犊牛。

流 行 病 学

产气荚膜梭菌广泛存在于土壤、水等外界环境中，又是人和动物胃肠道的常在菌，因其菌型的不同，这就决定了临床流行的差异，C 型产气荚膜梭菌所致的肠毒血症的流行特点：

（1）多见于出生后 2 d 至 2 周龄的犊牛，集中于一个场内；偶见有 3 月龄犊牛零星发病的现象。

（2）气温急剧降低，寒冷刺激对犊牛本身是很强的应激，易引起消化机能降低；同样，高温、潮湿，对犊牛也是强应激，因此，冬、夏季节易发生。

传播途径

可分为经口和非经口两种，经口感染多因喂奶过程及奶被病原菌污染，由消化道传播；非经口感染是病原菌从创伤侵入，犊牛可由脐带而感染。

促使发病的因素

各种不良环境条件和管理失误，皆可促使本病的流行。

卫生消毒不严　产房及犊牛舍阴暗、潮湿，光线不足，通风不良，褥草不勤换，粪便不清除，卫生条件极差而又不定期进行消毒；助产时不消毒，脐带不消毒；病牛不隔离。

不严格执行犊牛饲养操作规程　奶桶、奶罐不清洗、不消毒；饲喂乳房炎奶；奶不经消毒就喂。

发 病 机 理

饲养管理不当引起犊牛抵抗力的降低，也为病原菌的感染提供了有利条件。细菌侵入机体后，在体内增殖时产生毒素，其毒素通过血液循环运至体内各部，引起毒血症和神经毒害而招致死亡。

α-毒素具溶血作用，使红细胞溶解、破坏，其运氧和运送营养机能破坏，组织代谢功能障碍，引起可视黏膜苍白、发绀，实质器官水肿、变性和坏死。大量血清白蛋白进入肠道和腹腔，引起机体的脱水、虚脱。

β-毒素为使胃肠道出血、黏膜坏死的毒素。当胃肠道广泛的出血、坏死，其正常的吸收功能破坏，异常分解产物吸收后，促使了病情加重，机体呈现出肠炎、腹泻和休克。

细菌的侵入，破坏了正常胃肠道内微生物区系，结果引起消化不良，犊牛吃进的乳蛋白不能充分利用，氨产生过量，消化道内的 pH 由正常的酸性变为碱性，随之血液也变成碱性，因此，很少表现有严重的代谢性酸中毒。

临 床 症 状

肠毒血症多呈急性或最急性。犊牛出生后精神、食欲尚好，多在生后不久突然发病。最急性病例，未见任何症状猝死。急性者，精神沉郁，不吃奶，皮温不稳，耳、鼻、四肢末端发凉。口腔黏膜渐由红变暗红至紫色。腹痛症状，扬头蹬腿，后肢踢腹。腹部臌胀，腹泻，排出暗红色、恶臭粥样粪便。呼吸促迫，体温 39.5 ~ 40℃。病的后期，高度衰弱，卧地不起，虚脱死亡；也有见神经症状，头颈弯曲，磨牙，吼叫，痉挛死亡。

病理变化

剖检变化

尸体腐败迅速，血凝不良。可视黏膜苍白。心包出血，心包液混浊，心外膜出血。腹腔积液呈红色、透明。肝肿大，暗红或土红色；胆囊肿大、壁厚，胆汁呈胶冻样；脾肿大、充血，切面紫红色，易刮脱；肾棕红色，肾乳头出血；肠浆膜充血，表面附黄白色纤维素；胃黏膜出血；肠呈严重出血性坏死，以空肠最明显，内容物呈血水，肠壁薄，黏膜紫红，条状坏死，表面附糠麸样物；肠系膜淋巴结淤血、水肿。

组织学变化

胃肠道表层黏膜上皮坏死、脱落，固有层充血、出血和细胞浸润，黏膜下和浆膜下水肿，白细胞浸润；心外膜下和间质水肿、胶原纤维断离，心肌纤维横纹不清，颗粒变性；肝细胞颗粒变性，中央区肝细胞索间水肿，肝小叶边界区散在凝固性坏死的肝细胞，汇管区水肿；肾小球毛细血管充血，球囊腔扩张，肾小管上皮细胞颗粒变性，某些肠毒血症的病例肠出血不明显（Griesmer 等，1962）；脑和脊髓的血管扩张、广泛性水肿，浦金野氏细胞变性。

诊　断

临床诊断

发病突然　多发生在生后 2 ~ 10 日龄犊牛，其特征是臌胀、脱水和排出红色黏性粪便；病程短，死亡快。

病理特征是出血性坏死性胃肠炎　以皱胃、十二指肠、空肠和回肠最为明显。

实验室诊断

细菌检查　取死亡犊牛小肠内容物、肝脏涂片镜检，培养、分离鉴定。

毒素检查　①用肠内容物原液或稀释 2 倍，7 000 r/min 离心 15 min，在 10 mL 上清液中加氯仿 1 滴，用 0.4 mL，注射于小鼠的尾静脉内，如有毒素，小鼠在 24 h 内死亡。②将含有内容物的肠管结扎，保存于冰箱内，送有关单位进行毒素中和试验。用 SPA 协同凝集反应鉴定毒素型别。

类症鉴别

大肠杆菌病为犊牛常发病。特别是败血型，最早在出生数小时或 2 ~ 3 日龄的新生犊牛发病，有的无任何症状即死，有的病后 1 ~ 2 d 以败血症而死，故应鉴别。临床上应注意以下几点：

（1）犊牛大肠杆菌病，初期体温升高至 40.5 ~ 41.5℃，后期体温下降至 37.5℃。

（2）大肠杆菌病的犊牛排出黄绿色、水样粪汤。

（3）血液临床病理检验，败血型大肠杆菌病呈现红细胞压积（PCV）升高，白细胞数增加，核左移，血糖降低并有代谢性酸中毒。

（4）死于败血型大肠杆菌病犊牛，除肠系膜淋巴结充血，脾脏点状出血外，无特殊变化，组织学看不到实质器官的细胞反应。

（5）细菌培养，镜检，可检查到革兰氏阴性、有运动性短杆菌。

（6）尽早采取抗菌消炎，补充电解质以增加血容量，补糖、补碱等措施，多数大肠杆菌病犊能收到较好疗效，犊牛痊愈。

治　疗

治疗原则是补充体液、抗休克、消除炎症、防止继发感染。

缓解脱水，静脉补充等渗电解质溶液　常用的有 5%葡萄糖生理盐水、0.9%生理盐水和 10%葡萄糖溶液、6%右旋糖酐生理盐水等。补充量应以脱水程度而决定，但量一定要足。

增强机体对抗休克的能力　可使用肾上腺糖皮质激素，如地塞米松磷酸钠注射液（5 mg/mL）4 ~ 5 mL，静脉或肌肉注射；或氟胺烟酸葡胺 0.25 ~ 0.5 mg/kg 体重，静脉注射。

为消除炎症，防止继发性感染，可用抗生素　青霉素钠按 44 000 IU/kg 体重，肌肉注射，每日 4 次，后用普鲁卡因青霉素按同样剂量，每日注射 2 次。

预　防

肠毒血症因其病情急、病程短、组织损伤严重、死亡快，因此一旦发病，药物效果难以肯定，预防为其关键。

加强卫生消毒措施，阻止感染

（1）对产房、犊牛舍及时清扫消毒，保持环境卫生，定期用 2%碱水刷洗。

（2）加强助产，脐带严格消毒。

（3）加强挤奶、喂奶消毒卫生，保持挤奶、喂奶用具清洁。

免疫接种，以增强犊牛抵抗力　在已散发或流行过肠毒血症的牛场，可用产气荚膜梭菌菌苗接种，如不能定型，通常采用含 C 型和 D 型混合菌苗，对干奶牛和怀孕青年母牛免疫接种，产犊前 1 个月再加强免疫一次，使新生犊牛获得免疫。

新生犊牛大肠杆菌关节炎
Colibacillary Arthritis of Neonatal Calves

本病是由大肠杆菌引起的犊牛的一种传染病。其临床特征是体温升高，关节肿大。

近年来，在奶牛场内经常发生犊牛以关节肿胀为主的传染病，通过病原分离鉴定和动物实验，确诊为犊牛大肠杆菌关节炎。

流 行 病 学

（1）发病时间　2000 年，一个成年母牛 400 头的牛场，犊牛发生该病，全年都有，以 7、8 月最多，占 62%，即以夏季较多。

（2）发病月龄　出生后 2~20 d 都有发病，其中 2~10 d 发病最多，占 78%，主要发生在生后 10 d 内。

（3）发病率　2000 年 7~8 月共产犊 55 头，发病 23 例，发病率 41%，死亡 9 例，病死率为 39%。

（4）传播途径　病犊是主要传染源。在表现临床症状以前可通过尿液，口腔、鼻腔分泌物及粪便污染饲养用具而通过消化道传播。

（5）促使发病的因素　环境条件恶劣，产房不洁或使用过久，饲养密度过大，断脐时消毒不严或不消毒是诱发本病的因素。从发病牛场分析认为，虽然犊牛为单圈饲养，但因 7、8 月份雨水较多，犊牛圈舍潮湿，褥草不及时更换，圈舍不消毒，脐带感染是可能的。

临 床 症 状

病初，患犊精神沉郁，食欲减退或废绝，体温 39.6 ~ 40.7℃，不愿走动，检查关节，见球关节、腕关节、跗关节发热、肿大、质硬、疼痛。后期体温正常，关节明显肿大（图 13-23），触摸有波动，不吃奶，粪便稀呈黄绿色，消瘦，喜卧。有些病犊卧地后呼吸微弱，颈部抽搐，后肢划动，个别牛眼失明。

图 13-23 大肠杆菌性关节炎犊牛腕关节肿大

临床病理

病犊红细胞（RBC）550 万个 /mm^3，白细胞（WBC）2 500 个 /mm^3，血色素（Hb）6 g/100 mL，血细胞压积（PCV）25%，嗜中性分叶核白细胞 43%，淋巴细胞 57%。

病理变化

剖检变化

球关节、腕关节、跗关节肿大，关节周围胶样浸润（图 13-24），关节囊内有数量不等、淡黄色、清亮或淡灰色、混浊的关节液。关节间有纤维素性物，去除覆盖物见关节面粗糙，有红色或暗红色溃疡面（图 13-25）。胸腔积液，内含纤维素絮状物。肺膨隆，有的外附纤维素。心包囊内有量不等的心包液，心外膜点状出血，上附有纤维素。腹腔内有少量黄褐色液体。脐带断端湿润，脐带粗硬为小指粗。肝棕黄色，质硬，切面易刮脱。肾棕黄色，质硬，被膜易剥脱。肠黏膜脱落、出血。膀胱出血。脑水肿。

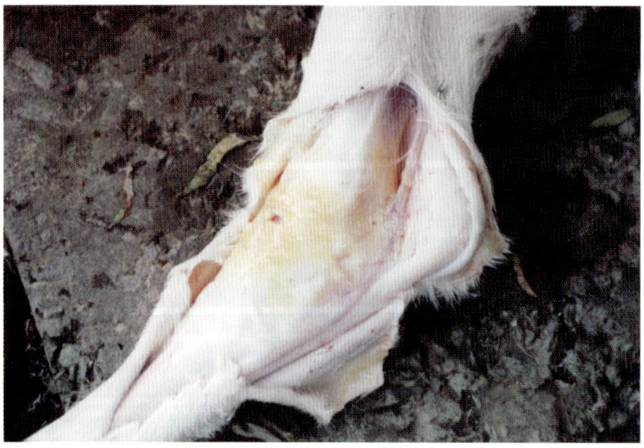

图 13-24 大肠杆菌性关节炎犊牛关节周围胶样浸润

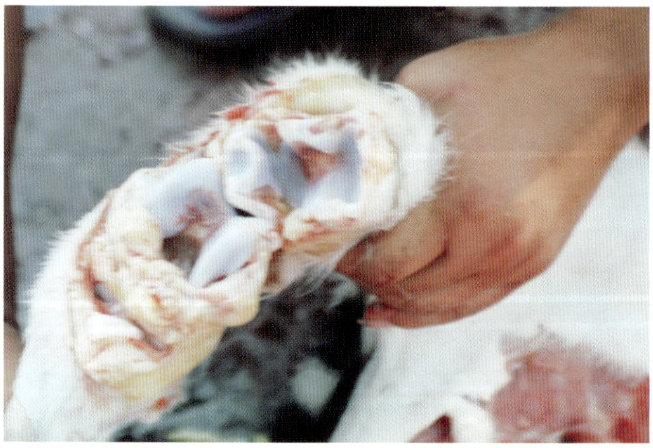

图 13-25 大肠杆菌性关节炎犊牛关节溃烂

组织学变化

心肌出血，肌纤维疏松、变性、坏死（图 13-26）。肺细支气管腔内集有蛋白样物，内有脱落的上皮细胞，肺泡上皮肿胀，肺泡壁增宽，肺泡腔缩小，间质增生（图 13-27）。肝索细胞排列紊乱，细胞变性、坏死（图 13-28）。肾曲细管结构破坏，细胞变性、坏死（图 13-29）。脾小体结构不清，淋巴细胞减少，并有大量纤维素渗出。脑血管周围空隙增宽，神经细胞肿胀，有大量空泡形成（图 13-30）。

预 后

病程不一，病后 10 d 内死亡的占 67%，10 d 以上死亡的占 37%，病愈牛 10 d 以上占 70%，属慢性病理过程。

根据临床观察，病愈后牛只能正常生长发育。

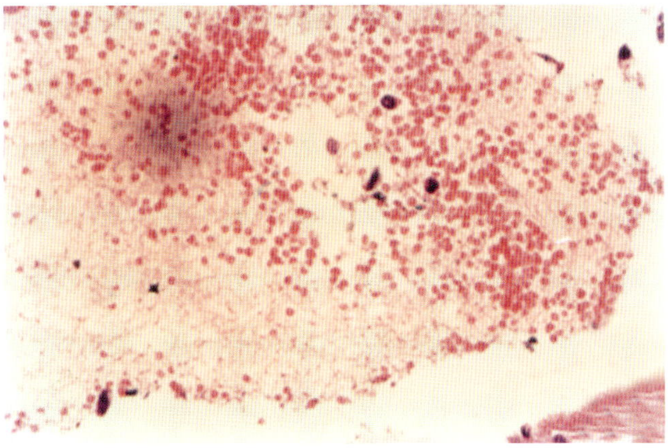

图 13-26　大肠杆菌性关节炎犊牛心肌出血和坏死

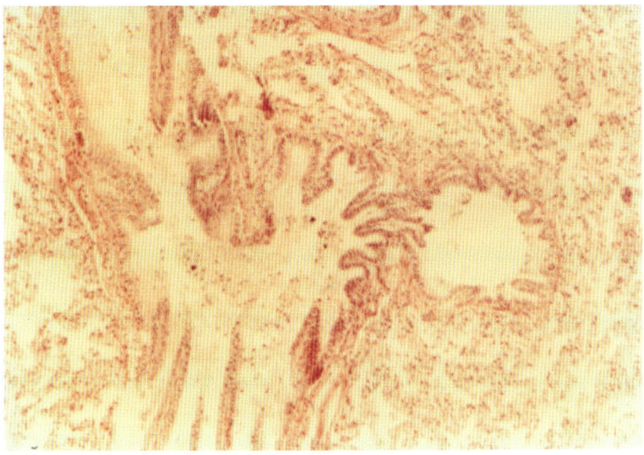

图 13-27　大肠杆菌性关节炎犊牛肺泡萎缩，间质增生

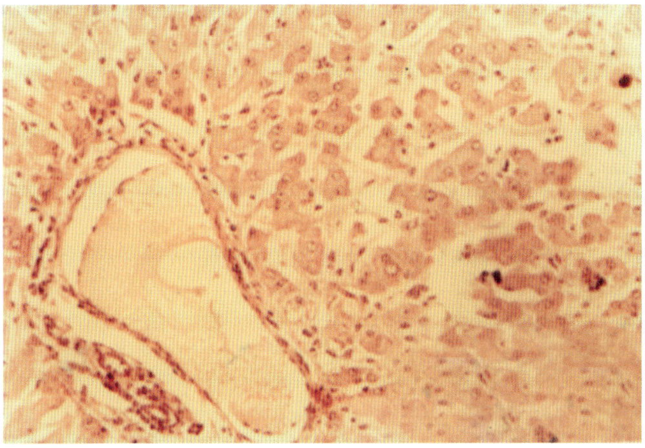

图 13-28　大肠杆菌性关节炎犊牛肝变性坏死

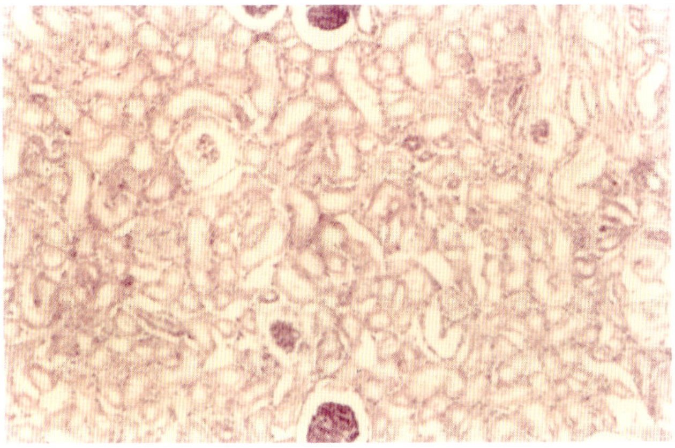

图 13-29　大肠杆菌性关节炎犊牛肾曲细管变性、坏死

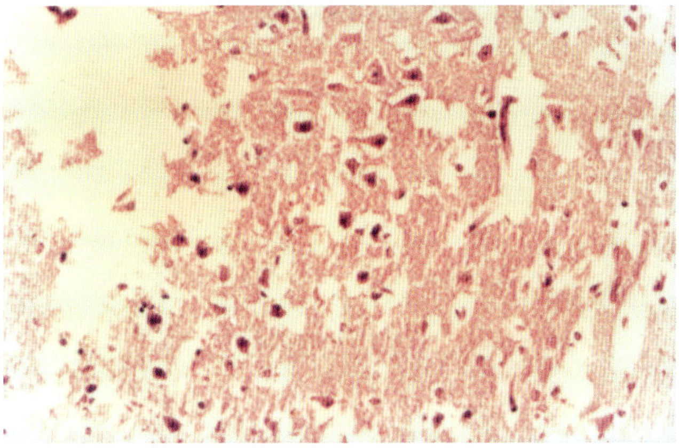

图 13-30　大肠杆菌性关节炎犊牛脑血管肿胀

诊　断

临床诊断

根据典型的症状即腕、跗关节肿大，白细胞计数降低，但分类计数中性粒细胞数增多，可初步作出诊断。

实验室诊断

无菌采取心血、关节液、淋巴结、脑等组织，接种肉汤和琼脂斜面培养基，37℃培养过夜，均有细菌生长，接种琼脂斜面呈单一种类细菌生长，菌落呈灰白色。取心血、关节液培养物，按大肠杆菌血清型鉴定方法进行，两种分离物结果均为大肠杆菌 O_{78} 血清型。

类症鉴别

衣原体关节炎、佝偻病都有关节肿胀，故应予以鉴别。

与犊牛衣原体关节炎的区别　犊牛衣原体关节炎发病快，3 d 内发病的占 78%，死亡也快，病后 3 d 内死亡的占 67%，死亡率高。白细胞总数正常，分类计数中性粒细胞降低而淋巴细胞增多。关节周围肌肉筋膜充血、出血，呈红色。肝细胞坏死，核内有包涵体。脑血管形成“血管套”。本病病程长，多 3 d 后死亡，白细胞总数减少，分类计数，中性粒细胞增多，关节周围肿胀，黄色胶样浸润，无出血。可初步区别。确诊，应进行病原分离。

与佝偻病区别　佝偻病呈慢性经过，病程较长，除关节肿大外，尚见四肢长骨弯曲，肋骨与肋软骨连接处肿胀，呼吸困难。应用大剂量维生素 D 制剂和补饲钙制剂有效，可与本病相区别。

治　疗

抗菌消炎　选用广谱抗生素如金霉素、四环素、庆大霉素等。金霉素粉 1 g，一次内服，每日 2~3 次，连服 3 d。

补液、补碱

（1）5% 葡萄糖生理盐水 1 000 mL、25% 葡萄糖液 200 mL、四环素 100 万 IU，一次静脉注射，每日 2 次，连续注射 3 d。

（2）5% 葡萄糖生理盐水 1 000 mL、10% 安钠咖 5 mL、5% 碳酸氢钠液 100 mL，一次静脉注射，每日 1 ~ 2 次。

预　防

加强助产消毒，防止感染。产房要干净、干燥，接产时用 0.1% 高锰酸钾液彻底清洗母牛后躯，胎儿出生后用干净毛巾擦净口内黏液，脐带用 10% 碘酊浸泡消毒。

加强哺乳用具的清洁，消毒。奶罐、乳嘴每次用后用清水洗净、晾干。

犊牛圈及时清扫，粪、尿及时清除，褥草及时更换。

犊牛衣原体关节炎
Chlamydia Arthritis of Calves

牛鹦鹉病样关节炎在犊牛中早已存在，Puge 将引起鹦鹉病 - 淋巴肉芽肿 - 沙眼疾病的病原体分为鹦鹉病衣原体和沙眼衣原体。该病原体可使鹦鹉及其他鸟类发生腹泻，或呈隐性感染或带菌者，除鸟感染外，现已证明牛、山羊、绵羊等多种动物也可感染，并于临床上表现出呼吸道炎、腹泻、脑脊髓炎、流产和关节炎等症状。

2001 年 4 月份，京郊某奶牛场新生犊牛突然发生一种以多发性关节肿胀为主要症状的疾病，确诊是由衣原体所致的犊牛多发性关节炎。

流行病学

（1）流行过程　本病于 2001 年 4 月开始，一直持续到 2002 年 2 月，各月发病多少不一，其间总发病 31 头，发病率为 15%，死淘 31 头，死淘率 100%。

（2）发病年龄　出生 3 d 内发病的占 78%。

（3）病程　经对 9 例病死犊牛统计，病后 3 d 内死亡最多，占 67%，5 d 后死亡占 33%。

（4）犊牛管理　该场始建于 20 世纪 50 年代，牛舍年久失修，产房、圈舍、犊牛饲养间、运动场等设施低矮、狭小，环境卫生较差，犊牛饲养密度较大，牛只拥挤。

本病流行的特点是发病突然，且流行时间长；生后 3 d 内发病多，病后 3 d 内死亡多；由于管理不当、圈舍狭小、环境卫生差等原因，使犊牛机体抵抗力降低，从而促使本病的发生。

临床症状

发病突然，病犊精神沉郁，吃奶量减少或厌食，体温升高达 39.5 ~ 40℃，有的鼻孔内有脓性鼻漏，有的出现神经症状（兴奋或转圈），或突然卧地（平躺），表现腹痛。

典型症状是关节肿大，常见跗关节、腕关节、冠关节肿大（图 13-31），关节僵硬，触诊有痛感，步态迟缓，不愿行走，拱背，消瘦，腹泻。

图 13-31　衣原体关节炎犊牛跗关节肿大

临床病理

红细胞（RBC）、血色素（Hb）、中性粒细胞降低，淋巴细胞增高（表 13-12）。

表 13-12　衣原体病犊血液学变化

项目	RBC（万个 /mm^3）	WBC（个 /mm^3）	Hb（g/100 mL）	PCV（%）	淋巴细胞（%）	中性粒细胞（%）
病犊	547	7 183	7.3	39.3	71.3	27
	（510 ~ 612）	（5 050 ~ 9 500）	（7 ~ 8）	（38 ~ 41）	（70 ~ 73）	（26 ~ 28）
正常犊	600	8 257	8.7	38.9	60.3	36

病理变化

剖检变化

胸膜不光滑，心和肺表面有纤维素附着。心包积液，呈淡黄色。心肌软，淡红色。

腹腔内有大量腹水，黄褐色，内含纤维素块。肝土黄色，被膜外覆盖纤维素。脾质软，出血。肾包膜易剥脱，肾乳头有黄色颗粒物沉积，增生。

关节变化以腕关节、跗关节和冠关节最明显。关节肿大，关节周围肌肉充血、水肿，筋膜出血，呈红色（图 13-32），关节液呈淡黄色，混浊，有纤维素块，关节面出血，溃烂，增生，上附纤维素块（图 13-33）。脑膜增厚，脑充血与出血。

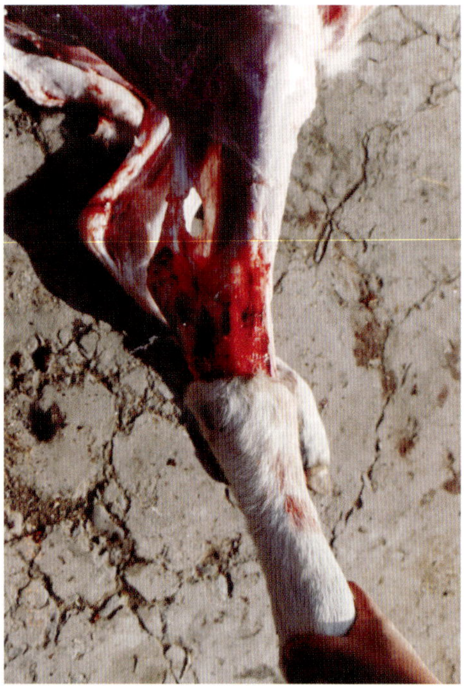

图 13-32 衣原体关节炎犊牛关节周围、腱部出血

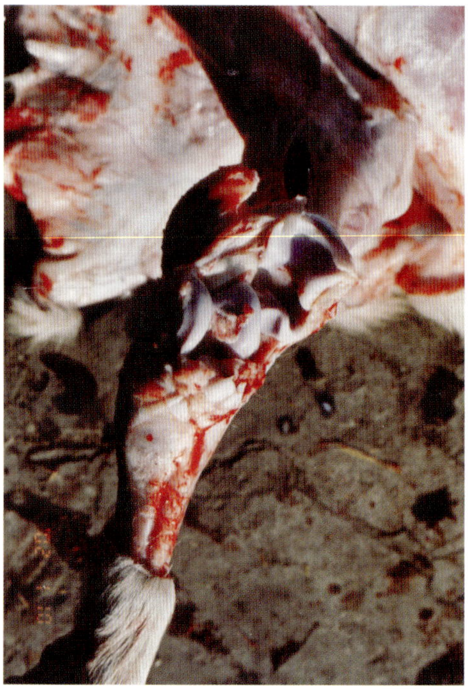

图 13-33 衣原体关节炎犊牛关节面溃烂

组织学变化

肺：肺泡上皮出血，肺泡壁断裂而融合成肺气肿。有的肺泡上皮肿胀、出血、增厚，肺泡腔狭小呈萎陷状。

心脏：心肌颗粒变性，肌间有红细胞。

肝：肝细胞颗粒变性，坏死，核内有包涵体（图 13-34），窦状隙内有红细胞，汇管区内散在着大量肝细胞，叶下静脉周围有单核样细胞集聚。

脾：脾小体结构不清，淋巴细胞减少，脾小体周围的红髓区集有大量红细胞。

皱胃：胃黏膜上皮细胞脱落、坏死、出血，固有层有单核样细胞浸润，腺体细胞扩张呈空泡样。

小肠：黏膜上皮脱落、坏死，腺体结构紊乱，中央乳糜管扩张，管腔填塞，固有层有中性粒细胞和单核样细胞浸润。

肾：肾小球囊缩小、消失，近曲、远曲细管结构破坏，细胞颗粒变性，坏死，溶解，间质出血。

脑：神经细胞变性，坏死，血管周围水肿呈空泡样。有的见脑血管周围浆细胞、淋巴细胞浸润，形成血管套（图 13-35）。

诊　断

临床诊断

本病出生后 2 ~ 3 d 内关节肿大，死亡率高，关节周围水肿，充血，筋膜出血，可初步诊断。

实验室诊断

镜检　用关节液作湿片镜检，或取脑、肝组织作抹片，姬姆萨染色，可见到在细胞质会有原生小体的单核细胞。

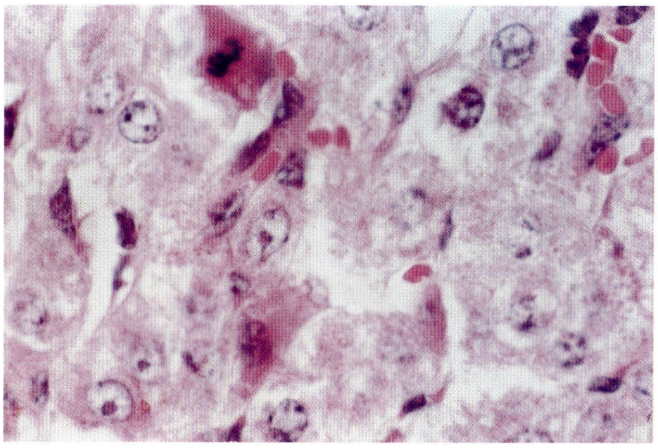

图 13-34　衣原体关节炎犊牛肝细胞肿胀，核内有包涵体

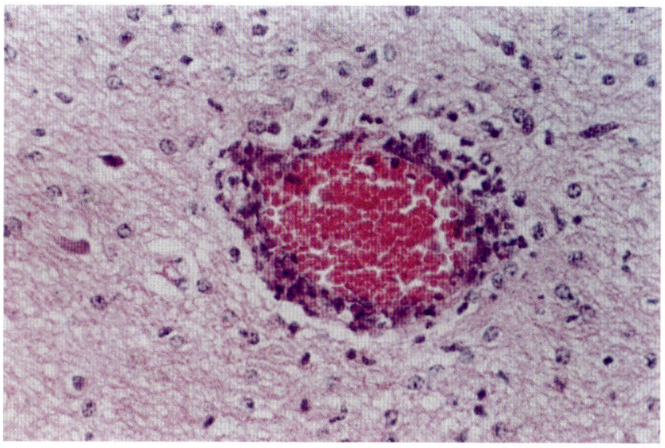

图 13-35　衣原体关节炎犊牛脑血管周围浆细胞、淋巴细胞浸润，形成“血管套”

培养　取关节液、脏器组织接种鸡胚、豚鼠，分离病原体。

鉴别诊断

因大肠杆菌、链球菌也可引起小牛发生多关节炎，故应予以鉴别。作病原分离时，一定要同时对其他有感染性病原体分离、培养。

治　疗

本病无特效药物。对症治疗，消炎、抑菌，可使用青霉素、链霉素、四环素肌肉注射或静脉注射。全身采用 5% 葡萄糖生理盐水、20% 葡萄糖溶液、氟尼辛葡胺 0.25 ~ 0.5 mg/kg 体量，静脉注射。

预　防

发病后，立即对产房、犊牛圈舍、犊牛床和运动场用石灰、2% 氢氧化钠液消毒，效果不明显，病仍持续，2002 年春，该场搬迁至新牛场后，此病自然消除，至今未再发生。

犊牛变形杆菌病
Proteus Bacillosis of Calves

本病是由奇异变形杆菌引起的犊牛的一种传染性疾病。其临床以出血性肠炎、腹泻、虚弱为特征。奶牛场偶有发生，死亡率高达 50% 以上。

病　原

形态

革兰氏阴性杆菌，多形态，呈球状，长而弯曲，长丝状。

培养

无菌划线接种麦康凯琼脂、普通琼脂、血平皿和三糖铁培养基。在血平皿上菌落不溶血，呈灰白色；在麦康凯平皿上菌落呈黄赤色；在三糖铁上，斜面产碱成红色，底层产碱成红色，少量产气，产生 H_2S。菌株在普通琼脂平皿上呈弥漫性生长。它们依赖周鞭毛运动活泼，开拓繁殖。

流行病学

变形杆菌群的细菌属于肠杆菌科变形杆菌属。本菌在自然界分布极广，人类、家畜及家禽带菌率很高。通常在人的胃肠道，动物如猪、犬的粪便中，污水、土壤特别是腐败的动物蛋白内都可找到。

变形杆菌致病力较强，常引起人的食物中毒、尿道感染、创伤和菌血症。大量变形杆菌在人体内生长繁殖是构成食物中毒的主要因素。由于它能产生肠毒素，使蛋白质中的组氨酸脱羧形成组胺，从而引起胃肠炎或过敏反应。

变形杆菌为条件性致病菌。当饲养管理不当，胃肠道的正常机能受到扰乱时，可引起青年动物的腹泻。除此也会引起犬外耳炎和阉母犬尿道上溯感染。

2004 年 8 ~ 9 月，京郊某奶牛场犊牛发生本病，其流行特点：

（1）犊牛出生后 4 d 开始发病，其中 15 日龄以上发病最多，占 80%。

（2）总发病率为 5.5%~5.6%，公母犊间发病无差异。由于母犊护理优于公犊，故公犊死亡率高于母犊。

（3）病程长，呈慢性病理过程，病后 5 d 死亡的占 93%。

临床症状

初期，病犊食欲、精神正常，仅见腹泻，粪呈稀水样、绿色，内含血丝或凝血块。随病程发展，食欲降低，全身症状加重，体温升高（39.2 ~ 40.2℃），呼吸增加（30 ~ 56 次 /min），脉率增加，粪呈血汤样，有的排出大量鲜血及凝块，病犊频频努责，里急后重，脱水，消瘦、虚弱、卧地不起、平躺（图 13-36），最后死亡。

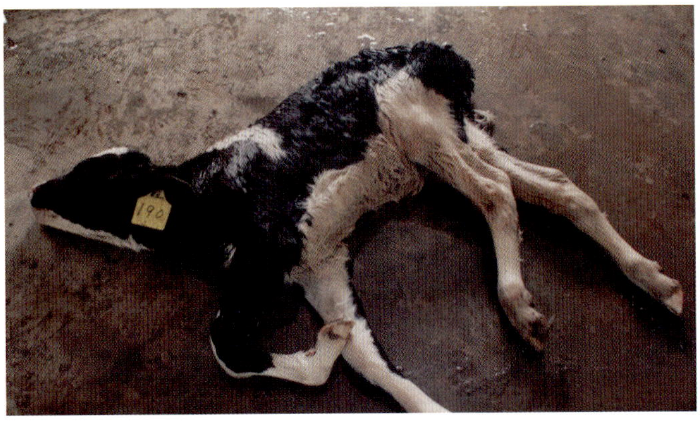

图 13-36　变形杆菌病犊牛卧地不起、平躺

临床病理

红细胞（RBC）升高至 949 万个 /mm^3，白细胞（WBC）升高至 23 316 个 /mm^3，血色素（Hb）升高至 9.5 g/100 mL、血细胞压积（PCV）升高达 40%。白细胞分类计数，淋巴细胞 86%，中性粒细胞降低至 13%。机体处于脱水、脓毒血症和急性炎性过程。

病理变化

剖检变化

心外膜、冠状沟脂肪、心耳有出血点。肺多数正常，少数见有肺水肿、肺气肿。肝表面光滑，颜色土黄色，边缘钝，质脆，胆囊肿大（图 13-37）。脾苍白色，质度软。肾被膜易刮剥，皮质部土黄色，髓质部暗红色。瘤胃内容物有泥沙，黏膜上覆盖乳灰色的黏液（图 13-38）。网胃黏膜有溃疡。皱胃、十二指肠、空肠黏膜脱落，肠内集有血液、血凝块，结肠、直肠内集有粪、血混合物，肠系膜淋巴结肿大。

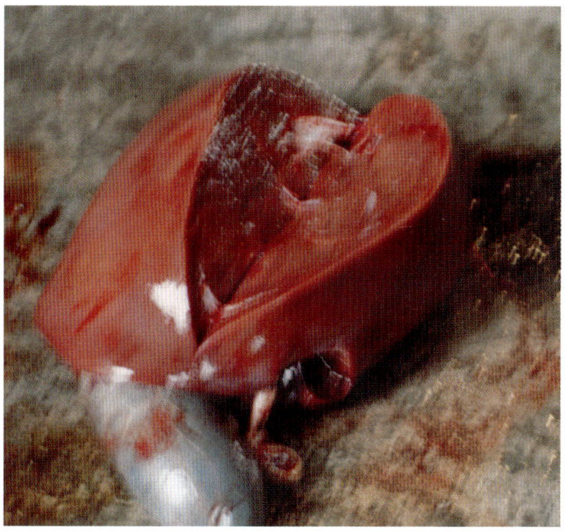

图 13-37 变形杆菌病犊牛肝质脆，表面有白色片状物，胆囊肿大

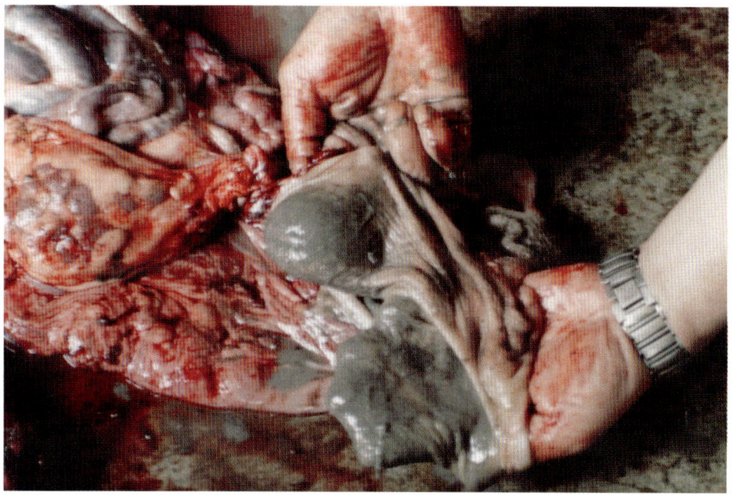

图 13-38 变形杆菌病犊牛瘤胃内有泥沙，黏膜上覆盖乳灰色黏液

组织学变化

心肌纤维间质增宽，肌纤维变性；肝小叶间间隙扩大，淤血，肝细胞疏松化，窦状隙增宽，内散在红细胞（图 13-39）；脾退行性变，淋巴小结结构不清，淋巴细胞减少；肾曲管上皮细胞空泡样变性、坏死（图 13-40）；肺泡腔内可见有少量渗出物（图 13-41）。胃肠道黏膜上皮细胞坏死、脱落，其上覆盖由脱落组织、细菌等形成的伪膜，固有层内腺体结构破坏。

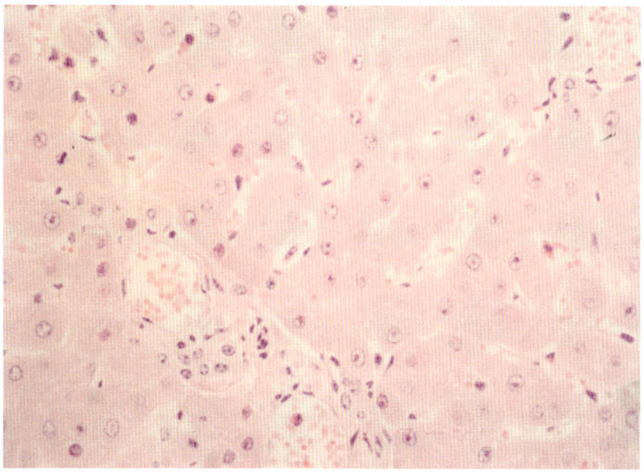

图 13-39 变形杆菌病犊牛肝淤血，细胞疏松化

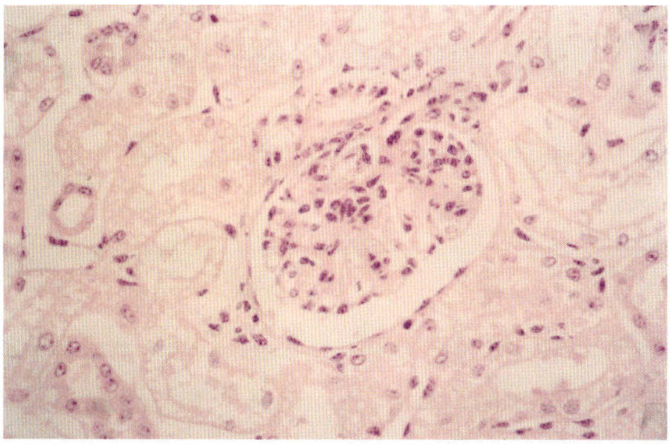

图 13-40 变形杆菌病犊牛肾曲管上皮细胞空泡样变性、坏死

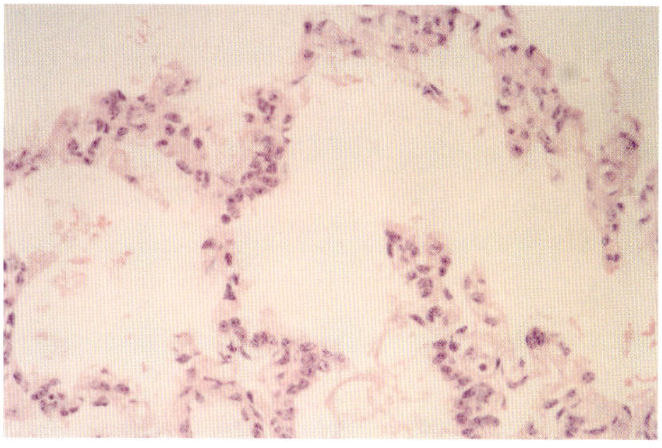

图 13-41 变形杆菌病犊牛肺泡内渗出

诊　断

临床诊断

根据流行病学、临床症状可初步怀疑本病。确切诊断仍应进行病原分离与鉴定。

鉴别诊断

由于腹泻且粪内含血的疾病临床上有犊牛大肠杆菌病、犊牛球虫病，故应与其区别。

与犊牛大肠杆菌病的区别　犊牛大肠杆菌病主要发生于10日龄以内犊牛，其中以3日龄最多，且病症重，脱水明显，病程短，死亡快，而本病发病日龄范围大（4～31 d以上）、病程长（4～15 d）。

与犊牛球虫病的区别　犊牛球虫病感染发病犊牛在2个月以上，除排出含血液粪便外，并有痉挛、失明等症状，取粪便作虫卵检查，可检出虫卵。

治　疗

（1）抗菌消炎，可用头孢曲松10～20 mg/kg体重或四环素200万IU，静脉注射，每日1～2次。

（2）补充体液，防止脱水、酸中毒，可用5%葡萄糖生理盐水500～1 000 mL、10%葡萄糖液500 mL、5%碳酸氢钠液1 000 mL，一次静脉注射，每日2～3次。

（3）为消除肠道细菌感染，可用痢特灵0.5～1.0 g，一次口服，每日2次，连用3～5 d。

（4）辅助疗法，可用维生素C、维生素B_1各10 mL，止血敏0.5～0.75 g，肌肉注射。

预　防

本病发生于北京8、9月份，此时正是气温高、雨水多、暑热、潮湿季节，奶牛场犊牛圈舍泥泞、潮湿，抵抗力较低，又因本菌在自然界分布很广，排出的粪便污染乳桶、饮水及食物，使其在场内传播，发病当即采取如下措施。

（1）加强犊牛舍的清洁与消毒，及时清除犊牛舍粪便，换上新的填土，圈舍内喷洒石灰水。

（2）病犊隔离，集中饲养。粪便集中处理，圈舍严格消毒，对病犊加强治疗。

（3）加强喂奶卫生。喂奶罐、奶桶每班用碱水处理，用清水清洗、晾干，并要每头牛一奶桶，不能混用。

（4）加强代乳料保管，严禁饲喂发霉、腐败的代乳料。已发病牛场，停喂病时的饲料及代乳料，改用纯鲜奶饲喂。

白　肌　病
White Muscle Disease

白肌病又叫硒-维生素E缺乏症。由于饲料中缺硒/维生素E或饲喂在缺硒地区生长的饲草、饲料所致的一种营养性肌变性的疾病。其临床特征是肌变性、萎缩和发育缓慢。本病主要发生于生长期的牛只，出生至1岁内的犊牛都易发生，其中以1～3月龄犊牛更易患病。成年牛发生较少，即使发生，主要表现为繁殖机能障碍。

病　因

饲料中硒含量缺乏　这是直接原因。据认为，饲料中含硒量（以饲料干物质计）至少应为0.1～0.3 mg/kg。当土壤中硒含量低于0.5 mg/kg，则生长的饲草、饲料硒含量低于0.1 mg/kg，极易使之发病。

饲料中维生素 E 含量不足 维生素 E 具有保护组织免受饲料中不饱和脂类氧化过程中的过氧化物损伤的作用。当饲料收获、保存不当，贮存时间过长，发霉、变质；维生素 E 含量过低；长期饲喂劣质干草、秸秆以及块根作物，常会发生原发性维生素 E 缺乏。

日粮中，作为蛋白质饲料的亚麻油、大豆油、玉米油以及用这些饲料作为代乳品饲喂犊牛，由于油类饲料酸败过程中的氧化作用使维生素 E 破坏，造成了条件性维生素 E 缺乏。

硒和其他矿物质的相互拮抗 长期使用硫铵肥料，土壤中硫化物含量过多，或奶牛大量摄取硫酸盐等，由于硫和硒之间呈拮抗作用，这将导致牛对饲料中硒的吸收及利用率的降低，结果造成硒的缺乏。

除饲料中缺硒和维生素 E 外，食物中的疾病因子如植物油中的不饱和脂肪酸；突然不习惯的运动；长时间运输；饮食的突然更换及由寒冷转为炎热等应激，都会成为发病的诱因。

发病机理

硒是动物必需的微量元素之一。在牛体内的分布以肾皮质中硒含量最多，胰腺含量次之，脑下垂体、肝、肌肉、骨骼和血液中含量较少，脂肪组织中含量最少；心肌比骨骼肌硒含量要多；饲喂饲料含硒量与机体组织、血液和乳汁中含硒量呈正相关，在硒缺乏的地区，奶牛乳汁中的含硒量低于 0.005 mg/mL。

硒是谷胱甘肽过氧化物酶的重要组成成分。饲料中的硒、含硫氨基酸和维生素 E 在防止组织受到氧化损伤中起协同作用。硒的抗氧化作用是通过谷胱甘肽过氧化物酶完成的。谷胱甘肽酶可催化还原型谷胱甘肽被过氧化氢或其他过氧化物氧化为氧化型谷胱甘肽，从而分解过氧化物。同时，它在对脂质过氧化物解毒中起主要作用，使脂质过氧化物转为无毒的羟脂肪酸，这样可保护细胞膜结构免受过氧化物的毒害，防止这些过氧化物的游离根重新发生过氧化作用。维生素 E 为强抗氧化剂，可保护不饱和脂肪酸等易氧化物质不被氧化破坏，阻止脂肪酸过氧化物的形成，保护细胞膜不受脂质过氧化的损伤。

当牛缺硒和维生素 E 时，谷胱甘肽过氧化物酶活性降低，富有不饱和脂质膜如线粒体膜、内质网和质膜等得不到维生素 E 的保护，此时，机体在代谢过程中产生的内源性过氧化物使组织氧化，引起细胞的变性和坏死。犊牛主要侵害的是骨骼肌、心肌和膈肌。急性肌营养不良时，大量肌红蛋白进入血液，引起肌红蛋白尿、心力衰竭、呼吸困难、软弱无力和躺卧。

临床症状

最急性

多见于 3 月龄内的犊牛。病犊无前期症状而猝死。或突然发病，主要呈现为心脏症状，病犊心律不齐，心搏动亢进，心跳加快（150 ~ 200 次 /min），心音微弱，心杂音，不耐运动，共济失调，呼吸困难，黏膜发绀，卧地不起，在短时间内以心力衰竭而急性死亡。

急性

以心力衰竭、运动障碍及呼吸困难为特征。病犊精神沉郁，体温正常，心搏动亢进，心音微弱，心节律不齐；呼吸急促，次数增加，呻吟，咳嗽，鼻漏带黏液或混有血液，肺泡呼吸音粗厉；站立僵硬，四肢震颤、无力，肩、背、臀部肌肉肿胀、发硬，侧卧，不能站立，被迫站立，步态强拘，站时头垂下，全身瘫软；新生犊牛舌肌被侵害，不能吸吮，触摸舌稍软，有食欲但采食困难，故可发生吸入性肺炎；肌红蛋白尿。

慢性

消化不良，消瘦，腹泻，生长发育受阻，被毛粗刚，全身乏力，站立不稳，卧地，脊柱弯曲，肌肉萎缩、纤维化。成年母牛硒缺乏时，常表现为繁殖机能降低；产生的犊牛虚弱或死胎；常发生胎衣不下及子宫炎。

临 床 病 理

血硒含量在 35 mg/mL 以下（正常为 36 ~ 61 mg/mL）；血清肌酸磷酸激酶（CPK）超过 1 000 IU/L，有的达 5 000 ~ 10 000 IU/L［正常值为（26±5）IU/L］；血清谷草转氨酶（SGOT）升高至 300 ~ 900 IU/L（正常值低于 100 IU/L）；谷胱甘肽过氧化物酶（GSH-PX），活性降低至 3 IU/L 以下；乳酸脱氢酶同工酶（LDH_5）活性显著升高；肌酸酐含量增多；白蛋白含量减少；肌红蛋白尿。

病 理 变 化

以骨骼肌、心肌、膈肌和舌肌的病理变化为主。背部、臀部肌群病变严重，呈对称性。病变表现为肌肉色淡，呈煮肉样或鱼肉样外观，与肌纤维呈平行的灰白、深黄色条纹，质脆；心脏呈球形，心肌变薄，心室扩张，心内膜、中隔及乳头肌变性、坏死。

诊　断

临床诊断

根据病史调查，典型症状为步态强拘、卧地、心率加快、肌红蛋白尿，以及肌肉病理变化，综合分析可以确诊。

实验室诊断

对全血含硒量、谷胱甘肽过氧化物酶进行测定，根据测定可做出诊断，其判定范围见表 13-13。

表 13-13　血硒和谷胱甘肽过氧化物酶的范围

项目	全血硒（μg/100 mL）	谷胱甘肽过氧化物酶（IU/g HD）
正常牛	＞ 12.0	＞ 30
临界值	8.0 ~ 12.0	20 ~ 30
硒缺乏牛	＜ 8.0	＜ 20

类症鉴别

本病呈现的呼吸困难、站立僵硬、步态强拘与肺炎、牛霉形体以及破伤风等有相似之处，故应进行区别。

与肺炎的区别　肺炎时常有湿性咳嗽，或干咳，可视黏膜发绀，肺部叩诊有浊音，听诊胸膜有摩擦音，尚有弛张热，厌食，不愿躺卧，个别牛有狂躁、攻击倾向。此与白肌病的体温正常，步态强拘、麻痹，躺卧、不愿行走即可区分。

与牛霉形体的区别　牛霉形体引起多发性关节炎，在犊牛除关节炎外，有的呈肺炎关节炎综合征。单独的关节炎，全身症状不明显，病变主要在指部各关节，通常肌肉不受侵害，病理变化是关节肿胀和关节滑膜面肥厚，纤维素显著析出，关节液呈暗黄色、黏稠，有的有纤维素块，关节腔内呈纤维素粘连。这些都可与白肌病心肌、骨骼肌变性坏死相区别。

与破伤风的区别　犊牛患破伤风者极少见，病牛呈现耳向后，眼睁大，头伸直，鼻孔张开，尾根高举呈木马姿势，又牙关紧闭，瘤胃臌气等，都能与白肌病的步态强拘，站立不稳，头垂下，有食欲相区别。

治　疗

对因缺硒而发病的犊牛，应采取护理与治疗相结合的原则。首先，将病犊饲养在舒适但面积不大，安静而地面平坦的圈舍内，防止应激，避免过度运动。舌肌损害而影响吸吮的犊牛，可用胃管投食，防止吸入性肺炎；对躺卧的病犊，每日应人工辅助站立，防止腱挛缩和褥疮的发生。

全身治疗

（1）亚硒酸钠溶液，剂量为 0.1 ～ 0.2 mg/kg 体重，一次肌肉注射，或亚硒酸钠，剂量为 10 mg/kg 体重，口服，间隔 2 ～ 3 d 再次投服。

（2）维生素 E 800 ～ 1 000 mg，一次肌肉注射，每日一次，连续注射 3 d。

对症治疗

（1）因心肌和呼吸肌变性所致的肺水肿，可用速尿，剂量为 0.5 ～ 1.0 mg/kg 体重，每日 1 ～ 2 次；如伴吸入性肺炎，可用抗生素。

（2）当出现肌红蛋白尿时，应输入等渗电解质溶液，纠正肌红蛋白性肾病和代谢性酸中毒。

值得说明的是，硒是一种必需的营养元素，但过多的补充是危险的，因它具有毒性，常引起硒中毒。因此，用硒 - 维生素 E 制剂治疗时，应严格遵照规定剂量使用。

预　防

预防本病的发生和确诊为白肌病时，全群采取补硒措施。日粮中添加硒盐、硒添加剂，使全部饲料的硒含量达到 0.1 ～ 0.3 mg/kg（以干物质计）。当已确知本地是缺硒地区，如我国的东北、西北的兰州等，可施硒化合物肥料，以提高饲料中的硒含量。

对采食低硒饲料的妊娠母牛，在分娩前 1 ～ 2 个月，应在日粮中添加亚硒酸钠 0.1 ～ 0.2 mg/kg 体重和维生素 E 500 ～ 1 000 mg，每日饲喂，或在分娩前 20 d 给母牛肌肉注射硒 50 mg 和维生素 E 680 IU。

对缺硒地区的新生犊牛，用亚硒酸溶液（含硒 3 ～ 5 mg）、维生素 E 50 ～ 150 mg，混合皮下注射，间隔 2 周，再复注一次。

《中国奶牛》（1994）报道，兰州一个奶牛场的白肌病，其发病率为 66.7%，死亡率为 40.0%，该地区土壤缺硒，在精料中混拌 1% 微量元素硒添加剂，对预防本病的发生，起到了很好的作用。

犊 牛 脐 病
Navel Illness of Calves

脐带是连接胎儿和胎盘的纽带，外膜为羊膜，形成羊膜鞘，内含脐尿管、脐血管（脐动脉和脐静脉）。犊牛脐带短，长 30 ～ 40 cm，每每在产出过程中，脐带即被断离。断脐后的脐动脉很快封闭回缩至脐孔内，最后形成膀胱圆韧带。脐静脉封闭后向肝脏回缩，最终形成肝圆韧带。脐尿管因其环形肌的收缩而封闭，并随脐动脉回缩，一起脱离脐孔。

正常情况下，犊牛脐带残段在出生后 7 ～ 14 d 干燥脱落，脐孔被结缔组织形成的瘢痕而封闭。

脐病为犊牛常发病。多因脐带发生异常和感染所致，临床常见的有脐出血、脐尿管瘘、脐炎和脐疝。

脐出血（Omphalorrhagia）

脐出血是新生犊牛脐带断离后脐带脉管封闭不全，血液从脐带断端或脐孔流出。

当新生犊牛发生窒息或孱弱，由于肺扩张、膨胀不全而影响脐静脉的封闭；犊牛集中饲养，相互吸吮脐带断端，使脐带脉管的封闭受到破坏而流血；人工助产时，由于助产过早或用力过大，使脐带猛然断裂或脐带过短，影响了脐脉管的封闭，都能引起脐出血。

脐静脉出血，血液呈滴状流出，脐部湿润，被血液映红。血液呈股状涌出为脐动脉出血。

出血少的，局部涂 5%碘酊，很快就会停止。若脐带外部残段较长，可用消毒的细绳结扎脐带断端。若脐带断端过短，脉管已回缩至腹腔，无法结扎时，可采取消毒纱布撒上磺胺粉或青霉素粉填塞于脐孔内，外用纱布绷带包扎；或用缝针穿透脐部皮肤，将脉管与皮肤一起结扎止血。

脐尿管瘘（Urachal Fistula）

脐尿管瘘也叫持久脐尿管，是断脐后脐尿管封闭不全，犊牛在排尿时从脐带断端或脐孔流出尿液的一种疾病。此病偶见于犊牛。

本病的发生是由脐尿管封闭不全所致。而脐带残段遭到感染，犊牛间相互吸吮脐带，都可破坏脐尿管封闭处而发病。

从脐孔向外流尿或滴尿为其特征。脐带根部及其周围因长期被尿液浸渍引起发炎，肉芽增生，呈红色、污浊的溃疡面，久不愈合。有的病犊，因脐部炎症的蔓延而导致败血症，表现出体温升高、精神沉郁、食欲降低及腹泻等全身症状。

当发现由脐孔流尿时，应及时治疗。局部用 10%碘酊或 5%～10%福尔马林液涂布，每日 2～3 次，连续数日。或用氧化锌、硝酸银涂布。同时应采用广谱抗生素进行全身治疗。

手术可采用袋口缝合法，即用带线弯针围绕脐孔，按一定距离，依次平行穿针，最后将缝线拉紧打结。

脐炎（Omphalitis）

脐炎是脐带脉管及其周围组织经微生物感染而引起的化脓性、坏疽性炎症。为犊牛常发病。

病　　因

脐带断端是微生物繁殖、生长的良好环境。犊牛饲养管理失误，可为微生物的繁殖和侵入提供有利条件，促使脐感染的发生；犊牛出生后对脐带消毒不严或不消毒，犊牛舍拥挤，运动场泥泞潮湿，褥草不及时更换，脐带残段长期被粪、尿、泥水浸渍，犊牛间相互吸吮脐带等，常会引起脐炎。

临床症状

病初常不被注意，仅见食欲降低、下痢、消化不良。继而见拱腰，不愿行走。脐部检查见断端潮湿，脐孔及周围肿胀、潮红，触之具痛感并触摸到增大的脐管，呈硬固索状（图 13-42），手挤压见有脓性分泌物流出，具脓臭味。脐部周围呈蜂窝织炎或脓肿形成。

图 13-42　犊牛脐炎

随病情发展，细菌沿脐管或脐尿管上行蔓延，可引起急性或慢性败血症，犊牛出现关节炎、脑膜炎和眼色素层炎等。体温升高，呼吸加快，心跳增数，脱水，肝脓肿，膀胱炎及腹膜炎。

诊　断

新生犊牛拉稀，食欲不振，首先应检查脐部。当急性脐部感染并引起脐部蜂窝织炎时，触摸到肿大似如铅笔至手指粗的索状物，可以诊断。

当患病犊牛在临床逐渐表现有发热、精神沉郁、腹膜炎和脓毒性关节炎时，此多与脐血管和脐尿管隐性感染有关，深部触诊可触摸到腹内增厚脐带残段。

B 超可检查出脓肿的范围、脐带感染的部位和病变程度。必要时，腹部手术探查是腹内脐带残段病变精确的诊断方法。

治　疗

治疗原则是消除炎症，防止炎症转移。治疗方法以局部处理为主，严重病犊应配合全身治疗。

局部处理

去掉脐带残段，用 0.1%～0.2%高锰酸钾液彻底清理脐孔及周围，用 5%～10%碘酊涂布脐孔及其周围。可将青霉素 100 万～200 万 IU 溶于 20～30 mL 蒸馏水或 0.25%普鲁卡因液中，于脐孔周围分点注射。

若脐部已形成脓肿，应切开排脓。先用 3%过氧化氢液冲洗，再用 0.1%高锰酸钾液或 0.5%雷佛奴尔液彻底冲洗脓腔，撒布碘仿磺胺粉（碘仿 1 份、磺胺粉 9 份）。

全身治疗

抗菌、补液、解毒。青霉素 80 万～160 万 IU，一次肌肉注射，每日 2 次，连续注射 3～5 d。5%葡萄糖生理盐水 500 mL、25%葡萄糖 300 mL、四环素 50 万～100 万 IU、10%安钠咖 5 mL，一次静脉注射，每日 2 次。

预　防

加强新生犊牛护理。严格用 10%碘酊浸泡消毒脐带；采用单圈饲养法，即 1 头犊牛 1 个圈舍，注意圈舍清洁、干燥，保持良好的卫生环境。

脐疝（Umbilical Hernia）

脐疝是由于脐孔闭锁不全或脐孔过大，腹腔内脏器官（网膜、小肠）经脐孔脱出于外，致使脐部增大的一种疾病。犊牛时有发生。

病　因

多数脐疝的病因不明，现认为由先天性和后天性造成。先天性即与遗传有关。后天性的多因断脐不正确，脐血管及脐尿管留得过短，使腹壁脐孔闭合不全；饲养管理失误，犊牛圈舍不清洁，脐带消毒不严，犊牛相互吸吮等，致使脐带残段经微生物感染，脐带发炎、脐部化脓甚至脓肿形成；腹内压增高等都可促使脐疝的发生。

临床症状

先天性、无并发症的脐疝直径为 1～10 cm，其肿胀呈局限性、质地柔软，无疼痛感，疝内可能是网膜、皱胃或小肠。脱出的疝内容物能回复于腹内。小型脐疝当犊牛到 3 ～ 4 月龄时，可以自行闭合。当脐疝过大或发生嵌顿，回复困难。因脐带感染而引起的脐疝，此时可触摸到脐带残段呈硬固条索状的结构物。

诊　断

根据犊牛脐部无炎性、柔软肿胀及能回复，触摸到疝孔、疝轮，听到肠蠕动音等，即可诊断。但当疝囊增厚，内容物充盈，摸不清疝轮时，应仔细检查，特别是与脐部脓肿相区别，必要时可通过穿刺确诊。

治　疗

局部治疗

脐疝较小时，可用 95%酒精或 15%氯化钠 15 ～ 20 mL，分 4 点注射到疝轮周围的肌肉。也可用结扎法。将病犊仰卧保定，将疝内容物整复到腹腔内；局部麻醉；按无菌操作将一根针沿着疝的基部刺入，再用另一根针呈垂直刺入，然后用粗结扎线在两针基部与下腹壁之间绕过、结扎。

手术疗法

术前应停食，以降低腹压。病牛仰卧或横卧保定，术部剪毛，局部浸润麻醉。做纺锤形切口后，向四周分离皮肤与疝囊，将疝囊充分暴露，如疝囊与疝内容物不粘连，将疝囊还纳至腹腔后做褥状缝合，皮肤做结节缝合。手术能否成功，关键在于增生的疝轮能否愈合，因此，对病程较长，疝轮增厚光滑的病例，切开皮肤后要将增生的疝轮用外科刀削薄，以使之成新鲜创面，以纽孔状外翻缝合或纽孔状衣襟缝合，促使缝合后能长在一起。

术后病患，应精心护理。脐部可用宽绷带包扎，保持 7 ～ 10 d；限制进食，防止过饱；更要限制活动，防止腹压增高。

屈肌腱挛缩
Contracture of the Digital Flexor Tendons

屈肌腱挛缩是幼畜常见的一种病状。新生幼驹、羔羊、犊牛及仔猪都可发生。幼畜屈肌腱挛缩被认为是一个或两个前肢或后肢屈肌腱的先天性缺陷。而成年家畜的屈肌腱挛缩是后天性的，多因腱组织损伤、腕腱鞘炎、指腱鞘炎而引起。

病　因

引起本病的原因尚不完全清楚。普遍认为与遗传有关。胎儿发育过程中在子宫内位置不正，日粮中钙、磷等矿物质和维生素 A、维生素 D 的缺乏，可能会诱发本病。赤羽病病毒和疯草及羽扇豆属类等有毒植物都可引起此病的暴发。

临 床 症 状

四肢皆可发生，但主要发生在前肢，通常是两侧性的。站立时，病犊蹄踵高举，关节屈曲，以蹄尖负重；运步时，以球节负重。两侧屈肌腱挛缩时，只能以球节背侧面负重（图 13-43）。不能得以矫正，球节软组织易受挫伤、扭伤，微生物侵入关节，常常可引起化脓性球关节炎，犊牛全身症状不明显，精神、食欲正常。

治 疗

犊牛出生见屈肌腱挛缩，此时软组织尚未遭受损伤和感染，立即治疗、矫正，一般都能恢复。如果治疗不及时，微生物进入关节腔，临床见关节周围损伤、关节化脓，治疗较为困难。

常用的方法是夹板矫正。夹板与肢之间应充分衬垫，并将夹板装在患肢的前面，用绷带将蹄固定在正常位置，每隔 8 ~ 12 h 拆开夹板一次，对患肢进行按摩，以免引起皮肤发炎、坏死。根据挛缩矫正程度决定夹板固定时间的长短。当蹄能确切负重时，可除去夹板。

对于挛缩较轻的病犊，在趾部垫以厚重的棉花，并用绷带固定球关节，临床上也有好的治疗效果。

图 13-43　屈肌腱挛缩犊牛两球节背侧负重

如夹板固定无效时，可用切腱术。站立或卧地保定。在手术区掌（趾）神经浸润麻醉。患肢内侧术部做无菌手术准备。拉紧患肢，腱处于紧张状态，皮肤切开后，切腱刀从浅、深屈腱之间插入，刀片与腱纤维相平行，选取适当位置，刀片转向要切断的腱并将其切断。伤口用绷带包扎，病畜单独饲养、护理。

犊牛血尿
Hematuria of Calves

犊牛血尿也叫犊牛血红蛋白尿、阵发性血红尿症或犊牛水中毒，是因犊牛大量喝水而引起的。其临床特征是排出红色尿液。在奶牛场内，本病为犊牛常发病。

据报道，1955 年，北京北郊农场犊牛血尿发生于 10 月份至翌年 4 月份，主要发生于 5 月龄内的犊牛。

1989 年 4 月，山西忻州市奶牛场 38 头 28 ~ 40 日龄哺乳犊牛有 21 头发病，病牛排出红尿。

1991 年，河南洛阳报道了 3 ~ 6 月龄犊牛，因暴饮大量水后，42 头犊牛中有 33 头发病。

病 因

主要原因是一次暴饮而发生。造成饮水过度的原因是天气变冷，犊牛饮水冻冰而减少喝水次数和饮水量。常常发现冬季气温骤变寒冷时，犊牛喜欢饮温水，当供应饮水时，造成一时性饮水过多；5 ~ 6 月龄的犊牛，正处于断奶前后，由于粗料、干草采食量增加，需水量也将随着增大，当供水不足，犊牛饮水次数受到限制，口渴而遇到水时，便造成一时性暴饮。

哺乳犊牛喜饮刷奶桶水，故而在喂奶时大量加水于奶中，令其饮用，致使长期营养失调、处于饥饿状态。

夏季炎热，犊牛口渴而暴饮。

发病机理

正常情况下，动物如果得不到水，那么它由尿中排出水的速度就降低；如果它摄取了过多的水，则排尿量增加。肾脏排出水主要受垂体后叶的抗利尿激素（加压素）所控制。当缺水时，血液中加压素的浓度升高，排尿量则降低，以保护体内水分不从尿中排出，临床上表现无尿或少尿，尿的浓度升高。如果因大量喝水而体内水分过多，则血中的加压素较少，尿的浓度可能降低，尿液增多。然而血管加压素的作用要维持 6 h 之久才能消除，因此，在渴后而暴饮，加压素的作用仍在持续之中，故不可能很快将大量的水由尿中排出，势必造成在组织内的蓄积。机体内的水可分细胞内液和细胞外液。间质液和血浆为细胞外液；细胞内的水为细胞内液。水的分子能够迅速穿过绝大多数细胞膜。由于体内水分增加，水进入血浆使渗透压改变，就将发生水的转移。当过多的水进入红细胞后，必将引起红细胞发生溶解，血红蛋白从尿中排出而形成血红蛋白尿。过多的水进入脑组织细胞，引起脑水肿；进入肺则引起肺水肿。

临 床 症 状

主要症状是以中枢神经系统机能紊乱、水与电解质失调和急性消化机能不全综合征为特征。

暴饮后 1 h 左右即出现症状，表现精神沉郁，神态呆滞疲软，被毛粗乱无光，口流涎和吐白沫，眼球内压增高隆突，呆立凝视，排尿量增多，见有排红色葡萄酒样尿液，背腰部、胸、臂部等肌肉颤抖，运动僵直或失调，四肢无力，闭目，疲倦无力，对周围环境如行人、驱赶反应淡漠。

病状转重，口腔黏滑，黏膜淡白，齿龈发绀，瘤胃臌胀，叩诊呈鼓音，腹泻，回头顾腹或后肢踢腹，步态蹒跚，卧地嗜睡，眼睑、肛门反射迟钝，眼球瞬膜水平震颤，皮肤弹性减退，耳尖、鼻端、背腰部及四肢末端等部位皮温下降。心悸亢进，心率增数（130 次 /min 以上），心律失常，第一心音增强，第二心音减弱。呼吸浅表短促。体温病初无变化（39 ～ 39.5℃），随病程延长可降低至 38.5 ～ 38℃范围内。

排尿次数增加，呈淡红色或暗红色。个别病牛咳嗽，肺部听诊有啰音。严重者，鼻孔内流出淡红色液体，起卧不安，出汗，严重者共济失调，强直性痉挛，昏迷，突然卧地死亡。

临 床 病 理

尿液检验

透明，无沉淀，无异臭，潜血阳性；尿沉渣检验未见红细胞、管型和肾上皮细胞，偶见 1 ～ 2 个白细胞（表 13-14）。

表 13-14　血尿犊牛血液学变化

牛号	红细胞（万个 /mm^3）		白细胞（个 /mm^3）		潜血	
	试验前	试验后	试验前	试验后	试验前	试验后
3	908	863	7 350	7 925	不溶	溶
4	734	691	10 600	10 175	不溶	溶
5	798	687	10 550	10 200	不溶	溶
6	789	747	9 250	8 750	不溶	溶

血液检验

红细胞减少，溶血，结果见表 13-15。

表 13-15　血尿哺乳犊牛血液、尿液化验结果

抽样组	WBC ($\times10^9$/L)	RBC ($\times10^{12}$/L)	Hb (g/L)	PCV (%)	血 Na^+	血 K^+	CO_2 结合力	尿 pH	尿 比重	血红 蛋白尿	尿蛋白	尿沉渣
					mmol/L							
轻症	8.50	9.10	115.00	40.54	127.21	4.62	11.56	6.25	1.005	-	-	偶见膀胱上皮组织
重症	10.50	10.50	124.90	41.23	126.51	4.83	10.35	6.02	1.009	-	-	偶见膀胱上皮组织
排红尿	8.10	7.50	82.00	35.25	124.32	4.97	11.28	6.30	1.004	+++	+++	未见红细胞

预　　后

因暴饮而引起的血红蛋白尿，如加强管理，可于 1 ～ 2 d 内自行消除症状，不治而愈。对犊牛无不

良影响。

诊　断

临床诊断

根据突然发病，有暴饮过程及排出尿液呈红色即可诊断。

类症鉴别

与尿道出血、膀胱出血和肾盂出血等进行类症鉴别。

与尿道出血的区别　尿道出血时，血液由尿道滴状流出，排尿时仅在最初尿中含有血液，最后尿液颜色正常。

与膀胱出血的区别　膀胱出血见于膀胱炎，通常出血量少，在最后排出的尿液中才含有血液，血液鲜红，血细胞形状正常，有时有小凝血块混在尿中。当膀胱壁损伤、膀胱壁血管破裂时可见有大量血液排出。

与肾出血的区别　肾出血时，出血量多少不定，血细胞多成为血丝，血细胞膨大，血色素含量减少，同时有肾上皮细胞及红细胞圆柱，红细胞和尿充分混合。

与肾盂出血的区别　肾盂出血除尿中有红细胞外，尚有脓球、盐类结晶或寄生虫卵。

此外，尚应与寄生虫引起的牛梨形虫病和传染病如犊牛副伤寒区别。

与牛梨形虫病的区别　患梨形虫病牛体温升高至 40 ～ 41℃，呈稽留热型，便秘，红细胞大小不均，异形红细胞中央可有虫体。

与犊牛副伤寒的区别　副伤寒犊牛体温升高，肺炎症状明显；腹泻，排出稀汤样、内含黏液、血液和假膜具腥臭的稀粪，并有关节炎。

治　疗

通常不需治疗，病犊能逐渐恢复正常。如病情较重者，应对症治疗。治疗原则是利尿、止血，防止继发感染。

（1）静脉注射 20%葡萄糖液 200 ～ 300 mL、40%乌洛托品 20 ～ 30 mL，有安神、利尿之功。或用 5%葡萄糖生理盐水 500 ～ 1 000 mL、5%碳酸氢钠液 160 ～ 360 mL，一次静脉注射。

（2）止血可用维生素 K 35 mL，一次肌肉注射，每日 2 次；仙鹤草素 10 ～ 20 mL、安络血 10 ～ 20 mL，一次肌肉注射，每日 1 ～ 2 次；氨茶碱 2 mL（0.5 g）×5，一次肌肉注射。

（3）为防止继发感染，可用青霉素 80 万 IU、链霉素 100 万 IU，一次肌肉注射，每日两次。10%葡萄糖液 1 000 ～ 1 500 mL、氢化可的松 400 mg、四环素 200 万～ 250 万 IU，一次静脉注射。

预　防

充分做好饮水的供应工作，防止一次暴饮现象。夏季饮水槽内要准备足够的清水，令牛自由饮用。冬季要做好防寒保暖工作。牛舍要清洁、干燥和暖和，防止机体受寒冷刺激。冬季的饮水要加温（27 ～ 35℃），以防水池中的水冻结。如果是人为性供水，供水要均衡，次数要多，每班给饮水量要充足，尽可能不造成暴饮现象的出现。在饮水中也可加入适量氯化钠。

参 考 文 献
References

[1]（英）D·C· 布拉德，等 .Veterinary Medicine Bailliere Tindall. 翟旭久，等译 . 北京：农业出版社，1984.

[2]（美）W·A· 黑根，等 . 家畜传染病 . 胡祥壁，等译 .7 版 . 北京：农业出版社，1988.

[3]（英）A. H. Andrews，等 . 牛病学 . 韩博，等译 . 北京：中国农业大学出版社，2006.

[4] 王志，肖定汉 . 奶牛饲养管理与营养代谢性疾病 . 北京：北京农业大学出版社，1989.

[5]（日）大森常良，等 . 牛的传染病 . 何英，等译 . 沈阳：辽宁科学技术出版社，1985.

[6] 肖定汉 . 牛病防治 . 北京：中国农业大学出版社，2000.

[7] 陈振旅，等 . 实用家畜内科学 . 上海：上海科学技术出版社，1980.

[8] 王洪章，段得贤 . 家畜中毒学 . 北京：农业出版社，1980.

[9]（美）W·C· 雷布汉 . 奶牛疾病学 . 赵德明，等译 . 北京：中国农业大学出版社，1999.

[10] 华南农学院 . 兽医药理学 . 北京：农业出版社，1980.

[11] 孔繁瑶 . 家畜寄生虫病学 .2 版 . 北京：中国农业大学出版社，1997.

[12] 中国农业百科全书编辑部 . 中国农业百科全书（兽医卷）. 北京：农业出版社，1993.

[13] 甘肃农业大学 . 兽医产科学 . 北京：农业出版社，1980.

[14]（日）柴内大典，等 . 家畜内科学 . 张鸣谦，王志，等译 . 北京：农业出版社，1983.

[15] 余溃，等 . 医用微生物学 . 北京：人民卫生出版社，1983.

[16]（东德）J· 贝尔，等 . 家畜的传染病（下册）. 北京：科学技术出版社，1984.

[17] 王志 . 家畜皮肤病学 . 北京：农业出版社，1981.

[18] 蒋金书 . 动物原虫病学 . 北京：中国农业大学出版社，2000.

[19] 肖定汉 . 奶牛疾病监控 . 北京：北京农业大学出版社，1994.

[20]（日）大森常良 . 牛病学 .2 版 . 东京：近代出版社，1981.

[21]（日）中村良一，等 . 兽医指南 . 段传德，等译 . 郑州：河南科学技术出版社，1985.

[22]（美）M·E· 恩斯明格，等 . 饲料与饲养 . 秦礼让，等译 . 北京：农业出版社，1985.

[23] 蔡宝祥，等 . 动物传染病诊断学 . 南京：江苏科学技术出版社，1993.

[24]（美）G·W· 贝兰 . 人畜共患病毒性疾病 . 徐啟丰，译 . 北京：人民军医出版社，1985.

[25] 谢成侠 . 家畜繁殖原理 . 南京：江苏科学技术出版社，1983.

[26] 于恩庶，等 . 中国人畜共患病学 . 福州：福建科学技术出版社，1988.

[27] 冯琪辉，等 . 兽医临床药理学 . 北京：科学出版社，1984.